철도산업발전기본법
철도산업발전기본법(별지)
선로배분 지침
철도시설관리권 등록령 · 시행규칙

JN440431

철도사업법 · 시행령 · 시행규칙
노선 및 역의 명칭 관리지침
시설의 점용료 산정 기준
유휴부지 활용지침

철도건설법
철도건설법 · 시행령 · 시행규칙
철도건설 규칙
철도의 건설기준에 관한 규정
도시철도법

도시철도법 · 시행령 · 시행규칙
도시철도 건설규칙
도시철도 운전규칙
도시철도법 등에 의한 구분지상권 등기규칙
도시철도채권 매입사무 취급규칙
역세권의 개발 및 이용에 관한 법

역세권의 개발 및 이용에 관한 법 · 시행령 · 시행규칙
궤도운송법 · 시행령 · 시행규칙
궤도운송법 · 시행령(별표,별지)
철도안전법 · 시행령 · 시행규칙
철도안전법 · 령 · 규칙(별표,별지)

도시설의 기술기준
철도차량 운전규칙
위험물 철도 운송규칙
철도보호지구에서의 행위제한에 관한 업무지침
철도사고 등의 보고에 관한 지침

건널목 개량촉진법
항공 · 철도 사고조사에 관한법률
항공 · 철도 사고조사에 관한 법률 · 시행령 · 시행규칙
한국철도시설공단법
한국철도공사법

鐵道法令集

2020

노 해 출 판 사

총 목 차

철도산업발전기본법 · 시행령 · 시행규칙

철도산업발전기본법 · 시행령 · 시행규칙 목차

법	시 행 령	시 행 규 칙
철도산업발전기본법 (2003·7·29 법률 제6955호 제정) 개정 2004·9·23 법률 제7219호 (과학기술분야정부출연연구기관등의설립·운영및육성에관한법률) 2006·12·30 법률 제8135호 (公共資金管理基金法) 2009·2·29 법률 제8852호 (정부조직법 전부개정법률) 2009·3·25 법률 제9547호 (철도건설법 일부개정법률) 2009·4·1 법률 제9609호 2009·6·9 법률 제9772호 (교통체계효율화법 전부개정법률) 2013·3·23 법률 제11690호 (정부조직법 전부개정법률) 2017·1·17 법률 제14547호	**철도산업발전기본법 시행령** (2003·11·4 대통령령 제18118호 제정) 개정 2004·12·3 대통령령 18594호 (과학기술분야정부출연연구기관등의설립·운영및육성에관한법률시행령) 2005·3·8 대통령령 18736호 (사회기반시설에 대한 민간투자법 시행령) 2006·6·12 대통령령 제19513호 (고위공무원단 인사규정) 2009·2·29 대통령령 제20722호 (국토해양부와 그 소속기관 직제) 2008·10·20 대통령령 제21087호 (행정기관 소속 위원회의 정비를 위한 평생교육법 시행령 등 일부개정령) 2009·7·27 대통령령 제21641호 (국유재산법 시행령 전부개정령) 2010·7·12 대통령령 제22269호 (노동부와 그 소속기관 직제 일부개정령) 2013·3·23 대통령령 제24443호 (국토교통부와 그 소속기관 직제) 2014·11·19 대통령령 제25751호 (행정자치부와 그 소속기관 직제) 2015·12·31 대통령령 제26844호 (행정기관 소속 위원회 운영의 공정성 및 책임성 강화를 위한 국민건강보험법 시행령 등 일부개정령) 2017·7·26 대통령령 제28211호 (행정안전부와 그 소속기관 직제)	**철도산업발전기본법 시행규칙** (2003·11·24 건설교통부령 제381호 제정) 2008·3·14 국토해양부령 제4호 (정부조직법의 개정에 따른 감정평가에 관한 규칙 등 일부 개정령) 2013·3·23 국토교통부령 제1호 (국토교통부와 그 소속기관 직제 시행규칙) 2014·8·7 국토교통부령 제120호 (개인정보 보호를 위한 건설산업기본법 시행규칙 등 일부개정령) 2017·5·2 국토교통부령 제419호 (법령서식 일괄 개정을 위한 역세권의 개발 및 이용에 관한 법률 시행규칙 등 일부개정령)

법	시행령	시행규칙
제1장 총칙		
제1조(목적) 이 법은 철도산업의 경쟁력을 높이고 발전기반을 조성함으로써 철도산업의 효율성 및 공익성의 향상과 국민경제의 발전에 이바지함을 목적으로 한다.	제1조(목적) 이 영은 철도산업발전기본법에서 위임된 사항과 그 시행에 관하여 필요한 사항을 규정함을 목적으로 한다.	제1조(목적) 이 규칙은 철도산업발전기본법 및 동법시행령에서 위임된 사항과 그 시행에 관하여 필요한 사항을 규정함을 목적으로 한다.
제2조(적용범위) 이 법은 다음 각호의 1에 해당하는 철도에 대하여 적용한다. 다만, 제2장의 규정은 모든 철도에 대하여 적용한다. 1. 국가 및 한국고속철도건설공단법에 의하여 설립된 한국고속철도건설공단(이하 "고속철도건설공단"이라 한다)이 소유·건설·운영 또는 관리하는 철도 2. 제20조제3항의 규정에 의하여 설립되는 한국철도시설공단 및 제21조제3항의 규정에 의하여 설립되는 한국철도공사가 소유·건설·운영 또는 관리하는 철도		
제3조(정의) 이 법에서 사용하는 용어의 정의는 다음 각호와 같다. 1. "철도"라 함은 여객 또는 화물을 운송하는 데 필요한 철도시설과 철도차량 및 이와 관련된 운영·지원체계가 유기적으로 구성된 운송체계를 말한다. 2. "철도시설"이라 함은 다음 각목의 1에 해당하는 시설(부지를 포함한다)을 말한다. 가. 철도의 선로(선로에 부대되는 시설을 포함한다), 역시설(물류시설·환승시설 및 편의	제2조(철도시설) 철도산업발전기본법(이하 "법"이라 한다) 제3조제2호 사목에서 "대통령령이 정하는 시설"이라 함은 다음 각호의 시설을 말한다. 〈개정 08·2·29, 13·3·23〉	

법	시 행 령	시 행 규 칙
시설 등을 포함한다) 및 철도운영을 위한 건축물·건축설비 나. 선로 및 철도차량을 보수·정비하기 위한 선로보수기지, 차량정비기지 및 차량유치시설 다. 철도의 전철전력설비, 정보통신설비, 신호 및 열차제어설비 라. 철도노선간 또는 다른 교통수단과의 연계운영에 필요한 시설 마. 철도기술의 개발·시험 및 연구를 위한 시설 바. 철도경영연수 및 철도전문인력의 교육훈련을 위한 시설 사. 그 밖에 철도의 건설·유지보수 및 운영을 위한 시설로서 대통령령이 정하는 시설 3. "철도운영"이라 함은 철도와 관련된 다음 각 목의 1에 해당하는 것을 말한다. 가. 철도 여객 및 화물 운송 나. 철도차량의 정비 및 열차의 운행관리 다. 철도시설·철도차량 및 철도부지 등을 활용한 부대사업개발 및 서비스 4. "철도차량"이라 함은 선로를 운행할 목적으로 제작된 동력차·객차·화차 및 특수차를 말한다. 5. "선로"라 함은 철도차량을 운행하기 위한 궤도와 이를 받치는 노반 또는 공작물로 구성된 시설을 말한다. 6. "철도시설의 건설"이라 함은 철도시설의 신설	1. 철도의 건설 및 유지보수에 필요한 자재를 가공·조립·운반 또는 보관하기 위하여 당해 사업기간중에 사용되는 시설 2. 철도의 건설 및 유지보수를 위한 공사에 사용되는 진입도로·주차장·야적장·토석채취장 및 사토장과 그 설치 또는 운영에 필요한 시설 3. 철도의 건설 및 유지보수를 위하여 당해 사업기간중에 사용되는 장비와 그 정비·점검 또는 수리를 위한 시설 4. 그 밖에 철도안전관련시설·안내시설 등 철도의 건설·유지보수 및 운영을 위하여 필요한 시설로서 국토교통부장관이 정하는 시설	

법	시 행 령	시 행 규 칙
과 기존 철도시설의 직선화 · 전철화 · 복선화및 현대화 등 철도시설의 성능 및 기능향상을 위한 철도시설의 개량을 포함한 활동을 말한다. 7. "철도시설의 유지보수"라 함은 기존 철도시설의 현상유지 및 성능향상을 위한 점검 · 보수 · 교체 · 개량 등 일상적인 활동을 말한다. 8. "철도산업"이라 함은 철도운송 · 철도시설 · 철도차량 관련산업과 철도기술개발관련산업 그 밖에 철도의 개발 · 이용 · 관리와 관련된 산업을 말한다. 9. "철도시설관리자"라 함은 철도시설의 건설 및 관리 등에 관한 업무를 수행하는 자로서 다음 각목의 1에 해당하는 자를 말한다. 가. 제19조의 규정에 의한 관리청 나. 제20조제3항의 규정에 의하여 설립된 한국철도시설공단 다. 제26조제1항의 규정에 의하여 철도시설관리권을 설정받은 자 라. 가목 내지 다목의 자로부터 철도시설의 관리를 대행 · 위임 또는 위탁받은 자 10. "철도운영자"라 함은 제21조제3항의 규정에 의하여 설립된 한국철도공사 등 철도운영에 관한 업무를 수행하는 자를 말한다. 11. "공익서비스"라 함은 철도운영자가 영리목적의 영업활동과 관계없이 국가 또는 지방자치단체의 정책이나 공공목적 등을 위하여 제공하는 철도서비스를 말한다.		

법	시행령	시행규칙
제2장 철도산업 발전기반의 조성 **제1절 철도산업시책의 수립 및 추진체제** **제4조(시책의 기본방향)** ①국가는 철도산업시책을 수립하여 시행함에 있어서 효율성과 공익적 기능을 고려하여야 한다. ②국가는 에너지이용의 효율성, 환경친화성 및 수송효율성이 높은 철도의 역할이 국가의 건전한 발전과 국민의 교통편익 증진을 위하여 필수적인 요소임을 인식하여 적정한 철도수송분담의 목표를 설정하여 유지하고 이를 위한 철도시설을 확보하는 등 철도산업발전을 위한 여러 시책을 마련하여야 한다. ③국가는 철도산업시책과 철도투자·안전 등 관련 시책을 효율적으로 추진하기 위하여 필요한 조직과 인원을 확보하여야 한다. **제5조(철도산업발전기본계획의 수립 등)** ①국토교통부장관은 철도산업의 육성과 발전을 촉진하기 위하여 5년 단위로 철도산업발전기본계획(이하 "기본계획"이라 한다)을 수립하여 시행하여야 한다.〈개정 08·2·29, 13·3·23〉		
②기본계획에는 다음 각호의 사항이 포함되어야 한다. 1. 철도산업 육성시책의 기본방향에 관한 사항 2. 철도산업의 여건 및 동향전망에 관한 사항 3. 철도시설의 투자·건설·유지보수 및 이를 위한 재원확보에 관한 사항	**제3조(철도산업발전기본계획의 내용)** 법 제5조제2항제8호에서 "대통령령이 정하는 사항"이라 함은 다음 각호의 사항을 말한다.〈개정 08·2·29, 13·3·23〉 1. 철도수송분담의 목표 2. 철도안전 및 철도서비스에 관한 사항 3. 다른 교통수단과의 연계수송에 관한 사항	

법	시 행 령	시 행 규 칙
4. 각종 철도간의 연계수송 및 사업조정에 관한 사항 5. 철도운영체계의 개선에 관한 사항 6. 철도산업 전문인력의 양성에 관한 사항 7. 철도기술의 개발 및 활용에 관한 사항 8. 그 밖에 철도산업의 육성 및 발전에 관한 사항으로서 대통령령이 정하는 사항 ③기본계획은 「국가통합교통체계효율화법」 제4조에 따른 국가기간교통망계획, 같은 법 제6조에 따른 중기 교통시설투자계획 및 같은 법 제94조에 따른 국가교통기술개발계획과 조화를 이루도록 하여야 한다.〈개정 09 · 6 · 9〉	4. 철도산업의 국제협력 및 해외시장 진출에 관한 사항 5. 철도산업시책의 추진체계 6. 그 밖에 철도산업의 육성 및 발전에 관한 사항으로서 국토교통부장관이 필요하다고 인정하는 사항	
④국토교통부장관은 기본계획을 수립하고자 하는 때에는 미리 기본계획과 관련이 있는 행정기관의 장과 협의한 후 제6조의 규정에 의한 철도산업위원회의 심의를 거쳐야 한다. 수립된 기본계획을 변경(대통령령이 정하는 경미한 변경을 제외한다)하고자 하는 때에도 또한 같다.〈개정 08 · 2 · 29, 13 · 3 · 23〉 ⑤국토교통부장관은 제4항의 규정에 의하여 기본계획을 수립 또는 변경한 때에는 이를 관보에 고시하여야 한다.〈개정 08 · 2 · 29, 13 · 3 · 23〉	**제4조(철도산업발전기본계획의 경미한 변경)** 법 제5조제4항 후단에서 "대통령령이 정하는 경미한 변경"이라 함은 다음 각호의 변경을 말한다. 1. 철도시설투자사업 규모의 100분의 1의 범위안에서의 변경 2. 철도시설투자사업 총투자비용의 100분의 1의 범위안에서의 변경 3. 철도시설투자사업 기간의 2년의 기간내에서의 변경	
⑥관계행정기관의 장은 수립 · 고시된 기본계획에 따라 연도별 시행계획을 수립 · 추진하고, 당해 연도의 계획 및 전년도의 추진실적을 국토교통부장관에게 제출하여야 한다.〈개정 08 · 2 · 29, 13 · 3 · 23〉 ⑦제6항의 규정에 의한 연도별 시행계획의 수립	**제5조(철도산업발전시행계획의 수립절차 등)** ①관계행정기관의 장은 법 제5조제6항의 규정에 의한 당해 연도의 시행계획을 전년도 11월말까지 국토교통부장관에게 제출하여야 한다.〈개정 08 · 2 · 29, 13 · 3 · 23〉 ②관계행정기관의 장은 전년도 시행계획의 추진	

법	시 행 령	시 행 규 칙
및 시행절차에 관하여 필요한 사항은 대통령령으로 정한다. **제6조(철도산업위원회)** ①철도산업에 관한 기본계획 및 중요정책 등을 심의·조정하기 위하여 국토교통부에 철도산업위원회(이하 "위원회"라 한다)를 둔다.〈개정 08·2·29, 13·3·23〉 ②위원회는 다음 각호의 사항을 심의·조정한다. 1. 철도산업의 육성·발전에 관한 중요정책 사항 2. 철도산업구조개혁에 관한 중요정책 사항 3. 철도시설의 건설 및 관리 등 철도시설에 관한 중요정책 사항 4. 철도안전과 철도운영에 관한 중요정책 사항 5. 철도시설관리자와 철도운영자간 상호협력 및 조정에 관한 사항 6. 이 법 또는 다른 법률에서 위원회의 심의를 거치도록 한 사항 7. 그 밖에 철도산업에 관한 중요한 사항으로서 위원장이 부의하는 사항 ③위원회는 위원장을 포함한 25인 이내의 위원으로 구성한다. ④위원회에 상정할 안건을 미리 검토하고 위원회가 위임한 안건을 심의하기 위하여 위원회에 분과위원회를 둔다.〈개정 09·3·25〉 ⑤이 법에서 규정한 사항외에 위원회 및 분과위원회의 구성·기능 및 운영에 관하여 필요한 사항은 대통령령으로 정한다.〈개정 09·3·25〉	실적을 매년 2월말까지 국토교통부장관에게 제출하여야 한다.〈개정 08·2·29, 13·3·23〉 **제6조(철도산업위원회의 구성)** ①법 제6조의 규정에 의한 철도산업위원회(이하 "위원회"라 한다)의 위원장은 국토교통부장관이 된다.〈개정 08·2·29, 13·3·23〉 ②위원회의 위원은 다음 각호의 자가 된다.〈개정 08·2·29, 10·7·12, 13·3·23, 14·11·19, 17·7·26〉 1. 기획재정부차관·교육부차관·과학기술정보통신부차관·행정안전부차관·산업통상자원부차관·고용노동부차관·국토교통부차관·해양수산부차관 및 공정거래위원회부위원장 2. 법 제20조제3항의 규정에 의한 한국철도시설공단(이하 "한국철도시설공단"이라 한다)의 이사장 3. 법 제21조제3항의 규정에 의한 한국철도공사(이하 "한국철도공사"라 한다)의 사장 4. 철도산업에 관한 전문성과 경험이 풍부한 자 중에서 위원회의 위원장이 위촉하는 자 ③제2항제4호의 규정에 의한 위원의 임기는 2년으로 하되, 연임할 수 있다. **제6조의2(위원의 해촉)** 위원회의 위원장은 제6조제2항제4호에 따른 위원이 다음 각 호의 어느 하나에 해당하는 경우에는 해당 위원을 해촉(解囑)할 수 있다. 1. 심신장애로 인하여 직무를 수행할 수 없게 된 경우	

법	시 행 령	시 행 규 칙
	2. 직무와 관련된 비위사실이 있는 경우 3. 직무태만, 품위손상이나 그 밖의 사유로 인하여 위원으로 적합하지 아니하다고 인정되는 경우 4. 위원 스스로 직무를 수행하는 것이 곤란하다고 의사를 밝히는 경우 [본조신설 15 · 12 · 31] 제7조(위원회의 위원장의 직무) ①위원회의 위원장은 위원회를 대표하며, 위원회의 업무를 총괄한다. ②위원회의 위원장이 부득이한 사유로 직무를 수행할 수 없는 때에는 위원회의 위원장이 미리 지명한 위원이 그 직무를 대행한다. 제8조(회의) ①위원회의 위원장은 위원회의 회의를 소집하고, 그 의장이 된다. ②위원회의 회의는 재적위원 과반수의 출석과 출석위원 과반수의 찬성으로 의결한다. ③위원회는 회의록을 작성 · 비치하여야 한다. 제9조(간사) 위원회에 간사 1인을 두되, 간사는 국토교통부장관이 국토교통부소속공무원중에서 지명한다. 〈개정 08 · 2 · 29, 13 · 3 · 23〉 제10조(실무위원회의 구성 등) ①위원회의 심의 · 조정사항과 위원회에서 위임한 사항의 실무적인 검토를 위하여 위원회에 실무위원회를 둔다. ②실무위원회는 위원장을 포함한 20인 이내의 위원으로 구성한다. ③실무위원회의 위원장은 국토교통부장관이 국토교통부의 3급 공무원 또는 고위공무원단에 속하는 일반직공무원중에서 지명한다.〈개정 06 · 6 · 12, 08 ·	

법	시 행 령	시 행 규 칙
	2 · 29, 13 · 3 · 23〉 ④실무위원회의 위원은 다음 각호의 자가 된다.〈개정 06 · 6 · 12, 08 · 2 · 29, 10 · 7 · 12, 13 · 3 · 23, 14 · 11 · 19, 17 · 7 · 26〉 1. 기획재정부 · 교육부 · 과학기술정보통신부 · 행정안전부 · 산업통상자원부 · 고용노동부 · 국토교통부 · 해양수산부 및 공정거래위원회의 3급 공무원, 4급 공무원 또는 고위공무원단에 속하는 일반직공무원중 그 소속기관의 장이 지명하는 자 각 1인 2. 한국철도시설공단의 임직원중 한국철도시설공단이사장이 지명하는 자 1인 3. 한국철도공사의 임직원중 한국철도공사사장이 지명하는 자 1인 4. 철도산업에 관한 전문성과 경험이 풍부한 자중에서 실무위원회의 위원장이 위촉하는 자 ⑤제4항제4호의 규정에 의한 위원의 임기는 2년으로 하되, 연임할 수 있다. ⑥실무위원회에 간사 1인을 두되, 간사는 국토교통부장관이 국토교통부소속 공무원중에서 지명한다.〈개정 08 · 2 · 29, 13 · 3 · 23〉 ⑦제8조의 규정은 실무위원회의 회의에 관하여 이를 준용한다. 제10조의2(실무위원회 위원의 해촉 등) ① 제10조제4항제1호부터 제3호까지의 규정에 따라 위원을 지명한 자는 위원이 다음 각 호의 어느 하나에 해당하는 경우에는 그 지명을 철회할 수 있다. 1. 심신장애로 인하여 직무를 수행할 수 없게 된	

법	시 행 령	시 행 규 칙
	경우 2. 직무와 관련된 비위사실이 있는 경우 3. 직무태만, 품위손상이나 그 밖의 사유로 인하여 위원으로 적합하지 아니하다고 인정되는 경우 4. 위원 스스로 직무를 수행하는 것이 곤란하다고 의사를 밝히는 경우 ② 실무위원회의 위원장은 제10조제4항제4호에 따른 위원이 제1항 각 호의 어느 하나에 해당하는 경우에는 해당 위원을 해촉할 수 있다. [본조신설 15 · 12 · 31] **제11조(철도산업구조개혁기획단의 구성 등)** ①위원회의 활동을 지원하고 철도산업의 구조개혁 그 밖에 철도정책과 관련되는 다음 각호의 업무를 지원 · 수행하기 위하여 국토교통부장관소속하에 철도산업구조개혁기획단(이하 "기획단"이라 한다)을 둔다.〈개정 08 · 2 · 29, 13 · 3 · 23〉 1. 철도산업구조개혁기본계획 및 분야별 세부추진계획의 수립 2. 철도산업구조개혁과 관련된 철도의 건설 · 운영주체의 정비 3. 철도산업구조개혁과 관련된 인력조정 · 재원확보대책의 수립 4. 철도산업구조개혁과 관련된 법령의 정비 5. 철도산업구조개혁추진에 따른 철도운임 · 철도시설사용료 · 철도수송시장 등에 관한 철도산업정책의 수립 6. 철도산업구조개혁추진에 따른 공익서비스비용의	

법	시 행 령	시 행 규 칙
	보상, 세제·금융지원 등 정부지원정책의 수립 7. 철도산업구조개혁추진에 따른 철도시설건설계획 및 투자재원조달대책의 수립 8. 철도산업구조개혁추진에 따른 전기·신호·차량 등에 관한 철도기술개발정책의 수립 9. 철도산업구조개혁추진에 따른 철도안전기준의 정비 및 안전정책의 수립 10. 철도산업구조개혁추진에 따른 남북철도망 및 국제철도망 구축정책의 수립 11. 철도산업구조개혁에 관한 대외협상 및 홍보 12. 철도산업구조개혁추진에 따른 각종 철도의 연계 및 조정 13. 그 밖에 철도산업구조개혁과 관련된 철도정책 전반에 관하여 필요한 업무 ②기획단은 단장 1인과 단원으로 구성한다. ③기획단의 단장은 국토교통부장관이 국토교통부의 3급 공무원 또는 고위공무원단에 속하는 일반직공무원중에서 임명한다.〈개정 06·6·12, 08·2·29, 13·3·23〉 ④국토교통부장관은 기획단의 업무수행을 위하여 필요하다고 인정하는 때에는 관계 행정기관, 한국철도공사 등 관련 공사, 한국철도시설공단 등 특별법에 의하여 설립된 공단 또는 관련 연구기관에 대하여 소속 공무원·임직원 또는 연구원을 기획단으로 파견하여 줄 것을 요청할 수 있다.〈개정 08·2·29, 13·3·23〉 ⑤기획단의 조직 및 운영에 관하여 필요한 세부적인	

법	시행령	시행규칙
제2절 철도산업의 육성 제7조(철도시설 투자의 확대) ①국가는 철도시설 투자를 추진함에 있어 사회적·환경적 편익을 고려하여야 한다. ②국가는 각종 국가계획에 철도시설 투자의 목표치와 투자계획을 반영하여야 하며, 매년 교통시설 투자예산에서 철도시설 투자예산의 비율이 지속적으로 높아지도록 노력하여야 한다. 제8조(철도산업의 지원) 국가 및 지방자치단체는 철도산업의 육성·발전을 촉진하기 위하여 철도산업에 대한 재정·금융·세제·행정상의 지원을 할 수 있다.	사항은 국토교통부장관이 정한다.〈개정 08·2·29, 13·3·23〉 제12조(관계행정기관 등에의 협조요청 등) 위원회 및 실무위원회는 그 업무를 수행하기 위하여 필요한 때에는 관계행정기관 또는 단체 등에 대하여 자료 또는 의견의 제출 등의 협조를 요청하거나 관계공무원 또는 관계전문가 등을 위원회 및 실무위원회에 참석하게 하여 의견을 들을 수 있다. 제13조(수당 등) 위원회와 실무위원회의 위원중 공무원이 아닌 위원 및 위원회와 실무위원회에 출석하는 관계전문가에 대하여는 예산의 범위안에서 수당·여비 그 밖의 필요한 경비를 지급할 수 있다. 제14조(운영세칙) 이 영에서 규정한 사항외에 위원회 및 실무위원회의 운영에 관하여 필요한 사항은 위원회의 의결을 거쳐 위원회의 위원장이 정한다.	

법	시행령	시행규칙
제9조(철도산업전문인력의 교육·훈련 등) ①국토교통부장관은 철도산업에 종사하는 자의 자질향상과 새로운 철도기술 및 그 운영기법의 향상을 위한 교육·훈련방안을 마련하여야 한다.〈개정 08·2·29, 13·3·23〉 ②국토교통부장관은 국토교통부령이 정하는 바에 의하여 철도산업전문연수기관과 협약을 체결하여 철도산업에 종사하는 자의 교육·훈련프로그램에 대한 행정적·재정적 지원 등을 할 수 있다.〈개정 08·2·29, 13·3·23〉 ③제2항의 규정에 의한 철도산업전문연수기관은 매년 전문인력수요조사를 실시하고 그 결과와 전문인력의 수급에 관한 의견을 국토교통부장관에게 제출할 수 있다.〈개정 08·2·29, 13·3·23〉 ④국토교통부장관은 새로운 철도기술과 운영기법의 향상을 위하여 특히 필요하다고 인정하는 때에는 정부투자기관·정부출연기관 또는 정부가 출자한 회사 등으로 하여금 새로운 철도기술과 운영기법의 연구·개발에 투자하도록 권고할 수 있다.〈개정 08·2·29, 13·3·23〉 제10조(철도산업교육과정의 확대 등) ①국토교통부장관은 철도산업전문인력의 수급의 변화에 따라 철도산업교육과정의 확대 등 필요한 조치를 관계중앙행정기관의 장에게 요청할 수 있다.〈개정 08·2·29, 13·3·23〉 ②국가는 철도산업종사자의 자격제도를 다양화하고 질적 수준을 유지·발전시키기 위하여 필요한		제2조(철도산업전문연수기관과의 협약체결 등) ①국토교통부장관이 철도산업발전기본법(이하 "법"이라 한다) 제9조제2항의 규정에 의하여 철도산업전문연수기관과 협약을 체결하여 행정적·재정적 지원 등을 할 수 있는 교육·훈련프로그램은 다음 각호와 같다.〈개정 08·3·14, 13·3·23〉 1. 철도시설의 건설 및 관리에 관한 교육·훈련 2. 철도차량의 제작 및 관리에 관한 교육·훈련 3. 철도차량의 운전에 관한 교육·훈련 4. 전철전력설비·정보통신설비 등 철도관련장비의 조작 및 정비에 관한 교육·훈련 5. 철도관련기술에 관한 교육·훈련 6. 철도안전관리에 관한 교육·훈련 7. 철도서비스에 관한 교육·훈련 ②법 제9조제2항의 규정에 의하여 국토교통부장관과 협약을 체결할 수 있는 철도산업전문연수기관은 다음 각호와 같다.〈개정 08·3·14, 13·3·23〉

법	시 행 령	시 행 규 칙
시책을 수립 · 시행하여야 한다. ③국토교통부장관은 철도산업 전문인력의 원활한 수급 및 철도산업의 발전을 위하여 특성화된 대학 등 교육기관을 운영 · 지원할 수 있다.〈개정 08 · 2 · 29, 13 · 3 · 23〉 **제11조(철도기술의 진흥 등)** ①국토교통부장관은 철도기술의 진흥 및 육성을 위하여 철도기술전반에 대한 연구 및 개발에 노력하여야 한다.〈개정 08 · 2 · 29, 13 · 3 · 23〉 ②국토교통부장관은 제1항의 규정에 의한 연구 및 개발을 촉진하기 위하여 이를 전문으로 연구하는 기관 또는 단체를 지도 · 육성하여야 한다.〈개정 08 · 2 · 29, 13 · 3 · 23〉 ③국가는 철도기술의 진흥을 위하여 철도시험 · 연구개발시설 및 부지 등 국유재산을 과학기술분야정부출연연구기관등의설립 · 운영및육성에관한법률에 의한 한국철도기술연구원에 무상으로 대부 · 양여하거나 사용 · 수익하게 할 수 있다.〈개정 04 · 9 · 23〉		1. 국립학교설치령에 의하여 설립된 한국철도대학 2. 정부출연연구기관등의설립 · 운영및육성에관한법률에 의한 한국철도기술연구원 3. 정부출연연구기관등의설립 · 운영및육성에관한법률에 의한 교통개발연구원 4. 법 제20조제3항의 규정에 의하여 설립되는 한국철도시설공단(이하 "한국철도시설공단"이라 한다)의 부속 연수기관 5. 법 제21조제3항의 규정에 의하여 설립되는 한국철도공사(이하 "한국철도공사"라 한다)의 부속 연수기관 ③국토교통부장관은 법 제9조제2항의 규정에 의하여 철도산업전문연수기관과 협약을 체결하고자 하는 경우에는 제1항의 규정에 의한 교육 · 훈련프로그램중 지원대상이 되는 교육 · 훈련프로그램의 명칭, 협약체결기관의 선정방법, 협약체결신청방법 등에 관한 사항을 관보 또는 정기간행물의등록등에관한법률 제7조제1항의 규정에 의하여 보급지역을 전국으로 하여 등록한 2 이상의 일반일간신문에 공고하여야 한다.〈개정 08 · 3 · 14, 13 · 3 · 23〉 ④제2항의 규정에 의한 철도산업전문연수기관이 제3항의 규정에 의하여 공고

법	시 행 령	시 행 규 칙
		된 교육·훈련프로그램에 대하여 행정적·재정적 지원 등에 관한 협약체결을 신청하고자 하는 경우에는 국토교통부장관에게 다음 각호의 사항이 포함된 서류를 제출하여야 한다.〈개정 08·3·14, 13·3·23〉 1. 교육·훈련의 목적 및 대상자 2. 교육·훈련의 내용·방법·기간·강사 및 장소 3. 교육·훈련에 소요되는 비용 ⑤국토교통부장관은 제4항의 규정에 의한 서류를 제출받은 때에는 교육·훈련에 적합하다고 인정되는 철도산업전문연수기관을 선정하여 다음 각호의 사항이 포함된 협약을 체결하여야 한다.〈개정 08·3·14, 13·3·23〉 1. 철도산업전문연수기관의 명칭·대표자 및 위치 2. 지원대상 교육·훈련프로그램 3. 지원사항·지원방법 및 지원조건 4. 협약의 변경 및 해약에 관한 사항 5. 협약의 위반에 관한 조치
제12조(철도산업의 정보화 촉진) ①국토교통부장관은 철도산업에 관한 정보를 효율적으로 처리하고 원활하게 유통하기 위하여 대통령령이 정하는 바에 의하여 철도산업정보화기본계획을 수립·시행하여야 한다.〈개정 08·2·29, 13·3·23〉	제15조(철도산업정보화기본계획의 내용 등) ①법 제12조제1항의 규정에 의한 철도산업정보화기본계획에는 다음 각호의 사항이 포함되어야 한다.〈개정 08·2·29, 13·3·23〉 1. 철도산업정보화의 여건 및 전망 2. 철도산업정보화의 목표 및 단계별 추진계획	

법	시 행 령	시 행 규 칙
②국토교통부장관은 철도산업에 관한 정보를 효율적으로 수집·관리 및 제공하기 위하여 대통령령이 정하는 바에 의하여 철도산업정보센터를 설치·운영하거나 철도산업에 관한 정보를 수집·관리 또는 제공하는 자 등에게 필요한 지원을 할 수 있다.〈개정 08·2·29, 13·3·23〉	3. 철도산업정보화에 필요한 비용 4. 철도산업정보의 수집 및 조사계획 5. 철도산업정보의 유통 및 이용활성화에 관한 사항 6. 철도산업정보화와 관련된 기술개발의 지원에 관한 사항 7. 그 밖에 국토교통부장관이 필요하다고 인정하는 사항 ②국토교통부장관은 법 제12조제1항의 규정에 의하여 철도산업정보화기본계획을 수립 또는 변경하고자 하는 때에는 위원회의 심의를 거쳐야 한다.〈개정 08·2·29, 13·3·23〉 제16조(철도산업정보센터의 업무 등) ①법 제12조제2항의 규정에 의한 철도산업정보센터는 다음 각호의 업무를 행한다. 1. 철도산업정보의 수집·분석·보급 및 홍보 2. 철도산업의 국제동향 파악 및 국제협력사업의 지원 ②국토교통부장관은 법 제12조제2항의 규정에 의하여 철도산업에 관한 정보를 수집·관리 또는 제공하는 자에게 예산의 범위안에서 운영에 소요되는 비용을 지원할 수 있다.〈개정 08·2·29, 13·3·23〉	
제13조(국제협력 및 해외진출 촉진) ①국토교통부장관은 철도산업에 관한 국제적 동향을 파악하고 국제협력을 촉진하여야 한다.〈개정 08·2·29, 13·3·23〉 ②국가는 철도산업의 국제협력 및 해외시장 진출을 추진하기 위하여 관련 기술 및 인력의 국제교류, 국제표준화, 국제공동연구개발 등의 사업을 지원할 수 있다.		

법	시 행 령	시 행 규 칙
제13조의2(협회의 설립) ① 철도산업에 관련된 기업, 기관 및 단체와 이에 관한 업무에 종사하는 자는 철도산업의 건전한 발전과 해외진출을 도모하기 위하여 철도협회(이하 "협회"라 한다)를 설립할 수 있다. ② 협회는 법인으로 한다. ③ 협회는 국토교통부장관의 인가를 받아 주된 사무소의 소재지에 설립등기를 함으로써 성립한다. ④ 협회는 철도 분야에 관한 다음 각 호의 업무를 한다. 1. 정책 및 기술개발의 지원 2. 정보의 관리 및 공동활용 지원 3. 전문인력의 양성 지원 4. 해외철도 진출을 위한 현지조사 및 지원 5. 조사 · 연구 및 간행물의 발간 6. 국가 또는 지방자치단체 위탁사업 7. 그 밖에 정관으로 정하는 업무 ⑤ 국가, 지방자치단체 및 「공공기관의운영에관한법률」에 따른 철도 분야 공공기관은 협회에 위탁한 업무의 수행에 필요한 비용의 전부 또는 일부를 예산의 범위에서 지원할 수 있다. ⑥ 협회의 정관은 국토교통부장관의 인가를 받아야 하며, 정관의 기재사항과 협회의 운영 등에 필요한 사항은 대통령령으로 정한다. ⑦ 협회에 관하여 이 법에 규정한 것 외에는 「민법」 중 사단법인에 관한 규정을 준용한다. [본조신설 17 · 1 · 17]		

법	시 행 령	시 행 규 칙
제3장 철도안전 및 이용자 보호 제14조(철도안전) ①국가는 국민의 생명·신체 및 재산을 보호하기 위하여 철도안전에 필요한 법적·제도적 장치를 마련하고 이에 필요한 재원을 확보하도록 노력하여야 한다. ②철도시설관리자는 그 시설을 설치 또는 관리함에 있어서 법령이 정하는 바에 따라 당해 시설의 안전한 상태를 유지하고, 당해 시설과 이를 이용하려는 철도차량간의 종합적인 성능검증 및 안전상태 점검 등 안전확보에 필요한 조치를 하여야 한다. ③철도운영자 또는 철도차량 및 장비 등의 제조업자는 법령이 정하는 바에 따라 철도의 안전한 운행 또는 그 제조하는 철도차량 및 장비 등의 구조·설비 및 장치의 안전성을 확보하고 이의 향상을 위하여 노력하여야 한다. ④국가는 객관적이고 공정한 철도사고조사를 추진하기 위한 전담기구와 전문인력을 확보하여야 한다. 제15조(철도서비스의 품질개선 등) ①철도운영자는 그가 제공하는 철도서비스의 품질을 개선하기 위하여 노력하여야 한다. ②국토교통부장관은 철도서비스의 품질을 개선하고 이용자의 편익을 높이기 위하여 철도서비스의 품질을 평가하여 시책에 반영하여야 한다.〈개정 08·2·29, 13·3·23〉 ③제2항의 규정에 의한 철도서비스 품질평가의		제3조(철도서비스의 품질평가방법 등) ①국토교통부장관은 법 제15조제2항의 규정에 의한 철도서비스의 품질평가(이하 "품질평가"라 한다)를 2년마다 실시한다. 다만, 필요한 경우에는 품질평가일 2주전까지

<table>
<tr><th>법</th><th>시 행 령</th><th>시 행 규 칙</th></tr>
<tr><td>절차 및 활용 등에 관하여 필요한 사항은 국토교통부령으로 정한다.〈개정 08・2・29, 13・3・23〉

제16조(철도이용자의 권익보호 등) 국가는 철도이용자의 권익보호를 위하여 다음 각호의 시책을 강구하여야 한다.
1. 철도이용자의 권익보호를 위한 홍보・교육 및 연구
2. 철도이용자의 생명・신체 및 재산상의 위해 방지
3. 철도이용자의 불만 및 피해에 대한 신속・공정한 구제조치
4. 그 밖에 철도이용자 보호와 관련된 사항

제4장 철도산업구조개혁의 추진

제1절 기본시책

제17조(철도산업구조개혁의 기본방향) ①국가는 철도</td><td>제17조부터 제22조까지 삭제 〈08・10・20〉</td><td>철도운영자에게 품질평가계획을 통보한 후 수시품질평가를 실시할 수 있다.〈개정 08・3・14, 13・3・23〉
②국토교통부장관은 객관적인 품질평가를 위하여 적정 철도서비스의 수준, 평가항목 및 평가지표를 정하여야 한다.〈개정 08・3・14, 13・3・23〉
③국토교통부장관은 품질평가의 결과를 확정하기 전에 법 제6조의 규정에 의한 철도산업위원회(이하 "위원회"라 한다)의 심의를 거쳐야 한다.〈개정 08・3・14, 13・3・23〉</td></tr>
</table>

법	시 행 령	시 행 규 칙
산업의 경쟁력을 강화하고 발전기반을 조성하기 위하여 철도시설 부문과 철도운영 부문을 분리하는 철도산업의 구조개혁을 추진하여야 한다. ②국가는 철도시설 부문과 철도운영 부문간의 상호 보완적 기능이 발휘될 수 있도록 대통령령이 정하는 바에 의하여 상호협력체계 구축 등 필요한 조치를 마련하여야 한다.	제23조(업무절차서의 교환 등) ①철도시설관리자와 철도운영자는 법 제17조제2항의 규정에 의하여 철도시설관리와 철도운영에 있어 상호협력이 필요한 분야에 대하여 업무절차서를 작성하여 정기적으로 이를 교환하고, 이를 변경한 때에는 즉시 통보하여야 한다. ②철도시설관리자와 철도운영자는 상호협력이 필요한 분야에 대하여 정기적으로 합동점검을 하여야 한다. 제24조(선로배분지침의 수립 등) ①국토교통부장관은 법 제17조제2항의 규정에 의하여 철도시설관리자와 철도운영자가 안전하고 효율적으로 선로를 사용할 수 있도록 하기 위하여 선로용량의 배분에 관한 지침(이하 "선로배분지침"이라 한다)을 수립·고시하여야 한다.〈개정 08·2·29, 13·3·23〉 ②제1항의 규정에 의한 선로배분지침에는 다음 각호의 사항이 포함되어야 한다. 1. 여객열차와 화물열차에 대한 선로용량의 배분 2. 지역간 열차와 지역내 열차에 대한 선로용량의 배분 3. 선로의 유지보수·개량 및 건설을 위한 작업시간 4. 철도차량의 안전운행에 관한 사항 5. 그 밖에 선로의 효율적 활용을 위하여 필요한 사항 ③철도시설관리자·철도운영자 등 선로를 관리	

법	시 행 령	시 행 규 칙
	또는 사용하는 자는 제1항의 규정에 의한 선로배분지침을 준수하여야 한다. ④국토교통부장관은 철도차량 등의 운행정보의 제공, 철도차량 등에 대한 운행통제, 적법운행 여부에 대한 지도·감독, 사고발생시 사고복구 지시 등 철도교통의 안전과 질서를 유지하기 위하여 필요한 조치를 할 수 있도록 철도교통관제시설을 설치·운영하여야 한다.〈개정 08·2·29, 13·3·23〉	
제18조(철도산업구조개혁기본계획의 수립 등) ①국토교통부장관은 철도산업의 구조개혁을 효율적으로 추진하기 위하여 철도산업구조개혁기본계획(이하 "구조개혁계획"이라 한다)을 수립하여야 한다.〈개정 08·2·29, 13·3·23〉 ②구조개혁계획에는 다음 각호의 사항이 포함되어야 한다. 1. 철도산업구조개혁의 목표 및 기본방향에 관한 사항 2. 철도산업구조개혁의 추진방안에 관한 사항 3. 철도의 소유 및 경영구조의 개혁에 관한 사항 4. 철도산업구조개혁에 따른 대내외 여건조성에 관한 사항 5. 철도산업구조개혁에 따른 자산·부채·인력 등에 관한 사항 6. 철도산업구조개혁에 따른 철도관련 기관·단체 등의 정비에 관한 사항 7. 그 밖에 철도산업구조개혁을 위하여 필요한 사항으로서 대통령령이 정하는 사항	제25조(철도산업구조개혁기본계획의 내용) 법 제18조제2항제7호에서 "대통령령이 정하는 사항"이라 함은 다음 각호의 사항을 말한다.〈개정 08·2·29, 13·3·23〉 1. 철도서비스 시장의 구조개편에 관한 사항 2. 철도요금·철도시설사용료 등 가격정책에 관한 사항 3. 철도안전 및 서비스향상에 관한 사항 4. 철도산업구조개혁의 추진체계 및 관계기관의 협조에 관한 사항 5. 철도산업구조개혁의 중장기 추진방향에 관한 사항 6. 그 밖에 국토교통부장관이 철도산업구조개혁의 추진을 위하여 필요하다고 인정하는 사항	

법	시　행　령	시　행　규　칙
③국토교통부장관은 구조개혁계획을 수립하고자 하는 때에는 미리 구조개혁계획과 관련이 있는 행정기관의 장과 협의한 후 제6조의 규정에 의한 위원회의 심의를 거쳐야 한다. 수립한 구조개혁계획을 변경(대통령령이 정하는 경미한 변경을 제외한다)하고자 하는 경우에도 또한 같다.〈개정 08·2·29, 13·3·23〉 ④국토교통부장관은 제3항의 규정에 의하여 구조개혁계획을 수립 또는 변경한 때에는 이를 관보에 고시하여야 한다.〈개정 08·2·29, 13·3·23〉	제26조(철도산업구조개혁기본계획의 경미한 변경) 법 제18조제3항 후단에서 "대통령령이 정하는 경미한 변경"이라 함은 철도산업구조개혁기본계획 추진기간의 1년의 기간내에서의 변경을 말한다.	
⑤관계행정기관의 장은 수립·고시된 구조개혁계획에 따라 연도별 시행계획을 수립·추진하고, 그 연도의 계획 및 전년도의 추진실적을 국토교통부장관에게 제출하여야 한다.〈개정 08·2·29, 13·3·23〉 ⑥제5항의 규정에 의한 연도별 시행계획의 수립 및 시행 등에 관하여 필요한 사항은 대통령령으로 정한다. 제19조(관리청) ①철도의 관리청은 국토교통부장관으로 한다.〈개정 08·2·29, 13·3·23〉	제27조(철도산업구조개혁시행계획의 수립절차 등) ①관계행정기관의 장은 법 제18조제5항의 규정에 의한 당해 연도의 시행계획을 전년도 11월말까지 국토교통부장관에게 제출하여야 한다.〈개정 08·2·29, 13·3·23〉 ②관계행정기관의 장은 전년도 시행계획의 추진실적을 매년 2월말까지 국토교통부장관에게 제출하여야 한다.〈개정 08·2·29, 13·3·23〉	
②국토교통부장관은 이 법과 그 밖의 철도에 관한 법률에 규정된 철도시설의 건설 및 관리 등에 관한 그의 업무의 일부를 대통령령이 정하는 바에 의하여 제20조제3항의 규정에 의하여 설립되는 한국철도시설공단으로 하여금 대행하게 할 수 있다. 이 경우 대행하는 업무의 범위·권한의 내용 등에 관하여 필요한 사항은 대통령령으로 정한다.〈개정 08·2·29, 13·3·23〉	제28조(관리청 업무의 대행범위) 국토교통부장관이 법 제19조제2항의 규정에 의하여 한국철도시설공단으로 하여금 대행하게 하는 경우 그 대행업무는 다음 각호와 같다.〈개정 08·2·29, 13·3·23〉 1. 국가가 추진하는 철도시설 건설사업의 집행 2. 국가 소유의 철도시설에 대한 사용료 징수 등 관리업무의 집행 3. 철도시설의 안전유지, 철도시설과 이를 이용하	

법	시행령	시행규칙
③제20조제3항의 규정에 의하여 설립되는 한국철도시설공단은 제2항의 규정에 의하여 국토교통부장관의 업무를 대행하는 경우에 그 대행하는 범위안에서 이 법과 그 밖의 철도에 관한 법률의 적용에 있어서는 그 철도의 관리청으로 본다.〈개정 08·2·29, 13·3·23〉 **제20조(철도시설)** ①철도산업의 구조개혁을 추진함에 있어서 철도시설은 국가가 소유하는 것을 원칙으로 한다. ②국토교통부장관은 철도시설에 대한 다음 각호의 시책을 수립·시행한다.〈개정 08·2·29, 13·3·23〉 1. 철도시설에 대한 투자 계획수립 및 재원조달 2. 철도시설의 건설 및 관리 3. 철도시설의 유지보수 및 적정한 상태유지 4. 철도시설의 안전관리 및 재해대책 5. 그 밖에 다른 교통시설과의 연계성확보 등 철도시설의 공공성 확보에 필요한 사항 ③국가는 철도시설 관련업무를 체계적이고 효율적으로 추진하기 위하여 그 집행조직으로서 철도청 및 고속철도건설공단의 관련 조직을 통·폐합하여 특별법에 의하여 한국철도시설공단(이하 "철도시설공단"이라 한다)을 설립한다. **제21조(철도운영)** ①철도산업의 구조개혁을 추진함에 있어서 철도운영 관련사업은 시장경제원리에 따라 국가외의 자가 영위하는 것을 원칙으로 한다. ②국토교통부장관은 철도운영에 대한 다음 각호의 시책을 수립·시행한다.〈개정 08·2·29, 13·3·23〉	는 철도차량간의 종합적인 성능검증·안전상태 점검 등 철도시설의 안전을 위하여 국토교통부장관이 정하는 업무 4. 그 밖에 국토교통부장관이 철도시설의 효율적인 관리를 위하여 필요하다고 인정한 업무	

법	시 행 령	시 행 규 칙
1. 철도운영부문의 경쟁력 강화 2. 철도운영서비스의 개선 3. 열차운영의 안전진단 등 예방조치 및 사고조사 등 철도운영의 안전확보 4. 공정한 경쟁여건의 조성 5. 그 밖에 철도이용자 보호와 열차운행원칙 등 철도운영에 필요한 사항 ③국가는 철도운영 관련사업을 효율적으로 경영하기 위하여 철도청 및 고속철도건설공단의 관련 조직을 전환하여 특별법에 의하여 한국철도공사(이하 "철도공사"라 한다)를 설립한다. 제2절 자산 · 부채 및 인력의 처리 제22조(철도자산의 구분 등) ①국토교통부장관은 철도산업의 구조개혁을 추진함에 있어서 철도청과 고속철도건설공단의 철도자산을 다음 각호와 같이 구분하여야 한다.〈개정 08 · 2 · 29, 13 · 3 · 23〉 1. 운영자산 : 철도청과 고속철도건설공단이 철도운영 등을 주된 목적으로 취득하였거나 관련 법령 및 계약 등에 의하여 취득하기로 한 재산 · 시설 및 그에 관한 권리 2. 시설자산 : 철도청과 고속철도건설공단이 철도의 기반이 되는 시설의 건설 및 관리를 주된 목적으로 취득하였거나 관련 법령 및 계약 등에 의하여 취득하기로 한 재산 · 시설 및 그에 관한 권리		

법	시행령	시행규칙
3. 기타자산 : 제1호 및 제2호의 철도자산을 제외한 자산 ②국토교통부장관은 제1항의 규정에 의하여 철도자산을 구분하는 때에는 기획재정부장관과 미리 협의하여 그 기준을 정한다.〈개정 08·2·29, 13·3·23〉		
제23조(철도자산의 처리) ①국토교통부장관은 대통령령이 정하는 바에 의하여 철도산업의 구조개혁을 추진하기 위한 철도자산의 처리계획(이하 "철도자산처리계획"이라 한다)을 위원회의 심의를 거쳐 수립하여야 한다.〈개정 08·2·29, 13·3·23〉 ②국가는 국유재산법의 규정에 불구하고 철도자산처리계획에 의하여 철도공사에 운영자산을 현물출자한다. ③철도공사는 제2항의 규정에 의하여 현물출자받은 운영자산과 관련된 권리와 의무를 포괄하여 승계한다.	제29조(철도자산처리계획의 내용) 법 제23조제1항의 규정에 의한 철도자산처리계획에는 다음 각호의 사항이 포함되어야 한다.〈개정 08·2·29, 13·3·23〉 1. 철도자산의 개요 및 현황에 관한 사항 2. 철도자산의 처리방향에 관한 사항 3. 철도자산의 구분기준에 관한 사항 4. 철도자산의 인계·이관 및 출자에 관한 사항 5. 철도자산처리의 추진일정에 관한 사항 6. 그 밖에 국토교통부장관이 철도자산의 처리를 위하여 필요하다고 인정하는 사항	
④국토교통부장관은 철도자산처리계획에 의하여 철도청장으로부터 다음 각호의 철도자산을 이관받으며, 그 관리업무를 철도시설공단, 철도공사, 관련 기관 및 단체 또는 대통령령이 정하는 민간법인에 위탁하거나 그 자산을 사용·수익하게 할 수 있다.〈개정 08·2·29, 13·3·23〉 1. 철도청의 시설자산(건설중인 시설자산을 제외한다) 2. 철도청의 기타자산 ⑤철도시설공단은 철도자산처리계획에 의하여 다음	제30조(철도자산 관리업무의 민간위탁계획) ①법 제23조제4항 각호외의 부분에서 "대통령령이 정하는 민간법인"이라 함은 민법에 의하여 설립된 비영리법인과 상법에 의하여 설립된 주식회사를 말한다. ②국토교통부장관은 법 제23조제4항의 규정에 의하여 철도자산의 관리업무를 민간법인에 위탁하고자 하는 때에는 위원회의 심의를 거쳐 민간위탁계획을 수립하여야 한다.〈개정 08·2·29, 13·3·23〉 ③제2항의 규정에 의한 민간위탁계획에는 다음 각호의 사항이 포함되어야 한다.	

법	시 행 령	시 행 규 칙
각호의 철도자산과 그에 관한 권리와 의무를 포괄하여 승계한다. 이 경우 제1호 및 제2호의 철도자산이 완공된 때에는 국가에 귀속된다. 1. 철도청이 건설중인 시설자산 2. 고속철도건설공단이 건설중인 시설자산 및 운영자산 3. 고속철도건설공단의 기타자산	1. 위탁대상 철도자산 2. 위탁의 필요성 · 범위 및 효과 3. 수탁기관의 선정절차 ④국토교통부장관이 제2항의 규정에 의하여 민간위탁계획을 수립한 때에는 이를 고시하여야 한다.〈개정 08 · 2 · 29, 13 · 3 · 23〉 **제31조(민간위탁계약의 체결)** ①국토교통부장관은 법 제23조제4항의 규정에 의하여 철도자산의 관리업무를 위탁하고자 하는 때에는 제30조제4항의 규정에 의하여 고시된 민간위탁계획에 따라 사업계획을 제출한 자중에서 당해 철도자산을 관리하기에 적합하다고 인정되는 자를 선정하여 위탁계약을 체결하여야 한다.〈개정 08 · 2 · 29, 13 · 3 · 23〉 ②제1항의 규정에 의한 위탁계약에는 다음 각호의 사항이 포함되어야 한다.〈개정 08 · 2 · 29, 13 · 3 · 23〉 1. 위탁대상 철도자산 2. 위탁대상 철도자산의 관리에 관한 사항 3. 위탁계약기간(계약기간의 수정 · 갱신 및 위탁계약의 해지에 관한 사항을 포함한다) 4. 위탁대가의 지급에 관한 사항 5. 위탁업무에 대한 관리 및 감독에 관한 사항 6. 위탁업무의 재위탁에 관한 사항 7. 그 밖에 국토교통부장관이 필요하다고 인정하는 사항	
⑥철도청장 또는 고속철도건설공단이사장이 제2항 내지 제5항의 규정에 의하여 철도자산의 인계 · 이관 등을 하고자 하는 때에는 그에 관한 서	**제32조(철도자산의 인계 · 이관 등의 절차 및 시기)** ①철도청장 또는 한국고속철도건설공단이사장은 법 제23조제6항의 규정에 의하여 철도자	

법	시 행 령	시 행 규 칙
류를 작성하여 국토교통부장관의 승인을 얻어야 한다.〈개정 08・2・29, 13・3・23〉 ⑦제6항의 규정에 의한 철도자산의 인계・이관 등의 시기와 당해 철도자산 등의 평가방법 및 평가기준일 등에 관한 사항은 대통령령으로 정한다.	산의 인계・이관 등에 관한 승인을 얻고자 하는 때에는 인계・이관 자산의 범위・목록 및 가액이 기재된 승인신청서에 인계・이관에 필요한 서류를 첨부하여 국토교통부장관에게 제출하여야 한다.〈개정 08・2・29, 13・3・23〉 ②법 제23조제7항의 규정에 의한 철도자산의 인계・이관 등의 시기는 다음 각호와 같다.〈개정 08・2・29, 13・3・23〉 1. 한국철도공사가 법 제23조제2항의 규정에 의한 철도자산을 출자받는 시기 : 한국철도공사의 설립등기일 2. 국토교통부장관이 법 제23조제4항의 규정에 의한 철도자산을 이관받는 시기 : 2004년 1월 1일 3. 한국철도시설공단이 법 제23조제5항의 규정에 의한 철도자산을 인계받는 시기 : 2004년 1월 1일 ③인계・이관 등의 대상이 되는 철도자산의 평가기준일은 제2항의 규정에 의한 인계・이관 등을 받는 날의 전일로 한다. 다만, 법 제23조제2항의 규정에 의하여 한국철도공사에 출자되는 철도자산의 평가기준일은 「국유재산법」이 정하는 바에 의한다.〈개정 09・7・27〉 ④인계・이관 등의 대상이 되는 철도자산의 평가가액은 제3항의 규정에 의한 평가기준일의 자산의 장부가액으로 한다. 다만, 법 제23조제2항의 규정에 의하여 한국철도공사에 출자되는 철도자산의 평가방법은 「국유재산법」이 정하는 바에 의한다.〈개정 09・7・27〉	

법	시 행 령	시 행 규 칙
제24조(철도부채의 처리) ①국토교통부장관은 기획재정부장관과 미리 협의하여 철도청과 고속철도건설공단의 철도부채를 다음 각호로 구분하여야 한다. 〈개정 06·12·30, 08·2·29, 13·3·23〉 1. 운영부채 : 제22조제1항제1호의 규정에 의한 운영자산과 직접 관련된 부채 2. 시설부채 : 제22조제1항제2호의 규정에 의한 시설자산과 직접 관련된 부채 3. 기타부채 : 제1호 및 제2호의 철도부채를 제외한 부채로서 철도사업특별회계가 부담하고 있는 철도부채중 공공자금관리기금에 대한 부채 ②운영부채는 철도공사가, 시설부채는 철도시설공단이 각각 포괄하여 승계하고, 기타부채는 일반회계가 포괄하여 승계한다.		
③제1항 및 제2항의 규정에 의하여 철도청장 또는 고속철도건설공단이사장이 철도부채를 인계하고자 하는 때에는 인계에 관한 서류를 작성하여 국토교통부장관의 승인을 얻어야 한다.〈개정 08·2·29, 13·3·23〉	제33조(철도부채의 인계절차 및 시기) ①철도청장 또는 한국고속철도건설공단이사장이 법 제24조제3항의 규정에 의하여 철도부채의 인계에 관한 승인을 얻고자 하는 때에는 인계 부채의 범위·목록 및 가액이 기재된 승인신청서에 인계에 필요한 서류를 첨부하여 국토교통부장관에게 제출하여야 한다.〈개정 08·2·29, 13·3·23〉	
④제3항의 규정에 의하여 철도부채를 인계하는 시기와 인계하는 철도부채 등의 평가방법 및 평가기준일 등에 관한 사항은 대통령령으로 정한다.	②법 제24조제4항의 규정에 의한 철도부채의 인계시기는 다음 각호와 같다. 1. 한국철도공사가 법 제24조제2항의 규정에 의하여 운영부채를 인계받는 시기 : 한국철도공사의 설립등기일	

법	시 행 령	시 행 규 칙
제25조(고용승계 등) ①철도공사 및 철도시설공단은 철도청 직원중 공무원 신분을 계속 유지하는 자를 제외한 철도청 직원 및 고속철도건설공단 직원의 고용을 포괄하여 승계한다. ②국가는 제1항의 규정에 의하여 철도청 직원중 철도공사 및 철도시설공단 직원으로 고용이 승계되는 자에 대하여는 근로여건 및 퇴직급여의 불이익이 발생하지 않도록 필요한 조치를 한다. 제3절 철도시설관리권 등 제26조(철도시설관리권) ①국토교통부장관은 철도시설을 관리하고 그 철도시설을 사용하거나 이용하는 자로부터 사용료를 징수할 수 있는 권리(이하 "철도시설관리권"이라 한다)를 설정할 수 있다.〈개정 08·2·29, 13·3·23〉 ②제1항의 규정에 의하여 철도시설관리권의 설정을 받은 자는 대통령령이 정하는 바에 따라 국토	2. 한국철도시설공단이 법 제24조제2항의 규정에 의하여 시설부채를 인계받는 시기 : 2004년 1월 1일 3. 일반회계가 법 제24조제2항의 규정에 의하여 기타부채를 인계받는 시기 : 2004년 1월 1일 ③인계하는 철도부채의 평가기준일은 제2항의 규정에 의한 인계일의 전일로 한다. ④인계하는 철도부채의 평가가액은 평가기준일의 부채의 장부가액으로 한다.	

<table>
<tr><th>법</th><th>시 행 령</th><th>시 행 규 칙</th></tr>
<tr><td>해양부장관에게 등록하여야 한다. 등록한 사항을 변경하고자 하는 때에도 또한 같다.〈개정 08 · 2 · 29〉
제27조(철도시설관리권의 성질) 철도시설관리권은 이를 물권으로 보며, 이 법에 특별한 규정이 있는 경우를 제외하고는 민법중 부동산에 관한 규정을 준용한다.
제28조(저당권 설정의 특례) 저당권이 설정된 철도시설관리권은 그 저당권자의 동의가 없으면 처분할 수 없다.
제29조(권리의 변동) ①철도시설관리권 또는 철도시설관리권을 목적으로 하는 저당권의 설정 · 변경 · 소멸 및 처분의 제한은 국토교통부에 비치하는 철도시설관리권등록부에 등록함으로써 그 효력이 발생한다.〈개정 08 · 2 · 29, 13 · 3 · 23〉
②제1항의 규정에 의한 철도시설관리권의 등록에 관하여 필요한 사항은 대통령령으로 정한다.
제30조(철도시설 관리대장) ①철도시설을 관리하는 자는 그가 관리하는 철도시설의 관리대장을 작성 · 비치하여야 한다.
②철도시설 관리대장의 작성 · 비치 및 기재사항 등에 관하여 필요한 사항은 국토교통부령으로 정한다.〈개정 08 · 2 · 29, 13 · 3 · 23〉</td><td></td><td>제4조(철도시설관리대장의 작성) ①법 제30조의 규정에 의한 철도시설관리대장은 철도노선별로 작성하되, 다음 각호의 사항을 기재하여야 한다.
1. 철도노선 및 철도시설의 현황 및 도면
2. 철도시설의 신설 · 증설 · 개량 등의 변동현황
3. 그 밖에 철도시설의 관리를 위하여 필요한 사항
②제1항제1호의 규정에 의한 도면중 평면도는 철도시설 브근의 지형 · 방위 · 해발고도 등을 표시하여 축척 1,200분의</td></tr>
</table>

법	시 행 령	시 행 규 칙
		1로 작성하되, 다음 각호의 사항을 기재하여야 한다. 1. 철도시설 및 그 경계선 2. 행정구역의 명칭 및 경계선 3. 철도시설의 위치 및 배치현황 4. 도로·공항·항만 등 철도접근교통시설 5. 철도주변의 장애물 분포현황 6. 그 밖에 철도시설의 관리를 위하여 필요한 사항
제31조(철도시설 사용료) ①철도시설을 사용하고자 하는 자는 대통령령이 정하는 바에 따라 관리청의 허가를 받거나 철도시설관리자와 시설사용계약을 체결하거나 그 시설사용계약을 체결한 자(이하 "시설사용계약자"라 한다)의 승낙을 얻어 사용할 수 있다. ②철도시설관리자 또는 시설사용계약자는 제1항의 규정에 의하여 철도시설을 사용하는 자로부터 사용료를 징수할 수 있다. 다만, 대통령령이 정하는 바에 의하여 그 사용료의 전부 또는 일부를 면제할 수 있다. ③제2항의 규정에 의한 철도시설 사용료를 징수함에 있어 철도의 사회경제적 편익과 다른 교통수단과의 형평성 등이 고려되어야 한다. ④철도시설 사용료의 징수기준 및 절차 등에 관하여 필요한 사항은 대통령령으로 정한다.	**제34조(철도시설의 사용허가)** 법 제31조제1항의 규정에 의한 관리청의 허가의 기준·절차·내용 등에 관한 사항은 국유재산법의 규정에 의한다. **제35조(철도시설의 사용계약)** ①법 제31조제1항의 규정에 의한 철도시설의 사용계약에는 다음 각호의 사항이 포함되어야 한다. 1. 사용기간·대상시설·사용조건 및 사용료 2. 대상시설의 제3자에 대한 사용승낙의 범위·조건 3. 상호책임 및 계약위반시 조치사항 4. 분쟁 발생시 조정절차 5. 비상사태 발생시 조치 6. 계약의 갱신에 관한 사항 7. 계약내용에 대한 비밀누설금지에 관한 사항 ②법 제3조제2호 가목 내지 라목의 철도시설(이하 "선로등"이라 한다)에 대한 법 제31조제1항의 규정에 의한 사용계약(이하 "선로등사용계약"이라 한다)은 당해 선로등을 여객 또는 화물운송을 목적으로 사용하고자 하는 경우에 한한다. 이 경우	

법	시 행 령	시 행 규 칙
	그 사용기간은 5년을 초과할 수 없다. ③선로등에 대한 제1항제1호의 규정에 의한 사용조건에는 다음 각호의 사항이 포함되어야 한다. 다만, 제24조제1항의 규정에 의한 선로배분지침에 위반되는 내용이어서는 아니된다. 1. 투입되는 철도차량의 종류 및 길이 2. 철도차량의 일일운행횟수 · 운행개시시각 · 운행종료시각 및 운행간격 3. 출발역 · 정차역 및 종착역 4. 철도운영의 안전에 관한 사항 5. 철도여객 또는 화물운송서비스의 수준 ④철도시설관리자는 법 제31조제1항의 규정에 의하여 사용계약에 의하여 철도시설을 사용하게 하고자 하는 경우에는 미리 그 사실을 공고하여야 한다. **제36조(선로등의 사용료)** ①철도시설관리자는 제35조제1항제1호의 규정에 의한 선로 등의 사용료를 정하는 때에는 다음 각호의 한도를 초과하지 아니하는 범위안에서 선로등의 유지보수비용 등 관련비용을 회수할 수 있도록 하여야 한다. 다만, 「사회기반시설에 대한 민간투자법」 제26조의 규정에 의하여 사회기반시설관리운영권을 설정받은 철도시설관리자는 「사회기반시설에 대한 민간투자법」의 규정에 따라 선로등의 사용료를 정하여야 한다.〈개정 05 · 3 · 8〉 1. 국가 또는 지방자치단체가 건설사업비의 전액을 부담한 선로등 : 당해 선로등에 대한 유지보수비용의 총액 2. 제1호의 규정에 의한 선로등외의 선로등 : 당	

법	시 행 령	시 행 규 칙
	해 선로등에 대한 유지보수비용 총액과 총건설사업비(조사비·설계비·공사비·보상비 및 그 밖에 건설에 소요된 비용의 합계액에서 국가·지방자치단체 또는 법 제37조제1항의 규정에 의하여 수익자가 부담한 비용을 제외한 금액을 말한다)의 합계액 ②철도시설관리자는 제1항 각호외의 부분 본문의 규정에 의하여 선로등의 사용료를 정하는 때에는 다음 각호의 사항을 고려할 수 있다. 1. 선로등급·선로용량 등 선로등의 상태 2. 운행하는 철도차량의 종류 및 중량 3. 철도차량의 운행시간대 및 운행횟수 4. 철도사고의 발생빈도 및 정도 5. 철도서비스의 수준 6. 철도관리의 효율성 및 공익성 ③철도시설관리자는 국가 또는 지방자치단체가 직접 공용·공공용 또는 비영리공익사업용으로 선로등을 사용하고자 하는 경우에는 법 제31조제2항 단서의 규정에 의하여 선로등의 사용료의 전부 또는 일부를 면제할 수 있다.	
	제37조(선로등사용계약 체결의 절차) ①제35조제2항의 규정에 의한 선로등사용계약을 체결하고자 하는 자(이하 "사용신청자"라 한다)는 선로등의 사용목적을 기재한 선로등사용계약신청서에 다음 각호의 서류를 첨부하여 철도시설관리자에게 제출하여야 한다. 1. 철도여객 또는 화물운송사업의 자격을 증명할 수 있는 서류	제5조(선로등사용계약신청서) 철도산업발전기본법시행령(이하 "영"이라 한다) 제37조제1항의 규정에 의한 선로등사용계약신청서는 별지 제1호서식에 의한다.

법	시 행 령	시 행 규 칙
	2. 철도여객 또는 화물운송사업계획서 3. 철도차량 · 운영시설의 규격 및 안전성을 확인할 수 있는 서류 ②철도시설관리자는 제1항의 규정에 의하여 선로등사용계약신청서를 제출받은 날부터 1월 이내에 사용신청자에게 선로등사용계약의 체결에 관한 협의일정을 통보하여야 한다. ③철도시설관리자는 사용신청자가 철도시설에 관한 자료의 제공을 요청하는 경우에는 특별한 이유가 없는 한 이에 응하여야 한다. ④철도시설관리자는 사용신청자와 선로등사용계약을 체결하고자 하는 경우에는 미리 국토교통부장관의 승인을 받아야 한다. 선로등사용계약의 내용을 변경하는 경우에도 또한 같다.〈개정 08 · 2 · 29, 13 · 3 · 23〉 제38조(선로등사용계약의 갱신) ①선로등사용계약을 체결하여 선로등을 사용하고 있는 자(이하 "선로등사용계약자"라 한다)는 그 선로등을 계속하여 사용하고자 하는 경우에는 사용기간이 만료되기 10월전까지 선로등사용계약의 갱신을 신청하여야 한다. ②철도시설관리자는 제1항의 규정에 의하여 선로등사용계약자가 선로등사용계약의 갱신을 신청한 때에는 특별한 사유가 없는 한 그 선로등의 사용에 관하여 우선적으로 협의하여야 한다. 이 경우 제35조제4항의 규정은 이를 적용하지 아니한다. ③제35조제1항 내지 제3항, 제36조 및 제37조의 규정은 선로등사용계약의 갱신에 관하여 이를 준용한다.	

<table>
<tr><th>법</th><th>시행령</th><th>시행규칙</th></tr>
<tr><td></td><td>제39조(철도시설의 사용승낙) ①제35조제1항의 규정에 의한 철도시설의 사용계약을 체결한 자(이하 이 조에서 "시설사용계약자"라 한다)는 그 사용계약을 체결한 철도시설의 일부에 대하여 법 제31조제1항의 규정에 의하여 제3자에게 그 사용을 승낙할 수 있다. 이 경우 철도시설관리자와 미리 협의하여야 한다.
②시설사용계약자는 제1항의 규정에 의하여 제3자에게 사용승낙을 한 경우에는 그 내용을 철도시설관리자에게 통보하여야 한다.</td><td></td></tr>
<tr><td>제4절 공익적 기능의 유지

제32조(공익서비스비용의 부담) ①철도운영자의 공익서비스 제공으로 발생하는 비용(이하 "공익서비스비용"이라 한다)은 대통령령이 정하는 바에 따라 국가 또는 당해 철도서비스를 직접 요구한 자(이하 "원인제공자"라 한다)가 부담하여야 한다.
②원인제공자가 부담하는 공익서비스비용의 범위는 다음 각호와 같다.
1. 철도운영자가 다른 법령에 의하거나 국가정책 또는 공공목적을 위하여 철도운임·요금을 감면할 경우 그 감면액
2. 철도운영자가 경영개선을 위한 적절한 조치를 취하였음에도 불구하고 철도이용수요가 적어 수지균형의 확보가 극히 곤란하여 벽지의 노선 또는 역의 철도서비스를 제한 또는 중지하여야 되는 경우로서 공익목적을 위하여 기초적인 철</td><td>제40조(공익서비스비용 보상예산의 확보) ①철도운영자는 매년 3월말까지 국가가 법 제32조제1항의 규정에 의하여 다음 연도에 부담하여야 하는 공익서비스비용(이하 "국가부담비용"이라 한다)의 추정액, 당해 공익서비스의 내용 그 밖의 필요한 사항을 기재한 국가부담비용추정서를 국토교통부장관에게 제출하여야 한다. 이 경우 철도운영자가 국가부담비용의 추정액을 산정함에 있어서는 법 제33조제1항의 규정에 의한 보상계약 등을 고려하여야 한다.〈개정 08·2·29, 13·3·23〉
②국토교통부장관은 제1항의 규정에 의하여 국가부담비용추정서를 제출받은 때에는 관계행정기관의 장과 협의하여 다음 연도의 국토교통부소관 일반회계에 국가부담비용을 계상하여야 한다.〈개정 08·2·29, 13·3·23〉</td><td></td></tr>
</table>

법	시 행 령	시 행 규 칙
도서비스를 계속함으로써 발생되는 경영손실 3. 철도운영자가 국가의 특수목적사업을 수행함으로써 발생되는 비용	③국토교통부장관은 제2항의 규정에 의한 국가부담비용을 정하는 때에는 제1항의 규정에 의한 국가부담비용의 추정액, 전년도에 부담한 국가부담비용, 관련법령의 규정 또는 법 제33조제1항의 규정에 의한 보상계약 등을 고려하여야 한다.〈개정 08 · 2 · 29, 13 · 3 · 23〉 제41조(국가부담비용의 지급) ①철도운영자는 국가부담비용의 지급을 신청하고자 하는 때에는 국토교통부장관이 지정하는 기간내에 국가부담비용지급신청서에 다음 각호의 서류를 첨부하여 국토교통부장관에게 제출하여야 한다.〈개정 08 · 2 · 29, 13 · 3 · 23〉 1. 국가부담비용지급신청액 및 산정내역서 2. 당해 연도의 예상수입 · 지출명세서 3. 최근 2년간 지급받은 국가부담비용내역서 4. 원가계산서 ②국토교통부장관은 제1항의 규정에 의하여 국가부담비용지급신청서를 제출받은 때에는 이를 검토하여 매 반기마다 반기초에 국가부담비용을 지급하여야 한다.〈개정 08 · 2 · 29, 13 · 3 · 23〉	
	제42조(국가부담비용의 정산) ①제41조제2항의 규정에 의하여 국가부담비용을 지급받은 철도운영자는 당해 반기가 끝난 후 30일 이내에 국가부담비용정산서에 다음 각호의 서류를 첨부하여 국토교통부장관에게 제출하여야 한다.〈개정 08 · 2 · 29, 13 · 3 · 23〉 1. 수입 · 지출명세서 2. 수입 · 지출증빙서류	제6조(국가부담비용정산서) 영 제42조제1항의 규정에 의한 국가부담비용정산서는 별지 제2호서식에 의한다.

법	시행령	시행규칙
제33조(공익서비스 제공에 따른 보상계약의 체결) ①원인제공자는 철도운영자와 공익서비스비용의 보상에 관한 계약(이하 "보상계약"이라 한다)을 체결하여야 한다. ②제1항의 규정에 의한 보상계약에는 다음 각호의 사항이 포함되어야 한다. 1. 철도운영자가 제공하는 철도서비스의 기준과 내용에 관한 사항 2. 공익서비스 제공과 관련하여 원인제공자가 부담하여야 하는 보상내용 및 보상방법 등에 관한 사항 3. 계약기간 및 계약기간의 수정·갱신과 계약의 해지에 관한 사항 4. 그 밖에 원인제공자와 철도운영자가 필요하다고 합의하는 사항	3. 그 밖에 현금흐름표 등 회계관련 서류 ②국토교통부장관은 제1항의 규정에 의하여 국가부담비용정산서를 제출받은 때에는 법 제33조제4항의 규정에 의한 전문기관 등으로 하여금 이를 확인하게 할 수 있다.〈개정 08·2·29, 13·3·23〉 제43조(회계의 구분 등) ①국가부담비용을 지급받는 철도운영자는 법 제32조제2항제2호의 규정에 의한 노선 및 역에 대한 회계를 다른 회계와 구분하여 경리하여야 한다. ②국가부담비용을 지급받는 철도운영자의 회계연도는 정부의 회계연도에 따른다.	

법	시 행 령	시 행 규 칙
③원인제공자는 철도운영자와 보상계약을 체결하기 전에 계약내용에 관하여 국토교통부장관 및 기획재정부장관과 미리 협의하여야 한다.〈개정 08·2·29, 13·3·23〉 ④국토교통부장관은 공익서비스비용의 객관성과 공정성을 확보하기 위하여 필요한 때에는 국토교통부령이 정하는 바에 의하여 전문기관을 지정하여 그 기관으로 하여금 공익서비스비용의 산정 및 평가 등의 업무를 담당하게 할 수 있다.〈개정 08·2·29, 13·3·23〉 ⑤보상계약체결에 관하여 원인제공자와 철도운영자의 협의가 성립되지 아니하는 때에는 원인제공자 또는 철도운영자의 신청에 의하여 위원회가 이를 조정할 수 있다.		제7조(전문기관의 지정) ①법 제33조제4항의 규정에 의한 전문기관으로 지정될 수 있는 기관은 다음 각호와 같다. 1. 주식회사의외부감사에관한법률 제3조의 규정에 의한 감사인의 자격이 있는 회계법인 2. 정부출연연구기관등의설립·운영및육성에관한법률에 의한 정부출연연구기관중 교통관련 연구기관 ②국토교통부장관은 공익서비스비용의 산정·평가 등의 업무의 객관성을 제고하기 위하여 필요한 경우에는 제1항 각호의 규정에 의한 기관중에서 2 이상의 기관을 지정하여 공동으로 그 업무를 수행하도록 할 수 있다.〈개정 08·3·14, 13·3·23〉
제34조(특정노선 폐지 등의 승인) ①철도시설관리자와 철도운영자(이하 "승인신청자"라 한다)는 다음 각호의 1에 해당하는 경우에 국토교통부장관의 승인을 얻어 특정노선 및 역의 폐지와 관련 철도서비스의 제한 또는 중지 등 필요한 조치를 취할 수 있다.〈개정 08·2·29, 13·3·23〉 1. 승인신청자가 철도서비스를 제공하고 있는 노		

법	시 행 령	시 행 규 칙
선 또는 역에 대하여 철도의 경영개선을 위한 적절한 조치를 취하였음에도 불구하고 수지균형의 확보가 극히 곤란하여 경영상 어려움이 발생한 경우 2. 제33조의 규정에 의한 보상계약체결에도 불구하고 공익서비스비용에 대한 적정한 보상이 이루어지지 아니한 경우 3. 원인제공자가 공익서비스비용을 부담하지 아니한 경우 4. 원인제공자가 제33조제5항의 규정에 의한 조정에 따르지 아니한 경우 ②승인신청자는 다음 각호의 사항이 포함된 승인신청서를 국토교통부장관에게 제출하여야 한다. 〈개정 08·2·29, 13·3·23〉 1. 폐지하고자 하는 특정 노선 및 역 또는 제한·중지하고자 하는 철도서비스의 내용 2. 특정 노선 및 역을 계속 운영하거나 철도서비스를 계속 제공하여야 할 경우의 원인제공자의 비용부담 등에 관한 사항 3. 그 밖에 특정 노선 및 역의 폐지 또는 철도서비스의 제한·중지 등과 관련된 사항	**제44조(특정노선 폐지 등의 승인신청서의 첨부서류)** 철도시설관리자와 철도운영자가 법 제34조제2항의 규정에 의하여 국토교통부장관에게 승인신청서를 제출하는 때에는 다음 각호의 사항을 기재한 서류를 첨부하여야 한다.〈개정 08·2·29, 13·3·23〉 1. 승인신청 사유 2. 등급별·시간대별 철도차량의 운행빈도, 역수, 종사자수 등 운영현황 3. 과거 6월 이상의 기간 동안의 1일 평균 철도서비스 수요 4. 과거 1년 이상의 기간 동안의 수입·비용 및 영업손실액에 관한 회계보고서 5. 향후 5년 동안의 1일 평균 철도서비스 수요에 대한 전망 6. 과거 5년 동안의 공익서비스비용의 전체규모	

법	시 행 령	시 행 규 칙
	및 법 제32조제1항의 규정에 의한 원인제공자가 부담한 공익서비스 비용의 규모 7. 대체수송수단의 이용가능성 **제45조(실태조사)** ①국토교통부장관은 법 제34조제2항의 규정에 의한 승인신청을 받은 때에는 당해 노선 및 역의 운영현황 또는 철도서비스의 제공현황에 관하여 실태조사를 실시하여야 한다.〈개정 08·2·29, 13·3·23〉 ②국토교통부장관은 필요한 경우에는 관계 지방자치단체 또는 관련 전문기관을 제1항의 규정에 의한 실태조사에 참여시킬 수 있다.〈개정 08·2·29, 13·3·23〉 ③국토교통부장관은 제1항의 규정에 의한 실태조사의 결과를 위원회에 보고하여야 한다.〈개정 08·2·29, 13·3·23〉	
③국토교통부장관은 제2항의 규정에 의하여 승인신청서가 제출된 경우 원인제공자 및 관계 행정기관의 장과 협의한 후 위원회의 심의를 거쳐 승인여부를 결정하고 그 결과를 승인신청자에게 통보하여야 한다. 이 경우 승인하기로 결정된 때에는 그 사실을 관보에 공고하여야 한다.〈개정 08·2·29, 13·3·23〉 ④국토교통부장관 또는 관계행정기관의 장은 승인신청자가 제1항의 규정에 의하여 특정 노선 및 역을 폐지하거나 철도서비스의 제한·중지 등의 조치를 취하고자 하는 때에는 대통령령이 정하는 바에 의하여 대체수송수단의 마련 등 필요한 조치를 하여야 한다.〈개정 08·2·29, 13·3·23〉	**제46조(특정노선 폐지 등의 공고)** 국토교통부장관은 법 제34조제3항의 규정에 의하여 승인을 한 때에는 그 승인이 있은 날부터 1월 이내에 폐지되는 특정노선 및 역 또는 제한·중지되는 철도서비스의 내용과 그 사유를 국토교통부령이 정하는 바에 따라 공고하여야 한다.〈개정 08·2·29, 13·3·23〉 **제47조(특정노선 폐지 등에 따른 수송대책의 수립)** 국토교통부장관 또는 관계행정기관의 장은 특정노선 및 역의 폐지 또는 철도서비스의 제한·중지 등의 조치로 인하여 영향을 받는 지역중에서 대체수송수단이 없거나 현저히 부족하여 수송서비스에 심각한 지장이 초래되는 지역에 대하여는	**제8조(특정노선 폐지 등의 공고)** 영 제46조의 규정에 의한 공고는 관보 또는 정기간행물의등록등에관한법률 제7조제1항의 규정에 의하여 보급지역을 전국으로 하여 등록한 2 이상의 일반일간신문에 게재하는 방법에 의한다.

법	시 행 령	시 행 규 칙
	법 제34조제4항의 규정에 의하여 다음 각호의 사항이 포함된 수송대책을 수립·시행하여야 한다.〈개정 08·2·29, 13·3·23〉 1. 수송여건 분석 2. 대체수송수단의 운행횟수 증대, 노선조정 또는 추가투입 3. 대체수송에 필요한 재원조달 4. 그 밖에 수송대책의 효율적 시행을 위하여 필요한 사항	
	제48조(철도서비스의 제한 또는 중지에 따른 신규운영자의 선정) ①국토교통부장관은 철도운영자인 승인신청자(이하 이 조에서 "기존운영자"라 한다)가 법 제34조제1항의 규정에 의하여 제한 또는 중지하고자 하는 특정 노선 및 역에 관한 철도서비스를 새로운 철도운영자(이하 이 조에서 "신규운영자"라 한다)로 하여금 제공하게 하는 것이 타당하다고 인정하는 때에는 법 제34조제4항의 규정에 의하여 신규운영자를 선정할 수 있다.〈개정 08·2·29, 13·3·23〉 ②국토교통부장관은 제1항의 규정에 의하여 신규운영자를 선정하고자 하는 때에는 법 제32조제1항의 규정에 의한 원인제공자와 협의하여 경쟁에 의한 방법으로 신규운영자를 선정하여야 한다.〈개정 08·2·29, 13·3·23〉 ③원인제공자는 신규운영자와 법 제33조의 규정에 의한 보상계약을 체결하여야 하며, 기존운영자는 당해 철도서비스 등에 관한 인수인계서류를	제9조(신규철도운영자선정계획의 공고) ①국토교통부장관은 영 제48조제1항의 규정에 의하여 새로운 철도운영자(이하 "신규운영자"라 한다)를 선정하고자 하는 경우에는 위원회의 심의를 거쳐 수립한 신규운영자선정계획을 관보 또는 정기간행물의 등록등에관한법률 제7조제1항의 규정에 의하여 보급지역을 전국으로 하여 등록한 2이상의 일반일간신문에 공고하여야 한다.〈개정 08·3·14, 13·3·23〉 ②제1항의 규정에 의한 신규운영자선정계획에는 다음 각호의 사항이 포함되어야 한다.〈개정 13·3·23〉 1. 대상 특정 노선 또는 역과 철도서비스의 내용〈개정 08·3·14〉 2. 신규운영자의 선정사유 3. 신규운영자의 선정방법 및 절차

법	시　행　령	시　행　규　칙
	작성하여 신규운영자에게 제공하여야 한다. ④제2항 및 제3항의 규정에 의한 신규운영자 선정의 구체적인 방법, 인수인계절차 그 밖의 필요한 사항은 국토교통부령으로 정한다.〈개정 08 · 2 · 29, 13 · 3 · 23〉	4. 신규운영자에 대한 손실보상에 관한 사항 5. 계약기간 및 계약의 갱신에 관한 사항 6. 그 밖에 국토교통부장관이 필요하다고 인정하는 사항 제10조(신규운영자의 선정) ①제9조제1항의 규정에 의하여 공고된 신규운영자선정계획에 따라 당해 특정 노선 또는 역을 운영하고자 하는 자는 사업계획을 작성하여 국토교통부장관에게 신청하여야 한다.〈개정 08 · 3 · 14, 13 · 3 · 23〉 ②국토교통부장관은 제1항의 규정에 의하여 제출받은 사업계획을 검토한 후 당해 특정 노선 또는 역을 운영하기에 적합하다고 인정되는 자를 선정하여 영제35조제2항의 규정에 의한 선로등사용계약을 체결하여야 한다.〈개정 08 · 3 · 14, 13 · 3 · 23〉 제11조(신규운영자의 선정에 따른 인수인계) 영 제48조제1항의 규정에 의한 철도의 기존운영자는 동조제3항의 규정에 의하여 다음 각호의 사항이 포함된 인수인계서류를 작성하여 국토교통부장관의 확인을 받아 신규운영자에게 제공하여야 한다.〈개정 08 · 3 · 14, 13 · 3 · 23〉 1. 당해 철도서비스의 내용 2. 당해 특정 노선의 철도역 및 투입된

법	시행령	시행규칙
		철도차량 3. 그 밖에 철도차량의 보수·정비설비 등 당해 특정 노선의 운영에 사용된 설비 및 장비
제35조(승인의 제한 등) ①국토교통부장관은 제34조제1항 각호의 1에 해당되는 경우에도 다음 각호의 1에 해당하는 경우에는 동조제3항의 규정에 의한 승인을 하지 아니할 수 있다.〈개정 08·2·29, 13·3·23〉 1. 제34조의 규정에 의한 노선 폐지 등의 조치가 공익을 현저하게 저해한다고 인정하는 경우 2. 제34조의 규정에 의한 노선 폐지 등의 조치가 대체교통수단 미흡 등으로 교통서비스 제공에 중대한 지장을 초래한다고 인정하는 경우 ②국토교통부장관은 제1항 각호의 규정에 의하여 승인을 하지 아니함에 따라 철도운영자인 승인신청자가 경영상 중대한 영업손실을 받은 경우에는 그 손실을 보상할 수 있다.〈개정 08·2·29, 13·3·23〉		
제36조(비상사태시 처분) ①국토교통부장관은 천재·지변·전시·사변, 철도교통의 심각한 장애 그 밖에 이에 준하는 사태의 발생으로 인하여 철도서비스에 중대한 차질이 발생하거나 발생할 우려가 있다고 인정하는 경우에는 필요한 범위안에서 철도시설관리자·철도운영자 또는 철도이용자에게 다음 각호의 사항에 관한 조정·명령 그 밖의 필요한 조치를 할 수 있다.〈개정 08·2·29, 13·3·23〉	제49조(비상사태시 처분) 법 제36조제1항제7호에서 "대통령령이 정하는 사항"이라 함은 다음 각호의 사항을 말한다. 1. 철도시설의 임시사용 2. 철도시설의 사용제한 및 접근 통제 3. 철도시설의 긴급복구 및 복구지원 4. 철도역 및 철도차량에 대한 수색 등	

법	시 행 령	시 행 규 칙
1. 지역별 · 노선별 · 수송대상별 수송 우선순위 부여 등 수송통제 2. 철도시설 · 철도차량 또는 설비의 가동 및 조업 3. 대체수송수단 및 수송로의 확보 4. 임시열차의 편성 및 운행 5. 철도서비스 인력의 투입 6. 철도이용의 제한 또는 금지 7. 그 밖에 철도서비스의 수급안정을 위하여 대통령령이 정하는 사항 ②국토교통부장관은 제1항의 규정에 의한 조치의 시행을 위하여 관계행정기관의 장에게 필요한 협조를 요청할 수 있으며, 관계행정기관의 장은 이에 협조하여야 한다.〈개정 08 · 2 · 29, 13 · 3 · 23〉 ③국토교통부장관은 제1항의 규정에 의한 조치를 한 사유가 소멸되었다고 인정하는 때에는 지체없이 이를 해제하여야 한다.〈개정 08 · 2 · 29, 13 · 3 · 23〉 **제5장 보 칙** **제37조(철도건설 등의 비용부담)** ①철도시설관리자는 지방자치단체 · 특정한 기관 또는 단체가 철도시설건설사업으로 인하여 현저한 이익을 받는 경우에는 국토교통부장관의 승인을 얻어 그 이익을 받는 자(이하 이 조에서 "수익자"라 한다)로 하여금 그 비용의 일부를 부담하게 할 수 있다.〈개정 08 · 2 · 29, 13 · 3 · 23〉 ②제1항의 규정에 의하여 수익자가 부담하여야		

법	시 행 령	시 행 규 칙
할 비용은 철도시설관리자와 수익자가 협의하여 정한다. 이 경우 협의가 성립되지 아니하는 때에는 철도시설관리자 또는 수익자의 신청에 의하여 위원회가 이를 조정할 수 있다.		
제38조(권한의 위임 및 위탁) 국토교통부장관은 이 법에 따른 권한의 일부를 대통령령으로 정하는 바에 따라 특별시장·광역시장·도지사·특별자치도지사 또는 지방교통관서의 장에 위임하거나 관계 행정기관·철도시설공단·철도공사·정부출연연구기관에게 위탁할 수 있다. 다만, 철도시설유지보수 시행업무는 철도공사에 위탁한다.〈개정 08·2·29, 09·4·1, 13·3·23〉	**제50조(권한의 위탁)** ①국토교통부장관은 법 제38조 본문의 규정에 의하여 법 제12조제2항의 규정에 의한 철도산업정보센터의 설치·운영업무를 다음 각호의 자중에서 국토교통부령이 정하는 자에게 위탁한다.〈개정 04·12·3, 08·2·29, 13·3·23〉 1. 정부출연연구기관등의설립·운영및육성에관한법률 또는 과학기술분야정부출연연구기관등의설립·운영및육성에관한법률에 의한 정부출연연구기관 2. 한국철도시설공단 ②국토교통부장관은 법 제38조 본문의 규정에 의하여 철도시설유지보수 시행업무를 철도청장에게 위탁한다.〈개정 08·2·29, 13·3·23〉 ③국토교통부장관은 법 제38조 본문의 규정에 의하여 제24조제4항의 규정에 의한 철도교통관제시설의 관리업무 및 철도교통관제업무를 다음 각호의 자중에서 국토교통부령이 정하는 자에게 위탁한다.〈개정 08·2·29, 13·3·23〉 1. 한국철도시설공단 2. 철도운영자	**제12조(권한의 위탁)** ①국토교통부장관은 영 제50조제1항의 규정에 의하여 법 제12조제2항의 규정에 의한 철도산업정보센터의 설치·운영업무를 한국철도시설공단에 위탁한다.〈개정 08·3·14, 13·3·23〉 ②국토교통부장관은 영 제50조제3항의 규정에 의하여 영 제24조제4항의 규정에 의한 철도교통관제시설의 관리업무 및 철도교통관제업무를 한국철도공사에 위탁한다.〈개정 08·3·14, 13·3·23〉 ③국토교통부장관은 제2항의 규정에 의하여 한국철도공사에 철도교통관제업무를 위탁하는 경우에는 한국철도공사로부터 철도교통관제업무에 종사하는 자의 독립성이 보장될 수 있도록 필요한 조치를 하여야 한다.〈개정 08·3·14, 13·3·23〉
제39조(청문) 국토교통부장관은 제34조의 규정에 의한 특정 노선 및 역의 폐지와 이와 관련된 철도서		

법	시 행 령	시 행 규 칙
비스의 제한 또는 중지에 대한 승인을 하고자 하는 때에는 청문을 실시하여야 한다.〈개정 08 · 2 · 29, 13 · 3 · 23〉 **제6장 벌 칙** **제40조(벌칙)** ①제34조의 규정에 위반하여 국토교통부장관의 승인을 얻지 아니하고 특정 노선 및 역을 폐지하거나 철도서비스를 제한 또는 중지한 자는 3년 이하의 징역 또는 5천만원 이하의 벌금에 처한다.〈개정 08 · 2 · 29, 13 · 3 · 23〉 ②다음 각호의 1에 해당하는 자는 2년 이하의 징역 또는 3천만원 이하의 벌금에 처한다. 1. 사위 그 밖의 부정한 방법으로 제31조제1항의 규정에 의한 허가를 받은 자 2. 제31조제1항의 규정에 의한 허가를 받지 아니하고 철도시설을 사용한 자 3. 제36조제1항제1호 내지 제5호 또는 제7호의 규정에 의한 조정 · 명령 등의 조치를 위반한 자 **제41조(양벌규정)** 법인의 대표자나 법인 또는 개인의 대리인, 사용인, 그 밖의 종업원이 그 법인 또는 개인의 업무에 관하여 제40조의 위반행위를 하면 그 행위자를 벌하는 외에 그 법인 또는 개인에게도 해당 조문의 벌금형을 과(科)한다. 다만, 법인 또는 개인이 그 위반행위를 방지하기 위하여 해당 업무에 관하여 상당한 주의와 감독을 게을리하지 아니한 경우에는 그러하지 아니하다. [전문개정 09 · 4 · 1]		

법	시 행 령	시 행 규 칙
제42조(과태료) ①제36조제1항제6호의 규정을 위반한 자는 1천만원 이하의 과태료에 처한다. ②제1항에 따른 과태료는 대통령령으로 정하는 바에 따라 국토교통부장관이 부과·징수한다.〈개정 08·2·29, 09·4·1, 13·3·23〉 ③항부터 ⑤항까지 삭제〈09·4·1〉	제51조(과태료) ①국토교통부장관이 법 제42조제2항의 규정에 의하여 과태료를 부과하는 때에는 당해 위반행위를 조사·확인한 후 위반사실·과태료 금액·이의제기의 방법 및 기간 등을 서면으로 명시하여 이를 납부할 것을 과태료 처분 대상자에게 통지하여야 한다.〈개정 08·2·29, 13·3·23〉 ②국토교통부장관은 제1항의 규정에 의하여 과태료를 부과하고자 하는 때에는 10일 이상의 기간을 정하여 과태료처분대상자에게 구술 또는 서면에 의한 의견진술의 기회를 주어야 한다. 이 경우 지정된 기일까지 의견진술이 없는 때에는 의견이 없는 것으로 본다.〈개정 08·2·29, 13·3·23〉 ③국토교통부장관은 과태료의 금액을 정함에 있어서는 당해 위반행위의 동기·정도·횟수 등을 참작하여야 한다.〈개정 08·2·29, 13·3·23〉 ④과태료의 징수절차는 국토교통부령으로 정한다.〈개정 08·2·29, 13·3·23〉	제13조(과태료의 징수절차) 영 제51조제4항의 규정에 의한 과태료의 징수절차에 관하여는 국고금관리법시행규칙을 준용한다. 이 경우 납입고지서에는 이의방법·이의기간 등을 함께 기재하여야 한다.

법	시 행 령	시 행 규 칙
부 칙 제1조(시행일) 이 법은 공포후 3월이 경과한 날부터 시행한다. 제2조(건설 중인 고속철도의 부채처리 등에 관한 특례) ①이 법 시행당시 건설 중인 고속철도의 철도부채는 제24조제2항의 규정에 불구하고 철도시설공단이 설립되는 때에 철도시설공단이 포괄하여 승계한다. ②제1항의 규정에 의하여 철도시설공단이 승계한 철도부채중 제24조제1항제1호의 규정에 의한 운영부채는 고속철도가 완공되어 국가가 제23조제2항의 규정에 의하여 철도공사에 운영자산을 현물출자하는 때에 철도공사가 포괄하여 승계한다. 다만, 고속철도가 완공된 후에 철도공사가 설립되는 경우에는 철도청이 당해 운영자산과 운영부채를 철도공사가 설립될 때까지 한시적으로 포괄하여 승계한다. ③건설교통부장관은 고속철도가 완성되어 철도시설공단이 제23조제5항의 규정에 의하여 시설자산을 국가에 귀속시키는 때에는 철도시설공단에 철도시설관리권을 설정한다. 이 경우 당해 철도시설관리권의 존속기간은 철도시설공단이 제24조제2항의 규정에 의하여 승계하는 시설부채의 원리금을 상환할 때까지 한시적으로 한다. ④철도청장은 철도공사 설립시까지 고속철도 개	부 칙 제1조(시행일) 이 영은 공포한 날부터 시행한다. 다만, 제6조제2항제2호 · 제10조제4항제2호 및 제17조제4항제2호의 규정은 2004년 1월 1일부터 시행한다. 제2조(유효기간) 제50조제2항의 규정은 한국철도공사의 설립등기일의 전일까지 효력을 가진다. 제3조(폐지법령) 철도산업구조개혁추진위원회규정은 이를 폐지한다. 제4조(철도산업위원회의 위원에 관한 특례) ①제6조제2항제3호의 규정에 불구하고 한국철도공사가 설립되기 전까지는 철도청장을 동조동항동호의 규정에 의한 한국철도공사사장으로 본다. ②부칙 제2조의 규정에 의하여 폐지되는 철도산업구조개혁추진위원회규정에 의한 철도산업구조개혁추진위원회의 위촉직 위원은 이 영의 시행일에 제6조제2항제4호의 규정에 의하여 철도산업위원회의 위원으로 위촉된 것으로 본다. 제5조(실무위원회의 위원에 관한 특례) 제10조제4항제3호의 규정에 불구하고 한국철도공사가 설립되기 전까지는 철도청장이 철도청소속 3급 또는 4급 공무원중에서 지명하는 자를 동조동항동호의 규정에 의한 한국철도공사사장이 지명하는 자로 본다. 제6조(협의회의 위원에 관한 특례) 제17조제4항제3호의 규정에 불구하고 한국철도공사가 설립되기 전	부 칙 ①(시행일) 이 규칙은 공포한 날부터 시행한다. ②(철도교통관제업무 등의 위탁에 관한 특례) 제12조제2항의 규정에 불구하고 한국철도공사가 설립되기 전까지는 철도청장을 동조동항의 규정에 의한 한국철도공사로 본다. 부 칙 〈08 · 3 · 14〉 이 규칙은 공포한 날부터 시행한다. 부 칙 〈13 · 3 · 23〉 제1조(시행일) 이 규칙은 공포한 날부터 시행한다. 〈단서 생략〉 제2조부터 제6조까지 생략 부 칙 〈14 · 8 · 7〉 제1조(시행일) 이 규칙은 공포한 날부터 시행한다. 제2조(서식에 관한 경과조치) 이 규칙 시행 당시 종전의 규정에 따라 사용 중인 서식은 계속 사용하되, 이 규칙에 따라 주민등록번호가 삭제되거나 생년월일로 개정된 부분은 삭제하거나 수정하여 사용한다.

법	시 행 령	시 행 규 칙
통준비와 고속철도 운영자산 및 부채 등의 인수준비를 위하여 필요한 조치를 하여야 한다. **제3조(운영자산 등의 처리에 관한 특례)** 부칙 제2조의 규정에 의하여 처리되는 고속철도관련 운영자산과 운영부채를 제외한 운영자산과 운영부채에 대하여는 제23조제2항 및 제24조제2항의 규정에 불구하고 철도공사가 설립될 때까지 한시적으로 철도청이 권리와 의무를 이행한다. **제4조(철도산업구조개혁기본계획의 수립에 대한 경과조치)** 이 법 시행당시 국무회의 심의를 거쳐 수립된 철도산업의 구조개혁에 관한 기본계획은 이 법에 의하여 수립된 구조개혁계획으로 본다. **제5조(철도부지 등의 변경등기)** 제23조제4항의 규정에 의하여 건설교통부장관에게 이관하는 철도자산중 등기대상인 자산은 국유재산법 제11조 및 부동산등기법 제48조의2의 규정에 불구하고 그 관리청이 건설교통부장관으로 변경등기된 것으로 본다. **제6조(다른 법률의 개정 등)** ①國有鐵道의運營에관한特例法중 다음과 같이 개정한다. 제4조·제5조 및 제9조제4항을 각각 삭제한다. 제10조제1항중 "物價上昇率, 原價水準 및 經營改善計劃 등"을 "물가상승률 및 원가수준 등"으로 한다. 제11조를 삭제한다. 제13조제1항제2호를 다음과 같이 한다. 2. 철도산업발전기본법 제32조의 규정에 의한 원인제공자의 공익서비스비용 부담액 제4장(제32조)을 삭제한다.	까지는 철도청장이 철도청소속 4급 공무원중에서 지명하는 자를 동조동항동호의 규정에 의한 한국철도공사사장이 지명하는 자로 본다. **제7조(건설교통부장관이 철도자산을 이관받는 시기에 관한 특례)** 건설교통부장관이 철도청의 철도자산중 토지의 분할 등이 필요하여 2004년 1월 1일까지 이관하기 어렵다고 인정하는 자산은 제32조제2항제2호의 규정에 불구하고 2004년 6월 30일까지 단계적으로 이관한다. **제8조(기타부채의 인수시기에 관한 특례)** ①법 제24조제2항의 규정에 의하여 일반회계가 승계하여야 하는 기타부채중 그 상환시기가 이 영의 시행일이 속하는 연도의 다음 연도에 도래하는 기타부채의 상환에 필요한 예산은 제33조제2항제3호의 규정에 불구하고 이 영의 시행일이 속하는 연도의 다음 연도의 철도사업특별회계에 계상할 수 있다. ②제1항의 규정에 의하여 철도사업특별회계에 계상된 공공자금관리기금으로부터 차입한 기타부채는 제33조제2항제3호의 규정에 불구하고 2005년 1월 1일 일반회계가 이를 승계한다. **제9조(선로등사용계약에 관한 특례)** ①이 영의 시행일이 속하는 연도의 다음 연도에 제35조제2항의 규정에 의하여 체결되는 선로등사용계약의 내용 및 체결절차에 대하여는 제35조 내지 제37조의 규정에 불구하고 건설교통부장관이 따로 정한다. ②제1항의 규정에 의한 선로등사용계약의 계약기간은 2004년 12월 31일까지로 한다.	부 칙 〈17·5·2〉 이 규칙은 공포한 날부터 시행한다.

법	시 행 령	시 행 규 칙
법률 제5027호 國有鐵道의運營에관한特例法 부칙 제3조를 삭제한다. ②社會間接資本施設에대한民間投資法중 다음과 같이 개정한다. 제2조제1호에 오목을 다음과 같이 신설한다. 오. 철도산업발전기본법 제3조제2호의 규정에 의한 철도시설 ③건널목개량촉진법중 다음과 같이 개정한다. 제3조 단서, 제4조제2항, 제5조제1항 전단, 제6조, 제8조제1항제1호 및 동조제2항제1호 · 제2호중 "철도경영자"를 각각 "철도시설관리자"로 한다. ④交通施設特別會計法중 다음과 같이 개정한다. 제5조제1항제8호를 제9호로 하고, 동항에 제8호를 다음과 같이 신설한다. 8. 건설교통부소관 국유재산중 건설교통부장관이 정하는 국유재산에 대한 국유재산법 제39조의 규정에 의한 재산매각대금 부 칙 〈04 · 9 · 23〉 제1조(시행일) 이 법은 공포후 1월이 경과한 날부터 시행한다. 제2조 내지 제5조 생략 부 칙 〈06 · 12 · 30〉 제1조(시행일) 이 법은 2007년 1월 1일부터 시행한다.	제10조(국가부담비용에 관한 특례) 이 영의 시행일이 속하는 연도의 다음 연도의 국가부담비용의 보상예산은 제40조제2항의 규정에 불구하고 철도사업특별회계에 대한 일반회계지원금에 포함하여 계상한다. 이 경우 제41조 및 제42조의 규정은 이를 적용하지 아니한다. 제11조(철도시설유지보수 시행업무의 예산에 관한 특례) 이 영의 시행일이 속하는 연도의 다음 연도의 제50조제2항의 규정에 의한 철도시설유지보수 시행업무의 예산은 철도사업특별회계에 계상한다. 제12조(다른 법령의 개정) ①국유철도의운영에관한특례법시행령중 다음과 같이 개정한다. 제2조 내지 제9조, 제14조, 제15조, 제28조의2 및 대통령령 제14890호 국유철도의운영에관한특례법시행령 부칙 제3조를 각각 삭제한다. ②건널목개량촉진법시행령중 다음과 같이 개정한다. 제4조제1항 · 제2항, 제6조제1항 · 제2항, 제8조, 제9조제1항제1호 내지 제3호 및 동조제2항, 제10조제1호중 "철도경영자"를 각각 "철도시설관리자"로 한다. 부 칙 〈04 · 12 · 3〉 제1조(시행일) 이 영은 공포한 날부터 시행한다. 제2조 내지 제5조 생략 부 칙 〈05 · 3 · 8〉 제1조(시행일) 이 영은 공포한 날부터 시행한다.	

법	시 행 령	시 행 규 칙
제2조 내지 제9조 생략	제2조 내지 제5조 생략	
부 칙 〈08·2·29〉	부 칙 〈06·6·12〉	
제1조(시행일) 이 법은 공포한 날부터 시행한다. 다만, ···〈생략〉···, 부칙 제6조에 따라 개정되는 법률 중 이 법의 시행 전에 공포되었으나 시행일이 도래하지 아니한 법률을 개정한 부분은 각각 해당 법률의 시행일부터 시행한다. 제2조부터 제7조까지 생략	제1조(시행일) 이 영은 2006년 7월 1일부터 시행한다. 제2조 내지 제4조 생략 부 칙 〈08·2·29〉 제1조(시행일) 이 영은 공포한 날부터 시행한다. 제2조 부터 제6조 까지 생략	
부 칙 〈09·3·25〉	부 칙 〈08·10·20〉	
제1조(시행일) 이 법은 공포 후 3개월이 경과한 날부터 시행한다.〈단서 생략〉 제2조 및 제4조 생략	제1조(시행일) 이 영은 공포한 날부터 시행한다.〈단서생략〉 제2조 부터 제4조 까지 생략	
부 칙 〈09·4·1〉	부 칙 〈09·7·27〉	
이 법은 공포한 날부터 시행한다.	제1조(시행일) 이 영은 2009년 7월 31일부터 시행한다.〈단서생략〉 제2조 내지 제15조 생략	
부 칙 〈09·6·9〉	부 칙 〈10·7·12〉	
제1조(시행일) 이 법은 공포 후 6개월이 경과한 날부터 시행한다. 제2조 부터 제6조 생략	제1조(시행일) 이 영은 공포한 날부터 시행한다.〈단서 생략〉 제2조 생략	

<table>
<tr><th>법</th><th>시 행 령</th><th>시 행 규 칙</th></tr>
<tr><td>부 칙 〈13 · 3 · 23〉

제1조(시행일) ① 이 법은 공포한 날부터 시행한다.
② 생략
제2조부터 제7조까지 생략

부 칙 〈17 · 1 · 17〉

제1조(시행일) 이 법은 공포 후 6개월이 경과한 날부터 시행한다.
제2조(사단법인 한국철도협회에 대한 경과조치) ① 이 법 시행 당시 「민법」 제32조에 따라 국토교통부장관의 허가를 받아 설립된 사단법인 한국철도협회(이하 "사단법인 한국철도협회"라 한다)는 제13조의2의 개정규정에 따라 설립된 협회로 본다. 이 경우 사단법인 한국철도협회는 이 법 시행일부터 6개월 이내에 이 법의 요건에 적합하도록 정관 등을 변경하여 국토교통부장관의 인가를 받아야 한다.
② 제1항 후단에 따라 국토교통부장관의 인가를 받은 사단법인 한국철도협회는 이 법에 따른 협회의 설립과 동시에 「민법」 중 법인의 해산 및 청산에 관한 규정에도 불구하고 해산된 것으로 본다.</td><td>부 칙 〈13 · 3 · 23〉

제1조(시행일) 이 영은 공포한 날부터 시행한다. 〈단서 생략〉
제2조부터 제6조까지 생략

부 칙 〈14 · 11 · 19〉

제1조(시행일) 이 영은 공포한 날부터 시행한다. 다만, 부칙 제5조에 따라 개정되는 대통령령 중 이 영 시행 전에 공포되었으나 시행일이 도래하지 아니한 대통령령을 개정한 부분은 각각 해당 대통령령의 시행일부터 시행한다.
제2조부터 제5조까지 생략

부 칙 〈15 · 12 · 31〉

이 영은 공포한 날부터 시행한다.

부 칙 〈17 · 7 · 26〉

제1조(시행일) 이 영은 공포한 날부터 시행한다. 다만, 부칙 제8조에 따라 개정되는 대통령령 중 이 영 시행 전에 공포되었으나 시행일이 도래하지 아니한 대통령령을 개정한 부분은 각각 해당 대통령령의 시행일부터 시행한다.
제2조부터 제8조까지 생략</td><td></td></tr>
</table>

철도산업발전기본법 시행규칙 [별지서식]

[별지 제1호서식] 〈개정 14·8·7〉

선로등사용계약신청서

접수번호	접수일	처리기간 10개월

신청인	법인명	법인등록번호
	성명(대표자)	생년월일
	주소	전화번호
사용 대상	철도노선	
	철도시설	
	위치	
	사용목적	
	사용기간	

「철도산업발전기본법」 제31조제1항, 같은 법 시행령 제37조제1항 및 같은 법 시행규칙 제5조에 따라 선로등 사용계약의 체결을 신청합니다.

년 월 일

신청인 (서명 또는 인)

철도시설관리기관의 장 귀하

첨부서류	1. 철도여객 또는 화물운송사업의 자격증명서류 2. 철도여객 또는 화물운송사업계획서 3. 철도차량·운영시설의 규격 및 안전성을 확인할 수 있는 서류	수수료 없음

처리절차

신청서 작성 → 접 수 → 협의일정 통보 → 협 의 → 계약체결

신청서 작성	접 수	협의일정 통보	협 의	계약체결
신청인	철도시설관리자	철도시설관리자	철도시설관리자	

210㎜×297㎜[백상지 80g/㎡(재활용품)]

[별지 제2호서식] 〈개정 08·3·14, 13·3·23, 17·5·2〉

국가부담비용정산서

접수번호	접수일	처리기간 60일

제출인	상호(법인명)	성명(대표자)	법인등록번호
	주소(소재지)		전화번호

정산내역	보상구분				합 계
	보상내용				
	지급금액(원)				
	정산기간				
	정산금액(원)				

「철도산업발전기본법시행령」 제42조제1항 및 「철도산업발전기본법시행규칙」 제6조에 따라 위와 같이 국가부담비용정산서를 제출합니다.

년 월 일

제출인 (서명 또는 인)

국토교통부장관 귀하

제출인 첨부서류	1. 수입·지출명세서 2. 수입·지출증빙서류 3. 그 밖에 현금흐름표 등 회계관련 서류	수수료 없음

처 리 절 차

정산서 작성	→ 접수	→ 검토	→ 정산
제출인	처리기관(국토교통부)	처리기관(국토교통부)	처리기관(국토교통부)

210㎜×297㎜[백상지 80g/㎡]

선로배분지침

전부개정 2016·3·29 국토교통부고시 제2016-147호
2017·9·29 국토교통부고시 제2017-657호

제1조(목적) 이 지침은 철도산업발전기본법(이하 "법"이라 한다) 제17조 제2항 및 법 시행령(이하 "영"이라 한다) 제24조에 의하여 선로용량의 배분(이하 "선로배분"이라 한다)에 관한 원칙과 처리절차를 정하여 선로를 안전하고 효율적으로 사용할 수 있도록 함을 목적으로 한다.

제2조(적용범위) 이 지침은 국가 또는 한국철도시설공단이 소유 또는 관리하는 철도시설을 철도운영자와 선로작업시행자에게 사용하게 하는 경우에 적용한다.

제3조(정의) 이 지침에서 사용하는 용어의 정의는 다음과 같다.

1. "선로"라 함은 법 제3조제5호에서 규정한 철도차량을 운행하기 위한 궤도와 이를 받치는 노반 또는 공작물로 구성된 시설을 말한다.
2. "선로용량"이라 함은 노선별·구간별로 선로 등의 조건, 열차종별 등에 따라 1일 또는 단위시간당 운행 가능한 편도기준 최대열차횟수를 말한다.
3. "선로사용계획"이라 함은 열차운행을 위한 선로사용계획(열차운행시각표를 포함한다. 이하 "열차운행계획"이라 한다)과 선로 등의 건설과 개량·유지보수를 위한 선로사용계획(이하 "선로작업계획"이라 한다)을 말한다.
4. "열차운행슬롯(Train Slot)"이란 편도기준으로 열차가 다른 열차로부터 지장을 받지 않고 출발·경유·도착이 가능하도록 선로구간별 사용시간을 특정하여 선로배분하거나 배분할 수 있는 선로사용 기본단위를 말한다.
5. "열차운행다이어그램"이라 함은 각 열차가 정거장을 출발·통과·도착하는 시각을 그래프로 표시한 것을 말한다.
6. "경합"이라 함은 동일한 선로구간에 대하여 선로사용자간 같은 시간으로 되어 있거나 상호지장을 초래할 우려가 있는 경우 등을 말한다.
7. "철도운영"이라 함은 철도로 여객 및 화물을 운송하는 것을 말한다.
8. "선로사용자"라 함은 철도운영자 및 선로작업시행자를 말한다.
   가. "철도운영자"라 함은 한국철도공사 또는 철도사업법 제5조에 의하여 철도사업면허를 받아 철도운영에 관한 업무를 수행하는 자를 말한다.
   나. "선로작업시행자"라 함은 선로 등의 건설과 개량, 유지보수를 수행하는 자를 말한다.
9. "철도교통관제업무"라 함은 철도차량의 운행을 집중제어·통제·감시하는 업무를 말한다.
10. "기본열차운행횟수"라 함은 철도운영자가 선로배분 신청시 기준이 되는 노선별 열차운행횟수를 말한다.
11. "임시열차"라 함은 수송수요의 증가, 시운전을 위한 차량운행 등으로 인하여 확정된 연간선로사용계획 이외에 추가되는 열차를 말한다.
12. "긴급열차"라 함은 천재지변 또는 비상사태 발생, 차량고장, 사고복구 등 긴급한 사유로 운행하는 열차를 말한다.

제4조(선로배분의 권한) 선로의 배분은 철도의 관리청인 국토교통부장관이 이를 행한다. 이 가운데 집행업무는 법 제19조 및 영 제28조 제2호에 따라 철도시설관리자인 한국철도시설공단(이하 "선로배분시행자"라 한다)이 대행한다.

제5조(선로배분의 원칙) ① 선로배분은 선로사용자 간에 공정하고 효율적인 선로사용이 가능하도록 다음 사항을 고려하여야 한다.

1. 선로사용의 안전성·공익성 및 수익성
2. 철도이용수요 및 이용의 편의성

3. 선로작업의 효율성 및 적정성

제6조(선로배분의 적용기간) 선로배분의 적용기간은 매년 1월 1일부터 12월 31일까지로 한다. 다만, 다음 각 호의 1에 해당하는 경우에는 예외로 할 수 있다.

1. 철도의 신설 또는 개량사업이 완료된 노선·구간에 대한 선로배분을 시행하는 경우
2. 정부의 철도교통정책 및 수송수요 등의 변화, 장기간의 국가적 행사 등으로 특정 노선에 대한 선로배분을 재시행할 필요가 있는 경우

제7조(선로용량 산정 및 관리) ① 선로배분시행자는 노선별·구간별로 선로용량을 산정하고 관리하여야 하며, 철도운영자가 요청 시 관련 내용을 통보하여야 한다.

②선로배분시행자는 선로용량 산정 및 관리를 위하여 철도시설관리자, 선로사용자 및 철도교통관제센터의 장 등 관계기관에 철도 시설 및 운영 등과 관련된 자료·정보의 제공을 요청할 수 있으며, 이 경우 관계기관의 장은 정당한 사유가 없는 한 이에 응하여야 한다.

제8조(철도운영자별 기본열차운행횟수) ① 철도운영자가 사용하는 노선 또는 구간에 대한 철도운영자별 기본열차운행횟수는 국토교통부장관이 정하며, 다음 각 호의 사항을 고려하여 매년 조정할 수 있다.

1. 철도운영의 공익성 및 철도시설의 효과적 관리
2. 철도운송의 경쟁력 향상 및 철도운송시장 개편 등 정부정책 방향
3. 철도운영의 안전성
4. 철도서비스 수준
5. 선로사용료 수준
6. 철도운영자별 전년도 기본열차운행횟수

②기본열차운행횟수에는 화물열차에 대한 최소운행횟수를 포함하여야 한다.

③신규 철도운영자의 경우에는 국토교통부장관이 승인한 사업계획서상의 열차운행횟수를 참고하여 기본열차운행횟수를 결정한다.

④제1항에 따라 철도운영자별 기본열차운행횟수를 정하려는 경우에는 제11조에 따른 선로배분위원회의 심의를 거쳐야 한다.

제9조(열차종류별 선로배분 우선순위) 열차운행계획은 철도운영자가 형평성의 원칙에 따라 상호 합의하여 조정함을 원칙으로 하되, 합의가 이루어지지 아니하는 경우 등에는 선로배분시행자가 다음 각 호의 기준을 감안하여 조정한다.

1. 철도노선은 수도권전철 운행노선과 비 수도권전철 운행노선으로 구분하여 선로배분 우선순위를 부여하며, 열차종루별·요일·시간대별 선로배분 우선순위는 별표 2에서 정한 사항을 고려한다.
2. 제1호에 의한 선로사용 우선순위 배분 시 열차의 종류별로 선로사용 수요가 경합되는 경우에는 다음 각 목의 순위를 고려한다.
   가. 일정시간대에 제공되는 정기여객열차 및 정기화물열차
   나. 여객열차 중 장거리열차
   다. 국제화물열차 및 컨테이너열차 등 고속화물열차

제10조(기본선로작업시간) ① 열차운행에 지장을 주는 선로 등의 건설과 개량, 유지보수 등을 위한 선로작업(이하 "선로작업"이라 한다)의 시간은 1일 연속하여 3시간 30분을 확보하는 것을 기본으로 하며, 고속(준고속 포함)철도노선에 대하여는 주간점검시간을 연속 1시간 부여할 수 있다.

②제1항에도 불구하고, 다음 각 호의 경우에는 선로배분시행자가 관련 선로사용자 및 철도교통관제센터의 장과 협의하여 선로작업시간을 조정할 수 있다.

1. 철도의 이용수요 증가 등에 따른 열차운행시간의 확대가 필요하여 작업시간의 축소가 필요한 경우
2. 선로작업종류에 따라 안전성 확보를 위하여 추가적인 작업시간 확대가 필요한 경우

제11조(선로배분위원회의 구성 및 운영) ① 국토교통부장관은 다음 각 호의 사항을 심의·조정하기 위하여 철도전문가 등이 참여하는 선로배분위원회(이하 "위원회"라 한다)를 구성·운영하여야 한다.

1. 제8조에 따른 철도운영자별 기본열차운행횟수의 심의
2. 제12조에 따른 연간선로배분기본계획
3. 제15조에 따른 연간선로사용계획의 적정성 심의
4. 제20조 제1항 제1호에 따른 열차운행슬롯의 회수
5. 제23조에 따른 선로배분 분쟁의 조정
6. 제1호 내지 제5호와 관련된 조사·연구
7. 그 밖에 선로배분에 관하여 위원장이 부의하는 사항

②위원회는 위원장 1인을 포함한 12인 이내의 위원으로 구성하며, 이와 별도로 국토교통부 철도운영과장을 간사로 둔다.

③위원회 정기회의는 매 반기마다 개최하고, 임시회의는 위원장이 필요하다고 인정 하는 때 개최할 수 있다.

④국토교통부장관은 다음 각 호의 사람 중에서 위원회의 위원을 임명하거나 위촉한다.

1. 국토교통부 과장급 이상 철도업무(철도운행안전 업무를 포함한다) 담당 공무원
2. 한국철도시설공단 처장급 이상
3. 교통관련 시민사회단체 또는 소비자단체에서 추천하는 사람
4. 철도에 관한 전문성이 있다고 인정되는 법인 또는 단체의 장이 그 소속 임직원 중에서 추천하는 사람
5. 철도 관련 연구기관의 책임연구원급 또는 대학 부교수급 이상, 그 밖에 관련전문가로서 이와 동등한 자격이 있는 사람
6. 국토·도시·지역정책 관련 학식과 경험이 있다고 인정되는 사람

⑤심의위원회의 위원장은 국토교통부장관이 국토교통부의 고위공무원단에 속하는 일반직공무원 중에서 지명하는 사람이 된다.

⑥공무원이 아닌 위원의 임기는 2년으로 하되, 연임할 수 있다.

⑦위원회의 회의는 재적위원 과반수의 출석과, 출석위원 과반수의 찬성으로 의결한다.

⑧위원회의 위원장은 필요한 경우 선로배분시행자, 선로작업시행자, 철도교통관제센터의 장 및 철도운영자의 대표로 하여금 위원회에서 관련 사항에 대한 의견을 진술하게 할 수 있다.

⑨위원회에 출석한 위원 및 관계 전문가 등에게는 예산의 범위에서 수당과 여비 등 필요한 경비를 지급할 수 있다. 다만, 공무원인 위원이 그 소관 업무와 직접 관련하여 위원회에 출석한 경우에는 그러하지 아니하다.

⑩기타 위원회의 운영 등에 관하여 필요한 사항은 위원회가 정할 수 있다.

제12조(연간선로배분기본계획의 수립 및 통보) ① 선로배분시행자는 연간선로배분기본계획(이하 "기본계획"이라 한다) 수립을 위하여 철도운영자에게 노선별, 시간대별 열차수요 등 기본계획수립에 필요한 자료의 제출을 요청할 수 있다.

②선로배분시행자는 국토교통부장관과 협의하여 기본계획(안)을 마련한 후 위원회의 심의를 요청하고, 심의를 거쳐 확정된 기본계획을 선로배분 적용개시일 11개월 전까지 선로사용자에게 통보하여야 한다.

③제2항의 기본계획(안)에는 다음 각 호의 사항이 포함되어야 한다.

1. 철도운영자별, 노선별, 시간대별, 열차종류별 기본열차운행횟수(화물열차에 대한 최소열차운행횟수 포함) 등 선로배분의 기본방향
2. 노선별·구간별 선로용량
3. 선로의 효율적 사용에 필요하다고 인정하는 사항

제13조(선로작업계획의 제출 및 확정) ① 선로작업시행자는 선로작업계획(안)을 작성하여 선로배분 적용개시일 11개월 전까지 선로배분시행자에게 제출하여야 한다.

②제1항에 의한 선로작업계획(안)에는 다음 각 호의 사항이 포함되어야 한다.

1. 선로작업구간, 작업종류, 작업일정
2. 선로작업으로 인한 열차운행 제한사항(속도제한 등)
3. 열차안전운행을 위한 조치사항
4. 기타 열차운행에 지장을 주는 사항

③선로배분시행자가 제1항에 의한 선로작업계획(안)을 제출받은 경우 선로배분 적용개시일 315일 전까지 선로사용자 및 철도교통관제센터의 장에게 선로작업계획(안)의 검토를 요청하여야 한다.

④선로사용자와 철도교통관제센터의 장은 선로작업계획(안)의 검토를 요청받은 경우에는 선로배분 적용개시일 10개월 전까지 선로배분시행자에게 의견을 제출하여야 한다.

⑤선로배분시행자는 선로배분 적용개시일 9개월 전까지 선로사용자 및 철도교통관제센터의 장과 협의를 거친 후 선로작업계획을 확정하여 선로사용자 및 철도교통관제센터의 장에게 통보하여야 한다.

제14조(열차운행계획의 제출 및 조정) ① 철도운영자는 제12조에 의한 연간선로배분기본계획과 제13조에 의해 확정된 선로작업계획을 반영하여 선로배분 적용개시일 7개월 전까지 선로배분시행자에게 선로사용을 위한 열차운행계획을 제출하여야 한다.

②열차운행계획을 제출하는 경우에는 다음 각 호의 사항이 포함되어야 한다.

1. 노선별 영업운행시간
2. 열차종류별 운행횟수, 정차역, 역간 운행시간, 편성형태
3. 열차별 철도차량의 형식 및 사용계획
4. 열차운행시각표 및 열차운행다이어그램
5. 정거장 내 착발선 등 선로의 사용
6. 열차 이용 현황 및 수요 전망 등 열차운행계획 수립 근거
7. 기타 선로사용과 관련하여 선로배분시행자가 요구하는 사항

③선로배분시행자는 철도운영자의 선로사용 신청사항 중 일정구간과 노선에 대하여 경합이 발생하는 열차의 경우 해당 열차 신청자와의 협의를 통하여 경합을 해소하여야 한다. 다만, 원활한 협의가 어려운 경우 선로배분시행자는 선로사용신청자와 협의 없이 여객열차 ±5분, 화물열차 ±30분 범위내에서 열차운행시각의 조정이 가능하고, 제9조에 따른 열차종류별 선로배분 우선순위 또한 고려하여 조정할 수 있다.

④선로배분시행자는 제3항에도 불구하고 경합이 해소되지 않은 경우 별표1에 의한 철도운영자별 평가결과를 반영하여 고득점을 받은 운영자순 대로 우선권을 부여한다.

⑤선로배분시행자는 제2항에 따라 제출된 열차 이용 현황 및 수요 전망 등 산출근거의 분석을 통해 열차운행계획의 적정성을 충분히 검토하여야 한다.

⑥철도운영자는 제13조 제5항에 의한 선로작업시간대에는 선로사용을 신청할 수 없다. 다만, 실제 선로 작업시간대에 열차가 운행하지 않을 것을 조건으로 한 경우는 예외로 한다.

제15조(연간선로사용계획의 확정) ① 선로배분시행자는 제8조의 철도운영자별 기본열차운행횟수 및 제9조의 열차종류별 선로배분 우선순위에 따라 제13조에서 확정된 선로작업계획 및 제14조에 의해 제출·조정된 열차운행계획을 반영하여 연간선로사용계획을 작성하여야 한다.

②선로배분시행자는 연간선로사용계획 중 제1항에 따른 열차운행계획을 작성하는 과정에서 연계·환승조건 반영 등 효율적인 선로배분을 위해 필요하다고 판단되는 경우에는 철도운영자에게 개선을 요청할 수 있다.

③선로배분시행자는 제1항에 따라 작성된 연간선로사용계획에 대하여 선로사용자와 협의 및 철도교통관제센터의 장의 검토를 거친 후 국토교통부장관의 승인을 받아 확정하고, 이를 선로배분 적용개시일 4개월

전까지 선로사용자 및 철도교통관제센터의 장에게 통보하여야 한다.

④국토교통부장관은 제3항에 따라 작성된 연간선로사용계획을 승인하기 전에 위원회의 심의를 받아야 한다.

제16조(확정된 선로작업계획의 변경) ① 선로작업시행자는 제15조에 의하여 확정된 연간선로사용계획 중 선로작업계획의 선로작업구간·작업일정 등에 변경사항이 발생될 것으로 예상되는 경우 작업예정일 3개월 전까지 선로배분시행자에게 변경 신청을 하여야 한다. 다만, 열차운행계획에 지장을 주지 않는 경우 작업예정일 15일 전까지 변경신청을 하여야 하며, 기상조건 등 예상하지 못한 사유로 인하여 선로작업을 취소하는 경우에는 그 사유가 발생한 즉시 통보하여야 한다.

②선로배분시행자는 부득이한 사유가 있는 경우 외에는 제1항의 신청을 받은 날부터 2개월 이내에 철도교통관제센터의 장의 검토를 거친 후 그 결정내용을 선로사용자 및 철도교통관제센터의 장에게 통보하여야 한다. 다만, 열차운행계획에 지장을 주지 않는 경우에는 10일 이내에 통보하여야 한다.

③제1항에 의한 선로작업계획의 변경은 철도운영자의 열차운행계획과 경합되지 않는 것을 원칙으로 한다. 다만, 국가(철도시설관리자)가 철도의 건설·개량사업을 효율적으로 시행할 목적으로 열차운행중지 또는 취소 등이 필요한 경우 철도운영자는 이에 응하여야 한다.

제17조(확정된 열차운행계획의 변경) ① 철도운영자는 제15조에 의하여 확정된 연간선로사용계획 중 열차운행계획의 일부 변경이 필요한 경우 변경예정일 1개월 전까지 수송수요 변경 등 구체적인 변경 사유가 명시된 서류를 첨부하여 선로배분시행자에게 변경신청을 하여야 한다.

②제1항에도 불구하고 다음 각 호의 1에 해당하는 경우에는 변경예정일 60일 전까지 제1항에 따른 서류를 첨부하여 선로배분시행자에게 변경 신청을 하여야 한다.

1. 노선별로 여객열차의 정차역이 10분의 2 이상 변경되는 경우
2. 노선별로 여객열차의 운행횟수가 10분의 1 이상 변경되는 경우
3. 열차운행계획의 변경이 다른 철도운영자의 선로사용과 경합을 발생시키는 경우

③선로배분시행자는 부득이한 사유가 있는 경우 외에는 철도교통관제센터의 장의 검토를 거쳐 변경신청을 받은 날부터 다음 각 호에 정한 기간 내에 그 결정내용을 철도운영자 및 철도교통관제센터의 장에게 통보하되 국토교통부장관에게 사전에 보고하여야 한다.

1. 제1항에 의한 변경인 경우 : 10일 이내
2. 제2항에 의한 변경인 경우 : 1개월 이내

④제1항 및 제2항에 의한 열차운행계획의 변경은 다른 선로사용자의 선로사용계획과 경합되지 않는 것을 원칙으로 한다. 다만 철도운영자간 부득이한 사정에 따른 경합 발생시 제14조 제3항에 따라 경합을 해소하고, 철도운영자와 선로작업시행자간 경합이 발생한 경우 선로사용자간 합의하고 선로배분시행자의 동의를 얻은 경우에는 예외로 한다.

제18조(임시열차 배분) ① 철도운영자는 임시열차 운행이 필요한 경우에는 운행예정일 45일 전까지 선로배분시행자에게 이를 신청하여야 한다. 다만, 다음 각 호 1의 경우에는 5일 전까지 신청할 수 있다.

1. 제1항 본문에 의한 임시열차운행 절차 이후 추가적으로 급증하는 수송수요 처리를 위해 불가피한 경우
2. 임시열차 운행이 다른 선로사용자의 연간선로사용계획과 경합되지 아니하는 경우
3. 관련 선로사용자와 사전에 합의한 경우

②선로배분시행자는 부득이한 사유가 있는 경우 외에는 신청을 받은 날부터 10일 이내(단, 변경예정일 5일 전까지 변경신청을 한 경우에는 2일 이내)에 그 결정내용을 철도운영자 및 철도교통관제센터의 장에게 통보하여야 한다.

③철도교통관제센터의 장은 제2항에 의하여 통보받은 내용이 안전에

지장을 초래한다고 판단되는 경우 즉시 선로배분시행자에게 통보하여야 한다.

④임시열차간 경합이 발생하는 경우에는 제14조 제3항에 의한다.

제19조(긴급열차 운행 등) 선로배분시행자는 다음 각 호에 해당하는 경우 선로사용자와 협의하여 선로사용계획을 변경할 수 있으며, 변경된 내용은 철도교통관제센터의 장에게 통보하여야 한다. 다만, 긴급사유 발생 72시간 이내에 시행이 필요한 경우 철도교통관제센터의 장이 변경을 할 수 있으며, 이 경우 철도교통관제센터의 장은 변경된 선로사용계획을 선로배분시행자에게 통보하여야 한다.

1. 귀빈승차 및 국가적 행사 등으로 특별열차운행이 필요한 경우
2. 사고 또는 장애 등의 긴급복구 · 점검 등을 위한 차량운행 또는 선로작업이 필요한 경우
3. 천재지변 · 기상조건 · 사고 · 차량고장 · 철도시설물 장애 · 파업 등으로 열차운행시각 · 운행횟수 · 운행경로 · 운행구간 등의 변경이 필요한 경우
4. 철도교통관제업무상 필요하다고 판단되는 경우

제20조(배분된 열차운행슬롯의 회수) ① 선로배분시행자는 다음 각 호의 1에 해당하는 경우 열차운행슬롯을 회수할 수 있으며 회수된 열차운행슬롯은 다음년도 기본열차운행횟수에서 제외할 수 있다. 다만, 제1호에 의한 회수는 위원회의 심의를 거쳐야 한다.

1. 철도운영자가 배분된 열차운행슬롯의 전부 또는 일부를 연속하여 30일 이상 사용하지 않거나 배분된 열차운행슬롯 대로 사용하지 않은 경우. 다만, 천재지변 기타 불가항력적인 사유에 의하여 미사용이 발생한 경우에는 예외로 한다.
2. 「철도사업법」 제15조에 의한 사업의 휴업 · 폐업, 같은 법 제16조에 의한 면허취소 · 사업정지 · 운행중지 · 운행제한 · 감차 등을 수반하는 사업계획의 변경이 이루어진 경우

②제1항에 따라 배분된 열차운행슬롯을 회수할 경우에는 회수범위 및 사유 등을 구체적으로 밝혀 해당 철도운영자에게 통보하여야 한다.

③철도운영자는 배분된 열차운행슬롯의 전부 또는 일부를 사용하지 아니하고자 하는 경우 회수범위 및 사유 등을 구체적으로 밝혀 미사용 열차운행슬롯의 회수를 선로배분시행자에게 요청하여야 한다.

제21조(회수된 열차운행슬롯의 배분) ① 선로배분시행자는 제20조 제1항 또는 제3항에 따라 회수된 열차운행슬롯을 재배분하는 경우 당해 열차운행슬롯이 회수된 철도운영자를 제외한 철도운영자에게 회수된 열차운행슬롯의 사용신청에 필요한 사항을 통보하여야 한다.

②회수된 열차운행슬롯을 사용하려는 철도운영자는 선로배분시행자에게 열차운행슬롯의 배분을 신청하여야 한다.

제22조(선로사용실적 제출) 선로사용자는 다음 각 호의 사항이 포함된 분기별 선로사용실적을 매분기 다음달 15일까지 선로배분시행자에게 제출하여야 한다.

1. 철도운영자 : 각 노선의 열차종별 운행횟수와 운행거리, 수송실적, 열차지연 내용과 사유
2. 선로작업시행자 : 선로작업실적, 작업 중 열차 지장 내용과 사유

제23조(분쟁조정) ① 철도운영자는 선로배분시행자가 본 지침에서 정한 선로배분원칙, 조정절차 및 우선순위 등 절차를 위반하여 공정한 배분이 이루어지지 아니 하였다고 판단되는 경우 위원회에 분쟁조정을 신청할 수 있다.

②위원회는 분쟁조정 신청을 받았을 때에는 해당 분쟁의 조정을 위하여 필요한 자료를 분쟁 당사자에게 요청할 수 있다. 이 경우 분쟁 당사자는 정당한 사유가 없으면 요청에 따라야 한다.

③위원회는 분쟁조정 신청을 받았을 때에는 분쟁 당사자에게 그 내용을 제시하고 조정 전 합의를 권고할 수 있다.

④위원회는 조정 신청을 받은 날부터 30일 이내에 이를 심의하여 조정

결과를 분쟁 당사자에게 통보하여야 한다.

제24조(선로배분 세부절차) 선로배분시행자는 이 지침에 의한 선로배분을 효율적으로 시행하기 위하여 세부절차와 방법(서식 포함) 등을 따로 정하여 시행할 수 있다.

제25조(재검토기한) 국토교통부장관은 「훈령·예규 등의 발령 및 관리에 관한 규정」에 따라 이 고시에 대하여 2017년 7월 1일 기준으로 매3년이 되는 시점(매 3년째의 6월 30일까지를 말한다)마다 그 타당성을 검토하여 개선 등의 조치를 하여야 한다.

부　　칙 〈16·3·29〉

이 지침은 공표 후 즉시 시행한다. 다만, 제5조 제2항, 제8조 제5항 및 제14조 제4항의 규정은 2019년도 연간선로사용계획 수립시부터 적용하며, 최초 적용시에는 이 지침 시행일부터 2017년 12월 31일 기준의 철도안전, 서비스평가 등을 반영한다.

부　　칙 〈17·9·29〉

이 고시는 발령한 날부터 시행한다.

[별 표]

평가지표(제14조 제4항 관련)

평가기준	평가항목	배점	평가방법	비고
1. 철도안전	가. 안전관리체계 관련 과징금 건수, 벌금·과태료 부과 건수(철도안전법 제9조의2),「철도안전법」에 따른 과징금 부과 금액 (단, 제14조 제3항에 따른 경합 발생이 가능한 노선에서 발생된 사고에 의한 과징금, 벌금, 과태료에 해당한다.)	15	○연간선로배분기본계획 통보일의 전년도부터 계산하여 이전 2년간 1백만km 운행 대비 「철도안전법」에 따른 안전관리체계와 관련하여 전체 철도운영자에 부과된 과징금의 총 건수 중 해당 철도운영자가 받은 건수가 차지하는 비율, 전체 철도운영자에 부과된 벌금 및 과태료의 총 건수 중 해당 철도운영자가 받은 건수가 차지하는 비율 및 「철도안전법」에 따라 전체 철도운영자에 부과된 총 과징금액 중 해당 철도운영자에 부과된 과징금액이 차지하는 비율의 합에 2.0을 곱한 값을 10.0점에서 뺀 점수를 준다. 다만, 운행 실적이 1년 미만인 철도운영자에게는 타운영자의 평균점수를 준다. ○계산식: $10-2.0\times[\frac{a_i}{\sum_{j=1}^{n}a_j}+\frac{b_i}{\sum_{j=1}^{n}b_j}+\frac{c_i}{\sum_{j=1}^{n}c_j}]$ · a_i는 해당 철도운영자의 1백만km 운행 대비 「철도안전법」위반에 따른 과징금 부과건수 · $\sum_{j=1}^{n}a_j$는 전체 철도운영자의 1백만km 운행 대비 「철도안전법」 위반에 따른 과징금 부과 건수의 합(n: 철도운영자의 수) · b_i는 해당 철도운영자의 1백만km 운행 대비 「철도안전법」 위반에 따른 벌금 및 과태료 부과 건수 · $\sum_{j=1}^{n}b_j$는 전체 철도운영자의 1백만km 운행 대비 「철도안전법」 위반에 따른 벌금 및 과태료 부과 건수의 합 (n: 철도운영자의 수) · c_i는 해당 철도운영자의 1백만km 운행 대비 「철도안전법」 위반에 따른 과징금액 · $\sum_{j=1}^{n}c_j$는 전체 철도운영자의 1백만km 운행 대비 「철도안전법」 위반에 따른 과징금액의 합(n: 철도운영자의 수) ※a_i, b_i 및 c_i는 배분계획 통보일의 전년도부터 계산하여 이전 2년간을 기준으로 한다. ○철도운영자별 평가점수 산정은 계산식에 의한 점수의 순으로 항목배점의 100%(1위), 80%(2위), 60%(3위), 40%(4위), 20%(5위)의 점수를 부여한다.	정량평가
	나. 「항공·철도 사고조사에 관한 법률」에 따른 항공·철도사고조사위원회에서 발표한 철도사고에 따른 사망자 수 (단,	15	○연간선로배분기본계획 통보일의 전년도부터 계산하여 이전 2년간 1백만km 운행 대비 인적요인으로 인한 철도사고에 따른 총 사망자 수 중 해당 철도운영자의 인적요인으로 인한 철도사고에 따른 사망자 수가 차지하는 비율에 10을 곱한 값을 15.0점에서 뺀 점수를 준다. 다만, 운행 실적이 1년 미만인 철도운영자에는 타운영자의 평균점수를 준다.	정량평가

평가기준	평가항목	배점	평가방법	비고
	제14조 제3항에 따른 경합발생이 가능한 노선에서 발생된 철도사고에 따른 사망자 수에 해당한다.)		○계산식: $15 - 10 \times \frac{a_i}{\sum_{j=1}^{n} a_j}$ · a_i는 해당 철도운영자의 1백만km 운행 대비 인적요인으로 인한 철도사고에 따른 사망자 수 · $\sum_{j=1}^{n} a_j$는 전체 철도운영자의 1백만km 운행 대비 인적요인으로 인한 철도사고에 따른 사망자 수의 합 (n: 철도운영자의 수) ※a_i는 연간선로배분기본계획 통보일의 전년도부터 계산하여 이전 2년간을 기준으로 한다. ○철도운영자별 평가점수 산정은 계산식에 의한 점수의 순으로 항목배점의 100%(1위), 80%(2위), 60%(3위), 40%(4위), 20%(5위)의 점수를 부여한다.	
	다. 「항공 · 철도사고조사에 관한 법률」에 따른 항공 · 철도사고조사위원회에서 발표한 철도사고 건수(단, 제14조제3항에 따른 경합발생이 가능한 노선에서 발생	10	○연간선로배분기본계획 통보일의 전년도부터 계산하여 이전 2년간 1백만km 운행 대비 인적요인으로 인한 철도사고 건수 중 해당 철도운영자의 인적요인으로 인한 철도사고 건수가 차지하는 비율에 5를 곱한 값을 10.0점에서 뺀 점수를 준다. 다만, 운행 실적이 1년 미만인 철도운영자에는 타운영자의 평균점수를 준다. ○계산식: $10 - 5 \times \frac{a_i}{\sum_{j=1}^{n} a_j}$ · a_i는 해당 철도운영자의 1백만km	정량평가

평가기준	평가항목	배점	평가방법	비고
	된 철도사고 건수에 해당한다.)		운행 대비 인적요인으로 인한 철도사고 건수 · $\sum_{j=1}^{n} a_j$는 전체 철도운영자의 1백만km 운행 대비 인적요인으로 인한 철도사고 건수의 합 (n: 철도운영자수) ※a_i는 연간선로배분기본계획 통보일의 전년도부터 계산하여 이전 2년간을 기준으로 한다. ○철도운영자별 평가점수 산정은 계산식에 의한 점수의 순으로 항목배점의 100%(1위), 80%(2위), 60%(3위), 40%(4위), 20%(5위)의 점수를 부여한다.	
	라. 「철도안전법」에 따른 운행장애 건수 및 시정조치명령 건수(단, 제14조 제3항에 따른 경합발생이 가능한 노선에서 발생된 운행장애 건수 및 시정조치명령 건수에 해당한다.)	10	○연간선로배분기본계획 통보일의 전년도부터 계산하여 이전 2년간 1백만km 운행 대비 「철도안전법」에 따른 총 운행장애 건수 중 해당 철도운영자의 운행장애 건수가 차지하는 비율과 연간선로배분기본계획 통보일의 전년도부터 계산하여 이전 2년간 1백만km 운행대비 「철도안전법」에 따른 총 시정조치명령 건수 중 해당 철도운영자가 받은 시정조치명령 건수가 차지하는 비율의 합에 2.5를 곱한 값을 10.0점에서 뺀 점수를 준다. 다만, 운행 실적이 1년 미만인 철도운영자에게는 타운영자의 평균점수를 준다. ○ 계산식: $10 - 2.5 \times [\frac{a_i}{\sum_{j=1}^{n} a_j} + \frac{b_i}{\sum_{j=1}^{n} b_j}]$	정량평가

평가기준	평가항목	배점	평가방법	비고
			· a_i는 해당 철도운영자의 1백만km 운행 대비 운행장애 건수 · $\sum_{j=1}^{n} a_j$는 전체 철도운영자의 1백만km 운행 대비 운행장애 발생 건수의 합(n: 철도운영자의 수) · b_i는 해당 철도운영자의 1백만km 운행 대비 보안점검에 따른 시정조치명령 건수 · $\sum_{j=1}^{n} b_j$는 전체 철도운영자의 1백만km 운행 대비 보안점검에 따른 시정조치명령 건수의 합 (n: 철도운영자의 수) ※a_i 및 b_i는 연간선로배분기본계획 통보일의 전년도부터 계산하여 이전 2년간을 기준으로 한다. ○철도운영자별 평가점수 산정은 계산식에 의한 점수의 순으로 항목배점의 100%(1위), 80%(2위), 60%(3위), 40%(4위), 20%(5위)의 점수를 부여한다.	
2. 이용자 편의성	가. 해당 철도운영자의 운행에 따른 서비스 선택의 다양성 제고 효과	10	○철도운영자의 운행에 따라 운행일정과 서비스 측면에서 소비자에게 다양한 선택의 기회를 제공 정도와 다양성 제고 효과에 대한 기여도를 전문가 평가를 거쳐 철도운영자별 평가점수를 부여한다(세부적인 평가방법은 국토교통부장관이 정한다.)	정성 평가

평가기준	평가항목	배점	평가방법	비고
	나. 「소비자 기본법」에 따라 한국소비자원에 철도운영자 관련 피해구제가 신청되어 그 처리가 이루어진 건수 (단, 제14조 제3항에 따른 경합발생이 가능한 노선에서 발생된 운행장애 건수 및 시정조치명령 건수에 해당한다.)	15	○연간선로배분기본계획 통보일의 전년도부터 계산하여 이전 2년간 연 천만명 운송 대비 「소비자 기본법」에 따라 한국소비자원에 전체 철도운영자 관련 피해구제가 신청되어 그 처리가 이루어진 건수 중 해당 철도운영자 관련 피해구제가 신청되어 그 처리가 이루어진 건수가 차지하는 비율에 10을 곱한 값을 15.0점에서 뺀 점수를 준다. 다만, 운행 실적이 1년 미만인 철도운영자에게는 타운영자의 평균점수를 준다. ○계산식: $15 - 10 \times \frac{a_i}{\sum_{j=1}^{n} a_j}$ · a_i는 연 천만명 운송 대비「소비자 기본법」에 따라 한국소비자원에 해당 철도운영자 관련 피해구제가 신청되어 그 처리가 이루어진 건수 · $\sum_{j=1}^{n} a_j$는 연 천만명 운송 대비「소비자 기본법」에 따라 한국소비자원에 전체 철도운영자 관련 피해구제가 신청되어 그 처리가 이루어진 건수의 합(n: 철도운영자의 수) ※a_i는 연간선로배분기본계획 통보일의 전년도부터 계산하여 이전 2년간을 기준으로 한다. ○철도운영자별 평가점수 산정은 계산식에 의한 점수의 순으로 항목배점의 100%(1위), 80%(2위), 60%(3위), 40%(4위), 20%(5위)의	정량 평가

평가기준	평가항목	배점	평가방법	비고
			점수를 부여한다.	
	다. 철도서비스 품질평가 결과(단, 제14조 제3항에 따른 경합발생이 가능한 노선에서 발생된 운행장애 건수 및 시정조치명령 건수에 해당한다.)	25	○철도서비스 평가항목 중 열차부분의 공급성(혼잡도, 최고허용속도 달성도), 신뢰성(정시성) 및 열차 고객만족도 항목의 점수(만점 80점)의 25/80의 점수에 5점을 더하여 점수를 준다. 다만, 운행 실적이 1년 미만인 철도운영자에는 타운영자의 평균점수를 준다. ○계산식: $\frac{25}{80} \times a_i + 5$ · a_i는 해당 철도운영자의 철도서비스 평가 점수 ※a_i는 연간선로배분기본계획 통보일의 이전 최근의 평가결과를 이용한다. ○철도운영자별 평가점수 산정은 계산식에 의한 점수의 순으로 항목배점의 100%(1위), 80%(2위), 60%(3위), 40%(4위), 20%(5위)의 점수를 부여한다.	정량평가
총점		100.0		

[별표 2]

1. 수도권전철 운행노선의 선로배분 우선순위

요일	시 간	여객열차				화물열차
		수도권전철	고속열차	일반열차[1]	지역내 열차	
월~금	00:00-05:00	2	3	4	5	1
	05:00-09:00	1	2	3	4	5
	09:00-17:30	1	2	3	4	5
	17:30-21:00	1	2	3	4	5
	21:00-24:00	1	2	3	4	5
토요일	00:00-05:00	2	3	4	5	1
	05:00-09:00	1	2	3	4	5
	09:00-24:00	1	2	3	4	5
일요일/공휴일	00:00-24:00	1	2	3	4	5

주 : 1) 일반열차는 고속열차와 지역 내 열차를 제외한 중장거리 여객열차를 말한다.

2. 비 수도권전철 운행노선의 선로배분 우선순위

요일	시 간	여객열차					화물열차
		공공열차서비스[1]	고속열차	일반열차	도시교통권역내 열차[2]	지역내 열차 (공공열차 서비스제외)	
월~금	00:00-05:30	5	2	3	4	6	1
	05:30-09:00	1	2	4	3	5	6
	09:00-17:30	2	1	3	4	5	6
	17:30-21:00	1	2	4	3	5	6
	21:00-24:00	3	2	4	5	6	1
토요일	00:00-05:30	5	2	3	4	6	1
	05:30-09:00	2	1	4	3	5	6
	09:00-24:00	2	1	3	4	5	6
일요일/공휴일	00:00-24:00	2	1	3	4	5	6

주 : 1) 공공열차서비스란 정부와의 공익서비스 보상계약에 의하여 제공하는 서비스를 의미

2) 도시교통권역 내 열차란 도시교통정비촉진법 제4조에 의하여 국토교통부장관이 지정·고시한 도시교통권역 내에서 운행되는 열차

철도시설관리권 등록령 · 시행규칙

철도시설관리권 등록령 · 시행규칙 목차

등 록 령	시 행 규 칙
	부칙 ······ 108

등 록 령	시 행 규 칙
철도시설관리권 등록령 〔 2003 · 12 · 24 대통령령 제18168호 제정 〕 개정 2006 · 6 · 12 대통령령 제19507호 (행정정보의 공동이용 및 문서감축을 위한 국가채권관리법 시행령 등 일부개정령) 2008 · 2 · 29 대통령령 20722호 (국토해양부와 그 소속기관직재) 2010 · 1 · 27 대통령령 제22003호 (신문 등의 자유와 기능보장에 관한 법률 시행령 전부개정령) 2010 · 5 · 4 대통령령 제22151호 (전자정부법 시행령 전부개정령) 2010 · 11 · 2 대통령령 제22467호 (행정정보의 공동이용 및 문서감축을 위한 경제교육지원법 시행령 등 일부개정령) 2013 · 3 · 23 대통령령 제24443호 (국토교통부와 그 소속기관 직제) 2015 · 12 · 30 대통령령 제26774호 (주민등록번호 수집 최소화를 위한 6 · 25 전사자유해의 발굴 등에 관한 법률 시행령 등 일부개정령)	**철도시설관리권 등록령 시행규칙** 〔 2003 · 12 · 29 건설교통부령 제384호 제정 〕 개정 2006 · 10 · 26 건설교통부령 제536호 2007 · 12 · 13 건설교통부령 제594호 (전자정부 구현을 위한 개발이익환수에 관한 법률 시행규칙등 일부개정령) 2008 · 3 · 14 국토해양부령 제4호 (정부조직법의 개정에 따른 감정평가에 관한 규칙 등 일부 개정령) 2011 · 3 · 24 국토해양부령 제344호 2013 · 3 · 23 국토교통부령 제1호 (국토교통부와 그 소속기관 직제 시행규칙) 2014 · 8 · 7 국토교통부령 제120호 (개인정보 보호를 위한 건설산업기본법 시행규칙 등 일부개정령) 2017 · 5 · 2 국토교통부령 제419호 (법령서식 일괄 개정을 위한 역세권의 개발 및 이용에 관한 법률 시행규칙 등 일부개정령)

<table>
<tr><th>등 록 령</th><th>시 행 규 칙</th></tr>
<tr><td>

제1장 총 칙

제1조(목적) 이 영은 철도산업발전기본법 제26조제2항 및 제29조제2항의 규정에 의하여 철도시설관리권과 철도시설관리권을 목적으로 하는 저당권의 등록 등에 관하여 필요한 사항을 규정함을 목적으로 한다.
제2조(가등록) 가등록은 철도시설관리권과 철도시설관리권을 목적으로 하는 저당권(이하 "저당권"이라 한다)의 설정 · 이전 · 변경 또는 소멸의 청구권을 보전하고자 하는 때에 이를 한다. 그 청구권이 시기부이거나 정지조건부인 경우 그 밖에 장래에 있어서 확정될 것인 경우에도 또한 같다.
제3조(예고등록) 예고등록은 등록원인의 무효 또는 취소로 인한 등록의 말소 또는 회복의 소의 제기가 있는 때에 이를 한다. 다만, 등록원인의 취소로 인한 등록의 말소 또는 회복의 소에 있어서는 그 취소로써 선의의 제3자에게 대항할 수 있는 경우에 한한다.
제4조(등록한 권리의 순위) ①동일한 철도시설관리권에 관하여 등록한 권리의 순위는 다른 법령에 특별한 규정이 있는 경우를 제외하고는 등록의 선후에 의한다.
②등록의 선후는 등록용지중 같은 구에서 한 등록에 대하여는 순위번호에 의하고, 다른 구에서 한 등록에 대하여는 접수번호에 의한다.
제5조(가등록과 부기등록의 순위) ①가등록을 한 경우 본등록의 순위는 가등록의 순위에 의한다.
②부기등록의 순위는 주등록의 순위에 의하고, 부기등록 상호간의 순위는 그 선후에 의한다.

제2장 등록공무원 등

제6조(등록사무의 처리) 등록사무는 국토교통부에 근무하는 4급 또는 5급 공무원 중에서 국토교통부장관이 지정한 자(이하 "등록공무원"이라 한

</td><td>

제1조(목적) 이 규칙은 「철도시설관리권 등록령」에서 위임된 사항과 그 시행에 관하여 필요한 사항을 규정함을 목적으로 한다.〈개정 06 · 10 · 26〉

</td></tr>
</table>

등 록 령

다)가 이를 처리한다.〈개정 08・2・29, 13・3・23〉

제7조(등록사무의 정지) 철도시설관리권의 등록사무를 정지하지 아니할 수 없는 사고가 발생한 때에는 국토교통부장관은 등록공무원에게 기간을 정하여 등록사무를 정지할 것을 명할 수 있다.〈개정 08・2・29, 13・3・23〉

제3장 등록에 관한 장부

제8조(철도시설관리권등록부) ①철도시설관리권등록부(이하 "등록부"라 한다)는 1개의 철도시설관리권에 대하여 1용지를 사용한다.

②등록부는 그 1용지를 등록번호란, 표제부 및 갑・을의 2구로 나누되, 표제부에는 표시란과 표시번호란을 두고 각구에는 사항란과 순위번호란을 각각 둔다.

③등록번호란에는 철도시설관리권에 대하여 등록부에 등록한 순서를 기재한다.

④표시란에는 철도시설관리권의 표시와 그 변경에 관한 사항을 기재하고, 표시번호란에는 표시란에 등록한 순서를 기재한다.

⑤갑구 사항란에는 철도시설관리권에 관한 사항을 기재하고, 을구 사항란에는 저당권에 관한 사항을 기재한다.

⑥각구의 순위번호란에는 각 사항란에 등록한 순서를 기재한다.

제9조(등록부의 간인) 등록부에는 그 표지의 이면에 그 장수와 국토교통부장관의 직・성명을 기재하고 국토교통부장관의 직인을 날인한 후 각장의 철목에 건설교통부장관의 직인으로 간인하여야 한다.〈개정 08・2・29, 13・3・23〉

제10조(신청서편철부) 등록부의 전부 또는 일부가 멸실한 경우에는 신청서편철부를 비치한다.

제11조(등록부의 보존) ①등록부와 도면은 영구히 이를 보존하여야 한다.

②신청서 그 밖의 부속서류는 신청서 접수일부터 10년간 이를 보존하여

시 행 규 칙

제2조(철도시설관리권등록부 및 부속서류) ①「철도시설관리권 등록령」(이하 "영"이라 한다) 제8조제1항의 규정에 의한 철도시설관리권등록부(이하 "등록부"라 한다)는 별지 제1호서식에 의한다.〈개정 06・10・26〉

②다음 각호의 장부 또는 서류철은 등록부의 부속서류로서 등록부와 함께 작성・관리하여야 한다.〈개정 07・12・13〉

1. 등록신청서 접수대장
2. 등록신청서・촉탁서 그 밖의 관계서류철
3. 각종 통지서철
4. 등록부의 등본 또는 초본의 교부와 그 열람에 관한 신청서철 및 교부대장
5. 신청서 각하 원본철
6. 공동담보목록편철장
7. 신청서류편철장
8. 등록필통지부

③ 제1항의 등록부와 제2항 각 호의 장부 또는 서류철은 전자적 처리가 불가능한 특별한 사유가 없으면 전자적 처리가 가능한 방법으로 작성・관리하여야 한다.〈신설 07・12・13〉

제3조(숫자 등의 기재) ①등록부에 금전 그 밖의 물건의 수량・연월일 또는 번호를 기재하는 때에는 壹, 貳, 參, 拾 등의 문자를 사용하여야 한다.

②등록부의 문자를 정정・삽입 또는 삭제할 때에는 그 부분의 문자의 전후에 괄호를 하여 날인하고, 그 부분의 난외에 정정・삽입 또는 삭제

등 록 령	시 행 규 칙
야 한다. 다만, 신청서편철부에 편철한 서류의 보존기간은 제47조제1항의 규정에 의하여 등록부에 기재한 날부터 이를 기산한다.	의 뜻과 그 자수를 기재한 후 이에 날인하여야 하며, 삭제된 문자는 읽을 수 있도록 그 자체를 남겨두어야 한다. **제4조(등록후 빈자리와 구획)** 등록부의 표제부에 등록을 한 때에는 표시번호란과 표시란에 걸쳐 가로줄을 긋고, 등록부의 갑구 또는 을구에 등록을 한 때에는 순위번호란과 사항란에 걸쳐 가로줄을 그어 빈자리와 구획하여야 한다.
제12조(등본 또는 초본의 교부 및 열람신청) 등록부의 등본 또는 초본의 교부나 열람을 신청하고자 하는 자는 국토교통부령이 정하는 수수료를 납부하여야 한다. 다만, 국가 또는 지방자치단체가 신청하는 경우에는 그러하지 아니한다.〈개정 08 · 2 · 29, 13 · 3 · 23〉	**제5조(등본 또는 초본의 교부 · 열람 등)** ①영 제12조의 규정에 의하여 등록부의 등본 또는 초본을 교부받고자 하는 자는 별지 제2호서식의 철도시설관리권등본(초본)교부신청서를, 등록부를 열람하고자 하는 자는 별지 제3호서식의 철도시설관리권등록부열람신청서를 국토교통부장관에게 제출하여야 한다.〈개정 08 · 3 · 14, 13 · 3 · 23〉 ②등록부의 등본 또는 초본은 등록부와 동일한 서식에 의하여 작성하되, 등록부와 틀림이 없다는 뜻과 작성연월일을 기재하고, 국토교통부장관의 직인을 날인하며, 각 용지 사이에는 간인을 하여야 한다.〈개정 08 · 3 · 14, 13 · 3 · 23〉 ③등록부의 등본 또는 초본의 교부수수료는 용지 1매당 1천200원으로 하고, 등록부의 열람수수료는 1철도시설관리권당 1천200원으로 하되, 수입인지 또는 정보통신망을 이용한 전자결제 등의 방법으로 납부할 수 있다.〈개정 11 · 3 · 24〉 **제6조** 삭제 〈06 · 10 · 26〉
제13조(등록부의 멸실) 국토교통부장관은 등록부의 전부 또는 일부가 멸실된 때에는 3월 이상의 기간을 정하여 그 기간내에 등록의 회복을 신청하는 자는 그 등록부에 있어서 종전의 순위를 보유한다는 뜻을 관보에 고시하여야 한다.〈개정 08 · 2 · 29, 13 · 3 · 23〉 **제14조(등록부의 폐쇄)** ①등록부의 전부를 새로운 등록부에 이기한 경우에는 구등록부는 이를 폐쇄한다.	

등 록 령	시 행 규 칙
②폐쇄한 등록부는 폐쇄일부터 30년간 이를 보존하여야 한다. **제4장 등록절차** **제1절 통 칙** **제15조(신청)** ①등록은 이 영에 다른 규정이 있는 경우를 제외하고는 관공서의 촉탁 또는 당사자의 신청에 의하여 행한다. ②촉탁에 의한 등록의 절차는 신청에 의한 등록절차에 관한 규정을 준용한다. **제16조(등록신청인)** 등록의 신청은 등록권리자와 등록의무자 또는 그 대리인이 하여야 한다. **제17조(등록권리자의 등록신청)** 다음 각호의 1에 해당하는 경우에는 등록권리자 단독으로 등록 또는 가등록을 신청할 수 있다. 1. 판결이 있는 경우 2. 상속 또는 법인의 합병이 있는 경우 3. 가등록의무자의 승낙이 있는 경우 4. 등록의무자의 행방불명으로 제권판결을 얻은 경우 **제18조(등록명의인의 등록신청)** 다음 각호의 1에 해당하는 경우에는 등록명의인 단독으로 등록을 신청할 수 있다. 1. 철도시설관리권의 표시에 관한 사항의 변경등록인 경우 2. 등록명의인의 표시의 변경 또는 경정등록인 경우 3. 권리의 포기에 의한 말소등록인 경우 4. 가등록의 말소등록인 경우 5. 철도시설관리권의 분할 또는 합병등록인 경우 **제19조(법인 아닌 사단·재단의 등록신청)** ①종중·문중 그 밖에 대표자나 관리인이 있는 법인 아닌 사단이나 재단에 속하는 철도시설관리권의 등록에 관하여는 그 사단 또는 재단을 등록권리자 또는 등록의무자로 한다.	

등 록 령	시 행 규 칙
②제1항의 규정에 의한 등록은 당해 사단 또는 재단을 등록명의인으로 하여 그 대표자 또는 관리인이 이를 신청한다. **제20조(체납처분으로 인한 압류의 등록)** ①관공서는 체납처분으로 인한 압류의 등록을 촉탁함에 있어서는 등록명의인 또는 상속인에 갈음하여 철도시설관리권의 표시, 등록명의인의 표시의 변경·경정 또는 상속으로 인한 권리이전의 등록을 국토교통부에 촉탁하여야 한다.〈개정 08·2·29, 13·3·23〉 ②제30조·제34조제3항·제40조제3항 및 제42조제1항의 규정은 제1항의 규정에 의한 등록에 관하여 이를 준용한다. **제21조(공매처분으로 인한 권리이전의 등록)** 관공서는 그가 행한 공매처분으로 인한 권리이전의 등록사유가 발생한 때에는 당해 등록권리자의 청구에 의하여 촉탁서에 등록원인을 증명하는 서면을 첨부하여 지체없이 권리이전의 등록을 국토교통부에 촉탁하여야 한다.〈개정 08·2·29, 13·3·23〉 **제22조(가등록)** 법원은 등록권리자의 신청에 의하여 가등록에 관한 가처분명령을 하는 때에는 촉탁서에 가처분명령의 정본을 첨부하여 지체없이 가등록을 국토교통부에 촉탁하여야 한다.〈개정 08·2·29, 13·3·23〉 **제23조(예고등록)** 예고등록은 제3조의 규정에 의한 소를 수리한 법원이 직권으로 촉탁서에 소장의 등본 또는 초본을 첨부하여 지체없이 이를 국토교통부에 촉탁하여야 한다.〈개정 08·2·29, 13·3·23〉	
제24조(등록신청서류) ①등록을 신청하는 때에는 국토교통부령이 정하는 신청서(이하 "신청서"라 한다)에 다음 각호의 서류를 첨부하여야 한다.〈개정 08·2·29, 13·3·23〉 1. 등록원인을 증명하는 서류 2. 등록의무자의 권리에 관한 등록필증 3. 등록의 원인에 대하여 제3자의 승낙 또는 동의를 필요로 하는 경우	**제7조(등록신청서)** 영 제24조의 규정에 의한 신청서(이하 "신청서"라 한다)는 별지 제4호서식의 철도시설관리권(저당권)등록신청서에 의한다. **제8조(간인)** 신청인은 신청서의 용지가 2매 이상인 때에는 각 용지 사이에 간인하여야 한다. 이 경우 등록권리자 또는 등록의무자가 다수인 때에는 그 중 1인의 간인으로 갈음할 수 있다. **제9조(신청서접수대장)** ① 등록공무원은 철도시설관리권 또는 철도시설관

등 록 령	시 행 규 칙
에는 이를 증명하는 서류 4. 대리인이 등록을 신청하는 경우에는 그 권한을 증명하는 서류 5. 그 밖에 이 영에서 정하는 서류 ②제1항제1호의 규정에 의한 등록원인을 증명하는 서류가 집행력 있는 판결인 때에는 제1항제2호 및 동항제3호의 규정에 의한 서류는 이를 첨부하지 아니한다. ③다음 각 호의 어느 하나에 해당하는 경우에는 신청서에 가족관계 기록사항에 관한 증명서 또는 그 사실을 증명할 수 있는 서류(전자문서를 포함한다)를 첨부하여야 한다. 이 경우 그 사실을 확인하기 위하여 필요한 때에는 국토교통부장관은 「전자정부법」 제36조제1항에 따른 행정정보의 공동이용을 통하여 법인 등기사항증명서를 확인하여야 한다.〈개정 06·6·12, 10·5·4, 10·11·2, 13·3·23〉 1. 등록의 원인이 상속, 법인의 합병 그 밖의 포괄승계인 경우 2. 등록명의인의 표시의 변경 또는 경정의 등록을 신청하는 경우 ④법인 아닌 사단이나 재단이 그 명의로 등록을 신청하고자 하는 때에는 다음 각호의 서류를 첨부하여야 한다. 1. 정관 그 밖의 규약 2. 대표자 또는 관리인임을 증명하는 서면 3. 민법 제276조제1항의 규정에 의한 결의서(법인 아닌 사단에 한한다) **제25조(신청서의 기재사항)** 신청서에는 다음 각호의 사항을 기재하고 신청인이 이에 서명 또는 날인하여야 한다. 1. 철도시설의 위치 및 명칭 2. 철도시설관리권이 설정된 시설 3. 철도시설관리권의 존속기간 4. 철도시설의 신설·개량에 투자된 비용의 총액 5. 철도시설관리권에 의하여 징수하는 사용료의 총액	리권을 목적으로 하는 저당권의 등록신청이 있는 때에는 그 사실을 별지 제5호서식의 철도시설관리권등록신청서접수대장에 기재하여야 한다.〈개정 07·12·13〉 ② 제1항의 철도시설관리권등록신청서접수대장은 전자적 처리가 불가능한 특별한 사유가 없으면 전자적 처리가 가능한 방법으로 작성·관리하여야 한다.〈신설 07·12·13〉 **제10조(신청서의 조사)** 등록공무원은 신청서를 접수한 때에는 지체없이 신청에 관한 모든 사항을 조사하여야 한다. **제11조(채권분할로 인한 저당권의 변경등록)** 신청인은 채권의 분할로 인한 저당권의 변경등록의 신청을 하는 때에는 신청서에 그 분할된 각 채권액을 기재하여야 한다.

등 록 령	시 행 규 칙
6. 신청인의 성명 또는 주소(법인인 경우에는 그 명칭、주소 및 대표자의 성명) 7. 등록의 원인 및 그 발생연월일 8. 등록의 목적 9. 신청연월일 10. 그 밖에 이 영에서 정하는 사항	
제26조(권리소멸의 약정이 있는 경우) 등록원인에 등록목적인 권리의 소멸에 관한 약정이 있는 경우에는 신청서에 그 사항을 기재하여야 한다.	
제27조(등록권리자가 다수인 경우) 등록권리자가 2인 이상인 경우로서 등록할 권리가 공유인 때에는 그 지분을, 합유인 때에는 그 취지를 신청서에 기재하여야 한다.	
제28조(등록원인증서가 없는 경우) 등록원인을 증명하는 서류가 처음부터 없거나 이를 제출할 수 없는 경우에는 신청서의 부본을 제출하여야 한다.	
제29조(등록필증의 멸실) 등록의무자의 권리에 관한 등록필증이 멸실된 경우에는 신청서에 멸실의 사유를 기재하여야 한다. 이 경우 등록공무원은 등록의무자가 본인임을 확인한 후 등록하여야 한다.	
제30조(채권자대위권에 의한 등록신청) 채권자가 민법 제404조의 규정에 의하여 채무자를 대위하여 등록을 신청하는 경우에는 신청서에 채권자 및 채무자의 성명 · 주소(법인인 경우에는 그 명칭 · 주소 및 대표자의 성명)와 대위의 원인을 기재하고, 대위의 원인을 증명하는 서류를 첨부하여야 한다.	**제12조(채권자대위권에 의한 등록의 기재)** 등록공무원은 영 제30조에 따라 채권자대위권에 의한 등록신청을 받은 때에는 등록부의 표시란에 채권자의 성명 · 주소(법인인 경우에는 그 명칭 · 주소 및 대표자의 성명)와 대위원인을 기재하여야 한다.〈개정 17 · 5 · 2〉
제31조(신청서의 접수) 등록공무원은 신청서를 접수한 때에는 국토교통부령이 정하는 신청서접수대장에 접수연월일, 접수번호, 등록의 목적, 신청인의 성명(법인인 경우에는 그 명칭) 그 밖의 필요한 사항을 기재하여야 한다. 이 경우 동일한 철도시설관리권에 관하여 동시에 수개의 신청이 있는 경우에는 동일한 접수번호를 기재하여야 한다.〈개정 08 · 2 · 29, 13 · 3 · 23〉	

등 록 령	시 행 규 칙
제32조(등록의 순서) 등록공무원은 접수번호의 순서에 따라 등록을 하여야 한다. **제33조(신청의 각하)** 등록공무원은 다음 각호의 1에 해당하는 경우에는 그 이유를 기재한 서면에 의하여 신청을 각하하여야 한다. 다만, 신청의 흠결이 보정될 수 있는 경우로서 신청인이 1근무일 이내에 이를 보정한 경우에는 그러하지 아니하다. 1. 신청내용이 등록할 사항이 아닌 경우 2. 신청서의 내용이 불명확한 경우 3. 신청서에 기재한 철도시설관리권 또는 저당권의 표시가 등록부와 일치하지 아니한 경우 4. 신청서에 기재한 등록의무자의 표시가 등록부와 일치하지 아니한 경우 5. 신청인이 등록명의인인 경우에 그 표시가 등록부와 일치하지 아니한 경우 6. 신청서에 기재한 사항이 등록원인을 증명하는 서류와 일치하지 아니한 경우 7. 신청서에 필요한 서류를 첨부하지 아니한 경우 **제34조(등록의 기재사항)** ①표시란에는 신청서의 접수연월일, 등록의 목적 그 밖에 신청서에 기재한 사항으로서 철도시설관리권의 표시에 관한 사항을 기재하고, 등록공무원이 날인하여야 한다. ②사항란에는 신청서의 접수연월일, 접수번호, 등록권리자의 성명 및 주소(법인인 경우에는 법인의 명칭 및 주소), 등록원인과 그 연월일, 등록의 목적 그 밖에 신청서에 기재한 사항으로서 등록할 권리에 관한 것을 기재하고, 등록공무원이 날인하여야 한다. 이 경우 등록권리자가 법인 아닌 사단 또는 재단인 경우에는 그 대표자나 관리인의 성명 및 주소를 첨기하여야 한다.〈개정 15 · 12 · 30〉 ③제30조의 규정에 의하여 채무자에 대위하여 채권자가 행한 신청에 의	

등 록 령	시 행 규 칙
하여 등록을 하는 때에는 제2항의 규정에 의한 기재사항외에 사항란에 채권자의 성명 및 주소(법인인 경우에는 법인의 명칭 및 주소)와 대위원인을 기재하여야 한다.<개정 15 · 12 · 30> 제35조(번호의 기재) ①표시란에 등록을 하는 경우에는 표시번호란에 번호를 기재하고, 사항란에 등록을 하는 경우에는 순위번호란에 번호를 기재하여야 한다. ②부기에 의한 등록의 순위번호를 기재하는 경우에는 주등록의 번호를 사용하고, 그 번호의 아래쪽에 부기호수를 기재하여야 한다. 제36조(가등록의 기재) 가등록은 가등록을 하고자 하는 구의 사항란에 이를 기재하고 아래쪽에 여백을 두어야 한다. 제37조(가등록후의 본등록의 기재) 가등록을 한 후 본등록의 신청이 있는 경우에는 가등록의 아래쪽의 여백에 본등록의 기재를 하여야 한다. 제38조(권리변경의 등록) 권리변경의 등록에 관하여 이해관계가 있는 제3자가 있는 때에는 신청서에 그 승낙서 또는 이에 대항할 수 있는 재판의 등본을 첨부한 경우에 한하여 부기에 의하여 그 등록을 하고, 변경전의 등록사항은 이를 붉은 선으로 지워야 한다. 제39조(등록명의인의 변경등록의 기재) 등록명의인의 표시의 변경 또는 경정의 등록은 부기에 의하여 이를 행하고, 변경전 또는 경정전의 표시를 붉은 선으로 지워야 한다. 제40조(등록필증의 교부) ①등록공무원은 신청에 의한 등록을 완료한 경우에는 등록원인을 증명하는 서류 또는 신청서의 부본에 신청서의 접수연월일, 접수번호, 표시번호 또는 순위번호, 등록연월일 및 등록완료의 뜻을 기재한 후 국토교통부장관의 직인을 날인하여 이를 등록권리자에게 교부하여야 한다.<개정 08 · 2 · 29, 13 · 3 · 23> ②등록공무원은 직권 또는 촉탁에 의한 등록을 완료한 경우에는 제1항의 규정에 준하여 작성한 서면을 등록권리자에게 교부하여야 한다.	

등 록 령	시 행 규 칙
③등록공무원은 제30조의 규정에 의하여 채무자인 등록권리자를 대위하여 채권자가 행한 신청에 따라 등록을 완료한 경우에는 제1항의 서면을 채권자에게 교부하고 등록완료의 뜻을 채무자인 등록권리자에게 통지하여야 한다.	
제41조(촉탁등록의 경우의 등록필증의 교부) 관공서가 등록권리자를 위하여 등록을 촉탁하여 등록공무원으로부터 등록필증을 교부받은 경우에는 지체없이 그 사실을 등록권리자에게 통지하여야 한다.	
제42조(경정등록) ①등록공무원이 등록을 완료한 후 그 등록에 관하여 착오 또는 탈루가 있음을 발견한 경우에는 지체없이 그 사실을 등록권리자와 등록의무자에게 통지하고, 등록에 관하여 이해관계가 있는 제3자가 있는 경우를 제외하고는 국토교통부장관의 허가를 받아 등록의 경정을 한 후 그 뜻을 등록권리자와 등록의무자에게 통지하여야 한다. 이 경우 제30조의 규정에 의하여 채무자에 대위하여 채권자가 행한 신청에 따라 행한 등록에 관한 경정등록인 경우에는 당해 채권자에게도 그 뜻을 통지하여야 한다.〈개정 08·2·29, 13·3·23〉 ②제38조의 규정은 등록에 관하여 이해관계가 있는 제3자가 있는 경우의 등록을 경정하는 경우에 이를 준용한다.	제13조(경정등록의 기재) 등록공무원은 영 제42조의 규정에 의하여 경정등록을 하는 때에는 국토교통부장관의 허가연월일과 등록연월일을 기재하여야 한다.〈개정 08·3·14, 13·3·23〉
제43조(회복등록) ①말소된 등록의 회복을 신청하는 경우로서 등록에 관하여 이해관계가 있는 제3자가 있는 경우에는 신청서에 그 승낙서 또는 이에 대항할 수 있는 재판의 등본을 첨부하여야 한다. ②회복등록의 신청에 의하여 등록을 회복하는 경우에는 회복의 취지를 기재하고, 말소된 등록과 동일한 등록을 하여야 한다. 다만, 일부가 말소된 경우에는 부기에 의하여 다시 그 사항을 등록하여야 한다.	
제44조(멸실된 등록부의 회복등록) ①등록부의 전부 또는 일부가 멸실되어 제13조의 규정에 의하여 고시를 한 때에는 등록권리자 단독으로 회복등록을 신청할 수 있다.	제14조(등록필증에의 회복등록의 기재) 등록공무원은 영 제44조의 규정에 의하여 멸실된 등록부의 회복등록을 한 때에는 신청인이 제출한 멸실되기 전 등록의 등록필증에 신청서의 접수연월일·접수번호·표시번호 또는 순위

등 록 령	시 행 규 칙
②제1항의 규정에 의하여 신청을 하는 경우에는 신청서에 멸실되기 전 등록의 순위번호, 신청서 접수연월일 및 접수번호를 기재하고 멸실되기 전 등록의 등록필증을 첨부하여야 한다. ③제1항의 규정에 의한 신청에 의하여 등록을 하는 경우에는 등록번호란에는 그 등록부에 등록한 순서에 따른 새로운 번호를 기재하고, 표시란에는 철도시설관리권의 표시를 하며, 각구 순위번호란에는 멸실되기 전 등록의 번호를 기재하고, 사항란에는 멸실되기 전 등록의 신청서 접수연월일과 접수번호를 기재하여야 한다.	번호 · 등록연월일 및 등록완료의 뜻을 기재한 후 국토교통부장관의 직인을 날인하여 이를 신청인에게 다시 교부하여야 한다.〈개정 08 · 3 · 14, 13 · 3 · 23〉
제45조(회복등록기간 중의 새로운 등록을 위한 신청서편철부에의 편철) ①등록부의 전부 또는 일부가 멸실된 경우로서 제13조의 규정에 의하여 정한 기간 중에 새로운 등록의 신청서를 접수한 경우에는 접수번호의 순서에 따라 이를 신청서편철부에 편철하여야 한다. ②제1항의 규정에 의한 편철이 있는 경우 등록할 사항에 관하여는 그 편철시에 등록이 있는 것과 동일한 효력이 있다. **제46조(편철필증)** ①등록공무원은 제45조제1항의 규정에 의한 편철을 완료한 경우에는 제40조의 규정을 준용하여 편철필증을 교부하여야 한다. ②신청서에 등록필증을 첨부하여야 하는 경우에는 제1항의 규정에 의한 편철필증의 첨부로써 이에 갈음할 수 있다. **제47조(신청서편철부로부터 등록부에의 기재)** ①등록공무원은 제45조제1항의 규정에 의하여 신청서편철부에 편철된 신청서인 경우로서 제13조의 규정에 의하여 정한 기간이 만료된 경우에는 지체없이 그 신청서에 의하여 등록부에 기재하여야 한다. ②제1항의 경우 표시란과 사항란에 한 등록의 말미에 제45조제1항의 규정에 의한 신청서에 의하여 등록을 한 뜻과 그 연월일을 기재하고 등록공무원이 날인하여야 한다. **제48조(새로운 등록에 의한 등록필증의 교부)** ①등록공무원은 제47조제1	**제15조(신청서편철부의 편철절차)** 등록공무원은 영 제45조제1항의 규정에 의하여 회복등록기간 중의 새로운 등록의 신청서를 편철하는 때에는 이미 편철되어 있는 서면의 끝장과 편철하여야 하는 서면의 첫장을 건설교통부장관의 직인으로 간인을 하고 각 장의 쪽번호를 기재하여야 한다.

등 록 령	시 행 규 칙
항의 규정에 의하여 등록부에 기재한 경우에는 새로운 등록의 신청인에게 등록필증을 교부한다는 뜻을 통지하여야 한다. 이 경우 제44조의 규정에 의하여 회복된 등록과 제47조제1항의 규정에 의한 새로운 등록이 저촉되는 경우에는 동시에 그 뜻도 통지하여야 한다. ②제1항의 규정에 의하여 통지를 받은 새로운 등록의 신청인은 등록필증의 교부를 신청하는 경우에는 제46조제1항의 규정에 의한 편철필증을 첨부하여야 한다. ③등록공무원은 제2항의 규정에 의하여 등록필증의 교부신청을 받은 때에는 제40조의 규정을 준용하여 등록필증을 교부하여야 한다. **제49조(새로운 등록용지에로의 이기)** ①등록용지의 매수과다로 인하여 취급이 불편하게 된 때에는 그 등록을 새로운 등록용지에 이기할 수 있다. ②제1항의 규정에 의하여 새로운 등록용지에 이기한 경우에는 표제부 및 사항란에 이기한 등록의 말미에 제1항의 규정에 의하여 등록을 이기한 뜻 및 그 연월일을 기재하고 등록공무원이 날인하여야 한다. ③제1항의 규정에 의하여 새로운 등록용지에 이기한 경우에는 구 등록용지는 이를 폐쇄하여야 한다. ④제1항의 규정에 의하여 등록을 이기하는 경우에는 이기당시 효력있는 등록만을 이기하여야 한다. **제2절 철도시설관리권** **제50조(공유의 등록)** 철도시설관리권의 지분을 일부 이전함으로 인하여 공유의 등록을 신청하는 때에는 신청서에 그 지분을 표시하고, 등록원인에 민법 제268조제1항 단서의 약정이 있는 경우에는 이를 기재하여야 한다. **제51조(일부분할의 등록)** ①갑 철도시설관리권을 분할하여 그 일부를 을 철도시설관리권으로 함으로 인하여 분할의 등록을 하는 때에는 등록용지중 등록번호란에 번호를 기재하고, 표시란에 분할로 인하여 갑 철도	

등 록 령	시 행 규 칙
시설관리권 등록용지로부터 이기한 뜻을 기재하여야 한다. ②제1항의 규정에 의하여 이기하는 경우 갑 철도시설관리권의 등록용지중 표시란에 잔여부분의 표시를 하고 분할로 인하여 다른 부분을 을 철도시설관리권의 등록용지에 이기한 뜻을 기재한 후 종전의 표시와 그 번호를 붉은 선으로 지워야 한다. ③제1항의 경우 을 철도시설관리권의 등록용지중 해당구 사항란에 갑 철도시설관리권의 등록용지로부터 철도시설관리권에 관한 등록을 이기하고, 분할등록의 신청서의 접수연월일과 접수번호를 기재한 후 등록공무원이 날인하여야 한다. ④제1항의 경우 갑 철도시설관리권에 저당권이 설정되어 있는 때에는 각 철도시설관리권의 등록용지에 다음 각호의 구분에 따른 등록을 하여야 한다. 1. 갑 철도시설관리권 : 을 철도시설관리권과 같이 저당권의 목적이 된다는 뜻을 부기할 것 2. 을 철도시설관리권 : 갑 철도시설관리권에 설정된 저당권을 이기하고, 갑 철도시설관리권과 같이 저당권의 목적이 된다는 뜻을 기재할 것. 다만, 제5항의 규정에 해당되는 경우를 제외한다. ⑤분할등록의 신청서에 다음 각호의 서면을 첨부한 때에는 갑 철도시설관리권의 등록용지중 저당권에 관한 등록에 을 철도시설관리권에 대한 저당권이 소멸한 뜻을 부기하여야 한다. 1. 저당권의 등록명의인이 을 철도시설관리권에 관하여 그 권리의 소멸을 승낙한 것을 증명하는 서면 2. 갑 철도시설관리권에 설정된 저당권이 을 철도시설관리권에는 미치지 아니함을 대항할 수 있는 재판의 등본	
제52조(저당권의 이전을 목적으로 하는 분할등록) ①갑 철도시설관리권을 분할하여 그 일부를 을 철도시설관리권으로 한 경우로서 을 철도시설관	제16조(채권의 분할에 의한 저당권의 변경등록의 기재) 채권의 분할로 인한 저당권의 변경등록은 부기에 의하여 이를 하여야 한다.

등 록 령	시 행 규 칙
리권만이 저당권의 목적이 된 때에는 을 철도시설관리권의 등록용지중 해당구 사항란에 그 권리에 관한 등록을 이기하고 신청서의 접수연월일과 접수번호를 기재한 후 등록공무원이 날인하여야 한다. ②제1항의 경우 갑 철도시설관리권의 등록용지중 저당권에 관한 등록에 을 철도시설관리권의 표시를 하고, 분할로 인하여 을 철도시설관리권의 등록용지에 이기한 뜻과 갑 철도시설관리권에 대한 저당권이 소멸되었다는 뜻을 부기한 후 그 등록을 붉은 선으로 지워야 한다. **第53条(철도시설관리권의 일부를 분리하여 합병하는 경우의 합병의 등록)** ①갑 철도시설관리권을 분할하여 그 일부를 을 철도시설관리권에 합병한 경우로서 합병의 등록을 하는 때에는 을 철도시설관리권의 등록용지중 표시란에 합병으로 인하여 갑 철도시설관리권의 등록용지로부터 이기한 뜻을 기재하고, 종전의 표시와 표시번호를 붉은 선으로 지워야 한다. ②제1항의 경우 을 철도시설관리권의 등록용지중 갑구 사항란에 갑 철도시설관리권의 등록용지로부터 철도시설관리권에 관한 등록을 이기하고, 그 등록이 합병한 부분만에 관한 것이라는 뜻과 신청서의 접수연월일 및 접수번호를 기재한 후, 등록공무원이 날인하여야 한다. ③갑 철도시설관리권의 등록용지에 저당권에 관한 등록이 있는 때에는 을 철도시설관리권의 등록용지중 을구 사항란에 그 권리에 관한 등록을 이기하고, 합병한 부분만이 갑 철도시설관리권과 같이 그 권리의 목적이 된다는 뜻과 신청서의 접수연월일 및 접수번호를 기재한 후 등록공무원이 날인하여야 한다. ④제3항의 규정에 불구하고 갑 철도시설관리권의 등록용지중 을구 사항란에 있는 등록내용과 동일한 등록이 을 철도시설관리권의 을구 사항란에도 있고 양 등록의 등록원인, 그 연월일, 등록의 목적 및 접수번호가 동일한 때에는 이기에 갈음하여 을 철도시설관리권의 등록용지에 갑 철도시설관리권의 번호와 그 철도시설관리권에 대하여 동일사항의 등록이	**第17条(등록용지의 폐쇄)** 등록용지를 폐쇄하는 때에는 등록용지에 기재한 사항을 전부 붉은 줄을 그어 말소하고, 표시란 또는 사항란의 비고란에 폐쇄사유 및 폐쇄한다는 뜻과 폐쇄연월일을 기재한 후 등록공무원이 날인하여야 한다.

등 록 령	시 행 규 칙
있다는 뜻을 기재하여야 한다. ⑤제51조제2항 · 제4항 및 제5항과 제52조의 규정은 제1항의 경우에 이를 준용한다. **제54조(합병의 등록)** ①갑 철도시설관리권을 을 철도시설관리권에 합병한 경우로서 합병의 등록을 하는 때에는 각 철도시설관리권의 등록용지중 표시란에 다음 각호의 구분에 따라 등록을 하여야 한다. 1. 을 철도시설관리권 : 합병으로 인하여 갑 철도시설관리권의 등록용지로부터 이기한 뜻을 기재하고, 종전의 표시와 표시번호를 붉은 선으로 지울 것 2. 갑 철도시설관리권 : 합병으로 인하여 을 철도시설관리권의 등록용지에 이기한 뜻을 기재하고, 갑 철도시설관리권의 표시 및 표시번호와 등록번호를 붉은 선으로 지우고 등록용지를 폐쇄할 것 ②제1항의 경우 을 철도시설관리권의 등록용지중 갑구 사항란에 갑 철도시설관리권의 등록용지로부터 철도시설관리권에 관한 등록을 이기하고, 그 등록이 갑 철도시설관리권이었던 부분만에 관한 것이라는 뜻과 합병등록의 신청서의 접수연월일 및 접수번호를 기재하고, 등록공무원이 날인하여야 한다. ③제1항의 경우 갑 철도시설관리권에 저당권에 관한 등록이 있는 때에는 을 철도시설관리권의 등록용지중 을구 사항란에 저당권에 관한 등록을 이기하고, 갑 철도시설관리권이었던 부분만이 그 권리의 목적이 된다는 뜻과 신청서의 접수연월일 및 접수번호를 기재한 후 등록공무원이 날인하여야 한다. ④제51조제5항의 규정은 제2항의 경우에, 제53조제4항의 규정은 제2항 및 제3항의 경우에 이를 준용한다. 제3절 저당권에 관한 등록절차	

등록령	시행규칙
제55조(등록신청) ①저당권의 설정등록을 신청하는 때에는 신청서에 채권액과 채무자를 기재하여야 한다. 이 경우 등록원인에 다음 각호의 사항에 대하여 약정이 있는 때에는 이를 기재하여야 한다. 1. 변제기 2. 이자의 약정여부 · 발생기 · 지급시기 등 이자에 관한 약정 3. 원본 또는 이자의 지급장소 4. 손해의 배상에 관한 약정 5. 민법 제358조 단서의 규정에 의한 약정 6. 채권이 조건부인 경우의 그 조건 ②제1항의 저당권의 내용이 근저당인 경우에는 신청서에 등록원인이 근저당권설정계약이라는 뜻과 채권의 최고액을 기재하여야 한다. 제56조(저당권의 이전) ①저당권의 이전등록을 신청하는 때에는 신청서에 저당권이 채권과 같이 이전한다는 뜻을 기재하여야 한다. ②저당권의 이전의 등록은 부기에 의하여 이를 행한다. 제57조(채권의 일부양도 또는 대위변제로 인한 저당권의 이전) 채권의 일부양도 또는 대위변제로 인한 저당권의 이전등록을 신청하는 때에는 신청서에 양도 또는 대위변제의 목적인 채권액을 기재하여야 한다. 제58조(공동저당권의 설정) ①수개의 철도시설관리권을 목적으로 하는 저당권의 설정등록을 신청하는 때에는 신청서에 각 철도시설관리권을 표시하여야 한다. ②1개 또는 수개의 철도시설관리권을 목적으로 하는 저당권의 설정등록을 한 후 동일한 채권에 대하여 다른 1개 또는 수개의 철도시설관리권을 목적으로 하는 저당권의 설정등록을 신청하는 경우에는 신청서에 종전의 등록을 표시함에 있어서 공동담보목록(철도시설관리권이 수개인 경우 각 철도시설관리권에 관한 표시를 하고 신청인이 기명 · 날인한 서면을 말한다. 이하 같다) 등 충분한 사항을 기재하여야 한다.	

등 록 령	시 행 규 칙
제59조(공동저당권의 설정등록시의 기재사항) 제58조제1항의 규정에 의한 신청서에 의하여 각 철도시설관리권에 공동저당권의 설정등록을 하는 때에는 각 철도시설관리권의 등록용지중 을구 사항란에 다른 철도시설관리권에 관한 표시(신청서에 공동담보목록이 첨부된 때에는 공동담보목록으로서 이에 갈음한다)를 하고, 그 철도시설관리권과 같이 담보의 목적이 된다는 뜻을 각각 기재하여야 한다. 제60조(공동담보목록의 성질) 공동담보목록은 이를 등록부의 일부로 보며, 그 기재는 이를 등록으로 본다. 제61조(추가적 공동저당권의 등록의 기재) 제58조제2항의 규정에 의한 신청서에 의하여 등록을 하는 때에는 그 등록과 종전의 등록에 각 철도시설관리권이 같이 담보의 목적이 된다는 뜻을 기재하여야 한다. 제62조(공동저당권의 일부의 소멸 또는 변경) 수개의 철도시설관리권이 저당권의 목적이 된 경우로서 그 중 1개의 철도시설관리권을 목적으로 하는 저당권의 소멸의 등록을 하는 때에는 다른 철도시설관리권에 관하여 제59조 및 제61조의 규정에 의하여 한 등록에 그 뜻을 부기하고, 소멸된 사항을 붉은 선으로 지워야 한다. 1개의 철도시설관리권에 대하여 변경의 등록을 하는 때에도 또한 같다. 제4절 말소에 관한 등록절차 제63조(등록의무자가 행방불명인 경우의 말소) 등록권리자가 등록의무자의 행방불명으로 인하여 그와 공동으로 등록의 말소를 신청할 수 없는 경우로서 다음 각호의 1에 해당하는 때에는 등록권리자 단독으로 등록의 말소를 신청할 수 있다. 1. 제권판결을 얻어 신청서에 그 등본을 첨부하는 때 2. 채권증서, 채권과 최후 1년분의 이자에 대한 영수증을 첨부하는 때	

등 록 령	시 행 규 칙
(저당권에 관한 등록의 말소인 경우에 한한다) **제64조(가등록의 말소)** 가등록의 말소는 가등록명의인이 이를 신청할 수 있다. 다만, 가등록명의인의 승낙서 또는 이에 대항할 수 있는 재판의 등본이 있는 때에는 등록상의 이해관계인이 가등록의 말소를 신청할 수 있다. **제65조(예고등록의 말소)** 제1심법원은 제3조의 규정에 의한 소를 각하한 재판 또는 이를 제기한 자에 대하여 패소를 선고한 재판이 확정된 때, 소의 취하, 청구의 포기 또는 화해가 있는 때에는 촉탁서에 재판의 등본 또는 초본, 소의 취하서, 청구의 포기 또는 화해를 증명하는 법원서기관, 법원사무관, 법원주사 또는 법원주사보의 서면을 첨부하여 국토교통부에 예고등록의 말소를 촉탁하여야 한다.〈개정 08·2·29, 13·3·23〉 **제66조(이해관계 있는 제3자가 있는 경우의 말소)** 등록의 말소를 신청하는 경우에 그 말소에 대하여 등록상 이해관계가 있는 제3자가 있는 때에는 신청서에 그 승낙서 또는 이에 대항할 수 있는 재판의 등본을 첨부하여야 한다. **제67조(공매처분으로 인한 압류등록의 말소)** 제21조의 규정에 의하여 관공서로부터 공매처분으로 인한 권리이전의 등록촉탁이 있는 때에는 체납처분에 관한 압류의 등록을 말소하며, 저당권의 등록이 있는 때에는 그 등록을 말소하여야 한다. **제68조(말소의 방법)** ①등록을 말소하는 때에는 말소의 등록을 한 후 말소할 등록을 붉은 선으로 지워야 한다. ②제1항의 경우에 말소할 권리를 목적으로 하는 제3자의 권리에 관한 등록이 있는 때에는 등록용지중 해당구 사항란에 그 제3자의 권리의 표시를 하고, 어느 권리의 등록을 말소함으로 인하여 말소한다는 뜻을 기재하여야 한다.	

등 록 령	시 행 규 칙
제69조(위반등록이 있는 경우의 말소의 통지) 등록공무원이 등록을 완료한 후 그 등록이 제33조제1호에 해당된 것임을 발견한 때에는 등록권리자 · 등록의무자 및 등록상 이해관계가 있는 제3자에 대하여 1월 이내의 기간을 정하여 그 기간내에 이의를 진술하지 아니한 때에는 등록을 말소한다는 뜻을 통지하여야 한다. 다만, 통지를 받을 자의 주소 또는 거소를 알 수 없는 때에는 통지에 갈음하여 관보나 「신문 등의 진흥에 관한 법률」 제9조제1항에 따라 보급지역을 전국으로 하여 등록한 2 이상의 일반일간신문에 1회 이상 공고하여야 한다.〈개정 10 · 1 · 27〉 **제70조(말소에 대한 이의)** 말소에 대하여 이의를 진술한 자가 있는 때에는 등록공무원은 그 이의에 대하여 결정을 하여야 한다. **제71조(직권말소)** 제69조 및 제70조의 규정에 의하여 이의를 진술한 자가 없는 때 또는 이의를 각하한 때에는 등록공무원은 직권으로 등록을 말소하여야 한다. **제5장 이의등록** **제72조(이의신청과 그 관할)** 등록공무원의 결정 또는 처분이 위법 · 부당하다고 불복하는 자는 국토교통부장관을 거쳐 관할지방법원에 이의신청을 할 수 있다.〈개정 08 · 2 · 29, 13 · 3 · 23〉 **제73조(새로운 사실에 의한 이의의 금지)** 이의는 새로운 사실이나 새로운 증거방법으로써 이를 하지 못한다. **제74조(이의에 대한 조치)** ①등록공무원은 이의가 이유없다고 인정하는 때에는 3일 이내에 의견을 붙여 사건을 관할지방법원에 송부하여야 한다. ②등록공무원은 이의가 이유있다고 인정하는 때에는 그에 상당한 처분을 하여야 한다. 다만, 등록이 이미 완료된 때에는 그 등록에 대하여 이	

등 록 령	시 행 규 칙
의가 있다는 뜻을 부기하고 이를 등록상의 이해관계인에게 통지한 후 제1항의 절차를 취하여야 한다. **第75조(집행부정지)** 이의는 집행정지의 효력이 없다. **第76조(이의에 대한 결정과 항고)** ①관할지방법원은 이의에 대하여 이유를 붙여 결정을 하여야 한다. 이 경우 이의가 이유있다고 인정되는 때에는 등록공무원에게 상당한 처분을 하도록 명하고, 그 취지를 이의신청인과 등록상의 이해관계인에게 통지하여야 한다. ②제1항의 결정에 대하여는 비송사건절차법에 의하여 항고할 수 있다. **第77조(처분전 가등록명령)** 관할지방법원은 이의에 대하여 결정하기 전에 등록공무원에게 가등록을 명할 수 있다. **第78조(관할법원의 명령에 의한 등록의 방법)** 등록공무원이 관할지방법원의 명령에 의하여 등록을 하는 때에는 명령의 연월일, 명령에 의하여 등록을 한다는 뜻과 등록의 연월일을 기재하고 등록공무원이 날인하여야 한다. **第79조(송달)** 송달에 있어서는 민사소송법의 규정을 준용하고, 이의비용에 대하여는 비송사건절차법의 규정을 준용한다. **第80조(다른 법령의 준용)** 이 영에 정하지 아니한 사항에 대하여는 부동산등기법에 의한 부동산등기의 예에 의한다.	

등 록 령	시 행 규 칙
부　　칙 이 영은 2004년 1월 1일부터 시행한다. **부　　칙** 〈06 · 6 · 12〉 이 영은 공포한 날부터 시행한다. **부　　칙** 〈08 · 2 · 29〉 제1조(시행일) 이 영은 공포한 날부터 시행한다. 다만, 부칙 제6조에 따라 개정되는 대통령령 중 이 영의 시행 전에 공포되었으나 시행일이 도래하지 아니한 대통령령을 개정한 부분은 각각 해당 대통령령의 시행일부터 시행한다. 제2조부터 제6조까지 생략 **부　　칙** 〈10 · 1 · 27〉 제1조(시행일) 이 영은 2010년 2월 1일부터 시행한다. 제2조 및 제5조 생략 **부　　칙** 〈10 · 5 · 4〉 제1조(시행일) 이 영은 2010년 5월 5일부터 시행한다. 제2조 및 제3조 생략 **부　　칙** 〈10 · 11 · 2〉 이 영은 공포한 날부터 시행한다. **부　　칙** 〈13 · 3 · 23〉	**부　　칙** 이 규칙은 2004년 1월 1일부터 시행한다. **부　　칙** 〈06 · 10 · 26〉 이 규칙은 공포한 날부터 시행한다. **부　　칙** 〈07 · 12 · 13〉 이 규칙은 공포한 날부터 시행한다. **부　　칙** 〈08 · 3 · 14〉 이 규칙은 공포한 날부터 시행한다. **부　　칙** 〈11 · 3 · 24〉 이 규칙은 2012년 1월 1일부터 시행한다. **부　　칙** 〈13 · 3 · 23〉 제1조(시행일) 이 규칙은 공포한 날부터 시행한다. 〈단서 생략〉 제2조부터 제6조까지 생략 **부　　칙** 〈14 · 8 · 7〉 제1조(시행일) 이 규칙은 공포한 날부터 시행한다. 제2조(서식에 관한 경과조치) 이 규칙 시행 당시 종전의 규정에 따라 사용 중인 서식은 계속 사용하되, 이 규칙에 따라 주민등록번호가 삭제되거나 생년월일로 개정된 부분은 삭제하거나 수정하여 사용한다.

등 록 령	시 행 규 칙
제1조(시행일) 이 영은 공포한 날부터 시행한다. 〈단서 생략〉 제2조부터 제6조까지 생략 부 칙 〈15 · 12 · 30〉 이 영은 공포한 날부터 시행한다. 〈단서 생략〉	부 칙 〈17 · 5 · 2〉 이 규칙은 공포한 날부터 시행한다.

【시행규칙 별지서식】

[별지 제1호서식]

(제1쪽)

철도시설관리권등록부

등록번호	제 호	
표제부(철도시설관리권의 표시)		
①표시번호	표 시 란	
	②신청서의 접수연월일	
	③철도시설관리권의 설정연월일	
	④철도시설의 위치 및 명칭	
	⑤철도시설관리권이 설정된 시설	
	⑥철도시설관리권의 존속기간	
	⑦철도시설의 신설·개량에 투자된 비용의 총액	
	⑧철도시설관리권에 의하여 징수하는 사용료의 총액	
⑨비 고		

210㎜×297㎜(보존용지(1종) 70g/㎡)

(제2쪽)

①표시번호	②표 시 란
③비 고	

(제3쪽)

갑 구(철도시설관리권)	
①순위번호	②사 항 란
③비 고	

(제4쪽)

을 구(저 당 권)	
①순위번호	②사 항 란
③비 고	

[별지 제2호서식] 〈개정 08·3·14, 13·3·23, 14·8·7〉

철도시설관리권 [ ]등본 [ ]초본 교부신청서

※ [ ]에는 해당하는 곳에 √ 표시를 합니다.

접수번호	접수일	발급일	처리기간 1일
신청인	성명(법인의 경우 법인의 명칭 및 대표자 성명)		생년월일(법인등록번호)
	주소		전화번호
철도시설관리권의 등록번호			
청구구분			
용도			
기타사항			

「철도시설관리권등록령」 제12조 및 같은 령 시행규칙 제5조제1항에 따라 위와 같이 철도시설관리권([ ]등본 [ ]초본)의 교부를 신청합니다.

년 월 일

신청인 (서명 또는 인)

국토교통부장관 귀하

첨부서류	없음	수수료 1,200원

처리절차				
신청서 작성 →	접 수 →	대조확인 →	기안결재 →	교 부
신청인	국토교통부 (철도시설관리 담당부서)	국토교통부 (철도시설관리 담당부서)	국토교통부 (철도시설관리 담당부서)	국토교통부 (철도시설관리 담당부서)

210mm×297mm[백상지 80g/㎡(재활용품)]

[별지 제3호서식] 〈개정 08·3·14, 13·3·23, 14·8·7〉

철도시설관리권등록부 열람신청서

접수번호	접수일	발급일	처리기간 즉시

신청인	성명(법인의 경우 법인의 명칭 및 대표자 성명)	생년월일(법인등록번호)
	주소	전화번호
신청내용	철도시설관리권의 등록번호	
	열람의 목적	
	기타사항	

「철도시설관리권등록령」 제12조 및 같은 령 시행규칙 제5조제1항에 따라 위와 같이 철도시설관리권등록부의 열람을 신청합니다.

년 월 일

신청인 (서명 또는 인)

국토교통부장관 귀하

첨부서류	없음	수수료 1,200원

처리절차

신청서 작성 (신청인) → 접 수 (국토교통부 (철도시설관리담당부서)) → 열 람 (신청인)

210mm×297mm[백상지 80g/㎡(재활용품)]

[별지 제4호서식] 〈개정 06·10·26, 08·3·14, 13·3·23, 14·8·7〉

철도시설관리권(저당권) 등록신청서

※ 색상이 어두운 란은 신청인이 적지 않습니다. (앞 쪽)

접수번호	접수일	처리기간 14일

등록권리자	성명(법인의 명칭 및 대표자 성명)	생년월일(법인등록번호)
	주소	전화번호
등록의무자	성명(법인의 명칭 및 대표자 성명)	생년월일(법인등록번호)
	주소	전화번호
철도시설 관리권의 표시	철도시설의 위치 및 명칭	
	철도시설관리권이 설정된 시설	
	철도시설관리권의 존속기간	
	철도시설의 신설·개량에 투자된 비용의 총액	
	철도시설관리권에 따라 징수하는 사용료의 총액	
등록 개요	등록원인 및 그 발생연월일	등록의 목적
	특약	기타

처리인	접수	조사	기입	등기필 통지	기타 통지

위와 같이 철도시설관리권(저당권) 등록을 신청합니다.

년 월 일

등록권리자 성명(명칭) (서명 또는 인)

등록의무자 성명(명칭) (서명 또는 인)

국토교통부장관 귀하

첨부서류		수수료
첨부서류	1. 등록원인을 증명하는 서류(서류가 처음부터 없거나 이를 제출할 수 없는 경우에는 신청서의 부본으로 대체합니다) 2. 등록의무자의 권리에 대한 등록필증(제1호의 서류가 집행력 있는 판결인 경우에는 제출하지 않습니다) 3. 등록의 원인에 대하여 제3자의 승낙 또는 동의를 필요로 하는 경우에는 이를 증명하는 서류(제1호의 서류가 집행력 있는 판결인 경우에는 제출하지 않습니다) 4. 대리인이 등록을 신청하는 경우에는 그 권한을 증명하는 서류 5. 등록의 원인이 상속, 법인의 합병 그 밖의 포괄승계이거나, 등록명의인의 표시의 변경 또는 경정의 등록을 신청하는 경우에는 가족관계기록사항에 관한 증명서 또는 그 사실을 증명할 수 있는 서류(전자문서를 포함합니다) 6. 법인 아닌 사단이나 재단이 그 명의로 등록을 신청하는 경우에는 정관 그 밖의 규약, 대표자 또는 관리인임을 증명하는 서면, 「민법」 제276조제1항의 규정에 의한 결의서(법인 아닌 사단인 경우에만 제출합니다) 7. 채권자가 「민법」 제404조의 규정에 의하여 채무자를 대위하여 등록을 신청하는 경우에는 대위의 원인을 증명하는 서류	수수료 없음

210mm×297mm[백상지 80g/㎡(재활용품)]

(뒤쪽)

처 리 절 차	
신청인	처리기관 국토교통부(철도시설관리담당부서)
신청서 작성 →	접수
	↓ 검 토
	↓ 대조확인
통 보	← 기안결재

······ 자르는 선 ······

철도시설관리권(저당권) 등록신청서 접수증

1. 등록번호
2. 접수연월일
3. 접수번호
4. 표시번호 또는 순위번호
5. 등록연월일

년 월 일

국토교통부장관

[별지 제5호서식]

철도시설관리권(저당권)등록신청서접수대장

①접 수 번 호	②접 수 연월일	③등록의 목 적	④신청인의 주소 및 성명 (법인인 경우에는 그 명칭 및 주소)	⑤비 고

210㎜×297㎜(보존용지(1종) 70g/㎡)

철도사업법 · 시행령 · 시행규칙

철도사업법 · 시행령 · 시행규칙 목차

법	시 행 령	시 행 규 칙

철도사업법

(2004·12·31 법률 제7303호 제정)

2008· 2·29 법률 제8852호
(정부조직법 전부개정법률)
2008· 3·28 법률 제9075호
2009· 1·30 법률 제9401호
(국유재산법 전부개정법률)
2009· 4· 1 법률 제9608호
2011· 5·24 법률 제10722호
2012· 6· 1 법률 제11476호
(철도안전법 일부개정법률)
2013· 3·22 법률 제11648호
2013· 3·23 법률 제11690호
2015· 1· 6 법률 제12991호
2015· 8·11 법률 제13491호
2015·12·29 법률 제13688호
2016· 1·19 법률 제13806호
2018· 6·12 법률 제15683호
(철도안전법 일부개정법률)
2018·12·31 법률 제16146호
2019· 4·23 법률 제16394호
2019·11·26 법률 제16637호

철도사업법 시행령

(2005·6·30 대통령령 제18932호 제정)

2008· 2·29 대통령령 제20722호
(국토해양부와 그 소속기관 직제)
2008· 6·25 대통령령 제20876호
2008·10·20대통령령 제21087호
(행정기관 소속 위원회의 정비를 위한 평생교육법 시행령 등 일부개정령)
2009· 7·16 제21630호
2009· 7·27 대통령령 제21641호
(국유재산법 시행령 전부개정령)
2010·11· 2 대통령령 제22467호
(행정정보의 공동이용 및 문서감축을 위한 경제교육지원법 시행령 등 일부개정령)
2011· 9·16 대통령령 제23145호
2012· 4·20 대통령령 제23743호
(민감정보 및 고유식별정보 처리 근거 마련을 위한 건설기계관리법 시행령 등 일부개정령)
2013· 3·23 대통령령 제24443호
(국토교통부와 그 소속기관 직제)
2014· 7· 7 대통령령 제25448호
(도시철도법 시행령 전부개정령)
2014·12· 9 대통령령 제25840호
(규제 재검토기한 설정 등 규제정비를 위한 건축법 시행령 등 일부개정령)
2016· 6·28 대통령령 제27286호
2018·12·24 대통령령 제29421호
(규제 재검토기한 설정 등을 위한 57개 법령의 일부개정에 관한 대통령령)
2019· 6· 4 대통령령 제29806호
(철도안전법 시행령 일부개정령)

철도사업법 시행규칙

(2005·7·1 건설교통부령 제451호 제정)

개정 2006· 8· 7 건설교통부령 제530호
(행정정보의 공동이용 및 문서감축을 위한 개발이익환수에관한법률시행규칙 등 일부개정령)
2008· 3·14 국토해양부령 제4호
(정부조직법의 개정에 따른 감정평가에 관한 규칙 등 일부 개정령)
2008· 6·25 국토해양부령 제24호
2011· 4·11 국토해양부령 제350호
(행정정보의 공동이용 및 문서감축을 위한 개발이익 환수에 관한 법률 시행규칙 등 일부개정령)
2013· 3·23 국토교통부령 제1호
(국토교통부와 그 소속기관 직제 시행규칙)
2013·12·30 국토교통부령 제54호
(행정규제기본법 개정에 따른 규제 재검토기한 설정을 위한 개발이익환수에 관한 법률 시행규칙 등 일부개정령)
2014· 3·19 국토교통부령 제81호
(철도안전법 시행규칙 일부개정령)
2014· 8· 7 국토교통부령 제120호
(개인정보 보호를 위한 건설산업기본법 시행규칙 등 일부개정령)
2014· 8· 7 국토교통부령 제120호
(개인정보 보호를 위한 건설산업기본법 시행규칙 등 일부개정령)
2014·12·10 국토교통부령 제154호
2014·12·31 국토교통부령 제169호
(규제 재검토기한 설정 등을 위한 건축물의 분양에 관한 법률 시행규칙 등 일부개정령)
2016· 6·30 국토교통부령 제329호
2016·12·30 국토교통부령 제382호
(규제 재검토기한 설정 등을 위한 감정평

법	시 행 령	시 행 규 칙
	2019 · 6 · 25 대통령령 제29920호 2019 · 10 · 8 대통령령 제30106호 (과태료 금액 정비를 위한 41개 법령의 일부개정에 관한 대통령령)	가 및 감정평가사에 관한 법률 시행규칙 등 일부개정령) 2019 · 3 · 20 국토교통부령 제609호 (철도건설법시행규칙 일부개정령) 2019 · 6 · 18 국토교통부령 제626호 (철도안전법 시행규칙 일부개정령 2019 · 6 · 25 국토교통부령 제628호
제1장 총 칙 제1조(목적) 이 법은 철도사업에 관한 질서를 확립하고 효율적인 운영 여건을 조성함으로써 철도사업의 건전한 발전과 철도 이용자의 편의를 도모하여 국민경제의 발전에 이바지함을 목적으로 한다. [전문개정 11 · 5 · 24] 제2조(정의) 이 법에서 사용하는 용어의 뜻은 다음과 같다. 1. "철도"란 「철도산업발전 기본법」 제3조제1호에 따른 철도를 말한다. 2. "철도시설"이란 「철도산업발전 기본법」 제3조제2호에 따른 철도시설을 말한다.	제1조(목적) 이 영은 「철도사업법」에서 위임된 사항과 그 시행에 관하여 필요한 사항을 규정함을 목적으로 한다.	제1조(목적) 이 규칙은 「철도사업법」 및 동법 시행령에서 위임된 사항과 그 시행에 관하여 필요한 사항을 규정함을 목적으로 한다.

법	시 행 령	시 행 규 칙
3. "철도차량"이란 「철도산업발전 기본법」 제3조제4호에 따른 철도차량을 말한다. 4. "사업용철도"란 철도사업을 목적으로 설치하거나 운영하는 철도를 말한다. 5. "전용철도"란 다른 사람의 수요에 따른 영업을 목적으로 하지 아니하고 자신의 수요에 따라 특수 목적을 수행하기 위하여 설치하거나 운영하는 철도를 말한다. 6. "철도사업"이란 다른 사람의 수요에 응하여 철도차량을 사용하여 유상(有償)으로 여객이나 화물을 운송하는 사업을 말한다. 7. "철도운수종사자"란 철도운송과 관련하여 승무(乘務, 동력차 운전과 열차 내 승무를 말한다. 이하 같다) 및 역무서비스를 제공하는 직원을 말한다. 8. "철도사업자"란 「한국철도공사법」에 따라 설립된 한국철도공사(이하 "철도공사"라 한다) 및 제5조에 따라 철도사업 면허를 받은 자를 말한다. 9. "전용철도운영자"란 제34조에 따라 전용철도 등록을 한 자를 말한다. [전문개정 11·5·24] **제3조(다른 법률과의 관계)** 철도사업에 관하여 다른 법률에 특별한 규정이 있는 경우를 제외하고는 이 법에서 정하는 바에 따른다. [전문개정 11·5·24]		

법	시행령	시행규칙
제2장 철도사업의 관리 **제4조(사업용철도노선의 고시 등**〈개정 15·12·29〉**)** ① 국토교통부장관은 사업용철도노선의 노선번호, 노선명, 기점(起點), 종점(終點), 중요 경과지(정차역을 포함한다)와 그 밖에 필요한 사항을 국토교통부령으로 정하는 바에 따라 지정·고시하여야 한다.〈개정 13·3·23, 15·12·29〉		**제2조(사업용철도노선의 지정·고시)** ① 「철도사업법」(이하 "법"이라 한다) 제4조의 규정에 의하여 국토교통부장관은 『철도의 건설 및 철도시설 유지관리에 관한 법률』 제9조에 따른 철도건설사업실시계획을 승인·고시한 날부터 1월 이내에 사업용철도노선을 지정한다. 이 경우 철도건설사업실시계획을 구간별 또는 시설별로 승인·고시하는 때에는 당해 철도건설사업실시계획을 전부 승인·고시한 날부터 1월 이내에 사업용철도노선을 지정할 수 있다.〈개정 08·3·14, 13·3·23, 19·3·20〉 ②국토교통부장관은 제1항의 규정에 의하여 사업용철도노선을 지정한 경우에는 이를 관보에 고시하여야 한다. 고시한 사항의 변경이 있거나 사업용철도노선의 폐지가 있는 때에도 또한 같다.〈개정 08·3·14, 13·3·23〉 ③ 제1항에 따른 사업용철도노선의 지정에 필요한 세부적인 사항은 국토교통부장관이 정하여 고시한다.〈신설 19·6·25〉
② 국토교통부장관은 제1항에 따라 사업용철도노선을 지정·고시하는 경우 사업용철도노선을 다음 각 호의 구분에 따라 분류할 수 있다. 1. 운행지역과 운행거리에 따른 분류 가. 간선(幹線)철도		**제2조의2(사업용철도노선의 유형 분류)** ① 법 제4조제2항제1호의 운행지역과 운행거리에 따른 사업용철도노선의 분류기준은 다음 각 호와 같다. 1. 간선철도: 특별시·광역시·특별자치시 또는 도 간의 교통수요를 처리하기 위하여 운

법	시행령	시행규칙
나. 지선(支線)철도 2. 운행속도에 따른 분류 가. 고속철도노선 나. 준고속철도노선 다. 일반철도노선		영 중인 10km 이상의 사업용철도노선으로서 국토교통부장관이 지정한 노선 2. 지선철도: 제1호에 따른 간선철도를 제외한 사업용철도노선 ② 법 제4조제2항제2호의 운행속도에 따른 사업용철도노선의 분류기준은 다음 각 호와 같다. 1. 고속철도노선: 철도차량이 대부분의 구간을 300km/h 이상의 속도로 운행할 수 있도록 건설된 노선 2. 준고속철도노선: 철도차량이 대부분의 구간을 200km/h 이상 300km/h 미만의 속도로 운행할 수 있도록 건설된 노선 3. 일반철도노선: 철도차량이 대부분의 구간을 200km/h 미만의 속도로 운행할 수 있도록 건설된 노선 [본조신설 16·6·30]
③ 제2항에 따른 사업용철도노선 분류의 기준이 되는 운행지역, 운행거리 및 운행속도는 국토교통부령으로 정한다. [전문개정 11·5·24]		
제4조의2(철도차량의 유형 분류) 국토교통부장관은 철도 운임 상한의 산정, 철도차량의 효율적인 관리 등을 위하여 철도차량을 국토교통부령으로 정하는 운행속도에 따라 다음 각 호의 구분에 따른 유형으로 분류할 수 있다. 1. 고속철도차량		제2조의3(철도차량의 유형 분류) 법 제4조의2에서 "국토교통부령으로 정하는 운행속도"란 다음 각 호의 구분에 따른 운행속도를 말한다. 1. 고속철도차량: 최고속도 300km/h 이상 2. 준고속철도차량: 최고속도 200km/h 이상 300km/h 미만

법	시 행 령	시 행 규 칙
2. 준고속철도차량 3. 일반철도차량 [본조신설 15 · 12 · 29] 제5조(면허 등) ① 철도사업을 경영하려는 자는 제4조제1항에 따라 지정 · 고시된 사업용철도노선을 정하여 국토교통부장관의 면허를 받아야 한다. 이 경우 국토교통부장관은 철도사업의 질서를 확립하기 위하여 필요한 부담을 붙일 수 있다. 이 경우 국토교통부장관은 철도의 공공성과 안전을 강화하고 이용자 편의를 증진시키기 위하여 국토교통부령으로 정하는 바에 따라 필요한 부담을 붙일 수 있다.〈개정 13 · 3 · 23, 15 · 12 · 29〉 ② 제1항에 따른 면허를 받으려는 자는 국토교통부령으로 정하는 바에 따라 사업계획서를 첨부한 면허신청서를 국토교통부장관에게 제출하여야 한다.〈개정 13 · 3 · 23〉 ③ 철도사업의 면허를 받을 수 있는 자는 법인으로 한다. [전문개정 11 · 5 · 24]		3. 일반철도차량: 최고속도 200km/h 미만 [본조신설 16 · 6 · 30] 제3조(철도사업의 면허 등) ①법 제5조제1항의 규정에 의하여 철도사업의 면허를 받고자 하는 자는 별지 제1호서식의 철도사업면허신청서에 다음 각 호의 서류를 첨부하여 국토교통부장관에게 제출하여야 한다. 이 경우 국토교통부장관은 「전자정부법」 제36조제1항에 따른 행정정보의 공동이용을 통하여 법인 등기사항증명서(설립예정 법인인 경우를 제외한다)를 확인하여야 한다.〈개정 06 · 3 · 7, 08 · 3 · 14, 08 · 6 · 25, 11 · 4 · 11, 13 · 3 · 23〉 1. 사업계획서 2. 법인설립계획서(설립예정법인인 경우에 한한다) 3. 당해 철도사업을 경영하고자 하는 취지를 설명하는 서류 4. 신청인이 법 제7조 각 호의 규정에 의한 결격사유에 해당하지 아니함을 증명하는 서류 ②제1항제1호의 규정에 의한 사업계획서에는 다음 각 호의 사항을 포함하여야 한다. 1. 운행구간의 기점 · 종점 · 정차역 2. 여객운송 · 화물운송 등 철도서비스의 종류 3. 사용할 철도차량의 대수 · 형식 및 확보계획 4. 운행횟수, 운행시간계획 및 선로용량 사용계획

법	시 행 령	시 행 규 칙
제6조(면허의 기준) 철도사업의 면허기준은 다음 각 호와 같다.〈개정 13·3·23〉 1. 해당 사업의 시작으로 철도교통의 안전에 지장을 줄 염려가 없을 것 2. 해당 사업의 운행계획이 그 운행 구간의 철도 수송 수요와 수송력 공급 및 이용자의 편의에 적합할 것		5. 당해 철도사업을 위하여 필요한 자금의 내역과 조달방법(공익서비스비용 및 철도시설 사용료의 수준을 포함한다) 6. 철도역·철도차량정비시설 등 운영시설 개요 7. 철도운수종사자의 자격사항 및 확보방안 8. 여객·화물의 취급예정수량 및 그 산출의 기초와 예상 사업수지 ③국토교통부장관은 제1항의 규정에 의하여 면허신청을 받은 경우에는 법 제6조의 규정에 의한 면허기준에의 적합 여부, 법 제7조 각 호의 규정에 의한 결격사유의 유무 및 사업계획서의 타당성 여부 등을 종합적으로 심사하여 신청인에게 철도사업의 면허를 하기로 결정한 경우 신청인에게 별지 제2호서식의 철도사업면허증을 교부하여야 한다.〈개정 08·3·14, 13·3·23〉 ④국토교통부장관은 제3항의 규정에 의한 철도사업면허증을 교부한 때에는 별지 제3호서식의 철도사업면허대장에 이를 기재·관리하여야 한다.〈개정 08·3·14, 13·3·23〉 제4조(철도사업의 면허기준) 법 제6조제4호에서 "국토교통부령이 정하는 기준"이라 함은 별표 1에서 정하는 기준을 말한다.〈개정 08·3·14, 13·3·23〉

법	시행령	시행규칙
3. 신청자가 해당 사업을 수행할 수 있는 재정적 능력이 있을 것 4. 해당 사업에 사용할 철도차량의 대수(臺數), 사용연한 및 규격이 국토교통부령으로 정하는 기준에 맞을 것 [전문개정 11·5·24]		
제7조(결격사유) 다음 각 호의 어느 하나에 해당하는 법인은 철도사업의 면허를 받을 수 없다. 〈개정 18·12·31〉 1. 법인의 임원 중 다음 각 목의 어느 하나에 해당하는 사람이 있는 법인 가. 피성년후견인 또는 피한정후견인 나. 파산선고를 받고 복권되지 아니한 사람 다. 이 법 또는 대통령령으로 정하는 철도 관계 법령을 위반하여 금고 이상의 실형을 선고받고 그 집행이 끝나거나(끝난 것으로 보는 경우를 포함한다) 면제된 날부터 2년이 지나지 아니한 사람 라. 이 법 또는 대통령령으로 정하는 철도 관계 법령을 위반하여 금고 이상의 형의 집행유예를 선고받고 그 유예 기간 중에 있는 사람 2. 제16조제1항에 따라 철도사업의 면허가 취소된 후 그 취소일부터 2년이 지나지 아니한 법인. 다만, 제1호가목 또는 나목에 해당하여 철도사업의 면허가 취소된 경우는 제	**제2조(철도관계법령)** 「철도사업법」(이하 "법"이라 한다) 제7조제1호다목 및 라목에서 "대통령령으로 정하는 철도 관계 법령"이란 각각 다음 각 호의 법령을 말한다.〈개정 16·6·28〉 1. 「철도산업발전 기본법」 2. 「철도안전법」 3. 「도시철도법」 4. 「한국철도시설공단법」 5. 「한국철도공사법」	

법	시행령	시행규칙
외한다. [전문개정 15·12·29]		
제8조(운송 시작의 의무) 철도사업자는 국토교통부장관이 지정하는 날 또는 기간에 운송을 시작하여야 한다. 다만, 천재지변이나 그 밖의 불가피한 사유로 철도사업자가 국토교통부장관이 지정하는 날 또는 기간에 운송을 시작할 수 없는 경우에는 국토교통부장관의 승인을 받아 날짜를 연기하거나 기간을 연장할 수 있다.〈개정 13·3·23〉 [전문개정 11·5·24]		제5조(운송 시작의 의무〈개정 14·12·10〉) 철도사업자가 법 제8조 단서에 따라 운송 시작일의 연기 또는 운송 시작기간의 연장에 대한 승인을 받으려면 운송 시작 예정일과 그 사유를 기재한 별지 제4호서식의 운송 시작일 연기(운송 시작기간 연장) 승인신청서에 관계증거서류를 첨부하여 국토교통부장관에게 제출하여야 한다.〈개정 08·3·14, 13·3·23, 14·12·10〉
제9조(여객 운임·요금의 신고 등〈개정 15·12·29〉) ① 철도사업자는 여객에 대한 운임(여객운송에 대한 직접적인 대가를 말하며, 여객운송과 관련된 설비·용역에 대한 대가는 제외한다. 이하 같다)·요금(이하 "여객 운임·요금"이라 한다)을 국토교통부장관에게 신고하여야 한다. 이를 변경하려는 경우에도 같다.〈개정 13·3·23〉	제3조(여객 운임·요금의 신고〈개정 16·6·28〉) ①철도사업자는 법 제9조제1항에 따라 여객에 대한 운임·요금(이하 "여객 운임·요금"이라 한다)의 신고 또는 변경신고를 하려는 경우에는 국토교통부령으로 정하는 여객 운임·요금 신고서 또는 변경신고서에 다음 각 호의 서류를 첨부하여 국토교통부장관에게 제출하여야 한다.〈개정 08·2·29, 13·3·23, 16·6·28〉 1. 여객 운임·요금표 2. 여객 운임·요금 신·구대비표 및 변경사유를 기재한 서류(여객 운임·요금을 변경하는 경우에 한정한다) ②철도사업자는 사업용철도를 「도시철도법」에 의한 도시철도운영자가 운영하는 도시철도와	제6조(여객 운임·요금의 신고〈개정 16·6·30〉) 「철도사업법 시행령」(이하 "영"이라 한다) 제3조제1항에 따른 여객 운임·요금의 신고서 또는 변경신고서는 별지 제5호서식에 따른다. 〈개정 16·6·30〉

법	시 행 령	시 행 규 칙
② 철도사업자는 여객 운임·요금을 정하거나 변경하는 경우에는 원가(原價)와 버스 등 다른 교통수단의 여객 운임·요금과의 형평성 등을 고려하여야 한다. 이 경우 여객에 대한 운임은 제4조제2항에 따른 사업용철도노선의 분류, 제4조의2에 따른 철도차량의 유형 등을 고려하여 국토교통부장관이 지정·고시한 상한을 초과하여서는 아니 된다.〈개정 13·3·23, 15·12·29〉 ③ 국토교통부장관은 제2항에 따라 여객 운임의 상한을 지정하려면 미리 기획재정부장관과 협의하여야 한다.〈개정 13·3·23〉 ④ 철도사업자는 제1항에 따라 신고 또는 변경신고를 한 여객 운임·요금을 그 시행 1주일 이전에 인터넷 홈페이지, 관계 역·영업소 및 사업소 등 일반인이 잘 볼 수 있는 곳에 게시하여야 한다. 〈개정 15·12·29〉 [전문개정 11·5·24]	연결하여 운행하려는 때에는 법 제9조제1항에 따라 여객 운임·요금의 신고 또는 변경신고를 하기 전에 여객 운임·요금 및 그 변경시기에 관하여 미리 당해 도시 철도운영자와 협의하여야 한다.〈개정 14·7·7, 16·6·28〉 **제4조(여객 운임의 상한지정 등**〈개정 16·6·28〉**)** ① 국토교통부장관은 법 제9조제2항 후단에 따라 여객에 대한 운임(이하 "여객 운임"이라 한다)의 상한을 지정하는 때에는 물가상승률, 원가수준, 다른 교통수단과의 형평성, 법 제4조제2항에 따른 사업용철도노선(이하 "사업용철도노선"이라 한다)의 분류와 법 제4조의2에 따른 철도차량의 유형 등을 고려하여야 하며, 여객 운임의 상한을 지정한 경우에는 이를 관보에 고시하여야 한다.〈개정 08·2·29, 08·6·25, 13·3·23, 16·6·28〉 ② 국토교통부장관은 제1항에 따라 여객 운임의 상한을 지정하기 위하여 「철도산업발전기본법」 제6조에 따른 철도산업위원회 또는 철도나 교통관련 전문기관 및 전문가의 의견을 들을 수 있다.〈개정 08·2·29, 08·6·25, 08·10·20, 13·3·23, 16·6·28〉 ③항 및 ④항 삭제〈08·10·20〉 ⑤국토교통부장관이 여객 운임의 상한을 지정하려는 때에는 철도사업자로 하여금 원가계산 그 밖에 여객 운임의 산출기초를 기재한 서류	

법	시 행 령	시 행 규 칙
	를 제출하게 할 수 있다.〈개정 08·2·29, 08·6·25, 13·3·23, 16·6·28〉 ⑥국토교통부장관은 사업용철도노선과 「도시철도법」에 의한 도시철도가 연결되어 운행되는 구간에 대하여 제1항에 따른 여객 운임의 상한을 지정하는 경우에는 「도시철도법」 제31조제1항에 따라 특별시장·광역시장·특별자치시장·도지사 또는 특별자치도지사가 정하는 도시철도 운임의 범위와 조화를 이루도록 하여야 한다.〈개정 08·2·29, 08·6·25, 13·3·23, 14·7·7, 16·6·28〉	
제9조의2(여객 운임·요금의 감면〈개정 15·12·29〉) ① 철도사업자는 재해복구를 위한 긴급지원, 여객 유치를 위한 기념행사, 그 밖에 철도사업의 경영상 필요하다고 인정되는 경우에는 일정한 기간과 대상을 정하여 제9조제1항에 따라 신고한 여객 운임·요금을 감면할 수 있다.〈개정 15·12·29〉 ② 철도사업자는 제1항에 따라 여객 운임·요금을 감면하는 경우에는 그 시행 3일 이전에 감면 사항을 인터넷 홈페이지, 관계 역·영업소 및 사업소 등 일반인이 잘 볼 수 있는 곳에 게시하여야 한다. 다만, 긴급한 경우에는 미리 게시하지 아니할 수 있다.〈개정 15·12·29〉 [전문개정 11·5·24] 제10조(부가 운임의 징수) ① 철도사업자는 열		

법	시 행 령	시 행 규 칙
차를 이용하는 여객이 정당한 운임·요금을 지불하지 아니하고 열차를 이용한 경우에는 승차 구간에 해당하는 운임 외에 그의 30배의 범위에서 부가 운임을 징수할 수 있다.<개정 18·12·31> ② 철도사업자는 송하인(送荷人)이 운송장에 적은 화물의 품명·중량·용적 또는 개수에 따라 계산한 운임이 정당한 사유 없이 정상 운임보다 적은 경우에는 송하인에게 그 부족 운임 외에 그 부족 운임의 5배의 범위에서 부가 운임을 징수할 수 있다. ③ 철도사업자는 제1항 및 제2항에 따른 부가 운임을 징수하려는 경우에는 사전에 부가 운임의 징수 대상 행위, 열차의 종류 및 운행 구간 등에 따른 부가 운임 산정기준을 정하고 제11조에 따른 철도사업약관에 포함하여 국토교통부장관에게 신고하여야 한다.<개정 13·3·23> ④ 제1항 및 제2항에 따른 부가 운임의 징수 대상자는 이를 성실하게 납부하여야 한다.<신설 16·1·19> [전문개정 11·5·24] **제10조의2(승차권 등 부정판매의 금지)** 철도사업자 또는 철도사업자로부터 승차권 판매위탁을 받은 자가 아닌 자는 철도사업자가 발행한 승차권 또는 할인권·교환권 등 승차권에 준하는 증서를 상습 또는 영업으로 자신이 구입한 가		

법	시행령	시행규칙
격을 초과한 금액으로 다른 사람에게 판매하거나 이를 알선하여서는 아니 된다.〈개정 15·8·11〉 [본조신설 11·5·24] **제11조(철도사업약관)** ① 철도사업자는 철도사업약관을 정하여 국토교통부장관에게 신고하여야 한다. 이를 변경하려는 경우에도 같다.〈개정 13·3·23〉 ② 제1항에 따른 철도사업약관의 기재 사항 등에 필요한 사항은 국토교통부령으로 정한다.〈개정 13·3·23〉 [전문개정 11·5·24]		**제7조(철도사업약관의 신고 등)** ①철도사업자가 법 제11조제1항의 규정에 의하여 철도사업약관을 신고 또는 변경신고를 하고자 하는 때에는 별지 제6호서식의 철도사업약관신고(변경신고)서에 다음 각 호의 서류를 첨부하여 국토교통부장관에게 제출하여야 한다.〈개정 08·3·14, 13·3·23, 16·6·30〉 1. 철도사업약관 2. 철도사업약관 신·구대비표 및 변경사유서(변경신고의 경우에 한한다) ②제1항에 따른 철도사업약관에는 다음 각 호의 사항을 기재하여야 한다.〈개정 16·6·30〉 1. 철도사업약관의 적용범위 2. 여객 운임·요금의 수수 또는 환급에 관한 사항 3. 부가운임에 관한 사항 4. 운송책임 및 배상에 관한 사항 5. 면책에 관한 사항 6. 여객의 금지행위에 관한 사항 7. 화물의 인도·인수·보관 및 취급에 관한 사항 8. 그 밖에 이용자의 보호 등을 위하여 필요한 사항

법	시 행 령	시 행 규 칙
		③철도사업자는 제1항의 규정에 의하여 철도사업약관을 신고하거나 변경신고를 한 때에는 그 철도사업약관을 인터넷 홈페이지, 관계역 · 영업소 및 사업소 등의 이용자가 보기 쉬운 장소에 비치하고, 이용자가 이를 열람할 수 있도록 하여야 한다.〈개정 08 · 6 · 25〉
제12조(사업계획의 변경) ① 철도사업자는 사업계획을 변경하려는 경우에는 국토교통부장관에게 신고하여야 한다. 다만, 대통령령으로 정하는 중요 사항을 변경하려는 경우에는 국토교통부장관의 인가를 받아야 한다.〈개정 13 · 3 · 23〉 ② 국토교통부장관은 철도사업자가 다음 각 호의 어느 하나에 해당하는 경우에는 제1항에 따른 사업계획의 변경을 제한할 수 있다.〈개정 12 · 6 · 1, 13 · 3 · 23〉 1. 제8조에 따라 국토교통부장관이 지정한 날 또는 기간에 운송을 시작하지 아니한 경우 2. 제16조에 따라 노선 운행중지, 운행제한, 감차(減車) 등을 수반하는 사업계획 변경명령을 받은 후 1년이 지나지 아니한 경우 3. 제21조에 따른 개선명령을 받고 이행하지 아니한 경우	제5조(사업계획의 중요한 사항의 변경) 법 제12조제1항 단서에서 "대통령령으로 정하는 중요사항을 변경하려는 경우"란 다음 각 호의 어느 하나에 해당하는 경우를 말한다.〈개정 08 · 6 · 25, 16 · 6 · 28〉 1. 철도이용수요가 적어 수지균형의 확보가 극히 곤란한 벽지 노선으로서 「철도산업발전기본법」 제33조제1항에 따라 공익서비스비용의 보상에 관한 계약이 체결된 노선의 철도운송서비스(철도여객운송서비스 또는 철도화물운송서비스를 말한다)의 종류를 변경하거나 다른 종류의 철도운송서비스를 추가하는 경우 2. 운행구간의 변경(여객열차의 경우에 한한다) 3. 사업용철도노선별로 여객열차의 정차역을 신설 또는 폐지하거나 10분의 2 이상 변경하는 경우 4. 사업용철도노선별로 10분의 1 이상의 운행횟수의 변경(여객열차의 경우에 한한다). 다만, 공휴일 · 방학기간 등 수송수요와 열차운	제8조(사업계획의 변경절차 등) ①철도사업자는 법 제12조제1항에 따라 사업계획을 변경하려는 때에는 사업계획을 변경하려는 날 1개월 전까지(변경하려는 사항이 인가사항인 경우에는 2개월 전까지) 별지 제7호서식의 사업계획변경신고서 또는 별지 제3호서식의 사업계획변경인가신청서에 다음 각 호의 서류를 첨부하여 국토교통부장관에게 제출하여야 한다.〈개정 08 · 3 · 14, 08 · 6 · 25, 13 · 3 · 23〉 1. 신 · 구 사업계획을 대비한 서류 또는 도면 2. 철도안전 확보 계획 3. 사업계획 변경 후의 예상 사업수지 계산서 ②국토교통부장관은 제1항의 규정에 의하여 사업계획변경인가신청을 받은 때에는 당해 사업계획의 변경내용이 법 제6조의 규정에 의한 면허기준에 적합한 지의 여부 등을 검토하여 그 인가신청을 받은 날부터 1월 이내에 그 결정내용을 신청인에게 통보하여야 한다.〈개정 08 · 3 · 14, 13 · 3 · 23〉

법	시행령	시행규칙
4. 철도사고(「철도안전법」 제2조제11호에 따른 철도사고를 말한다. 이하 같다)의 규모 또는 발생 빈도가 대통령령으로 정하는 기준 이상인 경우 ③ 제1항과 제2항에 따른 사업계획 변경의 절차·기준과 그 밖에 필요한 사항은 국토교통부령으로 정한다.〈개정 13·3·23〉 [전문개정 11·5·24]	행계획상의 수 송력과 현저한 차이가 있는 경우로서 3월 이내의 기간동안 운행횟수를 변경하는 경우를 제외한다. **제6조(사업계획의 변경을 제한할 수 있는 철도사고의 기준)** 법 제12조제2항제4호에서 "대통령령으로 정하는 기준"이란 사업계획의 변경을 신청한 날이 포함된 연도의 직전 연도의 열차운행거리 100만킬로미터당 철도사고(철도사업자 또는 그 소속 종사자의 고의 또는 과실에 의한 철도사고를 말한다. 이하 같다)로 인한 사망자 수 또는 철도사고의 발생횟수가 최근(직전연도를 제외한다) 5년간 평균 보다 10분의 2 이상 증가한 경우를 말한다.〈개정 08·6·25, 16·6·28〉	
제13조(공동운수협정) ① 철도사업자는 다른 철도사업자와 공동경영에 관한 계약이나 그 밖의 운수에 관한 협정(이하 "공동운수협정"이라 한다)을 체결하거나 변경하려는 경우에는 국토교통부령으로 정하는 바에 따라 국토교통부장관의 인가를 받아야 한다. 다만, 국토교통부령으로 정하는 경미한 사항을 변경하려는 경우에는 국토교통부령으로 정하는 바에 따라 국토교통부장관에게 신고하여야 한다.〈개정 13·3·23〉 ② 국토교통부장관은 제1항 본문에 따라 공동운수협정을 인가하려면 미리 공정거래위원회와 협의하여야 한다.〈개정 13·3·23〉 [전문개정 11·5·24]		**제9조(공동운수협정의 인가 등)** ①철도사업자는 법 제13조제1항 본문의 규정에 의한 공동경영에 관한 계약 그 밖의 운수에 관한 협정(이하 "공동운수협정"이라 한다)을 체결하거나 인가받은 사항을 변경하고자 하는 때에는 다른 철도사업자와 공동으로 별지 제9호서식의 공동운수협정(변경)인가신청서에 다음 각 호의 서류를 첨부하여 국토교통부장관에게 제출하여야 한다.〈개정 08·3·14, 13·3·23〉 1. 공동운수협정 체결(변경)사유서 2. 공동운수협정서 사본 3. 신·구 공동운수협정을 대비한 서류 또는 도면(공동운수협정을 변경하는 경우에 한한다)

법	시 행 령	시 행 규 칙
		②국토교통부장관은 제1항의 규정에 의하여 공동운수협정에 대한 인가신청 또는 변경인가신청을 받은 경우에는 다음 각 호의 사항을 검토한 후 인가 또는 변경인가여부를 결정하여야 한다.〈개정 08·3·14, 13·3·23〉 1. 공동운수협정의 체결 또는 변경으로 인하여 철도서비스의 질적 저하가 발생하는 지의 여부 2. 공동운수협정의 체결 또는 변경으로 인하여 철도수송수요와 수송력 공급 및 이용자의 편의에 지장을 초래하는 지의 여부 3. 공동운수협정의 체결 또는 변경내용에 선로·역시설·물류시설·차량정비기지 및 차량 유치시설 등 운송시설의 공동사용에 관한 내용이 있는 경우에는 당해 운송시설의 공동사용으로 인하여 철도사업의 원활한 운영과 여객의 이용편의에 지장을 초래하는 지의 여부 4. 공동운수협정의 체결 또는 변경이 수송력 공급의 증가를 목적으로 하는 경우에는 주말·연휴 등 일시적으로 유발되는 수송수요에 효율적으로 대응할 수 있는 지의 여부 5. 공동운수협정의 체결 또는 변경에 따른 운임·요금이 적정한 지의 여부 6. 공동운수협정을 체결 또는 변경하는 철도사업자간 수입·비용의 배분이 적정한 지의 여부

법	시 행 령	시 행 규 칙
		7. 공동운수협정의 체결 또는 변경으로 인하여 철도안전에 지장을 초래하는 지의 여부 ③법 제13조제1항 단서에서 "국토교통부령으로 정하는 경미한 사항"이란 다음 각 호의 어느 하나에 해당되는 사항을 말한다.〈개정 08·3·14, 13·3·23, 16·6·30〉 1. 철도사업자가 법 제9조에 따른 여객 운임·요금의 변경신고를 한 경우 이를 반영하기 위한 사항 2. 철도사업자가 법 제12조의 규정에 의하여 사업계획변경을 신고하거나 사업계획변경의 인가를 받은 때에는 이를 반영하기 위한 사항 3. 공동운수협정에 따른 운행구간별 열차 운행횟수의 10분의 1 이내에서의 변경 4. 그 밖에 법에 의하여 신고 또는 인가·허가 등을 받은 사항을 반영하기 위한 사항 ④철도사업자는 법 제13조제1항 단서의 규정에 의하여 공동운수협정의 변경을 신고하고자 하는 경우에는 별지 제10호서식의 공동운수협정 변경신고서에 다음 각 호의 서류를 첨부하여 다른 철도사업자와 공동으로 국토교통부장관에게 제출하여야 한다.〈개정 08·3·14, 13·3·23〉 1. 공동운수협정의 변경사유서 2. 신·구 공동운수협정을 대비한 서류 또는 도면 3. 당해 철도사업자간 합의를 증명할 수 있는

법	시 행 령	시 행 규 칙
제14조(사업의 양도 · 양수 등) ① 철도사업자는 그 철도사업을 양도 · 양수하려는 경우에는 국토교통부장관의 인가를 받아야 한다.〈개정 13 · 3 · 23〉 ② 철도사업자는 다른 철도사업자 또는 철도사업 외의 사업을 경영하는 자와 합병하려는 경우에는 국토교통부장관의 인가를 받아야 한다.〈개정 13 · 3 · 23〉 ③ 제1항이나 제2항에 따른 인가를 받은 경우 철도사업을 양수한 자는 철도사업을 양도한 자의 철도사업자로서의 지위를 승계하며, 합병으로 설립되거나 존속하는 법인은 합병으로 소멸되는 법인의 철도사업자로서의 지위를 승계한다. ④ 제1항과 제2항의 인가에 관하여는 제7조를 준용한다. [전문개정 11 · 5 · 24]		서류 제10조(사업의 양도 · 양수의 인가신청 등) ①법 제14조제1항의 규정에 의하여 철도사업을 양도 · 양수하고자 하는 양도인 및 양수인은 별지 제11호서식의 철도사업 양도 · 양수인가신청서에 다음 각 호의 서류를 첨부하여 양도 · 양수계약을 체결한 날부터 1월 이내에 국토교통부장관에게 제출하여야 한다. 이 경우 국토교통부장관은 「전자정부법」 제36조제1항에 따른 행정정보의 공동이용을 통하여 양수인의 법인 등기사항증명서(설립예정 법인인 경우를 제외한다)를 확인하여야 한다.〈개정 06 · 8 · 7, 08 · 3 · 14, 08 · 6 · 25, 11 · 4 · 11, 13 · 3 · 23〉 1. 양도 · 양수계약서 사본 2. 양도 · 양수 후 당해 운영구간에 대한 사업계획서 3. 양수인이 법 제7조 각 호의 규정에 의한 결격사유에 해당하지 아니함을 증명하는 서류 4. 법인설립계획서(설립예정법인인 경우에 한한다) 5. 양도 또는 양수에 관한 의사결정을 증명하는 총회 또는 이사회의 의결서 사본 ②법 제14조제2항에 따라 법인의 합병을 하고자 하는 자는 별지 제12호서식의 합병인가신청서에 다음 각 호의 서류를 첨부하여 합병계약을 체결한 날부터 1개월 이내에 국토교통부

법	시 행 령	시 행 규 칙
		장관에게 제출하여야 한다. 이 경우 국토교통부장관은 「전자정부법」 제36조제1항에 따른 행정정보의 공동이용을 통하여 합병 당사자의 법인 등기사항증명서를 확인하여 야 한다〈개정 06·8·7, 08·3·14, 08·6·25, 11·4·11, 13·3·23, 16·6·30〉 1. 합병의 방법과 조건에 관한 서류 2. 당사자가 신청당시 경영하고 있는 사업의 개요를 기재한 서류 3. 합병 후 존속하는 법인 또는 합병에 의하여 설립되는 법인이 법 제7조 각 호에 따른 결격사유에 해당하지 아니함을 증명하는 서류 4. 합병계약서 사본 5. 삭제 〈06·8·7〉 6. 합병에 관한 의사결정을 증명하는 총회 또는 이사회의 의결서 사본
제15조(사업의 휴업·폐업) ① 철도사업자가 그 사업의 전부 또는 일부를 휴업 또는 폐업하려는 경우에는 국토교통부령으로 정하는 바에 따라 국토교통부장관의 허가를 받아야 한다. 다만, 선로 또는 교량의 파괴, 철도시설의 개량, 그 밖의 정당한 사유로 휴업하는 경우에는 국토교통부령으로 정하는 바에 따라 국토교통부장관에게 신고하여야 한다.〈개정 13·3·23〉 ② 제1항에 따른 휴업기간은 6개월을 넘을 수 없다. 다만, 제1항 단서에 따른 휴업의 경우에	제7조(사업의 휴업·폐업 내용의 게시〈개정 16·6·28〉) 철도사업자는 법 제15조제1항에 따라 철도사업의 휴업 또는 폐업의 허가를 받은 때에는 그 허가를 받은 날부터 7일 이내에 법 제15조제4항에 따라 다음 각 호의 사항을 철도사업자의 인터넷 홈페이지, 관계 역·영업소 및 사업소 등 일반인이 잘 볼 수 있는 곳에 게시하여야 한다. 다만, 법 제15조제1항 단서에 따라 휴업을 신고하는 경우에는 해당 사유가 발생한 때에 즉시 다음 각 호의 사항을 게시하여야 한다.	제11조(사업의 휴업·폐업) ① 철도사업자는 법 제15조제1항 본문에 따라 철도사업의 전부 또는 일부에 대하여 휴업 또는 폐업의 허가를 받으려면 휴업 또는 폐업 예정일 3개월 전에 별지 제13호서식의 철도사업휴업(폐업)허가신청서에 다음 각 호의 서류를 첨부하여 국토교통부장관에게 제출하여야 한다. 1. 사업의 휴업 또는 폐업에 관한 총회 또는 이사회의 의결서 사본 2. 휴업 또는 폐업하려는 철도노선, 정거장,

법	시 행 령	시 행 규 칙
는 예외로 한다. ③ 제1항에 따라 허가를 받거나 신고한 휴업 기간 중이라도 휴업 사유가 소멸된 경우에는 국토교통부장관에게 신고하고 사업을 재개(再開)할 수 있다.〈개정 13·3·23〉 ④ 철도사업자는 철도사업의 전부 또는 일부를 휴업 또는 폐업하려는 경우에는 대통령령으로 정하는 바에 따라 휴업 또는 폐업하는 사업의 내용과 그 기간 등을 인터넷 홈페이지, 관계 역·영업소 및 사업소 등 일반인이 잘 볼 수 있는 곳에 게시하여야 한다. [전문개정 11·5·24]	〈개정 16·6·28〉 1. 휴업 또는 폐업하는 철도사업의 내용 및 그 사유 2. 휴업의 경우 그 기간 3. 대체교통수단 안내 4. 그 밖에 휴업 또는 폐업과 관련하여 철도사업자가 공중에게 알려야 할 필요성이 있다고 인정하는 사항이 있는 경우 그에 관한 사항	열차의 종별 등에 관한 사항을 적은 서류 3. 철도사업의 휴업 또는 폐업을 하는 경우 대체 교통수단의 이용에 관한 사항을 적은 서류 ② 국토교통부장관은 제1항에 따라 철도사업의 휴업 또는 폐업 허가의 신청을 받은 경우에는 허가신청을 받은 날부터 2개월 이내에 신청인에게 허가 여부를 통지하여야 한다. ③ 철도사업자가 법 제15조제1항 단서에 따라 철도사업의 휴업을 신고하려는 경우에는 휴업 사유가 발생한 즉시 별지 제13호서식의 철도사업휴업신고서에 제1항제2호 및 제3호에 따른 서류를 첨부하여 국토교통부장관에게 제출하여야 한다. [전문개정 14·12·10]
제16조(면허취소 등) ① 국토교통부장관은 철도사업자가 다음 각 호의 어느 하나에 해당하는 경우에는 면허를 취소하거나, 6개월 이내의 기간을 정하여 사업의 전부 또는 일부의 정지를 명하거나, 노선 운행중지·운행제한·감차 등을 수반하는 사업계획의 변경을 명할 수 있다. 다만, 제4호 및 제7호의 경우에는 면허를 취소하여야 한다.〈개정 13·3·23, 15·12·29〉 1. 면허받은 사항을 정당한 사유 없이 시행하지 아니한 경우 2. 사업 경영의 불확실 또는 자산상태의 현저	**제8조(면허취소 또는 사업정지 등의 처분대상이 되는 사상자 수)** 법 제16조제1항제3호에서 "대통령령으로 정하는 다수의 사상자(死傷者)가 발생한 경우"란 1회 철도사고로 사망자 5명 이상이 발생하게 된 경우를 말한다.〈개정 08·6·25, 16·6·28〉	**제12조(면허취소 등 처분기준과 절차 등)** 법 제16조제1항에 따라 부과하는 행정처분의 기준은 별표 2와 같다. [전문개정 16·6·30]

법	시 행 령	시 행 규 칙
한 불량이나 그 밖의 사유로 사업을 계속하는 것이 적합하지 아니할 경우 3. 고의 또는 중대한 과실에 의한 철도사고로 대통령령으로 정하는 다수의 사상자(死傷者)가 발생한 경우 4. 거짓이나 그 밖의 부정한 방법으로 제5조에 따른 철도사업의 면허를 받은 경우 5. 제5조제1항 후단에 따라 면허에 붙인 부담을 위반한 경우 6. 제6조에 따른 철도사업의 면허기준에 미달하게 된 경우. 다만, 3개월 이내에 그 기준을 충족시킨 경우에는 예외로 한다. 7. 철도사업자의 임원 중 제7조제1호 각 목의 어느 하나의 결격사유에 해당하게 된 사람이 있는 경우. 다만, 3개월 이내에 그 임원을 바꾸어 임명한 경우에는 예외로 한다. 8. 제8조를 위반하여 국토교통부장관이 지정한 날 또는 기간에 운송을 시작하지 아니한 경우 9. 제15조에 따른 휴업 또는 폐업의 허가를 받지 아니하거나 신고를 하지 아니하고 영업을 하지 아니한 경우 10. 제20조제1항에 따른 준수사항을 1년 이내에 3회 이상 위반한 경우 11. 제21조에 따른 개선명령을 위반한 경우 12. 제23조에 따른 명의 대여 금지를 위반한 경우 ② 제1항에 따른 처분의 기준 및 절차와 그		

법	시행령	시행규칙
밖에 필요한 사항은 국토교통부령으로 정한다.〈개정 13·3·23〉 ③ 국토교통부장관은 제1항에 따라 철도사업의 면허를 취소하려면 청문을 하여야 한다.〈개정 13·3·23〉 [전문개정 11·5·24]		
제17조(과징금처분) ① 국토교통부장관은 제16조제1항에 따라 철도사업자에게 사업정지처분을 하여야 하는 경우로서 그 사업정지처분이 그 철도사업자가 제공하는 철도서비스의 이용자에게 심한 불편을 주거나 그 밖에 공익을해칠 우려가 있을 때에는 그 사업정지처분을 갈음하여 1억원 이하의 과징금을 부과·징수할 수 있다.〈개정 13·3·23〉 ② 제1항에 따라 과징금을 부과하는 위반행위의 종류, 과징금의 부과기준·징수방법 등 필요한 사항은 대통령령으로 정한다. ③ 국토교통부장관은 제1항에 따라 과징금 부과처분을 받은 자가 납부기한까지 과징금을 내지 아니하면 국세 체납처분의 예에 따라 징수한다.〈개정 13·3·23〉 ④ 제1항에 따라 징수한 과징금은 다음 각 호외의 용도로는 사용할 수 없다. 1. 철도사업 종사자의 양성·교육훈련이나 그 밖의 자질향상을 위한 시설 및 철도사업 종사자에 대한 지도업무의 수행을 위한 시설	**제9조(과징금의 부과기준)** 법 제17조제1항에 따라 사업정지처분에 갈음하여 과징금을 부과하는 위반행위의 종류와 정도에 따른 과징금의 금액은 별표 1과 같다. [전문개정 16·6·28] **제10조(과징금의 부과 및 납부)** ①국토교통부장관은 법 제17조제1항의 규정에 의하여 과징금을 부과하고자 하는 때에는 그 위반행위의 종별과 해당 과징금의 금액 등을 명시하여 이를 납부할 것을 서면으로 통지하여야 한다.〈개정 08·2·29, 13·3·23〉 ②제1항의 규정에 의하여 통지를 받은 자는 20일 이내에 과징금을 국토교통부장관이 지정한 수납기관에 납부하여야 한다. 다만, 천재·지변 그 밖의 부득이한 사유로 인하여 그 기간 내에 과징금을 납부할 수 없는 때에는 그 사유가 없어진 날부터 7일 이내에 납부하여야 한다.〈개정 08·2·29, 13·3·23〉 ③제2항의 규정에 의하여 과징금의 납부를 받은 수납기관은 납부자에게 영수증을 교부하여	

법	시 행 령	시 행 규 칙
의 건설·운영 2. 철도사업의 경영개선이나 그 밖에 철도사업의 발전을 위하여 필요한 사업 3. 제1호 및 제2호의 목적을 위한 보조 또는 융자	야 한다. ④과징금의 수납기관은 제2항의 규정에 의하여 과징금을 수납한 때에는 지체 없이 그 사실을 국토교통부장관에게 통보하여야 한다.〈개정 08·2·29, 13·3·23〉 ⑤과징금은 이를 분할하여 납부할 수 없다.	
⑤ 국토교통부장관은 과징금으로 징수한 금액의 운용계획을 수립하여 시행하여야 한다.〈개정 13·3·23〉 ⑥ 제4항과 제5항에 따른 과징금 사용의 절차, 운용계획의 수립·시행에 관한 사항과 그 밖에 필요한 사항은 국토교통부령으로 정한다.〈개정 13·3·23〉 [전문개정 11·5·24]		**제13조(과징금운용계획 수립·시행)** 국토교통부장관은 법 제17조제5항의 규정에 의하여 매년 10월 31일까지 다음 연도의 과징금 운용계획을 수립하여 시행하여야 한다.〈개정 08·3·14, 13·3·23〉
제18조(철도차량 표시) 철도사업자는 철도사업에 사용되는 철도차량에 철도사업자의 명칭과 그 밖에 국토교통부령으로 정하는 사항을 표시하여야 한다.〈개정 13·3·23〉 [전문개정 11·5·24]		**제14조(철도차량표시)** ①법 제18조에서 "국토교통부령이 정하는 사항"이라 함은 철도차량 외부에서 철도사업자를 식별할 수 있는 도안 또는 문자를 말한다.〈개정 08·3·14, 13·3·23〉 ②철도사업자는 법 제18조의 규정에 의한 철도차량의 표시를 함에 있어 차체 면에 인쇄하거나 도색하는 등의 방법으로 외부에서 용이하게 알아볼 수 있도록 하여야 한다.
제19조(우편물 등의 운송) 철도사업자는 여객 또는 화물 운송에 부수(附隨)하여 우편물과 신문 등을 운송할 수 있다. [전문개정 11·5·24]		

법	시행령	시행규칙
제20조(철도사업자의 준수사항) ① 철도사업자는 「철도안전법」 제21조에 따른 요건을 갖추지 아니한 사람을 운전업무에 종사하게 하여서는 아니 된다. ② 철도사업자는 사업계획을 성실하게 이행하여야 하며, 부당한 운송 조건을 제시하거나 정당한 사유 없이 운송계약의 체결을 거부하는 등 철도운송 질서를 해치는 행위를 하여서는 아니 된다. ③ 철도사업자는 여객 운임표, 여객 요금표, 감면 사항 및 철도사업약관을 인터넷 홈페이지에 게시하고 관계 역 · 영업소 및 사업소 등에 갖추어 두어야 하며, 이용자가 요구하는 경우에는 제시하여야 한다.〈개정 15 · 12 · 29〉 ④ 제1항부터 제3항까지에 따른 준수사항 외에 운송의 안전과 여객 및 화주(貨主)의 편의를 위하여 철도사업자가 준수하여야 할 사항은 국토교통부령으로 정한다.〈개정 13 · 3 · 23〉 [전문개정 11 · 5 · 24]		제15조(철도사업자의 준수사항 등) 법 제20조제4항의 규정에 의한 철도사업자의 준수사항은 별표 3과 같다.
제21조(사업의 개선명령) 국토교통부장관은 원활한 철도운송, 서비스의 개선 및 운송의 안전과 그 밖에 공공복리의 증진을 위하여 필요하다고 인정하는 경우에는 철도사업자에게 다음 각 호의 사항을 명할 수 있다.〈개정 13 · 3 · 23〉 1. 사업계획의 변경 2. 철도차량 및 운송 관련 장비 · 시설의 개선 3. 운임 · 요금 징수 방식의 개선		

법	시행령	시행규칙
4. 철도사업약관의 변경 5. 공동운수협정의 체결 6. 철도차량 및 철도사고에 관한 손해배상을 위한 보험에의 가입 7. 안전운송의 확보 및 서비스의 향상을 위하여 필요한 조치 8. 철도운수종사자의 양성 및 자질향상을 위한 교육 [전문개정 11·5·24]		
제22조(철도운수종사자의 준수사항) 철도사업에 종사하는 철도운수종사자는 다음 각 호의 어느 하나에 해당하는 행위를 하여서는 아니 된다. 〈개정 13·3·23〉 1. 정당한 사유 없이 여객 또는 화물의 운송을 거부하거나 여객 또는 화물을 중도에서 내리게 하는 행위 2. 부당한 운임 또는 요금을 요구하거나 받는 행위 3. 그 밖에 안전운행과 여객 및 화주의 편의를 위하여 철도운수종사자가 준수하여야 할 사항으로서 국토교통부령으로 정하는 사항을 위반하는 행위 [전문개정 11·5·24]		**제16조(철도운수종사자의 준수사항 등)** 법 제22조제3호에서 "국토교통부령이 정하는 사항"이라 함은 별표 4에서 정하는 사항을 말한다.〈개정 08·3·14, 13·3·23〉 **제17조 및 제18조** 삭제 〈19·6·18〉
제23조(명의 대여의 금지) 철도사업자는 타인에게 자기의 성명 또는 상호를 사용하여 철도사업을 경영하게 하여서는 아니 된다.		

법	시 행 령	시 행 규 칙
[전문개정 11·5·24] 제24조(철도화물 운송에 관한 책임) ① 철도사업자의 화물의 멸실·훼손 또는 인도(引導)의 지연에 대한 손해배상책임에 관하여는 「상법」 제135조를 준용한다. ② 제1항을 적용할 때에 화물이 인도 기한을 지난 후 3개월 이내에 인도되지 아니한 경우에는 그 화물은 멸실된 것으로 본다. [전문개정 11·5·24] 제25조 삭제 〈18·6·12〉 제3장 철도서비스 향상 등 제26조(철도서비스의 품질평가 등) ① 국토교통부장관은 공공복리의 증진과 철도서비스 이용자의 권익보호를 위하여 철도사업자가 제공하는 철도서비스에 대하여 적정한 철도서비스 기준을 정하고, 그에 따라 철도사업자가 제공하는 철도서비스의 품질을 평가하여야 한다. 〈개정 13·3·23〉 ② 제1항에 따른 철도서비스의 기준, 품질평가의 항목·절차 등에 필요한 사항은 국토교통부령으로 정한다.〈개정 13·3·23〉 [전문개정 11·5·24]		제19조(철도서비스의 품질평가 등) ①법 제26조 제1항의 규정에 의한 철도서비스의 기준은 다음 각 호와 같다. 1. 철도의 시설·환경관리 등이 이용자의 편의와 공익적 목적에 부합할 것 2. 열차가 정시에 목적지까지 도착하도록 하는 등 철도이용자의 편의를 도모할 수 있도록 할 것 3. 예·매표의 이용편리성, 역 시설의 이용편리성, 고객을 상대로 승무 또는 역무서비스를 제공하는 종사원의 친절도, 열차의 쾌적성 등을 제고하여 철도이용자의 만족도를 높일 수 있을 것 4. 철도사고와 운행장애를 최소화하는 등 철

법	시 행 령	시 행 규 칙
		도에서의 안전이 확보되도록 할 것 ②국토교통부장관은 철도사업자에 대하여 2년마다 법 제26조제1항의 규정에 의한 철도서비스의 품질평가(이하 "품질평가"라 한다)를 실시하여야 한다. 다만, 국토교통부장관이 필요하다고 인정하는 경우에는 수시로 품질평가를 실시할 수 있다.〈개정 08·3·14, 13·3·23〉 ③국토교통부장관은 품질평가를 실시하고자 하는 때에는 제1항의 규정에 의한 철도서비스 기준의 세부내역, 품질평가의 항목 등이 포함된 철도서비스품질평가실시계획(이하 "품질평가실시계획"이라 한다)을 수립하여야 한다.〈개정 08·3·14, 13·3·23〉 ④국토교통부장관은 품질평가를 하고자 하는 경우 품질평가를 개시하는 날 2주 전까지 철도사업자에게 품질평가실시계획, 품질평가의 기간 등을 통보하여야 한다.〈개정 08·3·14, 13·3·23〉 ⑤국토교통부장관은 품질평가의 공정하고 객관적인 실시를 위하여 서비스 평가 등에 관한 전문지식과 경험이 풍부한 자가 포함된 품질평가단을 구성·운영할 수 있다.〈개정 08·3·14, 13·3·23〉
제27조(평가 결과의 공표 및 활용) ① 국토교통부장관은 제26조에 따른 철도서비스의 품질을 평가한 경우에는 그 평가 결과를 대통령령으로 정하는 바에 따라 신문 등 대중매체를 통하여 공표하여야 한다.〈개정 13·3·23〉	제11조(평가결과의 공표) ①국토교통부장관이 법 제27조의 규정에 의하여 철도서비스의 품질평가결과를 공표하는 경우에는 다음 각 호의 사항을 포함하여야 한다.〈개정 08·2·29, 13·3·23〉	

법	시행령	시행규칙
② 국토교통부장관은 철도서비스의 품질평가결과에 따라 제21조에 따른 사업 개선명령 등 필요한 조치를 할 수 있다.〈개정 13·3·23〉 [전문개정 11·5·24]	1. 평가지표별 평가결과 2. 철도서비스의 품질 향상도 3. 철도사업자별 평가순위 4. 그 밖에 철도서비스에 대한 품질평가결과 국토교통부장관이 공표가 필요하다고 인정하는 사항 ②국토교통부장관은 철도서비스의 품질평가결과가 우수한 철도사업자 및 그 소속 종사자에게 예산의 범위안에서 포상 등 지원시책을 시행할 수 있다.〈개정 08·2·29, 13·3·23〉	
제28조(우수 철도서비스 인증) ① 국토교통부장관은 공정거래위원회와 협의하여 철도사업자 간 경쟁을 제한하지 아니하는 범위에서 철도서비스의 질적 향상을 촉진하기 위하여 우수 철도서비스에 대한 인증을 할 수 있다.〈개정 13·3·23〉 ② 제1항에 따라 인증을 받은 철도사업자는 그 인증의 내용을 나타내는 표지(이하 "우수서비스마크"라 한다)를 철도차량, 역 시설 또는 철도 용품 등에 붙이거나 인증 사실을 홍보할 수 있다. ③ 제1항에 따라 인증을 받은 자가 아니면 우수서비스마크 또는 이와 유사한 표지를 철도차량, 역 시설 또는 철도 용품 등에 붙이거나 인증 사실을 홍보하여서는 아니 된다. ④ 우수 철도서비스 인증의 절차, 인증기준,		제20조(우수철도서비스 인증절차 등) ①국토교통부장관은 품질평가결과가 우수한 철도서비스에 대하여 직권으로 또는 철도사업자의 신청에 의하여 법 제28조제1항의 규정에 의한 우수철도서비스에 대한 인증(이하 "우수철도서비스인증"이라 한다)을 할 수 있다.〈개정 08·3·14, 13·3·23〉 ②제1항의 규정에 의한 우수철도서비스인증을 받고자 하는 철도사업자는 별지 제14호서식의 우수철도서비스인증신청서에 당해 철도서비스가 우수철도서비스임을 입증 또는 설명할 수 있는 자료를 첨부하여 국토교통부장관에게 제출하여야 한다.〈개정 08·3·14, 13·3·23〉 ③철도사업자의 신청에 의하여 우수철도서비스인증을 하는 경우에는 그에 소요되는 비용은 당해 철도사업자가 부담한다.

법	시 행 령	시 행 규 칙
우수서비스마크, 인증의 사후관리에 관한 사항과 그 밖에 인증에 필요한 사항은 국토교통부령으로 정한다.〈개정 13·3·23〉 [전문개정 11·5·24]		④법 제28조제4항의 규정에 의한 우수철도서비스의 인증기준은 다음 각 호와 같다.〈개정 08·3·14, 13·3·23〉 1. 당해 철도서비스의 종류와 내용이 철도이용자의 이용편의를 제고하는 것일 것 2. 당해 철도서비스의 종류와 내용이 공익적 목적에 부합될 것 3. 당해 철도서비스로 인하여 철도의 안전확보에 지장을 주지 아니할 것 4. 그 밖에 국토교통부장관이 정하는 인증기준에 적합할 것 ⑤국토교통부장관은 품질평가결과가 우수한 철도서비스중 제4항의 규정에 의한 우수철도서비스인증기준에 적합하다고 인정되는 철도서비스 또는 제2항의 규정에 의하여 우수철도서비스인증신청을 받아 심사한 결과 제4항의 규정에 의한 우수철도서비스인증기준에 적합하다고 인정되는 철도서비스에 대하여 우수철도서비스인증을 하고, 당해 철도사업자에게 별지 제15호서식의 우수철도서비스인증서를 교부할 수 있다.〈개정 08·3·14, 13·3·23〉 ⑥국토교통부장관은 우수철도서비스인증의 공정하고 객관적인 실시를 위하여 서비스 평가등에 관한 전문지식과 경험이 풍부한 자가 포함된 우수철도서비스인증심사단을 구성·운영할 수 있다.〈개정 08·3·14, 13·3·23〉

법	시 행 령	시 행 규 칙
		⑦국토교통부장관은 우수철도서비스인증을 받은 철도사업자에 대하여 예산의 범위안에서 필요한 재정지원을 하거나 포상 등 각종 지원시책을 시행할 수 있다.〈개정 08·3·14, 13·3·23〉 제21조(우수서비스마크) 법 제28조제4항의 규정에 의한 우수서비스마크는 우수철도서비스의 종류 및 내용에 따라 그 모양, 표시방법 등을 달리 정할 수 있으며, 우수서비스마크의 모양 등에 관하여 필요한 세부적인 사항은 국토교통부장관이 따로 정한다.〈개정 08·3·14, 13·3·23〉 제22조(우수철도서비스인증의 사후관리) ①국토교통부장관은 법 제28조제4항의 규정에 의하여 우수철도서비스인증을 받은 철도사업자가 다음 각 호의 어느 하나에 해당되는 경우 당해 철도사업자에 대하여 철도서비스의 실태조사 등 필요한 사후관리를 할 수 있다.〈개정 08·3·14, 13·3·23〉 1. 철도사고를 발생시키는 등 사회적 물의를 야기한 경우 2. 소비자 불만신고가 현저히 많이 접수된 경우 3. 민간단체·관계기관 등의 요구가 있는 경우 4. 그 밖에 국토교통부장관이 사후관리가 필요하다고 인정하는 경우 ②국토교통부장관은 우수철도서비스인증을 받은 철도사업자에 대한 사후관리 결과 당해 철도서비스의 제공 및 관리실태가 미흡하거나

법	시 행 령	시 행 규 칙
제29조(평가업무 등의 위탁) 국토교통부장관은 효율적인 철도 서비스 품질평가 체제를 구축하기 위하여 필요한 경우에는 관계 전문기관 등에 철도서비스 품질에 대한 조사·평가·연구 등의 업무와 제28조제1항에 따른 우수 철도서비스 인증에 필요한 심사업무를 위탁할 수 있다.〈개정 13·3·23〉 [전문개정 11·5·24] 제30조(자료 등의 요청) ① 국토교통부장관이나 제29조에 따라 평가업무 등을 위탁받은 자는 철도서비스의 평가 등을 할 때 철도사업자에게 관련 자료 또는 의견 제출 등을 요구하거나 철도서비스에 대한 실지조사(實地調査)를 할 수 있다.〈개정 13·3·23〉 ② 제1항에 따라 자료 또는 의견 제출 등을 요구받은 관련 철도사업자는 특별한 사유가 없으면 이에 따라야 한다. [전문개정 11·5·24] 제31조(철도시설의 공동 활용) 공공교통을 목적으로 하는 선로 및 다음 각 호의 공동 사용시설을 관리하는 자는 철도사업자가 그 시설의 공동 활용에 관한 요청을 하는 경우 협정을		당해 철도서비스가 우수철도서비스인증기준에 미달되는 경우에는 이의 시정·보완의 요구 등 필요한 조치를 할 수 있다.〈개정 08·3·14, 13·3·23〉

법	시 행 령	시 행 규 칙
체결하여 이용할 수 있게 하여야 한다. 1. 철도역 및 역 시설(물류시설, 환승시설 및 편의시설 등을 포함한다) 2. 철도차량의 정비 · 검사 · 점검 · 보관 등 유지관리를 위한 시설 3. 사고의 복구 및 구조 · 피난을 위한 설비 4. 열차의 조성 또는 분리 등을 위한 시설 5. 철도 운영에 필요한 정보통신 설비 [전문개정 11 · 5 · 24]		
제32조(회계의 구분) ① 철도사업자는 철도사업 외의 사업을 경영하는 경우에는 철도사업에 관한 회계와 철도사업 외의 사업에 관한 회계를 구분하여 경리하여야 한다.〈개정 15 · 12 · 29〉 ② 철도사업자는 철도운영의 효율화와 회계처리의 투명성을 제고하기 위하여 국토교통부령으로 정하는 바에 따라 철도사업의 종류별 · 노선별로 회계를 구분하여 경리하여야 한다. 〈신설 15 · 12 · 29〉 [전문개정 11 · 5 · 24]		제22조의2(회계의 구분 및 경리에 관한 사항) ① 법 제32조제2항에 따라 철도사업자는 여객 및 화물 등 철도사업별로 관련된 자산, 부채, 자본, 수익 및 비용을 구분 · 계리하여 각 해당 사업에 직접 귀속 · 배분되도록 회계처리하여야 한다. ② 철도사업자는 제1항에 따라 회계처리를 할 때 「공인회계사법」 제23조에 따른 회계법인(이하 이 조에서 "회계법인"이라 한다)의 검증을 거친 원가배분 기준에 따라 사업용철도노선별로 관련된 영업수익 및 비용을 산출하여야 한다. ③ 철도사업자는 제2항에 따라 산출된 영업수익 및 비용의 결과를 회계법인의 확인을 거쳐 회계연도 종료 후 4개월 이내에 국토교통부장관에게 제출하여야 한다. [본조신설 16 · 6 · 30]

법	시행령	시행규칙
第33조(벌칙 적용 시의 공무원 의제) 제29조에 따라 위탁받은 업무에 종사하는 관계 전문기관 등의 임원 및 직원은 「형법」 제129조부터 제132조까지의 규정을 적용할 때에는 공무원으로 본다. [전문개정 11·5·24]		
제4장 전용철도		
第34조(등록) ① 전용철도를 운영하려는 자는 국토교통부령으로 정하는 바에 따라 전용철도의 건설·운전·보안 및 운송에 관한 사항이 포함된 운영계획서를 첨부하여 국토교통부장관에게 등록을 하여야 한다. 등록사항을 변경하려는 경우에도 같다. 다만 대통령령으로 정하는 경미한 변경의 경우에는 예외로 한다.〈개정 13·3·23〉 ② 전용철도의 등록기준과 등록절차 등에 관하여 필요한 사항은 국토교통부령으로 정한다.〈개정 13·3·23〉 ③ 국토교통부장관은 제2항에 따른 등록기준을 적용할 때에 환경오염, 주변 여건 등 지역적 특성을 고려할 필요가 있거나 그 밖에 공익상 필요하다고 인정하는 경우에는 등록을 제한하거나 부담을 붙일 수 있다.〈개정 13·3·23〉 [전문개정 11·5·24]	第12조(전용철도 등록사항의 경미한 변경 등) ①법 제34조제1항 단서에서 "대통령령으로 정하는 경미한 변경의 경우"란 다음 각 호의 어느 하나에 해당하는 경우를 말한다.〈개정 16·6·28〉 1. 운행시간을 연장 또는 단축한 경우 2. 배차간격 또는 운행횟수를 단축 또는 연장한 경우 3. 10분의 1의 범위안에서 철도차량 대수를 변경한 경우 4. 주사무소·철도차량기지를 제외한 운송관련 부대시설을 변경한 경우 5. 임원을 변경한 경우(법인에 한한다) 6. 6월의 범위안에서 전용철도 건설기간을 조정한 경우 ②전용철도운영자는 법 제38조에 따라 전용철도 운영의 전부 또는 일부를 휴업 또는 폐업하는 경우 다음 각 호의 조치를 하여야 한다.	第23조(전용철도 운영의 등록절차 등) ①법 제34조제1항 전단의 규정에 의하여 전용철도를 운영하고자 하는 자는 별지 제16호서식의 전용철도운영등록신청서에 다음 각 호의 서류를 첨부하여 국토교통부장관에게 제출하여야 한다. 이 경우 국토교통부장관은 「전자정부법」 제36조제1항에 따른 행정정보의 공동이용을 통하여 법인 등기사항증명서(신청인이 법인인 경우만 해당한다)를 확인하여야 한다.〈개정 06·8·7, 08·3·14, 08·6·25, 11·4·11, 13·3·23, 16·12·30〉 1. 전용철도운영계획서 2. 전용철도를 운영하고자 하는 토지의 소유권 또는 사용권을 증명할 수 있는 서류 3. 삭제 〈06·8·7〉 4. 임원의 성명·생년월일을 기재한 서류(법인의 경우에 한한다) 5. 그 밖에 참고사항을 기재한 서류

법	시 행 령	시 행 규 칙
	〈개정 16 · 6 · 28〉 1. 휴업 또는 폐업으로 인하여 철도운행 및 철도운행의 안전에 지장을 초래하지 아니하도록 하는 조치 2. 휴업 또는 폐업으로 인하여 자연재해 · 환경오염 등이 가중되지 아니하도록 하는 조치	②제1항제1호의 규정에 의한 전용철도운영계획서에는 다음 각 호의 사항이 포함되어야 한다. 1. 철도차량의 종류 및 수량과 형식 2. 철도차량 차고지 및 운송부대시설의 위치와 그 수용능력 3. 철도차량의 운행계획 4. 설계도서 등 전용철도건설관련 내용(전용철도 건설이 포함되는 경우에 한한다) ③법 제34조제2항의 규정에 의한 전용철도의 등록기준은 다음 각 호와 같다. 1. 전용철도 운영으로 인하여 재해의 발생 또는 환경의 심각한 훼손의 우려가 없을 것 2. 전용철도 운영에 사용할 철도차량의 사용연한 및 규격이 별표 1의 기준에 적합할 것 3. 전용철도 노선이 철도사업자의 노선에 연결되는 경우에는 전용철도의 운영으로 인하여 철도사업자의 철도차량 운행에 지장을 초래하거나 철도교통의 안전에 지장을 줄 염려가 없을 것 4. 전용철도의 운영예정지의 주변지역에 소음피해 등을 야기하지 아니할 것 ④국토교통부장관은 제1항의 규정에 의한 전용철도의 등록신청을 받은 때에는 제3항의 규정에 의한 등록기준에의 적합 여부를 확인한 후 등록기준에 적합하다고 판단되는 경우 별지 제17호서식의 전용철도운영등록증을 신청인에게

법	시 행 령	시 행 규 칙
		교부하여야 한다.〈개정 08·3·14, 13·3·23〉 ⑤제4항의 규정에 의한 전용철도운영등록증을 교부받은 자(이하 "전용철도운영자"라 한다)가 법 제34조제1항 후단의 규정에 의하여 등록사항을 변경하고자 하는 때에는 별지 제18호서식의 전용철도운영등록변경신청서에 등록사항의 변경 내용을 설명 또는 증명하는 서류를 첨부하여 국토교통부장관에게 제출하여야 한다.〈개정 08·3·14, 13·3·23〉
제35조(결격사유) 다음 각 호의 어느 하나에 해당하는 자는 전용철도를 등록할 수 없다. 법인인 경우 그 임원 중에 다음 각 호의 어느 하나에 해당하는 자가 있는 경우에도 같다.〈개정 15·12·29〉 1. 제7조제1호 각 목의 어느 하나에 해당하는 사람 2. 이 법에 따라 전용철도의 등록이 취소된 후 그 취소일부터 1년이 지나지 아니한 자 [전문개정 11·5·24]		
제36조(전용철도 운영의 양도·양수 등) ① 전용철도의 운영을 양도·양수하려는 자는 국토교통부령으로 정하는 바에 따라 국토교통부장관에게 신고하여야 한다.〈개정 13·3·23〉 ② 전용철도의 등록을 한 법인이 합병하려는 경우에는 국토교통부령으로 정하는 바에 따라 국토교통부장관에게 신고하여야 한다.〈개정 13·3·23〉		**제24조(전용철도 운영의 양도·양수)** 법 제36조제1항의 규정에 의하여 전용철도의 운영을 양도·양수하고자 하는 자는 별지 제19호서식의 전용철도운영양도·양수신고서에 다음 각 호의 서류를 첨부하여 국토교통부장관에게 제출하여야 한다. 이 경우 국토교통부장관은 「전자정부법」 제36조제1항에 따른 행정정보의 공동이용

법	시 행 령	시 행 규 칙
③ 제1항 또는 제2항에 따른 신고를 한 경우 전용철도의 운영을 양수한 자는 전용철도의 운영을 양도한 자의 전용철도운영자로서의 지위를 승계하며, 합병으로 설립되거나 존속하는 법인은 합병으로 소멸되는 법인의 전용철도운영자로서의 지위를 승계한다. ④ 제1항과 제2항의 신고에 관하여는 제35조를 준용한다. [전문개정 11 · 5 · 24]		을 통하여 법인 등기사항증명서(신청인이 법인인 경우만 해당한다)를 확인하여야 한다〈개정 06 · 8 · 7, 08 · 3 · 14, 08 · 6 · 25, 11 · 4 · 11, 13 · 3 · 23〉 1. 양도 · 양수계약서 사본 2. 양도 · 양수에 관한 총회 또는 이사회의 의결서 사본 1부(법인의 경우에 한한다) 3. 삭제 〈06 · 8 · 7〉 4. 법인 임원의 성명 · 주민등록번호를 기재한 서류(법인의 경우에 한한다) **제25조(전용철도 운영의 합병)** 법 제36조제2항의 규정에 의하여 합병하고자 하는 법인은 별지 제20호서식의 전용철도운영법인합병신고서에 다음 각 호의 서류를 첨부하여 국토교통부장관에게 제출하여야 한다. 이 경우 국토교통부장관은 「전자정부법」 제36조제1항에 따른 행정정보의 공동이용을 통하여 합병 후 존속하는 법인의 법인 등기사항증명서를 확인하여야 한다〈개정 06 · 8 · 7, 08 · 3 · 14, 08 · 6 · 25, 11 · 4 · 11, 13 · 3 · 23〉 1. 합병계약서 사본 2. 합병 후 존속하는 법인의 합병당시의 사업용 고정자산의 명세서 3. 삭제 〈06 · 8 · 7〉 4. 합병 후 존속하는 법인의 임원 성명 · 주민등록번호를 기재한 서류 5. 합병에 관한 총회 또는 이사회의 의결서

법	시 행 령	시 행 규 칙
第37조(전용철도 운영의 상속) ① 전용철도운영자가 사망한 경우 상속인이 그 전용철도의 운영을 계속하려는 경우에는 피상속인이 사망한 날부터 3개월 이내에 국토교통부장관에게 신고하여야 한다.〈개정 13·3·23〉 ② 상속인이 제1항의 신고를 한 경우 피상속인이 사망한 날부터 신고를 한 날까지의 기간에 있어서 피상속인의 전용철도 등록은 상속인의 등록으로 본다. ③ 제1항에 따라 신고를 한 상속인은 피상속인의 전용철도운영자로서의 지위를 승계한다. ④ 제1항의 신고에 관하여는 제35조를 준용한다. 다만, 제35조 각 호의 어느 하나에 해당하는 상속인이 피상속인이 사망한 날부터 3개월 이내에 그 전용철도의 운영을 다른 사람에게 양도한 경우 피상속인의 사망일부터 양도일까지의 기간에 있어서 피상속인의 전용철도 등록은 상속인의 등록으로 본다. [전문개정 11·5·24]		사본 第26조(전용철도 운영의 상속신고) 법 제37조제1항의 규정에 의하여 전용철도 운영의 상속신고를 하고자 하는 자는 별지 제21호서식의 전용철도운영상속신고서에 다음 각 호의 서류를 첨부하여 국토교통부장관에게 제출하여야 한다.〈개정 08·3·14, 13·3·23〉 1. 피상속인이 사망하였음을 증명할 수 있는 서류 2. 피상속인과의 관계를 증명할 수 있는 서류 3. 신고인과 선순위 또는 동 순위에 있는 다른 상속인이 있는 경우에는 그 상속인의 동의서
第38조(전용철도 운영의 휴업·폐업) 전용철도운영자가 그 운영의 전부 또는 일부를 휴업 또는 폐업한 경우에는 1개월 이내에 국토교통부장관에게 신고하여야 한다.〈개정 13·3·23〉 [전문개정 11·5·24]		第27조(전용철도 운영의 휴업·폐업의 신고) 법 제38조에 따라 전용철도운영의 휴업 또는 폐업의 신고를 하려는 자는 별지 제22호서식의 전용철도운영 휴업(폐업)신고서에 다음 각 호의 서류를 첨부하여 국토교통부장관에게 제출하여야 한다.

법	시 행 령	시 행 규 칙
제39조(전용철도 운영의 개선명령) 국토교통부장관은 전용철도 운영의 건전한 발전을 위하여 필요하다고 인정하는 경우에는 전용철도운영자에게 다음 각 호의 사항을 명할 수 있다. 〈개정 13 · 3 · 23〉 1. 사업장의 이전 2. 시설 또는 운영의 개선 [전문개정 11 · 5 · 24] 제40조(등록의 취소 · 정지) 국토교통부장관은 전용철도운영자가 다음 각 호의 어느 하나에 해당하는 경우에는 그 등록을 취소하거나 1년 이내의 기간을 정하여 그 운영의 전부 또는 일부의 정지를 명할 수 있다. 다만, 제1호에 해당하는 경우에는 등록을 취소하여야 한다. 〈개정 13 · 3 · 23〉 1. 거짓이나 그 밖의 부정한 방법으로 제34조에 따른 등록을 한 경우 2. 제34조제2항에 따른 등록기준에 미달하거나 같은 조 제3항에 따른 부담을 이행하지 아니한 경우 3. 휴업신고나 폐업신고를 하지 아니하고 3개		1. 휴업 또는 폐업 사유를 적은 서류 2. 휴업의 경우 휴업기간, 운영재개시기 및 휴업기간 동안의 전용철도시설의 관리방안 3. 폐업의 경우 전용철도시설의 처리방안 [전문개정 14 · 12 · 10]

법	시 행 령	시 행 규 칙
월 이상 전용철도를 운영하지 아니한 경우 [전문개정 11·5·24] **제41조(준용규정)** 전용철도에 관하여는 제16조제3항과 제23조를 준용한다. 이 경우 "철도사업의 면허"는 "전용철도의 등록"으로, "철도사업자"는 "전용철도운영자"로, "철도사업"은 "전용철도의 운영"으로 본다. [전문개정 11·5·24]		
제5장 국유철도시설의 활용·지원 등 **제42조(점용허가)** ① 국토교통부장관은 국가가 소유·관리하는 철도시설에 건물이나 그 밖의 시설물(이하 "시설물"이라 한다)을 설치하려는 자에게 「국유재산법」 제18조에도 불구하고 대통령령으로 정하는 바에 따라 시설물의 종류 및 기간 등을 정하여 점용허가를 할 수 있다.〈개정 13·3·23〉 ② 제1항에 따른 점용허가는 철도사업자와 철도사업자가 출자·보조 또는 출연한 사업을 경영하는 자에게만 하며, 시설물의 종류와 경영하려는 사업이 철도사업에 지장을 주지 아니하여야 한다. [전문개정 11·5·24] **제42조의2(점용허가의 취소)** ① 국토교통부장관은 제42조제1항에 따른 점용허가를 받은 자가 다음 각 호의 어느 하나에 해당하면 그 점용허가를 취소할 수 있다. 1. 점용허가 목적과 다른 목적으로 철도시설	**제13조(점용허가의 신청 및 점용허가기간)** ①법 제42조제1항의 규정에 의하여 국가가 소유·관리하는 철도시설의 점용허가를 받고자 하는 자는 국토교통부령이 정하는 점용허가신청서에 다음 각 호의 서류를 첨부하여 국토교통부장관에게 제출하여야 한다. 이 경우 국토교통부장관은 「전자정부법」 제36조제1항에 따른 행정정보의 공동이용을 통하여 법인 등기사항증명서(법인인 경우로 한정한다)를 확인하여야 한다.〈개정 08·2·29, 10·11·2, 13·3·23〉 1. 사업개요에 관한 서류 2. 시설물의 건설계획 및 사용계획에 관한 서류 3. 자금조달계획에 관한 서류 4. 수지전망에 관한 서류 5. 법인의 경우 정관 6. 설치하고자 하는 시설물의 설계도서(시방서·위치도·평면도 및 주단면도를 말한다)	**제28조(점용허가신청 등)** ①영 제13조의 규정에 의한 철도시설의 점용허가신청서는 별지 제23호서식에 의한다. ②점용허가를 받은 자가 점용허가기간의 연장s을 받기 위하여 다시 점용허가를 신청하고자 하는 때에는 종전의 점용허가기간 만료예정일 3월 전까지 제1항의 규정에 의한 점용허가신청서를 국토교통부장관에게 제출하여야 한다. 〈개정 08·3·14, 13·3·23〉 **제28조의2(점용료)** 법 제44조제2항제3호 및 영 제14조제3항제2호에 따른 점용료 감면기준은 「공공주택 특별법 시행령」 제34조제2항부터 제4항까지의 규정에 따른다. [본조신설 19·6·25]

법	시 행 령	시 행 규 칙
을 점용한 경우 2. 제42조제2항을 위반하여 시설물의 종류와 경영하는 사업이 철도사업에 지장을 주게 된 경우 3. 점용허가를 받은 날부터 1년 이내에 해당 점용허가의 목적이 된 공사에 착수하지 아니한 경우. 다만, 정당한 사유가 있는 경우에는 1년의 범위에서 공사의 착수기간을 연장할 수 있다. 4. 제44조에 따른 점용료를 납부하지 아니하는 경우 5. 점용허가를 받은 자가 스스로 점용허가의 취소를 신청하는 경우 ② 제1항에 따른 점용허가 취소의 절차 및 방법은 국토교통부령으로 정한다. [본조신설 19 · 11 · 26] [시행일:2020년 5월 27일부터] 제43조(시설물 설치의 대행) 국토교통부장관은 제42조에 따라 점용허가를 받은 자(이하 "점용허가를 받은 자"라 한다)가 설치하려는 시설물의 전부 또는 일부가 철도시설 관리에 관계되는 경우에는 점용허가를 받은 자의 부담으로 그의 위탁을 받아 시설물을 직접 설치하거나 「한국철도시설공단법」에 따라 설립된 한국철도시설공단으로 하여금 설치하게 할 수 있다.〈개정 13 · 3 · 23〉 [전문개정 11 · 5 · 24]	7. 그 밖에 참고사항을 기재한 서류 ②국토교통부장관은 법 제42조제1항의 규정에 의하여 국가가 소유 · 관리하는 철도시설에 대한 점용허가를 하고자 하는 때에는 다음 각 호의 기간을 초과하여서는 아니된다. 다만, 건물 그 밖의 시설물을 설치하는 경우 그 공사에 소요되는 기간은 이를 산입하지 아니한다.〈개정 08 · 2 · 29, 13 · 3 · 23〉 1. 철골조 · 철근콘크리트조 · 석조 또는 이와 유사한 견고한 건물의 축조를 목적으로 하는 경우에는 30년 2. 제1호 외의 건물의 축조를 목적으로 하는 경우에는 15년 3. 건물 외의 공작물의 축조를 목적으로 하는 경우에는 5년 ③ 제2항에 따라 허가를 받은 철도시설의 점용허가기간은 연장할 수 있다. 이 경우 연장기간은 연장할 때마다 제2항 각 호의 기간을 초과할 수 없다.〈신설 08 · 6 · 25〉	

법	시행령	시행규칙
제44조(점용료) ① 국토교통부장관은 대통령령으로 정하는 바에 따라 점용허가를 받은 자에게 점용료를 부과한다.〈개정 13·3·23, 18·12·31〉 ② 제1항에도 불구하고 점용허가를 받은 자가 다음 각 호에 해당하는 경우에는 대통령령으로 정하는 바에 따라 점용료를 감면할 수 있다.〈신설 18·12·31〉 1. 국가에 무상으로 양도하거나 제공하기 위한 시설물을 설치하기 위하여 점용허가를 받은 경우 2. 제1호의 시설물을 설치하기 위한 경우로서 공사기간 중에 점용허가를 받거나 임시 시설물을 설치하기 위하여 점용허가를 받은 경우 3. 「공공주택 특별법」에 따른 공공주택을 건설하기 위하여 점용허가를 받은 경우 4. 재해, 그 밖의 특별한 사정으로 본래의 철도 점용 목적을 달성할 수 없는 경우 5. 국민경제에 중대한 영향을 미치는 공익사업으로서 대통령령으로 정하는 사업을 위하여 점용허가를 받은 경우 ③ 국토교통부장관이 「철도산업발전기본법」 제19조제2항에 따라 철도시설의 건설 및 관리 등에 관한 업무의 일부를 「한국철도시설공단법」에 따른 한국철도시설공단으로 하여금 대행하게 한 경우 제1항에 따른 점용료 징수에	제14조(점용료) ①법 제44조제1항의 규정에 의한 점용료는 점용허가를 할 철도시설의 가액과 점용허가를 받아 행하는 사업의 매출액을 기준으로 하여 산출하되, 구체적인 점용료 산정기준에 대하여는 국토교통부장관이 정한다.〈개정 08·2·29, 13·3·23〉 ②제1항의 규정에 의한 철도시설의 가액은 「국유재산법 시행령」 제42조를 준용하여 산출하되, 당해 철도시설의 가액은 산출 후 3년 이내에 한하여 적용한다.〈개정 09·7·27〉 ③ 법 제44조제2항에 따른 점용료의 감면은 다음 각 호의 구분에 따른다.〈신설 19·6·25〉 1. 법 제44조제2항제1호 및 제2호에 해당하는 경우: 전체 시설물 중 국가에 무상으로 양도하거나 제공하기 위한 시설물의 비율에 해당하는 점용료를 감면 2. 법 제44조제2항제3호에 해당하는 경우: 해당 철도시설의 부지에 대하여 국토교통부령으로 정하는 기준에 따른 점용료를 감면 3. 법 제44조제2항제4호에 해당하는 경우: 점용허가를 받은 시설을 사용하지 못한 기간에 해당하는 점용료를 면제 ④ 점용료는 매년 1월말까지 당해연도 해당분을 선납하여야 한다. 다만, 국토교통부장관은 부득이한 사유로 선납이 곤란하다고 인정하는 경우에는 그 납부기한을 따로 정할 수 있다.	

법	시 행 령	시 행 규 칙
관한 업무를 위탁할 수 있다.〈신설 19·4·23〉 ④ 국토교통부장관은 점용허가를 받은 자가 제1항에 따른 점용료를 내지 아니하면 국세 체납처분의 예에 따라 징수한다.〈개정 13·3·23, 18·12·31, 19·4·23〉 [전문개정 11·5·24] 제44조의2(변상금의 징수) 국토교통부장관은 제42조제1항에 따른 점용허가를 받지 아니하고 철도시설을 점용한 자에 대하여 제44조제1항에 따른 점용료의 100분의 120에 해당하는 금액을 변상금으로 징수할 수 있다. 이 경우 변상금의 징수에 관하여는 제44조제3항을 준용한다. [본조신설 19·11·26] [시행일:2020년 5월 27일부터]	〈개정 08·2·29, 13·3·23, 19·6·25〉	
제45조(권리와 의무의 이전) 제42조에 따른 점용허가로 인하여 발생한 권리와 의무를 이전하려는 경우에는 대통령령으로 정하는 바에 따라 국토교통부장관의 인가를 받아야 한다. 〈개정 13·3·23〉 [전문개정 11·5·24]	제15조(권리와 의무의 이전) ①법 제42조의 규정에 의하여 점용허가를 받은 자가 법 제45조의 규정에 의하여 그 권리와 의무의 이전에 대하여 인가를 받고자 하는 때에는 국토교통부령이 정하는 신청서에 다음 각 호의 서류를 첨부하여 권리와 의무를 이전하고자 하는 날 3월 전까지 국토교통부장관에게 제출하여야 한다.〈개정 08·2·29, 13·3·23〉 1. 이전계약서 사본 2. 이전가격의 명세서 ②법 제45조의 규정에 의하여 국토교통부장관의 인가를 받아 철도시설의 점용허가로 인하여	제29조(권리와 의무의 이전) 영 제15조제1항의 규정에 의하여 점용허가를 받은 자가 그 권리와 의무의 이전에 대하여 인가를 받고자 하는 경우의 신청서는 별지 제24호서식에 의한다.

법	시 행 령	시 행 규 칙
	발생한 권리와 의무를 이전한 경우 당해 권리와 의무를 이전받은 자의 점용허가기간은 권리와 의무를 이전한 자가 받은 점용허가기간의 잔여기간으로 한다.〈개정 08·2·29, 13·3·23〉	
제46조(원상회복의무) ① 점용허가를 받은 자는 점용허가기간이 만료되거나 점용을 폐지한 때에는 점용허가된 철도 재산을 원상(原狀)으로 회복하여야 한다. 다만, 국토교통부장관은 원상으로 회복할 수 없거나 원상회복이 부적당하다고 인정하는 경우에는 원상회복의무를 면제할 수 있다.〈개정 13·3·23〉 ① 점용허가를 받은 자는 점용허가기간이 만료되거나 제42조의2제1항에 따라 점용허가가 취소된 경우에는 점용허가된 철도 재산을 원상(原狀)으로 회복하여야 한다. 다만, 국토교통부장관은 원상으로 회복할 수 없거나 원상회복이 부적당하다고 인정하는 경우에는 원상회복의무를 면제할 수 있다.〈개정 13·3·23, 19·11·26〉 [시행일:2020년 5월 27일부터] ② 국토교통부장관은 점용허가를 받은 자가 제1항 본문에 따른 원상회복을 하지 아니하는 경우에는 「행정대집행법」에 따라 시설물을 철거하거나 그 밖에 필요한 조치를 할 수 있다.〈개정 13·3·23〉 ③ 국토교통부장관은 제1항 단서에 따라 원상회복의무를 면제하는 경우에는 해당 철도 재	제16조(원상회복의무) ①법 제42조제1항의 규정에 의하여 철도시설의 점용허가를 받은 자는 점용허가기간이 만료되거나 점용을 폐지한 날부터 3월 이내에 점용허가받은 철도시설을 원상으로 회복하여야 한다. 다만, 국토교통부장관은 불가피하다고 인정하는 경우에는 원상회복 기간을 연장할 수 있다.〈개정 08·2·29, 13·3·23〉 ②점용허가를 받은 자가 그 점용허가기간의 만료 또는 점용의 폐지에도 불구하고 법 제46조제1항 단서의 규정에 의하여 당해 철도시설의 전부 또는 일부에 대한 원상회복의무를 면제받고자 하는 경우에는 그 점용허가기간의 만료일 또는 점용폐지일 3월 전까지 그 사유를 기재한 신청서를 국토교통부장관에게 제출하여야 한다.〈개정 08·2·29, 13·3·23〉 ③국토교통부장관은 제2항의 규정에 의한 점용허가를 받은 자의 면제신청을 받은 경우 또는 직권으로 철도시설의 일부 또는 전부에 대한 원상회복의무를 면제하고자 하는 경우에는 원상회복의무를 면제하는 부분을 명시하여 점용허가를 받은 자에게 점용허가 기간의 만료일 또는 점용 폐지일까지 서면으로 통보하여	

법	시행령	시행규칙
산에 설치된 시설물 등의 무상 국가귀속을 조건으로 할 수 있다.〈개정 13·3·23〉 [전문개정 11·5·24] **제46조의2(국가귀속 시설물의 사용허가기간 등에 관한 특례)** ① 제46조제3항에 따라 국가귀속된 시설물을 「국유재산법」에 따라 사용허가	야 한다.〈개정 08·2·29, 13·3·23〉 **제16조의2(민감정보 및 고유식별정보의 처리)** 국토교통부장관은 다음 각 호의 사무를 수행하기 위하여 불가피한 경우 「개인정보 보호법 시행령」 제18조제2호에 따른 범죄경력자료에 해당하는 정보나 같은 영 제19조제1호, 제2호 또는 제4호에 따른 주민등록번호, 여권번호 또는 외국인등록번호가 포함된 자료를 처리할 수 있다.〈개정 13·3·23〉 1. 법 제5조에 따른 면허에 관한 사무 2. 법 제14조에 따른 사업의 양도·양수 등에 관한 사무 3. 법 제16조에 따른 면허취소 등에 관한 사무 4. 법 제34조에 따른 전용철도 등록에 관한 사무 5. 법 제36조에 따른 전용철도 운영의 양도·양수 등에 관한 사무 6. 법 제37조에 따른 전용철도 운영의 상속에 관한 사무 7. 법 제40조에 따른 전용철도 등록의 취소에 관한 사무 [본조신설 12·4·20] **제16조의3** 삭제 〈18·12·24〉	

법	시행령	시행규칙
하려는 경우 그 허가의 기간은 같은 법 제35조에도 불구하고 10년 이내로 한다. ② 제1항에 따른 허가기간이 끝난 시설물에 대해서는 10년을 초과하지 아니하는 범위에서 1회에 한하여 종전의 사용허가를 갱신할 수 있다. ③ 제1항에 따른 사용허가를 받은 자는 「국유재산법」 제30조제2항에도 불구하고 그 사용허가의 용도나 목적에 위배되지 않는 범위에서 국토교통부장관의 승인을 받아 해당 시설물의 일부를 다른 사람에게 사용·수익하게 할 수 있다. [본조신설 19·4·23] **제6장 보 칙** **제47조(보고·검사 등)** ① 국토교통부장관은 필요하다고 인정하면 철도사업자와 전용철도운영자에게 해당 철도사업 또는 전용철도의 운영에 관한 사항이나 철도차량의 소유 또는 사용에 관한 사항에 대하여 보고나 서류 제출을 명할 수 있다.〈개정 13·3·23〉 ② 국토교통부장관은 필요하다고 인정하면 소속 공무원으로 하여금 철도사업자 및 전용철도운영자의 장부, 서류, 시설 또는 그 밖의 물건을 검사하게 할 수 있다.〈개정 13·3·23〉		

법	시행령	시행규칙
③ 제2항에 따라 검사를 하는 공무원은 그 권한을 표시하는 증표를 지니고 이를 관계인에게 보여 주어야 한다. ④ 제3항에 따른 증표에 관하여 필요한 사항은 국토교통부령으로 정한다.〈개정 13·3·23〉 [전문개정 11·5·24]		제30조(검사원증) 법 제47조제4항의 규정에 의한 검사공무원의 증표는 별지 제25호서식에 의한다.
제48조(수수료) 이 법에 따른 면허·인가를 받으려는 자, 등록·신고를 하려는 자, 면허증·인가서·등록증·인증서 또는 허가서의 재발급을 신청하는 자는 국토교통부령으로 정하는 수수료를 내야 한다.〈개정 13·3·23〉 [전문개정 11·5·24]		제31조(수수료) ①법 제48조의 규정에 의한 수수료는 별표 5와 같다. ② 제1항에 따른 수수료는 수입인지로 내거나 정보통신망을 이용하여 전자화폐·전자결제 등의 방법으로 내야 한다.〈개정 14·12·10〉
제48조의2(규제의 재검토) 국토교통부장관은 다음 각 호의 사항에 대하여 2014년 1월 1일을 기준으로 3년마다(매 3년이 되는 해의 기준일과 같은 날 전까지를 말한다) 그 타당성을 검토하여 개선 등의 조치를 하여야 한다.〈개정 15·12·29〉 1. 제9조에 따른 여객 운임·요금의 신고 등 2. 제10조제1항 및 제2항에 따른 부가 운임의 상한 3. 제21조에 따른 사업의 개선명령 4. 제39조에 따른 전용철도 운영의 개선명령 [본조신설 15·1·6]		제31조의2(규제의 재검토) ① 국토교통부장관은 다음 각 호의 사항에 대하여 다음 각 호의 기준일을 기준으로 3년마다(매 3년이 되는 해의 기준일과 같은 날 전까지를 말한다) 그 타당성을 검토하여 개선 등의 조치를 하여야 한다.〈개정 14·12·31〉 1. 제14조에 따른 철도차량표시: 2014년 1월 1일 2. 제15조 및 별표 3에 따른 철도사업자의 준수사항: 2014년 1월 1일 3. 제16조 및 별표 4에 따른 철도운수종사자의 준수사항: 2014년 1월 1일 4. 제17조에 따른 철도차량의 점검·정비에 대한 기록·관리 등: 2014년 1월 1일

법	시 행 령	시 행 규 칙
## 제7장 벌 칙 **제49조(벌칙)** ① 다음 각 호의 어느 하나에 해당하는 자는 2년 이하의 징역 또는 2천만원 이하의 벌금에 처한다.〈개정 13·3·22, 13·3·23〉 1. 제5조제1항에 따른 면허를 받지 아니하고 철도사업을 경영한 자 2. 삭제 〈13·3·22〉 3. 제16조제1항에 따른 사업정지처분기간 중에 철도사업을 경영한 자 4. 제16조제1항에 따른 사업계획의 변경명령을 위반한 자 5. 제23조(제41조에서 준용하는 경우를 포함한다)를 위반하여 타인에게 자기의 성명 또는 상호를 대여하여 철도사업을 경영하게 한 자 6. 제31조를 위반하여 철도사업자의 공동 활용에 관한 요청을 정당한 사유 없이 거부한 자 ② 다음 각 호의 어느 하나에 해당하는 자는 1년		5. 제18조에 따른 점검·정비책임자의 자격: 2014년 1월 1일 6. 제23조에 따른 전용철도 운영의 등록절차 등: 2014년 1월 1일 ② 삭제 〈19·6·25〉 [본조신설 13·12·30] **제32조** 삭제 〈14·12·10〉

법	시 행 령	시 행 규 칙
이하의 징역 또는 1천만원 이하의 벌금에 처한다. 1. 제34조제1항을 위반하여 등록을 하지 아니하고 전용철도를 운영한 자 2. 거짓이나 그 밖의 부정한 방법으로 제34조제1항에 따른 전용철도의 등록을 한 자 ③ 다음 각 호의 어느 하나에 해당하는 자는 1천만원 이하의 벌금에 처한다.<개정 13 · 3 · 23> 1. 제13조를 위반하여 국토교통부장관의 인가를 받지 아니하고 공동운수협정을 체결하거나 변경한 자 2. 제15조에 따른 허가를 받지 아니하고 철도사업을 휴업하거나 폐업한 자 3. 제28조제3항을 위반하여 우수서비스마크 또는 이와 유사한 표지를 철도차량 등에 붙이거나 인증 사실을 홍보한 자 [전문개정 11 · 5 · 24] **제50조(양벌규정)** 법인의 대표자나 법인 또는 개인의 대리인, 사용인, 그 밖의 종업원이 그 법인 또는 개인의 업무에 관하여 제49조의 위반행위를 하면 그 행위자를 벌하는 외에 그 법인 또는 개인에게도 해당 조문의 벌금형을 과(科)한다. 다만, 법인 또는 개인이 그 위반행위를 방지하기 위하여 해당 업무에 관하여 상당한 주의와 감독을 게을리하지 아니한 경우에는 그러하지 아니하다. [전문개정 09 · 4 · 1]		

법	시행령	시행규칙
제51조(과태료) ① 다음 각 호의 어느 하나에 해당하는 자에게는 1천만원 이하의 과태료를 부과한다.〈개정 11·5·24, 15·8·11, 15·12·29〉 1. 제9조제1항에 따른 여객 운임·요금의 신고를 하지 아니한 자 2. 제11조제1항에 따른 철도사업약관을 신고하지 아니하거나 신고한 철도사업약관을 이행하지 아니한 자 3. 제12조에 따른 인가를 받지 아니하거나 신고를 하지 아니하고 사업계획을 변경한 자 4. 제10조의2를 위반하여 상습 또는 영업으로 승차권 또는 이에 준하는 증서를 자신이 구입한 가격을 초과한 금액으로 다른 사람에게 판매하거나 이를 알선한 자 ② 다음 각 호의 어느 하나에 해당하는 자에게는 500만원 이하의 과태료를 부과한다.〈개정 11·5·24, 15·12·29, 18·6·12〉 1. 제18조에 따른 사업용철도차량의 표시를 하지 아니한 철도사업자 2. 삭제 〈18·6·12〉 3. 제32조제1항 또는 제2항을 위반하여 회계를 구분하여 경리하지 아니한 자 4. 정당한 사유 없이 제47조제1항에 따른 명령을 이행하지 아니하거나 제47조제2항에 따른 검사를 거부·방해 또는 기피한 자 ③ 다음 각 호의 어느 하나에 해당하는 자에	제17조(과태료의 부과기준) 법 제51조제1항부터 제4항까지의 규정에 따른 과태료의 부과기준은 별표 2와 같다. [전문개정 16·6·28]	

법	시 행 령	시 행 규 칙
게는 100만원 이하의 과태료를 부과한다.〈개정 11 · 5 · 24, 18 · 6 · 12〉 1. 제20조제2항부터 제4항까지에 따른 준수사항을 위반한 자 2. 삭제 〈18 · 6 · 12〉 ④ 제22조를 위반한 철도운수종사자 및 그가 소속된 철도사업자에게는 50만원 이하의 과태료를 부과한다.〈개정 11 · 5 · 24〉 ⑤.부터 ⑦.까지 삭제 〈09 · 4 · 1〉 제52조 삭제 〈11 · 5 · 24〉		

법	시행령	시행규칙
부칙 제1조(시행일) 이 법은 공포 후 6월이 경과한 날부터 시행한다. 제2조(다른 법률의 폐지) 철도법은 이를 폐지한다. 제3조(철도사업에 관한 일반적 경과조치) ①이 법 시행전에 종전의 철도법의 규정에 의하여 행정기관이 행한 처분·행위 또는 각종 신고 그 밖의 행정기관에 대한 행위는 그에 해당하는 이 법에 따른 행정기관의 행위 또는 행정기관에 대한 행위로 본다. ②이 법 시행전에 종전의 철도법을 위반한 행위에 대한 벌칙 및 과태료의 적용에 있어서는 종전의 규정에 의한다. 제4조(철도사업의 면허 및 전용철도의 등록에 관한 경과조치) ①이 법 시행 당시 종전의 철도법 제5조의 규정에 의한 공용철도의 면허를 받은 자는 이 법 제5조의 규정에 의한 철도사업의 면허를 받은 것으로 본다. ②이 법 시행 당시 종전의 철도법 제5조의 규정에 의한 전용철도의 면허를 받은 자는 이 법 제34조의 규정에 의한 전용철도의 등록을 한 것으로 본다. 제5조(철도차량표시에 관한 경과조치) 이 법 시행 당시 철도공사가 한국철도공사법 제4조의 규정에 의하여 현물출자받은 철도차량은 이	**부칙** 제1조(시행일) 이 영은 2005년 7월 1일부터 시행한다. 제2조(다른 법령의 폐지) 다음 각 호의 대통령령은 이를 각각 폐지한다. 1. 공용철도및전용철도면허규정 2. 철도운송규정 제3조(철도운임·요금의 신고에 관한 경과조치) 이 영 시행당시 「한국철도공사법」에 의하여 설립된 한국철도공사(이하 "한국철도공사"라 한다)가 운영하는 철도의 운임·요금은 제3조의 규정에 의하여 건설교통부장관에게 신고한 운임·요금으로 본다. 제4조(점용허가기간에 관한 경과조치) 이 영 시행당시 종전의 「국유철도의 운영에 관한 특별법」에 의하여 국가가 소유·관리하는 철도시설에 대한 점용허가를 받은 자의 점용허가기간은 제13조제2항의 규정에 불구하고 동법에 의하여 받은 점용허가기간의 잔여기간으로 한다. 제5조(다른 법령의 개정) ①공무원임용시험령 일부를 다음과 같이 개정한다. 별표 1 8급 및 9급 공채의 운수직렬·운수직류의 2차 필수과목란중 "경영학개론, 철도법"을 "경영학개론"으로 한다.	**부칙** ①(시행일) 이 규칙은 2005년 7월 1일부터 시행한다. ②(다른 법령의 폐지) 사설철도및전용철도면허규정시행규칙 및 철도소운송업법시행규칙은 이를 각각 폐지한다. ③(사업용 철도노선의 지정·고시에 관한 경과조치) 이 규칙 시행 전에 건설교통부장관이 지정·고시한 철도노선, 종전의 「공공철도건설 촉진법」 제3조의 규정에 의하여 건설교통부장관이 승인·고시한 공공철도건설사업실시계획에서 정한 철도노선, 종전의 「고속철도건설 촉진법」 제7조의 규정에 의하여 건설교통부장관이 승인·고시한 철도노선은 제2조의 규정에 불구하고 이 규칙 시행일에 사업용철도노선으로 지정·고시된 것으로 본다. ④(다른 법령의 개정) 화물유통촉진법시행규칙 일부를 다음과 같이 개정한다. 제2조제2호를 다음과 같이 한다. 2. 「철도사업법」에 의한 철도사업자가 여객의 수화물 또는 소화물을 보관하는 것 **부칙** 〈06·8·7〉 이 규칙은 공포한 날부터 시행한다.

법	시 행 령	시 행 규 칙
법 제18조의 규정에 의한 철도차량표시를 한 것으로 본다. 제6조(다른 법률의 개정) ①교통시설특별회계법중 다음과 같이 개정한다. 제2조제2호중 "鐵道法"을 "철도사업법"으로 한다. ②교통체계효율화법중 다음과 같이 개정한다. 제2조제3호나목중 "鐵道法 第2條第1項"을 "철도사업법 제2조제1호"로 한다. ③도시철도법중 다음과 같이 개정한다. 제23조제3항중 "鐵道法"을 "철도사업법"으로 한다. ④사회간접자본시설에대한민간투자법중 다음과 같이 개정한다. 제2조제1호나목중 "鐵道法 第2條第1項"을 "철도사업법 제2조제1호"로 한다. 제2조제13호다목중 "鐵道法"을 "철도사업법"으로 한다. ⑤유통단지개발촉진법중 다음과 같이 개정한다. 제2조제2호사목중 "鐵道法"을 "철도사업법"으로 한다. ⑥자연재해대책법중 다음과 같이 개정한다. 제34조제1항제7호중 "鐵道法"을 "철도사업법"으로 한다. ⑦장애인·노인·임산부등의편의증진보장에관한법률중 다음과 같이 개정한다.	②교통안전법시행령 일부를 다음과 같이 개정한다. 별표 1 제3호를 다음과 같이 한다. 3. 「철도사업법」 제5조의 규정에 의하여 철도사업의 면허를 받은 자 ③기업활동규제완화에관한특별조치법시행령 일부를 다음과 같이 개정한다. 제10조의2제6호중 "철도법에 의한 철도경영자"를 "「철도사업법」에 의한 철도사업자"로 한다. ④도시교통정비촉진법시행령 일부를 다음과 같이 개정한다. 제17조제15호중 "철도법 제2조제1항"을 "「철도사업법」 제2조제2호"로 한다. ⑤삭도·궤도법시행령 일부를 다음과 같이 개정한다. 제2조제1호중 "철도법"을 "「철도사업법」"으로 한다. ⑥산지관리법시행령 일부를 다음과 같이 개정한다. 별표 5 제1호라목중 "철도법 제2조제1항"을 "「철도사업법」 제2조제1호"로 한다. ⑦장애인복지법시행령 일부를 다음과 같이 개정한다. 별표 2 제2호중 "철도법"을 "「철도사업법」"으로, "철도청이"를 "「한국철도공사법」에 의하여 설립된 한국철도공사가"로 한다. ⑧저작권법시행령 일부를 다음과 같이 개정한다.	부 칙 〈06·8·7〉 이 규칙은 공포한 날부터 시행한다. 부 칙 〈08·3·14〉 이 규칙은 공포한 날부터 시행한다. 부 칙 〈08·6·25〉 제1조(시행일) 이 규칙은 2008년 6월 29일부터 시행한다. 제2조(행정처분에 관한 경과조치) 이 규칙 시행 전에 발생한 철도사고에 따른 행정처분에 대하여는 별표 2의 개정규정에도 불구하고 종전의 규정에 따른다. 부 칙 〈11·4·11〉 이 규칙은 공포한 날부터 시행한다. 부 칙 〈13·3·23〉 제1조(시행일) 이 규칙은 공포한 날부터 시행한다. 〈단서 생략〉 제2조부터 제5조까지 생략

법	시　행　령	시　행　규　칙
제2조제9호중 "鐵道法 第2條第1項"을 "철도사업법 제2조제1호"로 한다. ⑧전기통신기본법중 다음과 같이 개정한다. 제30조의2제1항제2호중 "鐵道法 第2條第1項"을 "철도사업법 제2조제1호"로 한다. 제7조(다른 법령과의 관계) 이 법 시행 당시 다른 법령에서 종전의 철도법이나 그 규정을 인용하고 있는 때에는 이 법중 그에 해당하는 규정이 있는 경우에는 이 법 또는 이 법의 해당규정을 인용한 것으로 본다. **부　칙** 〈08·2·29〉 제1조(시행일) 이 법은 공포한 날부터 시행한다. 제2조부터 제7조까지 생략 **부　칙** 〈08·3·28〉 제1조(시행일) 이 법은 공포 후 3개월이 경과한 날부터 시행한다. **부　칙** 〈09·1·30〉 제1조(시행일) 이 법은 공포 후 6개월이 경과한 날부터 시행한다. 〈단서 생략〉 제2조부터 제11조까지 생략 **부　칙** 〈09·4·1〉 ①(시행일) 이 법은 공포한 날부터 시행한다.	제2조제5호중 "철도법"을 "「철도사업법」"으로 한다. ⑨전염병예방법 시행령 일부를 다음과 같이 개정한다. 제11조의2제4호중 "철도법"을 "「철도사업법」"으로 한다. ⑩정보화촉진기본법시행령 일부를 다음과 같이 개정한다. 별표 제1호나목중 "철도법 제2조제1항"을 "「철도사업법」 제2조제1호"로 한다. ⑪할부거래에관한법률시행령 일부를 다음과 같이 개정한다. 제4조제1호다목중 "철도법"을 "「철도사업법」"으로 한다. **부　칙** 〈08·2·29〉 제1조(시행일) 이 영은 공포한 날부터 시행한다. 다만, 부칙 제6조에 따라 개정되는 대통령령 중 이 영의 시행 전에 공포되었으나 시행일이 도래하지 아니한 대통령령을 개정한 부분은 각각 해당 대통령령의 시행일부터 시행한다. 제2조 부터 제6조 까지 생략 **부　칙** 〈08·6·25〉 제1조(시행일) 이 영은 2008년 6월 29일부터 시행한다.	**부　칙** 〈13·12·30〉 이 규칙은 2014년 1월 1일부터 시행한다. **부　칙** 〈14·3·19〉 제1조(시행일) 이 규칙은 2014년 3월 19일부터 시행한다. 제2조 및 제3조 생략 **부　칙** 〈14·8·7〉 제1조(시행일) 이 규칙은 공포한 날부터 시행한다. 제2조(서식에 관한 경과조치) 이 규칙 시행 당시 종전의 규정에 따라 사용 중인 서식은 계속 사용하되, 이 규칙에 따라 주민등록번호가 삭제되거나 생년월일로 개정된 부분은 삭제하거나 수정하여 사용한다. **부　칙** 〈14·12·10〉 제1조(시행일) 이 규칙은 공포한 날부터 시행한다. 제2조(서식 개정에 대한 경과조치) 이 규칙 시행 당시 종전의 규정에 따라 사용 중인 서식은 이 규칙에 따른 개정서식과 함께 사용하거

법	시 행 령	시 행 규 칙
②(경과조치) 이 법 시행 전의 행위에 대하여 벌칙을 적용할 때에는 종전의 규정에 따른다. 부 칙 〈11·5·24〉 이 법은 공포 후 3개월이 경과한 날부터 시행한다. 부 칙 〈12·6·1〉 제1조(시행일) 이 법은 공포 후 6개월이 경과한 날부터 시행한다. 제2조부터 제4조까지 생략 부 칙 〈13·3·22〉 이 법은 공포한 날부터 시행한다. 부 칙 〈13·3·22〉 제1조(시행일) ① 이 법은 공포한 날부터 시행한다. ② 생략 제2조부터 제6조까지 생략 부 칙 〈15·1·6〉 이 법은 공포한 날부터 시행한다. 부 칙 〈15·8·11〉 제1조(시행일) 이 법은 공포한 날부터 시행한다. 제2조(금치산자 등에 대한 경과조치) 제7조제1	제2조(철도사고로 인한 행정처분에 관한 경과조치) 이 영 시행 전에 발생한 철도사고에 따른 면허취소 등 행정처분에 대하여는 제8조의 개정규정에도 불구하고 종전의 규정에 따른다. 부 칙 〈08·10·20〉 제1조(시행일) 이 영은 공포한 날부터 시행한다. 〈단서생략〉 제2조부터 제4조까지 생략 부 칙 〈09·7·16〉 제1조(시행일) 이 영은 공포한 날부터 시행한다. 제2조(경과조치) 이 영 시행 전의 위반행위에 대한 과징금의 부과기준은 별표 1의 개정규정에 따른다. 부 칙 〈09·7·27〉 제1조(시행일) 이 영은 2009년 7월 31일부터 시행한다. 〈단서 생략〉 제2조부터 제15조까지 생략 부 칙 〈10·11·2〉 이 영은 공포한 날부터 시행한다. 부 칙 〈11·9·16〉 이 영은 공포한 날부터 시행한다.	나 일부를 수정하여 사용할 수 있다. 부 칙 〈14·12·31〉 이 규칙은 2015년 1월 1일부터 시행한다. 부 칙 〈16 6·30〉 제1조(시행일) 이 규칙은 공포한 날부터 시행한다. 제2조(철도사업 면허의 부담 위반 시 행정처분 기준에 관한 적용례) 별표 2 제2호마목의 개정규정은 이 규칙 시행 전에 면허에 붙인 부담을 위반한 행위에 대해서도 적용한다. 제3조(철도사고 발생 시 행정처분 기준에 관한 경과조치) 이 규칙 시행 전에 발생한 철도사고에 대한 행정처분의 부과에 대해서는 별표 2 제2호다목의 개정규정에드 불구하고 종전의 규정에 따른다. 부 칙 〈16·6·30〉 제1조(시행일) 이 규칙은 공포한 날부터 시행한다. 〈단서 생략〉 제2조부터 제4조까지 생략 부 칙 〈19·3·20〉 제1조(시행일) 이 규칙은 공포한 날부터 시행한다. 제2조 생략

법	시 행 령	시 행 규 칙
호의 개정규정에도 불구하고 법률 제10429호 민법 일부개정법률 부칙 제2조에 따라 금치산 또는 한정치산 선고의 효력이 유지되는 사람에 대하여는 종전의 규정을 적용한다. **부 칙** 〈15·12·29〉 **제1조(시행일)** 이 법은 공포 후 6개월이 경과한 날부터 시행한다. **제2조(회계의 구분에 관한 적용례)** 제32조제2항의 개정규정은 이 법 시행일이 속하는 회계연도부터 적용한다. **제3조(다른 법률의 개정)** 도시철도법 일부를 다음과 같이 개정한다. 제49조제1항 중 "「철도사업법」 제32조를 위반하여 도시철도사업에 관한 회계와 도시철도사업 외의 사업에 관한 회계"를 "「철도사업법」 제32조제1항 또는 제2항을 위반하여 회계"로 한다. **부 칙** 〈16·1·19〉 이 법은 공포 후 3개월이 경과한 날부터 시행한다. **부 칙** 〈18·6·12, 법률 제15683호〉 **제1조(시행일)** 이 법은 공포 후 6개월이 경과한 날부터 시행한다. 다만, ···〈생략〉··· 부칙 제6조의 개정규정은 공포 후 1년이 경과	**부 칙** 〈12·4·20〉 이 영은 공포한 날부터 시행한다.〈단서 생략〉 **부 칙** 〈13·3·23〉 **제1조(시행일)** 이 영은 공포한 날부터 시행한다.〈단서 생략〉 제2조부터 제6조까지 생략 **부 칙** 〈14·7·7〉 **제1조(시행일)** 이 영은 2014년 7월 8일부터 시행한다. 제2조부터 제4조까지 생략 **부 칙** 〈14·12·9〉 **제1조(시행일)** 이 영은 2015년 1월 1일부터 시행한다. 제2조부터 제16조까지 생략 **부 칙** 〈16·6·28〉 **제1조(시행일)** 이 영은 2016년 6월 30일부터 시행한다. **제2조(면허에 붙인 부담 위반 시 과징금 부과에 관한 적용례)** 별표 1 제2호라목의 개정규정은 이 영 시행 전의 위반행위에 대해서도 적용한다.	**부 칙** 〈19·6·18〉 **제1조(시행일)** 이 규칙은 공포한 날부터 시행한다. 제2조 및 제3조 생략 **부 칙** 〈19·6·25〉 이 규칙은 공포한 날부터 시행한다. 다만, 제28조의2의 개정규정은 2019년 7월 1일부터 시행한다.

법	시 행 령	시 행 규 칙
한 날부터 시행한다. 제2조부터 제6조까지 생략 부 칙 〈18 · 12 · 31, 법률 제15683호〉 제1조(시행일) 이 법은 공포 후 6개월이 경과한 날부터 시행한다. 제2조(점용료 감면에 대한 적용례) 제44조제2항의 개정규정은 이 법 시행 후 국토교통부장관이 점용허가를 하여 같은 조 제1항에 따라 점용료를 부과하는 경우부터 적용한다. 제3조(다른 법률의 개정) 도시철도법 일부를 다음과 같이 개정한다. 제43조 전단 중 "「철도사업법」 제20조"를 "「철도사업법」 제10조, 제20조"로 한다. 부 칙 〈19 · 4 · 23, 법률 제16394호〉 제1조(시행일) 이 법은 공포 후 1개월이 경과한 날부터 시행한다. 다만, 법률 제16146호 철도사업법 일부개정법률 제44조제3항의 개정규정은 2019년 7월 1일부터 시행한다. 제2조(국가귀속 시설물의 사용허가기간 등의 특례에 관한 적용례) 제46조의2의 개정규정은 이 법 시행 이후 최초로 「국유재산법」에 따라 사용허가하는 경우부터 적용한다. 부 칙 〈19 · 11 · 26, 법률 제16637호〉 이 법은 공포 후 6개월이 경과한 날부터 시행한다.	제3조(철도사고 발생 시 행정처분 기준에 관한 경과조치) 이 영 시행 전에 발생한 철도사고에 대한 행정처분 또는 과징금 부과처분에 대해서는 제8조 및 별표 1 제2호다목4)의 개정규정에도 불구하고 종전의 규정에 따른다. 부 칙 〈18 · 12 · 24〉 이 영은 2019년 1월 1일부터 시행한다. 부 칙 〈19 · 6 · 4〉 제1조(시행일) 이 영은 2019년 6월 13일부터 시행한다. 제2조(다른 법령의 개정) 철도사업법 시행령 일부를 다음과 같이 개정한다. 별표 2 제2호자목 및 차목을 각각 삭제한다. 부 칙 〈19 · 6 · 25〉 제1조(시행일) 이 영은 2019년 7월 1일부터 시행한다. 제2조(과태료의 부과기준에 관한 경과조치) 이 영 시행 전의 위반행위에 대하여 과태료의 부과기준을 적용할 때에는 별표 2 제2호사목의 개정규정에도 불구하고 종전의 규정에 따른다. 부 칙 〈19 · 10 · 8〉 제1조(시행일) 이 영은 공포한 날부터 시행한다. 제2조부터 제5조까지 생략	

철도사업법 시행령 [별표]

[별표 1] 〈개정 09·7·16, 13·3·23, 16·6·28〉

과징금의 부과기준(제9조 관련)

1. 일반기준

가. 국토교통부장관은 철도사업자의 사업규모, 사업지역의 특수성, 철도사업자 또는 그 종사자의 과실의 정도와 위반행위의 내용 및 횟수 등을 고려하여 제2호에 따른 과징금 금액의 2분의 1 범위에서 그 금액을 줄이거나 늘릴 수 있다.

나. 가목에 따라 과징금을 늘리는 경우 과징금 금액의 총액은 법 제17조제1항에 따른 과징금 금액의 상한을 넘을 수 없다.

2. 개별기준

(단위: 만원)

위반행위	근거 법조문	과징금 금액
가. 면허를 받은 사항을 정당한 사유 없이 시행하지 않은 경우	법 제16조제1항제1호	300
나. 사업경영의 불확실 또는 자산상태의 현저한 불량이나 그 밖의 사유로 사업을 계속하는 것이 적합하지 않은 경우	법 제16조제1항제2호	500
다. 철도사업자 또는 그 소속 종사자의 고의 또는 중대한 과실에 의하여 다음 각 목의 사고가 발생한 경우	법 제16조제1항제3호	
1) 1회의 철도사고로 인한 사망자가 40명 이상인 경우		5,000
2) 1회의 철도사고로 인한 사망자가 20명 이상 40명 미만인 경우		2,000
3) 1회의 철도사고로 인한 사망자가 10명 이상 20명 미만인 경우		1,000
4) 1회의 철도사고로 인한 사망자가 5명 이상 10명 미만인 경우		500
라. 법 제5조제1항 후단에 따라 면허에 붙인 부담을 위반한 경우	법 제16조제1항제5호	1,000
마. 법 제6조에 따른 철도사업의 면허기준에 미달하게 된 때부터 3개월이 경과된 후에도 그 기준을 충족시키지 않은 경우	법 제16조제1항제6호	1,000
바. 법 제8조를 위반하여 국토교통부장관이 지정한 날 또는 기간에 운송을 시작하지 않은 경우	법 제16조제1항제8호	300
사. 법 제15조에 따른 휴업 또는 폐업의 허가를 받지 않거나 신고를 하지 않고 영업을 하지 않은 경우	법 제16조제1항제9호	300
아. 법 제20조제1항에 따른 준수사항을 1년 이내에 3회 이상 위반한 경우	법 제16조제1항제10호	500
자. 법 제21조에 따른 개선명령을 위반한 경우	법 제16조제1항제11호	300
차. 법 제23조에 따른 명의대여 금지를 위반한 경우	법 제16조제1항제12호	300

[별표 2] 〈개정 09·7·16, 11·9·16, 16·6·28, 19·6·4, 19·6·25, 19·10·8〉

과태료의 부과기준(제17조 관련)

1. 일반기준

가. 국토교통부장관은 다음의 어느 하나에 해당하는 경우에는 제2호의 개별기준에 따른 과태료 금액의 2분의 1 범위에서 그 금액을 줄일 수 있다. 다만, 과태료를 체납하고 있는 위반행위자의 경우에는 그렇지 않다.
  1) 위반행위자가 「질서위반행위규제법 시행령」 제2조의2제1항 각 호의 어느 하나에 해당하는 경우
  2) 위반행위가 사소한 부주의나 오류 등 과실로 인한 것으로 인정되는 경우
  3) 위반행위자가 법 위반상태를 시정하거나 해소하기 위하여 노력한 사실이 인정되는 경우
  4) 그 밖에 위반행위의 정도, 횟수, 동기와 그 결과 등을 고려하여 과태료의 금액을 줄일 필요가 있다고 인정되는 경우

나. 국토교통부장관은 다음의 어느 하나에 해당하는 경우에는 제2호의 개별기준에 따른 과태료 금액의 2분의 1 범위에서 그 금액을 늘릴 수 있다. 다만, 과태료 금액의 총액은 법 제51조제1항부터 제4항까지의 규정에 따른 과태료 금액의 상한을 넘을 수 없다.
  1) 위반의 내용·정도가 중대하여 소비자 등에게 미치는 피해가 크다고 인정되는 경우
  2) 법 위반상태의 기간이 6개월 이상인 경우
  3) 그 밖에 위반행위의 정도, 위반행위의 동기와 그 결과 등을 고려하여 가중할 필요가 있다고 인정되는 경우

2. 개별기준

(단위: 만원)

위반행위	근거 법조문	과태료 금액
가. 법 제9조제1항에 따른 여객 운임·요금의 신고를 하지 않은 경우	법 제51조제1항 제1호	500
나. 법 제10조의2를 위반하여 상습 또는 영업으로 승차권 또는 이에 준하는 증서를 자신이 구입한 가격을 초과한 금액으로 다른 사람에게 판매한 경우	법 제51조제1항 제4호	500
다. 법 제10조의2를 위반하여 상습 또는 영업으로 승차권 또는 이에 준하는 증서를 자신이 구입한 가격을 초과한 금액으로 다른 사람에게 판매하는 행위를 알선한 경우	법 제51조제1항 제4호	500
라. 법 제11조제1항에 따른 철도사업약관을 신고하지 않거나 신고한 철도사업약관을 이행하지 않은 경우	법 제51조제1항 제2호	500
마. 법 제12조에 따른 인가를 받지 않거나 신고를 하지 않고 사업계획을 변경한 경우	법 제51조제1항 제3호	500
바. 법 제18조에 따른 사업용철도차량의 표시를 하지 않은 경우	법 제51조제2항 제1호	200
사. 법 제20조제2항부터 제4항까지의 규정에 따른 철도사업자의 준수사항을 위반한 경우	법 제51조제3항 제1호	100
아. 법 제22조에 따른 철도운수종사자의 준수사항을 위반한 경우	법 제51조제4항	50
자. 및 차 삭제 〈19·6·4〉		
카. 법 제32조제1항 또는 제2항을 위반하여 회계를 구분하여 경리하지 않은 경우	법 제51조제2항 제3호	200
타. 정당한 사유 없이 법 제47조제1항에 따른 명령을 이행하지 않거나, 법 제47조제2항에 따른 검사를 거부·방해 또는 기피한 경우	법 제51조제2항 제4호	300

철도사업법 시행규칙 [별표 · 별지서식]

【시행규칙 별표】

[별표 1] 〈개정 08・3・14, 13・3・23, 14・3・19〉

철도사업의 면허기준(제4조관련)

구 분	면 허 기 준
철도차량의 대 수	「철도건설법」 제7조의 규정에 의하여 국토교통부장관이 수립한 철도건설기본계획에서 정한 철도차량의 대수 또는 「철도건설법」 제9조제1항의 규정에 의하여 국토교통부장관의 승인을 얻은 철도건설사업실시계획에서 정한 철도차량의 대수. 다만, 법 제13조의 규정에 의하여 공동운수협정으로 2 이상의 철도사업자가 운영하는 철도노선은 공동운수협정에 따른 철도차량 대수를 합산하여 적용한다.
철도차량의 규 격	「철도안전법」 제26조에 따른 형식승인을 받을 것

비고 : 국토교통부장관은 철도사업의 여건변동 등으로 인하여 위 표의 철도차량의 대수를 적용하는 것이 현저하게 불합리하다고 인정하는 경우에는 위 표에서 정한 기준의 2분의 1 범위안에서 이를 가중 또는 경감하여 적용할 수 있다.

[별표 2] 〈개정 08・3・14, 08・6・25, 13・3・23, 16・12・30〉

행정처분의 기준(제12조제1항 관련)

1. 일반기준

가. 국토교통부장관은 공공복리의 침해정도, 철도사고로 인한 피해의 정도, 철도사업자와 그 종사자의 과실의 정도와 위반행위의 내용・횟수 등을 고려하여 제2호에 따른 해당 처분기준의 2분의 1 범위에서 그 일수(日數)를 줄이거나 늘릴 수 있다.

나. 가목에 따라 일수를 늘리는 경우 그 기간은 6개월을 넘을 수 없다.

2. 개별기준

위반내용	관련조문	처분기준
가. 면허받은 사항을 정당한 사유 없이 시행하지 아니한 경우	법 제16조제1항제1호	사업일부정지(20일)
나. 사업 경영의 불확실 또는 자산상태의 현저한 불량이나 그 밖의 사유로 사업을 계속하는 것이 적합하지 아니할 경우	법 제16조제1항제2호	사업일부정지(30일)
다. 철도사업자 또는 그 소속 종사자의 고의 또는 중대한 과실로 다음 각 목의 사고가 발생한 경우	법 제16조제1항제3호	사업일부정지
1) 1회에 40명 이상의 사망자가 발생한 철도사고		(180일)
2) 1회에 20명 이상 40명 미만의 사망자가 발생한 철도사고		(90일)
3) 1회에 10명 이상 20명 미만의 사망자가 발생한 철도사고		(60일)
4) 1회에 5명 이상 10명 미만의 사망자가 발생한 철도사고		(30일)
라. 거짓이나 그 밖의 부정한 방법으로 법 제5조에 따른 철도사업의 면허를 받은 경우	법 제16조제1항제4호	사업면허취소
마. 법 제5조제1항 후단에 따라 면허에 붙인 부담을 위반한 경우	법 제16조제1항제5호	사업일부정지(60일)
바. 법 제6조에 따른 면허기준에 미달하게 된 때부터 3개월이 경과된 후에도 그 기준을 충족시키지 아니한 경우	법 제16조제1항제6호	사업일부정지(60일)
사. 법 제7조제1호 각 목의 어느 하나에 해당하게 된 때부터 3개월이 경과된 후에도 그 임원을 바꾸어 임명하지 아니한 경우	법 제16조제1항제7호	사업면허취소
아. 법 제8조를 위반하여 국토교통부장관이 지정한 날 또는 기간에 운송을 개시하지 아니한 경우	법 제16조제1항제8호	사업일부정지(20일)
자. 법 제15조에 따른 휴업 또는 폐업의 허가를 받지 않거나 신고를 하지 않고 영업을 하지 않은 경우	법 제16조제1항제9호	사업일부정지(20일)
차. 법 제20조제1항에 따른 준수사항을 1년 이내에 3회 이상 위반한 경우	법 제16조제1항제10호	사업일부정지(30일)
카. 법 제21조에 따른 개선명령을 위반한 경우	법 제16조제1항제11호	사업일부정지(20일)
타. 법 제23조에 따른 명의 대여 금지를 위반한 경우	법 제16조제1항제12호	사업일부정지(20일)

[별표 3] 〈개정 14·12·10, 19·6·25〉

철도사업자의 준수사항(제15조 관련)

1. 철도사업자는 노약자·장애인 등에 대하여 특별한 편의를 제공해야 한다.
2. 철도사업자는 철도차량을 항상 깨끗이 유지해야 한다.
3. 철도사업자는 회사명, 철도차량번호 및 불편사항이 발생할 경우의 연락처 등을 적은 표지판을 철도차량 내에 게시해야 한다.
4. 철도사업자는 다음 각 목의 사항을 일반 공중이 보기 쉬운 영업소 등의 장소에 게시해야 한다.
   가. 사업자 및 영업소의 명칭
   나. 운행시간표(운행횟수가 빈번한 운행계통의 경우에는 첫차 및 마지막차의 출발시각과 운행 간격)
   다. 정차역 및 목적지별 도착시각
   라. 사업을 휴업하거나 폐업하려는 경우에는 그 내용의 예고
   마. 영업소를 이전하려는 경우에는 그 이전의 예고
5. 철도사업자는 위험물을 철도로 운송하려는 경우에는 운송 중의 위험방지 및 인명의 안전에 적합하도록 포장·적재 등의 안전조치를 취한 후 운송해야 한다.
6. 철도사업자는 철도운수종사자로 하여금 여객과 화물을 운송할 때에 다음 각 목의 사항을 성실하게 지키도록 하고, 항상 이를 지도·감독해야 한다.
   가. 정비·점검이 불량한 철도차량을 운행하지 않도록 할 것
   나. 관계 공무원, 관제업무종사자 또는 철도특별사법경찰관리 등의 위험방지를 위한 조치에 따르도록 할 것
   다. 철도사고를 일으킨 경우에는 긴급조치 및 신고의 의무를 충실하게 이행하도록 할 것
7. 철도사업자는 여객을 운송하는 과정에서 철도사고 또는 장애로 장시간 열차가 정차·지연되는 상황이 발생할 경우 철도운수종사자가 다음 각 목에 따라 성실하게 지키도록 하고, 항상 지도·감독해야 한다.
   가. 원칙적으로 1시간 이상 열차가 정차·지연될 것으로 예상되는 경우 열차 내 승객에게 지체 없이 대피 등 구호조치를 시행하도록 함. 다만, 안전상, 그 밖에 열차운행상 문제점이 발생할 가능성이 있거나 사고발생 지점과 인근 역 등과의 거리가 멀어 단시간 내 구호조치가 어려운 경우는 제외한다.
   나. 열차 내 여객에게 지연사유와 진행상황을 여객이 쉽게 접할 수 있는 안내방송, 영상장치 등을 활용하여 매 20분 간격으로 안내하도록 함.
   다. 열차 내 여객의 대기시간이 1시간 이상일 경우 식수 등 적절한 음식물을 제공하도록 함.
   라. 열차 지연에 대한 비상계획을 이행할 수 있는 인적·물적 자원을 신속히 투입하도록 함.
8. 철도사업자는 열차 운행 또는 정차 상황에서 호흡곤란 등에 따른 응급환자가 발생한 경우 응급환자가 119구조대나 의료기관 등의 응급조치를 신속하게 받을 수 있도록 해야 한다.

[별표 4] 〈개정 14·12·10〉

철도운수종사자의 준수사항(제16조 관련)

1. 여객의 안전과 사고예방을 위하여 운행 전 철도차량의 안전설비 및 주행·제동장치 등의 이상 유무를 확인해야 한다.
2. 질병·피로·음주 그 밖의 사유로 안전한 운전을 할 수 없는 경우에는 미리 철도사업자에게 알려야 한다.
3. 철도차량의 운행 중 중대한 고장을 발견하거나 철도사고가 발생할 우려가 있다고 인정되는 경우에는 즉시 운행을 중지하고 적절한 조치를 해야 한다.
4. 운전업무 중 해당 철도시설에 이상이 있었던 경우에는 즉시 인접역 또는 관계기관에게 통보해야 한다.
5. 여객이 다음 각 목의 어느 하나에 해당하는 행위를 하는 경우에는 안전운행과 다른 여객의 편의를 위하여 이를 제지하고 필요한 사항을 안내해야 한다.
   가. 철도차량의 안전운행에 위해를 끼칠 우려가 있는 행위
   나. 열차 안에서 도박을 하거나 소란을 피우는 등 공공질서 또는 선량한 풍속에 반하는 행위
   다. 다른 여객에게 위해를 끼칠 우려가 있는 폭발성 물질, 인화성 물질 등의 위험물을 철도차량으로 가지고 들어오는 행위
   라. 다른 여객에게 위해를 끼치거나 불쾌감을 줄 우려가 있는 동물(장애인 보조견은 제외한다)을 철도차량 안으로 데리고 들어오는 행위
   마. 철도차량의 출입구 또는 통로를 막을 우려가 있는 물품을 철도차량 안으로 가지고 들어오는 행위
6. 여객과 화물을 운송할 때에는 관계 공무원, 관제업무종사자 또는 철도특별사법경찰관리 등의 위험방지 및 안전확보를 위한 조치에 따라야 한다.
7. 관계 공무원으로부터 신분증 또는 자격증의 제시 요구가 있는 경우에는 즉시 이에 따라야 한다.
8. 철도사고로 인하여 사상자가 발생하거나 철도차량의 운행을 중단한 경우에는 철도사고의 상황에 따라 적절한 조치를 취해야 한다.

[별표 5] 〈개정 14 · 12 · 10〉

수수료(제31조 관련)

납부자	금액
1. 법 제5조제1항에 따라 철도사업면허를 신청하는 자	1만원
2. 법 제8조에 따라 운송 시작일 연기 또는 운송 시작기간 연장을 신청하는 자	3천원
3. 법 제11조에 따라 철도사업약관을 신고하는 자	6천원
4. 법 제12조제1항 단서에 따라 사업계획 변경인가를 신청하는 자	6천원
5. 법 제13조에 따라 공동운수협정에 대하여 인가 또는 변경인가를 신청하는 자	3천원
6. 법 제14조에 따라 철도사업의 양도 · 양수 또는 합병의 인가를 신청하는 자	1만원
7. 법 제15조에 따라 철도사업의 휴업 또는 폐업 허가를 신청하는 자	6천원
8. 법 제28조에 따라 우수철도서비스인증을 신청하는 자	6천원
9. 법 제34조에 따라 전용철도 운영등록을 신청하는 자	1만원
10. 법 제36조에 따라 전용철도의 양도 · 양수 또는 합병을 신고하는 자	6천원
11. 법 제37조에 따라 전용철도 운영의 상속 신고를 하는 자	6천원
12. 법 제38조에 따라 전용철도 운영의 휴업 또는 폐업 신고를 하는 자	3천원
13. 법 제42조에 따라 점용허가를 신청하는 자	6천원
14. 법 제45조에 따라 철도시설에 대한 점용허가의 권리 · 의무를 이전하기 위하여 인가를 신청하는 자	6천원

【시행규칙 별지서식】

[별지 제1호서식] 〈개정 06·8·7, 08·3·14, 08·6·25, 11·4·11, 13·3·23, 14·12·10〉

철도사업면허 신청서

접수번호		접수일	처리기간 90일
신청인	상호(법인명)	성명(대표자)	법인등록번호
	주소(소재지)		전화번호
신청내용	경영하려는 사업의 종류		운행형태
	운송예정노선 또는 예정사업구역		
	운송 시작 예정일		
	사업에 사용할 차량의 대수		
	임원의 명단		
	사업소의 명칭 및 소재지		
	사업의 범위 또는 기간		

「철도사업법」 제5조 및 같은 법 시행규칙 제3조에 따라 철도사업 면허를 신청합니다.

년 월 일

신청인 (서명 또는 인)

국토교통부장관 귀하

신청인 제출서류	1. 사업계획서 1부 2. 법인설립계획서(설립예정법인인 경우만 해당합니다) 1부 3. 해당 철도사업을 경영하려는 취지를 설명하는 서류 1부 4. 「철도사업법」 제7조 각 호에 따른 결격사유에 해당하지 않음을 증명하는 서류 1부	수수료 1만원
담당공무원 확인사항	법인 등기사항증명서(설립예정법인을 제외한 법인인 경우만 해당합니다)	

처 리 절 차

신청서 작성	→	접수	→	검토 (시설 등 확인)	→	면허의사 결정	→	면허	→	면허증 발급
신청인		처리기관 (국토교통부)		처리기관 (국토교통부)		처리기관 (국토교통부)		처리기관 (국토교통부)		

210㎜×297㎜[백상지 80g/㎡(재활용품)]

[별지 제2호서식] 〈개정 08·3·14, 13·3·23, 14·12·10〉

제 호

철도사업면허증

상호(법인명)

주소(소재지)

성명(대표자)

법인등록번호

노 선 명

사 업 구 간

철도서비스의 종류 (면 허 내 용)

주영업소 및 주소

면허연월일

「철도사업법」 제5조 및 같은 법 시행규칙 제3조제3항에 따라 위와 같이 철도사업을 면허합니다.

년 월 일

국토교통부장관 직인

210mm×297mm[백상지 120g/㎡]

[별지 제3호서식] 〈개정 14 · 12 · 10〉

철도사업면허대장

면 허 번 호	
면 허 년 월 일	
상 호(법 인 명) 및 주 소	
법인등록번호	
성 명(대 표 자)	
주영업소 명칭 및 주소	
노 선 명	
사 업 구 간	
철도서비스의 종류 (면허내용)	
자 본 금	
철도차량 종류별 대수	
그 밖에 필요한 사항	

364㎜×257㎜
(인쇄용지(특급) 70g/㎡)

[별지 제4호서식] 〈개정 08 · 3 · 14, 13 · 3 · 23, 14 · 12 · 10〉

운송 [ ]시작일 연기 / [ ]시작기간 연장 승인신청서

※ [ ]에는 해당하는 곳에 √ 표시를 합니다

접수번호	접수일		처리기간 10일
신 청 인	상호(법인명)	성명(대표자)	법인등록번호
	주소(소재지)		전화번호
신청내용	면허번호	면허연월일	운행형태
	노선명		
	사업의 구간		운행형태
	운송시작 연기일(연장기간)		
	연기(연장)사유		

「철도사업법」 제8조 및 같은 법 시행규칙 제5조에 따라 운송 시작일 연기(운송 시작기간 연장)를 신청합니다.

년 월 일

신청인 (서명 또는 인)

국토교통부장관 귀하

신청인 제출서류	관계 증거서류 1부	수수료 3천원

처 리 절 차

신청서 작성	→	접수	→	검토	→	결재	→	연기(연장) 승인결정	→	신청인에게 통지
신청인		처리기관 (국토교통부)		처리기관 (국토교통부)		처리기관 (국토교통부)		처리기관 (국토교통부)		

210mm×297mm[백상지 80g/㎡(재활용품)]

[별지 제5호서식] 〈개정 08 · 3 · 14, 13 · 3 · 23, 14 · 12 · 10, 16 · 6 · 30〉

여객 운임 · 요금 [ ]신고서 [ ]변경신고서

※ [ ]에는 해당하는 곳에 √ 표시를 합니다

접수번호	접수일		처리기간 3일
신고인	상호(법인명)	성명(대표자)	법인등록번호
	주소(소재지)		전화번호
신고내용	사업의 종류		운행형태
	사업의 구간		
	신고 또는 변경신고하려는 여객 운임 · 요금의 종류, 금액 및 적용방법		
	변경사유		

「철도사업법」 제9조, 같은 법 시행령 제3조제1항 및 같은 법 시행규칙 제6조에 따라 여객 운임 · 요금을 신고(변경신고)합니다.

년 월 일

신고인 (서명 또는 인)

국토교통부장관 귀하

신고인 제출서류	1. 여객 운임 · 요금표 1부 2. 여객 운임 · 요금 신 · 구대비표 및 변경사유를 기재한 서류(여객 운임 · 요금을 변경하는 경우만 해당합니다) 1부	수수료 없음

처 리 절 차

신고서 작성	→	접수	→	검토	→	신고수리	→	신고인에게 통지
신고인		처리기관 (국토교통부)		처리기관 (국토교통부)		처리기관 (국토교통부)		

210mm×297mm[백상지 80g/㎡(재활용품)]

[별지 제6호서식] 〈개정 08 · 3 · 14, 13 · 3 · 23, 14 · 12 · 10〉

철도사업약관 [ ]신고서 [ ]변경신고서

※ [ ]에는 해당하는 곳에 √ 표시를 합니다

접수번호	접수일		처리기간 3일
신고인	상호(법인명)	성명(대표자)	법인등록번호
	주소(소재지)		전화번호
신고내용	사업의 구간		운행형태
	사업의 종류		
	변경사유		
	변경한 주요내용		

「철도사업법」 제11조 및 같은 법 시행규칙 제7조에 따라 철도사업약관을 신고(변경신고)합니다.

년 월 일

신고인 (서명 또는 인)

국토교통부장관 귀하

신고인 제출서류	1. 철도사업약관 1부 2. 철도사업약관 신 · 구대비표 및 변경사유서(철도사업약관을 변경하는 경우만 해당합니다) 1부	수수료 6천원 (변경신고의 경우: 없음)

처 리 절 차

신고서 작성	→	접수	→	검토	→	신고수리	→	신고인에게 통지
신고인		처리기관 (국토교통부)		처리기관 (국토교통부)		처리기관 (국토교통부)		

210mm×297mm[백상지 80g/㎡(재활용품)]

[별지 제7호서식] 〈개정 08·3·14, 13·3·23, 14·12·10〉

사업계획 변경신고서

접수번호	접수일		처리기간 3일
신고인	상호(법인명)	성명(대표자)	법인등록번호
	주소(소재지)		전화번호

신고내용	노선명		
	사업의 구간		운행형태
	변경연월일		
	변경사항	변경 전	
		변경 후	
	변경사유		

「철도사업법」 제12조제1항 본문 및 같은 법 시행규칙 제8조에 따라 철도사업계획의 변경을 신고합니다.

년 월 일

신고인 (서명 또는 인)

국토교통부장관 귀하

신고인 제출서류	1. 신·구 사업계획을 대비한 서류 또는 도면 1부 2. 철도안전 확보 계획 1부 3. 사업계획 변경 후의 예상 사업수지 계산서 1부	수수료 없음

처 리 절 차

신고서 작성	→	접수	→	검토	→	신고수리	→	신고인에게 통지
신고인		처리기관 (국토교통부)		처리기관 (국토교통부)		처리기관 (국토교통부)		

210mm×297mm[백상지 80g/㎡(재활용품)]

[별지 제8호서식] 〈개정 08·3·14, 13·3·23, 14·12·10〉

사업계획 변경인가신청서

접수번호	접수일		처리기간 30일
신청인	상호(법인명)	성명(대표자)	법인등록번호
	주소(소재지)		전화번호

신청내용	노선명		
	사업의 구간		운행형태
	변경연월일		
	변경사항	변경 전	
		변경 후	
	변경사유		

「철도사업법」 제12조제1항 단서 및 같은 법 시행규칙 제8조에 따라 철도사업계획변경의 인가를 신청합니다.

년 월 일

신청인 (서명 또는 인)

국토교통부장관 귀하

신청인 제출서류	1. 신·구 사업계획을 대비한 서류 또는 도면 1부 2. 철도안전 확보 계획 1부 3. 사업계획 변경 후의 예상 사업수지 계산서 1부	수수료 6천원

처 리 절 차

신청서 작성	→	접수	→	검토	→	결재	→	인가결정	→	신청인에게 통지
신청인		처리기관 (국토교통부)		처리기관 (국토교통부)		처리기관 (국토교통부)		처리기관 (국토교통부)		

210mm×297mm[백상지 80g/㎡(재활용품)]

[별지 제9호서식] 〈개정 08·3·14, 13·3·23, 14·12·10〉

공동운수협정 [ ]인가 [ ]변경인가 신청서

접수번호	접수일		처리기간 30일
신청인	상호(법인명)	성명(대표자)	법인등록번호
	주소(소재지)		전화번호
협정 상대방	상호(법인명)	성명(대표자)	법인등록번호
	주소(소재지)		전화번호
신청내용	법정효력 발생일자		
	법정효력 존속기간		
	협정에 관한 사무를 총괄하는 사무소가 있는 경우 명칭과 소재지		

「철도사업법」 제13조제1항 본문 및 같은 법 시행규칙 제9조제1항에 따라 공동운수협정 인가(변경인가)를 신청합니다.

년 월 일

신청인 (서명 또는 인)

국토교통부장관 귀하

신청인 제출서류	1. 공동운수협정 체결(변경)사유서 1부 2. 공동운수협정서 사본 1부 3. 신·구 공동운수협정을 대비한 서류 또는 도면(공동운수협정을 변경하는 경우만 해당합니다) 1부	수수료 3천원

처 리 절 차

신청서 작성 (신청인) → 접수 (처리기관(국토교통부)) → 검토 (처리기관(국토교통부)) → 결재 (처리기관(국토교통부)) → 인가결정 (처리기관(국토교통부)) → 신청인에게 통지

210mm×297mm[백상지 80g/㎡(재활용품)]

[별지 제10호서식] 〈개정 08·3·14, 13·3·23, 14·12·10〉

공동운수협정 변경신고서

접수번호	접수일		처리기간 3일
신고인	상호(법인명)	성명(대표자)	법인등록번호
	주소(소재지)		전화번호
협정 상대방	상호(법인명)	성명(대표자)	법인등록번호
	주소(소재지)		전화번호
신고내용	협정변경효력 발생일자		
	협정변경효력 존속기간		
	공동운수협정 변경사유		
	협정에 관한 사무를 총괄하는 사무소가 있는 경우 명칭과 소재지		

「철도사업법」 제13조제1항 단서 및 같은 법 시행규칙 제9조제4항에 따라 공동운수협정변경을 신고합니다.

년 월 일

신고인 (서명 또는 인)

국토교통부장관 귀하

신고인 제출서류	1. 공동운수협정 변경사유서 1부 2. 신·구 공동운수협정을 대비한 서류 또는 도면 1부 3. 해당 철도사업자 간 합의를 증명할 수 있는 서류 1부	수수료 없음

처 리 절 차

신고서 작성 (신고인) → 접수 (처리기관(국토교통부)) → 검토 (처리기관(국토교통부)) → 신고수리 (처리기관(국토교통부)) → 신고인에게 통지

210mm×297mm[백상지 80g/㎡(재활용품)]

[별지 제11호서식] 〈개정 06·8·7, 08·3·14, 08·6·25, 11·4·11, 13·3·23, 14·12·10, 16·12·30〉

철도사업 양도 · 양수인가신청서

접수번호	접수일		처리기간 30일
양도인	상호(법인명)	성명(대표자)	법인등록번호
	주소(소재지)		전화번호
양수인	상호(법인명)	성명(대표자)	법인등록번호
	주소(소재지)		전화번호
신청내용	사업의 종류		
	노선 또는 사업구역		
	양도 · 양수 가격		
	양도 · 양수 일자		
	양도 · 양수 사유		

「철도사업법」 제14조제1항 및 같은 법 시행규칙 제10조제1항에 따라 철도사업의 양도 · 양수인가를 신청합니다.

년 월 일

양도인(파는 사람) (서명 또는 인)

양수인(사는 사람) (서명 또는 인)

국토교통부장관 귀하

신청인 제출서류	1. 양도 · 양수 계약서 사본 1부 2. 양도 · 양수 후 해당 운영구간에 대한 사업계획서 1부 3. 양수인이 「철도사업법」 제7조 각 호에 따른 결격사유에 해당하지 않음을 증명하는 서류 1부 4. 법인설립계획서(양수인이 설립예정법인인 경우만 해당합니다) 1부 5. 양도 또는 양수에 관한 의사결정을 증명하는 총회 또는 이사회의 의결서 사본 1부	수수료 1만원
담당 공무원 확인 사항	양수인의 법인 등기사항증명서(설립예정법인을 제외한 법인인 경우만 해당합니다)	

처 리 절 차

신청서 작성	→	접수	→	검토	→	결재	→	인가결정	→	신청인에게 통지
신청인		처리기관 (국토교통부)		처리기관 (국토교통부)		처리기관 (국토교통부)		처리기관 (국토교통부)		

210mm×297mm[백상지 80g/㎡(재활용품)]

[별지 제12호서식] 〈개정 06·8·7, 08·3·14, 08·6·25, 11·4·11, 13·3·23, 14·12·10, 16·12·30〉

법인합병 인가신청서

접수번호	접수일		처리기간 30일
합병 하려는 법인	상호(법인명)	성명(대표자)	법인등록번호
	주소(소재지)		전화번호
합병 상대방 법인	상호(법인명)	성명(대표자)	법인등록번호
	주소(소재지)		전화번호
합병 후 존속하는 법인	상호(법인명)	성명(대표자)	법인등록번호
	주소(소재지)		전화번호
신청내용	노선 또는 사업의 범위		
	합병일		
	합병 사유		

「철도사업법」 제14조제2항 및 같은 법 시행규칙 제10조제2항에 따라 철도사업법인의 합병인가를 신청합니다.

년 월 일

신청인(합병 후 존속하는 법인 대표자) (서명 또는 인)

국토교통부장관 귀하

신청인 제출서류	1. 합병의 방법과 조건에 관한 서류 1부 2. 당사자가 신청 당시 경영하고 있는 사업의 개요를 적은 서류 1부 3. 합병 후 존속하는 법인 또는 합병에 의하여 설립되는 법인이 「철도사업법」 제7조 각 호에 따른 결격사유에 해당하지 않음을 증명하는 서류 1부 4. 합병계약서 사본 1부 5. 합병에 관한 의사결정을 증명하는 총회 또는 이사회의 의결서 사본 1부	수수료 1만원
담당공무원 확인사항	합병 당사자의 법인 등기사항 증명서	

처 리 절 차

신청서 작성	→	접수	→	검토	→	결재	→	인가결정	→	신청인에게 통지
신청인		처리기관 (국토교통부)		처리기관 (국토교통부)		처리기관 (국토교통부)		처리기관 (국토교통부)		

210mm×297mm[백상지 80g/㎡(재활용품)]

[별지 제13호서식] 〈개정 08·3·14, 13·3·23, 14·12·10〉

철도사업휴업(폐업) [ ]허가신청서 [ ]신고서

※ [ ]에는 해당하는 곳에 √ 표시를 합니다

접수번호	접수일		처리기간 1일~60일
신청인 (신고인)	상호(법인명)	성명(대표자)	법인등록번호
	주소(소재지)		전화번호
신청 (신고) 내용	노선 또는 사업의 범위		
	휴업예정기간		
	사업폐업일자		
	휴업 또는 폐업사유		

「철도사업법」 제15조 및 같은 법 시행규칙 제11조에 따라 철도사업의 휴업(폐업)

[ ]허가를 신청
[ ]신고
합니다.

년 월 일

신청(신고)인 (서명 또는 인)

국토교통부장관 귀하

신청(신고)인 제출서류	1. 사업의 휴업 또는 폐업에 관한 총회 또는 이사회의 의결서 사본 1부 2. 휴업 또는 폐업하려는 철도노선, 정거장, 열차의 종별 등에 관한 사항을 적은 서류 1부 3. 철도사업의 휴업 또는 폐업을 하는 경우 대체교통수단의 이용에 관한 사항을 적은 서류 1부 ※ 선로 또는 교량의 파괴 그 밖의 정당한 사유로 인하여 휴업신고를 하는 경우 1. 휴업하려는 철도노선, 정거장, 열차의 종별 등에 관한 사항을 적은 서류 1부 2. 철도사업의 휴업을 하는 경우 대체교통수단의 이용에 관한 사항을 적은 서류 1부	수수료 6천원 (신고의 경우: 없음)

처 리 절 차

신청(신고)서 작성 (신청(신고)인) → 접수 (처리기관(국토교통부)) → 검토 (처리기관(국토교통부)) → 결재 (처리기관(국토교통부)) → 허가·신고 수리 (처리기관(국토교통부)) → 신청(신고)인에게 통지

210mm×297mm[백상지 80g/㎡(재활용품)]

[별지 제14호서식] 〈개정 08·3·14, 13·3·23, 14·12·10〉

우수철도서비스 인증신청서

접수번호	접수일			처리기간 30일	
신청인	상호(법인명)		성명(대표자)	법인등록번호	
	주소(소재지)				
	담당부서	부서명	직책	성명	
		전화	팩스	전자우편	
신청내용	회사현황	자본금(억원)		매출현황 (최근 3년간)	연도 / 매출액(억원)
		종업원수 (명)	정규직		
			임시직		
	우수철도서비스의 내용				
	인증획득 및 각종 품질상 등 수상 현황				

「철도사업법」 제28조 및 같은 법 시행규칙 제20조제2항에 따라 위와 같이 우수철도서비스인증을 신청합니다.

년 월 일

신청인 (서명 또는 인)

국토교통부장관 귀하

신청인 제출서류	해당 철도서비스가 우수철도서비스임을 입증 또는 설명할 수 있는 자료 1부	수수료 6천원

처 리 절 차

신청서 작성 (신청인) → 접수 (처리기관(국토교통부)) → 검토 (처리기관(국토교통부)) → 결재 (처리기관(국토교통부)) → 신청수리 (처리기관(국토교통부)) → 신청인에게 통지

210mm×297mm[백상지 80g/㎡(재활용품)]

[별지 제15호서식] 〈개정 08·3·14, 13·3·23, 14·12·10〉

우수서비스마크

제 호

우수철도서비스 인증서

철도서비스내용

상호(법인명)

성명(대표자)

주소(소재지)

유 효 기 간

「철도사업법」 제28조 및 같은 법 시행규칙 제20조에 따라 위와 같이 우수철도서비스 사업자로 인정합니다.

년 월 일

국토교통부장관 [직인]

210mm×297mm[백상지 120g/㎡]

[별지 제16호서식] 〈개정 06·8·7, 08·3·14, 08·6·25, 11·4·11, 13·3·23, 14·12·10, 16·12·30〉

전용철도 운영등록 신청서

접수번호	접수일		처리기간 30일
신청인	성명(법인명 및 대표자명)		생년월일(법인등록번호)
	주소(소재지)		전화번호
신청내용	사업소 명칭		
	사업소 소재지	주사무소	
		영업소	
	사업의 종류		

「철도사업법」 제34조 및 같은 법 시행규칙 제23조제1항에 따라 전용철도의 운영등록을 신청합니다.

년 월 일

신청인 (서명 또는 인)

국토교통부장관 귀하

신청인 제출서류	1. 전용철도운영계획서 1부 2. 전용철도를 운영하려는 토지의 소유권 또는 사용권을 증명할 수 있는 서류 1부 3. 임원의 성명·생년월일을 적은 서류(법인인 경우만 해당합니다) 1부 4. 그 밖에 참고사항을 적은 서류 1부	수수료 1만원
담당 공무원 확인 사항	법인 등기사항증명서(신청인이 법인인 경우만 해당합니다)	

처 리 절 차

신청서 작성 (신청인) → 접수 (처리기관(국토교통부)) → 검토 (처리기관(국토교통부)) → 결재 (처리기관(국토교통부)) → 등록 (처리기관(국토교통부)) → 신청인에게 통지

210㎜×297㎜[백상지 80g/㎡(재활용품)]

[별지 제17호서식] 〈개정 08·3·14, 13·3·23, 14·8·7〉

제 호

전용철도 노선명

전용철도운영등록증

성 명(법인 또는 공공기관의 경우 그 명칭 및 대표자의 성명) :

생년월일(법인의 경우 법인등록번호) :

주 소 :

상 호 :

업 종 :

등록연월일 :

「철도사업법」 제34조제2항 및 같은 법 시행규칙 제23조제4항에 따라 위와 같이 전용철도운영을 등록하였음을 증명합니다.

년 월 일

국토교통부장관 직인

210mm×297mm[백상지 80g/㎡(재활용품)]

[별지 제18호서식] 〈개정 08·3·14, 13·3·23, 14·8·7, 14·12·10〉

전용철도 운영등록 변경신청서

접수번호	접수일		처리기간 10일
신청인	성명(법인명 및 대표자명)		생년월일(법인등록번호)
	주소(소재지)		전화번호
신청내용	사업의 종류		
	변경 년 월 일		
	변경사항	변경 전	
		변경 후	
	변경사유		

「철도사업법」 제34조제1항 및 같은 법 시행규칙 제23조제5항에 따라 위와 같이 전용철도 운영등록의 변경을 신청합니다.

년 월 일

신청인 (서명 또는 인)

국토교통부장관 귀하

신청인 제출서류	등록사항의 변경 내용을 설명 또는 증명하는 서류 1부	수수료 없음

처리절차

신청서 작성	→	접수	→	검토	→	결재	→	등록	→	신청인에게 통지
신청인		처리기관 (국토교통부)		처리기관 (국토교통부)		처리기관 (국토교통부)		처리기관 (국토교통부)		

210㎜×297㎜[백상지 80g/㎡(재활용품)]

[별지 제19호서식] 〈개정 06·8·7, 08·3·14, 08·6·25, 11·4·11, 13·3·23, 14·12·10〉

전용철도운영 양도 · 양수신고서

접수번호	접수일	처리기간 30일

양도인	성명(법인명 및 대표자명)	생년월일(법인등록번호)
	주소(소재지)	전화번호
양수인	성명(법인명 및 대표자명)	생년월일(법인등록번호)
	주소(소재지)	전화번호
신고내용	사업의 종류	
	사업 내용	
	양도 · 양수 가격	
	양도 · 양수 일자	
	양도 · 양수 사유	

「철도사업법」 제36조 및 같은 법 시행규칙 제24조에 따라 위와 같이 전용철도운영의 양도 · 양수를 신고합니다.

년 월 일

양도인(파는 사람) (서명 또는 인)
양수인(사는 사람) (서명 또는 인)

국토교통부장관 귀하

신고인 제출서류	1. 양도 · 양수 계약서 사본 1부 2. 양도 · 양수에 관한 총회 또는 이사회의 의결서 사본(법인인 경우만 해당합니다) 1부 3. 법인 임원의 성명 · 주민등록번호를 적은 서류(법인인 경우만 해당합니다) 1부	수수료 6천원
담당 공무원 확인 사항	법인 등기사항증명서(신청인이 법인인 경우만 해당합니다)	

처 리 절 차

신고서 작성 (신고인) → 접수 (처리기관(국토교통부)) → 검토 (처리기관(국토교통부)) → 신고수리 (처리기관(국토교통부)) → 신고인에게 통지

210mm×297mm[백상지 80g/㎡(재활용품)]

[별지 제20호서식] 〈개정 06·8·7, 08·3·14, 08·6·25, 11·4·11, 13·3·23, 14·12·10〉

전용철도 운영법인 합병신고서

접수번호	접수일	처리기간 30일

합병 하려는 법인	상호(법인명)	성명(대표자)	법인등록번호
	주소(소재지)		전화번호
합병 상대방 법인	상호(법인명)	성명(대표자)	법인등록번호
	주소(소재지)		전화번호
합병 후 존속하는 법인	상호(법인명)	성명(대표자)	법인등록번호
	주소(소재지)		전화번호
신고내용	사업의 종류		
	노선 또는 사업구역		
	합병의 방법 및 조건		
	합병의 사유		
	합병하려는 일자		

「철도사업법」 제36조 및 같은 법 시행규칙 제25조에 따라 위와 같이 전용철도운영법인의 합병을 신고합니다.

년 월 일

신고인(합병 후 존속하는 법인 대표자) (서명 또는 인)

국토교통부장관 귀하

신고인 제출서류	1. 합병계약서 사본 1부 2. 합병 후 존속하는 법인의 합병 당시의 사업용 고정자산의 명세서 1부 3. 합병 후 존속하는 법인의 임원 성명 · 주민등록번호를 적은 서류 1부 4. 합병에 관한 총회 또는 이사회의 의결서 사본 1부	수수료 6천원
담당 공무원 확인 사항	합병 후 존속하는 법인의 법인 등기사항증명서	

처 리 절 차

신고서 작성 (신고인) → 접수 (처리기관(국토교통부)) → 검토 (처리기관(국토교통부)) → 신고수리 (처리기관(국토교통부)) → 신고인에게 통지

210mm×297mm[백상지 80g/㎡(재활용품)]

[별지 제21호서식] 〈개정 08·3·14, 13·3·23, 14·8·7, 14·12·10〉

전용철도 운영 상속신고서

접수번호	접수일		처리기간 10일
신고인	성명(법인명 및 대표자 성명)	생년월일(법인등록번호)	
	주소	전화번호	
신고내용	피상속인과의 관계		
	피상속인의 사망일		
	피상속인이 경영하는 사업의 종류 및 노선 또는 사업구역		

「철도사업법」 제37조제1항 및 같은 법 시행규칙 제26조에 따라 위와 같이 전용철도 운영의 상속을 신고합니다.

년 월 일

신고인 (서명 또는 인)

국토교통부장관 귀하

신고인 첨부서류	1. 피상속인이 사망하였음을 증명할 수 있는 서류 1부 2. 피상속인과의 관계를 증명할 수 있는 서류 1부 3. 신고인과 선순위 또는 동 순위에 있는 다른 상속인이 있는 경우에는 그 상속인의 동의서 1부	수수료 6천원

처 리 절 차

신고서 작성	→	접수	→	검토	→	신고수리	→	신고인에게 통지
신고인		처리기관 (국토교통부)		처리기관 (국토교통부)		처리기관 (국토교통부)		

210mm×297mm[백상지 80g/㎡(재활용품)]

[별지 제22호서식] 〈개정 08·3·14, 13·3·23, 14·8·7, 14·12·10〉

전용철도운영 [ ]휴업 [ ]폐업 신고서

※ [ ]에는 해당하는 곳에 √ 표시를 합니다

접수번호	접수일		처리기간 30일
신고인	성명(법인명 및 대표자 성명)	생년월일(법인등록번호)	
	주소	전화번호	
휴업·폐업 내용	사업의 종류		
	휴업 예정 기간 . . 부터 . . 까지(년 개월)		
	폐업일		
	휴업 또는 폐업 사유		

「철도사업법」 제38조 및 같은 법 시행규칙 제27조에 따라 위와 같이 전용철도운영의 휴업(폐업)을 신고합니다.

년 월 일

신고인 (서명 또는 인)

국토교통부장관 귀하

신고인 제출서류	1. 휴업 또는 폐업사유를 기재한 서류 1부 2. 휴업기간·운영재개시기 및 휴업기간 동안의 전용철도시설의 관리방안(휴업의 경우만 해당합니다) 1부 3. 전용철도시설의 처리방안(폐업의 경우만 해당합니다) 1부	수수료 3천원

처 리 절 차

신고서 작성	→	접수	→	검토	→	신고수리	→	신고인에게 통지
신고인		처리기관 (국토교통부)		처리기관 (국토교통부)		처리기관 (국토교통부)		

210mm×297mm[백상지 80g/㎡(재활용품)]

[별지 제23호서식] 〈개정 08 · 3 · 14, 13 · 3 · 23, 14 · 8 · 7〉

점용허가신청서

접수번호	접수일	처리기간 90일
신청인	성명(법인의 경우 법인명 및 대표자 성명)	생년월일(법인등록번호)
	주소	전화번호
점용(행위) 개요	재산의 종류 및 구조	수량
	점용(행위)위치	점용(행위)면적 ㎡
	점용(행위)목적	
	점용(행위)기간 년 월 일부터 년 월 일까지(일)	

「철도사업법」 제42조, 같은 법 시행령 제13조 및 같은 법 시행규칙 제28조에 따라 철도시설에 대한 점용허가를 신청합니다.

년 월 일

신청인 (서명 또는 인)

국토교통부장관 귀하

신청인 제출서류	1. 사업개요에 관한 서류 2. 시설물의 건설계획 및 사용계획에 관한 서류 3. 자금조달계획에 관한 서류 4. 수지전망에 관한 서류 5. 정관(법인의 경우만 해당합니다) 6. 설치하려는 시설물의 설계도서(시방서 · 위치도 · 평면도 및 주단면도를 말합니다) 7. 그 밖에 참고사항을 적은 서류	수수료 6천원
담당 공무원 확인사항	법인 등기사항증명서(법인의 경우만 해당합니다)	

처리절차

신청서 작성 →	접 수 →	선 람 →	담 당 (내용검토) →	결 재 →	허가결정 →	통 보
신청인	국토교통부 (담당과)	국토교통부 (담당과)	국토교통부 (담당과)	국토교통부 (담당과)	국토교통부 (담당과)	국토교통부 (담당과)

210㎜×297㎜[백상지 80g/㎡(재활용품)]

[별지 제24호서식] 〈개정 08 · 3 · 14, 13 · 3 · 23, 14 · 8 · 7〉

점용허가권리 · 의무이전인가신청서

접수번호	접수일	처리기간 60일
양도인(갑) (점용허가 권리 · 의무를 이전 하고자 하는 자)	성명(법인의 경우 법인명 및 대표자 성명)	생년월일(법인등록번호)
	주소	전화번호
양수인(을) (점용허가 권리 · 의무를 이전 받고자 하는 자)	성명(법인의 경우 법인명 및 대표자 성명)	생년월일(법인등록번호)
	주소	전화번호
이전 개요	이전가격	
	권리 · 의무의 이전내용	
	이전시기	

「철도사업법」 제45조, 같은 법 시행령 제15조제1항 및 같은 법 시행규칙 제29조에 따라 점용허가에 관한 권리와 의무를 이전하고자 위와 같이 인가를 신청합니다.

년 월 일

양도인(갑) 성명 (서명 또는 인)

양수인(을) 성명 (서명 또는 인)

국토교통부장관 귀하

신청인 제출서류	1. 이전계약서 사본 1부 2. 이전가격의 명세서 1부	수수료 6천원
담당 공무원 확인사항	법인 등기사항증명서(법인의 경우만 해당합니다)	

처리절차

신청서 작성 →	접 수 →	선 람 →	담 당 (내용검토) →	결 재 →	인가결정 →	통 보
신청인	국토교통부 (담당과)	국토교통부 (담당과)	국토교통부 (담당과)	국토교통부 (담당과)	국토교통부 (담당과)	국토교통부 (담당과)

210㎜×297㎜[백상지 80g/㎡(재활용품)]

[별지 제25호서식] 〈개정 08·3·14, 13·3·23, 14·12·10〉

(앞쪽)

제 호

검사 공무원증

사 진
3㎝×4㎝
(모자 벗은 상반신으로 뒤 그림 없이 6개월 이내 촬영한 것)

성 명
국토교통부

60㎜×90㎜[백상지 150g/㎡]

(뒤쪽)

검사 공무원증

소속
직위/직급
성명
유효기간 . . . 부터 . . . 까지

위의 사람은 「철도사업법」 제47조에 따른 검사공무원임을 증명합니다.

년 월 일

국토교통부장관 직인

철도 노선 및 역의 명칭 관리지침

2014 · 3 · 18 국토교통부 고시 제2014-128호
2016 · 12 · 29 국토교통부 고시 제2016-956호
2018 · 11 · 11 국토교통부 고시 제2018-671호

제1장 총 칙

제1조(목적) 이 지침은 「철도사업법」 제4조에 따라 철도 노선 및 역의 명칭을 합리적으로 관리하고 운영하는데 필요한 사항을 정함으로써 공공시설인 철도시설을 효율적이고 체계적으로 관리 · 이용하는 데 이바지함을 목적으로 한다.

제2조(정의) 이 지침에서 사용하는 용어의 뜻은 다음과 같다.

1. "노선명"이란 여객열차 또는 화물열차를 운행하기 위한 선로의 명칭을 말한다.
2. "노선번호"란 여객열차 또는 화물열차를 운행하기 위한 선로의 번호를 말한다.
3. "역명"이란 열차를 정차하고 여객 또는 화물을 취급하기 위하여 설치한 철도역의 명칭을 말한다.
4. "사업용철도노선"이란 철도사업을 목적으로 설치하거나 운영하는 철도노선을 말하며, 운행속도에 따라 다음 각 호와 같이 분류한다.
   가. 고속철도노선: 철도차량이 대부분의 구간을 300km/h 이상의 속도로 운행할 수 있도록 건설된 노선
   나. 준고속철도노선: 철도차량이 대부분의 구간을 200km/h 이상 300km/h 미만의 속도로 운행할 수 있도록 건설된 노선
   다. 일반철도노선: 철도차량이 대부분의 구간을 200km/h 미만의 속도로 운행할 수 있도록 건설된 노선
5. "간선"이란 사업용철도노선을 운행거리에 따라 분류한 것으로, 지역 간의 여객과 화물 교통수요를 주로 수송하는 10km 이상의 사업용철도노선 중 국토교통부장관이 지정한 노선을 말한다.
6. "지선"이란 사업용철도노선을 운행거리에 따라 분류 한 것으로 사업용철도노선 중 간선을 제외한 노선을 말한다.
7. "광역전철노선"이란 「대도시권 광역교통 관리에 관한 특별법」 제2조제2호나목에 따른 광역철도노선과 준고속철도노선 및 일반철도노선 중에서 광역권의 일상적인 여객 교통수요를 처리하기 위하여 전동차를 운행하는 노선으로 국토교통부장관이 지정한 노선을 말한다.
8. "철도건설사업시행자"란 「철도건설법」 제8조에 따른 철도건설사업의 시행자를 말한다.
9. "철도운영자"란 「철도산업발전기본법」 제3조제10호에 따른 철도운영에 관한 업무를 수행하는 자를 말한다.
10. "철도시설관리자"란 다음 각 목의 어느 하나에 해당하는 사람을 말한다.
    가. 「사회기반시설에 대한 민간투자법」에 따라 건설된 철도는 당해 민자사업자
    나. '가' 목을 제외한 경우는 한국철도시설공단
11. "주요 공공기관"이란 「개인정보 보호법」 제2조제6호에 따른 기관을 말한다.
12. "주요 공공시설"이란 「국토의 계획 및 이용에 관한 법률」 제2조제13호에 따라 지정된 시설을 말한다.
13. "역명부기"란 철도이용자가 철도역 인근의 시설 등을 쉽게 이용할 수 있도록 역명아래에 괄호의 형태로 표기하는 것을 말한다.
14. "환승역"이란 둘 이상의 노선이 만나 다른 노선의 열차로 갈아타

는 것이 가능한 역을 말한다.

15. "영업노선명" 이란 철도운영자가 영업을 목적으로 철도이용자가 열차의 출발지, 경유지, 목적지 등 운행정보를 쉽게 알 수 있도록 정한 노선명을 말한다.

제3조(적용범위) 이 지침은 「철도산업발전 기본법」 제2조에 따른 철도와 「사회기반시설에 대한 민간투자법」에 따라 건설되는 철도 노선 및 역의 명칭을 제정 또는 개정하고자 할 때 적용한다. 다만, 지방자치단체가 소유 또는 관리하는 철도는 제외한다.

제2장 노선명 및 역명의 제·개정 기준 등

제4조(사업용철도노선의 지정·고시) ① 철도시설관리자는 「철도건설법」 제9조의 규정에 의한 철도건설사업실시계획(이하 "실시계획"이라 한다)을 완료하기 전에 사업용철도노선의 고시에 필요한 노선명 및 역명 제정 방안을 마련하여 실시계획 승인·고시 예정일 2개월 전까지 국토교통부장관에게 제출하여야 하며, 국토교통부장관은 실시계획을 승인·고시한 날부터 1개월 이내에 사업용철도노선의 노선번호, 노선명, 기점, 종점, 중요경과지(정차역명을 포함한다)를 지정하여야 한다.

② 철도시설관리자는 노선 및 역 시설의 운영개시 예정일 5개월 전까지 사업용철도노선의 철도거리표를 국토교통부장관에게 제출하여야 하며, 국토교통부장관은 노선 및 역 시설의 운영개시 예정일 3개월 전까지 철도거리표가 포함된 사업용철도노선을 지정하여야 한다.

③ 국토교통부장관은 제1항 및 제2항에 따라 지정하는 사업용철도노선 중에 광역전철노선이 있는 경우 이를 명시하여 지정하여야 한다.

④ 국토교통부장관은 제1항부터 제3항까지의 규정에 따라 사업용철도노선을 지정한 경우에는 이를 관보에 고시하여야 한다. 고시한 사항의 변경이 있거나 사업용철도노선의 폐지가 있는 때에도 또한 같다.

제5조(노선명의 제·개정 기준) ① 국토교통부장관은 노선의 기점과 종점의 지명 중 첫 글자 또는 첫 두글자를 사용하여 노선명을 정한다. 다만, 효율적인 노선명 관리 등을 위해 필요한 경우 지리적 명칭(예시 : 내륙선, 서해선)이나 행정구역 명칭(예시 : 광주선, 과천선) 또는 특정 명칭(예시 : 인천국제공항선) 등을 사용할 수 있다.

② 노선의 명칭은 전체 노선에 대해 부여하되, 단계별로 개통하는 경우에는 노선명과 우선 개통구간을 병행하여 표기(예시 : 경강선(성남~여주))한다.

③ 기·종점의 지명을 사용하는 경우 남쪽에서 북쪽, 서쪽에서 동쪽으로 명칭을 배열하되, 경합이 발생할 때에는 남쪽에서 북쪽 사용이 우선(예시 : 수인선)한다. 다만, 서울이 기점 또는 종점 노선인 경우에는 예외적으로 노선명(예시 : 경부선, 경인선)을 부여할 수 있다.

④ 기존의 노선이 일부 연장되거나 개량사업 등으로 노선의 위치가 변경되는 경우의 노선명은 여객의 효율적인 안내 등을 위하여 일관성이 유지될 수 있도록 기존의 명칭을 그대로 사용하는 것을 원칙으로 하되, 기점 및 종점 등이 현저히 변경되어 여객의 효율적인 안내를 위하여 필요한 경우 등에는 이를 변경할 수 있다.

⑤ 다른 노선의 일부구간을 이용하여 하나로 연결된 노선 등은 다른 노선의 일부구간을 중복 사용하여 하나의 노선명을 부여할 수 있다.

제6조(노선번호의 제·개정 기준) 노선번호는 운행속도에 따른 철도노선 종류별로 구분하여 건설순서 등에 따라 다음 각 호와 같이 간선은 세 자리 숫자, 지선은 다섯 자리 숫자로 지정한다.

1. 첫째자리 숫자는 철도노선의 종류를 표시(고속철도노선 1, 준고속철도노선 2, 일반철도노선 3)
2. 둘째자리 숫자와 셋째자리 숫자는 간선을 표시하되, 지정하는 순서대로 번호를 부여한다.
3. 넷째자리 숫자와 다섯째자리 숫자는 지선을 표시하되, 지정하는 순서대로 번호를 부여한다.

노선번호

1	2	3	4	5
노선종류	간선		지선	

제7조(역명의 제·개정 기준) ① 역명을 제정하거나 개정하는 때에는 국민이 이해하기 쉽고 부르기 쉬우며 그 지역을 대표할 수 있는 명칭을 사용하는 것을 원칙으로 한다.

② 역명은 역당 하나의 명칭을 사용하는 것을 원칙으로 하며, 일반적으로 가장 많이 알려진 지명 및 해당 지역과 연관성이 뚜렷하고 지역실정에 부합되는 명칭을 사용하되, 다음 각 호의 사항을 기준으로 하여 정한다.

1. 행정구역 명칭
2. 역에서 인접한 대표적 공공기관 또는 공공시설의 명칭
3. 국민들이 인지하기 쉬운 지역의 대표명소
4. 역사가 대학교부지 내에 위치하거나 대학교와 인접하여 지역의 대표명칭으로 인지할 수 있고, 해당 지방자치단체 주민의 다수가 동의하는 경우 대학교명을 역명으로 지정 가능

③ 역명을 제정 또는 개정하는 경우 역명이 이미 존재하거나 지방자치단체 소관의 다른 역명과 동일(역명 발음상 유사한 것을 포함한다)하여 기존 역명과 혼동될 우려가 있는 때에는 그 역명을 사용하지 않는 것을 원칙으로 한다.

④ 특정 단체 및 기업 등의 홍보수단으로 이용될 수 있는 역명은 사용하지 않는 것을 원칙으로 한다.

⑤ 환승역은 이용자 혼란 방지 등을 위해 같은 역명을 사용하여야 하며, 역이 신설되는 경우 신설역의 역명은 기존 역명으로 하여야 한다. 다만, 새로운 역명 제정이 필요할 경우 기존역의 역명 제정권자와 협의한 후 본 지침에 의한 역명 제·개정 기준과 절차에 따라 결정 한다.

⑥ 제2항에 따른 행정구역 명칭 사용이 곤란하거나 신설역이 2개 이상의 행정구역에 걸쳐 있어 지역간 갈등 발생 등의 우려가 있는 경우에는 2개의 행정구역명을 연속한 명칭을 사용할 수 있다.

⑦ 이 지침에 따라 역의 명칭이 확정되지 않은 상태에서 건설 중인 역의 명칭은 알파벳 또는 기호 등으로 표기하여야 한다.

제8조(노선명 및 역명의 표기) ① 노선명 및 역명 표기문자는 한글로 최대 6자 이내로 정하는 것을 원칙으로 하되, 5자 이상으로 정할 경우에는 4자 이내의 축약 역명까지 동시에 정하여야 한다.

② 철도시설관리자 및 철도운영자는 한글 역명과 더불어 외국인 관광객의 안내 등을 위하여 외국어(로마자, 한자) 역명을 표기하여야 한다.

③ 제1항 및 제2항에 따른 노선명 및 역명은 다음 각 호의 기준에 따라 표기하여야 한다.

1. 한글 명칭과 한자 명칭이 서로 다른 때에는 한글 명칭을 우선 고려할 것
2. 역명은 한글 맞춤법에 따를 것
3. 로마자 표기는 국어의 표준 발음법에 따라 적는 것을 원칙으로 하며, 정부에서 정한 국어의 로마자 표기법에 따를 것. 다만, 일반적으로 국어와 외래어가 혼용하여 사용되고 있는 시청, 광장, 종합운동장 등은 번역하여 시티 홀(City Hall), 스퀘어(Square), 스포츠 콤플렉스(Sports Complex) 등으로 표기 가능
4. 한자는 간자체나 번자체로 일절일음(一節一音) 원칙에 따라 표기할 것

제9조(노선명 및 역명의 제정 절차) ① 국토교통부장관은 제4조제1항에 따라 철도시설관리자가 철도 노선 및 역명 제정방안을 제출하는 경우, 제11조에 의한 역명심의위원회의 심의를 거쳐 이를 확정하여야 한다.

② 철도시설관리자가 제4조제1항에 따른 노선명 및 역명 제정 방안을 마련하고자 할 때에는 해당 공공시설과 관련된 행정구역 등 관련 자료

를 검토하고 해당 철도운영자, 철도건설사업시행자 및 지방자치단체장(시장·군수·구청장을 말한다)의 의견을 들어야 한다. 이 경우 둘 이상의 지방자치단체와 관련된 사항에 대하여는 해당 광역지방자치단체장의 의견을 들어야 한다.

③ 철도시설관리자가 제2항에 따라 역명의 제정과 관련된 사항에 대하여 지방자치단체장의 의견을 들을 경우에는 해당 지방자치단체장으로 하여금 지역주민의 의견 수렴을 위하여 지방자치단체의 홈페이지 등에 역명 제정에 관한 사항을 7일 이상 게재하거나, 필요시 주민 공청회 등을 개최토록 한 후, 해당 지방자치단체 지명위원회의 심의를 거쳐 의견을 제출하도록 요구하여야 하며, 둘 이상의 시·군·구에 걸치는 역명에 관한 사항은 해당 시장·군수 또는 구청장의 의견을 들은 후 관할 시·도 지명위원회의 심의를 거쳐 의견을 제출하여야 한다.

④ 철도시설관리자는 역명의 제정과 관련하여 문화재, 주요 공공기관 또는 주요 공공시설 등의 명칭으로 제정 요구가 있는 경우에는 해당 행정구역에 다른 문화재, 주요 공공기관 또는 주요 공공시설의 존재 여부를 조사하여야 하며 이들 관리자의 의견을 들어야 한다.

⑤ 철도시설관리자는 제4항에 따른 의견수렴 결과 다른 문화재, 주요 공공기관 또는 주요 공공시설의 관리자 등이 다른 역명으로 제정을 요구하는 경우에는 해당 지방자치단체장에게 새로이 의견을 들을 수 있다.

제10조(노선명 및 역명 개정 절차) ① 국토교통부장관은 다음 각 호의 어느 하나에 해당하는 경우에는 역명심의위원회의 심의 등을 거쳐 노선명 또는 역명을 개정할 수 있다.

1. 도시개발사업, 택지개발사업 등 각종 개발사업의 시행으로 인하여 역세권의 환경이 변화하여 노선명 또는 역명 개정의 필요성이 있을 경우
2. 기존 역이 위치한 행정구역명이 변경되거나 철도개량사업의 시행 등으로 인하여 역의 위치가 다른 행정구역으로 변경되는 경우
3. 그 밖에 지방자치단체의 요구 등에 따라 합리적인 노선명 및 역명의 관리·운영을 위하여 개정이 필요하다고 인정하는 경우

② 지방자치단체장 또는 해당 철도운영자 등은 제1항에 따라 노선명 또는 역명의 개정이 필요한 경우에는 철도시설관리자에게 개정을 요청하여야 한다. 이 경우 철도시설관리자는 그 적정성을 검토하여야 하며, 해당 지방자치단체와 철도운영자 등의 의견을 수렴한 후 이에 대한 처리방안을 국토교통부장관에게 제출하여야 한다.

③ 국토교통부장관은 철도시설관리자로부터 제2항에 따라 마련된 노선명 및 역명 개정에 대한 의견을 제출받아 검토한 후 이를 확정하여야 한다.

④ 노선명 및 역명 개정업무와 관련된 지방자치단체 의견 수렴, 역명심의위원회 심의 등에 대해서는 제9조의 규정을 준용하며, 노선명 및 역명 개정의 경우 해당 지방자치단체 주민의 반대 등의 사유로 갈등을 유발할 우려가 있는 등 개정이 불합리하다고 판단되는 경우에는 요청기관(법인 또는 단체를 포함한다. 이 지침에서 같다)의 의견을 받아들이지 않을 수 있다.

제3장 역명심의위원회의 구성 및 운영 등

제11조(역명심의위원회의 구성·운영) ① 국토교통부장관은 이 규정에 따른 노선명 및 역명의 제정 또는 개정 사무를 효율적으로 처리하기 위하여 역명심의위원회(이하 이 장에서는 "위원회"라 한다)를 구성·운영할 수 있다.

② 위원회는 위원장 1명을 포함하여 15명 이내로 구성한다.

③ 위원회의 위원장은 위원 중에서 호선으로 선출한다.

④ 위원회 위원은 다음 각 호의 사람 중에서 국토교통부장관이 임명하되, 철도관련 업무를 담당하는 국장은 당연직으로 한다.

1. 지명에 관한 학식과 경험이 풍부한 사람으로 지명관련 전문 학회에

서 추천하는 사람

2. 국가지명위원회의 위촉위원 중 국토지리정보원장이 추천하는 사람

3. 한국철도시설공단 이사장이 추천하는 2명

4. 한국철도공사 사장이 추천하는 2명

5. 그 밖에 철도관련 단체 등이 추천하는 사람

⑤ 위원의 임기는 2년으로 하며, 연임할 수 있다.

제12조(위원회의 기능) ① 위원회는 다음 각 호의 사항을 심의·조정한다.

1. 노선명 및 역명의 제정 및 개정에 관한 사항

2. 그 밖에 노선명 및 역명의 관리·운영 등에 관한 중요사항

② 제1항제1호의 규정에도 불구하고, 다음 각 호의 경미한 사항은 위원회의 심의·조정 없이 국토교통부장관이 확정한다.

1. 사업용철도노선의 노선번호 및 철도거리표

2. 지선 중 노선의 연결선, 기지선, 항만 및 산업단지를 연결하는 인입선의 노선명 등

제13조(위원장) ① 위원장은 위원회를 대표하고 위원회의 직무를 총괄한다.

② 위원장은 직무를 수행할 수 없는 불가피한 사유가 있는 경우에 위원 중에서 직무대행자를 지정할 수 있다.

제14조(간사) ① 위원회의 사무를 처리하고 위원회의 원활한 운영과 위원장을 보좌하기 위하여 간사를 둔다.

② 제1항에 따른 간사는 국토교통부 소속의 공무원으로 하되, 철도운영관련 업무를 담당하는 과장으로 한다.

제15조(위원의 참여 제한 등) 위원장은 해당 심의안건과 관련하여 직접적인 이해관계가 있는 위원은 위원회 심의에 참여를 제한할 수 있다.

제16조(회의) ① 위원회의 회의는 대면 또는 서면으로 개최하고, 재적위원 과반수의 출석과 출석위원 과반수의 찬성으로 의결한다.

② 위원회의 회의는 별표 1의 회의 진행 절차도에 따라 안건설명, 안건심의, 상정안 채택, 상정, 의결 순서로 진행한다.

③ 안건심의는 제2장 노선명 및 역명의 제·개정 기준 등에 따른 노선명 및 역명의 제·개정 적정성 여부를 검토하기 위한 질문 및 토론 등으로 진행한다.

④ 위원회는 안건심의 결과 상정안이 채택되지 않으면 출석위원 과반수의 찬성으로 권고안을 채택하여 상정할 수 있으며, 권고안은 조건부로 가결 하여야 한다. 이 경우 철도시설관리자가 지방자치단체장의 의견 등을 수렴하여 권고안을 수용하면 가결된 것으로 보고, 미수용 시 부결된 것으로 본다.

⑤ 위원회는 그 업무를 수행하기 위하여 필요한 때에는 요청기관, 해당 지방자치단체의 관계 공무원, 관계 전문가 등을 위원회에 참여하게 하여 의견을 들을 수 있다.

제17조(수당 등) 위원회의 개최와 관련하여 출석하거나 심의·조정에 참여하는 위원 중 공무원이 아닌 자에 대해서는 예산의 범위 내에서 수당과 여비, 그 밖의 필요한 경비를 지급할 수 있다.

제18조(회의록의 비치 등) ① 위원회의 간사는 위원회를 개최하는 경우 별지 제1호서식의 회의안건 및 별지 제2호서식의 회의록을 작성하고 비치하여야 한다.

② 이 지침에서 규정한 사항 이외에 위원회의 운영에 관하여 필요한 사항은 위원회의 의결을 거쳐 위원장이 정한다.

제4장 보 칙

제19조(비용부담) ① "소요비용"이란 역명의 제정과 개정에 따른 안내표지(안내방송을 포함한다) 등의 설치, 정비 및 교체 등에 소요되는 제반 비용을 말하며, 철도건설 등으로 인한 노선명 또는 역명 제정에 따른 소요비용 중 신설 역사(인접역사 포함)의 안내표지 설치 등의 소요비용은 철도건설사업시행자가 부담하고, 철도차량과 기존에 운영 중인 시설 안내표지 등의 교체(변경)에 따른 소요비용은 해당시설의 소유자

가 부담한다.

② 역명의 개정으로 인해 발생되는 소요비용은 요청기관이 부담하여야 한다. 이 경우 관련 소요비용 처리에 대하여는 요청기관과 철도시설관리자·철도운영자가 협의하여 처리한다.

③ 철도운영자의 영업 목적상의 사유로 안내표지 등의 교체 및 이전이 필요한 경우에는 그 소요비용은 해당 철도운영자가 부담한다.

제20조(역명부기 사용기관 선정 기준) ① 수익권자(「사회기반시설에 대한 민간투자법」에 따라 BTL 방식으로 건설되었거나 미출자 된 역사의 경우 철도시설관리자를 말하며, 철도운영자에게 출자된 역사는 철도운영자를 말한다. 이하 같다)는 이 지침에서 정하는 바에 따라 광역전철노선의 역에 역명부기를 표기할 수 있다.

② 역명부기를 사용하는 기관(단체, 시설 등을 말한다. 이하 이장에서 같다)의 선정 기준은 다음 각 호와 같다.

1. 공공기관 또는 다중이용시설일 것(대학, 병원, 관광 등의 시설로 많은 사람들이 이용하는 경우)
2. 역에서 가까운 거리에 위치할 것
3. 미풍양속을 저해하거나 지역주민의 반대 등 사회적 갈등을 유발할 우려가 없다고 판단되는 기관

③ 역명부기는 역당 하나의 명칭을 사용하는 것을 원칙으로 한다.

제21조(역명부기 사용기관 선정 절차) ① 수익권자는 철도이용자의 역 인근시설 등 이용편익 향상 및 역명부기 수요 등을 고려하여 역명부기 운영이 필요하다고 판단되는 경우 14일 이상 해당 역사의 게시판 등에 공고하여 역명부기 사용신청을 접수하고, 역명부기 사용기관 선정방안을 마련하여 역명부기 심의위원회의 심의를 거쳐 역명부기 사용기관을 선정하여야 한다.

② 수익권자가 제1항에 따라 역명부기 사용기관 선정방안을 마련하고자 할 때에는 해당 철도운영자, 철도시설관리자 및 지방자치단체장(시장·군수·구청장을 말하며, 둘 이상의 지방자치단체와 관련된 사항에 대하여는 해당 광역지방자치단체장의 의견을 들어야 한다. 이하 이장에서 같다)의 의견을 들어야 한다.

③ 수익권자가 제2항에 따라 역명부기에 대하여 지방자치단체장의 의견을 들을 경우에는 해당 지방자치단체장으로 하여금 지역주민의 의견수렴을 위하여 지방자치단체의 홈페이지 등에 역명부기에 관한 사항(역명부기 사용불가를 포함하는 사용기관 선호도 설문조사)을 7일 이상 게재하거나, 필요시 주민 공청회 등을 개최토록 한 후 의견을 제출하도록 요구하여야 한다.

제22조(역명부기 운영) ① 수익권자가 역명부기를 운영하고자 하는 경우에는 국토교통부장관과 협의하여 역명부기의 운영에 필요한 역명부기 심의위원회 구성·운영, 사용기관 선정, 계약, 사용범위 및 기준, 사용료 등을 포함한 세부운영지침을 정하여야 하며, 역명부기에 따른 사용료는 수익권자의 수입으로 한다.

② 역명부기는 수익권자와 사용기관의 계약을 통하여 시행하여야 하며, 계약기간은 3년 이내로 하여야 한다.

③ 수익권자는 철도운영자에게 역명부기 관리 업무를 상호간의 계약에 따라 위탁할 수 있다.

④ 수익권자는 별지 제3호서식에 따라 당해연도 역명부기 사용현황을 작성하여 다음연도 1월 10일까지 국토교통부장관에게 제출하여야 한다.

제23조(영업노선명의 사용) 철도운영자는 철도이용자의 예매 편의 및 안내 등 영업전략상 필요한 경우, 영업노선명을 따로 정하여 사용할 수 있다.

제24조(재검토기한) 국토교통부장관은 「훈령·예규 등의 발령 및 관리에 관한 규정」에 따라 이 고시에 대하여 2019년 1월 1일 기준으로 매3년이 되는 시점(매 3년째의 12월 31일까지를 말한다)마다 그 타당성을 검토하여 개선 등의 조치를 하여야 한다.

부　　칙 〈14·3·18〉

제1조(시행일) 이 고시는 발령한 날부터 시행한다.

제2조(경과조치) ① 이 지침 시행 이전에 한국철도공사가 접수하여 처리 중인 노선명 및 역명의 개정 업무는 한국철도공사가 처리한다.

② 부기역명과 관련하여 한국철도공사가 요청기관과 체결한 계약은 그 계약기간 만료와 동시에 그 효력은 종료되고 이 지침에 따라 처리하여야 한다.

부　　칙 〈16·12·29〉

제1조(시행일) 이 고시는 발령한 날부터 시행한다.

제2조(노선 및 역명 제·개정에 따른 경과조치) ① 이 고시 시행 당시 종전의 고시에 따라 제·개정한 노선 및 역의 명칭은 이 고시에 따른 것으로 본다.

② 부기역명과 관련하여 철도운영자가 요청기관과 기 체결한 계약은 그 계약기간 만료와 동시에 그 효력은 종료되고 동 지침 제20조에 따라 처리하여야 한다.

부　　칙 〈18·11·11〉

제1조(시행일) 이 고시는 발령한 날부터 시행한다.

제2조(노선 및 역명 제·개정 등에 따른 경과조치) ① 이 고시 시행 당시 종전의 고시에 따라 제·개정한 노선 및 역의 명칭은 이 고시에 따른 것으로 본다.

② 역명부기와 관련하여 수익권자와 사용기관이 기 체결한 계약은 그 계약기간 만료와 동시에 그 효력은 종료되고 동 지침 제20조부터 제22조까지의 절차 등에 따라 처리하여야 한다.

[별표 1] (제16조제2항 관련)

역명심의위원회 회의 진행 절차도

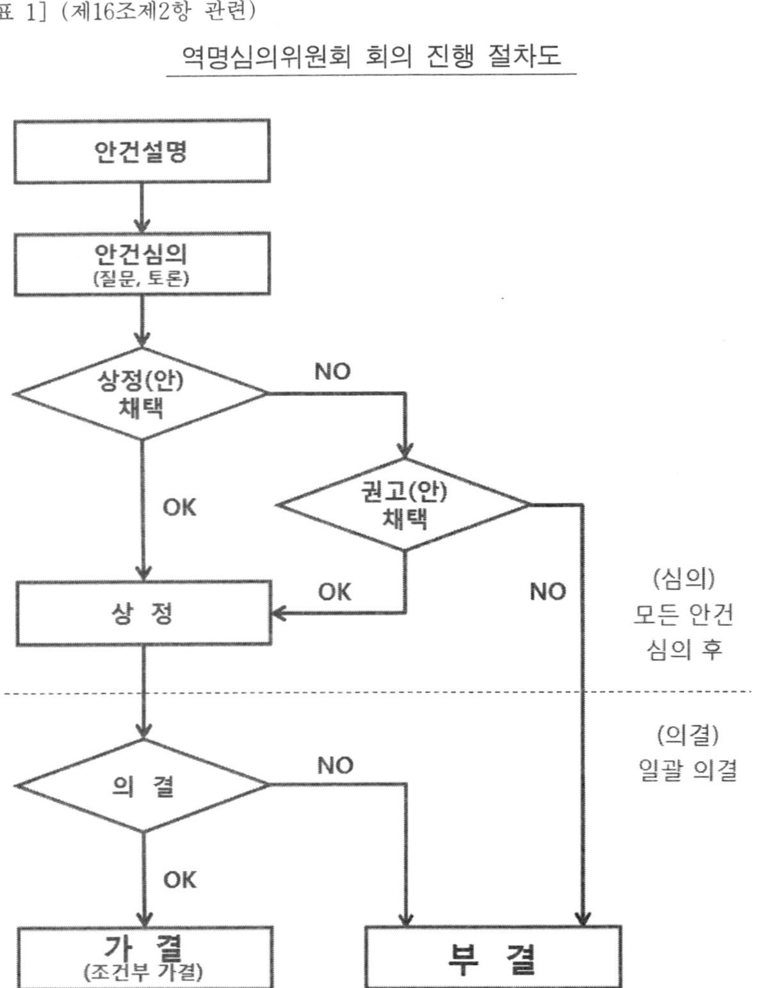

[별지 제1호서식] (제11조 관련)

의 안 번 호	제 호
의 결 년 월 일	년 월 일

(의 안 명)
제 회 역명심의위원회 부의안

제 출 자	
제 출 년 월 일	년 월 일

1. 의결주문

2. 역명 또는 노선명 제·개정 제안사유

3. 주요내용

4. 주요토의 과제

5. 참고사항

가. 관련법령
나. 관계기관 및 부서협의
다. 노선명 및 역명 제·개정에 필요한 역세권 지명 유래 등 조사 내역
라. 지역주민 의견 조회 내역
마. 기타사항

[별지 제2호서식] (제18조 관련)

제　　회 역명심의위원회 회의록

1. 회의일시

2. 회의장소

3. 출석 및 결석위원

4. 참석자

5. 토의 및 진행사항

6. 위원 및 참석자 발언요지

7. 기타 중요하다고 인정되는 사항

8. 의안번호 및 발의부서

9. 기록자 : 간사　　　　　　　　　　(인)

[별지 제3호서식] (제22조제4항 관련)

20○○년도 역명부기 사용현황

노선명	역명	부기명	수익 권자	철도 운영자	사용 기관명	계약 기간	계약 총액 (원)	해당연도 사용료 (원)	역사 구분

* ㈜ 작성요령
1 작성프로그램 : 엑셀
2. 작성대상 : 당해연도에 계약일이 포함된 모든 계약 건을 대상으로 작성 (종료와 계약이 발생한 역은 2건 모두 작성)
3. 해당연도 사용료 : 계약액 납입연도와 관계없이 계약총액(부가세 포함) 중 해당연도 사용기간에 해당되는 사용료를 말함
4. 역사구분 : 출자(국가가 철도공사에 출자), 미출자(국가소유 철도시설공단 관리), 민자 중 택1

210mm × 297mm(백상지 80g/㎡)

철도시설의 점용료 산정 기준

[제명개정 : 2020 · 1 · 1]

2013 · 7 · 22 국토교통부고시 제2013-435호
2016 · 6 · 30 국토교통부고시 제2016-407호
2020 · 1 · 1 국토교통부고시 제2019-950호

제1조(목적) 이 기준은 「철도사업법」(이하 "법" 이라 한다) 제42조 및 제44조, 「철도사업법시행령」(이하 "영" 이라 한다) 제14조, 「철도사업법시행규칙」(이하 "규칙" 이라 한다) 제28조 및 제28조의2 규정에 따라 국유철도시설의 점용허가에 따른 효율적인 업무처리와 점용료 산정에 필요한 사항을 정함을 목적으로 한다.

제2조 (정의 등) 이 기준에서 사용하는 용어의 정의는 다음 각호와 같으며, 이 기준에 있는 것을 제외하고는 철도사업법이 정하는 바에 의한다.

1. "점용료"라 함은 법 제42조의 규정에 따라 점용 허가를 받은 자가 법 제44조의 규정에 따라 국토교통부장관에게 납부하는 철도시설의 사용료를 말한다.
2. "점용허가 받은 자"라 함은 법 제42조(「철도의 건설 및 철도시설 유지관리에 관한 법률」 제23조의2 제1항을 포함한다)의 규정에 따라 철도시설의 점용허가를 받은 자를 말한다.
3. "영업시설"이라 함은 점용허가 받은 자가 영업을 하고 있거나 영업을 할 시설을 말한다.
4. "재산료"라 함은 점용허가 받은 자에게 점용허가를 한 철도시설의 가액을 기준으로 산출한 금액을 말한다.
5. "영업료"라 함은 점용허가 받은 자가 점용허가를 받아서 행하는 사업을 대상으로 사업별 연간 매출액을 기준으로 산출한 금액을 말한다.

제3조 (적용범위) 철도시설의 점용허가 및 점용료 산정에 관하여 다른 법령에 특별한 규정이 있는 경우를 제외하고는 이 기준이 정하는 바에 의한다.

제4조(점용료 산출) ① 영 제14조의 규정에 따른 점용료는 재산료와 영업료로 구분하여 산출한다.

②점용료는 재산료와 영업료를 합한 금액을 산술평균한 금액으로 하되, 그 산출된 금액이 재산료에 미달할 때에는 재산료를 점용료로 한다.

③제1항의 점용료는 점용허가 받은 자가 지역을 달리하여 2이상의 사업장을 운영할 경우에는 사업장별로 각각 구분하여 산출한다.

④점용허가 받은 자에게 공사기간중 점용허가를 하는 재산에 대하여는 실제 점유면적 등을 감안하여 5단계 이내에서 점용료를 구분·조정하여 부과할 수 있다. 다만, 역세권개발사업 등 대규모 출자사업에 대하여는 5단계 이상으로 할 수 있다.

제5조(재산료 산출) ① 재산료의 단위(㎡)당 가액은 점용허가 부지의 총 재산가액을 전체면적으로 나눈 평균가액으로 하여 재산료 산출의 기초로 한다.

②제1항의 재산가액은 2개 이상의 감정평가법인의 감정평가액을 산술평균하여 산출한다.

③재산료는 단위(㎡)당 가액에 별표1의 재산료 요율표에 의한 용도별 면적(이 경우 동일 건물을 수인이 구분 소유할 경우에는 용도별 면적에 점유비율을, 공동 소유할 경우에는 용도별 면적에 소유지분비율을 각각 곱한 값)과 그에 해당하는 요율을 곱하여 산출한 금액을 모두 합한 금액으로 한다.

④제3항의 점유비율은 건물소유 연면적을 건물 연면적으로 나눈 것으로 하고, 소숫점 아래 셋째자리에서 반올림한다.

⑤ 별표1의 건축부지면적 중 지상건축부지의 면적은 지상건물의 수평

투영면적으로 하고, 선상건축부지 면적은 선로 위 공간에 축조한 건물의 수평투영면적으로 하며, 지하시설 부지면적은 지상 및 선상 건축부지면적 이외의 부지 지하에 축조한 시설 중 가장 넓은 층의 면적으로 한다.

⑥ 별표1의 부지용도가 중첩되었을 때에는 적용요율이 높은 것을 재산료의 산출대상으로 한다.

⑦재산료의 산출기간은 시설물의 공사 착공일부터 준공일까지를 공사기간으로 하고, 준공일 다음날부터는 영업기간으로 한다.

⑧공사착공일은 공사착공신고서에 기재된 착공일로 한다. 다만, 국토교통부장관의 확인을 받은 경우에는 그러하지 아니한다.

⑨시설물의 준공일은 「건축법」 제22조의 규정에 의한 사용승인일(임시사용승인일을 포함한다)을 말한다.

제6조(영업료의 산출) ① 영업료는 전년도 손익계산서상의 연간매출액을 별표2의 사업별로 구분하여 요율을 곱한 금액을 합한 금액으로 한다. 이 경우 연간매출액은 기업회계기준의 관련 규정을 준용한다.

②점용허가 받은 자의 임대운영 영업시설에 대하여는 점용허가 받은 자의 연간수입액을 다음 각호와 같이 산출하여 매출액으로 간주하고, 별표2의 사무실 등 임대사업 요율을 적용한다.

1. 월세임대의 경우
   (월임대료×12월)+(임대보증금×전년도 1년제 정기예금이자율)
2. 전세임대의 경우
   임대보증금 × 전년도 1년제 정기예금이자율
3. 장기임대의 경우

$$\frac{\text{선수임대료총액}}{\text{임대기간년수}} + (\text{선수임대료총액}-\text{경과년수임대료총액}) \times \text{전년도 1년제 정기예금이자율}$$

③제2항의 "1년제 정기예금이자율"은 부가가치세 과세표준의 계산시에 적용하는 계약기간 1년의 정기예금 이자율로서 국세청장이 정하는 율을 말한다.

제7조(점용료 납부고지) ① 점용료는 매년 1월 1일부터 12월 31일까지를 단위로 연액으로 산출하되, 점용료 산출의 기준이 되는 사항이 변경되거나 기타 연액으로 산출할 수 없을 때에는 일할 계산한다.

②영 제14조제4항의 규정에 따라 국토교통부장관은 매년 4월말까지 연간 점용료를 산출하여 납부고지하며, 분할 납부하게 하고자 할 때에는 「국유재산법 시행령」 제30조제4항의 규정을 준용한다.

③점용허가 받은 자가 시설물의 설치공사를 착수한 때의 납부고지는 공사 착공일로부터 60일이내에 한다.

④점용료를 납부고지하거나 수납한 이후에 계산 또는 기준적용 등의 오류가 발견된 때에는 이를 가감하여 조정할 수 있다.

제8조(업무의 대행) ① 국토교통부장관은 철도산업발전기본법 제19조 및 동법 시행령 제28조의 규정에 따라 점용허가 및 점용료부과와 관련한 업무를 한국철도시설공단으로 하여금 대행하게 할 수 있다.

②국토교통부장관은 제1항의 근거에 의하여 한국철도시설공단이 수행하는 업무에 대하여 자료의 제출 등을 요구할 수 있다.

③한국철도시설공단은 제1항의 근거에 따라 업두를 수행함에 있어서 국토교통부장관이 정하는 점용허가 업무처리 지침을 준수하여야 하며 점용허가신청서의 접수 및 심사, 점용허가 및 변경, 시설물의 관리 등 관련 업무를 효율적으로 처리하기 위한 세부규정을 마련하여 이 기준 시행 후 6월 이내에 국토교통부장관에게 제출하여야 한다.

제9조(재검토기한) 국토교통부장관은 「훈령·예규 등의 발령 및 관리에 관한 규정」에 따라 이 고시에 대하여 2017년 1월 1일 기준으로 매3년이 되는 시점(매 3년째의 12월 31일까지를 말한다)마다 그 타당성을 검토하여 개선 등의 조치를 하여야 한다.

부 칙 〈08·8·12〉

(시행일) 이 기준은 고시한 날로부터 시행한다.

부 칙 〈09·6·30〉

(시행일) 이 기준은 고시한 날로부터 시행한다.

부 칙 〈13·7·22〉

이 고시는 고시한 날부터 시행한다.

부 칙 〈16·6·30〉

이 고시는 발령한 날부터 시행한다.

부 칙 〈20·1·1〉

이 고시는 발령한 날부터 시행한다.

[별표 1]

재산료 요율표(제5조제3항및제6항관련)

용 도	요 율
○ 지상건축부지	50/1000
○ 선상건축부지	
- 토지이용율 500%미만	25/1000
- 토지이용율 500%이상	35/1000
○ 지하시설부지	25/1000
○ 주차장부지	
- 지상주차장	50/1000
- 공영주차장(도시설계 및 도시계획시설에 한함)	25/1000
- 주차장 진입 지상통로 부지	25/1000
○ 건물시설외 영업시설부지	50/1000
○ 기타부지(조경, 선로전용 등)	3/1000
○ 공사기간중 부지	20/1000

[별표 2]

영업료 요율표(제6조제1항및제2항관련)

사 업 명	용 도 및 구 조	요 율
○ 판매사업	- 물품판매 : 의류, 식료품, 의약품, 전기 제품 및 기타 물품의 판매 - 식품판매 : 음식, 다과 및 기타 공중접객	1/100
○ 임대사업	- 사무실, 창고, 예식장, 연회장, 의료시설 등	10/100
○ 호텔사업	- 숙 박	3/100
○ 터미널사업	- 입 체 식 - 지 평 식	3/100 8/100
○ 주차장사업	- 입체식, 지평식	10/100
○ 기타사업	- 기타 매출액	1/100

철도 유휴부지 활용지침

제정 2015 · 7 · 17 국토교통부훈령 제555호
2017 · 8 · 2 국토교통부훈령 제911호
2018 · 1 · 21 국토교통부훈령 제970호

제1장 총칙

제1조(목적) 이 훈령은 지방자치단체가 철도 유휴부지를 활용함에 있어 활용 방향 및 절차를 제시함으로써 공공의 자원인 철도 유휴부지의 체계적인 관리와 효율적인 활용을 도모하고자 한다.

제2조(정의) 이 지침에서 사용하는 용어의 뜻은 다음과 같다.

1. "철도 유휴부지"란 철도 폐선부지와 철도부지 중 철도운영 이외의 용도로 사용하더라도 철도운영 및 안전에 지장을 주지 않는 다음의 각목의 부지를 말한다.
   가. 철도교량 등 철도 선로의 하부 부지
   나. 지하에 조성된 철도시설의 상부 부지
   다. 철도시설의 운영에 직접 사용되고 있지 않는 잔여지
   라. 그 밖에 국토교통부장관이 인정한 부지
2. "철도 폐선부지"란 「철도산업발전기본법」 제34조에 따라 철도노선이 폐지되거나 같은 법 제3조제6호에 따른 철도건설 사업으로 인하여 철도시설이 이전됨으로써 더 이상 철도차량이 운행되지 않는 철도부지를 말한다.
3. "철도 유휴부지 활용사업"이란 지방자치단체가 국가 소유의 철도 유휴부지를 주민친화적 공간이나 지역경쟁력 강화를 위한 목적으로 활용하기 위하여 동 지침에 따라 활용계획의 수립, 제안 등의 절차를 거쳐 시행하는 사업을 말한다.
4. "주민친화적 공간"이란 철도 유휴부지에 쉼터, 산책로, 생활체육시설 등의 설치를 통해 주민의 편의와 여가 활동을 지원하기 위하여 조성하는 공공의 공간을 말한다.
5. "지역 경쟁력 강화" 란 철도 유휴부지를 교육, 문화, 관광 등의 다양한 목적으로 활용함으로써 지역의 일자리 창출이나 지역경제 활성화 등에 기여하는 것을 말한다.

제2장 철도 유휴부지 분류 및 활용방향

제3조(철도 유휴부지의 분류기준) 국토교통부장관은 철도 시설물의 보전가치와 특성, 활용여건 등을 고려하여 철도 유휴부지를 별표 유형별 분류기준에 따라 다음 각 호와 같이 분류하여야 한다.

1. 보전부지 : 문화재보호법에 따라 문화재로 지정되었거나 문화적·역사적으로 보전가치가 있는 철도시설물의 부지
2. 활용부지 : 접근성, 배후 인구수 등을 고려할 때 활용가치가 높은 부지로서 국가 차원에서 활용계획이 없을 경우 주민친화적 공간이나 지역 경쟁력 강화를 위한 용도로 활용이 적합한 부지
3. 기타부지 : 문화적·역사적으로 보전가치가 없고 접근성, 배후 인구수 등을 고려할 때 활용가치가 낮은 부지

제4조(조사 및 관리계획의 수립) ① 한국철도시설공단은 제3조에 따라 철도 유휴부지를 분류하기 위하여 지방자치단체에게 분류에 필요한 기초자료를 요청하거나 의견을 들을 수 있다.

② 「한국철도시설공단법」에 따라 설립된 한국철도시설공단(이하 '철도시설공단'이라 한다)은 제3조의 분류기준에 따라 철도 유휴부지에 대한 조사를 실시하여 매년 3월 말까지 분류작업을 완료하여야 한다.

③ 철도시설공단은 제1항에 따라 철도 유휴부지에 대한 분류작업을 완료한 경우에는 지체 없이 분류 결과와 철도 유휴부지 관리계획을 수립

하여 국토교통부장관의 승인을 받아야 한다.

④ 철도시설공단은 철도 유휴부지의 주변지역 개발이나 「국토의 계획 및 이용에 관한 법률」에 따른 도시관리계획 변경 등으로 인하여 철도 유휴부지의 활용여건이 변화되거나 기타 재분류할 필요성이 있는 경우에는 철도 유휴부지의 유형을 변경할 수 있다.

⑤ 제4항에 따라 유형을 변경하는 경우 일단의 토지 면적이 3,000㎡를 초과하거나 공시지가가 10억 원 이상인 철도 유휴부지에 대하여는 국토교통부장관의 승인을 받아야 한다.

⑥ 철도시설공단은 신규 철도건설 및 철도개량 등으로 철도 폐선부지가 발생될 것으로 예상되는 경우 사전에 지방자치단체 등의 의견을 수렴한 종합적인 활용방안을 수립하여 철도 유휴부지 활용심의위원회에 보고하여야 한다.

제5조(분류결과의 공표) 철도시설공단은 국토교통부장관으로부터 제4조에 따라 철도 유휴부지의 분류결과와 그 관리계획에 대한 승인을 받았을 때는 승인을 받은 날로부터 30일 내에 철도 유휴부지의 분류결과를 공표하여야 한다.

제6조(유형별 활용방향) ① 보전부지는 기존의 상태를 유지하는 것을 원칙으로 한다. 다만, 보전 대상인 철도 시설물의 원형을 유지하면서 가치 훼손을 하지 않는 범위 내에서 제한적으로 활용할 수 있다.

② 활용부지는 지역의 활용 수요에 따라 다양한 형태의 주민친화적 공간의 조성에 활용하거나 지역 경쟁력 강화를 위하여 교육, 문화, 관광 분야 등의 다양한 목적으로 활용할 수 있다.

③ 기타부지는 장기적으로 활용 수요가 없을 경우 철도시설공단에서 「국유재산법」에 따라 용도폐지 절차를 거쳐 매각할 수 있다.

제3장 철도 유휴부지 활용계획

제7조(철도 유휴부지 활용사업의 기본방향) ① 철도 유휴부지 활용사업(이하 '활용사업'이라 한다)은 주민친화적 공간으로 활용하여 지역의 생활환경을 개선하거나 지역에서 필요로 하는 교육, 문화, 관광 등 다양한 분야의 활용 수요를 지역의 특성에 맞게 수용함으로써 지역의 경쟁력을 향상시키기 위한 방향으로 추진되어야 한다.

② 철도 유휴부지를 활용하고자 하는 지방자치단체는 계획의 수립 단계부터 주민 등 이해관계자의 다양한 의견을 수렴하여 반영함으로써 활용사업의 시행과정에서 지역의 공동체 의식이 제고되도록 하는 한편 철도의 운영에 대한 사회·문화적 환경이 개선될 수 있도록 하여야 한다.

제8조(활용사업의 계획수립 및 제안) ① 국토교통부장관은 철도 유휴부지의 효율적인 활용을 위하여 철도시설공단으로 하여금 지방자치단체로부터 관할 행정구역내에 위치한 철도 유휴부지의 활용사업에 대한 계획(이하 "활용계획"이라 한다)을 제안 받도록 요청할 수 있다.

② 지방자치단체는 제1항에 따라 철도시설공단으로부터 활용계획의 제안 요청을 받아 관할 행정구역내 철도 유휴부지를 활용한 사업계획을 철도시설공단에 제안하거나 철도시설공단과 협의를 거쳐 활용계획을 제안 할 수 있다. 다만, 2개 이상의 지방자치단체의 관할 행정구역에 위치한 철도 유휴부지에 대하여 공동 활용의 필요성이 있는 경우에는 지방자치단체가 공동으로 제안할 수 있다.

③ 지방자치단체는 철도시설공단에 활용계획을 제안하는 경우 다음 각 호의 사항을 포함하여야 한다.

1. 활용사업의 필요성 및 목적, 면적 및 길이, 특성 등 개요
2. 철도 유휴부지의 주변 지역의 토지이용현황, 개발계획 등 여건분석
3. 도시기본계획 및 경관기본계획 등 관련 상위계획 분석
4. 철도 유휴부지의 활용용도의 수급분석, 사용방식, 인허가 사항
5. 토지이용구상(관련 도면 포함), 재원조달계획, 관리운영계획 등 사업추진계획, 사업의 성과목표 및 기대효과 등
6. 철도시설공단이 제4조제6항에 따라 수립한 '철도 폐선부지 활용방

안'과의 조화 등

제8조의2(제안서 검토 및 상정) ① 철도시설공단은 지방자치단체가 제8조제2항에 따라 제출한 활용계획서에 대하여 사전 검토하고 제8조제3항 각 호의 내용이 누락되었거나 미비한 사항이 있을 경우 필요한 기간을 정하여 보완을 요구할 수 있다. 다만, 다음 각 호에 해당하는 경우 제안서 검토 및 심의 대상에서 제외한다.

1. 동 지침 제정 이전에 업무협약을 체결하여 사업이 추진 중인 경우
2. 이미 국유재산 사용허가 중인 경우

② 철도시설공단은 제1항에 따라 보완을 요구한 사항이 활용심의위원회 개최 7일 전까지 보완되지 않은 경우 심의위원들에게 미리 그 내용을 보고하고 심의 안건에서 제외할 수 있다.

③ 철도시설공단은 제1항에 따라 제안서 사전검토 및 보완이 완료 된 경우 안건을 심의위원회에 상정해야 한다.

제9조(활용계획 수립 시 고려사항) ① 지방자치단체는 제7조의 철도 유휴부지의 유형별 활용방향에 따라 지역의 사회적 · 문화적인 환경과 주변 개발여건을 분석하여 적합한 용도로 활용될 수 있도록 철도 유휴부지의 활용계획을 수립하여야 하며 「국토의 계획 및 이용에 관한 법률」에 따른 도시기본계획 등 상위 계획에 부합하여야 한다.

② 철도 유휴부지에 대한 활용계획은 다음의 각 호로 분류한다.

1. 주민친화적 공간의 조성
2. 지역 경쟁력 강화를 위한 활용
3. 제1호와 제2호를 복합한 활용

③ 주민친화적 공간의 조성계획은 이용자의 접근성과 안전성을 갖추고 있는 철도 유휴부지를 대상으로 수립하여야 하며, 다양한 활용 수요와 주변여건 분석을 통해 실제 주민이 필요한 공간으로 계획을 하되 생활환경의 개선과 더불어 휴식과 여가를 즐길 수 있도록 하여야 한다.

④ 지역 경쟁력 강화를 위한 활용계획은 계획구상 단계에서부터 다양한 주민 의견을 수렴하여 철도 유휴부지 활용과정에서 발생될 수 있는 이해관계자간 갈등이 최소화 되도록 하여야 하며 운영단계에서는 일자리 창출 등 주민에게 실질적인 혜택이 돌아갈 수 있도록 하여야 한다.

⑤ 지방자치단체는 철도 유휴부지에 대한 창의적인 활용계획을 수립하기 위하여 민간 아이디어 공모방식으로 활용계획을 수립할 수 있다.

제10조(재원 확보계획) ① 지방자치단체는 제8조의 활용계획 수립 시 활용사업이 원활히 추진될 수 있도록 실행 가능한 재원확보방안을 마련하여야 한다.

② 지방자치단체는 제8조의 활용사업에 필요한 재원확보를 위하여 다른 재정지원 사업과 연계하여 계획을 수립하거나 민간자본을 유치하기 위하여 민간사업자를 공모하는 방식으로 계획을 수립할 수 있다.

③ 지방자치단체는 「국유재산법」에 따른 사용허가를 기부채납방식으로 신청하는 경우에는 무상 사용허가기간이 완료된 이후의 사용계획 및 재원확보방안을 제출하여야 한다.

제4장 활용계획의 심의

제11조(철도 유휴부지 활용심의위원회 구성) ① 철도시설공단은 이 규정에 따른 철도 유휴부지의 사용에 관한 업무를 신속하고 효율적으로 처리하기 위하여 철도 유휴부지 활용심의위원회(이하 "위원회"라 한다)를 구성하여 운영한다.

② 위원회는 위원장 1명을 포함하여 9명 이내로 구성한다.

③ 위원장은 위원 중에서 호선으로 선출한다.

④ 위원회 위원은 다음 각 호의 사람 중에서 철도시설공단이사장이 위촉 또는 임명한다.

1. 국토교통부 3급부터 4급까지의 공무원
2. 철도시설공단 및 한국철도공사 본부장급부터 처장급까지의 임직원
3. 지역개발, 도시계획, 건축, 경관, 조경 등 관련 분야 공무원 또는 전

문가

4. 그 밖에 관련 분야 전문가로서 변호사 등의 자격이 있는 사람

제12조(위원회의 역할 및 운영) ① 위원회는 다음 각 호의 사항을 심의한다.

1. 활용사업의 목적, 필요성, 위치 및 규모, 활용용도 등의 적합성
2. 활용사업 시행방식, 재원조달계획, 운영 및 유지관리계획 등의 실현가능성
3. 철도 유휴부지의 사용방식(「국유재산법」에 의한 사용허가 또는 대부계약, 「철도건설법」이나 「철도사업법」에 의한 점용허가) 및 그 밖에 활용사업의 시행을 위한 인·허가 내용 등의 적정성
4. 철도 유휴부지의 활용사업과 관련된 중요사항으로 위원회에 부의한 사항

② 위원회는 재적위원 과반수의 출석과 출석위원 과반수의 찬성으로 의결한다.

③ 위원회는 그 업무를 수행하기 위하여 필요한 때에는 제8조에 따라 활용계획을 제안한 지방자치단체의 공무원을 위원회에 참석하게 하여 의견을 들을 수 있다.

제12조의2(활용심의위원회 심의 대상) 지방자치단체가 철도 유휴부지 활용사업을 추진할 경우 제11조에 따른 활용심의위원회 심의를 거쳐 시행하여야 한다. 다만, 다음 각 호에 해당하는 사업은 심의대상에서 제외한다.

1. 도로, 상하수도 등 공공용시설을 설치하기 위한 사업으로, 제2조제3호에 따른 활용사업에 해당하지 않는 사업
2. 제2조제3호에 따른 활용사업의 부대사업
3. 신규로 건설·개량하는 철도건설사업 실시계획에 포함되어 추진하는 활용사업
4. 기타 소규모, 시급성 등을 감안하여 국토교통부장관이 심의가 불필요하다고 인정한 사업

제13조(심의결과의 통보 등) ① 철도시설공단은 위원회에서 제8조에 따라 제안된 활용계획에 대하여 심의를 완료한 경우에는 심의결과를 지체 없이 해당 지방자치단체에 통보하여야 한다.

② 철도시설공단은 제8조에 따른 제안서 접수, 제12조에 따른 제안서 심의 등 관련 업무를 효율적으로 처리하기 위한 세부운영규정을 따로 정할 수 있다.

제14조(철도 유휴부지 활용협약의 체결) ① 철도시설공단은 위원회에서 제8조에 따라 제안된 활용사업의 계획을 채택한 경우에는 지방자치단체와 철도 유휴부지 활용협약(이하 '활용협약'이라 한다)을 체결할 수 있다. 다만, 조건부로 제안이 채택된 경우에는 조건의 이행 후 또는 이행을 전제로 하여 활용협약을 체결할 수 있다.

② 활용협약에는 원활한 활용사업의 추진을 위하여 활용사업의 시행주체, 사용방식, 사용기간, 사업시행 방법, 유지관리 및 운영방안 등 사업시행에 필요한 사항과 유지관리나 운영단계에서 활용협약 당사자 간 이행하여야 할 사항 등이 포함되어야 하며 철도시설공단은 활용협약 체결 전 국토교통부장관의 의견을 들어야 한다.

제5장 사업추진협의회 구성 및 운영

제15조(사업추진협의회 구성) ① 지방자치단체는 제14조에 따라 활용협약을 체결한 활용사업의 원활한 진행을 위하여 사업추진협의회를 구성할 수 있다.

② 사업추진협의회는 지방자치단체 담당 공무원, 철도시설공단 직원, 사업시행자, 주민대표 등 이해관계자로 구성한다.

③ 주민대표는 주민이 자체적으로 선출하거나 주민의 동의를 얻어 해당 지방자치단체에서 선정할 수 있다.

④ 사업추진협의회의 조직체계 구성은 구성원들 간의 협의로 결정한다.

제16조(사업추진협의회 역할) 사업추진협의회는 제14조에 따라 활용협약을 체결한 활용사업의 구체적인 시행계획의 수립과정에서 이해관계자들의 의견을 수렴하여 시행계획을 조정하고 사업시행에 대한 공감대를 형성하여 이견과 갈등을 해소하는 역할을 수행한다.

제17조(사업추진협의회 운영) ① 사업추진협의회는 제14조에 따라 활용협약을 체결한 활용사업의 시행계획과 관련된 전반적인 사항에 대한 의견수렴을 위하여 정례적으로 회의를 개최한다.

② 지방자치단체는 사업추진협의회에서 활용사업의 시행계획 등과 관련하여 논의 사항을 회의록으로 작성하여 보관하여야 한다.

③ 사업추진협의회의 구체적인 운영방식 등에 대한 사항은 사업추진협의회 구성원들 간의 협의로 결정한다.

제6장 활용사업의 지원

제18조(민간자본의 유치지원) ① 철도시설공단은 제12조에 따라 위원회에서 민간자본을 유치하는 것이 타당하다고 심의한 활용사업에 대하여 지방자치단체로부터 사업시행자 공모 요청을 받은 경우에는 지방자치단체와 협의하여 민간사업자 공모 및 선정 등 필요한 절차를 이행하여야 한다.

② 철도시설공단은 지방자치단체가 제9조의 제5항에 따라 채택한 민간제안자가 제1항의 민간사업자 공모에 참여할 경우 사업계획서 평가 시 가점을 부여할 수 있다. 다만, 민간제안자가 법인인 경우에 한한다.

③ 제1항 및 제2항에 따른 민간사업자 공모 및 선정, 가점 등의 기준은 철도시설공단이 별도로 정한다.

④ 철도시설공단과 지방자치단체는 민간자본을 유치하는 활용사업의 원활한 추진을 위하여 민간 사업시행자에게 행정적 지원을 하여야 한다.

제19조(도시관리계획의 변경협조) 철도시설공단은 제12조에 따라 위원회에서 활용사업의 대상지인 철도 유휴부지에 대하여 「국토의 계획 및 이용에 관한 법률」에 따른 도시관리계획의 변경이 필요하다고 인정한 경우에는 지방자치단체의 철도 유휴부지에 대한 도시관리계획의 결정 변경에 대하여 적극 협조하여야 한다.

제20조(철도 유휴부지의 사용허가) ① 철도시설공단은 제14조에 따라 활용협약을 맺은 활용사업의 사업시행자로부터 철도 유휴부지에 대하여 「국유재산법」에 따른 사용허가나 「철도건설법」 또는 「철도사업법」에 따른 점용허가 신청을 받은 경우에는 제13조에 따른 위원회 심의결과, 제14조에 따른 협약내용, 제17조에 따른 사업추진협의회의 합의사항이 적정하게 반영되었는지 확인한 후 허가하여야 한다.

② 철도시설공단은 제9조 제2항 제1호에 따른 주민친화적 공간으로 조성하기 위한 활용사업의 경우 「국유재산법」에 따른 기부채납의 요건을 갖추었을 때는 기부채납 방식으로 사용허가를 할 수 있다.

③ 철도시설공단은 제9조 제2항 제2호에 따른 교육, 문화, 관광 분야의 지역 경쟁력 강화를 위한 활용사업의 경우에는 제12조에 따라 위원회에서 결정된 철도 유휴부지의 사용방식에 적합하도록 허가하여야 한다.

제21조(보고 및 자료제출 등) ① 철도시설공단은 철도 유휴부지의 활용과 관련된 중요 사항을 결정할 때에는 사전에 국토교통부장관에게 보고하거나 협의를 하여야 한다.

② 국토교통부장관은 철도시설공단에 철도 유휴부지의 관리현황, 활용사업의 제안서 접수 및 처리 상황, 활용사업에 대한 점검결과 등에 관하여 보고하게 하거나 자료를 제출하게 할 수 있다.

③ 국토교통부장관은 필요하다고 인정될 때에는 철도시설공단의 업무처리에 대하여 시정을 지시하거나 그 밖에 필요한 조치를 할 수 있다.

제22조(활용사업에 대한 점검실시) 철도시설공단은 사업완료 후 매년 1회 이상 지방자치단체의 시설유지·보수 실적 등 시설물관리사항을 점검하고, 필요한 경우 시설물 관리자에게 시정조치를 요구할 수 있다.

제23조(유효기간) 이 훈령은 「훈령·예규 등의 발령 및 관리에 관한 규

정」(대통령훈령 제334호)에 따라 이 훈령을 발령한 후의 법령이나 현실여건의 변화 등을 검토하여야 하는 2021년 7월 31일까지 효력을 가진다.

부 칙 〈15 · 7 · 17〉

제1조(시행일) 이 훈령은 발령한 날부터 시행한다. 다만, 이 훈령이 시행되는 첫 연도에는 제4조에 따른 철도 유휴부지 분류 및 국토교통부장관 승인은 2015년 8월까지로 한다.

제2조(지침의 적용범위) 국가 차원에서 활용하고 있거나 활용계획이 있는 철도 유휴부지는 이 지침의 적용대상에서 제외한다

[별표]

철도 유휴부지 유형별 분류기준

구분	유형화 분류기준
보전부지	• 문화재보호법에 따라 지정된 문화재가 있는 부지 • 문화적, 역사적 가치가 있어 보전할 필요성이 있는 철도 시설물이 존재하는 경우 • 위와 동등한 가치를 지닌 보전적 문화재 및 시설물이 존재하거나, 향후 그 가치를 인정받을 가능성이 있는 경우
활용부지	• 현재의 배후시장 분석에 대하여, 중력모형에 의한 5km이내 2만 명이상 배후인구가 존재하는 경우 • 반경 5km이내 대규모 지역개발계획 수립을 통해 향후 배후인구 증대가 예상되는 경우 • 반경 5km이내 주요 관광지 집계 수치의 합인 총 관광객 수가 100만 명이상이 존재하는 경우 • 반경 5km이내 대규모 관광개발계획 수립을 통해 향후 유동인구(관광객) 증대가 예상되는 경우 • 철도 유휴부지 활용계획이 있거나 활용 필요성이 있는 경우
기타부지	• 보전부지와 활용부지에 해당되지 않는 부지 • 활용부지로 분류되나 접근성을 갖추지 못하는 등 객관적으로 실제 활용 여건을 갖추지 못한 경우 • 활용부지로 분류되나 부지 면적이나 형상 등이 활용할 수 없는 여건인 경우

철도물류산업의 육성 및 지원에 관한 법률 · 시행령 · 시행규칙

철도물류산업의 육성 및 지원에 관한 법률 · 시행령 · 시행규칙 목차

법	시행령	시행규칙
철도물류산업의 육성 및 지원에 관한 법률	**철도물류산업의 육성 및 지원에 관한 법률 시행령**	**철도물류산업의 육성 및 지원에 관한 법률 시행규칙**
〔 2016 · 3 · 22 법률 제14094호 제정 〕	〔 2016 · 9 · 22 대통령령 제27509호 제정 〕	〔 2016 · 9 · 23 국토교통부령 제363호 제정 〕
2016 · 3 · 29 법률 제14113호(공항시설법) 2018 · 3 · 13 법률 제15460호(철도건설법 일부개정법률)	2019 · 3 · 12 대통령령 제29617호 (철도건설법 시행령 일부개정령)	
제1장 총칙		
제1조(목적) 이 법은 철도물류산업의 육성에 관한 사항을 정함으로써 그 경쟁력을 높이고 철도물류산업을 활성화시켜 국가물류체계를 효율화하며 나아가 국민경제 발전에 이바지함을 목적으로 한다.	제1조(목적) 이 영은 「철도물류산업의 육성 및 지원에 관한 법률」에서 위임된 사항과 그 시행에 필요한 사항을 규정함을 목적으로 한다.	제1조(목적) 이 규칙은 「철도물류산업의 육성 및 지원에 관한 법률」 및 같은 법 시행령에서 위임된 사항과 그 시행에 필요한 사항을 규정함을 목적으로 한다.
제2조(정의) 이 법에서 사용하는 용어의 뜻은 다음과 같다. 1. "철도물류"란 철도차량을 이용한 화물의 운송과 이와 관련하여 이루어지는 「물류정책기본법」 제2조에 따른 물류를 말한다. 2. "철도물류시설"이란 다음 각 목의 어느 하		

법	시 행 령	시 행 규 칙
나에 해당하는 시설로서 철도물류와 관련된 시설을 말한다. 가. 「철도산업발전기본법」 제3조제2호에 따른 철도시설 나. 「물류정책기본법」 제2조제1항제4호가목부터 다목까지에 따른 물류시설 3. "철도물류산업"이란 「철도산업발전기본법」 제3조제8호에 따른 철도산업 중 철도물류와 관련된 산업을 말한다. 4. "철도물류사업"이란 화주(貨主)의 수요에 따라 유상(有償)으로 물류활동을 수행하는 다음 각 목의 사업을 말한다. 가. 철도화물운송업: 철도차량으로 화물을 운송하는 사업 나. 철도물류시설운영업: 물류터미널 · 창고 등 철도물류시설을 운영하는 사업 다. 철도물류서비스업: 철도화물 운송의 주선(周旋), 철도물류에 필요한 장비의 임대, 철도물류 관련 정보의 처리 또는 철도물류에 관한 컨설팅 등 철도물류와 관련된 각종 서비스를 제공하는 사업 5. "철도물류사업자"란 철도물류사업을 영위하는 자를 말한다. 6. "국제철도물류"란 둘 이상의 국가 간에 이루어지는 철도물류를 말한다. **제3조(국가 등의 책무)** ① 국가는 철도물류산업		

법	시 행 령	시 행 규 칙
의 육성 및 지원을 위하여 필요한 시책을 수립·시행하여야 한다. ② 국가는 효율적인 물류체계를 확립하기 위하여 철도를 이용한 화물의 운송이 다른 교통수단과 공정한 경쟁이 이루어지도록 하여야 한다. ③ 지방자치단체는 국가의 철도물류정책 및 계획과 조화를 이루면서 철도물류의 활성화를 위하여 필요한 행정적·재정적 지원을 위하여 노력하여야 한다. 제4조(다른 법률과의 관계) 이 법은 철도물류와 관련하여 다른 법률의 규정에 우선하여 적용한다. 제2장 철도물류산업 육성계획 제5조(철도물류산업 육성계획) ① 국토교통부장관은 철도물류의 경쟁력을 높이고, 철도물류산업을 활성화하기 위하여 철도물류산업 육성계획(이하 "철도물류계획"이라 한다)을 5년마다 수립하여 시행하여야 한다. ② 철도물류계획에는 다음 각 호의 사항이 포함되어야 한다. 1. 철도물류의 중장기 목표와 시책의 기본방향 2. 철도물류산업의 여건 및 동향 전망 3. 철도물류시설의 배분 및 이용에 관한 사항 4. 철도물류시설에 대한 투자 및 재원 확보		

법	시 행 령	시 행 규 칙
5. 철도물류의 표준화 및 정보화에 관한 사항 6. 철도와 다른 운송수단을 연계하는 복합운송의 효율화에 관한 사항 7. 철도물류의 국제적인 경쟁력 확보 및 국제철도물류의 촉진에 관한 사항 8. 철도물류사업자의 육성 및 지원에 관한 사항 9. 그 밖에 철도물류산업의 육성 및 발전에 관하여 필요한 사항		
제6조(수립절차) ① 국토교통부장관은 철도물류계획을 수립하거나 변경하려는 경우 관계 행정기관의 장과 협의한 후 「철도산업발전기본법」 제6조에 따른 철도산업위원회의 심의를 거쳐야 한다. 다만, 대통령령으로 정하는 경미한 사항을 변경하는 때에는 그러하지 아니하다. ② 국토교통부장관은 철도물류계획을 수립 또는 변경한 때에는 이를 관보에 고시하고, 관계 행정기관의 장에게 통보하여야 한다. ③ 국토교통부장관은 다음 각 호의 자에 대하여 철도물류계획의 수립 또는 변경을 위한 관련 자료의 제출을 요청할 수 있다. 이 경우 요청을 받은 자는 특별한 사정이 없으면 이에 따라야 한다. 1. 관계 중앙행정기관의 장 2. 특별시장 · 광역시장 · 특별자치시장 · 도지	제2조(경미한 사항의 변경) 「철도물류산업의 육성 및 지원에 관한 법률」(이하 "법"이라 한다) 제6조제1항 단서에서 "대통령령으로 정하는 경미한 사항을 변경하는 때"란 다음 각 호의 어느 하나에 해당하는 때를 말한다. 1. 법 제5조제1항에 따른 철도물류산업 육성계획(이하 "철도물류계획"이라 한다)에서 정한 철도물류시설에 대한 투자금액을 100분의 10 범위에서 변경하는 때 2. 그 밖에 철도물류계획의 기본 방향에 영향을 미치지 아니하는 범위에서 철도물류계획에 포함된 사항의 세부사항을 변경하는 때	

법	시행령	시행규칙
사 및 특별자치도지사(이하 "시 · 도지사"라 한다) 3. 「한국철도공사법」에 따라 설립된 한국철도공사(이하 "철도공사"라 한다) 4. 「한국철도시설공단법」에 따라 설립된 한국철도시설공단(이하 "철도시설공단"이라 한다) 5. 철도물류사업자, 「철도사업법」 제2조제8호에 따른 철도사업자(이하 "철도사업자"라 한다) 또는 「물류정책기본법」에 따른 물류기업 **제7조(다른 계획과의 관계)** 철도물류계획은 「국가통합교통체계효율화법」 제4조에 따른 국가기간교통망계획, 「물류정책기본법」 제11조에 따른 국가물류기본계획, 「철도산업발전기본법」 제5조에 따른 철도산업발전기본계획, 「철도의 건설 및 철도시설 유지관리에 관한 법률」 제4조에 따른 국가철도망구축계획 및 「물류시설의 개발 및 운영에 관한 법률」 제4조에 따른 물류시설개발종합계획과 조화를 이루어야 한다.〈개정 18 · 3 · 13〉 **제3장 철도물류시설 투자** **제8조(철도물류시설 확충 등)** ① 국가 및 지방자치단체는 철도물류의 원활한 처리에 필요한 철도물류시설의 확보를 위하여 노력하여야 한다. ② 국토교통부장관은 철도물류계획 중 제5조		

법	시 행 령	시 행 규 칙
제2항제4호에 따른 사항을 시행하기 위하여 다음 각 호에 대한 시책을 마련하고 추진하여야 한다. 1. 제9조에 따른 철도화물역의 거점화를 위한 철도화물역의 건설 · 개량 및 통폐합 2. 화물열차 운행 효율성을 위한 선로, 유효장(인접 선로의 열차 및 차량 출입에 지장을 주지 아니하고 열차를 수용할 수 있는 해당 선로의 최대 길이를 말한다) 및 신호시설 등의 건설 및 개량 3. 철도화물의 운송 · 보관 · 하역에 필요한 시설의 개량 4. 그 밖에 철도물류산업의 육성을 위한 철도물류시설의 건설 및 개량		
제9조(철도화물역의 거점화) ① 국토교통부장관은 철도화물을 취급하는 역으로서 철도물류산업의 육성을 위하여 거점이 되는 철도화물역(이하 "거점역"이라 한다)을 지정하고, 다른 철도화물역에 우선하여 개량 및 통폐합 등에 필요한 비용을 지원할 수 있다. ② 거점역의 지정 기준 · 방법 및 비용 지원 등에 필요한 사항은 대통령령으로 정한다.	제3조(거점역의 지정 기준 등) ① 국토교통부장관은 다음 각 호의 요건을 모두 충족하는 철도화물역을 법 제9조제1항에 따른 거점이 되는 철도화물역(이하 "거점역"이라 한다)으로 지정할 수 있다. 1. 국토교통부장관이 정하여 고시하는 철도화물의 수송물량이 발생하거나 장래에 발생할 것으로 예상되는 다음 각 목의 어느 하나에 해당하는 시설과 인접할 것 가. 법 제2조제2호나목에 따른 물류시설 나. 「산업입지 및 개발에 관한 법률」 제2조제8호에 따른 산업단지	제2조(거점역 개량 · 통폐합 비용 지원 신청서) ① 「철도물류산업의 육성 및 지원에 관한 법률 시행령」(이하 "영"이라 한다) 제3조제4항에 따라 거점역의 개량 및 통폐합 등에 필요한 비용을 지원받으려는 자가 국토교통부장관에게 제출하여야 하는 신청서는 별지 제1호서식과 같다. ② 제1항에 따른 신청서를 받은 국토교통부장관은 「전자정부법」 제36조제1항에 따른 행정정보의 공동이용을 통하여 신청인의 법인 등기사항증명서(신청인이 법인인 경우만 해당한다)와 사업자등록증을 확인하여야 한다. 다만,

법	시 행 령	시 행 규 칙
	다. 「항만법」 제2조제1호에 따른 항만 2. 철도와 다른 운송수단을 연계하는 등 화물운송의 효율화를 위하여 철도화물역의 개량 및 통폐합 등이 필요할 것 ② 국토교통부장관이 법 제9조제1항에 따라 거점역을 지정하려는 경우에는 철도물류사업자 또는 화주(貨主) 등 이해관계자의 의견을 수렴하여야 한다. ③ 국토교통부장관이 법 제9조제1항에 따라 거점역을 지정한 경우에는 지정사실을 관보에 고시하여야 한다. ④ 법 제2조제4호가목에 따른 철도화물운송업을 하는 자는 거점역의 개량 및 통폐합 등에 필요한 비용을 지원받으려면 국토교통부령으로 정하는 신청서에 다음 각 호의 서류를 첨부하여 국토교통부장관에게 제출하여야 한다. 1. 사업내용, 사업규모 및 사업비 등이 포함된 사업계획서 2. 거점역의 개량 및 통폐합 등에 따른 효과를 설명한 서류 3. 화주 및 철도물류사업자 등 거점역 이용자의 불편해소 대책을 기재한 서류 ⑤ 제1항부터 제4항까지에서 규정한 사항 외에 거점역의 지정 기준·방법 및 비용 지원에 필요한 사항은 국토교통부장관이 정하여 고시한다.	신청인이 사업자등록증의 확인에 동의하지 아니하는 경우에는 그 사본을 첨부하도록 하여야 한다.

법	시 행 령	시 행 규 칙
제10조(대체시설의 확보) ① 「철도의 건설 및 철도시설 유지관리에 관한 법률」에 따른 철도건설사업의 시행자는 해당 사업으로 선로가 이설 또는 폐지되어 국가 또는 철도공사 소유 철도물류시설의 이전이 필요한 경우에는 그 대체시설을 확보하여야 한다. 다만, 철도물류에 대한 수요가 현저히 낮아 대체시설이 필요하지 아니하다고 국토교통부장관이 인정하는 경우에는 그러하지 아니하다.〈개정 18 · 3 · 13〉 ② 「철도의 건설 및 철도시설 유지관리에 관한 법률」에 따른 철도건설사업의 시행자 또는 철도건설을 요구한 자는 해당 사업으로 선로가 이설 또는 폐지되어 철도물류사업자(철도공사는 제외한다)가 소유하거나 건설비용을 부담한 철도물류시설의 이전이 필요한 경우 대통령령으로 정하는 기준에 따라 이전비용의 일부를 부담할 수 있다.〈개정 18 · 3 · 13〉	제4조(철도물류시설 이전비용의 부담기준) ① 법 제10조제2항에 따라 「철도의 건설 및 철도시설 유지관리에 관한 법률」에 따른 철도건설사업의 시행자 또는 철도건설을 요구한 자가 부담할 수 있는 철도물류시설의 이전비용은 다음 각 호와 같다.〈개정 19 · 3 · 12〉 1. 법 제2조제2호가목에 따른 철도시설(「철도사업법」 제2조제5호에 따른 전용철도의 철도시설로 한정한다)의 이전비용 2. 「물류정책기본법」 제2조제1항제4호가목 및 나목에 따른 물류시설의 이전비용 ② 제1항에 따라 부담하는 비용은 법 제10조제2항에 따라 철도물류사업자(철도공사는 제외한다)가 철도물류시설을 이전하기 위하여 사용한 총비용에서 기존 철도물류시설의 감정평가 금액(이전하기 전의 철도물류시설에 대하여 「감정평가 및 감정평가사에 관한 법률」 제2조제4호에 따른 감정평가업자 2명 이상이 평가한 금액을 산술평균한 금액을 말한다)을 뺀 금액을 초과할 수 없다.	
제11조(인입철도의 건설 등) ① 국토교통부장관 및 시 · 도지사는 철도화물 수송물량, 물류시설 규모, 사업비 등 대통령령으로 정하는 기준에 부합하는 「산업입지 및 개발에 관한 법률」 제6조, 제7조 및 제7조의2에 따른 산업단지, 「물류시설의 개발 및 운영에 관한 법률」 제22조 및	제5조(인입철도의 건설기준) 국토교통부장관 또는 특별시장 · 광역시장 · 특별자치시장 · 도지사 및 특별자치도지사는 법 제11조제1항에 따라 다음 각 호의 요건을 모두 충족한 경우에 인입철도(引入鐵道)를 건설할 수 있다. 1. 국토교통부장관이 정하여 고시하는 철도화	

법	시 행 령	시 행 규 칙
제22조의2에 따른 물류단지, 「항만법」 제3조에 따른 항만, 「공항시설법」 제2조에 따른 공항 등 주요 물류거점에 「철도의 건설 및 철도시설 유지관리에 관한 법률」 제4조에 따른 국가철도망 구축계획에 따라 인입철도(引入鐵道)를 건설할 수 있다. 〈개정 16·3·29, 18·3·13〉 ② 제1항에 따라 인입철도를 건설하는 경우에는 화물의 운송·보관·하역을 위한 철도물류시설을 함께 건설하도록 노력하여야 한다. **제4장 철도물류산업의 육성** **제12조(선로용량배분)** 국토교통부장관은 철도사업자에게 선로용량(선로 상에서 운행할 수 있는 열차 횟수를 말한다)을 배분하는 경우 여객을 운송하는 철도사업자와 화물을 운송하는 철도사업자 간에 공정하게 배분하여야 한다. **제13조(철도시설 사용료의 징수)** ① 국토교통부장관은 「철도산업발전기본법」 제31조에 따른 철도시설 사용료의 징수 기준을 마련하는 경우 화물열차에 대한 기준을 별도로 마련하여야 한다. ② 국토교통부장관은 제1항에 따른 징수 기준을 마련하는 경우 화물열차의 운행시각 및 운행횟수, 철도화물운송사업자(철도화물운송업을 영위하는 자를 말한다. 이하 같다)의 경영현황, 철도물류의 사회적 편익 등을 고려하여야	물 수송물량이 발생하거나 장래에 발생할 것으로 예상될 것 2. 제1호에 따른 철도화물 수송물량을 운송할 수 있는 법 제2조제2호나목에 따른 물류시설이 있거나 물류시설의 건설계획이 있을 것	

법	시 행 령	시 행 규 칙
한다. 제14조(철도물류의 표준화) ① 국토교통부장관은 철도물류의 효율성을 높이고, 다른 교통수단과의 복합운송을 활성화하기 위하여 철도물류시설 및 장비, 수송용기 등의 표준화에 필요한 시책을 마련하여야 한다. ② 국토교통부장관은 철도물류의 표준화에 관한 업무를 효과적으로 추진하기 위하여 필요한 경우에는 산업통상자원부장관에게 「산업표준화법」에 따른 한국산업표준의 제정 · 개정 또는 폐지를 요청할 수 있다. ③ 국토교통부장관은 철도물류에 관한 표준의 보급을 촉진하기 위하여 필요한 경우에는 관계 행정기관, 「공공기관의 운영에 관한 법률」에 따른 공공기관, 철도물류사업자에게 철도물류 표준에 맞는 시설 · 장비 · 수송용기를 건설 · 구입 · 제조 · 사용하게 하거나 철도물류 표준에 맞는 규격으로 포장을 하도록 권고할 수 있다.		
제15조(철도물류의 정보화) ① 국토교통부장관은 철도물류에 대한 체계적인 관리와 철도물류사업자의 편의를 제고하기 위하여 철도물류의 정보화에 필요한 시책을 마련하여야 한다. ② 국토교통부장관은 철도물류의 정보화를 촉진하기 위하여 다음 각 호의 사업을 추진할 수 있다.		제3조(철도물류의 정보화) 「철도물류산업의 육성 및 지원에 관한 법률」(이하 "법"이라 한다) 제15조제2항제5호에서 "국토교통부령으로 정하는 사업"이란 다음 각 호의 사업을 말한다. 1. 철도물류의 정보화에 관한 연구개발 및 기술지원 사업 2. 철도물류 관련 정보의 공동이용을 위한 데

법	시 행 령	시 행 규 칙
1. 철도물류에 관한 데이터베이스 및 정보제공시스템 구축 2. 철도물류에 관한 정보관리시스템의 개발 및 보급 3. 철도물류의 정보화에 필요한 프로그램의 개발 및 운영 4. 철도물류의 정보화에 필요한 설비 확충 5. 그 밖에 철도물류의 정보화를 촉진하기 위하여 국토교통부령으로 정하는 사업 ③ 국토교통부장관은 철도물류사업자가 제2항 각 호에 해당하는 사업을 추진하는 때에는 필요한 비용의 전부 또는 일부를 지원할 수 있다.		이터베이스의 표준화 및 호환시스템의 구축 사업
제16조(철도화물운송의 촉진) ① 국가는 다음 각 호의 어느 하나에 해당하는 화물에 대해서는 효율적이고 안전한 운송을 위하여 철도차량을 이용한 운송을 촉진하여야 한다. 1. 「위험물안전관리법」 제2조에 따른 위험물 2. 「지속가능 교통물류 발전법」 제20조제1항에 따른 대형중량화물 ② 국토교통부장관은 제1항 각 호의 어느 하나에 해당하는 화물을 철도차량으로 운송하려는 철도물류사업자, 화주 등에게 대통령령으로 정하는 바에 따라 필요한 행정적·재정적 지원을 할 수 있다.	**제6조(철도화물운송의 촉진)** 국토교통부장관은 법 제16조제2항에 따라 법 제16조제1항 각 호의 어느 하나에 해당하는 화물을 철도차량으로 운송하려는 자에게 다음 각 호의 사항에 대한 행정적·재정적 지원을 할 수 있다. 1. 「물류정책기본법」 제2조제1항제4호가목에 따른 물류시설의 설치에 관한 사항 2. 철도화물 운송의 효율성을 높이기 위한 연구·개발에 관한 사항	
제17조(비용의 보조·감면) ① 국토교통부장관은 철도물류사업자가 시행하는 다음 각 호의 사업	**제7조(비용의 보조)** ① 국토교통부장관은 법 제17조제1항에 따라 철도물류사업자에게 비용을	**제4조(비용 보조 신청서)** ① 영 제7조제2항에 따라 철도물류사업자가 국토교통부장관에게

법	시행령	시행규칙
에 대하여 대통령령으로 정하는 바에 따라 그 비용의 전부 또는 일부를 보조할 수 있다. 1. 선로 및 철도화물역의 건설 및 개량 2. 철도를 이용하는 화물의 운송 · 보관 · 하역을 위한 시설 투자 3. 철도물류시설의 현대화 · 자동화 및 표준화를 위한 투자 4. 철도화물을 운송하기 위한 철도차량 및 수송용기의 도입 및 개량 5. 그 밖에 철도물류의 효율성을 높이기 위한 국토교통부령으로 정하는 시설의 확충 및 개량	보조하는 경우에는 사업의 필요성 및 사업효과 등을 고려하여 예산의 범위에서 지원할 수 있다. ② 법 제17조제1항에 따라 비용을 보조받으려는 철도물류사업자는 국토교통부령으로 정하는 신청서에 다음 각 호의 서류를 첨부하여 국토교통부장관에게 제출하여야 한다. 1. 사업내용, 사업규모 및 사업비 등이 포함된 사업계획서 2. 법 제17조제1항 각 호의 사업 시행이 철도화물 수송의 효율성에 미치는 효과를 설명한 서류 ③ 제1항과 제2항에서 규정한 사항 외에 비용의 보조에 필요한 사항은 국토교통부장관이 정하여 고시한다.	제출하여야하는 신청서는 별지 제2호서식과 같다. ② 제1항에 따른 신청서를 받은 국토교통부장관은 「전자정부법」 제36조제1항에 따른 행정정보의 공동이용을 통하여 신청인의 법인 등기사항증명서(신청인이 법인인 경우만 해당한다)와 사업자등록증을 확인하여야 한다. 다만, 신청인이 사업자등록증의 확인에 동의하지 아니하는 경우에는 그 사본을 첨부하도록 하여야 한다.
② 국가 및 지방자치단체는 철도물류사업자가 제1항제1호 또는 제2호의 사업을 하는 경우에는 대통령령으로 정하는 바에 따라 다음 각 호의 부담금을 감면할 수 있다. 1. 「국토의 계획 및 이용에 관한 법률」 제68조에 따른 기반시설설치비용 2. 「개발제한구역의 지정 및 관리에 관한 특별조치법」 제21조에 따른 개발제한구역 보전 부담금 3. 「초지법」 제23조에 따른 대체초지조성비 4. 「하수도법」 제61조에 따른 하수도시설 원	**제8조(부담금의 감면)** 법 제17조제2항에 따라 국가 및 지방자치단체는 철도물류사업자가 법 제17조제1항제1호 또는 제2호의 사업을 하는 경우에는 「국토의 계획 및 이용에 관한 법률」, 「개발제한구역의 지정 및 관리에 관한 특별조치법」, 「초지법」 및 「하수도법」에서 정하는 바에 따라 다음 각 호의 부담금을 감면할 수 있다. 1. 「국토의 계획 및 이용에 관한 법률」 제68조에 따른 기반시설설치비용 2. 「개발제한구역의 지정 및 관리에 관한 특별조치법」 제21조에 따른 개발제한구역 보	

법	시 행 령	시 행 규 칙
인자부담금	전 부담금 3. 「초지법」 제23조에 따른 대체초지조성비 4. 「하수도법」 제61조에 따른 하수도시설 원인자부담금	
제5장 국제철도물류의 촉진		
제18조(국제철도화물운송사업자의 지정) ① 국토교통부장관은 자본, 부채, 철도화물 운송실적 등 대통령령으로 정하는 기준에 따라 철도화물운송사업자 중에서 국제철도화물운송사업자(대한민국을 포함한 둘 이상의 국가를 경유하여 철도화물운송업을 영위하는 철도화물운송사업자를 말한다. 이하 같다)를 지정하여 육성할 수 있다. ② 국가는 제1항에 따라 지정을 받은 국제철도화물운송사업자가 국제철도화물운송업을 영위하기 위하여 필요한 철도차량의 도입과 철도물류시설의 확보, 그 밖에 국제철도물류 기준에 부합하는 시설·장비를 확보하는 데 필요한 행정적·재정적 지원을 할 수 있다. ③ 국토교통부장관은 제1항에 따라 지정을 받은 국제철도화물운송사업자가 다음 각 호의 어느 하나에 해당하는 경우에는 국토교통부령으로 정하는 바에 따라 지정을 취소할 수 있다. 1. 거짓이나 그 밖의 부정한 방법으로 지정을 받은 경우	제9조(국제철도화물운송사업자의 지정 기준) 국토교통부장관은 법 제18조제1항에 따라 다음 각 호의 요건을 모두 충족하는 철도화물운송사업자를 국제철도화물운송사업자로 지정할 수 있다. 1. 자본금이 50억 이상일 것 2. 부채총액이 자본금의 2배를 초과하지 아니할 것 3. 최근 5년 이내에 철도화물의 운송실적이 있을 것	

법	시 행 령	시 행 규 칙
2. 제1항에 따른 지정기준에 미달된 경우로서 그 날부터 90일 이내에 미달된 사항을 보완하지 아니한 경우 3. 「철도사업법」 제5조에 따른 철도사업면허가 취소되었거나 철도화물운송업의 폐업이 확인된 경우		
제19조(철도물류산업의 국제화) 국토교통부장관은 철도물류사업자의 해외진출을 활성화하고 철도물류산업의 국제화를 촉진하기 위하여 다음 각 호의 사항에 대하여 행정적 · 재정적 지원을 할 수 있다. 1. 해외 철도물류산업 현황 및 시장 조사 2. 해외진출을 위한 기술개발 및 인력 양성 3. 공동연구 · 기술협력 · 국제회의 및 국제기구활동 등 철도물류 관련 정보 · 기술 · 인력의 국제적 교류 4. 그 밖에 철도물류산업의 국제화를 위하여 국토교통부령으로 정하는 활동		**제5조(철도물류산업의 국제화)** 법 제19조제4호에 따라 "국토교통부령으로 정하는 활동"이란 다음 각 호의 활동을 말한다. 1. 국가 간 철도운행협정의 체결 2. 국제 철도물류시설의 표준화에 관한 연구 및 기술개발
제6장 보칙 및 벌칙		
제20조(권한의 위임 · 위탁 등) ① 국토교통부장관은 이 법에 따른 권한의 일부를 대통령령으로 정하는 바에 따라 시 · 도지사에게 위임할 수 있다. ② 국토교통부장관은 이 법에 따른 업무의 일부를 대통령령으로 정하는 바에 따라 철도공	**제10조(과태료의 부과기준)** 법 제21조에 따른 과태료의 부과기준은 별표와 같다.	

법	시 행 령	시 행 규 칙
사 또는 철도시설공단에 위탁할 수 있다. 제21조(과태료) 국토교통부장관은 거짓이나 그 밖의 부정한 방법으로 제18조제1항에 따른 국제철도화물운송사업자로 지정을 받은 자에게는 대통령령으로 정하는 기준에 따라 1천만원 이하의 과태료를 부과한다.		
부 칙 〈16·3·22〉 이 법은 공포 후 6개월이 경과한 날부터 시행한다. 부 칙 〈16·3·29〉 제1조(시행일) 이 법은 공포 후 1년이 경과한 날부터 시행한다. 제2조부터 제18조까지 생략 부 칙 〈18·3·13〉 제1조(시행일) 이 법은 공포 후 1년이 경과한 날부터 시행한다. 제2조 및 제3조 생략	부 칙 〈16·9·22〉 이 영은 2016년 9월 23일부터 시행한다. 부 칙 〈19·3·12〉 제1조(시행일) 이 영은 2019년 3월 14일부터 시행한다. 제2조 및 제4조 생략	부 칙 〈16·9·23〉 이 규칙은 2016년 9월 23일부터 시행한다.

철도물류산업의 육성 및 지원에 관한 법률
시행령 · 시행규칙 [별표 · 별지서식]

【시행령 별표】

[별표]

과태료의 부과기준(제10조 관련)

1. 일반기준
   가. 부과권자는 위반행위의 정도, 위반행위의 동기와 그 결과 등을 고려하여 과태료를 줄일 필요가 있다고 인정되는 경우에는 제2호의 개별기준에 따른 과태료 금액의 2분의 1 범위에서 그 금액을 줄일 수 있다. 다만, 과태료를 체납하고 있는 위반행위자의 경우에는 그렇지 않다.
   나. 부과권자는 다음의 어느 하나에 해당하는 경우에는 제2호의 개별기준에 따른 과태료 금액의 2분의 1 범위에서 그 금액을 늘릴 수 있다.
      1) 위반의 내용 및 정도가 중대하여 소비자 등에게 미치는 피해가 크다고 인정되는 경우
      2) 그 밖에 위반행위의 정도, 위반행위의 동기와 그 결과 등을 고려하여 과태료를 늘릴 필요가 있다고 인정되는 경우

2. 개별기준

위반행위	근거 법조문	과태료 금액
법 제18조제1항을 위반하여 거짓이나 그 밖의 부정한 방법으로 국제철도화물운송사업자로 지정받은 경우	법 제21조	200만원

【시행규칙 별지】

[별지 제1호서식]

거점역 개량 · 통폐합 비용 지원 신청서

※ 색상이 어두운 난은 신청인이 작성하지 아니합니다.

접수번호		접수일시	처리기간 90일
신청인	상호(법인명)	성명(대표자)	사업자등록번호(법인등록번호)
	주소(소재지)		전화번호
신청내용	사업의 목적과 내용		
	사업비용		
	사업의 범위와 기간		

「철도물류산업의 육성 및 지원에 관한 법률」 제9조제1항, 같은 법 시행령 제3조제4항 및 같은 법 시행규칙 제2조에 따라 위와 같이 거점역 개량 · 통폐합 등에 필요한 비용의 지원을 신청합니다.

년 월 일

신청인 (서명 또는 인)

국토교통부장관 귀하

구분	서류	수수료
신청인 제출서류	1. 사업내용, 사업규모 및 사업비 등이 포함된 사업계획서 2. 거점역의 개량 및 통폐합 등에 따른 효과를 설명한 서류 3. 화주 및 물류기업 등 거점역의 이용자 불편해소 대책을 기재한 서류	수수료 없 음
담당 공무원 확인 사항	1. 법인 등기사항증명서(신청인이 법인인 경우에만 해당합니다) 2. 사업자등록증	

행정정보 공동이용 동의서

본인은 이 건 업무처리와 관련하여 담당 공무원이 「전자정부법」 제36조제1항에 따른 행정정보의 공동이용을 통하여 위의 담당 공무원 확인 사항 중 제2호를 확인하는 것에 동의합니다. *동의하지 아니하는 경우에는 신청인이 직접 관련 서류를 제출하여야 합니다.

신청인 (서명 또는 인)

처리절차

신 청	→	접 수	→	검 토	→	결 정	→	통 보
신청인		처 리 기 관 (국토교통부)		처 리 기 관 (국토교통부)		처 리 기 관 (국토교통부)		처 리 기 관 (국토교통부)

210mm×297mm[백상지(80g/㎡) 또는 중질지(80g/㎡)]

[별지 제2호서식]

비용 보조 신청서

※ 색상이 어두운 난은 신청인이 작성하지 아니합니다.

접수번호		접수일시	처리기간 90일
신청인	상호(법인명)	성명(대표자)	사업자등록번호(법인등록번호)
	주소(소재지)		전화번호
신청내용	사업의 목적과 내용		
	사업비용		
	사업의 범위와 기간		

「철도물류산업의 육성 및 지원에 관한 법률」 제17조제1항, 같은 법 시행령 제7조제2항 및 같은 법 시행규칙 제4조에 따라 위와 같이 비용의 보조를 신청합니다.

년 월 일

신청인 (서명 또는 인)

국토교통부장관 귀하

구분	서류	수수료
신청인 제출서류	1. 사업내용, 사업규모 및 사업비 등이 포함된 사업계획서 2. 「철도물류산업의 육성 및 지원에 관한 법률」 제17조제1항 각 호의 사업 시행이 철도화물 수송의 효율성에 미치는 효과를 설명한 서류	수수료 없 음
담당 공무원 확인 사항	1. 법인 등기사항증명서(신청인이 법인인 경우에만 해당합니다) 2. 사업자등록증	

행정정보 공동이용 동의서

본인은 이 건 업무처리와 관련하여 담당 공무원이 「전자정부법」 제36조제1항에 따른 행정정보의 공동이용을 통하여 위의 담당 공무원 확인 사항 중 제2호를 확인하는 것에 동의합니다. *동의하지 아니하는 경우에는 신청인이 직접 관련 서류를 제출하여야 합니다.

신청인 (서명 또는 인)

처리절차

신 청	→	접 수	→	검 토	→	결 정	→	통 보
신청인		처 리 기 관 (국토교통부)		처 리 기 관 (국토교통부)		처 리 기 관 (국토교통부)		처 리 기 관 (국토교통부)

210mm×297mm[백상지(80g/㎡) 또는 중질지(80g/㎡)]

철도의 건설 및 철도시설 유지관리에 관한 법률 · 시행령 · 시행규칙

철도의 건설 및 철도시설 유지관리에 관한 법률 · 시행령 · 시행규칙 목차

법

철도의 건설 및 철도시설 유지관리에 관한 법률

〔제명개정 18 · 3 · 13 법률 제15460호〕

제정 2004 · 12 · 31 법률 제7304호
개정 2005 · 3 · 31 법률 제7459호(水質環境保全法)
2005 · 8 · 4 법률 제7678호(산림자원의 조성 및 관리에 관한 법률)
2005 · 12 · 29 법률 7796호(國家公務員法)
2006 · 9 · 27 법률 제8014호(下水道法)
2007 · 1 · 19 법률 제8251호(大都市圈廣域交通管理에관한特別法)
2007 · 4 · 6 법률 제8338호(하천법)
2007 · 4 · 11 법률 제8352호(농지법)
2007 · 4 · 11 법률 제8355호(鑛業法)
2007 · 4 · 11 법률 제8369호(소음 · 진동규제법)
2007 · 4 · 11 법률 제8370호(수도법)
2007 · 4 · 11 법률 제8371호(폐기물관리법)
2007 · 4 · 27 법률 제8404호(대기환경보전법)
2007 · 5 · 17 법률 제8466호(수질환경보전법)
2007 · 12 · 21 법률 제8733호 (군사기지 및 군사시설 보호법)
2007 · 12 · 27 법률 제8819호 (공유수면관리법 일부개정법률)
2007 · 12 · 27 법률 제8820호 (公有水面埋立法 일부개정법률)
2008 · 2 · 29 법률 제8852호 (정부조직법 전부개정법률)
2008 · 3 · 21 법률 제8974호 (건축법 전부개정법률)

시 행 령

철도의 건설 및 철도시설 유지관리에 관한 법률 시행령

〔제명개정 19 · 3 · 12 대통령령 제29617호〕

제정 2005 · 6 · 30 대통령령 제18931호
개정 2007 · 12 · 17 대통령령 제20450호
2008 · 2 · 29 대통령령 제20722호 (국토해양부와 그 소속기관 직제)
2008 · 12 · 31 대통령령 제21214호 (행정안전부와 그 소속기관 직제 일부개정령)
2008 · 12 · 31 대통령령 제21215호 (행정정보의 공동이용 및 문서감축을 위한 개별소비세법 시행령 등 일부개정령)
2008 · 12 · 31 대통령령 제21231호 (도시교통정비 촉진법 시행령 일부개정령)
2009 · 6 · 19 대통령령 제21549호
2009 · 12 · 14 대통령령 제21881호 (측량 · 수로조사 및 지적에 관한 법률 시행령)
2010 · 1 · 7 대통령령 제21985호 (교통체계효율화법 시행령 전부개정령)
2010 · 5 · 4 대통령령 제22151호 (전자정부법 시행령 전부개정령)
2010 · 9 · 20 대통령령 제22395호 (지방세법 시행령 전부개정령)
2010 · 10 · 14 대통령령 제22448호 (역세권의 개발 및 이용에 관한

시 행 규 칙

철도의 건설 및 철도시설 유지관리에 관한 법률 시행규칙

〔제명개정 19 · 3 · 20 국토교통부령 제609호〕

제정 2005 · 7 · 1 건설교통부령 제448호
개정 2008 · 3 · 14 국토해양부령 제4호 (정부조직법의 개정에 따른 감정평가에 관한 규칙 등 일부 개정령)
2012 · 6 · 11 국토해양부령 제473호 (행정처리기간 단축 및 수수료 합리화 등을 위한 개항질서법 시행규칙 등 일부개정령)
2013 · 3 · 23 대통령령 제24443호 (국토교통부와 그 소속기관 직제)
2014 · 8 · 7 국토교통부령 제120호 (개인정보 보호를 위한 건설산업기본법 시행규칙 등 일부개정령)
2014 · 8 · 7 국토교통부령 제120호 (개인정보 보호를 위한 건설산업기본법 시행규칙 등 일부개정령)
2019 · 1 · 2 국토교통부령 제575호 (일본식 용어 정비를 위한 6개 법령의 일부개정에 관한 국토교통부령)
2019 · 3 · 20 국토교통부령 제609호

법	시 행 령	시 행 규 칙
2008 · 3 · 21 법률 제8976호 (도로법 전부개정법률) 2008 · 12 · 31 법률 제9313호 (자연공원법 일부개정법률) 2009 · 1 · 30 법률 제9401호 (국유재산법 전부개정법률) 2009 · 3 · 25 법률 제9547호 2009 · 6 · 9 법률 제9763호(산림보호법) 2009 · 6 · 9 법률 제9770호 (소음 · 진동규제법 일부개정법률) 2009 · 6 · 9 법률 제9772호 (교통체계효율화법 전부개정법률) 2010 · 4 · 15 법률 제10266호 (역세권의 개발 및 이용에 관한 법률) 2010 · 4 · 15 법률 제10272호 (공유수면 관리 및 매립에 관한 법률) 2010 · 5 · 31 법률 제10331호 (산지관리법 일부개정법률) 2011 · 4 · 14 법률 제10599호 (국토의 계획 및 이용에 관한 법률 일부개정법률) 2013 · 3 · 23 법률 제11690호(정부조직법) 2013 · 4 · 5 법률 제11752호 2013 · 5 · 22 법률 제11794호(건설기술관리법 전부개정법률) 2013 · 8 · 6 법률 제12023호 2014 · 1 · 14 법률 제12248호(도로법 전부개정법률) 2014 · 5 · 21 법률 제12647호 2015 · 8 · 11 법률 제13490호 2016 · 1 · 19 법률 제13797호(부동산 거래 신고 등에 관한 법률) 2017 · 1 · 17 법률 제14532호(수질 및 수생태계 보전에 관한 법률 일부개정법률) 2017 · 12 · 26 법률 제15323호 2018 · 3 · 13 법률 제15460호 2019 · 11 · 26 법률 제16639호	법률 시행령) 2010 · 12 · 13 대통령령 제22525호 (건설기술관리법 시행령 일부개정령) 2011 · 1 · 17 대통령령 제22626호 (엔지니어링기술진흥법시행령 전부개정령) 2012 · 1 · 25 대통령령 제23529호 (국방 · 군사시설 사업에 관한 법률 시행령 전부개정령) 2012 · 4 · 10 대통령령 제23718호 (국토의 계획 및 이용에 관한 법률 시행령 일부개정령) 2013 · 3 · 23 대통령령 제24443호 (국토교통부와 그 소속기관 직제) 2013 · 10 · 4 대통령령 제24785호 2014 · 5 · 22 대통령령 제25358호 (건설기술관리법 시행령 전부개정령) 2015 · 6 · 1 대통령령 제26302호 (측량 · 수로조사 및 지적에 관한 법률 시행령 일부개정령) 2016 · 1 · 22 대통령령 제26928호 (도시교통정비 촉진법 시행령 일부개정령) 2019 · 3 · 12 대통령령 제29617호	

법	시행령	시행규칙
제1장 총 칙		
제1조(목적) 이 법은 철도망의 신속한 확충과 철도시설의 체계적인 관리를 위하여 철도의 건설 및 철도시설 유지관리에 관한 사항을 규정함으로써 공중의 안전을 확보하고 국민의 복리증진에 기여함을 목적으로 한다. [전문개정 18 · 3 · 13]	**제1조(목적)** 이 영은 「철도의 건설 및 철도시설 유지관리에 관한 법률」에서 위임된 사항과 그 시행에 필요한 사항을 규정함을 목적으로 한다. 〈개정 19 · 3 · 12〉 [전문개정 09 · 6 · 19]	**제1조(목적)** 이 규칙은 「철도의 건설 및 철도시설 유지관리에 관한 법률」 및 같은 법 시행령에서 위임된 사항과 그 시행에 관하여 필요한 사항을 규정함을 목적으로 한다. 〈개정 19 · 3 · 20〉
제2조(정의) 이 법에서 사용하는 용어의 뜻은 다음과 같다. 다만, 이 법에 특별한 규정이 있는 것을 제외하고는 「철도산업발전 기본법」에서 정하는 바에 따른다. 〈개정 10 · 4 · 15, 13 · 3 · 23, 15 · 8 · 11, 18 · 3 · 13〉 1. "철도"란 여객 또는 화물을 운송하는 데 필요한 철도시설과 철도차량 및 이와 관련된 운영 · 지원체계가 유기적으로 구성된 운송체계를 말한다. 2. "고속철도"란 열차가 주요 구간을 시속 200킬로미터 이상으로 주행하는 철도로서 국토교통부장관이 그 노선을 지정 · 고시하는 철도를 말한다. 3. "광역철도"란 「대도시권 광역교통관리에 관한 특별법」 제2조제2호나목에 따른 철도를 말한다. 4. "일반철도"란 고속철도와 「도시철도법」에		

법	시 행 령	시 행 규 칙
따른 도시철도를 제외한 철도를 말한다. 5. "철도망"이란 철도시설이 서로 유기적인 기능을 발휘할 수 있도록 체계적으로 구성한 철도 교통망을 말한다. 6. "철도시설"이란 다음 각 목의 어느 하나에 해당하는 시설(부지를 포함한다)을 말한다. 가. 철도의 선로(선로에 딸리는 시설을 포함한다), 역 시설(물류시설, 환승 시설 및 역사(驛舍)와 같은 건물에 있는 판매시설·업무시설·근린생활시설·숙박시설·문화 및 집회시설 등을 포함한다) 및 철도 운영을 위한 건축물·건축설비 나. 선로 및 철도차량을 보수·정비하기 위한 선로 보수기지, 차량 정비기지 및 차량 유치시설 다. 철도의 전철전력설비, 정보통신설비, 신호 및 열차 제어설비 라. 철도노선 간 또는 다른 교통수단과의 연계 운영에 필요한 시설 마. 철도기술의 개발·시험 및 연구를 위한 시설 바. 철도경영연수 및 철도전문인력의 교육훈련을 위한 시설 사. 그 밖에 철도의 건설·유지보수 및 운	제2조(철도시설) 「철도의 건설 및 철도시설 유	

법	시 행 령	시 행 규 칙
영을 위한 시설로서 대통령령으로 정하는 시설 7. “철도건설사업”이란 새로운 철도의 건설, 기존 철도노선의 직선화·전철화 및 복선화, 철도차량기지의 건설과 철도역 시설의 신설·개량 등을 위한 다음 각 목의 사업을 말한다. 가. 제6호 각 목의 시설 건설사업 나. 제6호 각 목에 따른 건설사업으로 인하여 주거지를 상실하는 자를 위한 주거시	지관리에 관한 법률」(이하 “법”이라 한다) 제2조제6호사목에서 “대통령령으로 정하는 시설”이란 다음 각 호의 어느 하나에 해당하는 시설을 말한다. 〈개정 19·3·12〉 1. 철도건설사업에 필요한 공사용 건설자재를 현장에서 가공·조립·운반 또는 보관하기 위한 시설(공사기간 중에 설치되는 시설만 해당한다) 2. 철도건설사업에 필요한 공사용 진입도로, 주차장, 야적장, 토석채취장 및 사토장(捨土場)의 설치 및 운영에 필요한 시설 3. 철도차량부품의 보관 및 운반시설 4. 건설장비 및 검사계측기기의 정비·점검 및 수리를 위한 시설 5. 그 밖에 건설안전 관련 시설, 안내시설 등 철도건설사업의 시행에 필요한 시설 [전문개정 09·6·19]	

법	시 행 령	시 행 규 칙
설 등 생활편익시설의 기반조성사업 다. 제15조제1항에 따라 설치하는 공공시설·군사시설 또는 공용 건축물(철도시설은 제외한다)의 건설사업 라. 건설된 철도시설의 토지등(「공익사업을 위한 토지 등의 취득 및 보상에 관한 법률」 제2조제1호에 따른 토지등을 말한다)을 취득하거나 그 사용권원(使用權原)을 확보하는 사업 8. "철도시설관리자"란 「철도안전법」 제2조제9호에 따른 자를 말한다. 9. "정기점검"이란 철도시설의 유지관리를 위하여 경험과 기술을 갖춘 자가 육안이나 점검기구 등을 사용하여 철도시설의 안전성과 성능을 조사하는 일상적인 활동을 말한다. 10. "긴급점검"이란 철도시설의 붕괴·전도·장애 등으로 인한 재난 또는 재해가 발생할 우려가 있는 경우에 철도시설의 물리적·기능적 결함을 신속하게 발견하기 위하여 실시하는 활동을 말한다. 11. "정밀진단"이란 철도시설의 물리적·기능적 결함을 발견하고 그에 대한 신속하고 적절한 조치를 하기 위하여 물리적 안전성과 성능저하의 원인 등을 조사·측정·평가하여 보수·보강 등의 방법을 제시하는 활동		

법	시 행 령	시 행 규 칙
을 말한다. 12. "성능평가"란 철도시설의 안전과 기능을 유지하기 위하여 요구되는 철도시설의 안전성, 내구성, 사용성 등의 성능을 종합적으로 평가하는 것을 말한다. 13. "유지관리"란 철도시설의 기능을 보전하고 철도시설 이용자의 편의와 안전을 높이기 위하여 철도시설을 일상적으로 점검 · 정비하고 손상된 부분을 원상복구하며 경과시간에 따라 요구되는 철도시설의 보수 · 보강 등에 필요한 활동을 하는 것을 말한다. [전문개정 09 · 3 · 25] 제3조(다른 법률과의 관계) 철도(「철도사업법」 제2조제5호에 따른 전용철도는 제외한다. 이하 같다)의 건설과 철도시설의 유지관리에 관하여는 다른 법률에 특별한 규정이 있는 경우를 제외하고는 이 법에서 정하는 바에 따른다.〈개정 18 · 3 · 13〉 [전문개정 09 · 3 · 25] 제2장 철도의 건설 제1절 국가철도망구축계획 제4조(국가철도망구축계획의 수립 및 변경) ① 국토교통부장관은 국가의 효율적인 철도망을		

법	시 행 령	시 행 규 칙
구축하기 위하여 10년 단위로 국가철도망구축계획(이하 "철도망계획"이라 한다)을 수립·시행하여야 한다.〈개정 13·3·23〉 ② 철도망계획은 다음 각 호의 모든 계획과 조화를 이루도록 수립하여야 한다.〈개정 09·6·9〉 1. 「국가통합교통체계효율화법」 제4조에 따른 국가기간교통망계획 2. 「국가통합교통체계효율화법」 제6조에 따른 중기 교통시설투자계획 3. 「대도시권 광역교통관리에 관한 특별법」 제3조에 따른 대도시권광역교통기본계획 4. 「대도시권 광역교통관리에 관한 특별법」 제3조의2에 따른 대도시권광역교통시행계획		
③ 국토교통부장관은 철도망계획을 수립하려는 경우에는 관계 중앙행정기관의 장 및 관계 시·도지사와 협의한 후 「철도산업발전 기본법」 제6조에 따른 철도산업위원회(이하 "위원회"라 한다)의 심의를 거쳐야 한다. 수립된 철도망계획을 변경하려는 경우에도 또한 같다. 다만, 대통령령으로 정하는 경미한 사항을 변경하는 경우에는 그러하지 아니하다.〈개정 13·3·23〉	**제3조(국가철도망구축계획 수립)** 법 제4조제3항 단서에서 "대통령령으로 정하는 경미한 사항을 변경하는 경우"란 다음 각 호의 어느 하나에 해당하는 경우를 말한다. 1. 법 제4조제1항에 따른 국가철도망구축계획(이하 "철도망계획"이라 한다)의 총사업규모를 100분의 10의 범위에서 변경하는 경우 2. 철도망계획에서 정한 사업별 총투자소요액을 100분의 10의 범위에서 변경하는 경우 3. 철도망계획에서 정한 사업별 사업기간을 3년의 범위에서 변경하는 경우 [전문개정 09·6·19]	
④ 국토교통부장관은 철도망계획이 수립된 날		

법	시　행　령	시　행　규　칙
부터 5년마다 그 타당성 여부를 검토하여 필요한 경우에는 변경하여야 한다.〈개정 13 · 3 · 23〉 ⑤ 국토교통부장관은 제1항에 따라 철도망계획을 수립하거나 변경한 경우에는 국토교통부령으로 정하는 바에 따라 고시(告示)하여야 한다.〈개정 13 · 3 · 23〉 [전문개정 09 · 3 · 25] 제5조(철도망계획의 내용) ① 철도망계획에는 다음 각 호의 사항이 포함되어야 한다.〈개정 13 · 3 · 23〉 1. 철도의 중장기 건설계획 2. 다른 교통수단과 연계한 교통체계의 구축 3. 소요 재원의 조달방안 4. 환경친화적인 철도의 건설방안 5. 그 밖에 국토교통부장관이 체계적인 철도건설사업을 위하여 필요하다고 인정하는 사항 ② 제1항에 따른 철도망계획에는 「대도시권 광역교통관리에 관한 특별법」 제3조 및 제3조의2에 따라 수립된 대도시권광역교통기본계획		제2조(국가철도망구축계획의 고시) 국토교통부장관은 「철도의 건설 및 철도시설 유지관리에 관한 법률」(이하 "법"이라 한다) 제4조제5항에 따라 국가철도망구축계획(이하 "철도망계획"이라 한다)을 수립 또는 변경한 때에는 다음 각 호의 사항을 관보에 고시하여야 한다.〈개정 08 · 3 · 14, 13 · 3 · 23, 19 · 3 · 20〉 1. 철도망계획의 목적 및 기간 2. 철도망계획의 사업별 투자금액 3. 철도망계획의 결정 및 변경사유 4. 철도망체계의 개선에 관한 사항 5. 철도연계교통수단의 운영개선에 관한 사항

법	시행령	시행규칙
및 대도시권광역교통시행계획에 포함되어 있는 광역철도계획(「도시철도법」에 따른 도시철도는 제외한다)을 반영하여야 한다. [전문개정 09·3·25]		
제6조(철도건설에 관한 사항의 심의) 철도건설에 관한 다음 각 호의 어느 하나에 해당하는 사항은 위원회의 심의를 거쳐야 한다.〈개정 13·3·23〉 1. 철도망계획의 수립 및 변경 2. 제11조제1항제15호(「건축법」 제4조에 따른 건축위원회의 심의 대상이 포함된 경우만 해당한다) 또는 같은 항 제16호의 사항이 포함되어 있는 실시계획의 승인 3. 그 밖에 철도건설에 관한 사항으로서 국토교통부장관이 심의에 부치는 사항 [전문개정 09·3·25]	**제4조(철도건설에 관한 사항의 심의)** 법 제6조제3호에서 "그 밖에 철도건설에 관한 사항"이란 다음 각 호의 어느 하나에 해당하는 사항을 말한다. 〈개정 13·3·23, 19·3·12〉 1. 법 제18조제1항제1호에 따른 특수기술이나 특수장치에 관한 사항 2. 법 제18조제1항제2호에 따른 고속철도시설의 구조 및 형태에 관한 사항 3. 다음 각 목의 어느 하나에 해당하는 사항으로서 국토교통부장관이 중요하다고 판단하는 사항 가. 법 제7조에 따른 사업별 철도건설기본계획(이하 "철도건설기본계획"이라 한다)의 수립 및 법 제19조제1항에 따른 기술기준과 관련된 사항 나 철도건설과 관련하여 이해관계가 대립되는 사항 [전문개정 09·6·19] **제5조부터 제10조까지** 삭제 〈09·6·19〉	
제2절 철도의 건설체계		
제7조(철도건설사업별 기본계획의 수립) ① 국	**제11조(철도건설기본계획 수립의 예외)** 법 제7	

법	시 행 령	시 행 규 칙
토교통부장관은 철도건설사업을 체계적으로 하기 위하여 사업별 철도건설기본계획(이하 "기본계획"이라 한다)을 수립하여야 한다. 다만, 소규모 철도건설사업 등 대통령령으로 정하는 철도건설사업의 경우에는 그러하지 아니하다.〈개정 13·3·23〉 ② 기본계획에는 다음 각 호의 사항이 포함되어야 한다. 1. 장래의 철도교통 수요 예측 2. 철도건설의 경제성·타당성과 그 밖의 관련 사항의 평가 3. 개략적인 노선 및 차량 기지 등의 배치계획 4. 공사 내용, 공사 기간 및 사업시행자 5. 개략적인 공사비 및 재원조달계획 6. 연차별 공사시행계획 7. 환경의 보전·관리에 관한 사항 8. 지진 대책 9. 그 밖에 대통령령으로 정하는 사항 ③ 국토교통부장관은 기본계획을 수립하려는 경우에는 미리 관계 중앙행정기관의 장 및 특별시장·광역시장 또는 도지사(이하 "시·도지사"라 한다)와 협의하여야 한다. 다만, 고속철도건설기본계획은 협의한 후 위원회의 심의를 거쳐야 한다.〈개정 13·3·23〉 ④ 국토교통부장관은 기본계획을 수립하면 대통령령으로 정하는 바에 따라 이를 고시하여	조제1항 단서에서 "소규모 철도건설사업 등 대통령령으로 정하는 철도건설사업"이란 총사업비가 500억원 미만인 사업 및 국토교통부장관이 해당 사업의 특성상 철도건설기본계획을 수립할 필요가 없다고 인정하는 사업을 말한다. 〈개정 13·3·23〉 [전문개정 09·6·19] **제12조(철도건설기본계획에 포함되어야 할 사항)** ① 법 제7조제2항제9호에서 "대통령령으로 정하는 사항"이란 다음 각 호의 사항을 말한다. 1. 철도의 건설 예정 노선을 표시한 지형도 2. 다른 교통수단과의 연계 수송에 관한 사항 3. 건설 예정 노선에 투입되는 철도차량의 형식·소요량 및 확보계획 4. 철도교통 수요 예측을 고려한 개략적 열차 운영계획 ② 국토교통부장관은 법 제7조제4항에 따라 철도건설기본계획을 수립하였을 때에는 다음	

법	시 행 령	시 행 규 칙
야 한다.〈개정 13·3·23〉	각 호의 사항을 관보에 고시하여야 한다. 〈개정 13·3·23〉 1. 사업의 명칭 2. 사업의 목적 3. 사업시행자의 명칭 및 주소 4. 공사의 내용 5. 공사비 6. 공사 기간 7. 공사노선의 기점(起點)과 종점(終點) 8. 주요 경유지, 역(특별시·광역시·시 및 군의 행정구역 단위까지 표시된 것을 말한다) 및 철도차량기지의 위치	
⑤ 수립된 기본계획을 변경하려는 경우에는 제3항과 제4항을 준용한다. 다만, 대통령령으로 정하는 경미한 사항을 변경하는 경우에는 그러하지 아니하다. [전문개정 09·3·25]	③ 법 제7조제5항 단서에서 "대통령령으로 정하는 경미한 사항을 변경하는 경우"란 다음 각 호의 어느 하나에 해당하는 경우로서 기점·종점과 주요 경유지, 역 또는 철도차량기지의 위치 변경이 수반되지 아니하는 경우를 말한다. 1. 공사노선, 사업면적 또는 공사비를 100분의 10의 범위에서 변경하는 경우 2. 지형 또는 지질 여건으로 철도시설의 위치 및 구조를 변경하는 경우 [전문개정 09·6·19]	
제8조(철도건설사업의 시행자) ① 철도건설사업은 국가, 지방자치단체 또는 「한국철도시설공단법」에 따라 설립된 한국철도시설공단(이하	제13조(철도건설사업의 시행자 지정) ① 법 제8조제2항에 따라 「공공기관의 운영에 관한 법률」 제4조에 따른 공공기관(이하 "공공기관"	제3조(철도건설사업의 시행자지정신청 등) ① 「철도의 건설 및 철도시설 유지관리에 관한 법률 시행령」(이하 "영"이라 한다) 제13조제1

법	시행령	시행규칙
"한국철도시설공단"이라 한다)이 시행한다. 다만, 「사회기반시설에 대한 민간투자법」에 따라 철도를 건설하는 경우에는 그 법에서 정하는 자가 시행한다. ② 국토교통부장관은 철도건설사업을 효율적으로 시행하기 위하여 필요하다고 인정하면 대통령령으로 정하는 바에 따라 그 사업의 전부 또는 일부를 제1항에 규정한 자 외의 「공공기관의 운영에 관한 법률」 제4조에 따른 공공기관으로 하여금 시행하게 할 수 있다.〈개정 13·3·23〉 [전문개정 09·3·25]	이라 한다)이 철도건설사업의 전부 또는 일부를 시행하려면 국토교통부령으로 정하는 철도건설사업시행자 지정신청서를 다음 각 호의 서류 및 도면과 함께 국토교통부장관에게 제출하여야 한다. 〈개정 13·3·23〉 1. 사업계획서 2. 자금조달계획서 3. 철도의 건설 예정 노선을 표시한 지형도 ② 제1항에서 정한 사항 외에 철도건설사업시행자의 지정 등에 필요한 사항은 국토교통부령으로 정한다. 〈개정 13·3·23〉 [전문개정 09·6·19]	항에 따른 철도건설사업시행자 지정신청서는 별지 제1호서식과 같다. 〈개정 19·3·20〉 ②국토교통부장관은 영 제13조제2항의 규정에 의하여 철도건설사업시행자를 지정한 때에는 별지 제2호서식의 철도건설사업시행자지정서를 신청인에게 교부하여야 한다. 〈개정 08·3·14, 13·3·23〉
제9조(철도건설사업별 실시계획의 승인) ① 제8조에 따라 철도건설사업을 하는 자(이하 "사업시행자"라 한다)는 사업의 규모와 내용, 사업 구역, 사업 기간, 그 밖에 대통령령으로 정하는 사항을 포함한 철도건설사업실시계획(이하 "실시계획"이라 한다)을 작성하여 국토교통부장관의 승인을 받아야 한다. 이 경우 사업시행자는 철도건설사업을 효율적으로 하기 위하여 필요하다고 인정하면 기본계획의 범위에서 구간별 또는 시설별로 실시계획을 작성할 수 있다.〈개정 13·3·23〉 ② 국토교통부장관은 제11조제1항제15호(「건축법」 제4조에 따른 건축위원회의 심의 대상	**제14조(철도건설사업실시계획의 승인)** ① 법 제9조제1항 전단에서 "대통령령으로 정하는 사항"이란 다음 각 호의 사항을 말한다. 〈개정 10·12·13, 14·5·22, 16·1·22〉 1. 사업시행지역의 위치도 2. 수용하거나 사용할 토지·물건 또는 권리(이하 "토지등"이라 한다)의 소재지·지번·지목 및 면적, 소유권 및 소유권 외의 권리의 명세와 그 소유자 및 권리자의 성명·주소 3. 계획평면도·단면도 및 공사설명서 등 설계도서 4. 사업시행 기간	**제4조(실시계획승인신청 등)** ①법 제8조의 규정에 의하여 철도건설사업을 시행하는 자(이하 "사업시행자"라 한다)는 법 제9조제1항의 규정에 의하여 철도건설사업실시계획(이하 "실시계획"이라 한다)의 승인을 얻고자 하는 때에는 별지 제3호서식의 철도건설사업실시계획승인신청서에 실시계획서를 첨부하여 국토교통부장관에게 제출하여야 한다. 〈개정 08·3·14, 13·3·23〉 ②사업시행자는 법 제9조제8항의 규정에 의하여 실시계획을 변경하고자 하는 때에는 별지 제4호서식의 철도건설사업실시계획변경승인신청서에 다음 각 호의 서류를 첨부하여 국토교통부

법	시행령	시행규칙
이 포함된 경우만 해당한다) 또는 같은 항 제16호의 사항이 포함되어 있는 실시계획을 승인하려는 경우에는 미리 위원회의 심의를 거쳐야 한다.〈개정 13·3·23〉 ③ 국토교통부장관은 승인하려는 실시계획에 제15조제3항에 따른 공공시설의 귀속(歸屬)·이관(移管) 및 양여(讓與)에 관한 사항이 포함되어 있는 경우에는 미리 그 지방자치단체의 장 또는 해당 공공시설 관리청의 동의를 받아야 한다.〈개정 13·3·23〉	5. 연도별 투자계획 및 재원조달계획과 연도별 투자비 회수 등에 관한 계획이 포함된 자금계획 및 이를 증명할 수 있는 서류(공공기관이 사업시행자인 경우와 고속철도건설사업실시계획의 경우만 해당한다) 6. 사업시행지역에 있는 토지등의 매수·보상계획 및 주민의 이주대책 7. 교통영향평가 및 환경영향평가에 대한 관계 행정기관의 장과의 협의 결과 8. 문화재 현황 조사 결과 9. 지진피해 경감대책 10. 법 제9조제1항 후단에 따라 철도건설사업실시계획(이하 "실시계획"이라 한다)을 구간별 또는 시설별로 작성한 경우에는 그 내용 11. 법 제9조제2항 및 제18조제1항제1호·제2호에 따라 「철도산업발전 기본법」 제6조에 따른 철도산업위원회(이하 "위원회"라 한다)의 심의를 거쳐야 하는 사항이 포함되어 있는 경우에는 그 심의 내용 12. 법 제11조제1항 각 호에 따라 의제되는 인·허가등이 있는 경우에는 그 내용 13. 법 제11조제2항에 따른 관계 행정기관의 장과의 협의에 필요한 서류 14. 법 제15조제1항에 따라 기존의 공공시설등을 대체하는 대체공공시설등을 설치하는	통부장관에게 제출하여야 한다. 〈개정 08·3·14, 13·3·23〉 1. 실시계획의 변경내용 및 변경사유 2. 실시계획의 변경내용을 설명할 수 있는 서류

법	시 행 령	시 행 규 칙
	경우에는 기존 공공시설등의 이전 및 철거계획과 대체공공시설등의 설치계획 15. 법 제17조제1항 단서에 따라 국가에 귀속되지 아니하는 토지 및 시설이 있는 경우에는 그 토지 및 시설의 처분에 관한 계획 16. 「건설기술 진흥법 시행령」 제19조제4항에 따른 기술자문위원회의 심의 대상 사업인 경우에는 설계 심의에 필요한 서류 ② 법 제9조제1항 전단에 따라 실시계획을 제출받은 국토교통부장관은 「전자정부법」 제36조제1항에 따른 행정정보의 공동이용을 통하여 사업시행지역의 지적도를 확인하여야 한다. 〈개정 10 · 5 · 4, 13 · 3 · 23〉	
④ 국토교통부장관은 제1항에 따라 실시계획을 승인하면 대통령령으로 정하는 바에 따라 이를 고시하고, 관계 서류의 사본을 관계 지방자치단체의 장에게 송부하여야 한다.〈개정 13 · 3 · 23〉	③ 국토교통부장관은 법 제9조제4항에 따라 실시계획을 승인하였을 때에는 다음 각 호의 사항을 관보에 고시하여야 한다. 〈개정 13 · 3 · 23〉 1. 사업의 명칭 2. 사업의 개요 3. 사업시행 기간(착공 예정일 및 준공 예정일을 포함한다) 4. 사업시행자의 성명 및 주소(법인인 경우에는 법인의 명칭 · 주소 및 그 대표자의 성명 · 주소) 5. 수용하거나 사용할 토지등의 소재지 · 지번 · 지목 및 면적, 소유권 및 소유권 외의 권리의 명세와 그 소유자 및 권리자의 성	

법	시 행 령	시 행 규 칙
⑤ 국토교통부장관은 제12조제1항에 따른 토지등의 수용 및 사용을 필요로 하는 실시계획을 승인한 경우에는 그 토지등의 소유자 및 권리자에게 이를 알려야 한다. 다만, 사업시행자가 실시계획의 승인을 신청할 때에 토지등의 소유자 및 권리자와 이미 협의한 경우에는 그러하지 아니하다.〈개정 13·3·23〉 ⑥ 사업시행자는 실시계획이 고시된 경우에는 실시계획 및 관계 도면(圖面)을 이해관계인이 볼 수 있게 하여야 한다. ⑦ 제4항에 따라 관계 서류의 사본을 받은 지방자치단체의 장은 관계 서류에 도시·군관리계획 결정사항이 포함되어 있는 경우에는 「국토의 계획 및 이용에 관한 법률」 제32조에 따라 지형도면 승인 신청 및 고시 등 필요한 조치를 하여야 한다. 이 경우 사업시행자는 지형도면 고시 등에 필요한 서류를 지방자치단체의 장에게 제출하여야 한다.〈개정 11·4·14〉 ⑧ 사업시행자는 제1항에 따라 승인을 받은	명·주소 6. 「국토의 계획 및 이용에 관한 법률 시행령」 제25조제5항 각 호의 사항 ④ 법 제9조제4항 및 제7항에 따라 실시계획 승인 관계 서류의 사본을 송부받은 관계 지방자치단체의 장은 14일 이상 이해관계인이 열람할 수 있게 하여야 한다. ⑤ 법 제9조제8항 전단에서 "대통령령으로 정	

법	시 행 령	시 행 규 칙
실시계획 중 대통령령으로 정하는 사항을 변경하려는 경우에는 국토교통부장관의 승인을 받아야 한다. 이 경우 제1항부터 제7항까지의 규정을 준용한다.〈개정 13 · 3 · 23〉	하는 사항"이란 다음 각 호의 어느 하나에 해당하지 아니하는 사항을 말한다. 1. 100분의 10의 범위에서의 노선 길이 또는 사업면적의 변경(기점 · 종점 및 주요 경유지의 변경이 수반되지 아니하는 경우만 해당한다) 2. 100분의 10의 범위에서의 사업비의 변경 3. 1년의 범위에서의 사업시행 기간의 변경(철도건설기본계획에 따른 건설기간을 초과하지 아니하는 경우만 해당한다) 4. 100분의 10의 범위에서의 역 시설의 변경(변경되는 연면적이 1천제곱미터 이하인 경우만 해당한다) 5. 설비 · 시설의 위치 및 구조의 변경(설비 · 시설의 위치 및 구조의 변경에 따른 사업비의 변경이 총사업비의 100분의 10을 초과하지 아니하는 경우만 해당한다)	
⑨ 사업시행자가 제4항에 따라 고시된 날부터 5년 이내에 실시계획에 따른 사업을 착공하지 아니한 경우에는 그 실시계획의 승인은 효력을 잃는다. [전문개정 09 · 3 · 25]	⑥ 국토교통부장관은 법 제9조제9항에 따라 실시계획의 승인이 효력을 잃은 경우에는 그 사실을 사업시행자 및 관계 행정기관의 장에게 통보하고, 고시(인터넷 게재를 포함한다)하여야 한다. 〈개정 13 · 3 · 23〉 [전문개정 09 · 6 · 19]	
제10조(토지에의 출입 등) ① 사업시행자는 실시계획의 작성을 위한 조사, 측량 또는 철도건설사업을 하기 위하여 필요하면 다음 각 호에		

법	시 행 령	시 행 규 칙
해당하는 행위를 할 수 있다. 1. 타인의 토지에 출입하는 행위 2. 타인의 토지를 재료 적치장(積置場), 통로 또는 임시도로로 일시 사용하는 행위 3. 나무·흙·돌 또는 그 밖의 장애물을 변경하거나 제거하는 행위 ② 제1항의 경우에는 「국토의 계획 및 이용에 관한 법률」 제130조제2항부터 제9항까지 및 제131조를 준용한다. [전문개정 09·3·25] **제11조(다른 법률에 따른 인가·허가 등의 의제)** ① 제9조제1항에 따라 국토교통부장관이 실시계획을 승인한 경우에는 다음 각 호의 협의·승인·허가·인가·동의·해제·결정·신고·지정·면허·심의·처분 등(이하 "인·허가등"이라 한다)이 있는 것으로 보고, 제9조제4항에 따른 실시계획의 승인 고시를 한 경우에는 관계 법률에 따른 인·허가등의 고시 또는 공고가 있는 것으로 본다.〈개정 09·6·9, 10·4·15, 10·5·31, 11·4·14, 13·3·23, 13·5·22, 14·1·14, 16·1·19, 17·1·17, 17·12·26〉 1. 「건설기술 진흥법」 제5조에 따른 건설기술심의위원회의 심의 2. 「건축법」 제4조에 따른 건축위원회의 심의, 같은 법 제11조에 따른 건축허가, 같은 법		

법	시 행 령	시 행 규 칙
제14조에 따른 건축신고, 같은 법 제20조에 따른 가설건축물(假設建築物)의 건축허가, 같은 법 제29조에 따른 공용건축물의 건축 협의 3. 「공유수면 관리 및 매립에 관한 법률」 제8조에 따른 공유수면의 점용 · 사용허가, 같은 법 제17조에 따른 점용 · 사용 실시계획의 승인 또는 신고, 같은 법 제28조에 따른 공유수면의 매립면허, 같은 법 제35조에 따른 국가 등이 시행하는 매립의 협의 또는 승인 및 같은 법 제38조에 따른 공유수면매립실시계획의 승인 4. 삭제 〈10 · 4 · 15〉 5. 「군사기지 및 군사시설 보호법」 제9조제1항제1호에 따른 통제보호구역 등에의 출입허가, 같은 법 제13조에 따른 행정기관의 허가등에 관한 협의 6. 「국토의 계획 및 이용에 관한 법률」 제30조에 따른 도시 · 군관리계획의 결정(같은 법 제2조제6호의 기반시설만 해당한다), 같은 법 제56조에 따른 개발행위의 허가, 같은 법 제86조에 따른 도시 · 군계획시설사업시행자의 지정 및 같은 법 제88조에 따른 실시계획의 작성 · 인가 7. 「광업법」 제24조에 따른 광업권설정의 불허가처분, 같은 법 제34조에 따른 광업권의		

법	시 행 령	시 행 규 칙
취소 및 광구(鑛口)의 감소처분 8. 「농지법」 제34조에 따른 농지전용의 허가 또는 협의 9. 「도로법」 제107조에 따른 도로관리청과의 협의 또는 승인(같은 법 제19조에 따른 도로 노선의 지정·고시, 같은 법 제25조에 따른 도로구역의 결정, 같은 법 제36조에 따른 도로관리청이 아닌 자에 대한 도로공사 시행의 허가 및 같은 법 제61조에 따른 도로의 점용 허가에 관한 것으로 한정한다) 10. 「대기환경보전법」 제23조, 「물환경보전법」 제33조 및 「소음·진동관리법」 제8조에 따른 배출시설 설치의 허가 또는 신고 11. 「사도법」 제4조에 따른 사도(私道) 개설의 허가 12. 「사방사업법」 제14조에 따른 사방지에서의 벌채 등의 허가, 같은 법 제20조에 따른 사방지지정의 해제 13. 「산업집적활성화 및 공장설립에 관한 법률」 제13조에 따른 공장설립등의 승인(철도건설사업에 직접 필요한 공사용시설로서 건설 기간 중에 설치되는 공장만 해당한다) 14. 「산지관리법」 제14조에 따른 산지전용허가, 같은 법 제15조에 따른 산지전용신고, 같은 법 제15조의2에 따른 산지일시사용허가·신고, 「산림자원의 조성 및 관리에 관한		

법	시 행 령	시 행 규 칙
법률」 제36조제1항·제4항에 따른 입목벌채 등의 허가·신고, 「산림보호법」 제9조제1항 및 제2항제1호·제2호에 따른 산림보호구역(산림유전자원보호구역은 제외한다)에서의 행위의 허가·신고와 같은 법 제11조제1항제1호에 따른 산림보호구역의 지정해제 15. 「소방시설설치유지 및 안전관리에 관한 법률」 제7조제1항에 따른 건축허가등의 동의, 「소방시설공사업법」 제13조제1항에 따른 소방시설공사의 신고, 「위험물안전관리법」 제6조제1항에 따른 제조소등의 설치허가 16. 「수도법」 제17조제1항에 따른 일반수도사업의 인가, 같은 법 제52조 및 제54조에 따른 전용수도설치의 인가 17. 「자연공원법」 제71조제1항에 따른 공원관리청의 협의(같은 법 제23조에 따른 공원구역에서의 행위허가에 관한 것만 해당한다) 18. 「장사 등에 관한 법률」 제27조제1항에 따른 무연분묘(無緣墳墓)의 개장(改葬) 허가 19. 「전기사업법」 제62조에 따른 자가용전기설비의 공사계획의 인가 또는 신고 20. 「초지법」 제21조의2에 따른 초지에서의 형질변경 등 같은 조 각 호의 행위에 대한 허가, 같은 법 제23조에 따른 초지전용의 허가 또는 협의 21. 「폐기물관리법」 제29조에 따른 폐기물처		

법	시 행 령	시 행 규 칙
리시설설치의 승인 또는 신고 22. 「하수도법」 제16조에 따른 공공하수도 공사시행의 허가, 같은 법 제24조에 따른 공공하수도의 점용허가, 같은 법 제34조에 따른 개인하수처리시설의 설치신고 23. 「하천법」 제6조에 따른 하천관리청의 협의 또는 승인(같은 법 제30조에 따른 하천공사 시행의 허가, 같은 법 제33조에 따른 하천의 점용허가, 같은 법 제50조에 따른 하천수의 사용허가에 관한 것만 해당한다), 같은 법 제33조에 따른 하천의 점용허가, 같은 법 제50조에 따른 하천수의 사용허가, 「소하천정비법」 제14조에 따른 소하천 점용의 허가 24. 「부동산 거래신고 등에 관한 법률」 제11조에 따른 토지거래계약에 관한 허가 25. 「공간정보의 구축 및 관리 등에 관한 법률」 제86조제1항에 따른 사업의 착수 · 변경 또는 완료의 신고 ② 국토교통부장관은 제1항 각 호의 어느 하나의 사항이 포함되어 있는 실시계획을 승인하려면 사업시행자가 제출한 관계 서류를 구비하여 미리 관계 행정기관의 장과 협의하여야 한다. 이 경우 관계 행정기관의 장은 협의요청을 받은 날부터 60일 이내에 의견을 제출하여야 한다.〈개정 13 · 3 · 23, 13 · 4 · 5〉 ③ 제2항에 따라 협의요청을 받은 관계 행정		

법	시 행 령	시 행 규 칙
기관의 장은 그 요청을 받은 날부터 30일 이내에 국토교통부장관에게 의견을 제출하여야 한다. 이 경우 해당 기간 내에 의견을 제출하지 아니하면 그 협의가 이루어진 것으로 본다.〈신설 13·4·5, 14·5·21〉 [전문개정 09·3·25] 제12조(수용 및 사용) ① 사업시행자는 철도건설사업을 하기 위하여 필요하면 「공익사업을 위한 토지 등의 취득 및 보상에 관한 법률」 제3조에서 정하는 토지·물건 또는 권리(이하 "토지등"이라 한다)를 수용하거나 사용할 수 있다. ② 국토교통부장관이 실시계획을 승인·고시한 경우에는 「공익사업을 위한 토지 등의 취득 및 보상에 관한 법률」 제20조제1항에 따른 사업인정 및 같은 법 제22조에 따른 사업인정의 고시를 한 것으로 보며, 사업시행자의 재결 신청은 같은 법 제23조제1항 및 같은 법 제28조제1항에도 불구하고 실시계획에서 정하는 사업의 시행 기간 이내에 할 수 있다.〈개정 13·3·23〉 ③ 제1항에 따른 토지등의 수용 또는 사용에 관한 재결을 관할하는 토지수용위원회는 중앙토지수용위원회로 한다. ④ 제1항에 따른 토지등의 수용 또는 사용에 관하여 이 법에 특별한 규정이 있는 것을 제외하고는 「공익사업을 위한 토지 등의 취득 및 보상에 관한 법률」을 준용한다.		

법	시 행 령	시 행 규 칙
[전문개정 09 · 3 · 25] 제12조의2(토지의 지하부분 사용에 대한 보상) ① 사업시행자는 철도를 건설하기 위하여 다른 자의 토지의 지하부분을 사용하려는 경우에는 그 토지의 이용 가치, 지하의 깊이 및 토지 이용을 방해하는 정도 등을 고려하여 보상한다. ② 제1항에 따른 지하부분 사용에 대한 보상대상, 보상기준 및 보상방법 등에 관하여 필요한 사항은 대통령령으로 정한다.〈신설 13 · 4 · 5〉 제12조의3(구분지상권의 설정등기 등) ① 사업시행자는 「공익사업을 위한 토지 등의 취득 및 보상에 관한 법률」에 따라 토지등의 소유자 또는 그 권리자 사이에 토지의 지하부분 사용에 관한 협의가 성립된 경우에는 구분지상권을 설정하거나 이전하여야 한다. ② 사업시행자는 「공익사업을 위한 토지 등의 취득 및 보상에 관한 법률」에 따라 토지의 지하부분에 대하여 구분지상권을 설정하거나 이전하는 내용으로 수용 또는 사용의 재결을 받은 경우에는 「부동산등기법」 제99조를 준용하여 단독으로 구분지상권의 설정등기 또는 이전등기를 신청할 수 있다. ③ 토지의 지하부분 사용에 관한 구분지상권의 등기절차에 관하여 필요한 사항은 대법원규칙으로 정한다. ④ 제1항 및 제2항에 따른 구분지상권의 존속	제14조의2(지하부분 사용에 대한 보상대상, 보상기준 및 보상방법) ① 법 제12조의2제1항에 따른 다른 자의 토지의 지하부분의 사용에 대한 보상대상은 철도시설의 설치 또는 보호를 위하여 사용되는 토지의 지하부분으로 한다. ② 제1항에 따른 토지의 지하부분 사용에 대한 보상금은 별표 1의 산정방법에 따라 산정한다. 〈개정 19 · 3 · 12〉 ③ 사업시행자는 토지의 지하부분 사용에 따른 보상을 할 때에는 토지소유자에게 개인마다 일시불로 보상금을 지급하여야 한다. [본조신설 13 · 10 · 4]	

법	시 행 령	시 행 규 칙
기간은 「민법」 제280조 또는 제281조에도 불구하고 철도시설이 존속하는 날까지로 한다. 〈신설 13·4·5〉 제13조(국공유재산의 대부 등) ① 실시계획에 포함된 사업구역에 있는 국가나 지방자치단체 소유의 토지로서 철도건설사업에 필요한 토지는 철도건설사업 외의 목적으로 매각하거나 양도할 수 없다. ② 실시계획에 포함된 사업구역에 있는 국가나 지방자치단체 소유의 재산은 「국유재산법」 또는 「공유재산 및 물품 관리법」에도 불구하고 사업시행자에게 수의계약으로 대부하거나 매각할 수 있다. 이 경우 그 재산의 대부 또는 매각에 관하여는 국토교통부장관이 미리 관계 중앙행정기관 및 지방자치단체의 장과 협의하여야 한다.〈개정 13·3·23〉 ③ 제2항 후단에 따른 협의요청이 있으면 관계 행정기관의 장은 그 요청을 받은 날부터 90일 이내에 용도 폐지 및 매각이나 그 밖에 필요한 조치를 하여야 한다. ④ 제2항에 따라 사업시행자에게 매각하려는 재산 중 관리청을 알 수 없는 국유재산에 관하여는 다른 법령에도 불구하고 기획재정부장관이 이를 관리하거나 처분한다. [전문개정 09·3·25] 제14조(토지매수사업 등의 위탁) ① 지방자치단	제15조(토지매수업무 등의 위탁) ① 지방자치단	

법	시 행 령	시 행 규 칙
체가 아닌 사업시행자는 철도건설사업을 위한 토지매수업무, 손실보상업무 및 이주대책업무 등을 대통령령으로 정하는 바에 따라 관할 지방자치단체의 장 또는 「공공기관의 운영에 관한 법률」에 따른 공공기관에 위탁할 수 있다. ② 제1항에 따라 토지매수업무, 손실보상업무 및 이주대책업무 등을 위탁할 때 드는 위탁수수료 등에 관하여는 대통령령으로 정한다. [전문개정 09·3·25]	체가 아닌 사업시행자가 법 제14조에 따라 토지매수업무, 손실보상업무 및 이주대책업무 등을 위탁하려는 경우에는 위탁 내용과 위탁 조건에 관하여 미리 해당 지방자치단체의 장 또는 공공기관의 장과 협의하여야 한다. ② 법 제14조제1항에 따라 토지매수업무, 손실보상업무 및 이주대책업무 등을 위탁하는 경우 지방자치단체가 아닌 사업시행자가 지급하여야 하는 위탁수수료의 요율은 「공익사업을 위한 토지 등의 취득 및 보상에 관한 법률 시행령」 제43조제4항에 따른 위탁수수료의 요율 기준에 따른다. [전문개정 09·6·19]	
제15조(대체공공시설등의 설치) ① 국토교통부장관은 철도건설사업에 편입되는 부지에 대통령령으로 정하는 공공시설, 군사시설 또는 공용건축물(철도시설은 제외하며, 이하 이 조에서 "공공시설등"이라 한다)이 있는 경우에는 그 공공시설등의 관리청 또는 소유자의 신청을 받아 사업시행자로 하여금 기존의 공공시설등을 대체하는 공공시설등(이하 이 조에서 "대체공공시설등"이라 한다)을 설치하게 할 수 있다.〈개정 13·3·23〉 ② 국토교통부장관은 제1항에 따라 사업시행자로 하여금 대체공공시설등을 설치하게 하는 경우에는 대통령령으로 정하는 바에 따라 실시계획	제16조(대체공공시설등의 설치) 법 제15조제1항에서 "대통령령으로 정하는 공공시설, 군사시설 또는 공용건축물"이란 다음 각 호의 시설을 말한다.〈개정 12·1·25, 13·3·23〉 1. 「국토의 계획 및 이용에 관한 법률」 제2조제13호에 따른 공공시설 2. 「국방·군사시설 사업에 관한 법률」 제2조제1호에 따른 국방·군사시설 3. 국가 또는 지방자치단체의 청사와 그 부대시설 4. 그 밖에 제1호부터 제3호까지의 시설과 유사한 시설로서 국토교통부령으로 정하는 시설 [전문개정 09·6·19]	제5조(대체공공시설등의 설치) 영 제16조제4호에서 "국토교통부령이 정하는 시설"이라 함은 「방송법」에 의한 방송사업자가 설치한 방송시설을 말한다.〈개정 08·3·14, 13·3·23〉

법	시행령	시행규칙
을 승인할 때에 그 사실을 분명히 밝혀야 한다. 〈개정 13·3·23〉 ③ 제16조에 따라 대체공공시설등에 대한 준공확인을 받은 경우에는 「국유재산법」·「공유재산 및 물품 관리법」 또는 그 밖의 다른 법령에도 불구하고 다음 각 호의 구분에 따라 처리된다. 1. 기존의 공공시설등: 사업시행자에게 무상으로 귀속 2. 대체공공시설등: 국가·지방자치단체 또는 기존 공공시설등의 소유자에게 무상으로 귀속 3. 새로 설치되는 공공시설: 해당 시설을 관리할 관리청에 무상으로 귀속 또는 이관되거나 해당 시설을 관리할 지방자치단체에 무상으로 양여 ④ 제3항에 따른 대체공공시설등을 등기할 때에는 실시계획 인가서 또는 그 변경 인가서와 준공확인서로 「부동산등기법」에 따른 등기원인을 증명하는 서류를 갈음한다. [전문개정 09·3·25]		
제16조(준공확인) ① 사업시행자는 철도건설사업에 관한 공사를 끝냈을 때에는 지체 없이 국토교통부장관에게 공사준공보고서를 제출하고 준공확인을 받아야 한다. 이 경우 준공확인 신청을 받은 국토교통부장관은 국토교통부령으로 정하는 기관의 장에게 준공확인에 필	제17조(준공보고) ① 사업시행자는 법 제16조제1항에 따라 준공확인을 받으려면 국토교통부령으로 정하는 공사준공보고서에 다음 각 호의 서류를 첨부하여 국토교통부장관에게 제출하여야 한다. 〈개정 13·3·23〉 1. 준공조서	제6조(준공보고 등) ①영 제17조제1항의 규정에 의한 공사준공보고서는 별지 제5호서식에 의한다. ②영 제17조제1항제4호에서 "국토교통부령으로 정하는 서류"란 다음 각 호의 서류를 말한다. 〈개정 08·3·14, 13·3·23, 19·1·2, 19·3·20〉

법	시 행 령	시 행 규 칙
요한 검사를 의뢰할 수 있다.〈개정 13·3·23〉	2. 관계 행정기관의 사업 완료 확인에 관한 서류 3. 법 제15조제3항 및 제17조제1항에 따라 귀속·이관되거나 양여되는 공공시설에 관한 조서 및 관계 도면 4. 그 밖에 국토교통부령으로 정하는 서류	1. 별지 제6호서식의 개별사업별 준공조서 2. 사업완료 구간의 노선도 3. 선로의 종·평면도 4. 선로일람(一覽) 약도 5. 거리표, 기울기표, 곡선표 등 선로표지 6. 배선(配線)약도를 포함한 정거장평면도
② 국토교통부장관은 제1항에 따른 준공확인 신청을 받으면 준공확인을 한 후 그 공사가 승인된 내용대로 시행되었다고 인정되는 경우에는 이를 고시하여야 한다.〈개정 13·3·23〉 ③ 국토교통부장관이 제2항에 따라 고시를 한 경우에는 제11조제1항 각 호에 따른 인·허가 등에 따른 해당 사업의 준공검사 또는 준공인가 등을 받은 것으로 본다.〈개정 13·3·23〉 ④ 사업시행자는 제2항에 따른 준공 고시가 있기 전에 철도건설사업으로 조성 또는 설치된 토지 및 시설을 사용하여서는 아니 된다. 다만, 국토교통부장관으로부터 준공 전 사용허가를 받은 경우에는 그러하지 아니하다.〈개정 13·3·23〉 ⑤ 사업시행자는 철도건설사업을 효율적으로 하기 위하여 필요하면 실시계획의 범위에서 구간별 또는 시설물별로 구분하여 준공확인을 신청할 수 있다. [전문개정 09·3·25]	② 국토교통부장관은 법 제16조제2항에 따라 공사가 승인된 내용대로 시행되었다고 인정되는 경우에는 다음 각 호의 사항을 관보에 고시하여야 한다. 〈개정 12·4·10, 13·3·23〉 1. 사업의 명칭 2. 사업시행자의 명칭 및 주소 3. 사업의 목적 4. 사업시행지역의 위치 및 면적 5. 사업의 내용 6. 사업 완료일 7. 법 제11조제1항제6호에 따른 도시·군관리계획의 결정에 관한 사항 8. 법 제15조제3항 및 제17조제1항에 따라 귀속·이관되거나 양여되는 공공시설에 관한 조서 및 관계 도면 [전문개정 09·6·19]	7. 건물배치도(역 및 철도차량기지로 한정한다) 8. 「환경영향평가법」 제25조, 「도시교통정비 촉진법」 제22조 및 「자연재해대책법」 제6조에 따른 협의내용의 이행현황 등을 적은 서류 9. 터널·교량 등의 구조물현황을 적은 서류 10. 토지세목조서 11. 공사착공 전 및 준공 후의 상황을 구분·인식할 수 있는 준공사진 또는 도면 12. 시공품질검사내역서 13. 그 밖에 준공확인에 필요하다고 국토교통부장관이 인정하는 서류 ③법 제16조제1항 후단에서 "국토교통부령이 정하는 기관의 장"이라 함은 관계중앙행정기관의 장, 지방자치단체의 장, 한국철도공사사장, 한국철도시설공단이사장 그 밖에 철도건설과 관련된 전문연구기관 또는 단체의 장을 말한다. 〈개정 08·3·14, 13·3·23〉 ④사업시행자는 법 제16조제4항 단서의 규정

법	시 행 령	시 행 규 칙
		에 의하여 철도건설사업으로 조성 또는 설치된 토지 및 시설의 준공전 사용의 허가를 받고자 하는 때에는 별지 제7호서식의 준공전사용허가신청서에 다음 각 호의 서류를 첨부하여 국토교통부장관에게 제출하여야 한다. 〈개정 08·3·14, 13·3·23, 19·3·20〉 1. 준공전 사용하려는 구간의 노선도 2. 선로 종·평면도 3. 선로일람 약도 4. 선로표지 현황 5. 배선약도를 포함한 정거장 평면도 6. 건물배치도(역 및 철도차량기지에 한한다) 7. 「환경영향평가법」 제25조, 「도시교통정비 촉진법」 제22조 및 「자연재해대책법」 제6조에 따른 협의내용의 이행현황 등을 적은 서류 8. 구조물현황을 기재한 서류 9. 공사착공전 및 준공전 사용허가신청 당시의 상황을 구분·인식할 수 있는 사진 또는 도면 10. 시공품질검사내역서 11. 그 밖에 준공전 사용허가 확인에 필요하다고 국토교통부장관이 인정하는 서류
제17조(시설의 귀속 등) ① 철도건설사업으로 조성 또는 설치된 토지 및 시설은 준공과 동시에 국가에 귀속된다. 다만, 대통령령으로 정하는 토지 및 시설의 경우에는 그러하지 아	제18조(토지 및 시설의 귀속) ① 법 제17조제1항 단서에서 "대통령령으로 정하는 토지 및 시설"이란 다음 각 호의 어느 하나에 해당하는 토지 및 시설로서 실시계획에 반영된 것을	

법	시 행 령	시 행 규 칙
니하다.	말한다. 1. 철도의 운영에 직접 사용되지 아니하는 토지 및 시설 2. 「한국철도공사법」에 따라 설립된 한국철도공사가 조성하거나 설치한 토지 및 시설 ② 사업시행자는 법 제17조제2항에 따라 국가에 귀속된 철도시설을 무상으로 사용·수익하려면 사업 목적, 사용·수익할 시설, 사용·수익 기간 등이 포함된 사업계획서를 작성하여 국토교통부장관에게 제출하여야 한다. 〈개정 13·3·23〉 [전문개정 09·6·19]	
② 국토교통부장관은 제1항에 따라 국가에 귀속된 고속철도시설의 사업시행자에게는 그가 투자한 총사업비의 범위에서 대통령령으로 정하는 바에 따라 그 시설을 무상으로 사용·수익하게 할 수 있다.〈개정 13·3·23〉 ③ 고속철도건설사업으로 조성 또는 설치되는 토지 및 시설의 귀속에 관하여는 사업시행자가 한국철도시설공단인 경우에는 「한국철도시설공단법」에서 정하는 바에 따르고, 사업시행자가 「사회기반시설에 대한 민간투자법」에 따른 민자유치 사업의 시행자인 경우에는 「사회기반시설에 대한 민간투자법」에서 정하는 바에 따른다.	**제19조(총사업비의 산정)** ① 법 제17조제2항에 따른 총사업비는 철도건설사업의 준공 확인일을 기준으로 다음 각 호의 기준에 따라 산정한 비용을 합산한 금액으로 한다. 〈개정 09·12·14, 10·9·20, 11·1·17, 15·6·1, 16·1·22〉 1. 조사비: 철도건설사업 시행을 위한 측량비나 그 밖의 조사비로서 순공사비에 포함되지 아니한 비용을 말하며, 「엔지니어링산업 진흥법」 제31조에 따른 엔지니어링사업대가의 기준에 따른다. 다만, 측량비는 「공간정보의 구축 및 관리 등에 관한 법률」 제55조에 따른 측량용역대가의 기준에 따른다. 2. 설계비: 철도건설사업 시행을 위한 설계에 드는 비용을 말하며, 「엔지니어링산업	

법	시 행 령	시 행 규 칙
④ 제2항에 따른 총사업비의 산정 방법 및 무상으로 사용·수익할 수 있는 기간은 대통령령으로 정한다. [전문개정 09·3·25]	진흥법」 제31조에 따른 엔지니어링사업대가의 기준 또는 「건축사법」 제19조의3에 따른 건축사 업무의 범위와 그 대가의 기준에 따른다. 3. 공사비: 「국가를 당사자로 하는 계약에 관한 법률 시행령」 제9조에 따른 재료비·노무비·경비 및 일반관리비의 합계액을 말한다. 4. 보상비: 철도건설사업 시행을 위하여 지급되는 토지 매입비(건물, 입목 등의 매입비를 포함한다) 및 이주대책비와 영업권·어업권·광업권 등의 권리에 대한 보상비를 말한다. 5. 부대비: 환경영향평가비, 교통영향평가비, 시공감리비 등의 각종 비용을 말한다. 6. 건설 이자: 제1호부터 제5호까지의 사업비에 대한 이자를 말한다. 7. 제세공과금: 공사의 시행·준공 및 소유권 이전과 관련한 취득세·부가가치세 등 모든 세금 및 공과금과 그 밖에 법률에 따라 부과되는 각종 부담금을 말한다. 8. 이윤: 제1호부터 제5호까지의 비용의 15퍼센트에 상당하는 금액을 말한다. ② 법 제17조제4항에 따라 무상으로 사용·수익할 수 있는 기간은 해당 시설의 사용료 또는 수익이 제1항에 따라 산정한 총사업비에 달할 때까지로 한다.	

법	시 행 령	시 행 규 칙
	[전문개정 09·6·19]	
제18조(철도건설사업의 촉진 및 품질향상 등을 위한 특례〈개정 13·8·6〉) ① 고속철도시설이 다음 각 호의 어느 하나에 해당하는 경우 해당 고속철도시설에 대하여는 「건축법」 제49조·제50조·제53조, 「위험물안전관리법」 제5조 및 「소방시설설치유지 및 안전관리에 관한 법률」 제9조제1항을 적용하지 아니한다.〈개정 13·3·23〉 1. 국토교통부장관이 위원회의 심의를 거쳐 인정한 특수기술 또는 특수장치를 이용한 경우 2. 국토교통부장관이 위원회의 심의를 거쳐 고속철도 시설의 구조 및 형태가 관계 법령에 따른 소방·방재·방화·대피 등에 관한 기준과 같은 수준 이상이라고 인정하는 경우		
② 사업시행자는 철도 역 시설 등 다양한 기능과 특성을 갖는 철도시설의 건설공사를 발주(發注)할 때 건축·궤도·전기·신호 및 정보통신 공사는 분리하여 발주할 수 있다. 다만, 공사의 성질상 또는 기술관리상 분리하여 발주하기 곤란한 경우로서 대통령령으로 정하는 경우에는 통합하여 발주할 수 있다.〈개정 13·8·6〉 ③ 사업시행자는 철도건설사업에 드는 각종 건설자재의 생산시설로서 국토교통부장관이 철도건설사업에 직접 필요하다고 인정하는 시설을 「산업집적활성화 및 공장설립에 관한 법률」 제20조에도 불구하고 국토교통부장관이	제20조(공사 분리발주의 예외) 법 제18조제2항에서 "대통령령으로 정하는 경우"란 다음 각 호의 어느 하나에 해당하는 경우를 말한다. 1. 특허공법 등 특수한 기술을 이용하는 공사로서 분리발주하면 하자 책임의 구분이 불명확하게 되거나 하나의 목적물을 완성할 수 없게 되는 경우 2. 천재지변이나 재해로 인한 복구공사로서 발주가 시급하여 분리발주가 곤란한 경우 3. 국방·국가안보 등과 관련되는 공사로서 기밀 유지를 위하여 분리발주가 곤란한 경우	

법	시 행 령	시 행 규 칙
지정한 실시계획에 포함된 사업구역이나 그 인근에 신설·증설 또는이전할 수 있다. 이 경우 그 건설자재의 생산시설은 공사용 목적으로 건설 기간 중에 설치되는 것만 해당한다.〈개정 13·3·23, 13·8·6〉 [전문개정 09·3·25] 제19조(철도시설의 기술기준) ① 철도건설사업의 시행자는 국토교통부령으로 정하는 기술기준에 맞게 철도시설을 설치하여야 한다. 〈개정 13·3·23, 18·3·13〉 ② 철도시설관리자는 국토교통부령으로 정하는 바에 따라 제1항에 따른 기술기준에 맞게 철도시설을 유지관리하여야 한다. 〈신설 18·3·13〉 ③ 철도를 새로 건설하거나 개량하는 경우에는 철도차량이 철도 노선 간을 상호 연계하여 운행할 수 있도록 국토교통부령으로 정하는 바에 따라 철도시설의 호환성과 안전성을 확보하여야 한다. 〈신설 18·3·13〉	4.「국가를 당사자로 하는 계약에 관한 법률 시행령」제79조제1항제5호에 따른 일괄입찰로 시행되는 공사로서 분리발주가 곤란한 경우 [전문개정 09·6·19]	제7조(철도시설의 유지관리) ① 철도시설관리자는 법 제19조제2항에 따른 다음 각 호의 기준에 맞게 철도시설을 유지관리해야 한다. 1. 철도시설관리자는 소관 철도시설의 위험성을 파악하고 그 원인 및 영향을 분석하여 철도사고의 발생 가능성을 최소화할 수 있도록 안전성 분석을 실시할 것 2. 선로에 열차의 안전운행 및 여객의 안전을 위해 노반(路盤)·교량·터널 등에 탈선방지시설, 대피시설, 안전시설 등을 설치하고, 주기적으로 점검할 것 3. 역시설에 열차가 안전하게 정지·출발하고 여객이 안전하고 자유롭게 이동·대기할 수 있도록 승강장, 대합실, 피난로 등을 설치하고, 주기적으로 점검할 것 4. 철도건널목의 이용자와 철도를 보호할 수 있도록 안전설비를 설치하고, 교통량 조사·관리원 배치 등 대책을 수립·시행할 것 5. 열차의 안전운행 및 수송의 효율성 향상에 적합하도록 전철전력설비, 철도신호제어설비

법	시 행 령	시 행 규 칙
		및 철도정보통신설비를 설치하고, 주기적으로 점검할 것 ② 국토교통부장관은 제1항에서 정한 기준의 시행에 필요한 세부기준을 정하여 고시할 수 있다. [본조신설 19·3·20] **제8조(철도시설의 호환성·안전성 확보)** ① 사업시행자 또는 철도시설관리자는 법 제19조제3항에 따라 철도를 새로 건설하거나 개량하는 경우 다음 각 호의 기준에 맞게 설치하여 호환성·안전성을 확보해야 한다. 1. 철도시설의 호환성·안전성 확보를 위해 철도시설의 구조 설계, 기술요건 및 적합여부 평가기준 등에 대한 계획을 수립할 것 2. 철도시설은 철도차량이 철도 노선간을 상호 연계하여 운행·이용될 수 있도록 안전성, 신뢰성, 가용성, 산업안전보건, 환경보호, 기술적 호환성과 교통약자의 접근성이 확보되도록 할 것 3. 철도시설과 다른 철도시설간 및 철도시설과 철도차량간의 상호 작용을 고려할 것 ② 사업시행자 또는 철도시설관리자는 철도를 새로 건설하거나 개량하는 경우 철도의 설계, 제작, 시공 등 단계별로 철도시설의 호환성·안전성 여부를 확인해야 한다. ③ 국토교통부장관은 제1항 및 제2항에 따른

<table>
<tr><th>법</th><th>시 행 령</th><th>시 행 규 칙</th></tr>
<tr><td></td><td></td><td>철도시설의 호환성 · 안전성 여부의 확인에 필요한 세부 기준을 정하여 고시할 수 있다.
[본조신설 19 · 3 · 20]</td></tr>
<tr><td>제3절 철도건설 비용부담</td><td></td><td></td></tr>
<tr><td>제20조(비용부담의 원칙) ① 철도건설에 관한 비용은 이 법 또는 다른 법률에 특별한 규정이 있는 경우를 제외하고는 일반철도는 국고부담으로 하고, 고속철도는 국고와 사업시행자 간의 분담으로 한다.
② 제1항에 따른 고속철도건설 비용에 대한 국고와 사업시행자 간의 분담 비율은 대통령령으로 정한다.
[전문개정 09 · 3 · 25]</td><td>제21조(비용부담의 원칙) 법 제20조제1항에 따른 고속철도건설 비용에 대한 국고와 사업시행자 간 분담 비율은 위원회에서 결정한 비율로 한다.
[전문개정 09 · 6 · 19]</td><td></td></tr>
<tr><td>제21조(수익자 · 원인자의 비용부담) ① 사업시행자는 국가 이외의 자가 철도건설사업으로 현저한 이익을 얻는 경우에는 국토교통부장관의 승인을 받아 그 이익을 얻는 자(이하 "수익자"라 한다)에게 철도건설사업 비용의 전부 또는 일부를 부담하게 할 수 있다.〈개정 13 · 3 · 23〉
② 제1항에 따라 수익자가 부담하여야 할 비용은 사업시행자와 수익자가 협의하여 정한다. 이 경우 협의가 성립되지 아니하면 사업시행자 또는 수익자의 신청을 받아 위원회가 조정할 수 있다.</td><td>제22조(원인자의 비용부담 비율) ① 법 제21조제3항에 따라 국가 외의 자로서 철도건설사업의 시행을 요구하는 자(이하 "원인자"라 한다)가 철도건설사업 비용의 전부 또는 일부를 부담하는 경우 그 부담 비율은 다음 각 호에 따른다. 〈개정 10 · 1 · 7〉
1. 원인자의 요구에 의하여 운영 중인 철도노선을 옮겨 설치하는 경우: 옮겨 설치하는데 드는 비용의 전액을 원인자가 부담
2. 원인자의 요구에 의하여 새로 건설되고 있는 철도노선(해당 철도노선이 포함된 철도건설기본계획이 법 제7조제4항에 따라 고시</td><td></td></tr>
</table>

법	시 행 령	시 행 규 칙
③ 국가 이외의 자의 요구에 의하여 철도건설사업을 하는 경우에는 필요한 비용의 전부 또는 일부를 요구자의 부담으로 한다. ④ 제3항에 따라 국가 이외의 자가 철도건설사업에 따른 비용의 전부 또는 일부를 부담하는 경우 그 부담 비율은 대통령령으로 정한다. [전문개정 09·3·25]	된 이후의 철도노선을 말한다. 이하 제3호에서 같다)의 지하에 철도시설을 건설하는 경우: 경제적으로 가장 적합한 지점에 철도시설을 건설하는 경우의 건설비용과 비교하여 추가로 드는 건설비용의 전액을 원인자가 부담 3. 원인자의 요구에 의하여 새로 건설되고 있는 철도노선에 역 시설을 건설하는 경우: 「국가통합교통체계효율화법」 제18조제2항의 투자평가지침에 따라 산정된 역 시설 건설비용과 수입을 비교하여 수입을 초과하지 아니하는 건설비용의 100분의 50을 국가가 부담. 다만, 역사(驛舍) 진입도로의 설치비용은 원인자가 전액을 부담한다. 4. 원인자의 요구에 의하여 기존의 철도노선에 역 시설을 건설하거나 증축 또는 개축하는 경우: 건설·증축 또는 개축하는 데 드는 비용(역사 진입도로의 설치비용을 포함한다)의 전액을 원인자가 부담 ② 제1항제3호 및 제4호에 따른 철도건설사업은 「국가통합교통체계효율화법」 제18조제2항의 투자평가지침에 따라 타당성을 평가한 결과 경제성이 있다고 인정되는 경우에만 시행할 수 있다. 〈개정 10·1·7〉 [전문개정 09·6·19]	

법	시 행 령	시 행 규 칙
제3장 역세권 개발 제22조 및 제23조 삭제 〈10 · 4 · 15〉 제23조의2(점용허가〈개정 19 · 11 · 26〉) ① 국토교통부장관은 다음 각 호의 경우에는 「국유재산법」 제24조제3항에도 불구하고 대통령령으로 정하는 바에 따라 설치하려는 건물이나 그 밖의 시설물(이하 "시설물"이라 한다)의 종류 및 기간 등을 정하여 점용허가를 할 수 있다. 〈개정 10 · 4 · 15, 13 · 3 · 23, 19 · 11 · 26〉 1. 한국철도시설공단(한국철도시설공단이 출자한 법인을 포함한다), 제8조제1항 단서 및 같은 조 제2항에 따른 사업시행자가 철도시설의 활성화와 이용객 편의증진 등을 위하여 국가가 소유 · 관리하는 철도시설, 폐선로 및 폐역사(부지를 포함한다), 유휴지 등 철도 관련 국유재산(「철도산업발전기본법」 제22조제1항제1호의 운영자산은 제외한다)에 시설물을 설치하려는 경우 2. 삭제 〈10 · 4 · 15〉 ② 제1항에 따른 점용허가와 관련하여 이 법에 특별한 규정이 있는 것을 제외하고는 「철도사업법」 제43조부터 제46조까지의 규정을 준용한다. [본조신설 09 · 3 · 25]		

법	시 행 령	시 행 규 칙
제4장 철도시설의 유지관리 〈개정 18·3·13〉 **제1절 철도시설의 유지관리계획** 〈개정 18·3·13〉 **제24조(철도시설의 유지관리 기본계획의 수립 등)** ① 국토교통부장관은 철도시설이 안전하게 유지관리될 수 있도록 하기 위하여 철도시설의 유지관리 기본계획(이하 "유지관리기본계획"이라 한다)을 5년마다 수립·시행하여야 한다. ② 제1항에 따른 유지관리기본계획에는 다음 각 호의 사항이 포함되어야 한다. 1. 철도시설의 유지관리에 관한 기본목표 및 추진방향에 관한 사항 2. 철도시설의 유지관리 목표달성에 필요한 철도시설의 보수·보강 등에 관한 사항 3. 철도시설의 유지관리에 필요한 비용에 관한 사항 4. 철도시설의 점검 및 성능평가에 관한 사항 5. 철도시설의 유지관리를 위한 인력 및 장비의 확보에 관한 사항 6. 철도시설의 유지관리에 관한 정보관리체계의 구축·운영에 관한 사항 7. 철도시설의 유지관리에 필요한 기술의 연구·개발에 관한 사항 8. 그 밖에 철도시설의 유지관리에 관하여 대		

법	시 행 령	시 행 규 칙
통령령으로 정하는 사항 ③ 국토교통부장관은 유지관리기본계획을 수립하거나 변경하기 위하여 필요하다고 인정하면 관계 중앙행정기관의 장, 지방자치단체의 장, 철도시설관리자에게 관련 자료의 제출을 요구할 수 있다. ④ 국토교통부장관은 유지관리기본계획을 수립 또는 변경한 때에는 이를 고시하여야 한다. [본조신설 18 · 3 · 13] **제25조(시 · 도 철도시설 유지관리계획의 수립 등)** ① 제24조제1항에도 불구하고 시 · 도지사 소관 철도시설에 대하여는 시 · 도지사가 시 · 도 철도시설 유지관리계획(이하 "시 · 도 유지관리계획"이라 한다)을 5년마다 수립 · 시행하여야 한다. ② 시 · 도지사는 시 · 도 유지관리계획을 수립하거나 변경하기 위하여 필요하다고 인정하면 관계 중앙행정기관의 장, 지방자치단체의 장, 철도시설관리자에게 관련 자료의 제출을 요구할 수 있다. ③ 시 · 도지사는 시 · 도 유지관리계획을 수립하였을 때에는 이를 국토교통부장관에게 제출하여야 한다. ④ 국토교통부장관은 제3항에 따라 시 · 도 유지관리계획을 제출받은 때에는 유지관리기본계획에 부합되는지의 여부 등을 검토하여 필		

법	시 행 령	시 행 규 칙
요한 경우 시·도지사에게 수정 또는 보완을 요구할 수 있다. 이 경우 수정 또는 보완을 요구받은 자는 특별한 사유가 없으면 이에 따라야 한다. ⑤ 시·도지사는 제1항에 따라 시·도 유지관리계획을 수립하거나 제4항에 따라 변경하였을 때에는 이를 시·도의 공보에 고시하고 해당 철도시설관리자에게 통보하여야 한다. [본조신설 18·3·13]		
제26조(철도시설 유지관리 시행계획의 수립 등) ① 철도시설관리자는 유지관리기본계획에 따라 소관 철도시설에 대하여 철도시설 유지관리 시행계획(이하 "시행계획"이라 한다)을 매년 수립·시행하여야 한다. 다만, 「도시철도법」 제2조제3호에 따른 도시철도시설의 철도시설관리자는 유지관리기본계획과 시·도 유지관리계획에 따라 시행계획을 매년 수립·시행하여야 한다. ② 철도시설관리자는 시행계획을 수립하였을 때에는 이를 다음 각 호에 해당하는 관계 행정기관의 장에게 제출하여야 한다. 1. 철도시설관리자가 「지방공기업법」에 따라 설립된 지방공사 또는 「도시철도법」에 따라 철도를 건설 또는 운영하는 법인인 경우에는 관할 시·도지사 2. 제1호 외의 철도시설관리자의 경우에는	제23조(철도시설 유지관리 시행계획의 수립 등) 철도시설관리자는 법 제26조제1항에 따른 철도시설 유지관리 시행계획을 소관 철도시설별로 수립하여 매년 2월 15일까지 같은 조 제2항에 따라 관계 행정기관의 장에게 제출해야 한다. 이 경우 그 시행계획을 변경한 경우에는 변경한 날부터 30일 이내에 관계 행정기관의 장에게 제출해야 한다. [본조신설 19·3·12]	

법	시　행　령	시　행　규　칙
국토교통부장관 ③ 제2항제1호에 따라 시행계획을 제출받은 시 · 도지사는 이를 국토교통부장관에게 제출하여야 한다. ④ 국토교통부장관 및 시 · 도지사는 제2항 및 제3항에 따라 시행계획을 제출받은 때에는 유지관리기본계획 및 시 · 도 유지관리계획에 부합되는지의 여부 등을 검토하여 필요한 경우 철도시설관리자에게 수정 또는 보완을 요구할 수 있다. 이 경우 수정 또는 보완을 요구받은 자는 특별한 사유가 없으면 이에 따라야 한다. ⑤ 그 밖에 시행계획의 수립시기 · 내용 등 시행계획의 수립 · 시행에 필요한 사항은 대통령령으로 정한다. [본조신설 18 · 3 · 13]		
제27조(철도시설의 생애주기관리) ① 철도시설관리자는 소관 철도시설의 설치, 점검, 유지보수, 개량 등을 한 때에는 철도시설의 생애주기관리를 위하여 국토교통부령으로 정하는 철도시설의 이력정보를 제28조에 따른 철도시설정보관리체계에 등록하고, 해당 철도시설의 존속시기까지 보존하여야 한다. ② 철도시설관리자는 소관 철도시설의 생애주기 비용을 고려하여 시행계획을 수립 · 시행하여야 한다. ③ 철도시설관리자는 제1항에 따라 철도시설		제9조(철도시설의 생애주기관리) 법 제27조제1항에서 "국토교통부령으로 정하는 철도시설의 이력정보"란 다음 각 호의 사항을 말한다. 1. 철도시설의 명칭, 위치, 규격, 성능, 설치일자 및 설계도서 등에 관한 사항 2. 철도시설의 정기점검, 정밀진단, 긴급점검 및 성능평가 결과 등 철도시설의 점검 등에 관한 사항 3. 철도시설의 고장 · 기능장애 등에 관한 사항 4. 철도시설의 보수 · 보강 등의 일시 · 비용 및 인력 등에 관한 사항

법	시행령	시행규칙
정보관리체계에 등록한 철도시설의 이력정보를 분석하여 그 결과를 제29조제5항에 따른 정기점검 실시에 관한 기준 갱신 등에 활용할 수 있다. [본조신설 18·3·13]		[본조신설 19·3·20]
제28조(철도시설정보관리체계의 구축·운영 등) ① 철도시설관리자는 철도시설의 설치, 점검, 유지보수, 개량 등 철도시설의 전 생애주기에 걸친 이력정보를 체계적으로 관리하기 위하여 다음 각 호의 사항이 포함된 철도시설정보관리체계를 구축·운영하여야 한다. 1. 제26조제1항에 따른 시행계획 2. 제27조제1항에 따른 철도시설의 이력정보 3. 제29조에 따른 정기점검 결과 4. 제30조에 따른 긴급점검 결과 5. 제31조에 따른 정밀진단 결과 6. 제32조에 따른 사용제한·사용금지, 보수·보강 등 안전조치에 관한 사항 7. 제33조에 따른 성능평가 결과 8. 그 밖에 철도시설의 유지관리에 관한 사항으로 국토교통부령으로 정하는 사항 ② 제1항에 따른 철도시설정보관리체계의 구축·운영에 필요한 사항은 대통령령으로 정한다. ③ 철도시설관리자는 제1항 각 호의 이력정보를 국토교통부장관에게 매년 제출하여야 한다. ④ 국토교통부장관은 제3항에 따라 제출된 이	**제24조(철도시설정보관리체계의 구축·운영 등)** ① 철도시설관리자는 법 제28조에 따른 철도시설정보관리체계(이하 "철도시설정보관리체계"라 한다)에 같은 조 제1항 각 호의 이력정보를 그 이력정보가 완료된 날부터 30일 이내에 소관 철도시설별로 등록해야 한다. ② 철도시설관리자는 철도시설정보관리체계로 관리되는 정보가 훼손·멸실 또는 변조되지 않도록 하고, 전자적 침해행위를 방지하기 위해 필요한 조치를 해야 한다. ③ 제1항 및 제2항에서 규정한 사항 외에 철도시설정보관리체계의 이력정보 등록, 보존방법 및 정보공유 등 철도시설정보관리체계의 관리·운영에 필요한 사항은 국토교통부장관이 정하여 고시한다. [본조신설 19·3·12]	

법	시 행 령	시 행 규 칙
력정보를 체계적으로 보존 · 관리하여야 한다. 제2절 철도시설의 점검 및 유지관리 체계 제29조(정기점검의 실시 등) ① 철도시설관리자는 소관 철도시설의 안전과 성능을 유지하기 위하여 제5항에 따른 정기점검 실시에 관한 기준에 따라 철도시설에 대한 정기점검을 실시하여야 한다. ② 철도시설관리자는 정기점검 결과보고서를 대통령령으로 정하는 바에 따라 관계 행정기관의 장에게 제출하여야 한다. 이 경우 정기점검 결과보고서의 제출절차에 관하여는 제26조제2항 및 제3항을 준용한다.	제25조(정기점검 결과보고서의 제출) 철도시설관리자는 법 제29조제2항 전단에 따라 다음 각 호의 사항이 포함된 정기점검 결과보고서를 매년 2월 15일까지 관계 행정기관의 장에게 제출해야 한다. 1. 대상 철도시설의 명칭, 위치, 규격 및 성능 등 철도시설의 개요 2. 정기점검 일시 및 정기점검을 실시한 사람 등 정기점검 개요 3. 현장조사 결과 및 그 분석 등에 관한 사항 4. 종합의견 [본조신설 19 · 3 · 12]	
③ 국토교통부장관 및 시 · 도지사는 제2항에 따라 제출받은 정기점검 결과보고서를 검토 · 분석한 결과 정기점검을 부실하게 수행한 것으로 평가한 경우에는 국토교통부령으로 정하는 바에 따라 해당 철도시설에 대하여 긴급점검을 실시할 수 있다.		제10조(긴급점검의 실시 등) ① 국토교통부장관 및 특별시장 · 광역시장 또는 도지사(이하 "시 · 도지사"라 한다)는 법 제29조제3항 · 제30조제2항 및 제31조제4항에 따라 긴급점검을 실시하려면 해당 철도시설관리자에게 긴급점검의 목적 · 일시 및 대상 등을 서면으로 통지

법	시 행 령	시 행 규 칙
		해야 한다. 다만, 서면 통지로는 긴급점검의 목적을 달성할 수 없는 경우에는 구두 또는 전화 등으로 통지할 수 있다. ② 국토교통부장관 및 시·도지사는 제1항에 따라 긴급점검을 실시한 때에는 긴급점검을 종료한 날부터 5일 이내에 그 점검결과를 해당 철도시설관리자에게 서면으로 통지해야 한다. [본조신설 19·3·20]
④ 국토교통부장관은 대통령령으로 정하는 바에 따라 정기점검의 실시시기·방법·절차 등 정기점검에 관한 지침을 작성하여 고시하여야 한다.	**제26조(정기점검에 관한 지침)** 국토교통부장관은 법 제29조제4항에 따른 정기점검에 관한 지침을 다음 각 호의 기준에 따라 작성해야 한다. 1. 정기점검의 실시시기: 정기점검을 수행하는 데 필요한 인원·장비, 소요시간 및 현지 여건 등을 고려할 것 2. 정기점검의 방법: 철도시설의 상태 변화를 사전 진단하고, 철도시설의 사용요건을 갖추고 있는지를 확인할 것 3. 정기점검의 절차: 다음 각 목의 순서에 따라 정할 것 가. 정기점검에 필요한 설계도면, 작업설명서 및 사용재료 명세 등 시공 관련 자료의 수집 및 검토 나. 정기점검의 대상 장비, 항목별 점검방법 및 해당 철도시설에 사용된 재료의 시험 등 정기점검 계획의 수립	

법	시 행 령	시 행 규 칙
	다. 현장조사 및 시험 등 정기점검 실시 라. 정기점검 결과보고서의 작성 마. 정기점검 결과의 평가 [본조신설 19 · 3 · 12]	
⑤ 철도시설관리자는 제4항에 따른 정기점검에 관한 지침에 따라 소관 철도시설별 정기점검의 실시시기 · 점검항목 · 점검기준 등 정기점검의 실시에 관한 기준을 작성하여야 한다. [본조신설 18 · 3 · 13]		
제30조(긴급점검의 실시) ① 철도시설관리자는 철도시설의 붕괴 · 전도 등 재난이 발생할 우려가 있다고 판단하는 경우 제8항에 따른 긴급점검에 관한 기준에 따라 긴급점검을 실시하여야 한다. ② 국토교통부장관 또는 시 · 도지사는 철도시설의 구조상 공중의 안전한 이용에 중대한 영향을 미칠 우려가 있다고 판단되는 경우에는 소속 공무원으로 하여금 긴급점검을 하게 하거나 해당 철도시설관리자에게 긴급점검을 실시할 것을 요구할 수 있다. 이 경우 요구를 받은 자는 특별한 사유가 없으면 이에 응하여야 한다. ③ 국토교통부장관 또는 시 · 도지사는 제2항에 따른 긴급점검을 실시하는 경우 점검의 효율성을 높이기 위하여 관계 기관 또는 전문가와 합동으로 긴급점검을 실시할 수 있다.	제27조(긴급점검의 실시 등) ① 법 제30조제1항 및 제2항에 따른 긴급점검에 관한 기준은 다음 각 호와 같다. 1. 법 제29조제5항에 따라 작성된 정기점검의 실시에 관한 기준에 따를 것 2. 긴급점검의 전문성 · 효율성을 높이기 위해 필요한 경우 관계 기관 또는 전문가와 함께 실시할 것 ② 철도시설관리자 또는 시 · 도지사는 긴급점검을 실시한 경우 법 제30조제7항에 따라 긴급점검을 완료한 날부터 5일 이내에 다음 각 호의 사항이 포함된 결과보고서를 국토교통부장관에게 제출해야 한다. 1. 긴급점검 대상 철도시설의 명칭, 위치, 규격 및 성능 등 철도시설의 개요 2. 긴급점검 일시 및 긴급점검을 실시한 사람 등 긴급점검 개요	

법	시 행 령	시 행 규 칙
④ 제2항에 따라 긴급점검을 실시하는 공무원은 관계인에게 필요한 질문을 하거나 관계 서류 등을 열람할 수 있다. ⑤ 제2항에 따라 긴급점검을 실시하는 공무원은 그 권한을 나타내는 증표를 지니고 이를 관계인에게 보여주어야 한다. ⑥ 국토교통부장관 또는 시·도지사는 제2항에 따라 긴급점검을 실시한 경우 그 결과를 해당 철도시설관리자에게 통보하여야 하며, 철도시설의 안전 확보를 위하여 필요하다고 인정하는 경우에는 정밀진단의 실시, 보수·보강 등 필요한 조치를 취할 것을 명할 수 있다. ⑦ 철도시설관리자 또는 시·도지사는 제1항 및 제2항에 따라 긴급점검을 실시한 경우 그 결과보고서를 국토교통부장관에게 제출하여야 한다. ⑧ 긴급점검의 기준, 절차 및 방법 등 긴급점검 실시에 필요한 사항은 대통령령으로 정한다. [본조신설 18·3·13]	3. 현장조사 결과 및 그 분석 등에 관한 사항 4. 종합의견 [본조신설 19·3·12]	
제31조(정밀진단의 실시) ① 철도시설관리자는 설치 후 10년 이상 경과된 소관 철도시설에 대하여 제5항에 따라 정기적으로 정밀진단을 실시하여야 한다. ② 철도시설관리자는 제29조에 따른 정기점검 또는 제30조에 따른 긴급점검을 실시한 결과 재해 및 재난을 예방하기 위하여 필요하다고 인정	제28조(정밀진단의 실시) ① 법 제31조제1항에 따른 철도시설에 대한 정밀진단의 실시시기는 별표 2와 같다. ② 법 제31조제1항 및 제2항에 따른 정밀진단을 실시할 수 있는 사람의 자격은 별표 3과 같다	

법	시 행 령	시 행 규 칙
되는 경우에는 정밀진단을 실시하여야 한다. ③ 철도시설관리자는 정밀진단 결과보고서를 대통령령으로 정하는 바에 따라 관계 행정기관의 장에게 제출하여야 한다. 이 경우 정밀진단 결과보고서의 제출절차에 관하여는 제26조제2항 및 제3항을 준용한다. ④ 국토교통부장관 및 시 · 도지사는 제3항에 따라 제출받은 정밀진단 결과보고서를 검토 · 분석한 결과 정밀진단을 부실하게 수행한 것으로 평가한 경우에는 국토교통부령으로 정하는 바에 따라 해당 철도시설에 대해 긴급점검을 실시할 수 있다. ⑤ 정밀진단의 실시시기, 정밀진단을 실시할 수 있는 자의 자격 등 정밀진단 실시에 필요한 사항은 대통령령으로 정한다. [본조신설 18 · 3 · 13]	[본조신설 19 · 3 · 12] **제29조(정밀진단 결과보고서의 제출)** 철도시설관리자는 법 제31조제3항 전단에 따라 다음 각 호의 사항이 포함된 정밀진단 결과보고서를 정밀진단을 완료한 날부터 30일 이내에 관계 행정기관의 장에게 제출해야 한다. 1. 정밀진단 대상 철도시설의 명칭, 위치, 규격 및 성능 등 철도시설의 개요 2. 정밀진단 일시 및 정밀진단을 실시한 사람 등 정밀진단 개요 3. 보수 · 보강, 고장 · 장애 이력 등에 관한 자료 및 그 분석 결과 4. 현장조사 결과 및 그 분석 등에 관한 사항 5. 안전조치 및 보수 · 보강 방법 등 6. 종합의견 및 건의사항 [본조신설 19 · 3 · 12]	

법	시 행 령	시 행 규 칙
제32조(안전조치 등) ① 철도시설관리자는 제29조에 따른 정기점검, 제30조에 따른 긴급점검, 제31조에 따른 정밀진단 등을 통하여 대통령령으로 정하는 결함 등 공중의 안전한 이용에 미치는 영향이 중대한 결함이 발견되는 경우에는 철도시설의 사용제한 · 사용금지 등의 안전조치를 하고, 해당 철도시설에 위험을 알리는 표지를 설치하여야 한다. ② 철도시설관리자는 제1항에 따라 공중의 안전한 이용에 미치는 영향이 중대하여 긴급한 조치가 필요하다고 인정되는 경우에는 지체 없이 해당 철도시설의 보수 · 보강 등 필요한 조치를 하여야 한다. ③ 철도시설관리자는 제1항에 따라 안전조치를 한 경우에는 그 사실을 국토교통부장관 및 시 · 도지사에게 통보하여야 한다. 이 경우 제26조제2항제2호에 해당하는 철도시설관리자는 국토교통부장관에게 통보하여야 한다. ④ 국토교통부장관 또는 시 · 도지사는 철도시설관리자가 제2항에 따른 철도시설의 보수 · 보강 등 필요한 조치를 하지 아니한 경우 이에 대하여 이행 및 시정을 명할 수 있다. [본조신설 18 · 3 · 13]	제30조(안전조치 등) ① 법 제32조제1항에서 "대통령령으로 정하는 결함"이란 다음 각 호의 어느 하나에 해당하는 결함을 말한다. 1. 시설물 기초의 세굴(洗掘: 단면이 물에 의해 깎이는 현상) 2. 교량교각의 부등침하(不等沈下: 기초지반이 침하함에 따라 구조물이 불균형하게 침하를 일으키는 현상) 3. 교량받침의 파손 4. 터널지반의 부등침하 5. 선로의 침하 6. 건축물의 기둥 · 보 또는 내력벽의 내력(耐力) 손실 7. 시설물의 철근콘크리트의 염해(鹽害: 염분 피해) 또는 탄산화에 따른 내력 손실 8. 절토 · 성토 사면의 균열 · 이완 등에 따른 옹벽의 균열 또는 파손 9. 레일의 좌굴(挫屈: 휘는 현상) 10. 레일의 절손(切損) 11. 전차선의 탈락(脫落) 12. 그 밖에 철도시설의 구조안전 및 기능에 영향을 미치는 결함으로서 국토교통부장관이 정하여 고시하는 결함 ② 철도시설관리자는 법 제32조제1항에 따라 안전조치를 한 경우에는 같은 조 제3항에 따라 국토교통부장관 및 시 · 도지사에게	

법	시 행 령	시 행 규 칙
제33조(철도시설의 성능평가) ① 철도시설관리자는 철도시설의 성능을 유지하기 위하여 제6항에 따른 성능평가 지침에 따라 소관 철도시설에 대한 성능평가를 시설별로 대통령령으로 정하는 기간마다 실시하여야 한다. ② 제1항에도 불구하고 국토교통부장관 및 시·도지사는 철도시설의 안전 및 효율적인 유지관리를 위하여 필요한 경우 대통령령으로 정하는 바에 따라 해당 철도시설에 대한 성능평가를 실시할 수 있다. ③ 국토교통부장관 및 시·도지사는 제2항에 따른 성능평가를 실시한 경우 그 결과를 해당 철도시설관리자에게 통보하여야 하며, 철도시설의 성능 유지를 위하여 필요하다고 인정하는 경우에는 보수·보강 등 필요한 조치를 취할 것을 명할 수 있다. ④ 철도시설관리자는 제1항에 따른 성능평가 결과에 따라 대통령령으로 정하는 기준에 적합하게 해당 철도시설의 성능등급을 지정하여야 한다. ⑤ 철도시설관리자는 제1항에 따른 성능평가 결과보고서를 대통령령으로 정하는 바에 따라 국토교통부장관에게 제출하여야 한다. 이 경우	그 안전조치를 한 날부터 5일 이내에 통보해야 한다. [본조신설 19·3·12] 제31조(철도시설의 성능평가) ① 법 제33조제1항에서 "대통령령으로 정하는 기간"이란 별표 4와 같다. ② 법 제33조제4항에서 "대통령령으로 정하는 기준"이란 별표 4와 같다. ③ 철도시설관리자는 성능평가를 하는 날부터 3년 이내에 해당 철도시설에 대해 실시한 정기점검·정밀진단 또는 다른 법령에 따른 점검·검사·진단 등의 자료가 있는 경우 그 내용을 성능평가에 활용할 수 있다. ④ 철도시설관리자는 법 제33조제5항 전단에 따라 다음 각 호의 사항이 포함된 성능평가 결과보고서를 성능평가를 완료한 날부터 30일 이내에 관계 행정기관의 장에게 제출해야 한다. 1. 철도시설의 성능목표 및 관리지표 2. 철도시설의 성능등급에 관한 사항 3. 철도시설의 안전성 평가에 관한 사항 4. 철도시설의 내구성 평가에 관한 사항 5. 철도시설의 사용성 평가에 관한 사항 6. 철도시설의 성능목표를 고려한 유지관리 방안 ⑤ 국토교통부장관은 법 제33조제6항에 따른 성능평가에 관한 지침을 다음 각 호의 기준에	

법	시 행 령	시 행 규 칙
성능평가 결과보고서의 제출절차에 관하여는 제26조제2항 및 제3항을 준용한다. ⑥ 국토교통부장관은 대통령령으로 정하는 바에 따라 성능평가의 실시 방법 · 절차 등 성능평가에 관한 지침을 작성하여 고시하여야 한다. [본조신설 18 · 3 · 13]	따라 작성해야 한다. 1. 성능평가 실시계획의 수립 · 제출 및 성능평가 실시자의 자격 등 성능평가 시행에 필요한 사항을 정할 것 2. 성능평가 대상 철도시설별 성능평가 항목과 그 기준 및 방법 등을 정할 것 3. 다음 각 목의 순서에 따라 성능평가의 절차를 정할 것 가. 성능평가 대상 선정 나. 자료분석 다. 성능목표 설정 라. 성능평가 시행 마. 유지관리전략 제안 바. 종합의견 ⑥ 국토교통부장관 또는 시 · 도지사는 법 제33조제2항에 따라 성능평가를 실시하려면 성능평가 대상 철도시설의 철도시설관리자에게 성능평가의 목적 · 날짜 · 기간 및 대상 등을 서면으로 통지해야 한다. ⑦ 국토교통부장관 또는 시 · 도지사는 제6항에 따라 성능평가를 실시한 경우에는 성능평가를 완료한 날부터 30일 이내에 그 결과를 해당 철도시설관리자에게 통보해야 한다. [본조신설 19 · 3 · 12]	
제34조(철도역사의 안전 및 이용편의 수준평가 등) ① 국토교통부장관은 철도역사 이용자의		제11조(철도역사의 안전 및 이용편의 수준평가) ① 법 제34조제1항에 따른 철도역사의 안전

법	시 행 령	시 행 규 칙
안전을 확보하고 이용편의 수준을 향상시키기 위하여 5년마다 철도역사의 안전 및 이용편의 수준을 평가(이하 "철도역사 평가"라 한다)할 수 있다. ② 국토교통부장관은 철도역사 평가 결과에 따라 철도시설관리자에게 시설 개선명령 등 필요한 조치를 할 수 있다. ③ 제2항에 따라 철도역사 시설 개선명령을 받은 철도시설관리자는 철도역사 시설개선 계획을 수립하고, 이를 국토교통부장관 또는 시·도지사에게 제출하여야 한다.		및 이용편의 수준평가(이하 "철도역사 평가"라 한다)의 항목은 다음 각 호와 같다. 1. 구조적 안전성 2. 여객의 안전사고 예방을 위한 안전시설 3. 이동편의성 4. 혼잡성 5. 그 밖에 국토교통부장관이 철도역사 평가 항목으로 필요하다고 인정하는 항목 ② 국토교통부장관은 철도역사 평가를 실시하려면 제1항 각 호에 따른 평가 항목과 그 기준·기간, 실지조사의 대상·기간 등이 포함된 철도역사 평가 실시계획을 수립하여 평가를 실시하기 2주 전까지 해당 철도시설관리자에게 통보해야 한다. ③ 국토교통부장관은 철도역사 평가의 객관성·공정성 확보를 위해 필요한 경우 철도역사 평가 등에 관한 전문지식과 경험이 풍부한 사람 등으로 철도역사평가단을 구성·운영할 수 있다. [본조신설 19·3·20]
④ 국토교통부장관은 효율적인 철도역사 평가 체제를 구축하기 위하여 필요한 경우에는 대통령령으로 정하는 관계 전문기관 등에 철도역사의 안전 및 이용편의 수준에 대한 조사·평가·연구 등의 업무를 위탁할 수 있다. ⑤ 국토교통부장관이나 제4항에 따라 평가업	제32조(철도역사의 안전 및 이용편의 수준평가 등) 법 제34조제4항에서 "대통령령으로 정하는 관계 전문기관"이란 「한국교통안전공단법」에 따른 한국교통안전공단을 말한다. [본조신설 19·3·12]	

법	시 행 령	시 행 규 칙
무 등을 위탁받은 자는 철도역사 평가 등을 할 때 철도시설관리자에게 관련 자료 또는 의견의 제출 등을 요구하거나 철도역사의 안전 및 이용편의 수준에 대한 실지조사(實地調査)를 할 수 있다. ⑥ 제5항에 따라 자료 또는 의견 제출 등을 요구받은 철도시설관리자는 특별한 사유가 없으면 이에 따라야 한다. ⑦ 제1항에 따른 철도역사 평가의 항목, 절차, 실지조사의 실시 등에 필요한 사항은 국토교통부령으로 정한다. [본조신설 18·3·13] **제35조(철도시설의 보수·보강·교체 등의 조치)** 철도시설관리자는 소관 철도시설의 안전과 성능을 유지하기 위하여 시행계획에 따른 보수·보강·교체 등 필요한 조치를 하여야 한다. [본조신설 18·3·13] **제36조(시정명령)** ① 국토교통부장관 및 시·도지사는 철도시설관리자가 제29조제1항, 제30조제1항, 제31조제1항·제2항, 제33조제1항을 위반하여 정기점검, 긴급점검, 정밀진단, 성능평가 업무를 성실하게 수행하지 아니한 경우에는 기간을 정하여 해당 철도시설관리자에게 시정을 명할 수 있다. ② 제1항에 따라 시정명령을 받은 철도시설관리		

<table>
<tr><th>법</th><th>시 행 령</th><th>시 행 규 칙</th></tr>
<tr><td>자는 특별한 사유가 없으면 이에 따라야 한다.
[본조신설 18 · 3 · 13]</td><td></td><td></td></tr>
<tr><td>제37조(업무의 정지) ① 국토교통부장관은 철도시설관리자가 다음 각 호의 어느 하나에 해당하는 경우에는 6개월 이내의 기간을 정하여 업무의 정지를 명할 수 있다.
1. 제29조제1항에 따른 정기점검, 제30조제1항에 따른 긴급점검 또는 제31조제1항 · 제2항에 따른 정밀진단을 실시하지 아니한 경우
2. 제30조제2항 또는 제6항을 위반하여 정당한 사유 없이 긴급점검을 실시하지 아니하거나 필요한 조치명령을 이행하지 아니한 경우
3. 제32조제1항을 위반하여 안전조치를 하지 아니한 경우
4. 제32조제2항 또는 제4항을 위반하여 보수 · 보강 등 필요한 조치를 하지 아니하거나 필요한 조치의 이행 및 시정 명령을 이행하지 아니한 경우
② 제1항에 따른 업무의 정지 기준 및 절차 등에 관하여 필요한 사항은 국토교통부령으로 정한다.
[본조신설 18 · 3 · 13]</td><td></td><td>제12조(철도시설관리자의 업무정지) 법 제37조제1항에 따른 철도시설관리자의 업무정지 기준은 별표와 같다.
[본조신설 19 · 3 · 20]</td></tr>
<tr><td>제38조(과징금) ① 국토교통부장관은 제37조제1항에 따라 철도시설관리자에게 업무의 정지처분을 하여야 하는 경우로서 그 업무의 정지처분이 그 철도시설관리자가 제공하는 철도서비</td><td>제33조(과징금의 부과기준 등) ① 법 제38조제1항에 따른 위반행위의 종류와 과징금의 부과기준은 별표 5와 같다.
② 국토교통부장관은 법 제38조제1항에 따라</td><td></td></tr>
</table>

법	시 행 령	시 행 규 칙
스의 이용자에게 심한 불편을 주거나 그 밖에 공익을 해칠 우려가 있을 때에는 그 업무의 정지처분을 갈음하여 1억원 이하의 과징금을 부과·징수할 수 있다. ② 제1항에 따라 과징금을 부과하는 위반행위의 종류, 과징금의 부과기준·징수방법 등에 필요한 사항은 대통령령으로 정한다. ③ 국토교통부장관은 제1항에 따른 과징금을 내야 할 자가 납부기한까지 과징금을 내지 아니하는 경우에는 국세 체납처분의 예에 따라 징수한다. [본조신설 18·3·13]	과징금을 부과하려면 위반행위의 종류와 해당 과징금의 금액을 구체적으로 적어 이를 납부할 것을 서면으로 통지해야 한다. ③ 제1항에 따라 통지를 받은 자는 통지를 받은 날부터 20일 이내에 국토교통부장관이 정하는 수납기관에 과징금을 내야 한다. 다만, 천재지변이나 그 밖의 부득이한 사유로 그 기간에 과징금을 낼 수 없는 경우에는 그 사유가 없어진 날부터 7일 이내에 내야 한다. ④ 제2항에 따라 과징금을 받은 수납기관은 과징금을 낸 자에게 영수증을 발급하고, 지체 없이 그 사실을 국토교통부장관에게 통보해야 한다. [본조신설 19·3·12]	
제39조(철도시설관리자에 대한 지원) 국가 및 지방자치단체는 공중의 생명과 안전을 확보하기 위하여 철도시설관리자에게 노후 철도시설 및 철도역사의 보수·보강에 필요한 비용의 일부를 예산의 범위에서 지원할 수 있다. [본조신설 18·3·13]		
제5장 보칙 〈개정 18·3·13〉		
〈종전의 제24조〉 〈개정 18·3·13〉 **제40조(보고·검사 등)** ① 국토교통부장관은 이 법을 시행하기 위하여 필요하면 사업시행자에게 철도건설사업에 관하여 필요한 보고를 하		**〈종전의 제7조〉** 〈개정 19·3·20〉 **제13조(검사 공무원의 증표)** 법 제40조제2항에 따른 검사 공무원의 증표는 별지 제8호서식과 같다.

법	시 행 령	시 행 규 칙
게 하거나 자료 제출을 명할 수 있으며, 소속 공무원에게 사업시행자의 사무실·사업장 또는 그 밖의 필요한 장소에 출입하여 철도건설사업에 관한 업무를 검사하게 할 수 있다.〈개정 13·3·23〉 ② 제1항에 따라 철도건설사업에 관한 업무를 검사하는 공무원은 그 권한을 표시하는 증표를 지니고 이를 관계인에게 내보여야 한다. ③ 제2항에 따른 증표에 관하여 필요한 사항은 국토교통부령으로 정한다.〈개정 13·3·23〉 [전문개정 09·3·25]		[전문개정 19·3·20]
제41조(철도시설의 유지관리 실태점검 등) ① 국토교통부장관 및 시·도지사는 철도시설의 유지관리 실태를 점검할 수 있다. ② 국토교통부장관 및 시·도지사는 제1항에 따른 실태점검 결과 필요한 사항을 철도시설관리자에게 권고하거나 시정하도록 요청할 수 있다. 이 경우 요청을 받은 자는 특별한 사유가 없으면 이에 따라야 한다. ③ 국토교통부장관 및 시·도지사는 제1항에 따른 실태점검을 실시하기 위하여 필요한 경우 철도시설관리자에게 관련 자료를 제출할 것을 요구할 수 있다. 이 경우 요구를 받은 자는 특별한 사유가 없으면 이에 따라야 한다. ④ 국토교통부장관 및 시·도지사는 제1항에 따른 실태점검의 효율성을 높이기 위하여 필		제14조(철도시설의 유지관리 실태점검 등) ① 법 제41조제1항에 따라 철도시설의 유지관리 실태를 점검하는 공무원은 별지 제9호서식의 실태점검 대장에 점검일시 및 점검내용 등을 기록·관리해야 한다. ② 국토교통부장관 및 시·도지사는 법 제41조제1항에 따라 철도시설의 유지관리 실태를 점검한 결과 다음 각 호의 어느 하나에 해당하는 경우 그 결과를 법 제41조제5항에 따라 해당 기관의 인터넷 홈페이지나 신문·방송 등을 통해 공표할 수 있다. 1. 철도시설의 결함으로 인하여 긴급한 보수·보강 또는 사용제한 등의 조치가 필요한 경우 2. 관련 법령을 위반하여 철도시설의 유지관

법	시 행 령	시 행 규 칙
요한 경우 관계 기관 및 전문가와 합동으로 현장조사를 실시할 수 있다. ⑤ 국토교통부장관 및 시·도지사는 필요한 경우 국토교통부령으로 정하는 바에 따라 실태점검 결과를 공표할 수 있다. [본조신설 18·3·13]		리를 성실하게 수행하지 않아 공중의 안전에 위해를 끼칠 우려가 있는 경우 ③ 국토교통부장관 및 시·도지사는 제2항에 따라 실태점검의 결과를 공표할 때에는 다음 각 호의 사항을 포함해야 한다. 1. 철도시설의 명칭 및 위치 2. 철도시설의 안전상태 및 철도시설관리자의 유지관리 실태 3. 조치나 시정이 필요한 사항 4. 그 밖에 해당 철도시설의 안전을 위해 필요한 사항 [본조신설 19·3·20]
〈종전의 제25조〉〈개정 18·3·13〉 제42조(감독) ① 국토교통부장관은 사업시행자가 다음 각 호의 어느 하나에 해당하는 경우에는 실시계획의 승인을 취소하거나 공사의 중지·변경, 시설물 또는 물건의 개축·변경 또는 이전 등을 명할 수 있다.〈개정 13·3·23〉 1. 거짓이나 그 밖의 부정한 방법으로 이 법에 따른 허가를 받거나 승인을 받은 경우 2. 이 법 또는 이 법에 따른 명령이나 처분을 위반한 경우 3. 사정이 변경되어 철도건설사업을 계속 할 수 없게 된 경우 ② 국토교통부장관은 제1항에 따른 처분 또는 명령을 한 경우에는 대통령령으로 정하는 바	〈종전의 제25조〉〈개정 19·3·12〉 제34조(감독) 국토교통부장관이 법 제42조제1항에 따라 처분 또는 명령을 하였을 때에는 다음 각 호의 사항을 관보에 고시하여야 한다. 〈개정 13·3·23, 19·3·12〉 1. 사업의 명칭 2. 사업시행자의 성명 및 주소(법인인 경우에는 법인의 명칭·주소 및 그 대표자의 성명·주소) 3. 사업시행지역의 위치 및 면적 4. 처분 또는 명령의 내용 및 사유 [전문개정 09·6·19]	

법	시 행 령	시 행 규 칙
에 따라 고시하여야 한다.〈개정 13 · 3 · 23〉 [전문개정 09 · 3 · 25] 〈종전의 제26조〉〈개정 18 · 3 · 13〉 **제43조(청문)** 국토교통부장관은 제42조에 따라 실시계획의 승인을 취소하려면 청문을 하여야 한다.〈개정 13 · 3 · 23〉 [전문개정 09 · 3 · 25]		
제44조(정기점검 등의 대행) 철도시설관리자는 제29조에 따른 정기점검, 제30조에 따른 긴급점검, 제31조에 따른 정밀진단, 제33조에 따른 성능평가를 다음 각 호의 어느 하나에 해당하는 자에게 대행하게 할 수 있다. 1. 「시설물의 안전 및 유지관리에 관한 특별법」 제45조에 따른 한국시설안전공단 2. 「철도안전법」 제69조에 따라 지정된 철도안전 전문기관 3. 「건설산업기본법」 제9조에 따라 등록한 유지관리업자 4. 그 밖에 국토교통부령으로 정하는 자격을 갖춘 자 [본조신설 18 · 3 · 13] **제6장 벌칙** 〈개정 18 · 3 · 13〉 **제45조(벌칙)** ① 다음 각 호의 어느 하나에 해당하는 자는 2년 이하의 징역 또는 2천만원 이하의 벌금에 처한다.		**제15조(정기점검 등의 대행)** 법 제44조제4호에서 "국토교통부령으로 정하는 자격을 갖춘 자"란 다음 각 호의 어느 하나에 해당하는 자를 말한다. 1. 「시설물의 안전 및 유지관리에 관한 특별법」 제28조제1항에 따라 등록한 안전진단전문기관 2. 「국가기술자격법 시행규칙」 별표 2에 따른 건설, 기계, 전기 · 전자, 정보통신 및 안전관리 직무분야의 기술사 · 기능장 · 기사 및 산업기사의 자격을 취득한 사람을 보유한 기관 또는 법인 [본조신설 19 · 3 · 20]

법	시 행 령	시 행 규 칙
1. 제29조제1항에 따른 정기점검, 제30조제1항에 따른 긴급점검 또는 제31조제1항·제2항에 따른 정밀진단을 실시하지 아니하거나 성실하게 실시하지 아니함으로써 철도시설에 중대한 손괴를 야기한 자 2. 제30조제2항 또는 제6항을 위반하여 정당한 사유 없이 긴급점검을 실시하지 아니하거나 필요한 조치명령을 이행하지 아니함으로써 철도시설에 중대한 손괴를 야기한 자 3. 제32조제1항을 위반하여 안전조치를 하지 아니함으로써 철도시설에 중대한 손괴를 야기한 자 4. 제32조제2항 또는 제4항을 위반하여 보수·보강 등 필요한 조치를 하지 아니하거나 필요한 조치의 이행 및 시정 명령을 이행하지 아니함으로써 철도시설에 중대한 손괴를 야기한 자 ② 다음 각 호의 어느 하나에 해당하는 자는 1년 이하의 징역 또는 1천만원 이하의 벌금에 처한다. 1. 제32조제1항을 위반하여 안전조치를 하지 아니한 자 2. 제32조제2항 또는 제4항을 위반하여 보수·보강 등 필요한 조치를 하지 아니하거나 필요한 조치의 이행 및 시정 명령을 이행하지 아니한 자 ③ 다음 각 호의 어느 하나에 해당하는 자는		

법	시 행 령	시 행 규 칙
500만원 이하의 벌금에 처한다. 1. 제30조제2항에 따른 긴급점검을 거부 · 방해 또는 기피한 자 2. 제36조에 따른 시정명령을 이행하지 아니한 자 3. 제41조제1항에 따른 실태점검을 거부 · 방해 또는 기피한 자 4. 제41조제3항을 위반하여 정당한 사유 없이 자료 제출을 하지 아니하거나 거짓으로 자료를 제출한 자 ④ 제42조에 따른 명령을 위반한 자는 300만원 이하의 벌금에 처한다. [전문개정 18 · 3 · 13] 〈종전의 제28조〉 〈개정 18 · 3 · 13〉 **제46조(양벌규정)** 법인의 대표자나 법인 또는 개인의 대리인, 사용인, 그 밖의 종업원이 그 법인 또는 개인의 업무에 관하여 제45조의 위반행위를 하면 그 행위자를 벌하는 외에 그 법인 또는 개인에게도 해당 조문의 벌금형을 과(科)한다. 다만, 법인 또는 개인이 그 위반행위를 방지하기 위하여 해당 업무에 관하여 상당한 주의와 감독을 게을리하지 아니한 경우에는 그러하지 아니하다. [전문개정 09 · 3 · 25] 〈종전의 제29조〉 〈개정 18 · 3 · 13〉 **제47조(과태료)** ① 다음 각 호의 어느 하나에 해당하는 자에게는 2천만원 이하의 과태료를	**제35조(과태료의 부과기준)** 법 제47조제1항부터 제4항까지의 규정에 따른 과태료의 부과기준	

법	시 행 령	시 행 규 칙
부과한다. 1. 제30조제1항에 따른 긴급점검을 실시하지 아니한 자 2. 제31조제1항 및 제2항에 따른 정밀진단을 실시하지 아니한 자 ② 다음 각 호의 어느 하나에 해당하는 자에게는 1천만원 이하의 과태료를 부과한다. 1. 제26조제1항·제2항에 따라 시행계획을 수립하지 아니하거나 시행계획을 제출하지 아니한 자 2. 제27조제1항에 따른 철도시설의 이력정보를 보존하지 아니한 자 3. 제32조제1항에 따라 위험을 알리는 표지를 설치하지 아니한 자 4. 제32조제3항에 따른 통보를 하지 아니한 자 5. 제33조제1항에 따른 성능평가를 실시하지 아니한 자 6. 제34조제2항에 따른 시설 개선명령을 이행하지 아니한 자 ③ 다음 각 호의 어느 하나에 해당하는 자에게는 500만원 이하의 과태료를 부과한다. 1. 제27조제1항에 따른 철도시설의 이력정보를 제28조에 따른 철도시설정보관리체계에 등록하지 아니한 자 2. 제30조제7항에 따라 긴급점검 결과보고서를 제출하지 아니한 자 3. 제41조제2항을 위반하여 정당한 사유 없이	은 별표 6과 같다. [본조신설 19·3·12]	

법	시 행 령	시 행 규 칙
시정 요청에 따르지 아니한 자 ④ 다음 각 호의 어느 하나에 해당하는 자에게는 300만원 이하의 과태료를 부과한다. 1. 정당한 사유 없이 제10조에 따른 사업시행자의 행위를 거부 또는 방해한 자 2. 제40조제1항에 따른 보고 또는 자료 제출을 하지 아니하거나 거짓으로 한 자 및 검사를 거부 · 방해 또는 기피한 자 ⑤ 제1항부터 제4항까지에 따른 과태료는 대통령령으로 정하는 바에 따라 국토교통부장관이 부과 · 징수한다. [전문개정 18 · 3 · 13]		

법

부　　칙

제1조(시행일) 이 법은 공포후 6월이 경과한 날부터 시행한다.

제2조(다른 법률의 폐지) 고속철도건설촉진법 및 공공철도건설촉진법 은 이를 각각 폐지한다.

제3조(철도망계획에 대한 심의위원회 심의에 관한 적용례) 제4조제3항의 규정중 심의위원회의 심의는 이 법 시행일 이후 입안하는 철도망계획부터 적용한다.

제4조(실시계획 승인에 대한 위원회의 심의에 관한 적용례) 제9조제2항의 규정은 이 법 시행일 이후 승인을 신청하는 실시계획부터 적용한다.

제5조(일반적인 경과조치) 이 법 시행전에 종전의 고속철도건설촉진법 및 공공철도건설촉진법의 규정에 의하여 행정기관(사업시행자를 포함한다)이 행한 처분·행위 또는 각종 신고 그 밖의 행정기관에 대한 행위는 그에 해당하는 이 법에 따른 행정기관(사업시행자를 포함한다)의 행위 또는 행정기관에 대한 행위로 본다.

제6조(의제조항에 관한 경과조치) 이 법 시행당시 종전의 고속철도건설촉진법 제7조 및 공공철도건설촉진법 제3조의 규정에 의한 실시계획의 승인을 신청한 경우에는 종전의 고속철도건설촉진법 제8조 및 공공철도건설촉진법 제6조의 의제조항을 각각 적용한다.

시　행　령

부　　칙

제1조(시행일) 이 영은 2005년 7월 1일부터 시행한다.

제2조(다른 법령의 폐지) 다음 각 호의 대통령령은 이를 각각 폐지한다.

1. 고속철도건설촉진법시행령
2. 공공철도건설촉진법시행령

제3조(원인자의 철도건설비용 부담에 관한 적용례) 제22조의 규정은 이 영 시행 후 최초로 법 제9조의 규정에 의하여 철도건설사업실시계획의 승인을 받아 시행되는 철도건설사업부터 적용한다.

제4조(다른 법령의 개정) ①개발이익환수에관한법률시행령 일부를 다음과 같이 개정한다.

별표 1의2 제5호중 "철도법, 항만법, 항공법, 고속철도건설촉진법"을 "「항만법」, 「항공법」"으로 한다.

②건축법시행령일부를 다음과 같이 개정한다.

제27조제2항제3호중 "철도법 제2조제1항"을 "「철도건설법」 제2조제1호"로 한다.

③농지법시행령 일부를 다음과 같이 개정한다

별표 2의 표 제4호를 다음과 같이 한다.

4. 「철도건설법」 제2조제6호의 규정에 의한 철도시설

④산지관리법시행령 일부를 다음과 같이 개정한다.

시　행　규　칙

부　　칙

①(시행일) 이 규칙은 공포한 날부터 시행한다.

②(다른 법령의 폐지) 고속철도건설촉진법시행규칙 및 공공철도건설촉진법시행규칙은 이를 각각 폐지한다.

③(다른 법령의 개정) 도시계획시설의결정·구조및설치기준에관한규칙 일부를 다음과 같이 개정한다.

제22조제1호중 "철도법 제2조제1항"을 "「철도건설법」 제2조제1호"로 하고, 동조제3호를 삭제하며, 동조제4호중 "국유철도의운영에관한특례법 제2조제1호의 규정에 의한 국유철도사업"을 "「한국철도시설공단법」 제7조 및 「한국철도공사법」 제9조제1항의 규정에 의한 사업"으로 한다.

제24조제2호중 "철도법·도시철도법·공공철도건설촉진법 또는 고속철도건설촉진법"을 "「철도건설법」 또는 「도시철도법」"으로 한다.

부　　칙 〈08·3·14〉

제1조(시행일) 이 영은 2009년 6월 26일부터 시행한다.

제2조(고속철도건설사업의 원인자 비용부담에 관한 적용례) 제22조제1항의 개정규정은 이

법	시 행 령	시 행 규 칙
제7조(계획에 관한 경과조치) 이 법 시행 당시 종전의 고속철도건설촉진법 또는 공공철도건설촉진법에 의하여 결정된 철도건설사업의 기본계획 및 실시계획은 이 법에 의한 계획으로 본다. 제8조(벌칙 등에 관한 경과조치) 이 법 시행전에 종전의 고속철도건설촉진법 및 공공철도건설촉진법을 위반한 행위에 대한 벌칙 및 과태료의 적용에 있어서는 종전의 규정에 의한다. 제9조(다른 법률과의 관계) 이 법 시행 당시 다른 법률에서 종전의 고속철도건설촉진법 또는 공공철도건설촉진법 및 그 규정을 인용하고 있는 경우 이 법 중 그에 해당하는 규정이 있는 때에는 종전의 규정에 갈음하여 이 법 또는 이 법의 해당 규정을 인용한 것으로 본다. 제10조(다른 법률의 개정 등) ①공익사업을위한토지등의취득및보상에관한법률중 다음과 같이 개정한다. 제69조제1항 각호외의 부분중 "공공철도건설촉진법"은 "철도건설법"으로, "공공철도의 건설·개량사업"은 "철도의 건설사업"으로 한다. ②신항만건설촉진법 중 다음과 같이 개정한다. 제9조제2항제13호 중 "공공철도건설촉진법 제3조의 규정에 의한 공공철도의 건설·개량사업실시계획의 승인"을 "철도건설법 제9조의 규정에 의한 철도건설사업의 실시계획 승인"으로 한다.	제44조제2항제2호가목중 "공공철도건설촉진법"을 "「철도건설법」"으로 한다. ⑤장애인·노인·임산부등의편의증진보장에관한법률시행령 일부를 다음과 같이 개정한다. 제2조제2호중 "고속철도건설촉진법에 의한 고속철도역사"를 "「철도건설법」에 의하여 건설되는 철도역사"로 한다. ⑥주차장법시행령일부를 다음과 같이 개정한다. 제4조제1항6호중 "공공철도건설촉진법"을 "「철도건설법」"으로, "공공철도건설사업"을 각각 "철도건설사업"으로, "공공철도"를 "철도"로 한다. ⑦한국철도시설공단법시행령일부를 다음과 같이 개정한다. 제24조제2항중 "공공철도건설촉진법 제3조 및 고속철도건설촉진법 제7조"를 "「철도건설법」 제9조"로 한다. 제25조제1항중 "공공철도건설촉진법·고속철도건설촉진법"을 "「철도건설법」"으로 한다. ⑧환경·교통·재해등에관한영향평가법시행령 일부를 다음과 같이 개정한다. 별표 1 제1호사목의 대상사업 범위란 (1) 본문 및 단서중 "철도법 제2조제1항·제2항"을 각각 "「철도건설법」 제2조제1호"로, "철도법 제2조제2항"을 각각 "「철도사업법」 제2조제5	영 시행 후 최초로 고속철도건설사업의 시행을 요구하는 원인자부터 적용한다. 제3조(조성 또는 설치 중인 토지 및 시설의 귀속에 관한 경과조치) 이 영 시행 당시 철도건설사업실시계획에 반영되어 「한국철도공사법」에 따라 설립된 한국철도공사가 조성 중이거나 설치 중인 토지 및 시설의 귀속에 대하여는 제18조제1항의 개정규정에 따른다. 부 칙 〈12·6·11〉 제1조(시행일) 이 규칙은 공포한 날부터 시행한다. 제2조부터 제8조까지 생략 부 칙 〈13·3·23〉 제1조(시행일) 이 규칙은 공포한 날부터 시행한다. 〈단서 생략〉 제2조부터 제6조까지 생략 부 칙 〈14·8·7〉 제1조(시행일) 이 규칙은 공포한 날부터 시행한다. 제2조(서식에 관한 경과조치) 이 규칙 시행 당시 종전의 규정에 따라 사용 중인 서식은 계속 사용하되, 이 규칙에 따라 주민등록번호가 삭제되거나 생년월일로 개정된 부분은 삭제하거나 수정하여 사용한다.

법	시 행 령	시 행 규 칙
③사회간접자본시설에대한민간투자법중 다음과 같이 개정한다. 제2조제13호의 라목을 다음과 같이 하고, 동호 소목을 삭제한다. 라. 철도건설법 부 칙 〈05·3·31〉 제1조(시행일) 이 법은 공포 후 1년이 경과한 날부터 시행한다. 제2조 내지 제6조 생략 부 칙 〈05·8·4〉 제1조(시행일) 이 법은 공포 후 1년이 경과한 날부터 시행한다. 제2조 내지 제12조 생략 부 칙 〈05·12·29〉 제1조(시행일)이 법은 2006년 7월 1일부터 시행한다. 제2조 내지 제6조 생략 부 칙 〈06·9·27〉 제1조(시행일) 이 법은 공포 후 1년이 경과한 날부터 시행한다. 제2조 내지 제11조 생략	호"로 하고, 동목(1)의 평가서 제출시기 또는 협의요청시기란중 "공공철도건설촉진법 제3조"를 "「철도건설법」 제9조"로, "철도법 제6조의 규정에 의한 사업계획의 인가 전"을 "「철도사업법」 제5조의 규정에 의한 철도사업의 면허를 받기 전"으로 하며, 동목의 대상사업의 범위란 (4)중 "고속철도건설촉진법 제2조제1호"를 "「철도건설법」 제2조제2호"로, 동목(4)의 평가서 제출시기 또는 협의요청시기란중 "고속철도건설촉진법 제7조"를 "「철도건설법」 제9조"로 한다. 별표 1 제2호가목(6)의 대상사업의 범위란 (가)중 "철도법 제2조제1항 또는 공공철도건설촉진법 제2조"를 "「철도건설법」 제2조"로 하고, 동목(6)의 평가서 제출시기 또는 협의요청시기란중 "철도법 제6조의 규정에 의한 사업계획의 인가 전 또는 공공철도건설촉진법 제3조"를 "「철도사업법」 제5조의 규정에 의한 사업의 면허를 받기 전 또는 「철도건설법」 제9조"로 한다. 부 칙 〈07·12·17〉 이 영은 공포한 날부터 시행한다.	부 칙 〈19·1·2〉 이 규칙은 공포한 날부터 시행한다. 부 칙 〈19·3·20〉 제1조(시행일) 이 규칙은 공포한 날부터 시행한다. 제2조(다른 법령의 개정) ① 개발이익 환수에 관한 법률 시행규칙 일부를 다음과 같이 개정한다. 제4조제4항제1호 중 "「철도건설법」"을 "「철도의 건설 및 철도시설 유지관리에 관한 법률」"로 한다. ② 국토교통부와 그 소속기관 직제 시행규칙 일부를 다음과 같이 개정한다. 제14조제6항제3호 중 "「철도건설법」"을 "「철도의 건설 및 철도시설 유지관리에 관한 법률」"로 한다. ③ 도시·군계획시설의 결정·구조 및 설치기준에 관한 규칙 일부를 다음과 같이 개정한다. 제22조제1호를 다음과 같이 한다. 1. 「철도의 건설 및 철도시설 유지관리에 관한 법률」 제2조제1호에 따른 철도 제24조제2호 중 "「철도건설법」"을 "「철도의 건설 및 철도시설 유지관리에 관한 법률」"로 한다. ④ 여객자동차 운수사업법 시행규칙 일부를 다음과 같이 개정한다.

법	시행령	시행규칙
부 칙 〈07 · 1 · 19〉 제1조(시행일) 이 법은 공포 후 3개월이 경과한 날부터 시행한다. 제2조 내지 제4조 생략 **부 칙** 〈07 · 4 · 6〉 제1조(시행일) 이 법은 공포 후 1년이 경과한 날부터 시행한다. 제2조 내지 제17조 생략 **부 칙** 〈07 · 4 · 11 제8352호〉 제1조(시행일) 이 법은 공포한 날부터 시행한다. 〈단서 생략〉 제2조 내지 제16조 생략 **부 칙** 〈07 · 4 · 11 제8355호〉 제1조(시행일) 이 법은 공포한 날부터 시행한다. 제2조 내지 제6조 생략 **부 칙** 〈07 · 4 · 11 제8369호〉 제1조(시행일) 이 법은 공포한 날부터 시행한다. 〈단서 생략〉 제2조 내지 제16조 생략	**부 칙** 〈08 · 2 · 29〉 제1조(시행일) 이 영은 공포한 날부터 시행한다. 다만, 부칙 제6조에 따라 개정되는 대통령령 중 이 영의 시행 전에 공포되었으나 시행일이 도래하지 아니한 대통령령을 개정한 부분은 각각 해당 대통령령의 시행일부터 시행한다. 제2조부터 제6조까지 생략 **부 칙** 〈08 · 12 · 31 제21214호〉 제1조(시행일) 이 영은 공포한 날부터 시행한다. 〈단서 생략〉 제2조부터 제5조까지 생략 **부 칙** 〈08 · 12 · 31 제21215호〉 이 영은 공포한 날부터 시행한다. **부 칙** 〈08 · 12 · 31 제21231호〉 제1조(시행일) 이 영은 2009년 1월 1일부터 시행한다. 제2조부터 제5조까지 생략 **부 칙** 〈09 · 6 · 19〉 제1조(시행일) 이 영은 2009년 6월 26일부터 시행한다.	제13조제1호 중 "「철도건설법」"을 "「철도의 건설 및 철도시설 유지관리에 관한 법률」"로 한다. ⑤ 지속가능 교통물류 발전법 시행규칙 일부를 다음과 같이 개정한다. 제8조제4호 중 "「철도건설법」"을 "「철도의 건설 및 철도시설 유지관리에 관한 법률」"로 한다. ⑥ 지하안전관리에 관한 특별법 시행규칙 일부를 다음과 같이 개정한다. 별표 3 제1호의 세부내용란 각 목 외의 부분 중 "「철도건설법」"을 "「철도의 건설 및 철도시설 유지관리에 관한 법률」"로 한다. ⑦ 철도건설규칙 일부를 다음과 같이 개정한다. 제1조 중 "「철도건설법」"을 "「철도의 건설 및 철도시설 유지관리에 관한 법률」"로 한다. ⑧ 철도사업법 시행규칙 일부를 다음과 같이 개정한다. 제2조제1항 전단 중 "「철도건설법」 제9조의 규정에 의한"을 "「철도의 건설 및 철도시설 유지관리에 관한 법률」 제9조에 따른"으로 한다. ⑨ 철도안전법 시행규칙 일부를 다음과 같이 개정한다. 제42조를 삭제한다. 제44조제1호 중 "법 제7조제5항 · 제25조제1항"을 "법 제7조제5항"으로 한다. 제75조의2제1항제1호 중 "법 제25조제1항"을

법	시 행 령	시 행 규 칙
부 칙 〈07·4·11 제8370호〉 제1조(시행일) 이 법은 공포한 날부터 시행한다. 〈단서 생략〉 제2조 내지 제20조 생략 부 칙 〈07·4·11 제8371호〉 제1조(시행일) 이 법은 공포한 날부터 시행한다. 〈단서 생략〉 제2조 내지 제10조 생략 부 칙 〈07·4·27〉 제1조(시행일) 이 법은 공포한 날부터 시행한다. 〈단서 생략〉 제2조부터 제14조 생략 부 칙 〈07·5·17〉 제1조(시행일) 이 법은 공포 후 6개월이 경과한 날부터 시행한다. 제2조부터 제5조 생략 부 칙 〈07·12·21〉 제1조 (시행일) 이 법은 공포 후 9개월이 경과한 날부터 시행한다.〈단서 생략〉 제2조부터 제11조까지 생략	제2조(고속철도건설사업의 원인자 비용부담에 관한 적용례) 제22조제1항의 개정규정은 이 영 시행 후 최초로 고속철도건설사업의 시행을 요구하는 원인자부터 적용한다. 제3조(조성 또는 설치 중인 토지 및 시설의 귀속에 관한 경과조치) 이 영 시행 당시 철도건설사업실시계획에 반영되어 「한국철도공사법」에 따라 설립된 한국철도공사가 조성 중이거나 설치 중인 토지 및 시설의 귀속에 대하여는 제18조제1항의 개정규정에 따른다. 부 칙 〈09·12·14〉 제1조(시행일) 이 영은 공포한 날부터 시행한다. 〈단서 생략〉 제2조부터 제5조까지 생략 부 칙 〈10·1·7〉 제1조(시행일) 이 영은 공포한 날부터 시행한다. 제2조부터 제4조 생략 부 칙 〈10·5·4〉 제1조(시행일) 이 영은 2010년 5월 5일부터 시행한다. 제2조부터 제4조까지 생략	"「철도의 건설 및 철도시설 유지관리에 관한 법률」 제19조제1항 및 제2항"으로 한다.

법	시행령	시행규칙
부칙 〈07 · 12 · 27 제8819호〉 제1조(시행일) 이 법은 공포 후 6개월이 경과한 날부터 시행한다.〈단서 생략〉 제2조부터 제9조까지 생략 부칙 〈07 · 12 · 27 제8820호〉 제1조(시행일) 이 법은 공포 후 6개월이 경과한 날부터 시행한다.〈단서 생략〉 제2조부터 제9조까지 생략 부칙 〈08 · 2 · 29〉 제1조(시행일) 이 법은 공포한 날부터 시행한다. 다만, · · · 〈생략〉 · · ·, 부칙 제6조에 따라 개정되는 법률 중 이 법의 시행 전에 공포되었으나 시행일이 도래하지 아니한 법률을 개정한 부분은 각각 해당 법률의 시행일부터 시행한다. 제2조부터 제7조까지 생략 부칙 〈08 · 3 · 21 제8974호〉 제1조(시행일) 이 법은 공포한 날부터 시행한다. 〈단서 생략〉 제2조부터 제14조까지 생략	부칙 〈10 · 9 · 20〉 제1조(시행일) 이 영은 2011년 1월 1일부터 시행한다. 제2조부터 제9조까지 생략 부칙 〈10 · 10 · 14〉 제1조(시행일) 이 영은 2010년 10월 16일부터 시행한다. 제2조 생략 부칙 〈10 · 12 · 13〉 제1조(시행일) 이 영은 공포한 날부터 시행한다. 〈단서 생략〉 제2조부터 제14조까지 생략 부칙 〈11 · 1 · 17〉 제1조(시행일) 이 영은 공포한 날부터 시행한다. 제2조부터 제5조까지 생략 부칙 〈12 · 1 · 25〉 제1조(시행일) 이 영은 2012년 1월 26일부터 시행한다. 제2조 및 제3조 생략	

법	시행령	시행규칙
부　칙 〈08·3·21 제8976호〉 제1조(시행일) 이 법은 공포한 날부터 시행한다. 〈단서 생략〉 제2조부터 제10조까지 생략 부　칙 〈08·12·31〉 제1조(시행일) 이 법은 공포한 날부터 시행한다. 제2조 및 제3조 생략 부　칙 〈09·1·30〉 제1조(시행일) 이 법은 공포 후 6개월이 경과한 날부터 시행한다. 〈단서 생략〉 제2조부터 제11조까지 생략 부　칙 〈09·3·25〉 제1조(시행일) 이 법은 공포 후 3개월이 경과한 날부터 시행한다. 다만, 제28조의 개정규정은 공포한 날부터, 부칙 제4조제2항은 2009년 7월 31일부터 각각 시행한다. 제2조(위원회에 대한 경과조치) 이 법 시행 당시 종전의 규정에 따라 행하여진 철도건설심의위원회 및 고속철도건설에 관한 추진위원회의 행위 또는 철도건설심의위원회 및 고속철도건설에 관한 추진위원회에 대한 행위는 그에 해당하는 이 법에 따른 위원회의 행위 또는 위원회에 대한 행위로 본다.	부　칙 〈12·4·10〉 제1조(시행일) 이 영은 2012년 4월 15일부터 시행한다. 〈단서 생략〉 제2조부터 제15조까지 생략 부　칙 〈13·3·23〉 제1조(시행일) 이 영은 공포한 날부터 시행한다. 〈단서 생략〉 제2조부터 제6조까지 생략 부　칙 〈13·10·4〉 이 영은 2013년 10월 6일부터 시행한다. 부　칙 〈14·5·22〉 제1조(시행일) 이 영은 2014년 5월 23일부터 시행한다. 제2조부터 제13조까지 생략 부　칙 〈15·6·1〉 제1조(시행일) 이 영은 2015년 6월 4일부터 시행한다. 제2조 및 제3조 생략 부　칙 〈16·1·22〉 제1조(시행일) 이 영은 2016년 1월 25일부터 시	

법	시행령	시행규칙
제3조(벌칙에 관한 경과조치) 이 법 시행 전의 행위에 대한 벌칙의 적용에 있어서는 종전의 규정에 따른다. 제4조(다른 법률의 개정) ① 철도산업발전기본법 일부를 다음과 같이 개정한다. 제6조제4항 및 제5항 중 "실무위원회"를 각각 "분과위원회"로 한다. ② 법률 제9401호 국유재산법 전부개정법률 일부를 다음과 같이 개정한다. 부칙 제10조제71항 중 "제23조제3항"을 "제23조의2 제1항"으로 한다. 부 칙 〈09 · 6 · 9 제9763호〉 제1조(시행일) 이 법은 공포 후 9개월이 경과한 날부터 시행한다. 〈단서 생략〉 제2조부터 제8조까지 생략 부 칙 〈09 · 6 · 9 제9770호〉 제1조(시행일) 이 법은 2010년 7월 1일부터 시행한다. 〈단서 생략〉 제2조부터 제7조까지 생략 부 칙 〈09 · 6 · 9 제9772호〉 제1조(시행일) 이 법은 공포 후 6개월이 경과한 날부터 시행한다. 제2조부터 제6조까지 생략	행한다. 제2조부터 제5조까지 생략	

법	시 행 령	시 행 규 칙
부 칙 〈10·4·15 제10266호〉 제1조(시행일) 이 법은 공포 후 6개월이 경과한 날부터 시행한다. 제2조 생략 부 칙 〈10·4·15 제10272호〉 제1조(시행일) 이 법은 공포 후 6개월이 경과한 날부터 시행한다. 제2조부터 제14조까지 생략 부 칙 〈10·5·31〉 제1조(시행일) 이 법은 공포 후 6개월이 경과한 날부터 시행한다. 〈단서 생략〉 제2조부터 제13조까지 생략 부 칙 〈11·4·14〉 제1조(시행일) 이 법은 공포 후 1년이 경과한 날부터 시행한다. 〈단서 생략〉 제2조부터 제9조까지 생략 부 칙 〈13·3·23〉 제1조(시행일) ① 이 법은 공포한 날부터 시행한다. ② 생략 제2조부터 제6조까지 생략		

법	시 행 령	시 행 규 칙
부 칙 〈13·4·5〉 제1조(시행일) 이 법은 공포 후 6개월이 경과한 날부터 시행한다. 제2조(인·허가등 의제의 협의간주에 관한 적용례) 제11조제3항의 개정규정은 이 법 시행 후 국토교통부장관이 관계 행정기관의 장에게 협의를 요청하는 것부터 적용한다. 제3조(토지의 지하부분 사용의 보상에 관한 적용례) 제12조의2의 개정규정은 이 법 시행 후 철도건설사업실시계획의 승인을 받아 다른 자의 토지의 지하부분을 사용하는 것부터 적용한다. 제4조(구분지상권의 존속기간에 관한 적용례) 제12조의3제4항의 개정규정은 이 법 시행 후 철도건설사업실시계획의 승인을 받아 다른 자의 토지의 지하부분 사용에 관한 구분지상권을 설정하거나 이전하는 것부터 적용한다. 부 칙 〈13·5·22〉 제1조(시행일) 이 법은 공포 후 1년이 경과한 날부터 시행한다. 제2조부터 제26조까지 생략 부 칙 〈13·8·6〉 제1조(시행일) 이 법은 공포 후 6개월이 경과한		

법	시 행 령	시 행 규 칙
날부터 시행한다. 제2조(철도건설사업의 촉진 및 품질향상 등을 위한 특례에 관한 적용례) 제18조제2항의 개정규정은 이 법 시행 후 최초로 시행하는 철도시설의 건설공사부터 적용한다. 부 칙 〈14·1·14〉 제1조(시행일) 이 법은 공포 후 6개월이 경과한 날부터 시행한다. 제2조부터 제25조까지 생략 부 칙 〈14·5·21〉 제1조(시행일) 이 법은 공포 후 6개월이 경과한 날부터 시행한다. 제2조(적용례) 제11조제3항의 개정규정은 이 법 시행 후 최초로 협의요청을 받은 분부터 적용한다. 부 칙 〈15·8·11〉 이 법은 공포 후 6개월이 경과한 날부터 시행한다. 부 칙 〈16·1·19〉 제1조(시행일) 이 법은 공포 후 1년이 경과한 날부터 시행한다. 제2조부터 제11조까지 생략		

법	시 행 령	시 행 규 칙
부 칙 〈17 · 1 · 17〉		
제1조(시행일) 이 법은 공포 후 1년이 경과한 날부터 시행한다. 다만, 부칙 제6조에 따라 개정되는 법률 중 이 법 시행 전에 공포되었으나 시행일이 도래하지 아니한 법률을 개정한 부분은 각각 해당 법률의 시행일부터 시행한다. 제2조부터 제7조까지 생략		
부 칙 〈17 · 12 · 26〉		
제1조(시행일) 이 법은 공포 후 6개월이 경과한 날부터 시행한다. 제2조(다른 법률에 따른 인가 · 허가 등의 의제에 관한 적용례) 제11조제1항제25호의 개정규정은 이 법 시행 후 최초로 실시계획을 승인하는 경우부터 적용한다.		
부 칙 〈18 · 3 · 13〉	부 칙 〈19 · 3 · 12〉	
제1조(시행일) 이 법은 공포 후 1년이 경과한 날부터 시행한다. 제2조(다른 법률의 개정) ① 간선급행버스체계	제1조(시행일) 이 영은 2019년 3월 14일부터 시행한다. 제2조(정밀진단의 실시시기에 관한 특례) 이 영	

법	시 행 령	시 행 규 칙
의 건설 및 운영에 관한 특별법 일부를 다음과 같이 개정한다. 제4조제3항제7호 중 "「철도건설법」"을 "「철도의 건설 및 철도시설 유지관리에 관한 법률」"로 한다. ② 경관법 일부를 다음과 같이 개정한다. 제26조제1항제2호 중 "「철도건설법」"을 "「철도의 건설 및 철도시설 유지관리에 관한 법률」"로 한다. ③ 공공주택 특별법 일부를 다음과 같이 개정한다. 제18조제1항제30호의2 중 "「철도건설법」"을 "「철도의 건설 및 철도시설 유지관리에 관한 법률」"로 한다. 제33조제1항제8호 중 "「철도건설법」"을 "「철도의 건설 및 철도시설 유지관리에 관한 법률」"로 한다. 제35조제4항제18호의2 중 "「철도건설법」"을 "「철도의 건설 및 철도시설 유지관리에 관한 법률」"로 한다. 제40조의4의 제목 "(「철도건설법」 등에 대한 특례)"를 "(「철도의 건설 및 철도시설 유지관리에 관한 법률」 등에 대한 특례)"로 하고, 같은 조 제1항 중 "「철도건설법」"을 "「철도의 건설 및 철도시설 유지관리에 관한 법률」"로 한다.	시행 당시 법 제16조에 따른 준공확인을 받은 날(준공 전 사용허가를 받은 경우에는 사용허가를 받은 날을 말한다)부터 8년 이상이 지난 철도시설에 대한 최초의 정밀진단의 실시시기는 별표 2 비고 제2호에도 불구하고 다음 각 호의 구분에 따른다. 1. 10년 이상인 경우: 법 제24조제4항에 따라 철도시설의 유지관리 기본계획이 고시된 날부터 1년 이내 2. 8년 이상 10년 미만인 경우: 법 제24조제4항에 따라 철도시설의 유지관리 기본계획이 고시된 날부터 2년 이내 **제3조(성능평가의 실시시기에 관한 특례)** 제31조에 따른 최초의 성능평가는 법 제24조제4항에 따라 철도시설의 유지관리 기본계획이 고시된 날부터 1년 이내에 실시한다. **제4조(다른 법령의 개정)** ① 건축법 시행령 일부를 다음과 같이 개정한다. 제27조제2항제3호 중 "「철도건설법」"을 "「철도의 건설 및 철도시설 유지관리에 관한 법률」"로 한다. ② 공간정보의 구축 및 관리 등에 관한 법률 시행령 일부를 다음과 같이 개정한다. 제83조제1항제12호 중 "「철도건설법」"을 "「철도의 건설 및 철도시설 유지관리에 관한 법률」"로 한다.	

<table>
<tr><th>법</th><th>시 행 령</th><th>시 행 규 칙</th></tr>
<tr>
<td>④ 공익사업을 위한 토지 등의 취득 및 보상에 관한 법률 일부를 다음과 같이 개정한다.
제69조제1항 각 호 외의 부분 중 "「철도건설법」"을 "「철도의 건설 및 철도시설 유지관리에 관한 법률」"로 한다.
⑤ 교통시설특별회계법 일부를 다음과 같이 개정한다.
제2조제2호 및 제3호 중 "「철도건설법」"을 각각 "「철도의 건설 및 철도시설 유지관리에 관한 법률」"로 한다.
⑥ 국가통합교통체계효율화법 일부를 다음과 같이 개정한다.
제2조제7호나목 중 "「철도건설법」"을 "「철도의 건설 및 철도시설 유지관리에 관한 법률」"로 한다.
제5조제3항제4호 중 "「철도건설법」"을 "「철도의 건설 및 철도시설 유지관리에 관한 법률」"로 한다.
⑦ 노후거점산업단지의 활력증진 및 경쟁력강화를 위한 특별법 일부를 다음과 같이 개정한다.
제2조제4호가목7) 중 "「철도건설법」"을 "「철도의 건설 및 철도시설 유지관리에 관한 법률」"로 한다.
⑧ 법률 제15356호 민간임대주택에 관한 특별법 일부개정법률 일부를 다음과 같이 개정한다.
제2조제13호가목 중 "「철도건설법」"을 "「철도</td>
<td>별표 3 제6호가목 본문 및 같은 호 라목 중 "「철도건설법」"을 각각 "「철도의 건설 및 철도시설 유지관리에 관한 법률」"로 한다.
③ 공공주택 특별법 시행령 일부를 다음과 같이 개정한다.
제34조제2항 중 "「철도건설법」"을 "「철도의 건설 및 철도시설 유지관리에 관한 법률」"로 한다.
④ 교통안전법 시행령 일부를 다음과 같이 개정한다.
별표 2 나목의 대상 교통시설란의 1), 같은 목의 법 제34조제2항에 따른 교통시설안전진단보고서 제출시기란의 1) 및 같은 목의 법 제34조제4항에 따른 교통시설안전진단보고서 제출시기란의 1) 중 "「철도건설법」"을 각각 "「철도의 건설 및 철도시설 유지관리에 관한 법률」"로 한다.
⑤ 국가통합교통체계효율화법 시행령 일부를 다음과 같이 개정한다.
제103조제1항제1호나목 중 "「철도건설법」"을 "「철도의 건설 및 철도시설 유지관리에 관한 법률」"로 한다.
별표 1 중 역세권개발사업란을 다음과 같이 한다.
<table><tr><td>역세권개발사업</td><td>「역세권의 개발 및 이용에 관한 법률」 제4조1항에 따른역세권개발 구역지정</td></tr></table></td>
<td></td>
</tr>
</table>

법	시행령	시행규칙
의 건설 및 철도시설 유지관리에 관한 법률」"로 한다. ⑨ 방송통신발전 기본법 일부를 다음과 같이 개정한다. 제40조의3 각 호 외의 부분 전단 중 "「철도건설법」"을 "「철도의 건설 및 철도시설 유지관리에 관한 법률」"로 한다. ⑩ 사회기반시설에 대한 민간투자법 일부를 다음과 같이 개정한다. 제2조제13호나목 중 "「철도건설법」"을 "「철도의 건설 및 철도시설 유지관리에 관한 법률」"로 한다. ⑪ 산지관리법 일부를 다음과 같이 개정한다. 제35조제1항제2호가목 중 "「철도건설법」"을 "「철도의 건설 및 철도시설 유지관리에 관한 법률」"로 한다. ⑫ 신항만건설 촉진법 일부를 다음과 같이 개정한다. 제9조제2항제11호 중 "「철도건설법」"을 "「철도의 건설 및 철도시설 유지관리에 관한 법률」"로 한다. ⑬ 여객자동차 운수사업법 일부를 다음과 같이 개정한다. 제4조제4항제1호 중 "「철도건설법」"을 "「철도의 건설 및 철도시설 유지관리에 관한 법률」"로 한다.	별표 3의 사업란 및 심의시기란 중 "「철도건설법」"을 각각 "「철도의 건설 및 철도시설 유지관리에 관한 법률」"로 한다. ⑥ 국토기본법 시행령 일부를 다음과 같이 개정한다. 별표 제2호라목의 국토계획평가 대상란 및 국토계획평가 요청서의 제출 시기란 중 "「철도건설법」"을 각각 "「철도의 건설 및 철도시설 유지관리에 관한 법률」"로 한다. ⑦ 대중교통의 육성 및 이용촉진에 관한 법률 시행령 일부를 다음과 같이 개정한다. 제10조제4호 중 "「철도건설법」에 의한"을 "「철도의 건설 및 철도시설 유지관리에 관한 법률」에 따른"으로 한다. ⑧ 도시교통정비 촉진법 시행령 일부를 다음과 같이 개정한다. 별표 1 제1호바목1)의 교통영향평가 대상사업의 범위란 및 같은 1)의 교통영향평가서의 제출·심의시기란 중 "「철도건설법」"을 각각 "「철도의 건설 및 철도시설 유지관리에 관한 법률」"로 한다. ⑨ 도시재정비 촉진을 위한 특별법 시행령 일부를 다음과 같이 개정한다. 제6조제2항제1호 및 제2호 중 "「철도건설법」"을 각각 "「철도의 건설 및 철도시설 유지관리에 관한 법률」"로 한다.	

법	시 행 령	시 행 규 칙
⑭ 역세권의 개발 및 이용에 관한 법률 일부를 다음과 같이 개정한다. 제2조제1호 중 "「철도건설법」"을 "「철도의 건설 및 철도시설 유지관리에 관한 법률」"로 한다. 제12조제1항제7호 중 "「철도건설법」"을 "「철도의 건설 및 철도시설 유지관리에 관한 법률」"로 한다. 제17조제1항 각 호 외의 부분 단서 중 "「철도건설법」"을 "「철도의 건설 및 철도시설 유지관리에 관한 법률」"로 한다. ⑮ 지방세특례제한법 일부를 다음과 같이 개정한다. 제63조제2항제2호 중 "「철도건설법」"을 "「철도의 건설 및 철도시설 유지관리에 관한 법률」"로 한다. ⑯ 지진 · 화산재해대책법 일부를 다음과 같이 개정한다. 제14조제1항제22호 중 "「철도건설법」"을 "「철도의 건설 및 철도시설 유지관리에 관한 법률」"로 한다. ⑰ 철도물류산업의 육성 및 지원에 관한 법률 일부를 다음과 같이 개정한다. 제7조 중 "「철도건설법」"을 "「철도의 건설 및 철도시설 유지관리에 관한 법률」"로 한다. 제10조제1항 본문 및 같은 조 제2항 중 "「철도건설법」"을 각각 "「철도의 건설 및 철도시	⑩ 도시철도법 시행령 일부를 다음과 같이 개정한다. 제21조제3호를 다음과 같이 한다. 3.「철도의 건설 및 철도시설 유지관리에 관한 법률」 ⑪ 민간인 통제선 이북지역의 산지관리에 관한 특별법 시행령 일부를 다음과 같이 개정한다. 제6조제3호 중 "「철도건설법」"을 "「철도의 건설 및 철도시설 유지관리에 관한 법률」"로 한다. ⑫ 민간임대주택에 관한 특별법 시행령 일부를 다음과 같이 개정한다. 제31조제3항제4호 중 "「철도건설법」"을 "「철도의 건설 및 철도시설 유지관리에 관한 법률」"로 한다. ⑬ 방송통신설비의 기술기준에 관한 규정 일부를 다음과 같이 개정한다. 제3조제1항제11호 중 "「철도건설법」"을 "「철도의 건설 및 철도시설 유지관리에 관한 법률」"로 한다. ⑭ 부가가치세법 시행령 일부를 다음과 같이 개정한다. 제37조제1호라목 및 같은 조 제2호다목 중 "「철도건설법」"을 각각 "「철도의 건설 및 철도시설 유지관리에 관한 법률」"로 한다. 제46조제2호 중 "「철도건설법」"을 "「철도의 건설 및 철도시설 유지관리에 관한 법률」"로 한다.	

법	시 행 령	시 행 규 칙
설 유지관리에 관한 법률」"로 한다. 제11조제1항 중 "「철도건설법」"을 "「철도의 건설 및 철도시설 유지관리에 관한 법률」"로 한다. ⑱ 철도안전법 일부를 다음과 같이 개정한다. 제25조를 삭제한다. 제38조제2항 중 "제25조제1항"을 "「철도의 건설 및 철도시설 유지관리에 관한 법률」 제19조제1항"으로 한다. ⑲ 한국철도공사법 일부를 다음과 같이 개정한다. 제9조제1항제6호 중 "「철도건설법」"을 "「철도의 건설 및 철도시설 유지관리에 관한 법률」"로 한다. ⑳ 항만공사법 일부를 다음과 같이 개정한다. 제23조제1항제22호 중 "「철도건설법」"을 "「철도의 건설 및 철도시설 유지관리에 관한 법률」"로 한다. **제3조(다른 법령과의 관계)** 이 법 시행 당시 다른 법령에서 「철도건설법」 또는 그 규정을 인용한 경우에 이 법 가운데 그에 해당하는 규정이 있으면 종전의 규정을 갈음하여 이 법 또는 이 법의 해당 조항을 인용한 것으로 본다. **부 칙** 〈19·11·26〉 이 법은 공포 후 1개월이 경과한 날부터 시행한다.	⑮ 산지관리법 시행령 일부를 다음과 같이 개정한다. 제32조의3제1항제2호가목 중 "「철도건설법」"을 "「철도의 건설 및 철도시설 유지관리에 관한 법률」"로 한다. 별표 5 제1호라목의 대상시설란 중 "「철도건설법」"을 "「철도의 건설 및 철도시설 유지관리에 관한 법률」"로 한다. ⑯ 수목원·정원의 조성 및 진흥에 관한 법률 시행령 일부를 다음과 같이 개정한다. 제3조의2제1항제2호 중 "「철도건설법」"을 "「철도의 건설 및 철도시설 유지관리에 관한 법률」"로 한다. ⑰ 시설물의 안전 및 유지관리에 관한 특별법 시행령 일부를 다음과 같이 개정한다. 별표 1 비고란 제14호 본문 중 "「철도건설법」"을 "「철도의 건설 및 철도시설 유지관리에 관한 법률」"로 한다. ⑱ 에너지이용 합리화법 시행령 일부를 다음과 같이 개정한다. 별표 1 제1호마목1)의 구분 및 대상 범위란 및 같은 1)의 에너지사용계획의 제출 시기란 중 "「철도건설법」"을 각각 "「철도의 건설 및 철도시설 유지관리에 관한 법률」"로 한다. ⑲ 자연재해대책법 시행령 일부를 다음과 같이 개정한다.	

법	시 행 령	시 행 규 칙
	별표 1 제1호다목1)의 대상 행정계획란 및 같은 표 제2호라목1)의 대상 개발사업란 중 "「철도건설법」"을 각각 "「철도의 건설 및 철도시설 유지관리에 관한 법률」"로 한다. ⑳ 자연환경보전법 시행령 일부를 다음과 같이 개정한다. 별표 2 제2호사목(1) 본문 및 같은 목 (4) 중 "「철도건설법」"을 각각 "「철도의 건설 및 철도시설 유지관리에 관한 법률」"로 한다. ㉑ 저탄소 녹색성장 기본법 시행령 일부를 다음과 같이 개정한다. 별표 6 제48호 중 "「철도건설법」"을 "「철도의 건설 및 철도시설 유지관리에 관한 법률」"로 한다. ㉒ 조세특례제한법 시행령 일부를 다음과 같이 개정한다. 별표 6의2 제17호 중 "「철도건설법」"을 "「철도의 건설 및 철도시설 유지관리에 관한 법률」"로, "동법 제22조"를 "「역세권의 개발 및 이용에 관한 법률」 제4조"로 한다. ㉓ 주차장법 시행령 일부를 다음과 같이 개정한다. 별표 1 비고란 제1호바목 중 "「철도건설법」"을 "「철도의 건설 및 철도시설 유지관리에 관한 법률」"로 한다. ㉔ 지방세기본법 시행령 일부를 다음과 같이	

법	시 행 령	시 행 규 칙
	개정한다. 별표 3 제254호의 과세자료의 구체적인 범위란 중 "「철도건설법」"을 "「철도의 건설 및 철도시설 유지관리에 관한 법률」"로 한다. ㉕ 지방세법 시행령 일부를 다음과 같이 개정한다. 별표 제1종 제207호 본문, 같은 표 제2종 제160호 본문, 같은 표 제3종 제223호 본문 및 같은 표 제4종 제173호 중 "「철도건설법」"을 각각 "「철도의 건설 및 철도시설 유지관리에 관한 법률」"로 한다. ㉖ 지역 개발 및 지원에 관한 법률 시행령 일부를 다음과 같이 개정한다. 제2조제1호 중 "「철도건설법」"을 "「철도의 건설 및 철도시설 유지관리에 관한 법률」"로 한다. ㉗ 지진·화산재해대책법 시행령 일부를 다음과 같이 개정한다. 제5조제1항제6호 중 "「철도건설법」"을 "「철도의 건설 및 철도시설 유지관리에 관한 법률」"로 한다. 제10조제1항제19호 중 "「철도건설법」"을 "「철도의 건설 및 철도시설 유지관리에 관한 법률」"로 한다. ㉘ 지하안전관리에 관한 특별법 시행령 일부를 다음과 같이 개정한다.	

법	시 행 령	시 행 규 칙
	제2조제10호 중 "「철도건설법」"을 "「철도의 건설 및 철도시설 유지관리에 관한 법률」"로 한다. 별표 1 제7호다목의 대상사업의 종류 및 범위란 및 같은 목 2)의 협의 요청시기란 중 "「철도건설법」"을 "「철도의 건설 및 철도시설 유지관리에 관한 법률」"로 한다. ㉙ 철도물류산업의 육성 및 지원에 관한 법률 시행령 일부를 다음과 같이 개정한다. 제4조제1항 각 호 외의 부분 중 "「철도건설법」"을 "「철도의 건설 및 철도시설 유지관리에 관한 법률」"로 한다. ㉚ 철도안전법 시행령 일부를 다음과 같이 개정한다. 제24조제3호를 다음과 같이 한다. 3. 「철도의 건설 및 철도시설 유지관리에 관한 법률」 ㉛ 한국철도공사법 시행령 일부를 다음과 같이 개정한다. 제7조의2제1항제1호 중 "「철도건설법」 제2조제8호에 따른 역세권 개발"을 "「역세권의 개발 및 이용에 관한 법률」 제2조제2호에 따른 역세권개발사업"으로 한다. ㉜ 한국철도시설공단법 시행령 일부를 다음과 같이 개정한다. 제24조제2항 중 "「철도건설법」"을 "「철도의	

법	시 행 령	시 행 규 칙
	건설 및 철도시설 유지관리에 관한 법률」"로 한다. 제25조제1항 중 "「철도건설법」"을 "「철도의 건설 및 철도시설 유지관리에 관한 법률」"로 한다. ㉝ 환경영향평가법 시행령 일부를 다음과 같이 개정한다. 별표 2 제2호사목2)의 개발기본계획의 종류란 및 같은 2)의 협의 요청시기란 중 "「철도건설법」"을 각각 "「철도의 건설 및 철도시설 유지관리에 관한 법률」"로 한다. 별표 3 제7호가목의 환경영향평가대상사업의 종류 및 범위란 및 같은 목 나)의 협의 요청시기란 중 "「철도건설법」"을 각각 "「철도의 건설 및 철도시설 유지관리에 관한 법률」"로 한다. 별표 4 비고란 제11호 단서 및 같은 비고란 제11호의2 각 목 외의 부분 단서 중 "「철도건설법」"을 각각 "「철도의 건설 및 철도시설 유지관리에 관한 법률」"로 한다.	

철도의 건설 및 철도시설 유지관리에 관한 법률 시행령 [별표]

[별표 1] 〈신설 13·10·4, 19·3·12〉

보상금의 산정방법(제14조의2제2항 관련)

보상금＝토지(토지의 지하부분의 면적과 수직으로 대응하는 지표의 토지를 말한다)의 적정가격×입체 이용저해율×구분지상권 설정면적

비고: 1. 토지의 적정가격은 「부동산 가격공시 및 감정평가에 관한 법률」 제2조 제5호에 따른 표준지공시지가를 기준으로 하여 같은 법 제28조에 따른 감정평가법인 중 국토교통부장관이 지정하는 감정평가법인이 평가한 가액(價額)으로 한다.

2. 입체 이용저해율 = 건물의 이용저해율+지하부분의 이용저해율+그 밖의 이용저해율

가. 건물의 이용저해율 = α×저해층(沮害層)의 이용률

나. 지하부분의 이용저해율 = β×저해 지하심도의 이용률

다. 그 밖의 이용저해율

1) 지상·지하부분 양쪽의 그 밖의 이용을 저해하는 경우 = γ

2) 지상·지하부분 어느 한쪽의 그 밖의 이용을 저해하는 경우 = $\gamma \times V_{12}/(V_{12}+V_{22})$ 또는 $\gamma \times V_{22}/(V_{12}+V_{22})$

라. α, β, γ는 각각 다음 산식에 따른다.

높이 / 지표: V_{12}, V_{11}, V_{21}, V_{22}

V_{11} : 건물 지상층 이용가치

V_{12} : 통신시설·광고탑 또는 굴뚝 등 이용가치

V_{21} : 건물 지하층 이용가치

V_{22} : 지하수 사용시설 또는 특수물의 매설 등 이용가치

1) 입체 이용가치(A) = 건물 이용가치(V_{11})+지하 이용가치(V_{21})+그 밖의 이용가치($V_{12}+V_{22}$)

2) 건물의 이용에 의한 이용률(α) = V_{11}/A

3) 지하부분의 이용에 의한 이용률(β) = V_{21}/A

4) 그 밖의 이용에 의한 이용률(γ) = $(V_{12}+V_{22})/A$

5) 토지의 입체이용률: $\alpha+\beta+\gamma = 1$

3. 구분지상권 설정면적은 해당 토지의 부동산등기부에 설정된 구분지상권의 설정면적으로 한다.

4. 그 밖에 입체 이용저해율의 산정에 필요한 이용저해율, 저해층 또는 저해 지하심도의 이용률, 이용가치 등의 구체적인 산정기준은 해당 토지 및 인근 토지의 이용실태, 입지조건 및 그 밖의 지역적 특성을 고려하여 국토교통부장관이 정하여 고시한다.

[별표 2] 〈신설 19·3·12〉

정밀진단의 실시시기(제28조제1항 관련)

성능등급	정밀진단의 실시시기
A등급	6년마다 1회
B·C등급	5년마다 1회
D·E등급	4년마다 1회

비고

1. "성능등급"이란 별표 4 제2호가목에 따른 성능등급을 말한다.
2. 최초로 실시하는 정밀진단은 법 제16조에 따른 준공확인을 받은 날(준공 전 사용허가를 받은 경우에는 사용허가를 받은 날을 말한다)을 기준으로 10년이 되는 날부터 1년 이내에 실시한다.
3. 정밀진단의 실시시기는 직전 정밀진단을 완료한 날을 기준으로 한다. 다만, 정밀진단의 실시시기가 도래하기 전에 성능평가를 시행하여 성능등급이 변경된 경우에는 변경된 성능등급에 따른 정밀진단 실시시기를 적용한다.
4. 철도시설의 증축, 개축이나 수리 등을 위한 공사 중에 정밀진단의 실시시기가 도래한 경우에는 그 공사가 완료된 후 1년 이내에 정밀진단을 실시한다.
5. 철도시설을 교체한 경우 해당 철도시설에 대한 정밀진단은 교체한 날부터 10년이 지난 날을 기준으로 1년 이내에 실시할 수 있다.
6. 「시설물의 안전 및 유지관리에 관한 특별법」 제12조에 따른 정밀안전진단을 실시한 경우에는 정밀진단을 실시한 것으로 보아 그 실시시기를 조정할 수 있다.

[별표 3] 〈신설 19·3·12〉

정밀진단을 실시할 수 있는 사람의 자격(제28조제2항 관련)

정밀진단을 실시할 수 있는 사람은 다음 각 호와 같다. 이 경우 제5호부터 제8호까지에 해당하는 사람은 제1호부터 제4호까지에 해당하는 사람의 감독 하에서만 정밀진단을 실시할 수 있다.

1. 「건설기술 진흥법 시행령」 별표 1 제3호가목부터 라목까지 및 아목에 따른 기계, 전기·전자, 토목, 건축 및 안전관리 분야의 특급기술인
2. 연면적 5천제곱미터 이상의 건축물에 대한 설계 또는 감리실적이 있는 「건축사법」에 따른 건축사
3. 「정보통신공사업법 시행령」 별표 6 제1호에 따른 특급기술자
4. 「철도안전법 시행령」 별표 5 제1호에 따른 특급 철도안전전문기술자
5. 「건설기술 진흥법 시행령」 별표 1 제3호가목부터 라목까지 및 아목에 따른 기계, 전기·전자, 토목, 건축 및 안전관리 분야의 고급·중급 또는 초급기술인
6. 「건축사법」에 따른 건축사
7. 「정보통신공사업법 시행령」 별표 6 제1호에 따른 고급·중급 또는 초급기술자
8. 「철도안전법 시행령」 별표 5 제1호에 따른 고급·중급 또는 초급 철도안전전문기술자

[별표 4] 〈신설 19·3·12〉

성능평가의 실시시기 및 성능등급의 기준(제31조제1항 및 제2항 관련)

1. 성능평가의 실시시기

가. 성능평가는 5년마다 실시한다. 이 경우 기간의 계산은 직전 성능평가를 완료한 날을 기준으로 계산한다.
나. 철도시설의 증축, 개축이나 수리 등을 위한 공사 중에 성능평가의 실시시기가 도래한 경우에는 그 공사가 완료된 후 1년 이내에 성능평가를 실시한다.
다. 철도시설을 교체한 경우 교체한 날을 기준으로 계산한다.
라. 「시설물의 안전 및 유지관리에 관한 특별법」 제33조에 따른 성능평가를 실시한 경우에는 성능평가를 실시한 것으로 보아 그 실시시기를 조정할 수 있다.

2. 성능등급의 기준

가. 성능등급
성능등급은 나목의 세부 항목별 평가를 종합적으로 고려하여 다음 표의 구분에 따라 등급을 부여한다.

등급	평가내용	성능 수준
A	우수	외관상 결함, 손상 등이 없고 내구성이 떨어질 가능성이 낮으며 외부 환경조건 변화 등을 수용할 수 있는 성능 수준
B	양호	일부 부재(部材)·부품에서 경미한 결함이나 내구성이 떨어질 가능성이 발견되어 외부 환경조건 등을 고려해 그 진행 여부를 지속 관찰하고 보수 여부를 결정해야 하는 성능 수준
C	보통	광범위한 부재·부품에서 결함이나 내구성이 떨어질 가능성이 발견되고 기능 또는 사용상의 편의에 일부 문제점이 있으나, 전체적인 철도시설의 안전에는 지장이 없고 간단한 보수 또는 보강 및 개선이 필요한 성능 수준
D	미흡	성능이 기준에 미치지 못하여 철도시설의 지속적인 사용이 어려운 수준으로 긴급한 보수·보강 또는 개선이 필요한 성능 수준
E	불량	심각한 결함이나 떨어진 내구성으로 인해 철도시설의 안전에 위험이 있거나 기능을 발휘하지 못하는 수준으로 즉각 사용을 중단하고 보강 또는 개축을 해야 하는 성능 수준

나. 세부 항목별 평가
1) 안전성 평가: 조사 시점의 외관상 결함 정도 및 철도시설에 주어지는 하중 등으로 인해 철도시설에 발생할 수 있는 손상·붕괴 또는 기능장애에 견딜

수 있는 철도시설의 성능을 다음의 기준에 따라 평가한다.

등급	평가내용	성능 수준
A	우수	외관상 결함, 손상 또는 붕괴 등의 위험이 없는 성능 수준
B	양호	일부 부재·부품에서 경미한 결함이 발견되어 결함의 진행 여부를 지속적으로 관찰하고 보수 여부를 결정해야 하는 성능 수준
C	보통	광범위한 부재·부품에서 결함이 발견되었으나 전체적인 철도시설의 안전에는 지장이 없고, 간단한 보수 또는 보강이 필요한 성능 수준
D	미흡	심각한 결함에 대한 긴급한 보수·보강이 필요하며 일부 사용제한이 요구되는 성능 수준
E	불량	심각한 결함으로 인해 철도시설의 안전에 위험이 있어 즉각 사용을 금지하고 보강 또는 교체가 필요한 수준

2) 내구성 평가: 철도시설 사용기간 경과 및 외부 환경조건에 따른 재료적 성질 변화로 발생할 수 있는 손상에 저항하는 철도시설의 성능을 다음의 기준에 따라 평가한다.

등급	평가내용	성능 수준
A	우수	외부 환경조건 등으로 인한 내구성이 떨어질 가능성이 낮은 성능 수준
B	양호	일부 부재·부품에서 내구성이 떨어질 가능성이 발견되어 외부 환경 등의 조건을 고려하여 보수 여부를 결정해야 하는 성능 수준
C	보통	광범위한 부재·부품에서 내구성이 떨어질 가능성이 발견되었거나 주의가 필요한 수준으로 진행되어 간단한 보수가 필요한 성능 수준
D	미흡	광범위한 부재·부품에서 내구성이 떨어지고 있어 긴급한 보수 또는 교체가 요구되는 성능 수준
E	불량	광범위한 부재·부품에서 내구성이 심각하게 떨어지고 있어 즉각 사용을 금지하고 보수 또는 교체가 필요한 성능수준

3) 사용성 평가: 철도시설의 예상 수요를 고려하여 사용기간 동안 확보해야 할 사용자 편의성 및 계획 당시의 설계기준에 근거한 사용 목적을 만족하기 위한 철도시설의 성능을 다음의 기준에 따라 평가한다.

등급	평가내용	성능 수준
A	우수	현재 수요 등을 만족하고 장래 수요 및 외부조건 변화 등을 수용할 수 있는 성능 수준
B	양호	현재 수요 등을 만족하나 장래 수요 및 외부조건 변화 등에 대한 관찰 및 주의가 필요한 성능 수준
C	보통	장래 수요 및 외부조건 변화 등에 대해 기능 발휘 또는 사용상 편의에 일부 문제점이 있어 개선이 필요한 성능 수준
D	미흡	대부분의 기능이 요구되는 기능에 미치지 못하거나 운영 및 사용상 편의가 심각하게 우려되는 수준으로 광범위한 부분에서 개선이 필요한 성능 수준
E	불량	기능 발휘 또는 사용상 편의를 기대할 수 없어 개선 또는 개량이 필요한 성능 수준

[별표 5] 〈신설 19·3·12〉

위반행위의 종류와 과징금의 부과기준(제33조제1항 관련)

1. 일반기준

가. 위반행위의 횟수에 따른 과징금의 가중된 부과기준은 최근 1년간 같은 위반행위로 과징금 부과처분을 받은 경우에 적용한다. 이 경우 기간의 계산은 위반행위에 대하여 과징금 부과처분을 받은 날과 그 처분 후 다시 같은 위반행위를 하여 적발된 날을 기준으로 한다.

나. 가목에 따라 가중된 부과처분을 하는 경우 가중처분의 적용 차수는 그 위반행위 전 부과처분 차수(가목에 따른 기간 내에 과징금 부과처분이 둘 이상 있었던 경우에는 높은 차수를 말한다)의 다음 차수로 한다.

다. 국토교통부장관은 다음의 어느 하나에 해당하는 경우에는 제2호에 따른 과징금 금액의 2분의 1 범위에서 그 금액을 줄일 수 있다. 다만, 과징금을 체납하고 있는 위반행위자의 경우에는 그렇지 않다.

1) 위반행위가 사소한 부주의나 오류로 인한 것으로 인정되는 경우
2) 위반행위자가 법 위반상태를 시정하거나 해소하기 위해 노력한 사실이 인정되는 경우
3) 그 밖에 위반행위의 정도·동기 및 그 결과 등을 고려하여 과징금을 줄일 필요가 있다고 인정되는 경우

라. 국토교통부장관은 다음의 어느 하나에 해당하는 경우에는 제2호에 따른 과징금 금액의 2분의 1 범위에서 그 금액을 늘릴 수 있다. 다만, 법 제38조제1항에 따른 과징금의 상한을 넘을 수 없다.

1) 위반의 내용·정도가 중대하여 철도서비스의 이용자 등에게 미치는 피해가 크다고 인정되는 경우
2) 법 위반상태의 기간이 6개월 이상인 경우
3) 그 밖에 위반행위의 정도·동기 및 그 결과 등을 고려하여 과징금을 늘릴 필요가 있다고 인정되는 경우

2. 개별기준

(단위: 만원)

위반행위	근거 법조문	과징금 금액		
		1차 위반	2차 위반	3차 이상 위반
가. 법 제29조제1항에 따른 정기점검을 실시하지 않은 경우	법 제37조제1항 제1호	1,500	5,000	10,000
나. 법 제30조제1항에 따른 긴급점검을 실시하지 않은 경우	법 제37조제1항 제1호	5,000	10,000	10,000
다. 법 제30조제2항 또는 제6항을 위반하여 정당한 사유 없이 긴급점검을 실시하지 않거나 필요한 조치명령을 이행하지 않은 경우	법 제37조제1항 제2호	5,000	10,000	10,000
라. 법 제31조제1항·제2항에 따른 정밀진단을 실시하지 않은 경우	법 제37조제1항 제1호	5,000	10,000	10,000
마. 법 제32조제1항을 위반하여 안전조치를 하지 않은 경우	법 제37조제1항 제3호	1,500	5,000	10,000
바. 법 제32조제2항 또는 제4항을 위반하여 보수·보강 등 필요한 조치를 하지 않거나 필요한 조치의 이행 및 시정 명령을 이행하지 않은 경우	법 제37조제1항 제4호	5,000	10,000	10,000

[별표 6] 〈신설 19·3·12〉

과태료의 부과기준(제35조 관련)

1. 일반기준

가. 위반행위의 횟수에 따른 과태료의 가중된 부과기준은 최근 1년간 같은 위반행위로 과태료 부과처분을 받은 경우에 적용한다. 이 경우 기간의 계산은 위반행위에 대하여 과태료 부과처분을 받은 날과 그 처분 후 다시 같은 위반행위를 하여 적발된 날을 기준으로 한다.

나. 가목에 따라 가중된 부과처분을 하는 경우 가중처분의 적용 차수는 그 위반행위 전 부과처분 차수(가목에 따른 기간 내에 과태료 부과처분이 둘 이상 있었던 경우에는 높은 차수를 말한다)의 다음 차수로 한다.

다. 국토교통부장관은 다음의 어느 하나에 해당하는 경우에는 제2호에 따른 과태료 금액의 2분의 1 범위에서 그 금액을 줄일 수 있다. 다만, 과태료를 체납하고 있는 위반행위자의 경우에는 그렇지 않다.

1) 위반행위자가 「질서위반행위규제법 시행령」 제2조의2제1항 각 호의 어느 하나에 해당하는 경우
2) 위반행위가 사소한 부주의나 오류로 인한 것으로 인정되는 경우
3) 위반행위자가 법 위반상태를 시정하거나 해소하기 위해 노력한 사실이 인정되는 경우
4) 그 밖에 위반행위의 정도·동기 및 그 결과 등을 고려하여 과태료를 줄일 필요가 있다고 인정되는 경우

라. 국토교통부장관은 다음의 어느 하나에 해당하는 경우에는 제2호에 따른 과태료 금액의 2분의 1 범위에서 그 금액을 늘릴 수 있다. 다만, 법 제47조제1항부터 제4항까지의 규정에 따른 과태료의 상한을 넘을 수 없다.

1) 위반의 내용·정도가 중대하여 철도서비스의 이용자 등에게 미치는 피해가 크다고 인정되는 경우
2) 법 위반상태의 기간이 6개월 이상인 경우
3) 그 밖에 위반행위의 정도·동기 및 그 결과 등을 고려하여 과태료를 늘릴 필요가 있다고 인정되는 경우

2. 개별기준

(단위: 만원)

위반행위	근거 법조문	과태료 금액
가. 정당한 사유 없이 법 제10조에 따른 사업시행자의 행위를 거부 또는 방해하는 경우	법 제47조제4항 제1호	300
나. 법 제26조제1항·제2항에 따라 시행계획을 수립하지 않거나 시행계획을 제출하지 않은 경우	법 제47조제2항 제1호	
1) 지연기간이 1개월 미만인 경우		300
2) 지연기간이 1개월 이상 3개월 미만인 경우		500
3) 지연기간이 3개월 이상인 경우		1,000
다. 법 제27조제1항에 따른 철도시설의 이력정보를 보존하지 않은 경우	법 제47조제2항 제2호	1,000
라. 법 제27조제1항에 따른 철도시설의 이력정보를 법 제28조에 따른 철도시설정보관리체계에 등록하지 않은 경우	법 제47조제3항 제1호	500
마. 법 제30조제1항에 따른 긴급점검을 실시하지 않은 경우	법 제47조제1항 제1호	2,000
바. 법 제30조제7항에 따라 긴급점검 결과보고서를 제출하지 않은 경우	법 제47조제3항 제2호	500
사. 법 제31조제1항 및 제2항에 따른 정밀진단을 실시하지 않은 경우	법 제47조제1항 제2호	
1) 지연기간이 6개월 미만인 경우		1,000
2) 지연기간이 6개월 이상 12개월 미만인 경우		1,500
3) 지연기간이 12개월 이상인 경우		2,000
아. 법 제32조제1항에 따라 위험을 알리는 표지를 설치하지 않은 경우	법 제47조제2항 제3호	1차 위반: 300 2차 위반: 500 3차 위반: 1,000
자. 법 제32조제3항에 따른 통보를 하지 않은 경우	법 제47조제2항 제4호	
1) 지연기간이 1개월 미만인 경우		300

위반행위	근거 법조문	과태료 금액
2) 지연기간이 1개월 이상 3개월 미만인 경우		500
3) 지연기간이 3개월 이상인 경우		1,000
차. 법 제33조제1항에 따른 성능평가를 실시하지 않은 경우	법 제47조제2항 제5호	
1) 지연기간이 1개월 미만인 경우		300
2) 지연기간이 1개월 이상 3개월 미만인 경우		500
3) 지연기간이 3개월 이상인 경우		1,000
카. 법 제34조제2항에 따른 시설 개선명령을 이행하지 않는 경우	법 제47조제2항 제6호	1,000
타. 법 제40조제1항에 따른 보고 또는 자료 제출을 하지 않거나 거짓으로 한 경우 및 검사를 거부·방해 또는 기피한 경우	법 제47조제4항 제2호	300
파. 법 제41조제2항을 위반하여 정당한 사유 없이 시정 요청에 따르지 않은 경우	법 제47조제3항 제3호	500

철도의 건설 및 철도시설 유지관리에 관한 법률 시행규칙 [별표 · 별지]

[별표] 〈신설 19·3·20〉

업무정지의 기준(제12조 관련)

1. 일반기준

가. 법 위반행위에 대한 업무정지는 다른 법률에 별도의 처분기준이 있는 경우 외에는 이 기준에 따르며 업무정지처분기간 1개월은 30일로 본다.

나. 위반행위가 둘 이상인 경우로서 그에 해당하는 각각의 업무정지기준이 다른 경우에는 그 중 무거운 처분기준의 2분의 1까지 늘릴 수 있다. 이 경우 각 처분기준을 합산한 기간을 초과할 수 없다.

다. 하나의 위반행위에 대한 처분기준이 둘 이상인 경우에는 그 중 무거운 처분기준에 따라 처분한다.

라. 업무정지 기준에 따른 위반행위의 횟수 산정에 따른 업무정지 기준은 최근 1년 이내에 같은 위반행위로 업무정지를 받은 경우에 적용한다. 이 경우 기간의 계산은 같은 위반행위에 대하여 업무정지를 한 날과 그 처분 후 다시 같은 위반행위를 하여 적발된 날을 기준으로 한다.

마. 라목에 따라 가중된 업무정지를 하는 경우 가중된 업무정지의 적용 차수는 그 위반행위 전 업무정지 차수(라목에 따른 기간 내에 업무정지가 둘 이상 있었던 경우에는 높은 차수를 말한다)의 다음 차수로 한다.

바. 처분권자는 위반행위의 동기·내용 및 위반의 정도 등 다음에 해당하는 사유를 고려하여 그 처분이 업무정지인 경우에는 업무정지기준의 2분의 1 범위에서 감경할 수 있다.

1) 위반행위가 고의나 중대한 과실이 아닌 사소한 부주의나 오류로 인한 것으로 인정되는 경우

2) 위반의 내용 및 정도가 경미하여 철도시설에 미치는 피해가 적다고 인정되는 경우

3) 위반 행위자가 처음 해당 위반행위를 한 경우로서 해당 업무를 성실히 해온 사실이 인정되는 경우

2. 개별기준

위반행위	근거 법조문	업무정지기준		
		1차 위반	2차 위반	3차 이상 위반
가. 법 제29조제1항에 따른 정기점검을 실시하지 않은 경우	법 제37조제1항제1호	업무정지 1개월	업무정지 3개월	업무정지 6개월
나. 법 제30조제1항에 따른 긴급점검을 실시하지 않은 경우	법 제37조제1항제1호	업무정지 3개월	업무정지 6개월	업무정지 6개월
다. 법 제30조제2항 또는 제6항을 위반하여 정당한 사유 없이 긴급점검을 실시하지 않거나 필요한 조치명령을 이행하지 않은 경우	법 제37조제1항제2호	업무정지 3개월	업무정지 6개월	업무정지 6개월
라. 법 제31조제1항·제2항에 따른 정밀진단을 실시하지 않은 경우	법 제37조제1항제1호	업무정지 3개월	업무정지 6개월	업무정지 6개월
마. 법 제32조제1항을 위반하여 안전조치를 하지 않은 경우	법 제37조제1항제3호	업무정지 1개월	업무정지 3개월	업무정지 6개월
바. 법 제32조제2항 또는 제4항을 위반하여 보수·보강 등 필요한 조치를 하지 않거나 필요한 조치의 이행 및 시정 명령을 이행하지 않은 경우	법 제37조제1항제4호	업무정지 3개월	업무정지 6개월	업무정지 6개월

[별지 제1호서식] 〈개정 08·3·14, 13·3·23, 19·3·20〉

철도건설사업시행자 지정신청서

<table>
<tr><td colspan="2">접수번호</td><td colspan="2">접수일</td><td colspan="3">처리기간 30일</td></tr>
<tr><td rowspan="3">신청인</td><td colspan="6">명 칭</td></tr>
<tr><td colspan="6">주 소</td></tr>
<tr><td>대표자</td><td colspan="5">전화번호</td></tr>
<tr><td colspan="7">사업의 명칭</td></tr>
<tr><td colspan="7">사업의 목적</td></tr>
<tr><td colspan="2">사업시행지역</td><td colspan="5">면 적 ㎡</td></tr>
<tr><td colspan="2" rowspan="8">사업의 내용</td><td rowspan="10">자금조달계획</td><td colspan="2">합 계</td><td colspan="2"></td></tr>
<tr><td rowspan="6">내자</td><td>소 계</td><td colspan="2"></td></tr>
<tr><td>국 고</td><td colspan="2"></td></tr>
<tr><td>지방비</td><td colspan="2"></td></tr>
<tr><td>자기자금</td><td colspan="2"></td></tr>
<tr><td>융자금</td><td colspan="2"></td></tr>
<tr><td>기 타</td><td colspan="2"></td></tr>
<tr><td rowspan="3">외자</td><td>소 계</td><td colspan="2"></td></tr>
<tr><td colspan="2">사업기간</td><td>차 관</td><td colspan="2"></td></tr>
<tr><td colspan="2">사업비</td><td>기 타</td><td colspan="2"></td></tr>
</table>

「철도의 건설 및 철도시설 유지관리에 관한 법률 시행령」 제13조제1항 및 같은 법 시행규칙 제3조제1항에 따라 위와 같이 철도건설사업시행자 지정을 신청합니다.

년 월 일

신청인 (서명 또는 인)

국토교통부장관 귀하

첨부서류	1. 사업계획서 2. 자금조달계획서 3. 철도의 건설 예정 노선을 표시한 지형도	수수료 없음

처리절차

신청서 작성	→	접 수	→	검 토	→	결 재	→	지정서교부
신청인		국토교통부 (철도건설사업 담당부서)		국토교통부 (철도건설사업 담당부서)		국토교통부 (철도건설사업 담당부서)		국토교통부 (철도건설사업 담당부서)

210mm×297mm[백상지 80g/㎡(재활용품)]

[별지 제2호서식] 〈개정 08·3·14, 13·3·23, 19·3·20〉

제 호

철도건설사업시행자 지정서

시행자 명칭 :
주 소 :

대표자 성명 :

귀하를 「철도의 건설 및 철도시설 유지관리에 관한 법률 시행령」 제13조 및 같은 법 시행규칙 제3조제2항에 따라 아래와 같이 철도건설사업시행자로 지정합니다.

1. 사업의 명칭 :
2. 사업의 목적 :
3. 사업시행지역 :
4. 사업내용 :
5. 사업기간 :
6. 시행자 지정조건 :

년 월 일

국토교통부장관 [직인]

80mm×120mm[백상지(150g/㎡)]

[별지 제3호서식] 〈개정 08·3·14, 13·3·23, 19·3·20〉

철도건설사업실시계획승인 신청서

접수번호	접수일	처리기간 90일

<table>
<tr><td rowspan="3">신청인</td><td colspan="5">명 칭</td></tr>
<tr><td colspan="5">주 소</td></tr>
<tr><td colspan="2">대표자</td><td colspan="3">전화번호</td></tr>
<tr><td colspan="6">사업의 명칭</td></tr>
<tr><td colspan="6">사업의 목적</td></tr>
<tr><td colspan="2">사업시행지역</td><td colspan="4">면 적 ㎡</td></tr>
<tr><td colspan="2" rowspan="10">사업의 내용</td><td rowspan="12">자금조달계획</td><td colspan="2">합 계</td><td></td></tr>
<tr><td rowspan="6">내자</td><td>소 계</td><td></td></tr>
<tr><td>국 고</td><td></td></tr>
<tr><td>지방비</td><td></td></tr>
<tr><td>자기자금</td><td></td></tr>
<tr><td>융자금</td><td></td></tr>
<tr><td>기 타</td><td></td></tr>
<tr><td rowspan="3">외자</td><td>소 계</td><td></td></tr>
<tr><td>차 관</td><td></td></tr>
<tr><td>기 타</td><td></td></tr>
<tr><td colspan="2">사업기간</td></tr>
</table>

「철도의 건설 및 철도시설 유지관리에 관한 법률」 제9조제1항, 같은 법 시행령 제14조제1항 및 같은 법 시행규칙 제4조제1항에 따라 위와 같이 철도건설사업실시계획의 승인을 신청합니다.

년 월 일

신청인 (서명 또는 인)

국토교통부장관 귀하

210mm×297mm[백상지 80g/㎡(재활용품)]

(뒤쪽)

<table>
<tr><td>첨부서류</td><td>다음 각 호의 사항이 포함된 철도건설사업실시계획서 1부
1. 사업시행지역의 위치도
2. 수용하거나 사용할 토지·물건 또는 권리의 소재지·지번·지목 및 면적, 소유권과 소유권 외의 권리의 명세와 그 소유자 및 권리자의 성명·주소
3. 계획평면도·단면도 및 공사설명서 등 설계도서
4. 사업시행 기간
5. 연도별 투자계획 및 재원조달계획과 연도별 투자비 회수 등에 관한 계획이 포함된 자금계획 및 이를 증명할 수 있는 서류(공공기관 사업시행자인 경우와 고속철도건설사업실시계획의 경우만 해당한다)
6. 사업시행지역에 있는 수용하거나 사용할 토지·물건 또는 권리의 매수·보상계획 및 주민의 이주대책
7. 교통영향평가 및 환경영향평가에 대한 관계 행정기관의 장과의 협의 결과
8. 문화재 현황 조사 결과
9. 지진피해 경감대책
10. 「철도의 건설 및 철도시설 유지관리에 관한 법률」 제9조제1항 후단에 따라 철도건설사업실시계획을 구간별 또는 시설별로 작성한 경우에는 그 내용
11. 「철도의 건설 및 철도시설 유지관리에 관한 법률」 제9조제2항 및 제18조제1항제1호·제2호에 따라 「철도산업발전 기본법」 제6조에 따른 철도산업위원회의 심의를 거쳐야 하는 사항이 포함되어 있는 경우에는 그 심의 내용
12. 「철도의 건설 및 철도시설 유지관리에 관한 법률」 제11조제1항 각 호에 따라 의제되는 인·허가 등이 있는 경우에는 그 내용
13. 「철도의 건설 및 철도시설 유지관리에 관한 법률」 제11조제2항에 따른 관계 행정기관의 장과의 협의에 필요한 서류
14. 「철도의 건설 및 철도시설 유지관리에 관한 법률」 제15조제1항에 따라 기존의 공공시설등을 대체하는 대체공공시설등을 설치하는 경우에는 기존 공공시설등의 이전 및 철거계획과 대체공공시설등의 설치계획
15. 「철도의 건설 및 철도시설 유지관리에 관한 법률」 제17조제1항 단서에 따라 국가에 귀속되지 않는 토지 및 시설이 있는 경우에는 그 토지 및 시설의 처분에 관한 계획
16. 「건설기술 진흥법 시행령」 제19조제4항에 따른 기술자문위원회의 심의 대상 사업인 경우에는 설계 심의에 필요한 서류</td><td>수수료
없음</td></tr>
</table>

처리절차

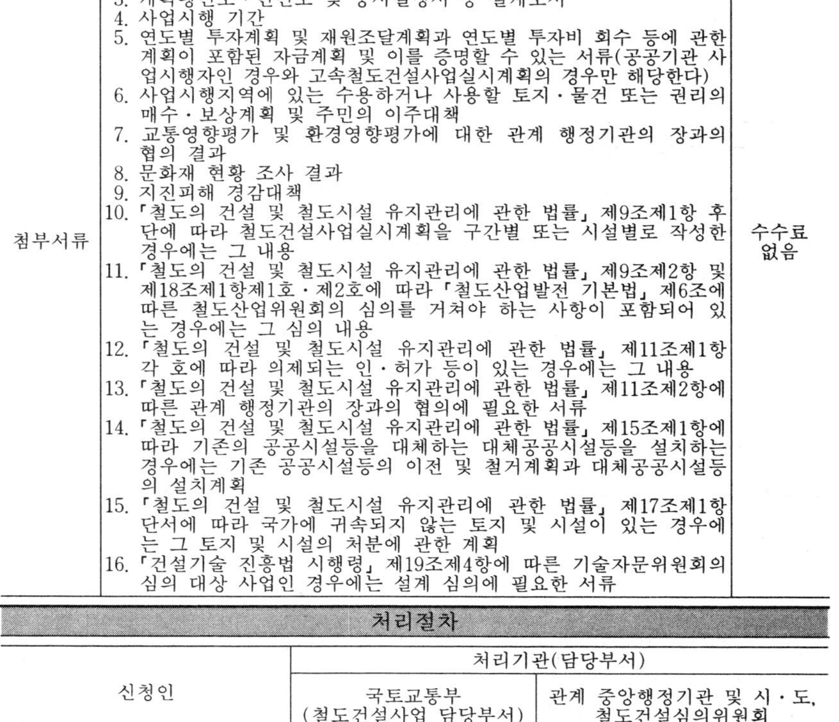

[별지 제4호서식] 〈개정 08・3・14, 13・3・23, 19・3・20〉

철도건설사업실시계획변경승인 신청서

접수번호	접수일	처리기간 90일	
신청인	명 칭		
	주 소		
	대표자	전화번호	
사업의 명칭			
사업의 목적			
사업시행지역	면 적	㎡	
사업시행기간			
변 경 내 용			

「철도의 건설 및 철도시설 유지관리에 관한 법률」 제9조제8항 및 같은 법 시행규칙 제4조제2항에 따라 위와 같이 철도건설사업실시계획의 변경승인을 신청합니다.

년 월 일

신청인 (서명 또는 인)

국토교통부장관 귀하

첨부서류	1. 실시계획의 변경내용 및 변경사유 2. 실시계획의 변경내용을 설명할 수 있는 서류	수수료 없음

처리절차

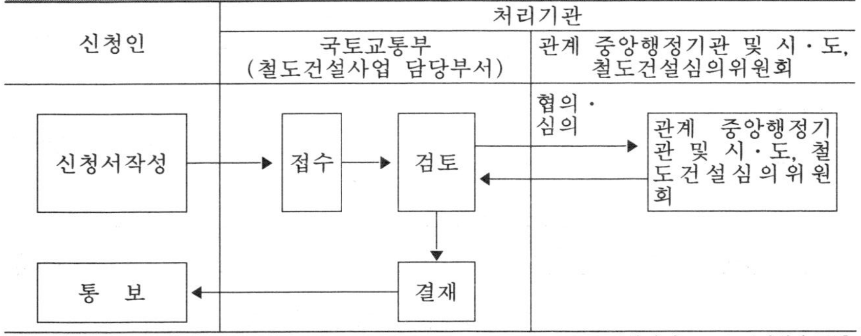

신청인	처리기관: 국토교통부 (철도건설사업 담당부서)	처리기관: 관계 중앙행정기관 및 시・도, 철도건설심의위원회
신청서작성 →	접수 → 검토 (협의・심의 →)	관계 중앙행정기관 및 시・도, 철도건설심의위원회
통 보 ←	결재	

210mm×297mm「백상지 80g/㎡(재활용품)」

[별지 제5호서식] 〈개정 08・3・14, 12・6・12, 13・3・23, 19・3・20〉

공사준공 보고서

접수번호	접수일	처리기간 50일	
보고인 (사업시행자)	명 칭		
	주 소		
	대표자	전화번호	
사업의 명칭			
사업의 목적			
사업시행지역		면 적	㎡
사 업 내 용		사업비	
사업시행기간		사업완료일자	

「철도의 건설 및 철도시설 유지관리에 관한 법률」 제16조제1항, 같은 법 시행령 제17조제1항 및 같은 법 시행규칙 제6조제1항에 따라 위와 같이 철도건설사업의 공사준공보고서를 제출합니다.

년 월 일

보고인 (서명 또는 인)

국토교통부장관 귀하

첨부서류	1. 준공조서 2. 관계 행정기관의 사업완료 확인에 관한 서류 3. 「철도의 건설 및 철도시설 유지관리에 관한 법률」 제15조제3항 및 제17조제1항에 따라 귀속・이관되거나 양여되는 공공시설에 관한 조서 및 관계 도면 4. 별지 제6호서식의 개별사업별 준공조서 5. 사업완료 구간의 노선도 6. 선로의 종・평면도 7. 선로일람(一覽) 약도 8. 거리표, 기울기표, 곡선표 등 선로표지에 관한 사항 9. 배선(配線)약도를 포함한 정거장평면도 10. 건물배치도(역 및 철도차량기지로 한정합니다) 11. 「환경영향평가법」 제25조, 「도시교통정비 촉진법」 제22조 및 「자연재해대책법」 제6조에 따른 협의내용의 이행현황 등을 적은 서류 12. 터널・교량 등의 구조물현황을 적은 서류 13. 토지세목조서 14. 공사착공 전 및 준공 후의 상황을 구분・인식할 수 있는 근공사진 또는 도면 15. 시공품질검사내역서 16. 그 밖에 준공확인에 필요하다고 국토교통부장관이 인정하는 서류	수수료 없음

처리절차

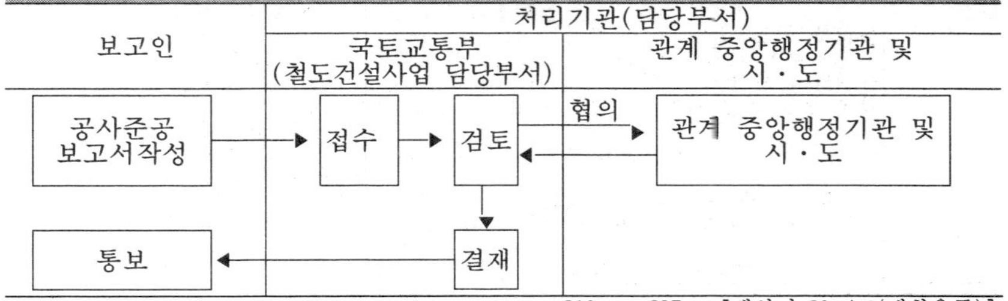

보고인	처리기관(담당부서): 국토교통부 (철도건설사업 담당부서)	처리기관(담당부서): 관계 중앙행정기관 및 시・도
공사준공 보고서작성 →	접수 → 검토 (협의 →)	관계 중앙행정기관 및 시・도
통보 ←	결재	

210mm×297mm「백상지 80g/㎡(재활용품)」

[별지 제6호서식] 〈개정 19·3·20〉

개별사업별 준공조서

사업의 명칭													
사업 시행자	성명		전화번호										
	주소												
착공연월일			준공연월일										
사업비(백만원)	총체	용지	노반	궤도	건물	전철	전력	통신	신호	설계	감리	기타	
사업의 목적													
주요 경유지 및 역			사업연장거리										
주요 시설물 현황													
그 밖의 특이사항													

「철도의 건설 및 철도시설 유지관리에 관한 법률 시행령」 제17조 및 같은 법 시행규칙 제6조제2항에 따라 개별사업별 준공조서를 제출합니다.

년 월 일

제출인 (서명 또는 인)

210mm×297mm「백상지 80g/㎡(재활용품)」

[별지 제7호서식] 〈개정 08·3·14, 13·3·23, 14·8·7, 19·3·20〉

준공전사용허가 신청서

접수번호	접수일	처리기간 15일

구분		
신청인	업체명	
	주 소	전화번호
	대표자 성명	대표자 생년월일
사업내역	사업의 명칭	실시계획 승인일
	사업의 위치	준공예정일
신청내역	신청내용	
	사용기간 년 월 일 ~ 년 월 일(일간)	

「철도의 건설 및 철도시설 유지관리에 관한 법률」 제16조제4항 단서 및 같은 법 시행규칙 제6조제4항에 따라 위와 같이 준공 전 사용허가를 신청합니다.

년 월 일

신청인 (서명 또는 인)

국토교통부장관 귀하

첨부서류	1. 준공 전 사용하려는 구간의 노선도 2. 선로 종·평면도 3. 선로일람 약도 4. 선로표지 현황 5. 배선약도를 포함한 정거장 평면도 6. 건물배치도(역 및 철도차량기지에 한정합니다) 7. 「환경영향평가법」 제25조, 「도시교통정비 촉진법」 제22조 및 「자연재해대책법」 제6조에 따른 협의내용의 이행현황 등을 적은 서류 8. 구조물현황을 적은 서류 9. 공사착공 전 및 준공 전 사용허가신청 당시의 상황을 구분·인식할 수 있는 사진 또는 도면 10. 시공품질검사내역서 11. 그 밖에 준공 전 사용허가 확인에 필요하다고 국토교통부장관이 인정하는 서류	수수료 없음

처리절차

신청서 작성	→	접 수	→	검 토	→	결 재	→	통 보
신청인		국토교통부장관		국토교통부장관		국토교통부장관		국토교통부장관

210mm×297mm「백상지 80g/㎡(재활용품)」

[별지 제8호서식] 〈개정 08 · 3 · 14, 13 · 3 · 23, 19 · 3 · 20〉

검사공무원증
(철도건설사업)

1. 소속/직급:

2. 성　　명:

3. 생년월일:

3×4㎝
(모자를 벗은 상반신으로 뒤 그림 없이 6개월 이내에 촬영한 것)

위 사람은 「철도의 건설 및 철도시설 유지관리에 관한 법률」 제40조 및 같은 법 시행규칙 제13조에 따른 조사공무원임을 증명합니다.

년　　월　　일

기 관 장 [직인]

1. 이 증표를 휴대한 사람은 철도건설사업을 하는 자의 사무실 · 사업장 또는 그 밖의 필요한 장소에 출입하여 철도건설사업에 관한 업무를 검사할 권한이 있습니다.
2. 이 증표는 다른 사람에게 대여하거나 양도할 수 없습니다.
3. 이 증표를 습득한 경우에는 가까운 우체통에 넣어 주십시오.

80mm×120mm「백상지(150g/㎡)」

[별지 제9호서식] 〈신설 19 · 3 · 20〉

실태점검 대장

점검대상 (주소)	점검일시	점검목적	점검내용	점검자			
				소속	직급	성명	서명

210mm×297mm「백상지(80g/㎡)」

철도건설규칙 [2009·9·1 국토해양부령 제163호 전부개정]

개정 2013·3·23 국토교통부령 제1호
(국토교통부와 그 소속기관직제 시행규칙)
2019·3·20 국토교통부령 제609호
(철도건설법시행규칙 일부개정령)

제1장 총 칙

제1조(목적) 이 규칙은 「철도의 건설 및 철도시설 유지관리에 관한 법률」 제19조에 따라 철도의 건설기준에 관하여 필요한 사항을 정함을 목적으로 한다.〈개정 19·3·20〉

제2조(정의) 이 규칙에서 사용하는 용어의 뜻은 다음과 같다.

1. "차량"이란 선로를 운행할 목적으로 제작된 동력차·객차(客車)·화차(貨車) 및 특수차를 말한다.
2. "열차"란 동력차에 객차 또는 화차 등을 연결하여 본선을 운행할 목적으로 조성한 차량을 말한다.
3. "본선"이란 열차운행에 상용(常用)할 목적으로 설치한 선로를 말한다.
4. "측선"이란 본선 외의 선로를 말한다.
5. "설계속도"란 해당 선로를 설계할 때 기준이 되는 상한속도를 말한다.
6. "선로"란 차량을 운행하기 위한 궤도와 이를 받치는 노반(路盤) 또는 인공구조물로 구성된 시설을 말한다.
7. "궤간"이란 양쪽 레일 안쪽 간의 거리 중 가장 짧은 거리를 말하며, 레일의 윗면으로부터 14밀리미터 아래 지점을 기준으로 한다.
8. "캔트"(Cant)란 차량이 곡선구간을 원활하게 운행할 수 있도록 안쪽 레일을 기준으로 바깥쪽 레일을 높게 부설하는 것을 말한다.
9. "정거장"이란 여객 또는 화물의 취급을 위한 철도시설 등을 설치한 장소[조차장(열차의 조성 또는 차량의 입환(入換)을 위하여 철도시설 등이 설치된 장소를 말한다) 및 신호장(열차의 교차 통행 또는 대피를 위하여 철도시설 등이 설치된 장소를 말한다)을 포함한다]를 말한다.
10. "선로전환기"란 차량 또는 열차 등의 운행 선로를 변경시키기 위한 기기를 말한다.
11. "종곡선(縱曲線)"이란 차량이 선로 기울기의 변경지점을 원활하게 운행할 수 있도록 종단면에 두는 곡선을 말한다.
12. "궤도"란 레일·침목 및 도상(道床)과 이들의 부속품으로 구성된 시설을 말한다.
13. "도상"이란 레일 및 침목으로부터 전달되는 차량 하중을 노반에 넓게 분산시키고 침목을 일정한 위치에 고정시키는 기능을 하는 자갈 또는 콘크리트 등의 재료로 구성된 구조부분을 말한다.
14. "슬랙"(Slack)이란 차량이 곡선구간의 선로를 원활하게 통과하도록 바깥쪽 레일을 기준으로 궤간을 넓히는 것을 말한다.
15. "건축한계"란 차량이 안전하게 운행될 수 있도록 궤도상에 설정한 일정한 공간을 말한다.
16. "전차선로"란 동력차에 전기에너지를 공급하기 위하여 선로를 따라 설치한 시설물로서 전선, 지지물(支持物) 및 관련 부속 설비를 총괄하여 말한다.
17. "기지"란 화물의 취급 또는 차량의 유치 등을 목적으로 시설한 장소로서 화물기지, 차량기지, 주박기지(駐泊基地), 보수기지 및 궤도기지 등을 말한다.
18. "신호소"란 열차의 교차 통행 및 대피를 위한 시설이 없이 열차의 운행에만 필요한 상치신호기(常置信號機)(열차제어시스템을 포함한

다)를 취급하기 위하여 시설한 장소를 말한다.

19. "건널목보안장치"란 도로와 철도가 평면교차하는 건널목에 열차, 자동차 및 사람 등의 통행에 안전을 확보하기 위하여 설치하는 각종 보안설비를 말한다.

20. "열차제어시스템"이란 열차운행을 직접적으로 제어하기 위하여 연동장치 및 열차자동제어장치 등을 유기적으로 결합하여 하나의 시스템을 구성하는 것을 말한다.

21. "궤도회로"란 열차 등의 궤도점유 유무를 감지하기 위하여 전기적으로 구성한 회로를 말한다.

22. "신호기"란 폐색구간(閉塞區間)의 경계지점 및 측선의 시점 등 필요한 곳에 설치하여 열차운행의 가능 여부 등을 지시하는 신호기 및 신호표지 등의 장치를 말한다.

23. "폐색구간"이란 선로를 여러 개의 구간으로 나누어 반드시 하나의 열차만 점유하도록 정한 구간을 말한다.

24. "연동장치"란 신호기 · 선로전환기 · 궤도회로 등의 제어 또는 조작이 일정한 순서에 따라 연쇄적으로 동작되는 장치를 말한다.

25. "통신설비"란 열차운행 및 철도운영에 관한 정보(음성, 부호, 문자 및 영상 등)를 송수신하거나 표출하기 위한 통신선로 등의 통신설비와 이에 부속되는 설비 등을 말한다.

26. "전기동차전용선"이란 도시교통 처리를 주목적으로 전기동차가 운행되는 선로로서 디젤기관 등에 의한 여객열차 · 화물열차는 운행되지 아니하는 선로를 말한다.

제3조(다른 법령과의 관계) 이 규칙에서 정하지 아니한 전기동차전용선에 관한 사항은 「도시철도건설규칙」을 준용한다.

제4조(세부기준) 국토교통부장관은 이 규칙에서 정한 기준의 시행에 필요한 세부기준을 정하여 고시할 수 있다.〈개정 13 · 3 · 23〉

제2장 선 로

제5조(설계속도) 선로의 설계속도는 해당 선로의 경제적 · 사회적 여건, 건설비, 선로의 기능 및 앞으로의 교통수요 등을 고려하여 정하여야 한다. 다만, 철도운행의 안정성 등이 확보된다고 인정되는 경우에는 철도건설의 경제성 또는 지형적 여건을 고려하여 해당 선로의 구간별로 설계속도를 다르게 정할 수 있다.

제6조(궤간) 궤간의 표준치수는 1천435밀리미터로 한다.

제7조(곡선반경) 곡선반경은 열차운행의 안전성 및 승차감을 확보할 수 있도록 설계속도 등을 고려하여 정하여야 한다. 다만, 정거장 전후 구간 및 측선과 분기기(分岐器)에 연속되는 경우에는 곡선반경을 축소할 수 있다.

제8조(캔트) ① 곡선구간에는 열차운행의 안전성 및 승차감을 확보하고 궤도에 주는 압력을 균등하게 하기 위하여 곡선반경 및 운행속도 등에 대응한 캔트를 두어야 하며, 일정 길이 이상에서 점차적으로 늘리거나 줄여야 한다.

② 제1항에도 불구하고 분기기 내의 곡선, 그 전 후의 곡선, 측선 내의 곡선 등 캔트를 부설하기 곤란한 곳에는 캔트를 설치하지 아니할 수 있다.

제9조(완화곡선의 삽입) 본선의 직선과 원곡선 사이 또는 두 개의 원곡선의 사이에는 열차운행의 안전성 및 승차감을 확보하기 위하여 완화곡선을 두되, 곡선반경이 큰 곡선 또는 분기기에 연속되는 경우에는 그러하지 아니하며, 그 밖에 완화곡선을 두기 곤란한 구간에서는 필요한 조치를 마련하여야 한다.

제10조(직선 및 원곡선의 최소 길이) 본선의 경우 직선과 원곡선의 최소 길이는 설계속도를 고려하여 일정 길이 이상으로 하여야 한다.

제11조(선로의 기울기) 선로의 기울기는 해당 선로의 성격과 기능 및 운

행 차량의 특성 등을 고려하여 정하여야 한다.

제12조(종곡선) 선로의 기울기가 변화하는 곳에는 열차의 운행속도 및 차량의 구조 등을 고려하여 열차운행의 안전성 및 승차감에 지장을 주지 않도록 종곡선을 설치하여야 한다. 다만, 열차운행의 안전에 지장을 줄 우려가 없는 경우에는 그러하지 아니하다.

제13조(슬랙) 원곡선에는 선로의 곡선반경 및 차량의 고정축거(固定軸距) 등을 고려하여 궤도에 과도한 횡압(橫壓)이 가해지는 것을 방지할 수 있도록 슬랙을 두어야 한다. 다만, 궤도에 과도한 횡압이 발생할 우려가 없는 경우는 그러하지 아니하다.

제14조(건축한계) ① 직선구간의 건축한계의 범위는 별표 1과 같다.

② 건축한계 내에는 건물이나 그 밖의 구조물을 설치해서는 아니 된다. 다만, 가공전차선(架空電車線) 및 그 현수장치(懸垂裝置)와 선로 보수 등의 작업에 필요한 일시적인 시설로서 열차 및 차량운행에 지장이 없는 경우에는 그러하지 아니하다.

③ 곡선구간의 건축한계는 캔트 및 슬랙 등을 고려하여 확대하여야 하며, 캔트의 크기에 따라 경사시켜야 한다.

제15조(궤도의 중심간격) ① 직선구간의 경우 궤도의 중심간격은 차량한계(철도차량의 안전을 확보하기 위하여 궤도 위에 정지된 상태에서 측정한 철도차량의 길이·너비 및 높이의 한계를 말한다)의 최대 폭과 차량의 안전운행 및 유지보수 편의성 등을 고려하여 정하여야 한다.

② 곡선구간의 경우 궤도 중심간격은 곡선반경에 따라 건축한계 확대량에 상당하는 값을 추가하여 정하여야 한다.

제16조(시공기면의 폭) 직선구간의 경우 시공기면(노반을 조성하는 기준이 되는 면을 말한다)의 폭은 궤도구조의 기능을 유지하고, 전철주 및 공동관로 등의 설치와 유지보수 요원의 안전한 대피 공간 확보가 가능하도록 정하여야 하며, 곡선구간의 경우 캔트의 영향을 고려하여 정하여야 한다.

제17조(선로 설계 시 유의사항) ① 선로구조물은 표준 열차하중을 고려하는 등 열차운행의 안전성이 확보되도록 설계하여야 한다.

② 도상의 종류 및 두께와 레일의 중량 등 궤도구조는 해당 선로의 설계속도와 열차의 통과 톤수에 따라 정하여야 한다.

③ 선로구조물을 설계할 때에는 생애주기(生涯週期) 비용을 고려하여야 한다.

④ 교량, 터널 등의 선로구조물에는 안전설비 및 재난대비설비를 설치하여야 하고, 열차 안전에 지장을 줄 우려가 있는 장소에는 방호설비를 설치하여야 한다.

⑤ 선로를 설계할 때에는 향후 인접 선로(계획 중인 선로를 포함한다)와 원활한 열차운행이 가능하도록 인접 선로와 연결되는 구조, 차량의 동력방식, 승강장의 형식 및 신호방식 등을 고려하여야 한다.

제18조(철도 횡단시설) ① 도로와 철도가 교차하는 곳은 입체화 시설로 설치하는 것을 원칙으로 한다. 다만, 공사 등 일시적으로 필요한 곳에는 임시로 평면건널목을 설치할 수 있다.

② 평면건널목 또는 정거장 구내를 횡단하는 전선로는 지중(地中)에 설치하여야 한다. 다만, 지형 여건 등으로 부득이한 경우에는 시설물 관리기관과 협의하여 이를 지상에 설치할 수 있다.

제19조(선로표지) 선로에는 선로의 유지관리 및 열차의 안전운행에 필요한 선로표지를 설치하여야 한다.

제3장 정거장 및 기지

제20조(정거장의 설치) 정거장은 지형 조건, 교통수요, 경제성 및 인근 정거장과의 거리 등을 고려하여 적정 위치에 설치하여야 한다.

제21조(정거장 및 신호소의 설비) ① 정거장 및 신호소에는 그 기능 등에 따라 필요한 설비를 하여야 한다.

② 정거장 중 간이역은 여객을 위한 설비만을 설치한다.

제22조(정거장 안의 선로 배선) ① 정거장 안의 선로는 열차운행에 적합하게 배선하여야 한다.

② 정거장 안의 선로에는 열차운영에 적합하도록 유효장(有效長)(인접 선로의 열차 및 차량 출입에 지장을 주지 아니하고 열차를 수용할 수 있는 해당 선로의 최대 길이)을 확보하여야 한다.

③ 단선구간의 정거장 내 및 2개 이상의 열차·차량이 동시 출발하거나 진입하는 정거장 내에는 안전측선을 설치하여야 한다. 다만 운전보안설비가 설치되어 있어 안전측선이 불필요한 경우에는 설치하지 아니할 수 있다.

④ 정거장 또는 신호소 외의 곳에서 선로를 분기(分岐)하거나 평면교차를 시켜서는 아니 된다. 다만, 운전보안설비 등 안전설비를 한 경우에는 그러하지 아니하다.

제23조(승강장) ① 승강장은 직선구간에 설치하여야 한다. 다만, 지형 여건 등으로 부득이한 경우에는 곡선구간에도 설치할 수 있다.

② 승강장의 수 및 길이는 수송수요, 열차운행 횟수 및 열차의 종류 등을 고려하여 산출한 규모로 설치하여야 한다.

③ 승강장의 높이는 정차하는 차량의 종류 등을 고려하여 정하여야 한다.

④ 승강장의 폭은 수송수요, 승강장 내에 세우는 구조물 및 설비 등을 고려하여 설치하여야 한다.

⑤ 승강장에 세우는 각종 기둥과 벽체로 된 구조물은 선로 쪽 승강장 끝으로부터 일정한 거리를 두어 설치하여야 한다.

제24조(승강장의 편의·안전설비) ① 승강장의 통로 및 계단은 여객의 안전을 고려하여 설치되어야 한다.

② 승강장 지붕의 폭 및 길이는 승강장의 규모, 열차의 길이 및 열차의 종류 등을 고려하여 설치하여야 한다.

제25조(전차대) 동력차용 전차대(기관차의 앞뒤 방향을 바꾸는 장치를 말한다)의 길이는 27미터 이상으로 한다.

제26조(차막이 및 구름방지설비 등) ① 선로의 종점에는 차량이 선로구간을 벗어나지 않도록 차막이를 설치하여야 한다.

② 차량이 정해진 위치를 벗어나서 구르거나 열차가 정차 위치를 지나쳐 피해를 끼칠 위험이 있는 장소에는 안전설비를 하여야 한다.

제4장 전철 전력

제27조(수전전압) 전철변전소 수전선로(受電線路)의 전압은 수전용량, 수전거리 및 이와 연계된 전력계통을 고려하여 정하여야 한다.

제28조(수전선로) ① 전철변전소 수전선로의 방식과 구성은 부하(負荷)의 크기 및 특성, 지리적 조건, 환경적 조건, 전력조류(電力潮流), 전압강하, 수전 안정도, 회로의 공진(共振) 및 운용의 합리성 등을 고려하여 정하여야 한다.

② 수전선로는 지형적 여건 등 시설조건에 따라 가공(架空) 또는 지중방식으로 시설하며, 비상시를 대비하여 예비선로를 확보하여야 한다.

제29조(전철변전소의 위치) ① 전철변전소나 급전구분소(給電區分所) 등의 위치는 급전구간의 부하중심으로 하되, 건설 및 운영 측면을 고려하여 정하여야 한다.

② 전철변전소의 간격은 전차선 전압의 최저한도를 유지할 수 있고 급전계통에서 발생하는 사고전류를 검출할 수 있는 간격으로 정하되, 열차운행계획, 선로구간의 중요도, 앞으로의 수송수요 등을 고려하여야 한다.

제30조(전철변전소의 용량) 전철변전소의 용량은 앞으로의 수송수요와 정상 급전 및 연장 급전을 고려하여 정하여야 한다.

제31조(전철변전소 등의 형식) 전철변전소, 급전구분소, 보조 급전구분소 및 병렬 급전구분소 등은 옥내형으로 하되, 환경 및 경제성 등을 고려하여 옥외형으로 할 수 있다.

제32조(급전계통구성) 급전계통은 부하의 크기·성질 및 전압강하를 고려하여 구성하고, 전철변전소 간에는 급전구분소를 설치하여 방면별로 급전하여야 한다.

제33조(전철변전소 등의 제어) 전철변전소나 급전구분소 등의 제어 및 감시는 중앙집중 원방감시제어 방식으로 전기사령실에서 이루어질 수 있도록 하여야 하며, 이에 필요한 설비를 설치하여야 한다.

제34조(전차선로의 공칭전압) 전차선로의 공칭전압(公稱電壓)은 표준 전기철도 전압 중에서 해당 전압에 대한 안전성 및 설비의 경제성 등을 갖춘 전압으로 하여야 한다.

제35조(전차선로의 가선 방식) 전차선로의 가선(架線)은 안전성과 신뢰성을 인정받고 있는 시스템 중에서 경제성 및 유지보수의 용이성을 갖춘 방식을 사용하여야 한다.

제36조(전차선로의 설비 표준화 등) ① 전차선로의 설비 규격 및 시스템의 제원(諸元)은 적절한 속도 등급으로 구분하여 표준화를 유도함으로써 설비의 품질 향상이 가능하도록 하여야 한다.

② 전차선로는 설계 속도에 적합한 성능을 갖도록 설계하여야 한다.

제37조(전차선의 높이) 전차선의 공칭 높이(곡선당김금구가 설치되는 지점의 레일의 상부면으로 부터 전차선까지의 높이)는 모든 온도 조건에서 5천밀리미터 이상 5천4백밀리미터 이하의 범위에 있어야 하며, 해당 선로의 공칭 높이는 차량한계 및 화물 높이, 안전성, 경제성 등과 집전 성능을 고려하여 정하여야 한다. 다만, 기존 운행선의 경우 터널, 구름다리, 교량 등의 구조물이 이미 설치되어 있는 구간 또는 이에 인접한 구간에서는 전차선의 높이를 축소할 수 있다.

제38조(전차선의 편위) 전차선의 편위(偏位)(곡선당김금구 또는 지지물이 설치되는 지점의 레일 윗면에 수직인 궤도 중심으로부터 좌우로 벗어난 거리)는 열차 정지 및 운행 시 최악의 운영환경에서도 전차선이 팬터그래프 집전판의 집전 범위를 벗어나지 않도록 하되, 팬터그래프 집전판이 최대한 고르게 마모되도록 시설하여야 한다.

제39조(접지시설) ① 전차선 지락(地絡)과 같은 사고 시에도 레일 전위(電位)의 상승을 억제하여 사람 등을 보호하고, 낙뢰에 의한 피해 및 유도에 의한 감전을 방지하기 위하여 적절한 접지 설비를 하여야 한다.

② 모든 접지는 서로 연결되는 공용 접지방식으로 하여야 한다.

제40조(절연 이격거리) 전차선로에서 상시 전압이 인가되는 가압부는 대지, 구조물, 다른 전선 또는 식물 등과 최악의 조건에서도 전압 레벨 및 오염지구 여부에 따른 최소 절연 이격 거리가 확보되도록 하여야 한다.

제41조(가공 급전선의 높이) 나전선(裸電線)으로 시설하는 가공 급전선의 높이는 전차선 높이 이상이고 적절한 절연 이격거리가 확보되는 높이 이상이어야 한다.

제42조(가공 전차선로 설비의 강도) 가공 전차선로의 지지물 및 설비는 최대 풍속과 강설(降雪), 최고 및 최저 온도 조건 등에 대한 안전율과 지형 특성 등을 반영하여 설계하여야 하며, 지진하중 등을 고려하여야 한다.

제43조(전기적 구분장치) 전차선로는 이상 발생 시 급전 정지 구간의 한정과 보수작업을 위하여 일정 거리마다 또는 운영상 필요한 곳에 전기적으로 구분할 수 있는 구분장치를 두어야 하며, 전기적으로 구분되는 설비 사이에는 적절한 이격거리를 두어야 한다.

제44조(가공 송배전 전선과의 교차) 교류 가공 전차선로는 원칙적으로 전압 레벨이 다른 가공 송배전 전선(철도 전용 부지 외의 곳에 시설하는 것은 제외한다)이나 가공 약전류(弱電流) 전선과 교차하여 설치하지 않아야 하며, 현장 여건상 교차 설치가 부득이한 경우에는 시설기준을 따로 정하여 허용할 수 있다.

제45조(건널목 및 과선교의 안전시설) ① 자동차가 통행할 수 있는 건널목에 전차선로를 가설하는 경우에는 선로의 양측 또는 도로의 위쪽에

빔 또는 스팬선(span-wire)을 설치하고, 위험 표지를 부착하여야 한다.

② 가공 전차선로를 과선교나 고상(高床) 승강장 또는 교량 아래 등에 시설하는 경우로서 일반인에게 위해(危害)를 미칠 우려가 있는 경우에는 안전 설비를 하여야 한다.

제46조(터널조명) 철도의 안전운행 및 비상시 승객의 안전을 위하여 일정 길이 이상의 터널 내에는 조명 설비와 유도등 설비를 시설하여야 한다. 다만, 건축 또는 소방 관련 법령 등에서 방재기준을 따로 정한 경우에는 그에 따른다.

제5장 신호 및 통신

제47조(신호기장치) ① 철도신호의 현시장치(現示裝置) 및 표시장치의 구조와 형상은 오인될 우려가 없도록 하여야 한다.

② 신호방식은 지상신호 또는 차내 신호방식 등으로 하되, 열차운행 간격, 선로용량(선로상에서 운행할 수 있는 1일 최대 열차 횟수) 등과 열차운행의 안전성 및 효율성을 고려하여 최적의 방식을 선정하여야 한다.

③ 차내 신호방식 및 통신기반열차제어시스템을 채택한 구간에서는 열차운행에 필요한 각종 신호정보를 기관사에게 전달하는 설비를 설치하여야 한다.

제48조(선로전환기장치) 선로가 분기되는 본선 및 주요 측선에는 열차의 안전을 확보하기 위하여 전기 선로전환기를 설치하여야 한다. 다만, 중요하지 않은 측선에는 수동식 기계 선로전환기를 설치할 수 있다.

제49조(궤도회로의 설치) ① 신호기, 선로전환기를 포함한 연동장치와 그 밖의 신호설비를 제어하기 위하여 열차 또는 차량의 점유 유무를 감지하는 궤도회로를 설치하여야 한다. 다만, 통신기반열차제어장치의 경우에는 그에 적합한 설비로 대체할 수 있다.

② 궤도회로는 폐전로식(閉電路式) 궤도회로 구성방식으로 하여야 한다. 다만, 필요에 따라 개전로식(開電路式) 궤도회로를 조합하여 설비할 수 있다.

제50조(연동장치) 열차운행과 차량의 입환을 능률적이고 안전하게 하기 위하여 신호기와 선로전환기가 있는 정거장, 신호소 및 기지에는 그에 적합한 연동장치를 설치하여야 한다.

제51조(열차제어시스템) 열차운행의 안전도를 높이고 열차의 속도를 향상시켜 선로용량을 증대시키기 위하여 연동장치와 여러 제어장치로 구성된 열차제어시스템을 설치하여야 한다.

제52조(열차 자동 정지장치) 열차의 충돌 및 추돌사고를 방지하기 위하여 열차 자동 정지장치를 설치하여야 한다. 다만, 열차 자동 정지장치의 기능을 포함하고 있는 설비를 설치하는 경우에는 이를 생략할 수 있다.

제53조(폐색장치) 폐색을 확보하는 장치는 진로상의 폐색구간의 조건에 따른 신호를 나타내거나 폐색을 보증할 수 있는 것이어야 한다.

제54조(열차집중제어장치 등) ① 일정 구간 단위로 신호설비의 취급과 열차운행의 통제를 집중하여 시행하는 것이 유리한 구간에는 열차집중제어장치를 설치한다.

② 한 역에서 다른 역의 신호설비를 취급하는 것이 유리한 경우에는 신호원격제어장치를 설비할 수 있다.

제55조(건널목 보안장치) 도로와 철로가 평면교차하는 곳에는 열차와 보행인 및 차량의 안전운행이 확보되도록 건널목 보안장치를 설치하여야 한다.

제56조(신호기기의 보호) ① 낙뢰 및 전차선 지락에 의한 이상전압 발생 시 신호기기의 소손(燒損)을 방지하기 위하여 보안기 등을 설치하여야 한다.

② 신호설비에는 필요한 경우 인명 보호 및 신호기기의 소손 방지를

위하여 접지설비를 하여야 하며, 공동접지방식을 원칙으로 한다.

③ 교류전차선 구간의 신호설비는 전력유도전압 또는 전자파 등으로부터 장애가 없도록 설치하여야 한다.

제57조(신호설비의 전원방식) 신호설비의 전원방식은 이중으로 설치하는 것을 원칙으로 한다.

제58조(통신설비 등) 통신설비 및 통신선은 설비의 안정성을 확보하고 이용자가 편리하게 사용할 수 있도록 설치하여야 한다.

제59조(전송설비) 전송설비는 열차운행 및 철도운영에 필요한 음성, 부호, 문자 및 영상 등 각종 정보를 안정적으로 전송할 수 있도록 설치하여야 한다.

제60조(열차 무선설비) 열차 무선설비는 안전하고 효율적인 열차운행을 도모하고 철도운영자 및 유지보수요원 간의 효율적인 업무활동이 가능하도록 설치하여야 한다.

제61조(역무 자동화설비) 철도 역사(驛舍)에는 승차권 판매, 개표·집표 및 이와 관련된 각종 회계·통계 등의 역 업무를 자동화하기 위한 설비를 설치하여야 한다.

제62조(통신설비의 보호) 유무선 통신설비는 전력유도전압, 전자파 및 낙뢰 등으로부터 장애가 없도록 설치하여야 한다.

부 칙

제1조(시행일) 이 규칙은 공포한 날부터 시행한다.

제2조(설계 중이거나 건설 중인 철도 등에 대한 경과조치) 종전의 규정에 따라 설계 중이거나 건설 중인 철도는 개정규정에 따른다.

부 칙 〈13·3·23〉

제1조(시행일) 이 규칙은 공포한 날부터 시행한다. 다만, 부칙 제6조제121항은 2013년 7월 1일부터 시행한다.

제2조부터 제6조까지 생략

부 칙 〈19·3·20〉

제1조(시행일) 이 규칙은 공포한 날부터 시행한다.

제2조 생략

[별표 1]

직선구간의 건축한계(제14조제1항 관련)

건축한계 레일부 상세

a, a1 또는 a2 . . . . 후렌지 웨이
S . . . . 슬랙

1. 일반의 경우 . . . . a = 75 + S
2. 한쪽에 가드레일이 있는 경우
   가드레일이 있는쪽 . . . . a = 40 - S
   가드레일이 없는쪽 . . . . a = 75 - S
3. 텅레일의 경우 . . . . a = 70 + S
4. 크로싱부의 경우 a1 . . . . 크로싱 가드레일이 있는쪽
   a2 . . . . 크로싱 윙레일이 있는쪽
   a1 + a2 . . . . . . 90 + 28 로서 a = 40 + S
5. 가드레일이 있는 건널목의 경우 a = 65 + S

보 기

————	일반의 경우에 대한 건축한계. 다만, 철도를 횡단하는 시설물이 설치되는 구간에는 7,010 밀리미터 이상을 확보하여야 한다.
—·—·—	가공전차선 및 그 현수장치를 제외한 상부에 대한 한계. 이 한계는 교량, 터널, 구름다리 및 그 앞뒤에 있어서 필요한 경우에는 —— 까지, 기설된 교량, 터널, 눈덮개, 구름다리 및 그 앞뒤에 있어서 필요한 경우에는 개수할 때까지 잠정적으로 —×× 로써 표시된 한도까지 사전승인을 받은 후 축소할 수 있다.
- - - - - - -	측선에 있어서 급수, 급탄, 전차, 계중, 세차 등의 설비 신호주, 전차선로지지주, 차고의 문 및 내부장치 또는 본선(중앙, 태백, 영동, 황지, 고한 각선과 함백선에 한함)에 있어서 기설된 교량, 터널, 구름다리 및 그의 앞뒤에 있어서 부득이한 경우에는 가공전차선 지지물에 대한 건축한계를 축소할 수 있는 한계.
++++++	선로전환기 표지 등에 대하여 건축한계를 줄일 수 있는 한계.
—•—•—•—	승강장 및 적하장에 대하여 건축한계를 줄일 수 있는 한계.
—∘—∘—∘—	타넘기 부분에 대하여 건축한계를 줄일 수 있는 한계(단 a1 = a2 = 70)

치수단위 : 밀리미터

철도의 건설기준에 관한 규정

제정 2009 · 9 · 1 국토해양부 고시 제2009-832호
개정 2012 · 8 · 22 국토해양부 고시 제2012-553호
2013 · 5 · 16 국토교통부 고시 제2013-236호
2014 · 10 · 15 국토교통부 고시 제2014-607호
2018 · 3 · 21 국토교통부 고시 제2018-175호

제 1 장 총 칙

제1조(목적) 이 규정은 「철도건설규칙」 제4조에 따라 철도건설 기준의 시행에 필요한 세부기준을 정함을 목적으로 한다.

제2조(정의) 이 규정에서 사용하는 용어의 뜻은 다음과 같다.〈개정 14 · 10 · 15〉

1. "차량"이란 선로를 운행할 목적으로 제작된 동력차 · 객차 · 화차 및 특수차를 말한다.
2. "열차"란 동력차에 객차 또는 화차 등을 연결하여 본선을 운행할 목적으로 조성한 차량을 말한다.
3. "본선"이란 열차운행에 상용할 목적으로 설치한 선로를 말한다.
4. "부본선(정차본선)" 이란 정거장내에서 동일방향의 열차를 운전하는 본선으로서, 여객 및 화물열차 취급, 대피 등을 목적으로 계획한 선로를 말한다.
5. "측선"이란 본선 외의 선로를 말한다.
6. "설계속도"란 해당 선로를 설계할 때 기준이 되는 상한속도를 말한다.
7. "선로"란 차량을 운행하기 위한 궤도와 이를 받치는 노반 또는 인공구조물로 구성된 시설을 말한다.
8. "궤간"이란 양쪽 레일 안쪽 간의 거리 중 가장 짧은 거리를 말하며, 레일의 윗면으로부터 14밀리미터 아래 지점을 기준으로 한다.
9. "캔트"(Cant)란 차량이 곡선구간을 원활하게 운행할 수 있도록 안쪽 레일을 기준으로 바깥쪽 레일을 높게 부설하는 것을 말한다.
10. "정거장"이란 여객 또는 화물의 취급을 위한 철도시설 등을 설치한 장소[조차장(열차의 조성 또는 차량의 입환을 위하여 철도시설 등이 설치된 장소를 말한다) 및 신호장(열차의 교차 통행 또는 대피를 위하여 철도시설 등이 설치된 장소를 말한다)을 포함한다]를 말한다.
11. "선로전환기"란 차량 또는 열차 등의 운행 선로를 변경시키기 위한 기기를 말한다.
12. "종곡선"이란 차량이 선로 기울기의 변경지점을 원활하게 운행할 수 있도록 종단면에 두는 곡선을 말한다.
13. "궤도"란 레일 · 침목 및 도상과 이들의 부속품으로 구성된 시설을 말한다.
14. "도상"이란 레일 및 침목으로부터 전달되는 차량 하중을 노반에 넓게 분산시키고 침목을 일정한 위치에 고정시키는 기능을 하는 자갈 또는 콘크리트 등의 재료로 구성된 구조부분을 말한다.
15. "시공기면"이란 노반을 조성하는 기준이 되는 면을 말한다.
16. "슬랙"(Slack)이란 차량이 곡선구간의 선로를 원활하게 통과하도록 바깥쪽 레일을 기준으로 안쪽 레일을 조정하여 궤간을 넓히는 것을 말한다.
17. "건축한계"란 차량이 안전하게 운행될 수 있도록 궤도상에 설정한 일정한 공간을 말한다.
18. "차량한계"란 철도차량의 안전을 확보하기 위하여 궤도 위에 정지된 상태에서 측정한 철도차량의 길이 · 너비 및 높이의 한계를 말한다.
19. "유효장"이란 인접 선로의 열차 및 차량 출입에 지장을 주지 아니하고 열차를 수용할 수 있는 해당 선로의 최대 길이를 말한다.

20. "전차대"란 기관차의 앞뒤 방향을 바꾸거나, 한 선로에서 다른 선로로 차량의 위치를 이동시키는 장치를 말한다.
21. "전차선로"란 동력차에 전기에너지를 공급하기 위하여 선로를 따라 설치한 시설물로서 전선, 지지물 및 관련 부속 설비를 총괄하여 말한다.
22. "기지"란 화물의 취급 또는 차량의 유치 등을 목적으로 시설한 장소로서 화물기지, 차량기지, 주박기지, 보수기지 및 궤도기지 등을 말한다.
23. "심플 커티너리(Simple Catenary)"란 전차선로 종류의 하나로서, 단일 조가선과 단일 전차선만으로 전차선로를 가공 현수하는 구조를 갖는 가선 형태를 말하며, 헤비 심플 커티너리(Heavy Simple Catenary)를 포함한다.
24. "운전시격"이란 선행열차와 후속열차간의 운전을 위한 배차시간 간격을 말하며, 운전시격의 최소값을 최소운전시격이라 한다.
25. "신호소"란 열차의 교차 통행 및 대피를 위한 시설이 없이 열차의 운행에만 필요한 상치신호기(열차제어시스템을 포함한다)를 취급하기 위하여 시설한 장소를 말한다.
26. "건널목안전설비"란 도로와 철도가 평면교차하는 건널목에 열차, 자동차 및 사람 등의 통행에 안전을 확보하기 위하여 설치하는 각종 안전설비를 말한다.
27. "열차제어시스템"이란 열차운행을 직접적으로 제어하기 위하여 연동장치 및 열차자동제어장치 등을 유기적으로 결합하여 하나의 시스템을 구성하는 것을 말한다.
28. "궤도회로"란 열차 등의 궤도점유 유무를 감지하기 위하여 전기적으로 구성한 회로를 말한다.
29. "신호기"란 폐색구간의 경계지점 및 측선의 시점 등 필요한 곳에 설치하여 열차운행의 가능 여부 등을 지시하는 신호기 및 신호표지 등의 장치를 말한다.
30. "절대신호기"란 신호기에 정지신호가 현시된 경우 반드시 열차를 정차한 후 관계자의 승인을 얻어야만 진입할 수 있는 신호기를 말한다.
31. "허용신호기"란 신호기에 정지신호가 현시된 경우 열차를 정차한 후 승인 없이도 제한속도 이하로 진입할 수 있는 신호기를 말한다.
32. "폐색구간"이란 선로를 여러 개의 구간으로 나누어 반드시 하나의 열차만 점유하도록 정한 구간을 말한다.
33. "연동장치"란 신호기 · 선로전환기 · 궤도회로 등의 제어 또는 조작이 일정한 순서에 따라 연쇄적으로 동작되는 장치를 말한다.
34. "통신설비"란 열차운행 및 철도운영에 관한 정보(음성, 부호, 문자 및 영상 등)를 송수신하거나 표출하기 위한 통신선로 등의 통신설비와 이에 부속되는 설비 등을 말한다.
35. "철도교통관제설비"(이하 "관제설비"라 한다)란 열차 및 차량의 운행을 집중 제어 · 통제 · 감시하는 설비로 열차집중제어장치(CTC), 열차무선설비, 관제전화설비 및 영상감시장치(CCTV) 등을 말한다.
36. "전기동차전용선"이란 도시교통 처리를 주목적으로 전기동차가 운행되는 선로로서 기관차 등에 의해 견인되는 여객열차 · 화물열차 및 간선형 전기동차 운행에는 적합하지 않게 건설되는 선로를 말한다.
37. "고속철도전용선"이란 철도건설법 제2조제2호에 따른 고속철도 구간의 선로를 말한다.
38. "고속화"란 기존선로의 선형, 노반, 궤도, 신호체계 등을 개량하여 열차 운행속도를 향상시키는 것을 말한다.

제3조(다른 규정과의 관계) 철도의 건설기준에 관하여 다른 규정 등에 특별한 규정이 있는 경우를 제외하고는 이 규정이 정하는 바에 따른다.

제 2 장 선 로

제4조(설계속도) ①신설 및 개량노선의 설계속도를 정하기 위해서는 다음

각 호의 사항을 고려하여 속도별 비용 및 효과분석을 실시하여야 한다.

1. 초기 건설비, 운영비, 유지보수비용 및 차량구입비 등의 총비용 대비 효과 분석
2. 역간 거리
3. 해당 노선의 기능
4. 장래 교통수요 등

②도심지 통과구간, 시·종점부, 정거장 전후 및 시가화 구간 등 노선 내 타 구간과 동일한 설계속도를 유지하기 어렵거나, 동일한 설계속도 유지에 따르는 경제적 효용성이 낮은 경우에는 구간별로 설계속도를 다르게 정할 수 있다.

제5조(궤간) 궤간의 표준치수는 1천435밀리미터로 한다.

제6조(곡선반경) ①본선의 곡선반경은 설계속도에 따라 다음 표의 값 이상으로 하여야 한다.

설계속도 V(킬로미터/시간)	최소 곡선반경(미터)	
	자갈도상 궤도	콘크리트도상 궤도
350	6,100	4,700
300	4,500	3,500
250	3,100	2,400
200	1,900	1,600
150	1,100	900
120	700	600
$V \leq 70$	400	400

(주) 이외의 값은 제7조의 최대 설정캔트와 최대 부족캔트를 적용하여 다음 공식에 의해 산출한다.

$$R \geq \frac{11.8\,V^2}{C_{max} + C_{d,max}}$$

여기서 R : 곡선반경(미터)

V : 설계속도(킬로미터/시간)

C_{max} : 최대 설정캔트(밀리미터)

$C_{d,max}$: 최대 부족캔트(밀리미터)

②제1항에도 불구하고 다음 각 호와 같은 경우에는 다음 각 호에서 정하는 크기까지 곡선반경을 축소할 수 있다.

1. 정거장의 전후구간 등 부득이한 경우

설계속도 V(킬로미터/시간)	최소 곡선반경(미터)
$200 < V \leq 350$	운영속도고려 조정
$150 < V \leq 200$	600
$120 < V \leq 150$	400
$70 < V \leq 120$	300
$V \leq 70$	250

2. 전기동차전용선의 경우 : 설계속도에 관계없이 250미터

③부본선, 측선 및 분기기에 연속되는 경우에는 곡선반경을 200미터까지 축소할 수 있다. 다만, 고속철도전용선의 경우에는 다음 표와 같이 축소할 수 있다.

구 분	최소 곡선반경(미터)
주본선 및 부본선	1,000(부득이한 경우 500)
회송선 및 착발선	500(부득이한 경우 200)

제7조(캔트) ①곡선구간의 궤도에는 열차의 운행 안정성 및 승차감 을 확보하고 궤도에 주는 압력을 균등하게 하기 위하여 다음 공식에 의하여 산출된 캔트를 두어야 하며, 이때 설정캔트 및 부족캔트는 다음 표의 값 이하로 하여야 한다.

$$C = 11.8\frac{V^2}{R} - C_d$$

C : 설정캔트(밀리미터)

V : 설계속도(킬로미터/시간)

R : 곡선반경(미터)

C_d : 부족캔트(밀리미터)

설계속도 V (킬로미터/시간)	자갈도상 궤도		콘크리트도상 궤도	
	최대 설정캔트 (밀리미터)	최대 부족캔트[1] (밀리미터)	최대 설정캔트 (밀리미터)	최대 부족캔트[1] (밀리미터)
$200 < V \leq 350$	160	80	180	130
$V \leq 200$	160	100(2)	180	130

(1) 최대 부족캔트는 완화곡선이 있는 경우 즉, 부족캔트가 점진적으로 증가하는 경우에 한한다.
(2) 선로를 고속화하는 경우에는 최대 부족캔트를 120밀리미터까지 할 수 있다.

② 열차의 실제 운행속도와 설계속도의 차이가 큰 경우에는 다음 공식에 의해 초과캔트를 검토하여야 하며, 이때 초과캔트는 110밀리미터를 초과하지 않도록 하여야 한다.

$$C_e = C - 11.8\frac{V_o^2}{R}$$

C_e : 초과캔트(밀리미터)
C : 설정캔트(밀리미터)
V_o : 열차의 운행속도(킬로미터/시간)
R : 곡선반경(미터)

③제1항에도 불구하고 분기기 내의 곡선, 그 전 후의 곡선, 측선 내의 곡선과 그 밖에 캔트를 부설하기 곤란한 개소에 있어서 열차의 운행안전성을 확보한 경우에는 캔트를 두지 아니할 수 있다.

④제1항에 따른 캔트는 다음 각 호의 구분에 따른 길이 내에서 체감하여야 한다.

1. 완화곡선이 있는 경우 : 완화곡선 전체 길이
2. 완화곡선이 없는 경우 : 최소 체감길이(미터)는 $0.6\Delta C$ 보다 작아서는 아니 된다. 여기서 ΔC는 캔트변화량(밀리미터)이다.

구 분	체감 위치
곡선과 직선	곡선의 시·종점에서 직선구간으로 체감[1]
복심곡선	곡선반경이 큰 곡선에서 체감

(1) 직선구간에서 체감을 원칙으로 한다. 다만, 선로의 개량 등으로 부득이한 경우에는 곡선부에서 체감할 수 있다.

제8조(완화곡선의 삽입) ①본선의 경우 설계속도에 따라 다음 표의 값 미만의 곡선반경을 가진 곡선과 직선이 접속하는 곳에는 완화곡선을 두어야 한다. 다만, 분기기에 연속되는 경우이거나 기존선을 고속화하는 구간에서는 제2항의 부족캔트 변화량 한계값을 적용할 수 있다.

설계속도 V(킬로미터/시간)	곡선반경(미터)
250	24,000
200	12,000
150	5,000
120	2,500
100	1,500
$V \leq 70$	600

(주) 이외의 값은 다음의 공식에 의해 산출한다.

$$R = \frac{11.8\,V^2}{\Delta C_{d,lim}}$$

여기서 R : 곡선반경(미터)
V : 설계속도(킬로미터/시간)
$\Delta C_{d,lim}$: 부족캔트 변화량 한계값(밀리미터)

부족캔트 변화량은 인접한 선형간 균형캔트 차이를 의미하며, 이의 한계값은 다음과 같고, 이외의 값은 선형 보간에 의해 산출한다.

설계속도 V(킬로미터/시간)	부족캔트 변화량 한계값(밀리미터)
350	25
300	27
250	32
200	40
150	57
120	69
100	83
$V \leq 70$	100

②분기기 내에서 부족캔트 변화량이 다음 표의 값을 초과하는 경우에는 완화곡선을 두어야 한다.

1. 고속철도전용선

분기속도 V (킬로미터/시간)	$V \le 70$	$70 < V \le 170$	$170 < V \le 230$
부족캔트 변화량 한계값(밀리미터)	120	105	85

2. 그 외

분기속도 V (킬로미터/시간)	$V \le 100$	$100 < V \le 170$	$170 < V \le 230$
부족캔트 변화량 한계값(밀리미터)	120	$141-0.21V$	$161-0.33V$

③본선의 경우 두 원곡선이 접속하는 곳에서는 완화곡선을 두어야 하며, 이때 양쪽의 완화곡선을 직접 연결할 수 있다. 다만 부득이한 경우에는 완화곡선을 두지 않고 두 원곡선을 직접 연결하거나 중간직선을 두어 연결할 수 있으며, 이때 아래 각 호에서 정하는 바에 따라 산정된 부족캔트 변화량은 제1항 표의 값 이하로 하여야 한다.

1. 중간직선이 없는 경우

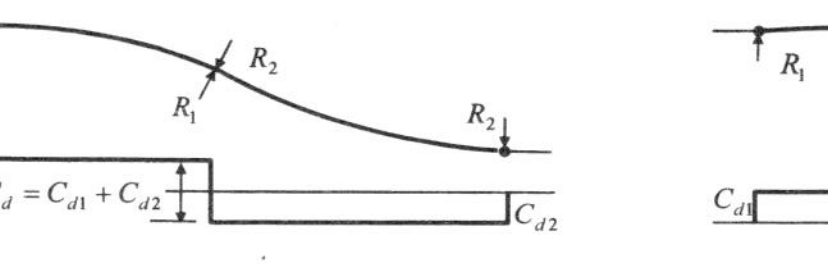

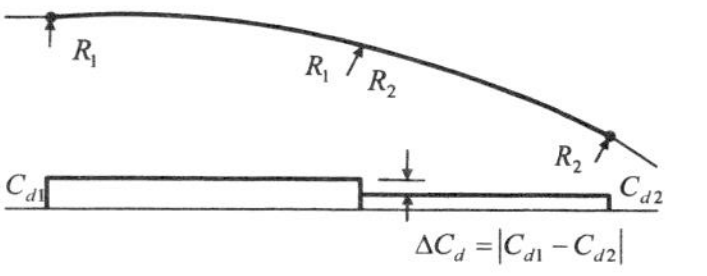

2. 중간직선이 있는 경우로서 중간 직선의 길이가 기준값보다 작은 경우

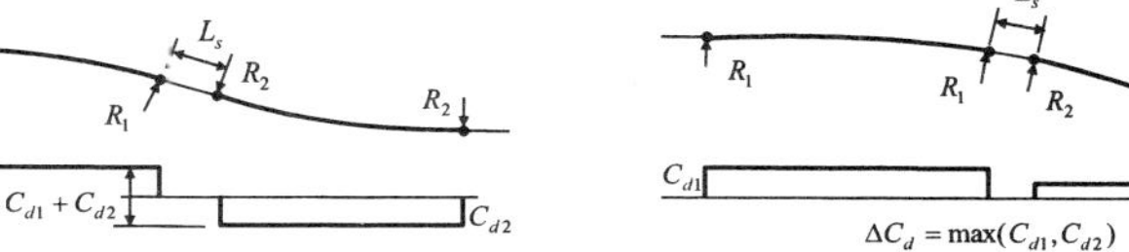

중간직선이 있는 경우, 중간직선 길이의 기준값($L_{s,lim}$)은 설계속도에 따라 다음 표와 같다.

설계속도 V(킬로미터/시간)	중간직선 길이 기준값(미터)
$200 < V \le 350$	$0.5V$
$100 < V \le 200$	$0.3V$
$70 < V \le 100$	$0.25V$
$V \le 70$	$0.2V$

3. 중간직선이 있는 경우로서 중간 직선의 길이가 제2호에서 규정한 기준값 보다 크거나 같은 경우는 직선과 원곡선이 접하는 경우로 보아 제1항에 따른 기준에 따른다.

④제1항에 따른 완화곡선의 길이(미터)는 다음 공식에 의하여 산출된 값 중 큰 값 이상으로 하여야 한다. 다만 제6조제2항 각 호의 경우에는 곡선반경에 따라 축소할 수 있다.

$$L_{T1} = C_1 \Delta C \qquad L_{T2} = C_2 \Delta C_d$$

L_{T1} : 캔트 변화량에 대한 완화곡선 길이(미터)
L_{T2} : 부족캔트 변화량에 대한 완화곡선 길이(미터)
C_1 : 캔트 변화량에 대한 배수
C_2 : 부족캔트 변화량에 대한 배수
ΔC : 캔트 변화량(밀리미터)
ΔC_d : 부족캔트 변화량(밀리미터)

설계속도 V (킬로미터/시간)	캔트변화량에 대한 배수	부족캔트 변화량에 대한 배수
350	2.50	2.20
300	2.20	1.85
250	1.85	1.55
200	1.50	1.30
150	1.10	1.00
120	0.90	0.75
$V \le 70$	0.60	0.45

(주) 이외의 값은 다음의 공식에 의해 산출한다.

캔트 변화량에 대한 배수 : $C_1 = \frac{7.31V}{1000}$

부족캔트 변화량에 대한 배수 : $C_2 = \frac{6.18V}{1000}$

여기서 V : 설계속도(킬로미터/시간)

⑤완화곡선의 형상은 3차 포물선으로 하여야 한다.

제9조(직선 및 원곡선의 최소 길이) 본선의 직선 및 원곡선의 최소 길이는 설계속도에 따라 다음 표의 값 이상으로 하여야 한다. 다만 부본선, 측선 및 분기기에 연속되는 경우에는 직선 및 원곡선의 최소 길이를 다르게 정할 수 있다.

설계속도 V(킬로미터/시간)	직선 및 원곡선 최소 길이(미터)
350	180
300	150
250	130
200	100
150	80
120	60
$V \le 70$	40

(주) 이외의 값은 다음의 공식에 의해 산출한다.

$L = 0.5V$

여기서 L : 직선 및 원곡선의 최소 길이(미터)

V : 설계속도(킬로미터/시간)

제10조(선로의 기울기) ①본선의 기울기는 설계속도에 따라 다음 표의 값 이하로 하여야 한다.

설계속도 V(킬로미터/시간)		최대 기울기 (천분율)
여객전용선	$250 < V \le 350$	35[(1),(2)]
여객화물 혼용선	$200 < V \le 250$	25
	$150 < V \le 200$	10
	$120 < V \le 150$	12.5
	$70 < V \le 120$	15
	$V \le 70$	25
전기동차전용선		35

(1) 연속한 선로 10킬로미터에 대해 평균기울기는 1천분의 25이하여야 한다.
(2) 기울기가 1천분의 35인 구간은 연속하여 6킬로미터를 초과할 수 없다.
(주) 단, 선로를 고속화하는 경우에는 운행차량의 특성 등을 고려하여 열차운행의 안전성이 확보되는 경우에는 그에 상응하는 기울기를 적용할 수 있다.

②제1항에도 불구하고 부득이한 경우 최대 기울기 값을 다음에서 정하는 크기까지 다르게 적용할 수 있다.

설계속도 V(킬로미터/시간)	최대 기울기(천분율)
$200 < V \le 250$	30
$150 < V \le 200$	15
$120 < V \le 150$	15
$70 < V \le 120$	20
$V \le 70$	30

(주) 단, 선로를 고속화하는 경우에는 운행차량의 특성을 고려하여 그에 상응하는 기울기를 적용할 수 있다.

③본선의 기울기 중에 곡선이 있을 경우에는 제1항 및 제2항에 따른 기울기에서 다음 공식에 의하여 산출된 환산기울기의 값을 뺀 기울기 이하로 하여야 한다.

$$G_c = \frac{700}{R}$$

G_c : 환산기울기(천분율)

R : 곡선반경(미터)

④정거장의 승강장 구간의 본선 및 그 외의 열차정차구간 내에서의 선로의 기울기는 제1항부터 제3항까지의 규정에도 불구하고 1천분의 2이하로 하여야 한다. 다만, 열차를 분리 또는 연결을 하지 않는 본선으로서 전기동차전용선인 경우에는 1천분의 10까지, 그 외의 선로인 경우에는 1천분의 8까지 할 수 있으며, 열차를 유치하지 아니하는 측선은 1천분의 35까지 할 수 있다.

⑤종곡선 간 직선 선로의 최소 길이는 설계속도에 따라 다음 값 이상으로 하여야 한다.

$L = 1.5\,V/3.6$

L : 종곡선 간 같은 기울기의 선로길이(미터)

V : 설계속도(킬로미터/시간)

⑥ 제1항 · 제2항 및 제4항에도 불구하고 운행할 열차의 특성을 고려하여 정지 후 재기동 및 설계속도로의 연속주행 가능성과 비상 제동시 제동거리 확보 등 열차운행의 안전성이 확보되는 경우에는 본선 또는 기존 전기동차 전용선에 정거장을 설치 시 기울기를 다르게 적용할 수 있다.〈개정 14 · 10 · 15〉

제11조(종곡선) ①선로의 기울기가 변화하는 개소의 기울기 차이가 설계속도에 따라 다음 표의 값 이상인 경우에는 종곡선을 설치하여야 한다.

설계속도 V(킬로미터/시간)	기울기 차(천분율)
$200 < V \leq 350$	1
$70 < V \leq 200$	4
$V \leq 70$	5

②최소 종곡선 반경은 설계속도에 따라 다음 표의 값 이상으로 하여야 한다.

설계속도 V(킬로미터/시간)	최소 종곡선 반경(미터)
$265 \leq V$	25,000
200	14,000
150	8,000
120	5,000
70	1,800

(주) 이외의 값은 다음의 공식에 의해 산출한다.

$R_v = 0.35\,V^2$

여기서 R_v : 최소 종곡선 반경(미터)

V : 설계속도(킬로미터/시간)

$200 < V \leq 350$의 경우, 종곡선 연장이 $1.5\,V/3.6$(미터)미만이면 종곡선 반경을 최대 4만미터까지 할 수 있다.

③제2항에도 불구하고 도심지 통과구간 및 시가화 구간 등 부득이한 경우에는 설계속도에 따라 다음 표의 값과 같이 최소 종곡선 반경을 축소할 수 있다.

설계속도 V(킬로미터/시간)	최소 종곡선 반경(미터)
200	10,000
150	6,000
120	4,000
70	1,300

(주) 이외의 값은 다음의 공식에 의해 산출한다.

$R_v = 0.25\,V^2$

여기서 R_v : 최소 종곡선 반경(미터)

V : 설계속도(킬로미터/시간)

④종곡선은 직선 또는 원의 중심이 1개인 곡선구간에 부설해야한다. 다만, 부득이한 경우에는 콘크리트도상 궤도에 한하여 완화곡선 또는 직선에서 완화곡선과 원의 중심이 1개인 곡선구간까지 걸쳐서 둘 수 있다.

제12조(슬랙) ①곡선반경 300미터 이하인 곡선구간의 궤도에는 궤간에 다음의 공식에 의하여 산출된 슬랙을 두어야 한다. 다만, 슬랙은 30밀리미터 이하로 한다.

$$S=\frac{2400}{R}-S'$$

S : 슬랙(밀리미터)

R : 곡선반경(미터)

S' : 조정치(0 ~ 15밀리미터)

②제1항에 따른 슬랙은 제7조제4항에 따른 캔트의 체감과 같은 길이 내에서 체감하여야 한다.

제13조(건축한계) ①직선구간의 건축한계는 철도건설규칙(이하 "규칙"이라 한다) 제14조제1항에 정한 건축한계로 한다.

②건축한계 내에는 건물이나 그 밖의 구조물을 설치해서는 아니 된다. 다만, 가공전차선 및 그 현수장치와 선로 보수 등의 작업에 필요한 일시적인 시설로서 열차 및 차량운행에 지장이 없는 경우에는 그러하지 아니하다.

③곡선구간의 건축한계는 직선구간의 건축한계에 다음 각 호의 값을 더하여 확대하여야 한다. 다만, 가공전차선 및 그 현수장치를 제외한 상부에 대한 건축한계는 이에 따르지 아니한다.

1. 곡선에 따른 확대량

$W=\frac{50,000}{R}$ (전기동차전용선인 경우 $W=\frac{24,000}{R}$)

W : 선로중심에서 좌우측으로의 확대량(밀리미터)

R : 곡선반경(미터)

2. 캔트 및 슬랙에 따른 편기량

곡선 내측 편기량 $A=2.4C+S$

곡선 외측 편기량 $B=0.8C$

A : 곡선 내측 편기량(밀리미터)

B : 곡선 외측 편기량(밀리미터)

C : 설정캔트(밀리미터)

S : 슬랙(밀리미터)

④제3항에 따른 건축한계 확대량은 다음 각 호의 구분에 따른 길이내에서 체감하여야 한다.

1. 완화곡선의 길이가 26미터 이상인 경우 : 완화곡선 전체의 길이
2. 완화곡선의 길이가 26미터 미만인 경우 : 완화곡선구간 및 직선구간을 포함하여 26미터 이상의 길이
3. 완화곡선이 없는 경우 : 곡선의 시·종점으로부터 직선구간으로 26미터 이상의 길이
4. 복심곡선의 경우 : 26미터 이상의 길이. 이 경우 체감은 곡선반경이 큰 곡선에서 행한다.

제14조(궤도의 중심간격) ①정거장외의 구간에서 2개의 선로를 나란히 설치하는 경우에 궤도의 중심간격은 설계속도에 따라 다음 표의 값 이상으로 하여야 하며, 고속철도전용선의 경우에는 다음 각 호를 고려하여 궤도의 중심간격을 다르게 적용할 수 있다. 다만, 궤도의 중심간격이 4.3미터 미만인 구간에 3개 이상의 선로를 나란히 설치하는 경우에는 서로 인접하는 궤도의 중심간격 중 하나는 4.3미터 이상으로 하여야 한다.

설계속도 V(킬로미터/시간)	궤도의 최소 중심간격(미터)
$250<V\leq350$	4.5
$150<V\leq250$	4.3
$70<V\leq150$	4.0
$V\leq70$	3.8

1. 차량교행시의 압력
2. 열차풍에 따른 유지보수요원의 안전(선로사이에 대피소가 있는 경우에 한한다)
3. 궤도부설 오차
4. 직선 및 곡선부에서 최대 운행속도로 교행하는 차량 및 측풍 등에

따른 탈선 안전도

5. 유지보수의 편의성 등

②정거장(기지를 포함한다) 안에 나란히 설치하는 궤도의 중심간격은 4.3미터 이상으로 하고, 6개 이상의 선로를 나란히 설치하는 경우에는 5개 선로마다 궤도의 중심간격을 6.0미터 이상 확보하여야 한다. 다만, 고속철도전용선의 경우에는 통과선과 부본선간의 궤도의 중심간격은 6.5미터로 하되 방풍벽 등을 설치하는 경우에는 이를 축소할 수 있다.

③제1항 및 제2항에 따른 경우 선로 사이에 전차선로 지지주 및 신호기 등을 설치하여야 하는 때에는 궤도의 중심간격을 그 부분만큼 확대하여야 한다.

④곡선구간 궤도의 중심간격은 제1항부터 제3항까지의 규정에 따른 궤도의 중심간격에 제13조제3항에 따른 건축한계 확대량을 더하여 확대하여야 한다. 다만, 곡선반경이 2,500미터 이상의 경우는 확대량을 생략할 수 있다.

⑤선로를 고속화하는 경우의 궤도의 중심간격은 설계속도 및 제1항 각 호에서 정한 사항을 고려하여 다르게 적용할 수 있다.

제15조(시공기면의 폭) ① 토공구간에서의 궤도중심으로부터 시공기면의 한쪽 비탈머리까지의 거리(이하 "시공기면의 폭"이라 한다)는 다음 각 호에 따른다.〈개정 14·10·15〉

1. 직선구간 : 설계속도에 따라 다음 표의 값 이상

설계속도 V (킬로미터/시간)	최소 시공기면의 폭(미터)	
	전철	비전철
250〈 $V \leq 350$	4.25	-
200〈 $V \leq 250$	4.0	-
150〈 $V \leq 200$	4.0	3.7
70〈 $V \leq 150$	4.0	3.3
$V \leq 70$	4.0	3.0

2. 곡선구간 : 제1호에 따른 폭에 도상의 경사면이 캔트에 의하여 늘어난 폭만큼 더하여 확대(다만, 콘크리트도상의 경우에는 확대하지 않음)

②제1항에도 불구하고 선로를 고속화하는 경우에는 유지보수요원의 안전 및 열차안전운행이 확보되는 범위내에서 시공기면의 폭을 다르게 적용할 수 있다.

제16조(선로 설계 시 유의사항) ①선로 구조물 설계 시 여객/화물 혼용선은 별표1의 KRL2012 표준활하중, 여객전용선은 KRL2012 표준활하중의 75퍼센트를 적용한 별표2의 KRL2012 여객전용 표준활하중, 전기동차전용선은 별표 3의 EL 표준활하중을 적용하여야 한다. 다만, 필요한 경우에는 실제 운행될 열차의 하중 및 향후 운행될 가능성이 있는 열차의 하중에 대하여 안전성이 확보되는 열차하중을 적용할 수 있다.

②도상의 종류 및 두께와 레일의 중량 등의 궤도구조를 설계할 때에는 다음 각 호에 따라 구조적 안전성 및 열차의 운행 안전성이 확보되도록 하여야 한다.〈개정 14·10·15〉

1. 도상의 종류는 해당 선로의 설계속도, 열차의 통과 톤수, 열차의 운행 안전성 및 경제성을 고려하여 정하여야 한다.
2. 자갈도상의 두께는 설계속도에 따라 다음 표의 값 이상으로 하여야 한다. 다만, 자갈도상이 아닌 경우의 도상의 두께는 부설되는 도상의 특성 등을 고려하여 다르게 적용할 수 있다.

설계속도 V(킬로미터/시간)	최소 도상두께(밀리미터)
230〈 $V \leq 350$	350(도상매트 포함)
120〈 $V \leq 230$	300
70〈 $V \leq 120$	270[(1)]
$V \leq 70$	250[(1)]

(1) 장대레일인 경우 300밀리미터로 한다.
(주) 최소 도상두께는 도상매트를 포함한다.

3. 레일의 중량은 설계속도에 따라 다음 표의 값 이상으로 하는 것을

원칙으로 하되, 열차의 통과 톤수, 축중 및 운행속도 등을 고려하여 다르게 조정할 수 있다.

설계속도 V(킬로미터/시간)	레일의 중량(킬로그램/미터)	
	본 선	측 선
$V>120$	60	50
$V\leq120$	50	50

③선로구조물을 설계할 때에는 건설비 및 유지보수비 등을 포함한 생애주기 비용을 고려하여야 한다.

④교량, 터널 등의 선로구조물에는 안전 및 재난 등에 대비할 수 있는 설비를 설치하여야 하고, 열차운행의 안전에 지장을 줄 우려가 있는 장소에는 방호설비를 설치하여야 한다.

⑤선로를 설계할 때에는 향후 인접 선로(계획 중인 선로를 포함한다)와 원활한 열차운행이 가능하도록 인접 선로와 연결되는 구조, 차량의 동력방식, 승강장의 형식 및 신호방식 등을 고려하여야 한다.

제17조(철도횡단시설) ①규칙 제18조에 따라 도로와 철도가 교차하는 곳은 입체화 시설을 설치하는 것을 원칙으로 한다. 다만, 장래 폐선 혹은 이설이 계획되어 있는 개소의 경우에는 경제성 등을 고려하여 입체화하지 않을 수 있다.

②제1항 단서에 따른 횡단시설 및 기존의 건널목 또는 공사 중 일시적으로 설치하는 임시건널목에는 건널목 안전설비 및 안전시설을 설치하여야 한다.

③평면건널목 또는 정거장 구내를 횡단하는 전선로는 지중에 설치하여야 한다. 다만, 지형 여건 등으로 부득이한 경우에는 시설물 관리기관과 협의하여 이를 지상에 설치할 수 있다.

제18조(선로표지) 선로에는 선로의 유지관리 및 열차의 안전운행에 필요한 다음 각 호의 표지를 설치하여야 한다.

1. 매 200미터 및 매 킬로미터마다 그 거리를 표시하는 표지
2. 선로의 기울기가 변경되는 장소에는 그 기울기를 표시하는 표지
3. 열차속도를 제한하거나 그 밖에 운전상 특히 주의하여야 할 곳에는 이를 표시하는 표지
4. 선로가 분기하는 곳에는 차량의 접촉한계를 표시하는 표지
5. 장내신호기가 설치되지 않아 정거장 내외의 경계를 표시하기 곤란한 정거장에는 그 한계를 표시하는 표지
6. 건널목에는 필요에 따라 통행인에게 주의를 환기시키는 표지
7. 전차선로 구간 중 감전에 대한 주의가 필요한 곳에 전기위험 표지
8. 정거장 중심표 등 철도운영상 필요한 표지

제3장 정거장 및 기지

제19조(정거장의 설치) ①정거장의 위치를 선정할 때에는 다음 각 호의 사항을 고려하여야 한다.

1. 지형, 전후의 선로상황, 열차의 운전 등 기술적인 사항과 해당 지역의 경제, 교통상황과의 적합 여부
2. 시가지 또는 교통·경제의 중심지에 가깝도록 하고, 정거장 내의 기울기 제한 등

②정거장간 거리는 열차의 운전조건 및 경제성 등을 고려하여 정하여야 한다.

제20조(정거장 및 신호소의 설비) 정거장에는 열차를 정지·출발시키는 운전설비, 여객이 철도를 이용하는데 필요한 여객취급설비 및 화물을 수송하는데 필요한 화물취급설비 등 다음 각 호의 설비를 갖추어야 한다. 다만, 간이역의 경우에는 여객취급에 필요한 최소한의 시설만을 설치한다.

1. 운전설비 : 열차운전에 직접 관계되는 선로(전차선 포함), 신호기(신호표지 포함), 표지류(차량접촉한계표지, 가선중단표지 등), 선로전환기, 신호조작반 등

2. 여객취급설비 : 여객설비(대합실, 여객통로, 승강장), 역무설비(역무실, 매표실 등), 이동편의 설비, 부대설비(냉난방, 조명) 등
3. 화물취급설비 : 화물 적하설비(적하장), 화물 운송통로, 화물 분류 및 보관설비, 화물 운반설비 등

제21조(정거장 안의 선로 배선) ①정거장 안의 선로 배선은 열차의 운행계획, 운전의 효율성 및 안전 확보와 장래의 확장 가능성 등을 고려하여야 하며, 다음 각 호의 사항을 반영하여야 한다.

1. 구내전반에 걸쳐 투시를 좋게 하고 운전보안상 구내배선은 가급적 직선
2. 본선상에 설치하는 분기기의 수는 가능한 적게 하고 분기기의 번수는 열차속도를 고려
3. 구내작업이 서로 경합됨이 없이 효율적인 입환 작업
4. 측선은 가급적 한쪽으로 배치하여 본선 횡단을 최소화
5. 유지보수상 필요한 정거장에는 장비유치선 및 재료 야적장을 설치

②정거장 안의 선로는 다음 각 호에서 정하는 유효장을 확보하여야 한다. 유효장은 출발신호기로부터 신호 주시거리, 과주 여유거리, 기관차 길이, 여객열차 편성 길이 및 레일 절연이음매로부터의 제동 여유거리를 더한 길이보다 길어야 하며 전기동차나 디젤동차를 전용 운전하는 선로에서는 기관차 길이는 제외 한다.

1. 본선의 유효장
   가. 선로의 양단에 차량접촉한계표가 있을 때는 양 차량접촉한계표의 사이
   나. 출발신호기가 있는 경우 그 선로의 차량접촉한계표에서 출발신호기의 위치까지
   다. 차막이가 있는 경우는 차량접촉한계표 또는 출발신호기에서 차막이의 연결기받이 전면 위치까지
2. 측선의 유효장
   가. 양단에 분기기가 있는 경우는 전후의 차량접촉한계표의 사이
   나. 선로의 끝에 차막이가 있는 경우는 차량접촉한계표에서 차막이의 연결기 받이 전면까지
   다. 분기기 부근에 있어 유효장의 시종단의 측정은 최내방 분기기가 열차에 대하여 대향인 경우 보통분기기에서는 포인트 전단

③단선구간 또는 2개 이상의 열차 또는 차량이 동시 출발·진입하는 정거장 구내에는 안전측선을 설치하여야 한다. 다만 운전보안설비가 설치되어 있어 안전측선이 불필요한 경우에는 설치하지 아니할 수 있다.

④정거장 또는 신호소 외의 곳에서 선로를 분기하거나 평면교차를 시켜서는 아니 된다. 다만, 운전보안설비 등 안전설비를 한 경우에는 그러하지 아니하다.

제22조(승강장) ①승강장은 직선구간에 설치하여야 한다. 다만, 지형여건 등으로 부득이한 경우에는 곡선반경 600미터 이상의 곡선구간에 설치할 수 있다.

②승강장의 수는 수송수요, 열차운행 횟수 및 열차의 종류 등을 고려하여 산출한 규모로 설치하여야 하며, 승강장 길이는 여객열차 최대 편성길이(일반여객열차는 기관차를 포함한다)에 다음 각 호에 따른 여유길이를 확보하여야 한다.〈개정 14·10·15〉

1. 지상구간의 일반여객열차·간선형 전기동차는 10미터
2. 지하구간의 일반여객열차·간선형 전기동차는 5미터
3. 지상구간의 전기동차는 5미터
4. 지하구간의 전기동차는 1미터

③승강장의 높이는 다음 각 호에 따른다.

1. 일반여객 열차로 객차에 승강계단이 있는 열차가 정차하는 구간의 승강장의 높이는 레일면에서 500밀리미터
2. 화물 적하장의 높이는 레일면에서 1천100밀리미터
3. 전기동차전용선 등 객차에 승강계단이 없는 열차가 정차하는 구간

의 승강장(이하 "고상 승강장"이라 한다)의 높이는 레일면에서 1천135밀리미터 다만, 자갈도상인 경우 1천150밀리미터

4. 곡선구간에 설치하는 고상 승강장의 높이는 캔트에 따른 차량 경사량을 고려

④승강장의 폭은 수송수요, 승강장 내에 세우는 구조물 및 설비 등을 고려하여 설치하여야 한다.

⑤승강장에 세우는 조명전주·전차선전주 등 각종 기둥은 선로쪽 승강장 끝으로부터 1.5미터 이상, 승강장에 있는 역사·지하도·출입구·통신기기실 등 벽으로 된 구조물은 선로쪽 승강장 끝으로부터 2.0미터 이상의 통로 유효폭을 확보하여 설치하여야 한다. 다만, 여객이 이용하지 않는 개소내 구조물은 1.0미터 이상의 유효폭을 확보하여 설치할 수 있다.

⑥직선구간에서 선로중심으로부터 승강장 또는 적하장 끝까지의 거리는 콘크리트도상인 경우 1천675밀리미터, 자갈도상인 경우 1천700밀리미터로 하여야 하며, 곡선구간에서는 곡선에 따른 확대량과 캔트에 따른 차량 경사량 및 슬랙량을 더한 만큼 확대하여야 한다.

⑦전기동차전용선의 콘크리트도상궤도에 대해서는 선로중심으로부터 승강장 끝까지의 거리를 1천610밀리미터로 하여야 한다.(차량 끝단으로부터 승강장연단까지의 거리는 50밀리미터를 초과할 수 없다). 다만, 자갈도상인 경우 1천700밀리미터로 하여야 한다.

제23조(승강장의 편의·안전설비) ①승강장의 통로 및 계단은 여객의 안전을 고려하여 다음 각 호와 같이 설치하여야 한다.〈개정 14·10·15〉

1. 여객용 통로 및 여객용 계단의 폭은 3미터 이상으로 하며 부득이한 경우 2미터 이상으로 설치
2. 여객용 계단에는 높이 3미터 마다 계단참 설치
3. 여객용 계단에는 손잡이 설치
4. 화재에 대비하여 통로에 방향 유도등을 설치 등

②승강장 지붕의 폭 및 길이는 승강장의 규모, 열차의 길이 및 열차의 종류 등을 고려하여 설치하여야 한다.

제24조(철도역사의 설치) ①철도역사의 규모는 해당 역사를 이용하는 여객의 수 및 종사원의 수를 기준으로 그에 적합하게 설치하여야 한다.

②여객시설(대합실, 화장실 등), 역무시설 및 지원시설(현업사무소, 승무원숙소 등) 등을 통합하여 설치하는 경우에는 복합적 시설 이용 및 배치 방안 등을 고려하여 전체 시설의 규모가 최소화되도록 하여야 한다.

제25조(전차대) ①전차대의 길이는 27미터 이상으로 하여야 한다.

②전차대는 철도차량의 진출입이 원활하여야 하며, 전차대를 선로 끝단에 설치할 때에는 대항선과 차막이 설비를 할 수 있다.

③전차대 구조물에는 배수계획이 포함되어야 한다

제26조(차막이 및 구름방지설비 등) ①선로의 종점에는 과주한 열차 및 차량이 궤도위에서 벗어나는 것을 방지하기 위하여 차막이를 설치하여야 한다.

②차량이 정해진 위치를 벗어나서 구르거나 열차가 정차 위치를 지나쳐 피해를 끼칠 위험이 있는 장소에는 안전설비를 하여야 한다.

제27조(차량기지의 설치) ①차량기지의 위치를 선정할 때에는 다음 각 호의 사항을 고려하여야 한다.

1. 회송시간 및 회송거리
2. 차량기지 시설배치에 필요한 면적 확보 가능성 및 장래 확장성
3. 상하수도, 전력, 연료공급 등 기반시설과의 연계성 등

②차량기지에는 검수전후 차량이 대기할 수 있도록 다음 각 호의 유치선을 확보하여야 한다.

1. 단량검수시설 유치선(유치차량의 수에 따라 유치선 길이를 산정하여야 한다)
2. 편성검수시설 유치선(유치차량 편성수에 따라 유치선수를 산정하여야 한다)

③차량기지 궤도배선은 차량의 입출고 동선을 최소화하여 원활히 이동할 수 있도록 배선이 되어야 하며, 유치선의 기울기는 수평을 원칙으로 한다. 다만, 불가피한 경우 기울기를 1천분의 2이내로 하되 중력에 의해 유치차량이 정해진 위치를 벗어나거나 구르지 않아야 한다.

④차량기지 선로에는 유치선, 시험선, 검수선, 청소선, 차륜전삭선, 세척선, 입출고선 및 착발선 등을 계획하여야 하며, 특히 차륜전삭선은 차륜전삭기 전후로 차량 1편성 길이의 유효장을 확보하여야 한다.

⑤차량기지에는 대상차량과 검수정도에 따라 검수시설, 청소시설, 환경시설, 복지시설, 운전시설 및 검수보조시설, 기타설비 등을 배치하여야 한다.

⑥차량기지의 유치량은 현재 또는 향후 운행 대상차량의 소요량과 열차운행계획에 의거 판단하며, 향후 열차운행계획은 검토 시점 후 30년을 기준으로 한다.

⑦차량기지 검수고내 각 선로의 전차선에는 급전여부 확인과 차단을 위한 안전설비를 설치하여야 한다. 다만, 작업자의 안전을 위해 설치하는 작업대는 제13조에 따른 건축한계를 적용하지 않을 수 있다.

제 4 장 전철전력

제28조(수전전압) 전철변전소 수전선로의 전압은 수전용량, 수전거리 및 이와 연계된 전력계통을 고려하여야 하며, 전력공급자와 협의하여 적용하되 다음 표의 공칭 전압 중 하나를 선정한다.

공칭 전압 (킬로볼트)	22.9, 154, 345

제29조(수전선로) ①수전선로의 계통 구성에는 3상 단락 전류, 3상 단락용량, 전압강하, 전압불평형률 및 전압왜형률을 고려하여야 하며, 보호계전기는 전력공급자와 협의하여 적절한 값으로 정정되어야 한다.

②수전계통의 고조파 등에 대한 허용기준은 전기사업자의 공급약관을 준용한다.

③수전선로의 방식은 지형적 여건 등 시설 조건과 지역적 특성(도심, 전원, 산간 등) 및 민원 발생 요인 등을 감안하여 가공 또는 지중으로 시설하며, 비상시를 대비하여 예비선로를 확보하여야 한다.

제30조(전철변전소의 위치) 전철변전소나 급전구분소 등의 위치는 다음 각 호의 사항을 고려하여 결정하여야 한다.

1. 전원에 가까운 곳(변전소에만 해당)
2. 변압기 등 변전기기와 시설자재의 운반이 편리한 곳
3. 공해, 염해 등 각종 재해의 영향이 최소화 되는 곳
4. 보호지구(개발제한지구, 문화재보호지구, 군사시설보호지구 등) 또는 보호시설물에 가급적 지장을 주지 아니하는 곳
5. 변전소나 구분소 앞 절연구간에서 열차의 타행운전(동력을 주지 아니하고 관성으로 운전하는 것을 말한다)이 가능한 곳
6. 민원발생 요인이 적은 곳

제31조(전철변전소의 용량) ①전철변전소의 급전용 주변압기는 앞으로의 수송수요 등을 감안하여 뱅크를 구성하고 예비용 변압기를 두어야 한다.

②급전구간별 정상적인 열차부하 조건에서 1시간 최대출력 또는 순간최대출력을 기준으로 한다.

제32조(전철변전소 등의 형식) 전철변전소, 급전구분소, 보조 급전구분소 및 병렬 급전구분소 등은 옥내형으로 하는 것을 원칙으로 하되, 다음 각 호의 어느 하나에 해당하는 경우에는 옥외형으로 할 수 있다.

1. 주택 등과 멀리 떨어져 민원발생 등의 우려가 적은 지역의 경우
2. 공해・염해 등의 우려가 적은 지역의 경우
3. 인구밀집지역이 아닌 지역의 경우
4. 그 밖에 옥내형으로 건설이 곤란한 경우

제33조(급전계통구성) ①변전소의 급전용 변압기는 스코트 결선을 사용하며, 급전용 변압기의 2차 회로는 인접하는 변전소와 동상이 되도록

구성하는 것을 원칙으로 한다. 다만, 이미 시설된 선로에 접속할 경우 등 부득이한 경우에는 그러하지 않을 수 있다.

②급전방식은 교류 단상 2만5천볼트(공칭전압) 단권변압기(AT, Auto Transformer) 방식으로 한다.

③급전구분소는 한 변전소 구간에서 다른 변전소 구간으로 연장 급전이 가능하도록 시설하여야 한다.

④변전소와 급전구분소 사이에 전압 강하로 열차운행에 지장이 예상되는 곳에는 단권변압기와 구분장치를 갖는 보조급전구분소를 두어야 한다.

⑤급전구분소와 보조급전구분소에는 상선과 하선의 급전계통을 병렬 회로로 연결시킬 수 있도록 시설하여야 한다. 다만, 급전계통의 구성에 있어서 분리가 필요한 경우나 전압 강하 측면에서 필요하지 않는 경우에는 병렬 회로로 연결시키는 시설을 하지 않을 수 있다.

제34조(전철변전소 등의 제어) ①전철변전소나 급전구분소에는 전기사령실에서 제어 및 감시가 이루어질 수 있도록 관련 설비를 설치하여야 하며, 비상 상황이 발생한 경우나 현지 제어가 필요한 경우를 대비하여 소규모 제어 또는 현장 판넬 제어가 가능하도록 하여야 한다.

②전기사령실, 전철변전소 및 급전구분소 또는 그 밖에 관제 업무에 필요한 장소에는 상호 연락할 수 있는 통신설비를 시설하고, 전기사령실에는 전철전력설비의 운영을 지원하고 운전 이력을 기록하고 관리할 정보처리장치를 시설하여야 한다.

제35조(전차선로의 공칭전압) ①전차선로의 공칭전압은 단상 교류 2만5천볼트 시스템(전차선과 레일사이 및 급전선과 레일 사이는 2만5천볼트가 급전되고 전차선과 급전선 사이는 5만볼트가 급전되는 시스템)을 표준으로 한다. 다만, 직류방식으로 시행할 경우에는 1천500볼트로 한다.

②공칭전압이 단상 교류 2만5천볼트인 시스템에서 전차선의 연속 최고 전압은 2만7천500볼트로 하고, 연속 최저 전압은 1만9천볼트로 한다. 다만, 5분간 허용되는 최고 전압은 2만9천볼트로 하며 이러한 전압 기준에 적합하도록 전차선로를 설비하여야 한다.

제36조(전차선로의 가선 방식) 전차선로의 가선은 심플 커티너리(Simple Catenary) 방식 또는 강체 가공 방식으로 하여야 한다.

제37조(전차선로의 설비 표준화 등) ①전차선로 설비의 표준화와 품질 확보를 위하여 전차선로 속도 등급은 다음 표와 같이 7등급으로 구분한다.

전차선로 속도 등급	설계속도 V(킬로미터/시간)
350킬로급	350
300킬로급	300
250킬로급	250
200킬로급	200
150킬로급	150
120킬로급	120
70킬로급	70

②전차선로의 동적 성능은 해당 등급의 설계속도에서 이선률이 1퍼센트 이내이어야 한다.

제38조(전차선의 높이) ①가공 전차선로의 전차선 공칭 높이는 전차선로 속도 등급에 따라 5천밀리미터에서 5천200밀리미터를 표준으로 한다. 다만, 전차선로 속도 등급 200킬로급 이하에 대하여 해당 노선의 특수 화물 적재 높이를 고려하여 전 구간을 5천400밀리미터까지 높일 수 있다.

②제1항에도 불구하고 선로를 고속화하는 경우나 컨테이너를 2단으로 적재하여 운송하는 선로 등의 경우에는 열차안전운행이 확보되는 범위 내에서 해당 선로의 전차선 공칭 높이를 다르게 적용할 수 있다.

③건널목 구간 등에서 안전을 위하여 전차선 높이를 부분적으로 높일 수 있으며, 기존에 시설되어 있는 터널이나 과선교 및 교량 등의 구조물을 통과하여야 하는 경우에 전차선 높이를 부분적으로 낮출 수 있다.

④경간 내에서 전차선의 처짐은 가장 낮은 지점의 전차선 높이가 공칭 높이보다 경간 길이의 1천분의 1이내이어야 한다.

⑤전차선 기울기는 해당 구간의 설계속도에 따라 다음 표의 값 이내로 하여야 한다. 다만 에어섹션, 에어조인트 또는 분기 구간에는 기울기를 주지 않는다.

설계속도 V(킬로미터/시간)	기울기(천분율)
$V>250$	0
250	1
200	2
150	3
120	4
$V\leq70$	10

제39조(전차선의 편위) ①전차선의 편위는 오버랩이나 분기 구간 등 특수 구간을 제외하고 좌우 200밀리미터 이내로 하여야 한다.

②팬터그래프 집전판의 고른 마모를 위하여 선로의 곡선반경 및 궤도 조건, 열차 속도, 차량의 편위량, 바람과 온도의 영향, 전차선로 시공오차 등의 영향을 반영하여 경간 길이별로 최적의 편위 기준을 마련하여 시설하여야 한다.

③분기 구간 등 특수 구간의 편위 기준은 별도로 마련할 수 있으며, 최악의 운영환경에서도 전차선이 팬터그래프 집전판의 집전 범위를 벗어나지 않도록 시설하여야 한다.

제40조(접지시설) ①접지시설은 다음 각 호의 기준을 만족하도록 하여야 한다.

1. 사람이 접촉되었을 때 인체 통과 전류가 15밀리암페어 이하일 것
2. 일반인이 접근하기 쉬운 지역에 있는 경우 연속 정격 전위가 60볼트 이하일 것
3. 일반인이 접근하기 어려운 지역에 있는 경우 연속 정격 전위가 150볼트 이하일 것
4. 순간 정격(1천분의 200초 이내) 전위가 650볼트 이하일 것

②접지시설을 설치할 때에는 낙뢰로 부터 보호를 위하여 다음 각 호의 사항을 반영하여야 한다.

1. 비절연 보호선을 가공으로 설치할 것
2. 선로를 따라 공동 매설 접지선을 시설할 것
3. 선로의 레일과 비절연 보호선 및 매설 접지선을 연결하는 횡단 접속선을 평균 1천미터, 최대 1천2백미터 간격으로 주기적으로 시설할 것
4. 선로변 철도 시설물의 금속제 외함, 금속제 관로, 금속 구조물 및 철제 울타리 등은 공동 매설 접지선에 연결할 것 다만, 지형 또는 주위조건에 따라 공동 매설접지선에 접속이 곤란한 개소의 금속체 등은 「전기설비기술기준의 판단기준(전기설비)」에 따라 접지공사를 할 수 있다.
5. 2백5십미터 정도의 간격으로 접지 단자함을 설치할 것

③교류 전차선로가 시설되는 전기철도의 철도부지 내에 있는 금속 설비로서 일반인이 닿을 수 있거나, 철도 유지보수요원이 전차선로를 단전하지 않은 상태에서 작업할 때 닿을 수 있는 부분은 모두 접지를 하여야 한다.

제41조(절연 이격거리) 2만5천볼트 또는 5만볼트 공칭 전압이 인가되는 부분에 적용하는 최소 절연 이격 거리는 다음 표의 값과 같다.

구 분	최소 이격 거리(밀리미터)	
	2만5천볼트	5만볼트
일반 지구	250	500
오염 지구	300	550

(주) 오염지구 : 염해의 영향이 예상되는 해안 지역 및 분진 농도가 높은 터널 지역 또는 산업화 등으로 인해 오염이 심한 지역을 말한다.

제42조(가공 급전선의 높이) 나전선으로 시설하는 가공 급전선의 높이는 전차선 높이 이상이고 적절한 절연 이격거리가 확보되어야 한다.

제43조(가공 전차선로 설비의 강도) ①가공 전차선로 지지물의 강도 설계에서 적용하는 최대 풍속(10분 평균값)은 그 지역의 과거 40년간의 최대 풍속의 기록 중에서 1번째에서 3번째 순위에 있는 풍속의 평균값

을 기준으로 하거나, 다음 표의 값에 따른다(이 표에서 지표면으로부터 높이는 전차선 높이를 기준으로 하며, 해안 지구는 해안선으로부터 30킬로미터 이내인 지역 또는 별도로 정한 지역을 말한다). 다만, 터널은 최대풍속을 초속 40미터로 적용한다.

지표면으로부터 높이	일반지구(미터/초)	해안지구(미터/초)
10미터 이하	35	40
30미터 이하	40	45
30미터 초과	45	50

②주위 온도의 최고 온도는 섭씨 40도로 하고 최저 온도는 섭씨 영하 25도로 하며 설치 기준 온도는 섭씨 10도 조건으로 한다. 다만, 그 지역의 과거 40년간에 최저 온도가 섭씨 영하 25도 또는 30도 아래로 내려간 기록이 있는 경우에는 최저 온도를 섭씨 영하 30도 또는 35도로 하고, 터널 입구로부터 400미터 이상 들어간 터널 구간은 주위 온도의 최고 온도는 섭씨 30도로 하고 최저 온도는 섭씨 영하 5도로 하며 설치 기준 온도는 섭씨 15도 조건으로 설계한다.

③지지물 및 기초, 지선에 적용하는 지진 하중은 구조물 무게 중심을 작용점으로 하여 수평 방향으로는 구조물 질량의 6퍼센트, 수직 방향으로는 구조물 질량의 3퍼센트 만큼 추가 하중을 부과하여야 한다.

제44조(전기적 구분 장치) ①전기적 구분 장치인 에어섹션은 두개의 평행한 합성 전차선 사이에 300밀리미터 이상의 정적 수평 이격 거리를 두어야 한다.

②전기적으로 구분할 수 있는 개폐기를 설치하여야 하며, 절연 구간에서 열차가 정지하였을 때 자력으로 나올 수 있도록 절연 구간에 전원을 투입할 수 있는 개폐 설비를 하여야 한다.

③절연 구간의 길이는 운행될 열차의 최대 길이와 그 열차의 팬터그래프 사이 거리(동일 회로로 연결되는 팬터그래프간 거리) 등을 고려하여 급전 구분 구간 사이를 전기적으로 단락시키지 않을 길이 이상으로 설치하여야 한다.

④전기 차량이 상시 정차하는 곳이나 열차 제어 또는 신호기 운용을 위하여 피해야 하는 곳에는 구분 장치를 두지 않는다.

제45조(가공 송배전 전선과의 교차) 교류 가공 전차선로와 고압의 가공 송배전 전선과의 교차는 다음 각 호를 만족하는 경우에 한하여 허용한다.

1. 고압의 가공 송배전 전선에 케이블을 사용하는 경우
2. 고압의 가공 송배전 전선에 단면적 38제곱밀리미터의 경동연선 또는 이와 동등 이상의 강도를 가진 전선을 사용하는 경우
3. 가공 송배전 전선의 지지물 상호간의 거리를 120미터 이하로 줄이는 경우
4. 전차선로의 가압 부분과 가공 송배전 전선과의 이격거리를 2미터 이상으로 하는 경우

제46조(건널목 및 과선교의 안전시설) ①전차선로가 가설되는 건널목에 시설하는 빔 또는 스팬선 시설은 전차선로와 충분한 거리를 확보하여야 하며, 구조물이 철제인 경우에는 접지를 하고 사람 등이 감전되지 아니하도록 위험방지 시설을 하여야 한다.

②제1항에 따른 빔 또는 스팬선의 도로 윗면으로부터의 높이는 전차선의 높이에서 500밀리미터를 내린 값 이하로 하여야 한다.

③가공 전차선로를 과선교나 고상 승강장 또는 교량 아래 등에 설치할 때에는 전차선로의 가압 부분과 과선교 등과의 이격거리는 300밀리미터 이상으로 하고, 조가선이나 급전선은 피복 전선으로 하거나 절연 방호관을 씌워야 한다.

④가공 전차선로가 지나가는 과선교나 고상 승강장 또는 교량에는 다음 각 호의 안전시설을 하여야 한다.〈개정 14·10·15〉

1. 과선교, 고상 승강장 등의 경우에는 안전벽 혹은 보호망 등을 설치할 것. 다만, 과선도로교의 경우에는 강성방호울타리를 설치하고, 3미터 이상 높이의 투척방지용 안전막 등을 시설할 것

2. 교량의 난간, 거더 등의 금속부분은 접지할 것

3. 안전상 필요한 장소에는 위험표지를 설치할 것

제47조(배전선로 시설) ①배전선로의 전원은 전철변전소로부터 공급 받거나, 전력공급자로부터 교류 3상 2만2천9백볼트 또는 6천6백볼트를 직접 공급받아 사용할 수 있다.

②배전선로는 안정된 전력을 공급하기 위하여 다음 각 호의 경우에는 다중 회선으로 시설하여야 하며, 다중 회선의 가설 루트는 분리함을 원칙으로 한다.

1. 단선 구간 : 1회선(필요시 2회선)
2. 복선 전철구간 : 2회선
3. 지하구간 및 2복선 이상 구간 : 3회선

③신호용 전원의 구성은 철도 고압배전선로에서 신호용 변압기를 통하여 공급하고 계통은 상용 및 예비의 2중화 이상으로 하며, 전용 배전선로를 상용으로 수전할 수 없는 경우에는 계통을 달리하는 2개 이상의 상시전원으로 하여야 한다.

④배전선로를 케이블로 시설하는 경우에는 전선관, 공동관로, 공동구를 사용하여 케이블을 보호하며, 케이블의 접속, 분기점, 선로 횡단 개소에는 맨홀 또는 핸드홀을 설치하고, 철도 또는 도로를 횡단하는 개소에는 예비관로를 시설하여야 한다.

제48조(터널조명) ①다음 각 호에 해당되는 터널에는 조명 설비를 갖추어야 한다.

1. 직선구간: 단선철도 120미터 이상, 복선철도 150미터 이상, 고속철도전용선 200미터 이상
2. 곡선반경 600미터 이상 구간: 단선철도 100미터 이상, 복선철도 130미터 이상
3. 곡선반경 600미터 미만 구간: 단선철도 80미터 이상, 복선철도 110미터 이상

②정전된 경우 60분 이상 계속하여 켜질 수 있는 유도등을 설치하여야 한다.

제 5 장 신호 및 통신

제49조(신호기장치) 신호기는 소속선의 바로 위 또는 왼쪽에 세우며, 2개 이상의 진입선에 대해서는 같은 종류의 신호기를 같은 지점에 세우는 경우 각 신호기의 배열방법은 진입선로의 배열과 같게 한다. 다만, 지형 또는 그밖에 특별한 사유가 있을 때는 예외로 한다.

제50조(장내신호기 및 절대신호표지) ①정거장으로 열차를 진입시키는 선로에는 장내신호기 또는 절대신호표지를 설치하여야 한다. 다만, 폐색구간의 중간에 있는 정거장에 있어서는 그러하지 아니하다.

②장내신호기는 1주에 1기로 하고, 진로표시기를 설치한다, 다만, 선로전환기를 설치한 장소 등 부득이한 경우에는 진입선을 구분하여 장내신호기를 2기 이상 설치 할 수 있다.

제51조(출발신호기 및 절대신호표지) ①정거장에서 열차를 진출시키는 선로에는 출발신호기 또는 절대신호표지를 설치하여야 한다. 다만, 선로전환기가 설치되어 있지 아니한 정거장에는 그러하지 아니하다.

②동일 출발선에서 진출하는 선로가 2 이상 있는 경우 출발신호기는 1기로 하고 진로표시기를 설치한다. 다만, 선로전환기의 설치장소 등 부득이한 경우에는 예외로 할 수 있다.

③정거장의 서로 다른 출발선이 2 이상 있는 경우에는 선로의 배열순에 따라 각각 별도로 설치한다. 다만, 주본선에 해당하는 신호기는 부본선에 해당하는 신호기보다 높게 설치한다.

제52조(입환신호기 및 유도신호기) 정거장에는 입환 및 열차가 있는 선로에 다른 열차를 진입시키는 등의 필요에 따라 입환신호기 또는 유도신호기를 설치하여야 한다.

제53조(폐색신호기) 폐색구간의 시점에는 폐색신호기를 설치하여야 한다.

다만, 다음 각 호의 어느 하나에 해당하는 경우에는 그러하지 아니하다.

1. 출발신호기 또는 장내신호기를 설치한 경우
2. 절대신호표지를 설치한 경우
3. 그 밖의 열차운행횟수가 극히 적은 구간 등 폐색신호기를 설치할 필요가 없다고 인정되는 경우

제54조(엄호신호기) 정거장 또는 폐색구간 도중의 평면교차분기를 하는 지점 그 밖의 특수한 시설로 인하여 열차의 방호를 요하는 지점에는 엄호신호기를 설치하여야 한다.

제55조(원방신호기 및 중계신호기) 주신호기(장내신호기·출발신호기·폐색신호기 및 엄호신호기를 말한다)의 신호를 중계할 필요가 있는 경우에는 그 바깥쪽 상당한 거리에 원방신호기(주신호기에 대하여 운행조건을 예고 또는 지시할 목적으로 설치하는 신호기를 말한다) 또는 중계신호기를 설치하여야 한다.

제56조(신호기의 확인거리) 신호기는 다음 각 호의 확인거리를 확보할 수 있도록 설치하여야 한다.

1. 장내신호기·출발신호기·엄호신호기 : 600미터 이상. 다만, 해당 폐색구간이 600미터 이하인 경우에는 그 길이 이상으로 할 수 있다.
2. 수신호등 : 400미터 이상
3. 원방신호기·입환신호기·중계신호기 : 200미터 이상
4. 유도신호기 : 100미터 이상
5. 진로표시기 : 주신호용 200미터 이상, 입환신호용 100미터 이상

제57조(선로전환기장치) ①선로전환기의 종류 및 설치장소는 다음 각호의 기준에 따른다.

1. 전기선로전환기 : 본선 및 측선
2. 기계선로전환기(표지 포함) : 중요하지 않은 측선
3. 차상선로전환기 : 정거장 측선 또는 각 기지내의 빈번한 입환작업 장소

②주요 전기선로전환기의 분기부에는 다음 각 호의 안전장치를 설치할 수 있다.

1. 첨단 끝이 정하여진 값 이상으로 벌어졌을 경우 이를 검지하는 장치
2. 유지보수요원 이외의 자가 쉽게 밀착조절간의 너트를 풀 수 없도록 하는 장치

제58조(궤도회로의 설치) 궤도회로는 해당 선로에 적합하도록 다음 각 호에 따라 설치한다.

1. 직류 전철구간 : 가청주파수 궤도회로, 고전압임펄스 궤도회로, 상용주파수 궤도회로
2. 교류 전철구간 : 가청주파수 궤도회로, 고전압임펄스 궤도회로, 직류바이어스 궤도회로
3. 비전철구간 : 가청주파수 궤도회로, 직류바이어스 궤도회로

제59조(연동장치) 열차운행과 차량의 입환을 능률적이고 안전하게 하기 위하여 신호기와 선로전환기가 있는 정거장, 신호소 및 기지에는 그에 적합한 연동장치를 설치하여야 하며 연동장치는 다음 각 호와 같다.

1. 마이크로프로세서에 의해 소프트웨어 로직으로 상호조건을 쇄정시킨 전자연동장치
2. 계전기 조건을 회로별로 조합하여 상호조건을 쇄정시킨 전기연동장치

제60조(열차제어시스템) 열차제어시스템은 연동장치와 다음 각 호의 장치를 유기적으로 구성하여야 한다.

1. 열차집중제어장치(CTC : Centralized Traffic Control)
2. 열차자동제어장치(ATC : Automatic Train Control)
3. 열차자동방호장치(ATP : Automatic Train Protection)
4. 열차자동운전장치(ATO : Automatic Train Operation)
5. 통신기반열차제어장치(CBTC : Communication Based Train Control)

6. 기타 제어장치

제61조(열차자동정지장치) 열차종류 및 신호현시에 적합하도록 설치하는 열차자동정지장치는 다음 각 호와 같다.

1. 열차가 정지신호를 무시하고 운행할 때 열차를 정지시키기 위한 점제어식
2. 신호현시(4현시 이상)별 제한속도에 따라 열차속도를 제한 또는 정지시키기 위한 속도조사식

제62조(폐색장치) 폐색구간을 설정하는 경우 다음 각 호의 방식 중에서 선로의 운전조건에 적합하도록 설치하여야 한다.

1. 자동폐색식
2. 연동폐색식
3. 차내신호폐색식

제63조(열차집중제어장치와 신호원격제어장치) ①열차집중제어장치는 중앙장치, 역장치, 통신네트워크 등으로 구성한다.

②열차집중제어장치의 예비관제설비를 구축하여 비상시 열차운용에 대비하여야 한다.

③신호원격제어장치는 1개역에서 1개 또는 여러 역을 제어할 수 있도록 설치한다.

제64조(건널목안전설비) ①건널목안전설비는 경보기와 차단기를 설치하는 것을 기본으로 하나 필요한 경우 경보기만을 설치할 수 있다.

②건널목안전설비는 다음 각 호에서 정한 장치를 말하며 현장 여건에 적합하게 설치하여야 한다.

1. 건널목경보기(고장표시기 포함)
2. 전동차단기
3. 고장감시 및 원격감시장치
4. 출구측차단봉검지기
5. 지장물검지기
6. 정시간제어기
7. 건널목정보분석기

제65조(신호기기의 보호) ①신호용 보안기는 전원용 및 입·출력회로용 등으로 구분하여 설치한다.

②접지설비는 공동접지망(전력·신호·통신)을 구성하여 사용하는 것을 원칙으로 한다. 다만, 단독으로 할 필요가 있을 경우에는 그 설비에 적합한 접지설비를 한다.

③신호설비는 전력유도 전압 또는 전자파 등으로부터 장애를 예방하기 위하여 필요시 광 또는 차폐케이블을 사용하거나 전자파 보호기기를 사용할 수 있다.

④제어케이블을 설치할 때에 동물의 피해가 우려되는 경우에는 필요한 보호대책을 강구하여야 한다.

제66조(신호설비의 전원방식) ①신호설비의 전원은 저압을 사용하고, 무정전전원장치 또는 축전지 등의 예비전원을 확보하여야 한다.

②건널목안전설비의 전원은 역에서 송전 또는 인접 변압기에서 직접 수전하고 용량에 적합한 축전지를 설치하여야 한다.

제67조(안전설비) 열차의 안전운행과 유지보수요원의 안전을 위하여 고속철도전용선 구간에는 위치 및 여건을 고려하여 다음 각 호의 안전설비를 설치하여야 한다. 단, 일반철도를 180킬로미터/시간 이상으로 운행하는 선로 및 구간에도 해당선로의 여건을 고려하여 필요한 안전설비를 설치할 수 있다.

1. 차축 온도검지장치
2. 터널 경보장치
3. 보수자 선로횡단장치
4. 분기기 히팅장치
5. 레일온도 검지장치
6. 지장물 검지장치

7. 기상 검지장치(강우량 검지장치, 풍향·풍속 검지장치, 적설량 검지장치)
8. 끌림 검지장치
9. 선로변 지진감시설비

제68조(통신설비 등) ①열차운행 및 유지보수와 여객 취급 등을 위한 통신설비는 각 호에서 정한 설비를 말한다.

1. 통신선로설비(연선전화기를 포함한다)
2. 전송설비
3. 열차무선설비
4. 역무용 통신설비
5. 역무자동화 설비
6. 전원 및 기타 부대설비

②통신설비용 전원은 일반 역사전기용 전원과 회로가 다른 전원으로 설치하여야 하며, 응급시 비상전원으로 절체되어 전원공급이 가능하여야 한다.

③통신용 전원설비는 정전시 별도로 정하는 시간이상 설비가 정상동작 될 수 있도록 축전지, 무정전전원장치 등의 예비전원을 확보하여야 한다.

제69조(전송설비) 철도운영 및 열차운행에 필요한 모든 유·무선 통신정보(음성, 부호, 문자 및 영상 등 각종 정보)를 안정적으로 전송할 수 있도록 다음 각 호와 같은 전송설비를 역사의 통신실에 설치하여야 하며, 전체 통신망의 백본장비는 이중화하여야 한다.

1. 광전송장치
2. 다중통신장치
3. PCM단국 등

제70조(열차 무선설비) ①열차 무선설비의 음성 또는 데이터 정보는 신뢰도 및 정확성을 갖추어야 하며 간섭 없이 송·수신이 가능하여야 한다.

②열차 무선설비는 시스템 자동화, 모듈 및 패키지화로 기능을 최대한 안정화하여야 한다.

③열차 무선설비는 모든 지상설비간 또는 지상설비와 차상설비 사이에 음성 또는 데이터의 통신을 위한 충분한 용량을 가져야 한다.

④열차 무선설비 중 무인기지국 및 터널무선중계장치 등 인력이 상주하지 않는 개소는 고장 정보 및 장비의 이상 유무를 원격으로 진단하고 고장 정보를 통합하여 감시할 수 있는 설비를 시설하여야 한다.

제71조(통신설비의 보호) 선로변 및 통신실에 설치되는 통신설비 및 케이블 등은 전력유도전압 또는 전자파 등으로부터 장애가 없도록 설치하여야 한다.

제72조(재검토기한) 국토교통부장관은 「훈령·예규 등의 발령 및 관리에 관한 규정」에 따라 이 고시에 대하여 2018년 7월 1일 기준으로 매3년이 되는 시점(매 3년째의 6월 30일까지를 말한다)마다 그 타당성을 검토하여 개선 등의 조치를 하여야 한다.

부 칙

제1조(시행일) 이 규정은 고시한 날부터 시행한다.

제2조(경과규정) 종전의 규정에 따라 시행중인 용역이나 공사에 대하여 발주기관의 장이 필요하다고 인정하는 경우에는 개정규정에 따른다.

부 칙 〈개정 14·10·15〉

제1조(시행일) 이 고시는 발령한 날부터 시행한다.

제2조(경과조치) 이 고시 시행 당시 종전의 규정에 따라 시행중인 용역이나 공사에 대하여는 종전 규정을 적용한다. 다만, 발주기관의 장이 특별히 필요하다고 인정하는 경우에는 개정 규정을 적용할 수 있다.

부 칙 〈개정 18·3·21〉

이 고시는 발령한 날부터 시행한다.

[별표 1]

KRL2012표준활하중(제16조제1항관련)

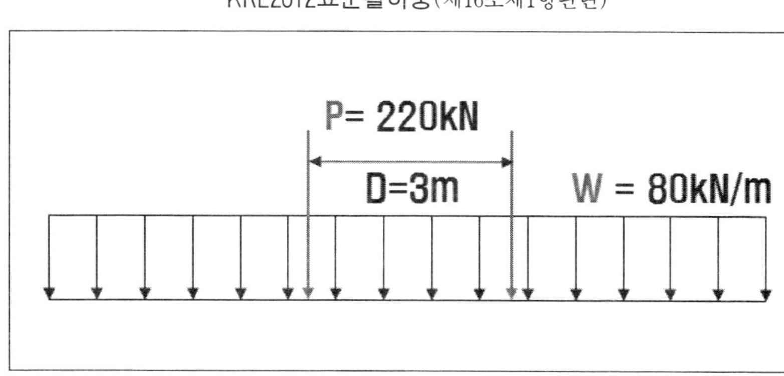

[별표 2]

KRL2012여객전용표준활하중(제16조제1항관련)

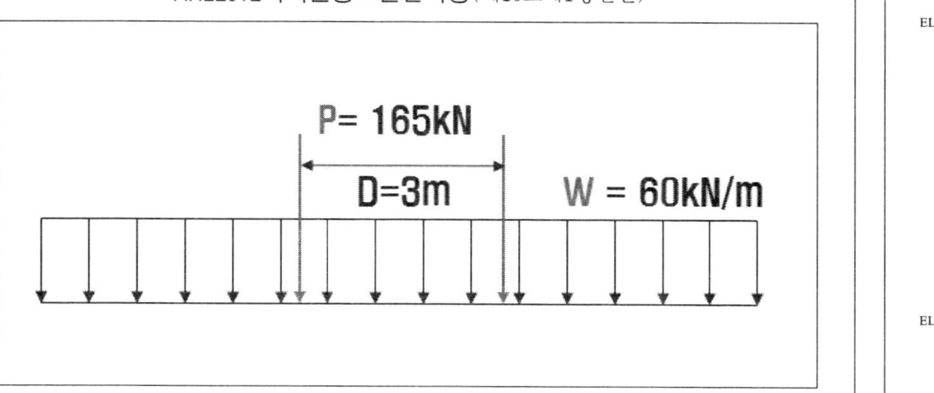

[별표 3]

EL표준활하중(제16조제1항관련)

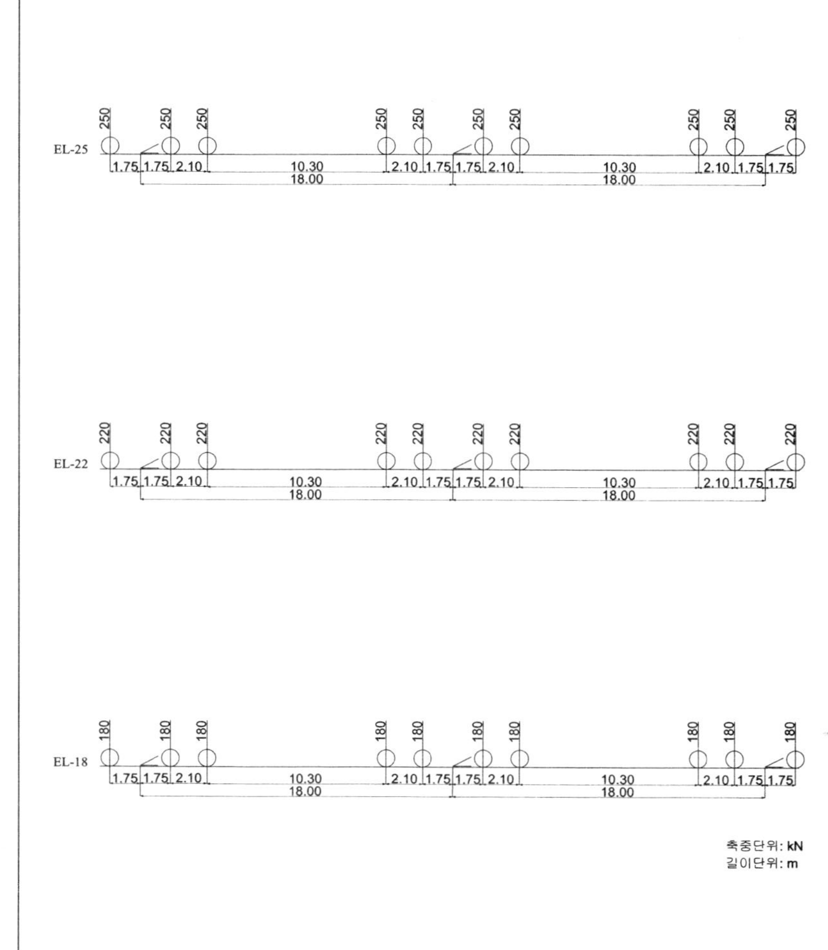

도시철도법 · 시행령 · 시행규칙

도시철도법 · 시행령 · 시행규칙 목차

법	시 행 령	시 행 규 칙

도시철도법

[제명개정 05 · 12 · 7]

(1979 · 4 · 17 法律 第3167號 制定)

改正 1986 · 5 · 12 法律 第3846號
1990 · 12 · 31 法律 第4308號
1991 · 5 · 31 法律 第4371號(서울特別市行政特例에관한法律)
1991 · 12 · 14 法律 第4419號(消防法)
1991 · 12 · 14 法律 第4429號(水道法)
1991 · 12 · 14 法律 第4434號(旅客自動車터미널法)
1992 · 12 · 8 法律 第4533號(都市交通整備促進法)
1993 · 8 · 5 法律 第4578號(索道 · 軌道法)
1995 · 1 · 5 法律 第4924號
1995 · 12 · 29 法律 第5112號
1997 · 12 · 13 法律 第5453號(行政節次法의施行에따른公認會計士法등의整備에관한法律)
1997 · 12 · 13 法律 第5454號(政府部處名稱등의변경에따른建築法등의整備에관한法律)
1999 · 2 · 8 法律 第5893號(河川法)
1999 · 4 · 15 法律 第5967號
2002 · 1 · 26 법률 제6642호(도시교통정비촉진법)
2002 · 2 · 4 법률 제6656호(공익사업을위한토지등의취득및보상에관한법률)
2002 · 12 · 30 법률 제6841호(산지관리법)
2003 · 5 · 29 법률 제6893호(소방기본법)
2003 · 5 · 29 법률 제6917호
2003 · 12 · 31 법률 제7053호
2004 · 10 · 22 법률 제7245호(철도안전법)
2004 · 12 · 31 법률 제7303호(철도사업법)
2005 · 8 · 4 법률 제7678호(산림자원의 조성 및 관리에 관한 법률)
2005 · 12 · 7 법률 제7713호
2006 · 9 · 27 법률 제8014호(下水道法 전부개정법률)
2007 · 4 · 6 법률 제8338호(하천법 전부개정법률)

도시철도법 시행령

[제명개정 07 · 10 · 15]

(1979 · 10 · 13 대통령령 제9641호 제정)

개정 1980 · 3 · 6 대통령령 제 9803호
1980 · 7 · 9 대통령령 제 9955호
1981 · 7 · 25 대통령령 제10423호
1981 · 8 · 24 대통령령 제10448호(주택건설촉진법시행령)
1982 · 3 · 30 대통령령 제10777호
1983 · 12 · 31 대통령령 제11315호(주택건설촉진법시행령)
1986 · 12 · 29 대통령령 제12023호
1988 · 5 · 7 대통령령 제12445호(지방재정법시행령)
1990 · 9 · 20 대통령령 제13106호
1991 · 7 · 1 대통령령 제13413호(서울특별시행정특례에관한법률시행령)
1991 · 7 · 25 대통령령 제13434호
1992 · 12 · 21 대통령령 제13782호(식품위생법시행령)
1993 · 12 · 27 대통령령 제14030호
1994 · 11 · 30 대통령령 제14420호
1994 · 12 · 23 대통령령 제14438호(재정경제원과그소속기관직제)
1994 · 12 · 23 대통령령 제14447호(건설교통부와그소속기관직제)
1995 · 7 · 6 대통령령 제14722호
1996 · 6 · 29 대통령령 제15091호(공중위생법시행령)
1996 · 7 · 19 대통령령 제15125호
1997 · 2 · 22 대통령령 제15282호(전기통신기본법시행령)
1997 · 10 · 28 대통령령 제15502호
1997 · 12 · 31 대통령령 제15598호(행정절차법의시행에따른관세법시행령등의개정령)
1999 · 1 · 29 대통령령 제16093호(정부출연연구기관등의설립 · 운영및육성에관한법률시행령)
1999 · 5 · 10 대통령령 제16301호
2000 · 3 · 24 대통령령 제16757호(농업협동조합법시행령)
2000 · 8 · 2 대통령령 제16933호(도시개발법시행령)
2001 · 3 · 27 대통령령 제17175호(정부출연연구기관등의

도시철도법 시행규칙

(2007 · 11 · 2 건설교통부령 제588호 제정)

개정 2008 · 3 · 14 국토해양부령 제 4호 (정부조직법의 개정에 따른 감정평가에 관한 규칙 등 일부개정령)
2009 · 2 · 12 국토해양부령 제 99호
2011 · 3 · 30 국토해양부령 제347호
2013 · 3 · 23 국토교통부령 제 1호 (국토교통부와 그 소속기관 직제 시행규칙)
2014 · 3 · 19 국토교통부령 제 81호 (철도안전법 시행규칙 일부개정령)

법	시 행 령	시 행 규 칙
2007・ 4・11 법률 제8352호(농지법 전부개정법률) 2007・ 4・11 법률 제8370호(수도법 전부개정법률) 2007・ 5・25 법률 제8486호(산업표준화법 전부개정법률) 2007・ 7・13 법률 제8509호 2008・ 2・29 법률 제8852호(정부조직법 전부개정법률) 2008・ 3・21 법률 제8976호(도로법 전부개정법률) 2008・ 3・28 법률 제9071호(도시교통정비 촉진법 일부개정법률) 2009・ 1・30 법률 제9401호(國有財産法 전부개정법률) 2009・ 4・ 1 법률 제9607호 2009・ 4・22 법률 제9636호(삭도・궤도법 전부개정법률) 2009・ 6・ 9 법률 제9772호(교통체계효율화법 전부개정법률) 2010・ 4・15 법률 제10266호(역세권의 개발 및 이용에 관한 법률) 2010・ 5・31 법률 제10331호(산지관리법 일부개정법률) 2011・ 4・12 법률 제10580호(부동산등기법 전부개정법률) 2011・ 4・14 법률 제10599호(국토의 계획 및 이용에 관한 법률 일부개정법률) 2011・ 8・ 4 법률 제11037호(소방시설설치유지 및 안전관리에 관한 법률 일부개정법률) 2012・12・18 법률 제11591호(철도안전법 일부개정법률) 2013・ 3・23 법률 제11690호(정부조직법 전부개정법률)	설립・운영및육성에관한법률시행령) 2002・10・14 대통령령 제17760호(도시교통정비촉진법시행령) 2002・12・30 대통령령 제17854호(공익사업을위한토지등의 취득및보상에관한법률시행령) 2004・ 3・17 대통령령 제18312호(전자적민원처리를위한 가석방자관리규정등중개정령) 2004・ 8・ 7 대통령령 제18512호 2004・11・ 3 대통령령 제18580호(한국철도공사법시행령) 2004・12・ 3 대통령령 제18594호(과학기술분야정부출연연구기관등의설립・운영및육성에관한법률시행령) 2005・ 7・27 대통령령 제18978호(식품위생법시행령) 2006・ 6・12 대통령령 제19507호(행정정보의 공동이용 및 문서감축을 위한 국가채권관리법 시행령 등 일부개정령) 2007・10・15 대통령령 제20325호 2008・ 2・29 대통령령 제20722호(국토해양부와 그 소속기관 직제) 2008・ 7・29 대통령령 제20947호(자본시장과 금융투자업에 관한 법률 시행령) 2008・12・31 대통령령 제21214호(행정안전부와 그 소속기관 직제 일부개정령) 2008・12・31 대통령령 제21232호 2009・ 4・ 6 대통령령 제21417호 2009・ 6・30 대통령령 제21589호 2009・ 7・27 대통령령 제21641호(국유재산법 시행령 전부개정령) 2010・ 5・ 4 대통령령 제22151호(전자정부법 시행령 전부개정령) 2010・10・14 대통령령 제22448호(역세권의 개발 및 이용에 관한 법률 시행령) 2012・ 3・13 대통령령 제23669호 2012・ 4・17 대통령령 제23734호(고엽제후유의증 환자지원 등에 관한 법률 시행령 일부개정령 2012・12・21 대통령령 제24247호(고엽제후유의증 등 환자지원 및 단체설립에 관한 법률 시행령 일부개정령) 2013・ 3・23 대통령령 제24443호(국토교통부와 그 소속기관 직제) 2013・ 6・11 대통령령 제24594호	

법	시 행 령	시 행 규 칙
전부개정 2014 · 1 · 7 법률 제12216호 2014 · 1 · 14 법률 제12248호(도로법 전부개정법률) 2014 · 5 · 21 법률 제12643호(도시철도법 일부개정법률) 2014 · 11 · 19 법률 제12844호(정부조직법 일부개정법률) 2015 · 2 · 3 법률 제13183호 2015 · 12 · 29 법률 제13688호(철도사업법 일부개정법률) 2016 · 1 · 6 법률 제13726호(옥외광고물 등 관리법 일부개정법률) 2016 · 3 · 22 법률 제14090호 2016 · 12 · 2 법률 제14339호 2016 · 12 · 27 법률 제14476호(지방세징수법) 2017 · 1 · 17 법률 제14532호(수질 및 수생태계 보전에 관한 법률 일부개정법률) 2017 · 7 · 26 법률 제14839호(정부조직법 일부개정법률) 2017 · 12 · 26 법률 제15318호 2018 · 12 · 18 법률 제15996호(대도시권 광역교통 관리에 관한 특별법 일부개정법률) 2018 · 12 · 31 법률 제16146호(철도사업법 일부개정법률)	개정 2013 · 12 · 30 대통령령 제25050호(행정규제기본법 개정에 따른 규제 재검토기한 설정을 위한 주택법 시행령 등 일부개정령) 2014 · 3 · 18 대통령령 제25264호(철도안전법 시행령 일부개정령) 전부개정 2014 · 7 · 7 대통령령 제25448호 2014 · 11 · 19 대통령령 제25743호 2014 · 11 · 19 대통령령 제25751호(행정자치부와 그 소속기관 직제 2014 · 12 · 9 대통령령 제25840호(규제 재검토기한 설정 등 규제정비를 위한 건축법 시행령 등 일부개정령) 2016 · 1 · 22 대통령령 제26928호(도시교통정비 촉진법 시행령 일부개정령) 2016 · 3 · 29 대통령령 제27067호 2016 · 7 · 6 대통령령 제27323호(옥외광고물 등 관리법 시행령 일부개정령) 2016 · 8 · 31 대통령령 제27471호(부동산 가격공시 및 감정평가에 관한 법률 시행령 전부개정령) 2016 · 8 · 31 대통령령 제27472호(감정평가 및 감정평가사에 관한 법률 시행령) 2016 · 12 · 30 대통령령 제27751호(규제 재검토기한 설정 등을 위한 가맹사업거래의 공정화에 관한 법률 시행령 등 일부개정령) 2017 · 3 · 20 대통령령 제27945호 2017 · 7 · 26 대통령령 제28211호(행정안전부와 그 소속기관 직제) 2018 · 12 · 18 대통령령 제29388호 2018 · 12 · 18 대통령령 제29395호(지방분권 강화를 위한 20개 법령의 일부개정에 관한 대통령령) 2019 · 3 · 12 대통령령 제29617호(철도건설법 시행령 일부개정령) 2019 · 3 · 19 대통령령 제29634호(대도시권 광역교통 관리에 관한 특별법 시행령 일부개정령) 2019 · 3 · 26 대통령령 제29657호(환경친화적 자동차의 개발 및 보급 촉진에 관한 법률 시행령 일부개정령) 2019 · 6 · 25 대통령령 제29892호(주식 · 사채 등의 전자등록에 관한 법률 시행령)	전부개정 2014 · 7 · 8 국토교통부령 제106호 2014 · 11 · 21 국토교통부령 제142호 2019 · 10 · 14 국토교통부령 제657호

<table>
<tr><th>법</th><th>시행령</th><th>시행규칙</th></tr>
<tr><td>
제1장 총 칙

제1조(목적) 이 법은 도시교통권역의 원활한 교통 소통을 위하여 도시철도의 건설을 촉진하고 그 운영을 합리화하며 도시철도차량 등을 효율적으로 관리함으로써 도시교통의 발전과 도시교통 이용자의 안전 및 편의 증진에 이바지함을 목적으로 한다.
제2조(정의) 이 법에서 사용하는 용어의 뜻은 다음과 같다. 〈개정 14·5·21, 16·1·6〉
1. “도시교통권역”이란 「도시교통정비 촉진법」 제4조에 따라 지정·고시된 교통권역(交通圈域)을 말한다.
2. “도시철도”란 도시교통의 원활한 소통을 위하여 도시교통권역에서 건설·운영하는 철도·모노레일·노면전차(路面電車)·선형유도전동기(線形誘導電動機)·자기부상열차(磁氣浮上列車) 등 궤도(軌道)에 의한 교통시설 및 교통수단을 말한다.
3. “도시철도시설”이란 다음 각 목의 어느 하나에 해당하는 시설(부지를 포함한다)을 말한다.
가. 도시철도의 선로(線路), 역사(驛舍) 및 역 시설(물류시설, 환승시설 및 역사와 같은 건물에 있는 판매시설·업무시설·근린생활시설·숙박시설·문화 및 집회시설 등을 포함한다)
나. 선로 및 도시철도차량을 보수·정비하기 위한 선로보수기지, 차량정비기지, 차량유치시설, 창고시설 및 기지시설
다. 도시철도의 전철전력설비, 정보통신설비, 신호 및
</td><td>
제1조(목적) 이 영은 「도시철도법」에서 위임된 사항과 그 시행에 필요한 사항을 규정함을 목적으로 한다.
</td><td>
제1조(목적) 이 규칙은 「도시철도법」 및 같은 법 시행령에서 위임된 사항과 그 시행에 필요한 사항을 규정함을 목적으로 한다.
</td></tr>
</table>

법	시 행 령	시 행 규 칙
열차제어설비 라. 도시철도 기술의 개발 · 시험 및 연구를 위한 시설 마. 도시철도 경영연수 및 철도전문인력을 양성하기 위한 교육훈련시설 바. 그 밖에 도시철도의 건설, 유지보수 및 운영을 위한 시설로서 대통령령으로 정하는 시설	**제2조(도시철도시설)** 「도시철도법」(이하 "법"이라 한다) 제2조제3호바목에서 "대통령령으로 정하는 시설"이란 다음 각 호의 어느 하나에 해당하는 시설을 말한다. 1. 도시철도의 건설 및 유지보수에 필요한 자재(資材)를 가공 · 조립 · 운반 또는 보관하기 위하여 해당 사업기간 동안 사용되는 시설 2. 도시철도의 건설 및 유지보수를 위한 공사에 사용되는 진입도로, 주차장, 야적장, 토석채취장 및 사토장(捨土場)과 그 설치 또는 운영에 필요한 시설 3. 도시철도의 건설 및 유지보수를 위하여 해당 사업기간 동안 사용되는 장비와 그 장비의 정비 · 점검 또는 수리를 위한 시설 4. 그 밖에 도시철도 안전 관련 시설, 안내시설 등 도시철도의 건설 · 유지보수 및 운영을 위하여 필요한 시설로서 국토교통부장관이 정하는 시설	
4. "도시철도사업"이란 도시철도건설사업, 도시철도운송사업 및 도시철도부대사업을 말한다. 5. "도시철도건설사업"이란 새로운 도시철도시설의 건설, 기존 도시철도시설의 성능 및 기능 향상을 위한 개량, 도시철도시설의 증설 및 도시철도시설의 건설 시 수반되는 용역 업무 등에 해당하는 사업을 말한다. 6. "도시철도운송사업"이란 도시철도와 관련된 다음 각 목의 어느 하나에 해당하는 사업을 말한다.		

법	시 행 령	시 행 규 칙
가. 도시철도시설을 이용한 여객 및 화물 운송 나. 도시철도차량의 정비 및 열차의 운행 관리 다. 삭제 〈14·5·21〉		
6의2. "도시철도부대사업"이란 도시철도시설·도시철도차량·도시철도부지 등을 활용한 다음 각 목의 어느 하나에 해당하는 사업을 말한다. 가. 도시철도와 다른 교통수단의 연계운송사업 나. 도시철도 차량·장비와 도시철도용품의 제작·판매·정비 및 임대사업 다. 도시철도시설의 유지·보수 등 국가·지방자치단체 또는 공공법인 등으로부터 위탁받은 사업 라. 역세권 및 도시철도시설·부지를 활용한 개발·운영 사업으로서 대통령령으로 정하는 사업 마. 「국가통합교통체계효율화법」에 따른 복합환승센터 개발사업으로서 대통령령으로 정하는 사업 바. 「물류정책기본법」에 따른 물류사업으로서 대통령령으로 정하는 사업 사. 「관광진흥법」에 따른 관광사업으로서 대통령령으로 정하는 사업 아. 「옥외광고물 등의 관리와 옥외광고산업 진흥에 관한 법률」에 따른 옥외광고사업으로서 대통령령으로 정하는 사업 자. 가목부터 아목까지의 사업과 관련한 조사·연구, 정보화, 기술 개발 및 인력 양성에 관한 사업 차. 가목부터 자목까지의 사업에 딸린 사업으로서 대통령령으로 정하는 사업	제2조의2(도시철도부대사업) ① 법 제2조제6호의2라목에서 "대통령령으로 정하는 사업"이란 다음 각 호의 사업을 말한다. 1. 「역세권의 개발 및 이용에 관한 법률」 제2조제2호에 따른 역세권개발사업 2. 도시철도 이용객을 위한 편의시설의 설치·운영사업 ② 법 제2조제6호의2마목에서 "대통령령으로 정하는 사업"이란 「국가통합교통체계효율화법」 제2조제15호에 따른 복합환승센터의 개발사업을 말한다. ③ 법 제2조제6호의2바목에서 "대통령령으로 정하는 사업"이란 「물류정책기본법 시행령」 제3조에 따른 물류사업 중 도시철도운영이나 도시철도와 다른 교통수단과의 연계수송을 위한 사업을 말한다. ④ 법 제2조제6호의2사목에서 "대통령령으로 정하는 사업"이란 「관광진흥법」 제3조에서 정한 관광사업(카지노업은 제외한다)으로서 도시철도운영과 관련된 사업을 말한다. ⑤ 법 제2조제6호의2아목에서 "대통령령으로 정하는 사업"이란 「옥외광고물 등의 관리와 옥외광고산업 진흥에 관한 법률」 제2조제3호에 따른 옥외광고사업으로서 같은 법 시행령 제2조제1호다목에 따른 지하철역 또는 같은 조 제2호가목에 따른 도시철도차량에 광고물이나 게시시설을 제작·표시·설치하거나 옥외광고를 대행하는 사업을 말한다.〈개정 16·7·6〉	

<table>
<tr><th>법</th><th>시 행 령</th><th>시 행 규 칙</th></tr>
<tr><td>7. “도시철도건설자”란 도시철도건설사업을 하는 자로서 제7조제1항에 따라 도시철도사업계획의 승인을 받은 자를 말한다.
8. “도시철도운영자”란 도시철도운송사업을 하는 자로서 국가, 지방자치단체 및 제26조에 따라 도시철도운송사업 면허를 받은 자(「사회기반시설에 대한 민간투자법」에 따른 사업시행자로서 도시철도에 관한 민간투자사업을 하는 자를 포함한다)를 말한다.
9. “도시철도종사자”란 도시철도차량의 운전 · 운행관리 및 정비 업무, 도시철도 이용자를 상대로 하는 승무 및 역무서비스 업무, 도시철도시설의 유지보수 업무, 그 밖에 도시철도차량의 안전운행 또는 질서유지에 관한 업무에 종사하는 자를 말한다.
제3조(적용 범위) 이 법은 다음 각 호의 도시철도에 대하여 적용한다.
1. 국가가 이 법에 따라 건설 또는 운영하는 도시철도
2. 제7조제1항에 따라 도시철도사업계획의 승인을 받은 지방자치단체, 도시철도사업을 위하여 「지방공기업법」에 따라 설립된 지방공사(이하 “도시철도공사”라 한다) 또는 다른 법인이 이 법에 따라 건설 또는 운영하는 도시철도
3. 제24조 또는 제42조에 따라 국가나 지방자치단체로부터 도시철도건설사업 또는 도시철도운송사업을 위탁받은 법인이 건설 또는 운영하는 도시철도
제4조(다른 법률과의 관계) 도시철도의 안전에 관하여는 「철도안전법」을 적용한다.</td><td>⑥ 법 제2조제6호의2차목에서 “대통령령으로 정하는 사업”이란 다음 각 호의 사업을 말한다.
1. 「엔지니어링산업 진흥법」 제2조제3호에 따른 엔지니어링사업 중 도시철도운영과 관련한 사업
2. 도시철도운영과 관련한 정기간행물 사업, 정보매체 사업
3. 그 밖에 도시철도운영의 전문성과 효율성을 높이기 위하여 필요한 사업
[본조신설 14 · 11 · 19]</td><td></td></tr>
</table>

법	시행령	시행규칙
제2장 도시철도의 건설 제5조(도시철도망구축계획의 수립 등) ① 특별시장·광역시장·특별자치시장·도지사 및 특별자치도지사(이하 "시·도지사"라 한다)는 관할 도시교통권역에서 도시철도를 건설·운영하려면 관계 시·도지사와 협의하여 10년 단위의 도시철도망구축계획(이하 "도시철도망계획"이라 한다)을 수립하여야 한다. 이를 변경하려는 경우에도 또한 같다. ② 도시철도망계획에는 다음 각 호의 사항이 포함되어야 한다. 1. 해당 도시교통권역의 특성·교통상황 및 장래의 교통수요 예측 2. 도시철도망의 중기·장기 건설계획 3. 다른 교통수단과 연계한 교통체계의 구축 4. 필요한 재원(財源)의 조달방안과 투자 우선순위 5. 그 밖에 체계적인 도시철도망 구축을 위하여 필요한 사항으로서 국토교통부령으로 정하는 사항	제3조(도시철도망구축계획 및 노선별 도시철도기본계획의 제출) 특별시장·광역시장·특별자치시장·도지사 및 특별자치도지사(이하 "시·도지사"라 한다)는 법 제5조제1항에 따른 도시철도망구축계획(이하 "도시철도망계획"이라 한다) 또는 법 제6조제1항에 따른 노선별 도시철도기본계획(이하 "기본계획"이라 한다)을 수립하였을 때에는 이를 해당 계획의 계획기간이 시작되는 해의 전년도 2월 말일까지 국토교통부장관에게 제출하여야 한다.	제2조(도시철도망구축계획의 내용) 「도시철도법」(이하 "법"이라 한다) 제5조제2항제5호에서 "국토교통부령으로 정하는 사항"이란 다음 각 호의 사항을 말한다. 1. 도시철도망구축계획의 노선별 우선순위

법	시 행 령	시 행 규 칙
③ 도시철도망계획은 다음 각 호의 계획과 조화를 이루도록 수립되어야 한다. 1. 「국가통합교통체계효율화법」 제4조에 따른 국가기간교통망계획 2. 「국가통합교통체계효율화법」 제6조에 따른 중기 교통시설투자계획 3. 「대도시권 광역교통 관리에 관한 특별법」 제3조에 따른 대도시권 광역교통기본계획 4. 「대도시권 광역교통 관리에 관한 특별법」 제3조의2에 따른 대도시권 광역교통시행계획 5. 「도시교통정비 촉진법」 제5조에 따른 도시교통정비 기본계획 6. 「도시교통정비 촉진법」 제8조에 따른 도시교통정비 중기계획 7. 「대중교통의 육성 및 이용촉진에 관한 법률」 제5조에 따른 대중교통기본계획 ④ 시 · 도지사는 도시철도망계획을 수립하거나 변경하려면 국토교통부장관의 승인을 받아야 한다. ⑤ 국토교통부장관은 도시철도망계획의 내용 중 필요한 사항을 조정하여 관계 행정기관의 장과 협의한 후 「국가통합교통체계효율화법」 제106조에 따른 국가교통위원회의 심의를 거쳐 승인하고, 이를 관보에 고시하여야 한다. 다만, 대통령령으로 정하는 경미한 사항의 변경을 승인하는	**제4조(도시철도망계획 중 경미한 사항 변경)** ① 법 제5조제5항 단서에서 "대통령령으로 정하는 경미한 사항의 변경"이란 다음 각 호의 어느 하나에 해당하는 변경을 말한다. 1. 도시철도망계획에 포함된 도시철도 노선별 노선 연장을 100분의 10 범위에서 변경하는 것	설정을 위한 종합평가 2. 드시철도의 건설 방식 3. 도시철도차량의 종류 및 운행계획

법	시 행 령	시 행 규 칙
경우에는 국가교통위원회의 심의 및 관보에의 고시를 생략한다. ⑥ 시·도지사는 도시철도망계획이 수립된 날부터 5년마다 도시철도망계획의 타당성을 재검토하여 필요한 경우 이를 변경하여야 한다. **제6조(노선별 도시철도기본계획의 수립 등)** ① 시·도지사는 도시철도망계획에 포함된 도시철도 노선 중 건설을 추진하려는 노선에 대해서는 관계 시·도지사와 협의하여 노선별 도시철도기본계획(이하 "기본계획"이라 한다)을 수립하여야 한다. 이를 변경하려는 경우에도 또한 같다. 다만, 「사회기반시설에 대한 민간투자법」에 따라 민간투자사업으로 추진하는 도시철도의 경우에는 시·도지사가 국토교통부장관과 협의하여 기본계획의 수립을 생략할 수 있다. ② 기본계획에는 다음 각 호의 사항이 포함되어야 한다. 1. 해당 도시교통권역의 특성·교통상황 및 장래의 교통수요 예측 2. 도시철도의 건설 및 운영의 경제성·재무성 분석과 그 밖의 타당성의 평가 3. 노선명(路線名), 노선 연장, 기점(起點)·종점(終點), 정거장 위치, 차량기지 등 개략적인 노선망(路線網) 4. 사업기간 및 총사업비 5. 지방자치단체의 재원 분담비율을 포함한 자금의 조달방안 및 운용계획 6. 건설기간 중 도시철도건설사업 지역의 도로교통대책	2. 도시철도망계획에 포함된 도시철도 노선별 사업기간을 3년의 범위에서 변경하는 것 ② 국토교통부장관은 제1항 각 호에 따른 경미한 사항의 변경을 승인하였을 때에는 지체 없이 그 내용을 관계 행정기관의 장에게 통보하여야 한다.	

법	시 행 령	시 행 규 칙
7. 다른 교통수단과의 연계 수송체계 구축에 관한 사항 8. 그 밖에 필요한 사항으로서 국토교통부령으로 정하는 사항		**제3조(노선별 도시철도기본계획의 내용)** 법 제6조제2항제8호에서 "국토교통부령으로 정하는 사항"이란 다음 각 호의 사항을 말한다. 1. 도시철도의 건설 방식 2. 도시철도차량의 종류 및 운행계획
③ 시·도지사는 기본계획의 내용 중 대통령령으로 정하는 주요 사항에 대하여는 국토교통부장관과 협의한 후 공청회를 열어 주민 및 관계 전문가 등으로부터 의견을 듣고 해당 지방의회의 의견을 들어 기본계획을 국토교통부장관에게 제출하여야 한다. 다만, 대통령령으로 정하는 경미한 사항을 변경하려는 경우에는 사전협의, 공청회, 지방의회 의견청취의 절차를 생략할 수 있다.	**제5조(기본계획의 주요 사항)** 법 제6조제3항 본문에서 "대통령령으로 정하는 주요 사항"이란 다음 각 호의 어느 하나에 해당하는 사항을 말한다. 1. 법 제6조제2항제2호부터 제5호까지에 해당하는 사항 2. 도시철도의 건설 방식 3. 도시철도차량의 종류 및 운행계획 **제6조(기본계획 중 경미한 사항 변경)** ① 법 제6조제3항 단서에서 "대통령령으로 정하는 경미한 사항을 변경하려는 경우" 및 같은 조 제5항 단서에서 "대통령령으로 정하는 경미한 사항의 변경"이란 각각 다음 각 호의 어느 하나에 해당하는 변경을 말한다. 1. 노선 연장을 100분의 10 범위에서 변경하는 것 2. 사업기간을 1년의 범위에서 변경하는 것 3. 총사업비를 100분의 10 범위에서 변경하는 것 ② 국토교통부장관은 제1항 각 호에 따른 경미한 사항의 변경을 승인하였을 때에는 지체 없이 그 내용을 관계 행정기관의 장에게 통보하여야 한다.	

법	시 행 령	시 행 규 칙
④ 국토교통부장관은 제3항에 따라 기본계획을 제출받으면 건설 노선, 사업기간, 총사업비, 지방자치단체의 재원분담비율을 포함한 자금의 조달방안 등 필요한 사항을 조정하여 관계 행정기관의 장과 협의를 거쳐 기본계획을 승인하여야 한다. ⑤ 국토교통부장관은 제4항에 따라 기본계획을 승인하면 이를 관보에 고시하여야 한다. 다만, 대통령령으로 정하는 경미한 사항의 변경을 승인하는 경우에는 그러하지 아니하다.		
제7조(사업계획의 승인 등) ① 기본계획에 따라 도시철도를 건설하려는 자는 대통령령으로 정하는 바에 따라 도시철도사업계획(이하 "사업계획"이라 한다)을 수립하여 국토교통부장관의 승인을 받아야 한다. 이를 변경하려는 경우에도 또한 같다.	**제7조(도시철도사업계획의 승인신청)** 법 제7조제1항에 따라 도시철도사업계획(이하 "사업계획"이라 한다)의 승인을 신청하려는 자는 사업계획 승인신청서에 다음 각 호의 서류를 첨부하여 시·도지사를 거쳐 국토교통부장관에게 제출하여야 한다.〈개정 16·1·22〉 1. 공사시행계획서 및 공사 종류별 공정계획서 2. 도시철도 건설의 기본설계서 3. 다음 각 목의 축적에 따른 계획평면도 및 종단면도 가. 축척 500분의 1부터 2만5천분의 1까지의 것[노선의 실측도면(實測圖面)에 표시한 것을 말한다] 나. 축척 200분의 1부터 5천분의 1까지의 것 4. 도시철도시설의 개요 5. 연도별 투자계획 및 재원조달계획에 관한 서류 6. 도시철도 건설기간 중 건설지역의 도로교통대책에 관한 서류 7. 교통영향평가 및 환경영향평가에 대한 관계 행정기관의 장과의 협의 결과에 관한 서류 8. 법 제7조제2항에 따른 사업계획의 공고 결과 제출된	

법	시 행 령	시 행 규 칙
	의견 중 사업계획에 반영하지 아니한 의견을 적은 서류 9. 법 제8조제2항에 따른 관계 행정기관의 장과의 협의에 필요한 서류 10. 법 제9조 · 제10조 · 제15조 및 제16조에 따른 토지의 지하부분 사용, 토지 · 물건 및 권리(「공익사업을 위한 토지 등의 취득 및 보상에 관한 법률」 제3조에 따른 토지 · 물건 및 권리를 말한다. 이하 "토지등"이라 한다)의 수용 및 사용, 공사장애물의 이전 등에 따른 매수 · 보상계획 및 이주대책에 관한 서류 11. 수용하거나 사용할 토지등의 소재지 · 지번(地番) · 지목(地目) 및 면적을 적은 서류 12. 도시철도 부지를 표시한 도면(축척 500분의 1부터 5천분의 1까지의 것만 해당한다)	
② 기본계획에 따라 도시철도를 건설하려는 자가 제1항에 따라 사업계획의 승인을 신청할 때에는 미리 그 뜻을 공고(公告)하고 관계 서류의 사본을 20일 이상 일반인이 열람할 수 있게 하여야 한다. 이 경우 도시철도시설 부지에 편입되는 토지의 소유자 및 「공익사업을 위한 토지 등의 취득 및 보상에 관한 법률」 제2조제5호에 따른 관계인(이하 "소유자등"이라 한다)에게 그 사실을 통보하여야 한다. 다만, 소유자등을 알 수 없거나 주소 불명(不明) 등 대통령령으로 정하는 경우에는 통보하지 아니할 수 있다. ③ 소유자등은 사업계획의 승인을 신청하는 자에게 제2항에 따른 열람 기간에 의견서를 제출할 수 있다. ④ 사업계획의 승인을 신청하는 자는 제3항에 따라 제출된 의견이 타당하다고 인정하면 사업계획 승인신청 내용에 이를 반영하여야 하고, 반영하지 아니한 의견은 신청	**제8조(사업계획 승인신청의 공고 등)** ① 법 제7조제2항에 따라 사업계획의 승인을 신청하기 전에 그 뜻을 공고하려는 자는 다음 각 호의 사항을 해당 지역에서 발간되는 일간신문과 특별시 · 광역시 · 특별자치시 · 도 및 특별자치도(이하 "시 · 도"라 한다) 공보에 각각 한 번 이상 공고하여야 한다. 1. 신청인의 성명 · 주소(법인인 경우에는 법인의 명칭 · 주소와 대표자의 성명 · 주소를 말한다) 2. 도시철도 부지의 위치 3. 노선의 기점 · 종점, 정거장 위치, 차량기지 위치 4. 도시철도 건설의 착공 예정일 및 준공 예정일 5. 제2항에 따른 관계 서류 사본을 열람할 수 있는 일시 및 장소 ② 법 제7조제2항에 따라 일반인이 열람할 수 있게 하여	

법	시 행 령	시 행 규 칙
서에 첨부하여야 한다. ⑤ 국토교통부장관은 사업계획을 승인할 때 제4항에 따라 첨부된 의견이 타당하다고 인정할 때에는 이를 반영하여야 한다. ⑥ 국토교통부장관은 제1항에 따라 사업계획을 승인하면 이를 관보에 고시하여야 한다. ⑦ 지방자치단체의 장은 제1항에 따른 사업계획 승인 내용 중 도시·군관리계획 결정사항이 포함되어 있는 경우에는 「국토의 계획 및 이용에 관한 법률」 제32조 및 「토지이용규제 기본법」 제8조에 따라 지형도면의 고시 등 필요한 조치를 하여야 한다. ⑧ 제6조제1항 후단에 따라 기본계획 중 사업기간 또는 사업비에 관한 사항을 변경한 경우에는 제1항에 따른 사업계획의 변경승인을 받은 것으로 본다. **제8조(다른 법률에 따른 인가·허가등의 의제)** ① 도시철도를 건설하려는 자가 제7조제1항에 따라 사업계획의 승인 또는 변경승인을 받은 경우에는 다음 각 호의 협의·승인·허가·인가·동의·해제·결정·신고·지정·면허·심의 등(이하 "인가·허가등"이라 한다)이 있는 것으로 보고, 제7조제6항에 따라 사업계획의 승인 고시를 한 경우에는 관계 법률에 따른 인가·허가등의 고시 또는 공고가 있는 것으로 본다. 〈개정 14·1·14, 17·1·17〉 1. 「건설기술관리법」 제5조에 따른 건설기술심의위원회의 심의 2. 「건축법」 제4조에 따른 건축위원회의 심의, 같은 법 제11조에 따른 건축허가, 같은 법 제14조에 따른 건축	야 하는 관계 서류는 제7조제3호나목·제11호 및 제12호에 해당하는 서류를 말한다. ③ 법 제7조제2항 단서에서 "소유자등을 알 수 없거나 주소 불명(不明) 등 대통령령으로 정하는 경우"란 다음 각 호의 어느 하나에 해당하는 경우를 말한다. 1. 소유자등을 알 수 없는 경우 2. 소유자등의 주소·거소, 그 밖에 통보할 장소를 알 수 없는 경우 ④ 법 제7조제6항에 따른 고시는 같은 조 제1항에 따라 사업계획을 승인한 날부터 7일 이내에 하여야 한다.	

법	시　행　령	시 행 규 칙
신고, 같은 법 제20조에 따른 가설건축물(假設建築物)의 건축허가, 같은 법 제29조에 따른 공용건축물의 건축 협의 3. 「공유수면 관리 및 매립에 관한 법률」 제8조에 따른 공유수면의 점용·사용허가, 같은 법 제10조에 따른 협의 또는 승인, 같은 법 제17조에 따른 점용·사용 실시계획의 승인 또는 신고, 같은 법 제28조에 따른 매립면허, 같은 법 제35조에 따른 협의 또는 승인, 같은 법 제38조에 따른 매립실시계획의 승인 4. 「국토의 계획 및 이용에 관한 법률」 제30조에 따른 도시·군관리계획의 결정(같은 법 제2조제6호에 따른 기반시설의 경우만 해당한다), 같은 법 제86조에 따른 도시·군계획시설사업 시행자의 지정, 같은 법 제88조에 따른 도시·군계획시설사업 실시계획의 인가 5. 「군사기지 및 군사시설 보호법」 제9조제1항제1호에 따른 통제보호구역 등에의 출입허가, 같은 법 제13조에 따른 행정기관의 허가등에 관한 협의 6. 「농지법」 제34조에 따른 농지전용의 허가 또는 협의 7. 「도로법」 제36조에 따른 도로공사 시행의 허가, 같은 법 제61조에 따른 도로 점용허가 8. 「대기환경보전법」 제23조, 「물환경보전법」 제33조 및 「소음·진동관리법」 제8조에 따른 배출시설의 설치 허가 또는 신고 9. 「사도법」 제4조에 따른 사도(私道) 개설의 허가 10. 「사방사업법」 제14조에 따른 사방지에서의 벌채 등의		

법	시행령	시행규칙
허가, 같은 법 제20조에 따른 사방지 지정의 해제 11. 「산업집적활성화 및 공장설립에 관한 법률」 제13조에 따른 공장설립등의 승인(철도건설사업에 직접 필요한 공사용 시설로서 건설기간에 설치되는 공장만 해당한다) 12. 「산지관리법」 제14조에 따른 산지전용허가, 같은 법 제15조에 따른 산지전용신고, 같은 법 제15조의2에 따른 산지일시사용허가·신고, 「산림자원의 조성 및 관리에 관한 법률」 제36조제1항 및 제4항에 따른 입목벌채 등의 허가 및 신고 13. 「소방시설 설치·유지 및 안전관리에 관한 법률」 제7조제1항에 따른 건축허가등의 동의 14. 「수도법」 제52조에 따른 전용상수도 인가, 같은 법 제54조에 따른 전용공업용수도 인가 15. 「자연공원법」 제71조제1항에 따른 공원관리청과의 협의(같은 법 제23조에 따른 공원구역에서의 행위허가에 관한 것만 해당한다) 16. 「장사 등에 관한 법률」 제27조제1항에 따른 무연분묘(無緣墳墓)의 개장(改葬) 허가 17. 「전기사업법」 제61조에 따른 전기사업용전기설비 공사계획의 인가 또는 신고, 같은 법 제62조에 따른 자가용전기설비 공사계획의 인가 또는 신고 18. 「초지법」 제21조의2에 따른 초지에서의 형질변경 등 같은 조 각 호의 행위에 대한 허가, 같은 법 제23조에 따른 초지전용의 허가 또는 협의 19. 「폐기물관리법」 제29조에 따른 폐기물처리시설 설치의 승인 또는 신고		

법	시 행 령	시 행 규 칙
20. 「하수도법」 제16조에 따른 공공하수도 사업의 허가, 같은 법 제24조에 따른 공공하수도의 점용허가 21. 「하천법」 제30조에 따른 하천공사 시행의 허가, 같은 법 제33조에 따른 하천의 점용허가, 같은 법 제50조에 따른 하천수의 사용허가 ② 국토교통부장관이 제7조제1항에 따라 사업계획을 승인할 때에는 제1항 각 호에 해당하는 내용이 있는 경우 관계 행정기관의 장과 미리 협의하여야 한다. ③ 제2항에 따라 협의 요청을 받은 관계 행정기관의 장은 협의 요청을 받은 날부터 20일 이내에 의견을 제출하여야 한다. 이 경우 기한까지 의견을 제출하지 아니한 경우에는 협의된 것으로 본다. ④ 국토교통부장관 또는 시 · 도지사는 제2항에 따른 협의를 위하여 대통령령으로 정하는 바에 따라 일괄협의회를 개최하여야 한다. 이 경우 관계 행정기관의 장은 소속 공무원을 일괄협의회에 참석하게 하여야 한다.	제9조(일괄협의회) ① 국토교통부장관 또는 시 · 도지사는 법 제8조제4항에 따라 일괄협의회를 개최하려는 경우에는 회의 개최일 7일 전까지 회의 개최 사실을 관계 행정기관의 장에게 알려야 한다. ② 제1항에 따라 통지를 받은 관계 행정기관의 장은 일괄협의회의 회의에서 법 제8조제1항에 따른 인가 · 허가등(이하 이 조에서 "인가 · 허가등"이라 한다)의 의제에 대한 의견을 제출하여야 한다. 다만, 관계 행정기관의 장은 법령 검토 및 사실 확인 등을 위한 추가 검토가 필요하여 해당 인가 · 허가등에 대한 의견을 일괄협의회의 회의에서 제출하기 곤란한 경우에는 일괄협의회의 회의를 개최한 날부터 5일 이내에 그 의견을 제출할 수 있다. ③ 제1항 및 제2항에서 규정한 사항 외에 일괄협의회의 운영 등에 필요한 사항은 국토교통부장관 또는 시 · 도지	

법	시 행 령	시 행 규 칙
	사가 정한다.	
제9조(지하부분에 대한 보상 등) ① 도시철도건설자가 도시철도건설사업을 위하여 타인 토지의 지하부분을 사용하려는 경우에는 그 토지의 이용 가치, 지하의 깊이 및 토지이용을 방해하는 정도 등을 고려하여 보상한다. ② 제1항에 따른 지하부분 사용에 대한 구체적인 보상의 기준 및 방법에 관한 사항은 대통령령으로 정한다.	제10조(지하부분 사용에 대한 보상기준) ① 법 제9조제1항에 따른 토지의 지하부분 사용에 대한 보상대상은 도시철도시설의 건설 및 보호를 위하여 사용되는 토지의 지하부분으로 한다. ② 법 제9조제1항에 따른 토지의 지하부분 사용에 대한 보상금액은 다음 제1호의 면적에 제2호의 적정가격과 제3호의 입체이용저해율을 곱하여 산정한 금액으로 한다. 1. 법 제12조에 따른 구분지상권 설정 또는 이전 면적 2. 제3항에 따른 해당 토지(지하부분의 면적과 수직으로 대응하는 지표의 토지를 말한다)의 적정가격 3. 도시철도건설사업으로 인하여 해당 토지의 이용을 방해하는 정도에 따른 다음 각 목의 이용저해율을 합산한 것(이하 "입체이용저해율"이라 한다)으로서 별표 1에 따라 산정되는 입체이용저해율 가. 건물의 이용저해율 나. 지하부분의 이용저해율 다. 건물 및 지하부분을 제외한 그 밖의 이용저해율 ③ 제2항제2호에 따른 해당 토지의 적정가격은 「부동산 가격공시에 관한 법률」 제3조에 따른 표준지공시지가를 기준으로 하여 「감정평가 및 감정평가사에 관한 법률」 제2조제4호에 따른 감정평가업자 중 시·도지사가 지정하는 감정평가업자가 평가한 가액(價額)으로 한다.〈개정 16·8·31〉 제11조(지하부분 사용에 대한 보상방법 등) ① 도시철도건설자가 법 제9조제1항에 따라 토지의 지하부분 사용에 대한 보상을 할 때에는 토지소유자에게 개인마다 일시불로	

법	시 행 령	시 행 규 칙
제10조(토지 등의 수용 또는 사용) ① 도시철도건설자는 도시철도건설사업을 위하여 필요하면 「공익사업을 위한 토지 등의 취득 및 보상에 관한 법률」 제3조에 따른 토지·물건 및 권리(이하 "토지등"이라 한다)를 수용 또는 사용할 수 있다. ② 제7조제1항에 따른 사업계획의 승인과 같은 조 제6항에 따른 고시는 「공익사업을 위한 토지 등의 취득 및 보상에 관한 법률」 제20조제1항 및 제22조에 따른 사업인정 및 사업인정고시로 보며, 재결신청(裁決申請)의 기한은 같은 법 제23조제1항 및 제28조제1항에도 불구하고 제7조제1항에 따라 승인을 받은 사업계획에서 정한 도시철도사업기간의 종료일로 한다. ③ 토지등의 수용 또는 사용에 관하여는 이 법에 규정이 있는 경우를 제외하고는 「공익사업을 위한 토지 등의 취득 및 보상에 관한 법률」을 준용한다. 제11조(국유지·공유지의 처분 제한 등) ① 국가나 지방자치단체 소유의 토지로서 도시철도건설사업에 필요한 토지는 도시철도건설사업 목적 외의 목적으로 매각하거나 양여(讓與)할 수 없다. ② 제1항에 따른 토지는 「국유재산법」 제33조, 제39조 및 제44조와 「공유재산 및 물품 관리법」 제29조 및 제36조에도 불구하고 도시철도건설자에게 무상양여(無償讓與)하거	보상금액을 지급하여야 한다. ② 도시철도건설자는 제1항에 따라 보상한 보상금액, 보상면적 및 토지의 지하부분 사용의 세부 내용을 관할 지방자치단체의 장에게 통보하여야 한다.	

법	시행령	시행규칙
나 수의계약으로 매각할 수 있다. **제12조(구분지상권의 설정등기 등)** ① 도시철도건설자는 토지의 지하부분 사용이 필요한 경우에는 해당 부분에 대하여 구분지상권(區分地上權)을 설정하거나 이전하여야 한다. ② 도시철도건설자는 「공익사업을 위한 토지 등의 취득 및 보상에 관한 법률」에 따라 구분지상권을 설정하거나 이전하는 내용으로 수용 또는 사용의 재결을 받은 경우에는 「부동산등기법」 제99조를 준용하여 단독으로 그 구분지상권의 설정등기 또는 이전등기를 신청할 수 있다. ③ 토지의 지하부분 사용에 관한 구분지상권의 등기절차에 관하여 필요한 사항은 대법원규칙으로 정한다. ④ 제1항과 제2항에 따른 구분지상권의 존속기간은 「민법」 제281조에도 불구하고 도시철도시설이 존속하는 날까지로 한다. **제13조(행위 제한)** 도시철도건설자가 지하부분 사용에 대하여 보상을 한 후에는 소유자등은 보상받은 지하부분의 범위에서 도시철도시설의 안전을 해칠 우려가 있는 다음 각 호의 행위를 할 수 없다. 1. 인공구조물의 신축(新築)·개축(改築) 또는 증축(增築) 2. 땅을 파거나 뚫는 행위 **제14조(토지에의 출입 등)** ① 도시철도건설자는 도시철도건설사업을 위하여 필요하면 다음 각 호에 해당하는 행위를 할 수 있다. 1. 타인의 토지에 출입하는 행위 2. 타인의 토지를 일시 사용하는 행위		

법	시 행 령	시 행 규 칙
3. 나무·흙·돌 또는 그 밖의 장애물을 변경하거나 제거하는 행위 ② 제1항의 경우에는 「국토의 계획 및 이용에 관한 법률」 제130조 및 제131조를 준용한다. **제15조(공사장애물의 이전 등에 관한 협의 등)** ① 도시철도건설자는 도시철도건설사업에 지장을 주는 장애물을 이전함으로써 생기는 손실이나 그 밖에 공사를 시행함으로써 생기는 손실의 보상에 대하여 소유자등과 협의하여야 한다. ② 제1항에 따른 협의를 할 수 없거나 협의가 성립되지 아니한 경우에는 그 소유자등 및 도시철도건설자는 「공익사업을 위한 토지 등의 취득 및 보상에 관한 법률」 제51조에 따라 관할 토지수용위원회에 재결을 신청할 수 있다. ③ 도시철도건설자는 제2항에 따른 재결이 있는 경우에는 그 공사장애물의 이전 등에 대한 보상금을 공탁(供託)하고 공사장애물 이전 등을 할 수 있다. **제16조(이주대책 등)** 도시철도건설사업의 시행에 필요한 토지 등을 제공함으로써 생활근거를 잃게 되는 자를 위한 이주대책(移住對策) 등에 관하여는 「공익사업을 위한 토지 등의 취득 및 보상에 관한 법률」에서 정하는 바에 따른다. **제17조(피해 건축물의 개축 시 주차장의 설치기준)** 도시철도건설사업으로 피해를 입은 건축물을 개축하는 경우 기존 건축물에 설치되었던 규모와 같은 크기의 주차장을 설치하는 경우에는 이를 「주차장법」 제19조에 따른 부설주차장 설치기준에 적합한 것으로 본다. **제18조(도시철도의 건설 및 운전)** 도시철도의 건설 및 운전		

법	시 행 령	시 행 규 칙
에 관한 사항은 국토교통부령으로 정한다. **제18조의2(노면전차의 건설·운전 및 전용로의 설치 등)** ① 도시철도건설자는 노면전차를 도로에 건설하는 경우 다음 각 호의 노면전차 전용도로 또는 전용차로를 설치하여야 한다. 1. 노면전차 전용도로: 노면전차만이 통행할 수 있도록 분리대, 연석, 그 밖에 이와 유사한 시설물에 의하여 차도 및 보도와 구분하여 설치한 노면전차도로 2. 노면전차 전용차로: 차도의 일정 부분을 노면전차만 통행하도록 안전표지 등으로 다른 자동차 등이 통행하는 차로와 구분한 차로 ② 제1항에도 불구하고 노면전차 전용도로 또는 전용차로의 설치로 인하여 도로 교통이 현저하게 혼잡해질 우려가 있는 등 국토교통부령으로 정하는 사유에 해당하는 경우에는 노면전차와 다른 자동차 등이 함께 통행하는 혼용차로를 설치할 수 있다. ③ 제1항에 따른 노면전차 전용도로와 전용차로 및 제2항에 따른 혼용차로의 설치와 노면전차의 건설·운전 등에 필요한 사항은 국토교통부령으로 정한다. [본조신설 16·12·2] **제19조(도시철도의 건설 및 운영을 위한 자금조달)** 도시철도의 건설 및 운영에 필요한 자금은 다음 각 호의 재원 및 방법으로 조달한다. 〈개정 14·5·21〉 1. 도시철도건설자 또는 도시철도운영자의 자기자금(自己資金) 2. 도시철도를 건설·운영하여 생긴 수익금		

법	시 행 령	시 행 규 칙
3. 제20조에 따른 도시철도채권의 발행 4. 국가 또는 지방자치단체로부터의 차입 및 보조 5. 국가 및 지방자치단체 외의 자(외국 정부 및 외국인을 포함한다)로부터의 차입·출자 및 기부 6. 「역세권의 개발 및 이용에 관한 법률」에 따른 역세권 개발사업으로 생긴 수익금 7. 도시철도부대사업으로 발생하는 수익금		
제20조(도시철도채권의 발행) ① 국가, 지방자치단체 및 도시철도공사는 도시철도채권을 발행할 수 있다. ② 지방자치단체의 장은 제1항에 따른 도시철도채권을 발행하기 위하여 행정안전부장관의 승인을 받으려는 경우에는 미리 국토교통부장관과 협의하여야 한다.〈개정 14·11·19, 17·7·26〉 ③ 도시철도공사는 도시철도채권을 발행하려면 관계 지방자치단체의 장 및 국토교통부장관과 협의하여야 한다. ④ 도시철도채권의 원금 및 이자의 소멸시효(消滅時效)는 상환일(償還日)부터 기산(起算)하여 5년으로 한다. ⑤ 도시철도채권은 기본계획이 확정된 연도부터 그 연도의 도시철도 운영수입금이 그 연도의 도시철도 운영비용(원리금 상환액을 포함한다)을 최초로 초과하는 연도까지 발행할 수 있다.	**제12조(도시철도채권의 발행절차)** ① 국가가 법 제20조제1항에 따라 도시철도채권을 발행하려면 국토교통부장관이 다음 각 호의 사항을 명시하여 그 발행을 기획재정부장관에게 요청하여야 한다. 1. 발행 금액 2. 발행 방법 3. 발행 조건 4. 상환 방법 및 절차 5. 그 밖에 도시철도채권의 발행을 위하여 필요한 사항 ② 국가·지방자치단체 또는 도시철도공사(도시철도사업을 위하여 「지방공기업법」에 따라 설립된 지방공사를 말한다. 이하 같다)가 법 제20조제1항에 따라 도시철도채권을 발행하려면 다음 각 호의 사항을 공고하여야 한다. 1. 발행 총액 2. 발행 기간 3. 도시철도채권의 이율 4. 원금 상환의 방법 및 시기 5. 이자 지급의 방법 및 시기 ③ 지방자치단체의 장이 법 제20조제2항에 따라 행정안전	

법	시 행 령	시 행 규 칙
제21조(도시철도채권의 매입) ① 다음 각 호의 자 중 대통령령으로 정하는 자는 도시철도채권을 매입하여야 한다. 1. 국가나 지방자치단체로부터 면허·허가·인가를 받는 자 2. 국가나 지방자치단체에 등기·등록을 신청하는 자. 다만, 「자동차관리법」 제3조에 따른 자동차로서 국토교통부령으로 정하는 경형자동차(이륜자동차는 제외한다)의 등록을 신청하는 자는 제외한다. 3. 국가, 지방자치단체 또는 「공공기관의 운영에 관한 법	부장관의 승인을 받거나 국토교통부장관과 협의하는 경우와 도시철도공사가 같은 조 제3항에 따라 관계 지방자치단체의 장 및 국토교통부장관과 협의하는 경우에는 각각 제1항 각 호의 사항을 명시하여 승인 또는 협의를 요청하여야 한다.〈개정 14·11·19, 17·7·26〉 제13조(도시철도채권의 발행 방법 및 이율) ① 법 제20조에 따른 도시철도채권은 「주식·사채 등의 전자등록에 관한 법률」에 따라 전자등록하여 발행한다.〈개정 19·6·25〉 ② 도시철도채권의 이율은 다음 각 호와 같다.〈개정 14·11·19, 17·7·26, 18·12·18〉 1. 국가가 발행하는 경우: 기획재정부장관이 국토교통부장관과 협의하여 정하는 이율 2. 지방자치단체가 발행하는 경우: 연 10퍼센트의 범위에서 해당 지방자치단체의 조례로 정하는 이율 3. 도시철도공사가 발행하는 경우: 연 10퍼센트의 범위에서 관계 지방자치단체의 장과 협의하여 해당 도시철도공사의 규칙으로 정하는 이율 제14조(도시철도채권의 매입 대상 및 금액) 법 제21조에 따른 도시철도채권의 매입 대상 및 대상별 매입 금액은 별표 2에서 정한 범위에서 시·도의 조례로 정한다. 제15조(도시철도채권의 사무취급기관 등) ① 국가가 발행하는 도시철도채권의 매출 및 상환업무의 사무취급기관은 「한국은행법」에 따른 한국은행으로 한다. ② 지방자치단체 및 도시철도공사가 발행하는 도시철도채권의 매출 및 상환업무의 사무추급기관은 해당 지방자치	

법	시 행 령	시 행 규 칙
률」 제4조에 따른 공공기관과 건설도급계약(建設都給契約)을 체결하는 자 4. 도시철도건설자 또는 도시철도운영자와 도시철도 건설 · 운영에 필요한 건설도급계약, 용역계약 또는 물품구매계약을 체결하는 자 ② 제1항에 따른 도시철도채권의 매입 금액과 절차 등에 관하여 필요한 사항은 대통령령으로 정한다.	단체가 지정하는 금융기관 또는 「자본시장과 금융투자업에 관한 법률」 제294조에 따라 설립된 한국예탁결제원으로 한다. ③ 제1항과 제2항에 따른 도시철도채권의 사무취급기관(이하 "사무취급기관"이라 한다)이 도시철도채권을 매출할 때에는 도시철도채권 매입확인증(이하 "매입확인증"이라 한다)을 매입자에게 발급하여야 한다. ④ 사무취급기관은 도시철도채권 매입확인증 발행대장을 갖추어 두고, 매입확인증의 발급에 관한 사항을 적어야 한다. ⑤ 도시철도채권 매입자가 매입확인증을 멸실 또는 도난 등의 사유로 분실한 경우에 그 매입자가 해당 매입확인증을 매입한 목적에 사용하지 아니하였음을 해당 도시철도채권을 발행한 자가 확인한 경우에만 이를 재발급할 수 있다. ⑥ 사무취급기관이 제5항에 따라 매입확인증을 재발급할 때에는 그 매입확인증에 재발급 표시를 하여야 하고, 매입확인증 재발급대장에 재발급한 사실을 적어야 한다. ⑦ 제3항부터 제6항까지의 규정에 따른 도시철도채권의 매출 등은 전자적으로 처리할 수 있다. 이 경우 전자적 처리의 절차 및 방법은 해당 도시철도채권을 발행한 국가, 지방자치단체 또는 도시철도공사가 정한다. **제16조(도시철도채권 발행원부의 비치)** 사무취급기관은 도시철도채권 발행원부를 갖추어 두고, 다음 각 호의 사항을 적어야 한다. 1. 도시철도채권 매입자의 성명 · 주소 및 주민등록번호	

법	시 행 령	시 행 규 칙
	2. 도시철도채권의 금액 3. 도시철도채권의 이율 4. 도시철도채권의 발행일 및 상환일	
제22조(정부 지원 등) ① 정부는 지방자치단체나 도시철도공사가 시행하는 도시철도건설사업을 위하여 재정적 지원이 필요하다고 인정되면 소요자금(所要資金)의 일부를 보조하거나 융자할 수 있다. ② 정부는 제3조제3호에 따른 법인이 시행하는 도시철도건설사업을 위하여 필요하다고 인정되면 소요자금의 일부를 융자할 수 있다.		
③ 정부는 도시철도기술의 발전을 위하여 대통령령으로 정하는 도시철도기술을 연구하는 기관 또는 단체(이하 "연구기관등"이라 한다)에 보조 등 재정적 지원을 할 수 있다.	**제17조(도시철도기술연구기관)** 법 제22조제3항에서 "대통령령으로 정하는 도시철도기술을 연구하는 기관 또는 단체"란 다음 각 호의 기관, 법인 또는 단체를 말한다. 1. 「과학기술분야 정부출연연구기관 등의 설립·운영 및 육성에 관한 법률」 제8조에 따라 설립된 다음 각 목의 기관 가. 한국철도기술연구원 나. 한국전자통신연구원 다. 한국기계연구원 라. 한국전기연구원 마. 한국생산기술연구원 2. 그 밖에 도시철도기술의 육성·발전을 위하여 국토교통부장관이 필요하다고 인정하는 법인 또는 단체	
④ 지방자치단체는 제1항에 따라 정부의 지원을 받은 경우 도시철도기술의 발전을 위하여 대통령령으로 정하는 바에 따라 연구기관등에 보조하거나 출연(出捐)할 수 있다.	**제18조(보조금 또는 출연금의 지급 등)** ① 제17조에 따른 기관, 법인 또는 단체가 법 제22조제4항에 따라 보조금이나 출연금을 지급받으려면 보조금 또는 출연금의 지급신	

법	시 행 령	시 행 규 칙
⑤ 정부는 지방자치단체, 도시철도공사 또는 제3조제3호에 따른 법인이 건설·운영하고 있는 도시철도의 승강장에 전동차 출입문과 연동되어 열리고 닫히는 승하차용 출입문 설비를 설치하기 위한 소요자금의 일부를 보조할 수 있다. 〈신설 15·2·3〉 ⑥ 정부는 「사회기반시설에 대한 민간투자법」에 따라 건설한 도시철도로 인한 지방자치단체의 재정상 부담을 경감할 수 있도록 행정적 지원을 할 수 있다.〈신설 16·3·22〉	청서에 사업계획서와 예산집행계획서를 첨부하여 지방자치단체의 장에게 제출하여야 한다. ② 제1항에 따른 신청을 받은 지방자치단체의 장은 해당 사업계획 및 예산집행계획이 타당하다고 인정하는 경우에는 보조금이나 출연금을 지급할 수 있다. ③ 제2항에 따라 보조금이나 출연금을 지급받은 기관 또는 단체가 다음 각 호의 어느 하나에 해당할 때에는 해당 보조사업 또는 출연사업의 실적을 적은 보고서를 작성하여 지방자치단체의 장에게 제출하여야 한다. 1. 보조사업 또는 출연사업을 완료하였을 때 2. 보조사업 또는 출연사업의 폐지를 승인받았을 때 3. 회계연도가 끝났을 때	
제23조(지원자금의 목적 외 사용금지 등) ① 도시철도건설자는 제22조에 따라 지급받은 지원자금을 그 지원 목적 외의 용도로 사용하지 못한다. ② 정부는 도시철도건설자가 지급받은 지원자금을 그 지원 목적 외의 용도로 사용하거나 부정한 방법으로 제22조에 따른 지원자금을 지급받은 경우에는 지급받은 지원자금을 회수한다.		
제24조(도시철도건설사업의 위탁) ① 국가나 지방자치단체가 도시철도건설자인 경우에는 도시철도건설사업을 법인에 위탁할 수 있다. 이 경우 지방자치단체인 도시철도건설자는 국토교통부장관의 승인을 받아야 한다. ② 제1항의 위탁에 필요한 사항은 대통령령으로 정한다.	제19조(도시철도건설사업의 위탁승인신청 등) ① 지방자치단체인 도시철도건설자가 법 제24조제1항 후단에 따라 국토교통부장관의 승인을 받으려면 미리 위탁받을 법인과 협의한 후 위탁의 내용과 기간 등 위탁사항을 명시한 위탁승인 신청서를 국토교통부장관에게 제출하여야 한다. ② 법 제24조제1항에 따라 도시철도건설사업을 위탁받은 수탁법인(이하 이 조 및 제20조에서 "건설사업수탁법인"	

법	시 행 령	시 행 규 칙
③ 제1항에 따라 수탁자가 건설한 도시철도의 시설물(도시철도의 차량·기계·기구 등을 포함한다. 이하 같다)은 위탁한 국가 또는 지방자치단체에 귀속(歸屬)한다. ④ 제3항에 따른 도시철도 시설물의 귀속절차는 대통령령으로 정한다. ⑤ 제1항에 따라 도시철도건설사업을 수탁한 자는 그 건설에 관하여 책임을 진다. **제25조(도시철도의 연계망 구축)** ① 지방자치단체는 도시철도 노선망이 유기적인 기능을 발휘할 수 있도록 도시철도 노선 간 또는 도시철도 노선과 철도 노선 간 연계망 구축을 위하여 노력하여야 한다. ② 국가는 필요한 경우 지방자치단체 간의 도시철도 연계망 구축에 필요한 재원의 일부를 예산의 범위에서 지원할 수 있다.	이라 한다)은 도시철도건설사업을 시행하기 전에 다음 각 호의 사항에 대하여 도시철도건설사업을 위탁한 국가 또는 지방자치단체의 승인을 받아야 한다. 승인받은 사항을 변경하려는 경우에도 또한 같다. 1. 도시철도건설사업 계획 2. 도시철도시설의 설계 등 도시철도 건설에 관한 각종 설계 3. 도시철도 건설공사의 계약 및 관리·감독에 관한 사항 ③ 건설사업수탁법인이 도시철도 건설공사를 준공하였을 때에는 해당 도시철도건설사업을 위탁한 국가 또는 지방자치단체의 준공검사를 받아야 한다. ④ 국가나 지방자치단체는 건설사업수탁법인이 시행하는 도시철도건설사업에 대하여 필요한 지시를 할 수 있다. **제20조(도시철도 시설물의 귀속절차)** ① 건설사업수탁법인은 법 제24조제3항에 따라 국가 또는 지방자치단체에 귀속되는 도시철도의 시설물의 목록을 작성하여 국가 또는 지방자치단체에 제출하여야 한다. ② 법 제24조제3항에 따라 국가 또는 지방자치단체에 귀속되는 도시철도의 시설물은 도시철도 건설공사의 준공과 동시에 국가 또는 지방자치단체에 귀속된다.	

법	시 행 령	시 행 규 칙
제3장 도시철도운송사업 등 제26조(면허 등) ① 국가 또는 지방자치단체가 아닌 법인으로서 도시철도운송사업을 하려는 자는 국토교통부령으로 정하는 바에 따라 도시철도운송사업계획을 제출하여 시·도지사에게 면허를 받아야 한다. ② 도시철도운송사업의 사업구간이 인접한 시·도에 걸쳐 있는 경우에는 해당 시·도지사 간 협의에 따라 면허를 줄 시·도지사를 정하되 협의가 성립되지 아니한 경우에는 국토교통부장관이 조정할 수 있다. 이 경우 시·도지사는 특별한 사유가 없으면 국토교통부장관의 조정에 따라야 한다. ③ 시·도지사는 제1항에 따라 면허를 주기 전 도시철도운송사업계획에 대하여 국토교통부장관과 미리 협의하여야 한다. ④ 시·도지사는 제1항에 따라 면허를 줄 때에는 도시교통의 원활화와 이용자의 안전 및 편의 증진을 위하여 필요한 조건을 붙일 수 있다.		제4조(사업의 면허 절차 및 면허증 발급 등) ① 법 제26조제1항에 따라 도시철도운송사업의 면허를 받으려는 자는 별지 제1호서식의 도시철도운송사업 면허신청서에 다음 각 호의 서류를 첨부하여 특별시장·광역시장·특별자치시장·도지사 및 특별자치도지사(이하 "시·도지사"라 한다)에게 제출하여야 한다. 이 경우 시·도지사는 「전자정부법」 제36조제1항에 따른 행정정보의 공동이용을 통하여 법인 등기사항증명서(설립예정 법인인 경우를 제외한다)를 확인하여야 한다. 1. 도시철도운송사업계획서 2. 법인설립계획서(설립예정 법인인 경우에 한정한다) 3. 해당 운송사업을 경영하고자 하는 취지를 설명하는 서류 4. 신청인이 법 제28조제1항 각 호의 결격사유에 해당하지 아니함을 증명하는 서류 ② 제1항제1호에 따른 도시철도운송사업계획서에는 다음 각 호의 사항이 포함되어야 한다.

법	시 행 령	시 행 규 칙
		1. 운행구간의 기점·종점·정거장 2. 여객운송·화물운송 등 도시철도운송사업의 종류 3. 사용할 도시철도차량의 대수·종류 및 확보계획 4. 운행횟수, 운행시간계획 및 선로용량 사용계획 5. 해당 도시철도운송사업을 위하여 필요한 자금의 내역과 조달방법 6. 도시철도의 역·차량정비기지 등 도시철도의 운영을 위한 시설 개요 7. 도시철도차량의 운전·운행관리 종사자의 자격사항, 확보 현황 및 확보 방안 8. 여객·화물의 취급예정수량 및 그 산출의 기초와 예상 사업수지 ③ 시·도지사는 제1항에 따른 면허신청을 받은 경우에는 법 제27조에 따른 면허기준에의 적합 여부, 법 제28조제1항 각 호의 결격사유에 해당하는지 여부 및 도시철도운송사업계획서의 타당성 여부 등을 종합적으로 심사하여 면허 여부를 결정하여야 한다. ④ 시·도지사는 도시철도운송사업의 면허를 하기로 결정한 경우에는 신청인에게 별지 제2호서식의 도시철도운

법	시 행 령	시 행 규 칙
		송사업 면허증을 발급하여야 한다. ⑤ 시 · 도지사는 제4항에 따라 도시철도운송사업 면허증을 발급할 때에는 해당 면허증 사본과 별지 제3호서식의 면허대장에 이를 기재 · 관리하여야 하며, 해당 면허대장을 국토교통부장관 또는 「대도시권 광역교통 관리에 관한 특별법」 제8조에 따른 대도시권광역교통위원회(도시철도운송사업 사업구간의 전부 또는 일부가 「대도시권 광역교통 관리에 관한 특별법」 제2조제1호에 따른 대도시권 안에 있는 경우에 한정한다. 이하 "대도시광역교통위원회"라 한다)에 제출해야 한다.〈개정 19 · 10 · 14〉
제27조(면허의 기준) 도시철도운송사업의 면허기준은 다음 각 호와 같다. 1. 해당 사업이 도시교통의 수송수요에 적합할 것 2. 해당 사업을 수행하는 데 필요한 도시철도차량 및 운영인력 등이 국토교통부령으로 정하는 기준에 맞을 것		**제5조(면허의 기준)** 법 제27조제2호에서 "국토교통부령으로 정하는 기준"이란 별표 1에서 정하는 기준을 말한다.
제28조(결격사유) ① 임원 중에 다음 각 호의 어느 하나에 해당하는 사람이 있는 법인은 도시철도운송사업의 면허를 받을 수 없다. 1. 피성년후견인 또는 피한정후견인 2. 파산선고를 받고 복권되지 아니한 사람 3. 이 법 또는 대통령령으로 정하는 철도 및 도시철도 관계 법령을 위반하여 금고 이상의 실형을 선고받고 그	**제21조(철도 및 도시철도 관계 법령)** 법 제28조제1항제3호 및 제4호에서 "대통령령으로 정하는 철도 및 도시철도 관계 법령"이란 각각 다음 각 호의 법령을 말한다.〈개정 19 · 3 · 12〉 1. 「건널목 개량촉진법」 2. 「지방공기업법」 3. 「철도의 건설 및 철도시설 유지관리에 관	

법	시 행 령	시 행 규 칙
집행이 끝나거나(끝난 것으로 보는 경우를 포함한다) 면제된 날부터 2년이 지나지 아니한 사람 4. 이 법 또는 대통령령으로 정하는 철도 및 도시철도 관계 법령을 위반하여 금고 이상의 형의 집행유예를 선고받고 그 유예기간 중에 있는 사람 ② 이 법에 따라 도시철도운송사업의 면허가 취소된 후 그 취소일부터 2년이 지나지 아니한 법인은 도시철도운송사업의 면허를 받을 수 없다. 다만, 제1항제1호 및 제2호에 해당하여 제37조제1항제3호에 따라 도시철도운송사업의 면허가 취소된 경우는 제외한다.〈개정 17·12·26〉	한 법률」 4. 「철도사업법」 5. 「철도산업발전기본법」 6. 「철도안전법」 7. 「한국철도공사법」 8. 「한국철도시설공단법」 9. 「항공·철도 사고조사에 관한 법률」	
제28조의2(도시철도부대사업의 승인 등) ① 도시철도운영자는 도시철도의 건설 및 운영에 드는 자금을 충당하기 위하여 시·도지사의 승인을 받아 도시철도부대사업을 할 수 있다. ② 제1항에 따른 승인의 절차 등에 필요한 사항은 국토교통부령으로 정한다. [본조신설 14·5·21]		**제5조의2(도시철도부대사업의 승인 신청 등)** ① 도시철도운영자는 법 제28조의2제1항에 따라 도시철도부대사업의 승인을 받으려는 경우에는 다음 각 호의 사항을 포함한 사업계획서를 시·도지사에게 제출하여야 한다. 1. 도시철도부대사업의 명칭 및 목적 2. 사업기간 3. 사업비 4. 자금조달 방안 5. 도시철도부대사업에서 발생한 수익금의 활용계획 ② 제1항에 따라 사업계획서를 제출받은 시·도지사는 제1항 각 호의 사항에 대하여 타당성과 적정성 등을 검토하여 승인 여부를 결정하여야 한다.
제29조(도시철도공사의 설립 등 협의) 지방자치단체가 「지방공기업법」 제49조에 따라 도시철도공사를 설립하려는 경우에는 미리 국토교통부장관과 협의하여야 한다. **제30조(운송개시의 의무)** ① 제26조제1항에 따라 도시철도운송사업의 면허를 받은 자(이하 "도시철도운송사업자"라 한다)는 시·도지사가 정하는 날짜 또는 기간 내에 운송을 개시하여야 한다. 다만, 천재지변이나 그 밖의 불가피한 사유로 시·도지사가 정하는 날짜 또는 기간 내에 운송을 개시할 수 없는 경우에는 시·도지사의 승인을 받아 날짜를 연기하거나 기간을 연장할 수 있다.		

법	시행령	시행규칙
② 시·도지사가 제1항 단서에 따라 운송개시 변경의 승인을 할 때에는 국토교통부장관과 미리 협의하여야 한다.		[본조신설 14·11·21]
제31조(운임의 신고 등) ① 도시철도운송사업자는 도시철도의 운임을 정하거나 변경하는 경우에는 원가(原價)와 버스 등 다른 교통수단 운임과의 형평성 등을 고려하여 시·도지사가 정한 범위에서 운임을 정하여 시·도지사에게 신고하여야 한다. ② 도시철도운영자는 도시철도의 운임을 정하거나 변경하는 경우 그 사항을 시행 1주일 이전에 예고하는 등 도시철도 이용자에게 불편이 없도록 필요한 조치를 하여야 한다.	**제22조(도시철도운임의 조정 및 협의 등)** ① 시·도지사는 법 제31조제1항에 따른 도시철도 운임의 범위를 정하려면 해당 시·도에 운임조정위원회를 설치하여 도시철도 운임의 범위에 관한 의견을 들어야 한다. ② 제1항에 따른 운임조정위원회는 민간위원이 전체 위원의 2분의 1 이상이어야 한다. ③ 법 제26조제1항에 따라 도시철도운송사업의 면허를 받은 자(이하 "도시철도운송사업자"라 한다)가 해당 도시철도를 「한국철도공사법」에 따라 설립된 한국철도공사(이하 "한국철도공사"라 한다)가 운영하는 철도 또는 다른 도시철도운영자가 운영하는 도시철도와 연결하여 운행하려는 경우에는 법 제31조제1항에 따라 도시철도의 운임을 신고하기 전에 그 운임 및 시행 시기에 관하여 미리 한국철도공사 또는 다른 도시철도운영자와 협의하여야 한다. ④ 시·도지사는 법 제31조제1항에 따라 운임의 신고를 받으면 신고받은 사항을 기획재정부장관 및 국토교통부장관에게 각각 통보하여야 한다.	
제32조(도시철도운송약관) 도시철도운영자는 도시철도운송약관을 정하여야 하고, 도시철도운송사업자인 도시철도운		

법	시 행 령	시 행 규 칙
영자는 이를 시·도지사에게 신고하여야 한다. 이를 변경하려는 경우에도 또한 같다. **제33조(도시철도운송사업계획의 변경)** ① 도시철도운송사업자는 도시철도운송사업계획을 변경하려는 경우에는 시·도지사에게 신고하여야 한다. ② 시·도지사는 도시철도운송사업자로부터 도시철도운송사업계획에 대한 변경신고를 받거나 소관 도시철도운송사업계획을 변경한 경우에는 지체 없이 국토교통부장관에게 알려야 한다. **제34조(연락운송)** ① 도시철도운영자가 다른 도시철도운영자 또는 「철도사업법」 제2조제8호에 따른 철도사업자와 연계하여 운송을 하는 경우 노선의 연결, 도시철도시설 운영의 분담, 운임수입의 배분, 승객의 갈아타기 등에 관한 사항은 당사자 간의 협의로 정한다. ② 제1항에 따른 협의가 성립되지 아니하거나 협의 결과를 해석하는 데 분쟁이 있을 때에는 당사자의 신청을 받아 국토교통부장관이 결정한다. **제35조(사업의 양도·양수 등)** ① 도시철도운송사업자가 도시철도운송사업을 양도·양수하거나 합병하려는 경우에는 시·도지사의 인가를 받아야 한다. ② 시·도지사는 제1항에 따라 인가를 하려면 미리 국토교통부장관과 협의하여야 한다. ③ 제1항에 따른 인가가 있는 때에는 도시철도운송사업을 양수한 자는 도시철도운송사업을 양도한 자의 도시철도운송사업자로서의 지위를 승계하며, 합병으로 설립되거나 존속하는 법인은 합병으로 소멸되는 법인의 도시철도운송		

<table>
<tr><th>법</th><th>시 행 령</th><th>시 행 규 칙</th></tr>
<tr><td>사업자로서의 지위를 승계한다.
제36조(사업의 휴업 · 폐업) ① 도시철도운송사업자가 사업의 전부 또는 일부를 휴업 또는 폐업하려면 국토교통부령으로 정하는 바에 따라 시 · 도지사의 허가를 받아야 한다. 다만, 선로 또는 교량의 파괴, 도시철도시설의 개량, 그 밖의 정당한 사유로 인한 휴업의 경우에는 국토교통부령으로 정하는 바에 따라 시 · 도지사에게 신고하여야 한다.
② 시 · 도지사가 제1항 본문에 따라 허가하려는 경우에는 미리 국토교통부장관과 협의하여야 한다.
③ 제1항에 따른 휴업기간은 6개월을 넘지 못한다. 다만, 제1항 단서에 따른 휴업의 경우에는 해당 사유가 소멸할 때까지 휴업할 수 있다.
④ 제1항에 따라 허가를 받거나 신고한 휴업기간 중이라도 휴업 사유가 소멸되었을 때에는 시 · 도지사에게 신고하고 사업을 재개(再開)할 수 있다.
⑤ 도시철도운영자는 도시철도운송사업의 전부 또는 일부를 휴업 또는 폐업하려는 경우에는 대통령령으로 정하는 바에 따라 휴업 또는 폐업하는 사업의 내용과 기간 등을 인터넷 홈페이지, 역 등 일반인이 보기 쉬운 곳에 게시하여야 한다.</td><td>제23조(사업의 휴업 · 폐업 내용의 게시) 도시철도운송사업자는 법 제36조제1항 본문에 따라 휴업 또는 폐업의 허가를 받은 경우에는 휴업 또는 폐업 시작일 5일 이전에 법 제36조제5항에 따라 다음 각 호의 사항을 인터넷 홈페이지와 관계 역 · 영업소 및 사업소의 일반인이 보기 쉬운 곳에 게시하여야 한다. 다만, 법 제36조제1항 단서에 따라 휴업을 신고하는 경우에는 해당 휴업 사유가 발생하였을 때에 즉시 게시하여야 한다.
1. 휴업 또는 폐업하는 도시철도운송사업의 내용 및 그 사유
2. 휴업기간(휴업하는 경우만 해당한다)
3. 대체교통수단의 안내
4. 그 밖에 휴업 또는 폐업과 관련하여 도시철도운송사업자가 일반인에게 알려야 할 필요성이 있다고 인정하는 사항</td><td>제6조(사업의 휴업 또는 폐업 절차) ① 도시철도운송사업자가 법 제36조제1항 본문에 따라 도시철도운송사업의 전부 또는 일부에 대하여 휴업 또는 폐업의 허가를 받으려는 경우에는 휴업 또는 폐업예정일 3개월 전에 별지 제4호서식의 도시철도운송사업휴업(폐업) 허가신청서에 다음 각 호의 서류를 첨부하여 시 · 도지사에게 제출하여야 한다.
1. 도시철도운송사업의 휴업 또는 폐업에 관한 총회 또는 이사회의 의결서 사본
2. 휴업 또는 폐업하려는 도시철도노선, 정거장, 도시철도차량의 종류 등에 관한 사항을 적은 서류
3. 휴업 또는 폐업 시 대체교통수단의 이용에 관한 사항을 적은 서류
② 시 · 도지사는 제1항에 따른 도시철도운송사업의 휴업 또는 폐업 허가의 신청을 받은 때에는 허가신청을 받은 날부터 2개월 이내에 신청인에게 허가 여부를 통지하여야 하며, 그 결과를 즉시 국토교통부장관 또는 대도시권광역교통위원회에 통보해야 한</td></tr>
</table>

법	시 행 령	시 행 규 칙
		다.〈개정 19·10·14〉 ③ 도시철도운송사업자가 법 제36조제1항 단서에 따라 도시철도운송사업의 휴업을 신고하려는 경우에는 휴업사유가 발생하는 즉시 별지 제4호서식의 도시철도운송사업 휴업신고서에 제1항제2호 및 제3호의 서류를 첨부하여 시·도지사에게 제출하여야 한다.
제37조(면허의 취소 등) ① 시·도지사는 도시철도운송사업자가 다음 각 호의 어느 하나에 해당하는 경우에는 그 면허를 취소하거나 6개월 이내의 기간을 정하여 그 사업의 정지를 명할 수 있다. 다만, 제1호에 해당하는 경우에는 그 면허를 취소하여야 한다. 1. 거짓이나 그 밖의 부정한 방법으로 제26조에 따른 도시철도운송사업 면허를 받은 경우 2. 제27조에 따른 도시철도운송사업의 면허기준을 위반한 경우 3. 도시철도운송사업자가 제28조의 결격사유에 해당하는 경우. 다만, 법인의 임원 중에 그 사유에 해당하는 사람이 있는 경우로서 3개월 이내에 그 임원을 개임(改任)하였을 때에는 제외한다. 4. 제30조제1항을 위반하여 시·도지사가 정한 날짜 또는 기간 내에 운송을 개시하지 아니한 경우 5. 제35조에 따른 인가를 받지 아니하고 양도·양수하거나 합병한 경우 6. 제36조제1항에 따른 허가를 받지 아니하거나 신고를		**제7조(행정처분의 세부기준)** 법 제37조제2항에 따른 행정처분의 세부기준은 별표 2와 같다.

법	시 행 령	시 행 규 칙
하지 아니하고 도시철도운송사업을 휴업 또는 폐업하거나 같은 조 제3항에 따른 휴업기간이 지난 후에도 도시철도운송사업을 재개하지 아니한 경우 7. 제39조의 사업개선명령을 따르지 아니한 경우 8. 사업경영의 불확실 또는 자산상태의 현저한 불량이나 그 밖의 사유로 사업을 계속함이 적합하지 아니한 경우 ② 제1항에 따른 행정처분의 세부기준은 위반행위의 종류와 위반 정도 등을 고려하여 국토교통부령으로 정한다. ③ 시 · 도지사는 제1항에 따라 도시철도운송사업의 면허를 취소하거나 사업의 정지를 명할 때에는 청문을 하여야 한다.		
제38조(과징금의 부과) ① 시 · 도지사는 도시철도운송사업자가 제37조제1항 각 호의 어느 하나에 해당하여 사업정지처분을 하여야 할 경우로서 해당 사업의 정지가 그 사업의 이용자 등에게 심한 불편을 주거나 공익을 해칠 우려가 있을 때에는 대통령령으로 정하는 바에 따라 사업정지처분을 갈음하여 2천만원 이하의 과징금을 부과할 수 있다. ② 제1항에 따른 과징금을 내야 할 자가 납부기한까지 과징금을 내지 아니하면 「지방세징수법」에 따른 지방세 체납처분의 예에 따라 징수한다.〈개정 16 · 12 · 27〉 ③ 제1항과 제2항에 따라 징수한 과징금은 다음 각 호의 용도로만 사용하여야 한다. 1. 도시철도 관련 시설의 확충 및 정비 2. 도시철도기술의 연구개발 3. 도시철도 이용자의 서비스 개선사업	제24조(과징금의 부과 및 납부) ① 법 제38조제1항에 따라 과징금을 부과하는 위반행위의 종류와 과징금의 금액은 별표 3과 같다. ② 시 · 도지사는 사업의 규모, 사업지역의 특수성, 위반행위의 정도 및 횟수 등을 고려하여 제1항에 따른 과징금의 금액을 2분의 1 범위에서 늘리거나 줄일 수 있다. 이 경우 과징금을 늘리는 경우에도 과징금의 총액은 법 제38조제1항의 금액을 넘을 수 없다. ③ 시 · 도지사는 법 제38조제1항에 따라 과징금을 부과하려면 그 위반행위의 종류와 해당 과징금의 금액을 명시하여 이를 낼 것을 서면으로 알려야 한다. ④ 제3항에 따른 통지를 받은 자는 통지를 받은 날부터 20일 이내에 시 · 도지사가 정하는 수납기관에 과징금을 내야 한다. 다만, 천재지변이나 그 밖의 부득이한 사유로 그 기간에 과징금을 낼 수 없을 때에는 그 사유가 없어진	

법	시 행 령	시 행 규 칙
4. 도시철도종사자의 양성·교육훈련이나 그 밖에 자질 향상을 위한 교육훈련시설의 건설 및 운영 5. 도시철도운송사업의 경영개선이나 그 밖에 도시철도운송사업의 발전을 위하여 필요한 사항 ④ 제1항에 따른 과징금을 부과하는 위반행위의 종류, 위반 정도 등에 따른 과징금의 금액, 그 밖에 필요한 사항은 대통령령으로 정한다. **제39조(사업개선명령)** 시·도지사는 도시교통의 원활화와 도시철도 이용자의 안전 및 편의 증진을 위하여 필요하다고 인정하면 도시철도운송사업자에게 다음 각 호의 사항을 명할 수 있다. 1. 도시철도운송사업계획 및 도시철도운송약관의 변경 2. 운임의 조정 3. 도시철도차량이나 그 밖의 시설의 개선 4. 도시철도 노선의 연락운송 5. 도시철도차량 및 도시철도 사고에 관한 손해배상을 위한 보험에의 가입 6. 안전운송의 확보 및 서비스의 향상을 위하여 필요한 조치 7. 도시철도종사자의 양성 및 자질 향상을 위한 교육 **제40조(명의대여의 금지)** 도시철도운영자는 타인에게 자신의 상호를 사용하여 도시철도운송사업을 경영하게 하여서는 아니 된다.	날부터 7일 이내에 내야 한다. ⑤ 제4항에 따라 과징금을 받은 수납기관은 과징금을 낸 자에게 과징금 영수증을 발급하고, 시·도지사에게 영수확인통지서를 보내야 한다.	
제41조(폐쇄회로 텔레비전의 설치·운영) ① 도시철도운영자는 범죄 예방 및 교통사고 상황 파악을 위하여 도시철도차량에 대통령령으로 정하는 기준에 따라 폐쇄회로 텔	**제25조(폐쇄회로 텔레비전의 설치기준)** 법 제41조제1항에 따른 폐쇄회로 텔레비전의 설치 기준은 다음 각 호와 같다. 1. 해당 도시철도차량 내에 사각지대가 없도록 설치할 것	

법	시 행 령	시 행 규 칙
레비전을 설치하여야 한다.	2. 해상도는 범죄 예방 및 교통사고 상황 파악에 지장이 없도록 할 것 3. 도시철도를 이용하는 승객 누구나 쉽게 인식할 수 있는 위치에 설치할 것	
② 도시철도운영자는 승객이 폐쇄회로 텔레비전 설치를 쉽게 인식할 수 있도록 대통령령으로 정하는 바에 따라 안내판 설치 등 필요한 조치를 하여야 한다.	**제26조(폐쇄회로 텔레비전의 안내판 설치 등)** ① 도시철도운영자는 법 제41조제2항에 따라 승객이 도시철도차량 내 폐쇄회로 텔레비전의 설치를 쉽게 인식할 수 있도록 폐쇄회로 텔레비전이 설치된 위치 부근에 다음 각 호의 사항이 포함된 안내판을 설치하여야 한다. 이 경우 안내판에는 한글과 영문을 함께 표기하여야 한다. 1. 설치 목적 2. 설치 장소 3. 촬영 범위 4. 촬영 시간 5. 담당 부서, 책임자 및 연락처 6. 그 밖에 도시철도운영자가 필요하다고 인정하는 사항 ② 도시철도운영자는 법 제41조제2항에 따라 도시철도차량에 폐쇄회로 텔레비전이 설치되었다는 사실을 주기적인 안내방송 등을 통하여 승객에게 알려야 한다.	
③ 도시철도운영자는 설치 목적과 다른 목적으로 폐쇄회로 텔레비전을 임의로 조작하거나 다른 곳을 비춰서는 아니 되며, 녹음기능은 사용할 수 없다. ④ 도시철도운영자는 다음 각 호의 어느 하나에 해당하는 경우 외에는 폐쇄회로 텔레비전으로 촬영한 영상기록을 이용하거나 다른 자에게 제공하여서는 아니 된다. 1. 범죄 예방 및 교통사고 상황 파악을 위하여 필요한 경우		

법	시 행 령	시 행 규 칙
2. 범죄의 수사와 공소의 제기 및 유지에 필요한 경우 3. 법원의 재판업무수행을 위하여 필요한 경우 ⑤ 도시철도운영자는 폐쇄회로 텔레비전 운영으로 얻은 영상기록이 분실·도난·유출·변조 또는 훼손되지 아니하도록 폐쇄회로 텔레비전의 운영·관리 지침을 마련하여야 한다.		
제42조(도시철도운송사업의 위탁) ① 국가나 지방자치단체가 도시철도운영자인 경우에는 도시철도운송사업을 법인에 위탁할 수 있다. ② 제1항에 따라 제2조제6호가목 또는 나목의 사업을 위탁받은 법인은 제26조에 따라 도시철도운송사업 면허를 받아야 한다. ③ 제1항의 위탁에 필요한 사항은 대통령령으로 정한다.	**제27조(도시철도운송사업의 위탁)** ① 지방자치단체인 도시철도운영자가 법 제42조제1항에 따라 도시철도운송사업을 법인에 위탁하는 경우에는 그 사실을 국토교통부장관에게 통보하여야 한다. ② 법 제42조제1항에 따라 도시철도운송사업을 위탁받은 수탁법인(이하 이 조에서 "운송사업수탁법인"이라 한다)은 도시철도운송사업을 시행하기 전에 다음 각 호의 사항에 대하여 도시철도운송사업을 위탁한 국가 또는 지방자치단체의 승인을 받아야 한다. 승인받은 사항을 변경하는 경우에도 또한 같다. 1. 연도별 도시철도운송사업의 계획 및 결산 2. 운송사업수탁법인의 정관의 제정 또는 변경에 관한 사항 3. 도시철도운송사업에 필요한 시설의 유지관리 계획에 관한 사항 ③ 국가나 지방자치단체는 운송사업수탁법인이 시행하는 도시철도운송사업에 대하여 필요한 지시를 할 수 있다.	
제43조(「철도사업법」의 준용) 도시철도운영자의 준수사항, 도시철도종사자의 준수사항, 도시철도차량 관리에 대한 책임, 도시철도 서비스 향상 등에 관하여는 「철도사업법」 제10조, 제20조, 제22조 및 제25조부터 제33조까지의 규정		

법	시 행 령	시 행 규 칙
을 준용한다. 이 경우 "철도"는 "도시철도"로, "철도사업자"는 "도시철도운영자"로, "철도사업약관"은 "도시철도운송약관"으로, "철도운수종사자"는 "도시철도종사자"로, "철도차량"은 "도시철도차량"으로 본다.〈개정 18 · 12 · 31〉 **제4장 보칙** **제44조(감독 등)** ① 국토교통부장관은 도시철도건설자 및 도시철도운영자(국가는 제외한다. 이하 이 조 및 제45조에서 같다)를 감독한다. ② 국토교통부장관은 필요하다고 인정하면 도시철도건설자 및 도시철도운영자에게 업무에 관하여 감독상 필요한 명령을 할 수 있다. ③ 시 · 도지사는 국가 · 지방자치단체나 도시철도공사가 아닌 도시철도건설자 및 도시철도운영자에 대하여 제1항 및 제2항의 감독 및 명령을 할 수 있다. **제45조(보고 및 검사)** ① 국토교통부장관은 필요하다고 인정하면 도시철도건설자 및 도시철도운영자로 하여금 그 업무 및 자산 상태에 관하여 보고를 하게 하거나 소속 공무원에게 도시철도건설자 및 도시철도운영자의 사무소나 그 밖의 사업소에 출입하여 업무 상황 또는 장부 · 서류나 그 밖에 필요한 물건을 검사하게 할 수 있다. ② 국가 · 지방자치단체나 도시철도공사가 아닌 도시철도건설자 및 도시철도운영자에 대한 경우에는 시 · 도지사가 도시철도건설자 및 도시철도운영자로 하여금 보고를 하게 하거나 도시철도건설자 및 도시철도운영자를 검사할 수 있다.		

법	시 행 령	시 행 규 칙
③ 제1항 및 제2항에 따라 사무소나 그 밖의 사업소에 출입하여 검사를 하는 공무원은 그 권한을 표시하는 증표를 지니고 관계인에게 보여주어야 한다.		
제46조(권한의 위임) 이 법에 따른 국토교통부장관의 권한은 대통령령으로 정하는 바에 따라 그 일부를 「대도시권 광역교통 관리에 관한 특별법」 제9조의2에 따른 대도시권 광역교통위원장 또는 시·도지사에게 위임할 수 있다.〈개정 18·12·18〉	제28조(권한의 위임) ① 국토교통부장관은 법 제46조에 따라 다음 각 호의 권한(도시철도운송사업 사업구간의 전부 또는 일부가 「대도시권 광역교통 관리에 관한 특별법」 제2조제1호에 따른 대도시권 안에 있는 경우에 한정한다)을 「대도시권 광역교통 관리에 관한 특별법」 제8조에 따른 대도시권광역교통위원회에 위임한다.〈신설 19·3·19〉 1. 법 제6조제1항 단서에 따른 기본계획 수립의 생략 협의, 같은 조 제3항에 본문에 따른 기본계획 중 주요 사항에 대한 협의 및 기본계획의 접수, 같은 조 제4항에 따른 기본계획의 승인, 같은 조 제5항 본문에 따른 기본계획의 고시 2. 법 제7조제1항에 따른 사업계획의 승인 및 변경 승인, 같은 조 제6항에 따른 고시(제2항에 따라 시·도지사에게 위임한 권한은 제외한다) 3. 법 제8조제2항에 따른 인·허가 의제 등에 관한 협의 및 같은 조 제4항 전단에 따른 일괄협의회의 개최 4. 법 제20조제2항 및 제3항에 따른 도시철도채권 발행 협의 5. 법 제22조에 따른 지원 6. 법 제23조제2항에 따른 지원자금의 회수 7. 법 제24조제1항 후단에 따른 도시철도건설사업의 위탁 승인 8. 법 제25조제2항에 따른 도시철도 연계망 구축 지원	

법	시 행 령	시 행 규 칙
	9. 법 제26조제2항 전단에 따른 도시철도운송사업계획의 조정 및 같은 조 제3항에 따른 도시철도운송사업계획에 관한 협의 10. 법 제30조제2항에 따른 운송개시 변경 승인의 협의 11. 법 제33조제2항에 따른 도시철도운송사업계획 변경 신고 및 변경의 접수 12. 법 제34조제2항에 따른 연락운송 분쟁에 대한 결정 13. 법 제35조제2항에 따른 도시철도운송사업 양도 · 양수 및 합병 인가 협의 14. 법 제36조제2항에 따른 도시철도운송사업 휴업 및 폐업 허가 협의 15. 법 제44조제1항 및 제2항에 따른 도시철도건설자 및 도시철도운영자에 대한 감독 및 명령 16. 법 제45조제1항에 따른 도시철도건설자 및 도시철도운영자에 대한 보고요구 및 검사 17. 제12조제1항 및 제2항에 따른 도시철도채권 발행 요청 및 공고 18. 제13조제2항제1호에 따른 도시철도채권 이율에 대한 협의 ② 국토교통부장관은 법 제46조에 따라 다음 각 호의 권한을 시 · 도지사에게 위임한다.〈개정 19 · 3 · 19〉 1. 도시철도건설자가 지방자치단체나 도시철도공사인 경우에 해당 도시철도건설자에 대한 다음 각 목의 권한 가. 법 제7조제1항 후단에 따른 사업계획의 변경사항 중 다음의 어느 하나에 해당하는 사항에 관한 변경승인 1) 노선 연장을 100분의 10의 범위에서 변경	

법	시 행 령	시 행 규 칙
제5장 벌칙 **제47조(벌칙)** ① 다음 각 호의 어느 하나에 해당하는 자는 2년 이하의 징역 또는 2천만원 이하의 벌금에 처한다. 1. 제26조에 따른 면허를 받지 아니하고 도시철도운송사업을 경영한 자	2) 도시철도 부지를 100분의 10의 범위에서 변경과 그 범위에서의 도시철도시설의 위치 등의 변경 나. 가목의 변경사항에 대한 법 제7조제6항에 따른 고시 2. 국가·지방자치단체나 도시철도공사가 아닌 도시철도건설자에 대한 다음 각 목의 권한 가. 법 제7조제1항에 따른 승인 및 변경승인 나. 법 제7조제6항에 따른 고시 ③ 시·도지사는 제2항에 따라 위임받은 업무를 처리하였을 때에는 그 내용을 지체 없이 국토교통부장관에게 보고하여야 한다.〈개정 19·3·19〉 **제29조(규제의 재검토)** 국토교통부장관은 다음 각 호의 사항에 대하여 다음 각 호의 기준일을 기준으로 3년마다(매 3년이 되는 해의 기준일과 같은 날 전까지를 말한다) 그 타당성을 검토하여 개선 등의 조치를 하여야 한다. 1. 제14조 및 별표 2에 따른 도시철도채권의 매입 대상 및 대상별 매입 금액: 2017년 1월 1일 2. 제19조제2항에 따른 건설사업수탁법인이 승인을 받아야 하는 사항: 2017년 1월 1일 3. 제27조제2항에 따른 운송사업수탁법인이 승인을 받아야 하는 사항: 2017년 1월 1일 [전문개정 16·12·30]	

법	시 행 령	시 행 규 칙
2. 거짓이나 그 밖의 부정한 방법으로 제26조에 따른 도시철도운송사업의 면허를 받은 자 3. 제37조에 따른 사업정지 기간에 도시철도운송사업을 경영한 자 4. 제40조를 위반하여 타인에게 자신의 상호를 대여한 자 5. 제43조에 따라 준용되는 「철도사업법」 제31조를 위반하여 도시철도운영자의 공동활용에 관한 요청을 정당한 사유 없이 거부한 자 ② 다음 각 호의 어느 하나에 해당하는 자는 1년 이하의 징역 또는 1천만원 이하의 벌금에 처한다. 1. 제41조제3항을 위반하여 설치 목적과 다른 목적으로 폐쇄회로 텔레비전을 임의로 조작하거나 다른 곳을 비춘 자 또는 녹음기능을 사용한 자 2. 제41조제4항을 위반하여 영상기록을 목적 외의 용도로 이용하거나 다른 자에게 제공한 자 ③ 다음 각 호의 어느 하나에 해당하는 자는 1천만원 이하의 벌금에 처한다. 1. 제39조에 따른 사업개선명령을 위반한 자 2. 제43조에 따라 준용되는 「철도사업법」 제28조제3항을 위반하여 우수서비스마크 또는 이와 유사한 표지를 도시철도차량 등에 붙이거나 인증사실을 홍보한 자 3. 제44조제2항에 따른 감독상 필요한 명령을 위반한 자 **제48조(양벌규정)** 법인의 대표자나 법인 또는 개인의 대리인, 사용인, 그 밖의 종업원이 그 법인 또는 개인의 업무에 관하여 제47조의 어느 하나에 해당하는 위반행위를 하면 그 행위자를 벌하는 외에 그 법인 또는 개인에게도 해당 조문의 벌금형을 과(科)한다. 다만, 법인 또는 개인이		

법	시 행 령	시 행 규 칙
그 위반행위를 방지하기 위하여 해당 업무에 관하여 상당한 주의와 감독을 게을리하지 아니한 경우에는 그러하지 아니하다. **제49조(과태료)** ① 제43조에 따라 준용되는 「철도사업법」 제32조제1항 또는 제2항을 위반하여 회계를 구분하여 경리하지 아니한 자에게는 500만원 이하의 과태료를 부과한다.〈개정 15·12·29〉 ② 다음 각 호에 해당하는 자에게는 100만원 이하의 과태료를 부과한다. 1. 제43조에 따라 준용되는 「철도사업법」 제20조제2항부터 제4항까지에 따른 준수사항을 위반한 자 2. 제43조에 따라 준용되는 「철도사업법」 제25조제2항을 위반하여 도시철도차량의 점검·정비에 관한 책임자를 선임하지 아니한 자 ③ 제43조에 따라 준용되는 「철도사업법」 제22조를 위반한 도시철도종사자 및 그가 소속된 도시철도운영자에게는 50만원 이하의 과태료를 부과한다.		

법	시 행 령	시 행 규 칙
附 則 이 法은 公布한 날로부터 施行한다. 附 則 〈86·5·12〉 ①(施行日) 이 法은 公布한 날로부터 施行한다. ②(地下鐵道公社에 관한 經過措置) 이 法 施行당시의 地下鐵道公社는 地方公企業法에 의하여 設立된 地方公社로 본다. ③(地下鐵道建設債券에 관한 經過措置) 이 法 施行전에 발행된 地下鐵道建設債券은 第12條의 改正規定에 의한 地下鐵道債券으로 본다. 附 則 〈90·12·31〉 **第1條(施行日)** 이 法은 公布한 날부터 施行한다. **第2條(地下補償에 관한 適用例)** 第4條의6의 改正規定은 이 法 施行후 최초로 사용하는 土地의 地下部分부터 適用한다. **第3條(地下鐵道의 免許등에 관한 經過措置)** 이 法 施行당시 종전의 第4條의2의 規定에 의하여 鐵道法 第5條 및 同法 第6條의 規定에 따라 地下鐵道를 建設·운영하고 있는 者는 第4條의 改正規定에 의한 都市鐵道事業의 免許 및 第4條의3의 改正規定에 의한 事業計劃의 승인을 얻은 것으로 본다.	부 칙 ①(시행일) 이 영은 공포한 날로부터 시행한다. ②(경과조치) 이 영 시행당시의 서울특별시지하철공채조례는 이 영에 의한 것으로 보며, 당해 조례에 의한 서울특별시지하철공채를 매입한 자는 이 영에 의한 지하철도건설채권을 매입한 것으로 본다. ③(다른 법령의 개정) 주택건설촉진법시행령중 [별표3] 제3호 "마"목을 삭제한다. 부 칙 〈80·3·6〉 이 영은 공포한 날로부터 시행한다. 부 칙 〈80·7·9〉 이 영은 1980년 4월 1일부터 적용한다. 부 칙 〈81·7·25〉 이 영은 공포한 날로부터 시행한다. 다만, 별표의 제5호의 가. 나. 다. 라의 개정규정은 1981년 7월 2일부터 적용한다. 부 칙 〈81·8·24〉 **제1조(시행일)** 이 영은 공포한 날로부터 시행한다.〈단서 생략〉 **제2조** 내지 **제6조** 생략 부 칙 〈82·3·30〉 ①(시행일) 이 영은 공포한 날로부터 시행한다.	부 칙 이 규칙은 공포한 날부터 시행한다. 부 칙 〈08·3·14〉 이 규칙은 공포한 날부터 시행한다. 부 칙 〈09·2·12〉 **제1조(시행일)** 이 규칙은 공포한 날부터 시행한다. **제2조(경과조치)** 이 규칙 시행 전의 위반행위에 대한 행정처분기준은 별표의 개정규정에 따른다. 부 칙 〈11·3·30〉 이 규칙은 공포한 날부터 시행한다. 부 칙 〈13·3·23〉 **제1조(시행일)** 이 규칙은 공포한 날부터 시행한다.〈단서 생략〉 **제2조부터 제6조까지** 생략

법	시　행　령	시 행 규 칙
第4條(地下鐵道債券에 관한 經過措置) 이 法 施行당시 종전의 第12條의 規定에 의하여 발행된 地下鐵道債券은 第12條의 改正規定에 의하여 발행된 都市鐵道債券으로 본다. **第5條(다른 法律의 改正)** ①租稅減免規制法중 다음과 같이 改正한다. 第73條第3號중 "地下鐵道의建設및운영에관한法律"을 "都市鐵道法"으로, "地下鐵道公社"를 "都市鐵道公社"로, "地下鐵道建設用役"을 "都市鐵道建設用役"으로 한다. ②釜山交通公團法중 다음과 같이 改正한다. 第26條第2項중 "地下鐵道의建設및운영에관한法律"을 "都市鐵道法"으로 하고, "地下鐵道債券"을 각각 "都市鐵道債券"으로 한다. **附　　則** 〈91·5·31〉 **第1條(施行日)** 이 法은 서울特別市議會의 構成日부터 施行한다. **第2條** 省略 **附　　則** 〈91·12·14 법제4419호〉 **第1條(施行日)** 이 법은 1992년 7월 1일부터 施行한다. 〈但書省略〉 **第2條** 내지 **第8條** 省略 **附　　則** 〈91·12·14 법제4429호〉 **第1條(施行日)** 이 法은 公布후 1年이 경과한 날부터 施行한다. **第2條** 내지 **第6條** 省略	②(법령의 폐지) 관광숙박시설심사위원회규정은 이를 폐지한다. **부　　칙** 〈83·12·31〉 ①(시행일) 이 영은 1984년 1월 1일부터 시행한다. ②생략 **부　　칙** 〈86·12·29〉 ①(시행일) 이 영은 공포후 20일이 경과한 날로부터 시행한다. ②(사업면허등에 관한 경과조치) 이 영 시행당시 종전의 규정에 의하여 사업면허 및 인가를 받은 것은 이 영에 의하여 사업면허 및 인가를 받은 것으로 보며, 이 영 시행전에 건설인가를 받고 보상절차가 이행되지 아니한 사항에 대하여는 제5조제1항의 개정규정에 의한 보상기준을 적용한다. ③(다른 법령의 개정) 주택건설촉진법시행령중 다음과 같이 개정한다. [별표 3] 제2호에 단서를 다음과 같이 신설한다. 다만, 지하철도의건설및운영에관한법률시행령 별표 제2호 내지 제6호·제8호 내지 제16호 및 제20호의 규정에 의하여 지하철도채권을 매입한 자는 당해 호에 상응하는 부표 제1호 내지 제6호·제13호·제18호 내지 제22호·제25호·제26호 및 제28호의 규정에 의한 국민주택채권을 매입하지 아니한다. **부　　칙** 〈88·5·7〉 제1조(시행일) 이 영은 공포한 날로부터 시행한다. 제2조 내지 제7조 생략	**부　　칙** 〈14·3·19〉 제1조(시행일) 이 규칙은 2014년 3월 19일부터 시행한다. 제2조 및 제3조 생략

법	시행령	시행규칙
附　則 〈91·12·14 법제4434호〉 第1條(施行日) 이 法은 公布후 6月이 경과한 날부터 施行한다. 第2條 내지 第5條 省略 附　則 〈92·12·8〉 第1條(施行日) 이 法은 公布후 6月이 경과한 날부터 施行한다. 第2條 및 第3條 省略 附　則 〈93·8·5〉 第1條(施行日) 이 法은 公布후 6月이 경과한 날부터 施行한다. 第2條 내지 第5條 省略 附　則 〈95·1·5〉 ①(施行日) 이 法은 公布후 6月이 경과한 날부터 施行한다. ②(區分地上權의 設定登記등에 관한 適用例) 第5條의2의 改正規定은 이 法 施行후 최초로 사용에 관하여 協議 또는 裁決申請하는 土地의 地下部分부터 적용한다. 附　則 〈95·12·29〉 이 法은 公布후 6月이 경과한 날부터 施行한다. 다만, 第22條의2의 改正規定에 의한 安全基準과 第22條의3의 改正規定에 의한 性能試驗은 1999年 1月 1日이후에 運行(試驗運行을 포함한다)을 시작하는 都市鐵道車輛부터 적용한다.	부　칙 〈90·9·20〉 ①(시행일) 이 영은 공포한 날로부터 시행한다. ②(적용례) 이 영은 이 영 시행후 최초로 자동차의 등록 또는 수렵면허를 신청하는 것부터 적용한다. 부　칙 〈91·7·1〉 제1조(시행일) 이 영은 서울특별시의회의 구성일부터 시행한다. 제2조 및 제4조 생략 부　칙 〈91·7·25〉 ①(시행일) 이 영은 공포한 날부터 시행한다. ②(다른 법령의 개정) 부산교통공단법시행령중 다음과 같이 개정한다. 제10조중 "지하철도·지하철도차량 및 지하철도용지"를 "도시철도·도시철도차량 및 도시철도용지"로 한다. 제11조중 "지하철도용지 및 철도용지의 소유권과 지하철도"를 "도시철도용지 및 철도용지의 소유권과 도시철도"로 한다. 제25조제4항중 "지하철도채권"을 "도시철도채권"으로 한다. 제27조제1항중 "지하철도채권"을 "도시철도채권"으로, "지하철도의건설및운영에관한법률시행령"을 "도시철도법시행령"으로 한다. 부　칙 〈92·12·21〉 제1조(시행일) 이 영은 공포한 날부터 시행한다. 다만, 제7조 내지 제9조, 제15조제1호, 부칙 제2조 및 부칙 제5조의 개정규정은 공포후 6월이 경과한 날부터 시행한다. 제2조 내지 제5조 생략	

법	시 행 령	시 행 규 칙
附 則〈97・12・13 법제5453호〉 **第1條(施行日)** 이 法은 1998年 1月 1日부터 施行한다.〈但書 省略〉 **第2條** 省略 附 則〈97・12・13 법제5454호〉 이 法은 1998年 1月 1日부터 施行한다.〈但書 省略〉 附 則〈99・2・8〉 **第1條(施行日)** 이 法은 公布후 6月이 경과한 날부터 施行한다. **第2條** 내지 **第6條** 省略 附 則〈99・4・15〉 ①(施行日) 이 法은 公布한 날부터 施行한다. ②(都市鐵道事業의 運賃에 관한 經過措置) 이 法 施行당시 종전의 第15條의2의 規定에 의하여 建設交通部長官의 認可를 받은 都市鐵道事業에 관한 運賃은 이 法에 의하여 市・道知事에게 申告한 것으로 본다. 부 칙〈02・1・26〉 제1조(시행일) 이 법은 공포 후 6월이 경과한 날부터 시행한다. 제2조 내지 제8조 생략	부 칙〈93・12・27〉 이 영은 1994년 1월 1일부터 시행한다. 부 칙〈94・11・30〉 이 영은 공포한 날부터 시행한다. 부 칙〈94・12・23 제14438호〉 제1조(시행일) 이 영은 공포한 날부터 시행한다. 제2조 내지 제5조 생략 부 칙〈94・12・23 제14447호〉 제1조(시행일) 이 영은 공포한 날부터 시행한다.〈단서 생략〉 제2조 내지 제5조 생략 부 칙〈95・7・6〉 이 영은 1995년 7월 6일부터 시행한다. 부 칙〈96・6・29〉 제1조(시행일) 이 영은 1996년 6월 30일부터 시행한다. 제2조 및 제3조 생략 부 칙〈96・7・19〉 이 영은 공포한 날부터 시행한다. 부 칙〈97・2・22〉 제1조(시행일) 이 영은 공포한 날부터 시행한다. 제2조 생략	

법	시행령	시행규칙
부칙 〈02 · 2 · 4〉 제1조(시행일) 이 법은 2003년 1월 1일부터 시행한다. 제2조 내지 제12조 생략 부칙 〈02 · 12 · 30〉 제1조(시행일) 이 법은 공포 후 9월이 경과한 날부터 시행한다. 제2조 내지 제12조 생략 부칙 〈03 · 5 · 29 법제6893호〉 제1조(시행일) 이 법은 공포후 1년이 경과한 날부터 시행한다. 제2조 내지 제6조 생략 부칙 〈03 · 5 · 29 법제6917호〉 이 법은 공포한 날부터 시행한다. 부칙 〈03 · 12 · 31〉 이 법은 공포한 날부터 시행한다. 부칙 〈04 · 10 · 22〉 제1조(시행일) 이 법은 2005년 1월 1일부터 시행한다. 〈단서 생략〉 제2조 내지 제13조 생략	부칙 〈97 · 10 · 28〉 이 영은 공포한 날부터 시행한다. 부칙 〈97 · 12 · 31〉 이 영은 1998년 1월 1일부터 시행한다. 부칙 〈99 · 1 · 29〉 제1조(시행일) 이 영은 공포한 날부터 시행한다. 제2조 및 제4조 생략 부칙 〈99 · 5 · 10〉 ①(시행일) 이 영은 공포한 날부터 시행한다. 다만, 별표 2 제1호 가목 · 나목 및 라목의 개정규정은 2000년 1월 1일부터 시행한다. ②(도시철도채권 발행방법의 변경에 관한 경과조치) 이 영 시행일부터 3월까지는 종전의 제10조의 규정에 의하여 도시철도채권을 발행할 수 있다. ③(다른 법령의 개정) 부산교통공단법시행령중 다음과 같이 개정한다. 제25조제2항을 다음과 같이 한다. ②부산교통채권은 공사채등록법 제3조의 규정에 의한 등록기관에 등록하여 발행한다. 제26조를 삭제한다. 제28조제1항중 "금융기관"을 "금융기관 또는 증권거래법	

법	시행령	시행규칙
부칙 〈04·12·31〉 제1조(시행일) 이 법은 공포 후 6월이 경과한 날부터 시행한다. 제2조 내지 제7조 생략 부칙 〈05·8·4〉 제1조(시행일) 이 법은 공포 후 1년이 경과한 날부터 시행한다. 제2조 내지 제12조 생략 부칙 〈05·12·7〉 이 법은 공포한 날부터 시행한다. 부칙 〈06·9·27〉 제1조(시행일) 이 법은 공포 후 1년이 경과한 날부터 시행한다. 제2조 내지 제11조 생략 부칙 〈07·4·6〉 제1조(시행일) 이 법은 공포 후 1년이 경과한 날부터 시행한다. 제2조 내지 제17조 생략	제173조의 규정에 의하여 설립된 증권예탁원"으로 하고, 동조제2항제1호 및 제2호를 각각 다음과 같이 하며, 동항 제5호를 삭제한다. 1. 채권매입자의 성명·주소 및 주민등록번호 2. 채권의 금액 부칙 〈00·3·24〉 제1조(시행일) 이 영은 2000년 7월 1일부터 시행한다.[단서 생략] 제2조 내지 제6조 생략 부칙 〈00·8·2〉 제1조(시행일) 이 영은 공포한 날부터 시행한다. 제2조 및 제5조 생략 부칙 〈01·3·27〉 제1조(시행일) 이 영은 공포한 날부터 시행한다. 제2조 및 제3조 생략 부칙 〈02·10·14〉 제1조(시행일) 이 영은 공포한 날부터 시행한다. 제2조 내지 제7조 생략 부칙 〈02·12·30〉 제1조(시행일) 이 영은 2003년 1월 1일부터 시행한다. 제2조 내지 제8조 생략	

법	시 행 령	시 행 규 칙
부 칙 〈07 · 4 · 11 제8352호〉 제1조(시행일) 이 법은 공포한 날부터 시행한다.〈단서 생략〉 제2조 내지 제16조 생략 부 칙 〈07 · 4 · 11 제8370호〉 제1조(시행일) 이 법은 공포한 날부터 시행한다.〈단서 생략〉 제2조 내지 제20조 생략 부 칙 〈07 · 5 · 25〉 제1조(시행일) 이 법은 공포 후 1년이 경과한 날부터 시행한다. 제2조부터 제10조 생략 부 칙 〈07 · 7 · 13〉 ①(시행일) 이 법은 공포 후 3개월이 경과한 날부터 시행한다. 다만, 제22조 · 제22조의2 및 제22조의3의 개정규정은 공포 후 1년이 경과한 날부터 시행한다. ②(도시철도채권 이자의 소멸시효에 관한 적용례) 제12조제4항의 개정규정에 따른 도시철도채권 이자의 소멸시효는 이 법 시행 후 최초로 발행되는 도시철도채권부터 적용한다. ③(도시철도시설의 표준규격 등에 관한 적용례) 제22조 · 제22조의2 및 제22조의3의 개정규정에 따른 도시철도시설의 표준규격 · 안전기준 및 성능시험은 이 법 시행 후 최초로 기본설계에 착수하는 도시철도시설부터 적용한다.	부 칙 〈04 · 3 · 17〉 이 영은 공포한 날부터 시행한다. 부 칙 〈04 · 8 · 7〉 이 영은 공포한 날부터 시행한다. 다만, 별표 2 제1호 가목 (1)의 (나) 및 (다)의 개정규정은 2005년 7월 1일부터 시행한다. 부 칙 〈04 · 11 · 3〉 제1조(시행일) 이 영은 2005년 1월 1일부터 시행한다. 제2조 및 제3조 생략 부 칙 〈04 · 12 · 3〉 제1조(시행일) 이 영은 공포한 날부터 시행한다. 제2조 및 제5조 생략 부 칙 〈05 · 7 · 27〉 제1조(시행일) 이 영은 2005년 7월 28일부터 시행한다. 제2조 내지 제4조 생략 부 칙 〈06 · 6 · 12〉 이 영은 공포한 날부터 시행한다. 부 칙 〈07 · 10 · 15〉 제1조(시행일) 이 영은 공포한 날부터 시행한다. 다만, 별표 2 제1호가목(1)(가)란 및 (2)(가)란의 개정규정은 2008년 1월 1일부터 시행하고, 제24조, 제25조제2항, 제25조의2부터 제25	

법	시행령	시행규칙
부 칙 〈08·2·29〉 제1조(시행일) 이 법은 공포한 날부터 시행한다. 다만, ···〈생략〉···, 부칙 제6조에 따라 개정되는 법률 중 이 법의 시행 전에 공포되었으나 시행일이 도래하지 아니한 법률을 개정한 부분은 각각 해당 법률의 시행일부터 시행한다. 제2조부터 제7조까지 생략 부 칙 〈08·3·21〉 제1조(시행일) 이 법은 공포한 날부터 시행한다.〈단서 생략〉 제2조부터 제10조까지 생략 부 칙 〈08·3·28〉 제1조(시행일) 이 법은 2009년 1월 1일부터 시행한다.〈단서 생략〉 제2조부터 제11조까지 생략 부 칙 〈09·1·30〉 제1조(시행일) 이 법은 공포 후 6개월이 경과한 날부터 시행한다.〈단서 생략〉 제2조부터 제11조까지 생략 부 칙 〈09·4·1〉 이 법은 공포 후 3개월이 경과한 날부터 시행한다. 다만, 제26조의5의 개정규정은 공포한 날부터 시행한다.	조의5까지의 개정규정은 2008년 7월 14일부터 시행한다. 제2조(도시철도채권의 매입에 관한 경과조치) 이 영 시행 전에 법 제13조에 따른 면허·허가·인가 및 등기·등록 등을 신청한 경우에는 별표 2의 개정규정에 불구하고 종전의 규정에 따른다. 부 칙 〈08·2·29〉 제1조(시행일) 이 영은 공포한 날부터 시행한다. 다만, 부칙 제6조에 따라 개정되는 대통령령 중 이 영의 시행 전에 공포되었으나 시행일이 도래하지 아니한 대통령령을 개정한 부분은 각각 해당 대통령령의 시행일부터 시행한다. 제2조부터 제6조까지 생략 부 칙 〈08·7·29〉 제1조(시행일) 이 영은 2009년 2월 4일부터 시행한다. 〈단서 생략〉 제2조부터 제28조까지 생략 부 칙 〈08·12·31 제21214호〉 제1조(시행일) 이 영은 공포한 날부터 시행한다.〈단서 생략〉 제2조부터 제5조까지 생략 부 칙 〈08·12·31 제21232호〉 이 영은 2009년 1월 1일부터 시행한다.	

법	시 행 령	시 행 규 칙
부 칙 〈09 · 4 · 22〉 제1조(시행일) 이 법은 공포 후 6개월이 경과한 날부터 시행한다. 제2조부터 제8조까지 생략 부 칙 〈09 · 6 · 9〉 제1조(시행일) 이 법은 공포 후 6개월이 경과한 날부터 시행한다. 제2조부터 제6조까지 생략 부 칙 〈10 · 4 · 15〉 제1조(시행일) 이 법은 공포 후 6개월이 경과한 날부터 시행한다. 제2조 생략 부 칙 〈10 · 5 · 31〉 제1조(시행일) 이 법은 공포 후 6개월이 경과한 날부터 시행한다. 〈단서 생략〉 제2조부터 제13조까지 생략 부 칙 〈11 · 4 · 12〉 제1조(시행일) 이 법은 공포 후 6개월이 경과한 날부터 시행한다. 〈단서 생략〉 제2조부터 제5조까지 생략	부 칙 〈09 · 4 · 6〉 제1조(시행일) 이 영은 2009년 7월 1일부터 시행한다. 제2조(도시철도채권의 매입의무 면제에 관한 유효기간) 별표 2 비고란 제2호카목의 개정규정은 2012년 12월 31일까지 효력을 가진다. 부 칙 〈09 · 6 · 30〉 제1조(시행일) 이 영은 2009년 7월 2일부터 시행한다. 다만, 제19조제1항의 개정규정은 2009년 7월 1일부터 시행한다. 제2조(경과조치) 이 영 시행 전 위반행위에 대하여 과징금을 부과할 때에는 별표 3의 개정규정에 따른다. 부 칙 〈09 · 7 · 27〉 제1조(시행일) 이 영은 2009년 7월 31일부터 시행한다. 〈단서 생략〉 제2조부터 제15조까지 생략 부 칙 〈10 · 5 · 4〉 제1조(시행일) 이 영은 2010년 5월 5일부터 시행한다. 제2조부터 제4조까지 생략 부 칙 〈10 · 10 · 14〉 제1조(시행일) 이 영은 2010년 10월 16일부터 시행한다. 제2조 생략	

법	시행령	시행규칙
부　　칙 〈11·4·14〉 제1조(시행일) 이 법은 공포 후 1년이 경과한 날부터 시행한다. 〈단서 생략〉 제2조부터 제9조까지 생략 부　　칙 〈11·8·4〉 제1조(시행일) 이 법은 공포 후 6개월이 경과한 날부터 시행한다. 제2조부터 제6조까지 생략 부　　칙 〈12·12·18〉 제1조(시행일) 이 법은 공포 후 1년 3개월이 경과한 날부터 시행한다. 제2조부터 제18조까지 생략 부　　칙 〈13·3·23〉 제1조(시행일) ① 이 법은 공포한 날부터 시행한다. ② 생략 제2조부터 제7조까지 생략	부　　칙 〈12·3·13〉 제1조(시행일) 이 영은 공포한 날부터 시행한다. 제2조 생략 부　　칙 〈12·4·17〉 제1조(시행일) 이 영은 2012년 4월 18일부터 시행한다. 제2조 및 제3조 생략 부　　칙 〈12·12·21〉 제1조(시행일) 이 영은 공포한 날부터 시행한다. 제2조 및 제3조 생략 부　　칙 〈12·3·13〉 제1조(시행일) 이 영은 공포한 날부터 시행한다. 제2조 생략 부　　칙 〈12·4·17〉 제1조(시행일) 이 영은 2012년 4월 18일부터 시행한다. 제2조 및 제3조 생략 부　　칙 〈12·12·21〉 제1조(시행일) 이 영은 공포한 날부터 시행한다. 제2조 및 제3조 생략	

법	시 행 령	시 행 규 칙
	부 칙 〈13 · 3 · 23.〉 제1조(시행일) 이 영은 공포한 날부터 시행한다. 〈단서 생략〉 제2조부터 제6조까지 생략	
	부 칙 〈13 · 6 · 11〉 제1조(시행일) 이 영은 공포한 날부터 시행한다. 제2조(도시철도채권의 매입의무 일부 면제에 관한 유효기간) 별표 2의 비고 제2호파목의 개정규정은 2014년 12월 31일까지 효력을 가진다. 제3조(도시철도채권의 매입의무 일부 면제에 관한 적용례) 별표 2의 비고 제2호파목의 개정규정은 2013년 1월 1일 이후 신규등록 또는 이전등록한 경우에 대해서도 적용한다.	
	부 칙 〈13 · 12 · 30〉 이 영은 2014년 1월 1일부터 시행한다. 〈단서 생략〉	
	부 칙 〈14 · 3 · 18〉 제1조(시행일) 이 영은 2014년 3월 19일부터 시행한다. 제2조 및 제3조 생략	
부 칙 〈14 · 1 · 7〉 제1조(시행일) 이 법은 공포 후 6개월이 경과한 날부터 시행한다. 제2조(폐쇄회로 텔레비전의 설치 · 운영에 관한 적용례) 제41조의 개정규정은 이 법 시행 후 최초로 구매하는 도시	부 칙 〈14 · 7 · 7〉 제1조(시행일) 이 영은 2014년 7월 8일부터 시행한다. 제2조(사업계획의 승인 신청에 관한 경과조치) 이 영 시행 전에 사업계획의 승인을 신청한 경우에는 제7조의 개정규정에도 불구하고 종전의 규정에 따른다.	부 칙 〈14 · 7 · 8〉 제1조(시행일) 이 규칙은 2014년 7월 8일부터 시행한다. 제2조(다른 법령의 개정)

법	시 행 령	시 행 규 칙
철도차량부터 적용한다. **제3조(처분 등에 관한 일반적 경과조치)** 이 법 시행 당시 종전의 규정에 따른 행정기관의 행위나 행정기관에 대한 행위는 그에 해당하는 이 법에 따른 행정기관의 행위나 행정기관에 대한 행위로 본다. **제4조(도시철도운송사업 면허에 관한 경과조치)** 이 법 시행 당시 종전의 규정에 따라 도시철도운송사업에 해당하는 사업을 실제로 영위하고 있는 자는 이 법에 따른 도시철도운송사업 면허를 받은 것으로 본다. **제5조(다른 법률의 개정)** ① 공중화장실 등에 관한 법률 일부를 다음과 같이 개정한다. 제3조제8호 중 "「도시철도법」 제3조제3호가목에 따른 도시철도시설 중 역사 및 역무시설"을 "「도시철도법」 제2조제3호가목에 따른 도시철도시설 중 역사 및 역 시설"로 한다. ② 교통시설특별회계법 일부를 다음과 같이 개정한다. 제2조제4호 중 "「도시철도법」 제3조제1호"를 "「도시철도법」 제2조제2호"로 한다. ③ 교통약자의 이동편의 증진법 일부를 다음과 같이 개정한다. 제2조제2호나목 및 같은 조 제3호나목 중 "「도시철도법」 제3조제1호"를 각각 "「도시철도법」 제2조제2호"로 한다. 제15조제1항 중 "「도시철도법」 제4조에 따라 도시철도사업의 면허를 받은 자"를 "「도시철도법」 제26조에 따라 도시철도운송사업의 면허를 받은 자"로 한다. ④ 법률 제11665호 다중이용시설 등의 실내공기질관리법	**제3조(다른 법령의 개정)** ① 119구조 · 구급에 관한 법률 시행령 일부를 다음과 같이 개정한다. 제5조제1항제2호마목을 다음과 같이 한다. 마. 지하철구조대: 「도시철도법」 제2조제3호가목에 따른 도시철도의 역사(驛舍) 및 역 시설 ② 5 · 18민주유공자예우에 관한 법률 시행령 일부를 다음과 같이 개정한다. 제51조제1항 중 "「도시철도법」 제2조제1항제2호"를 "「도시철도법」 제3조제2호"로 한다. ③ 감염병의 예방 및 관리에 관한 법률 시행령 일부를 다음과 같이 개정한다. 제24조제3호 중 "역무시설"을 "역 시설"로 한다. ④ 공공토지의 비축에 관한 법률 시행령 일부를 다음과 같이 개정한다. 제2조제5호를 다음과 같이 한다. 5. 「도시철도법」 제5조제1항에 따른 도시철도망구축계획 ⑤ 공중화장실 등에 관한 법률 시행령 일부를 다음과 같이 개정한다. 제6조의3제7호 및 별표 제18호다목 중 "「도시철도법」 제3조제1호"를 각각 "「도시철도법」 제2조제2호"로 한다. ⑥ 교통안전법 시행령 일부를 다음과 같이 개정한다. 별표 2 나목2)의 대상 교통시설란 중 "「도시철도법」 제3조제1호"를 "「도시철도법」 제2조제2호"로 하고, 같은 목 2) 교통안전진단보고서 제출시기란 중 "「도시철도법」 제4조의3"을 "「도시철도법」 제7조"로 한다. ⑦ 교통약자의 이동편의 증진법 시행령 일부를 다음과 같	① 감염병의 예방 및 관리에 관한 법률 시행규칙 일부를 다음과 같이 개정한다. 별표 7 제3호 중 "역무시설"을 "역 시설"로 한다. ② 개발이익환수에 관한 법률 시행규칙 일부를 다음과 같이 개정한다. 제4조제4항제1호 중 "「도시철도법」 제3조제4호에 따른 도시철도 사업"을 "「도시철도법」 제2조제5호에 따른 도시철도 건설사업"으로 한다. ③ 도시 · 군계획시설의 결정 · 구조 및 설치기준에 관한 규칙 일부를 다음과 같이 개정한다. 제22조제2호를 다음과 같이 한다. 2. 「도시철도법」 제2조제2호에 따른 도시철도 ④ 도시철도건설규칙 일부를 다음과 같이 개정한다.

법	시 행 령	시 행 규 칙
일부개정법률 일부를 다음과 같이 개정한다. 제3조제3항제1호 중 "「도시철도법」 제3조제1호"를 "「도시철도법」 제2조제2호"로 한다. ⑤ 대도시권 광역교통 관리에 관한 특별법 일부를 다음과 같이 개정한다. 제10조제2항제3호 중 "「도시철도법」 제14조제1항"을 "「도시철도법」 제22조제1항"으로 한다. ⑥ 대중교통의 육성 및 이용촉진에 관한 법률 일부를 다음과 같이 개정한다. 제2조제2호나목 중 "도시철도법 제3조제1호의 규정에 의한"을 "「도시철도법」 제2조제2호에 따른"으로 하고, 같은 조 제3호나목 중 "도시철도법 제3조제1호의 규정에 의한 도시철도중 차량을 제외한"을 "「도시철도법」 제2조제3호에 따른"으로 한다. 제10조의5제1호 중 "「도시철도법」 제3조제7호"를 "「도시철도법」 제2조제8호"로 한다. ⑦ 도시교통정비 촉진법 일부를 다음과 같이 개정한다. 제11조제1호를 다음과 같이 한다. 1. 「도시철도법」 제5조에 따른 도시철도망구축계획 제50조제1항제2호 중 "「도시철도법」 제3조의2에 따른 도시철도기본계획 및 노선별 도시철도기본계획"을 "「도시철도법」 제5조에 따른 도시철도망구축계획 및 같은 법 제6조에 따른 노선별 도시철도기본계획"으로 한다. ⑧ 사회기반시설에 대한 민간투자법 일부를 다음과 같이 개정한다. 제2조제1호다목 중 "「도시철도법」 제3조제1호"를 "「도시	이 개정한다. 별표 1 제1호가목 중 "「도시철도법」 제3조제1호"를 "「도시철도법」 제2조제2호"로, 같은 표 제2호나목 중 "「도시철도법」 제3조제3호"를 "「도시철도법」 제2조제3호"로 한다. ⑧ 국가유공자 등 예우 및 지원에 관한 법률 시행령 일부를 다음과 같이 개정한다. 제85조제3항 중 "「도시철도법」 제2조제1항제2호"를 "「도시철도법」 제3조제2호"로 한다. ⑨ 국가정보화 기본법 시행령 일부를 다음과 같이 개정한다. 별표 1 제1호사목 중 "「도시철도법」 제3조제1호"를 "「도시철도법」 제2조제2호"로 한다. ⑩ 국가통합교통체계효율화법 시행령 일부를 다음과 같이 개정한다. 제106조제6항제4호를 다음과 같이 한다. 4. 「도시철도법」 제5조제1항에 따른 도시철도망구축계획에 관한 사항 ⑪ 농지법 시행령 일부를 다음과 같이 개정한다. 별표 2 제3호아목1) 중 "「도시철도법」 제3조제3호가목부터 다목"을 "「도시철도법」 제2조제3호가목부터 다목"으로 하고, 같은 목 2) 중 "「도시철도법」 제3조제3호라목 또는 마목"을 "「도시철도법」 제2조제3호라목 또는 마목"으로 한다. ⑫ 대중교통의 육성 및 이용촉진에 관한 법률 시행령 일부를 다음과 같이 개정한다. 제22조제2항제1호를 다음과 같이 한다. 1. 「도시철도법」 제2조제6호에 따른 도시철도운송사업	제1조 중 "「도시철도법」 제10조의2"를 "「도시철도법」 제18조"로 한다. 제3조 단서 중 "「도시철도법」제3조의2에 따른 도시철도기본계획"을 "「도시철도법」 제6조에 따른 노선별 도시철도기본계획"으로 한다. ⑤ 도시철도운전규칙 일부를 다음과 같이 개정한다. 제1조 중 "「도시철도법」 제10조의2"를 "「도시철도법」 제18조"로 한다. ⑥ 도시철도채권 매입사무 취급규칙 일부를 다음과 같이 개정한다. 제4조의2 중 "「도시철도법」 제13조제1항제2호 단서"를 "「도시철도법」 제21조제1항제2호 단서"로 한다. 제5조제2항 중 "영 제12조제2항의 규정에 의하여 채권을 매입하게 하

법	시 행 령	시 행 규 칙
철도법」 제2조제2호"로 한다. ⑨ 수도권신공항건설 촉진법 일부를 다음과 같이 개정한다. 제8조제1항제7호를 다음과 같이 한다. 7. 「도시철도법」 제7조제1항에 따른 도시철도사업계획의 승인 ⑩ 전기통신사업법 일부를 다음과 같이 개정한다. 제68조제1항제3호 중 "「도시철도법」 제3조제1호"를 "「도시철도법」 제2조제2호"로 한다. ⑪ 법률 제11591호 철도안전법 일부개정법률 일부를 다음과 같이 개정한다. 제41조제2항 전단 중 "「도시철도법」 제2조제1항제2호"를 "「도시철도법」 제3조제2호"로, "같은 법 제15조"를 "같은 법 제24조"로 한다. ⑫ 항공법 일부를 다음과 같이 개정한다. 제96조제1항제6호를 다음과 같이 한다. 6. 「도시철도법」 제7조제1항에 따른 도시철도사업계획의 승인 **제6조(다른 법률과의 관계)** 이 법 시행 당시 다른 법률에서 종전의 「도시철도법」 또는 그 규정을 인용한 경우에 이 법 가운데 그에 해당하는 규정이 있으면 종전의 규정을 갈음하여 이 법 또는 이 법의 해당 규정을 인용한 것으로 본다. 부 칙 〈14·1·14〉 **제1조(시행일)** 이 법은 공포 후 6개월이 경과한 날부터 시행한다.	⑬ 도로법 시행령 일부를 다음과 같이 개정한다. 제31조제9호 중 "「도시철도법」 제3조제1호"를 "「도시철도법」 제2조제2호"로 한다. ⑭ 도시교통정비 촉진법 시행령 일부를 다음과 같이 개정한다. 제17조제1항제16호 중 "「도시철도법」 제3조제3호"를 "「도시철도법」 제2조제3호"로 한다. 별표 1 제1호바목2) 중 "「도시철도법」 제3조제1호"를 "「도시철도법」 제2조제2호"로, "「도시철도법」 제4조의3"을 "「도시철도법」 제7조"로 한다. ⑮ 산지관리법 시행령 일부를 다음과 같이 개정한다. 별표 5 제1호자목 중 "「도시철도법」 제3조제1호"를 "「도시철도법」 제2조제2호"로 한다. ⑯ 에너지이용 합리화법 시행령 일부를 다음과 같이 개정한다. 별표 1 제1호마목2)의 구분 및 대상 범위란 중 "「도시철도법」 제3조제1호"를 "「도시철도법」 제2조제2호"로 하고, 같은 목 2)의 에너지사용계획의 제출 시기란 중 "「도시철도법」 제4조의3제1항"을 "「도시철도법」 제7조제1항"으로 한다. ⑰ 응급의료에 관한 법률 시행령 일부를 다음과 같이 개정한다. 제26조의2제2항제1호 중 "「도시철도법」 제3조제1호"를 "「도시철도법」 제2조제2호"로 한다. ⑱ 자연재해대책법 시행령 일부를 다음과 같이 개정한다. 제16조제1항제25호를 다음과 같이 한다.	여야 할 의무가 있는자"를 "국가 또는 지방자치단체의 장"으로 한다. 별표 중 2. 경제개발 또는 공익을 목적으로 제정된 특별법에 의하여 설립된 법인과 그 소속단체의 대상자의 범위란 중 제35호를 다음과 같이 한다. 35. 「도시철도법」에 따라 도시철도건설사업 또는 도시철도운송사업을 위탁받은 법인 ⑦ 매장문화재 보호 및 조사에 관한 법률 시행규칙 일부를 다음과 같이 개정한다. 별표 1의 제7호나목을 다음과 같이 한다. 나. 「도시철도법」 제2조제5호에 따른 도시철도건설사업 ○ 「도시철도법」 제7조에 따른 도시철도사업계획 수립 완료 전

법	시행령	시행규칙
제2조부터 제25조까지 생략 부 칙 〈14·5·21〉 이 법은 공포 후 6개월이 경과한 날부터 시행한다. 부 칙 〈14·11·19〉 제1조(시행일) 이 법은 공포한 날부터 시행한다. 다만, 부칙 제6조에 따라 개정되는 법률 중 이 법 시행 전에 공포되었으나 시행일이 도래하지 아니한 법률을 개정한 부분은 각각 해당 법률의 시행일부터 시행한다. 제2조부터 제7조까지 생략 부 칙 〈15·2·3〉 이 법은 공포한 날부터 시행한다. 부 칙 〈15·12·29〉 제1조(시행일) 이 법은 공포 후 6개월이 경과한 날부터 시행한다. 제2조 및 제3조 생략 부 칙 〈16·1·6〉 제1조(시행일) 이 법은 공포 후 6개월이 경과한 날부터 시행한다. 〈단서 생략〉 제2조부터 제7조까지 생략 부 칙 〈16·3·22〉 이 법은 공포한 날부터 시행한다.	25. 「도시철도법」 제2조제5호에 따른 도시철도건설사업(부지조성이 수반되는 경우만 해당한다) 제17조제10호 중 "「도시철도법」 제2조"를 "「도시철도법」 제2조제2호"로 한다. 제30조제1항제3호 중 "「도시철도법」 제3조제1호"를 "「도시철도법」 제2조제2호"로 한다. 별표 1 제1호다목2) 중 "「도시철도법」 제3조의2에 따른 도시철도기본계획"을 "「도시철도법」 제5조에 따른 도시철도망구축계획"으로 하고, 같은 표 제2호라목2) 중 "「도시철도법」 제4조의3"을 "「도시철도법」 제7조"로 한다. ⑲ 자연환경보전법 시행령 일부를 다음과 같이 개정한다. 별표 2 제2호사목(2) 중 "「도시철도법」 제3조제1호"를 "「도시철도법」 제2조제2호"로 한다. ⑳ 주택법 시행령 일부를 다음과 같이 개정한다. 별표 12 제2호 단서 중 "「도시철도법 시행령」 별표 2의 제2호부터 제5호까지, 제7호, 제9호부터 제14호까지, 제17호"를 "「도시철도법 시행령」 별표 2의 제2호부터 제5호까지, 제7호, 제9호부터 제14호까지"로 한다. ㉑ 지방세법 시행령 일부를 다음과 같이 개정한다. 별표 〈제1종〉 제102호를 다음과 같이 한다. 102. 「도시철도법」 제26조에 따른 도시철도운송사업 면허 ㉒ 지진재해대책법 시행령 일부를 다음과 같이 개정한다. 제10조제10호 중 "「도시철도법」 제3조제3호"를 "「도시철도법」 제2조제3호"로 한다. ㉓ 철도사업법 시행령 일부를 다음과 같이 개정한다. 제3조제2항 중 "도시철도사업자"를 각각 "도시철도운영자"로 한다.	⑧ 지속가능 교통물류 발전법 시행규칙 일부를 다음과 같이 개정한다. 제8조제5호를 다음과 같이 한다. 5. 「도시철도법」 제2조제3호가목에 따른 역 시설 제3조(다른 법령과의 관계) 이 규칙 시행 당시 다른 법령에서 종전의 「도시철도법 시행규칙」 또는 그 구정을 인용한 경우에 이 규칙 가운데 그에 해당하는 규정이 있으면 종전의 규정을 갈음하여 이 규칙 또는 이 규칙의 해당 규정을 인용한 것으로 본다. 부 칙 〈14·11·21〉 이 규칙은 2014년 11월 22일부터 시행한다. 부 칙 〈19·10·14〉 이 규칙은 공포한 날부터 시행한다.

법	시행령	시행규칙
부 칙 〈16·12·2〉 이 법은 공포 후 1년이 경과한 날부터 시행한다. **부 칙** 〈16·12·27〉 제1조(시행일) 이 법은 공포 후 3개월이 경과한 날부터 시행한다. 〈단서 생략〉 제2조부터 제5조까지 생략 **부 칙** 〈17·1·17〉 제1조(시행일) 이 법은 공포 후 1년이 경과한 날부터 시행한다. 다만, 부칙 제6조에 따라 개정되는 법률 중 이 법 시행 전에 공포되었으나 시행일이 도래하지 아니한 법률을 개정한 부분은 각각 해당 법률의 시행일부터 시행한다. 제2조부터 제7조까지 생략 **부 칙** 〈17·7·26〉 제1조(시행일) ① 이 법은 공포한 날부터 시행한다. 다만, 부칙 제5조에 따라 개정되는 법률 중 이 법 시행 전에 공포되었으나 시행일이 도래하지 아니한 법률을 개정한 부분은 각각 해당 법률의 시행일부터 시행한다. 제2조부터 제6조까지 생략 **부 칙** 〈17·12·26〉 이 법은 공포한 날부터 시행한다. **부 칙** 〈18·12·18〉 제1조(시행일) 이 법은 공포 후 3개월이 경과한 날부터 시	제4조제6항 중 "「도시철도법」 제15조의2"를 "「도시철도법」 제31조제1항"으로 한다. ㉔ 철도안전법 시행령 일부를 다음과 같이 개정한다. 제62조제1항 각 호 외의 부분 중 "「도시철도법」 제2조제1항제2호"를 "「도시철도법」 제3조제2호"로, "같은 법 제15조에 따라 지방자치단체로부터 도시철도의 건설과 운영을 위탁받은"을 "같은 법 제24조 또는 제42조에 따라 도시철도건설사업 또는 도시철도운송사업을 위탁받은"으로 한다. ㉕ 측량·수로조사 및 지적에 관한 법률 시행령 일부를 다음과 같이 개정한다. 별표 3 제6호나목 중 "「도시철도법」 제3조제1호 및 제3호"를 "「도시철도법」 제2조제2호"로 한다. ㉖ 특수임무유공자 예우 및 단체설립에 관한 법률 시행령 일부를 다음과 같이 개정한다. 제57조제1항 중 "「도시철도법」 제2조제1항제2호"를 "「도시철도법」 제3조제2호"로 한다. ㉗ 화재로 인한 재해보상과 보험가입에 관한 법률 시행령 일부를 다음과 같이 개정한다. 제2조제1항제17호 중 "「도시철도법」 제3조제3호에 따른 도시철도시설 중 역사(驛舍) 및 역무시설"을 "「도시철도법」 제2조제3호가목에 따른 도시철도의 역사(驛舍) 및 역시설"로 한다. ㉘ 환경영향평가법 시행령 일부를 다음과 같이 개정한다. 별표 2 제2호사목1)을 다음과 같이 한다. 1) 「도시철도법」 제6조제1항에 따른 노선별 도시철도기본계획 | 「도시철도법」 제6조제4항에 따라 국토교통부장관이 관계 행정기관의 장과 협의하는 때	

법	시 행 령	시 행 규 칙
행한다. 제2조 및 제3조 생략 부 칙 〈18·12·31〉 제1조(시행일) 이 법은 공포 후 6개월이 경과한 날부터 시행한다. 제2조 및 제3조 생략	별표 3 제7호나목의 환경영향평가대상사업의 종류 및 범위란 중 "「도시철도법」 제3조제1호 및 제3호"를 "「도시철도법」 제2조제2호 및 제3호"로 하고, 같은 목의 협의 요청시기란 중 "「도시철도법」 제4조의3"을 "「도시철도법」 제7조"로 한다. 제4조(다른 법령과의 관계) 이 영 시행 당시 다른 법령에서 종전의 「도시철도법 시행령」 또는 그 규정을 인용한 경우에 이 영 가운데 그에 해당하는 규정이 있으면 종전의 규정을 갈음하여 이 영 또는 이 영의 해당 규정을 인용한 것으로 본다. 부 칙 〈14·11·19, 제25743호〉 제1조(시행일) 이 영은 2014년 11월 22일부터 시행한다. 제2조(다른 법령의 개정) 자연재해대책법 시행령 일부를 다음과 같이 개정한다. 별표 1 제1호다목2)의 대상 행정계획란을 다음과 같이 한다. 2) 「도시철도법」 제6조에 따른 노선별 도시철도 기본계획 부 칙 〈14·11·19, 제25751호〉 제1조(시행일) 이 영은 공포한 날부터 시행한다. 다만, 부칙 제5조에 따라 개정되는 대통령령 중 이 영 시행 전에 공포되었으나 시행일이 도래하지 아니한 대통령령을 개정한 부분은 각각 해당 대통령령의 시행일부터 시행한다. 제2조부터 제5조까지 생략	

법	시 행 령	시 행 규 칙
	부 칙 〈14・12・9〉 제1조(시행일) 이 영은 2015년 1월 1일부터 시행한다. 제2조부터 제16조까지 생략 부 칙 〈16・1・22〉 제1조(시행일) 이 영은 2016년 1월 25일부터 시행한다. 제2조부터 제5조까지 생략 부 칙 〈16・3・29〉 제1조(시행일) 이 영은 공포한 날부터 시행한다. 제2조(도시철도채권의 매입에 관한 적용례) 별표 2의 개정 규정은 이 영 시행 이후 허가 또는 등록을 신청하는 경우부터 적용한다. 부 칙 〈16・7・6〉 제1조(시행일) 이 영은 2016년 7월 7일부터 시행한다. 제2조부터 제4조까지 생략 부 칙 〈제27471호, 16・8・31〉 제1조(시행일) 이 영은 2016년 9월 1일부터 시행한다. 제2조 및 제3조 생략 부 칙 〈제27472호, 16・8・31〉 제1조(시행일) 이 영은 2016년 9월 1일부터 시행한다. 제2조부터 제7조까지 생략	

법	시 행 령	시 행 규 칙
	부 칙 〈16 · 12 · 30〉 제1조(시행일) 이 영은 2017년 1월 1일부터 시행한다. 〈단서 생략〉 제2조부터 제12조까지 생략 **부 칙** 〈17 · 3 · 20〉 이 영은 공포한 날부터 시행한다. **부 칙** 〈17 · 7 · 26〉 제1조(시행일) 이 영은 공포한 날부터 시행한다. 다만, 부칙 제8조에 따라 개정되는 대통령령 중 이 영 시행 전에 공포되었으나 시행일이 도래하지 아니한 대통령령을 개정한 부분은 각각 해당 대통령령의 시행일부터 시행한다. 제2조부터 제8조까지 생략 **부 칙** 〈18 · 12 · 18, 제29388호〉 이 영은 2019년 1월 1일부터 시행한다. **부 칙** 〈18 · 12 · 18, 제29395호〉 이 영은 공포한 날부터 시행한다. 〈단서 생략〉 **부 칙** 〈19 · 3 · 12, 제29617호〉 제1조(시행일) 이 영은 2019년 3월 14일부터 시행한다. 제2조부터 제4조까지 생략	

법	시행령	시행규칙
	부칙 〈19·3·16, 제29634호〉 제1조(시행일) 이 영은 2019년 3월 19일부터 시행한다. 제2조 및 제3조 생략 부칙 〈19·3·26, 제29657호〉 제1조(시행일) 이 영은 2019년 4월 1일부터 시행한다. 제2조 생략 부칙 〈19·6·25, 제29892호〉 제1조(시행일) 이 영은 2019년 9월 16일부터 시행한다. 〈단서 생략〉 제2조부터 제10조까지 생략	

도시철도법 시행령 [별표] · 시행규칙 [별표 · 별지]

【시행령 별표】

[별표 1]

입체이용저해율의 산정기준(제10조제2항제2호 관련)

1. 입체이용저해율은 건물의 이용저해율, 지하부분의 이용저해율, 건물 및 지하부분을 제외한 그 밖의 이용저해율을 합산하여 산정한다.

2. 제1호에 따른 건물의 이용저해율, 지하부분의 이용저해율, 건물 및 지하부분을 제외한 그 밖의 이용저해율은 다음 각 목의 산식에 따라 산정한다.
   가. 건물의 이용저해율 $= \alpha \times$이용이 저해되는 지상층의 이용률
   나. 지하부분의 이용저해율 $= \beta \times$이용이 저해되는 지하층 또는 지하 심도(深度)의 이용률
   다. 그 밖의 이용저해율
   1) 지상·지하부분 양쪽의 그 밖의 이용을 저해하는 경우 $= \gamma$
   2) 지상·지하부분 어느 한쪽의 그 밖의 이용을 저해하는 경우

$$= \gamma \times \frac{V_{12}}{V_{12}+V_{22}} \text{ 또는 } \gamma \times \frac{V_{22}}{V_{12}+V_{22}}$$

3. 제2호 각 목의 α, β, γ는 각각 다음 산식에 따라 산정한다.

〈토지의 입체이용 분포도〉

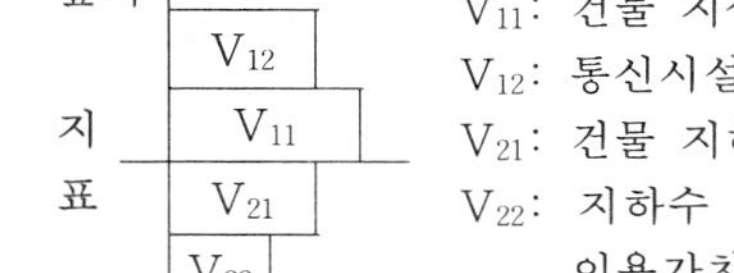

V_{11}: 건물 지상층 이용가치
V_{12}: 통신시설·광고탑 또는 굴뚝 등 이용가치
V_{21}: 건물 지하층 이용가치 또는 지하 이용가치
V_{22}: 지하수 사용시설 또는 특수물의 매설 등 이용가치

   가. 입체이용가치(A) = 건물 지상층 이용가치(V_{11}) + 건물 지하층 이용가치 또는 지하 이용가치(V_{21}) + 그 밖의 이용가치($V_{12}+V_{22}$)
   나. 건물 지상층 이용에 따른 이용률(α) $= \frac{V_{11}}{A}$
   다. 건물 지하층 또는 지하 이용에 따른 이용률(β) $= \frac{V_{21}}{A}$
   라. 그 밖의 이용에 따른 이용률(γ) $= \frac{V_{12}+V_{22}}{A}$
   마. 토지의 입체이용률: $\alpha + \beta + \gamma = 1$

4. 제3호 각 목의 입체이용가치 및 입체이용률 등의 구체적인 산정기준은 해당 토지 및 인근 토지의 이용실태, 입지조건과 그 밖의 지역적 특성을 고려하여 시·도의 조례로 정한다.

[별표 2] 〈개정 16·3·29, 17·3·20, 18·12·18, 19·3·26〉

도시철도채권의 매입 대상 및 대상별 매입 금액의 범위(제14조 관련)

매입 대상	매입 금액의 범위
1. 자동차등록(법 제21조제1항제2호 단서에 따른 경형자동차 및 이륜자동차는 제외한다)을 신청하는 자	
가. 비사업용 승용자동차(승차정원이 7명 이상인 자동차는 제외한다)	
1) 신규등록	
가) 전기자동차 및 수소전기자동차	
(1) 소형(길이 4.7미터, 너비 1.7미터, 높이 2.0미터 이하인 것)	취득세 과세표준액의 100분의 9
(2) 중형(길이·너비·높이 중 어느 하나라도 소형을 초과하는 것. 다만, 길이·너비·높이 모두 소형을 초과하는 것은 제외한다)	취득세 과세표준액의 100분의 12
(3) 대형(길이·너비·높이 모두 소형을 초과하는 것)	취득세 과세표준액의 100분의 20
나) 전기자동차 및 수소전기자동차 외의 자동차	
(1) 소형(배기량 1,000시시 이상 1,600시시 미만인 것으로서 길이 4.7미터, 너비 1.7미터, 높이 2.0미터 이하인 것)	취득세 과세표준액의 100분의 9
(2) 중형(배기량 1,600시시 이상 2,000시시 미만이거나, 길이·너비·높이 중 어느 하나라도 소형을 초과하는 것. 다만, 길이·너비·높이 모두 소형을 초과하는 것은 제외한다)	취득세 과세표준액의 100분의 12
(3) 대형(배기량 2,000시시 이상이거나, 길이·너비·높이 모두 소형을 초과하는 것)	취득세 과세표준액의 100분의 20
(4) 다목적형	취득세 과세표준액의 100분의 5
2) 이전등록	취득세 과세표준액의 100분의 6
나. 사업용 승용자동차(사업용 다목적형 자동차와 승차정원이 7명 이상인 자동차는 제외한다)의 신규등록 및 이전등록	취득세 과세표준액의 100분의 3
다. 사업용 다목적형 자동차의 신규등록 및 이전등록	취득세 과세표준액의 100분의 2

매입 대상	매입 금액의 범위
라. 승차정원이 7명 이상인 승용자동차 및 승합자동차	
1) 승차정원이 7명 이상인 승용자동차 및 소형 승합자동차(승차정원이 11명 이상 15명 이하인 승합자동차로서 길이 4.7미터, 너비 1.7미터, 높이 2.0미터 이하인 것)	
가) 신규등록	
(1) 비사업용	대당 390,000원
(2) 사업용	대당 130,000원
나) 이전등록	
(1) 비사업용	대당 130,000원
(2) 사업용	대당 45,000원
2) 중형 승합자동차(승차정원이 16명 이상 35명 이하이거나, 길이·너비·높이 중 어느 하나라도 소형을 초과하고 길이가 9미터 미만인 것)	
가) 신규등록	
(1) 비사업용	대당 650,000원
(2) 사업용	대당 215,000원
나) 이전등록	
(1) 비사업용	대당 215,000원
(2) 사업용	대당 70,000원
3) 대형 승합자동차(승차정원이 36명 이상이거나, 길이·너비·높이가 모두 소형을 초과하고 길이가 9미터 이상인 것)	
가) 신규등록	
(1) 비사업용	대당 1,300,000원
(2) 사업용	대당 435,000원
나) 이전등록	
(1) 비사업용	대당 435,000원
(2) 사업용	대당 145,000원
마. 화물자동차	
1) 소형(최대 적재량이 1톤 이하인 것으로서 총중량이 3.5톤 이하인 것)	
가) 신규등록	
(1) 비사업용	대당 195,000원
(2) 사업용	대당 65,000원
나) 이전등록	

매입 대상	매입 금액의 범위
(1) 비사업용	대당 65,000원
(2) 사업용	대당 20,000원
2) 중형(최대 적재량이 1톤 초과 5톤 미만이거나, 총중량이 3.5톤 초과 10톤 미만인 것)	
가) 신규등록	
(1) 비사업용	대당 390,000원
(2) 사업용	대당 130,000원
나) 이전등록	
(1) 비사업용	대당 130,000원
(2) 사업용	대당 45,000원
3) 대형(최대 적재량이 5톤 이상이거나, 총중량이 10톤이상인 것)	
가) 신규등록	
(1) 비사업용	대당 650,000원
(2) 사업용	대당 215,000원
나) 이전등록	
(1) 비사업용	대당 215,000원
(2) 사업용	대당 70,000원
(2) 사업용	대당 70,000원
바. 특수자동차	
1) 소형(총중량이 3.5톤 이하인 것)	
가) 신규등록	
(1) 비사업용	대당 195,000원
(2) 사업용	대당 65,000원
나) 이전등록	
(1) 비사업용	대당 65,000원
(2) 사업용	대당 20,000원
2) 중형(총중량이 3.5톤 초과 10톤 미만인 것)	
가) 신규등록	
(1) 비사업용	대당 390,000원
(2) 사업용	대당 130,000원
나) 이전등록	
(1) 비사업용	대당 130,000원
(2) 사업용	대당 45,000원
3) 대형(총중량이 10톤 이상인 것)	
가) 신규등록	

매입 대상	매입 금액의 범위
(1) 비사업용	대당 650,000원
(2) 사업용	대당 215,000원
나) 이전등록	
(1) 비사업용	대당 215,000원
(2) 사업용	대당 70,000원
2. 화물자동차 운송주선사업 허가를 받는 자	750,000원
3. 자동차정비업 및 자동차매매업 등록을 신청하는 자	
가. 자동차정비업(자동차종합정비업만 해당한다)	
1) 신규등록	450,000원
2) 이전등록	150,000원
나. 자동차매매업	
1) 신규등록	300,000원
2) 이전등록	100,000원
4. 건설기계등록을 신청하는 자	취득세 과세표준액의 1,000분의 5
5. 식품영업 허가를 받는 자	
가. 유흥주점영업	
1) 신규허가	2,100,000원
2) 영업소의 소재지 변경허가	1,050,000원
나. 단란주점영업	
1) 신규허가	1,500,000원
2) 영업소의 소재지 변경허가	750,000원
6. 관광숙박업(「관광진흥법」을 적용받는 숙박업만 해당한다) 등록을 신청하는 자	
가. 신규등록 및 명의변경등록	등록된 객실당 30,000원
나. 장소 변경등록	등록된 객실당 15,000원
7. 일반게임제공업의 허가를 받는 자	
가. 신규허가	300,000원
나. 영업소의 소재지 변경허가	150,000원
7의2. 청소년게임제공업, 인터넷컴퓨터게임시설제공업 또는 복합유통게임제공업의 등록을 신청하는 자	
가. 신규등록	200,000원
나. 영업소의 소재지 변경등록	100,000원

매입 대상	매입 금액의 범위
7의3. 유원시설업(遊園施設業)의 허가를 받는 자	
가. 신규허가	300,000원
나. 영업소의 소재지 변경허가	150,000원
8. 사행행위영업 허가를 받는 자	
가. 복권발행업 및 현상업(懸賞業)	750,000원
나. 그 밖의 사행행위업	
1) 신규허가	900,000원
2) 영업소의 소재지 변경허가	450,000원
9. 체육시설업 등록(골프장업만 해당한다)을 신청하는 자	
가. 신규등록	7,500,000원
나. 장소 이전등록	3,750,000원
10. 엽총 소지 허가를 받는 자	45,000원
11. 수렵면허를 받는 자	
가. 제1종 수렵면허	150,000원
나. 제2종 수렵면허	75,000원
12. 주류판매업 면허(도매업만 해당한다)를 받는 자	150,000원
13. 주류제조업 면허를 받는 자	450,000원
14. 건설공사 도급계약의 체결하는 자	
가. 건설공사 도급계약(도시철도채권 발행자와 도시철도건설자 및 도시철도운영자의 발주분만 해당한다)	도급액의 100분의 5
나. 도시철도건설자 또는 도시철도운영자와 체결하는 도시철도건설·운영에 필요한 용역계약 및 물품구매계약(조달청장이 관리하는 단가계약물품과 국제입찰에 의하여 구입하는 물품의 경우는 제외한다)	용역계약액 또는 물품구매계약액의 100분의 2
15. 토지형질 변경허가를 받는 자	3.3제곱미터당 30,000원
16. 카지노업 허가를 받는 자	
가. 신규허가	4,500,000원
나. 영업소의 위치 변경허가	2,250,000원

※ 비고

1. 다음 각 목의 어느 하나에 해당하는 자에 대해서는 국토교통부령으로 정하는 바에 따라 도시철도채권 매입의무를 면제한다.
   가. 국가기관
   나. 지방자치단체
   다. 「공공기관의 운영에 관한 법률」 제4조에 따른 공공기관 중 정부가 100분의 50 이상의 지분을 가지고 있는 공공기관
   라. 금융회사
   마. 주한 외국정부기관
   바. 「사립학교법」 제2조에 따른 사립학교
2. 다음 각 목의 어느 하나에 해당하는 경우에는 해당 각 목의 구분에 따라 도시철도채권 매입의무를 면제한다.
   가. 다음의 경우에는 위 표 중 제1호 및 제4호에 따른 도시철도채권의 매입의무를 면제한다.
      1) 농업인이 「농업협동조합법」에 따른 농업협동조합중앙회 또는 조합의 장으로부터 농촌소득 증대를 위한 농업자금 또는 축산자금에서의 융자금임을 확인받은 자금으로 취득한 자동차 또는 건설기계의 등록신청을 하는 경우
      2) 어업인이 「수산업협동조합법」에 따른 수산업협동조합중앙회 또는 조합의 장으로부터 어촌소득 증대를 위한 어업자금에서의 융자금임을 확인받은 자금으로 취득한 자동차 또는 건설기계의 등록신청을 하는 경우
      3) 「전통사찰의 보존 및 지원에 관한 법률」에 따라 지정·등록된 전통사찰 또는 「민법」 제32조에 따라 설립된 종교단체가 종교용으로 사용하는 자동차 또는 건설기계의 등록신청을 하는 경우
      4) 「사회복지사업법」에 따라 사회복지법인이 사회복지사업용으로 사용하는 자동차 또는 건설기계의 등록신청을 하는 경우
   나. 다음의 어느 하나에 해당하는 자에 대해서는 국토교통부령으로 정하는 바에 따라 도시철도채권 매입 대상 항목의 일부를 면제할 수 있다.
      1) 외국인
      2) 경제개발 또는 공익을 목적으로 제정된 특별법에 따라 설립된 법인과 그 소속 단체
      3) 「민법」 제32조에 따라 설립된 비영리법인으로서 국고보조 또는 지방비의 보조를 받는 법인
      4) 「외국인투자 촉진법」 제2조제1항제6호에 따른 외국인투자기업
      5) 언론기관
      6) 「정당법」에 따라 설립된 정당
      7) 대중교통수단에 사용되는 시내버스·마을버스 및 농어촌버스의 운송사업자와 주택 건설을 목적으로 토지형질 변경허가를 신청하는 자
      8) 「상법」에 따라 합병으로 설립되는 법인 또는 합병 후 존속하는 법인으로서 그 합병에 따른 등록을 신청하는 자
      9) 합명회사에서 합자회사로, 합자회사에서 합명회사로, 주식회사에서 유한회사로, 또는 유한회사에서 주식회사로 조직을 변경하는 경우 그 조직변경에 따른 등록을 신청하는 자
      10) 제조업, 광업, 건설업, 운수업 또는 수산업을 하는 자로서 해당 사업에 1년 이상 사용한 사업용 자산을 현물출자(現物出資)하여 법인을 설립하

기 위하여 등록을 신청하는 자(「조세특례제한법」 제32조에 따른 양도소득세의 이월과세를 적용받는 자만 해당한다)

다. 도시철도채권을 이미 매입했으나 다른 이유로 다시 도시철도채권을 매입해야 하는 경우로서 다음의 요건을 모두 갖춘 경우에는 그 중 낮은 기준의 매입액의 도시철도채권 매입의무를 면제한다. 이 경우 낮은 기준의 매입액의 도시철도채권을 먼저 매입하였을 때에는 그 중 가장 높은 기준의 매입액과의 차액을 추가하여 매입하게 한다.

1) 같은 사업 또는 같은 목적물일 것
2) 도시철도채권을 매입한 날부터 1년이 지나지 않았을 것
3) 동일인일 것

라. 다음의 어느 하나에 해당하는 경우에는 위 표 중 제1호에 따른 도시철도채권을 매입의무를 면제한다.

1) 「자동차관리법」 제53조제1항에 따라 자동차매매업의 등록을 한 자가 판매할 목적으로 말소등록된 자동차를 매수하여 자기 명의로 신규등록하거나 자기 명의로 이전등록하는 경우
2) 말소등록한 자동차를 말소등록 당시의 소유자가 회수하여 신규등록하는 경우
3) 「자동차관리법」 제47조의5에 따른 자동차안전 · 하자심의위원회의 교환 · 환불중재 판정에 따라 교환받은 신차로서 하자차량과 종류가 같은 자동차(「자동차관리법」 제3조에 따른 종류가 같은 자동차를 말한다)를 신규등록하는 경우

마. 「중소기업기본법」 제2조에 따른 중소기업자가 도시철도건설자 또는 도시철도운영자와 도시철도의 건설 · 운영과 관련한 용역계약 또는 물품구매계약을 체결하는 경우 그 계약금액이 각각 1천만원 미만이면 위 표 중 제14호나목에 따른 도시철도채권 매입의무를 면제한다.

바. 다음의 어느 하나에 해당하는 자(이하 "국가유공자등"이라 한다)가 본인 명의로 또는 국가유공자등과 주민등록표 등본상 세대를 같이 하는 보호자(배우자, 직계존비속, 직계존비속의 배우자, 배우자의 직계존비속 또는 형제 · 자매를 말한다. 이하 이 목에서 같다)와 공동명의로 구입하여 등록하는 보철용 차량 1대에 대해서는 위 표 중 제1호가목, 같은 호 라목1) · 마목1) 및 바목1)의 도시철도채권 매입의무를 면제한다. 다만, 국가유공자등이 본인 명의로 구입하거나 국가유공자등과 주민등록표 등본상 세대를 같이 하는 보호자와 공동명의로 구입하여 소유 · 사용하는 보철용 차량을 교체하거나 폐차하기 위하여 다른 보철용 차량을 구입하여 등록함으로써 1인 2대가 되는 경우에는 등록일로부터 60일까지는 1대로 보며, 이 경우에 국가유공자등 또는 보호자는 새로 구입한 차량의 등록일로부터 60일 이내에 기존에 소유 · 사용하던 차량에 대한 자동차양도증명서 또는 말소등록사실증명서(사본을 포함한다)를 관할관청에 제출하여야 한다.

1) 「국가유공자 등 예우 및 지원에 관한 법률」 제4조, 제73조 및 제74조에 해당하는 사람(법률 제11041호로 개정되기 전의 「국가유공자 등 예우 및 지원에 관한 법률」 제73조의2에 해당하는 사람을 포함한다) 과 「보훈보상대상자 지원에 관한 법률」 제2조에 해당하는 사람 중 상이등급 1급부터 7급까지의 판정을 받은 사람
2) 「독립유공자예우에 관한 법률」 제6조에 따라 독립유공자로 등록된 사람
3) 「5 · 18민주유공자예우에 관한 법률」에 따른 5 · 18민주화운동부상자
4) 「고엽제후유의증 등 환자지원 및 단체설립에 관한 법률」에 따른 고엽제후유의증환자 중 장애등급의 판정을 받은 사람
5) 「장애인복지법」에 따라 장애인으로 등록된 사람

사. 「농지법」 제2조제1호에 따른 농지로 형질변경허가를 받은 자는 위 표 중 제15호에 따른 도시철도채권 매입의무를 면제한다.

아. 「사회기반시설에 대한 민간투자법」 제2조제1호가목부터 타목까지에 해당하는 사회기반시설의 건설을 목적으로 토지형질 변경허가를 받은 사업자는 위 표 중 제15호에 따른 도시철도채권 매입의무를 면제한다.

자. 위 표 제14호가목에 따른 건설공사 도급계약과 관련하여 도시개발채권을 매입한 경우에는 매입 상당액에 해당하는 도시철도채권 매입의무를 면제한다.

차. 「환경친화적 자동차의 개발 및 보급 촉진에 관한 법률」 제2조제3호에 따른 전기자동차 및 같은 조 제6호에 따른 수소전기자동차로서 같은 조 제2호 각 목의 요건을 모두 갖춘 자동차를 등록 (2020년 12월 31일까지 등록하는 경우로 한정한다)하려는 자가 위 표 제1호가목부터 다목까지의 어느 하나에 해당하여 도시철도채권을 매입해야 하는 경우에는 250만원(매입해야 하는 도시철도채권의 매입금액이 250만원 이하인 경우에는 해당 도시철도채권의 매입금액 전부를 말한다)에 해당하는 도시철도채권 매입의무를 면제한다.

카. 「환경친화적 자동차의 개발 및 보급 촉진에 관한 법률」 제2조제5호에 따른 하이브리드자동차로서 같은 조 제2호 각 목의 요건을 모두 갖춘 자동차를 등록(2020년 12월 31일까지 등록하는 경우로 한정한다)하려는 자가 위 표 제1호가목부터 다목까지의 어느 하나에 해당하여 도시철도채권을 매입해야 하는 경우에는 200만원(매입해야 하는 도시철도채권의 매입금액이 200만원 이하인 경우에는 해당 도시철도채권의 매입금액 전부를 말한다)에 해당하는 도시철도채권의 매입의무를 면제한다.

타. 시 · 도지사는 천재지변이나 그 밖의 재해로 인하여 도시철도채권의 매입이 부적당하다고 인정하는 경우에는 매입대상 항목의 일부를 지정하여 매입의무를 면제할 수 있다.

3. 도시철도채권의 최저 매입 금액은 5천원으로 한다. 이 경우 2,500원 미만은 버리고, 2,500원 이상은 5천원으로 올린다.

[별표 3]

위반행위의 종류와 과징금의 금액(제24조제1항 관련)

위반행위	근거 법조문	과징금
1. 법 제27조에 따른 도시철도운송사업의 면허기준을 위반한 경우	법 제37조제1항제2호	500만원
2. 도시철도운송사업자가 법 제28조의 결격사유에 해당하는 경우. 다만, 법인의 임원 중에 그 사유에 해당하는 사람이 있는 경우로서 3개월 이내에 그 임원을 개임(改任)하였을 때에는 제외한다.	법 제37조제1항제3호	500만원
3. 법 제30조제1항을 위반하여 시·도지사가 정한 날짜 또는 기간 내에 운송을 개시하지 않은 경우	법 제37조제1항제4호	300만원
4. 법 제35조에 따른 인가를 받지 않고 양도·양수하거나 합병한 경우	법 제37조제1항제5호	300만원
5. 법 제36조제1항에 따른 허가를 받지 않거나 신고를 하지 않고 도시철도운송사업을 휴업하거나 같은 조 제3항에 따른 휴업기간이 지난 후에도 도시철도운송사업을 재개하지 않은 경우	법 제37조제1항제6호	500만원
6. 법 제39조의 사업개선명령을 따르지 않은 경우	법 제37조제1항제7호	300만원
7. 사업경영의 불확실 또는 자산상태의 현저한 불량이나 그 밖의 사유로 사업을 계속함이 적합하지 않은 경우	법 제37조제1항제8호	500만원

【시행규칙 별표】

[별표 1]

도시철도운송사업의 면허기준(제5조 관련)

구분	면허기준
도시철도 차량의 대수	법 제6조에 따라 시·도지사가 수립한 노선별 도시철도기본계획에서 정한 도시철도차량의 대수 또는 법 제7조제1항에 따라 국토교통부장관의 승인을 받은 도시철도사업계획에서 정한 도시철도차량의 대수
운영인력	도시철도운송사업계획서에 포함된 도시철도차량의 종류·대수 및 운행계획 등을 고려할 때 도시철도운송사업의 안전 및 이용자 편의를 보장할 수 있다고 인정되는 도시철도종사자를 보유할 것

비고 : 시·도지사는 도시철도운송사업의 여건변동 등으로 인하여 위 표의 도시철도차량의 대수를 적용하는 것이 현저하게 불합리하다고 인정하는 경우에는 위 표에서 정한 기준의 2분의 1 범위에서 이를 가중 또는 경감하여 적용할 수 있다.

[별표 2]

행정처분의 세부기준(제7조 관련)

Ⅰ. 일반 기준

1. 위반행위가 둘 이상인 경우로서 그에 해당하는 각각의 처분기준이 다른 경우에는 그 중 무거운 처분기준에 따른다. 다만, 둘 이상의 처분기준이 모두 사업정지인 경우에는 각각의 처분기준을 합산한 기간을 넘지 아니하는 범위에서 무거운 처분기준의 2분의 1 범위에서 가중할 수 있다. 이 경우 각 처분기준을 합산한 기간은 6개월을 넘을 수 없다.
2. 위반행위의 횟수에 따른 행정처분의 기준은 최근 1년간 같은 위반행위로 행정처분을 받은 경우에 적용한다. 이 경우 행정처분 기준의 적용은 같은 위반행위에 대하여 최초로 행정처분을 한 날을 기준으로 한다.
3. 다음 각 목의 어느 하나에 해당하는 경우에는 제1호 및 제2호의 기준에도 불구하고 그 처분기간을 2분의 1 범위에서 감경할 수 있다.
   가. 그 위반의 정도가 경미하거나 고의성이 없는 행위로서 신속히 사후 조치를 취한 경우
   나. 위반행위에 대하여 처분을 하는 것이 도시철도 이용자에게 심한 불편을 줄 우려가 있는 경우
   다. 그 밖에 공익을 위하여 특별히 처분을 감경할 필요가 있는 경우

Ⅱ. 개별 기준

위반행위	근거 법조문	처분기준			
		1차	2차	3차	4차 이상
1. 거짓이나 그 밖의 부정한 방법으로 법 제26조에 따른 도시철도운송사업의 면허를 받은 경우	법 제37조제1항제1호	사업면허 취소			
2. 법 제27조에 따른 도시철도운송사업의 면허 기준을 위반한 경우	법 제37조제1항제2호	사업정지 15일	사업정지 30일	사업정지 60일	
3. 도시철도운송사업자가 법 제28조의 결격사유에 해당하는 경우. 다만, 법인의 임원 중에 그 사유에 해당하는 사람이 있는 경우로서 3개월 이내에 그 임원을 개임(改任)하였을 때에는 제외한다.	법 제37조제1항제3호	사업면허 취소			
4. 법 제30조제1항을 위반하여 시·도지사가 정한 날짜 또는 기간 내에 운송을 개시하지 않는 경우	법 제37조제1항제4호	경고	사업정지 15일	사업정지 30일	사업정지 60일
5. 법 제35조에 따른 인가를 받지 않고 양도·양수하거나 합병한 경우	법 제37조제1항제5호	경고	사업정지 15일	사업정지 30일	사업정지 60일

6. 법 36제1항에 따른 허가를 받지 않거나 신고를 하지 않고 도시철도운송사업을 휴업 또는 폐업하거나 같은 조 제3항에 따른 휴업기간이 지난 후에도 도시철도운송사업을 재개하지 않는 경우	법 제37조제1항제6호	사업정지 15일	사업정지 30일	사업정지 60일	
7. 법 제39조의 사업개선명령에 따르지 않는 경우	법 제37조제1항제7호	경고	사업정지 15일	사업정지 30일	사업정지 60일
8. 사업경영의 불확실 또는 자산상태의 현저한 불량이나 그 밖의 사유로 사업을 계속함이 적합하지 않는 경우	법 제37조제1항제8호	경고	사업정지 15일	사업정지 30일	사업면허 취소

[별지 제1호서식]

도시철도운송사업 면허신청서

(앞쪽)

접수번호	접수일자		처리기간 90일
신청인	상호(법인명)	성명(대표자)	법인등록번호
	주소(소재지) (전화번호 :)		
신청 내용	경영하려는 도시철도운송사업의 종류 (운행형태 :)		
	운송예정노선 또는 예정사업구역		
	운송개시 예정일		
	사업에 사용할 차량의 대수		
	임원의 명단		
	사업소의 명칭 및 소재지		
	사업의 범위 또는 기간		

「도시철도법」 제26조제1항 및 같은 법 시행규칙 제4조제1항에 따라 도시철도운송사업면허를 신청합니다.

년 월 일

신청인 (서명 또는 인)

시 · 도지사 귀하

신청(신고)인 제출서류	1. 도시철도운송사업계획서 1부 2. 법인설립계획서(설립예정 법인인 경우에만 제출합니다) 1부 3. 해당 도시철도운송사업을 경영하려는 취지를 설명하는 서류 1부 4. 「도시철도법」 제28조제1항 각 호의 결격사유에 해당하지 않음을 증명하는 서류 1부
담당공무원 확인사항	법인 등기사항증명서(설립예정법인을 제외한 법인인 경우만 해당합니다)

210mm×297mm[백상지 80g/㎡(재활용품)]

(뒤쪽)

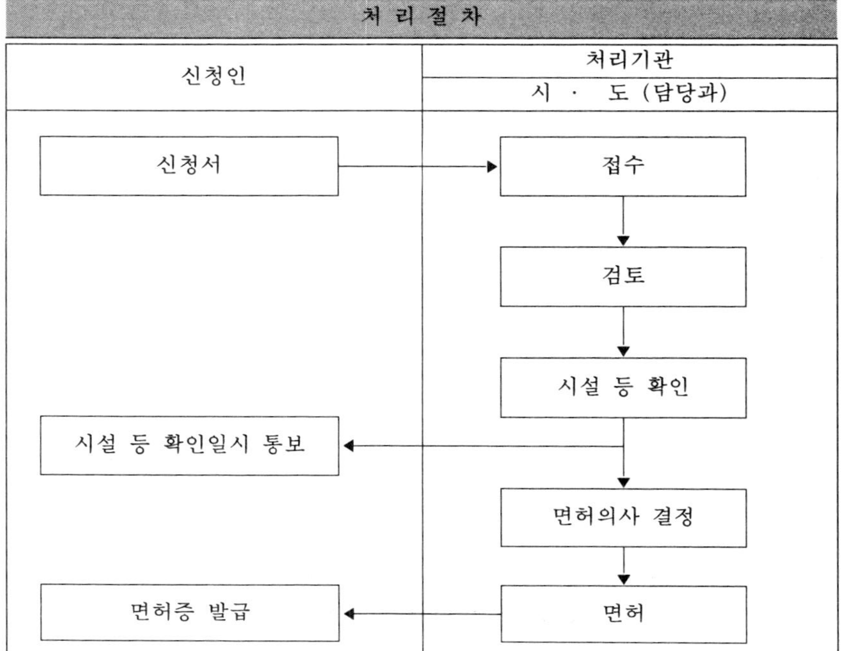

[별지 제2호서식]

제 호

도시철도운송사업 면허증

1. 상 호(법인명)
2. 주 소
3. 성 명(대표자)
4. 법인등록번호
5. 노 선 명
6. 사업구간
7. 도시철도운송사업의 종류(면허내용)
8. 주영업소 및 주소
9. 면허연월일

「도시철도법」 제26조제1항 및 같은 법 시행규칙 제4조제4항에 따라 위와 같이 도시철도운송사업을 면허합니다.

년 월 일

시 · 도지사 [직인]

210mm×297mm[백상지 120g/㎡]

[별지 제3호서식]

도시철도운송사업면허 대장

면허번호	
면허연월일	
상호(법인명) 및 주소	
법인등록번호	
성명(대표자)	
주영업소 명칭 및 주소	
노선명	
사업구간	
도시철도운송사업의 종류(면허내용)	
자본금	
도시철도차량 종류별 대수	
그 밖에 필요한 사항	

210mm×297(인쇄용지(특급) 80g/㎡)

[별지 제4호서식]

도시철도운송사업 [ ] 휴업 [ ] 폐업 [ ] 허가신청서 [ ] 신고서

(앞쪽)

접수번호	접수일자		처리기간 1일 ~ 60일
신청인 (신고인)	법인의 명칭 및 대표자 성명		법인등록번호
	주소 (전화번호 :)		
휴업 또는 폐업 내용	노선 또는 사업의 범위		
	휴업예정기간 . . .부터 . . 까지 (년 월)		
	사업폐업일자		
휴업 또는 폐업사유			

「도시철도법」 제36조 및 같은 법 시행규칙 제6조제1항에 따라 도시철도

운송사업의 [휴업 / 폐업] [ ] 허가를 신청합니다. / [ ] 신고를 합니다.

년 월 일

신청(신고)인 (서명 또는 인)

시 · 도지사 귀하

구비서류		
구비서류	「도시철도법」 제36조제1항 본문에 해당하는 경우	1. 도시철도운송사업의 휴업 또는 폐업에 관한 총회 또는 이사회의 의결서 사본 1부 2. 휴업 또는 폐업하려는 도시철도노선, 정거장, 도시철도차량의 종류 등에 관한 사항을 적은 서류 1부 3. 휴업 또는 폐업 시 대체교통수단의 이용에 관한 사항을 적은 서류 1부
	「도시철도법」 제36조제1항 단서에 해당하는 경우	1. 휴업하려는 도시철도노선, 정거장, 도시철도차량의 종류 등에 관한 사항을 적은 서류 1부 2. 휴업 시 대체교통수단의 이용에 관한 사항을 적은 서류 1부

210mm×297mm[백상지 80g/㎡(재활용품)]

(뒤쪽)

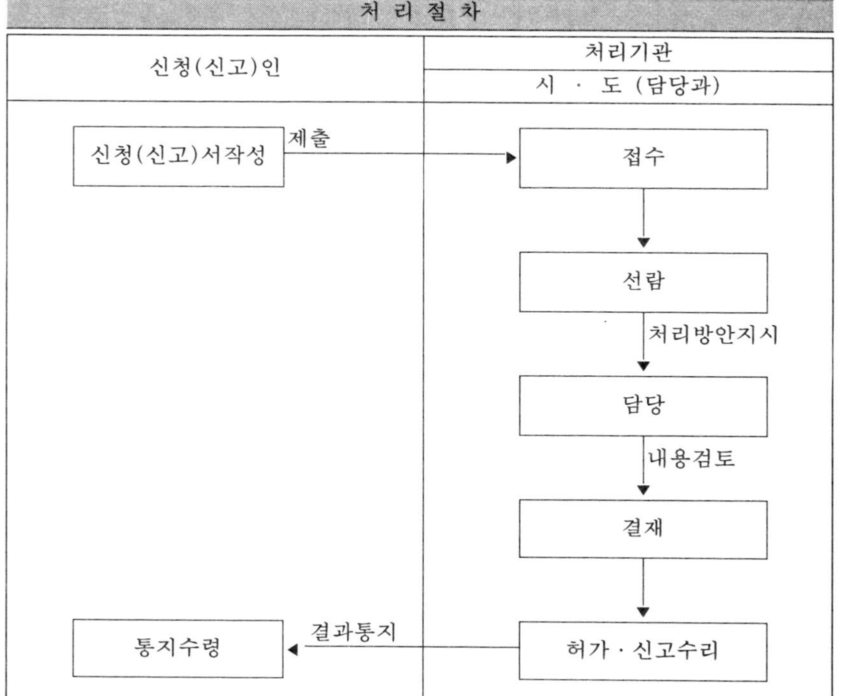

도시철도건설규칙 [1994·5·9 교통부령 제1025호 제정]

개정 2000· 3·18 건설교통부령 제231호
(도시철도차량안전기준에관한규칙)
2004·12· 4 건설교통부령 제412호
2008· 3·14 국토해양부령 제 4호
(정부조직법의 개정에 따른 감정평가에 관한 규칙 등 일부개정령)
2010·10· 8 국토해양부령 제290호
2013· 3·23 국토교통부령 제1호
(국토교통부와 그 소속기관 직제 시행규칙)
2014· 7· 8 국토교통부령 제106호
(도시철도법 시행규칙 전부개정령)

제1장 총 칙

제1조(목적) 이 규칙은 「도시철도법」 제18조에 따라 도시교통권역에 건설하는 도시철도의 건설기준 등에 관하여 필요한 사항을 규정함을 목적으로 한다.〈개정 14·7·8〉

[전문개정 10·10·8]

제2조(정의) 이 규칙에서 사용하는 용어의 뜻은 다음과 같다.

1. "궤간"이란 다음 각 목의 구분에 따른 궤도사이의 간격을 말한다.
   가. 철제차륜을 사용하는 도시철도차량(이하 "차량"이라 한다)의 경우: 레일의 맨 위쪽 부분으로부터 14밀리미터 아래 지점에 위치한 양쪽 레일의 안쪽 간의 가장 짧은 거리
   나. 고무차륜을 사용하는 차량의 경우: 차륜 중심 간의 거리
   다. 자기부상추진방식을 사용하는 차량의 경우: 부상레일 중심 간의 거리
2. "본선(本線)"이란 열차의 운전에 상용(常用)되는 선로(정거장 안에 있는 대피선과 반복운전선을 포함한다)를 말한다.
3. "측선(側線)"이란 본선 외의 선로를 말한다.
4. "정거장"이란 승객이 열차(본선에서 운행할 목적으로 편성된 차량을 말한다. 이하 같다)를 타고 내리는데 사용되는 장소를 말한다.
5. "차량기지"란 차량을 유치·검수 및 정비 등을 하기 위하여 설치한 시설을 말한다.
6. "경량전철"이란 모노레일형식, 노면전차형식, 철제차륜형식, 고무차륜형식, 선형유도전동기형식, 자기부상추진형식 등으로 운행되고, 차량 최대 설계축중 13.5톤 이하[분포하중(分布荷重)의 경우 단위 미터당 2.8톤 이하를 말한다]의 전기철도를 말한다.
7. "제3레일"이란 전차선(電車線)의 한 종류로서 레일 또는 주행면과 평행하게 부설하여 차량의 옆면이나 밑면에서 차량에 전기를 공급하는 시설물을 말한다.
8. "제3레일방식"이란 제3레일을 이용하여 차량에 전기를 공급하는 방식을 말한다.

[전문개정 10·10·8]

제3조(선로의 형식) 본선은 복선(複線)으로 한다. 다만, 「도시철도법」 제6조에 따른 노선별 도시철도기본계획에서 정하는 특수한 구간에 대해서는 단선(單線)으로 할 수 있다.〈개정 14·7·8〉

[전문개정 10·10·8]

제4조 삭제 〈04·12·4〉

제5조(열차의 운전 진로) 상행·하행 열차를 구별하여 운전하는 한 쌍의 선로의 경우 열차의 운전 진로는 오른쪽으로 한다. 다만, 국유철도와 직접 연결되는 선로의 경우에는 왼쪽으로 할 수 있다.

[전문개정 10·10·8]

제2장 선 로

제1절 궤 간

제6조(궤간) 궤간의 치수는 1천435밀리미터로 한다.

제7조(확대궤간) ① 선로가 곡선인 구간(이하 "곡선구간"라 한다)의 궤간에는 제6조에도 불구하고 확대궤간을 두어야 한다.

② 제1항에 따른 확대궤간은 곡선부분의 안쪽 레일에 두어야 하며, 그 치수는 25밀리미터를 초과하지 아니하는 범위에서 해당 곡선의 반경 등을 고려하여 특별시장·광역시장·도지사·특별자치도지사·시장 또는 군수(이하 "시·도지사등"이라 한다)가 정한다.

[전문개정 10·10·8]

제8조(확대궤간의 체감거리) ① 제7조에 따른 확대궤간은 선로가 나누어지는 지점(이하 "분기부"라 한다)의 경우를 제외하고는 다음 각 호의 거리에서 체감(遞減)시켜야 한다.

1. 완화곡선이 있는 경우: 그 곡선 전체의 거리
2. 완화곡선이 없는 경우: 제12조에 따른 캔트의 체감거리(遞減距離)와 같게 하되, 캔트를 두지 아니하는 경우에는 원곡선의 시작점·끝점으로부터 5미터 이상의 거리

② 반경이 다른 같은 방향의 곡선이 접속하는 경우에는 반경이 큰 곡선 안에서 확대궤간의 차를 제1항제1호 및 제2호에 준하여 체감하여야 한다.

[전문개정 10·10·8]

제9조(궤간의 공차) ① 궤간에는 다음 각 호에서 정하는 공차(公差)를 허용한다.

1. 크로싱의 경우: 증(增) 3밀리미터, 감(減) 2밀리미터
2. 그 밖의 경우: 증 10밀리미터, 감 2밀리미터

② 제1항에 따른 허용치에 확대궤간을 더한 치수는 30밀리미터를 초과해서는 아니 된다.

[전문개정 10·10·8]

제2절 곡 선

제10조(선로의 곡선반경 등) ① 선로의 곡선반경은 선로의 구간 및 기능 등에 따라 그 크기를 다르게 할 수 있다.

② 제1항에 따른 곡선반경의 크기는 시·도지사등이 정한다.

[전문개정 10·10·8]

제11조(캔트) ① 곡선구간의 바깥쪽 레일에는 열차의 안전운행을 위하여 캔트(열차의 원심력에 의한 탈선이나 전복을 막기 위하여 바깥쪽 레일을 안쪽 레일보다 높게 부설하는 것을 말한다. 이하 같다)를 두어야 한다. 다만, 분기부에 연속되는 곡선의 경우에는 그러하지 아니하다.

② 제1항에 따른 캔트의 크기는 해당 곡선의 반경, 열차의 운행속도 등을 고려하여 시·도지사등이 정하되, 최대 160밀리미터를 초과할 수 없다.

[전문개정 10·10·8]

제12조(캔트의 체감거리) 캔트의 체감거리는 다음 각 호와 같다.

1. 완화곡선이 있는 경우: 그 곡선 전체의 거리
2. 완화곡선이 없는 경우: 제11조제2항에 따른 캔트(이하 "표준캔트"로 한다)의 600배 이상의 거리
3. 복심(複心)곡선이 있는 경우: 반경이 큰 곡선상에서의 캔트 차의 600배 이상의 거리
4. 제1호부터 제3호까지의 경우로서 시·도지사등이 정하는 부득이한 경우: 표준캔트의 450배 이상의 거리

[전문개정 10·10·8]

제13조(완화곡선) ① 본선의 경우에 곡선반경이 800미터 이하인 곡선과 직선이 접속하는 곳에는 적절한 완화곡선을 삽입하여야 한다. 다만, 분기부에 연속되는 곡선인 경우에는 그러하지 아니하다.

② 제1항에 따른 완화곡선의 길이는 표준캔트의 600배 이상으로 한다. 다만, 부득이한 경우에는 표준캔트의 450배까지 줄일 수 있다.

[전문개정 10·10·8]

제14조(직선의 삽입 등) ① 본선의 경우에 인접하여 두 개의 곡선이 있

는 선로에는 캔트 체감 후에 20미터 이상의 직선을 삽입하여야 한다.

② 제1항의 경우에 반대방향의 두 개의 곡선인 선로가 인접되어 있는 경우로서 지형상 직선을 삽입할 수 없는 부득이한 때에는 직선을 삽입하지 아니할 수 있으며, 같은 방향의 두 개의 곡선인 선로가 인접되어 있는 경우에는 시·도지사등이 정하는 범위에서 복심곡선으로 할 수 있다.

③ 제1항 및 제2항에도 불구하고 분기부에 연속하는 경우와 측선의 경우로서 안전에 지장이 없는 경우에는 직선을 삽입하지 아니하거나 제2항의 기준과 다른 복심곡선으로 할 수 있다.

[전문개정 10·10·8]

제3절 기 울 기

제15조(정거장 밖의 기울기한도) ① 정거장 밖의 지역에 있는 본선의 기울기는 1천분의 35를 초과해서는 아니 된다.

② 곡선인 선로에 기울기를 두는 경우에는 제1항에 따른 한도에 적절한 곡선보정을 한 기울기를 한도로 한다.

[전문개정 10·10·8]

제16조(정거장 안의 기울기 한도) 정거장 안에 있는 본선의 기울기는 다음 각 호의 구분에 따른 한도를 초과해서는 아니 된다.

1. 본선이 차량을 분리·연결 또는 유치하는 용도로 사용되는 경우: 1천분의 3
2. 제1호 외의 경우: 1천분의 8(부득이한 경우에는 1천분의 10)

[전문개정 10·10·8]

제17조(측선의 기울기) 측선의 기울기는 1천분의 3을 초과해서는 아니 된다. 다만, 차량을 유치하지 아니하는 측선의 경우에는 1천분의 45까지로 할 수 있다.

[전문개정 10·10·8]

제18조(종곡선) 선로의 기울기가 변하는 경우로서 인접 기울기의 변화가 1천분의 5를 초과하는 경우에는 반경 3천미터 이상의 종곡선(從曲線)을 삽입하여야 한다.

[전문개정 10·10·8]

제4절 건축한계

제19조(건축한계) 도시철도에는 차량의 흔들림이나 선로의 비틀림 등을 고려하여 차량의 안전운행에 필요한 공간(이하 "건축한계"라 한다)을 두고 이에 건물이나 그 밖의 시설을 설치해서는 아니 된다. 다만, 가공전차선(架空電車線) 및 그 현수장치(懸垂裝置)와 선로 보수 등의 작업에 필요한 일시적인 시설로서 열차의 안전운행에 지장이 없는 경우에는 그러하지 아니하다.

[전문개정 10·10·8]

제20조(직선구간의 건축한계) 선로가 직선인 구간(이하 "직선구간"라 한다)의 건축한계는 시·도지사등이 정한다.

[전문개정 10·10·8]

제21조(곡선구간의 건축한계) ① 곡선구간의 건축한계는 제11조제2항에 따른 캔트의 크기에 따라 기울게 하여야 한다.

② 제1항에 따른 곡선구간의 건축한계는 직선구간의 건축한계를 궤도중심의 각 측(側)에 일정한 치수 이상으로 확대한 것으로 하되, 그 범위는 곡선반경 등을 고려하여 시·도지사등이 정한다. 다만, 가공전차선 및 그 현수장치를 제외한 상부의 건축한계는 이에 따르지 아니할 수 있다.

③ 제2항에 따른 확대치수는 완화곡선에 따라 체감하여야 한다. 다만, 완화곡선의 길이가 20미터 이하인 경우 또는 완화곡선이 없는 경우에는 원곡선 끝으로부터 20미터 이상의 거리에서 체감하여야 하며, 원곡선이 복심곡선인 경우 확대치수의 차는 반경이 큰 곡선으로부터 20미터 이상의 거리에서 체감하여야 한다.

[전문개정 10·10·8]

제5절 궤 도

제22조(궤도의 중심 간격) ① 열차가 서로 반대방향으로 운행되는 본선 궤도의 경우에는 열차 및 승객 등의 안전을 위하여 궤도 간의 간격을 충분히 두어야 한다.

② 제1항에 따른 궤도의 간격은 해당 궤도의 지상부, 지하부, 궤도 병설 수 및 차체규격 등을 고려하여 시·도지사등이 기준을 정한다. 이 경우 궤도 사이에 가공전차선 지주(支柱)나 신호기 지주 등을 설치하는 경우에는 해당 부분만큼 궤도의 간격을 확대하여야 한다.

[전문개정 10·10·8]

제23조(곡선인 궤도의 중심 간격) 곡선인 궤도의 중심 간격은 제21조제2항에 따른 치수의 두 배 이상으로 확대하여야 한다.

[전문개정 10·10·8]

제24조(레일) 레일의 중량은 열차의 종류, 설계하중 및 통과톤수 등에 따라 시·도지사등이 정한다.

[전문개정 10·10·8]

제25조(도상의 두께 등) ① 도상[레일의 침목(枕木) 밑면부터 시공기면(施工基面)까지에 설치하는 콘크리트나 자갈 등을 말한다. 이하 같다]의 두께 및 너비의 기준은 시·도지사등이 정하는 기준 이상으로 하여야 한다. 다만, 기술상 또는 지형상 불가능한 경우로서 안전에 지장이 없다고 인정되는 경우에는 도상의 두께를 달리하거나 도상을 설치하지 아니할 수 있다.

② 시·도지사등은 제1항의 기준을 정할 때에는 지상이나 지하의 필요 공간과 지반의 특성 등을 고려하되, 해당 도상을 자갈로 하는 경우와 콘크리트로 하는 경우를 구분하여 정할 수 있다.

[전문개정 10·10·8]

제6절 구 조 물

제26조(건축한계 외의 여유 공간) 구조물과 건축한계 사이에는 시·도지사등이 정하는 바에 따라 전기, 신호, 통신, 통로 또는 그 밖의 시설을 설치하는 데 필요한 여유 공간을 두어야 한다.

[전문개정 10·10·8]

제27조(도로면 등으로부터의 간격) ① 도로면과 지하구조물 윗면과의 사이 또는 도로면과 고가구조물 밑면과의 사이에는 안전 확보와 통신·배관 등 지하매설물이나 지상가설물의 설치 등에 필요한 일정 기준 이상의 깊이 또는 높이를 확보하여야 한다. 다만, 개구부(開口部) 등 지형상 부득이한 경우로서 안전에 지장이 없다고 인정되는 경우에는 그러하지 아니하다.

② 제1항에 따른 깊이 또는 높이의 기준은 지질 등을 고려하여 시·도지사등이 정한다.

③ 하천의 밑을 지나는 터널의 윗면과 하천의 계획준설면 사이에는 하천의 유지·관리 및 도시철도 시설물의 보호 등을 위하여 시·도지사등이 정하는 기준 이상의 깊이를 확보하여야 한다.

[전문개정 10·10·8]

제28조 삭제 〈00·3·18〉

제7절 분 기

제29조(분기) 본선으로부터의 선로의 분기(分岐)는 정거장 안에서 하거나 신호소가 있는 곳에서 하여야 한다. 다만, 적절한 보안설비를 하는 경우에는 그러하지 아니하다.

[전문개정 10·10·8]

제3장 정 거 장

제30조(정거장의 시설·설비) 정거장에는 승강장·대합실·화장실 및 통로 등 승객의 도시철도 이용에 필요한 시설과 전기·통신설비 등을 설

치하여야 하며, 이에 필요한 세부적인 사항은 국토교통부장관이 정하여 고시한다.〈개정 13·3·23〉

[전문개정 10·10·8]

제30조의2(승강장의 안전시설) ① 승강장에는 승객의 안전사고를 방지하기 위하여 다음 각 호의 어느 하나에 해당하는 안전시설을 설치하여야 한다.

1. 안전펜스
2. 전동차 출입문과 연동되어 열리고 닫히는 승하차용 출입문 설비(이하 "스크린도어"라 한다)

② 스크린도어는 다음 각 호의 기준에 적합하게 설치하여야 한다.

1. 승객이 전동차와 스크린도어 사이에 끼는 것을 방지할 수 있도록 승강장의 연단으로부터 스크린도어의 출입문까지의 거리를 최소로 할 것
2. 제1호에 따른 조치에도 불구하고 승객이 전동차와 스크린도어 사이에 끼는 경우에 대비할 수 있도록 승객의 끼임을 감지하여 승무원과 역무원에게 인지시킬 수 있는 경보장치를 설치할 것
3. 스크린도어의 재질은 「도시철도차량 안전기준에 관한 규칙」 제10조 제1항에 따른 불연재료 또는 같은 조 제3항에 따른 재료를 사용할 것
4. 화재 발생 등 비상 상황이 발생하는 경우 손으로 출입문을 열 수 있도록 할 것
5. 승강장의 구조와 승강장의 바닥구조물의 강도를 고려하여 설치할 것

③ 차량과 승강장 연단의 간격이 10센티미터가 넘는 부분에는 안전발판 등 승객의 실족사고를 방지하는 설비를 설치하여야 한다.

[전문개정 10·10·8]

제30조의3(정거장 간의 거리) 도시철도의 정거장 간 거리는 1킬로미터 이상으로 하되, 교통수요·경제성·지형여건 및 다른 교통수단과의 연계성 등을 종합적으로 고려하여 조정할 수 있다.

[전문개정 10·10·8]

제31조(승강장의 너비) ① 승강장의 너비는 다음 각 호의 기준에 따른다. 다만, 승객의 이용이 적은 승강장의 양끝지역에서는 다음 각 호의 기준보다 좁게 할 수 있다.

1. 본선과 본선 사이에 설치된 승강장의 경우: 8미터 이상
2. 본선의 양옆에 설치된 승강장의 경우: 4미터 이상

② 승강장의 연단으로부터 너비 1.5미터, 높이 2미터 이내의 공간에는 승객의 실족·추락 방지시설, 대피시설 등 안전시설 외에는 기둥·계단 등 어떠한 시설도 설치해서는 아니 된다.

③ 시·도지사등은 해당 지역의 여건상 불가피하다고 인정되는 경우에는 제1항 및 제2항에도 불구하고 승강장의 너비를 기준 이하로 하거나 승강장의 주위에 기둥이나 계단을 설치하게 할 수 있다.

[전문개정 10·10·8]

제32조(승강장 연단의 높이) 승강장의 연단은 레일의 윗면으로부터 1.135미터 높이에 설치하는 것을 표준으로 한다.

[전문개정 10·10·8]

제33조(승강장 연단과 차량한계와의 간격) ① 승강장의 연단은 제51조에 따른 차량한계로부터 50밀리미터의 간격을 두고 설치하여야 한다.

② 선로가 곡선으로 되어 있는 승강장은 제1항에 따른 간격에 제21조 제2항에 따른 치수를 더하여 설치하여야 한다.

[전문개정 10·10·3]

제34조(승강장의 길이 및 통로의 폭) 승강장의 유효길이 및 통로의 폭은 해당 노선의 수송수요 및 운전계획 등을 고려하여 정하되, 이에 필요한 세부적인 사항은 국토교통부장관이 정하여 고시한다.〈개정 13·3·23〉

[전문개정 10·10·8]

제35조(노면 출입구 및 지상보행로) 노면 출입구를 지상보도에 설치하는 경우에는 해당 출입구를 제외한 지상보행로의 폭이 2미터 이상이 되도

록 하여야 한다.

[전문개정 10·10·8]

제35조의2(특별피난계단) ① 지하 3층 이하의 승강장에는 비상시 승객이 쉽게 대피할 수 있도록 승강장과 지상을 계단으로 직접 연결한 별도의 비상계단(이하 "특별피난계단"이라 한다)을 설치하되, 본선과 본선 사이에 설치된 승강장에는 한 군데 이상, 본선의 양옆에 설치된 승강장에는 승강장별로 한 군데 이상을 설치하여야 한다.

② 제1항에 따라 특별피난계단을 설치하는 경우 제69조에 따른 유도등과 제70조에 따른 비상조명등을 각각 설치하여야 한다.

[전문개정 10·10·8]

제35조의3(정거장의 구조물 등의 마감재료) ① 정거장의 각 구조물 등에 사용되는 마감재료 등은 다음 각 호의 기준을 따른다.

1. 승강장 및 대합실에 사용되는 마감재료는 「건축법 시행령」 제2조제10호에 따른 불연재료(이하 이 조에서 "불연재료"라 한다)를 사용하여야 한다. 다만, 냉방장치 등 기계설비가 설치된 장소의 바닥에 사용되는 마감재료는 불연재료를 사용하지 아니할 수 있다.
2. 복도·계단 및 통로에 사용되는 마감재료는 불연재료를 사용하여야 한다.
3. 조립식 칸막이의 외부에 사용되는 마감재료는 불연재료를 사용하여야 하며, 조립식 칸막이의 내부에 사용되는 재료는 불연재료 또는 「건축법 시행령」 제2조제11호에 따른 준불연재료(이하 이 조에서 "준불연재료"라 한다)를 사용하여야 한다.
4. 실내장식물은 불연재료·준불연재료 또는 「소방시설 설치유지 및 안전관리에 관한 법률」 제12조제1항에 따른 물품을 사용하여야 한다.
5. 가판대·안내소·공중전화부스 등의 편의시설에 사용되는 마감재료는 불연재료를 사용하여야 한다.

② 제1항에 따른 마감재료는 정거장 구조물의 균열·누수 또는 노후화를 쉽게 점검할 수 있도록 적절한 방법에 따라 설치하여야 한다.

[전문개정 10·10·8]

제4장 설 비

제1절 전기설비

제36조(전기방식) 선로에 공급하는 전압 및 전기방식은 다음 각 호에서 정하는 바에 따르되, 전력은 해당 도시철도를 관할하는 도시철도 변전소로부터 공급받는 것을 원칙으로 한다.

1. 전차선로: 직류 1천500볼트 가공선식(架空線式)
2. 고압배전선: 교류 3상 6천600볼트, 2만2천볼트 또는 2만2천900볼트
3. 선로 안의 조명 및 동력시설: 교류 단상(單相) 220볼트 또는 3상 380볼트
4. 신호용 배전선: 교류 100볼트 이상 400볼트 이하

[전문개정 10·10·8]

제37조(전선로) ① 조명 및 동력용 고압배전선은 2회선 이상으로 하여야 한다.

② 지상부 전차선은 별도의 급전선(給電線)을 설치하여 구간별로 전기를 공급하여야 하고, 지하부 전차선은 강체전차선(剛體電車線) 또는 커티너리 조가선(弔架線)이 급전선을 겸하도록 하여야 한다. 다만, 제3레일방식의 경우에는 제3레일이 급전선을 겸하도록 하여야 한다.

[전문개정 10·10·8]

제38조(전식방지대책) 주행레일을 귀선(歸線)으로 이용하는 경우에는 누설전류에 의하여 케이블, 금속제 지중관로 및 선로 구조물 등에 미칠 장애를 방지하기 위한 적절한 시설을 설치하여야 한다.

[전문개정 10·10·8]

제39조 삭제 〈04·12·4〉

제40조(급전선의 차단) 급전선에 설치하는 자동차단설비는 사고 등의 비상시에 신속히 사고전류를 검지하여 전원을 차단할 수 있어야 한다.
[전문개정 10 · 10 · 8]

제41조(예비전원설비) 지하선로에는 예비전원설비 또는 2중계 이상의 공급선로를 설치하여야 한다.
[전문개정 10 · 10 · 8]

제42조(전차선로) ① 전차선의 가선방식, 레일 윗면으로부터의 높이 및 편차에 관한 사항은 열차의 종류, 전차선의 설치장소 및 지역 여건 등을 고려하여 시 · 도지사등이 정한다.

② 전차선은 본선과 측선과의 경계지점, 변전소 부근 등 보안 및 운전에 필요한 곳에서는 전기 공급이 자동으로 차단될 수 있도록 급단전(給斷電) 설비를 갖추어야 한다.

③ 전차선이 제3레일방식인 경우에는 승강장 · 궤도 · 차량기지 등에 승객 · 승무원 · 역무원 · 보수점검원 등이 고압에 감전되는 위험을 최소화할 수 있도록 적절한 설비를 갖추어야 한다.
[전문개정 10 · 10 · 8]

제43조(전차선의 기울기) 가공전차선의 레일면에 대한 기울기는 본선의 경우에는 1천분의 3 이하로 하고, 측선의 경우에는 1천분의 10 이하로 하여야 한다. 다만, 지형상 부득이한 경우 본선의 경우에는 1천분의 5 이하로 할 수 있고, 측선의 경우에는 1천분의 15 이하로 할 수 있다.
[전문개정 10 · 10 · 8]

제2절 환기 · 배수 및 통신설비

제44조(환기설비) 지하선로에는 지하 공간의 크기, 도시철도의 운행계획, 이용객의 편익 등을 고려하여 적절한 환기설비를 하여야 한다.
[전문개정 10 · 10 · 8]

제45조(배수설비) 선로에는 적절한 배수설비를 하여야 한다.

제46조(통신설비의 설치 등) ① 통신설비는 열차의 운행과 시설물의 운용 및 유지 · 관리에 지장이 없도록 설치하여야 한다.

② 무선통신설비는 승무원 · 역무원 · 보수원 및 관제 업무에 종사하는 사람 등 도시철도 관련 업무에 종사하는 사람 간에 양방향 통신을 할 수 있고, 도시철도 관련 업무에 종사하는 사람과 경찰서 · 소방서 · 의료기관 등 외부 재난 관련 기관과도 양방향 통신을 할 수 있도록 설치하여야 한다.

③ 관제실과 역무실에는 승강장, 대합실 등의 안전이 취약한 장소의 상황을 화상을 통하여 실시간으로 감시할 수 있는 설비를 설치하여야 한다.

④ 역무실에는 화재경보가 감지된 지역을 화상으로 나타낼 수 있는 설비를 설치하여야 한다.

⑤ 운전실에는 차량이 승강장에 진입하여 정차한 후 출발할 때까지의 승강장 상황을 화상을 통하여 실시간으로 감시할 수 있는 설비를 설치하여야 한다. 다만, 역사 전체에 스크린도어가 설치되어 있거나 「도시철도운전규칙」 제3조제11호에 따른 무인운전을 적용하는 경우에는 그러하지 아니하다.

⑥ 승강장에는 승객이 역무실과 양방향 통화를 할 수 있는 비상통신장치를 승강장의 바닥에서 1.5미터 높이로 세 군데 이상의 장소에 분산하여 설치하여야 한다.

⑦ 제2항에 따른 무선통신설비를 이용한 음성통화 내용은 녹음장치에 녹음하여 1개월 이상 보관하고, 제3항에 따른 화상기록은 녹화장치에 녹화하여 1주일 이상 보관하여야 한다.
[전문개정 10 · 10 · 8]

제3절 신호 · 보안설비 등

제47조(본선 열차의 신호방식) ① 본선을 운행하는 열차의 신호는 차내

신호방식을 원칙으로 한다. 다만, 지상신호기가 설치되어 있는 선로·출발역 및 차량기지 등의 특수한 경우에는 지상신호방식으로 할 수 있다.

② 제1항에 따라 신호방식을 차내신호방식으로 하는 경우에도 정거장의 출발지역이나 역 간의 폐색구간 등 필요한 지역에 대해서는 신호표지를 설치할 수 있다.

[전문개정 10·10·8]

제48조(신호장치 등의 설치) 분기부가 설치된 정거장이나 차량기지 등에는 차량의 입환(入換)에 필요한 신호장치와 진로표지를 설치하여야 한다.

[전문개정 10·10·8]

제49조(선로전환기와 신호장치와의 연동) 선로의 진로를 변경시키는 선로전환기와 열차의 진행방향을 안내하는 신호장치는 서로 연동되도록 설치하여야 한다.

[전문개정 10·10·8]

제50조(보안장치) 선로에는 신호장치와 연동하여 자동으로 열차를 제어하거나 정지시킬 수 있는 보안장치를 설치하여야 한다. 다만, 측선의 경우에는 설치하지 아니할 수 있다.

[전문개정 10·10·8]

제50조의2(자동요금징수설비) 자동요금징수설비를 설치하는 경우에는 전자교통카드 및 승차권의 매표·개집표(開集票)·회계·통계 등의 요금징수 업무를 전산화하여 처리하고, 연계된 교통수단과의 환승 시 관련 요금의 정산이 가능하도록 설치하여야 한다.

[본조신설 10·10·8]

제5장(제51조 내지 제60조) 삭제 〈00·3·18〉

제6장 선로표지 등의 안전설비

제61조(선로의 표지) 선로에는 다음 각 호의 표지를 설치하여야 한다.

1. 100미터 구간마다 그 거리를 표시하는 표지
2. 기울기가 변경되는 장소에는 그 기울기를 표시하는 표지
3. 분기부에는 차량의 접속한계를 표시하는 표지
4. 곡선의 반경 및 시작점·끝점과 완화곡선의 시작점·끝점을 표시하는 표지
5. 열차속도를 제한하거나 그 밖에 전기 및 열차의 운행상 특히 주의하여야 할 곳에는 이를 표시하는 표지
6. 정거장의 중심을 표시하는 표지

[전문개정 10·10·8]

제62조(차막이시설) 선로의 종점에는 차막이시설을 설치하여야 한다.

제63조(대피시설) 선로에는 다음 각 호의 대피시설을 설치하여야 한다.

1. 다리 및 고가부의 양쪽에 순회통로 및 손잡이 시설
2. 중간기둥이 있는 지하부에 중간기둥 손잡이 시설
3. 지하분기부의 양쪽 벽면에 통로 및 손잡이 시설
4. 터널 안이나 차량기지 등 필요한 곳에 순회통로 및 손잡이 시설
5. 지하 본선에 지상 출입구 시설

[전문개정 10·10·8]

제64조(침수방지설비) 구조물의 개구부에는 필요에 따라 침수방지설비를 하여야 한다.

제65조(방화설비 및 방재설비) 구조물에는 방화설비 및 방재설비를 하여야 한다.

[전문개정 10·10·8]

제66조(환기구 내부의 설비) 환기구 내부에는 출입이 쉽도록 계단이나 사다리 등의 장치를 하여야 하며, 안전에 필요한 철책을 설치하여야 한다.

[전문개정 10·10·8]

제67조(제연설비) ① 정거장 및 터널 안에는 화재가 발생할 경우 승객이

쉽게 대피할 수 있도록 화재 발생 장소를 고려하여 유독가스 배출방향을 조절할 수 있는 제연(制煙)설비를 설치하여야 한다.

② 제연설비 중 전동기·배풍기·배출풍도 및 배풍막(배풍기와 배출풍도를 연결하는 막을 말한다)은 섭씨 250도에서 1시간 이상 정상적으로 기능을 유지할 수 있어야 한다. 다만, 배풍기와 분리 설치되어 배출가스의 영향을 받지 아니하는 전동기의 경우에는 그러하지 아니하다.

③ 터널 안에 설치하는 제연설비는 승객이 대피하는 반대방향으로 연기가 배출될 수 있도록 연기의 배출방향을 조절할 수 있는 성능을 갖추어야 하며, 비상시 배출되는 연기의 기류속도는 초속 2.5미터 이상이 되도록 하여야 한다.

④ 특별피난계단의 승강장 쪽 입구와 승강장에서 대합실로 통하는 계단 또는 에스컬레이터의 입구에는 제연 경계벽 등 유독가스의 확산을 지연시키거나 방지하는 설비를 각각 설치하여야 한다.

[전문개정 10·10·8]

제68조(물을 사용하는 소화설비) 정거장에 설치하는 옥내소화전, 살수장치(sprinkler) 등 물을 사용하는 소화설비는 전기 공급이 중단된 때에도 작동할 수 있도록 상수도 소화용수설비와 연결하여 설치되어야 한다.

[전문개정 10·10·8]

제69조(유도등) ① 정거장의 승강장·대합실·통로·계단 등에는 평상시에는 항상 켜져 있고, 정전되었을 경우 60분 이상 계속하여 켜질 수 있는 유도등을 설치하여야 한다.

② 정거장 안의 주요 대피로에는 비상시 청각장애인이 쉽게 대피할 수 있도록 점멸(點滅)기능을 가진 유도등을 설치하거나 유도등의 인근에 시각경보기를 설치하여야 한다.

[전문개정 10·10·8]

제70조(비상조명등) ① 정거장이나 터널에는 정전되었을 경우 60분 이상 계속하여 켜질 수 있는 비상조명등을 설치하여야 한다.

② 정거장 안의 주요 대피로에 설치하는 비상조명등은 바닥의 평균조명도(照明度)가 5럭스(lux) 이상이 되도록 하여야 한다.

③ 터널 안의 비상조명등은 바닥으로부터 1미터 이상 1.5미터 이하의 높이에 설치하고, 바닥의 평균조명도가 1럭스 이상이 되도록 하여야 한다.

[전문개정 10·10·8]

제71조(터널 안의 연결송수관설비 등) ① 터널 안에는 비상시 소화용으로 활용할 수 있도록 연결송수관설비를 설치하여야 하며, 방수구(防水口)는 터널의 동일 선로 연결방향으로 50미터 이내의 간격으로 설치하여야 한다.

② 제1항에 따른 연결송수관설비는 평상시에는 터널 안 살수용으로 활용할 수 있다.

[전문개정 10·10·8]

제72조(터널로 통하는 진입로) 승강장에서 터널로 통하는 진입로는 너비가 90센티미터 이상이 되어야 하며, 비상시 승객이 쉽게 대피할 수 있도록 계단 등 안전시설을 설치하여야 한다.

[전문개정 10·10·8]

제73조(내진설계기준) 「지진재해대책법」 제14조제10호에 따른 도시철도 내진설계기준은 국토교통부장관이 정하여 고시한다.〈개정 13·3·23〉

[전문개정 10·10·8]

제7장 경량전철에 관한 특례 〈신설 10·10·8〉

제74조(궤간에 관한 특례) ① 제6조에도 불구하고 경량전철 중 철제차륜을 사용하는 경우 궤간의 치수는 1천435밀리미터를 표준으로 하고, 고무차륜을 사용하는 경우 궤간의 치수는 1천700밀리미터, 안내면 간 거리(차량의 궤도 이탈을 막는 안내레일 안쪽 간의 거리 중 가장 짧은 거리를 말한다)의 치수는 2천900밀리미터를 표준으로 한다. 그 밖에 다

른 형식의 경우 궤간은 차량의 구조, 궤도 등의 특성을 고려하여 시·도지사등이 정한다.

② 제9조에도 불구하고 경량전철 궤간의 공차는 차량의 형식 및 궤도의 특성을 고려하여 시·도지사등이 정한다.

[본조신설 10·10·8]

제75조(확대궤간에 관한 특례) ① 제7조 및 제8조에도 불구하고 경량전철 확대궤간의 치수 및 체감거리는 해당 곡선의 반경 등을 고려하여 시·도지사등이 정한다.

② 자기부상추진형식의 경우에는 확대궤간을 두지 아니한다.

[본조신설 10·10·8]

제76조(캔트, 완화곡선 등에 관한 특례) 제11조부터 제18조까지 및 제21조제3항에도 불구하고 경량전철의 경우 캔트(고무차륜형식의 경우에는 횡기울기를 말한다)의 크기 및 체감거리, 완화곡선의 삽입기준 및 길이, 직선의 삽입길이, 본선의 기울기 한도, 측선의 기울기 한도, 종곡선의 삽입기준 및 길이, 곡선구간의 건축한계 등에 관하여는 차량의 형식 및 선로의 특성 등을 고려하여 시·도지사등이 다르게 정할 수 있다.

[본조신설 10·10·8]

제77조(곡선인 궤도의 중심 간격에 관한 특례) 제23조에도 불구하고 자기부상추진형식의 경우 곡선인 궤도의 중심 간격은 건축한계의 안쪽 확대치수와 바깥쪽 확대치수를 더한 값 이상으로 확대하여야 한다.

[본조신설 10·10·8]

제78조(정거장의 시설 등에 관한 특례) 제30조, 제30조의2, 제30조의3 및 제31조부터 제35조까지의 규정에도 불구하고 경량전철의 정거장에 설치하는 승강장·통로·출입구 등 승객의 도시철도 이용에 필요한 시설과 전기·통신설비 등의 세부기준은 국토교통부장관이 정하여 고시한다.〈개정 13·3·23〉

[본조신설 10·10·8]

제79조(전기방식에 관한 특례) 제36조제1호에도 불구하고 경량전철의 경우 전차선로에 공급하는 전압 및 전기방식은 직류 750볼트 또는 1천500볼트 제3레일방식을 원칙으로 하되, 차량의 형식 또는 선로의 특성에 따라 다르게 할 수 있다.

[본조신설 10·10·8]

제80조(전선로에 관한 특례) 제37조제1항에도 불구하고 경량전철의 경우 조명 및 동력용 전원 공급이 이중화(二重化) 된 경우에는 전선로의 구성을 다르게 할 수 있다.

[본조신설 10·10·8]

제81조(전차선로의 기울기에 관한 특례) 제43조에도 불구하고 경량전철 전차선의 레일면에 대한 기울기 한도는 차량의 운행 조건 등을 고려하여 시·도지사등이 정한다.

[본조신설 10·10·8]

제82조(비상통신장치의 설치에 관한 특례) 제46조제6항에도 불구하고 경량전철의 승강장에는 승객이 관제실과 양방향 통화를 할 수 있도록 비상통신장치를 바닥에서 1.5미터 높이로 설치하여야 한다. 이 경우 설치개소 및 위치 등은 정거장 규모를 고려하여 시·도지사등이 정한다.

[본조신설 10·10·8]

제83조(선로의 표지에 관한 특례) 제61조에도 불구하고 경량전철의 무인운전을 적용하는 선로에는 필요에 따라 표지를 선택적으로 설치할 수 있다.

[본조신설 10·10·8]

제84조(선로의 대피시설에 관한 특례) 제63조에도 불구하고 경량전철 차량에 방재기능을 갖추었거나 비상탈출 설비를 구비하는 등 비상시 승객이 안전하게 대피할 수 있도록 조치한 경우에는 선로에 대피시설을 설치하지 아니할 수 있다.

[본조신설 10·10·8]

제85조(무인운전 안전설비) 경량전철에 무인운전을 적용하려는 경우에는 「산업표준화법」 제11조에 따라 고시된 한국산업표준 KS C IEC

PAS62267의 자동도시철도교통(AUGT) 안전 요구사항에 따라 적절한 안전설비를 갖추어야 한다.
[본조신설 10·10·8]

제86조(노면전차형식에 관한 특례) 노면전차형식의 경량전철인 경우에는 다른 도로교통과 함께 주행하는 특성을 고려하여 시·도지사등이 이 규칙의 내용과 다르게 정할 수 있다.
[본조신설 10·10·8]

부　　칙 〈94·5·9〉

①(시행일) 이 규칙은 공포한 날부터 시행한다.
②(폐지법령) 교통부령 제679호 서울도시철도건설규칙, 교통부령 제681호 부산도시철도건설규칙 및 교통부령 제957호 대구도시철도건설규칙은 이를 각각 폐지한다.
③(경과조치) 이 규칙 시행당시 건설되었거나 건설중인 도시철도는 종전의 규정에 의한다.

부　　칙 〈00·3·18〉

①(시행일) 이 규칙은 공포한 날부터 시행한다.
②생략
③(다른 법령의 개정) 도시철도건설규칙중 다음과 같이 개정한다.
제28조를 삭제한다.
제5장(제51조 내지 제60조)을 삭제한다.

부　　칙 〈04·12·4〉

①(시행일) 이 규칙은 공포 후 3월이 경과한 날부터 시행한다.
②(경과조치) 이 규칙 시행 당시 건설되었거나 건설중인 도시철도에 관하여는 종전의 규정에 의한다.

부　　칙 〈08·3·14〉

이 규칙은 공포한 날부터 시행한다.

부　　칙 〈10·10·8〉

이 규칙은 공포한 날부터 시행한다.

부　　칙 〈13·3·23〉

제1조(시행일) 이 규칙은 공포한 날부터 시행한다. 〈단서 생략〉
제2조부터 제6조까지 생략

부　　칙 〈14·7·8〉

제1조(시행일) 이 규칙은 2014년 7월 8일부터 시행한다.
제2조 및 제3조 생략

도시철도운전규칙

제정 1995 · 7 · 27 건설교통부 제 23호
개정 2004 · 12 · 4 건설교통부 제413호(도시철도차량안전기준에관한규칙중개정령)
2006 · 6 · 21 건설교통부 제522호(항공·철도 사고조사에 관한 법률 시행규칙)
2010 · 8 · 9 국토해양부 제272호
2014 · 7 · 8 국토교통부 제106호(도시철도법 시행규칙 전부개정령)
2018 · 1 · 18 국토교통부령 제483호(시설물의 안전관리에 관한 특별법 시행규칙 전부개정령)

제1장 총칙 〈개정 10 · 8 · 9〉

제1조(목적) 이 규칙은 「도시철도법」 제18조에 따라 도시철도의 운전과 차량 및 시설의 유지 · 보전에 필요한 사항을 정하여 도시철도의 안전운전을 도모함을 목적으로 한다. 〈개정 14 · 7 · 8〉
[전문개정 10 · 8 · 9]

제2조(적용범위) 도시철도의 운전에 관하여 이 규칙에서 정하지 아니한 사항이나 도시교통권역별로 서로 다른 사항은 법령의 범위에서 도시철도운영자가 따로 정할 수 있다.
[전문개정 10 · 8 · 9]

제3조(정의) 이 규칙에서 사용하는 용어의 뜻은 다음과 같다.
1. "정거장"이란 여객의 승차 · 하차, 열차의 편성, 차량의 입환(入換) 등을 위한 장소를 말한다.
2. "선로"란 궤도 및 이를 지지하는 인공구조물을 말하며, 열차의 운전에 상용(常用)되는 본선(本線)과 그 외의 측선(側線)으로 구분된다.
3. "열차"란 본선에서 운전할 목적으로 편성되어 열차번호를 부여받은 차량을 말한다.
4. "차량"이란 선로에서 운전하는 열차 외의 전동차 · 궤도시험차 · 전기시험차 등을 말한다.
5. "운전보안장치"란 열차 및 차량(이하 "열차등"이라 한다)의 안전운전을 확보하기 위한 장치로서 폐색장치, 신호장치, 연동장치, 선로전환장치, 경보장치, 열차자동정지장치, 열차자동제어장치, 열차자동운전장치, 열차종합제어장치 등을 말한다.
6. "폐색(閉塞)"이란 선로의 일정구간에 둘 이상의 열차를 동시에 운전시키지 아니하는 것을 말한다.
7. "전차선로"란 전차선 및 이를 지지하는 인공구조물을 말한다.
8. "운전사고"란 열차등의 운전으로 인하여 사상자(死傷者)가 발생하거나 도시철도시설이 파손된 것을 말한다.
9. "운전장애"란 열차등의 운전으로 인하여 그 열차등의 운전에 지장을 주는 것 중 운전사고에 해당하지 아니하는 것을 말한다.
10. "노면전차"란 도로면의 궤도를 이용하여 운행되는 열차를 말한다.
11. "무인운전"이란 사람이 열차 안에서 직접 운전하지 아니하고 관제실에서의 원격조종에 따라 열차가 자동으로 운행되는 방식을 말한다.
12. "시계운전(視界運轉)"이란 사람의 육안에 의존하여 운전하는 것을 말한다.

[전문개정 10 · 8 · 9]

제4조(직원 교육) ① 도시철도운영자는 도시철도의 안전과 관련된 업무에 종사하는 직원에 대하여 적성검사와 정해진 교육을 하여 도시철도운전 지식과 기능을 습득한 것을 확인한 후 그 업무에 종사하도록 하여야 한다. 다만, 해당 업무와 관련이 있는 자격을 갖춘 사람에 대해서

는 적성검사나 교육의 전부 또는 일부를 면제할 수 있다.

② 도시철도운영자는 소속직원의 자질 향상을 위하여 적절한 국내연수 또는 국외연수 교육을 실시할 수 있다.

[전문개정 10・8・9]

제5조(안전조치 및 유지・보수 등) ① 도시철도운영자는 열차등을 안전하게 운전할 수 있도록 필요한 조치를 하여야 한다.

② 도시철도운영자는 재해를 예방하고 안전성을 확보하기 위하여 「시설물의 안전 및 유지관리에 관한 특별법」에 따라 도시철도시설의 안전점검 등 안전조치를 하여야 한다.〈개정 18・1・18〉

[전문개정 10・8・9]

제6조(응급복구용 기구 및 자재 등의 정비) 도시철도운영자는 차량, 선로, 전력설비, 운전보안장치, 그 밖에 열차운전을 위한 시설에 재해・고장・운전사고 또는 운전장애가 발생할 경우에 대비하여 응급복구에 필요한 기구 및 자재를 항상 적당한 장소에 보관하고 정비하여야 한다.

[전문개정 10・8・9]

제7조 삭제 〈06・6・21〉

제8조(안전운전계획의 수립 등) 도시철도운영자는 안전운전과 이용승객의 편의 증진을 위하여 장기・단기계획을 수립하여 시행하여야 한다.

[전문개정 10・8・9]

제9조(신설구간 등에서의 시험운전) 도시철도운영자는 선로・전차선로 또는 운전보안장치를 신설・이설(移設) 또는 개조한 경우 그 설치상태 또는 운전체계의 점검과 종사자의 업무 숙달을 위하여 정상운전을 하기 전에 60일 이상 시험운전을 하여야 한다. 다만, 이미 운영하고 있는 구간을 확장・이설 또는 개조한 경우에는 관계 전문가의 안전진단을 거쳐 시험운전 기간을 줄일 수 있다.

[전문개정 10・8・9]

제2장 선로 및 설비의 보전

제1절 선로 〈개정 10・8・9〉

제10조(선로의 보전) ① 선로는 열차등이 도시철도운영자가 정하는 속도(이하 "지정속도"라 한다)로 안전하게 운전할 수 있는 상태로 보전(保全)하여야 한다.

[전문개정 10・8・9]

제11조(선로의 점검・정비) ① 선로는 매일 한 번 이상 순회점검 하여야 하며, 필요한 경우에는 정비하여야 한다.

② 선로는 정기적으로 안전점검을 하여 안전운전에 지장이 없도록 유지・보수하여야 한다.

[전문개정 10・8・9]

제12조(공사 후의 선로 사용) 선로를 신설・개조 또는 이설하거나 일시적으로 사용을 중지한 경우에는 이를 검사하고 시험운전을 하기 전에는 사용할 수 없다. 다만, 경미한 정도의 개조를 한 경우에는 그러하지 아니하다.

[전문개정 10・8・9]

제2절 전력설비

제13조(전력설비의 보전) 전력설비는 열차등이 지정속도로 안전하게 운전할 수 있는 상태로 보전하여야 한다.

[전문개정 10・8・9]

제14조(전차선로의 점검) 전차선로는 매일 한 번 이상 순회점검을 하여야 한다.

[전문개정 10・8・9]

제15조(전력설비의 검사) 전력설비의 각 부분은 도시철도운영자가 정하는 주기에 따라 검사를 하고 안전운전에 지장이 없도록 정비하여야 한다.

[전문개정 10・8・9]

제16조(공사 후의 전력설비 사용) 전력설비를 신설・이설・개조 또는 수리하거나 일시적으로 사용을 중지한 경우에는 이를 검사하고 시험운전

을 하기 전에는 사용할 수 없다. 다만, 경미한 정도의 개조 또는 수리를 한 경우에는 그러하지 아니하다.

[전문개정 10·8·9]

제3절 통신설비

제17조(통신설비의 보전) 통신설비는 항상 통신할 수 있는 상태로 보전하여야 한다.

[전문개정 10·8·9]

제18조(통신설비의 검사 및 사용) ① 통신설비의 각 부분은 일정한 주기에 따라 검사를 하고 안전운전에 지장이 없도록 정비하여야 한다.

② 신설·이설·개조 또는 수리한 통신설비는 검사하여 기능을 확인하기 전에는 사용할 수 없다.

[전문개정 10·8·9]

제4절 운전보안장치

제19조(운전보안장치의 보전) 운전보안장치는 완전한 상태로 보전하여야 한다.

[전문개정 10·8·9]

제20조(운전보안장치의 검사 및 사용) ① 운전보안장치의 각 부분은 일정한 주기에 따라 검사를 하고 안전운전에 지장이 없도록 정비하여야 한다.

② 신설·이설·개조 또는 수리한 운전보안장치는 검사하여 기능을 확인하기 전에는 사용할 수 없다.

[전문개정 10·8·9]

제5절 건축한계안의 물품유치금지

제21조(물품유치 금지) 차량 운전에 지장이 없도록 궤도상에 설정한 건축한계 안에는 열차등 외의 다른 물건을 둘 수 없다. 다만, 열차등을 운전하지 아니하는 시간에 작업을 하는 경우에는 그러하지 아니하다.

[전문개정 10·8·9]

제22조(선로 등 검사에 관한 기록보존) 선로·전력설비·통신설비 또는 운전보안장치의 검사를 하였을 때에는 검사자의 성명·검사상태 및 검사일시 등을 기록하여 일정 기간 보존하여야 한다.

[전문개정 10·8·9]

제3장 열차등의 보전

제23조(열차등의 보전) 열차등은 안전하게 운전할 수 있는 상태로 보전하여야 한다.

[전문개정 10·8·9]

제24조(차량의 검사 및 시험운전) ① 제작·개조·수선 또는 분해검사를 한 차량과 일시적으로 사용을 중지한 차량은 검사하고 시험운전을 하기 전에는 사용할 수 없다. 다만, 경미한 정도의 개조 또는 수선을 한 경우에는 그러하지 아니하다.

② 차량의 각 부분은 일정한 기간 또는 주행거리를 기준으로 하여 그 상태와 작용에 대한 검사와 분해검사를 하여야 한다.

③ 제1항 및 제2항에 따른 검사를 할 때 차량의 전기장치에 대해서는 절연저항시험 및 절연내력시험을 하여야 한다.

[전문개정 10·8·9]

제25조(편성차량의 검사) 열차로 편성한 차량의 각 부분은 검사하여 안전운전에 지장이 없도록 하여야 한다.

제26조 삭제 〈04·12·4〉

제27조(검사 및 시험의 기록) 제24조 및 제25조에 따라 검사 또는 시험을 하였을 때에는 검사 종류, 검사자의 성명, 검사 상태 및 검사일 등을 기록하여 일정 기간 보존하여야 한다.

[전문개정 10·8·9]

제4장 운전 〈개정 10·8·9〉

제1절 열차의 편성

제28조(열차의 편성) 열차는 차량의 특성 및 선로 구간의 시설 상태 등을 고려하여 안전운전에 지장이 없도록 편성하여야 한다.
[전문개정 10·8·9]

제29조(열차의 비상제동거리) 열차의 비상제동거리는 600미터이하로 하여야 한다.

제30조(열차의 제동장치) 열차에 편성되는 각 차량에는 제동력이 균일하게 작용하고 분리 시에 자동으로 정차할 수 있는 제동장치를 구비하여야 한다.
[전문개정 10·8·9]

제31조(열차의 제동장치시험) 열차를 편성하거나 편성을 변경할 때에는 운전하기 전에 제동장치의 기능을 시험하여야 한다.
[전문개정 10·8·9]

제2절 열차의 운전

제32조(열차등의 운전) ① 열차등의 운전은 열차등의 종류에 따라 「철도안전법」 제10조제1항에 따른 운전면허를 소지한 사람이 하여야 한다. 다만, 제32조의 2에 따른 무인운전의 경우에는 그러하지 아니하다.
② 차량은 열차에 함께 편성되기 전에는 정거장 외의 본선을 운전할 수 없다. 다만, 차량을 결합·해체하거나 차선을 바꾸는 경우 또는 그 밖에 특별한 사유가 있는 경우에는 그러하지 아니하다.
[전문개정 10·8·9]

제32조의2(무인운전 시의 안전 확보 등) 도시철도운영자가 열차를 무인운전으로 운행하려는 경우에는 다음 각 호의 사항을 준수하여야 한다.
1. 관제실에서 열차의 운행상태를 실시간으로 감시 및 조치할 수 있을 것
2. 열차 내의 간이운전대에는 승객이 임의로 다룰 수 없도록 잠금장치가 설치되어 있을 것
3. 간이운전대의 개방이나 운전 모드(mode)의 변경은 관제실의 사전 승인을 받을 것
4. 운전 모드를 변경하여 수동운전을 하려는 경우에는 관제실과의 통신에 이상이 없음을 먼저 확인할 것
5. 승차·하차 시 승객의 안전 감시나 시스템 고장 등 긴급상황에 대한 신속한 대처를 위하여 필요한 경우에는 열차와 정거장 등에 안전요원을 배치하거나 안전요원이 순회하도록 할 것
6. 무인운전이 적용되는 구간과 무인운전이 적용되지 아니하는 구간의 경계 구역에서의 운전 모드 전환을 안전하게 하기 위한 규정을 마련해 놓을 것
7. 열차 운행 중 다음 각 목의 긴급상황이 발생하는 경우 승객의 안전을 확보하기 위한 조치 규정을 마련해 놓을 것
   가. 열차에 고장이나 화재가 발생하는 경우
   나. 선로 안에서 사람이나 장애물이 발견된 경우
   다. 그 밖에 승객의 안전에 위험한 상황이 발생하는 경우

[본조신설 10·8·9]

제33조(열차의 운전위치) 열차는 맨 앞의 차량에서 운전하여야 한다. 다만, 추진운전, 퇴행운전 또는 무인운전을 하는 경우에는 그러하지 아니하다.
[전문개정 10·8·9]

제34조(열차의 운전 시각) 열차는 도시철도운영자가 정하는 열차시간표에 따라 운전하여야 한다. 다만, 운전사고, 운전장애 등 특별한 사유가 있는 경우에는 그러하지 아니하다.
[전문개정 10·8·9]

제35조(운전 정리) 도시철도운영자는 운전사고, 운전장애 등으로 열차를 정상적으로 운전할 수 없을 때에는 열차의 종류, 도착지, 접속 등을 고

려하여 열차가 정상운전이 되도록 운전 정리를 하여야 한다.
[전문개정 10·8·9]

제36조(운전 진로) ① 열차의 운전방향을 구별하여 운전하는 한 쌍의 선로에서 열차의 운전 진로는 우측으로 한다. 다만, 좌측으로 운전하는 기존의 선로에 직통으로 연결하여 운전하는 경우에는 좌측으로 할 수 있다.

② 다음 각 호의 어느 하나에 해당하는 경우에는 제1항에도 불구하고 운전 진로를 달리할 수 있다.

1. 선로 또는 열차에 고장이 발생하여 퇴행운전을 하는 경우
2. 구원열차(救援列車)나 공사열차(工事列車)를 운전하는 경우
3. 차량을 결합·해체하거나 차선을 바꾸는 경우
4. 구내운전(構內運轉)을 하는 경우
5. 시험운전을 하는 경우
6. 운전사고 등으로 인하여 일시적으로 단선운전(單線運轉)을 하는 경우
7. 그 밖에 특별한 사유가 있는 경우

[전문개정 10·8·9]

제37조(폐색구간) ① 본선은 폐색구간으로 분할하여야 한다. 다만, 정거장 안의 본선은 그러하지 아니하다.

② 폐색구간에서는 둘 이상의 열차를 동시에 운전할 수 없다. 다만, 다음 각 호의 어느 하나에 해당하는 경우에는 그러하지 아니하다.

1. 고장난 열차가 있는 폐색구간에서 구원열차를 운전하는 경우
2. 선로 불통으로 폐색구간에서 공사열차를 운전하는 경우
3. 다른 열차의 차선 바꾸기 지시에 따라 차선을 바꾸기 위하여 운전하는 경우
4. 하나의 열차를 분할하여 운전하는 경우

[전문개정 10·8·9]

제38조(추진운전과 퇴행운전) ① 열차는 추진운전이나 퇴행운전을 하여서는 아니 된다. 다만, 다음 각 호의 어느 하나에 해당하는 경우에는 그러하지 아니하다.

1. 선로나 열차에 고장이 발생한 경우
2. 공사열차나 구원열차를 운전하는 경우
3. 차량을 결합·해체하거나 차선을 바꾸는 경우
4. 구내운전을 하는 경우
5. 시설 또는 차량의 시험을 위하여 시험운전을 하는 경우
6. 그 밖에 특별한 사유가 있는 경우

② 노면전차를 퇴행운전하는 경우에는 주변 차량 및 보행자들의 안전을 확보하기 위한 대책을 마련하여야 한다.

[전문개정 10·8·9]

제39조(열차의 동시출발 및 도착의 금지) 둘 이상의 열차는 동시에 출발시키거나 도착시켜서는 아니 된다. 다만, 열차의 안전운전에 지장이 없도록 신호 또는 제어설비 등을 완전하게 갖춘 경우에는 그러하지 아니하다.

[전문개정 10·8·9]

제40조(정거장 외의 승차·하차금지) 정거장 외의 본선에서는 승객을 승차·하차시키기 위하여 열차를 정지시킬 수 없다. 다만, 운전사고 등 특별한 사유가 있을 때에는 그러하지 아니하다.

[전문개정 10·8·9]

제41조(선로의 차단) 도시철도운영자는 공사나 그 밖의 사유로 선로를 차단할 필요가 있을 때에는 미리 계획을 수립한 후 그 계획에 따라야 한다. 다만, 긴급한 조치가 필요한 경우에는 운전업무를 총괄하는 사람(이하 "관제사"라 한다)의 지시에 따라 선로를 차단할 수 있다.

[전문개정 10·8·9]

제42조(열차등의 정지) ① 열차등은 정지신호가 있을 때에는 즉시 정지

시켜야 한다.

② 제1항에 따라 정차한 열차등은 진행을 지시하는 신호가 있을 때까지는 진행할 수 없다. 다만, 특별한 사유가 있는 경우 관제사의 속도제한 및 안전조치에 따라 진행할 수 있다.

[전문개정 10・8・9]

제43조(열차등의 서행) ① 열차등은 서행신호가 있을 때에는 지정속도 이하로 운전하여야 한다.

② 열차등이 서행해제신호가 있는 지점을 통과한 후에는 정상속도로 운전할 수 있다.

[전문개정 10・8・9]

제44조(열차등의 진행) 열차등은 진행을 지시하는 신호가 있을 때에는 지정속도로 그 표시지점을 지나 다음 신호기까지 진행할 수 있다.

제44조의2(노면전차의 시계운전) 시계운전을 하는 노면전차의 경우에는 다음 각 호의 사항을 준수하여야 한다.

1. 운전자의 가시거리 범위에서 신호 등 주변상황에 따라 열차를 정지시킬 수 있도록 적정 속도로 운전할 것
2. 앞서가는 열차와 안전거리를 충분히 유지할 것
3. 교차로에서 앞서가는 열차를 따라서 동시에 통과하지 않을 것

[본조신설 10・8・9]

제3절 차량의 결합・해체등

제45조(차량의 결합・해체 등) ① 차량을 결합・해체하거나 차량의 차선을 바꿀 때에는 신호에 따라 하여야 한다.

② 본선을 이용하여 차량을 결합・해체하거나 열차등의 차선을 바꾸는 경우에는 다른 열차등과의 충돌을 방지하기 위한 안전조치를 하여야 한다.

[전문개정 10・8・9]

제46조(차량결합 등의 장소) 정거장이 아닌 곳에서 본선을 이용하여 차량을 결합・해체하거나 차선을 바꾸어서는 아니 된다. 다만, 충돌방지 등 안전조치를 하였을 때에는 그러하지 아니하다.

[전문개정 10・8・9]

제4절 선로전환기의 취급 〈개정 10・8・9〉

제47조(선로전환기의 쇄정 및 정위치 유지) ① 본선의 선로전환기는 이와 관계있는 신호장치와 연동쇄정(聯動鎖錠)을 하여 사용하여야 한다.

② 선로전환기를 사용한 후에는 지체 없이 미리 정하여진 위치에 두어야 한다.

③ 노면전차의 경우 도로에 설치하는 선로전환기는 보행자 안전을 위해 열차가 충분히 접근하였을 때에 작동하여야 하며, 운전자가 선로전환기의 개통 방향을 확인할 수 있어야 한다.

[전문개정 10・8・9]

제5절 운전속도

제48조(운전속도) ① 도시철도운영자는 열차등의 특성, 선로 및 전차선로의 구조와 강도 등을 고려하여 열차의 운전속도를 정하여야 한다.

② 내리막이나 곡선선로에서는 제동거리 및 열차등의 안전도를 고려하여 그 속도를 제한하여야 한다.

③ 노면전차의 경우 도로교통과 주행선로를 공유하는 구간에서는 「도로교통법」 제17조에 따른 최고속도를 초과하지 않도록 열차의 운전속도를 정하여야 한다.

[전문개정 10・8・9]

제49조(속도제한) 도시철도운영자는 다음 각 호의 어느 하나에 해당하는 경우에는 운전속도를 제한하여야 한다.

1. 서행신호를 하는 경우
2. 추진운전이나 퇴행운전을 하는 경우
3. 차량을 결합・해체하거나 차선을 바꾸는 경우

4. 쇄정(鎖錠)되지 아니한 선로전환기를 향하여 진행하는 경우
5. 대용폐색방식으로 운전하는 경우
6. 자동폐색신호의 정지신호가 있는 지점을 지나서 진행하는 경우
7. 차내신호의 "0" 신호가 있은 후 진행하는 경우
8. 감속・주의・경계 등의 신호가 있는 지점을 지나서 진행하는 경우
9. 그 밖에 안전운전을 위하여 운전속도제한이 필요한 경우

[전문개정 10・8・9]

제6절 차량의 유치

제50조(차량의 구름 방지) ① 차량을 선로에 두는 경우에는 저절로 구르지 않도록 필요한 조치를 하여야 한다.

② 동력을 가진 차량을 선로에 두는 경우에는 그 동력으로 움직이는 것을 방지하기 위한 조치를 마련하여야 하며, 동력을 가진 동안에는 차량의 움직임을 감시하여야 한다.

[전문개정 10・8・9]

제5장 폐색방식

제1절 통칙 〈개정 10・8・9〉

제51조(폐색방식의 구분) ① 열차를 운전하는 경우의 폐색방식은 일상적으로 사용하는 폐색방식(이하 "상용폐색방식"이라 한다)과 폐색장치의 고장이나 그 밖의 사유로 상용폐색방식에 따를 수 없을 때 사용하는 폐색방식(이하 "대용폐색방식"이라 한다)에 따른다.

② 제1항에 따른 폐색방식에 따를 수 없을 때에는 전령법(傳令法)에 따르거나 무폐색운전을 한다.

[전문개정 10・8・9]

제2절 상용폐색방식

제52조(상용폐색방식) 상용폐색방식은 자동폐색식 또는 차내신호폐색식에 따른다.

[전문개정 10・8・9]

제53조(자동폐색식) 자동폐색구간의 장내신호기, 출발신호기 및 폐색신호기에는 다음 각 호의 구분에 따른 신호를 할 수 있는 장치를 갖추어야 한다.

1. 폐색구간에 열차등이 있을 때: 정지신호
2. 폐색구간에 있는 선로전환기가 올바른 방향으로 되어 있지 아니할 때 또는 분기선 및 교차점에 있는 다른 열차등이 폐색구간에 지장을 줄 때: 정지신호
3. 폐색장치에 고장이 있을 때: 정지신호

[전문개정 10・8・9]

제54조(차내신호폐색식) 차내신호폐색식에 따르려는 경우에는 폐색구간에 있는 열차등의 운전상태를 그 폐색구간에 진입하려는 열차의 운전실에서 알 수 있는 장치를 갖추어야 한다.

[전문개정 10・8・9]

제3절 대용폐색방식

제55조(대용폐색방식) 대용폐색방식은 다음 각 호의 구분에 따른다.

1. 복선운전을 하는 경우: 지령식 또는 통신식
2. 단선운전을 하는 경우: 지도통신식

[전문개정 10・8・9]

제56조(지령식 및 통신식) ① 폐색장치 및 차내신호장치의 고장으로 열차의 정상적인 운전이 불가능할 때에는 관제사가 폐색구간에 열차의 진입을 지시하는 지령식에 따른다.

② 상용폐색방식 또는 지령식에 따를 수 없을 때에는 폐색구간에 열차를 진입시키려는 역장 또는 소장이 상대 역장 또는 소장 및 관제사와 협의하여 폐색구간에 열차의 진입을 지시하는 통신식에 따른다.

③ 제1항 또는 제2항에 따른 지령식 또는 통신식에 따르는 경우에는 관

제사 및 폐색구간 양쪽의 역장 또는 소장은 전용전화기를 설치·운용하여야 한다. 다만, 부득이한 사유로 전용전화기를 설치할 수 없거나 전용전화기에 고장이 발생하였을 때에는 다른 전화기를 이용할 수 있다.
[전문개정 10·8·9]

제57조(지도통신식) ① 지도통신식에 따르는 경우에는 지도표 또는 지도권을 발급받은 열차만 해당 폐색구간을 운전할 수 있다.
② 지도표와 지도권은 폐색구간에 열차를 진입시키려는 역장 또는 소장이 상대 역장 또는 소장 및 관제사와 협의하여 발행한다.
③ 역장이나 소장은 같은 방향의 폐색구간으로 진입시키려는 열차가 하나뿐인 경우에는 지도표를 발급하고, 연속하여 둘 이상의 열차를 같은 방향의 폐색구간으로 진입시키려는 경우에는 맨 마지막 열차에 대해서는 지도표를, 나머지 열차에 대해서는 지도권을 발급한다.
④ 지도표와 지도권에는 폐색구간 양쪽의 역 이름 또는 소(所) 이름, 관제사, 명령번호, 열차번호 및 발행일과 시각을 적어야 한다.
⑤ 열차의 기관사는 제3항에 따라 발급받은 지도표 또는 지도권을 폐색구간을 통과한 후 도착지의 역장 또는 소장에게 반납하여야 한다.
[전문개정 10·8·9]

제4절 전령법

제58조(전령법의 시행) ① 열차등이 있는 폐색구간에 다른 열차를 운전시킬 때에는 그 열차에 대하여 전령법을 시행한다.
② 제1항에 따른 전령법을 시행할 경우에는 이미 폐색구간에 있는 열차등은 그 위치를 이동할 수 없다.
[전문개정 10·8·9]

제59조(전령자의 선정 등) ① 전령법을 시행하는 구간에는 한 명의 전령자를 선정하여야 한다.
② 제1항에 따른 전령자는 백색 완장을 착용하여야 한다.
③ 전령법을 시행하는 구간에서는 그 구간의 전령자가 탑승하여야 열차를 운전할 수 있다. 다만, 관제사가 취급하는 경우에는 전령자를 탑승시키지 아니할 수 있다.
[전문개정 10·8·9]

제6장 신호 〈개정 10·8·9〉

제1절 통칙 〈개정 10·8·9〉

제60조(신호의 종류) 도시철도의 신호의 종류는 다음 각 호와 같다.
1. 신호: 형태·색·음 등으로 열차등에 대하여 운전의 조건을 지시하는 것
2. 전호(傳號): 형태·색·음 등으로 직원 상호간에 의사를 표시하는 것
3. 표지: 형태·색 등으로 물체의 위치·방향·조건을 표시하는 것

[전문개정 10·8·9]

제61조(주간 또는 야간의 신호) ① 주간과 야간의 신호방식을 달리하는 경우에는 일출부터 일몰까지는 주간의 방식, 일몰부터 다음날 일출까지는 야간방식에 따라야 한다. 다만, 일출부터 일몰까지의 사이에 기상상태로 인하여 상당한 거리로부터 주간방식에 따른 신호를 확인하기 곤란할 때에는 야간방식에 따른다.
② 차내신호방식 및 지하구간에서의 신호방식은 야간방식에 따른다.
[전문개정 10·8·9]

제62조(제한신호의 추정) ① 신호가 필요한 장소에 신호가 없을 때 또는 그 신호가 분명하지 아니할 때에는 정지신호가 있는 것으로 본다.
② 상설신호기 또는 임시신호기의 신호와 수신호가 각각 다를 때에는 열차등에 가장 많은 제한을 붙인 신호에 따라야 한다. 다만, 사전에 통보가 있었을 때에는 통보된 신호에 따른다.
[전문개정 10·8·9]

제63조(신호의 겸용금지) 하나의 신호는 하나의 선로에서 하나의 목적으

로 사용되어야 한다. 다만, 진로표시기를 부설한 신호기는 그러하지 아니하다.

제2절 상설신호기

제64조(상설신호기) 상설신호기는 일정한 장소에서 색등 또는 등열에 의하여 열차등의 운전조건을 지시하는 신호기를 말한다.

제65조(상설신호기의 종류) 상설신호기의 종류와 기능은 다음 각 호와 같다.

1. 주신호기

가. 차내신호기

신호의 종류 / 주간·야간별	정지신호	진행신호
주간 및 야간	"0"속도를 표시	지령속도를 표시

나. 장내신호기, 출발신호기 및 폐색신호기

방식	신호의 종류 / 주간·야간별	정지신호	경계신호	주의신호	감속신호	진행신호
색등식	주간 및 야간	적색등	상하위 등황색등	등황색등	상위는 등황색등 하위는 녹색등	녹색등

다. 입환신호기

방식	신호의 종류 / 주간·야간별	정지신호	진행신호
색등식	주간 및 야간	적색등	등황색등

2. 종속신호기

가. 원방신호기

방식	신호의 종류 / 주간·야간별	주신호기가 정지신호를 할 경우	주신호기가 진행을 지시하는 신호를 할 경우
색등식	주간 및 야간	등황색등	녹색등

나. 중계신호기

방식	신호의 종류 / 주간·야간별	주신호기가 정지신호를 할 경우	주신호기가 진행을 지시하는 신호를 할 경우
색등식	주간 및 야간	적색등	주신호기가 한 진행을 지시하는 색등

3. 신호부속기

가. 진로표시기

방식	개통방향 / 주간·야간별	좌측진로	중앙진로	우측진로
색등식	주간 및 야간	흑색바탕에 좌측방향 백색화살표 ←	흑색바탕에 수직방향 백색화살표 ↑	흑색바탕에 우측방향 백색화살표 →
문자식	주간 및 야간	4각 흑색바탕에 문자 A 1		

나. 진로개통표시기

방식	개통방향 / 주간·야간별	진로가 개통되었을 경우		진로가 개통되지 아니한 경우	
색등식	주간 및 야간	등황색등	● ○	적색등	○ ●

[전문개정 10·8·9]

제3절 임시신호기

제67조(임시신호기의 설치) 선로가 일시 정상운전을 하지 못하는 상태일

때에는 그 구역의 앞쪽에 임시신호기를 설치하여야 한다.

제68조(임시신호기의 종류) 임시신호기의 종류는 다음 각 호와 같다.

1. 서행신호기
   서행운전을 필요로 하는 구역에 진입하는 열차등에 대하여 그 구간을 서행할 것을 지시하는 신호기
2. 서행예고신호기
   서행신호기가 있을 것임을 예고하는 신호기
3. 서행해제신호기
   서행운전구역을 지나 운전하는 열차등에 대하여 서행 해제를 지시하는 신호기

[전문개정 10·8·9]

제69조(임시신호기의 신호방식) ① 임시신호기의 형태·색 및 신호방식은 다음과 같다.

신호의 종류 / 주간·야간별	서행신호	서행예고신호	서행해제신호
주간	백색 테두리의 황색 원판	흑색 삼각형 무늬 3개를 그린 3각형판	백색 테두리의 녹색 원판
야간	등황색등	흑색 삼각형 무늬 3개를 그린 백색등	녹색등

② 임시신호기 표지의 배면(背面)과 배면광(背面光)은 백색으로 하고, 서행신호기에는 지정속도를 표시하여야 한다.

[전문개정 10·8·9]

제4절 수신호

제70조(수신호방식) 신호기를 설치하지 아니한 경우 또는 신호기를 사용하지 못할 경우에는 다음 각 호의 방식으로 수신호를 하여야 한다.

1. 정지신호
   가. 주간: 적색기. 다만, 부득이한 경우에는 두 팔을 높이 들거나 또는 녹색기 외의 물체를 급격히 흔드는 것으로 대신할 수 있다.
   나. 야간: 적색등. 다만, 부득이한 경우에는 녹색등 외의 등을 급격히 흔드는 것으로 대신할 수 있다.
2. 진행신호
   가. 주간: 녹색기. 다만, 부득이한 경우에는 한 팔을 높이 드는 것으로 대신할 수 있다.
   나. 야간: 녹색등
3. 서행신호
   가. 주간: 적색기와 녹색기를 머리 위로 높이 교차한다. 다만, 부득이한 경우에는 양 팔을 머리 위로 높이 교차하는 것으로 대신할 수 있다.
   나. 야간: 명멸(明滅)하는 녹색등

[전문개정 10·8·9]

제71조(선로 지장 시의 방호신호) 선로의 지장으로 인하여 열차등을 정지시키거나 서행시킬 경우, 임시신호기에 따를 수 없을 때에는 지장지점으로부터 200미터 이상의 앞 지점에서 정지수신호를 하여야 한다.

[전문개정 10·8·9]

제5절 전호 〈개정 10·8·9〉

제72조(출발전호) 열차를 출발시키려 할 때에는 출발전호를 하여야 한다. 다만, 승객안전설비를 갖추고 차장을 승무(乘務)시키지 아니한 경우에는 그러하지 아니하다.

[전문개정 10·8·9]

제73조(기적전호) 다음 각 호의 어느 하나에 해당하는 경우에는 기적전호를 하여야 한다.

1. 비상사고가 발생한 경우
2. 위험을 경고할 경우

[전문개정 10·8·9]

제74조(입환전호) 입환전호방식은 다음과 같다.

1. 접근전호
   가. 주간: 녹색기를 좌우로 흔든다. 다만, 부득이한 경우에는 한 팔을 좌우로 움직이는 것으로 대신할 수 있다.
   나. 야간: 녹색등을 좌우로 흔든다.
2. 퇴거전호
   가. 주간: 녹색기를 상하로 흔든다. 다만, 부득이한 경우에는 한 팔을 상하로 움직이는 것으로 대신할 수 있다.
   나. 야간: 녹색등을 상하로 흔든다.
3. 정지전호
   가. 주간: 적색기를 흔든다. 다만, 부득이한 경우에는 두 팔을 높이 드는 것으로 대신할 수 있다.
   나. 야간: 적색등을 흔든다.

[전문개정 10·8·9]

제6절 표지 〈개정 10·8·9〉

제75조(표지의 설치) 도시철도운영자는 열차등의 안전운전에 지장이 없도록 운전관계표지를 설치하여야 한다.

[전문개정 10·8·9]

제7절 노면전차 신호 〈신설 10·8·9〉

제76조(노면전차 신호기의 설계) 노면전차의 신호기는 다음 각 호의 요건에 맞게 설계하여야 한다.

1. 도로교통 신호기와 혼동되지 않을 것
2. 크기와 형태가 눈으로 볼 수 있도록 뚜렷하고 분명하게 인식될 것

[본조신설 10·8·9]

부 칙 〈95·7·27〉

①(시행일) 이 규칙은 공포한 날부터 시행한다.

②(폐지법령) 서울특별시도시철도운전규칙 및 부산도시철도운전규칙은 이를 각각 폐지한다.

부 칙 〈04·12·4〉

①(시행일) 이 규칙은 공포 후 3월이 경과한 날부터 시행한다. 〈단서 생략〉

②생략

③(다른 법령의 개정) 도시철도운전규칙중 다음과 같이 개정한다.

제26조 를 삭제한다.

부 칙 〈06·6·21〉

제1조(시행일) 이 규칙은 2006년 7월 9일부터 시행한다.

제2조부터 (다른 법령의 개정) ①생략

②도시철도운전규칙 일부를 다음과 같이 개정한다.

제7조를 삭제한다.

부 칙 〈10·8·9〉

이 규칙은 공포한 날부터 시행한다.

부 칙 〈14·7·8〉

제1조(시행일) 이 규칙은 2014년 7월 8일부터 시행한다.

제2조 및 제3조 생략

부 칙 〈18·1·18〉

제1조(시행일) 이 규칙은 2018년 1월 18일부터 시행한다.

제2조부터 제7조까지 생략

도시철도법 등에 의한 구분지상권 등기규칙

2009 · 9 · 28 대법원규칙 제2248호
2017 · 2 · 2 대법원규칙 제2718호
2019 · 1 · 9 대법원규칙 제2824호

제1조(목적) 이 규칙은 「도시철도법」 제12조제3항, 「도로법」 제28조제5항, 「전기사업법」 제89조의2제3항, 「농어촌정비법」 제110조의3제3항, 「철도건설법」 제12조의3제3항, 「지역 개발 및 지원에 관한 법률」 제28조제4항 및 「수도법」 제60조의3제3항에 따른 부동산등기의 특례를 규정함을 목적으로 한다. 〈개정 04 · 7 · 26, 09 · 9 · 28, 17 · 2 · 2, 19 · 1 · 9〉

제2조(수용 · 사용의 재결에 의한 구분지상권설정등기〈개정 09 · 9 · 28〉**)** ① 「도시철도법」 제2조제7호의 도시철도건설자(이하 "도시철도건설자"라 한다), 「도로법」 제2조제5호의 도로관리청(이하 "도로관리청"이라 한다), 「전기사업법」 제2조제2호의 전기사업자(이하 "전기사업자"라 한다), 「농어촌정비법」 제10조의 농업생산기반 정비사업 시행자(이하 "농업생산기반 정비사업 시행자"라 한다), 「철도건설법」 제8조의 철도건설사업의 시행자(이하 "철도건설사업 시행자"라 한다), 「지역 개발 및 지원에 관한 법률」제19조의 지역개발사업을 시행할 사업시행자(이하 "지역개발사업 시행자"라 한다) 및 「수도법」 제3조제21호의 수도사업자(이하 "수도사업자"라 한다)가 「공익사업을 위한 토지 등의 취득 및 보상에 관한 법률」에 따라 구분지상권의 설정을 내용으로 하는 수용·사용의 재결을 받은 경우 그 재결서와 보상 또는 공탁을 증명하는 정보를 첨부정보로서 제공하여 단독으로 권리수용이나 토지사용을 원인으로 하는 구분지상권설정등기를 신청할 수 있다. 〈개정 09 · 9 · 28, 17 · 2 · 2, 19 · 1 · 9〉

②제1항의 구분지상권설정등기를 하고자 하는 토지의 등기기록에 그 토지를 사용 · 수익하는 권리에 관한 등기 또는 그 권리를 목적으로 하는 권리에 관한 등기가 있는 경우에도 그 권리자들의 승낙을 받지 아니하고 구분지상권설정등기를 신청할 수 있다. 〈개정 09 · 9 · 28〉

제3조(수용재결에 의한 구분지상권이전등기) ①도시철도건설자, 도로관리청, 전기사업자, 농업생산기반 정비사업 시행자, 철도건설사업 시행자, 지역개발사업 시행자 및 수도사업자가 「공익사업을 위한 토지 등의 취득 및 보상에 관한 법률」에 따라 이미 등기되어 있는 구분지상권을 수용하는 내용의 재결을 받은 경우 그 재결서와 보상 또는 공탁을 증명하는 정보를 첨부정보로서 제공하여 단독으로 권리수용을 원인으로 하는 구분지상권이전등기를 신청할 수 있다. 〈개정 04 · 7 · 26, 09 · 9 · 28, 17 · 2 · 2, 19 · 1 · 9〉

②제1항의 구분지상권이전등기 신청이 있는 경우 수용의 대상이 된 구분지상권을 목적으로 하는 권리에 관한 등기가 있거나 수용의 개시일 이후에 그 구분지상권에 관하여 제3자 명의의 이전등기가 있을 때에는 직권으로 그 등기를 말소하여야 한다. 〈개정 09 · 9 · 28〉

제4조(강제집행 등과의 관계〈개정 09 · 9 · 28〉**)** 제2조에 따라 마친 구분지상권설정등기 또는 제3조의 수용의 대상이 된 구분지상권설정등기(이하 "구분지상권설정등기"라 한다)는 다음 각 호의 경우에도 말소할 수 없다. 〈개정 09 · 9 · 28, 17 · 2 · 2, 19 · 1 · 9〉

1. 구분지상권설정등기보다 먼저 마친 강제경매개시결정의 등기, 근저당권 등 담보물권의 설정등기, 압류등기 또는 가압류등기 등에 기하여 경매 또는 공매로 인한 소유권이전등기를 촉탁한 경우
2. 구분지상권설정등기보다 먼저 가처분등기를 마친 가처분채권자가 가처분채무자를 등기의무자로 하여 소유권이전등기, 소유권이전등기

말소등기, 소유권보존등기말소등기 또는 지상권·전세권·임차권설정등기를 신청한 경우

3. 구분지상권설정등기보다 먼저 마친 가등기에 의하여 소유권 이전의 본등기 또는 지상권·전세권·임차권설정의 본등기를 신청한 경우

부 칙 〈96·9·30〉

이 규칙은 공포한 날부터 시행한다.

부 칙 〈99·2·27〉

이 규칙은 공포한 날로부터 시행한다.

부 칙 〈04·7·26〉

이 규칙은 공포한 날부터 시행한다.

부 칙 〈09·9·28〉

이 규칙은 2009년 11월 22일부터 시행한다.

부 칙 〈17·2·2〉

제1조(시행일) 이 규칙은 공포한 날부터 시행한다.

제2조(적용례) 「농어촌정비법」 제110조의3에 따른 구분지상권의 설정·이전등기에 관한 개정규정은 「농어촌정비법」(법률 제14480호, 2016.12.27. 시행) 시행 후 토지의 지상 또는 지하 공간의 사용에 관하여 협의하거나 재결을 신청한 경우부터 적용한다.

부 칙 〈19·1·9〉

이 규칙은 공포한 날부터 시행한다.

도시철도채권 매입사무 취급규칙

제정 1980· 4·18 교통부령 제655호
개정 1982· 8·12 교통부령 제744호
1987·10·22 교통부령 제869호
1990· 7·30 교통부령 제932호
1991· 7·27 교통부령 제953호
1998· 6·29 건설교통부 제 140호
2000· 3·27 건설교통부 제1360호(농업협동조합법시행규칙)
2003· 7·16 건설교통부 제 365호
2008· 3·14 국토해양부 제 4호(정부조직법의 개정에 따른 감정평가에 관한 규칙 등 일부 개정령)
2009· 7· 2 국토해양부 제 146호
2013· 3·23 국토교통부 제 1호(국토교통부와 그 소속기관 직제 시행규칙)
2014· 7· 8 국토교통부 제 106호(도시철도법 시행규칙 전부개정령)
2015· 2·25 국토교통부령 제185호
2017· 5· 2 국토교통부령 제419호(법령서식 일괄 개정을 위한 역세권의 개발 및 이용에 관한 법률 시행규칙 등 일부개정령)

제1조(목적) 이 규칙은 「도시철도법」 및 같은 법 시행령에 따른 도시철도채권의 매입등에 관하여 필요한 사항을 정함을 목적으로 한다. 〈개정 91·7·27, 03·7·16, 15·2·25〉

[전문개정 87·10·22]

제2조(도시철도채권의 중도상환〈개정 03·7·16〉**)** ① 도시철도채권(이하 "채권"이라 한다)은 다음 각 호의 어느 하나에 해당하는 경우를 제외하고는 중도에 상환할 수 없다. 〈개정 87·10·22, 91·7·27, 03·7·16, 09·7·2〉

1. 채권의 매입사유가 된 면허, 허가 또는 인가가 채권매입자의 귀책사유없이 취소된 경우
2. 국가, 지방자치단체, 도시철도건설자 및 도시철도운영자와 건설공사도급계약(도시철도채권발행자, 도시철도건설자 및 도시철도운영자의 발주분만 해당한다. 이하 같다)을 체결하거나, 도시철도의 건설·운영에 필요한 용역계약 또는 물품구매계약(도시철도건설자 또는 도시철도운영자의 발주분만 해당한다)을 체결한 자가 그의 귀책사유 없이 계약을 취소당한 경우
3. 채권매입대상자가 아닌 자가 착오로 채권을 매입하였거나 매입하여야 할 금액을 초과하여 매입한 경우

②제1항에 따라 중도상환을 받으려는 자는 해당 사무를 취급하는 국가 또는 지방자치단체의 장, 도시철도건설자 또는 도시철도운영자가 발행하는 제1항 각 호의 어느 하나에 해당함을 증명하는 서류를 갖추어 채권의 매출 및 상환업무의 사무취급기관(이하 "사무취급기관"이라 한다)에 신청하여야 한다. 〈개정 87·10·22, 91·7·27, 09·7·2〉

제3조(과세표준액) 도시철도법시행령(이하 "영"이라 한다) 별표 2에서 "과세표준액"이라 함은 지방세법에 의한 과세표준액을 말한다.

[전문개정 03·7·16]

제4조(채권매입의무면제자의 범위) 영 별표 2의 비고란 제1호에 따라 도시철도채권매입의무를 면제하는 대상자의 범위는 다음 각 호와 같다.
〈개정 82·8·12, 87·10·22, 98·6·29, 00·3·27, 03·7·16, 08·3·14, 09·7·2, 13·3·23, 15·2·25〉

1. 국가기관 :헌법·정부조직법 기타 특별법에 의하여 설립된 기관과 그 소속기관

2. 지방자치단체 : 지방자치단체 및 그 소속기관
3. 공공기관: 「공공기관의 운영에 관한 법률」 제4조에 따른 공공기관 중 정부가 100분의 50 이상의 지분을 가지고 있는 공공기관
4. 금융회사
   가. 한국은행법·한국산업은행법 기타 특별법에 의하여 설립된 은행 및 은행법에 의한 은행
   나. 농업협동조합법에 의하여 설립된 조합 및 농업협동조합중앙회
   다. 수산업협동조합법에 의하여 설립된 수산업협동조합 및 수산업협동조합중앙회
   라. 삭제 〈00·3·27〉
   마. 기타 특별법에 의하여 설립된 조합 또는 기관으로서 국토교통부장관이 기획재정부장관과 협의하여 지정하는 조합 또는 기관
5. 주한 외국정부기관
   가. 외국정부의 공관 및 사절단
   나. 국제기구(대한민국 국민이 아닌 그 구성원을 포함한다)
   다. 미합중국 군대 및 국제연합군(대한민국 국민이 아닌 그 구성원과 군속을 포함한다)
6. 사립학교법 제2조의 규정에 의한 사립학교

제4조의2(채권매입의무 면제대상 자동차의 범위) 「도시철도법」 제21조제1항제2호 단서에서 "국토교통부령이 정하는 경형자동차"라 함은 자동차관리법시행규칙 별표 1의 경형자동차를 말한다. 〈개정 08·3·14, 13·3·23, 14·7·8〉
[본조신설 03·7·16]

제5조(채권매입의무일부면제대상자 및 그 면제대상항목) ① 영 별표 2의 비고란 제2호나목에 따라 채권매입의무가 일부면제되는 대상자의 범위, 면제대상항목 및 제출서류는 별표와 같다. 〈개정 09·7·2〉
②채권매입의무의 일부면제를 받으려는 자는 별지 제1호서식에 따른 도시철도채권 매입의무 일부면제 신청서를 국가 또는 지방자치단체의 장(이하 "매입확인증징구의무자"라 한다)에게 제출하여야 한다. 〈개정 14·7·8, 15·2·25〉
③매입필증징구의무자가 제2항에 따른 일부면제신청서를 받은 경우에 해당 신청인과 면제신청항목이 별표 1에 규정된 면제대상자와 면제대상항목에 해당하는 때에는 채권의 매입을 면제하고, 이를 별지 제2호서식에 따른 도시철도채권 매입의무 일부면제자기록부에 기재하여야 한다.〈개정 15·2·25〉

제6조(매입확인증의 발급〈개정 09·7·2, 15·2·25〉**)** ① 사무취급기관은 채권을 매출하는 때에는 채권매입확인증(이하 "매입확인증"이라 한다)을 매입자에게 발급하여야 한다. 〈개정 09·7·2, 15·2·25〉
②매입확인증에는 다음 각 호의 사항을 기재하고 사무취급기관의 장이 기명·날인하여야 한다.〈개정 15·2·25〉
1. 채권의 기호 및 번호
2. 매입금액
3. 매입자의 주소 및 성명
4. 매입목적
5. 매입확인증징구의무자

③사무취급기관은 별지 제3호서식에 따른 도시철도채권 매입확인증 발행대장을 비치하고, 매입확인증의 발급에 관한 사항을 기재하여야 한다.〈개정 15·2·25〉
④매입확인증은 그 매입확인증에 기재된 매입자·매입목적 및 매입확인증징구의무자에 한하여 이를 사용할 수 있다.〈개정 15·2·25〉
⑤매입확인증의 기재사항에 착오 또는 누락이 있는 경우에는 그 채권의 매입자는 채권의 매입일로부터 1개월 안에 별지 제4호서식에 따른 도시철도채권 매입확인증 기재사항 정정신청서를 사무취급기관에 제출하여야 한다.〈개정 15·2·25〉

⑥사무취급기관이 제5항에 따른 정정신청서를 받은 경우에는 그 착오 또는 누락 여부를 확인한 후 착오 또는 누락이 있을 때에는 이를 정정하고, 그 매입확인증에 정정의 표시와 함께 날인을 하여야 한다.〈개정 15・2・25〉

제7조(매입확인증의 재발급) ① 채권의 매입자는 매입확인증을 멸실하거나 도난 등의 사유로 분실한 경우에 영 제15조제5항에 따라 매입확인증을 재발급받으려면 별지 제5호서식에 따른 도시철도채권 매입확인증 재발급 신청서에 매입확인증징구의무자로부터 발급받은 별지 제6호서식에 따른 도시철도채권 매입확인증 미사용 증명서를 첨부하여 사무취급기관에 제출하여야 한다.

② 매입확인증징구의무자는 제1항에 따라 매입확인증 미사용 증명서를 발급하였을 때에는 별지 제7호서식에 따른 도시철도채권 매입확인증 미사용 증명서 발급대장에 증명서 발급사실을 기재하여야 한다.

③ 사무취급기관이 제1항에 따라 매입확인증을 재발급하는 경우에는 매입확인증의 우측상단에 재발급의 표시를 하고, 별지 제8호서식에 따른 도시철도채권 매입확인증 재발급대장에 재발급사실을 기재하여야 한다.

[전문개정 15・2・25]

제8조(매입확인증의 징구〈개정 15・2・25〉**)** ① 매입확인증징구의무자는 다음 각 호의 구분에 따라 매입확인증을 징구하여야 한다. 〈개정 87・10・22, 98・6・29, 15・2・25〉

1. 면허・허가 또는 인가를 하는 경우 : 해당 면허증・허가증 또는 인가증을 교부할 때에 매입확인증을 징구한다.
2. 등기 또는 등록을 하는 경우 : 해당 등기신청서 또는 등록신청서를 접수할 때에 매입확인증을 징구한다.
3. 건설공사도급계약・용역계약 또는 물품 구매계약을 체결하는 경우 : 해당 건설공사도급계약・용역계약 또는 물품구매계약을 체결할 때에 매입확인증을 징구한다. 다만, 공사기간이 2년이상인 건설공사나 단가계약에 의한 물품구매의 경우에는 그 대금을 지급할 때에 매입필증(대금을 분할하여 지급할 때에는 그 분할대금에 해당하는 매입필증)을 징구한다.

② 매입확인증징구의무자가 매입확인증을 징구하였을 때에는 별표 2에 따른 소인(消印)의 표시를 하고, 별지 제9호서식에 따른 도시철도채권 매입확인증 징구대장에 다음 각 호의 사항을 기재하여야 한다.〈개정 15・2・25〉

1. 채권의 기호 및 번호
2. 매입금액
3. 매입자의 주소 및 성명
4. 매입목적

③ 매입확인증징구의무자는 매입확인증을 징구한 경우에는 그 징구일로부터 5년간 이를 보관하고, 국토교통부장관, 사무취급기관의 장이나 그 밖의 관계기관의 요구가 있을 때에는 이를 제시하여야 한다. 〈개정 98・6・29, 08・3・14, 13・3・23, 15・2・25〉

제9조(매입대상자) ① 채권의 매입대상자는 면허・허가・인가 또는 등기・등록을 신청하는 자, 건설공사도급계약・용역계약 및 물품구매계약의 수급인으로 한다. 〈개정 87・10・22〉

②1개의 면허・허가 ・인가 또는 등기・등록이나 건설공사도급계약・용역계약 및 물품구매계약에 관하여 2인이상이 공동으로 채권을 매입하여야 하는 경우에는 공동신청인 전부를 채권매입대상자로 한다. 〈개정 87・10・22〉

③제2항의 경우에 신청인중 1인이 채권매입면제대상자인 때에는 신청인 전부에 대하여 채권매입을 면제한다. 다만, 면제대상자의 매입상당금액이나 그 공유지분이 명백할 경우에는 해당금액의 채권매입만을 면제한다.

부　　칙 〈80·4·18〉

이 규칙은 공포한 날로부터 시행한다.

부　　칙 〈82·8·12〉

①(시행일) 이 규칙은 공포한 날로부터 시행한다.
②(적용시한) 별표의 대상자의 구분란의 제7호중 면제항목란의 제2호 가목의 개정규정은 1983년 12월 31일까지 그 효력을 가진다.

부　　칙 〈87·10·22〉

이 규칙은 공포한 날로부터 시행한다.

부　　칙 〈90·7·30〉

이 규칙은 공포한 날부터 시행한다.

부　　칙 〈91·7·27〉

제1조(시행일) 이 규칙은 공포한 날부터 시행한다.
제2조(다른 법령의 개정) ①서울특별시지하철운전규칙중 다음과 같이 개정한다.
제명 "서울특별시지하철운전규칙"을 "서울특별시도시철도운전규칙"으로 한다.
제1조·제2조·제3조·제12조 및 제98조중 "지하철도"를 각각 "도시철도"로 한다.
②부산교통채권사무취급규칙중 다음과 같이 개정한다.
제2조중 "지하철도채권매입사무취급규칙"을 "도시철도채권매입사무취급규칙"으로 한다.

부　　칙 〈98·6·29〉

이 규칙은 공포한 날부터 시행한다.

부　　칙 〈00·3·27〉

제1조 (시행일) 이 규칙은 2000년 7월 1일부터 시행한다.
제2조부터 제4조까지 생략

부　　칙 〈03·7·16〉

이 규칙은 공포한 날부터 시행한다.

부　　칙 〈08·3·14〉

이 규칙은 공포한 날부터 시행한다.

부　　칙 〈09·7·2〉

이 규칙은 공포한 날부터 시행한다.

부　　칙 〈13·3·23〉

제1조(시행일) 이 규칙은 공포한 날부터 시행한다. 〈단서 생략〉
제2조부터 제6조까지 생략

부　　칙 〈14·7·8〉

제1조(시행일) 이 규칙은 2014년 7월 8일부터 시행한다.
제2조 및 제3조 생략

부　　칙 〈15·2·25〉

제1조(시행일) 이 규칙은 공포한 날부터 시행한다.

제2조(서식에 관한 경과조치) 이 규칙 시행 당시 종전의 규정에 따른 서식은 이 규칙에 따른 서식과 함께 사용할 수 있다.

부　　칙 〈17·5·2〉

이 규칙은 공포한 날부터 시행한다.

[별표 1] 〈개정 14·7·8, 15·2·25〉

도시철도채권매입의무의 일부면제대상자의 범위 및 그 면제항목(제5조관련)

대상자의 구분	대상자의 범위	면제항목	면제대상자임을 확인받고자 하는 자가 제출할 서류
1. 외국인	1. 출입국관리법제34조의 규정에 의하여 외국인등록을 한 외국인으로서 영업에 종사하지 아니하는 자 2. 비영리외국법인 또는 비영리외국단체 3. 경제개발계획의 수행에 긴요하다고 인정되는 사업에 참여하는 외국법인 또는 외국단체	1. 비사업용자동차의 신규등록 또는 이전등록 2. 건설기계의 신규등록 또는 이전등록	1. 거류신고증 사본 1부(대상자의 범위중 제1호의 자에 한한다) 2. 주무부장관이 비영리외국법인 또는 비영리외국단체임을 확인하는 서류(대상자의 범위중 제2호의 자에 한한다) 3. 주무부장관이 경제개발계획의 수행에 긴요하다고 인정하는 사업에 참여하는 외국단체임을 확인하는 외국법인 또는 외국단체임을 확인하는 서류(대상자의 범위중 제3호의 자에 한한다)
2. 경제개발 또는 공익을 목적으로 제정된 특별법에 의하여 설립된 법인과 그 소속단체	1. 상공회의소법에 의한 상공회의소와 대한상공회의소 2. 중소기업협동조합법에 의한 중소기업협동조합·중소기업협동조합연합회 및 중소기업협동조합중앙회 3. 공업배치및공장설립에관한법률에 의한 산업단지관리공단 4. 노동조합및노동관계조정법에 의한 노동조합 5. 한국해운조합법에 의한 한국해운조합 6. 사회복지사업법에 의한 사회복지법인	1. 삭제 〈2009.7.2〉 2. 삭제 〈2009.7.2〉 3. 「조세특례제한법」 또는 「지방세법」 등에 따라 등록세가 면제되는 등록 4. 비사업용자동차의 신규등록 또는 이전등록 5. 건설기계의 신규등록(대상자의 범위중 제35호의 자에 한한다) 6. 토지형질변경허가(대상자의 범위중 제6호의 자에 한한다)	1. 등록 또는 등기 목적물을 업무용으로 취득하는 것임을 주무부장관이 확인하는 서류(면제항목중 제1호의 경우에 한한다) 2.법인등기부등본 또는 주무부장관이 대상자의 범위에 속하는 자임을 증명하는 서류

대상자의 구분	대상자의 범위	면제항목	면제대상자임을 확인받고자 하는 자가 제출할 서류
	7. 보호관찰등에관한법률에 의한 한국갱생보호공단 8. 산업연구원법에 의한 산업연구원 9. 국방과학연구소법에 의한 국방과학연구소 10. 대한민국재향군인회법에 의한 대한민국재향군인회 11. 건설산업기본법에 의한 건설공제조합 12. 변호사법에 의한 변호사회와 대한변호사협회 13. 엽연초생산협동조합법에 의한 엽연초생산협동조합과 엽연초생산협동조합중앙회 14. 대한교원공제회법에 의한 대한교원공제회 15. 한국자유총연맹 육성에관한법률에의한 한국자유총연맹 16. 대한적십자사조직법에 의한 대한적십자사 17. 국가유공자등단체설립에관한법률에 의한 대한민국상이군경회·대한민국전몰군경유족회·대한민국전몰군경미망인회·광복회·4.19의거상이자회·4.19의거희생자유족회 및 재일학도의용군동지회		

대상자의 구분	대상자의 범위	면제항목	면제대상자임을 확인받고자 하는 자가 제출할 서류
	18. 한국교육개발원육성법에 의한 한국교육개발원 19. 한국개발연구원법에 의한 한국개발연구원 20. 신용협동조합법에 의한 신용협동조합·신용협동조합연합회 및 신용협동조합중앙회 21. 새마을금고법에 의한 새마을금고 및 새마을금고연합회 22. 한국보건사회연구원법에 의한 한국보건사회연구원 23. 수산업협동조합법에 의한 어촌계 24. 문화예술진흥법에 의한 한국문화예술진흥원 25. 스카우트활동육성에관한법률에 의한 스카우트 주관단체 26. 특정연구기관육성법에 의한 특정연구기관 27. 유네스코활동에관한법률에 의한 유네스코한국위원회 28. 임업협동조합법에 의한 임업협동조합과 임업협동조합중앙회 29. 농지개량조합법에 의한 농지개량조합 30. 한국마사회법에 의한 한국마사회 31. 한국과학재단법에 의한 한국과학재단		

대상자의 구분	대상자의 범위	면제항목	면제대상자임을 확인받고자 하는 자가 제출할 서류
	32. 한국공항공단법에 의한 한국공항공단 33. 교통안전공단법에 의한 교통안전공단 34. 한국농촌경제연구원육성법에 의한 한국농촌경제연구원 35. 「도시철도법」에 따라 도시철도건설사업 또는 도시철도운송사업을 위탁받은 법인 36. 중소기업진흥및제품구매촉진에관한법률에 의한 중소기업진흥공단 37. 공업발전법에 의하여 설립된 한국섬유산업연합회 38. 한국지방행정연구원육성법에 의한 한국지방행정연구원 39. 한국여성개발원법에 의한 한국여성개발원 40. 한국산업인력관리공단법에 의한 한국산업인력관리공단 41. 서울대학교병원설치법에 의한 서울대학교병원 42. 한국해양소년단연맹육성에관한법률에 의한 한국해양소년단연맹 43. 소비자보호법에 의한 한국소비자보호원 44. 공무원연금법에 의한 공무원연금관리공단		

대상자의 구분	대상자의 범위	면제항목	면제대상자임을 확인받고자 하는 자가 제출할 서류
	45. 사립학교교원연금법에 의한 사립학교교원연금관리공단 46. 도시교통정비촉진법에 의한 교통개발연구원 47. 법률구조법에 의한 대한법률구조공단 48. 한국법제연구원법에 의한 한국법제연구원 49. 군인공제회법에 의한 군인공제회 50. 2002년월드컵축구대회지원법에 의한 재단법인 2002년월드컵축구대회조직위원회 51. 환경관리공단법에 의한 환경관리공단 52. 한국자원재생공사법에 의한 한국자원재생공사 53. 예금자보호법에 의한 예금보험공사 54. 「도로교통법」에 따른 도로교통공단		
3. 「민법」 제32조에 따른 비영리법인으로서 국고보조 또는 지방비의 보조를 받는 법인	해당 연도 현재 국고보조 또는 지방비보조를 받고 있는 비영리법인	「조세특례제한법」 또는 「지방세법」 등에 따라 등록세가 면제되는 등록	해당 연도 현재 국고보조 또는 지방비보조를 받고 있음을 주무부장관이 확인하는 서류

대상자의 구분	대상자의 범위	면제항목	면제대상자임을 확인받고자 하는 자가 제출할 서류
4. 외국인의투자및외자도입에관한법률의 규정에 의한 외국인 투자기업 또는 차관을 도입한 차관기업체	외국인의투자및외자도입에관한법률에 의하여 인가를 받은 외국인투자기업으로서 외국인투자인가일부터 3년이내인 기업체	1. 비사업용자동차의 신규등록 또는 이전등록 2. 관광숙박업(관광사업법의 적용을 받는 숙박업)의 신규등록 및 명의변경	1. 주무부장관이 발행하는 외국인투자인가서의 사본 2. 법인등기부등본
5. 언론기관	1. 일간신문사 2. 일간통신사 3. 주간신문사 4. 월간(순간·계간을 포함한다)잡지사 5. 방송국(방송국의 출자에 의하여 설립되어 전파탑만을 관리하는 법인을 포함한다)	1. 언론사업수행에 직접 사용되는 비사업용자동차의 신규등록 또는 이전등록 2. 삭제 〈09·7·2〉	1. 법인등기부등본 2. 삭제 〈09·7·2〉
6. 정당법의 규정에 의하여 설립된 정당	정당법에 의한 정당	1. 비사업용자동차의 신규등록 또는 이전등록 2. 조세감면규제법 또는 지방세법에 의하여 등록세가 면제되는 등기 또는 등록	정당등록증의 사본
7. 대중교통수단에 제공되는 시내버스의 운송사업자와 주택건	1. 대중교통수단에 제공되는 시내버스의 운송사업자 2. 주택건설을 목적으로 토지형질변경허가를 신청하는 자	1. 시내버스 신규등록 및 이전등록(대상자의 범위중 제1호의 자에 한한다) 2. 다음 각목의 1에	1. 각 시·도지사가 시내버스운송사업용으로 취득하는 것임을 증명하는 서류(대상자의 범위중 제1호의 자에 한한다) 2. 주무부장관 또는 지방자

대상자의 구분	대상자의 범위	면제항목	면제대상자임을 확인받고자 하는 자가 제출할 서류
설을 목적으로 토지형질변경허가를 신청하는 자		해당되는 토지형질변경허가(대상자의 범위중 제2호의 자에 한한다) 가. 주택건설촉진법제3조 제5호에 규정된 사업주체가 전용면적 60제곱미터(공용면적을 포함하는 경우에는 70제곱미터)이하인 주택(임대를 목적으로 하는 주택을 포함한다)을 건설하기 위한 토지형질변경의 허가 나. 가목외의 주택을 건설하기 위한 토지형질변경허가. 다만, 토질형질변경허가를 신청한 토지면적 중 국가 또는 지방자치단체에 귀속(기부채납을 포함한다)되는 토지의 면적에 한한다.	치단체의 장이 면제항목 제2호 각목의 1에 해당하는 토지형질변경임을 증명하는 서류(대상자의 범위중 제2호의 자에 한한다)
8. 「상법」에 따라 합병으로 설립되는 법인 또는 합병 후 존속하는 법인으로서 그 합병에 따른 등록을 신청하는 자와 합명회사에서 합자회사로, 합자회사에서 합명회사로, 주식회사에서 유한회사로 또는 유한회사에서 주식회사로 조직을 변경하는 경우 그 조직변경에 따라 등록을 신청하는 자	1. 「상법」에 따른 합병으로 등록을 신청하는 회사 2. 상법에 따라 합명회사에서 합자회사로, 합자회사에서 합명회사로, 주식회사에서 유한회사로 또는 유한회사에서 주식회사로 조직을 변경하는 경우 그 조직변경에 따른 등록을 신청하는 회사	1. 법인설립이나 조직변경에 따른 등록 2. 해당 회사가 합병 또는 조직변경으로 소멸한 회사로부터 승계한 자동차의 이전등록	1. 합병 또는 조직 변경내용이 포함된 주주총회의 회의록 사본 2. 해당 자동차가 합병 또는 조직변경으로 소멸된 회사의 재산임을 증명하는 등록원부등본
9. 제조업·광업·건설업·운수업 또는 수산업을 영위하는 자가 해당 사업에 1년 이상	개인기업자가 해당 사업에 1년 이상 사용한 사업용 자산을 현물출자하여 법인을 설립하기 위하여 「상법」에 따른 등록을 신청하는 회사	1. 법인설립에 따른 등록 2. 해당 회사가 개인기업으로부터 승계한 자동차의 이전등록	1. 개인기업을 1년 이상 영위하였음을 증명할 수 있는 관계 증명서류 2. 법인전환의 내용이 포함된 주주총회의 회의록사본(발기설립의 경우에는 감사인의 선임 및 감사인의 설립경과조사서 사본)

대상자의 구분	대상자의 범위	면제항목	면제대상자임을 확인받고자 하는 자가 제출할 서류
사용한 사업용 자산을 현물출자하여 법인을 설립하기 위하여 등록을 신청하는 자(「조세특례제한법」 제32조에 따른 양도소득세의 이월과세를 적용받는 자만 해당한다)			3. 해당 자동차가 법인전환으로 소멸된 개인기업의 재산임을 증명하는 등록원부등본

[별표 2] 〈신설 15·2·25〉

도시철도채권 매입확인증의 소인(제8조제2항 관련)

가. 소인의 모양

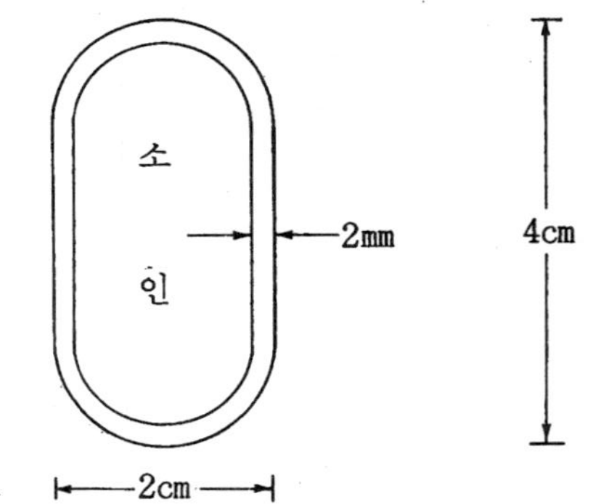

나. 소인의 위치

매입확인증의 우측상단에 적색 또는 청색의 스탬프를 사용하여 소인한다.

[별지 제1호서식] 〈개정 91·7·27, 15·2·25〉

도시철도채권 매입의무 일부면제 신청서

(앞쪽)

접수번호		접수일		처리기간	1일

신청인	성명(법인명 및 대표자 성명)
	주소
신청내용	매입대상항목
	매입대상금액
	면제근거

「도시철도채권 매입사무 취급규칙」 제5조제2항에 따라 위와 같이 도시철도채권의 매입의무 일부면제를 신청합니다.

년 월 일

신청인 (서명 또는 인)

국토교통부장관
특별시장·광역시장
특별자치시장·특별자치도지사
시장·군수·구청장 귀하

첨부서류	「도시철도채권 매입사무 취급규칙」 별표 1에 따른 제출서류	수수료 없음

210㎜×297㎜[백상지 80g/㎡(재활용품)]

(뒤쪽)

처리절차

이 신청서는 아래와 같이 처리됩니다.

신 청 인	처 리 기 관
	국토교통부, 특별시·광역시·특별자치시·특별자치도 및 시·군·구(담당부서)

신청서 작성 → (제출) → 접 수 → 검 토 → 일부면제 여부 결정 → 일부면제자 기록부 작성

일부면제 여부 결정 → (통보) → 신청서 작성

[별지 제2호서식] 〈개정 91·7·27, 15·2·25〉

도시철도채권 매입의무 일부면제자 기록부

일련번호	신청인(매입자)		면제대상항목	면제금액	면제근거	면제사유
	성명	주 소				

210㎜×297㎜[백상지 80g/㎡(재활용품)]

[별지 제3호서식] 〈개정 91·7·27, 15·2·25〉

도시철도채권 매입확인증 발행대장

일련번호	신청인(매입자)		채권 및 매입확인증			매입목적	징구기관
	성명	주 소	권종별	기호 및 번호	매입금액		

210㎜×297㎜[백상지 80g/㎡(재활용품)]

[별지 제4호서식] 〈개정 91 · 7 · 27, 15 · 2 · 25, 17 · 5 · 2〉

도시철도채권 매입확인증 기재사항 정정신청서

(앞쪽)

접수번호		접수일		처리기간	즉시

신청인	성명(법인명 및 대표자 성명)	법인등록번호
	주소	

신청내용	채권 기호 및 번호		채권 금액	
	당초	매입자 성명	정정	매입자 성명
		매입목적		매입목적
		징구기관		징구기관
		발행일자		발행일자

「도시철도채권 매입사무 취급규칙」 제6조제5항에 따라 위와 같이 도시철도채권 매입확인증 기재사항의 정정을 신청합니다.

년 월 일

신청인 (서명 또는 인)

사무취급기관의 장 귀하

첨부서류	매입확인증 1부	수수료 없음

210㎜×297㎜[백상지 80g/㎡]

(뒤쪽)

처리절차	
이 신청서는 아래와 같이 처리됩니다.	
신 청 인	처 리 기 관
	한국은행, 해당 지방자치단체가 지정하는 금융기관, 한국예탁결제원

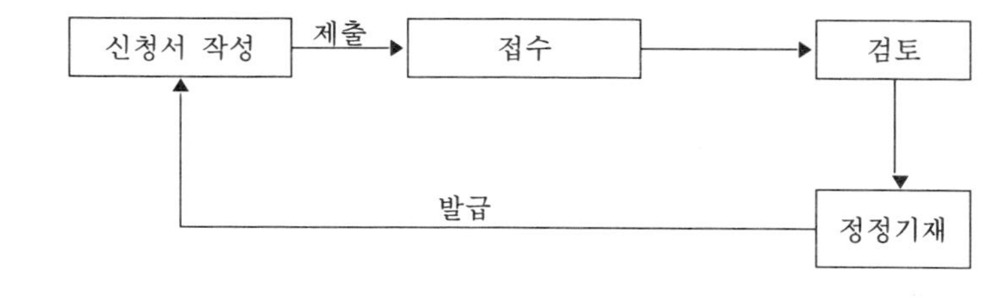

[별지 제5호서식] 〈개정 91·7·27, 15·2·25, 17·5·2〉

도시철도채권 매입확인증 재발급 신청서

(앞쪽)

접수번호		접수일		처리기간	1일

신청인	성명(법인명 및 대표자 성명)	법인등록번호
	주소	

신청내용	채권 및 매입확인증	기호 및 번호(권종별)
		매입금액
		매입목적
		징구기관
		발행점포
		발행일자

「도시철도법 시행령」 제15조제5항 및 「도시철도채권 매입사무 취급규칙」 제7조제1항에 따라 위와 같이 도시철도채권 매입확인증 재발급을 신청합니다.

년 월 일

신청인 (서명 또는 인)

사무취급기관의 장 귀하

첨부서류	도시철도채권 매입확인증 미사용 증명서 1부	수수료 없음

210㎜×297㎜[백상지 80g/㎡]

(뒤쪽)

처리절차

이 신청서는 아래와 같이 처리됩니다.

신 청 인	처 리 기 관
	한국은행, 해당 지방자치단체가 지정하는 금융기관, 한국예탁결제원

신청서 작성 → (제출) → 접수 → 검토 → 매입확인증 재발행 → 재발급대장 기록

매입확인증 재발행 → (발급) → 신청서 작성

[별지 제6호서식] 〈개정 91·7·27, 15·2·25, 17·5·2〉

도시철도채권 매입확인증 미사용 증명서

(앞쪽)

접수번호		접수일		처리기간	1일

신청인	성명(법인명 및 대표자 성명)	법인등록번호
	주소	

신청내용	채권 및 매입확인증	기호 및 번호(권종별)
		매입금액
		매입목적
		징구기관
		발행점포
		발행일자

「도시철도채권 매입사무 취급규칙」 제7조제1항에 따라 위 기재사항의 도시철도채권 매입확인증을 사용한 사실이 없음을 증명하여 주시기 바랍니다.

년 월 일

신청인 (서명 또는 인)

국토교통부장관
특별시장·광역시장
특별자치시장·특별자치도지사
시장·군수·구청장 귀하

첨부서류	분실공고문 1부	수수료 없음

「도시철도채권 매입사무 취급규칙」 제7조제1항에 따라 위 사실을 증명합니다.

년 월 일

국토교통부장관
특별시장·광역시장
특별자치시장·특별자치도지사
시장·군수·구청장 직인

210㎜×297㎜[백상지 80g/㎡]

(뒤쪽)

처리절차

이 신청서는 아래와 같이 처리됩니다.

신 청 인	처 리 기 관
	국토교통부, 특별시·광역시·특별자치시·특별자치도 및 시·군·구(담당부서)

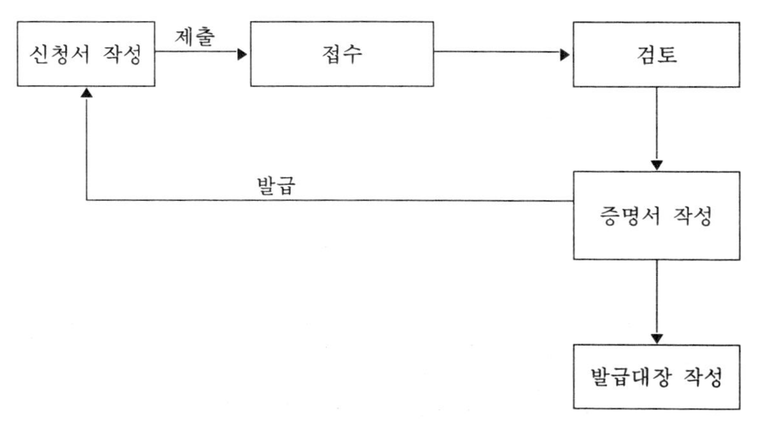

[별지 제7호서식] 〈개정 91・7・27, 15・2・25〉

도시철도채권 매입확인증 미사용 증명서 발급대장

일련번호	신청인(매입자)		채권 및 매입확인증			사유
	성명	주소	권종별	기호 및 번호	매입금액	

210㎜×297㎜[백상지 80g/㎡(재활용품)]

[별지 제8호서식] 〈개정 91・7・27, 15・2・25〉

도시철도채권 매입확인증 재발급대장

일련번호	신청인(매입자)		채권 및 매입확인증			매입목적	징구기관
	성명	주소	권종별	기호 및 번호	매입금액		

210㎜×297㎜[백상지 80g/㎡(재활용품)]

[별지 제9호서식] 〈개정 91·7·27, 15·2·25〉

도시철도채권 매입확인증 징구대장

일련번호	징구일자	매입목적	신청인(매입자)		채권 및 매입확인증		비고
			성명	주소	기호 및 번호	금액	

210㎜×297㎜[백상지 80g/㎡(재활용품)]

[별지 제10호서식] 삭제 〈15·2·25〉

역세권의 개발 및 이용에 관한 법 · 시행령 · 시행규칙

역세권의 개발 및 이용에 관한 법 · 시행령 · 시행규칙 목차

법	시 행 령	시 행 규 칙
역세권의 개발 및 이용에 관한 법률 〔2010 · 4 · 15 법률 제10266호 제정〕 2011 · 4 · 14 법률 제10599호(국토의 계획 및 이용에 관한 법률 일부개정법률) 2012 · 6 · 1 법률 제11475호 2013 · 3 · 23 법률 제11690호 (정부조직법 전부개정법률) 2014 · 1 · 14 법률 제12248호 (도로법 전부개정법률) 2014 · 11 · 19 법률 제12844호 (정부조직법 일부개정법률) 2016 · 1 · 19 법률 제13797호 (부동산 거래신고 등에 관한 법률) 2016 · 1 · 19 법률 제13805호 (주택법 전부개정법률) 2016 · 12 · 27 법률 제14480호 (농어촌정비법 일부개정법률) 2017 · 7 · 26 법률 제14839호 (정부조직법 일부개정법률) 2018 · 3 · 13 법률 제15460호 (철도건설법 일부개정법률) 2018 · 12 · 18 법률 제16004호	**역세권의 개발 및 이용에 관한 법률 시행령** 〔2010 · 10 · 14 대통령령 제22448호 제정〕 2012 · 4 · 10 대통령령 제23718호(국토의 계획 및 이용에 관한 법률 시행령 일부개정령) 2012 · 8 · 31 대통령령 제24078호 2012 · 4 · 10 대통령령 제23718호(국토의 계획 및 이용에 관한 법률 시행령 일부개정령) 2012 · 8 · 31 대통령령 제24078호 2013 · 3 · 23 대통령령 제24443호(국토교통부와 그 소속기관 직제) 2013 · 12 · 30 대통령령 제25050호(행정규제기본법 개정에 따른 규제 재검토기한 설정을 위한 주택법 시행령 등 일부개정령) 2014 · 6 · 17 대통령령 제25390호 2014 · 11 · 19 대통령령 제25751호(행정자치부와 그 소속기관 직제) 2016 · 8 · 11 대통령령 제27444호(주택법 시행령 전부개정령) 2016 · 8 · 31 대통령령 제27471호(부동산 가격공시 및 감정평가에 관한 법률 시행령 전부개정령) 2016 · 8 · 31 대통령령 제27472호(감정평가 및 감정평가사에 관한 법률 시행령) 2016 · 8 · 31 대통령령 제27473호(한국감정원법 시행령) 2017 · 1 · 17 대통령령 제27792호(수질 및 수생태계 보전에 관한 법률 시행령 일부개정령) 2017 · 7 · 26 대통령령 제28211호(행정안전부와 그 소속기관 직제) 2018 · 10 · 30 대통령령 제29269호(주식회사의 외부감사에 관한 법률 시행령 전부개정령) 2018 · 12 · 18 대통령령 제29395호(지방분권 강화를 위한 20개 법령의 일부개정에 관한 대통령령) 2019 · 6 · 18 대통령령 제29878호 2019 · 6 · 25 대통령령 제29892호(주식 · 사채 등의 전자등록에 관한 법률 시행령)	**역세권의 개발 및 이용에 관한 법률 시행규칙** 〔2010 · 10 · 15 국토해양부령 제299호 제정〕 2013 · 3 · 23 국토교통부령 제1호 (국토교통부와 그 소속기관 직제) 2016 · 1 · 27 국토교통부령 제282호 (도시교통정비 촉진법 시행규칙 일부개정령) 2017 · 5 · 2 국토교통부령 제419호 (법령서식 일괄 개정을 위한 역세권의 개발 및 이용에 관한 법률 시행규칙 등 일부개정령)

법	시 행 령	시 행 규 칙
제1장 총 칙 **제1조(목적)** 이 법은 역세권을 체계적이고 효율적으로 개발하기 위하여 필요한 사항을 정함으로써 역세권의 개발을 활성화하고 역세권과 인접한 도시환경을 개선하는 데 이바지하는 것을 목적으로 한다. **제2조(정의)** 이 법에서 사용하는 용어의 뜻은 다음과 같다.〈개정 18·3·13, 18·12·18〉 1. "역세권"이란 「철도의 건설 및 철도시설 유지관리에 관한 법률」, 「철도산업발전 기본법」 및 「도시철도법」에 따라 건설·운영되는 철도역과 인근의 다음 각 목의 철도시설(이하 "철도역 등 철도시설"이라 한다) 및 그 주변지역 중 국토교통부장관이 필요하다고 인정하여 지정한 지역을 말한다. 가. 철도운영을 위한 건축물·건축설비 나. 철도차량 및 선로를 보수·정비하기 위한 선로보수기지, 차량정비기지, 차량유치시설 다. 철도역 등 철도시설의 개발에 따라 설치·이전·폐지가 필요한 철도의 선로 및 선로에 부대되는 시설. 2. "역세권개발사업"이란 역세권개발구역에서 철도역 등 철도시설 및 주거·교육·보건·복지·관광·문화·상업·체육 등의 기능을 가지는 단지조성 및 시설설치를 위하여 시행하는 사업을 말한다.	**제1조(목적)** 이 영은 「역세권의 개발 및 이용에 관한 법률」에서 위임된 사항과 그 시행에 필요한 사항을 규정함을 목적으로 한다.	**제1조(목적)** 이 규칙은 「역세권의 개발 및 이용에 관한 법률」 및 같은 법 시행령에서 위임된 사항과 그 시행에 필요한 사항을 규정함을 목적으로 한다.

법	시행령	시행규칙
3. "역세권개발구역"이란 역세권개발사업을 시행하기 위하여 제4조 및 제9조에 따라 지정·고시된 구역을 말한다. 제3조(다른 법률과의 관계) 이 법 중 역세권개발사업에 적용되는 규제에 관한 특례는 다른 법률의 규정에 우선하여 적용한다. 다만, 다른 법률에 이 법의 규제에 관한 특례보다 완화된 규정이 있으면 그 법률에서 정하는 바에 따른다.		
제4조(개발구역의 지정 등) ① 특별시장·광역시장 또는 도지사(이하 "시·도지사"라 한다)는 역세권개발사업이 필요하다고 인정하는 경우에는 역세권개발구역(이하 "개발구역"이라 한다)을 지정할 수 있다. 다만, 다음 각 호의 어느 하나에 해당하는 경우에는 국토교통부장관이 개발구역을 지정할 수 있다.〈개정 13·3·23, 18·12·18〉 1. 철도역 등 철도시설(「도시철도법」에 따라 지방자치단체가 건설·운영하는 역은 제외한다)이 신설되거나 대통령령으로 정하는 규모 이상으로 증축 또는 개량되는 경우 2. 지정하고자 하는 개발구역이 대통령령으로 정하는 규모 이상인 경우 3. 철도역 등 철도시설의 체계적인 개발을 위하여 국토교통부장관이 필요하다고 인정하는 경우 ② 개발구역은 다음 각 호의 어느 하나에 해당하는 경우에 지정할 수 있다. 1. 철도역이 신설되어 역세권의 체계적·계획적	제2조(개발구역의 지정 등) ① 「역세권의 개발 및 이용에 관한 법률」(이하 "법"이라 한다) 제4조제1항제1호에서 "대통령령으로 정하는 규모"란 대지면적 3만제곱미터를 말한다. ② 법 제4조제1항제2호에서 "대통령령으로 정하는 규모"란 대지면적 30만제곱미터를 말한다.	제2조(개발구역의 지정 또는 변경 요청) ① 「역세권의 개발 및 이용에 관한 법률 시행령」(이하 "영"이라 한다) 제4조 각 호 외의 부분 전단에 따른 개발구역 지정(변경) 신청서는 별지 제1호서식에 따른다. ② 영 제4조제1호에 따른 개발구역 조사서는 별지 제2호서식에 따른다.

법	시행령	시행규칙
인 개발이 필요한 경우 2. 철도역의 시설 노후화 등으로 철도역을 증축·개량할 필요가 있는 경우 3. 노후·불량 건축물이 밀집한 역세권으로서 도시환경 개선을 위하여 철도역과 주변지역을 동시에 정비할 필요가 있는 경우 4. 철도역으로 인한 주변지역의 단절 해소 등을 위하여 철도역과 주변지역을 연계하여 개발할 필요가 있는 경우 5. 도시의 기능 회복을 위하여 역세권의 종합적인 개발이 필요한 경우 6. 그 밖에 대통령령으로 정하는 경우		
③ 국토교통부장관 또는 시·도지사(이하 "지정권자"라 한다)가 개발구역을 지정하려는 경우에는 미리 관계 중앙행정기관의 장 및 해당 지방자치단체의 장과 협의한 후 「국토의 계획 및 이용에 관한 법률」에 따른 도시계획위원회(이하 "도시계획위원회"라 한다)의 심의를 거쳐야 한다. 지정된 개발구역을 변경(대통령령으로 정하는 경미한 사항의 변경은 제외한다)하려는 경우에도 또한 같다.〈개정 12·6·1, 13·3·23〉	**제3조(개발구역의 경미한 사항의 변경)** 법 제4조제3항에서 "대통령령으로 정하는 경미한 사항의 변경"이란 다음 각 호의 어느 하나에 해당하는 변경을 말한다.〈개정 12·8·31〉 1. 역세권개발구역(이하 "개발구역"이라 한다)의 명칭 변경 2. 개발구역 면적의 100분의 10 미만의 변경 3. 역세권개발사업 사업기간의 변경 4. 법 제12조제1항에 따른 역세권개발사업의 사업시행자(이하 "사업시행자"라 한다)의 변경 5. 재원조달계획의 변경 6. 단순한 착오 또는 확정측량 결과에 따른 면적의 증감(增減) 7. 이미 계획한 기반시설(「국토의 계획 및 이용	

법	시 행 령	시 행 규 칙
	에 관한 법률」 제2조제6호에 따른 기반시설을 말한다. 이하 같다)의 세부 시설계획의 변경 8. 너비가 12미터 미만인 도로의 변경 9. 제2호에 따른 개발구역 면적의 변경에 따른 용도지역 · 용도지구 · 용도구역의 변경 또는 토지이용계획 및 기반시설계획의 변경 10. 수용 또는 사용의 대상이 되는 토지 · 건축물 또는 토지에 정착한 물건과 이에 관한 소유권 외의 권리, 광업권, 어업권, 물의 사용에 관한 권리(이하 "토지등"이라 한다)가 있는 경우에는 그 세목(細目)의 변경 11. 「환경영향평가법」에 따른 환경영향평가에 대한 협의 결과 및 「도시교통정비 촉진법」에 따른 교통영향분석 · 개선대책 검토 결과를 반영하는 사업계획의 변경 12. 면적으로 표시되는 기반시설의 경우 각 시설면적의 100분의 10 미만의 변경. 다만, 녹지의 경우에는 시설면적의 100분의 2 미만으로서 1천500제곱미터 미만을 변경하는 경우만 해당한다. 13. 제9조제1호에 따른 도시정보화계획의 변경 14. 개발구역 안의 토지 소유자의 부담이 증가되지 아니하는 범위에서 기반시설의 설치에 필요한 비용부담계획의 변경	
④ 시장 · 군수 · 구청장(자치구의 구청장을 말한다. 이하 같다)은 대통령령으로 정하는 바에 따라	**제4조(개발구역의 지정 또는 변경 요청 등)** 법 제4조제4항에 따라 시장 · 군수 · 구청장(자치구의 구	

법	시 행 령	시 행 규 칙
지정권자에게 개발구역의 지정 또는 변경을 요청할 수 있다.	청장을 말한다. 이하 같다)이 법 제4조제3항에 따른 지정권자(이하 "지정권자"라 한다)에게 개발구역의 지정 또는 변경을 요청하려면 「국토의 계획 및 이용에 관한 법률」 제113조제2항에 따른 시·군·구도시계획위원회의 자문을 거친 후 국토교통부령으로 정하는 개발구역 지정(변경) 신청서에 다음 각 호의 서류 및 도서(圖書)를 첨부하여 지정권자에게 제출하여야 한다. 이 경우 지정권자는 「전자정부법」 제36조제1항에 따른 행정정보의 공동이용을 통하여 지적도 및 임야도를 확인하여야 한다.〈개정 12·4·10, 13·3·23〉 1. 국토교통부령으로 정하는 개발구역 조사서 2. 법 제6조제1항에 따른 주민 및 관계 전문가 의견 청취에 관한 서류 3. 법 제7조제1항에 따른 사업계획(이하 "사업계획"이라 한다)의 내용에 관한 서류 4. 축척 2만5천분의 1 또는 5만분의 1의 위치도 5. 개발구역의 경계를 표시한 축척 1천분의 1부터 5천분의 1까지의 지형도와 경계 설정의 이유를 적은 서류 6. 「국토의 계획 및 이용에 관한 법률」 제113조제2항에 따른 시·군·구도시계획위원회의 자문 결과 및 이에 대한 검토의견서(법 제4조제3항 단서에 따라 시·군·구도시계획위원회의 자문을 거치지 아니하는 경우는 제외한다) 7. 법 제9조제2항에 따른 도시·군관리계획의 결	

법	시 행 령	시 행 규 칙
	정에 필요한 도서 8. 편입농지 및 임야 현황에 관한 조사자료	
⑤ 제1항 및 제3항에 따라 개발구역을 지정 또는 변경하는 절차, 구비서류, 그 밖에 필요한 사항은 대통령령으로 정한다.		
제4조의2(개발구역의 분할 및 결합) ① 지정권자는 개발사업의 효율적인 추진을 위하여 필요하다고 인정하는 경우에는 개발구역을 둘 이상의 사업시행지구로 분할하거나 서로 떨어진 둘 이상의 지역을 결합하여 하나의 개발구역으로 지정할 수 있다. 이 경우 떨어진 개발구역은 역세권이 아닌 지역도 포함할 수 있다. ② 제1항 후단에서 역세권이 아닌 지역은 전체 개발구역 면적의 1/3 을 초과해서는 아니 된다. ③ 제1항에 따라 개발구역을 분할 또는 결합하여 지정하는 요건과 절차 등에 필요한 사항은 대통령령으로 정한다. [본조신설 18 · 12 · 18]	제4조의2(개발구역의 분할 및 결합) ① 법 제4조의2제1항에 따라 개발구역을 둘 이상의 사업시행지구로 분할할 수 있는 경우는 지정권자가 역세권 개발사업의 효율적인 추진을 위하여 필요하다고 인정하는 경우로서 분할 후 각 사업시행지구의 면적이 1만제곱미터 이상인 경우로 한다. ② 법 제4조의2제1항에 따라 서로 떨어진(동일 또는 연접한 특별시 · 광역시 · 도로 한정한다) 둘 이상의 지역을 결합하여 하나의 개발구역(이하 "결합개발구역"이라 한다)으로 지정할 수 있는 경우는 면적이 1만제곱미터 이상인 다음 각 호의 어느 하나에 해당하는 지역이 개발구역에 포함된 경우로 한다. 1. 도시경관, 문화재, 군사시설 및 항공시설 등을 관리하거나 보호하기 위하여 「국토의 계획 및 이용에 관한 법률」, 「문화재보호법」, 「군사기지 및 군사시설 보호법」 및 「공항시설법」 등 관계 법령에 따라 토지이용이 제한되는 지역 2. 「국토의 계획 및 이용에 관한 법률 시행령」 제55조제1항 각 호에서 정한 용도구역별 개발행위허가 규모 이상의 기반시설, 공장, 공공청	

법	시 행 령	시 행 규 칙
	사 및 관사, 군사시설 등이 철거되거나 이전되는 지역(해당 시설물의 주변지역을 포함한다) 3. 다음 각 목의 어느 하나에 해당하는 지역·지구(역세권개발사업으로 재해예방시설 또는 주민안전시설 등을 설치하여 재해 등을 장기적으로 예방하거나 복구할 수 있는 경우로 한정한다) 가. 「국토의 계획 및 이용에 관한 법률」 제37조제1항제3호에 따른 방화지구 또는 같은 항 제4호에 따른 방재지구 나. 「자연재해대책법」 제12조에 따라 지정된 자연재해위험개선지구 다. 「재난 및 안전관리 기본법」 제60조에 따라 선포된 특별재난지역 라. 「도시재생 활성화 및 지원에 관한 특별법」 제35조에 따라 지정된 특별재생지역 4. 「국토의 계획 및 이용에 관한 법률」 제2조제10호에 따른 도시·군계획시설사업의 시행이 필요한 지역(「국가재정법 시행령」 제14조에 따른 총사업비 이상인 경우로 한정한다) 5. 그 밖에 지정권자가 역세권개발사업의 효율적인 시행을 위하여 결합개발구역으로 지정할 필요가 있다고 인정하는 지역 [본조신설 19·6·18]	
제5조(개발구역의 지정 제안) ① 제12조제1항 각 호의 어느 하나에 해당하는 자는 지정권자에게 개발구역의 지정을 제안할 수 있다. ② 개발구역의 지정 제안에 따른 절차, 구비서류,	제5조(개발구역의 지정 제안) ① 법 제5조제2항에	제3조(개발구역의 지정제안서) 영 제5조제1항에 따른 개발구역의 지정제안서는 별지 제3호서식에 따른다.

법	시 행 령	시 행 규 칙
그 밖에 필요한 사항은 대통령령으로 정한다.	따라 개발구역의 지정을 제안하려는 자는 국토교통부령으로 정하는 개발구역의 지정제안서에 다음 각 호의 서류 및 도서를 첨부하여 지정권자에게 제출하여야 한다. 이 경우 지정권자는 「전자정부법」 제36조제1항에 따른 행정정보의 공동이용을 통하여 지적도 및 임야도를 확인하여야 한다. 〈개정 13·3·23, 19·6·18〉 1. 제4조제1호부터 제4호까지 및 제8호의 서류 및 도면 2. 철도역의 증축 또는 개량계획(법 제4조제1항제1호에 따라 국토교통부장관에게 개발구역 지정을 제안하는 경우만 해당한다) 3. 제4조의2제2항에 따른 결합개발구역 지정을 제안하는 경우에는 개발구역에 포함될 서로 떨어진 지역별 대상 구역 토지면적의 3분의 2 이상에 해당하는 토지 소유자(지상권자를 포함한다)의 동의서 ② 지정권자는 제1항에 따라 개발구역의 지정제안서를 제출받은 경우에는 제안내용의 수용 여부를 3개월 이내에 제안자에게 통보하여야 한다.	
제5조의2(기초조사 등) ① 제12조에 따른 사업시행자로 지정받거나 지정을 받으려는 자는 제4조 또는 제5조에 따라 개발구역의 지정을 요청 또는 제안하려는 경우 개발구역으로 지정될 구역의 토지, 건축물, 공작물, 그 밖에 필요한 사항에 관하	제5조의2(기초조사의 내용) ① 법 제5조의2제1항에 따라 사업시행자로 지정받거나 지정을 받으려는 자가 조사하거나 측량할 수 있는 사항은 다음 각 호와 같다. 1. 개발구역으로 지정하려는 지역과 생활권이 같	

법	시 행 령	시 행 규 칙
여 대통령령으로 정하는 바에 따라 조사하거나 측량할 수 있다. ② 제1항에 따라 조사나 측량을 하려는 자는 관계 행정기관, 지방자치단체, 「공공기관의 운영에 관한 법률」에 따른 공공기관, 정부출연기관, 그 밖의 관계 기관의 장에게 필요한 자료를 요청할 수 있다. 이 경우 자료를 요청받은 기관의 장은 정당한 사유가 없으면 요청에 따라야 한다. [본조신설 12·6·1]	은 지역의 인구 변동 상황 및 추이 2. 개발구역의 인구, 토지이용, 지장물 및 각종 개발사업 현황 3. 주변지역의 교통 및 교통시설물 현황 4. 풍수해, 산사태, 지반 붕괴, 그 밖의 재해의 발생 빈도 및 현황 5. 「국토의 계획 및 이용에 관한 법률」 제2조제1호에 따른 광역도시계획과 같은 조 제3호에 따른 도시·군기본계획 등 상위계획에 관한 사항 6. 문화재 분포 현황 7. 공원 및 녹지 분포 현황 8. 자연환경 및 생활환경 등의 환경 현황 ② 제1항에 따라 조사·측량할 사항에 관하여 다른 법령에 근거하여 이미 조사·측량한 자료가 있으면 그 자료를 활용할 수 있다. [본조신설 12·8·31]	
제6조(주민 등의 의견 청취) ① 제4조에 따라 지정권자가 개발구역을 지정하려는 경우 또는 시장·군수·구청장이 개발구역 지정을 요청하려는 경우에는 공람이나 공청회를 통하여 주민이나 관계 전문가 등의 의견을 들어야 하며, 지방의회의 의견 청취를 거쳐야 한다. 이 경우 지방의회는 지정권자 또는 시장·군수·구청장이 개발구역 지정에 관한 의견을 요청한 날부터 60일 이내에 의견을 제시하여야 하며, 의견제시 없이 60일이 경과한 경우 이의가 없는 것으로 본다. 개발구역을 변	제6조(주민 등의 의견 청취) ① 지정권자는 법 제6조제1항에 따라 개발구역의 지정에 관하여 주민 등과 지방의회의 의견을 청취하려면 관계 서류 사본을 시장·군수·구청장에게 송부하여야 한다. ② 시장·군수·구청장은 제1항에 따라 관계 서류 사본을 받거나, 법 제6조제1항에 따라 직접 개발구역의 지정을 요청하려는 경우에는 다음 각 호의 사항을 전국 또는 해당 지방을 주된 보급지역으로 하는 둘 이상의 일간신문과 해당 시·군 또는 자치구의 인터넷 홈페이지에 공고하고, 14일	

법	시 행 령	시 행 규 칙
경(대통령령으로 정하는 경미한 사항은 제외한다)하려는 경우에도 또한 같다. ② 제1항에 따른 공람의 대상 또는 공청회의 개최 대상 및 주민이나 관계 전문가 등의 의견청취 방법에 필요한 사항은 대통령령으로 정한다.	이상 일반인이 열람할 수 있도록 하여야 한다. 다만, 개발구역의 면적이 10만제곱미터 미만인 경우에는 일간신문에 공고하지 아니하고 공보와 해당 시 · 군 또는 자치구의 인터넷 홈페이지에 공고할수 있다. 1. 입안할 개발구역의 지정 및 사업계획의 개요 2. 사업시행자 및 역세권개발사업의 시행방식에 관한 사항 3. 열람기간 ③ 제2항에 따라 공고된 내용에 관하여 의견이 있는 자는 열람기간 내에 개발구역 지정에 관한 공고를 한 자에게 의견서를 제출할 수 있다. ④ 시장 · 군수 · 구청장은 법 제6조제1항 및 이 조 제1항에 따라 지정권자로부터 관계 서류를 송부받아 제2항에 따른 공고를 한 때에는 제2항 및 제3항의 결과를 지정권자에게 제출하여야 한다. ⑤ 지정권자 또는 시장 · 군수 · 구청장은 제3항에 따라 제출된 의견을 개발구역의 지정 또는 지정의 요청을 위하여 공고한 내용에 반영할 것인지를 검토하여 그 결과를 열람기간이 끝난 날부터 30일 이내에 그 의견을 제출한 자에게 통보하여야 한다. **제7조(주민 등의 의견청취의 제외사항)** 법 제6조제1항에서 "대통령령으로 정하는 경미한 사항"이란 다음 각 호의 어느 하나에 해당하는 사항을 말한다.〈개정 12 · 4 · 10〉 1. 개발구역 면적의 100분의 10 미만의 변경	

법	시 행 령	시 행 규 칙
	2. 단순한 착오에 따른 면적 등의 정정을 위한 변경 3. 「국토의 계획 및 이용에 관한 법률」에 따른 도시·군관리계획 결정, 「환경영향평가법」에 따른 환경영향평가 및 「도시교통정비 촉진법」에 따른 교통영향분석·개선대책 등에 대한 관계 기관과의 협의 결과를 반영한 개발구역의 변경 제8조(공청회) ① 지정권자 또는 시장·군수·구청장은 법 제6조제1항에 따라 공청회를 개최하려면 다음 각 호의 사항을 전국 또는 해당 지방을 주된 보급지역으로 하는 일간신문과 인터넷 홈페이지에 공청회 개최 예정일 14일 전까지 한 번 이상 공고하여야 한다. 1. 공청회의 개최목적 2. 공청회의 개최 예정 일시 및 장소 3. 입안하려는 개발구역 지정 및 사업계획의 개요 4. 의견발표의 신청에 관한 사항 5. 그 밖에 공청회에 필요한 사항 ② 공청회는 공청회를 개최하는 자가 지명한 사람이 주관한다.	
제7조(사업계획의 수립 등) ① 지정권자가 개발구역을 지정하려는 경우에는 다음 각 호의 사항을 포함하는 역세권개발사업계획(이하 "사업계획"이라 한다)을 수립하여야 한다. 다만, 제11호에 해당하는 사항은 개발구역을 지정한 후에 사업계획에 포함할 수 있다.〈개정 11·4·14〉	제9조(사업계획에 포함될 사항) 법 제7조제1항제15호에서 "대통령령으로 정하는 사항"이란 다음 각 호의 사항을 말한다.〈개정 12·4·10〉 1. 도시정보화계획 2. 문화재보호계획 3. 공동구(共同溝) 등 지하매설물계획	

법	시　　행　　령	시　행　규　칙
1. 역세권개발사업의 명칭 2. 개발구역의 명칭 · 위치 · 면적 및 지정목적 3. 역세권기능의 재편 또는 정비계획 4. 역세권개발사업의 시행방식 및 시행자에 관한 사항 5. 「국토의 계획 및 이용에 관한 법률」 제2조제7호에 따른 도시 · 군계획시설(이하 "도시 · 군계획시설"이라 한다)의 설치계획 6. 「국토의 계획 및 이용에 관한 법률」 제2조제13호에 따른 공공시설(이하 "공공시설"이라 한다)의 설치계획 7. 도시경관과 환경보전 및 재난방지에 관한 계획 8. 토지이용계획 · 교통계획 및 공원녹지계획 9. 역세권개발사업의 시행기간 10. 재원조달계획 11. 수용 또는 사용할 토지 · 물건 또는 권리(이하 "토지등"이라 한다)의 세목과 그 소유자 및 권리자의 성명 · 주소 12. 임대주택 건설 등 세입자 등의 주거대책 13. 역세권개발사업의 용도지역 변경계획 및 용적율 · 건폐율에 관한 사항 14. 철도와 다른 교통수단과의 연계수송체계 구축에 관한 사항 15. 그 밖에 역세권개발사업의 시행에 필요한 사항으로서 대통령령으로 정하는 사항 ② 지정권자는 직접 또는 관계 중앙행정기관의	4. 존치하는 건축물 및 공작물 등에 관한 계획 5. 기반시설에 관한 사항 6. 「국토의 계획 및 이용에 관한 법률」에 따른 도시 · 군관리계획(지구단위계획을 포함한다. 이하 "도시 · 군관리계획"이라 한다)의 수립 또는 결정에 관한 사항 **제10조(사업계획의 수립 및 변경 절차)** 법 제7조제1항 및 제2항에 따라 사업계획을 수립 또는 변경하는 절차는 법 제4조에 따른 개발구역의 지정 및 변경절차에 따른다.	

법	시 행 령	시 행 규 칙
장이나 제12조제1항에 따라 사업시행자로 지정받은 자의 요청을 받아 사업계획을 변경할 수 있다. ③ 제1항 및 제2항에 따라 사업계획을 수립 또는 변경하는 절차, 그 밖에 필요한 사항은 대통령령으로 정한다. 제7조의2(사업협의회의 구성) ① 지정권자는 다음 각 호의 사항에 관한 협의 또는 자문을 위하여 사업협의회를 구성·운영할 수 있다. 1. 사업계획의 수립 및 시행을 위하여 필요한 사항 2. 지역주민의 의견조정을 위하여 필요한 사항 3. 그 밖에 대통령령으로 정하는 사항 ② 사업협의회는 지정권자를 포함하여 15인 이내의 위원으로 구성하며, 위원은 지정권자가 다음 각 호의 어느 하나에 해당하는 자 중에서 임명 또는 위촉한다. 1. 해당 지방자치단체의 관계 공무원 2. 사업시행자(제5조에 따른 개발구역의 지정을 제안한 자를 포함한다) 3. 관계 전문가 4. 주민대표자 ③ 지정권자는 다음 각 호의 어느 하나에 해당하는 경우에 사업협의회를 개최한다. 1. 사업협의회 위원의 과반수가 요청하는 경우 2. 지정권자가 필요하다고 판단하는 경우 ④ 이 법에 규정된 사항 외에 사업협의회의 구성·운영 등에 관하여 필요한 사항은 고시 또는		

법	시 행 령	시 행 규 칙
지방자치단체의 조례로 정한다. [본조신설 12 · 6 · 1]		
제8조(「국토의 계획 및 이용에 관한 법률」에 관한 특례) ① 지정권자는 개발구역의 복합적 · 입체적인 개발을 촉진하기 위하여 필요하다고 인정하는 경우에는 「국토의 계획 및 이용에 관한 법률」 제36조, 제77조 및 제78조에도 불구하고 개발구역을 고밀도의 개발이 가능한 용도지역으로 변경하거나 건폐율 및 용적률 제한을 완화하는 사업계획을 수립할 수 있다. ② 제1항에 따른 건폐율 및 용적률은 「국토의 계획 및 이용에 관한 법률」 제77조 및 제78조에서 정하는 용도지역별 건폐율 및 용적률의 범위를 초과하여서는 아니 된다. ③ 제1항에 따른 용도지역 변경, 건폐율 및 용적률 제한 완화 등에 필요한 사항은 대통령령으로 정한다.	**제11조(「국토의 계획 및 이용에 관한 법률」에 관한 특례)** 지정권자는 법 제8조제1항에 따라 그 용도지역에서 적용되는 건폐율 및 용적률(법 제8조제1항에 따라 용도지역이 변경된 경우 그 변경된 건폐율 및 용적률을 기준으로 한다)의 100분의 150을 초과하지 않는 범위에서 개발구역에서의 건폐율 및 용적률을 달리 정할 수 있다.	
제9조(개발구역 지정의 고시 등) ① 지정권자가 개발구역을 지정하거나 변경하는 경우에는 사업계획을 관보나 공보에 고시하고, 관계 서류의 사본을 관할 시 · 도지사(국토교통부장관이 지정권자인 경우에 한한다) 및 시장 · 군수 · 구청장에게 송부하여야 한다. 이 경우 관계 서류의 사본을 송부받은 시 · 도지사 및 시장 · 군수 · 구청장은 관할 지역의 주민이 이를 14일 이상 열람할 수 있도록 하여야 한다.〈개정 13 · 3 · 23〉	**제12조(개발구역 지정의 고시)** 지정권자는 개발구역을 지정하거나 변경하는 경우에는 법 제9조제1항에 따라 다음 각 호의 사항을 관보 또는 공보에 고시하여야 한다. 다만, 제6호에 해당하는 사항은 그 내용이 확정된 후 고시할 수 있다.〈개정 12 · 4 · 10〉 1. 역세권개발사업의 명칭 2. 개발구역의 명칭, 위치, 면적 및 지정목적 3. 사업시행자(사업시행자가 지정되지 아니한 경우에는 제안자를 말한다)의 성명(법인인 경우	

법	시 행 령	시 행 규 칙
② 제1항에 따라 사업계획이 고시된 경우 그 고시된 내용 중 「국토의 계획 및 이용에 관한 법률」에 따라 도시·군관리계획(지구단위계획을 포함한다. 이하 같다)으로 결정하여야 하는 사항은 같은 법에 따른 도시관리계획이 결정되어 고시된 것으로 본다.〈개정 11·4·14〉	에는 법인의 명칭 및 대표자의 성명) 및 주소 4. 역세권개발사업의 시행기간 및 시행방법 5. 토지이용계획 및 기반시설계획(기반시설을 개발구역 밖에 설치할 필요가 있는 경우에는 개발구역 밖의 기반시설계획을 포함한다) 6. 토지등의 세목과 그 소유자 및 「공익사업을 위한 토지 등의 취득 및 보상에 관한 법률」 제2조제5호에 따른 관계인의 성명 및 주소 7. 관계 도서의 열람방법 8. 도시·군관리계획의 수립 또는 변경에 관한 사항 9. 그 밖에 고시가 필요한 사항	
제10조(개발구역 지정의 해제 등) ① 지정권자는 제4조에 따라 지정된 개발구역이 다음 각 호의 어느 하나에 해당되면 도시계획위원회의 심의를 거쳐 그 지정을 해제할 수 있다. 1. 제4조에 따라 개발구역이 지정된 날부터 2년 이내에 제12조에 따른 사업시행자를 지정하지 아니한 경우 2. 제12조제1항에 따른 사업시행자가 사업시행자로 지정된 날부터 2년 이내에 제13조에 따른 실시계획의 승인을 신청하지 아니한 경우 3. 제12조제1항에 따른 사업시행자가 제13조에 따른 실시계획의 승인을 받은 날부터 1년 이내에 역세권개발사업에 착수하지 아니한 경우 ② 지정권자는 제1항에 따라 개발구역 지정을 해	**제13조(개발구역 지정의 해제의 고시)** 지정권자는 법 제10조제1항에 따라 개발구역 지정을 해제하는 경우에는 같은 조 제2항에 따라 다음 각 호의 사항을 관보 또는 공보에 고시하여야 한다.〈개정 12·4·10〉 1. 개발구역의 명칭 2. 개발구역의 위치 및 면적 3. 개발구역의 해제 사유 4. 「국토의 계획 및 이용에 관한 법률」에 따른 용도지역·용도지구·용도구역 및 도시·군계획시설의 환원 또는 폐지에 관한 사항	

법	시 행 령	시 행 규 칙
제하는 경우 대통령령으로 정하는 바에 따라 그 내용을 관보나 공보에 고시하여야 한다.		
제11조(행위 등의 제한) ① 제4조 및 제9조에 따라 지정·고시된 개발구역 안에서 건축물의 건축, 공작물의 설치, 토지의 형질변경, 토석의 채취, 토지분할 및 물건을 쌓아놓는 행위, 죽목의 벌채 및 식재 등 그 밖에 대통령령으로 정하는 행위를 하려는 자는 관할 시·도지사 또는 시장·군수·구청장의 허가를 받아야 한다. 허가받은 사항을 변경하려는 경우에도 또한 같다.〈개정 12·6·1〉 ② 제1항에 따라 관할 시·도지사 또는 시장·군수·구청장이 허가 또는 변경허가를 하는 경우 그 대상 행위 등이 역세권개발사업에 중대한 지장을 줄 우려가 있는 것으로서 대통령령으로 정하는 행위에 해당하는 경우에는 미리 지정권자의 의견을 들어야 한다. ③ 제1항에도 불구하고 재해복구 또는 재난수습에 필요한 응급조치를 위하여 하는 행위는 허가를 받지 아니하고 할 수 있다. ④ 제1항에 따라 허가를 받아야 하는 행위로서 제4조 및 제9조에 따라 개발구역이 지정·고시된 당시 이미 관계 법령에 따라 행위허가를 받았거나 허가를 받을 필요가 없는 행위에 관하여 그 공사 또는 사업에 착수한 자는 대통령령으로 정하는 바에 따라 관할 시·도지사 또는 시장·군수·구청장에게 신고한 후 계속 시행할 수 있다.	제14조(행위허가의 대상 등) ① 법 제11조제1항 전단에서 "대통령령으로 정하는 행위"란 다음 각 호의 행위를 말한다.〈개정 12·8·31〉 1. 「건축법」에 따른 건축물(가설건축물을 포함한다)의 대수선 또는 용도 변경 2. 토지의 굴착 또는 공유수면의 매립 3. 삭제 〈12·8·31〉 ② 특별시장·광역시장 또는 도지사(이하 "시·도지사"라 한다) 또는 시장·군수·구청장은 법 제11조제1항에 따라 행위의 허가를 하려는 경우에는 법 제12조에 따라 사업시행자가 이미 지정되어 있으면 미리 그 사업시행자의 의견을 들어야 한다. ③ 법 제11조제2항에서 "대통령령으로 정하는 행위"란 선로의 이설 또는 신설이 예정되어 있는 부지에서의 법 제11조제1항에 따른 행위를 말한다. ④ 법 제11조제4항에 따라 공사나 사업을 신고하려는 자는 개발구역이 지정·고시된 날부터 30일 이내에 국토교통부령으로 정하는 신고서에 그 공사 또는 사업의 진행 사항과 시행계획을 첨부하여 관할 시·도지사 또는 시장·군수·구청장에게 제출하여야 한다.〈개정 13·3·23〉	제4조(공사 등의 신고서) 영 제14조제4항에 따른 공사 등의 신고서는 별지 제4호서식에 따른다.

법	시 행 령	시 행 규 칙
⑤ 관할 시·도지사 또는 시장·군수·구청장은 제1항을 위반한 자에 대하여 원상회복을 명할 수 있다. 이 경우 명령을 받은 자가 그 의무를 이행하지 아니하는 경우에는 관할 시·도지사 또는 시장·군수·구청장은 「행정대집행법」에 따라 대집행할 수 있다. ⑥ 제1항에 따른 허가에 관하여 이 법에서 규정하는 것을 제외하고는 「국토의 계획 및 이용에 관한 법률」 제57조부터 제60조까지 및 제62조를 준용한다. ⑦ 제1항에 따라 허가를 받은 경우에는 「국토의 계획 및 이용에 관한 법률」 제56조에 따라 허가를 받은 것으로 본다.		
제12조(사업시행자의 지정 등) ① 지정권자는 다음 각 호의 자 중에서 역세권개발사업의 사업시행자(이하 "사업시행자"라 한다)를 지정하여야 한다. 〈개정 12·6·1, 18·3·13〉 1. 국가 또는 지방자치단체 2. 「한국철도시설공단법」에 따라 설립된 한국철도시설공단(이하 "한국철도시설공단"이라 한다) 또는 한국철도시설공단이 역세권개발사업을 시행할 목적으로 출자하여 설립한 법인 3. 「한국철도공사법」에 따라 설립된 한국철도공사(이하 "한국철도공사"라 한다) 또는 한국철도공사가 역세권개발사업을 시행할 목적으로 출자하여 설립한 법인	제15조(사업시행자 지정 신청) ① 법 제12조제1항에 따라 사업시행자로 지정받으려는 자는 다음 각 호의 사항을 적은 사업시행자 지정신청서를 지정권자에게 제출하여야 한다. 1. 신청인의 성명(법인인 경우에는 법인의 명칭 및 대표자의 성명) 및 주소 2. 사업의 명칭, 면적 및 위치 3. 사업의 시행목적, 내용, 시행기간 및 시행방법 ② 제1항에 따른 사업시행자 지정신청서에는 다음 각 호의 서류 및 도면을 첨부하여야 한다. 1. 사업계획서 2. 자금조달계획서 3. 축척 2만5천분의 1 또는 5만분의 1의 개발구	제5조(사업시행자 지정신청서 등) ① 영 제15조제1항에 따른 사업시행자 지정신청서는 별지 제5호서식에 따른다. ② 지정권자는 「역세권의 개발 및 이용에 관한 법률」(이하 "법"이라 한다) 제12조제1항에 따라 사업시행자를 지정한 경우 별지 제6호서식의 사업시행자 지정서를 신청인에게 발급하여야 한다.

법	시 행 령	시 행 규 칙
	역 위치도 4. 법 제12조제1항 각 호의 어느 하나에 해당하는지를 확인할 수 있는 서류 ③ 제1항 및 제2항에서 규정한 사항 외에 사업시행자의 지정 등에 필요한 사항은 국토교통부령으로 정한다.〈개정 13·3·23〉	
4. 「공공기관의 운영에 관한 법률」에 따른 공공기관(이하 "공공기관"이라 한다) 중 대통령령으로 정하는 공공기관 5. 「지방공기업법」에 따른 지방공기업	**제16조(사업시행자의 범위)** ① 법 제12조제1항제4호에서 "대통령령으로 정하는 공공기관"이란 다음 각 호의 공공기관을 말한다. 1. 「한국토지주택공사법」에 따른 한국토지주택공사 2. 「한국관광공사법」에 따른 한국관광공사	
6. 「철도사업법」 제5조에 따른 철도사업의 면허를 받은 자로서 대통령령으로 정하는 요건을 갖춘 자	② 법 제12조제1항제6호에서 "대통령령으로 정하는 요건을 갖춘 자"란 개발구역에서 철도사업을 운영 중이거나 운영한 경험이 있는 자를 말한다.	
7. 「철도의 건설 및 철도시설 유지관리에 관한 법률」 제8조에 따른 철도건설사업시행자로서 대통령령으로 정하는 요건을 갖춘 자	③ 법 제12조제1항제7호에서 "대통령령으로 정하는 요건을 갖춘 자"란 개발구역에서 철도건설사업 시행자로 지정되거나 지정된 경험이 있는 자를 말한다.	
8. 「도시철도법」에 따른 도시철도사업의 면허를 받은 자 또는 도시철도건설자로서 대통령령으로 정하는 요건을 갖춘 자	④ 법 제12조제1항제8호에서 "대통령령으로 정하는 요건을 갖춘 자"란 개발구역에서 도시철도사업을 운영 중이거나 운영한 경험이 있는 자 또는 사업계획을 승인받은 자를 말한다.	
9. 법인 중 다음 각 목의 어느 하나에 해당하는 자 가. 「건설산업기본법」에 따른 토목공사업 또는 토목건축공사업의 등록을 하는 등 사업계획에 맞게 역세권개발사업을 시행할 능력이 있	⑤ 법 제12조제1항제9호가목에서 "대통령령으로 정하는 요건에 해당하는 자"란 다음 각 호의 어느 하나에 해당하는 자를 말한다.〈개정 18·10·30〉 1. 「건설산업기본법」에 따라 종합공사를 시공하	

법	시 행 령	시 행 규 칙
다고 인정되는 자로서 대통령령으로 정하는 요건에 해당하는 자 나. 「부동산투자회사법」에 따라 설립된 자기관리 부동산투자회사 또는 위탁관리 부동산투자회사로서 대통령령으로 정하는 요건에 해당하는 자(제1호부터 제8호까지의 규정에 해당하는 자와 공동으로 시행하는 경우에만 해당한다) 10. 제1호부터 제9호까지의 규정에 해당하는 자 둘 이상이 역세권개발사업을 시행할 목적으로 출자하여 설립한 법인 11. 그 밖에 재무건전성 등에 관하여 대통령령으로 정하는 기준에 적합한 「민법」에 따라 설립된 재단법인 또는 「상법」에 따라 설립된 법인	는 업종(토목공사업 및 토목건축공사업만 해당한다)에 등록한 자로서 같은 법 제23조에 따라 공시된 시공능력 평가액이 해당 역세권개발사업에 드는 연평균 사업비(보상비는 제외한다) 이상인 자 2. 「자본시장과 금융투자업에 관한 법률」에 따른 신탁업자 중 「주식회사 등의 외부감사에 관한 법률」 제4조에 따른 외부감사의 대상이 되는 자 ⑥ 법 제12조제1항제9호나목에서 "대통령령으로 정하는 요건에 해당하는 자"란 다음 각 호의 어느 하나에 해당하는 자를 말한다. 1. 「부동산투자회사법」에 따른 부동산투자회사로서 부동산 또는 부동산개발사업에 대한 투자실적이 있는 자기관리 부동산투자회사 2. 「부동산투자회사법」에 따른 부동산투자회사로서 자산관리회사와 자산관리위탁계약을 체결한 위탁관리 부동산투자회사 ⑦ 법 제12조제1항제11호에서 "대통령령으로 정하는 기준에 적합한 「민법」에 따라 설립된 재단법인 또는 「상법」에 따라 설립된 법인"이란 다음 각 호의 법인 중 해당 연도 손익계산서상 매출액이 해당 역세권개발사업에 드는 연평균 사업비(보상비는 제외한다) 이상인 법인을 말한다. 해당 연도 손익계산서가 공시되지 아니한 경우에는 직전 연도의 손익계산서에 따르되, 「채무자 회생 및 파산에 관한 법률」에 따른 회생절차가 진행 중인	

<table>
<tr><th>법</th><th>시 행 령</th><th>시 행 규 칙</th></tr>
<tr><td></td><td>법인은 제외한다.〈신설 12 · 8 · 31, 18 · 10 · 30〉
1. 「민법」에 따라 설립된 재단법인: 「공익법인의 설립 · 운영에 관한 법률」 제4조제3항에 따라 주무 관청의 승인을 받은 법인으로서 같은 법 제12조제2항에 따라 주무 관청에 보고된 해당 연도의 손익계산서상 당기순손실이 발생하지 아니한 법인
2. 「상법」에 따라 설립된 법인: 사업시행자 지정 신청일을 기준으로 「주식회사 등의 외부감사에 관한 법률」 제23조제5항에 따라 공시된 해당 연도의 손익계산서상 당기순손실이 발생하지 아니한 법인</td><td></td></tr>
<tr><td>② 지정권자는 사업시행자가 다음 각 호의 어느 하나에 해당하면 사업시행자를 변경하거나 그 지정을 취소할 수 있다.
1. 제1항에 따라 사업시행자로 지정된 날부터 2년 이내에 제13조에 따른 실시계획의 승인을 신청하지 아니한 경우
2. 제13조제1항에 따른 실시계획의 승인을 받은 후 1년 이내에 역세권개발사업을 착수하지 아니한 경우
3. 제13조제1항에 따른 실시계획의 승인이 취소된 경우
4. 사업시행자의 파산이나 그 밖에 대통령령으로 정하는 사유로 인하여 역세권개발사업의 목적을 달성하기 어렵다고 인정되는 경우</td><td>제17조(사업시행자의 변경 또는 지정취소의 사유) 법 제12조제2항제4호에서 "대통령령으로 정하는 사유"란 사업시행자가 경영상의 이유 등으로 스스로 변경 또는 지정의 취소를 신청하는 경우를 말한다.</td><td></td></tr>
</table>

법	시행령	시행규칙
③ 지정권자가 제1항 및 제2항에 따라 사업시행자를 지정하거나 변경 또는 취소한 경우에는 대통령령으로 정하는 바에 따라 고시하여야 한다.	제18조(사업시행자의 지정 등에 관한 고시) 지정권자는 사업시행자를 지정하거나 변경 또는 취소한 경우에는 법 제12조제3항에 따라 관보 또는 공보에 다음 각 호의 내용을 고시하여야 한다. 1. 사업시행자의 성명(법인인 경우에는 법인의 명칭 및 대표자의 성명) 및 주소 2. 사업시행자의 변경 또는 취소 사유(사업시행자를 변경 또는 취소한 경우만 해당한다)	
제13조(실시계획의 승인 등) ① 사업시행자가 역세권개발사업을 시행하려면 대통령령으로 정하는 바에 따라 역세권개발사업실시계획(이하 "실시계획"이라 한다)을 작성하여 지정권자의 승인을 받아야 한다. 승인을 받은 실시계획을 변경하려는 경우에도 또한 같다. 다만, 대통령령으로 정하는 경미한 사항을 변경하는 경우에는 그러하지 아니하다. ② 실시계획에는 사업계획의 내용이 반영되어야 하며, 다음 각 호의 사항이 포함되어야 한다. 1. 역세권개발사업의 명칭, 개발구역의 위치 및 면적 2. 사업시행자의 성명 또는 명칭(주소와 대표자의 성명을 포함한다) 3. 역세권개발사업의 시행기간 4. 토지이용·교통처리 및 환경관리에 관한 계획 5. 재원조달계획 및 연차별 투자계획 6. 기반시설의 설치계획(비용부담계획을 포함한다) 7. 조성토지의 처분계획서	제19조(실시계획의 승인 등) ① 법 제13조제1항에 따라 사업시행자가 실시계획의 승인을 받으려는 경우에는 실시계획 승인신청서에 국토교통부령으로 정하는 서류를 첨부하여 지정권자에게 제출하여야 한다.〈개정 13·3·23〉 ② 법 제13조제1항 단서에서 "대통령령으로 정하는 경미한 사항"이란 다음 각 호의 사항을 말한다.〈개정 12·4·10〉 1. 사업시행자의 성명(법인인 경우에는 법인의 명칭 및 대표자의 성명) 및 주소의 변경 2. 사업시행 지역의 변동이 없는 범위에서의 착오·누락 등에 따른 사업시행 면적의 정정 3. 사업시행 면적의 100분의 10의 범위에서의 면적의 감소 4. 사업비의 100분의 10의 범위에서의 사업비의 증감 5. 단순한 착오 또는 확정측량 결과를 반영한 「국토의 계획 및 이용에 관한 법률」에 따른 도시·군계	제6조(실시계획 승인신청) 사업시행자[법 제4조제3항에 따른 지정권자(이하 "지정권자"라 한다)가 사업시행자인 경우는 제외한다]는 영 제19조제1항에 따라 실시계획의 승인을 받으려는 경우에는 별지 제7호서식의 실시계획 승인신청서에 다음 각 호의 서류를 첨부하여 지정권자에게 제출하여야 한다.〈개정 16·1·27〉 1. 사업비에 관한 자금조달계획서(연차별 투자계획을 포함한다) 2. 존치하려는 기존 공장이나 건축물 등의 명세서 3. 보상계획서(이주대책을 포함한다) 4. 역세권개발사업에 따라 새로 설치하는 공공시설 또는 기존의 공공시설의 조서(調書) 및 도면(법 제12조제1항 제1호부터 제5호까지의 규정에 해당하는 자가 사업시행자인 경우만 해당

법	시행령	시행규칙
8. 그 밖에 대통령령으로 정하는 사항 ③ 지정권자가 실시계획을 승인하려는 경우에는 대통령령으로 정하는 바에 따라 관할 시·도지사(국토교통부장관이 지정권자인 경우에 한한다) 및 시장·군수·구청장과 협의하여야 한다.〈개정 12·6·1, 13·3·23〉	획시설 부지면적 등의 변경 ③ 지정권자는 법 제13조제3항에 따라 협의하기 위하여 실시계획 관계 서류 사본을 관할 시·도지사 및 시장·군수·구청장에게 보내야 하고, 관계 서류를 받은 관할 시·도지사 및 시장·군수·구청장은 지정권자가 지정한 기간 내에 지정권자에게 실시계획에 대한 협의를 하여야 한다.〈개정 12·8·31〉 ④ 지정권자는 결합개발구역의 실시계획을 제4조의2제2항 각 호에 해당하는 지역을 우선적으로 개발하는 조건으로 승인할 수 있다.〈신설 19·6·18〉	한다) 5. 역세권개발사업의 시행으로 용도폐지되는 국가 또는 지방자치단체의 재산에 대한 둘 이상의 감정평가업자의 감정평가서(법 제12조제1항제6호부터 제10호까지의 규정에 해당하는 자가 사업시행자인 경우만 해당한다) 6. 역세권개발사업에 따라 새로 설치하는 공공시설의 조서 및 도면과 그 설치비용 계산서(법 제12조제1항제6호부터 제10호까지의 규정에 해당하는 자가 사업시행자인 경우만 해당한다). 이 경우 새로운 공공시설의 설치에 필요한 토지와 종래의 공공시설이 설치되어 있는 토지가 같은 토지인 경우에는 그 토지가격을 뺀 설치비용만을 계산한다. 7. 「환경영향평가법」 제2조제1호에 따른 환경영향평가, 「도시교통정비 촉진법」 제2조제5호에 따른 교통영향평가, 「자연재해대책법」 제4조제1항에 따른 사전재해영향성 검토협의 등과 관련된 서류 8. 법 제16조제2항에 따른 관계 행정기관의 장과의 협의에 필요한 서류 9. 축척 2만5천분의 1 또는 5만분의 1

법	시 행 령	시 행 규 칙
④ 지정권자가 실시계획을 승인한 경우에는 대통령령으로 정하는 바에 따라 이를 관보나 공보에 고시하고, 관할 시·도지사(국토교통부장관이 지정권자인 경우에 한한다) 및 시장·군수·구청장에게 관계 서류의 사본을 송부하여야 한다. 이 경우 관계 서류의 사본을 송부받은 관할 시·도지사 및 시장·군수·구청장은 이를 14일 이상 일반인이 열람할 수 있도록 하여야 한다. 〈개정 13·3·23〉 ⑤ 제4항에 따라 관계 서류의 사본을 송부받은 관할 시·도지사 및 시장·군수·구청장은 관계 서류에 「국토의 계획 및 이용에 관한 법률」 제2조제4호에 따른 도시·군관리계획의 결정에 관한 사항이 포함되어 있는 경우 같은 법 제32조제2항에 따른 지형도면 승인 신청 등 필요한 조치를 하여야 한다. 이 경우 사업시행자는 지형도면의 고시 등에 필요한 서류를 해당 지방자치단체의 장에게 송부하여야 한다.〈개정 11·4·14〉	제20조(실시계획의 고시) 지정권자는 실시계획을 작성하거나 승인한 경우에는 법 제13조제4항에 따라 다음 각 호의 사항을 고시하여야 한다.〈개정 12·4·10〉 1. 사업의 명칭 및 목적 2. 개발구역의 위치 및 면적 3. 사업시행자의 성명(법인인 경우에는 법인의 명칭 및 대표자의 성명) 및 주소 4. 사업시행기간 5. 승인된 실시계획에 관한 도서의 공람기간 및 공람장소 6. 도시·군관리계획의 결정 내용 7. 법 제16조에 따라 실시계획의 고시로 의제되는 인가·허가 등의 고시 또는 공고 사항 제20조의2(토지 등의 수용·사용) ① 법 제17조제4항에서 "취득하여야 할 토지가격이 변동되었다고 인정되는 등 대통령령으로 정하는 요건에 해당하는 경우"란 개발구역에 대한 감정평가의 기준이 되는 표준지공시지가(「부동산 가격공시에 관한 법률」 제3조에 따른 표준지공시지가를 말한다. 이하 같다)의 평균변동률이 해당 개발구역에 속하는 시·군 또는 자치구 전체 표준지공시지가의 평균변동률보다 30퍼센트 이상 높은 경우를 말한다.〈개정 16·8·31〉	의 위치도 10. 계획평면도 및 개략설계도

법	시 행 령	시 행 규 칙
제14조(타인의 토지에의 출입 등) ① 사업시행자는 실시계획의 작성 등을 위한 조사·측량 또는 역세권개발사업의 시행을 위하여 필요한 경우에는 타인이 소유하거나 점유하는 토지에 출입하거나 타인이 소유하거나 점유하는 토지를 재료적치장·임시통로 또는 임시도로로 일시 사용할 수 있으며, 특히 필요한 경우에는 나무·흙·돌이나 그 밖의 장애물을 변경하거나 제거할 수 있다. 이 경우 토지의 소유자 또는 점유자는 정당한 사유 없이 이를 방해하거나 거부할 수 없다. ② 제1항에 따라 타인의 토지에 출입하려는 자는 미리 해당 토지의 소유자 또는 점유자에게 통지	② 제1항에 따른 평균변동률은 법 제6조제1항에 따른 주민 등의 의견청취 공고일 당시 공시된 공시지가 중 그 공고일에 가장 가까운 시점에 공시된 공시지가의 공시기준일부터 법 제9조제1항에 따른 개발구역 지정의 고시일 당시 공시된 공시지가 중 그 고시일에 가장 가까운 시점에 공시된 공시지가의 공시기준일까지의 변동률로 한다. ③ 제1항에 따른 평균변동률을 산정할 때 개발구역이 둘 이상의 시·군 또는 자치구에 속하는 경우에는 해당 개발구역이 속한 시·군 또는 자치구별로 평균변동률을 산정한 후 이를 해당 시·군 또는 자치구에 속한 주택지구 면적의 비율로 가중평균(加重平均)한다. [본조신설 12·8·31]	제7조(타인의 토지에의 출입 등) ① 법 제14조제2항의 단서에 따라 관할 특별

법	시 행 령	시 행 규 칙
하여야 하며, 그 동의를 받아야 한다. 다만, 해당 토지의 소유자 또는 점유자의 부재나 주소불명 등으로 동의를 받을 수 없는 때에는 관할 시·도지사 또는 시장·군수·구청장의 허가를 받아 출입하여야 한다. ③ 해 뜨기 전 또는 해 진 후에는 해당 토지의 소유자 또는 점유자의 승낙 없이 택지 또는 담으로 둘러싸인 타인의 토지에 출입할 수 없다. ④ 제1항에 따라 타인의 토지에 출입하려는 자는 그 권한을 표시하는 국토교통부령으로 정하는 바에 따른 증표를 지니고 이를 관계인에게 내보여야 한다.〈개정 13·3·23〉 ⑤ 사업시행자는 실시계획의 승인을 받은 때에는 역세권개발사업이 예정된 토지에 출입하거나 이를 일시 사용할 수 있다. 이 경우 토지에 대한 권리를 가진 자는 정당한 사유 없이 해당 토지에 대한 사업시행자의 출입 또는 일시 사용을 가로막거나 방해하여서는 아니 된다. **제15조(토지에의 출입 등에 따른 손실보상)** ① 제14조에 따른 행위로 인하여 손실을 입은 자가 있는 경우에는 사업시행자가 그 손실을 보상하여야 한다. ② 사업시행자는 제1항에 따라 손실을 보상하려는 경우에는 손실을 입은 자와 협의하여야 한다. ③ 사업시행자 또는 손실을 입은 자는 제2항에 따른 협의가 성립되지 아니하거나 협의를 할 수		시장·광역시장 또는 도지사, 시장·군수·구청장(구청장은 자치구의 구청장을 말한다. 이하 같다)의 허가를 받아 타인의 토지에 출입하려는 사람은 별지 제8호서식의 허가증을 지녀야 한다. ② 법 제14조제4항에 따른 증표는 별지 제9호서식에 따른다.

법	시 행 령	시 행 규 칙
없는 경우에는 관할 토지수용위원회에 재결을 신청할 수 있다. 이 경우 재결의 신청은 「공익사업을 위한 토지 등의 취득 및 보상에 관한 법률」 제23조제1항 및 같은 법 제28조제1항에도 불구하고 해당 역세권개발사업의 시행기간 안에 할 수 있다. 제16조(관련 인 · 허가등의 의제) ① 지정권자가 실시계획의 승인 또는 변경승인을 함에 있어서 그 실시계획에 대한 다음 각 호의 허가 · 인가 · 결정 · 면허 · 협의 · 동의 · 승인 · 신고 · 변경 · 지정 · 등록 또는 해제 등(이하 "인 · 허가등"이라 한다)에 관하여 제3항에 따라 관계 행정기관의 장과 협의한 사항은 해당 인 · 허가등을 받은 것으로 보며, 제13조제4항에 따라 실시계획이 고시된 경우에는 다음 각 호의 법률에 따른 인 · 허가등이 고시 또는 공고된 것으로 본다.〈개정 11 · 4 · 14, 14 · 1 · 14, 16 · 1 · 19, 16 · 12 · 27〉 1. 「건축법」 제11조에 따른 건축허가, 같은 법 제14조에 따른 건축신고, 같은 법 제16조에 따른 허가 · 신고사항의 변경, 같은 법 제20조에 따른 가설건축물의 허가 · 신고 및 같은 법 제29조에 따른 건축협의 2. 「공유수면 관리 및 매립에 관한 법률」 제8조에 따른 공유수면의 점용 · 사용허가, 같은 법 제17조에 따른 점용 · 사용 실시계획의 승인 또는 신고, 같은 법 제28조에 따른 매립면허, 같		

법	시 행 령	시 행 규 칙
은 법 제35조에 따른 협의 또는 승인 및 같은법 제38조에 따른 공유수면매립실시계획의 승인 3. 「공유재산 및 물품 관리법」 제20조제1항에 따른 사용·수익의 허가 4. 「관광진흥법」 제15조에 따른 사업계획의 승인, 같은 법 제52조에 따른 관광지의 지정(역세권 개발사업의 일부로 관광지를 개발하는 경우만 해당한다), 같은 법 제54조에 따른 조성계획의 승인 및 같은 법 제55조에 따른 조성사업시행의 허가 5. 「국유재산법」 제30조에 따른 사용허가 6. 「국토의 계획 및 이용에 관한 법률」 제30조에 따른 도시·군관리계획의 결정, 같은 법 제56조에 따른 개발행위허가, 같은 법 제86조에 따른 도시·군계획시설사업의 시행자 지정 및 같은 법 제88조에 따른 도시·군계획시설사업 실시계획의 인가 7. 「농어촌정비법」 제23조에 따른 농업생산기반시설의 사용허가 및 같은 법 제82조에 따른 농어촌 관광휴양단지 개발사업계획의 승인 8. 「농지법」 제34조에 따른 농지의 전용허가 또는 협의, 같은 법 제35조에 따른 농지의 전용신고, 같은 법 제36조에 따른 농지의 타용도 일시사용허가·협의 및 같은 법 제40조에 따른 용도변경의 승인 9. 「도로법」 제107조에 따른 도로관리청과의 협		

법	시　행　령	시　행　규　칙
의 또는 승인(같은 법 제19조에 따른 도로 노선의 지정 · 고시, 같은 법 제25조에 따른 도로구역의 결정, 같은 법 제36조에 따른 도로관리청이 아닌 자에 대한 도로공사 시행의 허가 및 같은 법 제61조에 따른 도로의 점용 허가에 관한 것으로 한정한다) 10. 「도시개발법」 제17조에 따른 도시개발사업 실시계획의 승인 11. 「물류시설의 개발 및 운영에 관한 법률」 제22조에 따른 물류단지의 지정(역세권개발사업의 일부로 물류단지를 개발하는 경우만 해당한다) 및 같은 법 제28조에 따른 물류단지개발실시계획의 승인 12. 「사방사업법」 제14조에 따른 벌채, 토석의 채취 등의 허가 및 같은 법 제20조에 따른 사방지의 지정 해제 13. 「산지관리법」 제14조 및 제15조에 따른 산지전용허가 및 산지전용신고, 「산림자원의 조성 및 관리에 관한 법률」 제36조제1항 및 제4항에 따른 입목벌채등의 허가 · 신고 14. 「소방시설설치유지 및 안전관리에 관한 법률」 제7조제1항에 따른 건축허가등의 동의, 「소방시설공사업법」 제13조제1항에 따른 소방시설공사의 신고 및 「위험물안전관리법」 제6조제1항에 따른 제조소등의 설치허가 15. 「수도법」 제17조제1항에 따른 일반수도사업		

법	시 행 령	시 행 규 칙
의 인가, 같은 법 제49조에 따른 공업용수도사업의 인가, 같은 법 제52조에 따른 전용상수도설치의 인가 및 같은 법 제54조에 따른 전용공업용수도설치의 인가 16. 「유통산업발전법」 제8조에 따른 대규모점포의 개설등록 17. 「전기사업법」 제62조에 따른 자가용전기설비공사계획의 인가 또는 신고 18. 「주택법」 제15조에 따른 사업계획의 승인 19. 「체육시설의 설치·이용에 관한 법률」 제12조에 따른 사업계획의 승인 20. 「초지법」 제21조의2에 따른 초지 안에서의 형질변경 등 같은 조 각 호의 행위에 대한 허가 및 같은 법 제23조에 따른 초지전용의 허가 또는 협의 21. 「택지개발촉진법」 제9조에 따른 택지개발사업실시계획의 승인 22. 「하수도법」 제16조에 따른 공공하수도공사의 시행허가, 같은 법 제24조에 따른 공공하수도의 점용허가 및 같은 법 제34조에 따른 개인하수처리시설의 설치신고 23. 「하천법」 제6조에 따른 하천관리청과의 협의 또는 승인(같은 법 제30조에 따른 하천공사시행의 허가 및 같은 법 제33조에 따른 하천의 점용 등의 허가에 관한 것에 한한다) 및 「소하천정비법」 제14조에 따른 소하천점용의 허가		

법	시 행 령	시 행 규 칙
24. 「부동산 거래신고 등에 관한 법률」 제11조에 따른 토지거래계약에 관한 허가 ② 제1항에 따른 인·허가등의 의제를 받으려는 사업시행자가 실시계획의 승인 또는 변경승인의 신청을 하는 경우에는 해당 법률에서 정하는 관련 서류를 함께 제출하여야 한다. ③ 지정권자는 제13조제1항에 따라 실시계획의 승인 또는 변경승인을 함에 있어서 그 내용에 제1항 각 호의 어느 하나에 해당하는 사항이 포함되어 있는 경우에는 관계 행정기관의 장과 미리 협의하여야 한다. ④ 제3항에 따라 지정권자로부터 협의를 요청받은 관계 행정기관의 장은 협의요청을 받은 날부터 20일 이내에 의견을 제출하여야 한다. **제17조(토지 등의 수용·사용)** ① 사업시행자는 역세권개발사업의 시행을 위하여 필요한 경우 「공익사업을 위한 토지 등의 취득 및 보상에 관한 법률」 제3조에 따른 토지·물건 또는 권리를 수용 또는 사용(이하 "수용등"이라 한다)할 수 있다. 다만, 다음 각 호의 어느 하나에 해당하는 사업시행자는 토지면적의 3분의 2 이상에 해당하는 토지를 소유하고(「철도의 건설 및 철도시설 유지관리에 관한 법률」에 따른 철도시설의 부지 또는 「도시철도법」에 따른 도시철도시설의 부지에 해당하는 경우에는 해당 토지 소유자의 동의로 대신할 수 있다) 토지 소유자 총수의 2분의 1 이상		

법	시 행 령	시 행 규 칙
에 해당하는 자의 동의를 받아야 한다.〈개정 12·6·1, 18·3·13〉 1. 제12조제1항제2호 및 제3호에 해당하는 사업시행자 중 한국철도시설공단 및 한국철도공사가 100분의 50 미만으로 출자한 법인 2. 제12조제1항제6호부터 제11호까지의 규정에 해당하는 사업시행자(국가, 지방자치단체, 공공기관 및 「지방공기업법」에 따른 지방공기업이100분의 50 이상 출자한 경우는 제외한다) ② 제4조 및 제9조에 따른 개발구역의 지정·고시가 있는 경우에는 「공익사업을 위한 토지 등의 취득 및 보상에 관한 법률」 제20조제1항 및 제22조에 따른 사업인정 및 그 고시가 있는 것으로 본다. 다만, 재결의 신청은 같은 법 제23조제1항 및 제28조제1항에도 불구하고 해당 역세권개발사업의 시행기간 안에 할 수 있다. ③ 사업시행자는 「공익사업을 위한 토지 등의 취득 및 보상에 관한 법률」에서 정하는 바에 따라 역세권개발사업의 시행에 필요한 주거용 건축물을 제공함에 따라 생활의 근거를 상실하게 되는 자에 대한 이주대책 등을 수립·시행하여야 한다. ④ 제6조에 따른 주민 등의 의견 청취 공고로 인하여 취득하여야 할 토지가격이 변동되었다고 인정되는 등 대통령령으로 정하는 요건에 해당하는 경우에는 「공익사업을 위한 토지 등의 취득 및 보상에 관한 법률」 제70조제1항에 따른 공시지가는 같은 조 제3항부터 제5항까지의 규정에도 불		

법	시 행 령	시 행 규 칙
구하고 제6조에 따른 주민 등의 의견 청취 공고일 전의 시점을 공시기준일로 하는 공시지가로서 해당 토지의 가격시점 당시 공시된 공시지가 중 주민 등의 의견 청취 공고일에 가장 가까운 시점에 공시된 공시지가로 한다.〈신설 12·6·1〉 ⑤ 제1항에 따른 토지 등의 수용등에 관하여 이 법에 특별한 규정이 있는 것을 제외하고는 「공익사업을 위한 토지 등의 취득 및 보상에 관한 법률」을 준용한다.〈개정 12·6·1〉		
제18조(토지상환채권의 발행) ① 사업시행자는 토지소유자가 원하는 경우에는 토지 등에 대한 매수대금의 일부를 지급하기 위하여 대통령령으로 정하는 바에 따라 사업시행으로 조성된 토지·건축물로 상환하는 채권(이하 "토지상환채권"이라 한다)을 발행할 수 있다.	제21조(토지상환채권의 발행) ① 법 제18조제1항에 따른 토지상환채권(이하 "토지상환채권"이라 한다)의 발행 규모는 그 토지상환채권으로 상환할 토지·건축물이 해당 역세권개발사업으로 조성되는 토지 또는 건축물 면적의 2분의 1을 초과하지 아니하도록 하여야 한다. ② 사업시행자가 제1항에 따라 토지상환채권을 발행하는 경우에는 토지상환채권의 명칭과 제22조 각 호의 사항을 공고하여야 한다.	
② 사업시행자(지정권자가 사업시행자인 경우는 제외한다)가 제1항에 따라 토지상환채권을 발행하고자 하는 경우에는 대통령령으로 정하는 바에 따라 토지상환채권의 발행계획을 작성하여 미리 지정권자의 승인을 받아야 한다. ③ 토지상환채권의 발행 방법·절차·조건, 그 밖에 필요한 사항은 대통령령으로 정한다.	제22조(토지상환채권의 발행계획) 법 제18조제2항에 따른 토지상환채권의 발행계획에는 다음 각 호의 사항이 포함되어야 한다. 1. 사업시행자의 명칭 2. 토지상환채권의 발행총액 3. 토지상환채권의 이율 4. 원금 상환의 방법 및 시기 5. 이자 지급의 방법 및 시기 6. 토지상환채권의 발행가액 및 발행시기	

법	시 행 령	시 행 규 칙
	7. 상환대상 지역 또는 상환대상 토지의 용도 8. 토지가격의 추산방법 9. 보증부발행인 경우에는 보증기간 및 보증의 내용 10. 그 밖에 사업시행자가 필요하다고 인정하는 사항 **제23조(토지상환채권의 발행조건)** ① 토지상환채권의 이율은 발행 당시의 「은행법」에 따른 은행의 예금금리 및 부동산 수급(需給) 상황을 고려하여 사업시행자가 정한다. ② 토지상환채권은 기명식(記名式) 증권으로 한다. **제24조(토지상환채권의 청약 등)** 토지상환채권으로 토지등의 매각대금을 받으려는 자(이하 "청약자"라 한다)는 다음 각 호의 사항을 적은 토지상환채권 청약서 2통을 작성하여 사업시행자에게 제출하여야 한다. 1. 사업의 명칭 2. 청약자의 성명(법인인 경우에는 법인의 명칭 및 대표자의 성명) 및 주소 3. 청약자 소유의 토지등의 명세 4. 청약자가 토지등의 매각대금으로 받는 금액 5. 토지상환채권으로 받으려는 금액 **제25조(토지상환채권의 기재사항)** 토지상환채권에는 다음 각 호의 사항을 적고 사업시행자가 기명날인하여야 한다. 1. 제22조제1호 및 제3호부터 제7호까지의 사항 2. 토지상환채권의 번호 3. 토지상환채권의 발행 연월일	

<table>
<tr><th>법</th><th>시 행 령</th><th>시 행 규 칙</th></tr>
<tr><td></td><td>제26조(토지상환채권 원부의 비치) 사업시행자는 주된 사무소에 다음 각 호의 사항을 적은 토지상환채권 원부(이하 “토지상환채권 원부”라 한다)를 갖추어 두어야 한다.
1. 토지상환채권의 번호
2. 토지상환채권의 발행 연월일
3. 제22조제2호부터 제7호까지의 사항
4. 토지상환채권 소유자의 성명(법인인 경우에는 법인의 명칭 및 대표자의 성명) 및 주소
5. 토지상환채권의 취득 연월일
제27조(토지상환채권의 이전 등) ① 토지상환채권을 이전하는 경우 취득자는 그 성명과 주소를 토지상환채권 원부에 적어 줄 것을 요청하여야 하며, 취득자의 성명과 주소를 적지 아니한 토지상환채권을 취득한 자는 발행자 및 그 밖의 제3자에게 대항하지 못한다.
② 토지상환채권을 질권의 목적으로 하는 경우에는 질권자의 성명과 주소를 토지상환채권 원부에 적지 아니하면 질권자는 발행자 및 그 밖의 제3자에게 대항하지 못한다.
③ 사업시행자는 제2항에 따라 질권이 설정되었을 때에는 토지상환채권에 그 사실을 표시하여야 한다.
제28조(토지상환채권의 소유자에 대한 통지) 토지상환채권의 소유자에 대한 통지 또는 최고(催告)는 토지상환채권 원부에 적힌 주소로 하여야 한다. 다만, 토지상환채권의 소유자가 사업시행자에</td><td></td></tr>
</table>

법	시 행 령	시 행 규 칙
	게 따로 주소를 알린 경우에는 그 주소로 하여야 한다.	
제19조(선수금) ① 사업시행자는 역세권개발사업으로 조성된 토지·건축물 또는 공작물 등(이하 "조성토지등"이라 한다)을 공급받거나 이용하고자 하는 자로부터 대통령령으로 정하는 바에 따라 해당 대금의 전부 또는 일부를 미리 받을 수 있다. ② 사업시행자(지정권자가 사업시행자인 경우는 제외한다)가 제1항에 따라 해당 대금의 전부 또는 일부를 미리 받고자 하는 경우에는 지정권자의 승인을 받아야 한다.	제29조(선수금) ① 법 제19조에 따라 선수금을 받으려는 사업시행자는 다음 각 호의 구분에 따른 요건을 갖추어 지정권자의 승인을 받아야 한다. 〈개정 12·8·31〉 1. 법 제12조제1항제1호부터 제5호까지의 규정에 해당하는 사업시행자:사업계획을 수립·고시한 후에 사업시행 토지면적의 100분의 25 이상의 토지에 대한 소유권(사용동의를 포함한다)을 확보할 것. 다만, 법 제13조에 따라 실시계획 승인을 받기 전에 선수금을 받으려는 경우에는 「환경영향평가법」에 따른 환경영향평가 및 「도시교통정비 촉진법」에 따른 교통영향분석·개선대책을 수립하여 기반시설 투자계획이구체화된 경우로 한정한다. 2. 법 제12조제1항제6호부터 제11호까지의 규정에 해당하는 사업시행자: 해당 개발구역에 대하여 법 제13조에 따라 실시계획 승인을 받은 후 다음 각 목의 요건을 모두 갖출 것 가. 공급하려는 토지에 대한 소유권을 확보하고, 해당 토지에 설정된 저당권을 말소하였을 것. 다만, 부득이한 사유로 토지소유권을 확보하지 못하였거나 저당권을 말소하지 못한 경우에는 사업시행자·토지소유자 및 저당권자가 다음 내용의 공동약정서를 공증하여 제출하여야 한다.	

법	시행령	시행규칙
	1) 토지소유자는 제삼자에게 해당 토지를 양도하거나 담보로 제공하지 아니할 것 2) 선수금을 납부한 자가 법 제21조에 따른 준공검사 또는 준공 전 사용 허가를 받아 해당 토지를 사용하게 되는 경우에는 토지소유자 및 저당권자는 지체 없이 소유권을 이전하고, 저당권을 말소할 것 나. 공급하려는 토지에 대한 역세권개발사업의 공사 진척률이 100분의 10 이상일 것 다. 공급계약의 불이행 시 선수금의 환불을 담보하기 위하여 다음의 내용이 포함된 보증서 등(「국가를 당사자로 하는 계약에 관한 법률 시행령」 제37조제2항에 따른 지급보증서, 증권, 보증보험증권, 정기예금증서 및 수익증권 등을 말한다. 이하 같다)을 지정권자에게 제출할 것. 다만, 2)의 경우 그 사업기간을 연장할 때에는 원래의 보증 또는 보험의 기간에 그 연장하려는 기간을 가산한 기간을 보증 또는 보험의 기간으로 하는 보증서 등을 제출하여야 한다. 1) 보증 또는 보험의 금액은 선수금에 그 금액에 대한 보증 또는 보험 기간에 해당하는 약정이자 상당액을 가산한 금액 이상으로 할 것 2) 보증 또는 보험 기간의 개시일은 선수금을 받는 날 이전이어야 하며, 그 종료일은 준공예정일부터 1개월 이상으로 할 것 ② 사업시행자는 법 제22조에 따른 공사완료 공	

법	시 행 령	시 행 규 칙
	고 전에 미리 토지를 공급하거나 시설물을 이용하게 한 후에는 그 토지를 담보로 제공해서는 아니 된다. ③ 지정권자는 사업시행자가 공급계약의 내용대로 사업을 이행하지 아니하거나 사업시행자의 파산 등(「채무자 회생 및 파산에 관한 법률」에 따른 법원의 결정·인가를 포함한다)으로 사업을 이행할 능력이 없다고 인정하는 경우에는 해당 역세권개발사업의 준공 전에 보증서 등을 선수금의 환불을 위하여 사용할 수 있다.	
제20조(조성토지등의 공급계획) ① 사업시행자(지정권자가 사업시행자인 경우는 제외한다)가 조성토지등을 공급하고자 하는 경우에는 조성토지등의 공급계획을 작성하여 지정권자에게 제출하여야 한다. 작성된 공급계획을 변경하는 경우에도 또한 같다. ② 조성토지등의 공급계획의 내용, 공급의 절차·기준 및 조성토지등의 가격의 평가, 그 밖에 필요한 사항은 대통령령으로 정한다.	제30조(조성토지등의 공급계획의 내용) 법 제20조 제2항에 따른 역세권개발사업으로 조성된 토지·건축물 또는 공작물 등(이하 "조성토지등"이라 한다)의 공급계획에는 다음 각 호의 사항이 포함되어야 한다. 1. 사업시행자가 직접 사용하려는 조성토지등의 위치와 면적 2. 공급대상 조성토지등의 위치와 면적 3. 공급대상 조성토지등의 가격 결정방법 4. 공급대상자의 자격요건 및 선정방법 5. 공급의 시기·방법 및 조건 6. 그 밖에 공급계획에 필요한 사항 제31조(조성토지등의 공급 절차·기준 등) ① 사업시행자는 조성토지등을 공급하는 경우에는 사업계획에서 정한 용도에 따라 공급하여야 한다. 이	

법	시 행 령	시 행 규 칙
	경우 사업시행자는 기반시설의 원활한 설치를 위하여 필요하면 공급대상자의 자격을 제한하거나 공급조건을 부여할 수 있다. ② 조성토지등의 공급은 경쟁입찰의 방법에 따른다. 다만, 330제곱미터 이하의 단독주택용지 및 공장용지와 「주택법」 제2조제6호에 따른 국민주택 규모 이하의 주택건설용지(임대주택건설용지를 포함한다) 및 「주택법」 제2조제24호에 따른 공공택지에 대해서는 추첨의 방법으로 분양할 수 있다.〈개정 16·8·11〉 ③ 사업시행자는 제2항에 따라 조성토지등을 공급하려는 경우에는 다음 각 호의 사항을 공고하여야 한다. 다만, 공급대상자가 특정되어 있거나 자격이 제한되어 있는 경우로서 개별 통지를 한 경우에는 그러하지 아니하다. 1. 사업시행자의 성명(법인인 경우에는 법인의 명칭 및 대표자의 성명) 및 주소 2. 토지의 위치·면적 및 용도(토지사용에 제한이 있는 경우에는 그 제한 내용을 포함한다) 3. 공급의 방법 및 조건 4. 공급가격 또는 공급가격 결정방법 5. 공급대상자의 자격요건 및 선정방법 6. 공급 신청의 기간 및 장소 7. 그 밖에 사업시행자가 필요하다고 인정하는 사항 ④ 제2항에도 불구하고 다음 각 호의 어느 하나	제8조(토지의 공급 기준) 영 제31조제4항

법	시 행 령	시 행 규 칙
	에 해당하는 경우에는 수의계약의 방법으로 조성토지등을 공급할 수 있다.〈개정 13·3·23〉 1. 학교용지, 공공청사용지 등 일반에게 분양할 수 없는 공공용지를 국가, 지방자치단체, 그 밖에 법령에 따라 해당 시설을 설치할 수 있는 자에게 공급하는 경우 2. 법 제13조제4항 전단에 따라 고시한 실시계획에 따라 존치하는 시설물의 유지·관리에 필요한 최소한의 토지를 공급하는 경우 3. 「공익사업을 위한 토지 등의 취득 및 보상에 관한 법률」에 따른 협의를 하여 그가 소유하는 개발구역 안의 조성토지등의 전부를 사업시행자에게 양도한 자에게 국토교통부령으로 정하는 기준에 따라 토지를 공급하는 경우 4. 토지상환채권에 따라 토지를 상환하는 경우 5. 토지의 규모 및 형상, 입지조건 등에 비추어 토지이용 가치가 현저히 낮은 토지로서 인접한 토지소유자 등에게 공급하는 것이 불가피하다고 사업시행자가 인정하는 경우 6. 법 제12조제1항제1호부터 제5호까지의 규정에 해당하는 사업시행자가 개발구역에서 도시 발전을 위하여 복합적이고 입체적인 개발이 필요하여 국토교통부령으로 정하는 절차와 방법에 따라 선정된 자에게 토지를 공급하는 경우 7. 그 밖에 관계 법령에 따라 수의계약으로 공급할 수 있는 경우	제3호에 따라 수의계약의 방법으로 토지를 공급하는 경우의 기준 및 면적은 별표와 같다. **제9조(복합개발시행자에 대한 토지 공급)** ① 법 제12조제1항제1호부터 제5호까지의 규정에 해당하는 사업시행자는 영 제31조제4항제6호에 따라 복합적이고 입체적인 개발을 위하여 수의계약의 방법으로 토지를 공급받을 자(이하 이 조에서 "복합개발시행자"라 한다)를 선정하는 경우에는 다음 각 호의 절차와 방법에 따라야 한다. 1. 전국 또는 해당 지방을 주된 보급지역으로 하는 일간신문에 다음 각 목의 사항을 한 번 이상 공고하고, 신청기간은 90일 이상으로 할 것 가. 대상 토지 현황 나. 참가자격 및 일정 다. 그 밖에 사업시행자가 필요하다고 인정하는 사항 2. 선정심의위원회의 평가를 거쳐 복합개발시행자를 선정할 것 ② 제1항에서 정한 사항 외에 선정심의위원회의 구성, 평가기준, 선정방법, 협약서 체결 등에 관하여 필요한 세부사항은 사업시행자가 정하여 제1항제1호

법	시 행 령	시 행 규 칙
	⑤ 조성토지등의 가격 평가는 「감정평가 및 감정평가사에 관한 법률」에 따른 감정평가업자(이하 "감정평가업자"라 한다)가 평가한 금액(이하 이 조에서 "감정가"라 한다)으로 한다.〈개정 16 · 8 · 31〉 ⑥ 제2항 본문에 따른 경쟁입찰의 경우 최고가격으로 입찰한 자를 낙찰자로 한다. 이 경우 경쟁입찰 대상 토지가 「건축법 시행령」 별표 1 제2호에 따른 공동주택과 주거용 외의 용도가 복합된 건축물(다수의 건축물이 일체적으로 연결된 하나의 건축물을 포함한다)을 건축하기 위한 토지인 경우에는 경쟁입찰 대상 토지의 면적에 주거용 외의 용도에 해당하는 비율(실시계획에 포함된 「국토의 계획 및 이용에 관한 법률」에 따른 지구단위계획상의 비율을 말하며, 건축물의 연면적 대비 비율로 산정한다)을 곱하여 산정된 면적(이하 이 항에서 "상업면적"이라 한다)에 대하여 최고가격으로 입찰한 자를 낙찰자로 하며, 상업면적에 대해서는 낙찰가격을, 상업면적 외에 대해서는 감정가를 각각 적용하여 산정한 가격을 합한 가격을 해당 토지의 공급가격으로 한다.	에 따른 일간신문에 공고한다.
제21조(준공검사) ① 사업시행자가 역세권개발사업을 완료한 경우에는 지체 없이 대통령령으로 정하는 바에 따라 지정권자의 준공검사를 받아야 한다. ② 지정권자는 제1항에 따른 준공검사의 신청을 받은 경우에는 대통령령으로 정하는 바에 따라	제32조(준공검사 등) ① 사업시행자(지정권자가 사업시행자인 경우는 제외한다)는 법 제21조제1항에 따라 준공검사를 받으려면 국토교통부령으로 정하는 공사완료보고서를 지정권자에게 제출하여야 한다.〈개정 13 · 3 · 23〉 ② 지정권자는 제1항에 따라 공사완료보고서를 제	제10조(준공검사 신청 등) ① 사업시행자(지정권자가 사업시행자인 경우는 제외한다)는 영 제32조제1항에 따라 준공검사를 받으려는 경우에는 별지 제10호서식의 공사완료보고서에 다음 각 호의 서류 및 도면을 첨부하여 지정권자에게

법	시행령	시행규칙
준공검사를 실시한 후 그 공사가 승인된 실시계획의 내용대로 시행되었다고 인정하는 경우에는 국토교통부령으로 정하는 준공검사확인증을 그 신청인에게 교부하여야 한다.〈개정 13·3·23〉 ③ 사업시행자가 제1항에 따라 준공검사를 받은 경우에는 제16조제1항 각 호에서 규정하는 인·허가등에 따른 해당 사업의 준공검사 또는 준공인가를 받은 것으로 본다. 이 경우 지정권자는 그 준공검사의 시행에 관하여 관계 행정기관의 장과 미리 협의하여야 한다. ④ 사업시행자는 역세권개발사업을 효율적으로 시행하기 위하여 필요한 경우에는 해당 역세권개발사업에 관한 공사를 전부 완료하기 전이라도 공사를 완료한 일부에 대하여 제1항에 따른 준공검사를 받을 수 있다.	출받으면 지체 없이 준공검사를 하여야 한다.이 경우 지정권자는 효율적인 준공검사를 위하여 필요하면 관계 행정기관, 공공기관, 연구기관, 그 밖의 전문기관 등에 의뢰하여 준공검사를 할 수 있다. ③ 지정권자는 공사완료보고서의 내용에 포함될 공공시설을 인수 또는 관리하게 될 국가기관, 지방자치단체 또는 공공기관 등의 장에게 준공검사에 참여할 것을 요청할 수 있다. 이 경우 준공검사에 참여할 것을 요청받은 자는 특별한 사유가 없으면 요청에 따라야 한다.	제출하여야 한다. 1. 준공조서(준공설계도서 및 준공사진을 포함한다) 2. 시장·군수·구청장이 발행하는 지적측량성과도 3. 토지의 용도별 면적조서 및 평면도 4. 공공시설 등의 귀속조서 및 도면 5. 신·구지적대조도 및 시설의 대비표 6. 총사업비 명세서 ② 법 제21조제2항에 따른 준공검사확인증은 별지 제11호서식에 따른다.
⑤ 사업시행자는 제2항에 따른 준공검사확인증을 교부받기 전에는 역세권개발사업으로 조성 또는 설치된 토지나 시설을 사용하여서는 아니 된다. 다만, 대통령령으로 정하는 바에 따라 지정권자에게 준공 전 사용의 신고를 하거나 준공 전 사용의 허가를 받은 경우에는 그러하지 아니하다.	제33조(준공 전 사용 허가) ① 사업시행자는 법 제21조제5항 단서에 따라 조성토지등을 준공 전에 사용하려면 그 범위를 정하여 준공 전 사용 허가 신청서에 사업시행상의 지장 여부에 관한 검토서를 첨부하여 지정권자에게 제출하여야 한다. ② 지정권자는 제1항에 따른 준공 전 사용 허가 신청이 있는 경우 그 사용으로 인하여 앞으로 시행될 사업에 지장이 있는지를 확인한 후 허가 여부를 결정하여야 한다. ③ 제1항에 따른 준공 전 사용 허가에 관하여 필요한 사항은 국토교통부령으로 정한다.〈개정 13·3·23〉	제11조(준공 전 사용 허가 신청서) 영 제33조제3항에 따른 준공 전 사용 허가

법	시 행 령	시 행 규 칙
		신청서는 별지 제12호서식에 따른다.
제22조(공사완료의 공고 등) 지정권자는 제21조제2항에 따른 준공검사확인증을 교부한 때에는 공사완료의 공고를 하여야 하며, 실시계획대로 완료되지 아니한 경우에는 지체 없이 보완시공 등 필요한 조치를 명하여야 한다.	제34조(공사완료의 공고사항) ① 법 제22조에 따른 공사완료의 공고는 관보 또는 공보에 게재하는 방법으로 한다. ② 제1항에 따른 공고에는 다음 각 호의 사항이 포함되어야 한다. 1. 사업의 명칭 2. 사업시행자 3. 사업시행지의 위치 4. 사업시행지의 면적 및 용도별 면적 5. 준공일 6. 주요 시설물의 처분에 관한 사항	
제23조(공공시설 등의 귀속) ① 사업시행자가 역세권개발사업의 시행으로 새로이 공공시설(주차장, 운동장, 그 밖에 대통령령으로 정하는 시설은 제외한다. 이하 이 조에서 같다)을 설치하거나 기존의 공공시설에 대체되는 시설을 설치한 경우 그 귀속에 관하여는 「국토의 계획 및 이용에 관한 법률」 제65조를 준용한다. ② 제1항에 따른 공공시설과 재산의 등기에 있어서는 실시계획승인서와 준공검사확인증으로 「부동산등기법」상의 등기원인을 증명하는 서면을 갈음할 수 있다.		
제24조(국유지 · 공유지의 처분제한 등) ① 개발구역 안에 있는 국가 또는 지방자치단체 소유의 토지로서 역세권개발사업에 필요한 토지는 해당 실		

법	시행령	시행규칙
시계획으로 정하여진 목적 외의 목적으로 이를 처분할 수 없다. ② 개발구역 안에 있는 국가 또는 지방자치단체 소유의 재산으로서 역세권개발사업에 필요한 재산은 「국유재산법」 제9조 및 「공유재산 및 물품 관리법」 제10조에 따른 국유재산관리계획 또는 공유재산관리계획과 「국유재산법」 제43조 및 「공유재산 및 물품 관리법」 제29조에 따른 계약의 방법에도 불구하고 사업시행자에게 수의계약의 방법으로 처분할 수 있다. 이 경우 그 재산의 용도폐지(행정재산인 경우에 한한다) 또는 처분은 지정권자가 미리 관계 중앙행정기관의 장과 협의하여야 한다. ③ 관계 중앙행정기관의 장은 제2항 후단에 따른 협의요청이 있는 경우에는 그 요청을 받은 날부터 30일 이내에 협의에 필요한 조치를 하여야 한다.		
④ 국토교통부장관은 제12조제1항에 따른 사업시행자(같은 항 제1호는 제외한다)가 국가가 소유·관리하는 철도시설에 건물이나 그 밖의 시설물(이하 "시설물"이라 한다)을 설치하고자 하는 경우에는 「국유재산법」 제18조제1항에도 불구하고 대통령령으로 정하는 바에 따라 시설물의 종류 및 기간 등을 정하여 점용허가를 할 수 있다. 〈개정 13·3·23〉 ⑤ 제4항에 따른 점용허가와 관련하여 이 법에 특별한 규정이 있는 것을 제외하고는 「철도사업	제35조(철도시설에 대한 점용허가의 기간) 법 제24조제4항에 따른 점용허가에 관하여는 「철도사업법 시행령」 제13조를 준용한다.	

법	시행령	시행규칙
법」 제43조부터 제46조까지의 규정을 준용한다. 제25조(역세권개발이익의 재투자) ① 사업시행자는 역세권개발사업으로 발생하는 개발이익의 100분의 25를 해당 사업구역의 「철도산업발전기본법」 제3조에 따른 철도시설이나 「국토의 계획 및 이용에 관한 법률」 제2조에 따른 공공시설의 설치비용에 충당하여야 한다. 이 경우 「개발이익 환수에 관한 법률」에 따른 개발부담금은 징수하지 아니한다. ② 사업시행자는 제1항에 따른 개발이익의 재투자가 차질 없이 이루어질 수 있도록 그 발생된 개발이익을 구분하여 회계처리하는 등 필요한 조치를 하여야 한다. ③ 제1항에 따른 개발이익의 산정에 관하여는 「개발이익 환수에 관한 법률」 제8조부터 제12조까지의 규정을 준용한다. 이 경우 "개발부담금의 부과 기준"은 "개발이익의 산정 기준"으로, "부과 종료 시점"은 "개발이익 산정 종료 시점"으로, "부과 대상 토지"는 "개발이익 산정 대상 토지"로, "부과 개시 시점"은 "개발이익 산정 개시 시점"으로, "부과 기간"은 "개발이익 산정 기간"으로, "국가나 지방자치단체로부터 개발사업의 인가등", "국가나 지방자치단체의 인가등", "개발사업의 인가등" 또는 "인가등"은 "실시계획의 승인"으로, "개발사업의 준공인가 등"은 "준공확인"으로, "납부 의무자"는 "사업시행자"로, "개발사업"은 "역		

법	시행령	시행규칙
세권개발사업"으로 본다. [전문개정 18·12·18]		
제26조(비용의 부담) ① 역세권개발사업의 시행에 필요한 비용은 사업시행자가 부담한다. ② 국가는 대통령령으로 정하는 바에 따라 예산의 범위에서 사업시행자에게 역세권개발사업의 시행에 필요한 비용의 일부를 보조하거나 융자할 수 있다.	제36조(비용의 보조 또는 융자) 법 제26조제2항에 따라 보조 또는 융자할 수 있는 비용은 다음 각 호와 같다. 〈개정 17·1·17〉 1. 도로, 철도, 통신시설, 용수시설, 하수도시설, 공공폐수처리시설 및 폐기물처리시설 등 기반시설 설치사업비 2. 개발구역 안의 공동구시설 설치사업비 3. 집단 에너지공급시설 설치사업비 4. 공원·광장·녹지의 용지매입비 및 건설비 5. 이주대책사업비 6. 교통수단 간 연계환승체계 구축을 위한 사업비 7. 사업구역 밖의 간선도로·광역상수도시설 등 역세권개발사업을 추진하기 위하여 필요한 시설 중 사업시행자의 부담으로 하기에 적당하지 아니한 시설의 설치비용 8. 제1호부터 제7호까지에서 규정한 비용 외에 역세권개발사업을 위하여 특히 필요한 공공시설의 설치비용	
제27조(공공시설의 설치 및 비용부담 등) 개발구역의 도로·상하수도·전기·통신·가스 및 지역난방 시설 등 공공시설의 설치 및 비용부담 등에 관하여는 「도시개발법」 제55조를 준용한다.		
제28조(채권의 발행) ① 사업시행자(제12조제1항제1호부터 제5호까지의 규정에 해당하는 자에 한하	제37조(채권의 발행절차) ① 국가가 법 제28조제1항에 따른 역세권개발채권(이하 "채권"이라 한	

법	시행령	시행규칙
며, 같은 항 제2호 및 제3호에 해당하는 자 중 한국철도시설공단 및 한국철도공사가 100분의 50미만으로 출자한 법인은 제외한다)는 역세권개발사업에 필요한 자금을 조달하기 위하여 역세권개발채권(이하 "채권"이라 한다)을 발행할 수 있다. ② 지방자치단체의 장이 제1항에 따른 채권의 발행을 위하여 「지방재정법」 제11조에 따라 행정안전부장관의 승인을 받고자 하는 경우에는 미리 국토교통부장관과 협의하여야 하고, 국가 및 지방자치단체를 제외한 사업시행자는 채권의 발행을 위하여 지정권자의 승인을 받아야 한다.〈개정 13 · 3 · 23, 14 · 11 · 19, 17 · 7 · 26〉 ③ 채권의 이율 · 발행방법 · 발행절차 · 상환 · 발행사무 취급, 그 밖에 필요한 사항은 대통령령으로 정한다. 제29조(채권의 매입) ① 다음 각 호의 어느 하나에	다)을 발행하려는 경우에는 국토교통부장관이 다음 각 호의 사항을 분명히 적어 그 발행을 기획재정부장관에게 요청하여야 한다.〈개정 13 · 3 · 23〉 1. 채권의 발행총액 2. 채권의 발행방법 3. 채권의 발행조건 4. 상환방법 및 절차 5. 그 밖에 채권의 발행에 필요한 사항 ② 지방자치단체의 장은 법 제28조제2항에 따라 채권을 발행하려면 제1항의 각 호의 사항에 대하여 국토교통부장관과 협의하고 행정안전부장관의 승인을 받아야 한다.〈개정 13 · 3 · 23, 14 · 11 · 19, 17 · 7 · 26〉 ③ 법 제28조제2항에 따라 국가 및 지방자치단체를 제외한 사업시행자가 채권을 발행하려면 제1항의 각 호의 사항을 적어 지정권자에게 승인을 요청하여야 한다. ④ 사업시행자는 제1항부터 제3항까지의 규정에 따라 채권을 발행하려면 다음 각 호의 사항을 공고하여야 한다. 1. 채권의 발행총액 2. 채권의 발행기간 3. 채권의 이율 4. 원금 상환의 방법 및 시기 5. 이자 지급의 방법 및 시기	

법	시 행 령	시 행 규 칙
해당하는 자는 채권을 매입하여야 한다. 1. 사업시행자와 공사의 도급계약을 체결하는 자 2. 「국토의 계획 및 이용에 관한 법률」 제56조제1항에 따른 허가를 받는 자 중 대통령령으로 정하는 자 ② 제1항을 적용함에 있어서는 다른 법률에 따라 제13조의 실시계획의 승인 또는 「국토의 계획 및 이용에 관한 법률」 제56조의 개발행위의 허가가 의제되는 협의를 거친 자를 포함한다. ③ 채권의 매입 대상·금액 및 절차 등에 필요한 사항은 대통령령으로 정한다.	**제38조(채권의 발행방법 등)** ① 채권은 「주식·사채 등의 전자등록에 관한 법률」 제2조제6호에 따른 전자등록기관에 전자등록하여 발행하거나 무기명으로 발행할 수 있으며, 발행방법에 필요한 세부적인 사항은 국가가 발행하는 경우에는 기획재정부장관이 국토교통부장관과 협의하여 정하고, 지방자치단체가 발행하는 경우에는 해당 지방자치단체의 조례로 정하며, 국가 및 지방자치단체를 제외한 사업시행자가 발행하는 경우에는 해당 기관의 규정으로 정한다.〈개정 13·3·23, 19·6·25〉 ② 채권의 이율은 채권 발행 당시의 국채 및 공채의 금리 등을 고려하여 다음 각 호의 구분에 따라 정한다.〈개정 13·3·23, 14·11·19, 17·7·26, 18·12·18, 19·6·25〉 1. 국가가 발행하는 경우: 기획재정부장관이 국토교통부장관과 협의하여 정한다.	

법	시행령	시행규칙
	2. 지방자치단체가 발행하는 경우: 해당 지방자치단체의 조례로 정한다. 3. 제1호 및 제2호 외의 사업시행자가 발행하는 경우: 지정권자와 협의하여 해당 기관의 규정으로 정한다. ③ 채권의 상환기간은 5년 이상 10년 이하로 한다. ④ 채권의 매출 및 상환업무의 사무취급기관(이하 "채권의 사무취급기관"이라 한다)은 다음 각 호의 구분에 따른 기관으로 한다. 1. 국가가 발행하는 경우: 「한국은행법」에 따른 한국은행 2. 지방자치단체가 발행하는 경우: 지방자치단체가 지정하는 「은행법」에 따른 은행 3. 제1호 및 제2호 외의 사업시행자가 발행하는 경우: 「자본시장과 금융투자업에 관한 법률」 제294조에 따라 설립된 한국예탁결제원 **제39조(채권 발행 원부의 비치)** ① 채권의 사무취급기관은 채권 발행 원부를 갖춰 두고, 다음 각 호의 사항을 기록하여야 한다. 1. 채권 매입자의 성명(법인인 경우에는 법인의 명칭 및 대표자의 성명) 및 주소 2. 채권의 금액 3. 채권의 이율 4. 채권의 발행일 및 상환일 ② 채권의 사무취급기관은 월별 채권의 매출 및 상환업무에 관한 사항을 다음 달 20일까지 채권	

법	시 행 령	시 행 규 칙
	을 발행한 기관에 보고하여야 한다. 제40조(채권 매입확인증의 발급 등) ① 채권의 사무취급기관은 채권을 매출할 때에는 국토교통부령으로 정하는 역세권개발채권 매입확인증(이하 "매입확인증"이라 한다)을 매입자에게 발급하여야 한다.〈개정 13·3·23〉 ② 채권의 사무취급기관은 국토교통부령으로 정하는 매입확인증 발행대장을 갖춰 두고, 매입확인증의 발급에 관한 사항을 적어야 한다.〈개정 13·3·23〉 ③ 매입확인증은 멸실 또는 도난 등의 사유로 분실한 경우라도 재발행하지 아니한다. 다만, 매입확인증이 채권의 매입목적에 사용되지 아니하였음을 해당 채권 발행자가 확인한 경우에는 재발행할 수 있다. ④ 제3항 단서에 따라 매입확인증을 재발급한 경우 채권의 사무취급기관은 재발급하는 매입확인증에 표시를 하고, 국토교통부령으로 정하는 매입확인증 재발급대장에 이를 적어야 한다.〈개정 13·3·23〉 ⑤ 제1항부터 제4항까지의 규정에 따른 채권의 매출 등은 전자적으로 처리할 수 있다. 이 경우 전자적 처리의 절차 및 방법은 채권을 발행한 기관에서 정한다. 제41조(채권의 중도상환) ① 채권은 다음 각 호의 어느 하나에 해당하는 경우를 제외하고는 중도에 상환할 수 없다. 1. 채권의 매입 사유가 된 허가가 매입자의 귀책	제12조(역세권개발채권 매입확인증 등) ① 영 제40조제1항에 따른 역세권개발채권 매입확인증은 별지 제13호서식에 따른다. ② 영 제40조제2항에 따른 역세권개발채권 매입확인증 발급대장은 별지 제14호서식에 따른다. ③ 영 제40조제4항에 따른 역세권개발채권 매입확인증 재발급대장은 별지 제15호서식에 따른다.

법	시행령	시행규칙
	사유 없이 취소된 경우 2. 채권의 매입의무자가 아닌 자가 착오로 채권을 매입한 경우 3. 채권의 매입의무자가 매입하여야 할 금액을 초과하여 채권을 매입한 경우 ② 제1항 각 호에 따라 중도에 상환을 받으려는 자는 국토교통부령으로 정하는 역세권개발채권 중도상환신청서와 지정권자, 지방자치단체 또는 사업시행자가 발행하는 제1항 각 호의 어느 하나에 해당하는 사실을 증명하는 서류를 채권의 사무취급기관에 제출하여야 한다.〈개정 13 · 3 · 23〉	제13조(역세권개발채권의 중도상환신청서) 영 제41조제2항에 따른 역세권개발채권 중도상환신청서는 별지 제16호서식에 따른다.
	제42조(채권의 매입) ① 법 제29조제1항제2호에서 "대통령령으로 정하는 자"란 토지의 형질 변경허가를 받은 자를 말한다. ② 법 제29조제1항에 따른 채권의 매입 대상 및 그 금액은 별표 1과 같다. ③ 국가와 지방자치단체는 이 영 및 해당 지방자치단체의 조례로 정하는 바에 따라 법 제29조제1항 각 호에 해당하는 자에게 채권을 매입하게 하여야 한다.	
	제43조(채권 소지인 등에 대한 통지 등) ① 무기명식 채권의 소지인에 대한 통지 또는 최고는 공고의 방법으로 한다. 다만, 그 주소를 알 수 있는 경우에는 공고의 방법으로 하지 아니할 수 있다. ② 기명식 채권의 소유자에 대한 통지 또는 최고는 채권 발행 원부에 적힌 주소로 하여야 한다.	

법	시 행 령	시 행 규 칙
제30조(조세 및 부담금의 감면 등) 역세권개발사업의 조세 및 부담금의 감면 등에 관하여는 「도시개발법」 제71조를 준용한다. 이 경우 "도시개발사업"은 "역세권개발사업"으로 본다.	다만, 채권의 사무취급기관이 따로 주소를 통지받은 경우에는 그 주소로 하여야 한다.	
제31조(행정처분) ① 지정권자는 사업시행자가 다음 각 호의 어느 하나에 해당하는 경우에는 이 법에 따른 허가·지정 또는 승인을 취소하거나 공사의 중지·변경, 건축물 또는 장애물 등의 개축·변경 또는 이전, 그 밖에 필요한 처분을 하거나 조치를 명할 수 있다. 다만, 제1호에 해당하는 경우에는 허가·지정 또는 승인을 취소하여야 한다.〈개정 12·6·1〉 1. 부정한 방법으로 이 법에 따른 허가·지정 또는 승인을 받은 경우 2. 천재지변이나 그 밖에 사업시행자의 파산 등 대통령령으로 정하는 사유로 인하여 역세권개발사업의 계속적인 시행이 불가능하게 된 경우(도시계획위원회의 심의를 거쳐 사업의 지속 전망이 없는 것으로 인정되는 경우에 한한다) 3. 제12조와 제13조에 따라 지정 또는 승인할 때 부과된 조건을 지키지 아니하거나 사업계획 및 실시계획대로 역세권개발사업을 시행하지 아니한 경우 4. 제17조를 위반하여 토지 등의 수용재결 또는	제44조(행정처분) ① 법 제31조제1항제2호에서 "사업시행자의 파산 등 대통령령으로 정하는 사유"란 사업시행자의 파산 또는 그 밖에 재무구조 악화 등으로 더 이상 사업수행이 불가능하다고 판단되는 경우를 말한다. ② 법 제31조제1항에 따른 처분이나 명령의 세부적인 기준은 별표 2와 같다.〈신설 14·6·17〉 ③ 지정권자는 법 제31조제1항에 따른 처분 또는 명령을 한 경우에는 법 제31조제3항에 따라 그 사업시행자의 명칭, 위반 내용, 행정처분 또는 명령의 내용, 처분기간 등을 관보 또는 공보에 고시하여야 한다.〈개정 14·6·17〉	

법	시 행 령	시 행 규 칙
사용재결을 받은 경우 5. 제18조를 위반하여 토지상환채권을 발행한 경우 6. 제19조를 위반하여 선수금을 받은 경우 7. 제20조를 위반하여 조성토지 등을 공급한 경우 8. 제21조제1항을 위반하여 준공검사를 받지 아니한 경우 9. 제21조제5항 단서에 따른 사용의 신고나 허가 없이 조성 또는 설치된 토지나 시설을 사용한 경우 10. 제23조제1항에 따라 준용되는 「국토의 계획 및 이용에 관한 법률」 제65조제5항에 따른 통지를 하지 아니한 경우 ② 제1항에 따른 허가 · 지정 또는 승인의 취소, 공사의 중지 · 변경, 건축물 또는 장애물 등의 개축 · 변경 또는 이전, 그 밖에 필요한 처분이나 조치의 세부적인 기준은 위반행위의 유형 및 그 사유와 위반의 정도 등을 고려하여 대통령령으로 정한다. ③ 지정권자는 제1항에 따른 명령 또는 처분을 한 경우에는 대통령령으로 정하는 바에 따라 이를 고시하여야 한다.		
제32조(토지매수업무 등의 위탁) ① 사업시행자는 역세권개발사업을 위한 토지매수 · 손실보상 및 이주대책업무 등을 대통령령으로 정하는 바에 따라 관할 지방자치단체 또는 대통령령으로 정하는 공공기관에 위탁할 수 있다. ② 제1항에 따라 토지매수 · 손실보상 및 이주대	**제45조(토지매수업무 등의 위탁시행)** ① 사업시행자는 법 제32조제1항에 따라 토지매수 · 손실보상 및 이주대책업무 등을 위탁하려는 경우에는 다음 각 호의 사항에 대하여 협약을 체결하여야 한다. 1. 위탁사업의 사업지 2. 위탁사업의 종류 · 규모 · 금액 및 기간	

법	시 행 령	시 행 규 칙
책업무 등을 위탁하는 경우의 위탁수수료 등은 대통령령으로 정한다.	3. 위탁사업에 필요한 비용의 지급방법과 그 자금의 관리에 관한 사항 4. 위탁자가 부동산·기자재 또는 노무자를 제공하는 경우에는 그 관리에 관한 사항 5. 위험부담에 관한 사항 6. 그 밖에 위탁사업의 내용을 명백히 하는 데에 필요한 사항 ② 법 제32조제1항에서 "대통령령으로 정하는 공공기관"이란 다음 각 호의 공공기관을 말한다.〈개정 16·8·31〉 1. 「한국토지주택공사법」에 따른 한국토지주택공사 2. 「한국수자원공사법」에 따른 한국수자원공사 3. 「한국철도공사법」에 따른 한국철도공사 4. 「한국철도시설공단법」에 따른 한국철도시설공단 5. 「한국농어촌공사 및 농지관리기금법」에 따른 한국농어촌공사 6. 「한국감정원법」에 따른 한국감정원 7. 「지방공기업법」 제49조에 따라 지방자치단체가 택지개발 및 주택건설 등의 사업을 하기 위하여 설립한 지방공사 ③ 법 제32조제2항에 따른 위탁수수료의 요율은 별표 2와 같다. 제45조의2(규제의 재검토) 국토교통부장관은 다음 각 호의 사항에 대하여 다음 각 호의 기준일을 기준으로 3년마다(매 3년이 되는 기준일과 같은 날 전까지를 말한다) 그 타당성을 검토하여 개선	

법	시 행 령	시 행 규 칙
제33조(청문) 지정권자는 제12조제2항에 따라 사업시행자를 변경하거나 그 지정을 취소하는 경우 및 제31조에 따라 지정 또는 승인을 취소하는 행정처분을 하려는 경우에는 「행정절차법」에 따라 청문을 실시하여야 한다. 제34조(권한의 위임) ① 국토교통부장관은 이 법에 따른 권한의 일부를 대통령령으로 정하는 바에 따라 그 소속 기관 또는 시 · 도지사에게 위임할 수 있으며, 시 · 도지사는 위임받은 권한의 일부를 국토교통부장관의 승인을 받아 시장 · 군수 · 구청장에게 재위임할 수 있다.〈개정 13 · 3 · 23〉 ② 시 · 도지사는 이 법에 따른 권한의 일부를 시 · 도의 조례로 정하는 바에 따라 시장 · 군수 · 구청장에게 위임할 수 있다. 제35조(벌칙) 다음 각 호의 어느 하나에 해당하는 자는 3년 이하의 징역 또는 3천만원 이하의 벌금에 처한다. 1. 제11조제1항을 위반하여 개발구역 안에서 허	등의 조치를 하여야 한다. 1. 제2조에 따른 개발구역의 지정 등: 2014년 1월 1일 2. 제14조에 따른 행위허가의 대상 등: 2014년 1월 1일 3. 제16조에 따른 사업시행자의 범위: 2014년 1월 1일 [본조신설 13 · 20 · 30]	

법	시 행 령	시 행 규 칙
가를 받지 아니하고 건축물의 건축 등의 행위를 한 자 2. 거짓이나 그 밖의 부정한 방법으로 제12조제1항에 따른 사업시행자의 지정을 받은 자 3. 거짓이나 그 밖의 부정한 방법으로 제13조제1항에 따른 실시계획의 승인(변경승인을 포함한다)을 받은 자 **제36조(벌칙)** 다음 각 호의 어느 하나에 해당하는 자는 2년 이하의 징역 또는 2천만원 이하의 벌금에 처한다. 1. 제13조제1항에 따른 실시계획의 승인을 받지 아니하고 사업을 시행한 자 2. 제21조제5항에 따른 준공 전 사용의 허가 없이 토지나 시설을 사용한 자 **제37조(벌칙)** 제31조제1항에 따른 공사의 중지·변경, 건축물 또는 장애물 등의 개축·변경 또는 이전, 그 밖의 처분이나 조치의 명령을 위반한 자는 1년 이하의 징역 또는 1천만원 이하의 벌금에 처한다. **제38조(양벌규정)** 법인의 대표자나 법인 또는 개인의 대리인, 사용인, 그 밖의 종업원이 그 법인 또는 개인의 업무에 관하여 제35조부터 제37조까지의 어느 하나에 해당하는 위반행위를 하면 그 행위자를 벌하는 외에 그 법인 또는 개인에게도 해당 조문의 벌금형을 과(科)한다. 다만, 법인 또는 개인이 그 위반행위를 방지하기 위하여 해당 업		

법	시 행 령	시 행 규 칙
무에 관하여 상당한 주의와 감독을 게을리하지 아니한 경우에는 그러하지 아니하다. 제39조(과태료) ① 다음 각 호의 어느 하나에 해당하는 자에게는 200만원 이하의 과태료를 부과한다. 1. 제14조제1항 후단을 위반하여 사업시행자의 토지에의 출입 또는 일시 사용을 가로막거나 방해한 자 2. 제14조제3항을 위반하여 토지의 소유자 또는 점유자의 승낙 없이 토지에 출입한 자 3. 제14조제4항을 위반하여 증표를 지니지 아니하고 토지에 출입한 자 4. 제14조제5항 후단을 위반하여 사업시행자의 토지에의 출입 또는 일시 사용을 가로막거나 방해한 자 ② 제1항에 따른 과태료는 대통령령으로 정하는 바에 따라 국토교통부장관, 시 · 도지사 또는 시장 · 군수 · 구청장이 부과 · 징수한다.〈개정 13 · 3 · 23〉	제46조(과태료의 부과기준) ① 법 제39조제1항에 따른 과태료의 부과기준은 별표 3과 같다. ② 국토교통부장관, 시 · 도지사 또는 시장 · 군수 · 구청장은 해당 위반행위의 정도, 위반 횟수, 위반행위의 동기와 그 결과 등을 고려하여 별표 3에 따른 과태료 금액의 2분의 1의 범위에서 그 금액을 줄이거나 늘릴 수 있다. 다만, 법 제39조제1항에 따른 과태료 금액의 상한을 초과할 수 없다. 〈개정 13 · 3 · 23〉	

법

부칙

제1조(시행일) 이 법은 공포 후 6개월이 경과한 날부터 시행한다.

제2조(다른 법률의 개정) ① 토지이용규제 기본법 일부를 다음과 같이 개정한다.

별표에 연번 제242호를 다음과 같이 신설한다.

242	「역세권의 개발 및 이용에 관한 법률」 제4조제1항	역세권개발구역

② 철도건설법 일부를 다음과 같이 개정한다.

제2조제8호·제9호, 제22조, 제23조 및 제23조의2제1항제2호를 각각 삭제한다.

③ 도시철도법 일부를 다음과 같이 개정한다.

제4조의5를 삭제하고, 제11조제6호 중 "제4조의5"를 "「역세권의 개발 및 이용에 관한 법률」"로 한다.

④ 교통시설특별회계법 일부를 다음과 같이 개정한다.

제5조제1항제9호를 제10호로 하고, 같은 항에 제9호를 다음과 같이 신설한다.

9. 「역세권의 개발 및 이용에 관한 법률」 제25조제3항에 따라 회계에 귀속되는 역세권개발이익

제5조의2제1항제8호를 제9호로 하고, 같은 항에 제8호를 다음과 같이 신설한다.

8. 「역세권의 개발 및 이용에 관한 법률」 제25조제3항에 따라 회계에 귀속되는 역세권개발이익

시행령

부칙

제1조(시행일) 이 영은 2010년 10월 16일부터 시행한다.

제2조(다른 법령의 개정) ① 도시교통정비 촉진법 시행령 일부를 다음과 같이 개정한다.

별표 1 제1호가목에 10)란을 다음과 같이 신설한다.

10) 「역세권의 개발 및 이용에 관한 법률」 제2조제1항제2호에 따른 역세권개발사업 중 사업면적이25만제곱미터 이상인 사업	「역세권의 개발 및 이용에 관한 법률」 제13조제1항에 따른 실시계획의 승인 전

② 도시철도법 시행령 일부를 다음과 같이 개정한다.

제4조의5를 삭제한다.

③ 철도건설법 시행령 일부를 다음과 같이 개정한다.

제23조 및 제24조를 각각 삭제한다.

④ 환경영향평가법 시행령 일부를 다음과 같이 개정한다.

별표 1 제1호에 파목란을 다음과 같이 신설한다.

파. 「역세권의 개발 및 이용에 관한 법률」 제2조제1항제2호에 따른 역세권개발사업 중 사업면적이 25만제곱미터 이상인 사업	「역세권의 개발 및 이용에 관한 법률」 제13조제1항에 따른 실시계획의 승인 전

시행규칙

부칙

이 규칙은 2010년 10월 16일부터 시행한다.

부칙 〈13·3·23〉

제1조(시행일) 이 규칙은 공포한 날부터 시행한다. 〈단서 생략〉

제2조부터 제6조까지 생략

부칙 〈16·1·27〉

제1조(시행일) 이 규칙은 공포한 날부터 시행한다.

제2조부터 제7조까지 생략

부칙 〈15·5·2〉

이 규칙은 공포한 날부터 시행한다.

<table>
<tr><th>법</th><th>시 행 령</th><th>시 행 규 칙</th></tr>
<tr>
<td>
부 칙 〈11 · 4 · 14〉
제1조(시행일) 이 법은 공포 후 1년이 경과한 날부터 시행한다. 〈단서 생략〉
제2조부터 제9조까지 생략
부 칙 〈12 · 6 · 1〉
이 법은 공포 후 3개월이 경과한 날부터 시행한다.
부 칙 〈13 · 3 · 23〉
제1조(시행일) ① 이 법은 공포한 날부터 시행한다.
② 생략
제2조부터 제6조까지 생략
부 칙 〈14 · 1 · 14〉
제1조(시행일) 이 법은 공포 후 6개월이 경과한 날부터 시행한다.
제2조부터 제25조까지 생략
부 칙 〈14 · 11 · 19〉
제1조(시행일) 이 법은 공포한 날부터 시행한다. 다만, 부칙 제6조에 따라 개정되는 법률 중 이 법 시행 전에 공포되었으나 시행일이 도래하지 아니한 법률을 개정한 부분은 각각 해당 법률의 시행일부터 시행한다.
제2조부터 제7조까지 생략
</td>
<td>
⑤ 환경정책기본법 시행령 일부를 다음과 같이 개정한다.
별표 2 제1호가목에 (18)란을 다음과 같이 신설한다.
<table><tr><td>(18) 「역세권의 개발 및 이용에 관한 법률」 제4조 및 제7조에 따른 역세권개발구역의 지정 및 사업계획</td><td>「역세권의 개발 및 이용에 관한 법률」 제4조제3항에 따라 지정권자가 관계 중앙행정기관의 장과 협의하는 때</td></tr></table>
부 칙 〈12 · 4 · 10〉
제1조(시행일) 이 영은 2012년 4월 15일부터 시행한다. 〈단서 생략〉
제2조부터 제15조까지 생략
부 칙 〈12 · 8 · 31〉
이 영은 2012년 9월 2일부터 시행한다.
부 칙 〈13 · 3 · 23〉
제1조(시행일) 이 영은 공포한 날부터 시행한다. 〈단서 생략〉
제2조부터 제6조까지 생략
부 칙 〈13 · 12 · 30〉
이 영은 2014년 1월 1일부터 시행한다. 〈단서 생략〉
부 칙 〈14 · 6 · 17〉
이 영은 공포한 날부터 시행한다.
</td>
<td></td>
</tr>
</table>

법	시 행 령	시 행 규 칙
부 칙 〈16 · 1 · 19, 법률 제13797호〉 제1조(시행일) 이 법은 공포 후 1년이 경과한 날부터 시행한다. 제2조부터 제11조까지 생략 **부 칙** 〈16 · 1 · 19, 법률 제13805호〉 제1조(시행일) 이 법은 2016년 8월 12일부터 시행한다. 제2조부터 제22조까지 생략 **부 칙** 〈16 · 12 · 27〉 제1조(시행일) 이 법은 공포한 날부터 시행한다. 〈단서 생략〉 제2조부터 제7조까지 생략 **부 칙** 〈17 · 7 · 26〉 제1조(시행일) ① 이 법은 공포한 날부터 시행한다. 다만, 부칙 제5조에 따라 개정되는 법률 중 이 법 시행 전에 공포되었으나 시행일이 도래하지 아니한 법률을 개정한 부분은 각각 해당 법률의 시행일부터 시행한다. 제2조부터 제6조까지 생략 **부 칙** 〈18 · 3 · 13〉 제1조(시행일) 이 법은 공포 후 1년이 경과한 날부터 시행한다. 제2조 및 제3조 생략	**부 칙** 〈14 · 11 · 19〉 제1조(시행일) 이 영은 공포한 날부터 시행한다. 다만, 부칙 제5조에 따라 개정되는 대통령령 중 이 영 시행 전에 공포되었으나 시행일이 도래하지 아니한 대통령령을 개정한 부분은 각각 해당 대통령령의 시행일부터 시행한다. 제2조부터 제5조까지 생략 **부 칙** 〈16 · 8 · 11〉 제1조(시행일) 이 영은 2016년 8월 12일부터 시행한다. 제2조부터 제8조까지 생략 **부 칙** 〈16 · 8 · 31, 제27471호〉 제1조(시행일) 이 영은 2016년 9월 1일부터 시행한다. 제2조 및 제3조 생략 **부 칙** 〈16 · 8 · 31, 제27472호〉 제1조(시행일) 이 영은 2016년 9월 1일부터 시행한다. 제2조부터 제7조까지 생략 **부 칙** 〈16 · 8 · 31, 제27473호〉 제1조(시행일) 이 영은 2016년 9월 1일부터 시행한다. 제2조 및 제3조 생략 **부 칙** 〈17 · 1 · 17〉 제1조(시행일) 이 영은 2017년 1월 28일부터 시행한다. 제2조부터 제7조까지 생략	

법	시 행 령	시 행 규 칙
부 칙 〈18 · 12 · 18〉 이 법은 공포 후 6개월이 경과한 날부터 시행한다.	부 칙 〈17 · 7 · 26〉 제1조(시행일) 이 영은 공포한 날부터 시행한다. 다만, 부칙 제8조에 따라 개정되는 대통령령 중 이 영 시행 전에 공포되었으나 시행일이 도래하지 아니한 대통령령을 개정한 부분은 각각 해당 대통령령의 시행일부터 시행한다. 제2조부터 제8조까지 생략 부 칙 〈18 · 10 · 30〉 제1조(시행일) 이 영은 2018년 11월 1일부터 시행한다. 제2조부터 제11조까지 생략 부 칙 〈18 · 12 · 18〉 이 영은 공포한 날부터 시행한다. 〈단서 생략〉 부 칙 〈19 · 6 · 18〉 이 영은 2019년 6월 19일부터 시행한다. 부 칙 〈19 · 6 · 25〉 제1조(시행일) 이 영은 2019년 9월 16일부터 시행한다. 〈단서 생략〉 제2조부터 제10조까지 생략	

역세권의 개발 및 이용에 관한 법률 시행령 [별표]

[별표 1]

채권의 매입대상 및 그 금액(제42“조제2항 관련)

1. 채권의 매입 대상별 매입금액은 다음 표와 같다.

매입 대상	매입금액
가. 역세권개발사업의 시행을 위한 공사의 도급계약을 체결하는 자	공사도급계약 금액의 100분의 5
나. 「국토의 계획 및 이용에 관한 법률」 제56조에 따라 토지의 형질 변경허가를 받는 자	토지형질 변경허가 면적 3.3제곱미터당 30,000원

비고: 특별시·광역시 또는 도(이하 "시·도"라 한다)는 위 표의 나목에 규정된 금액의 범위에서 해당 시·도의 조례로 매입금액을 달리 정할 수 있다.

2. 채권 매입의무의 면제

가. 다음의 어느 하나에 해당하는 자에 대해서는 역세권개발채권의 매입의무를 면제한다.

1) 국가기관
2) 지방자치단체
3) 「공공기관의 운영에 관한 법률」에 따른 공공기관 중 정부가 100분의 50이상의 지분을 가지고 있는 공공기관
4) 「지방공기업법」에 따른 지방공기업
5) 주한 외국정부기관
6) 「사립학교법」 제2조에 따른 사립학교

나. 다음에 해당하는 토지의 면적에 대해서는 채권의 매입의무를 면제한다.

1) 「사회기반시설에 대한 민간투자법」 제2조제1호가목부터 타목까지의 규정에 해당하는 시설의 건설을 목적으로 토지형질 변경허가를 받는 면적
2) 주택건설을 목적으로 토지의 형질 변경허가를 받는 토지 중 다음에 해당하는 면적
 가) 「주택법」 제2조제7호에 따른 사업주체가 전용면적 60제곱미터(공용면적을 포함하는 경우에는 70제곱미터를 말한다) 이하인 주택(임대를 목적으로 하는 주택을 포함한다)을 건설하기 위한 토지의 면적
 나) 가) 외의 주택을 건설하기 위한 토지의 형질 변경허가 면적 중 국가 또는 지방자치단체에 귀속(기부채납을 포함한다)되는 토지의 면적
3) 토지의 형질 변경허가 대상 면적 중 도시철도채권의 매입 대상과 중복되는 면적

다. 시·도지사가 천재지변이나 그 밖의 사유로 채권의 매입이 부적당하다고 인정하는 경우에는 매입의무를 면제할 수 있다.

3. 채권의 최저 매입금액은 1만원으로 한다. 다만, 1만원 미만의 단수가 있을 경우 그 단수가 5천원 이상 1만원 미만일 때에는 1만원으로 하고, 그 단수가 5천원 미만일 때에는 단수가 없는 것으로 한다.

[별표 2] 〈신설 14·6·17〉

사업시행자에 대한 행정처분 기준(제44조제2항 관련)

1. 일반기준

제2호의 개별기준에서 1차 처분은 처음 위반행위가 있을 때의 처분을 말하고, 2차 처분은 1차 처분 시 위반행위의 시정을 요구한 기간 내에 위반행위가 시정되지 않았을 때의 처분을 말하며, 3차 처분은 2차 처분 시 위반행위의 시정을 요구한 기간 내에 위반행위가 시정되지 않았을 때의 처분을 말한다.

2. 개별기준

위반행위	근거 법조문	처분기준		
		1차 처분	2차 처분	3차 처분
가. 부정한 방법으로 이 법에 따른 허가·지정 또는 승인을 받은 경우	법 제31조 제1항제1호	허가·지정 또는 승인의 취소		
나. 천재지변이나 그 밖에 사업시행자의 파산 등 대통령령으로 정하는 사유로 인하여 역세권개발사업의 계속적인 시행이 불가능하게 된 경우(도시계획위원회의 심의를 거쳐 사업의 지속 전망이 없는 것으로 인정되는 경우에 한정한다)	법 제31조 제1항제2호	공사 중지	허가·지정 또는 승인의 취소	

위반행위	근거 법조문	처분기준		
		1차 처분	2차 처분	3차 처분
다. 법 제12조와 제13조에 따라 지정 또는 승인할 때 부과된 조건을 지키지 않거나 사업계획 및 실시계획대로 역세권개발사업을 시행하지 않은 경우	법 제31조 제1항제3호	조건이행 등 시정명령	역세권개발사업에 관한 공사의 중지·변경, 건축물 또는 장애물 등의 개축·변경·이전	허가·지정 또는 승인의 취소
라. 법 제17조를 위반하여 토지 등의 수용재결 또는 사용재결을 받은 경우	법 제31조 제1항제4호	시정명령	역세권개발사업에 관한 공사의 중지·변경	허가·지정 또는 승인의 취소
마. 법 제18조를 위반하여 토지상환채권을 발행한 경우	법 제31조 제1항제5호	시정명령	역세권개발사업에 관한 공사의 중지·변경	허가·지정 또는 승인의 취소
바. 법 제19조를 위반하여 선수금을 받은 경우	법 제31조 제1항제6호	시정명령	역세권개발사업에 관한 공사의 중지·변경	허가·지정 또는 승인의 취소
사. 법 제20조를 위반하여 조성토지 등을 공급한 경우	법 제31조 제1항제7호	시정명령	역세권개발사업에 관한 공사의 중지·변경	허가·지정 또는 승인의 취소
아. 법 제21조제1항을 위반하여 준공검사를 받지 않은 경우	법 제31조 제1항제8호	준공검사 이행명령	건축물·시설물 등의 사용금지·사용제한	허가·지정 또는 승인의 취소
자. 법 제21조제5항 단서에 따른 사용의 신고나 허가 없이 조성 또는 설치된 토지나 시설을 사용한 경우	법 제31조 제1항제9호	신고·허가 이행명령	건축물·시설물 등의 사용금지·사용제한	허가·지정 또는 승인의 취소
차. 법 제23조제1항에 따라 준용되는 「국토의 계획 및 이용에 관한 법률」 제65조제5항에 따른 통지를 하지 않은 경우	법 제31조 제1항제10호	통지이행명령	건축물·시설물 등의 사용금지·사용제한	허가·지정 또는 승인의 취소

[별표 3] 〈개정 14·6·17〉

위탁수수료의 요율(제45조제3항 관련)

위탁금액	요율 (위탁금액에 대한 수수료의 비율)	비고
30억원 이하	20/1,000	1. "위탁금액"이란 토지매입비, 시설의 매수 및 이전비, 권리 또는 지장물(支障物)의 보상비와 이주대책사업비(이주대책사업을 하는 경우만 해당한다) 등의 합계액을 말한다. 2. 감정수수료 및 등기수수료 등의 법정수수료는 위탁수수료의 요율을 정할 때에 가산한다. 3. 매수 및 보상업무가 끝난 후 준공 및 관리처분을 위한 측량, 지목변경 및 관리이전을 위한 소유권의 변경에 드는 비용은 위탁수수료의 요율기준의 100분의 30의 범위에서 가산할 수 있다. 4. 지역적인 특수한 사정이 있는 경우에는 위탁자와 수탁자가 협의하여 이 위탁수수료의 요율을 조정할 수 있다.
30억원 초과 90억원 이하	6천만원+30억원을 초과하는 금액의 17/1,000	
90억원 초과 150억원 이하	1억6천2백만원+90억원을 초과하는 금액의 15/1,000	
150억원 초과	2억5천2백만원+150억원을 초과하는 금액의 13/1,000	

[별표 4] 〈개정 14·6·17〉

과태료의 부과기준(제46조 관련)

위반행위	근거 법 조문	과태료 금액
1. 법 제14조제1항 후단을 위반하여 사업시행자의 토지에의 출입 또는 일시 사용을 가로막거나 방해한 경우	법 제39조제1항제1호	200만원
2. 법 제14조제3항을 위반하여 토지의 소유자 또는 점유자의 승낙 없이 토지에 출입한 경우	법 제39조제1항제2호	100만원
3. 법 제14조제4항을 위반하여 증표를 지니지 아니하고 토지에 출입한 경우	법 제39조제1항제3호	50만원
4. 법 제14조제5항 후단을 위반하여 사업시행자의 토지에의 출입 또는 일시 사용을 가로막거나 방해한 경우	법 제39조제1항제4호	200만원

역세권의 개발 및 이용에 관한 법률 시행규칙

[별표]·[별지]

【시행규칙 별표】

[별표]

<u>수의계약의 방법으로 공급하는 토지의 기준 및 면적</u>(제8조 관련)

1. 공급기준

가. 사업시행자는 「공익사업을 위한 토지 등의 취득 및 보상에 관한 법률」에 따른 협의에 응하여 그가 소유하는 역세권개발구역 안의 토지의 전부(「수도권정비계획법」에 따른 수도권의 경우에는 해당 토지의 면적이 1천 제곱미터 이상인 경우만 해당하며, 해당 토지에 「공익사업을 위한 토지 등의 취득 및 보상에 관한 법률」 제3조에 해당되는 물건이나 권리가 있는 경우에는 이를 포함한다. 이하 이 호에서 같다)를 사업시행자에게 양도한 자(영 제6조제2항에 따른 공고일 이전부터 토지를 소유한 경우만 해당하되, 그 이후에 토지를 소유한 경우로서 역세권개발구역 안의 토지의 종전 소유자로부터 그 토지의 전부를 취득한 경우와 법원의 판결 또는 상속에 따라 토지를 취득한 경우를 포함한다)에게 주택건설용지를 공급할 수 있다.

나. 사업시행자는 「주택법」 제9조에 따라 등록한 주택건설사업자가 영 제6조제2항에 따른 공고일 현재 소유한 역세권개발구역 안의 토지의 전부를 「공익사업을 위한 토지 등의 취득 및 보상에 관한 법률」에 따른 협의에 응하여 사업시행자에게 양도한 경우에는 해당 주택건설사업자에게 주택건설용지를 공급할 수 있다.

다. 사업시행자는 기존에 등록된 공장을 소유한 자가 그 공장을 이전하기 위하여 영 제6조제2항에 따른 공고일 현재 소유한 토지의 전부를 「공익사업을 위한 토지 등의 취득 및 보상에 관한 법률」에 따른 협의에 응하여 양도한 경우에는 그 양도인에게 공장용지를 공급할 수 있다.

2. 공급면적

가. 제1호가목에 따라 토지를 공급하는 경우에는 1세대당 1필지를 기준으로 하여 1필지당 165제곱미터 이상 330제곱미터 이하로 한다.

나. 제1호나목에 따라 토지를 공급하는 경우에는 다음의 계산식에 따라 산정한 면적으로 한다.

주택건설사업자가 소유하던 토지의 면적-주택건설사업자가 소유하던 토지의 면적×(해당 사업지구의 도시기반시설면적/해당 사업지구의 총면적)

다. 제1호다목에 따라 토지를 공급하는 경우에는 다음의 계산식에 따라 산정한 면적으로 한다.

공장을 소유한 자가 소유하던 토지의 면적-공장을 소유한 자가 소유하던 토지의 면적×(해당 사업지구의 도시기반시설면적/해당 사업지구의 총면적)

【시행규칙 별지】

[별지 제1호서식] 〈개정 17·5·2〉

개발구역 지정(변경) 신청서

※ 뒤쪽의 신청 안내를 참고하시기 바라며, 색상이 어두운 란은 신청인이 작성하지 않습니다. (앞쪽)

접수번호		접수일		처리기간	90일

사업 시행자	법인의 명칭 및 대표자의 성명		법인등록번호		
	주소		전화번호		
개발구역	구역명				
	지정목적				
	위치				
	시행방식				
	시행기간	. . . ~ . . .	면적	㎡	
	수용계획	계획인구		세대수	
		주요 유치업종		공장수	

「역세권의 개발 및 이용에 관한 법률」 제4조제4항, 같은 법 시행령 제4조 및 같은 법 시행규칙 제2조제1항에 따라 위와 같이 역세권개발구역의 지정(변경)을 신청합니다.

년 월 일

신청인 (서명 또는 인)

국토교통부장관
특별시장·광역시장·도지사 귀하

신청인 제출서류	1. 「역세권의 개발 및 이용에 관한 법률 시행규칙」 별지 제2호서식의 개발구역 조사서 2. 「역세권의 개발 및 이용에 관한 법률」 제6조제1항에 따른 주민 및 관계 전문가 의견 청취에 관한 서류 3. 「역세권의 개발 및 이용에 관한 법률」 제7조제1항에 따른 사업계획의 내용에 관한 서류 4. 축척 2만5천분의 1 또는 5만분의 1의 위치도 5. 개발구역의 경계를 표시한 축척 1천분의 1부터 5천분의 1까지의 지형도와 경계 설정의 이유를 적은 서류 6. 「국토의 계획 및 이용에 관한 법률」 제113조제2항에 따른 시·군·구도시계획위원회의 자문 결과 및 이에 대한 검토의견서(「역세권의 개발 및 이용에 관한 법률」 제4조제3항 단서에 따라 시·군·구도시계획위원회의 자문을 거치지 않는 경우는 제외합니다) 7. 「역세권의 개발 및 이용에 관한 법률」 제9조제2항에 따른 도시관리계획의 결정에 필요한 도서 8. 편입농지 및 임야 현황에 관한 조사자료	수수료 없음
담당공무원 확인사항	지적도 및 임야도(「전자정부법」 제36조제1항에 따른 행정정보의 공동이용을 통하여 확인합니다)	

210㎜×297㎜[백상지 80g/㎡]

(뒤쪽)

유의 사항
변경신청서의 경우에는 변경되는 항목만 기재합니다.

처리 절차

이 신청서는 아래와 같이 처리됩니다.

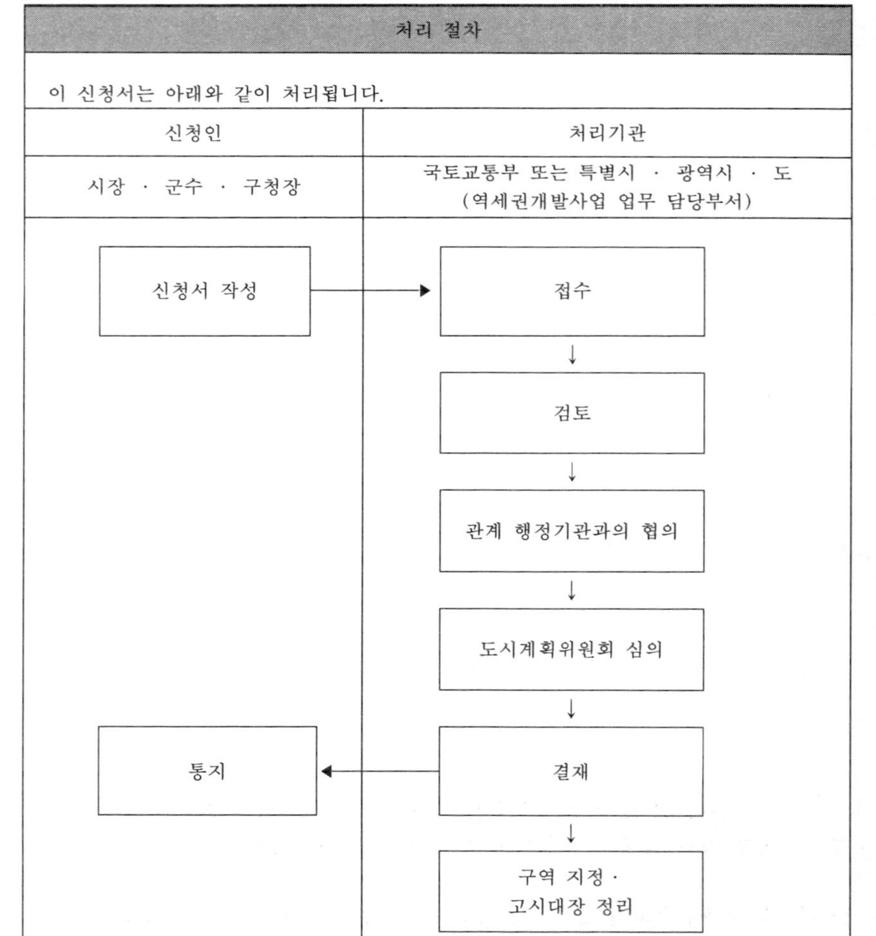

[별지 제2호서식]〈개정 13 · 3 · 23〉 (앞쪽)

개발구역 조사서

1. 구역명								
2. 위치 및 면적								
3. 인구 및 주택 현황								
인 구	천명	가구	천호	부족한 주택 수	천호	부족률	%	
4. 공장 현황								
공장용지 수요		부족한 공장용지		부족률	%			

5. 토지이용 현황(㎡)

도시지역	합계	주거지역	상업지역	공업지역	자연녹지지역	생산녹지지역	기타
합계							
전(田)							
답(畓)							
대(垈)							
임야(林野)							
기타							

도시지역 밖	합계	계획관리지역	생산 · 보전관리지역	농림지역	자연환경보전지역
합계					
전					
답					
대					
임야					
기타					

6. 공법상 제한 현황

제한 내용	위 치	면적(㎡)
군사시설 보호		
고도 제한		
농업진흥지역		
문화재 보호		
기타		

(뒤쪽)

7. 농경지 현황(㎡)

구 분	계			농업진흥지역						농업진흥지역 밖		
				농업진흥구역			농업보호구역					
계	계	전	답	계	전	답	계	전	답	계	전	답
도시지역												
도시지역 밖												

8. 구역 내 지장물(支障物) 현황

지장물 내용	존치 대상	철거 대상	비 고

9. 인근 주요 지장물 현황

지장물 내용	구역경계와의 거리	이용계획

10. 공시지가 고시일		11. 기준지가 (㎡당)	최저: 천원 최고: 천원

12. 추정사업비 (천원)	계	용지비	공사비	기타

13. 간선시설 (幹線施設)	구분	기존		신설	
		수량	금액(천원)	수량	금액(천원)

14. 종합의견

15. 조사자	소속		직위(직급)		성명	(인)
16. 확인자	소속		직위(직급)		성명	(인)

210mm×297mm(보존용지(2종) 70g/㎡)

[별지 제3호서식]〈개정 13·3·23, 17·5·2〉

개발구역 지정제안서

※ 뒤쪽의 처리절차를 참고하시기 바라며, 색상이 어두운 란은 신청인이 작성하지 않습니다.(앞쪽)

접수번호		접수일		처리기간	3개월

제안자	법인의 명칭 및 대표자의 성명	법인등록번호
	주소	전화번호

개발구역	구역명			
	지정목적			
	위치			
	시행방식			
	시행기간	. . . ~ . . .	면적	㎡
	수용계획	계획인구	세대수	
		주요 유치업종	공장수	

「역세권의 개발 및 이용에 관한 법률」 제5조제1항, 같은 법 시행령 제5조 및 같은 법 시행규칙 제3조에 따라 위와 같이 역세권개발구역의 지정을 제안합니다.

년 월 일

신청인 (서명 또는 인)

국토교통부장관
특별시장·광역시장·도지사 귀하

신청인 제출서류	1. 「역세권의 개발 및 이용에 관한 법률 시행규칙」 별지 제2호서식의 개발구역 조사서 2. 「역세권의 개발 및 이용에 관한 법률」 제6조제1항에 따른 주민 및 관계 전문가 의견 청취에 관한 서류 3. 「역세권의 개발 및 이용에 관한 법률」 제7조제1항에 따른 사업계획의 내용에 관한 서류 4. 축척 2만5천분의 1 또는 5만분의 1의 위치도 5. 편입농지 및 임야 현황에 관한 조사자료 6. 철도역의 증축 또는 개량계획(「역세권의 개발 및 이용에 관한 법률」 제4조제1항제1호에 따라 국토교통부장관에게 개발구역 지정을 제안하는 경우에만 제출합니다)	수수료 없음
담당공무원 확인사항	지적도 및 임야도(「전자정부법」 제36조제1항에 따른 행정정보의 공동 이용을 통하여 확인합니다)	

210㎜×297㎜[백상지 80g/㎡]

(뒤쪽)

처리 절차

이 신청서는 다음과 같이 처리됩니다.

제안자	처리기관(담당부서) 국토교통부 또는 특별시·광역시·도 (역세권개발사업 업무 담당부서)
제안서 작성 →	접수
	↓ 검토
	↓ 결재
수용 여부 통지 ←	

[별지 제4호서식] (앞쪽)

공사 등의 신고서				처리기간 15일
신고인	성명(법인인 경우에는 법인의 명칭 및 대표자의 성명)		생년월일 (법인등록번호)	
	주소	(전화번호:)		
신고사항				
행위허가 (신고) 내용	□ 건축물의 건축 □ 공작물의 설치 □ 토지의 형질변경 □ 토석 · 자갈 · 모래의 채취 □ 토지분할 □ 물건을 쌓아 놓는 행위 □ 건축물의 대수선 또는 용도 변경 □ 토지의 굴착 또는 공유수면의 매립 □ 죽목의 벌채 및 식재(植栽)			
위치				
면적(㎡)				
근거 법령				
허가일	년 월 일	허가권자		
공사(사업) 진행 사항	공사(사업) 진척도 %			

「역세권의 개발 및 이용에 관한 법률」 제11조제4항 및 같은 법 시행령 제14조제4항에 따라 위와 같이 신고합니다.

년 월 일

신고인 (서명 또는 인)

특별시장 · 광역시장 · 도지사
시장 · 군수 · 구청장 귀하

※ 구비서류	수수료
1. 공사(사업) 진행 사항(관계 법령에 따른 행위허가를 증명할 수 있는 서류를 포함합니다) 관련 서류 1부 2. 공사(사업) 시행계획 관련 서류 1부	없음

210mm×297mm(보존용지(2종) 70g/㎡)

(뒤쪽)

이 신고서는 아래와 같이 처리됩니다.

신 고 인	처리기관(담당부서): 특별시 · 광역시 · 도 또는 시 · 군 · 구 (역세권개발사업 업무 담당부서)	
신고서 작성 →	접 수	
	↓ 검토 · 조사 ⇄	사업시행자 의견
신고인에게 통지 ←	결 재	
	↓ 대장정리	

[별지 제5호서식]〈개정 13·3·23〉 (앞쪽)

사업시행자 지정신청서						처리기간 30 일
신청인	성명(법인인 경우에는 법인의 명칭 및 대표자의 성명)					
	생년월일 (법인등록번호)			전화번호		
	주소					
사업시행자 지정신청 내용						
사업구역	사업의 명칭			시행면적	㎡	
	위치					
사업계획	사업목적					
	사업내용					
	시행기간	. . .~ . . .		시행방법		
	자금계획(천원)	(총액) 천원	[내자(內資)] 천원		[외자(外資)] 천원	

「역세권의 개발 및 이용에 관한 법률」 제12조제1항 및 같은 법 시행령 제15조에 따라 위와 같이 역세권개발사업의 사업시행자 지정을 신청합니다.

년 월 일

신청인 (서명또는인)

국토교통부장관
특별시장·광역시장·도지사 귀하

수수료
없음

※ 구비서류

1. 사업계획서
2. 자금조달계획서
3. 축척 2만5천분의 1 또는 5만분의 1의 개발구역 위치도
4. 「역세권의 개발 및 이용에 관한 법률」 제12조제1항 각 호의 어느 하나에 해당하는지를 확인할 수 있는 서류

210mm×297mm(일반용지60g/㎡(재활용품))

(뒤쪽)

이 신청서는 다음과 같이 처리됩니다.

신청인	처리기관(담당부서) 국토교통부, 특별시·광역시·도 (역세권개발사업 업무 담당부서)
신청서 작성 →	접수
	↓ 검토
지정서 발급 ←	↓ 결재
	↓ 대장정리

[별지 제6호서식]〈개정 13·3·23〉

제　　호

사업시행자 지정서

1. 사업시행자:
2. 주소:
3. 법인의 명칭:
4. 대표자 성명:
5. 사업명:
6. 면적:　　　　　　㎡
7. 위치:
8. 사업개요:
9. 사업시행자 지정조건:

귀하를 「역세권의 개발 및 이용에 관한 법률」 제12조에 따라 위와 같이 역세권개발사업의 사업시행자로 지정합니다.

년　　월　　일

국토교통부장관
특별시장·광역시장·도지사 직인

210mm×297mm(보존용지(2종) 70g/㎡)

[별지 제7호서식]〈개정 13·3·23〉　　(앞쪽)

실시계획 승인신청서		처리기간						
		120일(경유기관 30일, 협의기관 30일 포함)						
신청인	성명(법인인 경우에는 법인의 명칭 및 대표자의 성명)							
	생년월일(법인등록번호)			전화번호				
	주소							
신청내용								
사업명칭								
사업목적								
위치				사업면적				㎡
시행방법				사업기간	. . .~ . . .			
토지이용현황(㎡)	지목별							
	면적							
토지이용계획(㎡)	용도별							
	면적							
기반시설계획	시설별							
	개요							

「역세권의 개발 및 이용에 관한 법률」 제13조제1항 및 같은 법 시행령 제19조제1항에 따라 위와 같이 역세권개발사업실시계획의 승인을 신청합니다.

년　　월　　일

신청인　　　　(서명 또는 인)

국토교통부장관
특별시장·광역시장·도지사 귀하

※ 구비서류	수수료
	없음

1. 사업비에 관한 자금조달계획서(연차별 투자계획을 포함합니다)
2. 존치하려는 기존 공장이나 건축물 등의 명세서
3. 보상계획서(이주대책을 포함합니다)
4. 역세권개발사업에 따라 새로 설치하는 공공시설 또는 기존의 공공시설의 조서 및 도면(「역세권의 개발 및 이용에 관한 법률」 제12조제1항제1호부터 제5호까지의 규정에 해당하는 자가 사업시행자인 경우에만 제출합니다)
5. 역세권개발사업의 시행으로 용도폐지되는 국가 또는 지방자치단체의 재산에 대한 둘 이상의 감정평가업자의 감정평가서(「역세권의 개발 및 이용에 관한 법률」 제12조제1항제6호부터 제10호까지의 규정에 해당하는 자가 사업시행자인 경우에만 제출합니다)
6. 역세권개발사업에 따라 새로 설치하는 공공시설의 조서 및 도면과 그 설치비용 계산서(「역세권의 개발 및 이용에 관한 법률」 제12조제1항제6호부터 제10호까지의 규정에 해당하는 자가 사업시행자인 경우에만 제출합니다). 이 경우 새로운 공공시설의 설치에 필요한 토지와 종래의 공공시설이 설치되어 있는 토지가 같은 토지인 경우에는 그 토지가격을 뺀 설치비용만을 계산합니다.

7. 「환경영향평가법」 제2조제1호에 따른 환경영향평가, 「도시교통정비 촉진법」 제2조제5호에 따른 교통영향분석·개선대책, 「자연재해대책법」 제4조제1항에 따른 사전재해영향성 검토협의 등과 관련된 서류
8. 「역세권의 개발 및 이용에 관한 법률」 제16조제2항에 따른 관련 서류
9. 축척 2만5천분의 1 또는 5만분의 1의 위치도
10. 계획평면도 및 개략설계도

(뒤쪽으로 계속됩니다)

210㎜×297㎜(보존용지(2종)70g/㎡)

(뒤쪽)

이 신청서는 다음과 같이 처리됩니다.

신청인	처리기관(담당부서) 국토교통부, 특별시·광역시·도 (역세권개발사업 업무 담당부서)
신청서 작성 →	접수
	↓ 검토
	↓ 관계 기관 협의 (국토교통부장관이 지정한 사업의 경우 특별시장·광역시장·도지사 포함)
← 승인 통지 (송부)	↓ 결재
공람(시장·군수·구청장)	↓ 고시

[별지 제8호서식]

제 호

허 가 증

1. 성 명:
2. 주 소:
3. 생년월일:
4. 허가기간: . . . ~ . . .

위 사람은 「역세권의 개발 및 이용에 관한 법률」 제14조제2항 단서에 따라 아래 토지에의 출입을 허가받은 사람임을 증명합니다.

위치	면적(㎡)	소유자		출입목적
		성명	주소	

년 월 일

특별시장·광역시장·도지사
시 장 · 군 수 · 구 청 장 [직인]

210㎜×297㎜(보존용지(2종) 70g/㎡)

[별지 제9호서식]〈개정 13·3·23〉

제　　　호

사진
(2.5㎝×3㎝)

증　표

1. 성　　명:

2. 생년월일:

3. 주　　소:

4. 유효기간:　　.　.　.~　　.　.　.

위 사람은 「역세권의 개발 및 이용에 관한 법률」 제14조제4항에 따라 역세권개발사업실시계획의 작성 등을 위한 조사·측량 또는 역세권개발사업의 시행을 위하여 필요한 경우에는 타인이 소유하는 토지에 출입하거나 타인이 소유하거나 점유하는 토지를 재료적치장·임시통로 또는 임시도로로 일시 사용할 수 있으며, 특히 필요한 경우에는 나무·흙·돌이나 그 밖의 장애물을 변경하거나 제거할 수 있는 사람임을 증명합니다.

년　　월　　일

국토교통부장관
특별시장·광역시장·도지사
시장·군수·구청장　　직 인

65㎜×90㎜(보존용지(1종) 120g/㎡)

[별지 제10호서식]〈개정 13·3·23〉　　(앞쪽)

공사완료보고서						처리기간 30일
1. 보고자	주소					
	성명(법인인 경우에는 법인의 명칭 및 대표자의 성명)					
	생년월일(법인등록번호)			전화번호		
2. 보고 내용						
구 역 명						
지정목적						
위　　치						
면　　적	㎡					
시행기간	.　.　.~　.　.　.					
토지이용계획						
용 도 별						
면적(㎡)						
기반시설 개요						
시 설 명						
개　　요						

「역세권의 개발 및 이용에 관한 법률」 제21조제1항 및 같은 법 시행령 제32조제1항에 따라 위와 같이 보고합니다.

년　　월　　일

보고자　　(서명또는인)

국토교통부장관
특별시장·광역시장·도지사　귀하

※ 구비서류	수수료
1. 준공조서(준공설계도서 및 준공사진을 포함합니다) 2. 시장·군수 또는 구청장이 발행하는 지적측량성과도 3. 토지의 용도별 면적조서 및 평면도 4. 공공시설 등의 귀속조서 및 도면 5. 신·구지적대조도 및 시설의 대비표 6. 총사업비 명세서	없음

210mm×297mm(보존용지(2종) 70g/㎡)

이 보고서는 다음과 같이 처리됩니다. (뒤쪽)

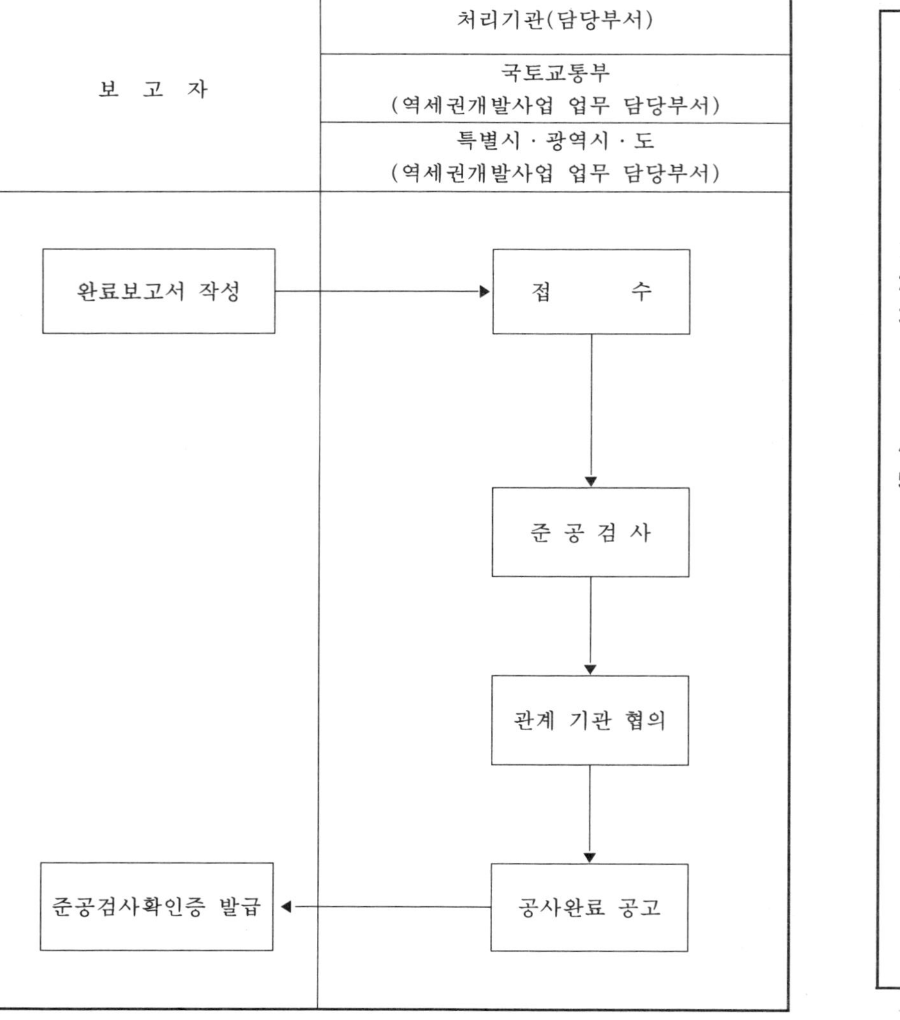

[별지 제11호서식]〈개정 13·3·23〉

제 호

준공검사확인증

1. 사업시행자 및 대표자 성명:
2. 사업시행자의 주소:
3. 사업내용:
   ○ 사업명:
   ○ 위 치:
   ○ 시행면적: ㎡
4. 준공 연월일: . . .
5. 준공검사사항(확정 측량조서 및 지적도 별도 첨부):

귀하가 시행한 역세권개발사업에 대하여 「역세권의 개발 및 이용에 관한 법률」 제21조제2항에 따라 준공검사를 하고 이 확인증을 발급합니다.

년 월 일

국토교통부장관
특별시장·광역시장·도지사 직 인

210mm×297mm(보존용지(2종) 70g/㎡)

[별지 제12호서식] (앞쪽)

준공 전 사용 허가 신청서						처리기간 15일
신청인	성명(법인인 경우에는 법인의 명칭 및 대표자의 성명)					
	생년월일(법인등록번호)		전화번호			
	주소					
신청 내용						
구역명						
시행면적						
시행기간	. . .~ . . .					
사업진도						
토지이용계획						
용도별						
면적(㎡)						
기반시설 개요						
시설명						
개요						

「역세권의 개발 및 이용에 관한 법률」 제21조제5항 단서 및 같은 법 시행령 제33조제1항에 따라 위와 같이 신청합니다.

년 월 일

신청인 (서명또는인)

국토교통부장관
특별시장 · 광역시장 · 도지사 귀하

※ 구비서류: 사업시행상의 지장 여부에 관한 검토서	수수료
	없음

210mm×297mm(보존용지(2종)70g/㎡)

이 신청서는 다음과 같이 처리됩니다. (뒤쪽)

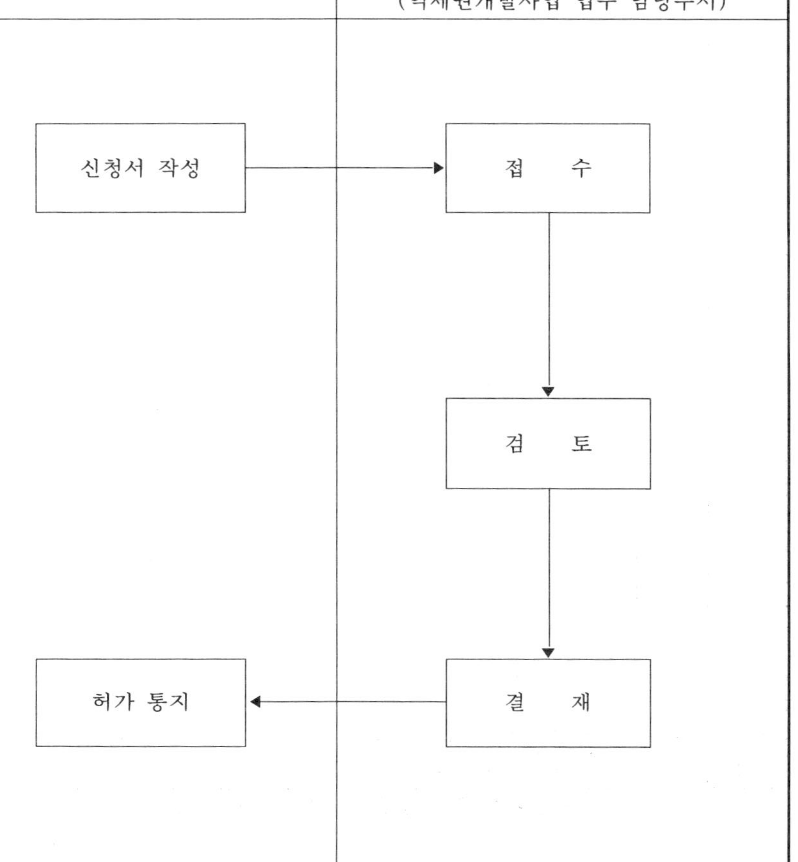

[별지 제13호서식]

<table>
<tr><td colspan="4">역세권개발채권 매입확인증</td><td>처리기간
즉시</td></tr>
<tr><td rowspan="3">매입자</td><td>성명(법인인 경우에는 법인의 명칭 및 대표자의 성명)</td><td colspan="3"></td></tr>
<tr><td>생 년 월 일
(법인등록번호)</td><td></td><td>전화번호</td><td></td></tr>
<tr><td>주 소</td><td colspan="3"></td></tr>
<tr><td rowspan="7">역세권 개발 채권</td><td>기 호 및 번 호</td><td colspan="3"></td></tr>
<tr><td>매 입 금 액</td><td colspan="3">원정(₩)</td></tr>
<tr><td>매 입 목 적</td><td colspan="3"></td></tr>
<tr><td>제 출 기 관</td><td colspan="3"></td></tr>
<tr><td>발 행 점 포</td><td colspan="3"></td></tr>
<tr><td>발 행 일</td><td colspan="3">. . .</td></tr>
<tr><td>상 환 일</td><td colspan="3">. . .</td></tr>
</table>

「역세권의 개발 및 이용에 관한 법률 시행령」 제40조제1항에 따라 역세권개발채권을 매입하였음을 위와 같이 확인합니다.

년 월 일

역세권개발채권 사무취급기관의 장 (인)

(문의처: 담당자 ☎)

역세권개발채권 매입확인증은 멸실 또는 도난 등의 사유로 분실한 경우라도 재발행하지 아니합니다. 다만, 매입확인증이 역세권개발채권의 매입목적에 사용되지 아니하였음을 해당 역세권개발채권 발행자가 확인한 경우에는 재발행할 수 있습니다.	수수료 없음

210㎜×297㎜(보존용지(2종) 70g/㎡)

[별지 제14호서식]

역세권개발채권 매입확인증 발급대장

일련번호	신청인		역세권개발채권		매입목적	제출기관
	성 명	주 소	기호 및 번호	매입금액(원)		

210mm×297mm(보존용지(2종) 70g/㎡)

[별지 제15호서식]

역세권개발채권 매입확인증 재발급대장

일련 번호	신청인(매입자)		역세권개발채권		매입 목적	제출받는 기관
	성 명	주 소	기호 및 번호	매입금액(원)		

210mm×297mm(보존용지(2종)70g/㎡)

[별지 제16호서식] (앞쪽)

역세권개발채권 중도상환신청서

처리기간
1일

신청인	성명(법인인 경우에는 법인의 명칭 및 대표자의 성명)			
	생 년 월 일 (법인등록번호)		전화번호	
	주 소			

역세권개발채권 매입 사실의 표기

매입하여야 할 금액(원)	매입한 금액 (원)	중도상환 신청금액(원)		중도상환 사유	근거
		금액	기호 및 번호		

「역세권의 개발 및 이용에 관한 법률 시행령」 제41조제2항에 따라 역세권개발채권의 중도상환을 받기 위하여 위와 같이 신청합니다.

년 월 일

신청인 (서명또는인)

역세권개발채권 사무취급기관의 장 귀하

※ 구비서류: 「역세권의 개발 및 이용에 관한 법률 시행령」 제41조 제1항 각 호의 어느 하나에 해당하는 사실을 증명하는 서류	수수료
	없음

210㎜×297㎜(보존용지(2종)70g/㎡)

이 신청서는 다음과 같이 처리됩니다.

(뒤쪽)

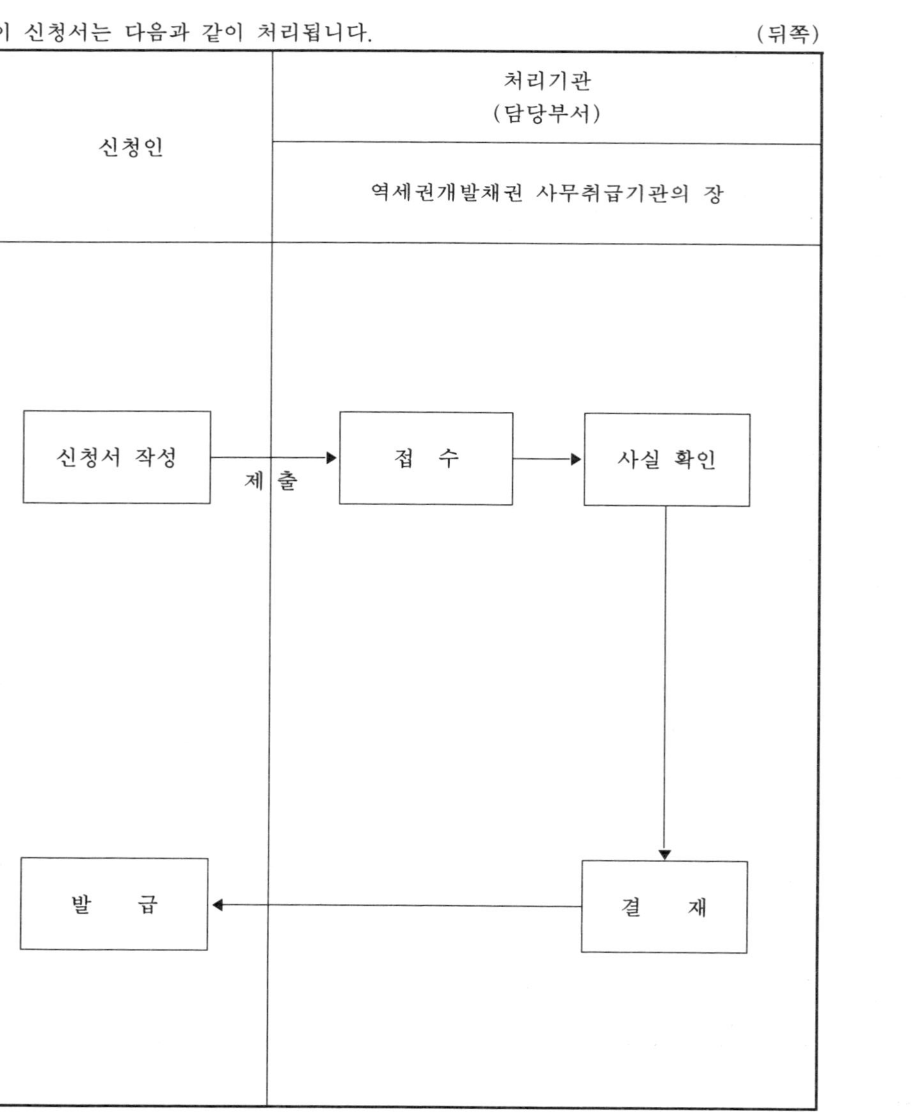

궤도운송법 · 시행령 · 시행규칙

궤도운송법 · 시행령 · 시행규칙 목차

법	시 행 령	시 행 규 칙
궤도운송법 (1961 · 12 · 30 법률 제915호 제정) 전부개정 2009 · 4 · 22 법률 제9636호 2011 · 9 · 16 제11060호(도시공원 및 녹지 등에 관한 법률 일부개정법률) 2013 · 3 · 22 법률 제11647호 2013 · 3 · 23 법률 제11690호(정부조직법 전부개정법률) 2013 · 8 · 6 법률 제11998호(지방세외수입금의 징수 등에 관한 법률) 2014 · 1 · 14 법률 제12247호 2015 · 8 · 11 법률 제13476호 2016 · 1 · 6 법률 제13729호(광산보안법 일부개정법률) 2016 · 3 · 22 법률 제14088호 2017 · 11 · 28 법률 제15114호 2017 · 12 · 26 법률 제15315호 2018 · 3 · 27 법률 제15526호(승강기시설 안전관리법 전부개정법률) 2018 · 6 · 12 법률 제15672호	**궤도운송법 시행령** (1962 · 3 · 29 각령 제610호 제정) 전부개정 2009 · 11 · 2 대통령령 제21807호 2013 · 3 · 23 대통령령 제24443호(국토교통부와 그 소속기관 직제) 2016 · 6 · 23 국토교통부령 제320호 2017 · 3 · 22 대통령령 제27950호 2017 · 3 · 27 대통령령 제27960호(주민등록번호 등의 처리 제한을 위한 세무사법 시행령 등 일부개정령) 2018 · 11 · 27 대통령령 제29316호 2019 · 2 · 8 대통령령 제29518호(교통안전공단법 시행령 일부개정령)	**궤도운송법 시행규칙** (1978 · 9 · 15 교통부령 제604호 제정) 전부개정 2010 · 1 · 11 국토해양부 제208호 2013 · 3 · 23 국토교통부 제 1호(국토교통부와 그 소속기관 직제 시행규칙) 2013 · 12 · 30 국토교통부 제 54호(행정규제기본법 개정에 따른 규제 재검토기한 설정을 위한 개발이익환수에 관한 법률 시행규칙 등 일부개정령) 2014 · 4 · 14 국토교통부 제 87호 2014 · 8 · 7 국토교통부령 제120호(개인정보 보호를 위한 건설산업기본법 시행규칙 등 일부개정령) 2014 · 12 · 31 국토교통부령 제169호(규제 재검토기한 설정 등을 위한 건축물의 분양에 관한 법률 시행규칙 등 일부개정령) 2016 · 6 · 23 국토교통부령 제320호 2016 · 12 · 30 국토교통부령 제382호(규제 재검토기한 설정 등을 위한 감정평가 및 감정평가사에 관한 법률 시행규칙 등 일부개정령) 2017 · 3 · 24 국토교통부령 제408호 2019 · 2 · 7 국토교통부령 제591호

법	시행령	시행규칙
제1장 총칙	**제1장 총칙**	**제1장 총칙**
제1조(목적) 이 법은 궤도시설(軌道施設)의 안전을 확보하고, 궤도운송과 궤도사업의 능률적인 운영 및 발전을 도모하여 공공복리(公共福利)를 증진함을 목적으로 한다. 제2조(정의) 이 법에서 사용하는 용어의 뜻은 다음과 같다.〈개정 16·3·22, 18·6·12〉 1. “궤도”란 사람이나 화물을 운송하는 데에 필요한 궤도시설과 궤도차량 및 이와 관련된 운영·지원 체계가 유기적으로 구성된 운송 체계를 말하며, 삭도(索道)를 포함한다. 2. “궤도운송”이란 궤도를 이용하여 한 지점에서 다른 지점으로 사람이나 화물을 운송하는 것을 말한다. 3. “궤도시설”이란 다음 각 목의 어느 하나에 해당하는 것(부지를 포함한다)을 말한다. 가. 선로(線路), 정거장(환승시설 및 편의시설을 포함한다), 그 밖에 궤도운송에 필요한 건축물이나 건축설비 나. 궤도차량 다. 선로 및 궤도차량을 보수·정비하기 위한 보수기지, 정비기지 및 창고 등 라. 전력설비, 정보통신설비, 피뢰장치, 신호설비 및 제어설비 등 마. 동력장치 등 각종 기계장치	제1조(목적) 이 영은 「궤도운송법」에서 위임된 사항과 그 시행에 필요한 사항을 정함을 목적으로 한다.	제1조(목적) 이 규칙은 「궤도운송법」 및 같은 법 시행령에서 위임된 사항과 그 시행에 필요한 사항을 정함을 목적으로 한다. 제2조(정의) 이 규칙에서 사용하는 용어의 뜻은 다음 각 호와 같다. 1. “왕복식 삭도”란 공중에 설치한 와이어로프에 궤도차량을 매달아 정류장 사이를 반대 방향으로 왕복시켜 사람이나 화물을 운송하는 삭도를 말한다. 2. “자동순환식 삭도”란 공중에 설치한 와이어로프에 자동식 연결장치를 사용하여 궤도차량을 매달아 한쪽 방향으로 순환시켜 사람이나 화물을 운송하는 삭도를 말한다. 3. “고정순환식 삭도”란 공중에 설치한 와이어로프에 고정식 연결장치를 사용하여 궤도차량을 매달아 한쪽 방향으로 순환시켜 사람이나 화물을 운송하는 삭도를 말한다. 4. “견인식 삭도”란 공중에 설치한 와이어로프에 자동식 연결장치 또는 고정식 연결장치를 사용하여 사람이나 화물을 견인 또는 활주시키는 삭도를 말한다. 5. “케이블철도”(funicular)란 경사지 등에서 레일을 따라 움직이는 궤도차량을 와이어로

법	시 행 령	시 행 규 칙
4. "선로"란 와이어로프, 레일 또는 콘크리트 구조물 등으로 이루어진 주행로[선로를 받치는 노반(路盤)이나 지주(支柱), 그 밖의 인공 구조물 등의 부대시설을 포함한다]로서 궤도차량의 독립된 주행로를 말한다. 5. "삭도"란 공중에 설치한 와이어로프에 궤도차량을 매달아 운행하여 사람이나 화물을 운송하는 것을 말한다. 6. "궤도차량"이란 선로에서 운행할 목적으로 선로의 특성에 맞게 제작된 여러 가지 탈 것을 말한다. 7. "궤도사업"이란 궤도(전용궤도는 제외한다)를 이용하여 사람이나 화물을 운송하고, 그 대가로 수익을 얻는 사업을 말한다. 8. "궤도사업자"란 제4조에 따라 궤도사업의 허가를 받은 자를 말한다. 9. "전용궤도"란 다른 법령에 따라 면허·허가·등록·승인·신고의 대상이 되는 사업 등의 부대시설로 설치된 궤도로서, 해당 사업에 사용하기 위한 것을 말한다. 10. "전용궤도운영자"란 제5조에 따라 전용궤도의 승인을 받거나 신고를 한 자를 말한다. 11. "궤도운송종사자"란 궤도차량의 운전자, 이용객 탑승 보조자, 안전관리 및 점검·정비자, 매표 업무 종사자 등 궤도운송과 관련하여 서비스를 제공하는 사람을 말한다.		프를 이용하여 견인함으로써 사람이나 화물을 운송하는 궤도시설을 말한다. 6. "노면전차"(tram)란 도로 등에 설치한 두 줄의 레일을 따라 궤도차량을 움직여 사람이나 화물을 운송하는 궤도시설을 말한다. 7. "모노레일"(monorail)이란 고가(高架)에 설치한 단일 궤도를 따라 궤도차량을 움직여 사람이나 화물을 운송하는 궤도시설을 말한다. 8. "자기부상열차"란 자기력을 이용하여 궤도차량을 궤도위에 띄워 움직임으로써 사람이나 화물을 운송하는 궤도시설을 말한다. 9. "철제차륜형 경전철"이란 전용선에 설치한 두 줄의 레일을 따라 제3궤조 집전(集電)을 받는 전기동력으로 철제바퀴가 장착된 궤도차량을 움직여 사람이나 화물을 운송하는 궤도시설을 말한다. 10. "고무차륜형 경전철" 이란 전용선에 설치한 자동안내궤도를 따라 제3궤조 집전을 받는 전기동력으로 고무바퀴가 장착된 궤도차량을 움직여 사람이나 화물을 운송하는 궤도시설을 말한다. 11. "선형유도전동기형 경전철" 이란 전용선에 설치한 두 줄의 레일을 따라 제3궤조 집전을 받는 전기동력으로 선형유도전동기와 리액션플레이트(reaction plate) 사이의 공극(孔隙)을 유지하며 궤도차량을 움직여 사람

법	시행령	시행규칙
12. "궤도운송사고"란 궤도운송과 관련하여 사람의 사상(死傷) 또는 물건이나 시설의 손괴(損壞)를 초래하는 사고를 말한다. 13. "산악벽지형 궤도"란 산악벽지(산악지역에 위치하고 있으면서 지리적·경제적·문화적·사회적 혜택을 받지 못하는 국토교통부령으로 정하는 지역을 말한다)의 급경사에서 운행이 가능한 궤도로서 교통편의 및 관광 증진을 위하여 친환경 동력원의 사용, 기존 도로의 활용 등 국토교통부령으로 정하는 요건에 따라 환경 친화적으로 건설·운영되는 궤도를 말한다. 14. "시험운행"이란 궤도사업자 또는 전용궤도운영자가 준공검사 전까지 궤도시설의 안전성 및 운영관리체계 등을 점검하기 위하여 승객을 탑승시키지 않고 궤도를 운행하는 것을 말한다.		이나 화물을 운송하는 궤도시설을 말한다. 제2조의2(산악벽지형 궤도의 요건) ① 「궤도운송법」(이하 "법"이라 한다) 제2조제13호에서 "국토교통부령으로 정하는 지역"이란 재정자립도가 전국 시·군의 평균 재정자립도 이하인 시·군에 속한 읍·면·동으로서 「산림기본법 시행령」 제2조 각 호의 요건에 모두 해당하는 읍·면·동을 말한다. ② 법 제2조제13호에서 "친환경 동력원의 사용, 기존 도로의 활용 등 국토교통부령으로 정하는 요건"이란 다음 각 호의 모두를 충족하는 것을 말한다. 1. 전기, 태양광 등 친환경 동력원을 사용할 것 2. 선로의 3분의 2 이상이 기존 도로를 활용하여 건설될 것 3. 선로의 3분의 2 이상이 법 제2조제13호에 따른 산악벽지에 위치할 것 [본조신설 17·3·24]
제3조(적용 범위) 다음 각 호의 어느 하나에 해당하는 궤도 및 궤도사업에 대하여는 이 법을 적용하지 아니한다.〈개정 16·1·6, 18·3·27〉 1. 「도시철도법」을 적용받는 도시철도 및 도시철도사업		

법	시 행 령	시 행 규 칙
2. 「철도사업법」을 적용받는 철도 및 철도사업 3. 「관광진흥법」을 적용받는 유기시설(遊技施設) · 유기기구(遊技機具) 및 유기시설업 4. 「광산안전법」을 적용받는 운반시설 5. 「승강기 안전관리법」을 적용받는 승강기 6. 군사 목적이나 연구개발 등의 목적으로 설치 · 운영하는 궤도 7. 개인 또는 법인의 사유지에서 적재량 500킬로그램 미만(삭도의 경우에는 200킬로그램 미만)의 화물만을 운송하는 궤도		
제2장 궤도사업 및 전용궤도	**제2장 궤도사업 및 전용궤도**	**제2장 궤도사업 및 전용궤도**
제4조(궤도사업의 허가) ① 궤도사업을 경영하려는 자는 특별자치시장 · 특별자치도지사 · 시장 · 군수 또는 자치구의 구청장(이하 "시장 · 군수 · 구청장"이라 한다)의 허가를 받아야 한다. 다만, 궤도가 둘 이상의 특별자치시 · 특별자치도 · 시 · 군 또는 자치구(이하 "시 · 군 · 구"라 한다)의 행정구역에 걸쳐 있는 경우에는 주된 사무소의 소재지를 관할하는 시장 · 군수 · 구청장이 관계 시장 · 군수 · 구청장과 협의하여 허가한다. 〈개정 13 · 3 · 22〉 ② 제1항에도 불구하고 궤도의 전부 또는 일부가 특별시 또는 광역시의 행정구역 내에 있는 「자연공원법」 제2조제2호에 따른 국립공원 또는 같은 조 제3호에 따른 도립공원, 「도시공		제3조(궤도사업의 허가 신청) ① 법 제4조제1항 및 같은 조 제2항에 따라 궤도사업의 허가를 받으려는 자는 성명 · 주민등록번호 등 본인의 기록사항이 작성된 별지 제1호서식의 궤도사업허가신청서(전자문서로 된 신청서를 포함한다)에 다음 각 호의 서류를 첨부하여 특별자치시장 · 특별자치도지사 · 시장 · 군수 또는 자치구의 구청장(이하 "시장 · 군수 · 구청장"이라 한다) 또는 특별시장 또는 광역시장(이하 "특별시장 · 광역시장"이라 한다)에게 제출하여야 한다.〈개정 16 · 6 · 23, 17 · 3 · 24〉 1. 사업계획서 2. 기본설계도서 3. 공사설명서

법	시 행 령	시 행 규 칙
원 및 녹지 등에 관한 법률」 제2조제3호나목에 따른 도시자연공원(이하 "국립공원등"이라 한다)에 건설되는 경우에는 특별시장 또는 광역시장(이하 "특별시장·광역시장"이라 한다)의 허가를 받아야 한다. 다만, 국립공원등이 둘 이상의 특별시 또는 광역시의 행정구역을 포함하고 있고 국립공원등에 건설되는 궤도가 둘 이상의 특별시 또는 광역시의 행정구역에 걸쳐 있는 경우에는 주된 사무소의 소재지를 관할하는 특별시장·광역시장이 관계 특별시장·광역시장과 협의하여 허가한다. 〈개정 11·9·16, 13·3·22〉 ③ 제1항 및 제2항에 따른 궤도사업의 허가기준은 다음 각 호와 같다. 1. 궤도시설의 건설 및 설비가 제15조에 따른 궤도시설의 건설·설비기준에 적합할 것. 다만, 제16조에 따른 특별건설승인을 받은 경우에는 그러하지 아니하다. 2. 도로·하천·농지·산림·공원·문화재보호구역 등을 점용하는 경우에는 관할 행정기관의 장 또는 관리자의 허가나 승인 등을 받을 것		4. 법 제20조에 따른 안전검사전문기관의 안전에 관한 검토의견서 5. 도로·하천·농지·산림·공원·문화재보호구역 등을 관할하는 행정기관 등의 허가나 승인이 필요한 지역 안에서 운영하는 궤도시설인 경우에는 관할 행정기관 등의 허가나 승인을 증명하는 서류 6. 환경·교통·재해 등에 관한 영향평가를 실시한 경우에는 그 영향평가 결과서 ② 제1항에 따른 신청서를 제출받은 담당 공무원은 「전자정부법」 제36조제1항에 따른 행정정보의 공동이용을 통하여 법인등기부 등본(법인의 경우만 해당한다)을 확인하여야 한다. 다만, 법인설립이 예정인 경우에는 신청인으로 하여금 직접 법인설립계획서를 첨부하도록 해야 한다.〈개정 16·6·23〉 ③ 제1항제1호의 사업계획서에는 다음 각 호의 사항이 포함되어야 한다. 1. 주사무소 및 영업소의 명칭과 위치 2. 궤도시설의 운영 목적 3. 궤도시설의 종류·방식 및 특징 4. 운행계획 5. 필요한 자금의 명세와 조달 방법 6. 연간 추정 수송량 및 추정 수지계산서 7. 사업타당성에 대한 용역을 실시한 경우에는 그 용역 결과물

법	시 행 령	시 행 규 칙
		④ 제1항제2호의 기본설계도서에는 다음 각 호의 사항을 포함하여야 한다. 1. 축척 500분의 1 또는 2,000분의 1의 용지(用地)를 표시한 도면(행정구역 경계선, 축척 · 방위 및 용지의 경계를 포함한다) 및 선로배치도 2. 축척 2,000분의 1 이상의 실측평면도(정류장 및 선로 등 궤도시설의 명칭 및 위치, 선로 중심선 좌우 40미터 이내에 설치된 건물 · 위험물저장소 · 전신전화선 · 동력선 등을 포함) 3. 축척 2,000분의 1 이상의 실측종단도(선로 중심선의 지반높이 · 선로경사 및 수평거리, 정류장의 명칭 · 위치, 지주(支柱)의 명칭 · 위치, 선로가 횡단하게 되는 지물(地物)의 위치 및 높이를 포함한다) ⑤ 제1항제3호의 공사설명서에는 다음 각 호의 사항을 포함하여야 한다. 1. 궤도시설 공사계획(착공 예정시기, 공사기간 및 공사일정표를 포함한다) 2. 다음 각 목 중 해당하는 사항에 대한 설명서, 계산서 및 도면 가. 선로를 지지하는 지주의 종류, 기초, 간격 및 강도계산서 나. 와이어로프나 레일 등의 종류, 규격, 무게, 설치방법, 설치높이, 기울기 및 강도

법	시 행 령	시 행 규 칙
		계산서 다. 궤도차량의 최고운전속도, 대수, 정원, 적재량 및 구조 라. 동력설비의 종류, 방식, 능력 및 원동기의 소요출력계산서 마. 제동방식, 제동거리 및 제동력 계산서 바. 구동활차(驅動滑車) 및 차축(車軸)의 강도계산서 사. 선로주변 보호설비의 내용 및 그 위치 아. 보안통신설비와 피뢰장치의 내용 자. 전선로·변전소 및 배전소의 내용 차. 정류장에서의 기계설치 내용 카. 그 밖의 관련 설비 등에 관한 내용 3. 사람을 운송하는 삭도의 경우에는 제2호에 해당하는 사항 외에 다음 각 목의 사항을 추가로 포함시켜야 한다. 가. 궤도차량의 이동방법 나. 와이어로프 및 궤도차량의 보안설비, 기계의 제동장치, 궤도차량 및 원동기의 설치장소와 신호방법 다. 와이어로프의 구조, 유효단면적, 파단력(破斷力), 평균 인장강도(引張强度), 접속방식 및 긴장방식 라. 주원동기 및 예비원동기의 구조 및 구동방법 마. 승강장에서 승강대와 차량 간의 간격 및

법	시 행 령	시 행 규 칙
④ 궤도사업자는 제1항 및 제2항에 따라 허가받은 사항 중 대통령령으로 정하는 사항을 변경하려면 대통령령으로 정하는 구분에 따라 변경허가를 받거나 변경신고를 하여야 한다. ⑤ 시장 · 군수 · 구청장 또는 특별시장 · 광역시장은 제1항 · 제2항 또는 제4항에 따라 허가 또는 변경허가를 할 때에는 이용자의 안전과 편의 증진, 재해 방지, 환경 보전 및 주변 교통에 미치는 영향 최소화 등을 위하여 필요한 조건을 붙일 수 있다.	**제2조(궤도사업의 변경허가 및 변경신고)** ① 「궤도운송법」(이하 "법"이라 한다) 제4조제4항에 따라 변경허가를 받아야 하는 사항은 다음 각 호와 같다. 1. 원래 계획보다 궤도시설의 공사기간이 6개월 이상 지연될 것으로 예상되는 경우 2. 궤도시설의 종류를 변경하려는 경우 3. 다음 각 목에 대한 설계 내용이 변경된 경우 가. 궤도차량의 대수 · 용량의 증가 나. 동력설비의 구조 또는 종류의 변경 다. 동력의 감소 라. 와이어로프, 레일 등 선로의 종류 또는 규격의 변경 마. 선로의 위치 · 길이 또는 경사도의 변경 바. 운전속도의 증가 사. 정류장의 신설 또는 폐지 4. 궤도사업자가 기존 시설의 2분의 1 이상을 교체하거나 기존시설의 규모를 2분의 1 이상 변경하는 경우 ② 법 제4조제4항에 따라 변경신고를 하여야 하는 사항은 다음 각 호와 같다. 1. 궤도사업자의 성명(법인의 경우에는 명칭을 말한다)의 변경	높이 바. 지표면 또는 이를 대신하는 구조물 표면의 구축방식

<table>
<tr><th>법</th><th>시 행 령</th><th>시 행 규 칙</th></tr>
<tr><td></td><td>2. 법인인 궤도사업자의 대표자의 변경
3. 법인인 궤도사업자의 임원의 변경
4. 법인인 궤도사업자의 상호의 변경
5. 법인인 궤도사업자의 주사무소 소재지의 변경</td><td></td></tr>
<tr><td>⑥ 제1항·제2항 및 제4항에 따른 허가·변경허가 및 변경신고의 절차 등에 관하여 필요한 사항은 국토교통부령으로 정한다. 〈개정 13·3·23〉</td><td></td><td>제4조(궤도사업의 변경허가·변경신고의 절차 등) ① 법 제4조제6항에 따라 궤도사업자가 허가받은 사항을 변경하려는 때에는 별지 제2호서식의 변경허가신청서 또는 변경신고서(전자문서로 된 신청서·신고서를 포함한다)에 다음 각 호의 서류를 첨부하여 시장·군수·구청장 또는 특별시장·광역시장에게 제출하여야 한다.
1. 사업허가증(사업허가증을 분실한 경우에는 그 사유서로 대체할 수 있다)
2. 변경사유서(변경사유를 증명하는 서류를 포함한다)
3. 제3조제1항 각 호의 서류 중 변경되는 사항이 포함된 서류(변경허가신청의 경우에만 해당한다)
② 「궤도운송법 시행령」(이하 "영"이라 한다) 제2조제2항에 해당하는 변경의 경우 담당 공무원은 법인 등기부등본의 내용을 「전자정부법」 제36조제1항에 따른 행정정보의 공동이용을 통하여 확인하여야 한다.〈개정 16·6·23〉</td></tr>
<tr><td>제4조의2(산악벽지형 궤도에 대한 궤도사업의</td><td>제2조의2(산악벽지형 궤도에 대한 궤도사업의</td><td>제4조의2(산악벽지형 궤도에 대한 궤도사업의</td></tr>
</table>

법	시 행 령	시 행 규 칙
승인) ① 산악벽지형 궤도에 대한 궤도사업을 경영하려는 자는 제4조제1항 및 제2항에 따른 궤도사업의 허가를 신청하기 전에 시장 · 군수 · 구청장 또는 특별시장 · 광역시장을 거쳐 국토교통부장관의 승인을 받아야 한다. 승인을 받은 사항을 변경하려는 경우에도 또한 같다. ② 국토교통부장관은 제1항에 따른 승인을 할 때에는 관계 전문가 등의 의견을 들어 승인 여부를 결정하여야 하며, 공공의 안전 등을 위하여 필요한 조건을 붙일 수 있다.	**승인 절차)** ① 법 제4조의2제1항에 따라 산악벽지형 궤도에 대한 궤도사업의 승인(변경승인을 포함한다. 이하 이 조에서 같다)을 받으려는 자는 국토교통부령으로 정하는 승인신청서에 다음 각 호의 서류를 첨부하여 특별자치시장 · 특별자치도지사 · 시장 · 군수 또는 자치구의 구청장(이하 "시장 · 군수 · 구청장"이라 한다) 또는 특별시장 · 광역시장에게 제출하여야 한다. 1. 다음 각 목의 사항이 포함된 사업계획서 가. 주사무소 및 영업소의 명칭과 위치 나. 궤도시설의 운영 목적 다. 궤도시설의 종류 · 방식 및 특징 라. 운행계획 마. 필요한 자금의 명세와 조달 방법 바. 연간 추정 수송량 및 추정 수지계산서 사. 사업타당성에 대한 용역을 실시한 경우에는 그 용역 결과물 2. 산악벽지형 궤도에 해당함을 증빙하는 서류 3. 산악벽지의 급경사 운행에 따른 안전성 검토 보고서 ② 제1항에 따른 승인신청서를 받은 시장 · 군수 · 구청장 또는 특별시장 · 광역시장은 다음 각 호의 서류를 국토교통부장관에게 제출하여야 한다. 1. 승인신청서 및 제1항 각 호에 따른 서류 2. 시장 · 군수 · 구청장 또는 특별시장 · 광역	**승인 절차)** ① 영 제2조의2제1항 각 호 외의 부분에서 "국토교통부령으로 정하는 승인신청서"란 별지 제2호의2서식의 산악벽지형 궤도사업 승인 · 변경승인 신청서를 말한다. ② 국토교통부장관은 영 제2조의2제3항 전단에 따라 제15조의2에 따른 궤도건설심의회의 심의를 거쳐 승인 또는 변경승인 여부를 결정하여야 한다. [본조신설 17 · 3 · 24]

법	시행령	시행규칙
③ 제1항에 따른 승인의 절차 등에 필요한 사항은 대통령령으로 정한다. [본조신설 15·1·7]	시장의 검토의견서 3. 법 제4조제1항 단서 또는 같은 조 제2항 단서에 따라 관계 시장·군수·구청장 또는 관계 특별시장·광역시장과 협의를 하여야 하는 궤도의 경우에는 관계 시장·군수·구청장 또는 관계 특별시장·광역시장과 협의한 결과 ③ 국토교통부장관은 제2항에 따라 시장·군수·구청장 또는 특별시장·광역시장으로부터 같은 항 각 호의 서류를 제출받은 경우 국토교통부령으로 정하는 바에 따라 관계 전문가 등의 의견을 들어 승인 여부를 결정하여야 한다. 이 경우 그 결과를 시장·군수·구청장 또는 특별시장·광역시장 및 법 제4조제1항 단서 또는 같은 조 제2항 단서에 따라 협의하여야 하는 관계 시장·군수·구청장 또는 관계 특별시장·광역시장에게 통보하여야 한다. [본조신설 17·3·22]	
제5조(전용궤도의 승인 등) ① 전용궤도를 운영하려는 자는 시장·군수·구청장의 승인을 받아야 한다. 다만, 대통령령으로 정하는 전용궤도의 경우에는 시장·군수·구청장에게 신고하여야 한다. ② 제1항에도 불구하고 전용궤도의 전부 또는	**제3조(전용궤도의 운영신고 등)** ① 법 제5조제1항 단서에서 "대통령령으로 정하는 전용궤도"란 산악경사지 등에서 화물수송용으로 설치한 궤도(가설용을 포함한다)를 말한다. ② 제1항에 따른 전용궤도의 경우 제2조제1항 각 호에 해당하는 변경사항이 발생하였거나	**제5조(전용궤도의 승인 및 변경승인 신청 등)** ① 법 제5조제1항 본문 및 같은 조 제2항에 따라 전용궤도를 운영하려는 자는 성명·주민등록번호 등 본인의 기록사항이 작성된 별지 제3호서식의 전용궤도승인신청서(전자문서로 된 신청서를 포함한다)에 다음 각 호의 서류를 첨부

법	시 행 령	시 행 규 칙
일부가 특별시 또는 광역시의 행정구역 내에 있는 국립공원등에 건설되는 경우에는 특별시장·광역시장의 승인을 받아야 한다. 다만, 국립공원등이 둘 이상의 특별시 또는 광역시의 행정구역을 포함하고 있고 국립공원등에 건설되는 전용궤도가 둘 이상의 특별시 또는 광역시의 행정구역에 걸쳐 있는 경우에는 주된 사무소의 소재지를 관할하는 특별시장·광역시장이 관계 특별시장·광역시장과 협의하여 승인한다. 〈신설 13·3·22〉 ③ 제1항 본문 및 제2항에 따라 승인을 받은 전용궤도운영자는 승인받은 사항 중 대통령령으로 정하는 사항을 변경하려면 대통령령으로 정하는 구분에 따라 변경승인을 받거나 변경신고를 하여야 하며, 제1항 단서에 따라 신고를 한 전용궤도운영자는 신고한 사항 중 대통령령으로 정하는 사항을 변경하려면 변경신고를 하여야 한다. 〈개정 13·3·22〉 ④ 제1항 본문 및 제2항에 따른 전용궤도의 승인기준에 관하여는 제4조제3항을 준용하고, 제1항 본문 및 제2항에 따른 승인 또는 제3항에 따른 변경승인의 조건에 관하여는 제4조제5항을 준용한다. 이 경우 "궤도사업"은 "전용궤도"로, "궤도사업자"는 "전용궤도운영자"로, "허가"는 "승인"으로, "변경허가"는 "변경승인"으로 본다. 〈개정 13·3·22〉 ⑤ 제1항부터 제3항까지에 따른 승인·신고·	운영기간을 연장(가설용 전용궤도에만 해당한다)하는 경우에는 국토교통부령으로 정하는 바에 따라 변경신고를 하여야 한다. 〈개정 13·3·23〉 ③ 법 제5조제1항 본문에 따라 전용궤도의 승인을 받은 자가 같은 조 제2항에 따라 하여야 하는 변경승인에 대해서는 제2조제1항을 준용하고, 변경신고에 대해서는 제2조제2항을 준용한다.	하여 시장·군수·구청장 또는 특별시장·광역시장에게 제출하여야 한다.〈개정 16·6·23〉 1. 다음 각 목의 사항이 포함된 시설운영계획서 가. 주사무소 및 영업소의 명칭·위치 나. 전용궤도시설의 운영 목적 다. 전용궤도시설의 종류·방식 라. 다른 법령에 따라 허가·등록·승인·신고의 대상이 되는 사업 등의 부대시설임을 증명하는 서류 2. 제3조제1항제2호부터 제6호까지의 서류 중 해당하는 서류 ② 전용궤도운영자가 승인을 받은 사항에 대하여 변경승인을 받거나 또는 변경신고를 하려는 때에는 별지 제4호서식의 전용궤도 운영변경승인신청서 또는 변경신고서(전자문서로 된 신청서·신고서를 포함한다)에 다음 각 호의 서류를 첨부하여 시장·군수·구청장 또는 특별시장·광역시장에게 제출하여야 한다.〈개정 16·6·23〉 1. 전용궤도 운영 승인증(전용궤도 운영 승인증을 분실한 경우에는 그 사유서로 대체할 수 있다) 2. 변경사유서(변경사유를 증명하는 서류를 포함한다) 3. 제1항 각 호의 사항 중 변경된 사항이 포함된 서류(변경승인신청의 경우에만 해당한다) ③ 제1항 및 제2항에 따른 신청 또는 신고를 받은 경우 담당공무원은 법인등기부등본의 내

법	시 행 령	시 행 규 칙
변경승인 및 변경신고의 절차 등에 관하여 필요한 사항은 국토교통부령으로 정한다. 〈개정 13·3·22, 13·3·23〉		용을 「전자정부법」 제36조제1항에 따른 행정정보의 공동이용을 통하여 확인하여야 한다. 〈개정 16·6·23〉 **제6조(화물용 전용궤도의 신고 등)** ① 법 제5조제1항 단서에 따라 화물용(가설용을 포함한다. 이하 같다) 전용궤도의 신고를 하려는 자는 성명·주민등록번호 등 본인의 기록사항이 작성된 별지 제5호서식의 전용궤도 운영신고서(전자문서로 된 신고서를 포함한다)에 다음 각 호의 서류를 첨부하여 시장·군수·구청장에게 제출하여야 한다.〈개정 16·6·23〉 1. 다음 각 목의 사항이 포함된 시설운영계획서 가. 전용궤도의 운영 목적 나. 궤도시설의 종류·방식 및 특징 다. 운영기간 2. 제3조제1항제2호 및 제3호에 해당하는 서류 ② 법 제5조제1항 단서에 따라 신고를 한 자가 화물용 전용궤도의 변경신고를 하려는 때에는 별지 제6호서식의 화물용 전용궤도 운영변경신고서(전자문서로 된 신고서를 포함한다)에 제1항 각 호 중 변경된 사항이 포함된 서류를 첨부하여 시장·군수·구청장에게 제출하여야 한다. ③ 제1항 및 제2항에 따른 신고 또는 변경신고를 받은 경우 담당공무원은 법인등기부등본의 내용을 「전자정부법」 제36조제1항에 따른 행정정보의 공동이용을 통하여 확인하여야 한

법	시 행 령	시 행 규 칙
제6조(결격사유) 다음 각 호의 어느 하나에 해당하는 자는 궤도사업의 허가 또는 전용궤도의 승인을 받을 수 없다.〈개정 15·8·11, 17·12·26〉 1. 피성년후견인 또는 피한정후견인 2. 파산선고를 받고 복권되지 아니한 사람 3. 이 법에 따라 궤도사업의 허가 또는 전용궤도의 승인이 취소된 후 2년이 지나지 아니한 사람. 다만, 제1호 또는 제2호에 해당하여 제12조제1항제6호에 따라 궤도사업의		다.〈신설 16·6·23〉 제7조(허가증·승인증 발급 및 결과 통지 등) ① 시장·군수·구청장 또는 특별시장·광역시장은 제3조제1항, 제5조제1항 또는 제6조제1항에 따라 궤도사업의 허가 또는 전용궤도 운영의 승인을 하거나 전용궤도운영의 신고를 받은 경우 신청인에게 별지 제7호서식의 허가증, 승인증 또는 신고확인증을 발급하여야 한다. ② 시장·군수·구청장 또는 특별시장·광역시장은 제4조제1항 및 제5조제2항에 따른 변경허가 및 변경승인 신청을 받은 경우에는 해당 변경내용이 법 제4조제3항에 따른 허가기준에 적합한지를 종합적으로 검토하여 별지 제7호서식의 허가증 및 승인증을 발급하여야 한다. ③ 시장·군수·구청장은 제6조제2항에 따른 변경신고 신청을 받은 경우에는 별지 제7호서식의 신고확인증을 발급하여야 한다.〈개정 16·6·23〉

법	시 행 령	시 행 규 칙
허가 또는 전용궤도의 승인이 취소된 경우는 제외한다. 4. 이 법을 위반하여 징역 이상의 형을 선고받고 그 집행이 끝난(집행이 끝난 것으로 보는 경우를 포함한다) 날 또는 집행을 받지 아니하기로 확정된 날부터 2년이 지나지 아니한 사람 5. 이 법을 위반하여 징역 이상의 형의 집행유예를 선고받고 그 유예기간 중에 있는 사람 6. 임원 중에 제1호부터 제5호까지의 규정 중 어느 하나에 해당하는 사람이 있는 법인		
제7조(공사의 시행) ① 궤도사업자는 궤도사업의 허가를 받은 날부터 2년 이내에 궤도시설의 공사에 착수하여야 한다. ② 천재지변이나 그 밖의 부득이한 사유로 제1항의 기간 내에 궤도시설의 공사에 착수할 수 없는 경우에는 시장·군수·구청장 또는 특별시장·광역시장의 승인을 받아 그 기간을 연장할 수 있다. ③ 제2항에 따른 기간 연장의 신청 절차 및 그 밖에 필요한 사항은 국토교통부령으로 정한다. 〈개정 13·3·23〉		제8조(착수기간의 연장 신청) ① 법 제7조제2항에 따라 궤도사업자가 공사의 착수기간을 연장하려면 별지 제8호서식의 공사의 착수기간 연장신청서(전자문서로 된 신청서를 포함한다)에 연장사유를 적은 서류를 첨부하여 시장·군수·구청장 또는 특별시장·광역시장에게 제출하여야 한다. ② 시장·군수·구청장 또는 특별시장·광역시장은 착수기간 연장신청의 사유가 타당하다고 인정되는 때에는 지체없이 공사의 착수기간을 연장하여야 한다.〈개정 16·12·30〉
제7조의2(시험운행) ① 궤도사업자 또는 전용궤도운영자는 궤도사업의 허가 또는 변경허가를 받아 사업을 경영하거나, 전용궤도 승인 또는 변경승인을 받아 궤도를 운영하려는 경우에는 제8조에 따른 준공검사 전까지 궤도시설의 안		제8조의2(시험운행의 절차 및 방법 등) ① 궤도사업자 또는 전용궤도운영자는 법 제7조의2에 따라 시험운행을 실시하기 전에 다음 각 호의 사항이 포함된 시험운행계획을 수립해야 한다. 1. 시험운행의 일정

법	시 행 령	시 행 규 칙
전성을 확인하고 운영관리체계 등을 점검하기 위하여 시험운행을 실시하여야 한다. ② 제1항에 따른 시험운행의 절차, 방법, 시험기간, 안전기준 등에 필요한 사항은 국토교통부령으로 정한다. [본조신설 18 · 6 · 12]		2. 시험운행의 절차 및 방법 3. 평가항목 및 평가기준 4. 시험운행 실시 조직 및 인력 5. 시험운행에 사용되는 시험기기 및 장비 6. 안전관리계획 및 그 실행 조직 7. 비상대응계획 8. 그 밖에 시험운행의 효율적인 실시와 안전확보를 위해 필요한 사항 ② 궤도사업자 또는 전용궤도운영자는 40시간 이상 시험운행을 실시해야 한다. ③ 궤도사업자 또는 전용궤도운영자는 시험운행을 실시하는 때에는 법 제22조제4항에 따른 안전관리책임자를 지정해 다음 각 호의 업무를 수행하도록 해야 한다. 1. 산업안전보건법령 등 안전관련 법령에서 정한 안전조치사항 등의 점검 · 확인 2. 시험운행 중 안전관리에 관한 감독 3. 시험운행에 사용되는 궤도차량에 대한 통제 4. 시험운행에 사용되는 시험기기 및 장비, 안전장비의 점검 · 확인 5. 궤도차량의 운전자, 시험자 등 시험운행 참여자에 대한 안전교육 ④ 궤도사업자 또는 전용궤도운영자는 시험운행을 실시하는 때에는 시험운행의 실시내용, 실시결과 및 조치내용 등을 기록해야 한다. ⑤ 시장 · 군수 · 구청장 또는 특별시장 · 광역시장은 법 제30조제1항에 따라 궤도사업자 또

법	시행령	시행규칙
		는 전용궤도운영자에게 제1항에 따른 시험운행계획 및 제4항에 따른 실시 결과를 제출하게 해서 시험운행의 적정성을 검토한 후 개선·보완이 필요한 경우에는 개선·보완을 권고할 수 있다. ⑥ 시장·군수·구청장 또는 특별시장·광역시장은 법 제20조에 따른 안전검사전문기관에 제1항에 따른 시험운행계획 및 제4항에 따른 실시결과에 대한 검토를 요청할 수 있다. [본조신설 19·2·7]
제8조(준공검사) ① 궤도사업자 또는 전용궤도운영자는 궤도시설의 공사를 마치면 시장·군수·구청장 또는 특별시장·광역시장이 실시하는 준공검사를 받아야 한다. ② 시장·군수·구청장 또는 특별시장·광역시장은 제1항에 따른 준공검사를 제20조에 따른 안전검사전문기관에 의뢰할 수 있다. ③ 제1항에 따른 준공검사의 시행에 필요한 사항은 대통령령으로 정한다.	**제4조(준공검사의 시행 및 시설 운행)** ① 법 제8조제1항에 따라 준공검사를 받으려는 자는 국토교통부령으로 정하는 바에 따라 시장·군수·구청장 또는 특별시장·광역시장에게 준공검사를 신청하여야 한다 〈개정 13·3·23, 17·3·22〉 ② 시장·군수·구청장 또는 특별시장·광역시장은 준공검사를 한 결과 다음 각 호의 사항을 충족한다고 인정되면 국토교통부령으로 정하는 바에 따라 준공검사 신청인에게 준공검사증을 발급하여야 한다. 〈개정 13·3·23, 18·11·27〉 1. 법 제4조 또는 제5조에 따라 허가·승인을 받거나 신고한 내용대로 공사가 되었을 것 1의2. 법 제7조의2에 따른 시험운행을 통하여 궤도시설의 안전성 및 운영관리체계 등을 적정하게 점검하였을 것 2. 법 제16조에 따라 특별건설승인을 받은 궤도시설의 경우 자체 안전관리규정에 적합할 것	**제9조(준공검사 신청절차 등)** ① 영 제4조제1항에 따라 궤도사업자 또는 전용궤도운영자가 궤도시설의 준공검사를 신청하려는 때에는 별지 제9호서식의 준공검사신청서(전자문서로 된 신청서를 포함한다)를 시장·군수·구청장 또는 특별시장·광역시장에게 제출해야 한다. ② 영 제4조제2항제4호에서 "주요부품의 시험성적서"란 다음 각 호와 같다. 1. 삭도 및 케이블철도 가. 전동기 방식: 와이어로프·감속기·전동기 시험성적서 나. 내연기관 방식: 와이어로프 시험성적서 2. 삭도 및 케이블철도 외의 궤도시설(화물수송용 전용궤도시설은 제외한다)의 경우 건설회사 또는 궤도차량 제작사 등에서 작성한 궤도차량 성능시험성적서 ③ 영 제4조제2항제5호의 안전관리계획에는

법	시 행 령	시 행 규 칙
	3. 궤도시설이 법 제19조제2항의 안전검사기준에 적합할 것 4. 건설회사, 궤도차량 제작사 등이 제공하는 주요 부품의 시험성적서, 취급 · 유지 · 보수 매뉴얼, 설치도면 등의 자료를 갖춰두고 있을 것 5. 궤도시설의 안전관리계획이 수립되어 있을 것	다음 각 호의 내용이 포함되어야 한다. 1. 자체 점검 · 정비계획 2. 부품관리계획 3. 운전 및 점검 · 정비 등 안전관련 분야 종사자의 인력운영계획 및 교육에 관한 사항 4. 화재 · 정전 · 고장 등으로 인한 비상시 조치 매뉴얼 5. 그 밖에 안전과 관련하여 필요한 사항 ④ 영 제4조제2항의 준공검사증은 별지 제10호서식과 같다.
제9조(궤도사업자의 지위 승계) ① 다음 각 호의 어느 하나에 해당하는 자는 종전의 궤도사업자의 지위를 승계한다. 1. 궤도사업자가 그 사업을 양도한 경우 그 양수인 2. 궤도사업자가 사망한 경우 그 상속인 3. 법인인 궤도사업자가 합병한 경우 합병 후 존속하는 법인이나 합병으로 설립되는 법인 ② 제1항에 따라 궤도사업자의 지위를 승계한 자는 1개월 이내(상속으로 승계한 자는 피상속인의 사망 후 60일 이내)에 국토교통부령으로 정하는 바에 따라 시장 · 군수 · 구청장 또는 특별시장 · 광역시장에게 신고를 하여야 한다. 〈개정 13 · 3 · 23〉 ③ 제6조 각 호의 어느 하나에 해당하는 자는 제1항에 따라 궤도사업자의 지위를 승계할 수 없다.		제10조(양도 · 양수의 신고) ① 법 제9조제1항제1호에 따라 궤도사업자의 지위를 승계한 양수인이 양도 · 양수의 신고를 하려는 때에는 성명 · 주민등록번호 등 본인의 기록사항이 작성된 별지 제11호서식의 양도 · 양수 신고서(전자문서로 된 신고서를 포함한다)에 다음 각 호의 서류(전자문서를 포함한다)를 첨부하여 시장 · 군수 · 구청장 또는 특별시장 · 광역시장에게 제출하여야 한다.〈개정 16 · 6 · 23〉 1. 양도 · 양수 계약서 사본 2. 양도인 또는 양수인이 법인인 경우에는 사업의 양도나 양수에 관한 법인의 의사결정을 증명하는 서류 ② 제1항에 따른 신고를 받은 담당 공무원은 법인등기부등본(양수인이 법인인 경우에 해당한다)의 내용을 「전자정부법」 제36조제1항에 따른 행정정보의 공동이용을 통하여 확인하여

법	시 행 령	시 행 규 칙
		야 한다.〈개정 16·6·23〉 **제11조(상속의 신고)** 법 제9조제1항제2호에 따른 궤도사업의 상속을 신고하려는 자는 성명·주민등록번호 등 본인의 기록사항이 작성된 별지 제12호서식의 상속신고서(전자문서로 된 신고서를 포함한다)에 상속사실을 증명하는 서류(전자문서를 포함한다)를 첨부하여 시장·군수·구청장 또는 특별시장·광역시장에게 제출하여야 한다.〈개정 16·6·23〉 **제12조(법인의 합병 신고)** ① 합병 후 존속하는 법인이나 합병으로 설립되는 법인이 법 제9조제1항제3호에 따른 합병을 신고하려는 때에는 별지 제13호서식의 법인합병신고서(전자문서로 된 신고서를 포함한다)에 다음 각 호의 서류(전자문서를 포함한다)를 첨부하여 시장·군수·구청장 또는 특별시장·광역시장에게 제출하여야 한다. 1. 합병계약서 사본 2. 합병 후 존속하는 법인의 법인등기부등본 또는 합병으로 설립되는 법인의 발기인 등 설립인의 명단 3. 합병의 방법 및 조건설명서 4. 합병에 관한 법인의 의사결정을 증명하는 서류 ② 제1항에 따른 신고를 받은 담당 공무원은 제1항제2호의 법인등기부등본을 제출받는 것을 갈음하여 법인등기부등본의 내용을 「전자정부

법	시 행 령	시 행 규 칙
제10조(궤도사업 경영 등의 위탁 등) ① 궤도사업자 또는 전용궤도운영자가 궤도사업의 경영 또는 전용궤도의 운영을 다른 사람이나 법인에 위탁하려면 국토교통부령으로 정하는 바에 따라 시장·군수·구청장 또는 특별시장·광역시장에게 신고하여야 한다. 〈개정 13·3·23〉 ② 제6조 각 호의 어느 하나에 해당하는 자는 제1항에 따라 궤도사업의 경영 또는 전용궤도의 운영을 위탁받을 수 없다. ③ 제1항에 따라 궤도사업의 경영 또는 전용궤도의 운영을 위탁받은 자는 그 경영 또는 운영에 관하여 위탁을 한 자와 함께 책임을 진다.		법」 제36조제1항에 따른 행정정보의 공동이용을 통하여 확인하여야 한다.〈개정 16·6·23〉 제13조(경영 등의 위탁·수탁신고) ① 법 제10조제1항에 따라 궤도사업자 또는 전용궤도운영자가 궤도사업의 경영 또는 전용궤도의 운영을 위탁하려는 때에는 성명·주민등록번호 등 본인의 기록사항이 작성된 별지 제14호서식의 위탁·수탁신고서(전자문서로 된 신고서를 포함한다)에 다음 각 호의 서류(전자문서를 포함한다)를 첨부하여 시장·군수·구청장 또는 특별시장·광역시장에게 제출하여야 한다. 〈개정 16·6·23〉 1. 위탁·수탁 계약서 사본 2. 위탁자 또는 수탁자가 법인인 경우에는 위탁 또는 수탁에 관한 의사결정을 증명하는 서류 3. 수탁자가 법인인 경우에는 최근 사업연도의 재산목록·대차대조표 및 손익계산서 4. 위탁·수탁을 하려는 구간의 도면 ② 제1항에 따른 신고를 받은 담당 공무원은 법인등기부등본(수탁자가 법인인 경우에만 해당한다)의 내용을 「전자정부법」 제36조제1항에 따른 행정정보의 공동이용을 통하여 확인하여야 한다.〈개정 16·6·23〉
제11조(휴지 또는 폐지) ① 궤도사업자 또는 전용궤도운영자(제5조제1항 단서에 따라 신고를 한 전용궤도운영자는 제외한다. 이하 이 조에		제14조(휴지·폐지 신고) 궤도사업자 또는 전용궤도운영자가 법 제11조제1항에 따라 휴지(休止) 또는 폐지(閉止)나 휴지기간 변경신고를

법	시 행 령	시 행 규 칙
서 같다)가 궤도사업의 경영 또는 전용궤도의 운영의 전부 또는 일부를 휴지 또는 폐지하려는 경우에는 국토교통부령으로 정하는 바에 따라 시장·군수·구청장 또는 특별시장·광역시장에게 미리 신고하여야 하며, 신고된 휴지기간을 변경하려는 경우에도 또한 같다. 다만, 궤도시설의 파괴, 그 밖의 부득이한 사유가 있어 휴지 또는 폐지하게 된 경우에는 휴지 또는 폐지하는 날부터 10일 이내에 신고하여야 한다. 〈개정 13·3·23〉 ② 제1항에 따른 휴지기간은 1년을 초과할 수 없다. 다만, 시장·군수·구청장 또는 특별시장·광역시장이 인정하는 부득이한 사유가 있는 경우에는 그러하지 아니하다. ③ 궤도사업자 또는 전용궤도운영자는 제1항에 따른 휴지 또는 폐지를 하려는 경우에는 미리 휴지 또는 폐지하려는 내용과 그 기간 등을 정거장, 영업소, 그 밖에 일반 공중이 보기 쉬운 곳에 게시하여야 한다.		하려는 경우에는 별지 제15호서식의 휴지·폐지 신고서(전자문서로 된 신고서를 포함한다) 또는 휴지기간 변경신고서에 다음 각 호의 서류(전자문서를 포함한다) 중 해당하는 것을 첨부하여 시장·군수·구청장 또는 특별시장·광역시장에게 제출하여야 한다. 1. 선로의 일부를 휴지 또는 폐지하려는 경우에는 그 선로도 2. 휴지의 경우에는 그 기간·사유 및 운영재개를 위한 계획 등이 포함된 서류 3. 휴지기간 변경의 경우에는 휴지기간 변경 사유서 4. 폐지하려는 자가 법인인 경우에는 폐지에 관한 법인의 의사결정을 증명하는 서류
제12조(허가·승인의 취소 등) ① 시장·군수·구청장 또는 특별시장·광역시장은 궤도사업자 또는 전용궤도운영자(제5조제1항 단서에 따라 신고를 한 전용궤도운영자는 제외한다. 이하 이 항에서 같다)가 다음 각 호의 어느 하나에 해당하는 경우에는 그 허가 또는 승인을 취소하거나 6개월 이내의 기간을 정하여 궤도사업 경영 또는 전용궤도 운영의 전부 또는	**제5조(행정처분의 기준)** ① 법 제12조제1항에 따른 궤도사업자 또는 전용궤도운영자에 대한 행정처분 기준은 별표 1과 같다. ② 법 제12조제2항에 따른 전용궤도운영자에 대한 행정처분 기준은 별표 2와 같다.	

법	시 행 령	시 행 규 칙
일부의 정지를 명할 수 있다. 다만, 제1호, 제2호 및 제4호부터 제6호까지의 규정 중 어느 하나에 해당하는 경우에는 그 허가 또는 승인을 취소하여야 한다. 〈개정 13 · 3 · 22, 16 · 3 · 22〉 1. 거짓이나 그 밖의 부정한 방법으로 제4조에 따른 허가 또는 변경허가를 받거나 제5조에 따른 승인 또는 변경승인을 받은 경우 2. 제4조제3항(제5조제4항에서 준용하는 경우를 포함한다)에 따른 허가기준 또는 승인기준에 미달하게 된 경우. 다만, 3개월 이내에 그 기준을 충족시킨 경우에는 그러하지 아니하다. 3. 제4조제4항에 따른 변경허가 또는 제5조제3항에 따른 변경승인을 받지 아니하고 허가 또는 승인받은 사항을 변경한 경우 4. 정당한 사유 없이 제4조제5항(제5조제4항에서 준용하는 경우를 포함한다)에 따른 허가 또는 승인의 조건, 제4조의2제2항에 따른 승인의 조건 및 제16조제3항에 따른 특별건설승인의 조건을 위반한 경우 5. 정당한 사유 없이 제7조제1항에 따른 공사의 착수기간을 위반한 경우(궤도사업자만 해당한다) 6. 제6조 각 호의 결격사유 중 어느 하나에 해당하게 된 경우. 다만, 임원 중 결격사유에 해당하는 사람이 있는 법인으로서 3개월 이내에 그 임원을 결격사유가 없는 임원으		

법	시행령	시행규칙
로 바꾸어 임명한 법인은 제외한다. 7. 제8조에 따른 준공검사를 받지 아니하고 궤도사업을 경영하거나 전용궤도를 운영한 경우 8. 제11조제1항을 위반하여 신고를 하지 아니하고 휴지하거나 신고한 휴지기간을 변경한 경우 9. 제19조제1항제2호에 따른 임시검사를 받지 아니하고 궤도사업을 경영하거나 전용궤도를 운영한 경우 10. 제19조제4항에 따른 통지를 받고도 같은 조 제1항제1호에 따른 정기검사를 받지 아니하고 궤도사업을 경영하거나 전용궤도를 운영한 경우 11. 제21조에 따른 안전수칙을 위반한 경우 12. 제22조제2항 또는 제3항에 따른 안전관리 의무를 위반한 경우 13. 제23조제1항에 따른 시설개선명령 또는 같은 조 제2항에 따른 사용정지명령을 위반한 경우 14. 고의 또는 중대한 과실로 제25조제1항에 따른 중대한 궤도운송사고를 일으킨 경우 15. 제30조에 따른 보고명령에 따르지 아니하거나 거짓으로 보고한 경우 또는 검사를 거부·방해·기피한 경우 16. 궤도사업 경영 또는 전용궤도 운영의 정지처분기간 중에 궤도사업을 경영하거나 전		

법	시 행 령	시 행 규 칙
용궤도를 운영한 경우 ② 시장 · 군수 · 구청장은 제5조제1항 단서에 따라 신고를 한 전용궤도운영자가 다음 각 호의 어느 하나에 해당하는 경우에는 6개월 이내의 기간을 정하여 전용궤도 운영의 전부 또는 일부의 정지를 명할 수 있다. 1. 거짓이나 그 밖의 부정한 방법으로 제5조제1항 단서에 따른 신고를 한 경우 2. 제8조에 따른 준공검사를 받지 아니하고 전용궤도를 운영한 경우 3. 제19조제1항제2호에 따른 임시검사를 받지 아니하고 전용궤도를 운영한 경우 4. 제19조제4항에 따른 통지를 받고도 같은 조 제1항제1호에 따른 정기검사를 받지 아니하고 전용궤도를 운영한 경우 5. 제21조에 따른 안전수칙을 위반한 경우 6. 제22조제2항 또는 제3항에 따른 안전관리의무를 위반한 경우 7. 제23조제1항에 따른 시설개선명령 또는 같은 조 제2항에 따른 사용정지명령을 위반한 경우 8. 고의 또는 중대한 과실로 제25조제1항에 따른 중대한 궤도운송사고를 일으킨 경우 9. 제30조에 따른 보고명령에 따르지 아니하거나 거짓으로 보고한 경우 또는 검사를 거부 · 방해 · 기피한 경우 10. 전용궤도 운영의 정지처분기간 중에 전용궤도를 운영한 경우		

법	시행령	시행규칙
③ 제1항 및 제2항에 따른 처분의 기준 및 절차와 그 밖에 필요한 사항은 대통령령으로 정한다. 제13조(과징금) ① 시장·군수·구청장 또는 특별시장·광역시장은 궤도사업자 또는 전용궤도운영자가 제12조제1항 각 호의 어느 하나에 해당하여 궤도사업 경영 또는 전용궤도 운영의 정지를 명하여야 하는 경우로서 그 정지가 해당 이용객 등에게 심한 불편을 주거나 공익을 해칠 우려가 있는 경우에는 정지처분을 갈음하여 1천만원 이하의 과징금을 부과할 수 있다.		
② 제1항에 따른 과징금을 부과하는 위반행위의 종류와 위반 정도에 따른 과징금의 금액과 그 밖에 필요한 사항은 대통령령으로 정한다.	제6조(과징금을 부과하는 위반행위와 과징금의 금액 등) ① 법 제13조제2항에 따라 과징금을 부과하는 위반행위의 종류와 과징금의 금액은 별표 3과 같다. ② 시장·군수·구청장 또는 특별시장·광역시장은 사업 또는 시설운영의 규모, 해당 지역의 특수성, 위반행위의 정도 및 횟수 등을 고려하여 제1항에 따른 과징금 금액을 2분의 1의 범위에서 늘리거나 줄일 수 있다. 이 경우 과징금 금액을 늘릴 때에도 과징금의 총액은 1천만원을 초과할 수 없다. 제7조(과징금의 부과 및 납부) ① 시장·군수·구청장 또는 특별시장·광역시장은 법 제13조제2항에 따른 과징금을 부과하려면 그 위반행위의 종류와 해당 과징금의 금액을 적은 서면	

법	시 행 령	시 행 규 칙
③ 시장 · 군수 · 구청장 또는 특별시장 · 광역시장은 제1항에 따른 과징금을 내야 할 자가 납부기한까지 과징금을 내지 아니하면 「지방세외수입금의 징수 등에 관한 법률」에 따라 징수한다. 〈개정 13 · 8 · 6〉 **제14조(청문)** 시장 · 군수 · 구청장 또는 특별시장 · 광역시장은 제12조제1항에 따라 궤도사업의 허가를 취소하거나 전용궤도의 승인을 취소하려면 청문을 하여야 한다.	으로 과징금 부과대상자에게 통지하여야 한다. ② 제1항에 따른 통지를 받은 자는 그 통지를 받은 날부터 20일 이내에 시장 · 군수 · 구청장 또는 특별시장 · 광역시장이 정하는 수납기관에 과징금을 내야 한다. 다만, 천재지변이나 그 밖의 부득이한 사유로 그 기간에 과징금을 낼 수 없는 경우에는 그 사유가 없어진 날부터 7일 이내에 내야 한다. ③ 제2항에 따라 과징금을 받은 수납기관은 그 납부자에게 영수증을 발급하여야 한다. ④ 과징금 수납기관은 제2항에 따라 과징금을 받으면 지체 없이 그 사실을 시장 · 군수 · 구청장 또는 특별시장 · 광역시장에게 통보하여야 한다. ⑤ 과징금은 나누어 낼 수 없다. **제8조(과징금의 독촉)** 시장 · 군수 · 구청장 또는 특별시장 · 광역시장은 법 제13조제3항에 따라 과징금의 납부를 통지받은 자가 납부기한까지 과징금을 내지 아니하면 납부기한이 지난 날부터 7일 이내에 독촉장을 발급하여야 한다. 이 경우 납부기한은 독촉장 발급일부터 10일 이내로 하여야 한다.	

법	시행령	시행규칙
제3장 건설	제3장 건설	제3장 건설
제15조(궤도시설의 건설·설비기준) ① 궤도시설을 건설하려는 자는 국토교통부장관이 정하여 고시하는 궤도시설의 건설에 관한 설비기준(이하 "건설·설비기준"이라 한다)에 따라 궤도시설을 건설하여야 한다. 〈개정 13·3·23, 16·3·22〉 ② 국토교통부장관은 건설·설비기준을 정하는 경우에는 관계 전문가 등의 의견을 들어야 한다.〈신설 16·3·22〉		
제16조(특별건설승인) ① 건설·설비기준에 규정되지 아니한 궤도시설을 건설하거나 지형의 특성 등 대통령령으로 정하는 사유로 인하여 건설·설비기준에 따르기 어려운 궤도시설을 건설하려는 자는 궤도사업의 허가 또는 전용궤도의 승인을 신청하기 전에 시장·군수·구청장 또는 특별시장·광역시장을 거쳐 국토교통부장관의 승인(이하 "특별건설승인"이라 한다)을 받아야 한다. 특별건설승인을 받은 사항을 변경하려는 경우에도 또한 같다. 〈개정 13·3·23〉 ② 특별건설승인을 받으려는 자는 해당 궤도시설의 건설·설비 내용 및 자체 안전관리규정을 작성하여 시장·군수·구청장 또는 특별시장·광역시장에게 제출하여야 한다. ③ 국토교통부장관은 특별건설승인을 할 때에	제9조(특별건설승인의 대상) 법 제16조제1항에서 "지형의 특성 등 대통령령으로 정하는 사유"란 다음 각 호의 경우를 말한다. 1. 법 제15조제1항에 따라 국토교통부장관이 정하여 고시하는 궤도시설의 건설에 관한 설비기준(이하 "건설·설비기준"이라 한다)에 따라 궤도시설을 건설하는 것이 지형 또는 주변 구조물의 특성상 곤란하거나 안전관리에 위험을 가져올 우려가 있는 경우 2. 해당 궤도시설의 용도 및 주변여건에 비추어 건설·설비기준을 완화하여 적용하는 것이 적합하다고 인정되는 경우 3. 신기술 등의 적용으로 건설·설비기준보다 안전하고 편리한 대안을 제시하는 경우 [전문개정 16·6·21]	제15조(특별건설승인의 신청 등〈개정 16·6·23〉) ① 법 제16조제1항에 따른 특별건설승인이 필요한 궤도시설로서 궤도사업의 허가 또는 전용궤도의 승인을 받으려는 자는 별지 제16호서식의 특별건설 승인신청서 또는 변경승인 신청서(전자문서로 된 신고서를 포함한다)에 다음 각 호의 사항이 포함된 특별건설계획서(변경승인을 받으려는 경우 변경된 사항이 포함된 서류로 전자문서를 포함한다)를 첨부하여 시장·군수·구청장 또는 특별시장·광역시장에게 제출하여야 한다. 1. 특별건설승인 신청의 사유 및 내용 2. 시설의 제원(諸元) 및 시스템의 구체적 특징 3. 국내외 설치 사례 및 관련 사진이나 도면 4. 법 제20조에 따른 안전검사전문기관의 안

법	시 행 령	시 행 규 칙
는 관계 전문가 등의 의견을 들어 승인 여부를 결정하여야 하며, 공공의 안전을 위하여 필요한 조건을 붙일 수 있다. 〈개정 13 · 3 · 23, 16 · 3 · 22〉 ④ 특별건설승인의 절차와 그 밖에 필요한 사항은 국토교통부령으로 정한다. 제17조 삭제 〈16 · 3 · 22〉	제10조 〈삭제 16 · 6 · 21〉	전에 관한 검토의견서 5. 건설하려는 궤도시설의 설비기준 6. 다음 각 목의 사항을 포함한 안전검사기준 가. 안전검사가 필요한 세부 항목별 안전기준 나. 검사 항목별 검사내용 및 방법 다. 검사결과기록표 등 7. 다음 각 목의 사항을 포함한 자체 안전관리규정 가. 운전에 관한 사항 나. 자체 점검 · 정비에 관한 사항 다. 화재 · 정전 · 고장 등으로 인한 비상정지 시 이용객 구조방법 라. 안전관련 종사자의 교육에 관한 사항 마. 그 밖에 안전과 관련하여 필요한 사항 등 ② 시장 · 군수 · 구청장 또는 특별시장 · 광역시장은 특별건설승인 신청을 받은 경우 국토교통부장관에게 다음 각 호의 서류를 제출하여야 한다. 〈개정 13 · 3 · 23〉 1. 제1항의 특별건설계획서 2. 시장 · 군수 · 구청장 또는 특별시장 · 광역시장의 검토의견서 ③ 국토교통부장관은 제15조의2에 따른 궤도건설심의회의 심의를 거쳐 승인 여부를 결정하고 시장 · 군수 · 구청장 또는 특별시장 · 광역시장에게 통보하여야 한다. 〈개정 13 · 3 · 23, 16 · 6 · 23〉

법	시행령	시행규칙
		④ 법 제16조제1항에 따른 특별건설승인을 받으려는 자는 다음 각 호의 요건을 모두 갖춰야 한다.〈신설 16·6·23〉 1. 해당 궤도시설이 그 기능상 사람이나 화물의 안전한 운송에 적합할 것 2. 특별건설승인의 신청자가 제출한 자체 안전관리규정이 해당 궤도시설의 안전한 관리에 적합할 것 제15조의2(궤도건설심의회의 설치 등) ① 다음 각 호의 사항을 심의하기 위하여 국토교통부장관 소속으로 궤도건설심의회(이하 "심의회"라 한다)를 둔다.〈개정 17·3·24〉 1. 법 제4조의2제1항에 따른 산악벽지형 궤도에 대한 궤도사업의 승인 또는 변경승인에 관한 사항 2. 법 제15조제1항에 따른 건설·설비기준의 제정·개정에 관한 사항 3. 법 제16조제1항에 따른 특별건설승인에 관한 사항 4. 그 밖에 궤도시설 건설에 관한 사항으로서 국토교통부장관이 필요하다고 인정하는 사항 ② 심의회는 위원장 1명을 포함하여 20명 이내의 위원으로 구성한다. ③ 심의회의 위원은 다음 각 호의 어느 하나에 해당하는 사람 중에서 국토교통부장관이 임명하거나 위촉한다.

법	시 행 령	시 행 규 칙
		1. 궤도와 관련된 업무를 담당하는 4급 이상 공무원 또는 고위공무원단에 속하는 일반직 공무원 2. 궤도 관련 공공단체 및 연구기관의 임원 3. 궤도와 관련된 토목 · 건축 · 기계 · 전력 등에 관하여 전문적 학식과 경험이 풍부한 사람 ④ 심의회의 위원장은 심의회의 위원 중에서 국토교통부장관이 임명한다. ⑤ 제3항제2호 또는 제3호에 따라 위촉된 위원의 임기는 2년으로 한다. ⑥ 국토교통부장관은 제3항제2호 또는 같은 항 제3호에 따라 위촉된 위원이 다음 각 호의 어느 하나에 해당하는 경우에는 해당 위원을 해촉(解囑)할 수 있다. 1. 심신장애로 인하여 직무를 수행할 수 없게 된 경우 2. 직무와 관련된 비위사실이 있는 경우 3. 직무태만, 품위손상이나 그 밖의 사유로 인하여 위원으로 적합하지 아니하다고 인정되는 경우 4. 위원 스스로 직무를 수행하는 것이 곤란하다고 의사를 밝히는 경우 [본조신설 16 · 6 · 23] 제15조의3(궤도건설심의회의 운영 등) ① 위원장은 심의회를 대표하고, 심의회의 업무를 총괄한다.

법	시 행 령	시 행 규 칙
		② 위원장이 부득이한 사유로 직무를 수행할 수 없을 때에는 위원장이 미리 지명한 위원이 그 직무를 대행한다. ③ 위원장은 심의회의 회의를 소집하고, 그 의장이 된다. ④ 심의회의 회의는 재적위원 과반수의 출석으로 개의(開議)하고 출석위원 과반수의 찬성으로 의결한다. ⑤ 심의회에 심의회의 사무를 처리할 간사 1명을 두며, 간사는 국토교통부장관이 소속 공무원 중에서 지명한다. ⑥ 이 규칙에서 규정한 사항 외에 심의회의 운영에 필요한 사항은 심의회의 의결을 거쳐 위원장이 정한다. [본조신설 16·6·23]
제18조(도로와 궤도시설의 관계 등) 다음 각 호에 관한 사항은 대통령령으로 정한다. 1. 「도로법」에 따른 도로에 궤도시설을 건설하는 경우의 도로 점용료 및 공사 비용의 부담 등 2. 「도로법」에 따른 도로에 건설된 궤도시설을 폐지하는 경우 도로의 원상회복, 보상 및 유지·보수 등	**제11조(도로에 부설하는 궤도시설의 부지)** 법 제18조제1호에 따라 도로에 궤도시설을 건설하는 경우 궤도시설을 위한 부지로 사용되는 도로의 점용료, 공사비용 및 시행 등에 대해서는 「도로법」에서 정하는 바에 따른다. **제12조(도로의 원상회복)** ① 궤도사업자 또는 전용궤도운영자가 법 제18조제2호에 따라 도로에 건설한 궤도시설의 사용을 폐지할 때에는 시장·군수·구청장 또는 특별시장·광역시장의 지시에 따라 도로를 원상으로 회복하여야 한다.	

법	시 행 령	시 행 규 칙
	② 제1항에 따른 도로의 원상회복에 필요한 공사에 대해서는 궤도사업자 또는 전용궤도운영자가 도로 관리청과 협의하여 정한다.	
제4장 안전관리	**제4장 안전관리**	**제4장 안전관리**
제19조(안전검사) ① 궤도사업자 또는 전용궤도운영자는 해당 궤도시설에 대하여 시장·군수·구청장 또는 특별시장·광역시장이 실시하는 다음 각 호의 안전검사를 받아야 한다. 1. 정기검사: 매년 실시하는 검사. 이 경우 그 유효기간은 정기검사일부터 1년으로 하며, 최초 정기검사는 준공검사일부터 1년 이내에 받아야 한다. 2. 임시검사: 운행 중에 궤도운송사고가 발생하였거나 발생할 우려가 있는 경우로서 시장·군수·구청장 또는 특별시장·광역시장이 필요하다고 인정할 때 실시하는 검사 ② 시장·군수·구청장 또는 특별시장·광역시장은 제1항에 따른 안전검사를 할 때에는 해당 궤도시설이 국토교통부장관이 정하여 고시하는 안전검사기준에 적합한지 여부를 확인하여야 한다. 〈개정 13·3·23〉	제13조(안전검사의 시행 등) ① 궤도사업자 또는 전용궤도운영자는 법 제19조제1항제1호에 따른 정기검사를 받으려면 국토교통부령으로 정하는 바에 따라 시장·군수·구청장 또는 특별시장·광역시장에게 안전검사를 신청하여야 한다. 〈개정 13·3·23〉 ② 법 제19조제1항제1호에 따른 정기검사기간은 검사유효기간 만료일(법 제19조제3항에 따라 안전검사의 실시를 유예받거나 안전검사의 유효기간이 연장된 경우에는 그 만료일을 말한다) 전후 각각 30일 이내로 하며, 이 기간 내에 검사를 받은 경우에는 검사유효기간 만료일에 정기검사를 받은 것으로 본다. ③ 법 제19조제1항제1호의 정기검사를 할 때에는 제4조제2항제5호의 안전관리계획에 따른 안전관리 시행 여부 등을 함께 검토하여야 한다.	제16조(안전검사의 신청) ① 영 제13조제1항에 따른 안전검사를 받으려는 자는 별지 제17호서식의 안전검사신청서(전자문서로 된 신고서를 포함한다)에 다음 각 호의 서류(전자문서를 포함한다)를 첨부하여 시장·군수·구청장 또는 특별시장·광역시장(시장·군수·구청장 또는 특별시장·광역시장이 안전검사업무를 위탁한 경우에는 그 위탁을 받은 자를 말한다. 이하 이 조에서 같다)에게 제출하여야 한다. 1. 가장 최근에 받은 안전검사증 사본 2. 안전검사명령서(임시검사명령을 받고 검사를 신청하는 경우에만 해당한다) ② 시장·군수·구청장 또는 특별시장·광역시장은 안전검사를 실시하여 검사 결과가 적합하다고 인정되는 때에는 별지 제10호서식의 안전검사증을 신청인에게 발급하여야 한다.
③ 시장·군수·구청장 또는 특별시장·광역시장은 궤도사업자 또는 전용궤도운영자가 천재지변이나 그 밖의 부득이한 사유로 제1항에 따른 안전검사를 받을 수 없다고 인정되는 경	제14조(검사유효기간의 연장 등) ① 법 제19조제3항에서 안전검사를 받을 수 없다고 인정되는 경우는 다음 각 호의 어느 하나에 해당하는 경우로 한다.	제17조(검사유효기간의 연장신청) 영 제14조제3항에 따라 궤도사업자 또는 전용궤도운영자가 검사의 유효기간을 연장하려면 별지 제8호서식의 검사유효기간연장신청서(전자문서로 된

법	시 행 령	시 행 규 칙
우에는 대통령령으로 정하는 바에 따라 안전검사의 유효기간을 연장하거나 안전검사의 실시를 유예할 수 있다.	1. 천재지변, 전시·사변 또는 이에 준하는 비상사태의 경우 2. 궤도시설이 고장 나거나 궤도운송사고가 발생하거나 휴지 등으로 검사유효기간 내에 검사를 받을 수 없는 경우 ② 시장·군수·구청장 또는 특별시장·광역시장은 제1항제1호의 사유로 안전검사를 받을 수 없다고 인정하는 경우에는 그 사유가 소멸할 때까지 안전검사를 유예하여야 한다. 이 경우 시장·군수·구청장 또는 특별시장·광역시장은 유예기간 및 대상지역 등을 지체 없이 공고하여야 한다. ③ 궤도사업자 또는 전용궤도운영자는 제1항제2호의 사유로 검사유효기간 내에 안전검사를 받을 수 없을 때에는 안전검사의 유효기간이 끝나기 전에 국토교통부령으로 정하는 바에 따라 시장·군수·구청장 또는 특별시장·광역시장에게 안전검사 유효기간의 연장을 신청하여야 한다. 〈개정 13·3·23〉	신고서를 포함한다)에 다음 각 호의 서류(전자문서를 포함한다)를 첨부하여 시장·군수·구청장 또는 특별시장·광역시장에게 제출하여야 한다. 1. 제16조제2항에 따라 발급된 안전검사증 사본 2. 연장사유를 증명하는 서류
④ 시장·군수·구청장 또는 특별시장·광역시장은 제1항제1호에 따른 정기검사를 받지 아니한 궤도사업자 또는 전용궤도운영자에 대하여는 대통령령으로 정하는 바에 따라 검사를 받을 것을 통지하여야 한다. ⑤ 제1항에 따른 안전검사의 시행에 필요한 사항은 대통령령으로 정한다.	**제15조(검사의 통지 등)** 시장·군수·구청장 또는 특별시장·광역시장은 법 제19조제4항에 따라 검사를 통지하는 경우에는 검사유효기간이 끝난 후 30일이 지난 날부터 10일 이내에 7일 이상 15일 이하의 기간을 정하여 그 기간 내에 검사를 받을 것을 통지하여야 한다.	

법	시 행 령	시 행 규 칙
제20조(안전검사업무의 위탁) 시장 · 군수 · 구청장 또는 특별시장 · 광역시장은 제19조제1항에 따른 안전검사업무를 대통령령으로 정하는 안전검사전문기관에 위탁할 수 있다.	제16조(안전검사업무의 위탁) 법 제20조에서 "대통령령으로 정하는 안전검사전문기관"이란 다음 각 호의 기관 등을 말한다. 〈개정 13 · 3 · 23, 19 · 2 · 8〉 1. 「한국교통안전공단법」에 따른 한국교통안전공단 2. 「과학기술분야 정부출연연구기관 등의 설립 · 운영 및 육성에 관한 법률」에 따라 설립된 한국철도기술연구원 또는 한국기계연구원 3. 그 밖에 다른 법령에 따라 설립된 시험 · 검사기관으로서 국토교통부령으로 정하는 기술인력과 시설을 보유한 법인 또는 기관	제18조(안전검사업무의 위탁 등) ① 영 제16조제3호에 따라 안전검사업무를 위탁받기 위하여 갖추어야 하는 기술인력 및 시설 기준은 별표 1과 같다. ② 시장 · 군수 · 구청장 또는 특별시장 · 광역시장은 법 제20조에 따라 안전검사업무를 위탁한 경우에는 위탁받은 자와 위탁기간 등을 미리 공고하여야 한다.
제21조(안전수칙) 궤도사업자 또는 전용궤도운영자는 이용객이 궤도시설을 안전하고 쾌적하게 이용할 수 있도록 국토교통부령으로 정하는 안전수칙을 지켜야 한다. 〈개정 13 · 3 · 23〉		제19조(안전수칙 등) 법 제21조에 따른 안전수칙은 별표 2와 같다.
제22조(안전관리) ① 국토교통부장관은 궤도시설에 대하여 「재난 및 안전관리기본법」 제30조에 따른 긴급안전점검을 할 수 있다. 〈개정 13 · 3 · 23〉 ② 궤도사업자 또는 전용궤도운영자는 궤도시설의 기능 및 안전성 유지를 위하여 대통령령으로 정하는 바에 따라 안전점검과 시설정비를 정기적으로 한 후 그 결과를 기록하고, 이를 시장 · 군수 · 구청장 또는 특별시장 · 광역시장에게 보고하여야 한다. ③ 궤도사업자 또는 전용궤도운영자는 궤도시설	제17조(자체 안전관리) ① 법 제22조제2항에 따라 궤도사업자 또는 전용궤도운영자는 다음 각 호에 해당하는 안전점검과 시설정비를 하여야 한다. 1. 일상점검: 매일 궤도시설을 운행하기 전 시험운전 및 점검. 다만, 휴지 및 계절적 요인 등으로 매일 운행하지 아니하는 궤도시설의 경우 운행하지 아니하는 기간에 한정하여 일상점검을 2주에 1회 이상 실시할 수 있다. 2. 정기점검: 3개월마다 실시 ② 제1항에 따른 일상점검과 정기점검의 항목	

법	시행령	시행규칙
의 안전사고 예방 등을 위하여 안전점검, 시설정비, 안전관리책임자 선임 등 대통령령으로 정하는 필요한 조치를 하여야 한다.〈개정 17・12・26〉 ④ 제3항에 따른 안전관리책임자의 자격・직무, 그 밖에 필요한 사항은 대통령령으로 정한다.〈신설 17・12・26〉	및 절차에 관한 세부적인 사항은 국토교통부장관이 정하여 고시하여야 한다. 〈개정 13・3・23〉 ③ 궤도사업자 또는 전용궤도운영자는 제1항 및 제2항에 따른 안전점검과 시설정비 결과를 기록하고 이를 1년간 유지・관리하여야 하며, 제1항제2호에 따른 정기점검 결과를 6개월마다 시장・군수・구청장 또는 특별시장・광역시장에게 보고하여야 한다.	
	제18조(안전관리책임자) ① 법 제22조제3항에 따라 궤도사업자 또는 전용궤도운영자는 다음 각 호의 어느 하나에 해당하는 자격을 가진 사람 중에서 안전관리책임자(이하 "안전관리책임자"라 한다)를 선임(選任)하여야 한다.〈개정 18・11・27〉 1. 「교통안전법」에 따른 삭도교통안전관리자 자격 소지자 또는 철도교통안전관리자 자격 소지자 2. 「국가기술자격법」에 따른 산업안전산업기사 이상 자격 소지자 3. 10년 이상 궤도사업의 안전관리업무에 종사한 경력이 있는 사람 ② 안전관리책임자의 직무는 다음 각 호와 같다.〈신설 18・11・27〉 1. 법 제7조의2에 따른 시험운행의 안전관리에 관한 사항 2. 제4조제2항제5호에 따른 안전관리계획의 수립	**제20조(안전관리책임자)** 영 제18조에 따라 안전관리책임자를 선임・해임하거나 안전관리책임자가 퇴직하는 경우에는 별지 제18호서식의 안전관리책임자 선임・해임・퇴직신고서(전자문서로 된 신고서를 포함한다)에 다음 각 호 중 해당하는 서류(전자문서를 포함한다)를 첨부하여 시장・군수・구청장 또는 특별시장・광역시장에게 제출하여야 한다. 1. 선임 신고: 자격증명서(증명자료를 포함한다) 2. 해임 신고: 해임사유서

법	시 행 령	시 행 규 칙
第23조(시설개선명령) ① 국토교통부장관, 시장 · 군수 · 구청장 또는 특별시장 · 광역시장은 궤도시설이 다음 각 호의 어느 하나에 해당하게 된 경우에는 궤도사업자 또는 전용궤도운영자에게 시설개선명령을 할 수 있다. 〈개정 13 · 3 · 23〉 1. 제19조제1항에 따른 안전검사 결과 안전검사기준에 적합하지 아니한 경우 2. 제22조제1항에 따른 긴급안전점검 결과 안전운행에 지장이 있다고 인정되는 경우 ② 국토교통부장관, 시장 · 군수 · 구청장 또는 특별시장 · 광역시장은 제1항에 따라 시설개선명령을 하는 경우에는 기간을 정하여 해당 궤도시설의 사용정지를 함께 명할 수 있다. 〈개정 13 · 3 · 23〉	3. 제17조제1항에 따른 안전점검과 시설정비에 관한 사항 4. 제17조제3항에 따른 안전점검과 시설정비 결과의 기록 및 해당 기록의 유지·관리에 관한 사항 5. 궤도운송사고의 예방을 위한 궤도운송 중단 여부에 관한 사항 6. 그 밖에 궤도운송사고 예방 등을 위하여 필요한 사항으로서 궤도사업자 또는 전용궤도운영자가 정한 사항 ③ 안전관리책임자의 선임 등의 절차는 국토교통부령으로 정한다. 〈개정 13 · 3 · 23, 18 · 11 · 27〉	

법	시 행 령	시 행 규 칙
제24조(사고 시 조치) 궤도사업자 또는 전용궤도운영자는 운송 중 기계의 결함·고장 또는 천재지변 등의 사유로 궤도의 운행을 중단하게 되거나, 궤도운송사고가 발생한 경우에는 국토교통부령으로 정하는 바에 따라 이용객의 안전을 확보하기 위한 조치를 하여야 한다. 〈개정 13·3·23〉		제21조(사고 시 조치) ① 법 제24조에 따른 운송 중단이 발생한 경우 궤도사업자 또는 전용궤도운영자는 즉시 운행 중단과 관련한 내용을 이용객에게 안내방송으로 알려야 한다. ② 궤도사업자 또는 전용궤도운영자는 제1항에 따른 안내방송 이후 이용객을 도착지 또는 출발지까지 안전하게 운송하여 하차시켜야 하며, 다시 운행을 시작하기 전에 1회 이상의 시험운전을 하여야 한다. ③ 궤도사업자 또는 전용궤도운영자는 궤도운송사고 발생 직후 시설의 결함으로 제2항과 같이 이용객을 도착지 또는 출발지로 안전하게 운송하기가 곤란하다고 판단되는 경우에는 영 제4조제2항제5호에 따른 안전관리계획 및 영 제9조제4항제2호에 따른 자체 안전관리 규정에 따라 궤도차량 밖으로 이용객이 신속히 탈출할 수 있도록 조치를 하여야 한다.
제25조(궤도운송사고 등의 보고 및 조사〈개정 14·1·14〉) ① 궤도사업자 또는 전용궤도운영자는 부상자가 발생한 경우, 운송 중 기계의 결함·고장 또는 천재지변 등의 사유로 사람을 태운 채 궤도의 운행이 중단된 경우 등 국토교통부령으로 정하는 궤도운송사고가 발생한 경우에는 즉시 시장·군수·구청장 또는 특별시장·광역시장에게 보고하여야 한다. 〈개정 13·3·23, 14·1·14〉		제22조(궤도운송사고 등의 보고 및 조사〈개정 14·4·14〉) ① 법 제25조제1항에서 "부상자가 발생한 경우, 운송 중 기계의 결함·고장 또는 천재지변 등의 사유로 사람을 태운 채 궤도의 운행이 중단된 경우 등 국토교통부령으로 정하는 궤도운송사고"란 다음 각 호의 어느 하나에 해당하는 사고를 말한다. 〈개정 14·4·14〉 1. 사망자 또는 부상자가 발생한 사고 2. 궤도차량의 추락·충돌 또는 화재 사고

법	시행령	시행규칙
② 제1항에 따라 보고를 받은 시장 · 군수 · 구청장 또는 특별시장 · 광역시장은 국토교통부령으로 정하는 바에 따라 해당 궤도운송사고를 조사할 수 있다. 〈개정 13 · 3 · 23〉		3. 운송 중 기계의 결함 · 고장 또는 천재지변 등의 사유로 사람을 태운 채 30분 이상 궤도의 운행이 중단된 사고 ② 법 제25조제1항에 따라 보고를 받은 시장 · 군수 · 구청장 및 특별시장 · 광역시장은 영 제16조에 따른 안전검사전문기관과 함께 사고조사반을 구성하여 조사를 실시할 수 있다.
제5장 보칙		**제5장 보칙**
제26조(보험 가입) 궤도사업자 또는 전용궤도운영자는 국토교통부령으로 정하는 바에 따라 궤도운송사고가 발생한 경우 피해자에게 보험금을 지급할 것을 내용으로 하는 보험에 가입하여야 한다. 〈개정 13 · 3 · 23〉		**제23조(보험의 종류 등)** ① 법 제26조에 따른 보험의 종류는 궤도운송 사고배상책임보험 또는 그 보험과 같은 내용이 포함된 보험으로 한다. ② 제1항에 따른 보험은 보험금액이 다음 각 호의 기준에 해당하는 것이어야 한다. 1. 궤도운송사고 당 배상 한도액이 2억원 이상일 것 2. 1인당 배상 한도액이 2억원 이상일 것 3. 연간 배상 한도액이 4억원 이상일 것 ③ 제1항에 따른 보험은 궤도시설을 운행하기 전에 가입하여야 한다.
제27조(궤도운송종사자 등의 의무) ① 궤도운송종사자는 운송의 안전과 이용객의 편익을 도모하여야 한다. ② 궤도사업자 또는 전용궤도운영자는 궤도시설의 안전사고 예방 등을 위하여 안전업무와		**제23조의2(안전교육의 대상 및 과내용 등)** ① 법 제27조제2항에 따른 안전교육(이하 "안전교육"이라 한다)의 대상은 다음 각 호와 같다. 1. 궤도운송종사자 중 궤도차량의 운전자, 이용객 탑승 보조자, 안전관리 및 점검 · 정비자

법	시행령	시행규칙
관련된 궤도운송종사자를 대상으로 하는 교육(이하 "안전교육"이라 한다)을 실시하여야 한다.〈개정 17·12·26〉 ③ 안전교육의 대상, 과정, 내용, 방법, 시기, 그 밖에 필요한 사항은 국토교통부령으로 정한다.〈신설 17·12·26〉 ④ 궤도사업자 또는 전용궤도운영자는 안전교육을 효율적으로 실시하기 위하여 국토교통부령으로 정하는 바에 따라 안전교육을 전문교육기관에 위탁하여 실시할 수 있다.〈신설 17·12·26〉 ⑤ 궤도사업자 또는 전용궤도운영자는 궤도운행의 안전을 확보하기 위하여 운행 상황에 관한 사항을 기록하여야 한다.〈개정 17·12·26〉 **제28조(이용객의 금지행위)** 궤도차량 이용객은 다음 각 호의 행위를 하여서는 아니 된다. 1. 다른 이용객에게 위해(危害) 또는 불쾌감을 줄 수 있는 화약류·동물 등을 궤도차량 내에 들여놓는 행위 2. 운행 중 궤도차량 내에서 운전을 방해하는 행위 3. 신체를 궤도차량 밖으로 내놓는 행위 4. 그 밖에 궤도차량 내의 질서를 문란하게 하는 행위 **제29조(벌칙 적용 시 공무원 의제)** 제8조제2항 및 제20조에 따라 준공검사나 안전검사 업무에 종사하는 안전검사전문기관의 임직원은 「형		2. 법 제22조제3항에 따라 선임된 안전관리책임자 ② 안전교육의 교육내용 및 교육방법 등은 별표 3과 같다. ③ 궤도사업자 또는 전용궤도운영자는 법 제27조제4항에 따라 영 제16조 각 호에 따른 기관에 안전교육을 위탁해서 실시할 수 있다. [본조신설 19·2·7]

법	시 행 령	시 행 규 칙
법」 제129조부터 제132조까지의 규정을 적용할 때에는 공무원으로 본다.		
제30조(보고 · 검사) ① 시장 · 군수 · 구청장 또는 특별시장 · 광역시장은 궤도의 건설 및 안전 관련 규정의 준수 등과 관련하여 궤도사업자 및 전용궤도운영자에게 필요한 사항의 보고를 명하거나, 소속 공무원에게 해당 궤도시설을 검사하게 할 수 있다. ② 제1항에 따라 검사를 할 때에는 검사일 7일 전까지 검사 일시, 검사 이유 및 검사 내용 등을 포함한 검사계획을 해당 궤도사업자 또는 전용궤도운영자에게 알려야 한다. 다만, 긴급한 경우나 사전에 알리면 증거인멸 등으로 검사의 목적을 달성할 수 없다고 인정하는 경우에는 그러하지 아니하다. ③ 제1항에 따라 검사를 하는 공무원은 그 권한을 표시하는 증표를 지니고 이를 관계인에게 내보여야 한다. ④ 제3항에 따른 증표에 관하여 필요한 사항은 국토교통부령으로 정한다. 〈개정 13 · 3 · 23〉		제24조(검사공무원의 권한을 표시하는 증표) 법 제30조제4항에 따른 검사공무원의 증표는 별지 제19호서식과 같다.
제31조(수수료) 이 법에 따라 허가 · 승인 또는 검사를 신청할 때에는 국토교통부령으로 정하는 바에 따라 수수료를 내야 한다. 〈개정 13 · 3 · 23〉		제25조(수수료) ① 법 제31조에 따라 궤도사업의 허가 · 변경허가, 전용궤도의 승인 · 신고, 준공검사 등을 신청하려는 자는 각각 2만원의 수수료를 시장 · 군수 · 구청장 또는 특별시장 · 광역시장에게 납부하여야 한다. ② 궤도시설에 대한 안전검사를 신청하려는

법	시 행 령	시 행 규 칙
		자는「엔지니어링산업 진흥법」 제31조제2항에 따른 엔지니어링사업에 대한 적정한 대가의 기준에 따라 시장·군수·구청장 또는 특별시장·광역시장(시장·군수·구청장 또는 특별시장·광역시 장이 안전검사업무를 위탁한 경우에는 그 위탁을 받은 자를 말한다)이 정하는 수수료를 내야 한다.〈개정 16·6·23〉 제26조(규제의 재검토) 국토교통부장관은 다음 각 호의 사항에 대하여 2017년 1월 1일을 기준으로 3년마다(매 3년이 되는 해의 1월 1일 전까지를 말한다) 그 타당성을 검토하여 개선 등의 조치를 하여야 한다. 1. 제4조에 따른 궤도사업의 변경허가·변경신고의 절차 등 2. 제8조에 따른 착수기간의 연장 신청 3. 제10조에 따른 양도·양수의 신고 4. 제11조에 따른 상속의 신고 5. 제12조에 따른 법인의 합병 신고 6. 제13조에 따른 경영 등의 위탁·수탁신고 7. 제14조에 따른 휴지·폐지 신고 8. 제23조에 따른 보험의 종류 등 [전문개정 16·12·30]
제31조의2(산악벽지형 궤도사업자에 대한 지원) 국가는 산악벽지 주민의 교통편의 제공을 위하여 관계 중앙행정기관의 장과 협의하여 정	제18조의2(산악벽지형 궤도 건설에 대한 지원) ① 법 제31조의2에 따라 지원을 받아 산악벽지형 궤도를 건설하려는 자는 다음 각 호의	

법	시 행 령	시 행 규 칙
하는 산악벽지형 궤도를 건설하는 자에 대하여 재정적, 행정적, 기술적 지원을 할 수 있다. 이 경우 지원 대상, 방법, 절차 등에 필요한 사항은 대통령령으로 정한다. [본조신설 16 · 3 · 22]	사항을 적은 사업계획서를 국토교통부장관에게 제출하여야 한다. 1. 사업 목적 2. 사업의 내용 3. 필요한 자금의 명세와 조달 방법 4. 사업의 타당성 검토보고서 5. 산악벽지 주민의 교통편의 제공 방안 및 연간 추정 수송량 ② 제1항에 따른 사업계획서를 제출받은 국토교통부장관은 관계 중앙행정기관의 장과 협의를 거쳐 지원 여부를 결정하여야 한다. [본조신설 17 · 3 · 22] **제18조의3(고유식별정보의 처리)** 특별시장 · 광역시장 또는 시장 · 군수 · 구청장(해당 권한이 위임 · 위탁된 경우에는 그 권한을 위임 · 위탁받은 자를 포함한다)은 다음 각 호의 사무를 수행하기 위하여 불가피한 경우 「개인정보 보호법 시행령」 제19조에 따른 주민등록번호 또는 외국인등록번호가 포함된 자료를 처리할 수 있다. 1. 법 제4조에 따른 궤도사업의 허가에 관한 사무 2. 법 제5조에 따른 전용궤도의 승인 및 신고에 관한 사무 3. 법 제9조에 따른 궤도사업자의 지위 승계 신고에 관한 사무 4. 법 제10조에 따른 궤도사업의 경영 또는	

법	시 행 령	시 행 규 칙
	전용궤도 운영의 위탁 신고에 관한 사무 [본조신설 17·3·22]	
제6장 벌칙	**제5장 벌칙**	
제32조(벌칙) ① 다음 각 호의 어느 하나에 해당하는 자는 1년 이하의 징역 또는 1천만원 이하의 벌금에 처한다. 이 경우 징역과 벌금은 병과(倂科)할 수 있다. 1. 제4조제1항 및 제2항에 따른 궤도사업의 허가를 받지 아니하고 궤도사업을 경영한 자 2. 거짓이나 그 밖의 부정한 방법으로 제4조에 따른 허가 또는 변경허가를 받은 자 3. 제8조제1항에 따른 준공검사를 받지 아니하고 궤도사업을 경영하거나 전용궤도를 운영한 자 4. 거짓이나 그 밖의 부정한 방법으로 제8조에 따른 준공검사나 제19조에 따른 안전검사를 수행한 자(검사업무를 위탁받은 자 또는 그 종사자를 포함한다) 5. 거짓이나 그 밖의 부정한 방법으로 제8조에 따른 준공검사나 제19조에 따른 안전검사를 받은 자 ② 다음 각 호의 어느 하나에 해당하는 자는 500만원 이하의 벌금에 처한다.〈개정 17·11·28〉 1. 제4조제4항에 따른 변경허가를 받지 아니하고 허가받은 사항을 변경한 자		

법	시 행 령	시 행 규 칙
2. 제5조제1항에 따른 승인을 받지 아니하거나 신고를 하지 아니하고 전용궤도를 운영한 자 3. 거짓이나 그 밖의 부정한 방법으로 제5조제1항에 따른 승인을 받거나 신고를 한 자 또는 같은 조 제2항에 따라 변경승인을 받은 자 4. 제12조제1항에 따른 정지처분기간 중에 궤도사업을 경영하거나 전용궤도를 운영한 자 5. 제19조제1항제2호에 따른 임시검사를 거부 · 방해 · 기피한 자 6. 제19조제4항에 따른 통지를 받고도 같은 조 제1항제1호에 따른 정기검사를 받지 아니하고 궤도사업을 경영하거나 전용궤도를 운영한 자 7. 제22조제1항에 따른 긴급안전점검을 거부 · 방해 · 기피한 자 8. 제23조제1항에 따른 시설개선명령 또는 같은 조 제2항에 따른 사용정지명령을 위반한 자 8의2. 제24조를 위반하여 이용객의 안전을 확보하기 위한 조치를 하지 아니한 자 8의3. 제28조제2호를 위반하여 운행 중 궤도차량 내에서 운전을 방해한 자 9. 제30조제1항에 따른 보고를 거짓으로 한 자 또는 검사를 거부 · 방해 · 기피한 자 **제33조(양벌규정)** 법인의 대표자나 법인 또는 개인의 대리인, 사용인, 그 밖의 종업원이 그 법인 또는 개인의 업무에 관하여 제32조의 위반행위를 하면 그 행위자를 벌하는 외에 그		

법	시 행 령	시 행 규 칙
법인 또는 개인에게도 해당 조문의 벌금형을 과(科)한다. 다만, 법인 또는 개인이 그 위반행위를 방지하기 위하여 해당 업무에 관하여 상당한 주의와 감독을 게을리하지 아니한 경우에는 그러하지 아니하다.		
제34조(과태료) ① 제27조제2항을 위반하여 안전교육을 실시하지 아니한 궤도사업자 또는 전용궤도운영자에게는 500만원 이하의 과태료를 부과한다. 〈신설 17·12·26〉 ② 다음 각 호의 어느 하나에 해당하는 자에게는 200만원 이하의 과태료를 부과한다. 〈개정 13·3·22, 17·11·28, 17·12·26〉 1. 제4조제4항에 따른 변경신고를 하지 아니하고 허가받은 사항을 변경한 자 2. 제5조제3항에 따른 변경신고를 하지 아니하고 승인을 받은 사항 또는 신고한 사항을 변경한 자 3. 제10조에 따른 위탁신고를 하지 아니한 자 4. 제11조제2항에 따른 휴지기간을 초과한 자 5. 제25조제1항에 따른 보고를 하지 아니하거나 거짓으로 한 자 6. 제26조에 따른 보험에 가입하지 아니한 자 7. 제28조제1호 또는 제3호에 따른 이용객의 금지행위를 한 자 ③ 제1항에 따른 과태료는 대통령령으로 정하는 바에 따라 시장·군수·구청장 또는 특별시장·광역시장이 부과·징수한다.〈개정 17·12·26〉	**제19조(과태료의 부과기준)** ① 법 제34조에 따른 과태료의 부과기준은 별표 4와 같다. ② 시장·군수·구청장 또는 특별시장·광역시장은 위반행위의 정도, 위반횟수, 위반행위의 동기와 그 결과 등을 고려하여 별표 4에 따른 과태료 금액을 2분의 1의 범위에서 늘리거나 줄일 수 있다. 이 경우 과태료 금액을 늘릴 때에도 그 총액은 법 제34조제1항 및 제2항에 따른 과태료 상한을 초과할 수 없다.〈개정 18·11·27〉	

법	시 행 령	시 행 규 칙
부 칙 제1조(시행일) 이 법은 공포 후 6개월이 경과한 날부터 시행한다. 제2조(일반적 경과조치) 이 법 시행 당시 종전의 규정에 따라 행정기관이 한 처분 · 행위 또는 행정기관에 대한 각종 신고, 그 밖의 행위는 그에 해당하는 이 법에 따른 행정기관의 행위 또는 행정기관에 대한 행위로 본다. 제3조(삭도사업 · 궤도사업의 허가 및 전용삭도 · 전용궤도의 신고에 관한 경과조치) 이 법 시행 당시 종전의 규정에 따라 삭도사업 또는 궤도사업의 허가를 받거나 전용삭도 또는 전용궤도의 신고를 한 자는 그에 해당하는 이 법에 따른 궤도사업의 허가 또는 전용궤도의 승인을 받거나 전용궤도의 신고를 한 것으로 본다. 제4조(건설 · 설비기준 등에 관한 경과조치) ① 이 법 시행 당시 종전의 규정에 따라 건설된 삭도 및 궤도는 이 법에 따른 궤도의 건설 · 설비기준 등에 적합하게 건설된 것으로 본다. ② 이 법 시행 당시 종전의 「삭도 · 궤도법」에 따라 건설 중인 삭도 및 궤도의 건설 · 설비기준 등에 관하여는 종전의 규정에 따른다. 제5조(삭도사업 등의 휴지신고에 관한 경과조치) 이 법 시행 당시 종전의 규정에 따라 삭	부 칙 제1조(시행일) 이 영은 공포한 날부터 시행한다. 제2조(다른 법령의 개정) ① 개발제한구역의 지정 및 관리에 관한 특별조치법 시행령 일부를 다음과 같이 개정한다. 별표 1의 제2호나목 중 "궤도 및 삭도"를 "궤도"로 한다. ② 관광진흥법 시행령 일부를 다음과 같이 개정한다. 제2조제1항제6호자목을 다음과 같이 한다. 자. 관광궤도업: 「궤도운송법」에 따른 궤도사업의 허가를 받은 자가 주변 관람과 운송에 적합한 시설을 갖추어 관광객에게 이용하게 하는 업 ③ 교통안전법 시행령 일부를 다음과 같이 개정한다. 제29조제1항제1호라목을 다음과 같이 한다. 라. 궤도사업자 또는 전용궤도운영자: 「궤도운송법」 제19조제1항제2호에 따라 임시검사의 대상이 되는 사고 별표 1 제2호의 나목란을 다음과 같이 한다. 나. 궤도 — 「궤도운송법」 제4조에 따라 궤도사업의 허가를 받은 자 또는 제5조에 따라 전용궤도의 승인을 받은 전용궤도운영자	부 칙 제1조(시행일) 이 규칙은 공포한 날부터 시행한다. 제2조(궤도시설에 대한 경과조치) 이 규칙 시행 당시 제2조제5호부터 제11호까지의 궤도시설을 설치 · 운영하고 있는 자는 이 규칙 시행 후 6개월 이내에 법 제4조 또는 제5조에 따른 궤도사업의 허가 또는 전용궤도의 승인을 받거나 전용궤도의 신고를 하여야 한다. 제3조(다른 법령의 개정) ① 교통안전법 시행규칙 일부를 다음과 같이 개정한다. 제4조제2호 중 "「삭도 · 궤도법」에 따라 삭도사업의 허가를 받은 자"를 "「궤도운송법」에 따라 궤도사업의 허가를 받은 자 및 전용궤도의 승인을 받은 자"로 한다. ② 국토해양부와 그 소속기관 직제 시행규칙 일부를 다음과 같이 개정한다. 제9조제19항제15호 중 "삭도 · 궤도"를 "궤도"로 한다. ③ 도시계획시설의 결정 · 구조 및 설치기준에 관한 규칙 일부를 다음과 같이 개정한다. 제34조 중 "「삭도 · 궤도법」 제3조제2항"을 "「궤도운송법」 제2조제7항"으로 한다. 제36조 중 "「삭도 · 궤도법」"을 "「궤도운송법」"으로 한다. 제37조 중 "「삭도 · 궤도법」 제3조제1항"을 "「궤

법

도사업, 궤도사업, 전용삭도 또는 전용궤도의 전부 또는 일부의 휴지를 신고한 자는 제11조제1항 본문의 개정규정에 따른 휴지신고를 한 것으로 보며, 그 휴지기간은 이 법 시행일부터 계산한다.

제6조(벌칙 등에 관한 경과조치) 이 법 시행 전의 위반행위에 대하여 벌칙 및 과태료 규정을 적용할 때에는 종전의 규정에 따른다.

제7조(다른 법률의 개정) ① 골재채취법 일부를 다음과 같이 개정한다.

제36조제1항 중 "궤도·삭도"를 "궤도"로 한다.

② 광업법 일부를 다음과 같이 개정한다.

제70조제6호 중 "궤도·삭도(索道)"를 "궤도"로 하고, 제71조제4호 중 "궤도·삭도"를 "궤도"로 한다.

③ 교통안전법 일부를 다음과 같이 개정한다.

제2조제1호가목 중 "「삭도·궤도법」에 의한 삭도·궤도"를 "「궤도운송법」에 따른 궤도"로 한다.

④ 법률 제9607호 도시철도법 일부개정법률 일부를 다음과 같이 개정한다.

제23조제3항 단서 중 "「삭도·궤도법」"을 "「궤도운송법」"으로 한다.

⑤ 물류시설의 개발 및 운영에 관한 법률 일부를 다음과 같이 개정한다.

제2조제7호라목 중 "「삭도·궤도법」에 따른

시행령

별표 6의 제5호란을 다음과 같이 한다.

5. 삭도교통안전관리자	가. 교통법규 1) 「교통안전법」 2) 「궤도운송법」 나. 교통안전관리론 다. 삭도구조	전자 및 제어공학·기계공학·전기공학 중 택일

5. 삭도교통안전관리자	가. 「궤도운송법」에 따른 궤도사업자, 전용궤도운영자 또는 관련 사업체에서 3년 이상 안전업무를 담당한 경력이 자 나. 삭도·궤도교통분야에서 3년 이상 근무한 경력이 있는 일반직 공무원 다. 삭도교통안전 관련 교육기관 또는 연구기관에서 교원이나 연구원으로 3년 이상 근무한 경력이 있는 자 라. 삭도교통안전 관련 공공기관에서 3년 이상 교통안전업무에 담당한 경력이 있는 자 마. 그 밖에 가목부터 라목까지의 규정과 같은 경력이 있다고 국토해양부장관이 인정하는 자

별표 8의 제5호란을 다음과 같이 한다.

④ 국유림의 경영 및 관리에 관한 법률 시행령 일부를 다음과 같이 개정한다.

제11조제2항제2호 중 "삭도·궤도"를 "궤도"로 한다.

⑤ 국토의 계획 및 이용에 관한 법률 시행령 일부를 다음과 같이 개정한다.

제2조제1항제1호, 제21조제2항제11호라목(2) 및 제35조제1항제2호나목 중 "궤도·삭도"를 각각 "궤도"로 한다.

시행규칙

궤도운송법」 제2조제7항"으로 한다.

제39조 중 "「삭도·궤도법」"을 "「궤도운송법」"으로 한다.

④ 도시공원 및 녹지 등에 관한 법률 시행규칙 일부를 다음과 같이 개정한다.

별표 1 제3호란 중 "모노레일·삭도"를 "궤도"로 한다.

제4조(다른 법령과의 관계) 이 규칙 시행 당시 다른 법령에서 종전의 「삭도·궤도법 시행규칙」 또는 그 규정을 인용한 경우에 이 규칙 가운데 그에 해당하는 규정이 있으면 종전의 규정을 갈음하여 이 규칙 또는 이 규칙의 해당 규정을 인용한 것으로 본다.

부 칙 〈13·3·23〉

제1조(시행일) 이 규칙은 공포한 날부터 시행한다. 〈단서 생략〉

제2조부터 제6조까지 생략

부 칙 〈13·12·30〉

이 규칙은 2014년 1월 1일부터 시행한다.

부 칙 〈14·4·14〉

이 규칙은 2014년 4월 15일부터 시행한다.

법	시 행 령	시 행 규 칙
삭도 · 궤도사업"을 "「궤도운송법」에 따른 궤도사업"으로 한다. ⑥ 옥외광고물 등 관리법 일부를 다음과 같이 개정한다. 제3조제1항제5호 중 "궤도 · 삭도"를 "궤도"로 한다. ⑦ 우편법 일부를 다음과 같이 개정한다. 제3조의2제1항제1호 중 "궤도와 삭도"를 "궤도"로 한다. ⑧ 자연재해대책법 일부를 다음과 같이 개정한다. 제20조제1항제5호를 다음과 같이 한다. 5. 「궤도운송법」에 따른 삭도시설 제26조의4제1항제6호를 다음과 같이 한다. 6. 「궤도운송법」에 따른 삭도시설 ⑨ 제주특별자치도 설치 및 국제자유도시 조성을 위한 특별법 일부를 다음과 같이 개정한다. 제325조의4를 다음과 같이 한다. 제325조의4(궤도에 관한 특례) 「궤도운송법」 제4조제4항 · 제6항, 제5조제1항 · 제2항 · 제4항, 제9조제2항, 제10조제1항, 제11조제1항, 제12조제3항, 제13조제2항 및 제34조제2항에서 대통령령 또는 국토해양부령으로 정하도록 한 사항은 도조례로 정할 수 있다. ⑩ 지방세법 일부를 다음과 같이 개정한다. 제104조제2호 중 "궤도나 삭도"를 "궤도"로	⑥ 국토해양부와 그 소속기관 직제 일부를 다음과 같이 개정한다. 제13조제3항제211호 중 "삭도 · 궤도"를 "궤도"로 한다. ⑦ 군사기지 및 군사시설 보호법 시행령 일부를 다음과 같이 개정한다. 별표 4의 제3호사목 중 "궤도, 삭도"를 "궤도"로 한다. ⑧ 기업활동 규제완화에 관한 특별조치법 시행령 일부를 다음과 같이 개정한다. 제10조의2제6호를 다음과 같이 한다. 6. 「철도사업법」에 따른 철도사업자 또는 「궤도운송법」에 따른 궤도사업을 경영하는 자가 그 사업을 영위하기 위하여 또는 전용궤도운영자가 전용궤도 운영을 위하여 설치하는 화물 운송 · 하역 및 보관을 위한 시설 ⑨ 도로법 시행령 일부를 다음과 같이 개정한다. 제3조제1호를 다음과 같이 한다. 1. 궤도 ⑩ 동 · 서 · 남해안권발전 특별법 시행령 일부를 다음과 같이 개정한다. 제33조제1항제6호를 다음과 같이 한다. 6. 「궤도운송법」 제2조제7호에 따른 궤도사업 ⑪ 백두대간보호에 관한 법률 시행령 일부를 다음과 같이 개정한다. 제8조제1항제1호 중 "삭도(索道) · 궤도(軌道)	**부 칙** 〈14 · 8 · 7〉 **제1조(시행일)** 이 규칙은 공포한 날부터 시행한다. **제2조(서식에 관한 경과조치)** 이 규칙 시행 당시 종전의 규정에 따라 사용 중인 서식은 계속 사용하되, 이 규칙에 따라 주민등록번호가 삭제되거나 생년월일로 개정된 부분은 삭제하거나 수정하여 사용한다. **부 칙** 〈14 · 12 · 31〉 이 규칙은 2015년 1월 1일부터 시행한다. **부 칙** 〈16 · 6 · 23〉 **제1조(시행일)** 이 규칙은 2016년 6월 23일부터 시행한다. **제2조(궤도건설심의위원회의 명칭 변경에 관한 경과조치)** ① 이 규칙 시행 당시 종전의 법 제17조제1항에 따른 궤도건설심의위원회는 제15조의2제1항의 개정규정에 따른 심의회로 본다. ② 이 규칙 시행 당시 종전의 법 제17조제3항에 따라 임명되거나 위촉된 궤도건설심의위원회의 위원은 제15조의2제2항의 개정규정에 따라 심의회의 위원으로 임명되거나 위촉된 것으로 본다. 이 경우 위촉된 위원의 임기는 남은 기간으로 한다. **제3조(다른 법령의 개정)** 국토교통부와 그 소속

법	시행령	시행규칙
한다. ⑪ 지진재해대책법 일부를 다음과 같이 개정한다. 제14조제1항제26호를 다음과 같이 한다. 26.「궤도운송법」에 따른 궤도 **제8조(다른 법령과의 관계)** 이 법 시행 당시 다른 법령에서 종전의 「삭도·궤도법」 또는 그 규정을 인용한 경우에 이 법 가운데 그에 해당하는 규정이 있으면 종전의 규정을 갈음하여 이 법 또는 이 법의 해당 규정을 인용한 것으로 본다. 부 칙 〈11·9·16〉 **제1조(시행일)** 이 법은 공포한 날부터 시행한다. 〈단서 생략〉 **제2조** 생략 부 칙 〈13·3·22〉 이 법은 공포 후 3개월이 경과한 날부터 시행한다. 부 칙 〈13·3·23〉 **제1조(시행일)** ① 이 법은 공포한 날부터 시행한다. ② 생략 **제2조부터 제7조까지** 생략	시설"을 "궤도시설"로 한다. ⑫ 산림자원의 조성 및 관리에 관한 법률 시행령 일부를 다음과 같이 개정한다. 제51조제2항제4호 중 "삭도 또는 궤도시설"을 "궤도시설"로 한다. ⑬ 산지관리법 시행령 일부를 다음과 같이 개정한다. 제10조제1항제1호 "삭도 또는 궤도시설"을 "궤도시설"로 한다. 제12조제1항제4호를 다음과 같이 한다. 4.「궤도운송법」에 따른 궤도 제32조의2제1항제2호나목을 다음과 같이 한다. 나.「궤도운송법」 제2조제1호에 따른 궤도 ⑭ 아시아문화중심도시 조성에 관한 특별법 시행령 일부를 다음과 같이 개정한다. 제31조제7호를 다음과 같이 한다. 7.「궤도운송법」 제2조제7호에 따른 궤도사업 ⑮ 옥외광고물 등 관리법 시행령 일부를 다음과 같이 개정한다. 제6조제1항 중 "궤도·삭도"를 "궤도"로 한다. ⑯ 자연공원법 시행령 일부를 다음과 같이 개정한다. 제2조제5호 중 "궤도·삭도"를 "궤도"로 한다. ⑰ 자연재해대책법 시행령 일부를 다음과 같이 개정한다. 제17조제5호를 다음과 같이 한다.	기관 직제 시행규칙 일부를 다음과 같이 개정한다. 제14조제11항제14호 중 "궤도건설심의위원회"를 "궤도건설심의회"로 한다. 부 칙 〈16·12·30〉 **제1조(시행일)** 이 규칙은 공포한 날부터 시행한다. 〈단서 생략〉 **제2조부터 제4조까지** 생략 부 칙 〈17·3·24〉 이 규칙은 공포한 날부터 시행한다. 부 칙 〈19·2·7〉 이 규칙은 공포한 날부터 시행한다.

법	시 행 령	시 행 규 칙
부 칙 〈14 · 1 · 14〉 이 법은 공포 후 3개월이 경과한 날부터 시행한다. **부 칙** 〈15 · 8 · 11〉 제1조(시행일) 이 법은 공포한 날부터 시행한다. 제2조(금치산자 등에 대한 경과조치) 제6조제1호의 개정규정에도 불구하고 법률 제10429호 민법 일부개정법률 부칙 제2조에 따라 금치산 또는 한정치산 선고의 효력이 유지되는 사람에 대하여는 종전의 규정을 적용한다. **부 칙** 〈16 · 1 · 6〉 제1조(시행일) 이 법은 공포 후 1년이 경과한 날부터 시행한다. 제2조부터 제7조까지 생략 **부 칙** 〈16 · 3 · 22〉 제1조(시행일) 이 법은 공포 후 3개월이 경과한 날부터 시행한다. 다만, 제2조제13호, 제4조의2, 제12조제1항제4호 및 제31조의2의 개정규정은 공포 후 1년이 경과한 날부터 시행한다. 제2조(국가지원에 관한 적용례) 제31조의2의 개정규정은 같은 개정규정 시행 후 최초로 산악벽지형 궤도에 대한 궤도사업의 허가를 받은 경우부터 적용한다.	5. 「궤도운송법」 제2조제3호에 따른 궤도시설 ⑱ 자연환경보전법 시행령 일부를 다음과 같이 개정한다. 별표 2의 제2호사목(3)을 다음과 같이 한다. (3) 「궤도운송법」 제2조에 따른 궤도의 건설 ⑲ 전파법 시행령 일부를 다음과 같이 개정한다. 제71조제1항제1호마목을 다음과 같이 한다. 마. 철도 및 궤도 ⑳ 제주특별자치도 설치 및 국제자유도시 조성을 위한 특별법 시행령 일부를 다음과 같이 개정한다. 제36조제1항제5호를 다음과 같이 한다. 5. 「궤도운송법」 제2조제7호에 따른 궤도사업 ㉑ 조세특례제한법 시행령 일부를 다음과 같이 개정한다. 제116조의15제1항제5호를 다음과 같이 한다. 5. 「궤도운송법」 제2조제7호에 따른 궤도사업 ㉒ 지방세법 시행령 일부를 다음과 같이 개정한다. 제73조의2 중 "궤도와 삭도"를 "궤도"로 한다. 별표의 〈제1종〉의 제112호를 다음과 같이 한다. 112. 궤도사업 ㉓ 지진재해대책법 시행령 일부를 다음과 같이 개정한다. 제10조제25호를 다음과 같이 한다. 25. 「궤도운송법」에 따른 궤도	

법	시　행　령	시 행 규 칙

법

부　칙 〈17·11·28〉

제1조(시행일) 이 법은 공포 후 1년이 경과한 날부터 시행한다.

제2조(벌칙 및 과태료에 관한 적용례) 제32조제2항제8호의2 및 제8호의3, 제34조제1항제5호부터 제7호까지의 개정규정은 이 법 시행 후 최초의 위반행위부터 적용한다.

부　칙 〈17·12·26〉

제1조(시행일) 이 법은 2018년 11월 29일부터 시행한다.

제2조(과태료에 관한 적용례) 법률 제15114호 궤도운송법 일부개정법률 제34조제1항의 개정규정은 이 법 시행 후 최초의 위반행위부터 적용한다.

부　칙 〈18·3·27〉

제1조(시행일) 이 법은 공포 후 1년이 경과한 날부터 시행한다.

제2조부터 제24조까지 생략

부　칙 〈18·6·12〉

제1조(시행일) 이 법은 공포 후 6개월이 경과한 날부터 시행한다.

제2조(시험운행에 관한 적용례) 제7조의2의 개

시행령

㉔ 측량법 시행령 일부를 다음과 같이 개정한다.

별표 1의5 제6호다목을 다음과 같이 한다.

다. 「궤도운송법」 제2조제7호에 따른 궤도사업 또는 같은 조 제9호의 전용궤도의 길이가 5㎞ 이상 또는 궤도용지(궤도시설의 면적을 포함한다)의 면적이 10만㎡ 이상인 것

㉕ 환경영향평가법 시행령 일부를 다음과 같이 개정한다.

별표 1 제7호의 다목란을 다음과 같이 한다.

다. 「궤도운송법」 제2조제7호의 궤도사업(같은 조 제9호에 따른 전용궤도를 포함한다)으로서 다음의 어느 하나에 해당하는 사업 1) 삭도의 길이가 2킬로미터 이상인 경우 2) 「궤도운송법」 제2조제1호에 따른 궤도(삭도는 제외한다)의 길이가 4킬로미터 이상인 경우 3) 궤도용지(궤도시설의 면적을 포함한다)의 면적이 10만제곱미터 이상 인 경우	「궤도운송법」 제4조에 따른 사업허가 또는 제5조에 따른 운영 승인 전

제3조(다른 법령과의 관계) 이 영 시행 당시 다른 법령에서 종전의 「삭도·궤도법 시행령」 또는 그 규정을 인용한 경우에 이 영 가운데 그에 해당하는 규정이 있으면 종전의 「삭도·

법	시 행 령	시 행 규 칙
정규정은 이 법 시행 이후 궤도사업 허가(변경허가를 포함한다) 또는 승인(변경승인을 포함한다)을 받은 자부터 적용한다.	궤도법 시행령」 또는 그 규정을 갈음하여 이 영 또는 이 영의 해당 규정을 인용한 것으로 본다. **부 칙** 〈13 · 3 · 23〉 제1조(시행일) 이 영은 공포한 날부터 시행한다. 〈단서 생략〉 제2조부터 제6조까지 생략 **부 칙** 〈16 · 6 · 21〉 이 영은 2016년 6월 23일부터 시행한다. **부 칙** 〈17 · 3 · 22〉 이 영은 2017년 3월 23일부터 시행한다. **부 칙** 〈17 · 3 · 27〉 이 영은 2017년 3월 30일부터 시행한다. 〈단서 생략〉 **부 칙** 〈18 · 11 · 27〉 제1조(시행일) 이 영은 2018년 11월 29일부터 시행한다. 다만, 제4조제2항제1호의2 및 제18조제2항제1호의 개정규정은 2018년 12월 13일부터 시행한다. 제2조(과징금 부과에 관한 경과조치) 이 영 시행 전의 위반행위에 대한 과징금의 부과에 관하여는 별표 3 비고의 개정규정에도 불구하고 종전의 규정에 따른다.	

법	시 행 령	시 행 규 칙
	부 칙 〈19·2·8〉 제1조(시행일) 이 영은 공포한 날부터 시행한다. 제2조 및 제3조 생략	

궤도운송법 시행령 [별표] · 시행규칙 [별표 · 별지]

【시행령 별표】

[별표 1] 〈개정 17·3·22〉

행정처분의 기준(제5조제1항 관련)

Ⅰ. 일반기준

1. 위반행위가 둘 이상인 경우에는 그 중 무거운 처분기준을 적용하며, 처분기준이 모두 사업정지인 경우에는 각각의 처분기준을 합산한 기간을 넘지 않는 범위에서 무거운 처분기준의 2분의 1의 범위에서 가중할 수 있다.
2. 위반행위의 횟수에 따른 행정처분의 가중된 부과기준은 최근 1년간 같은 위반행위로 행정처분을 받은 경우에 적용한다. 이 경우 기간의 계산은 위반행위에 대하여 행정처분을 받은 날과 그 처분 후 다시 같은 위반행위를 하여 적발된 날을 기준으로 한다.
3. 제2호에 따라 가중된 행정처분을 하는 경우 가중처분의 적용 차수는 그 위반행위 전 부과처분 차수(제2호에 따른 기간 내에 행정처분이 둘 이상 있었던 경우에는 높은 차수를 말한다)의 다음 차수로 한다.
4. 5차 이상 위반한 경우에 4차 위반의 처분기준이 법 제12조제1항 본문에 따른 궤도사업 경영 또는 전용궤도 운영의 전부 또는 일부의 정지(이하 이 표에서 "사업정지"라 한다)인 경우에는 허가 또는 승인 취소 처분을 한다.
5. 처분권자는 다음 각 목의 어느 하나에 해당하는 경우에는 그 처분을 감경할 수 있다. 이 경우 그 처분이 사업정지인 경우에는 그 처분기준의 2분의 1 범위에서 감경할 수 있고, 허가 또는 승인의 취소인 경우(법 제12조제1항제1호, 제2호 및 제4호부터 제6호까지의 규정 중 어느 하나에 해당하는 경우는 제외한다)에는 90일의 사업정지 처분으로 감경할 수 있다.
   가. 위반행위가 고의나 중대한 과실이 아닌 사소한 부주의나 오류로 인한 것으로 인정되는 경우
   나. 위반의 내용·정도가 경미하여 궤도 이용자에게 미치는 피해가 적다고 인정되는 경우
   다. 위반 행위자가 처음 해당 위반행위를 한 경우로서, 3년 이상 궤도사업의 경영 또는 전용궤도의 운영을 모범적으로 해온 사실이 인정되는 경우
   라. 그 밖에 공익을 위하여 처분을 감경할 필요가 있다고 인정되는 경우

Ⅱ. 위반행위별 세부처분 기준

위반행위	해당 법 조문	처분기준			
		1차	2차	3차	4차
1. 거짓이나 그 밖의 부정한 방법으로 법 제4조에 따른 허가 또는 변경허가를 받거나 법 제5조에 따른 승인 또는 변경승인을 받은 경우	법 제12조제1항제1호	허가 또는 승인 취소			
2. 법 제4조제3항(법 제5조제4항에서 준용하는 경우를 포함한다)에 따른 허가기준 또는 승인기준에 미달하게 된 경우(3개월 이내에 그 기준을 충족시킨 경우는 제외한다)	법 제12조제1항제2호	허가 또는 승인 취소			
3. 법 제4조제4항에 따른 변경허가 또는 법 제5조제2항에 따른 변경승인을 받지 않고 허가 또는 승인받은 사항을 변경한 경우	법 제12조제1항제3호	사업정지 10일	사업 정지 30일	사업 정지 90일	허가 또는 승인 취소
4. 정당한 사유 없이 법 제4조제5항(법 제5조제4항에서 준용하는 경우를 포함한다)에 따른 허가 또는 승인의 조건, 법 제4조의2 제2항에 따른 승인의 조건 및 법 제16조제3항에 따른 특별건설승인의 조건을 위반한 경우	법 제12조제1항제4호	허가 또는 승인 취소			
5. 법 제6조 각 호의 결격사유 중 어느 하나에 해당하게 된 경우(임원 중 결격사유에 해당하는 사람이 있는 법인으로서 3개월 이내에 그 임원을 결격사유가 없는 임원으로 바꾸어 임명한 법인은 제외한다)	법 제12조제1항제6호	허가 또는 승인 취소			
6. 정당한 사유 없이 법 제7조제1항에 따른 공사의 착수기간을 위반한 경우(궤도사업자만 해당한다)	법 제12조제1항제5호	허가 또는 승인 취소			
7. 법 제8조에 따른 준공검사를 받지 않고 궤도사업을 경영하거나 전용궤도를 운영한 경우	법 제12조제1항제7호	사업정지 10일	사업 정지 30일	사업 정지 90일	허가 또는 승인 취소

위반행위	해당 법 조문	처분기준			
		1차	2차	3차	4차
8. 법 제11조제1항을 위반하여 신고를 하지 않고 휴지를 하거나 신고한 휴지기간을 변경한 경우	법 제12조제1항제8호	경고	사업정지 10일	사업정지 30일	사업정지 60일
9. 법 제19조제1항제2호에 따른 임시검사를 받지 않고 궤도사업을 경영하거나 전용궤도를 운영한 경우	법 제12조제1항제9호	사업정지 10일	사업정지 30일	사업정지 90일	
10. 법 제19조제4항에 따른 통지를 받고도 같은 조 제1항제1호에 따른 정기검사를 받지 않고 궤도사업을 경영하거나 전용궤도를 운영한 경우	법 제12조제1항제10호	사업정지 10일	사업정지 30일	사업정지 90일	허가 또는 승인 취소
11. 법 제21조에 따른 안전수칙을 위반한 경우	법 제12조제1항제11호	사업정지 10일	사업정지 30일	사업정지 60일	사업정지 90일
12. 법 제22조제2항 또는 제3항에 따른 안전관리의무를 위반한 경우	법 제12조제1항제12호	사업정지 10일	사업정지 30일	사업정지 60일	허가 또는 승인 취소
13. 법 제23조제1항에 따른 시설개선 명령 또는 같은 조 제2항에 따른 사용정지명령을 위반한 경우	법 제12조제1항제13호	사업정지 10일	사업정지 30일	사업정지 90일	허가 또는 승인 취소
14. 고의 또는 중대한 과실로 법 제25조제1항에 따른 중대한 궤도운송사고를 일으킨 경우	법 제12조제1항제14호	사업정지 30일	사업정지 60일	허가 또는 승인 취소	
15. 법 제30조에 따른 보고명령에 따르지 않거나 거짓으로 보고한 경우 또는 검사를 거부·방해·기피한 경우	법 제12조제1항제15호	경고	사업정지 30일	사업정지 60일	사업정지 90일
16. 궤도사업 경영 또는 전용궤도 운영의 정지처분기간 중에 궤도사업을 경영하거나 전용궤도를 운영한 경우	법 제12조제1항제16호	사업정지 10일	사업정지 30일	사업정지 90일	허가 또는 승인 취소

[별표 2]

행정처분의 기준(제5조제2항 관련)

Ⅰ. 일반기준

1. 위반행위가 둘 이상인 경우에는 그 중 무거운 처분기준을 적용하며, 처분기준이 모두 운영정지인 경우에는 각각의 처분기준을 합산한 기간을 넘지 않는 범위에서 무거운 처분기준의 2분의 1의 범위에서 가중할 수 있다.
2. 위반행위의 차수에 따른 처분기준은 최근 1년간 같은 위반행위로 처분을 받은 경우에 적용하며, 기준 적용일은 위반행위에 대한 행정처분일과 그 처분 후의 재적발일을 기준으로 한다.
3. 처분권자는 다음 각 목에 해당하는 사유를 고려하여 그 처분을 감경할 수 있다. 이 경우 그 처분이 운영정지인 경우에는 그 처분기준의 2분의 1의 범위에서 감경할 수 있다.
  가. 위반행위가 고의나 중대한 과실이 아닌 사소한 부주의나 오류로 인한 것으로 인정되는 경우
  나. 위반의 내용·정도가 경미하여 궤도 이용자에게 미치는 피해가 적다고 인정되는 경우
  다. 위반행위자가 처음 해당 위반행위를 한 경우로서, 3년 이상 전용궤도의 운영을 모범적으로 해 온 사실이 인정되는 경우
  라. 그 밖에 공익을 위하여 처분을 감경할 필요가 있다고 인정되는 경우

Ⅱ. 위반행위별 세부처분 기준

위반행위	해당 법 조문	처분기준			
		1차	2차	3차	4차
1. 거짓이나 그 밖의 부정한 방법으로 법 제5조제1항 단서에 따른 신고를 한 경우	법 제12조제2항제1호	운영정지 10일	운영정지 30일	운영정지 90일	
2. 법 제8조에 따른 준공검사를 받지 않고 전용궤도를 운영한 경우	법 제12조제2항제2호	운영정지 10일	운영정지 30일	운영정지 90일	
3. 법 제19조제1항제2호에 따른 임시검사를 받지 않고	법 제12조제2항제3호	운영정지 10일	운영정지 30일	운영정지 90일	

전용궤도를 운영한 경우					
4. 법 제19조제4항에 따른 통지를 받고도 같은 조 제1항제1호에 따른 정기검사를 받지 않고 전용궤도를 운영한 경우	법 제12조 제2항제4호	운영정지 10일	운영정지 30일	운영정지 90일	
5. 법 제21조에 따른 안전수칙을 위반한 경우	법 제12조 제2항제5호	운영정지 10일	운영정지 30일	운영정지 60일	운영정지 90일
6. 법 제22조제2항 또는 제3항에 따른 안전관리의무를 위반한 경우	법 제12조 제2항제6호	운영정지 10일	운영정지 30일	운영정지 60일	
7. 법 제23조제1항에 따른 시설개선명령 또는 같은 조 제2항에 따른 사용정지명령을 위반한 경우	법 제12조 제2항제7호	운영정지 10일	운영정지 30일	운영정지 90일	
8. 고의 또는 중대한 과실로 법 제25조제1항에 따른 중대한 궤도운송사고를 일으킨 경우	법 제12조 제2항제8호	운영정지 30일	운영정지 60일		
9. 법 제30조에 따른 보고명령에 따르지 않거나 거짓으로 보고한 경우 또는 검사를 거부·방해·기피한 경우	법 제12조 제2항제9호	경고	운영정지 30일	운영정지 60일	운영정지 90일
10. 전용궤도 운영의 정지처분기간 중에 전용궤도를 운영한 경우	법 제12조제2항제10호	운영정지 10일	운영정지 30일	운영정지 90일	

[별표 3] 〈개정 18·11·27〉

위반행위의 종류별 과징금의 금액(제6조제1항 관련)

(단위: 만원)

위반행위	근거 법조문	과징금의 금액
1. 법 제4조제4항에 따른 변경허가 또는 법 제5조제2항에 따른 변경승인을 받지 않고 허가 또는 승인받은 사항을 변경한 경우	법 제12조제1항제3호	500
2. 법 제8조에 따른 준공검사를 받지 않고 궤도사업을 경영하거나 전용궤도를 운영한 경우	법 제12조제1항제7호	500
3. 법 제11조제1항을 위반하여 신고를 하지 않고 휴지하거나 신고한 휴지기간을 변경한 경우	법 제12조제1항제8호	200
4. 법 제19조제1항제2호에 따른 임시검사를 받지 않고 궤도사업을 경영하거나 전용궤도를 운영한 경우	법 제12조제1항제9호	400
5. 법 제19조제4항에 따른 통지를 받고도 같은 조 제1항제1호에 따른 정기검사를 받지 않고 궤도사업을 경영하거나 전용궤도를 운영한 경우	법 제12조제1항제10호	500
6. 법 제21조에 따른 안전수칙을 위반한 경우	법 제12조제1항제11호	400
7. 법 제22조제2항 또는 제3항에 따른 안전관리의무를 위반한 경우	법 제12조제1항제12호	400
8. 법 제23조제1항에 따른 시설개선명령 또는 같은 조 제2항에 따른 사용정지명령을 위반한 경우	법 제12조제1항제13호	500
9. 고의 또는 중대한 과실로 법 제25조제1항에 따른 중대한 궤도운송사고를 일으킨 경우	법 제12조제1항제14호	1000
10. 법 제30조에 따른 보고명령에 따르지 않거나 거짓으로 보고한 경우 또는 검사를 거부·방해·기피한 경우	법 제12조제1항제15호	300
11. 궤도사업 경영 또는 전용궤도 운영의 정지처분기간 중에 궤도사업을 경영하거나 전용궤도를 운영한 경우	법 제12조제1항제16호	500

※ 비고

1. 별표 1에서 위반행위의 횟수에 따른 행정처분의 가중된 부과기준이 있는 경우에 2차 이상 위반행위에 대한 과징금의 금액은 다음의 계산식에 따라 결정한다. 다만, 과징금의 총액은 1천만원을 초과할 수 없다.

$$\text{위 표에서 정한 과징금의 금액} \times \frac{\text{2차 이상 위반 시 행정처분에 따른 정지 기간}}{\text{1차 위반 시 행정처분에 따른 정지 기간}}$$

2. 제1호에 따른 계산식을 적용할 때 1차 위반이 경고인 경우 2차 위반을 1차 위반으로 본다.

[별표 4]

과태료의 부과기준(제19조제1항 관련)

(단위: 만원)

위반행위	근거 법조문	과태료의 금액
1. 법 제4조제4항에 따른 변경신고를 하지 않고 허가받은 사항을 변경한 경우	법 제34조제2항 제1호	150
2. 법 제5조제2항에 따른 변경신고를 하지 않고 승인을 받은 사항 또는 신고한 사항을 변경한 경우	법 제34조제2항 제2호	150
3. 법 제10조에 따른 위탁신고를 하지 않은 경우	법 제34조제2항 제3호	100
4. 법 제11조제2항에 따른 휴지기간을 초과한 경우	법 제34조제2항 제4호	100
5. 법 제25조제1항에 따른 보고를 하지 않거나 거짓으로 한 경우	법 제34조제2항 제5호	200
6. 법 제26조에 따른 보험에 가입하지 않은 경우	법 제34조제2항 제6호	200
7. 궤도사업자 또는 전용궤도운영자가 법 제27조제2항을 위반하여 안전교육을 실시하지 않은 경우	법 제34조제1항	300
8. 법 제28조제1호 또는 제3호에 따른 이용객의 금지행위를 한 경우	법 제34조제2항 제7호	5

【시행규칙 별표 · 별지】

[별표 1]

안전검사전문기관의 기술인력 및 시설기준(제18조 관련)

<table>
<tr><th>구분</th><th colspan="3">자격기준</th></tr>
<tr><td rowspan="2">기술 인력 기준</td><td>검사 책임자 (1명)</td><td colspan="2">1. 「국가기술자격법」에 따른 기계 · 전기 또는 전자분야의 기사 이상의 자격을 사람으로서 궤도시설의 공사 · 유지 또는 운영에 관한 업무에 5년 이상 종사한 경력이 있는 사람
2. 「국가기술자격법」에 따른 기계 · 전기 또는 전자분야의 산업기사 이상의 자격을 가진 사람 또는 「교통안전법」에 따른 삭도교통안전관리자 또는 철도교통안전관리자의 자격을 가진 사람으로서 궤도시설의 공사 · 유지 또는 운영에 관한 업무에 7년 이상 종사한 경력이 있는 자</td></tr>
<tr><td>검사원 (2명 이상)</td><td colspan="2">1. 「국가기술자격법」에 따른 기계 · 전기 또는 전자분야의 산업기사 이상의 자격을 가진 사람
2. 「교통안전법」에 따른 삭도교통안전관리자 또는 철도교통안전관리자의 자격을 가진 사람으로서 궤도시설의 공사 · 유지 또는 운영에 관한 업무에 3년 이상 종사한 경력이 있는 사람</td></tr>
<tr><td rowspan="11">시설 기준</td><td>품 명</td><td>규 격</td><td>보유기준</td></tr>
<tr><td>버니어캘리퍼스</td><td>150㎜ 이상
300㎜ 이상</td><td>각 1개 이상</td></tr>
<tr><td>각도측정기</td><td>정밀급</td><td>1개 이상</td></tr>
<tr><td>스톱워치</td><td>1/10초 이상</td><td>1개 이상</td></tr>
<tr><td>접지저항계</td><td></td><td>1개 이상</td></tr>
<tr><td>절연저항계</td><td>500V/1000MΩ
1000V/2000MΩ</td><td>각 1개 이상</td></tr>
<tr><td>전류계</td><td>600A 이상</td><td>1개 이상</td></tr>
<tr><td>줄자</td><td>10m 이상
50m 이상</td><td>각 1개 이상</td></tr>
<tr><td>멀티테스터</td><td></td><td>1개 이상</td></tr>
<tr><td>광파거리측정기</td><td>측정거리 1km 이상</td><td>1개 이상</td></tr>
</table>

[별표 2]

안전수칙(제19조 관련)

<table>
<tr><th>구분</th><th>안전수칙</th></tr>
<tr><td>선로</td><td>선로와 그 밖의 시설물은 항상 안전하고 정확하게 운전할 수 있는 상태로 유지해야 한다.</td></tr>
<tr><td>속도의 제한</td><td>1. 왕복식 삭도의 속도는 초당 5미터를 넘지 않아야 한다. 다만, 지주(支柱)를 통과하는 경우에 작동하는 감속장치를 갖춘 때에는 그 속도를 초당 10미터 이하로 할 수 있다.
2. 자동순환식 삭도는 그 속도가 초당 5미터를 넘지 않아야 한다. 다만, 탑승정원, 승강장의 길이 · 너비, 탑승보조원의 상주 및 안내원의 동승의 여건 등을 고려하여 시장 · 군수 · 구청장 또는 특별시장 · 광역시장이 안전하다고 인정하는 경우에는 초당 8미터 이하로 할 수 있다.
3. 고정순환식 삭도는 그 속도가 2인승 이하인 경우에는 초당 1.5미터를, 3인승 이상인 경우에는 초당 1.3미터를 넘지 않아야 하며, 궤도차량이 그룹형 폐쇄식으로서 정류장에서 승차 · 하차가 쉽도록 자동으로 속도가 가속 · 감속되는 경우에는 초당 6미터를 넘지 않아야 한다. 다만, 스키장에 설치하는 삭도로서 2인승 이하인 경우에는 초당 2.3미터 이하로, 3인승 이상인 경우에는 초당 2미터 이하로 할 수 있다.
4. 고정순환식 삭도 중 승객을 이동시켜 궤도차량에 쉽게 승차하도록 하기 위한 장치를 갖춘 경우에는 그 장치의 이동속도가 초당 1미터를 넘지 아니하여야 하며, 그 탑승 상대속도는 초당 2미터를 넘지 아니하여야 한다.
5. 견인식 삭도는 그 속도가 매초 4미터를 넘지 않아야 한다.</td></tr>
<tr><td>최대 승차인원</td><td>1. 여객이나 화물을 운송하는 궤도차량에는 최대승차인원 또는 최대적재량을 초과하여 여객을 태우고 내리거나 짐을 싣고 내려서는 아니 된다.
2. 제1항의 경우 최대 승차인원이 표시된 차량에 12세 미만의 어린이를 태우거나 화물을 실을 때에는 다음 각 호의 인원 또는 무게마다 승차인원 1명으로 환산한다.
가. 12세 미만 어린이의 경우에는 1.5명
나. 화물의 경우에는 그 무게 65킬로그램</td></tr>
<tr><td>운전자의 자격, 배치 등</td><td>1. 여객수송용 삭도 운전에 종사하는 직원은 기계 · 전기 · 전자 또는 안전관리 분야의 기능사 이상의 국가기술자격이나 「교통</td></tr>
</table>

	안전법」에 따른 삭도교통안전관리자의 자격을 갖춰야 한다. 2. 여객수송용 삭도 운전에 종사하는 직원은 선로당 1명 이상 있어야 하며, 삭도는 운전 중에는 정해진 위치를 떠나서는 안 된다. 3. 여객수송용 궤도사업자는 궤도 운전에 필요한 지식 및 기능을 충분히 발휘할 수 있는 심신의 상태에 있지 않은 사람을 궤도의 운전에 관계되는 직무에 종사시켜서는 안 된다..
차장의 탑승	왕복식 삭도사업자는 다음 각 호의 요건을 모두 갖춘 경우를 제외하고는 해당 차량에 차장이 탑승하여 직무를 수행하도록 하여야 한다. 가. 궤도차량의 최대승차인원이 15명 이내인 경우 나. 여객이 쉽고 안전하게 다룰 수 있는 탈출 장치를 갖춘 경우 다. 궤도차량의 출입구가 직원만이 외부에서 열고 닫을 수 있는 구조로 되어 있는 경우 라. 궤도차량의 하단이 지표면에서 30미터 이하의 높이인 경우 마. 궤도차량에 여객이 쉽게 조작할 수 있는 비상용 전화장치, 통보장치 및 수기(手旗)를 갖춘 경우 바. 평상시 및 비상시의 주의사항이 정류장 및 차량 안에 게시되어 있는 경우 사. 12세 미만 또는 60세 이상의 사람만을 승차시키지 않은 경우
출발시 조치	1. 궤도차량을 출발시킬 때에는 여객 또는 화물이 굴러 떨어지는 것을 방지하기 위하여 출입문을 닫고 잠가야 한다. 2. 삭도를 운전할 때에는 정해진 방법에 따라 출발신호를 해야 한다.
악천후 및 야간시 조치	1. 바람·눈·비 또는 안개 등으로 궤도의 안전운전이 곤란할 때에는 궤도의 운행중지 등 위험을 피하기 위한 조치를 하여야 한다. 2. 야간 또는 악천후로 궤도차량을 식별하기 곤란한 때에 운전하는 여객수송용 궤도의 경우에는 궤도차량의 앞부분 및 뒷부분의 표지등을 켜야 한다. 다만, 자동순환식 삭도, 고정순환식 삭도, 견인식 삭도는 제외한다.
차량의 안전거리 확보	1. 운행 중에 있는 궤도차량은 궤도차량 간 안전거리를 유지해야 한다. 2. 선로에서는 인접 정류장 간에 차량을 마주보게 한 상태로 동시에 운전해서는 아니 된다. 다만, 본선(本線)에서 나누어진 선로가 있는 경우는 그러하지 아니한다. 3. 정류장에는 동시 운전을 방지하기 위하여 필요한 통신시설을 설치하고, 통신방법을 미리 정해 두어야 한다.
정류장 외의 장소에서의 승강 금지	정류장이 아닌 장소에서는 여객을 승강시키거나 화물을 싣고 내리는 행위를 해서는 안 된다.
위험지대의 안전	자동차·사람·마차 등이 자주 왕래하는 장소 또는 건널목에는 감시원을 두고 궤도차량 속도를 줄여 안전운행을 하도록 해야 한다.
상호연락	삭도의 정류장·감시소 및 운전실에서는 정해진 신호와 그 밖의 방법을 이용하여 서로 긴밀하게 연락해야 한다.
신호의 원칙	신호기를 사용하는 궤도로서 신호기의 고장 등으로 사용하지 못하는 경우에 사용하는 수신호(手信號)의 방식과 그에 따른 운전수칙은 다음 각 호와 같다. 1. 정지신호 가. 방식 1) 주간: 붉은색 깃발. 다만, 붉은색 깃발이 없을 때에는 양팔을 높이 들거나 녹색 깃발이 아닌 것을 급히 흔든다. 2) 야간: 적색등. 다만, 적색등이 없을 때에는 녹색등이 아닌 것을 흔든다. 나. 운전수칙: 정지신호가 있으면 즉시 궤도차량의 운전을 중지하고 다음 지시가 있을 때까지 진행해서는 안 된다. 2. 서행신호 가. 방식 1) 주간: 녹색 깃발. 다만, 녹색 깃발이 없을 때에는 한 팔을 높이 든다. 2) 야간: 녹색등 나. 운전수칙: 진행신호가 있을 때에는 정상 운전해야 한다.

[별지 제1호서식] 〈개정 16·6·23〉

궤도사업 허가신청서

(앞쪽)

접수번호	접수일자		처리기간 15일
신청인 — 성명(법인의 경우 그 명칭 및 대표자)		주민등록번호 (법인의 경우 법인등록번호)	
신청인 — 주소	(전화번호:)		
신청인 — 상호			
궤도시설의 종류	[ ]삭도([ ]왕복식 [ ]자동순환식 [ ]고정순환식 [ ]견인식) [ ]노면전차 [ ]철제차륜형 경전철 [ ]모노레일 [ ]고무차륜형 경전철 [ ]케이블철도 [ ]선형유도전동기형 경전철 [ ]자기부상열차 [ ]기타( )		
특별건설승인 여부	[ ]승인	[ ]해당 없음	
사업장의 위치			
예정일	기공	준공	

「궤도운송법」 제4조제1항 및 같은 조 제2항, 같은 법 시행규칙 제3조제1항에 따라 위와 같이 신청합니다.

년 월 일

신청인 (서명 또는 인)

특별시장·광역시장
특별자치시장·특별자치도지사 귀하
시장·군수·구청장

신청인 제출서류	1. 사업계획서 2. 기본설계도서 3. 공사설명서 4. 「궤도운송법」 제20조 및 같은 법 시행령 제16조에 따른 안전검사 전문기관 등의 안전에 관한 검토의견서 5. 도로·하천·농지·산림·공원·문화재보호구역 등을 관할하는 행정기관 등의 허가나 승인이 필요한 지역 안에서 운영하는 궤도시설인 경우에는 관할 행정기관 등의 허가나 승인을 증명하는 서류 6. 환경·교통·재해 등에 관한 영향평가를 실시한 경우에는 그 영향평가결과서 7. 법인설립이 예정인 경우에는 법인설립계획서	수수료 2만 원
담당 공무원 확인사항	1. 법인등기사항증명서(법인의 경우만 해당합니다)	

행정정보 공동이용 동의서

본인은 이 건 업무처리와 관련하여 담당 공무원이 「전자정부법」 제36조제1항에 따른 행정정보의 공동이용을 통하여 위의 담당 공무원 확인 사항을 확인하는 것에 동의합니다.
*동의하지 아니하는 경우에는 신청인이 직접 관련 서류를 제출하여야 합니다.

신청인(대표자) (서명 또는 인)

210mm×297mm[백상지 80g/㎡]

(뒤쪽)

처리절차

이 신청서는 아래와 같이 처리됩니다.

신청인	처리기관: 특별시·광역시·특별자치시·특별자치도·시·군·구
신청 →	접수
← 허가 조건 검토 및 서류 보완 (허가조건이 있는 경우) →	제출 서류 검토 (관계 지자체 협의(둘 이상의 행정구역에 궤도가 걸쳐 있는 경우))
	결재
허가증 ← (증서 발급)	허가

210mm×297mm[백상지 80g/㎡]

[별지 제2호서식] 〈개정 16·6·23〉

궤도사업 [ ]변경허가신청서 [ ]변경신고서

※ [ ]에는 해당되는 곳에 √표를 합니다. (앞쪽)

접수번호	접수일자		처리기간 3일
신청인(신고인)	성명(법인의 경우 그 명칭 및 대표자)		생년월일(법인의 경우 법인등록번호)
	주소	(전화번호:)	
	상호		
변경 내용	현행		
	변경		
	변경일		

「궤도운송법」 제4조제4항 및 같은 법 시행령 제2조, 같은 법 시행규칙 제4조제1항에 따라 위와 같이 신청(신고)합니다.

년 월 일

신청인(신고인) (서명 또는 인)

특별시장·광역시장
특별자치시장·특별자치도지사 귀하
시장·군수·구청장

신청인(신고인) 제출서류	1. 사업허가증(사업허가증을 분실한 경우에는 그 사유서로 대체할 수 있습니다) 2. 변경사유서(변경사유를 입증하는 서류를 포함합니다) 3. 다음 각 목의 서류 중 변경되는 사항이 포함된 서류 가. 사업계획서 나. 기본설계도서 다. 공사설명서 라. 「궤도운송법」 제20조 및 같은 법 시행령 제16조에 따른 안전검사전문기관 등의 안전에 관한 검토의견서 마. 도로·하천·농지·산림·공원·문화재보호구역 등을 관할하는 행정기관 등의 허가나 승인이 필요한 지역 안에서 운영는 궤도시설인 경우에는 관할 행정기관 등의 허가나 승인을 증명하는 서류 바. 환경·교통·재해 등에 관한 영향평가를 실시한 경우에는 그 영향평가결과서	수수료 변경허가 2만 원 변경신고 없음
담당 공무원 확인사항	1. 법인등기사항증명서(법인의 경우만 해당합니다)	

행정정보 공동이용 동의서
본인은 이 건 업무처리와 관련하여 담당 공무원이 「전자정부법」 제36조제1항에 따른 행정정보의 공동이용을 통하여 위의 담당 공무원 확인 사항을 확인하는 것에 동의합니다. *동의하지 아니하는 경우에는 신청인이 직접 관련 서류를 제출하여야 합니다.
신청인(신고인) (서명 또는 인)

210mm×297mm[백상지 80g/㎡]

(뒤쪽)

처리절차	
이 신청서는 아래와 같이 처리됩니다.	
신 청 인(신고인)	처리기관 특별시·광역시·특별자치시·특별자치도·시·군·구
신 청 →	접 수
허가 조건 검토 및 서류 보완 *신고는 해당 없음 ↔ (허가조건이 있는 경우)	제출 서류 검토 — 관계 지자체 협의(둘 이상의 행정구역에 궤도가 걸쳐 있는 경우) *신고는 해당 없음
	결 재
허가증(신고확인증) ← (증서 발급)	변경허가(변경신고확인)

[별지 제2호의2서식] 〈신설 17·3·24〉

산악벽지형 궤도사업 [ ]승인 [ ]변경승인 신청서

※ 색상이 어두운 난은 신청인이 작성하지 않습니다.

접수번호		접수일시		처리기간 90일
신청인	성명(법인의 경우 그 명칭 및 대표자)		생년월일(법인의 경우 법인등록번호)	
	주 소	(전화번호:)		
	상 호			
승인(변경승인) 신청사유				

「궤도운송법」 제4조의2제1항, 같은 법 시행령 제2조의2제1항 및 같은 법 시행규칙 제4조의2제1항에 따라 위와 같이 신청합니다.

년 월 일

신청인 (서명 또는 인)

특별시장·광역시장
특별자치시장·특별자치도지사 귀하
시장·군수·구청장

첨부서류	1. 사업계획서 2. 산악벽지형 궤도에 해당함을 증빙하는 서류 3. 산악벽지의 급경사 운행에 따른 안전성 검토 보고서	수수료 없음

처 리 절 차

신청서 작성 (신청인) → 접수 → 제출서류 검토 → 관계 지방자치단체 협의(필요시) (특별시·광역시·특별자치시·특별자치도·시·군·구) → 궤도건설심의회 심의 (국토교통부) → 승인결정 통보 → 결과 통보 (특별시·광역시·특별자치시·특별자치도·시·군·구) → 승인 결과 확인 (신청인)

210mm×297mm[백상지(80g/㎡) 또는 중질지(80g/㎡)]

[별지 제3호서식] 〈개정 16·6·23〉

전용궤도 운영승인신청서

(앞쪽)

접수번호		접수일자		처리기간 15일
신청인	성명(법인의 경우 그 명칭 및 대표자)		주민등록번호(법인의 경우 법인등록번호)	
	주소	(전화번호:)		
	상호			
궤도시설의 종류	[ ]삭도([ ]왕복식 [ ]자동순환식 [ ]고정순환식 [ ]견인식) [ ]노면전차 [ ]철제차륜형 경전철 [ ]모노레일 [ ]고무차륜형 경전철 [ ]케이블철도 [ ]선형유도전동기형 경전철 [ ]자기부상열차 [ ]기타( )			
특별건설승인 여부	[ ]승인	[ ]해당 없음		
사업장의 위치				
예정일	기공	준공		

「궤도운송법」 제5조제1항 본문 및 같은 조 제2항, 같은 법 시행규칙 제5조제1항에 따라 위와 같이 신청합니다.

년 월 일

신청인 (서명 또는 인)

특별시장·광역시장
특별자치시장·특별자치도지사 귀하
시장·군수·구청장

신청인 제출서류	1. 시설운영계획서 2. 다음 각 목의 서류 중 해당서류 가. 기본설계도서 나. 공사설명서 다. 「궤도운송법」 제20조 및 같은 법 시행령 제16조에 따른 안전검사전문기관 등의 안전에 관한 검토의견서 라. 도로·하천·농지·산림·공원·문화재보호구역 등을 관할하는 행정기관 등의 허가나 승인이 필요한 지역 안에서 운영하는 궤도시설인 경우에는 관할 행정기관 등의 허가나 승인을 증명하는 서류 마. 환경·교통·재해 등에 관한 영향평가를 실시한 경우에는 그 영향평가결과서	수수료 2만 원
담당 공무원 확인사항	1. 법인등기사항증명서(법인의 경우만 해당합니다)	

[별지 제4호서식] 〈개정 16·6·23〉

전용궤도 운영 [ ]변경승인신청서 / [ ]변경신고서

※ [ ]에는 해당되는 곳에 √표를 합니다. (앞쪽)

접수번호		접수일자		처리기간 3일
신청인 (신고인)	성명(법인의 경우 그 명칭 및 대표자)		생년월일(법인의 경우 법인등록번호)	
	주소	(전화번호:)		
	상호			
변경 내용	현행			
	변경			
	변경일			
	변경사유			

「궤도운송법」 제5조제3항 및 같은 법 시행령 제3조제3항, 같은 법 시행규칙 제5조제2항에 따라 위와 같이 신청(신고)합니다.

년 월 일

신청인(신고인) (서명 또는 인)

특별시장·광역시장
특별자치시장·특별자치도지사 귀하
시장·군수·구청장

신청인 (신고인) 제출서류	1. 전용궤도운영 승인증(전용궤도운영승인증을 분실한 경우에는 그 사유서로 대체할 수 있습니다) 2. 변경사유서(변경신고 시에는 변경사유를 입증하는 서류를 포함합니다) 3. 다음 각 목의 서류 중 변경되는 사항이 포함된 서류 가. 시설운영계획서 나. 기본설계도서 다. 공사설명서 라. 「궤도운송법」 제20조 및 같은 법 시행령 제16조에 따른 안전검사전문기관 등의 안전에 관한 검토의견서 마. 도로·하천·농지·산림·공원·문화재보호구역 등을 관할하는 행정기관 등의 허가나 승인이 필요한 지역 안에서 운영하는 궤도시설인 경우에는 관할행정기관 등의 허가나 승인을 증명하는 서류 바. 환경·교통·재해 등에 관한 영향평가를 실시한 경우에는 그 영향평가결과서	수수료 변경허가 2만 원 변경신고 없음
담당 공무원 확인사항	1. 법인등기사항증명서(법인의 경우만 해당합니다)	

210mm×297mm[백상지 80g/㎡]

행정정보 공동이용 동의서

본인은 이 건 업무처리와 관련하여 담당 공무원이 「전자정부법」 제36조제1항에 따른 행정정보의 공동이용을 통하여 위의 담당 공무원 확인 사항을 확인하는 것에 동의합니다. *동의하지 아니하는 경우에는 신청인이 직접 관련 서류를 제출하여야 합니다.

신청인(대표자) (서명 또는 인)

210mm×297mm[백상지 80g/㎡]

(뒤쪽)

처리절차

이 신청서는 아래와 같이 처리됩니다.

신청인	처리기관 특별시·광역시·특별자치시·특별자치도·시·군·구
신청 →	접수 → 제출 서류 검토 (관계 지자체 협의(둘 이상의 행정구역에 궤도가 걸쳐 있는 경우)) → 결재 → 승인
승인증 ←	증서 발급

210mm×297mm[백상지 80g/㎡]

행정정보 공동이용 동의서
본인은 이 건 업무처리와 관련하여 담당 공무원이 「전자정부법」 제36조제1항에 따른 행정정보의 공동이용을 통하여 위의 담당 공무원 확인 사항을 확인하는 것에 동의합니다. *동의하지 아니하는 경우에는 신청인이 직접 관련 서류를 제출하여야 합니다.
신청인(신고인) (서명 또는 인)

210mm×297mm[백상지 80g/㎡]

(뒤쪽)

처리절차	
이 신청서는 아래와 같이 처리됩니다.	
신 청 인(신고인)	처리기관: 특별시 · 광역시 · 특별자치시 · 특별자치도 · 시 · 군 · 구
신 청 →	접 수 → 제출 서류 검토 (관계 지자체 협의(둘 이상의 행정구역에 궤도가 걸쳐 있는 경우)) → 결 재 → 승 인(신고확인)
← 승인증(신고확인증)	증서 발급

210mm×297mm[백상지 80g/㎡]

[별지 제5호서식] 〈개정 16 · 6 · 23〉

화물용 전용궤도 운영신고서

(앞쪽)

접수번호		접수일자		처리기간 5일
신고인	성명(법인의 경우 그 명칭 및 대표자)		주민등록번호(법인의 경우 법인등록번호)	
	주소	(전화번호:)		
	상호			
궤도시설의 종류	[ ]삭도([ ]왕복식 [ ]자동순환식 [ ]고정순환식 [ ]견인식) [ ]노면전차 [ ]모노레일 [ ]케이블철도 [ ]자기부상열차 [ ]철제차륜형 경전철 [ ]고무차륜형 경전철 [ ]선형유도전동기형 경전철 [ ]기타( )			
특별건설승인 여부	[ ]승인		[ ]해당 없음	
사업장의 위치				
예정일	기공		준공	

「궤도운송법」 제5조제1항 단서, 같은 법 시행령 제3조제1항, 같은 법 시행규칙 제6조제1항에 따라 위와 같이 신고합니다.

년 월 일

신고인 (서명 또는 인)

특별자치시장 · 특별자치도지사
시장 · 군수 · 구청장 귀하

신고인 제출서류	1. 시설운영계획서 2. 기본설계도서 3. 공사설명서	수수료 2만 원
담당 공무원 확인사항	1. 법인등기사항증명서(법인의 경우만 해당합니다)	

행정정보 공동이용 동의서

본인은 이 건 업무처리와 관련하여 담당 공무원이 「전자정부법」 제36조제1항에 따른 행정정보의 공동이용을 통하여 위의 담당 공무원 확인 사항을 확인하는 것에 동의합니다. *동의하지 아니하는 경우에는 신청인이 직접 관련 서류를 제출하여야 합니다.

신고인(대표자) (서명 또는 인)

210mm×297mm[백상지 80g/㎡]

(뒤쪽)

처리절차

이 신청서는 아래와 같이 처리됩니다.

신 고 인	처리기관 특별자치시 · 특별자치도 · 시 · 군 · 구
신 청 →	접 수 ↓
신고확인증 ←	증서 발급 ← 제출 서류 검토 및 결재

210mm×297mm[백상지 80g/㎡]

[별지 제6호서식] 〈개정 16 · 6 · 23〉

화물용 전용궤도 운영변경신고서

(앞쪽)

접수번호	접수일자	처리기간 3일

신고인	성명(법인의 경우 그 명칭 및 대표자)		생년월일(법인의 경우 법인등록번호)	
	주소	(전화번호:)		
	상호			
변경 내용	현행			
	변경			
	변경일			

「궤도운송법」 제5조제1항 단서 및 같은 조 제3항, 같은 법 시행령 제3조제2항, 같은 법 시행규칙 제6조제2항에 따라 위와 같이 신고합니다.

년 월 일

신고인 (서명 또는 인)

특별자치시장 · 특별자치도지사
시장 · 군수 · 구청장 귀하

신고인 제출서류	다음 각 호의 서류 중 변경된 사항이 포함된 서류 1. 시설운영계획서 2. 기본설계도서 3. 공사설명서	수수료 없음
담당 공무원 확인사항	1. 법인등기사항증명서(법인의 경우만 해당합니다)	

행정정보 공동이용 동의서

본인은 이 건 업무처리와 관련하여 담당 공무원이 「전자정부법」 제36조제1항에 따른 행정정보의 공동이용을 통하여 위의 담당 공무원 확인 사항을 확인하는 것에 동의합니다. *동의하지 아니하는 경우에는 신청인이 직접 관련 서류를 제출하여야 합니다.

신고인(대표자) (서명 또는 인)

처리절차

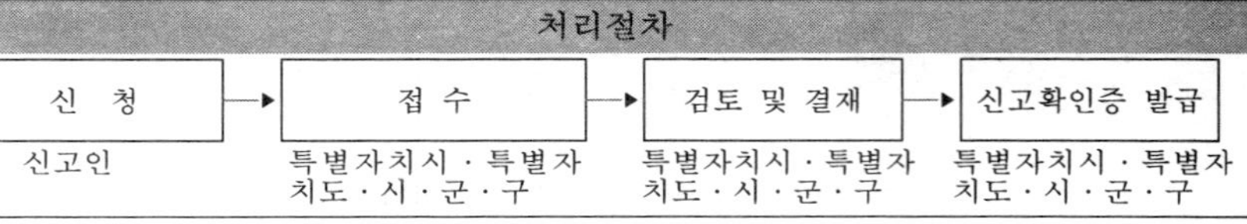

210㎜×297㎜[백상지 80g/㎡]

[별지 제7호서식] 〈개정 16·6·23〉

제 호

☐ 허 가 증
☐ 승 인 증
☐ 신고확인증

1. 성명(법인인 경우에는 그 명칭 및 대표자의 성명) :

2. 주소(주사무소 소재지) :

3. 상호 :

4. 사업의 종류 :

5. 허가·승인·신고의 내용 :

6. 허가·승인·신고연월일 :

「궤도운송법 시행규칙」 제7조에 따라 위와 같이
☐ 궤도사업을 허가합니다.
☐ 전용궤도 운영을 승인합니다.
☐ 신고하였음을 증명합니다.

년 월 일

특별시장·광역시장
특별자치시장·특별자치도지사 인
시장·군수·구청장

210mm×297mm[백상지 80g/㎡]

[별지 제8호서식] 〈개정 14·8·7〉

[ ]공사의 착수기간
[ ]검사유효기간 **연장신청서**

※ [ ]에는 해당하는 곳에 √ 표시를 합니다.

접수번호	접수일		처리기간 3일
신청인	성명(법인명 및 대표자 성명)	생년월일(법인등록번호)	
	주소	전화번호	

상 호	
시설의 종류	
공사의 착수기간 (검사유효기간)	기간 . .부터 . .까지
연장 신청 기간	기간 . .부터 . .까지(일간)

「궤도운송법」 제7조제2항 및 같은 법 시행규칙 제8조제1항(「궤도운송법」 제19조제3항, 같은 법 시행령 제14조 및 같은 법 시행규칙 제17조)에 따라 공사의 착수기간(검사유효기간) 연장을 신청합니다.

년 월 일

신청인 (서명 또는 인)

특별시장·광역시장
특별자치시장·특별자치도지사 귀하
시장·군수·구청장

첨부서류	1. 연장사유를 증명하는 서류 2. 최근에 받은 안전검사증의 사본(검사유효기간 연장을 신청하는 경우에만 해당합니다)	수수료 없음

처리절차

신청서 작성	→	접 수	→	검 토	→	결 재	→	통보
신청인		담당부서		담당부서		담당부서		담당부서

210mm×297mm[백상지 80g/㎡(재활용품)]

[별지 제9호서식] 〈개정 14·8·7〉

[ ]궤도사업 [ ]전용궤도 준공검사신청서

※ [ ]에는 해당하는 곳에 √ 표시를 합니다.

접수번호	접수일	처리기간 5일

신청인	성명(법인명 및 대표자 성명)	생년월일(법인등록번호)
	주소	전화번호
신청내용	상 호	
	사업 허가일	
	준공 연월일	
	공사준공사항	

「궤도운송법」 제8조제1항, 같은 법 시행령 제4조제1항 및 같은 법 시행규칙 제9조제1항에 따라 위와 같이 준공검사를 신청합니다.

년 월 일

신청인 (서명 또는 인)

특별시장·광역시장
특별자치시장·특별자치도지사 귀하
시장·군수·구청장

첨부서류	1. 삭도 및 케이블철도 가. 전동기 방식: 와이어로프·감속기·전동기 시험성적서 나. 내연기관 방식: 와이어로프 시험성적서 2. 삭도 및 케이블철도 외의 궤도시설(화물수송용 전용궤도시설은 제외합니다)의 경우: 건설회사 또는 궤도차량 제작사 등에서 작성한 궤도차량 성능시험성적서 3. 다음 각 목의 서류가 포함된 안전관리계획: 가. 자체 점검·정비계획 나. 부품관리계획 다. 운전 및 점검·정비 등 안전관련 분야 종사자의 인력운영계획 및 교육에 관한 사항 라. 화재·정전·고장 등으로 인한 비상시 조치 매뉴얼 마. 그 밖에 안전과 관련하여 필요한 사항	수수료 2만원

210mm×297mm[백상지 80g/㎡(재활용품)]

(뒤 쪽)

처리절차

이 신청서는 아래와 같이 처리됩니다.

신 청 인	처 리 기 관 특별시·광역시·특별자치시·특별자치도 및 시·군·구(담당부서)	협 조 기 관 안전검사전문기관
신청서 제출 →	접 수	
	검 토	⇄ 검사 협조 / 검사 결과 제출 — 안전검사전문기관
← 준공검사증 발급	결 재	

[별지 제10호서식] 〈개정 16·6·23〉

[ ]준공 [ ]안전 검 사 증

성명(법인의 경우 그 명칭 및 대표자)	
사업장 주소	
허가(승인·신고)번호 및 연월일	
검사일	
검사유효기간 (정기검사의 경우에만 적음)	

[ ] 「궤도운송법」 제8조제1항 및 같은 법 시행령 제4조제2항, 같은 법 시행규칙 제9조제4항에 따른 준공
[ ] 「궤도운송법」 제19조제1항 및 같은 법 시행령 제13조제1항, 같은 법 시행규칙 제16조제2항에 따른 안전

검사결과 [[ ] 준공검사기준 / [ ] 안전검사기준]에 적합하므로

이 검사증을 발급합니다.

년 월 일

특별시장·광역시장
특별자치시장·특별자치도지사
시장·군수·구청장
검사수탁자

직인

210mm×297mm[백상지 80g/㎡]

[별지 제11호서식] 〈개정 16·6·23〉

양도·양수 신고서

(앞쪽)

접수번호	접수일자		처리기간	2일
양도인	성명(법인의 경우 그 명칭 및 대표자)		주민등록번호(법인의 경우 법인등록번호)	
	주소	(전화번호:)		
	상호			
양수인	성명(법인의 경우 그 명칭 및 대표자)		주민등록번호(법인의 경우 법인등록번호)	
	주소	(전화번호:)		
	상호			
양도·양수하려는 사업의 종류				
양도·양수 시기				

「궤도운송법」 제9조제1항제1호 및 같은 법 시행규칙 제10조제1항에 따라 위와 같이 신고합니다.

년 월 일

신고인 양도인 (서명 또는 인)
양수인 (서명 또는 인)

특별시장·광역시장
특별자치시장·특별자치도지사
시장·군수·구청장
귀하

신고인 제출서류	1. 양도·양수 계약서 사본 2. 양도인 또는 양수인이 법인인 경우에는 사업의 양도 또는 양수에 관한 법인의 의사결정을 증명하는 서류	수수료 없음
담당 공무원 확인사항	1. 법인등기사항증명서(법인의 경우만 해당합니다)	

행정정보 공동이용 동의서

본인은 이 건 업무처리와 관련하여 담당 공무원이 「전자정부법」 제36조제1항에 따른 행정정보의 공동이용을 통하여 위의 담당 공무원 확인 사항을 확인하는 것에 동의합니다.
*동의하지 아니하는 경우에는 신청인이 직접 관련 서류를 제출하여야 합니다.

신고인(대표자) 양도인 (서명 또는 인)
양수인 (서명 또는 인)

처리절차

신청 (신고서 작성) → 접수 → 검토 → 결재 → 통보

신고인 / 해당지자체 / 해당지자체 / 해당지자체 / 해당지자체

210mm×297mm[백상지 80g/㎡]

[별지 제12호서식] 〈개정 16·6·23〉

상속신고서

(앞쪽)

접수번호	접수일자	처리기간 2일	
신고인(상속인)	성명		주민등록번호
	주소	(전화번호:)	
피상속인이 경영하던 사업	종류		
	상호		
	소재지		
피상속인과의 관계		의	

「궤도운송법」 제9조제1항제2호 및 같은 법 시행규칙 제11조에 따라 위와 같이 신고합니다.

년 월 일

신고인(상속인) (서명 또는 인)

특별시장·광역시장
특별자치시장·특별자치도지사 귀하
시장·군수·구청장

신고인 제출서류	상속 사실을 증명하는 서류	수수료 없음

처리절차

신 청(신고서 작성) → 접수 → 검토 → 결재 → 통보

신고인 / 해당지자체 / 해당지자체 / 해당지자체 / 해당지자체

210mm×297mm[백상지 80g/㎡]

[별지 제13호서식] 〈개정 16·6·23〉

법인 합병신고서

(앞쪽)

접수번호		접수일자	처리기간 2일	
합병되는 법인	갑	법인의 명칭		
		주소	(전화번호:)	
		대표자 성명	생년월일	
	을	법인의 명칭		
		주소	(전화번호:)	
		대표자 성명	생년월일	
합병 후 존속하거나 합병으로 설립되는 법인		법인의 명칭		
		주소	(전화번호:)	
		대표자 성명	생년월일	
시설의 종류				
합병사유				
합병의 방법 및 조건				
합병시기				

「궤도운송법」 제9조제1항제3호 및 같은 법 시행규칙 제12조제1항에 따라 위와 같이 신고합니다.

년 월 일

신고인 피합병법인 대표자(갑) (서명 또는 인)
피합병법인 대표자(을) (서명 또는 인)
합병 후 존속(설립)법인 대표자 (서명 또는 인)

특별시장·광역시장
특별자치시장·특별자치도지사 귀하
시장·군수·구청장

신고인 제출서류	1. 합병계약서 사본 2. 합병 후 존속하는 법인의 법인등기부등본 또는 합병으로 설립되는 법인의 발기인 등 설립인의 명단 3. 합병의 방법 및 조건설명서 4. 합병에 관한 법인의 의사결정을 증명하는 서류	수수료 없음
담당 공무원 확인사항	1. 법인등기사항증명서(법인의 경우만 해당합니다)	

행정정보 공동이용 동의서

본인은 이 건 업무처리와 관련하여 담당 공무원이 「전자정부법」 제36조제1항에 따른 행정정보의 공동이용을 통하여 위의 담당 공무원 확인 사항을 확인하는 것에 동의합니다.
*동의하지 아니하는 경우에는 신청인이 직접 관련 서류를 제출하여야 합니다.

신고인 피합병법인 대표자(갑) (서명 또는 인)
피합병법인 대표자(을) (서명 또는 인)
합병 후 존속(설립)법인 대표자 (서명 또는 인)

210mm×297mm[백상지 80g/㎡]

[별지 제14호서식] 〈개정 16·6·23〉

[ ]궤도사업 [ ]전용궤도 관리 위탁·수탁 신고서

(앞쪽)

접수번호	접수일자		처리기간 2일
위탁자	성명(법인의 경우 그 명칭 및 대표자)		주민등록번호(법인의 경우 법인등록번호)
	주 소		(전화번호:)
	상 호		
수탁자	성명(법인의 경우 그 명칭 및 대표자)		주민등록번호(법인의 경우 법인등록번호)
	주 소		(전화번호:)
	상 호		
위탁내용	시설의 종류		
	위탁구간		
위탁·수탁 기간			
위탁·수탁 사유			

「궤도운송법」 제10조제1항 및 같은 법 시행규칙 제13조제1항에 따라 위와 같이 신고합니다.

년 월 일

신고인 위탁자 (서명 또는 인)

수탁자 (서명 또는 인)

특별시장·광역시장
특별자치시장·특별자치도지사 귀하
시장·군수·구청장

신고인 제출서류	1. 위탁·수탁 계약서 사본 2. 위탁자 또는 수탁자가 법인인 경우에는 위탁 또는 수탁에 관한 의사결정을 증명하는 서류 3. 수탁자가 법인인 경우에는 최근 사업연도의 재산목록·대차대조표 및 손익계산서 4. 위탁·수탁을 하려는 구간의 도면	수수료 없음
담당 공무원 확인사항	1. 법인등기사항증명서(법인의 경우만 해당합니다)	

행정정보 공동이용 동의서

본인은 이 건 업무처리와 관련하여 담당 공무원이 「전자정부법」 제36조제1항에 따른 행정정보의 공동이용을 통하여 위의 담당 공무원 확인 사항을 확인하는 것에 동의합니다. * 동의하지 아니하는 경우에는 신청인이 직접 관련 서류를 제출하여야 합니다.

신고인(대표자) 위탁자 (서명 또는 인)

수탁자 (서명 또는 인)

처리절차

신 청 (신고서 작성)	→	접수	→	검토	→	결재	→	통보
신고인		해당지자체		해당지자체		해당지자체		해당지자체

210mm×297mm[백상지 80g/㎡]

(뒤쪽)

처리절차

이 신청서는 아래와 같이 처리됩니다.

신 청 인	처리기관: 특별시·광역시·특별자치시·특별자치도·시·군·구
신고서 작성 →	접 수
	↓
	제출 서류 검토
	↓
통 보 ←	결 재

210mm×297mm[백상지 80g/㎡]

[별지 제15호서식] 〈개정 14·8·7〉

[ ]궤도사업경영 [ ]전용궤도운영 [ ]휴지 [ ]휴지기간 변경 [ ]폐지 신고서

※ [ ]에는 해당하는 곳에 √ 표시를 합니다.

접수번호	접수일	처리기간 2일

신청인	성명(법인명 및 대표자 성명)	생년월일(법인등록번호)
	주소	전화번호

휴지기간 변경 또는 폐지	구간
	기간 . .부터 . .까지
휴지(폐지) 사유	
휴지기간 변경 사유	

「궤도운송법」 제11조제1항 및 같은 법 시행규칙 제14조제1항에 따라 위와 같이 신고합니다.

년 월 일

신고인 (서명 또는 인)

특별시장 · 광역시장
특별자치시장 · 특별자치도지사 귀하
시장 · 군수 · 구청장

첨부서류	1. 선로의 일부를 휴지 또는 폐지하려는 경우에는 그 선로도 2. 휴지의 경우에는 기간·사유 및 운영재개를 위한 계획이 포함된 서류 3. 휴지기간 변경신고의 경우에는 휴지기간 변경사유서 4. 폐지하려는 자가 법인인 경우에는 폐지에 관한 법인의 의사결정을 증명하는 서류	수수료 없음

처리절차

신고서 작성	→	접 수	→	검 토	→	결 재	→	통보
신고인		담당부서		담당부서		담당부서		담당부서

6210mm×297mm[백상지 80g/㎡(재활용품)]

[별지 제16호서식] 〈개정 16·6·23〉

특별건설 [ ]승인신청서 [ ]변경승인신청서

(앞쪽)

접수번호	접수일자	처리기간 30일

신청인	성명(법인의 경우 그 명칭 및 대표자)		생년월일(법인의 경우 법인등록번호)	
	주 소	(전화번호:)		
	상 호			

시설의 종류	
승인(변경승인)신청사유	

「궤도운송법」 제16조제1항 및 같은 법 시행령 제9조, 같은 법 시행규칙 제15조제1항에 따라 위와 같이 신청합니다.

년 월 일

신청인 (서명 또는 인)

특별시장 · 광역시장
특별자치시장 · 특별자치도지사 귀하
시장 · 군수 · 구청장

신청인 제출서류	다음 각 호의 사항이 포함된 특별건설계획서(변경승인을 받으려는 경우에는 변경된 사항이 포함된 서류를 말합니다) 1. 특별건설승인 신청의 사유 및 내용 2. 시설의 제원(諸元) 및 시스템의 구체적 특징 3. 국내외 설치 사례 및 관련 사진이나 도면 4. 안전검사전문기관 등의 안전에 관한 검토의견서 5. 건설하려는 궤도시설의 설비기준 6. 다음 각 목의 사항을 포함한 안전검사기준 가. 안전검사가 필요한 세부 항목별 안전기준 나. 검사 항목별 검사 내용 및 방법 다. 검사결과기록표 등 7. 다음 각 목의 사항을 포함한 자체 안전관리규정 가. 운전에 관한 사항 나. 자체 점검·정비에 관한 사항 다. 화재·정전·고장 등으로 인한 비상정지 시 이용객 구조방법 라. 안전 관련 종사자의 교육에 관한 사항 마. 그 밖에 안전과 관련하여 필요한 사항 등	수수료 없음

210mm×297mm[백상지 80g/㎡]

(뒤쪽)

처리절차		
이 신청서는 아래와 같이 처리됩니다.		
신 청 인	처리기관 특별시 · 광역시 · 특별자치시 · 특별자치도 · 시 · 군 · 구	처리기관 국토교통부
신 청 →	접 수 → 제출 서류 검토 → (검토의견서 등 서류 제출)	궤도건설심의회 심의
승인 결과 ←	결과 통보 ← (승인결정 통보)	

210mm×297mm[백상지 80g/㎡]

[별지 제17호서식] 〈개정 14 · 8 · 7〉

[ ] 궤도시설 [ ] 전용궤도시설 안전검사신청서

※ [ ]에는 해당하는 곳에 √ 표시를 합니다.

접수번호	접수일	처리기간 5일
신청인	성명(법인명 및 대표자 성명)	생년월일(법인등록번호)
	주소	전화번호
상 호		
시설의 종류		
검사의 구분	[ ]정기검사 [ ]임시검사 ※ [ ]에는 해당하는 곳에 √ 표시를 합니다.	
검사수검 희망일		

「궤도운송법」 제19조제1항제1호, 같은 법 시행령 제13조제1항 및 같은 법 시행규칙 제16조제1항에 따라 위와 같이 안전검사를 신청합니다.

년 월 일

신청인 (서명 또는 인)

특별시장 · 광역시장
특별자치시장 · 특별자치도지사
시장 · 군수 · 구청장
검사수탁자 **귀하**

첨부서류	1. 가장 최근에 받은 안전검사증의 사본 2. 안전검사명령서(임시검사명령을 받고 검사를 신청하는 경우에만 해당합니다)	수수료 「궤도운송법 시행규칙」 제25조제2항에 따라 시장·군수·구청장 또는 특별시장·광역시장(시장·군수·구청장 또는 특별시장·광역시장이 안전검사업무를 위탁한 경우에는 그 위탁을 받은 자)이 정한 금액

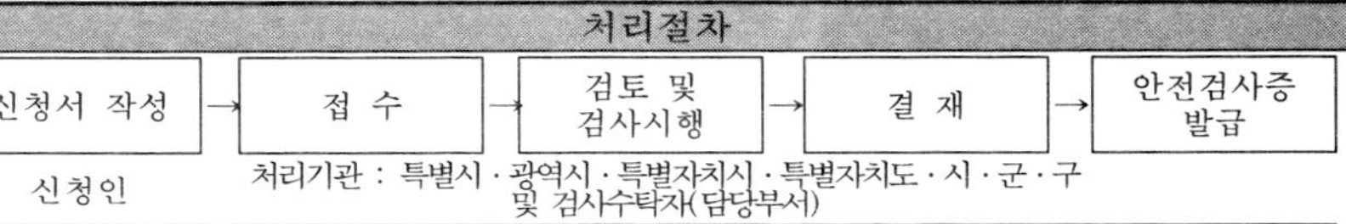

6210mm×297mm[백상지 80g/㎡(재활용품)]

[별지 제18호서식] 〈개정 16 · 6 · 23〉

안전관리책임자 [ ]선임 [ ]해임 [ ]퇴직 신고서

※ [ ]에는 해당되는 곳에 √표를 합니다. (앞쪽)

접수번호	접수일자	처리기간 즉시

신고인	성명(법인의 경우 그 명칭 및 대표자)		생년월일(법인의 경우 법인등록번호)	
	주소	(전화번호:)		
	상호			

구분	성명	생년월일	선임(예정) 해임(퇴직) 연월일	취업 동의(인)
선임				
해임(퇴직)				

「궤도운송법」 제22조제3항 및 같은 법 시행령 제18조, 같은 법 시행규칙 제20조에 따라 위와 같이 신고합니다.

년 월 일

신고인 (서명 또는 인)

특별시장 · 광역시장
특별자치시장 · 특별자치도지사 귀하
시장 · 군수 · 구청장

신고인 제출서류	1. 선임 신고: 자격증명서(증명자료를 포함합니다) 2. 해임 신고: 해임사유서	수수료 없음

처리절차

신 청 (신고서 작성)	→	접수	→	검토	→	결재	→	통보
신고인		해당지자체		해당지자체		해당지자체		해당지자체

210mm×297mm[백상지 80g/㎡]

[별지 제19호서식] 〈개정 16 · 6 · 23〉

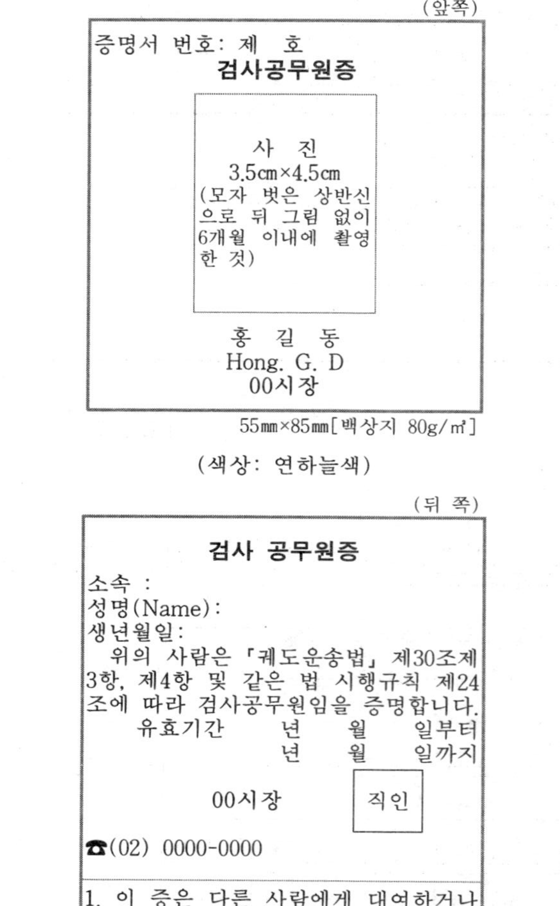

(앞쪽)

증명서 번호: 제 호

검사공무원증

사 진
3.5㎝×4.5㎝
(모자 벗은 상반신으로 뒤 그림 없이 6개월 이내에 촬영한 것)

홍 길 동
Hong. G. D
00시장

55㎜×85㎜[백상지 80g/㎡]

(색상: 연하늘색)

(뒤 쪽)

검사 공무원증

소속 :
성명(Name):
생년월일:

위의 사람은 「궤도운송법」 제30조제3항, 제4항 및 같은 법 시행규칙 제24조에 따라 검사공무원임을 증명합니다.

유효기간 년 월 일부터
년 월 일까지

00시장 직인

☎(02) 0000-0000

1. 이 증은 다른 사람에게 대여하거나 양도할 수 없습니다.
2. 이 증을 습득한 경우에는 가까운 우체통에 넣어 주십시오.

비고: 앞면의 바탕에는 돋을새김 디자인 또는 비표를 넣어 쉽게 위조할 수 없도록 합니다.

철도안전법 · 시행령 · 시행규칙

철도안전법 · 시행령 · 시행규칙 목차

법	시 행 령	시 행 규 칙

철도안전법

(2004 · 10 · 22 법률 제7245호 제정)

개정 2005 · 3 · 31 법률 제7428호
(채무자 회생 및 파산에 관한 법률)
2005 · 11 · 8 법률 제7692호
(항공 · 철도 사고조사에 관한 법률)
2005 · 12 · 29 법률 제7796호(國家公務員法)
2007 · 5 · 25 법률 제8486호
(산업표준화법 전부개정법률)
2008 · 2 · 29 법률 제8852호
(정부조직법 전부개정법률)
2009 · 4 · 1 법률 제 9610호
2012 · 1 · 17 법률 제11193호
2012 · 6 · 1 법률 제11476호
2012 · 12 · 18 법률 제11591호
2013 · 3 · 23 법률 제11690호
(정부조직법 전부개정법률)
2013 · 8 · 6 법률 제12024호
2014 · 1 · 7 법률 제12216호
(도시철도법 전부개정법률)
2014 · 5 · 21 법률 제12648호
2015 · 1 · 6 법률 제12992호
2015 · 7 · 24 법률 제13436호
2016 · 1 · 19 법률 제13807호
2017 · 1 · 17 법률 제14548호
2017 · 8 · 9 법률 제14868호
2017 · 10 · 24 법률 제14953호

철도안전법 시행령

(2005 · 6 · 30 대통령령 제18933호 제정)

개정 2006 · 6 · 15 대통령령 제19531호
(항공 · 철도 사고조사에 관한 법률 시행령)
2008 · 2 · 29 대통령령 제20722호
(국토해양부와 그 소속기관 직제)
2008 · 5 · 21 대통령령 제20789호
(산업표준화법시행령 전부개정령)
2008 · 10 · 20 대통령령 제21087호
(행정기관 소속 위원회의 정비를 위한 평생교육법 시행령 등 일부개정령)
2008 · 12 · 31 대통령령 제21214호
(행정안전부와 그 소속기관 직제 일부개정령)
2009 · 6 · 25 대통령령 제21552호
2009 · 12 · 21 대통령령 제21897호
2011 · 2 · 9 대통령령 제22666호
2011 · 4 · 4 대통령령 제22829호
(경제활성화 및 친서민 국민불편해소 등을 위한 개발제한구역의 지정 및 관리에 관한 특별조치법 시행령 등 일부개정령)
2012 · 11 · 30 대통령령 제24212호
2013 · 3 · 23 대통령령 제24443호
(국토교통부와 그 소속기관 직제)
2013 · 12 · 30 대통령령 제25050호
(행정규제기본법 개정에 따른 규제 재검토기한 설정을 위한 주택법 시행령 등 일부개정령)

철도안전법 시행규칙

(2005 · 7 · 13 건설교통부령 제456호 제정)

개정 2006 · 6 · 21 건설교통부령 제522호
(항공 · 철도 사고조사에 관한 법률 시행규칙)
2006 · 8 · 7 건설교통부령 제530호
(행정정보의 공동이용 및 문서감축을 위한 개발이익환수에관한법률시행규칙 등 일부개정령)
2008 · 3 · 14 국토해양부령 제 4호
(정부조직법의 개정에 따른 감정평가에 관한 규칙 등 일부개정령)
2008 · 12 · 16 국토해양부령 제 77호
2009 · 2 · 27 국토해양부령 제103호
2009 · 6 · 25 국토해양부령 제143호
2009 · 12 · 21 국토해양부령 제195호
2010 · 3 · 30 국토해양부령 제232호
2010 · 9 · 16 국토해양부령 제283호
2011 · 2 · 9 국토해양부령 제330호
2011 · 4 · 11 국토해양부령 제350호
(행정정보의 공동이용 및 문서감축을 위한 개발이익 환수에 관한 법률 시행규칙 등 일부개정령)
2011 · 12 · 15 국토해양부령 제411호
2012 · 12 · 10 국토해양부령 제549호
2013 · 3 · 23 국토교통부령 제1호
(국토교통부와 그 소속기관 직제 시행규칙)
2013 · 12 · 30 국토교통부령 제54호
(행정규제기본법 개정에 따른 규제 재검토

법	시 행 령	시 행 규 칙
2018・2・21 법률 제15404호 2018・3・13 법률 제15460호 (철도건설법 일부개정법률) 2018・6・12 법률 제15683호 2018・8・14 법률 제15740호 2019・4・23 법률 제16395호 2019・11・26 법률 제16638호	2014・3・18 대통령령 제25264호 2014・7・7 대통령령 제25448호 (도시철도법 시행령 전부개정령) 2014・12・9 대통령령 제25836호 (유해화학물질 관리법 시행령 전부개정령) 2016・1・22 대통령령 제26929호 2016・12・30 대통령령 제27741호 2017・1・20 대통령령 제27799호 2017・7・24 대통령령 제28208호 2018・2・9 대통령령 제28634호 2018・10・23 대통령령 제29255호 2018・12・11 대통령령 제29362호 2019・3・12 대통령령 제29617호 (철도건설법 시행령 일부개정령) 2019・6・4 대통령령 제29806호 2019・10・22 대통령령 제30150호	기한 설정을 위한 개발이익환수에 관한 법률 시행규칙 등 일부개정령) 2014・3・19 국토교통부령 제81호 2014・5・22 국토교통부령 제94호 (건설기술관리법 시행규칙 전부개정령) 2014・12・31 국토교통부령 제169호 (규제 재검토기한 설정 등을 위한 건축물의 분양에 관한 법률 시행규칙 등 일부개정령) 2015・10・2 국토교통부령 제236호 2016・8・10 국토교통부령 제352호 2016・12・30 국토교통부령 제380호 2016・12・30 국토교통부령 제382호 (규제 재검토기한 설정 등을 위한 감정평가 및 감정평가사에 관한 법률 시행규칙 등 일부개정령) 2017・1・20 국토교통부령 제392호 2017・7・25 국토교통부령 제442호 2017・10・20 국토교통부령 제454호 (자격요건에서의 불합리한 학력차별을 시정하기 위한 개발이익 환수에 관한 법률 시행규칙 등 4개 국토교통부령 일부개정령) 2018・2・9 국토교통부령 제489호 2018・11・9 국토교통부령 제554호 2019・1・4 국토교통부령 제581호 2019・2・21 국토교통부령 제598호 2019・3・20 국토교통부령 제609호 (철도건설법시행규칙 일부개정령) 2019・6・18 국토교통부령 제626호 2019・10・23 국토교통부령 제662호

법	시행령	시행규칙
제1장 총칙 〈개정 12·6·1〉 제1조(목적) 이 법은 철도안전을 확보하기 위하여 필요한 사항을 규정하고 철도안전 관리체계를 확립함으로써 공공복리의 증진에 이바지함을 목적으로 한다. [전문개정 12·6·1]	제1조(목적) 이 영은 「철도안전법」에서 위임된 사항과 그 시행에 필요한 사항을 규정함을 목적으로 한다. [전문개정 12·11·30]	제1조(목적) 이 규칙은 「철도안전법」 및 같은 법 시행령에서 위임된 사항과 그 시행에 필요한 사항을 규정함을 목적으로 한다. [전문개정 12·12·10]
제2조(정의) 이 법에서 사용하는 용어의 뜻은 다음과 같다. 〈개정 12·12·18, 15·7·24, 18·6·12〉 1. "철도"란 「철도산업발전기본법」(이하 "기본법"이라 한다) 제3조제1호에 따른 철도를 말한다. 2. "전용철도"란 「철도사업법」 제2조제5호에 따른 전용철도를 말한다. 3. "철도시설"이란 기본법 제3조제2호에 따른 철도시설을 말한다. 4. "철도운영"이란 기본법 제3조제3호에 따른 철도운영을 말한다. 5. "철도차량"이란 기본법 제3조제4호에 따른 철도차량을 말한다. 5의2. "철도용품"이란 철도시설 및 철도차량 등에 사용되는 부품·기기·장치 등을 말한다. 6. "열차"란 선로를 운행할 목적으로 철도운영자가 편성하여 열차번호를 부여한 철도차량을 말한다. 7. "선로"란 철도차량을 운행하기 위한 궤도	제2조(정의) 이 영에서 사용하는 용어의 뜻은 다음 각 호와 같다. 1. "정거장"이란 여객의 승하차(여객 이용시설 및 편의시설을 포함한다), 화물의 적하(積下), 열차의 조성(조성: 철도차량을 연결하거나 분리하는 작업을 말한다), 열차의 교차통행 또는 대피를 목적으로 사용되는 장소를 말한다. 2. "선로전환기"란 철도차량의 운행선로를 변경시키는 기기를 말한다. [전문개정 12·11·30]	

법	시 행 령	시 행 규 칙
와 이를 받치는 노반(路盤) 또는 인공구조물로 구성된 시설을 말한다. 8. “철도운영자”란 철도운영에 관한 업무를 수행하는 자를 말한다. 9. “철도시설관리자”란 철도시설의 건설 또는 관리에 관한 업무를 수행하는 자를 말한다. 10. “철도종사자”란 다음 각 목의 어느 하나에 해당하는 사람(이하 “여객역무원”이라 한다)을 말한다. 가. 철도차량의 운전업무에 종사하는 사람(이하 “운전업무종사자”라 한다) 나. 철도차량의 운행을 집중 제어·통제·감시하는 업무(이하 “관제업무”라 한다)에 종사하는 사람 다. 여객에게 승무(乘務) 서비스를 제공하는 사람(이하 “여객승무원”이라 한다) 라. 여객에게 역무(驛務) 서비스를 제공하는 사람 마. 철도차량의 운행선로 또는 그 인근에서 철도시설의 건설 또는 관리와 관련한 작업의 협의·지휘·감독·안전관리 등의 업무에 종사하도록 철도운영자 또는 철도시설관리자가 지정한 사람(이하 “작업책임자”라 한다) 바. 철도차량의 운행선로 또는 그 인근에서 철도시설의 건설 또는 관리와 관련한 작	제3조(안전운행 또는 질서유지 철도종사자) 「철도안전법」(이하 “법”이라 한다) 제2조제10호 사목에서 “대통령령으로 정하는 사람”이란 다음 각 호의 어느 하나에 해당하는 사람을 말한다. 〈개정 14·3·18, 17·7·24, 18·12·11〉 1. 철도사고 또는 운행장애(이하 “철도사고등”이라 한다)가 발생한 현장에서 조사·수습·복구 등의 업무를 수행하는 사람 2. 철도차량의 운행선로 또는 그 인근에서 철도시설의 건설 또는 관리와 관련된 작업의 현장감독업무를 수행하는 사람 3. 철도시설 또는 철도차량을 보호하기 위한 순회점검업무 또는 경비업무를 수행하는 사람 4. 정거장에서 철도신호기·선로전환기 또는 조작판 등을 취급하거나 열차의 조성업무를 수행하는 사람 5. 철도에 공급되는 전력의 원격제어장치를 운영하는 사람 6. 「사법경찰관리의 직무를 수행할 자와 그 직무범위에 관한 법률」 제5조제11호에 따른	

법	시 행 령	시 행 규 칙
업의 일정을 조정하고 해당 선로를 운행하는 열차의 운행일정을 조정하는 사람(이하 "철도운행안전관리자"라 한다) 사. 그 밖에 철도운영 및 철도시설관리와 관련하여 철도차량의 안전운행 및 질서유지와 철도차량 및 철도시설의 점검·정비 등에 관한 업무에 종사하는 사람으로서 대통령령으로 정하는 사람 11. "철도사고"란 철도운영 또는 철도시설관리와 관련하여 사람이 죽거나 다치거나 물건이 파손되는 사고를 말한다. 12. "운행장애"란 철도차량의 운행에 지장을 주는 것으로서 철도사고에 해당되지 아니하는 것을 말한다. 13. "철도차량정비"란 철도차량(철도차량을 구성하는 부품·기기·장치를 포함한다)을 점검·검사, 교환 및 수리하는 행위를 말한다. 14. "철도차량정비기술자"란 철도차량정비에 관한 자격, 경력 및 학력 등을 갖추어 제24조의2에 따라 국토교통부장관의 인정을 받은 사람을 말한다. [전문개정 12·6·1] **제3조(다른 법률과의 관계)** 철도안전에 관하여 다른 법률에 특별한 규정이 있는 경우를 제외하고는 이 법에서 정하는 바에 따른다. [전문개정 12·6·1]	철도공안 사무에 종사하는 국가공무원 7. 철도차량 및 철도시설의 점검·정비 업무에 종사하는 사람 [전문개정 12·11·30]	

법	시 행 령	시 행 규 칙
제4조(국가 등의 책무) ① 국가와 지방자치단체는 국민의 생명·신체 및 재산을 보호하기 위하여 철도안전시책을 마련하여 성실히 추진하여야 한다. ② 철도운영자 및 철도시설관리자(이하 "철도운영자등"이라 한다)는 철도운영이나 철도시설관리를 할 때에는 법령에서 정하는 바에 따라 철도안전을 위하여 필요한 조치를 하고, 국가나 지방자치단체가 시행하는 철도안전시책에 적극 협조하여야 한다. [전문개정 12·6·1]		
제2장 철도안전 관리체계 〈개정 12·6·1〉		
제5조(철도안전 종합계획) ① 국토교통부장관은 5년마다 철도안전에 관한 종합계획(이하 "철도안전 종합계획"이라 한다)을 수립하여야 한다. 〈개정 13·3·23〉 ② 철도안전 종합계획에는 다음 각 호의 사항이 포함되어야 한다. 〈개정 13·3·23〉 1. 철도안전 종합계획의 추진 목표 및 방향 2. 철도안전에 관한 시설의 확충, 개량 및 점검 등에 관한 사항 3. 철도차량의 정비 및 점검 등에 관한 사항 4. 철도안전 관계 법령의 정비 등 제도개선에 관한 사항 5. 철도안전 관련 전문 인력의 양성 및 수급	제4조(철도안전 종합계획의 경미한 변경) 법 제5조제3항 후단에서 "대통령령으로 정하는 경미한 사항의 변경"이란 다음 각 호의 어느 하나에 해당하는 변경을 말한다. 1. 법 제5조제1항에 따른 철도안전 종합계획(이하 "철도안전 종합계획"이라 한다)에서 정한 총사업비를 원래 계획의 100분의 10 이내에서의 변경 2. 철도안전 종합계획에서 정한 시행기한 내에 단위사업의 시행시기의 변경 3. 법령의 개정, 행정구역의 변경 등과 관련하여 철도안전 종합계획을 변경하는 등 당초 수립된 철도안전 종합계획의 기본방향에 영	

법	시 행 령	시 행 규 칙
관리에 관한 사항 6. 철도안전 관련 교육훈련에 관한 사항 7. 철도안전 관련 연구 및 기술개발에 관한 사항 8. 그 밖에 철도안전에 관한 사항으로서 국토교통부장관이 필요하다고 인정하는 사항 ③ 국토교통부장관은 철도안전 종합계획을 수립할 때에는 미리 관계 중앙행정기관의 장 및 철도운영자등과 협의한 후 기본법 제6조제1항에 따른 철도산업위원회의 심의를 거쳐야 한다. 수립된 철도안전 종합계획을 변경(대통령령으로 정하는 경미한 사항의 변경은 제외한다)할 때에도 또한 같다. 〈개정 13 · 3 · 23〉 ④ 국토교통부장관은 철도안전 종합계획을 수립하거나 변경하기 위하여 필요하다고 인정하면 관계 중앙행정기관의 장 또는 특별시장 · 광역시장 · 특별자치시장 · 도지사 · 특별자치도지사(이하 "시 · 도지사"라 한다)에게 관련 자료의 제출을 요구할 수 있다. 자료 제출 요구를 받은 관계 중앙행정기관의 장 또는 시 · 도지사는 특별한 사유가 없으면 이에 따라야 한다. 〈개정 13 · 3 · 23〉 ⑤ 국토교통부장관은 제3항에 따라 철도안전 종합계획을 수립하거나 변경하였을 때에는 이를 관보에 고시하여야 한다. 〈개정 13 · 3 · 23〉 [전문개정 12 · 6 · 1]	향을 미치지 아니하는 사항의 변경 [전문개정 12 · 11 · 30]	

법	시행령	시행규칙
제6조(시행계획) ① 국토교통부장관, 시·도지사 및 철도운영자등은 철도안전 종합계획에 따라 소관별로 철도안전 종합계획의 단계적 시행에 필요한 연차별 시행계획(이하 "시행계획"이라 한다)을 수립·추진하여야 한다. 〈개정 13·3·23〉 ② 시행계획의 수립 및 시행절차 등에 관하여 필요한 사항은 대통령령으로 정한다. [전문개정 12·6·1]	제5조(시행계획 수립절차 등) ① 법 제6조에 따라 특별시장·광역시장·특별자치시장·도지사 또는 특별자치도지사(이하 "시·도지사"라 한다)와 철도운영자 및 철도시설관리자(이하 "철도운영자등"이라 한다)는 다음 연도의 시행계획을 매년 10월 말까지 국토교통부장관에게 제출하여야 한다. 〈개정 13·3·23〉 ② 시·도지사 및 철도운영자등은 전년도 시행계획의 추진실적을 매년 2월 말까지 국토교통부장관에게 제출하여야 한다. 〈개정 13·3·23〉 ③ 국토교통부장관은 제1항에 따라 시·도지사 및 철도운영자등이 제출한 다음 연도의 시행계획이 철도안전 종합계획에 위반되거나 철도안전 종합계획을 원활하게 추진하기 위하여 보완이 필요하다고 인정될 때에는 시·도지사 및 철도운영자등에게 시행계획의 수정을 요청할 수 있다. 〈개정 13·3·23〉 ④ 제3항에 따른 수정 요청을 받은 시·도지사 및 철도운영자등은 특별한 사유가 없는 한 이를 시행계획에 반영하여야 한다. [전문개정 12·11·30]	
제6조의2(철도안전투자의 공시) ① 철도운영자는 철도차량의 교체, 철도시설의 개량 등 철도안전 분야에 투자(이하 이 조에서 "철도안전투자"라 한다)하는 예산 규모를 매년 공시하여야 한다.		제1조의2(철도안전투자의 공시 기준 등) ① 철도운영자는 「철도안전법」(이하 "법"이라 한다) 제6조의2제1항에 따라 철도안전투자(이하 "철도안전투자"라 한다)의 예산 규모를 공시하는 경우에는 다음 각 호의 기준에 따라야

법	시 행 령	시 행 규 칙
② 제1항에 따른 철도안전투자의 공시 기준, 항목, 절차 등에 필요한 사항은 국토교통부령으로 정한다. [본조신설 18 · 6 · 12]		한다. 1. 예산 규모에는 다음 각 목의 예산이 모두 포함되도록 할 것 가. 철도차량 교체에 관한 예산 나. 철도시설 개량에 관한 예산 다. 안전설비의 설치에 관한 예산 라. 철도안전 교육훈련에 관한 예산 마. 철도안전 연구개발에 관한 예산 바. 철도안전 홍보에 관한 예산 사. 그 밖에 철도안전에 관련된 예산으로서 국토교통부장관이 정해 고시하는 사항 2. 다음 각 목의 사항이 모두 포함된 예산 규모를 공시할 것 가. 과거 3년간 철도안전투자의 예산 및 그 집행 실적 나. 해당 년도 철도안전투자의 예산 다. 향후 2년간 철드안전투자의 예산 3. 국가의 보조금, 지방자치단체의 보조금 및 철도운영자의 자금 등 철도안전투자 예산의 재원을 구분해 공시할 것 4. 그 밖에 철도안전투자와 관련된 예산으로서 국토교통부장관이 정해 고시하는 예산을 포함해 공시할 것 ② 철도운영자는 철도안전투자의 예산 규모를 매년 5월말까지 공시해야 한다. ③ 제2항에 따른 공시는 법 제71조제1항에 따

법	시 행 령	시 행 규 칙
제7조(안전관리체계의 승인) ① 철도운영자등(전용철도의 운영자는 제외한다. 이하 이 조 및 제8조에서 같다)은 철도운영을 하거나 철도시설을 관리하려는 경우에는 인력, 시설, 차량, 장비, 운영절차, 교육훈련 및 비상대응계획 등 철도 및 철도시설의 안전관리에 관한 유기적 체계(이하 "안전관리체계"라 한다)를 갖추어 국토교통부장관의 승인을 받아야 한다. 〈개정 13·3·23, 15·1·6〉		라 구축된 철도안전정보종합관리시스템과 해당 철도운영자의 인터넷 홈페이지에 게시하는 방법으로 한다. ④ 제1항부터 제3항까지에서 규정한 사항 외에 철도안전투자의 공시 기준 및 절차 등에 관해 필요한 사항은 국토교통부장관이 정해 고시한다. [본조신설 19·1·4] 제2조(안전관리체계 승인 신청 절차 등) ① 철도운영자 및 철도시설관리자(이하 "철도운영자등"이라 한다)가 법 제7조제1항에 따른 안전관리체계(이하 "안전관리체계"라 한다)를 승인받으려는 경우에는 철도운용 또는 철도시설 관리 개시 예정일 90일 전까지 별지 제1호서식의 철도안전관리체계 승인신청서에 다음 각 호의 서류를 첨부하여 국토교통부장관에게 제출하여야 한다.〈개정 16·8·10, 19·1·4〉 1. 「철도사업법」 또는 「도시철도법」에 따른 철도사업면허증 사본 2. 조직·인력의 구성, 업무 분장 및 책임에 관한 서류 3. 다음 각 호의 사항을 적시한 철도안전관리시스템에 관한 서류 가. 철도안전관리시스템 개요 나. 철도안전경영 다. 문서화

법	시 행 령	시 행 규 칙
		라. 위험관리 마. 요구사항 준수 바. 철도사고 조사 및 보고 사. 내부 점검 아. 비상대응 자. 교육훈련 차. 안전정보 카. 안전문화 4. 다음 각 호의 사항을 적시한 열차운행체계에 관한 서류 가. 철도운영 개요 나. 철도사업면허 다. 열차운행 조직 및 인력 라. 열차운행 방법 및 절차 마. 열차 운행계획 바. 승무 및 역무 사. 철도관제업무 아. 철도보호 및 질서유지 자. 열차운영 기록관리 차. 위탁 계약자 감독 등 위탁업무 관리에 관한 사항 5. 다음 각 호의 사항을 적시한 유지관리체계에 관한 서류 가. 유지관리 개요 나. 유지관리 조직 및 인력 다. 유지관리 방법 및 절차(법 제38조에 따

법	시 행 령	시 행 규 칙
		른 종합시험운행 실시 결과(완료된 결과를 말한다. 이하 이 조에서 같다)를 반영한 유지관리 방법을 포함한다) 라. 유지관리 이행계획 마. 유지관리 기록 바. 유지관리 설비 및 장비 사. 유지관리 부품 아. 철도차량 제작 감독 자. 위탁 계약자 감독 등 위탁업무 관리에 관한 사항 6. 법 제38조에 따른 종합시험운행 실시 결과 보고서
② 전용철도의 운영자는 자체적으로 안전관리체계를 갖추고 지속적으로 유지하여야 한다. ③ 철도운영자등은 제1항에 따라 승인받은 안전관리체계를 변경(제5항에 따른 안전관리기준의 변경에 따른 안전관리체계의 변경을 포함한다. 이하 이 조에서 같다)하려는 경우에는 국토교통부장관의 변경승인을 받아야 한다. 다만, 국토교통부령으로 정하는 경미한 사항을 변경하려는 경우에는 국토교통부장관에게 신고하여야 한다. 〈개정 13·3·23〉		② 철도운영자등이 법 제7조제3항 본문에 따라 승인받은 안전관리체계를 변경하려는 경우에는 변경된 철도운용 또는 철도시설 관리 개시 예정일 30일 전(제3조제1항제3호에 따른 변경사항의 경우에는 90일 전)까지 별지 제1호의2서식의 철도안전관리체계 변경승인신청서에 다음 각 호의 서류를 첨부하여 국토교통부장관에게 제출하여야 한다.〈개정 16·8·10〉 1. 안전관리체계의 변경내용과 증빙서류 2. 변경 전후의 대비표 및 해설서 ③ 제1항 및 제2항에도 불구하고 철도운영자등이 안전관리체계의 승인 또는 변경승인을

법	시 행 령	시 행 규 칙
		신청하는 경우 제1항제5호다목 및 같은 항 제6호에 따른 서류는 철도운용 또는 철도시설 관리 개시 예정일 14일 전까지 제출할 수 있다. 〈신설 16 · 8 · 10, 19 · 1 · 4〉 ④ 국토교통부장관은 제1항 및 제2항에 따라 안전관리체계의 승인 또는 변경승인 신청을 받은 경우에는 15일 이내에 승인 또는 변경승인에 필요한 검사 등의 계획서를 작성하여 신청인에게 통보하여야 한다.〈개정 16 · 8 · 10〉 [전문개정 14 · 3 · 19] **제3조(안전관리체계의 경미한 사항 변경)** ① 법 제7조제3항 단서에서 "국토교통부령으로 정하는 경미한 사항"이란 다음 각 호의 어느 하나에 해당하는 사항을 제외한 변경사항을 말한다.〈개정 16 · 8 · 10, 19 · 10 · 23〉 1. 안전 업무를 수행하는 전담조직의 변경(조직 부서명의 변경은 제외한다) 2. 열차운행 또는 유지관리 인력의 감소 3. 철도차량 또는 다음 각 목의 어느 하나에 해당하는 철도시설의 증가 가. 교량, 터널, 옹벽 나. 선로(레일) 다. 역사, 기지, 승강장안전문 라. 전차선로, 변전설비, 수전실, 수 · 배전선로 마. 연동장치, 열차제어장치, 신호기장치, 선로전환기장치, 궤도회로장치, 건널목보안

법	시 행 령	시 행 규 칙
④ 국토교통부장관은 제1항 또는 제3항 본문에 따른 안전관리체계의 승인 또는 변경승인의 신청을 받은 경우에는 해당 안전관리체계가 제5항에 따른 안전관리기준에 적합한지를 검사한 후 승인 여부를 결정하여야 한다. 〈개정 13·3·23〉		장치 바. 통신선로설비, 열차무선설비, 전송설비 4. 철도노선의 신설 또는 개량 5. 사업의 합병 또는 양도·양수 6. 유지관리 항목의 축소 또는 유지관리 주기의 증가 7. 위탁 계약자의 변경에 따른 열차운행체계 또는 유지관리체계의 변경 ② 철도운영자등은 법 제7조제3항 단서에 따라 경미한 사항을 변경하려는 경우에는 별지 제1호의3서식의 철도안전관리체계 변경신고서에 다음 각 호의 서류를 첨부하여 국토교통부장관에게 제출하여야 한다. 1. 안전관리체계의 변경내용과 증빙서류 2. 변경 전후의 대비표 및 해설서 ③ 국토교통부장관은 제2항에 따라 신고를 받은 때에는 제2항 각 호의 첨부서류를 확인한 후 별지 제1호의4서식의 철도안전관리체계 변경신고확인서를 발급하여야 한다. [전문개정 14·3·19] 제4조(안전관리체계의 승인 방법 및 증명서 발급 등) ① 법 제7조제4항에 따른 안전관리체계의 승인 또는 변경승인을 위한 검사는 다음 각 호에 따른 서류검사와 현장검사로 구분하여 실시한다. 다만, 서류검사만으로 법 제7조제5항에 따른 안전관리에 필요한 기술기준(이

법	시행령	시행규칙
		하 "안전관리기준"이라 한다)에 적합 여부를 판단할 수 있는 경우에는 현장검사를 생략할 수 있다. 1. 서류검사: 제2조제1항 및 제2항에 따라 철도운영자등이 제출한 서류가 안전관리기준에 적합한지 검사 2. 현장검사: 안전관리체계의 이행가능성 및 실효성을 현장에서 확인하기 위한 검사 ② 국토교통부장관은 「도시철도법」 제3조제2호에 따른 도시철도 또는 같은 법 제24조 또는 제42조에 따라 도시철도건설사업 또는 도시철도운송사업을 위탁받은 법인이 건설·운영하는 도시철도에 대하여 법 제7조제4항에 따른 안전관리체계의 승인 또는 변경승인을 위한 검사를 하는 경우에는 해당 도시철도의 관할 시·도지사와 협의할 수 있다. 이 경우 협의 요청을 받은 시·도지사는 협의를 요청받은 날부터 20일 이내에 의견을 제출하여야 하며, 그 기간 내에 의견을 제출하지 아니하면 의견이 없는 것으로 본다.〈신설 17·1·20〉 ③ 국토교통부장관은 제1항에 따른 검사 결과 안전관리기준에 적합하다고 인정하는 경우에는 별지 제2호서식의 철도안전관리체계 승인증명서를 신청인에게 발급하여야 한다.〈개정 17·1·20〉 ④ 제1항에 따른 검사에 관한 세부적인 기준,

법	시행령	시행규칙
		절차 및 방법 등은 국토교통부장관이 정하여 고시한다.〈개정 17·1·20〉 [전문개정 14·3·19]
⑤ 국토교통부장관은 철도안전경영, 위험관리, 사고 조사 및 보고, 내부점검, 비상대응계획, 비상대응훈련, 교육훈련, 안전정보관리, 운행안전관리, 차량·시설의 유지관리(차량의 기대수명에 관한 사항을 포함한다) 등 철도운영 및 철도시설의 안전관리에 필요한 기술기준을 정하여 고시하여야 한다. 〈개정 13·3·23, 15·1·6〉 ⑥ 제1항부터 제5항까지의 규정에 따른 승인절차, 승인방법, 검사기준, 검사방법, 신고절차 및 고시방법 등에 관하여 필요한 사항은 국토교통부령으로 정한다. 〈개정 13·3·23〉 [전문개정 12·12·18]		**제5조(안전관리기준 고시방법)** 법 제7조제5항에 따라 안전관리기준은 제44조제1항에 따른 철도기술심의위원회의 심의를 거쳐 관보에 고시한다. [전문개정 14·3·19]
제8조(안전관리체계의 유지 등) ① 철도운영자등은 철도운영을 하거나 철도시설을 관리하는 경우에는 제7조에 따라 승인받은 안전관리체계를 지속적으로 유지하여야 한다. ② 국토교통부장관은 철도운영자등이 제1항에 따른 안전관리체계를 지속적으로 유지하는지를 점검·확인하기 위하여 국토교통부령으로 정하는 바에 따라 정기 또는 수시로 검사할 수 있다. 〈개정 13·3·23〉 ③ 국토교통부장관은 제2항에 따른 검사 결과 안전관리체계가 지속적으로 유지되지 아니하		**제6조(안전관리체계의 유지·검사 등)** ① 국토교통부장관은 법 제8조제2항에 따라 안전관리체계에 대하여 1년마다 1회의 정기검사를 실시하고, 철도사고 및 운행장애(이하 "철도사고등"이라 한다)의 예방 등을 위하여 필요하다고 인정하는 경우에는 수시로 검사할 수 있다.〈개정 16·8·10〉 ② 국토교통부장관은 제1항에 따라 정기검사 또는 수시검사를 시행하려는 경우에는 검사 시행일 7일 전까지 다음 각 호의 내용이 포함된 검사계획을 검사 대상 철도운영자등에게

법	시 행 령	시 행 규 칙
거나 그 밖에 철도안전을 위하여 긴급히 필요하다고 인정하는 경우에는 국토교통부령으로 정하는 바에 따라 시정조치를 명할 수 있다.〈개정 13·3·23〉 [전문개정 12·12·18]		통보하여야 한다. 다만, 철도사고등의 발생 등으로 긴급히 수시검사를 실시하는 경우에는 사전 통보를 하지 아니할 수 있고, 검사 시작 이후 검사계획을 변경할 사유가 발생한 경우에는 철도운영자등과 협의하여 검사계획을 조정할 수 있다.〈개정 16·8·10, 19·10·23〉 1. 검사반의 구성 2. 검사 일정 및 장소 3. 검사 수행 분야 및 검사 항목 4. 중점 검사 사항 5. 그 밖에 검사에 필요한 사항 ③ 국토교통부장관은 다음 각 호의 사유로 철도운영자등이 안전관리체계 정기검사의 유예를 요청한 경우에 검사 시기를 유예하거나 변경할 수 있다. 1. 검사 대상 철도운영자등이 사법기관 및 중앙행정기관의 조사 및 감사를 받고 있는 경우 2. 「항공·철도 사고조사에 관한 법률」 제4조제1항에 따른 항공·철도사고조사위원회가 같은 법 제19조에 따라 철도사고에 대한 조사를 하고 있는 경우 3. 대형 철도사고의 발생, 천재지변, 그 밖의 부득이한 사유가 있는 경우 ④ 국토교통부장관은 정기검사 또는 수시검사를 마친 경우에는 다음 각 호의 사항이 포함된 검사 결과보고서를 작성하여야 한다.〈개정

<table>
<tr><th>법</th><th>시 행 령</th><th>시 행 규 칙</th></tr>
<tr><td></td><td></td><td>19·10·23〉
1. 안전관리체계의 검사 개요 및 현황
2. 안전관리체계의 검사 과정 및 내용
3. 법 제8조제3항에 따른 시정조치 사항
4. 제6항에 따라 제출된 시정조치계획서에 따른 시정조치명령의 이행 정도
5. 철도사고에 따른 사망자·중상자의 수 및 철도사고등에 따른 재산피해액
⑤ 국토교통부장관은 법 제8조제3항에 따라 철도운영자등에게 시정조치를 명하는 경우에는 시정에 필요한 적정한 기간을 주어야 한다.
⑥ 철도운영자등이 법 제8조제3항에 따라 시정조치명령을 받은 경우에 14일 이내에 시정조치계획서를 작성하여 국토교통부장관에게 제출하여야 하고, 시정조치를 완료한 경우에는 지체 없이 그 시정내용을 국토교통부장관에게 통보하여야 한다.
⑦ 제1항부터 제6항까지의 규정에서 정한 사항 외에 정기검사 또는 수시검사에 관한 세부적인 기준·방법 및 절차는 국토교통부장관이 정하여 고시한다.
[전문개정 14·3·19]</td></tr>
<tr><td>제9조(승인의 취소 등) ① 국토교통부장관은 안전관리체계의 승인을 받은 철도운영자등이 다음 각 호의 어느 하나에 해당하는 경우에는 그 승인을 취소하거나 6개월 이내의 기간을</td><td></td><td>제7조(안전관리체계 승인의 취소 등 처분기준) 법 제9조에 따른 철도운영자등의 안전관리체계 승인의 취소 또는 업무의 제한·정지 등의 처분기준은 별표 1과 같다.</td></tr>
</table>

법	시 행 령	시 행 규 칙
정하여 업무의 제한이나 정지를 명할 수 있다. 다만, 제1호에 해당하는 경우에는 그 승인을 취소하여야 한다. 〈개정 13 · 3 · 23〉 1. 거짓이나 그 밖의 부정한 방법으로 승인을 받은 경우 2. 제7조제3항을 위반하여 변경승인을 받지 아니하거나 변경신고를 하지 아니하고 안전관리체계를 변경한 경우 3. 제8조제1항을 위반하여 안전관리체계를 지속적으로 유지하지 아니하여 철도운영이나 철도시설의 관리에 중대한 지장을 초래한 경우 4. 제8조제3항에 따른 시정조치명령을 정당한 사유 없이 이행하지 아니한 경우 ② 제1항에 따른 승인 취소, 업무의 제한 또는 정지의 기준 및 절차 등에 관하여 필요한 사항은 국토교통부령으로 정한다. 〈개정 13 · 3 · 23〉 [전문개정 12 · 12 · 18]		[전문개정 14 · 3 · 19]
제9조의2(과징금) ① 국토교통부장관은 제9조제1항에 따라 철도운영자등에 대하여 업무의 제한이나 정지를 명하여야 하는 경우로서 그 업무의 제한이나 정지가 철도 이용자 등에게 심한 불편을 주거나 그 밖에 공익을 해할 우려가 있는 경우에는 업무의 제한이나 정지를 갈음하여 30억원 이하의 과징금을 부과할 수 있다. 〈개정 13 · 3 · 23〉	제6조(안전관리체계 관련 과징금의 부과기준) 법 제9조의2제2항에 따른 과징금을 부과하는 위반행위의 종류와 과징금의 금액은 별표 1과 같다. [전문개정 16 · 12 · 30] 제7조(과징금의 부과 및 납부) ① 국토교통부장관은 법 제9조의2제1항에 따라 과징금을 부과할 때에는 그 위반행위의 종류와 해당 과징금	

법	시 행 령	시 행 규 칙
② 제1항에 따라 과징금을 부과하는 위반행위의 종류, 과징금의 부과기준 및 징수방법, 그 밖에 필요한 사항은 대통령령으로 정한다. ③ 국토교통부장관은 제1항에 따른 과징금을 내야 할 자가 납부기한까지 과징금을 내지 아니하는 경우에는 국세 체납처분의 예에 따라 징수한다. 〈개정 13·3·23〉 [본조신설 12·12·18]	의 금액을 명시하여 이를 납부할 것을 서면으로 통지하여야 한다. ② 제1항에 따라 통지를 받은 자는 통지를 받은 날부터 20일 이내에 국토교통부장관이 정하는 수납기관에 과징금을 내야 한다. 다만, 천재지변이나 그 밖의 부득이한 사유로 그 기간에 과징금을 낼 수 없는 경우에는 그 사유가 없어진 날부터 7일 이내에 내야 한다. ③ 제2항에 따라 과징금을 받은 수납기관은 그 과징금을 낸 자에게 영수증을 내주어야 한다. ④ 과징금의 수납기관은 제2항에 따른 과징금을 받으면 지체 없이 그 사실을 국토교통부장관에게 통보하여야 한다. [전문개정 14·3·18] 제8조 및 제9조 삭제 〈14·3·18〉	
제9조의3(철도운영자등에 대한 안전관리 수준평가) ① 국토교통부장관은 철도운영자등의 자발적인 안전관리를 통한 철도안전 수준의 향상을 위하여 철도운영자등의 안전관리 수준에 대한 평가를 실시할 수 있다. ② 국토교통부장관은 제1항에 따른 안전관리 수준평가를 실시한 결과 그 평가결과가 미흡한 철도운영자등에 대하여 제8조제2항에 따른 검사를 시행하거나 같은 조 제3항에 따른 시정조치 등 개선을 위하여 필요한 조치를 명할 수 있다.		제8조(철도운영자등에 대한 안전관리 수준평가의 대상 및 기준 등) ① 법 제9조의3제1항에 따른 철도운영자등의 안전관리 수준에 대한 평가(이하 "안전관리 수준평가"라 한다)의 대상 및 기준은 다음 각 호와 같다. 다만, 철도시설관리자에 대해서 안전관리 수준평가를 하는 경우 제2호를 제외하고 실시할 수 있다. 1. 사고 분야 가. 철도교통사고 건수 나. 철도안전사고 건수 다. 운행장애 건수

법	시 행 령	시 행 규 칙
③ 제1항에 따른 안전관리 수준평가의 대상, 기준, 방법, 절차 등에 필요한 사항은 국토교통부령으로 정한다. [본조신설 18 · 6 · 12]		라. 사상자 수 2. 철도안전투자 분야: 철도안전투자의 예산 규모 및 집행 실적 3. 안전관리 분야 가. 안전성숙도 수준 나. 정기검사 이행실적 4. 그 밖에 안전관리 수준평가에 필요한 사항으로서 국토교통부장관이 정해 고시하는 사항 ② 국토교통부장관은 매년 3월말까지 안전관리 수준평가를 실시한다. ③ 안전관리 수준평가는 서면평가의 방법으로 실시한다. 다만, 국토교통부장관이 필요하다고 인정하는 경우에는 현장평가를 실시할 수 있다. ④ 국토교통부장관은 안전관리 수준평가 결과를 해당 철도운영자등에게 통보해야 한다. 이 경우 해당 철도운영자등이 「지방공기업법」에 따른 지방공사인 경우에는 같은 법 제73조제1항에 따라 해당 지방공사의 업무를 관리 · 감독하는 지방자치단체의 장에게도 함께 통보할 수 있다. ⑤ 제1항부터 제4항까지에서 규정한 사항 외에 안전관리 수준평가의 기준, 방법 및 절차 등에 관해 필요한 사항은 국토교통부장관이 정해 고시한다. [본조신설 19 · 1 · 4]
제9조의4(철도안전 우수운영자 지정) ① 국토교		**제9조(철도안전 우수운영자 지정 대상 등)** ①

법	시 행 령	시 행 규 칙
통부장관은 제9조의3에 따른 안전관리 수준평가 결과에 따라 철도운영자등을 대상으로 철도안전 우수운영자를 지정할 수 있다. ② 제1항에 따른 철도안전 우수운영자로 지정을 받은 자는 철도차량, 철도시설이나 관련 문서 등에 철도안전 우수운영자로 지정되었음을 나타내는 표시를 할 수 있다. ③ 제1항에 따른 지정을 받은 자가 아니면 철도차량, 철도시설이나 관련 문서 등에 우수운영자로 지정되었음을 나타내는 표시를 하거나 이와 유사한 표시를 하여서는 아니 된다. ④ 국토교통부장관은 제3항을 위반하여 우수운영자로 지정되었음을 나타내는 표시를 하거나 이와 유사한 표시를 한 자에 대하여 해당 표시를 제거하게 하는 등 필요한 시정조치를 명할 수 있다. ⑤ 제1항에 따른 철도안전 우수운영자 지정의 대상, 기준, 방법, 절차 등에 필요한 사항은 국토교통부령으로 정한다. [본조신설 18·6·12]		국토교통부장관은 법 제9조의4제1항에 따라 안전관리 수준평가 결과가 최상위 등급인 철도운영자등을 철도안전 우수운영자(이하 "철도안전 우수운영자"라 한다)로 지정하여 철도안전 우수운영자로 지정되었음을 나타내는 표시를 사용하게 할 수 있다. ② 철도안전 우수운영자 지정의 유효기간은 지정받은 날부터 1년으로 한다. ③ 철도안전 우수운영자는 제1항에 따라 철도안전 우수운영자로 지정되었음을 나타내는 표시를 하려면 국토교통부장관이 정해 고시하는 표시를 사용해야 한다. ④ 국토교통부장관은 철도안전 우수운영자에게 포상 등의 지원을 할 수 있다. ⑤ 제1항부터 제4항까지에서 규정한 사항 외에 철도안전 우수운영자 지정 표시 및 지원 등에 관해 필요한 사항은 국토교통부장관이 정해 고시한다. [본조신설 19·1·4]
제9조의5(우수운영자 지정의 취소) 국토교통부장관은 제9조의4에 따라 철도안전 우수운영자 지정을 받은 자가 다음 각 호의 어느 하나에 해당하는 경우에는 그 지정을 취소할 수 있다. 다만, 제1호 또는 제2호에 해당하는 경우에는 지정을 취소하여야 한다.		**제9조의2(철도안전 우수운영자 지정의 취소)** 법 제9조의5제3호에서 "제9조의4제5항에 따른 지정기준에 부적합하게 되는 등 그 밖에 국토교통부령으로 정하는 사유"란 다음 각 호의 사유를 말한다. 1. 계산 착오, 자료의 오류 등으로 안전관리

법	시 행 령	시 행 규 칙
1. 거짓이나 그 밖의 부정한 방법으로 철도안전 우수운영자 지정을 받은 경우 2. 제9조에 따라 안전관리체계의 승인이 취소된 경우 3. 제9조의4제5항에 따른 지정기준에 부적합하게 되는 등 그 밖에 국토교통부령으로 정하는 사유가 발생한 경우 [본조신설 18 · 6 · 12]		수준평가 결과가 최상위 등급이 아닌 것으로 확인된 경우 2. 제9조제3항을 위반하여 국토교통부장관이 정해 고시하는 표시가 아닌 다른 표시를 사용한 경우 [본조신설 19 · 1 · 4]
제3장 철도종사자의 안전관리 **제10조(철도차량 운전면허)** ① 철도차량을 운전하려는 사람은 국토교통부장관으로부터 철도차량 운전면허(이하 "운전면허"라 한다)를 받아야 한다. 다만, 제16조에 따른 교육훈련 또는 제17조에 따른 운전면허시험을 위하여 철도차량을 운전하는 경우 등 대통령령으로 정하는 경우에는 그러하지 아니하다. 〈개정 13 · 3 · 23〉 ② 「도시철도법」 제2조제2호에 따른 노면전차를 운전하려는 사람은 제1항에 따른 운전면허 외에 「도로교통법」 제80조에 따른 운전면허를 받아야 한다.〈신설 18 · 2 · 21〉	**제10조(운전면허 없이 운전할 수 있는 경우)** ① 법 제10조제1항 단서에서 "대통령령으로 정하는 경우"란 다음 각 호의 어느 하나에 해당하는 경우를 말한다.〈개정 17 · 7 · 24〉 1. 법 제16조제3항에 따른 철도차량 운전에 관한 전문 교육훈련기관(이하 "운전교육훈련기관"이라 한다)에서 실시하는 운전교육훈련을 받기 위하여 철도차량을 운전하는 경우 2. 법 제17조제1항에 따른 운전면허시험(이하 이 조에서"운전면허시험"이라 한다)을 치르기 위하여 철도차량을 운전하는 경우 3. 철도차량을 제작 · 조립 · 정비하기 위한 공장 안의 선로에서 철도차량을 운전하여 이동하는 경우 4. 철도사고등을 복구하기 위하여 열차운행이	

법	시행령	시행규칙
	중지된 선로에서 사고복구용 특수차량을 운전하여 이동하는 경우 ② 제1항제1호 또는 제2호에 해당하는 경우에는 해당 철도차량에 운전교육훈련을 담당하는 사람이나 운전면허시험에 대한 평가를 담당하는 사람을 승차시켜야 하며, 국토교통부령으로 정하는 표지를 해당 철도차량의 앞면 유리에 붙여야 한다. 〈개정 13·3·23, 17·7·24〉 [전문개정 12·11·30]	
③ 제1항에 따른 운전면허는 대통령령으로 정하는 바에 따라 철도차량의 종류별로 받아야 한다.〈개정 18·2·21〉 [전문개정 12·6·1]	**제11조(운전면허 종류)** ① 법 제10조제3항에 따른 철도차량의 종류별 운전면허는 다음 각 호와 같다.〈개정 17·1·20, 18·10·23〉 1. 고속철도차량 운전면허 2. 제1종 전기차량 운전면허 3. 제2종 전기차량 운전면허 4. 디젤차량 운전면허 5. 철도장비 운전면허 6. 노면전차(路面電車) 운전면허 ② 제1항 각 호에 따른 운전면허(이하 "운전면허"라 한다)를 받은 사람이 운전할 수 있는 철도차량의 종류는 국토교통부령으로 정한다. 〈개정 13·3·23〉 [전문개정 12·11·30]	**제10조(교육훈련 철도차량 등의 표지)** 「철도안전법 시행령」(이하 "영"이라 한다) 제10조제2항에 따른 표지는 별지 제3호서식에 따른다. 〈개정 14·3·19〉 [전문개정 12·12·10] **제11조(운전면허의 종류에 따라 운전할 수 있는 철도차량의 종류)** 영 제11조제1항에 따른 철도차량의 종류별 운전면허를 받은 사람이 운전할 수 있는 철도차량의 종류는 별표 1의2와 같다. 〈개정 14·3·19〉 [전문개정 12·12·10]
제11조(운전면허의 결격사유〈15·7·24〉) 다음 각 호의 어느 하나에 해당하는 사람은 운전면허를 받을 수 없다. 〈개정 14·5·21, 17·8·9〉	**제12조(운전면허를 받을 수 없는 사람)** ① 법 제11조제2호 및 제3호에서 "대통령령으로 정하는 사람"이란 해당 분야 전문의가 정상적인	

법	시 행 령	시 행 규 칙
1. 19세 미만인 사람 2. 철도차량 운전상의 위험과 장해를 일으킬 수 있는 정신질환자 또는 뇌전증환자로서 대통령령으로 정하는 사람 3. 철도차량 운전상의 위험과 장해를 일으킬 수 있는 약물(「마약류 관리에 관한 법률」 제2조제1호에 따른 마약류 및 「화학물질관리법」 제22조제1항에 따른 환각물질을 말한다. 이하 같다) 또는 알코올 중독자로서 대통령령으로 정하는 사람 4. 두 귀의 청력을 완전히 상실한 사람, 두 눈의 시력을 완전히 상실한 사람, 그 밖에 대통령령으로 정하는 신체장애인 5. 운전면허가 취소된 날부터 2년이 지나지 아니하였거나 운전면허의 효력정지기간 중인 사람 [전문개정 12 · 6 · 1]	운전을 할 수 없다고 인정하는 사람을 말한다. ② 법 제11조제4호에서 "대통령령으로 정하는 신체장애인"이란 다음 각 호의 어느 하나에 해당하는 사람을 말한다. 1. 말을 하지 못하는 사람 2. 한쪽 다리의 발목 이상을 잃은 사람 3. 한쪽 팔 또는 한쪽 다리 이상을 쓸 수 없는 사람 4. 다리 · 머리 · 척추 또는 그 밖의 신체장애로 인하여 걷지 못하거나 앉아 있을 수 없는 사람 5. 한쪽 손 이상의 엄지손가락을 잃었거나 엄지손가락을 제외한 손가락을 3개 이상 잃은 사람 [전문개정 12 · 11 · 30]	
제12조(운전면허의 신체검사〈개정 15 · 7 · 24〉) ① 운전면허를 받으려는 사람은 철도차량 운전에 적합한 신체상태를 갖추고 있는지를 판정받기 위하여 국토교통부장관이 실시하는 신체검사에 합격하여야 한다. 〈개정 13 · 3 · 23〉 ② 국토교통부장관은 제1항에 따른 신체검사를 제13조에 따른 의료기관에서 실시하게 할 수 있다. 〈개정 13 · 3 · 23〉 ③ 제1항에 따른 신체검사의 합격기준, 검사방		제12조(신체검사 방법 · 절차 · 합격기준 등) ① 법 제12조제1항에 따른 운전면허의 신체검사 또는 법 제21조의5제1항에 따른 관제자격증명의 신체검사를 받으려는 사람은 별지 제4호서식의 신체검사 판정서에 성명 · 주민등록번호 등 본인의 기록사항을 작성하여 법 제13조에 따른 신체검사 실시 의료기관(이하 "신체검사 의료기관"이라 한다)에 제출하여야 한다.〈개정 17 · 7 · 25〉

법	시 행 령	시 행 규 칙
법 및 절차 등에 관하여 필요한 사항은 국토교통부령으로 정한다. 〈개정 13·3·23〉 [전문개정 12·6·1]		② 법 제12조제3항 및 법 제21조의5제2항에 따른 신체검사의 항목과 합격기준은 별표 2 제1호와 같다.〈개정 17·7·25〉 ③ 신체검사의료기관은 별지 제4호서식의 신체검사 판정서의 각 신체검사 항목별로 신체검사를 실시한 후 합격여부를 기록하여 신청인에게 발급하여야 한다. ④ 그 밖에 신체검사의 방법 및 절차 등에 관하여 필요한 세부사항은 국토교통부장관이 정하여 고시한다. 〈개정 13·3·23〉 [전문개정 12·12·10] 제13조부터 제15조부터 삭제 〈12·12·10〉
제13조(신체검사 실시 의료기관) 제12조제1항에 따른 신체검사를 실시할 수 있는 의료기관은 다음 각 호와 같다. 1. 「의료법」 제3조제2항제1호가목의 의원 2. 「의료법」 제3조제2항제3호가목의 병원 3. 「의료법」 제3조제2항제3호마목의 종합병원 [전문개정 12·6·1] 제14조 삭제 〈12·6·1〉		
제15조(운전적성검사〈개정 15·7·24〉) ① 운전면허를 받으려는 사람은 철도차량 운전에 적합한 적성을 갖추고 있는지를 판정받기 위하여 국토교통부장관이 실시하는 적성검사(이하 "운전적성검사"라 한다)에 합격하여야 한다. 〈개정 13·3·23, 15·7·24〉		제16조(적성검사 방법·절차 및 합격기준 등) ① 법 제15조제1항에 따른 운전적성검사(이하 "운전적성검사"라 한다) 또는 법 제21조의6제1항에 따른 관제적성검사(이하 "관제적성검사"라 한다)를 받으려는 사람은 별지 제9호서식의 적성검사 판정서에 성명·주민등록번호 등 본인

법	시 행 령	시 행 규 칙
② 운전적성검사에 불합격한 사람 또는 운전적성검사 과정에서 부정행위를 한 사람은 다음 각 호의 구분에 따른 기간 동안 운전적성검사를 받을 수 없다.〈개정 15 · 7 · 24〉 1. 운전적성검사에 불합격한 사람: 검사일부터 3개월 2. 운전적성검사 과정에서 부정행위를 한 사람: 검사일부터 1년 ③ 운전적성검사의 합격기준, 검사의 방법 및 절차 등에 관하여 필요한 사항은 국토교통부령으로 정한다. 〈개정 13 · 3 · 23, 15 · 7 · 24〉		의 기록사항을 작성하여 법 제15조제4항에 따른 운전적성검사기관(이하 "운전적성검사기관"이라 한다) 또는 법 제21조의6제3항에 따른 관제적성검사기관(이하 "관제적성검사기관"이라 한다)에 제출하여야 한다.〈개정 17 · 7 · 25〉 ② 법 제15조제3항 및 법 제21조의6제2항에 따른 적성검사의 항목 및 합격기준은 별표 4와 같다.〈개정 17 · 7 · 25〉 ③ 운전적성검사기관 또는 관제적성검사기관은 별지 제9호서식의 적성검사 판정서의 각 적성검사 항목별로 적성검사를 실시한 후 합격 여부를 기록하여 신청인에게 발급하여야 한다.〈개정 17 · 7 · 25〉 ④ 그 밖에 운전적성검사 또는 관제적성검사의 방법 · 절차 · 판정기준 및 항목별 배점기준 등에 관하여 필요한 세부사항은 국토교통부장관이 정한다. 〈개정 13 · 3 · 23, 17 · 7 · 25〉 [전문개정 12 · 12 · 10] **제17조(운전적성검사기관 또는 관제적성검사기관의 지정절차 등**〈개정 17 · 7 · 25〉**)** ① 운전적성검사기관 또는 관제적성검사기관으로 지정받으려는 자는 별지 제10호서식의 적성검사기관 지정신청서에 다음 각 호의 서류를 첨부하여 국토교통부장관에게 제출하여야 한다. 이 경우 국토교통부장관은 「전자정부법」 제36조제1항에 따른 행정정보의 공동이용을 통하여 법인

<table>
<tr><th>법</th><th>시 행 령</th><th>시 행 규 칙</th></tr>
<tr><td></td><td></td><td>등기사항증명서(신청인이 법인인 경우만 해당한다)를 확인하여야 한다. 〈개정 13·3·23, 17·7·25〉
1. 운영계획서
2. 정관이나 이에 준하는 약정(법인 그 밖의 단체만 해당한다)
3. 운전적성검사 또는 관제적성검사를 담당하는 전문인력의 보유 현황 및 학력·경력·자격 등을 증명할 수 있는 서류
4. 운전적성검사시설 또는 관제적성검사시설 내역서
5. 운전적성검사장비 또는 관제적성검사장비 내역서
6. 운전적성검사기관 또는 관제적성검사기관에서 사용하는 직인의 인영
② 국토교통부장관은 제1항에 따라 운전적성검사기관 또는 관제적성검사기관의 지정 신청을 받은 경우에는 영 제13조제2항(영 제20조의2에서 준용하는 경우를 포함한다)에 따라 종합적으로 그 지정여부를 심사한 후 지정에 적합하다고 인정되는 경우 별지 제11호서식의 적성검사기관 지정서를 신청인에게 발급하여야 한다. 〈개정 13·3·23, 17·7·25〉
[전문개정 12·12·10]</td></tr>
<tr><td>④ 국토교통부장관은 운전적성검사에 관한 전문기관(이하 "운전적성검사기관"이라 한다)을</td><td>제13조(운전적성검사기관 지정절차〈개정 17·7·24〉)
① 법 제15조제4항에 따른 운전적성검사에 관</td><td></td></tr>
</table>

법	시 행 령	시 행 규 칙
지정하여 운전적성검사를 하게 할 수 있다. 〈개정 13·3·23, 15·7·24〉	한 전문기관(이하 "운전적성검사기관"이라 한다)으로 지정을 받으려는 자는 국토교통부장관에게 지정 신청을 하여야 한다. 〈개정 13·3·23, 17·7·24〉 ② 국토교통부장관은 제1항에 따라 운전적성검사기관 지정 신청을 받은 경우에는 제14조에 따른 지정기준을 갖추었는지 여부, 운전적성검사기관의 운영계획, 운전업무종사자의 수급상황 등을 종합적으로 심사한 후 그 지정 여부를 결정하여야 한다. 〈개정 13·3·23, 16·1·22, 17·7·24〉 ③ 국토교통부장관은 제2항에 따라 운전적성검사기관을 지정한 경우에는 그 사실을 관보에 고시하여야 한다. 〈개정 13·3·23, 17·7·24〉 ④ 제1항부터 제3항까지의 규정에 따른 운전적성검사기관 지정절차에 관한 세부적인 사항은 국토교통부령으로 정한다. 〈개정 13·3·23, 17·7·24〉 [전문개정 12·11·30]	
⑤ 운전적성검사기관의 지정기준, 지정절차 등에 관하여 필요한 사항은 대통령령으로 정한다.〈개정 15·7·24〉 ⑥ 운전적성검사기관은 정당한 사유 없이 운전적성검사 업무를 거부하여서는 아니 되고, 거짓이나 그 밖의 부정한 방법으로 운전적성검사 판정서를 발급하여서는 아니 된다.〈개정	제14조(운전적성검사기관 지정기준〈개정 17·7·24〉) ① 운전적성검사기관의 지정기준은 다음 각 호와 같다.〈개정 17·7·24〉 1. 운전적성검사 업무의 통일성을 유지하고 운전적성검사 업무를 원활히 수행하는데 필요한 상설 전담조직을 갖출 것 2. 운전적성검사 업무를 수행할 수 있는 전문	제18조(운전적성검사기관 및 관제적성검사기관의 세부 지정기준 등〈개정 17·7·25〉) ① 영 제14조제2항 및 영 제20조의2에 따른 운전적성검사기관 및 관제적성검사기관의 세부지정기준은 별표 5와 같다.〈개정 17·7·25〉 ② 국토교통부장관은 운전적성검사기관 또는 관제적성검사기관이 제1항 및 영 제14조제1항

법	시행령	시행규칙
15·7·24〉 [전문개정 12·6·1]	검사인력을 3명 이상 확보할 것 3. 운전적성검사 시행에 필요한 사무실, 검사장과 검사 장비를 갖출 것 4. 운전적성검사기관의 운영 등에 관한 업무규정을 갖출 것 ② 제1항에 따른 적성검사기관 지정기준에 관한 세부적인 사항은 국토교통부령으로 정한다. 〈개정 13·3·23〉 [전문개정 12·11·30]	(영 제20조의2에서 준용하는 경우를 포함한다)에 따른 지정기준에 적합한 지의 여부를 2년마다 심사하여야 한다. 〈개정 13·3·23, 17·7·25〉 ③ 영 제15조 및 영 제20조의2에 따른 운전적성검사기관 및 관제적성기관의 변경사항 통지는 별지 제11호의2서식에 따른다.〈개정 17·7·25〉 [전문개정 12·12·10]
	제15조(운전적성검사기관의 변경사항 통지〈개정 17·7·24〉) ① 운전적성검사기관은 그 명칭·대표자·소재지나 그 밖에 운전적성검사 업무의 수행에 중대한 영향을 미치는 사항의 변경이 있는 경우에는 해당 사유가 발생한 날부터 15일 이내에 국토교통부장관에게 그 사실을 알려야 한다. 〈개정 13·3·23, 17·7·24〉 ② 국토교통부장관은 제1항에 따라 통지를 받은 때에는 그 사실을 관보에 고시하여야 한다. 〈개정 13·3·23〉 [전문개정 12·11·30]	
제15조의2(운전적성검사기관의 지정취소 및 업무정지〈개정 15·7·24〉) ① 국토교통부장관은 운전적성검사기관이 다음 각 호의 어느 하나에 해당할 때에는 지정을 취소하거나 6개월 이내의 기간을 정하여 업무의 정지를 명할 수 있다. 다만, 제1호 및 제2호에 해당할 때에는		**제19조(운전적성검사기관 및 관제적성검사기관의 지정취소 및 업무정지**〈개정 17·7·25〉) ① 법 제15조의2제2항 및 법 제21조의6제5항에 따른 운전적성검사기관 및 관제적성검사기관의 지정취소 및 업무정지의 기준은 별표 6과 같다.〈개정 17·7·25〉

법	시 행 령	시 행 규 칙
지정을 취소하여야 한다. 〈개정 13·3·23, 15·7·24〉 1. 거짓이나 그 밖의 부정한 방법으로 지정을 받았을 때 2. 업무정지 명령을 위반하여 그 정지기간 중 운전적성검사 업무를 하였을 때 3. 제15조제5항에 따른 지정기준에 맞지 아니하게 되었을 때 4. 제15조제6항을 위반하여 정당한 사유 없이 운전적성검사 업무를 거부하였을 때 5. 제15조제6항을 위반하여 거짓이나 그 밖의 부정한 방법으로 운전적성검사 판정서를 발급하였을 때 ② 제1항에 따른 지정취소 및 업무정지의 세부기준 등에 관하여 필요한 사항은 국토교통부령으로 정한다. 〈개정 13·3·23〉 ③ 국토교통부장관은 제1항에 따라 지정이 취소된 운전적성검사기관이나 그 기관의 설립·운영자 및 임원이 그 지정이 취소된 날부터 2년이 지나지 아니하고 설립·운영하는 검사기관을 적성검사기관으로 지정하여서는 아니 된다. 〈개정 13·3·23, 15·7·24〉 [본조신설 12·6·1]		② 국토교통부장관은 운전적성검사기관 또는 관제적성검사기관의 지정을 취소하거나 업무정지의 처분을 한 경우에는 지체 없이 운전적성검사기관 또는 관제적성검사기관에 별지 제11호의3서식의 지정기관 행정처분서를 통지하고, 그 사실을 관보에 고시하여야 한다. 〈개정 13·3·23, 17·7·25〉 [전문개정 12·12·10]
제16조(운전교육훈련〈개정 15·7·24〉**)** ① 운전면허를 받으려는 사람은 철도차량의 안전한 운행을 위하여 국토교통부장관이 실시하는 운전	**제16조(운전교육훈련기관 지정절차**〈개정 17·7·24〉**)** ① 운전교육훈련기관으로 지정을 받으려는 자는 국토교통부장관에게 지정 신청을 하	**제20조(운전교육훈련의 기간 및 방법 등**〈개정 17·7·25〉**)** ① 법 제16조제1항에 따른 교육훈련(이하 "운전교육훈련"이라 한다)은 운전면허

법	시 행 령	시 행 규 칙
에 필요한 지식과 능력을 습득할 수 있는 교육훈련(이하 "운전교육훈련"이라 한다)을 받아야 한다. 〈개정 13·3·23, 15·7·24〉 ② 운전교육훈련의 기간, 방법 등에 관하여 필요한 사항은 국토교통부령으로 정한다. 〈개정 13·3·23, 15·7·24〉 ③ 국토교통부장관은 철도차량 운전에 관한 전문 교육훈련기관(이하 "운전교육훈련기관"이라 한다)을 지정하여 운전교육훈련을 실시하게 할 수 있다. 〈개정 13·3·23, 15·7·24〉 ④ 운전교육훈련기관의 지정기준, 지정절차 등에 관하여 필요한 사항은 대통령령으로 정한다.〈개정 15·7·24〉	여야 한다. 〈개정 13·3·23, 17·7·24〉 ② 국토교통부장관은 제1항에 따라 운전교육훈련기관의 지정 신청을 받은 경우에는 제17조에 따른 지정기준을 갖추었는지 여부, 운전교육훈련기관의 운영계획 및 운전업무종사자의 수급 상황 등을 종합적으로 심사한 후 그 지정 여부를 결정하여야 한다. 〈개정 13·3·23, 17·7·24〉 ③ 국토교통부장관은 제2항에 따라 운전교육훈련기관을 지정한 때에는 그 사실을 관보에 고시하여야 한다. 〈개정 13·3·23, 17·7·24〉 ④ 제1항부터 제3항까지의 규정에 따른 운전교육훈련기관의 지정절차에 관한 세부적인 사항은 국토교통부령으로 정한다. 〈개정 13·3·23, 17·7·24〉 [전문개정 12·11·30]	종류별로 실제 차량이나 모의운전연습기를 활용하여 실시한다.〈개정 17·7·25〉 ② 운전교육훈련을 받으려는 사람은 법 제16조제3항에 따른 운전교육훈련기관(이하 "운전교육훈련기관"이라 한다)에 운전교육훈련을 신청하여야 한다.〈개정 17·7·25〉 ③ 운전교육훈련의 과목과 교육훈련시간은 별표 7과 같다.〈개정 17·7·25〉 ④ 운전교육훈련기관은 운전교육훈련과정별 교육훈련신청자가 적어 그 운전교육훈련과정의 개설이 곤란한 경우에는 국토교통부장관의 승인을 받아 해당 운전교육훈련과정을 개설하지 아니하거나 운전교육훈련시기를 변경하여 시행할 수 있다. 〈개정 13·3·23, 17·7·25〉 ⑤ 운전교육훈련기관은 운전교육훈련을 수료한 사람에게 별지 제12호서식의 운전교육훈련 수료증을 발급하여야 한다.〈개정 17·7·25〉 ⑥ 그 밖에 운전교육훈련의 절차·방법 등에 관하여 필요한 세부사항은 국토교통부장관이 정한다. 〈개정 13·3·23, 17·7·25〉 [전문개정 12·12·10] **제21조(운전교육훈련기관의 지정절차 등**〈개정 17·7·25〉) ① 운전교육훈련기관으로 지정받으려는 자는 별지 제13호서식의 운전교육훈련기관 지정신청서에 다음 각 호의 서류를 첨부하여 국토교통부장관에게 제출하여야 한다. 이 경우 국토

법	시 행 령	시 행 규 칙
		교통부장관은 「전자정부법」 제36조제1항에 따른 행정정보의 공동이용을 통하여 법인 등기사항증명서(신청인이 법인인 경우만 해당한다)를 확인하여야 한다. 〈개정 13·3·23, 17·7·25〉 1. 운전교육훈련계획서(운전교육훈련평가계획을 포함한다) 2. 운전교육훈련기관 운영규정 3. 정관이나 이에 준하는 약정(법인 그 밖의 단체에 한정한다) 4. 운전교육훈련을 담당하는 강사의 자격·학력·경력 등을 증명할 수 있는 서류 및 담당업무 5. 운전교육훈련에 필요한 강의실 등 시설 내역서 6. 운전교육훈련에 필요한 철도차량 또는 모의운전연습기 등 장비 내역서 7. 운전교육훈련기관에서 사용하는 직인의 인영 ② 국토교통부장관은 제1항에 따라 운전교육훈련기관의 지정 신청을 받은 때에는 영 제16조제2항에 따라 그 지정 여부를 종합적으로 심사한 후 별지 제14호서식의 교육훈련기관 지정서를 신청인에게 발급하여야 한다. 〈개정 13·3·23, 17·7·25〉 [전문개정 12·12·10]
	제17조(운전교육훈련기관 지정기준〈개정 17·7·24〉**)** ① 운전교육훈련기관 지정기준은 다음 각 호와 같다.〈개정 17·7·24〉	**제22조(운전교육훈련기관의 세부 지정기준 등**〈개정 17·7·25〉**)** ① 영 제17조제2항에 따른 운전교육훈련기관의 세부 지정기준은 별표 8과 같

법	시 행 령	시 행 규 칙
	1. 운전교육훈련 업무 수행에 필요한 상설 전담조직을 갖출 것 2. 운전면허의 종류별로 운전교육훈련 업무를 수행할 수 있는 전문인력을 확보할 것 3. 운전교육훈련 시행에 필요한 사무실·교육장과 교육 장비를 갖출 것 4. 운전교육훈련기관의 운영 등에 관한 업무 규정을 갖출 것 ② 제1항에 따른 운전교육훈련기관 지정기준에 관한 세부적인 사항은 국토교통부령으로 정한다. 〈개정 13·3·23, 17·7·24〉 [전문개정 12·11·30] **제18조(운전교육훈련기관의 변경사항 통지**〈개정 17·7·24〉) ① 운전교육훈련기관은 그 명칭·대표자·소재지나 그 밖에 운전교육훈련 업무의 수행에 중대한 영향을 미치는 사항의 변경이 있는 경우에는 해당 사유가 발생한 날부터 15일 이내에 국토교통부장관에게 그 사실을 알려야 한다. 〈개정 13·3·23, 17·7·24〉 ② 국토교통부장관은 제1항에 따라 통지를 받은 경우에는 그 사실을 관보에 고시하여야 한다. 〈개정 13·3·23〉 [전문개정 12·11·30]	다.〈개정 17·7·25〉 ② 국토교통부장관은 운전교육훈련기관이 제1항 및 영 제17조제1항에 따른 지정기준에 적합한 지의 여부를 2년마다 심사하여야 한다. 〈개정 13·3·23, 17·7·25〉 ③ 영 제18조에 따른 운전교육훈련기관의 변경사항 통지는 별지 제11호의2서식에 따른다. 〈개정 17·7·25〉 [전문개정 12·12·10]
⑤ 운전교육훈련기관의 지정취소 및 업무정지 등에 관하여는 제15조제6항 및 제15조의2를 준용한다. 이 경우 "운전적성검사기관"은 "운		**제23조(운전교육훈련기관의 지정취소 및 업무정지 등**〈개정 17·7·25〉) ① 법 제16조제5항에 따른 운전교육훈련기관의 지정취소 및 업무정지

법	시 행 령	시 행 규 칙
전교육훈련기관"으로, "운전적성검사 업무"는 "운전교육훈련 업무"로, "제15조제5항"은 "제16조제4항"으로, "운전적성검사 판정서"는 "운전교육훈련 수료증"으로 본다.〈개정 15 · 7 · 24〉 [전문개정 12 · 6 · 1]		의 기준은 별표 9와 같다. 〈개정 14 · 3 · 19, 17 · 7 · 25〉 ② 국토교통부장관은 운전교육훈련기관의 지정을 취소하거나 업무정지의 처분을 한 경우에는 지체 없이 그 운전교육훈련기관에 별지 제11호의3서식의 지정기관 행정처분서를 통지하고 그 사실을 관보에 고시하여야 한다. 〈개정 13 · 3 · 23, 17 · 7 · 25〉 [전문개정 12 · 12 · 10]
제17조(운전면허시험) ① 운전면허를 받으려는 사람은 국토교통부장관이 실시하는 철도차량 운전면허시험(이하 "운전면허시험"이라 한다)에 합격하여야 한다. 〈개정 13 · 3 · 23〉 ② 운전면허시험에 응시하려는 사람은 제12조에 따른 신체검사 및 운전적성검사에 합격한 후 운전교육훈련을 받아야 한다.〈개정 15 · 7 · 24〉 ③ 운전면허시험의 과목, 절차 등에 관하여 필요한 사항은 국토교통부령으로 정한다. 〈개정 13 · 3 · 23〉 [전문개정 12 · 6 · 1]		제24조(운전면허시험의 과목 및 합격기준) ① 법 제17조제1항에 따른 철도차량 운전면허시험(이하 "운전면허시험"이라 한다)은 영 제11조제1항에 따른 운전면허의 종류별로 필기시험과 기능시험으로 구분하여 시행한다. 이 경우 기능시험은 실제차량이나 모의운전연습기를 활용하여 시행한다. ② 제1항에 따른 필기시험과 기능시험의 과목 및 합격기준은 별표 10과 같다. 이 경우 기능시험은 필기시험을 합격한 경우에만 응시할 수 있다. ③ 제1항에 따른 필기시험에 합격한 사람에 대해서는 필기시험에 합격한 날부터 2년이 되는 날이 속하는 해의 12월 31일까지 실시하는 운전면허시험에 있어 필기시험의 합격을 유효한 것으로 본다. ④ 운전면허시험의 방법 · 절차, 기능시험 평가위

법	시 행 령	시 행 규 칙
		원의 선정 등에 관하여 필요한 세부사항은 국토교통부장관이 정한다. 〈개정 13·3·23, 17·7·25〉 [전문개정 12·12·10] 第25조(운전면허시험 시행계획의 공고) ① 「한국교통안전공단법」에 따른 한국교통안전공단(이하 "한국교통안전공단"이라 한다)은 운전면허시험을 실시하려는 때에는 매년 11월 30일까지 필기시험 및 기능시험의 일정·응시과목 등을 포함한 다음 해의 운전면허시험 시행계획을 인터넷 홈페이지 등에 공고하여야 한다.〈개정 17·7·25, 19·1·4〉 ② 한국교통안전공단은 운전면허시험의 응시수요 등을 고려하여 필요한 경우에는 제1항에 따라 공고한 시행계획을 변경할 수 있다. 이 경우에는 미리 국토교통부장관의 승인을 받아야 한다. 이 경우 미리 국토교통부장관의 승인을 받아야 하며 변경되기 전의 필기시험일 또는 기능시험일(필기시험일 또는 기능시험일이 앞당겨진 경우에는 변경된 필기시험일 또는 기능시험일을 말한다)의 7일 전까지 그 변경사항을 인터넷 홈페이지 등에 공고하여야 한다. 〈개정 13·3·23, 17·7·25, 19·1·4〉 [전문개정 12·12·10] 第26조(운전면허시험 응시원서의 제출 등〈개정 17·7·25〉) ① 운전면허시험에 응시하려는 사람은 별지 제15호서식의 운전면허시험 응시원서에

법	시행령	시행규칙
		다음 각 호의 서류를 첨부하여 한국교통안전공단에 제출하여야 한다.〈개정 17·7·25, 19·1·4〉 1. 신체검사의료기관이 발급한 신체검사 판정서(철도차량 운전면허시험 응시원서 접수일 이전 2년 이내인 것에 한정한다) 2. 운전적성검사기관이 발급한 운전적성검사 판정서(운전면허시험 응시원서 접수일 이전 10년 이내인 것에 한정한다) 3. 운전교육훈련기관이 발급한 운전교육훈련 수료증명서 4. 철도차량 운전면허증의 사본(철도차량 운전면허 소지자가 다른 철도차량 운전면허를 취득하고자 하는 경우에 한정한다) 5. 운전업무 수행 경력증명서(고속철도차량 운전면허시험에 응시하는 경우에 한정한다) ② 한국교통안전공단은 제1항제1호부터 제4호까지의 서류를 영 제63조제1항제7호에 따라 관리하는 정보체계에 따라 확인할 수 있는 경우에는 그 서류를 제출하지 아니하도록 할 수 있다.〈개정 17·7·25, 19·1·4〉 ③ 한국교통안전공단은 제1항에 따라 운전면허시험 응시원서를 접수한 때에는 별지 제16호서식의 철도차량 운전면허시험 응시원서 접수대장에 기록하고 별지 제15호서식의 운전면허시험 응시표를 응시자에게 발급하여야 한다. 다만, 응시원서 접수 사실을 영 제63조제1항제

법	시 행 령	시 행 규 칙
		7호에 따라 관리하는 정보체계에 따라 관리하는 경우에는 응시원서 접수 사실을 철도차량 운전면허시험 응시원서 접수대장에 기록하지 아니할 수 있다.〈개정 19·1·4〉 ④ 한국교통안전공단은 운전면허시험 응시원서 접수마감 7일 이내에 시험일시 및 장소를 한국교통안전공단 게시판 또는 인터넷 홈페이지 등에 공고하여야 한다.〈개정 17·7·25, 19·1·4〉 [전문개정 12·12·10] **제27조(운전면허시험 응시표의 재발급)** 운전면허시험 응시표를 발급받은 사람이 응시표를 잃어버리거나 헐어서 못 쓰게 된 경우에는 사진(3.5센티미터 × 4.5센티미터) 1장을 첨부하여 한국교통안전공단에 재발급을 신청(「정보통신망 이용촉진 및 정보보호 등에 관한 법률」 제2조제1항제1호에 따른 정보통신망을 이용한 신청을 포함한다)하여야 하고, 한국교통안전공단은 응시원서 접수 사실을 확인한 후 운전면허시험 응시표를 신청인에게 재발급하여야 한다.〈개정 16·8·10, 19·1·4〉 [전문개정 12·12·10] **제28조(시험실시결과의 게시 등)** ① 한국교통안전공단은 운전면허시험을 실시하여 합격자를 결정한 때에는 한국교통안전공단 게시판 또는 인터넷 홈페이지에 게재하여야 한다.〈개정 17·7·25, 19·1·4〉

법	시 행 령	시 행 규 칙
		②한국교통안전공단은 운전면허시험을 실시한 경우에는 운전면허 종류별로 필기시험 및 기능시험 응시자 및 합격자 현황 등의 자료를 국토교통부장관에게 보고하여야 한다. 〈개정 08·3·14, 13·3·23, 19·1·4〉
제18조(운전면허증의 발급 등) ① 국토교통부장관은 운전면허시험에 합격하여 운전면허를 받은 사람에게 국토교통부령으로 정하는 바에 따라 철도차량 운전면허증(이하 "운전면허증"이라 한다)을 발급하여야 한다. 〈개정 13·3·23〉 ② 제1항에 따라 운전면허를 받은 사람(이하 "운전면허 취득자"라 한다)이 운전면허증을 잃어버렸거나 운전면허증이 헐어서 쓸 수 없게 되었을 때 또는 운전면허증의 기재사항이 변경되었을 때에는 국토교통부령으로 정하는 바에 따라 운전면허증의 재발급이나 기재사항의 변경을 신청할 수 있다. 〈개정 13·3·23〉 [전문개정 12·6·1]		**제29조(운전면허증의 발급 등)** ① 운전면허시험에 합격한 사람은 한국교통안전공단에 별지 제17호서식의 철도차량 운전면허증 (재)발급신청서를 제출(「정보통신망 이용촉진 및 정보보호 등에 관한 법률」 제2조제1항제1호에 따른 정보통신망을 이용한 제출을 포함한다)하여야 한다.〈개정 16·8·10, 19·1·4〉 ② 제1항에 따라 철도차량 운전면허증 발급 신청을 받은 한국교통안전공단은 법 제18조제1항에 따라 별지 제18호서식의 철도차량 운전면허증을 발급하여야 한다.〈개정 17·7·25, 19·1·4〉 ③ 제2항에 따라 철도차량 운전면허증을 발급받은 사람(이하 "운전면허 취득자"라 한다)이 철도차량 운전면허증을 잃어버렸거나 헐어 못 쓰게 된 때에는 별지 제17호서식의 철도차량 운전면허증 (재)발급신청서에 분실사유서나 헐어 못 쓰게 된 운전면허증을 첨부하여 한국교통안전공단에 제출하여야 한다.〈개정 19·1·4〉 ④ 한국교통안전공단은 제1항 및 제3항에 따라 철도차량 운전면허증을 발급이나 재발급한 때에는 별지 제19호서식의 철도차량 운전면허

법	시행령	시행규칙
제19조(운전면허의 갱신) ① 운전면허의 유효기간은 10년으로 한다. <개정 13·8·6>		증 관리대장에 이를 기록·관리하여야 한다. 다만, 철도차량 운전면허증의 발급이나 재발급 사실을 영 제63조제1항제7호에 따라 관리하는 정보체계에 따라 관리하는 경우에는 별지 제19호서식의 철도차량 운전면허증 관리대장에 이를 기록·관리하지 아니할 수 있다.<개정 17·7·25, 19·1·4> [전문개정 12·12·10] 제30조(철도차량 운전면허증 기록사항 변경) ① 운전면허 취득자가 주소 등 철도차량 운전면허증의 기록사항을 변경하려는 경우에는 이를 증명할 수 있는 서류를 첨부하여 한국교통안전공단에 기록사항의 변경을 신청하여야 한다. 이 경우 한국교통안전공단은 기록사항을 변경한 때에는 별지 제19호서식의 철도차량 운전면허증 관리대장에 이를 기록·관리하여야 한다.<개정 17·7·25, 19·1·4> ② 제1항 후단에도 불구하고 철도차량 운전면허증의 기록 사항의 변경을 영 제63조제1항제7호에 따라 관리하는 정보체계에 따라 관리하는 경우에는 별지 제19호서식의 철도차량 운전면허증 관리대장에 이를 기록·관리하지 아니할 수 있다.<개정 17·7·25> [전문개정 12·12·10] 제31조(운전면허의 갱신절차) ① 법 제19조제2항에 따라 철도차량운전면허(이하 "운전면허"

법	시 행 령	시 행 규 칙
② 운전면허 취득자로서 제1항에 따른 유효기간 이후에도 그 운전면허의 효력을 유지하려는 사람은 운전면허의 유효기간 만료 전에 국토교통부령으로 정하는 바에 따라 운전면허의 갱신을 받아야 한다. 〈개정 13・3・23〉		라 한다)를 갱신하려는 사람은 운전면허의 유효기간 만료일 전 6개월 이내에 별지 제20호서식의 철도차량 운전면허 갱신신청서에 다음 각 호의 서류를 첨부하여 한국교통안전공단에 제출하여야 한다.〈개정 19・1・4〉 1. 철도차량 운전면허증 2. 법 제19조제3항 각 호에 해당함을 증명하는 서류 ② 제1항에 따라 갱신받은 운전면허의 유효기간은 종전 운전면허 유효기간의 만료일 다음 날부터 기산한다. [전문개정 12・12・10]
③ 국토교통부장관은 제2항 및 제5항에 따라 운전면허의 갱신을 신청한 사람이 다음 각 호의 어느 하나에 해당하는 경우에는 운전면허증을 갱신하여 발급하여야 한다. 〈개정 13・3・23, 13・8・6〉 1. 운전면허의 갱신을 신청하는 날 전 10년 이내에 국토교통부령으로 정하는 철도차량의 운전업무에 종사한 경력이 있거나 국토교통부령으로 정하는 바에 따라 이와 같은 수준 이상의 경력이 있다고 인정되는 경우 2. 국토교통부령으로 정하는 교육훈련을 받은 경우		제32조(운전면허 갱신에 필요한 경력 등) ① 법 제19조제3항제1호에서 "국토교통부령으로 정하는 철도차량의 운전업무에 종사한 경력"이란 운전면허의 유효기간 내에 6개월 이상 해당 철도차량을 운전한 경력을 말한다. 〈개정 13・3・23〉 ② 법 제19조제3항제1호에서 "이와 같은 수준 이상의 경력"이란 다음 각 호의 어느 하나에 해당하는 업무에 2년 이상 종사한 경력을 말한다.〈개정 17・7・25〉 1. 관제업무 2. 운전교육훈련기관에서의 운전교육훈련업무 3. 철도운영자등에게 소속되어 철도차량 운전자를 지도・교육・관리하거나 감독하는 업무

법	시행령	시행규칙
		③ 법 제19조제3항제2호에서 "국토교통부령으로 정하는 교육훈련을 받은 경우"란 운전교육훈련기관이나 철도운영자등이 실시한 철도차량 운전에 필요한 교육훈련을 운전면허 갱신신청일 전까지 20시간 이상 받은 경우를 말한다. 〈개정 13·3·23, 17·7·25〉 ④ 제1항 및 제2항에 따른 경력의 인정, 제3항에 따른 교육훈련의 내용 등 운전면허 갱신에 필요한 세부사항은 국토교통부장관이 정하여 고시한다. 〈개정 13·3·23〉 [전문개정 12·12·10]
④ 운전면허 취득자가 제2항에 따른 운전면허의 갱신을 받지 아니하면 그 운전면허의 유효기간이 만료되는 날의 다음 날부터 그 운전면허의 효력이 정지된다. ⑤ 제4항에 따라 운전면허의 효력이 정지된 사람이 6개월의 범위에서 대통령령으로 정하는 기간 내에 운전면허의 갱신을 신청하여 운전면허의 갱신을 받지 아니하면 그 기간이 만료되는 날의 다음 날부터 그 운전면허는 효력을 잃는다. ⑥ 국토교통부장관은 운전면허 취득자에게 그 운전면허의 유효기간이 만료되기 전에 국토교통부령으로 정하는 바에 따라 운전면허의 갱신에 관한 내용을 통지하여야 한다. 〈개정 13·3·23〉	**제19조(운전면허 갱신 등)** ① 법 제19조제4항에 따라 운전면허의 효력이 정지된 사람이 제2항에 따른 기간 내에 운전면허 갱신을 받은 경우 해당 운전면허의 유효기간은 갱신 받기 전 운전면허의 유효기간 만료일 다음 날부터 기산한다. ② 법 제19조제5항에서 "대통령령으로 정하는 기간"이란 6개월을 말한다. [전문개정 12·11·30]	**제33조(운전면허 갱신 안내 통지)** ① 한국교통안전공단은 법 제19조제4항에 따라 운전면허의 효력이 정지된 사람이 있는 때에는 해당 운전면허의 효력이 정지된 날부터 30일 이내에 해당 운전면허 취득자에게 이를 통지하여야 한다.〈개정 19·1·4〉 ② 한국교통안전공단은 법 제19조제6항에 따라 운전면허의 유효기간 만료일 6개월 전까지 해당 운전면허 취득자에게 운전면허 갱신에 관한 내용을 통지하여야 한다.〈개정 19·1·4〉 ③ 제2항에 따른 운전면허 갱신에 관한 통지는 별지 제21호서식의 철도차량 운전면허 갱신통지서에 따른다. ④ 제1항 및 제2항에 따른 통지를 받을 사람의 주소 등을 통상적인 방법으로 확인할 수

법	시행령	시행규칙
		없거나 통지서를 송달할 수 없는 경우에는 한국교통안전공단 게시판 또는 인터넷 홈페이지에 14일 이상 공고함으로써 통지에 갈음할 수 있다.〈개정 17 · 7 · 25, 19 · 1 · 4〉 [전문개정 12 · 12 · 10]
⑦ 국토교통부장관은 제5항에 따라 운전면허의 효력이 실효된 사람이 운전면허를 다시 받으려는 경우 대통령령으로 정하는 바에 따라 그 절차의 일부를 면제할 수 있다. 〈개정 13 · 3 · 23〉 [전문개정 12 · 6 · 1]	제20조(운전면허 취득절차의 일부 면제) 법 제19조제7항에 따라 운전면허의 효력이 실효된 사람이 운전면허가 실효된 날부터 3년 이내에 실효된 운전면허와 동일한 운전면허를 취득하려는 경우에는 다음 각 호의 구분에 따라 운전면허 취득절차의 일부를 면제한다.〈개정 17 · 7 · 24〉 1. 법 제19조제3항 각 호에 해당하지 아니하는 경우: 법 제16조에 따른 운전교육훈련 면제 2. 법 제19조제3항 각 호에 해당하는 경우: 법 제16조에 따른 운전교육훈련과 법 제17조에 따른 운전면허시험 중 필기시험 면제 [전문개정 12 · 11 · 30]	
제19조의2(운전면허증의 대여 금지) 운전면허를 받은 사람은 다른 사람에게 그 운전면허증을 대여하여서는 아니 된다. [본조신설 15 · 7 · 24]		
제20조(운전면허의 취소 · 정지 등) ① 국토교통부장관은 운전면허 취득자가 다음 각 호의 어느 하나에 해당할 때에는 운전면허를 취소하거나 1년 이내의 기간을 정하여 운전면허의		제34조(운전면허의 취소 및 효력정지 처분의 통지 등) ① 국토교통부장관은 법 제20조제1항에 따라 운전면허의 취소나 효력정지 처분을 한 때에는 별지 제22호서식의 철도차량 운전면허

<table>
<tr><th>법</th><th>시 행 령</th><th>시 행 규 칙</th></tr>
<tr><td>효력을 정지시킬 수 있다. 다만, 제1호부터 제4호까지의 규정에 해당할 때에는 운전면허를 취소하여야 한다. 〈개정 13·3·23, 15·7·24, 18·6·12〉
1. 거짓이나 그 밖의 부정한 방법으로 운전면허를 받았을 때
2. 제11조제2호부터 제4호까지의 규정에 해당하게 되었을 때
3. 운전면허의 효력정지기간 중 철도차량을 운전하였을 때
4. 제19조의2를 위반하여 운전면허증을 다른 사람에게 대여하였을 때
5. 철도차량을 운전 중 고의 또는 중과실로 철도사고를 일으켰을 때
5의2. 제40조의2제1항 또는 제5항을 위반하였을 때
6. 제41조제1항을 위반하여 술을 마시거나 약물을 사용한 상태에서 철도차량을 운전하였을 때
7. 제41조제2항을 위반하여 술을 마시거나 약물을 사용한 상태에서 업무를 하였다고 인정할 만한 상당한 이유가 있음에도 불구하고 국토교통부장관 또는 시·도지사의 확인 또는 검사를 거부하였을 때
8. 이 법 또는 이 법에 따라 철도의 안전 및 보호와 질서유지를 위하여 한 명령·처분을</td><td></td><td>취소·효력정지 처분 통지서를 해당 처분대상자에게 발송하여야 한다. 〈개정 13·3·23〉
② 국토교통부장관은 제1항에 따른 처분대상자가 철도운영자등에게 소속되어 있는 경우에는 철도운영자등에게 그 처분 사실을 통지하여야 한다. 〈개정 13·3·23〉
③ 제1항에 따른 처분대상자의 주소 등을 통상적인 방법으로 확인할 수 없거나 별지 제22호서식의 철도차량 운전면허 취소·효력정지 처분 통지서를 송달할 수 없는 경우에는 운전면허시험기관인 한국교통안전공단 게시판 또는 인터넷 홈페이지에 14일 이상 공고함으로써 제1항에 따른 통지에 갈음할 수 있다.〈개정 17·7·25, 19·1·4〉
④ 제1항에 따라 운전면허의 취소 또는 효력정지 처분의 통지를 받은 사람은 통지를 받은 날부터 15일 이내에 운전면허증을 한국교통안전공단에 반납하여야 한다.〈개정 19·1·4〉
[전문개정 12·12·10]</td></tr>
</table>

법	시 행 령	시 행 규 칙
위반하였을 때 ② 국토교통부장관이 제1항에 따라 운전면허의 취소 및 효력정지 처분을 하였을 때에는 국토교통부령으로 정하는 바에 따라 그 내용을 해당 운전면허 취득자와 운전면허 취득자를 고용하고 있는 철도운영자등에게 통지하여야 한다. 〈개정 13·3·23〉 ③ 제2항에 따른 운전면허의 취소 또는 효력정지 통지를 받은 운전면허 취득자는 그 통지를 받은 날부터 15일 이내에 운전면허증을 국토교통부장관에게 반납하여야 한다. 〈개정 13·3·23〉 ④ 국토교통부장관은 제3항에 따라 운전면허의 효력이 정지된 사람으로부터 운전면허증을 반납받았을 때에는 보관하였다가 정지기간이 끝나면 즉시 돌려주어야 한다. 〈개정 13·3·23〉 ⑤ 제1항에 따른 취소 및 효력정지 처분의 세부기준 및 절차는 그 위반의 유형 및 정도에 따라 국토교통부령으로 정한다. 〈개정 13·3·23〉 ⑥ 국토교통부장관은 국토교통부령으로 정하는 바에 따라 운전면허의 발급, 갱신, 취소 등에 관한 자료를 유지·관리하여야 한다. 〈개정 13·3·23〉 [전문개정 12·6·1]		제35조(운전면허의 취소 또는 효력정지 처분의 세부기준) 법 제20조제5항에 따른 운전면허의 취소 또는 효력정지 처분의 세부기준은 별표 11과 같다. [전문개정 12·12·10] 제36조(운전면허의 유지·관리) 한국교통안전공단은 운전면허 취득자의 운전면허의 발급·갱신·취소 등에 관한 사항을 별지 제23호서식의 철도차량 운전면허 발급대장에 기록하고 유지·관리하여야 한다.〈개정 19·1·4〉

법	시 행 령	시 행 규 칙
제21조(운전업무 실무수습) 철도차량의 운전업무에 종사하려는 사람은 국토교통부령으로 정하는 바에 따라 실무수습을 이수하여야 한다. [본조신설 15·7·24]		[전문개정 12·12·10] 제37조(운전업무 실무수습〈개정 17·7·25〉) ① 법 제21조에 따라 철도차량의 운전업무에 종사하려는 사람은 다음 각 호의 운전업무 실무수습을 모두 이수하여야 한다.〈개정 17·7·25〉 1. 운전할 구간의 선로·신호시스템 등의 숙달을 위한 실무수습·교육을 이수할 것 2. 운전할 철도차량의 기기 취급방법 및 비상시 조치방법 등에 대한 운전업무 실무수습을 이수할 것 ② 철도운영자등은 제1항에 따른 운전업무 실무수습의 항목 및 교육시간 등에 관한 실무수습 계획을 수립하여 시행하여야 한다. 다만, 운전업무 실무수습을 이수한 사람으로서 운전할 구간 또는 철도차량의 변경으로 인하여 다시 운전업무 실무수습을 이수하여야 하는 사람에 대해서는 별도의 실무수습 계획을 수립하여 시행할 수 있다.〈개정 17·7·25〉 ③ 삭제 〈17·7·25〉 ④ 제1항에 따른 운전업무 실무수습의 방법·평가 등에 관하여 필요한 세부사항은 국토교통부장관이 정하여 고시한다. 〈개정 13·3·23, 17·7·25〉 [전문개정 12·12·10]
제21조의2(무자격자의 운전업무 금지 등) 철도운영자등은 운전면허를 받지 아니하거나(제20		

법	시 행 령	시 행 규 칙
조에 따라 운전면허가 취소되거나 그 효력이 정지된 경우를 포함한다) 제21조에 따른 실무수습을 이수하지 아니한 사람을 철도차량의 운전업무에 종사하게 하여서는 아니 된다. [본조신설 15 · 7 · 24] 제21조의3(관제자격증명) 관제업무에 종사하려는 사람은 국토교통부장관으로부터 철도교통관제사 자격증명(이하 "관제자격증명"이라 한다)을 받아야 한다. [본조신설 15 · 7 · 24] 제21조의4(관제자격증명의 결격사유) 관제자격증명의 결격사유에 관하여는 제11조를 준용한다. 이 경우 "운전면허"는 "관제자격증명"으로, "철도차량 운전"은 "관제업무"로 본다. [본조신설 15 · 7 · 24] 제21조의5(관제자격증명의 신체검사) ① 관제자격증명을 받으려는 사람은 관제업무에 적합한 신체상태를 갖추고 있는지 판정받기 위하여 국토교통부장관이 실시하는 신체검사에 합격하여야 한다. ② 제1항에 따른 신체검사의 방법 및 절차 등에 관하여는 제12조 및 제13조를 준용한다. 이 경우 "운전면허"는 "관제자격증명"으로, "철도차량 운전"은 "관제업무"로 본다. [본조신설 15 · 7 · 24] 제21조의6(관제적성검사) ① 관제자격증명을 받	제20조의2(관제적성검사기관의 지정절차 등) 법	

법	시 행 령	시 행 규 칙
으려는 사람은 관제업무에 적합한 적성을 갖추고 있는지 판정받기 위하여 국토교통부장관이 실시하는 적성검사(이하 "관제적성검사"라 한다)에 합격하여야 한다. ② 관제적성검사의 방법 및 절차 등에 관하여는 제15조제2항 및 제3항을 준용한다. 이 경우 "운전적성검사"는 "관제적성검사"로 본다. ③ 국토교통부장관은 관제적성검사에 관한 전문기관(이하 "관제적성검사기관"이라 한다)을 지정하여 관제적성검사를 하게 할 수 있다. ④ 관제적성검사기관의 지정기준 및 지정절차 등에 필요한 사항은 대통령령으로 정한다. ⑤ 관제적성검사기관의 지정취소 및 업무정지 등에 관하여는 제15조제6항 및 제15조의2를 준용한다. 이 경우 "운전적성검사기관"은 "관제적성검사기관"으로, "운전적성검사"는 "관제적성검사"로, "제15조제5항"은 "제21조의6제4항"으로 본다. [본조신설 15·7·24]	제21조의6제3항에 따른 관제적성검사에 관한 전문기관(이하 "관제적성검사기관"이라 한다)의 지정절차, 지정기준 및 변경사항 통지에 관하여는 제13조부터 제15조까지의 규정을 준용한다. 이 경우 "운전적성검사기관"은 "관제적성검사기관"으로, "운전업무종사자"는 "관제업무종사자"로, "운전적성검사"는 "관제적성검사"로 본다. [본조신설 17·7·24]	
제21조의7(관제교육훈련) ① 관제자격증명을 받으려는 사람은 관제업무의 안전한 수행을 위하여 국토교통부장관이 실시하는 관제업무에 필요한 지식과 능력을 습득할 수 있는 교육훈련(이하 "관제교육훈련"이라 한다)을 받아야 한다. 다만, 다음 각 호의 어느 하나에 해당하는 사람에게는 국토교통부령으로 정하는 바에	**제20조의3(관제교육훈련기관의 지정절차 등)** 법 제21조의7제3항에 따른 관제업무에 관한 전문교육훈련기관(이하 "관제교육훈련기관"이라 한다)의 지정절차, 지정기준 및 변경사항 통지에 관하여는 제16조부터 제18조까지의 규정을 준용한다. 이 경우 "운전교육훈련기관"은 "관제교육훈련기관"으로, "운전업무종사자"는 "관	**제38조(운전업무 실무수습의 관리 등**〈개정 17·7·25〉) ① 철도운영자등은 제37조제2항에 따른 실무수습 계획을 수립한 경우에는 그 내용을 한국교통안전공단에 통보하여야 한다.〈개정 17·7·25, 19·1·4〉 ② 철도운영자등은 철도차량의 운전업무에 종사하려는 사람이 제37조제1항에 따른 운전업

법	시 행 령	시 행 규 칙
따라 관제교육훈련의 일부를 면제할 수 있다. 1. 「고등교육법」 제2조에 따른 학교에서 국토교통부령으로 정하는 관제업무 관련 교과목을 이수한 사람 2. 다음 각 목의 어느 하나에 해당하는 업무에 대하여 5년 이상의 경력을 취득한 사람 가. 철도차량의 운전업무 나. 철도신호기 · 선로전환기 · 조작판의 취급업무 ② 관제교육훈련의 기간 및 방법 등에 필요한 사항은 국토교통부령으로 정한다. ③ 국토교통부장관은 관제업무에 관한 전문 교육훈련기관(이하 "관제교육훈련기관"이라 한다)을 지정하여 관제교육훈련을 실시하게 할 수 있다. ④ 관제교육훈련기관의 지정기준 및 지정절차 등에 필요한 사항은 대통령령으로 정한다. ⑤ 관제교육훈련기관의 지정취소 및 업무정지 등에 관하여는 제15조제6항 및 제15조의2를 준용한다. 이 경우 "운전적성검사기관"은 "관제교육훈련기관"으로, "운전적성검사"는 "관제교육훈련"으로, "제15조제5항"은 "제21조의7제4항"으로, "운전적성검사 판정서"는 "관제교육훈련 수료증"으로 본다. [본조신설 15 · 7 · 24]	제업무종사자"로, "운전교육훈련"은 "관제교육훈련"으로 본다. [본조신설 17 · 7 · 24]	무 실무수습을 이수한 경우에는 별지 제24호서식의 운전업무종사자 실무수습 관리대장에 운전업무 실무수습을 받은 구간 등을 기록하고 그 내용을 한국교통안전공단에 통보하여야 한다.〈개정 17 · 7 · 25, 19 · 1 · 4〉 ③ 철도운영자등은 철도차량의 운전업무에 종사하려는 사람이 제37조제1항에 따라 운전업무 실무수습을 받은 구간 외의 다른 구간에서 운전업무를 수행하게 하여서는 아니 된다.〈개정 17 · 7 · 25〉 [전문개정 12 · 12 · 10] **제38조의2(관제교육훈련의 기간 · 방법 등)** ① 법 제21조의7에 따른 관제교육훈련(이하 "관제교육훈련"이라 한다)은 모의관제시스템을 활용하여 실시한다. ② 관제교육훈련의 과목과 교육훈련시간은 별표 11의2와 같다. ③ 법 제21조의7제3항에 따른 관제교육훈련기관(이하 "관제교육훈련기관"이라 한다)은 관제교육훈련을 수료한 사람에게 별지 제24호의2서식의 관제교육훈련 수료증을 발급하여야 한다. ④ 관제교육훈련의 신청, 관제교육훈련과정의 개설 및 그 밖에 관제교육훈련의 절차 · 방법 등에 관하여는 제20조제2항 · 제4항 및 제6항을 준용한다. 이 경우 "운전교육훈련"은 "관제교육훈련"으로, "운전교육훈련기관"은 "관제교

법	시 행 령	시 행 규 칙
		육훈련기관"으로 본다. [본조신설 17·7·25] **제38조의3(관제교육훈련의 일부 면제)** 법 제21조의7제1항제1호에서 "국토교통부령으로 정하는 관제업무 관련 교과목"이란 별표 11의2에 따른 관제교육훈련의 과목 중 어느 하나의 과목과 교육내용이 동일한 교과목을 말한다. [본조신설 17·7·25] **제38조의4(관제교육훈련기관 지정절차 등)** ① 관제교육훈련기관으로 지정받으려는 자는 별지 제24호의3서식의 관제교육훈련기관 지정신청서에 다음 각 호의 서류를 첨부하여 국토교통부장관에게 제출하여야 한다. 이 경우 국토교통부장관은 「전자정부법」 제36조제1항에 따른 행정정보의 공동이용을 통하여 법인 등기사항증명서(신청인이 법인인 경우만 해당한다)를 확인하여야 한다. 1. 관제교육훈련계획서(관제교육훈련평가계획을 포함한다) 2. 관제교육훈련기관 운영규정 3. 정관이나 이에 준하는 약정(법인 그 밖의 단체에 한정한다) 4. 관제교육훈련을 담당하는 강사의 자격·학력·경력 등을 증명할 수 있는 서류 및 담당업무 5. 관제교육훈련에 필요한 강의실 등 시설 내

법	시 행 령	시 행 규 칙
		역서 6. 관제교육훈련에 필요한 모의관제시스템 등 장비 내역서 7. 관제교육훈련기관에서 사용하는 직인의 인영 ② 국토교통부장관은 제1항에 따라 관제교육훈련기관의 지정 신청을 받은 때에는 영 제20조의3에서 준용하는 영 제16조제2항에 따라 그 지정 여부를 종합적으로 심사한 후 별지 제24호의4서식의 관제교육훈련기관 지정서를 신청인에게 발급하여야 한다. [본조신설 17 · 7 · 25] **제38조의5(관제교육훈련기관의 세부 지정기준 등)** ① 영 제20조의3에 따른 관제교육훈련기관의 세부 지정기준은 별표 11의3과 같다. ② 국토교통부장관은 관제교육훈련기관이 제1항 및 영 제20조의3에서 준용하는 영 제17조제1항에 따른 지정기준에 적합한 지의 여부를 2년마다 심사하여야 한다. ③ 관제교육훈련기관의 변경사항 통지에 관하여는 제22조제3항을 준용한다. 이 경우 "운전교육훈련기관"은 "관제교육훈련기관"으로 본다. [본조신설 17 · 7 · 25] **제38조의6(관제교육훈련기관의 지정취소 · 업무정지 등)** ① 법 제21조의7제5항에서 준용하는 법 제15조의2에 따른 관제교육훈련기관의 지정취소 및 업무정지의 기준은 별표 9와 같다.

<table>
<tr><th>법</th><th>시 행 령</th><th>시 행 규 칙</th></tr>
<tr><td></td><td></td><td>② 관제교육훈련기관 지정취소·업무정지의 통지 등에 관하여는 제23조제2항을 준용한다. 이 경우 “운전교육훈련기관”은 “관제교육훈련기관”으로 본다.
[본조신설 17·7·25]</td></tr>
<tr><td>제21조의8(관제자격증명시험) ① 관제자격증명을 받으려는 사람은 관제업무에 필요한 지식 및 실무역량에 관하여 국토교통부장관이 실시하는 학과시험 및 실기시험(이하 “관제자격증명시험”이라 한다)에 합격하여야 한다.
② 관제자격증명시험에 응시하려는 사람은 제21조의5제1항에 따른 신체검사와 관제적성검사에 합격한 후 관제교육훈련을 받아야 한다.
③ 국토교통부장관은 다음 각 호의 어느 하나에 해당하는 사람에게는 국토교통부령으로 정하는 바에 따라 관제자격증명시험의 일부를 면제할 수 있다.
1. 운전면허를 받은 사람
2. 「국가기술자격법」 제2조제1호에 따른 국가기술자격으로서 국토교통부령으로 정하는 철도관제 관련 분야의 자격을 가진 사람
④ 관제자격증명시험의 과목, 방법 및 절차 등에 필요한 사항은 국토교통부령으로 정한다.
[본조신설 15·7·24]</td><td>제20조의4(관제자격증명 갱신 및 취득절차의 일부 면제) 법 제21조의3에 따른 철도교통관제사 자격증명(이하 “관제자격증명”이라 한다)의 갱신 및 취득절차의 일부 면제에 관하여는 제19조 및 제20조를 준용한다. 이 경우 “운전면허”는 “관제자격증명”으로, “운전교육훈련”은 “관제교육훈련”으로, “운전면허시험 중 필기시험”은 “관제자격증명시험 중 학과시험”으로 본다.
[본조신설 17·7·24]</td><td>제38조의7(관제자격증명시험의 과목 및 합격기준) ① 법 제21조의8제1항에 따른 관제자격증명시험(이하 “관제자격증명시험”이라 한다) 중 실기시험은 모의관제시스템을 활용하여 시행한다.
② 관제자격증명시험의 과목 및 합격기준은 별표 11의4와 같다. 이 경우 실기시험은 학과시험을 합격한 경우에만 응시할 수 있다.
③ 관제자격증명시험 중 학과시험에 합격한 사람에 대해서는 학과시험에 합격한 날부터 2년이 되는 날이 속하는 해의 12월 31일까지 실시하는 관제자격증명시험에 있어 학과시험의 합격을 유효한 것으로 본다.
④ 관제자격증명시험의 방법·절차, 실기시험 평가위원의 선정 등에 관하여 필요한 세부사항은 국토교통부장관이 정한다.
[본조신설 17·7·25]
제38조의8(관제자격증명시험 시행계획의 공고) 관제자격증명시험 시행계획의 공고에 관하여는 제25조를 준용한다. 이 경우 “운전면허시험”은 “관제자격증명시험”으로, “필기시험 및 기</td></tr>
</table>

법	시 행 령	시 행 규 칙
		능시험"은 "학과시험 및 실기시험"으로 본다. [본조신설 17 · 7 · 25] **제38조의9(관제자격증명시험의 일부 면제 대상)** 법 제21조의8제3항제2호에서 "국토교통부령으로 정하는 철도관제 관련 분야의 자격"이란 별표 11의4에 따른 관제자격증명시험의 학과시험 과목 중 어느 하나의 과목과 동일한 과목을 시험과목으로 하는 국가기술자격을 말한다. [본조신설 17 · 7 · 25] **제38조의10(관제자격증명시험 응시원서의 제출 등)** ① 관제자격증명시험에 응시하려는 사람은 별지 제24호의5서식의 관제자격증명시험 응시원서에 다음 각 호의 서류를 첨부하여 한국교통안전공단에 제출하여야 한다.〈개정 19 · 1 · 4〉 1. 신체검사의료기관이 발급한 신체검사 판정서(관제자격증명시험 응시원서 접수일 이전 2년 이내인 것에 한정한다) 2. 관제적성검사기관이 발급한 관제적성검사 판정서(관제자격증명시험 응시원서 접수일 이전 10년 이내인 것에 한정한다) 3. 관제교육훈련기관이 발급한 관제교육훈련 수료증명서 4. 철도차량 운전면허증의 사본(철도차량 운전면허 소지자에 한정한다) 5. 「국가기술자격법」 제2조제1호에 따른 국가기술자격의 자격증 사본(제38조의9에 따른

법	시 행 령	시 행 규 칙
		국가기술자격을 가진 사람에 한정한다) ② 한국교통안전공단은 제1항제1호부터 제4호까지의 서류를 영 제63조제1항제7호에 따라 관리하는 정보체계에 따라 확인할 수 있는 경우에는 그 서류를 제출하지 아니하도록 할 수 있다. 〈개정 19·1·4〉 ③ 한국교통안전공단은 제1항에 따라 관제자격증명시험 응시원서를 접수한 때에는 별지 제24호의6서식의 관제자격증명시험 응시원서 접수대장에 기록하고 별지 제24호의5서식의 관제자격증명시험 응시표를 응시자에게 발급하여야 한다. 다만, 응시원서 접수 사실을 영 제63조제1항제7호에 따라 관리하는 정보체계에 따라 관리하는 경우에는 응시원서 접수 사실을 관제자격증명시험 응시원서 접수대장에 기록하지 아니할 수 있다.〈개정 19·1·4〉 ④ 한국교통안전공단은 관제자격증명시험 응시원서 접수마감 7일 이내에 시험일시 및 장소를 한국교통안전공단 게시판 또는 인터넷 홈페이지 등에 공고하여야 한다.〈개정 19·1·4〉 [본조신설 17·7·25] **제38조의11(관제자격증명시험 응시표의 재발급 등)** 관제자격증명시험 응시표의 재발급 및 관제자격증명시험결과의 게시 등에 관하여는 제27조 및 제28조를 준용한다. 이 경우 "운전면허시험"은 "관제자격증명시험"으로, "필기시험 및

법	시행령	시행규칙
		기능시험"은 "학과시험 및 실기시험"으로 본다. [본조신설 17 · 7 · 25] 제38조의12(관제자격증명서의 발급 등) ① 관제자격증명시험에 합격한 사람은 한국교통안전공단에 별지 제24호의7서식의 관제자격증명서(재)발급신청서를 제출(「정보통신망 이용촉진 및 정보보호 등에 관한 법률」 제2조제1항제1호에 따른 정보통신망을 이용한 제출을 포함한다)하여야 한다.〈개정 19 · 1 · 4〉 ② 제1항에 따라 관제자격증명서 발급 신청을 받은 한국교통안전공단은 별지 제24호의8서식의 철도교통 관제자격증명서를 발급하여야 한다.〈개정 19 · 1 · 4〉 ③ 제2항에 따라 관제자격증명서를 발급받은 사람(이하 "관제자격증명 취득자"라 한다)이 관제자격증명서를 잃어버렸거나 헐어 못 쓰게 된 때에는 별지 제24호의7서식의 관제자격증명서 (재)발급신청서에 분실사유서나 헐어 못 쓰게 된 관제자격증명서를 첨부하여 한국교통안전공단에 제출하여야 한다.〈개정 19 · 1 · 4〉 ④ 제3항에 따라 관제자격증명서 재발급 신청을 받은 한국교통안전공단은 별지 제24호의8서식의 철도교통 관제자격증명서를 재발급하여야 한다.〈개정 19 · 1 · 4〉 ⑤ 한국교통안전공단은 제2항 및 제4항에 따라 관제자격증명서를 발급하거나 재발급한 때

법	시행령	시행규칙
제21조의9(관제자격증명서의 발급 및 관제자격증명의 갱신 등) 관제자격증명서의 발급 및 관제자격증명의 갱신 등에 관하여는 제18조 및 제19조를 준용한다. 이 경우 "운전면허시험"은 "관제자격증명시험"으로, "운전면허"는 "관제자격증명"으로, "운전면허증"은 "관제자격증명서"로, "철도차량의 운전업무"는 "관제업무"로 본다. [본조신설 15·7·24]		에는 별지 제24호의9서식의 관제자격증명서 관리대장에 이를 기록·관리하여야 한다. 다만, 관제자격증명서의 발급이나 재발급 사실을 영 제63조제1항제7호에 따라 관리하는 정보체계에 따라 관리하는 경우에는 별지 제24호의9서식의 관제자격증명서 관리대장에 이를 기록·관리하지 아니할 수 있다.〈개정 19·1·4〉 [본조신설 17·7·25] 제38조의13(관제자격증명서 기록사항 변경) 관제자격증명서의 기록사항 변경에 관하여는 제30조를 준용한다. 이 경우 "운전면허 취득자"는 "관제자격증명 취득자"로, "철도차량 운전면허증"은 "관제자격증명서"로, "별지 제19호서식의 철도차량 운전면허증 관리대장"은 "별지 제24호의9서식의 관제자격증명서 관리대장"으로 본다. [본조신설 17·7·25] 제38조의14(관제자격증명의 갱신절차) ① 법 제21조의9에 따라 관제자격증명을 갱신하려는 사람은 관제자격증명의 유효기간 만료일 전 6개월 이내에 별지 제24호의10서식의 관제자격증명 갱신신청서에 다음 각 호의 서류를 첨부하여 한국교통안전공단에 제출하여야 한다.〈개정 19·1·4〉 1. 관제자격증명서 2. 법 제21조의9에 따라 준용되는 법 제19조제3항 각 호에 해당함을 증명하는 서류

법	시 행 령	시 행 규 칙
		② 제1항에 따라 갱신받은 관제자격증명의 유효기간은 종전 관제자격증명 유효기간의 만료일 다음 날부터 기산한다. [본조신설 17 · 7 · 25] **제38조의15(관제자격증명 갱신에 필요한 경력 등)** ① 법 제21조의9에 따라 준용되는 법 제19조제3항제1호에서 "국토교통부령으로 정하는 관제업무에 종사한 경력"이란 관제자격증명의 유효기간 내에 6개월 이상 관제업무에 종사한 경력을 말한다. ② 법 제21조의9에 따라 준용되는 법 제19조제3항제1호에서 "이와 같은 수준 이상의 경력"이란 다음 각 호의 어느 하나에 해당하는 업무에 2년 이상 종사한 경력을 말한다. 1. 관제교육훈련기관에서의 관제교육훈련업무 2. 철도운영자등에게 소속되어 관제업무종사자를 지도 · 교육 · 관리하거나 감독하는 업무 ③ 법 제21조의9에 따라 준용되는 법 제19조제3항제2호에서 "국토교통부령으로 정하는 교육훈련을 받은 경우"란 관제교육훈련기관이나 철도운영자등이 실시한 관제업무에 필요한 교육훈련을 관제자격증명 갱신신청일 전까지 40시간 이상 받은 경우를 말한다 ④ 제1항 및 제2항에 따른 경력의 인정, 제3항에 따른 교육훈련의 내용 등 관제자격증명 갱신에 필요한 세부사항은 국토교통부장관이 정

법	시 행 령	시 행 규 칙
제21조의10(관제자격증명서의 대여 금지) 관제자격증명을 받은 사람은 다른 사람에게 그 관제자격증명서를 대여하여서는 아니 된다. [본조신설 15·7·24]		하여 고시한다. 제38조의16(관제자격증명 갱신 안내 통지) 관제자격증명 갱신 안내 통지에 관하여는 제33조를 준용한다. 이 경우 "운전면허"는 "관제자격증명"으로, "별지 제21호서식의 철도차량 운전면허 갱신통지서"는 "별지 제24호의11서식의 관제자격증명 갱신통지서"로 본다. [본조신설 17·7·25]
제21조의11(관제자격증명의 취소·정지 등) ① 국토교통부장관은 관제자격증명을 받은 사람이 다음 각 호의 어느 하나에 해당할 때에는 관제자격증명을 취소하거나 1년 이내의 기간을 정하여 관제자격증명의 효력을 정지시킬 수 있다. 다만, 제1호부터 제4호까지의 어느 하나에 해당할 때에는 관제자격증명을 취소하여야 한다. 1. 거짓이나 그 밖의 부정한 방법으로 관제자격증명을 취득하였을 때 2. 제21조의4에서 준용하는 제11조제2호부터 제4호까지의 어느 하나에 해당하게 되었을 때 3. 관제자격증명의 효력정지 기간 중에 관제업무를 수행하였을 때		제38조의17(관제자격증명의 취소 및 효력정지 처분의 통지 등) 관제자격증명의 취소 및 효력정지 처분의 통지 등에 관하여는 제34조를 준용한다. 이 경우 "운전면허"는 "관제자격증명"으로, "별지 제22호서식의 철도차량 운전면허 취소·효력정지 처분 통지서"는 "별지 제24호의12서식의 관제자격증명 취소·효력정지 처분 통지서"로, "운전면허증"은 "관제자격증명서"로 본다. [본조신설 17·7·25] 제38조의18(관제자격증명의 취소 또는 효력정지 처분의 세부기준) 법 제21조의11제1항에 따른 관제자격증명의 취소 또는 효력정지 처분의 세부기준은 별표 11의5와 같다.

법	시 행 령	시 행 규 칙
4. 제21조의10을 위반하여 관제자격증명서를 다른 사람에게 대여하였을 때 5. 관제업무 수행 중 고의 또는 중과실로 철도사고의 원인을 제공하였을 때 6. 제40조의2제2항을 위반하였을 때 7. 제41조제1항을 위반하여 술을 마시거나 약물을 사용한 상태에서 관제업무를 수행하였을 때 8. 제41조제2항을 위반하여 술을 마시거나 약물을 사용한 상태에서 관제업무를 하였다고 인정할 만한 상당한 이유가 있음에도 불구하고 국토교통부장관 또는 시·도지사의 확인 또는 검사를 거부하였을 때 ② 제1항에 따른 관제자격증명의 취소 또는 효력정지의 기준 및 절차 등에 관하여는 제20조제2항부터 제6항까지를 준용한다. 이 경우 "운전면허"는 "관제자격증명"으로, "운전면허증"은 "관제자격증명서"로 본다. [본조신설 15·7·24]		[본조신설 17·7·25] **제38조의19(관제자격증명의 유지·관리)** 한국교통안전공단은 관제자격증명 취득자의 관제자격증명의 발급·갱신·취소 등에 관한 사항을 별지 제24호의13서식의 관제자격증명서 발급대장에 기록하고 유지·관리하여야 한다.〈개정 19·1·4〉 [본조신설 17·7·25]
제22조(관제업무 실무수습) 관제업무에 종사하려는 사람은 국토교통부령으로 정하는 바에 따라 실무수습을 이수하여야 한다. [전문개정 15·7·24]		**제39조(관제업무 실무수습)** ① 법 제22조에 따라 관제업무에 종사하려는 사람은 다음 각 호의 관제업무 실무수습을 모두 이수하여야 한다. 1. 관제업무를 수행할 구간의 철도차량 운행의 통제·조정 등에 관한 관제업무 실무수습 2. 관제업무 수행에 필요한 기기 취급방법 및 비상 시 조치방법 등에 대한 관제업무 실무

법	시 행 령	시 행 규 칙
		수습 ② 철도운영자등은 제1항에 따른 관제업무 실무수습의 항목 및 교육시간 등에 관한 실무수습 계획을 수립하여 시행하여야 한다. 이 경우 총 실무수습 시간은 100시간 이상으로 하여야 한다. ③ 제2항에도 불구하고 관제업무 실무수습을 이수한 사람으로서 관제업무를 수행할 구간 또는 관제업무 수행에 필요한 기기의 변경으로 인하여 다시 관제업무 실무수습을 이수하여야 하는 사람에 대해서는 별도의 실무수습 계획을 수립하여 시행할 수 있다. ④ 제1항에 따른 관제업무 실무수습의 방법·평가 등에 관하여 필요한 세부사항은 국토교통부장관이 정하여 고시한다. [전문개정 17·7·25] **제39조의2(관제업무 실무수습의 관리 등)** ① 철도운영자등은 제39조제2항 및 제3항에 따른 실무수습 계획을 수립한 경우에는 그 내용을 한국교통안전공단에 통보하여야 한다.〈개정 19·1·4〉 ② 철도운영자등은 관제업무에 종사하려는 사람이 제39조제1항에 따른 관제업무 실무수습을 이수한 경우에는 별지 제25호서식의 관제업무종사자 실무수습 관리대장에 실무수습을 받은 구간 등을 기록하고 그 내용을 한국교통안전공단에 통보하여야 한다.〈개정 19·1·4〉 ③ 철도운영자등은 관제업무에 종사하려는 사

법	시 행 령	시 행 규 칙
제22조의2(무자격자의 관제업무 금지 등) 철도운영자등은 관제자격증명을 받지 아니하거나(제21조의11에 따라 관제자격증명이 취소되거나 그 효력이 정지된 경우를 포함한다) 제22조에 따른 실무수습을 이수하지 아니한 사람을 관제업무에 종사하게 하여서는 아니 된다. [본조신설 15 · 7 · 24]		람이 제39조제1항에 따라 관제업무 실무수습을 받은 구간 외의 다른 구간에서 관제업무를 수행하게 하여서는 아니 된다. [본조신설 17 · 7 · 25]
제23조(운전업무종사자 등의 관리) ① 철도차량 운전 · 관제업무 등 대통령령으로 정하는 업무에 종사하는 철도종사자는 정기적으로 신체검사와 적성검사를 받아야 한다. ② 제1항에 따른 신체검사 · 적성검사의 시기, 방법 및 합격기준 등에 관하여 필요한 사항은 국토교통부령으로 정한다. 〈개정 13 · 3 · 23〉 ③ 철도운영자등은 제1항에 따른 업무에 종사하는 철도종사자가 같은 항에 따른 신체검사 · 적성검사에 불합격하였을 때에는 그 업무에 종사하게 하여서는 아니 된다. ④ 철도운영자등은 제1항에 따른 신체검사 · 적성검사를 제13조에 따른 신체검사 실시 의료기관 및 적성검사기관에 각각 위탁할 수 있다. [전문개정 12 · 6 · 1]	제21조(신체검사 등을 받아야 하는 철도종사자) 법 제23조제1항에서 "대통령령으로 정하는 업무에 종사하는 철도종사자"란 다음 각 호의 어느 하나에 해당하는 철도종사자를 말한다. 1. 운전업무종사자 2. 관제업무종사자 3. 정거장에서 철도신호기 · 선로전환기 및 조작판 등을 취급하는 업무를 수행하는 사람 [전문개정 12 · 11 · 30]	제40조(운전업무종사자 등에 대한 신체검사) ① 법 제23조제1항에 따른 철도종사자에 대한 신체검사는 다음 각 호와 같이 구분하여 실시한다. 1. 최초검사: 해당 업무를 수행하기 전에 실시하는 신체검사 2. 정기검사: 최초검사를 받은 후 2년마다 실시하는 신체검사 3. 특별검사: 철도종사자가 철도사고등을 일으키거나 질병 등의 사유로 해당 업무를 적절히 수행하기가 어렵다고 철도운영자등이 인정하는 경우에 실시하는 신체검사 ② 영 제21조제1호 또는 제2호에 따른 운전업무종사자 또는 관제업무종사자는 법 제12조 또는 법 제21조의5에 따른 운전면허의 신체검사 또는 관제자격증명의 신체검사를 받은 날

법	시행령	시행규칙
		에 제1항제1호에 따른 최초검사를 받은 것으로 본다. 다만, 해당 신체검사를 받은 날부터 2년 이상이 지난 후에 운전업무나 관제업무에 종사하는 사람은 제1항제1호에 따른 최초검사를 받아야 한다.〈개정 17·7·25〉 ③ 정기검사는 최초검사나 정기검사를 받은 날부터 2년이 되는 날(이하 "신체검사 유효기간 만료일"이라 한다) 전 3개월 이내에 실시한다. 이 경우 정기검사의 유효기간은 신체검사 유효기간 만료일의 다음날부터 기산한다. ④ 제1항에 따른 신체검사의 방법 및 절차 등에 관하여는 제12조를 준용하며, 그 합격기준은 별표 2 제2호와 같다. [전문개정 12·12·10] **제41조(운전업무종사자 등에 대한 적성검사)** ① 법 제23조제1항에 따른 철도종사자에 대한 적성검사는 다음 각 호와 같이 구분하여 실시한다.〈개정 19·1·4〉 1. 최초검사: 해당 업무를 수행하기 전에 실시하는 적성검사 2. 정기검사: 최초검사를 받은 후 10년(50세 이상인 경우에는 5년)마다 실시하는 적성검사 3. 특별검사: 철도종사자가 철도사고등을 일으키거나 질병 등의 사유로 해당 업무를 적절히 수행하기 어렵다고 철도운영자등이 인정하는 경우에 실시하는 적성검사

법	시 행 령	시 행 규 칙
		② 영 제21조제1호 또는 제2호에 따른 운전업무종사자 또는 관제업무종사자는 운전적성검사 또는 관제적성검사를 받은 날에 제1항제1호에 따른 최초검사를 받은 것으로 본다. 다만, 해당 "운전적성검사 또는 관제적성검사를 받은 날부터 10년(50세 이상인 경우에는 5년) 이상이 지난 후에 운전업무나 관제업무에 종사하는 사람은 제1항제1호에 따른 최초검사를 받아야 한다.〈개정 17 · 7 · 25, 19 · 1 · 4〉 ③ 정기검사는 최초검사나 정기검사를 받은 날부터 10년(50세 이상인 경우에는 5년)이 되는 날(이하 "적성검사 유효기간 만료일"이라 한다) 전 12개월 이내에 실시한다. 이 경우 정기검사의 유효기간은 적성검사 유효기간 만료일의 다음날부터 기산한다.〈개정 16 · 8 · 10, 19 · 1 · 4〉 ④ 제1항에 따른 적성검사의 방법 · 절차 등에 관하여는 제16조를 준용하며, 그 합격기준은 별표 13과 같다. [전문개정 12 · 12 · 10]
제24조(철도종사자에 대한 안전교육) ① 철도운영자등은 자신이 고용하고 있는 철도종사자에 대하여 정기적으로 철도안전에 관한 교육을 실시하여야 한다. ② 제1항에 따라 철도운영자등이 실시하여야 하는 교육의 대상, 과정, 내용, 방법, 시기, 그		**제41조의2(철도종사자의 안전교육 대상 등)** ① 법 제24조제1항에 따라 철도운영자등이 철도안전에 관한 교육(이하 "철도안전교육"이라 한다)을 실시하여야 하는 대상은 다음 각 호와 같다. 1. 법 제2조제10호가목부터 라목까지에 해당

<table>
<tr><th>법</th><th>시 행 령</th><th>시 행 규 칙</th></tr>
<tr><td>밖에 필요한 사항은 국토교통부령으로 정한다.
[본조신설 17·10·24]</td><td></td><td>하는 사람
2. 영 제3조제2호부터 제5호까지 및 같은 조 제7호에 해당하는 사람
② 철도운영자등은 철도안전교육을 강의 및 실습의 방법으로 매 분기마다 6시간 이상 실시하여야 한다. 다만, 다른 법령에 따라 시행하는 교육에서 제3항에 따른 내용의 교육을 받은 경우 그 교육시간은 철도안전교육을 받은 것으로 본다.
③ 철도안전교육의 내용은 별표 13의2와 같다.
④ 철도운영자등은 철도안전교육을 법 제69조에 따른 안전전문기관 등 안전에 관한 업무를 수행하는 전문기관에 위탁하여 실시할 수 있다.
⑤ 제1항부터 제4항까지에서 규정한 사항 외에 철도안전교육의 평가방법 등에 필요한 세부사항은 국토교통부장관이 정하여 고시한다.
[본조신설 18·11·9]</td></tr>
<tr><td>제24조의2(철도차량정비기술자의 인정 등) ① 철도차량정비기술자로 인정을 받으려는 사람은 국토교통부장관에게 자격 인정을 신청하여야 한다.
② 국토교통부장관은 제1항에 따른 신청인이 대통령령으로 정하는 자격, 경력 및 학력 등 철도차량정비기술자의 인정 기준에 해당하는 경우에는 철도차량정비기술자로 인정하여야 한다.</td><td>제21조의2(철도차량정비기술자의 인정 기준) 법 제24조의2제2항에 따른 철도차량정비기술자의 인정 기준은 별표 1의2와 같다.
[본조신설 19·6·4]</td><td>제42조(철도차량정비기술자의 인정 신청) 법 제24조의2제1항에 따라 철도차량정비기술자로 인정(등급변경 인정을 포함한다)을 받으려는 사람은 별지 제25호의2서식의 철도차량정비기술자 인정 신청서에 다음 각 호의 서류를 첨부하여 한국교통안전공단에 제출해야 한다.
1. 별지 제25호의3서식의 철도차량정비업무 경력확인서
2. 국가기술자격증 사본(영 별표 1의2에 따른</td></tr>
</table>

법	시행령	시행규칙
③ 국토교통부장관은 제1항에 따른 신청인을 철도차량정비기술자로 인정하면 철도차량정비기술자로서의 등급 및 경력 등에 관한 증명서(이하 "철도차량정비경력증"이라 한다)를 그 철도차량정비기술자에게 발급하여야 한다. ④ 제1항부터 제3항까지의 규정에 따른 인정의 신청, 철도차량정비경력증의 발급 및 관리 등에 필요한 사항은 국토교통부령으로 정한다. [본조신설 18 · 6 · 12]		자격별 경력점수에 포함되는 국가기술자격의 종목에 한정한다) 3. 졸업증명서 또는 학위취득서(해당하는 사람에 한정한다) 4. 사진 5. 철도차량정비경력증(등급변경 인정 신청의 경우에 한정한다) 6. 정비교육훈련 수료증(등급변경 인정 신청의 경우에 한정한다) [본조신설 19 · 6 · 18] **제42조의2(철도차량정비경력증의 발급 및 관리)** ① 한국교통안전공단은 제42조에 따라 철도차량정비기술자의 인정(등급변경 인정을 포함한다) 신청을 받으면 영 제21조의2에 따른 철도차량정비기술자 인정 기준에 적합한지를 확인한 후 별지 제25호의4서식의 철도차량정비경력증을 신청인에게 발급해야 한다. ② 한국교통안전공단은 제42조에 따라 철도차량정비기술자의 인정 또는 등급변경을 신청한 사람이 영 제21조의2에 따른 철도차량정비기술자 인정 기준에 부적합하다고 인정한 경우에는 그 사유를 신청인에게 서면으로 통지해야 한다. ③ 철도차량정비경력증의 재발급을 받으려는 사람은 별지 제25호의5서식의 철도차량정비경력증 재발급 신청서에 사진을 첨부하여 한국

법	시 행 령	시 행 규 칙
제24조의3(철도차량정비기술자의 명의 대여금지 등) ① 철도차량정비기술자는 자기의 성명을 사용하여 다른 사람에게 철도차량정비 업무를 수행하게 하거나 철도차량정비경력증을 빌려주어서는 아니 된다. ② 누구든지 다른 사람의 성명을 사용하여 철도차량정비 업무를 수행하거나 다른 사람의		교통안전공단에 제출해야 한다. ④ 한국교통안전공단은 제3항에 따른 철도차량정비경력증 재발급 신청을 받은 경우 특별한 사유가 없으면 신청인에게 철도차량정비경력증을 재발급해야 한다. ⑤ 한국교통안전공단은 제1항 또는 제4항에 따라 철도차량정비경력증을 발급 또는 재발급 하였을 때에는 별지 제25호의6서식의 철도차량정비경력증 발급대장에 발급 또는 재발급에 관한 사실을 기록·관리해야 한다. 다만, 철도차량정비경력증의 발급이나 재발급 사실을 영 제63조제1항제7호에 따른 정보체계로 관리하는 경우에는 따로 기록·관리하지 않아도 된다. ⑥ 한국교통안전공단은 철도차량정비경력증의 발급(재발급을 포함한다) 및 취소 현황을 매 반기의 말일을 기준으로 다음 달 15일까지 별지 제25호의7서식에 따라 국토교통부장관에게 제출해야 한다. [본조신설 19·6·18]

법	시 행 령	시 행 규 칙
철도차량정비경력증을 빌려서는 아니 된다. ③ 누구든지 제1항이나 제2항에서 금지된 행위를 알선해서는 아니 된다. [본조신설 18·6·12]		
제24조의4(철도차량정비기술교육훈련) ① 철도차량정비기술자는 업무 수행에 필요한 소양과 지식을 습득하기 위하여 대통령령으로 정하는 바에 따라 국토교통부장관이 실시하는 교육·훈련(이하 "정비교육훈련"이라 한다)을 받아야 한다.	**제21조의3(정비교육훈련 실시기준)** ① 법 제24조의4제1항에 따른 정비교육훈련(이하 "정비교육훈련"이라 한다)의 실시기준은 다음 각 호와 같다. 1. 교육내용 및 교육방법: 철도차량정비에 관한 법령, 기술기준 및 정비기술 등 실무에 관한 이론 및 실습 교육 2. 교육시간: 철도차량정비업무의 수행기간 5년마다 35시간 이상 ② 제1항에서 정한 사항 외에 정비교육훈련에 필요한 구체적인 사항은 국토교통부령으로 정한다. [본조신설 19·6·4]	**제42조의3(정비교육훈련의 기준 등)** ① 영 제21조의3제1항에 따른 정비교육훈련의 실시시기 및 시간 등은 별표 13의3과 같다. ② 철도차량정비기술자가 철드차량정비기술자의 상위 등급으로 등급변경의 인정을 받으려는 경우 제1항에 따른 정비교육훈련을 받아야 한다. [본조신설 19·6·18]
② 국토교통부장관은 철도차량정비기술자를 육성하기 위하여 철도차량정비 기술에 관한 전문 교육훈련기관(이하 "정비교육훈련기관"이라 한다)을 지정하여 정비교육훈련을 실시하게 할 수 있다. ③ 정비교육훈련기관의 지정기준 및 절차 등에 필요한 사항은 대통령령으로 정한다.	**제21조의4(정비교육훈련기관 지정기준 및 절차)** ① 법 제24조의4제2항에 따른 정비교육훈련기관(이하 "정비교육훈련기관"이라 한다)의 지정기준은 다음 각 호와 같다. 1. 정비교육훈련 업무 수행에 필요한 상설 전담조직을 갖출 것 2. 정비교육훈련 업무를 수행할 수 있는 전문인력을 확보할 것 3. 정비교육훈련에 필요한 사무실, 교육장 및	**제42조의4(정비교육훈련기관의 세부 지정기준 등)** ① 영 제21조의4제1항에 따른 정비교육훈련기관(이하 "정비교육훈련기관"이라 한다)의 세부 지정기준은 별표 13의4와 같다. ② 국토교통부장관은 정비교육훈련기관이 제1항에 따른 정비교육훈련기관의 지정기준에 적합한지의 여부를 2년마다 심사해야 한다. ③ 정비교육훈련기관의 변경사항 통지에 관하여는 제22조제3항을 준용한다. 이 경우 "운전교

법	시행령	시행규칙
	교육 장비를 갖출 것 4. 정비교육훈련기관의 운영 등에 관한 업무 규정을 갖출 것 ② 정비교육훈련기관으로 지정을 받으려는 자는 제1항에 따른 지정기준을 갖추어 국토교통부장관에게 정비교육훈련기관 지정 신청을 해야 한다. ③ 국토교통부장관은 제2항에 따라 정비교육훈련기관 지정 신청을 받으면 제1항에 따른 지정기준을 갖추었는지 여부 및 철도차량정비기술자의 수급 상황 등을 종합적으로 심사한 후 그 지정 여부를 결정해야 한다. ④ 국토교통부장관은 정비교육훈련기관을 지정한 때에는 다음 각 호의 사항을 관보에 고시해야 한다. 1. 정비교육훈련기관의 명칭 및 소재지 2. 대표자의 성명 3. 그 밖에 정비교육훈련에 중요한 영향을 미친다고 국토교통부장관이 인정하는 사항 ⑤ 제1항부터 제4항까지에서 규정한 사항 외에 정비교육훈련기관의 지정기준 및 절차 등에 관한 세부적인 사항은 국토교통부령으로 정한다. [본조신설 19·6·4]	육훈련기관"은 "정비교육훈련기관"으로 본다. [본조신설 19·6·18] **제42조의5(정비교육훈련기관의 지정의 신청 등)** ① 영 제21조의4제2항에 따라 정비교육훈련기관으로 지정을 받으려는 자는 별지 제25호의8서식의 정비교육훈련기관 지정신청서에 다음 각 호의 서류를 첨부하여 국토교통부장관에게 제출해야 한다. 이 경우 국토교통부장관은 「전자정부법」 제36조제1항에 따른 행정정보의 공동이용을 통하여 법인 등기사항증명서(신청인이 법인이 경우에만 해당한다)를 확인해야 한다. 1. 정비교육훈련계획서(정비교육훈련평가계획을 포함한다) 2. 정비교육훈련기관 운영규정 3. 정관이나 이에 준하는 약정(법인 및 단체에 한정한다) 4. 정비교육훈련을 담당하는 강사의 자격·학력·경력 등을 증명할 수 있는 서류 및 담당업무 5. 정비교육훈련에 필요한 강의실 등 시설 내역서 6. 정비교육훈련에 필요한 실습 시행 방법 및 절차 7. 정비교육훈련기관에서 사용하는 직인의 인영(印影: 도장 찍은 모양) ② 국토교통부장관은 영 제21조의4제4항에 따

법	시 행 령	시 행 규 칙
		라 정비교육훈련기관으로 지정한 때에는 별지 제25호의9서식의 정비교육훈련기관 지정서를 신청인에게 발급해야 한다. [본조신설 19 · 6 · 18]
④ 정비교육훈련기관은 정당한 사유 없이 정비교육훈련 업무를 거부하여서는 아니 되고, 거짓이나 그 밖의 부정한 방법으로 정비교육훈련 수료증을 발급하여서는 아니 된다.	**제21조의5(정비교육훈련기관의 변경사항 통지 등)** ① 정비교육훈련기관은 제21조의4제4항 각 호의 사항이 변경된 때에는 그 사유가 발생한 날부터 15일 이내에 국토교통부장관에게 그 내용을 통지해야 한다. ② 국토교통부장관은 제1항에 따른 통지를 받은 때에는 그 내용을 관보에 고시해야 한다. [본조신설 19 · 6 · 4]	
⑤ 정비교육훈련기관의 지정취소 및 업무정지 등에 관하여는 제15조의2를 준용한다. 이 경우 "운전적성검사기관"은 "정비교육훈련기관"으로, "운전적성검사 업무"는 "정비교육훈련 업무"로, "제15조제5항"은 "제24조의4제3항"으로, "제15조제6항"은 "제24조의4제4항"으로, "운전적성검사 판정서"는 "정비교육훈련 수료증"으로 본다. [본조신설 18 · 6 · 12] **제24조의5(철도차량정비기술자의 인정취소 등)** ① 국토교통부장관은 철도차량정비기술자가 다음 각 호의 어느 하나에 해당하는 경우 그 인정을 취소하여야 한다.		**제42조의6(정비교육훈련기관의 지정취소 등)** ① 법 제24조의4제5항에서 준용하는 법 제15조의2에 따른 정비교육 훈련기관의 지정취소 및 업무정지의 기준은 별표 13의5와 같다. ② 국토교통부장관은 정비교육훈련기관의 지정을 취소하거나 업무정지의 처분을 한 경우에는 지체 없이 그 정비교육훈련기관에 별지 제11호의3서식의 지정기관 행정처분서를 통지하고 그 사실을 관보에 고시해야 한다. [본조신설 19 · 6 · 18]

법	시 행 령	시 행 규 칙
1. 거짓이나 그 밖의 부정한 방법으로 철도차량정비기술자로 인정받은 경우 2. 제24조의2제2항에 따른 자격기준에 해당하지 아니하게 된 경우 3. 철도차량정비 업무 수행 중 고의로 철도사고의 원인을 제공한 경우 ② 국토교통부장관은 철도차량정비기술자가 다음 각 호의 어느 하나에 해당하는 경우 1년의 범위에서 철도차량정비기술자의 인정을 정지시킬 수 있다. 1. 다른 사람에게 철도차량정비경력증을 빌려준 경우 2. 철도차량정비 업무 수행 중 중과실로 철도사고의 원인을 제공한 경우 [본조신설 18·6·12] **제4장 철도시설 및 철도차량의 안전관리** 제25조 삭제 〈18·3·13〉 제25조의2(승하차용 출입문 설비의 설치) 철도시설관리자는 선로로부터의 수직거리가 국토교통부령으로 정하는 기준 이상인 승강장에 열차의 출입문과 연동되어 열리고 닫히는 승하차용 출입문 설비를 설치하여야 한다. 다만, 여러 종류의 철도차량이 함께 사용하는 승강장 등 국토교통부령으로 정하는 승강장의 경우에는 그러하지 아니하다.		제43조(승하차용 출입문 설비의 설치) ① 법 제25조의2 본문에서 "국토교통부령으로 정하는 기준"이란 1,135밀리미터를 말한다. ② 법 제25조의2 단서에서 "여러 종류의 철도차량이 함께 사용하는 승강장 등 국토교통부령으로 정하는 승강장"이란 다음 각 호의 어느 하나에 해당하는 승강장으로서 제44조에 따른 철도기술심의위원회에서 승강장에 열차

법	시 행 령	시 행 규 칙
[본조신설 18 · 8 · 14]		의 출입문과 연동되어 열리고 닫히는 승하차용 출입문 설비(이하 "승강장안전문"이라 한다)를 설치하지 않아도 된다고 심의 · 의결한 승강장을 말한다. 1. 여러 종류의 철도차량이 함께 사용하는 승강장으로서 열차 출입문의 위치가 서로 달라 승강장안전문을 설치하기 곤란한 경우 2. 열차가 정차하지 않는 선로 쪽 승강장으로서 승객의 선로 추락 방지를 위해 안전난간 등의 안전시설을 설치한 경우 3. 여객의 승하차 인원, 열차의 운행 횟수 등을 고려하였을 때 승강장안전문을 설치할 필요가 없다고 인정되는 경우 [본조신설 19 · 2 · 21] **제44조(철도기술심의위원회의 설치)** 국토교통부장관은 다음 각 호의 사항을 심의하게 하기 위하여 철도기술심의위원회(이하 "기술위원회"라 한다)를 설치한다. 〈개정 13 · 3 · 23, 14 · 3 · 19, 17 · 1 · 20, 19 · 3 · 20〉 1. 법 제7조제5항 · 제26조제3항 · 제26조의3제2항 · 제27조제2항 및 제27조의2제2항에 따른 기술기준의 제정 · 개정 또는 폐지 2. 법 제27조제1항에 따른 형식승인 대상 철도용품의 선정 · 변경 및 취소 3. 법 제34조제1항에 따른 철도차량 · 철도용품 표준규격의 제정 · 개정 또는 폐지

법	시 행 령	시 행 규 칙
		4. 영 제63조제4항에 따른 철도안전에 관한 전문기관이나 단체의 지정 5. 그 밖에 국토교통부장관이 필요로 하는 사항 [전문개정 12·12·10] **제45조(철도기술심의위원회의 구성·운영 등)** ① 기술위원회는 위원장을 포함한 15인 이내의 위원으로 구성하며 위원장은 위원중에서 호선한다. ②기술위원회에 상정할 안건을 미리 검토하고 기술위원회가 위임한 안건을 심의하기 위하여 기술위원회에 기술분과별 전문위원회(이하 "전문위원회"라 한다)를 둘 수 있다. ③이 규칙에서 정한 것 외에 기술위원회 및 전문위원회의 구성·운영 등에 관하여 필요한 사항은 국토교통부장관이 정한다. 〈개정 08·3·14, 13·3·23〉
제26조(철도차량 형식승인) ① 국내에서 운행하는 철도차량을 제작하거나 수입하려는 자는 국토교통부령으로 정하는 바에 따라 해당 철도차량의 설계에 관하여 국토교통부장관의 형식승인을 받아야 한다. 〈개정 13·3·23〉		**제46조(철도차량 형식승인 신청 절차 등)** ① 법 제26조제1항에 따라 철도차량 형식승인을 받으려는 자는 별지 제26호서식의 철도차량 형식승인신청서에 다음 각 호의 서류를 첨부하여 국토교통부장관에게 제출하여야 한다. 1. 법 제26조제3항에 따른 철도차량의 기술기준(이하 "철도차량기술기준"이라 한다)에 대한 적합성 입증계획서 및 입증자료 2. 철도차량의 설계도면, 설계 명세서 및 설명서(적합성 입증을 위하여 필요한 부분에 한

법	시 행 령	시 행 규 칙
② 제1항에 따라 형식승인을 받은 자가 승인받은 사항을 변경하려는 경우에는 국토교통부장관의 변경승인을 받아야 한다. 다만, 국토교		정한다) 3. 법 제26조제4항에 따른 형식승인검사의 면제 대상에 해당하는 경우 그 입증서류 4. 제48조제1항제3호에 따른 차량형식 시험절차서 5. 그 밖에 철도차량기술기준에 적합함을 입증하기 위하여 국토교통부장관이 필요하다고 인정하여 고시하는 서류 ② 법 제26조제2항 본문에 따라 철도차량 형식승인을 받은 사항을 변경하려는 경우에는 별지 제26호의2서식의 철도차량 형식변경승인 신청서에 다음 각 호의 서류를 첨부하여 국토교통부장관에게 제출하여야 한다. 1. 해당 철도차량의 철도차량 형식승인증명서 2. 제1항 각 호의 서류(변경되는 부분 및 그와 연관되는 부분에 한정한다) 3. 변경 전후의 대비표 및 해설서 ③ 국토교통부장관은 제1항 및 제2항에 따라 철도차량 형식승인 또는 변경승인 신청을 받은 경우에 15일 이내에 승인 또는 변경승인에 필요한 검사 등의 계획서를 작성하여 신청인에게 통보하여야 한다. [전문개정 14·3·19] **제47조(철도차량 형식승인의 경미한 사항 변경)** ① 법 제26조제2항 단서에서 "국토교통부령으로 정하는 경미한 사항을 변경하려는 경우"란

법	시행령	시행규칙
통부령으로 정하는 경미한 사항을 변경하려는 경우에는 국토교통부장관에게 신고하여야 한다. 〈개정 13·3·23〉		다음 각 호의 어느 하나에 해당하는 변경을 말한다. 1. 철도차량의 구조안전 및 성능에 영향을 미치지 아니하는 차체 형상의 변경 2. 철도차량의 안전에 영향을 미치지 아니하는 설비의 변경 3. 중량분포에 영향을 미치지 아니하는 장치 또는 부품의 배치 변경 4. 동일 성능으로 입증할 수 있는 부품의 규격 변경 5. 그 밖에 철도차량의 안전 및 성능에 영향을 미치지 아니한다고 국토교통부장관이 인정하는 사항의 변경 ② 법 제26조제2항 단서에 따라 경미한 사항을 변경하려는 경우에는 별지 제27호서식의 철도차량 형식변경신고서에 다음 각 호의 서류를 첨부하여 국토교통부장관에게 제출하여야 한다. 1. 해당 철도차량의 철도차량 형식승인증명서 2. 제1항 각 호에 해당함을 증명하는 서류 3. 변경 전후의 대비표 및 해설서 4. 변경 후의 주요 제원 5. 철도차량기술기준에 대한 적합성 입증자료(변경되는 부분 및 그와 연관되는 부분에 한정한다) ③ 국토교통부장관은 제2항에 따라 신고를 받

법	시 행 령	시 행 규 칙
③ 국토교통부장관은 제1항에 따른 형식승인 또는 제2항 본문에 따른 변경승인을 하는 경우에는 해당 철도차량이 국토교통부장관이 정하여 고시하는 철도차량의 기술기준에 적합한지에 대하여 형식승인검사를 하여야 한다. 〈개정 13·3·23〉		은 때에는 제2항 각 호의 첨부서류를 확인한 후 별지 제27호의2서식의 철도차량 형식변경신고확인서를 발급하여야 한다 [전문개정 14·3·19] **제48조(철도차량 형식승인검사의 방법 및 증명서 발급 등)** ① 법 제26조제3항에 따른 철도차량 형식승인검사는 다음 각 호의 구분에 따라 실시한다. 1. 설계적합성 검사: 철도차량의 설계가 철도차량기술기준에 적합한지 여부에 대한 검사 2. 합치성 검사: 철도차량이 부품단계, 구성품단계, 완성차단계에서 제1호에 따른 설계와 합치하게 제작되었는지 여부에 대한 검사 3. 차량형식 시험: 철도차량이 부품단계, 구성품단계, 완성차단계, 시운전단계에서 철도차량기술기준에 적합한지 여부에 대한 시험 ② 국토교통부장관은 제1항에 따른 검사 결과 철도차량기술기준에 적합하다고 인정하는 경우에는 별지 제28호서식의 철도차량 형식승인증명서 또는 별지 제28호의2서식의 철도차량 형식변경승인증명서에 형식승인자료집을 첨부하여 신청인에게 발급하여야 한다. ③ 제2항에 따라 철도차량 형식승인증명서 또는 철도차량 형식변경승인증명서를 발급받은 자가 해당 증명서를 잃어버렸거나 헐어 못쓰게 되어 재발급을 받으려는 경우에는 별지 제

법	시 행 령	시 행 규 칙
		29호서식의 철도차량 형식승인증명서 재발급 신청서에 헐어 못쓰게 된 증명서(헐어 못쓰게 된 경우만 해당한다)를 첨부하여 국토교통부장관에게 제출하여야 한다. ④ 제1항에 따른 철도차량 형식승인검사에 관한 세부적인 기준·절차 및 방법은 국토교통부장관이 정하여 고시한다. [본조신설 14·3·19]
④ 국토교통부장관은 제3항에도 불구하고 다음 각 호의 어느 하나에 해당하는 경우에는 형식승인검사의 전부 또는 일부를 면제할 수 있다. 〈개정 13·3·23〉 1. 시험·연구·개발 목적으로 제작 또는 수입되는 철도차량으로서 대통령령으로 정하는 철도차량에 해당하는 경우 2. 수출 목적으로 제작 또는 수입되는 철도차량으로서 대통령령으로 정하는 철도차량에 해당하는 경우 3. 대한민국이 체결한 협정 또는 대한민국이 가입한 협약에 따라 형식승인검사가 면제되는 철도차량의 경우 4. 그 밖에 철도시설의 유지·보수 또는 철도차량의 사고복구 등 특수한 목적을 위하여 제작 또는 수입되는 철도차량으로서 국토교통부장관이 정하여 고시하는 경우	**제22조(형식승인검사를 면제할 수 있는 철도차량 등)** ① 법 제26조제4항제1호에서 "대통령령으로 정하는 철도차량"이란 여객 및 화물 운송에 사용되지 아니하는 철도차량을 말한다. ② 법 제26조제4항제2호에서 "대통령령으로 정하는 철도차량"이란 국내에서 철도운영에 사용되지 아니하는 철도차량을 말한다. ③ 법 제26조제4항에 따라 철도차량별로 형식승인검사를 면제할 수 있는 범위는 다음 각 호의 구분과 같다.〈개정 16·1·22〉 1. 법 제26조제4항제1호 및 제2호에 해당하는 철도차량: 형식승인검사의 전부 2. 법 제26조제4항제3호에 해당하는 철도차량: 대한민국이 체결한 협정 또는 대한민국이 가입한 협약에서 정한 면제의 범위 3. 법 제26조제4항제4호에 해당하는 철도차량: 형식승인검사 중 철도차량의 시운전단계에서 실시하는 검사를 제외한 검사로서 국토	**제49조(철도차량 형식승인검사의 면제 절차 등)** ① 영 제22조제3항제3호에서 "국토교통부령으로 정하는 검사"란 제48조제1항제1호에 따른 설계적합성 검사, 같은 항 제2호에 따른 합치성 검사 및 같은 항 제3호에 따른 차량형식 시험(시운전단계에서의 시험은 제외한다)을 말한다.〈개정 16·8·10〉 ② 국토교통부장관은 제46조제1항제3호에 따른 서류의 검토 결과 해당 철도차량이 형식승인검사의 면제 대상에 해당된다고 인정하는 경우에는 신청인에게 면제사실과 내용을 통보하여야 한다. [전문개정 14·3·19]

법	시 행 령	시 행 규 칙
⑤ 누구든지 제1항에 따른 형식승인을 받지 아니한 철도차량을 운행하여서는 아니 된다. ⑥ 제1항부터 제4항까지의 규정에 따른 승인절차, 승인방법, 신고절차, 검사절차, 검사방법 및 면제절차 등에 관하여 필요한 사항은 국토교통부령으로 정한다. 〈개정 13·3·23〉 [전문개정 12·12·18] **제26조의2(형식승인의 취소 등)** ① 국토교통부장관은 제26조에 따라 형식승인을 받은 자가 다음 각 호의 어느 하나에 해당하는 경우에는 그 형식승인을 취소할 수 있다. 다만, 제1호에 해당하는 경우에는 그 형식승인을 취소하여야 한다. 〈개정 13·3·23〉 1. 거짓이나 그 밖의 부정한 방법으로 형식승인을 받은 경우 2. 제26조제3항에 따른 기술기준에 중대하게 위반되는 경우 3. 제2항에 따른 변경승인명령을 이행하지 아니한 경우 ② 국토교통부장관은 제26조제1항에 따른 형식승인이 같은 조 제3항에 따른 기술기준에 위반(이 조 제1항제2호에 해당하는 경우는 제외한다)된다고 인정하는 경우에는 그 형식승인을 받은 자에게 국토교통부령으로 정하는	교통부령으로 정하는 검사 [전문개정 14·3·18]	**제50조(철도차량 형식 변경승인의 명령 등)** ① 국토교통부장관은 법 제26조의2제2항에 따라 변경승인을 받을 것을 명하려는 경우에는 그 사유를 명시하여 철도차량 형식승인을 받은 자에게 통보하여야 한다.

법	시행령	시행규칙
바에 따라 변경승인을 받을 것을 명하여야 한다. 〈개정 13·3·23〉 ③ 제1항제1호에 해당되는 사유로 형식승인이 취소된 경우에는 그 취소된 날부터 2년간 동일한 형식의 철도차량에 대하여 새로 형식승인을 받을 수 없다. [본조신설 12·12·18]		② 제1항에 따라 변경승인 명령을 받은 자는 명령을 통보받은 날부터 30일 이내에 법 제26조제2항 본문에 따라 철도차량 형식승인의 변경승인을 신청하여야 한다. [전문개정 14·3·19]
제26조의3(철도차량 제작자승인) ① 제26조에 따라 형식승인을 받은 철도차량을 제작(외국에서 대한민국에 수출할 목적으로 제작하는 경우를 포함한다)하려는 자는 국토교통부령으로 정하는 바에 따라 철도차량의 제작을 위한 인력, 설비, 장비, 기술 및 제작검사 등 철도차량의 적합한 제작을 위한 유기적 체계(이하 "철도차량 품질관리체계"라 한다)를 갖추고 있는지에 대하여 국토교통부장관의 제작자승인을 받아야 한다. 〈개정 13·3·23〉 ② 국토교통부장관은 제1항에 따른 제작자승인을 하는 경우에는 해당 철도차량 품질관리체계가 국토교통부장관이 정하여 고시하는 철도차량의 제작관리 및 품질유지에 필요한 기술기준에 적합한지에 대하여 국토교통부령으로 정하는 바에 따라 제작자승인검사를 하여야 한다. 〈개정 13·3·23〉 ③ 국토교통부장관은 제1항 및 제2항에도 불구하고 대한민국이 체결한 협정 또는 대한민	제23조(철도차량 제작자승인 등을 면제할 수 있는 경우 등) ① 법 제26조의3제3항에서 "대한민국이 체결한 협정 또는 대한민국이 가입한 협약에 따라 제작자승인이 면제되는 경우 등 대통령령으로 정하는 경우"란 다음 각 호의 어느 하나에 해당하는 경우를 말한다. 1. 대한민국이 체결한 협정 또는 대한민국이 가입한 협약에 따라 제작자승인이 면제되거나 제작자승인검사의 전부 또는 일부가 면제되는 경우 2. 철도시설의 유지·보수 또는 철도차량의 사고복구 등 특수한 목적을 위하여 제작 또는 수입되는 철도차량으로서 국토교통부장관이 정하여 고시하는 철도차량에 해당하는 경우 ② 법 제26조의3제3항에 따라 제작자승인 또는 제작자승인검사를 면제할 수 있는 범위는 다음 각 호의 구분과 같다. 1. 제1항제1호에 해당하는 경우: 대한민국이	제51조(철도차량 제작자승인의 신청 등) ① 법 제26조의3제1항에 따라 철도차량 제작자승인을 받으려는 자는 별지 제30호서식의 철도차량 제작자승인신청서에 다음 각 호의 서류를 첨부하여 국토교통부장관에게 제출하여야 한다. 다만, 영 제23조제1항제1호에 따라 제작자승인이 면제되는 경우에는 제4호의 서류만 첨부한다. 1. 법 제26조의3제2항에 따른 철도차량의 제작관리 및 품질유지에 필요한 기술기준(이하 "철도차량제작자승인기준"이라 한다)에 대한 적합성 입증계획서 및 입증자료 2. 철도차량 품질관리체계서 및 설명서 3. 철도차량 제작 명세서 및 설명서 4. 법 제26조의3제3항에 따라 제작자승인 또는 제작자승인검사의 면제 대상에 해당하는 경우 그 입증서류 5. 그 밖에 철도차량제작자승인기준에 적합함을 입증하기 위하여 국토교통부장관이 필요

법	시 행 령	시 행 규 칙
국이 가입한 협약에 따라 제작자승인이 면제되는 경우 등 대통령령으로 정하는 경우에는 제작자승인 대상에서 제외하거나 제작자승인검사의 전부 또는 일부를 면제할 수 있다. 〈개정 13·3·23〉 [본조신설 12·12·18]	체결한 협정 또는 대한민국이 가입한 협약에서 정한 제작자승인 또는 제작자승인검사의 면제 범위 2. 제1항제2호에 해당하는 경우: 제작자승인검사의 전부 [전문개정 14·3·18]	하다고 인정하여 고시하는 서류 ② 철도차량 제작자승인을 받은 자가 법 제26조의8에서 준용하는 법 제7조제3항 본문에 따라 철도차량 제작자승인 받은 사항을 변경하려는 경우에는 별지 제30호의2서식의 철도차량 제작자변경승인신청서에 다음 각 호의 서류를 첨부하여 국토교통부장관에게 제출하여야 한다. 1. 해당 철도차량의 철도차량 제작자승인증명서 2. 제1항 각 호의 서류(변경되는 부분 및 그와 연관되는 부분에 한정한다) 3. 변경 전후의 대비표 및 해설서 ③ 국토교통부장관은 제1항 및 제2항에 따라 철도차량 제작자승인 또는 변경승인 신청을 받은 경우에 15일 이내에 승인 또는 변경승인에 필요한 검사 등의 계획서를 작성하여 신청인에게 통보하여야 한다. [전문개정 14·3·19] **제53조(철도차량 제작자승인검사의 방법 및 증명서 발급 등)** ① 법 제26조의3제2항에 따른 철도차량 제작자승인검사는 다음 각 호의 구분에 따라 실시한다. 1. 품질관리체계 적합성검사: 해당 철도차량의 품질관리체계가 철도차량제작자승인기준에 적합한지 여부에 대한 검사 2. 제작검사: 해당 철도차량에 대한 품질관리체계의 적용 및 유지 여부 등을 확인하는

법	시행령	시행규칙
		검사 ② 국토교통부장관은 제1항에 따른 검사 결과 철도차량제작자승인기준에 적합하다고 인정하는 경우에는 다음 각 호의 서류를 신청인에게 발급하여야 한다. 1. 별지 제32호서식의 철도차량 제작자승인증명서 또는 별지 제32호의2서식의 철도차량 제작자변경승인증명서 2. 제작할 수 있는 철도차량의 형식에 대한 목록을 적은 제작자승인지정서 ③ 제2항제1호에 따른 철도차량 제작자승인증명서 또는 철도차량 제작자변경승인증명서를 발급받은 자가 해당 증명서를 잃어버렸거나 헐어 못쓰게 되어 재발급을 받으려는 경우에는 별지 제29호서식의 철도차량 제작자승인증명서 재발급 신청서에 헐어 못쓰게 된 증명서(헐어 못쓰게 된 경우만 해당한다)를 첨부하여 국토교통부장관에게 제출하여야 한다. ④ 제1항에 따른 철도차량 제작자승인검사에 관한 세부적인 기준·절차 및 방법은 국토교통부장관이 정하여 고시한다. [전문개정 14·3·19] **제54조(철도차량 제작자승인 등의 면제 절차)** 국토교통부장관은 제51조제1항제4호에 따른 서류의 검토 결과 철도차량이 제작자승인 또는 제작자승인검사의 면제 대상에 해당된다고

법	시 행 령	시 행 규 칙
		인정하는 경우에는 신청인에게 면제사실과 내용을 통보하여야 한다. [전문개정 14·3·19]
제26조의4(결격사유) 다음 각 호의 어느 하나에 해당하는 자는 철도차량 제작자승인을 받을 수 없다. 1. 피성년후견인 2. 파산선고를 받고 복권되지 아니한 사람 3. 이 법 또는 대통령령으로 정하는 철도 관계 법령을 위반하여 징역형의 실형을 선고받고 그 집행이 종료(집행이 종료된 것으로 보는 경우를 포함한다)되거나 집행이 면제된 날부터 2년이 경과되지 아니한 사람 4. 이 법 또는 대통령령으로 정하는 철도 관계 법령을 위반하여 징역형의 집행유예 선고를 받고 그 유예기간 중에 있는 사람 5. 제작자승인이 취소된 후 2년이 경과되지 아니한 자 6. 임원 중에 제1호부터 제5호까지의 어느 하나에 해당하는 사람이 있는 법인 [본조신설 12·12·18]	제24조(철도 관계 법령의 범위) 법 제26조의4제3호 및 제4호에서 "대통령령으로 정하는 철도 관계 법령"이란 각각 다음 각 호의 어느 하나에 해당하는 법령을 말한다.〈개정 19·3·12〉 1.「건널목 개량촉진법」 2.「도시철도법」 3.「철도의 건설 및 철도시설 유지관리에 관한 법률」 4.「철도사업법」 5.「철도산업발전 기본법」 6.「한국철도공사법」 7.「한국철도시설공단법」 8.「항공·철도 사고조사에 관한 법률」 [전문개정 14·3·18]	
제26조의5(승계) ① 제26조의3에 따라 철도차량 제작자승인을 받은 자가 그 사업을 양도하거나 사망한 때 또는 법인의 합병이 있는 때에는 양수인, 상속인 또는 합병 후 존속하는 법인이나 합병에 의하여 설립되는 법인은 제작		제55조(지위승계의 신고 등) ① 법 제26조의5제2항에 따라 철도차량 제작자승인의 지위를 승계하는 자는 별지 제33서식의 철도차량 제작자승계신고서에 다음 각 호의 서류를 첨부하여 국토교통부장관에게 제출하여야 한다.

법	시 행 령	시 행 규 칙
자승인을 받은 자의 지위를 승계한다. ② 제1항에 따라 철도차량 제작자승인의 지위를 승계하는 자는 승계일부터 1개월 이내에 국토교통부령으로 정하는 바에 따라 그 승계 사실을 국토교통부장관에게 신고하여야 한다. 〈개정 13·3·23〉 ③ 제1항에 따라 제작자승인의 지위를 승계하는 자에 대하여는 제26조의4를 준용한다. 다만, 제26조의4 각 호의 어느 하나에 해당하는 상속인이 피상속인이 사망한 날부터 3개월 이내에 그 사업을 다른 사람에게 양도한 경우에는 피상속인의 사망일부터 양도일까지의 기간 동안 피상속인의 제작자승인은 상속인의 제작자승인으로 본다. [본조신설 12·12·18]		1. 철도차량 제작자승인증명서 2. 사업 양도의 경우: 양도·양수계약서 사본 등 양도 사실을 입증할 수 있는 서류 3. 사업 상속의 경우: 사업을 상속받은 사실을 확인할 수 있는 서류 4. 사업 합병의 경우: 합병계약서 및 합병 후 존속하거나 합병에 따라 신설된 법인의 등기사항증명서 ② 국토교통부장관은 제1항에 따라 신고를 받은 경우에 지위승계 사실을 확인한 후 철도차량 제작자승인증명서를 지위승계자에게 발급하여야 한다. [전문개정 14·3·19]
제26조의6(철도차량 완성검사) ① 제26조의3에 따라 철도차량 제작자승인을 받은 자는 제작한 철도차량을 판매하기 전에 해당 철도차량이 제26조에 따른 형식승인을 받은대로 제작되었는지를 확인하기 위하여 국토교통부장관이 시행하는 완성검사를 받아야 한다. 〈개정 13·3·23〉 ② 국토교통부장관은 철도차량이 제1항에 따른 완성검사에 합격한 경우에는 철도차량제작자에게 국토교통부령으로 정하는 완성검사필증을 발급하여야 한다. 〈개정 13·3·23〉		**제56조(철도차량 완성검사의 신청 등)** ① 법 제26조의6제1항에 따라 철도차량 완성검사를 받으려는 자는 별지 제34서식의 철도차량 완성검사신청서에 다음 각 호의 서류를 첨부하여 국토교통부장관에게 제출하여야 한다. 1. 철도차량 형식승인증명서 2. 철도차량 제작자승인증명서 3. 형식승인된 설계와의 형식동일성 입증계획서 및 입증서류 4. 제57조제1항제2호에 따른 주행시험 절차서 5. 그 밖에 형식동일성 입증을 위하여 국토교

법	시 행 령	시 행 규 칙
③ 제1항에 따른 철도차량 완성검사의 절차 및 방법 등에 관하여 필요한 사항은 국토교통부령으로 정한다. 〈개정 13·3·23〉 [본조신설 12·12·18]		통부장관이 필요하다고 인정하여 고시하는 서류 ② 국토교통부장관은 제1항에 따라 완성검사 신청을 받은 경우에 15일 이내에 완성검사의 계획서를 작성하여 신청인에게 통보하여야 한다. [전문개정 14·3·19] **제57조(철도차량 완성검사의 방법 및 검사필증 발급 등)** ① 법 제26조의6제1항에 따른 철도차량 완성검사는 다음 각 호의 구분에 따라 실시한다. 1. 완성차량검사: 안전과 직결된 주요 부품의 안전성 확보 등 철도차량이 철도차량기술기준에 적합하고 형식승인 받은 설계대로 제작되었는지를 확인하는 검사 2. 주행시험: 철도차량이 형식승인 받은대로 성능과 안전성을 확보하였는지 운행선로 시운전 등을 통하여 최종 확인하는 검사 ② 국토교통부장관은 제1항에 따른 검사 결과 철도차량이 철도차량기술기준에 적합하고 형식승인 받은 설계대로 제작되었다고 인정하는 경우에는 별지 제35호서식의 철도차량 완성검사필증을 신청인에게 발급하여야 한다. ③ 제1항에 따른 완성검사에 필요한 세부적인 기준·절차 및 방법은 국토교통부장관이 정하여 고시한다. [전문개정 14·3·19]

법	시 행 령	시 행 규 칙
제26조의7(철도차량 제작자승인의 취소 등) ① 국토교통부장관은 제26조의3에 따라 철도차량 제작자승인을 받은 자가 다음 각 호의 어느 하나에 해당하는 경우에는 그 승인을 취소하거나 6개월 이내의 기간을 정하여 업무의 제한이나 정지를 명할 수 있다. 다만, 제1호 또는 제5호에 해당하는 경우에는 제작자승인을 취소하여야 한다. 〈개정 13·3·23〉 1. 거짓이나 그 밖의 부정한 방법으로 제작자승인을 받은 경우 2. 제26조의8에서 준용하는 제7조제3항을 위반하여 변경승인을 받지 아니하거나 변경신고를 하지 아니하고 철도차량을 제작한 경우 3. 제26조의8에서 준용하는 제8조제3항에 따른 시정조치명령을 정당한 사유 없이 이행하지 아니한 경우 4. 제32조제1항에 따른 명령을 이행하지 아니하는 경우 5. 업무정지 기간 중에 철도차량을 제작한 경우 ② 제1항에 따른 철도차량 제작자승인의 취소, 업무의 제한 또는 정지의 기준 및 절차 등에		**제58조(철도차량 제작자승인의 취소 등 처분기준)** 법 제26조의7에 따른 철도차량 제작자승인의 취소 또는 업무의 제한·정지 등의 처분기준은 별표 14와 같다. [전문개정 14·3·19]

법	시행령	시행규칙
관하여 필요한 사항은 국토교통부령으로 정한다. 〈개정 13 · 3 · 23〉 [본조신설 12 · 12 · 18]		
제26조의8(준용규정) 철도차량 제작자승인의 변경, 철도차량 품질관리체계의 유지 · 검사 및 시정조치, 과징금의 부과 · 징수 등에 관하여는 제7조제3항, 제8조, 제9조 및 제9조의2를 준용한다. 이 경우 "안전관리체계"는 "철도차량 품질관리체계"로 본다. [본조신설 12 · 12 · 18]	**제25조(철도차량 제작자승인 관련 과징금의 부과기준)** ① 법 제26조의8에서 준용하는 법 제9조의2제2항에 따른 과징금을 부과하는 위반행위의 종류와 과징금의 금액은 별표 2와 같다. ② 제1항에 따른 과징금의 부과에 관하여는 제6조제2항 및 제7조를 준용한다. [전문개정 14 · 3 · 18]	**제52조(철도차량 제작자승인의 경미한 사항 변경)** ① 법 제26조의8에서 준용하는 법 제7조제3항 단서에서 "국토교통부령으로 정하는 경미한 사항을 변경하려는 경우'란 다음 각 호의 어느 하나에 해당하는 변경을 말한다. 1. 철도차량 제작자의 조직변경에 따른 품질관리조직 또는 품질관리책임자에 관한 사항의 변경 2. 법령 또는 행정구역의 변경 등으로 인한 품질관리규정의 세부내용 변경 3. 서류간 불일치 사항 및 품질관리규정의 기본방향에 영향을 미치지 아니하는 사항으로서 그 변경근거가 분명한 사항의 변경 ② 법 제26조의8에서 준용하는 법 제7조제3항 단서에 따라 경미한 사항을 변경하려는 경우에는 별지 제31호서식의 철도차량 제작자승인 변경신고서에 다음 각 호의 서류를 첨부하여 국토교통부장관에게 제출하여야 한다. 1. 해당 철도차량의 철도차량 제작자승인증명서 2. 제1항 각 호에 해당함을 증명하는 서류 3. 변경 전후의 대비표 및 해설서 4. 변경 후의 철도차량 품질관리체계 5. 철도차량제작자승인기준에 대한 적합성 입

법	시 행 령	시 행 규 칙
		증자료(변경되는 부분 및 그와 연관되는 부분에 한정한다) ③ 국토교통부장관은 제2항에 따라 신고를 받은 때에는 제2항 각 호의 첨부서류를 확인한 후 별지 제31호의2서식의 철도차량 제작자승인변경신고확인서를 발급하여야 한다. [전문개정 14·3·19] **제59조(철도차량 품질관리체계의 유지 등)** ① 국토교통부장관은 법 제26조의8에서 준용하는 법 제8조제2항에 따라 철도차량 품질관리체계에 대하여 1년마다 1회의 정기검사를 실시하고, 철도차량의 안전 및 품질 확보 등을 위하여 필요하다고 인정하는 경우에는 수시로 검사할 수 있다. ② 국토교통부장관은 제1항에 따라 정기검사 또는 수시검사를 시행하려는 경우에는 검사시행일 15일 전까지 다음 각 호의 내용이 포함된 검사계획을 철도차량 제작자승인을 받은 자에게 통보하여야 한다. 1. 검사반의 구성 2. 검사 일정 및 장소 3. 검사 수행 분야 및 검사 항목 4. 중점 검사 사항 5. 그 밖에 검사에 필요한 사항 ③ 국토교통부장관은 정기검사 또는 수시검사를 마친 경우에는 다음 각 호의 사항이 포함

법	시행령	시행규칙
		된 검사 결과보고서를 작성하여야 한다. 1. 철도차량 품질관리체계의 검사 개요 및 현황 2. 철도차량 품질관리체계의 검사 과정 및 내용 3. 법 제26조의8에서 준용하는 제8조제3항에 따른 시정조치 사항 ④ 국토교통부장관은 법 제26조의8에서 준용하는 법 제8조제3항에 따라 철도차량 제작자승인을 받은 자에게 시정조치를 명하는 경우에는 시정에 필요한 적정한 기간을 주어야 한다.〈개정 16·8·10〉 ⑤ 법 제26조의8에서 준용하는 제8조제3항에 따라 시정조치명령을 받은 철도차량 제작자승인을 받은 자는 시정조치를 완료한 경우에는 지체 없이 그 시정내용을 국토교통부장관에게 통보하여야 한다. ⑥ 제1항부터 제5항까지의 규정에서 정한 사항 외에 정기검사 또는 수시검사에 관한 세부적인 기준·방법 및 절차는 국토교통부장관이 정하여 고시한다. [전문개정 14·3·19]
제27조(철도용품 형식승인) ① 국토교통부장관이 정하여 고시하는 철도용품을 제작하거나 수입하려는 자는 국토교통부령으로 정하는 바에 따라 해당 철도용품의 설계에 대하여 국토교통부장관의 형식승인을 받아야 한다. 〈개정 13·3·23〉	**제26조(형식승인검사를 면제할 수 있는 철도용품)** ① 법 제27조제4항에서 준용하는 법 제26조제4항에 따라 형식승인검사를 면제할 수 있는 철도용품은 법 제26조제4항제1호부터 제3호까지의 어느 하나에 해당하는 경우로 한다. ② 법 제27조제4항에서 준용하는 법 제26조제4	**제60조(철도용품 형식승인 신청 절차 등)** ① 법 제27조제1항에 따라 철도용품 형식승인을 받으려는 자는 별지 제36호서식의 철도용품 형식승인신청서에 다음 각 호의 서류를 첨부하여 국토교통부장관에게 제출하여야 한다. 1. 법 제27조제2항에 따른 철도용품의 기술기

법	시 행 령	시 행 규 칙
② 국토교통부장관은 제1항에 따른 형식승인을 하는 경우에는 해당 철도용품이 국토교통부장관이 정하여 고시하는 철도용품의 기술기준에 적합한지에 대하여 국토교통부령으로 정하는 바에 따라 형식승인검사를 하여야 한다. 〈개정 13·3·23〉 ③ 누구든지 제1항에 따른 형식승인을 받지 아니한 철도용품(국토교통부장관이 정하여 고시하는 철도용품만 해당한다)을 철도시설 또는 철도차량 등에 사용하여서는 아니 된다. 〈개정 13·3·23〉 ④ 철도용품 형식승인의 변경, 형식승인검사의 면제, 형식승인의 취소, 변경승인명령 및 형식승인의 금지기간 등에 관하여는 제26조제2항·제4항·제6항 및 제26조의2를 준용한다. 이 경우 "철도차량"은 "철도용품"으로 본다. [전문개정 12·12·18]	항제1호에서 "대통령령으로 정하는 철도용품"이란 철도차량 또는 철도시설에 사용되지 아니하는 철도용품을 말한다. ③ 법 제27조제4항에서 준용하는 법 제26조제4항제2호에서 "대통령령으로 정하는 철도용품"이란 국내에서 철도운영에 사용되지 아니하는 철도용품을 말한다. ④ 법 제27조제4항에서 준용하는 법 제26조제4항에 따라 철도용품별로 형식승인검사를 면제할 수 있는 범위는 다음 각 호의 구분과 같다. 1. 법 제26조제4항제1호 및 제2호에 해당하는 철도용품: 형식승인검사의 전부 2. 법 제26조제4항제3호에 해당하는 철도용품: 대한민국이 체결한 협정 또는 대한민국이 가입한 협약에서 정한 면제의 범위 [전문개정 14·3·18]	준(이하 "철도용품기술기준"이라 한다)에 대한 적합성 입증계획서 및 입증자료 2. 철도용품의 설계도면, 설계 명세서 및 설명서 3. 법 제27조제4항에서 준용하는 법 제26조제4항에 따른 형식승인검사의 면제 대상에 해당하는 경우 그 입증서류 4. 제61조제1항제3호에 따른 용품형식 시험절차서 5. 그 밖에 철도용품기술기준에 적합함을 입증하기 위하여 국토교통부장관이 필요하다고 인정하여 고시하는 서류 ② 법 제27조제4항에서 준용하는 법 제26조제2항 본문에 따라 철도용품 형식승인 받은 사항을 변경하려는 경우에는 별지 제36호의2서식의 철도용품 형식변경승인신청서에 다음 각 호의 서류를 첨부하여 국토교통부장관에게 제출하여야 한다. 1. 해당 철도용품의 철도용품 형식승인증명서 2. 제1항 각 호의 서류(변경되는 부분 및 그와 연관되는 부분에 한정한다) 3. 변경 전후의 대비표 및 해설서 ③ 국토교통부장관은 제1항 및 제2항에 따라 철도용품 형식승인 또는 변경승인 신청을 받은 경우에 15일 이내에 승인 또는 변경승인에 필요한 검사 등의 계획서를 작성하여 신청인에게 통보하여야 한다.

법	시 행 령	시 행 규 칙
		[전문개정 14 · 3 · 19] 제61조(철도용품 형식승인의 경미한 사항 변경) ① 법 제27조제4항에서 준용하는 법 제26조제2항 단서에서 "국토교통부령으로 정하는 경미한 사항을 변경하려는 경우"란 다음 각 호의 어느 하나에 해당하는 변경을 말한다. 1. 철도용품의 안전 및 성능에 영향을 미치지 아니하는 형상 변경 2. 철도용품의 안전에 영향을 미치지 아니하는 설비의 변경 3. 중량분포 및 크기에 영향을 미치지 아니하는 장치 또는 부품의 배치 변경 4. 동일 성능으로 입증할 수 있는 부품의 규격 변경 5. 그 밖에 철도용품의 안전 및 성능에 영향을 미치지 아니한다고 국토교통부장관이 인정하는 사항의 변경 ② 법 제27조제4항에서 준용하는 법 제26조제2항 단서에 따라 경미한 사항을 변경하려는 경우에는 별지 제37호서식의 철도용품 형식변경 신고서에 다음 각 호의 서류를 첨부하여 국토교통부장관에게 제출하여야 한다. 1. 해당 철도용품의 철도용품 형식승인증명서 2. 제1항 각 호에 해당함을 증명하는 서류 3. 변경 전후의 대비표 및 해설서 4. 변경 후의 주요 제원

법	시행령	시행규칙
		5. 철도용품기술기준에 대한 적합성 입증자료(변경되는 부분 및 그와 연관되는 부분에 한정한다) ③ 국토교통부장관은 제2항에 따라 신고를 받은 때에는 제2항 각 호의 첨부서류를 확인한 후 별지 제37호의2서식의 철도용품 형식변경 신고확인서를 발급하여야 한다. [전문개정 14·3·19] **제62조(철도용품 형식승인검사의 방법 및 증명서 발급 등)** ① 법 제27조제2항에 따른 철도용품 형식승인검사는 다음 각 호의 구분에 따라 실시한다. 1. 설계적합성 검사: 철도용품의 설계가 철도용품기술기준에 적합한지 여부에 대한 검사 2. 합치성 검사: 철도용품이 부품단계, 구성품단계, 완성품단계에서 제1호에 따른 설계와 합치하게 제작되었는지 여부에 대한 검사 3. 용품형식 시험: 철도용품이 부품단계, 구성품단계, 완성품단계, 시운전단계에서 철도용품기술기준에 적합한지 여부에 대한 시험 ② 국토교통부장관은 제1항에 따른 검사 결과 철도용품기술기준에 적합하다고 인정하는 경우에는 별지 제38호의 철도용품 형식승인증명서 또는 별지 제38호의2서식의 철도용품 형식변경승인증명서에 형식승인자료집을 첨부하여 신청인에게 발급하여야 한다.

법	시 행 령	시 행 규 칙
		③ 국토교통부장관은 제2항에 따른 철도용품 형식승인증명서 또는 철도용품 형식변경승인증명서를 발급할 때에는 해당 철도용품이 장착될 철도차량 또는 철도시설을 지정할 수 있다. ④ 제2항에 따라 철도용품 형식승인증명서 또는 철도용품 형식변경승인증명서를 발급받은 자가 해당 증명서를 잃어버렸거나 헐어 못쓰게 되어 재발급 받으려는 경우에는 별지 제29호서식의 철도용품 형식승인증명서 재발급 신청서에 헐어 못쓰게 된 증명서(헐어 못쓰게 된 경우만 해당한다)를 첨부하여 국토교통부장관에게 제출하여야 한다. ⑤ 제1항에 따른 철도용품 형식승인검사에 관한 세부적인 기준·절차 및 방법은 국토교통부장관이 정하여 고시한다. [전문개정 14·3·19] **제63조(철도용품 형식승인검사의 면제 절차)** 국토교통부장관은 제60조제1항제3호에 따른 서류의 검토 결과 해당 철도용품이 형식승인검사의 면제 대상에 해당된다고 인정하는 경우에는 신청인에게 면제사실과 내용을 통보하여야 한다. [전문개정 14·3·19]
제27조의2(철도용품 제작자승인) ① 제27조에 따라 형식승인을 받은 철도용품을 제작(외국에서 대한민국에 수출할 목적으로 제작하는	**제27조(철도용품 제작자승인 관련 과징금의 부과기준)** ① 법 제27조의2제4항에서 준용하는 법 제9조의2제2항에 따른 과징금을 부과하는	**제64조(철도용품 제작자승인의 신청 등)** ① 법 제27조의2제1항에 따라 철도용품 제작자승인을 받으려는 자는 별지 제39호서식의 철도용품 제

법	시행령	시행규칙
경우를 포함한다)하려는 자는 국토교통부령으로 정하는 바에 따라 철도용품의 제작을 위한 인력, 설비, 장비, 기술 및 제작검사 등 철도용품의 적합한 제작을 위한 유기적 체계(이하 "철도용품 품질관리체계"라 한다)를 갖추고 있는지에 대하여 국토교통부장관으로부터 제작자승인을 받아야 한다. 〈개정 13·3·23〉 ② 국토교통부장관은 제1항에 따른 제작자승인을 하는 경우에는 해당 철도용품 품질관리체계가 국토교통부장관이 정하여 고시하는 철도용품의 제작관리 및 품질유지에 필요한 기술기준에 적합한지에 대하여 국토교통부령으로 정하는 바에 따라 철도용품 제작자승인검사를 하여야 한다. 〈개정 13·3·23〉 ③ 제1항에 따라 제작자승인을 받은 자는 해당 철도용품에 대하여 국토교통부령으로 정하는 바에 따라 형식승인을 받은 철도용품임을 나타내는 형식승인표시를 하여야 한다. 〈개정 13·3·23〉 ④ 제1항에 따른 철도용품 제작자승인의 변경, 철도용품 품질관리체계의 유지·검사 및 시정조치, 과징금의 부과·징수, 제작자승인 등의 면제, 제작자승인의 결격사유 및 지위승계, 제작자승인의 취소, 업무의 제한·정지 등에 관하여는 제7조제3항, 제8조, 제9조, 제9조의2, 제26조의3제3항, 제26조의4, 제26조의5 및 제26조	위반행위의 종류와 과징금의 금액은 별표 3과 같다. ② 제1항에 따른 과징금의 부과에 관하여는 제6조제2항 및 제7조를 준용한다. [전문개정 14·3·18] **제28조(철도용품 제작자승인 등을 면제할 수 있는 경우 등)** ① 법 제27조의2제4항에서 준용하는 법 제26조의3제3항에서 "대한민국이 체결한 협정 또는 대한민국이 가입한 협약에 따라 제작자승인이 면제되는 경우 등 대통령령으로 정하는 경우"란 대한민국이 체결한 협정 또는 대한민국이 가입한 협약에 따라 제작자승인이 면제되거나 제작자승인검사의 전부 또는 일부가 면제되는 경우를 말한다. ② 제1항에 해당하는 경우에 제작자승인 또는 제작자승인검사를 면제할 수 있는 범위는 대한민국이 체결한 협정 또는 대한민국이 가입한 협약에서 정한 면제의 범위에 따른다. [전문개정 14·3·18]	작자승인신청서에 다음 각 호의 서류를 첨부하여 국토교통부장관에게 제출하여야 한다. 다만, 영 제28조제1항에 따라 제작자승인이 면제되는 경우에는 제4호의 서류만 첨부한다. 1. 법 제27조의2제2항에 따른 철도용품의 제작관리 및 품질유지에 필요한 기술기준(이하 "철도용품제작자승인기준"이라 한다)에 대한 적합성 입증계획서 및 입증자료 2. 철도용품 품질관리체계서 및 설명서 3. 철도용품 제작 명세서 및 설명서 4. 법 제27조의2제4항에서 준용하는 법 제26조의3제3항에 따라 제작자승인 또는 제작자승인검사의 면제 대상에 해당하는 경우 그 입증서류 5. 그 밖에 철도용품제작자승인기준에 적합함을 입증하기 위하여 국토교통부장관이 필요하다고 인정하여 고시하는 서류 ② 철도용품 제작자승인을 받은 자가 법 제27조의2제4항에서 준용하는 법 제7조제3항 본문에 따라 철도용품 제작자승인 받은 사항을 변경하려는 경우에는 별지 제39호의2서식의 철도용품 제작자변경승인신청서에 다음 각 호의 서류를 첨부하여 국토교통부장관에게 제출하여야 한다. 1. 해당 철도용품의 철도용품 제작자승인증명서 2. 제1항 각 호의 서류(변경되는 부분 및 그

법	시 행 령	시 행 규 칙
의7을 준용한다. 이 경우 "안전관리체계"는 "철도용품 품질관리체계"로, "철도차량"은 "철도용품"으로 본다. [본조신설 12 · 12 · 18] 제28조부터 제30조까지 삭제 〈12 · 12 · 18〉		와 연관되는 부분에 한정한다) 3. 변경 전후의 대비표 및 해설서 ③ 국토교통부장관은 제1항 및 제2항에 따라 철도용품 제작자승인 또는 변경승인 신청을 받은 경우에 15일 이내에 승인 또는 변경승인에 필요한 검사 등의 계획서를 작성하여 신청인에게 통보하여야 한다. [전문개정 14 · 3 · 19] 제65조(철도용품 제작자승인의 경미한 사항 변경) ① 법 제27조의2제4항에서 준용하는 법 제7조제3항의 단서에서 "국토교통부령으로 정하는 경미한 사항을 변경하는 경우"란 다음 각 호의 어느 하나에 해당하는 경우를 말한다. 1. 철도용품 제작자의 조직변경에 따른 품질관리조직 또는 품질관리책임자에 관한 사항의 변경 2. 법령 또는 행정구역의 변경 등으로 인한 품질관리규정의 세부내용의 변경 3. 서류간 불일치 사항 및 품질관리규정의 기본방향에 영향을 미치지 아니하는 사항으로써 그 변경근거가 분명한 사항의 변경 ② 법 제27조의2제4항에서 준용하는 법 제7조제3항 단서에 따라 경미한 사항을 변경하려는 경우에는 별지 제40호서식의 철도용품 제작자 변경신고서에 다음 각 호의 서류를 첨부하여 국토교통부장관에게 제출하여야 한다.

법	시 행 령	시 행 규 칙
		1. 해당 철도용품의 철도용품 제작자승인증명서 2. 제1항 각 호에 해당함을 증명하는 서류 3. 변경 전후의 대비표 및 해설서 4. 변경 후의 철도용품 품질관리체계 5. 철도용품제작자승인기준에 대한 적합성 입증자료(변경되는 부분 및 그와 연관되는 부분에 한정한다) ③ 국토교통부장관은 제2항에 따라 신고를 받은 때에는 제2항 각 호의 첨부서류를 확인한 후 별지 제40호의2서식의 철도용품 제작자승인변경신고확인서를 발급하여야 한다. [전문개정 14·3·19] **제66조(철도용품 제작자승인검사의 방법 및 증명서 발급 등)** ① 법 제27조의2제2항에 따른 철도용품 제작자승인검사는 다음 각 호의 구분에 따라 실시한다. 1. 품질관리체계의 적합성검사: 해당 철도용품의 품질관리체계가 철도용품제작자승인기준에 적합한지 여부에 대한 검사 2. 제작검사: 해당 철도용품에 대한 품질관리체계 적용 및 유지 여부 등을 확인하는 검사 ② 국토교통부장관은 제1항에 따른 검사 결과 철도용품제작자승인기준에 적합하다고 인정하는 경우에는 다음 각 호의 서류를 신청인에게 발급하여야 한다. 1. 별지 제41호서식의 철도용품 제작자승인증

법	시 행 령	시 행 규 칙
		명서 또는 별지 제41호의2서식의 철도용품 제작자변경승인증명서 2. 제작할 수 있는 철도용품의 형식에 대한 목록을 적은 제작자승인지정서 ③ 제2항제1호에 따른 철도용품 제작자승인증명서 또는 철도용품 제작자변경승인증명서를 발급받은 자가 해당 증명서를 잃어버렸거나 헐어 못쓰게 되어 재발급 받으려는 경우에는 별지 제29호서식의 철도용품 제작자승인증명서 재발급 신청서에 헐어 못쓰게 된 증명서(헐어 못쓰게 된 경우만 해당한다)를 첨부하여 국토교통부장관에게 제출하여야 한다. ④ 제1항에 따른 철도용품 제작자승인검사에 관한 세부적인 기준 · 절차 및 방법은 국토교통부장관이 정하여 고시한다. [전문개정 14 · 3 · 19] **제67조(철도용품 제작자승인 등의 면제 절차)** 국토교통부장관은 제64조제1항제4호에 따른 서류의 검토 결과 철도용품이 제작자승인 또는 제작자승인검사의 면제 대상에 해당된다고 인정하는 경우에는 신청인에게 면제사실과 내용을 통보하여야 한다.〈개정 15 · 10 · 2〉 [전문개정 14 · 3 · 19] **제68조(형식승인을 받은 철도용품의 표시)** ① 법 제27조의2제3항에 따라 철도용품 제작자승인을 받은 자는 해당 철도용품에 다음 각 호

법	시 행 령	시 행 규 칙
		의 사항을 포함하여 형식승인을 받은 철도용품(이하 "형식승인품"이라 한다)임을 나타내는 표시를 하여야 한다. 1. 형식승인품명 및 형식승인번호 2. 형식승인품명의 제조일 3. 형식승인품의 제조자명(제조자임을 나타내는 마크 또는 약호를 포함한다) 4. 형식승인기관의 명칭 ② 제1항에 따른 형식승인품의 표시는 국토교통부장관이 정하여 고시하는 표준도안에 따른다. [전문개정 14·3·19] **第69조(지위승계의 신고 등)** ① 법 제27조의2제4항에서 준용하는 법 제26조의5제2항에 따라 철도용품 제작자승인의 지위를 승계하는 자는 별지 제42호서식의 철도용품 제작자승계신고서에 다음 각 호의 서류를 첨부하여 국토교통부장관에게 제출하여야 한다. 1. 철도용품 제작자승인증명서 2. 사업 양도의 경우: 양도·양수계약서 사본 등 양도 사실을 입증할 수 있는 서류 3. 사업 상속의 경우: 사업을 상속받은 사실을 확인할 수 있는 서류 4. 사업 합병의 경우: 합병계약서 및 합병 후 존속하거나 합병에 따라 신설된 법인의 등기사항증명서 ② 국토교통부장관은 제1항에 따라 신고를 받

법	시 행 령	시 행 규 칙
		은 경우에 지위승계 사실을 확인한 후 철도용품 제작자승인증명서를 지위승계자에게 발급하여야 한다. [전문개정 14·3·19] **제70조(철도용품 제작자승인의 취소 등 처분기준)** 법 27조의2제4항에서 준용하는 법 제26조의7에 따른 철도용품 제작자승인의 취소 또는 업무의 제한·정지 등의 처분기준은 별표 15와 같다. [전문개정 14·3·19] **제71조(철도용품 품질관리체계의 유지 등)** ① 국토교통부장관은 법 제27조의2제4항에서 준용하는 법 제8조제2항에 따라 철도용품 품질관리체계에 대하여 1년마다 1회의 정기검사를 실시하고, 철도용품의 안전 및 품질 확보 등을 위하여 필요하다고 인정하는 경우에는 수시로 검사할 수 있다. ② 국토교통부장관은 제1항에 따라 정기검사 또는 수시검사를 시행하려는 경우에는 검사 시행일 15일 전까지 다음 각 호의 내용이 포함된 검사계획을 철도용품 제작자승인을 받은 자에게 통보하여야 한다. 1. 검사반의 구성 2. 검사 일정 및 장소 3. 검사 수행 분야 및 검사 항목 4. 중점 검사 사항

법	시 행 령	시 행 규 칙
		5. 그 밖에 검사에 필요한 사항 ③ 국토교통부장관은 정기검사 또는 수시검사를 마친 경우에는 다음 각 호의 사항이 포함된 검사 결과보고서를 작성하여야 한다. 1. 철도용품 품질관리체계의 검사 개요 및 현황 2. 철도용품 품질관리체계의 검사 과정 및 내용 3. 법 제27조의2제4항에서 준용하는 제8조제3항에 따른 시정조치 사항 ④ 국토교통부장관은 법제27조 의2제4항에서 준용하는 법 제8조제3항에 따라 철도용품 제작자승인을 받은 자에게 시정조치를 명하는 경우에는 시정에 필요한 적정한 기간을 주어야 한다. ⑤ 법 제27조의2제4항에서 준용하는 제8조제3항에 따라 시정조치명령을 받은 철도용품 제작자승인을 받은 자는 시정조치를 완료한 경우에는 지체 없이 그 시정내용을 국토교통부장관에게 통보하여야 한다. ⑥ 제1항부터 제5항까지의 규정에서 정한 사항 외에 정기검사 또는 수시검사에 관한 세부적인 기준·방법 및 절차는 국토교통부장관이 정하여 고시한다. [전문개정 14·3·19]
제31조(형식승인 등의 사후관리) ① 국토교통부장관은 제26조 또는 제27조에 따라 형식승인을 받은 철도차량 또는 철도용품의 안전 및 품질의		제72조(형식승인 등의 사후관리 대상 등) ① 법 제31조제1항제5호에서 "국토교통부령으로 정하는 사항"이란 다음 각 호의 어느 하나에 해

법	시 행 령	시 행 규 칙
확인 · 점검을 위하여 필요하다고 인정하는 경우에는 소속 공무원으로 하여금 다음 각 호의 조치를 하게 할 수 있다. 〈개정 13 · 3 · 23〉 1. 철도차량 또는 철도용품이 제26조제3항 또는 제27조제2항에 따른 기술기준에 적합한지에 대한 조사 2. 철도차량 또는 철도용품 형식승인 및 제작자승인을 받은 자의 관계 장부 또는 서류의 열람 · 제출 3. 철도차량 또는 철도용품에 대한 수거 · 검사 4. 철도차량 또는 철도용품의 안전 및 품질에 대한 전문연구기관에의 시험 · 분석 의뢰 5. 그 밖에 철도차량 또는 철도용품의 안전 및 품질에 대한 긴급한 조사를 위하여 국토교통부령으로 정하는 사항 ② 철도차량 또는 철도용품 형식승인 및 제작자승인을 받은 자와 철도차량 또는 철도용품의 소유자 · 점유자 · 관리인 등은 정당한 사유 없이 제1항에 따른 조사 · 열람 · 수거 등을 거부 · 방해 · 기피하여서는 아니 된다. ③ 제1항에 따라 조사 · 열람 또는 검사 등을 하는 공무원은 그 권한을 표시하는 증표를 지니고 이를 관계인에게 내보여야 한다. 이 경우 그 증표에 관하여 필요한 사항은 국토교통부령으로 정한다. 〈개정 13 · 3 · 23〉 ④ 제26조의6제1항에 따라 철도차량 완성검사를		당하는 사항을 말한다. 1. 사고가 발생한 철도차량 또는 철도용품에 대한 철도운영 적합성 조사 2. 장기 운행한 철도차량 또는 철도용품에 대한 철도운영 적합성 조사 3. 철도차량 또는 철도용품에 결함이 있는지의 여부에 대한 조사 4. 그 밖에 철도차량 또는 철도용품의 안전 및 품질에 관하여 국토교통부장관이 필요하다고 인정하여 고시하는 사항 ② 법 제31조제3항에 따른 공무원의 권한을 표시하는 증표는 별지 제43호서식에 따른다. [전문개정 14 · 3 · 19] 제72조의2(철도차량 부품의 안정적 공급 등) ①

법	시행령	시행규칙
받은 자가 해당 철도차량을 판매하는 경우 다음 각 호의 조치를 하여야 한다.〈신설 18·6·12〉 1. 철도차량정비에 필요한 부품을 공급할 것 2. 철도차량을 구매한 자에게 철도차량정비에 필요한 기술지도·교육과 정비매뉴얼 등 정비 관련 자료를 제공할 것		법 제31조제4항에 따라 철도차량 완성검사를 받아 해당 철도차량을 판매한 자(이하 "철도차량 판매자"라 한다)는 그 철도차량의 완성검사를 받은 날부터 20년 이상 다음 각 호에 따른 부품을 해당 철도차량을 구매한 자(해당 철도차량을 구매한 자와 계약에 따라 해당 철도차량을 정비하는 자를 포함한다. 이하 "철도차량 구매자"라 한다)에게 공급해야 한다. 다만, 철도차량 판매자가 철도차량 구매자와 협의하여 철도차량 판매자가 공급하는 부품 외의 다른 부품의 사용이 가능하다고 약정하는 경우에는 철도차량 판매자는 해당 부품을 철도차량 구매자에게 공급하지 않을 수 있다. 1. 「철도안전법」 제26조에 따라 국토교통부장관이 형식승인 대상으로 고시하는 철도용품 2. 철도차량의 동력전달장치(엔진, 변속기, 감속기, 견인전동기 등), 주행·제동장치 또는 제어장치 등이 고장난 경우 해당 철도차량 자력(自力)으로 계속 운행이 불가능하여 다른 철도차량의 견인을 받아야 운행할 수 있는 부품 3. 그 밖에 철도차량 판매자와 철도차량 구매자의 계약에 따라 공급하기로 약정한 부품 ② 제1항에 따라 철도차량 판매자가 철도차량 구매자에게 제공하는 부품의 형식 및 규격은 철도차량 판매자가 판매한 철도차량과 일치해

법	시 행 령	시 행 규 칙
		야 한다. ③ 철도차량 판매자는 자신이 판매 또는 공급하는 부품의 가격을 결정할 때 해당 부품의 제조원가(개발비용을 포함한다) 등을 고려하여 신의성실의 원칙에 따라 합리적으로 결정해야 한다. [본조신설 19 · 6 · 18] **제72조의3(자료제공 · 기술지도 및 교육의 시행)** ① 법 제31조제4항에 따라 철도차량 판매자는 해당 철도차량의 구매자에게 다음 각 호의 자료를 제공해야 한다. 1. 해당 철도차량이 최적의 상태로 운용되고 유지보수 될 수 있도록 철도차량시스템 및 각 장치의 개별부품에 대한 운영 및 정비 방법 등에 관한 유지보수 기술문서 2. 철도차량 운전 및 주요 시스템의 작동방법, 응급조치 방법, 안전규칙 및 절차 등에 대한 설명서 및 고장수리 절차서 3. 철도차량 판매자 및 철도차량 구매자의 계약에 따라 공급하기로 약정하는 각종 기술문서 4. 해당 철도차량에 대한 고장진단기(고장진단기의 원활한 작동을 위한 소프트웨어를 포함한다) 및 그 사용 설명서 5. 철도차량의 정비에 필요한 특수공기구 및 시험기와 그 사용 설명서

법	시 행 령	시 행 규 칙
		6. 그 밖에 철도차량 판매자와 철도차량 구매자의 계약에 따라 제공하기로 한 자료 ② 제1항제1호에 따른 유지보수 기술문서에는 다음 각 호의 사항이 포함되어야 한다. 1. 부품의 재고관리, 주요 부품의 교환주기, 기록관리 사항 2. 유지보수에 필요한 설비 또는 장비 등의 현황 3. 유지보수 공정의 계획 및 내용(일상 유지보수, 정기 유지보수, 비정기 유지보수 등) 4. 철도차량이 최적의 상태를 유지할 수 있도록 유지보수 단계별로 필요한 모든 기능 및 조치를 상세하게 적은 기술문서 ③ 철도차량 판매자는 철도차량 구매자에게 다음 각 호에 따른 방법으로 기술지도 또는 교육을 시행해야 한다. 1. 시디(CD), 디브이디(DVD) 등 영상녹화물의 제공을 통한 시청각 교육 2. 교재 및 참고자료의 제공을 통한 서면 교육 3. 그 밖에 철도차량 판매자와 철도차량 구매자의 계약 또는 협의에 따른 방법 ④ 철도차량 판매자는 다음 각 호의 어느 하나에 해당하는 경우에는 해당 철도차량 구매자에게 집합교육 또는 현장교육을 실시해야 한다. 이 경우 철도차량 판매자와 철도차량 구매자는 집합교육 또는 현장교육의 시기, 대상,

법	시 행 령	시 행 규 칙
⑤ 제4항 각 호에 따른 정비에 필요한 부품의 종류 및 공급하여야 하는 기간, 기술지도·교육 대상과 방법, 철도차량정비 관련 자료의 종류 및 제공 방법 등에 필요한 사항은 국토교		기간, 내용 및 비용 등을 협의해야 한다. 1. 철도차량 판매자가 해당 철도차량 정비기술의 효과적인 보급을 위하여 필요하다고 인정하는 경우 2. 철도차량 구매자가 해당 철도차량 정비기술을 효과적으로 배우기 위해 집합교육 또는 현장교육이 필요하다고 요청하는 경우 ⑤ 철도차량 판매자는 철도차량 구매자에게 해당 철도차량의 인도예정일 3개월 전까지 제1항에 따른 자료를 제공하고 제4항 또는 제5항에 따른 교육을 시행해야 한다. 다만, 철도차량 구매자가 따로 요청하거나 철도차량 판매자와 철도차량 구매자가 합의하는 경우에는 기술지도 또는 교육의 시기, 기간 및 방법 등을 따로 정할 수 있다. ⑥ 철도차량 판매자가 해당 철도차량 구매자에게 고장진단기 등 장비·기구 등의 제공 및 기술지도·교육을 유상으로 시행하는 경우에는 유사 장비·물품의 가격 및 유사 교육비용 등을 기초로 하여 합리적인 기준에 따라 비용을 결정해야 한다. [본조신설 19·6·18]

법	시 행 령	시 행 규 칙
통부령으로 정한다.〈신설 18·6·12〉 ⑥ 국토교통부장관은 제26조의6제1항에 따라 철도차량 완성검사를 받아 해당 철도차량을 판매한 자가 제4항에 따른 조치를 이행하지 아니한 경우에는 그 이행을 명할 수 있다.〈신설 18·6·12〉 [전문개정 12·12·18]		제72조의4(철도차량 판매자에 대한 이행명령) ① 국토교통부장관은 법 제31조제6항에 따라 철도차량 판매자에게 이행명령을 하려면 해당 철도차량 판매자가 이행해야 할 구체적인 조치사항 및 이행 기간 등을 명시하여 서면(전자문서를 포함한다)으로 통지해야 한다. ② 국토교통부장관은 제1항의 이행명령을 통지하기 전에 철도차량 판매자와 해당 철도차량 구매자 간의 분쟁 조정 등을 위하여 철도차량 부품 제작업체, 철도차량 정밀안전진단기관 또는 학계 등 관련분야 전문가의 의견을 들을 수 있다. [본조신설 19·6·18]
제32조(제작 또는 판매 중지 등) ① 국토교통부장관은 제26조 또는 제27조에 따라 형식승인을 받은 철도차량 또는 철도용품이 다음 각 호의 어느 하나에 해당하는 경우에는 그 철도차량 또는 철도용품의 제작·수입·판매 또는 사용의 중지를 명할 수 있다. 다만, 제1호에 해당하는 경우에는 제작·수입·판매 또는 사용의 중지를 명하여야 한다. 〈개정 13·3·23〉 1. 제26조의2제1항(제27조제4항에서 준용하는 경우를 포함한다)에 따라 형식승인이 취소된 경우 2. 제26조의2제2항(제27조제4항에서 준용하는	제29조(시정조치의 면제 신청 등) ① 법 제32조제3항에 따라 시정조치의 면제를 받으려는 제작자는 법 제32조제1항에 따른 중지명령을 받은 날부터 15일 이내에 법 제32조제2항 단서에 따른 경미한 경우에 해당함을 증명하는 서류를 국토교통부장관에게 제출하여야 한다. ② 국토교통부장관은 제1항에 따른 서류를 제출받은 경우에 시정조치의 면제 여부를 결정하고 결정이유, 결정기준과 결과를 신청자에게 통지하여야 한다. [전문개정 14·3·18]	제73조(시정조치계획의 제출 및 보고 등) ① 법 제32조제2항 본문에 따라 중지명령을 받은 철도차량 또는 철도용품의 제작자는 다음 각 호의 사항이 포함된 시정조치계획서를 국토교통부장관에게 제출하여야 한다. 1. 해당 철도차량 또는 철도용품의 명칭, 형식승인번호 및 제작연월일 2. 해당 철도차량 또는 철도용품의 위반경위, 위반정도 및 위반결과 3. 해당 철도차량 또는 철도용품의 제작 수 및 판매 수 4. 해당 철도차량 또는 철도용품의 회수, 환불,

법	시 행 령	시 행 규 칙
경우를 포함한다)에 따라 변경승인 이행명령을 받은 경우 3. 제26조의6에 따른 완성검사를 받지 아니한 철도차량을 판매한 경우(판매 또는 사용의 중지명령만 해당한다) 4. 형식승인을 받은 내용과 다르게 철도차량 또는 철도용품을 제작·수입·판매한 경우 ② 제1항에 따른 중지명령을 받은 철도차량 또는 철도용품의 제작자는 국토교통부령으로 정하는 바에 따라 해당 철도차량 또는 철도용품의 회수 및 환불 등에 관한 시정조치계획을 작성하여 국토교통부장관에게 제출하고 이 계획에 따른 시정조치를 하여야 한다. 다만, 제1항제2호 및 제3호에 해당하는 경우로서 그 위반경위, 위반정도 및 위반효과 등이 국토교통부령으로 정하는 경미한 경우에는 그러하지 아니하다. 〈개정 13·3·23〉 ③ 제2항 단서에 따라 시정조치의 면제를 받으려는 제작자는 대통령령으로 정하는 바에 따라 국토교통부장관에게 그 시정조치의 면제를 신청하여야 한다. 〈개정 13·3·23〉 ④ 철도차량 또는 철도용품의 제작자는 제2항 본문에 따라 시정조치를 하는 경우에는 국토교통부령으로 정하는 바에 따라 해당 시정조치의 진행 상황을 국토교통부장관에게 보고하여야 한다. 〈개정 13·3·23〉		교체, 보수 및 개선 등 시정계획 5. 해당 철도차량 또는 철도용품의 소유자·점유자·관리자 등에 대한 통지문 또는 공고문 ② 법 제32조제2항 단서에서 "국토교통부령으로 정하는 경미한 경우"란 다음 각 호의 어느 하나에 해당하는 경우를 말한다. 1. 구조안전 및 성능에 영향을 미치지 아니하는 형상의 변경 위반 2. 안전에 영향을 미치지 아니하는 설비의 변경 위반 3. 중량분포에 영향을 미치지 아니하는 장치 또는 부품의 배치 변경 위반 4. 동일 성능으로 입증할 수 있는 부품의 규격 변경 위반 5. 안전, 성능 및 품질에 영향을 미치지 아니하는 제작과정의 변경 위반 6. 그 밖에 철도차량 또는 철도용품의 안전 및 성능에 영향을 미치지 아니한다고 국토교통부장관이 인정하여 고시하는 경우 ③ 철도차량 또는 철도용품 제작자가 시정조치를 하는 경우에는 법 제32조제4항에 따라 시정조치가 완료될 때까지 매 분기마다 분기 종료 후 20일 이내에 국토교통부장관에게 시정조치의 진행상황을 보고하여야 하고, 시정조치를 완료한 경우에는 완료 후 20일 이내에

법	시 행 령	시 행 규 칙
[전문개정 12·12·18] **제33조** 삭제 〈12·12·18〉 **제34조(표준화)** ① 국토교통부장관은 철도의 안전과 호환성의 확보 등을 위하여 철도차량 및 철도용품의 표준규격을 정하여 철도운영자등 또는 철도차량을 제작·조립 또는 수입하려는 자 등(이하 "차량제작자등"이라 한다)에게 권고할 수 있다. 다만, 「산업표준화법」에 따른 한국산업표준이 제정되어 있는 사항에 대하여는 그 표준에 따른다. 〈개정 13·3·23〉 ② 제1항에 따른 표준규격의 제정·개정 등에 필요한 사항은 국토교통부령으로 정한다. 〈개정 13·3·23〉 [전문개정 12·6·1] **제35조부터 제37조까지** 삭제 〈12·12·18〉		그 시정내용을 국토교통부장관에게 보고하여야 한다. [전문개정 14·3·19] **제74조(철도표준규격의 제정 등)** ① 국토교통부장관은 법 제34조에 따른 철도차량이나 철도용품의 표준규격(이하 "철도표준규격"이라 한다)을 제정·개정하거나 폐지하려는 경우에는 기술위원회의 심의를 거쳐야 한다. ② 국토교통부장관은 철도표준규격을 제정·개정하거나 폐지하는 경우에 필요한 경우에는 공청회 등을 개최하여 이해관계인의 의견을 들을 수 있다. ③ 국토교통부장관은 철도표준규격을 제정한 경우에는 해당 철도표준규격의 명칭·번호 및 제정 연월일 등을 관보에 고시하여야 한다. 고시한 철도표준규격을 개정하거나 폐지한 경우에도 또한 같다. ④ 국토교통부장관은 제3항에 따라 철도표준규격을 고시한 날부터 3년마다 타당성을 확인하여 필요한 경우에는 철도표준규격을 개정하거나 폐지할 수 있다. 다만, 철도기술의 향상 등으로 인하여 철도표준규격을 개정하거나 폐지할 필요가 있다고 인정하는 때에는 3년 이내에도 철도표준규격을 개정하거나 폐지할 수 있다. ⑤ 철도표준규격의 제정·개정 또는 폐지에

법	시 행 령	시 행 규 칙
		관하여 이해관계가 있는 자는 별지 제44호서식의 철도표준규격 제정 · 개정 · 폐지 의견서에 다음 각 호의 서류를 첨부하여 「과학기술분야 정부출연연구기관 등의 설립 · 운영 및 육성에 관한 법률」에 따른 한국철도기술연구원(이하 "한국철도기술연구원"이라 한다)에 제출할 수 있다. 1. 철도표준규격의 제정 · 개정 또는 폐지안 2. 철도표준규격의 제정 · 개정 또는 폐지안에 대한 의견서 ⑥ 제5항에 따른 의견서를 받은 한국철도기술연구원은 이를 검토한 후 그 검토 결과를 해당 이해관계인에게 통보하여야 한다. ⑦ 철도표준규격의 관리 등에 필요한 세부사항은 국토교통부장관이 정하여 고시한다. [전문개정 14 · 3 · 19]
제38조(종합시험운행) ① 철도운영자등은 철도노선을 새로 건설하거나 기존노선을 개량하여 운영하려는 경우에는 정상운행을 하기 전에 종합시험운행을 실시한 후 그 결과를 국토교통부장관에게 보고하여야 한다. 〈개정 13 · 3 · 23〉		**제75조(종합시험운행의 시기 · 절차 등)** ① 철도운영자등이 법 제38조제1항에 따라 실시하는 종합시험운행(이하 "종합시험운행"이라 한다)은 해당 철도노선의 영업을 개시하기 전에 실시한다. 〈개정 14 · 3 · 19〉 ② 종합시험운행은 철도운영자와 합동으로 실시한다. 이 경우 철도운영자는 종합시험운행의 원활한 실시를 위하여 철도시설관리자로부터 철도차량, 소요인력 등의 지원 요청이 있는 경우 특별한 사유가 없는 한 이에 응하여야 한다.

법	시행령	시행규칙
		③ 철도시설관리자는 종합시험운행을 실시하기 전에 철도운영자와 협의하여 다음 각 호의 사항이 포함된 종합시험운행계획을 수립하여야 한다. 1. 종합시험운행의 방법 및 절차 2. 평가항목 및 평가기준 등 3. 종합시험운행의 일정 4. 종합시험운행의 실시 조직 및 소요인원 5. 종합시험운행에 사용되는 시험기기 및 장비 6. 종합시험운행을 실시하는 사람에 대한 교육훈련계획 7. 안전관리조직 및 안전관리계획 8. 비상대응계획 9. 그 밖에 종합시험운행의 효율적인 실시와 안전 확보를 위하여 필요한 사항 ④ 철도시설관리자는 종합시험운행을 실시하기 전에 철도운영자와 합동으로 해당 철도노선에 설치된 철도시설물에 대한 기능 및 성능 점검결과를 설명한 서류에 대한 검토 등 사전검토를 하여야 한다. ⑤ 종합시험운행은 다음 각 호의 절차로 구분하여 순서대로 실시한다. 1. 시설물검증시험: 해당 철도노선에서 허용되는 최고속도까지 단계적으로 철도차량의 속도를 증가시키면서 철도시설의 안전상태, 철도차량의 운행적합성이나 철도시설물과의

법	시 행 령	시 행 규 칙
		연계성(Interface), 철도시설물의 정상 작동 여부 등을 확인 · 점검하는 시험 2. 영업시운전: 시설물검증시험이 끝난 후 영업 개시에 대비하기 위하여 열차운행계획에 따른 실제 영업상태를 가정하고 열차운행체계 및 철도종사자의 업무숙달 등을 점검하는 시험 ⑥ 철도시설관리자는 기존 노선을 개량한 철도노선에 대한 종합시험운행을 실시하는 경우에는 철도운영자와 협의하여 제2항에 따른 종합시험운행 일정을 조정하거나 그 절차의 일부를 생략할 수 있다. ⑦ 철도시설관리자는 제5항 및 제6항에 따라 종합시험운행을 실시하는 경우에는 철도운영자와 합동으로 종합시험운행의 실시내용 · 실시결과 및 조치내용 등을 확인하고 이를 기록 · 관리하여야 하며, 그 결과를 국토교통부장관에게 보고하여야 한다. 〈개정 14 · 3 · 19〉 ⑧ 철도운영자등은 제75조의2제2항에 따라 철도시설의 개선 · 시정명령을 받은 경우나 열차운행체계 또는 운행준비에 대한 개선 · 시정명령을 받은 경우에는 이를 개선 · 시정하여야 하고, 개선 · 시정을 완료한 후에는 종합시험운행을 다시 실시하여 국토교통부장관에게 그 결과를 보고하여야 한다. 이 경우 제5항 각 호의 종합시험운행절차 중 일부를 생략할 수 있

법	시 행 령	시 행 규 칙
② 국토교통부장관은 제1항에 따른 보고를 받은 경우에는 「철도의 건설 및 철도시설 유지관리에 관한 법률」 제19조제1항에 따른 기술기준에의 적합 여부, 철도시설 및 열차운행체계의 안전성 여부, 정상운행 준비의 적절성 여부 등을 검토하여 필요하다고 인정하는 경우에는 개선·시정할 것을 명할 수 있다. 〈개정 13·3·23, 18·3·13〉		다. 〈개정 14·3·19, 16·8·10〉 ⑨ 철도운영자등이 종합시험운행을 실시하는 때에는 안전관리책임자를 지정하여 다음 각 호의 업무를 수행하도록 하여야 한다. 〈개정 14·3·19〉 1. 「산업안전보건법」 등 관련 법령에서 정한 안전조치사항의 점검·확인 2. 종합시험운행을 실시하기 전의 안전점검 및 종합시험운행 중 안전관리 감독 3. 종합시험운행에 사용되는 철도차량에 대한 안전 통제 4. 종합시험운행에 사용되는 안전장비의 점검·확인 5. 종합시험운행 참여자에 대한 안전교육 ⑩ 그 밖에 종합시험운행의 세부적인 절차·방법 등에 관하여 필요한 사항은 국토교통부장관이 정하여 고시한다. 〈개정 13·3·23〉 [전문개정 12·12·10] **제75조의2(종합시험운행 결과의 검토 및 개선명령 등)** ① 법 제38조제2항에 따라 실시되는 종합시험운행의 결과에 대한 검토는 다음 각 호의 절차로 구분하여 순서대로 실시한다. 〈개정 19·3·20〉 1. 「철도의 건설 및 철도시설 유지관리에 관한 법률」 제19조제1항 및 제2항에 따른 기술기준에의 적합여부 검토

<table>
<tr><th>법</th><th>시 행 령</th><th>시 행 규 칙</th></tr>
<tr><td>③ 제1항 및 제2항에 따른 종합시험운행의 실시시기 · 방법 · 기준과 개선 · 시정 명령 등에 필요한 사항은 국토교통부령으로 정한다. 〈개정 13 · 3 · 23〉
[전문개정 12 · 12 · 18]

제38조의2(철도차량의 개조 등) ① 철도차량을</td><td></td><td>2. 철도시설 및 열차운행체계의 안전성 여부 검토
3. 정상운행 준비의 적절성 여부 검토
② 국토교통부장관은 「도시철도법」 제3조제2호에 따른 도시철도 또는 같은 법 제24조 또는 제42조에 따라 도시철도건설사업 또는 도시철도운송사업을 위탁받은 법인이 건설 · 운영하는 도시철도에 대하여 제1항에 따른 검토를 하는 경우에는 해당 도시철도의 관할 시 · 도지사와 협의할 수 있다. 이 경우 협의 요청을 받은 시 · 도지사는 협의를 요청받은 날부터 7일 이내에 의견을 제출하여야 하며, 그 기간 내에 의견을 제출하지 아니하면 의견이 없는 것으로 본다.〈신설 17 · 1 · 20〉
③ 국토교통부장관은 제1항에 따른 검토 결과 해당 철도시설의 개선 · 보완이 필요하거나 열차운행체계 또는 운행준비에 대한 개선 · 보완이 필요한 경우에는 법 제38조제2항에 따라 철도운영자등에게 이를 개선 · 시정할 것을 명할 수 있다.〈개정 17 · 1 · 20〉
④ 제1항에 따른 종합시험운행의 결과 검토에 대한 세부적인 기준 · 절차 및 방법에 관하여 필요한 사항은 국토교통부장관이 정하여 고시한다.〈개정 17 · 1 · 20〉
[본조신설 14 · 3 · 19]

제75조의3(철도차량 개조승인의 신청 등) ① 법</td></tr>
</table>

법	시행령	시행규칙
소유하거나 운영하는 자(이하 "소유자등"이라 한다)는 철도차량 최초 제작 당시와 다르게 구조, 부품, 장치 또는 차량성능 등에 대한 개량 및 변경 등(이하 "개조"라 한다)을 임의로 하고 운행하여서는 아니 된다. ② 소유자등이 철도차량을 개조하여 운행하려면 제26조제3항에 따른 철도차량의 기술기준에 적합한지에 대하여 국토교통부령으로 정하는 바에 따라 국토교통부장관의 승인(이하 "개조승인"이라 한다)을 받아야 한다. 다만, 국토교통부령으로 정하는 경미한 사항을 개조하는 경우에는 국토교통부장관에게 신고(이하 "개조신고"라 한다)하여야 한다. ③ 소유자등이 철도차량을 개조하여 개조승인을 받으려는 경우에는 국토교통부령으로 정하는 바에 따라 적정 개조능력이 있다고 인정되는 자가 개조 작업을 수행하도록 하여야 한다. ④ 국토교통부장관은 개조승인을 하려는 경우에는 해당 철도차량이 제26조제3항에 따라 고시하는 철도차량의 기술기준에 적합한지에 대하여 개조승인검사를 하여야 한다. ⑤ 제2항 및 제4항에 따른 개조승인절차, 개조신고절차, 승인방법, 검사기준, 검사방법 등에 대하여 필요한 사항은 국토교통부령으로 정한다. [본조신설 17·10·24] **제38조의3(철도차량의 운행제한)** ① 국토교통부		제38조의2제2항 본문에 따라 철도차량을 소유하거나 운영하는 자(이하 "소유자등"이라 한다)는 철도차량 개조승인을 받으려면 별지 제45호서식에 따른 철도차량 개조승인신청서에 다음 각 호의 서류를 첨부하여 국토교통부장관에게 제출하여야 한다. 1. 개조 대상 철도차량 및 수량에 관한 서류 2. 개조의 범위, 사유 및 작업 일정에 관한 서류 3. 개조 전·후 사양 대비표 4. 개조에 필요한 인력, 장비, 시설 및 부품 또는 장치에 관한 서류 5. 개조작업수행 예정자의 조직·인력 및 장비 등에 관한 현황과 개조작업수행에 필요한 부품, 구성품 및 용역의 내용에 관한 서류. 다만, 개조작업수행 예정자를 선정하기 전인 경우에는 개조작업수행 예정자 선정기준에 관한 서류 6. 개조 작업지시서 7. 개조하고자 하는 사항이 철도차량기술기준에 적합함을 입증하는 기술문서 ② 국토교통부장관은 제1항에 따라 철도차량 개조승인 신청을 받은 경우에는 그 신청서를 받은 날부터 15일 이내에 개조승인에 필요한 검사내용, 시기, 방법 및 절차 등을 적은 개조검사 계획서를 신청인에게 통지하여야 한다. [본조신설 18·11·9]

법	시 행 령	시 행 규 칙
장관은 다음 각 호의 어느 하나에 해당하는 사유가 있다고 인정되면 소유자등에게 철도차량의 운행제한을 명할 수 있다. 1. 소유자등이 개조승인을 받지 아니하고 임의로 철도차량을 개조하여 운행하는 경우 2. 철도차량이 제26조제3항에 따른 철도차량의 기술기준에 적합하지 아니한 경우 ② 국토교통부장관은 제1항에 따라 운행제한을 명하는 경우 사전에 그 목적, 기간, 지역, 제한내용 및 대상 철도차량의 종류와 그 밖에 필요한 사항을 해당 소유자등에게 통보하여야 한다. [본조신설 17 · 10 · 24]		**제75조의4(철도차량의 경미한 개조)** ① 법 제38조의2제2항 단서에서 "국토교통부령으로 정하는 경미한 사항을 개조하는 경우"란 다음 각 호의 어느 하나에 해당하는 경우를 말한다. 1. 차체구조 등 철도차량 구조체의 개조로 인하여 해당 철도차량의 허용 적재하중 등 철도차량의 강도가 100분의 5 미만으로 변동되는 경우 2. 설비의 변경 또는 교체에 따라 해당 철도차량의 중량 및 중량분포가 다음 각 목에 따른 기준 이하로 변동되는 경우 가. 고속철도차량 및 일반철도차량의 동력차(기관차): 100분의 2 나. 고속철도차량 및 일반철도차량의 객차 · 화차 · 전기동차 · 디젤동차: 100분의 4 다. 도시철도차량: 100분의 5 3. 다음 각 목의 어느 하나에 해당하지 아니하는 장치 또는 부품의 개조 또는 변경 가. 주행장치 중 주행장치틀, 차륜 및 차축 나. 제동장치 중 제동제어장치 및 제어기 다. 추진장치 중 인버터 및 컨버터 라. 보조전원장치 마. 차상신호장치(지상에 설치된 신호장치로부터 열차의 운행조건 등에 관한 정보를 수신하여 철도차량의 운전실에 속도감속 또는 정지 등 철도차량의 운전에 필요한

법	시행령	시행규칙
		정보를 제공하기 위하여 철도차량에 설치된 장치를 말한다) 바. 차상통신장치 사. 종합제어장치 아. 철도차량기술기준에 따른 화재시험 대상인 부품 또는 장치. 다만, 「화재예방, 소방시설 설치·유지 및 안전관리에 관한 법률」 제9조제1항에 따른 화재안전기준을 충족하는 부품 또는 장치는 제외한다. 4. 법 제27조에 따라 국토교통부장관으로부터 철도용품 형식승인을 받은 용품으로 변경하는 경우(제1호 및 제2호에 따른 요건을 모두 충족하는 경우로서 소유자등이 지상에 설치되어 있는 설비와 철도차량의 부품·구성품 등이 상호 접속되어 원활하게 그 기능이 확보되는지에 대하여 확인한 경우에 한한다) 5. 철도차량 제작자와 철도차량 구매자의 계약에 따른 하자보증 또는 성능개선 등을 위한 장치 또는 부품의 변경 6. 철도차량 개조의 타당성 및 적합성 등에 관한 검토·시험을 위한 대표편성 철도차량의 개조에 대하여 「과학기술분야 정부출연연구기관 등의 설립·운영 및 육성에 관한 법률」에 따른 한국철도기술연구원의 승인을 받은 경우

법	시 행 령	시 행 규 칙
		7. 철도차량의 장치 또는 부품을 개조한 이후 개조 전의 장치 또는 부품과 비교하여 철도차량의 고장 또는 운행장애가 증가하여 개조 전의 장치 또는 부품으로 긴급히 교체하는 경우 8. 그 밖에 철도차량의 안전, 성능 등에 미치는 영향이 미미하다고 국토교통부장관으로부터 인정을 받은 경우 ② 제1항을 적용할 때 다음 각 호의 어느 하나에 해당하는 경우에는 철도차량의 개조로 보지 아니한다. 1. 철도차량의 유지보수(점검 또는 정비 등) 계획에 따라 일상적 · 반복적으로 시행하는 부품이나 구성품의 교체 · 교환 2. 차량 내 · 외부 도색 등 미관이나 내구성 향상을 위하여 시행하는 경우 3. 승객의 편의성 및 쾌적성 제고와 청결 · 위생 · 방역을 위한 차량 유지관리 4. 다음 각 목의 장치와 관련되지 아니한 소프트웨어의 수정 가. 견인장치 나. 제동장치 다. 차량의 안전운행 또는 승객의 안전과 관련된 제어장치 라. 신호 및 통신 장치 5. 차체 형상의 개선 및 차내 설비의 개선

법	시 행 령	시 행 규 칙
		6. 철도차량 장치나 부품의 배치위치 변경 7. 기존 부품과 동등 수준 이상의 성능임을 제시하거나 입증할 수 있는 부품의 규격 수정 8. 소유자등이 철도차량 개조의 타당성 등에 관한 사전 검토를 위하여 여객 또는 화물 운송을 목적으로 하지 아니하고 철도차량의 시험운행을 위한 전용선로 또는 영업 중인 선로에서 영업운행 종료 이후 30분이 경과된 시점부터 다음 영업운행 개시 30분 전까지 해당 철도차량을 운행하는 경우(소유자등이 안전운행 확보방안을 수립하여 시행하는 경우에 한한다) 9. 「철도사업법」에 따른 전용철도 노선에서만 운행하는 철도차량에 대한 개조 10. 그 밖에 제1호부터 제7호까지에 준하는 사항으로 국토교통부장관으로부터 인정을 받은 경우 ③ 소유자등이 제1항에 따른 경미한 사항의 철도차량 개조신고를 하려면 해당 철도차량에 대한 개조작업 시작예정일 10일 전까지 별지 제45호의2서식에 따른 철도차량 개조신고서에 다음 각 호의 서류를 첨부하여 국토교통부장관에게 제출하여야 한다. 1. 제1항 각 호의 어느 하나에 해당함을 증명하는 서류 2. 제1호와 관련된 제75조의3제1항제1호부터

법	시 행 령	시 행 규 칙
		제6호까지의 서류 ④ 국토교통부장관은 제3항에 따라 소유자등이 제출한 철도차량 개조신고서를 검토한 후 적합하다고 판단하는 경우에는 별지 제45호의3 서식에 따른 철도차량 개조신고확인서를 발급하여야 한다. [본조신설 18 · 11 · 9] **제75조의5(철도차량 개조능력이 있다고 인정되는 자)** 법 제38조의2제3항에서 "국토교통부령으로 정하는 적정 개조능력이 있다고 인정되는 자"란 다음 각 호의 어느 하나에 해당하는 자를 말한다. 1. 개조 대상 철도차량 또는 그와 유사한 성능의 철도차량을 제작한 경험이 있는 자 2. 개조 대상 부품 또는 장치 등을 제작하여 납품한 실적이 있는 자 3. 개조 대상 부품 · 장치 또는 그와 유사한 성능의 부품 · 장치 등을 1년 이상 정비한 실적이 있는 자 4. 법 제38조의7제2항에 따른 인증정비조직 5. 개조 전의 부품 또는 장치 등과 동등 수준 이상의 성능을 확보할 수 있는 부품 또는 장치 등의 신기술을 개발하여 해당 부품 또는 장치를 철도차량에 설치 또는 개량하는 자 [본조신설 18 · 11 · 9] **제75조의6(개조승인 검사 등)** ① 법 제38조의2

법	시 행 령	시 행 규 칙
		제4항에 따른 개조승인 검사는 다음 각 호의 구분에 따라 실시한다. 1. 개조적합성 검사: 철도차량의 개조가 철도차량기술기준에 적합한지 여부에 대한 기술문서 검사 2. 개조합치성 검사: 해당 철도차량의 대표편성에 대한 개조작업이 제1호에 따른 기술문서와 합치하게 시행되었는지 여부에 대한 검사 3. 개조형식시험: 철도차량의 개조가 부품단계, 구성품단계, 완성차단계, 시운전단계에서 철도차량기술기준에 적합한지 여부에 대한 시험 ② 국토교통부장관은 제1항에 따른 개조승인 검사 결과 철도차량기술기준에 적합하다고 인정하는 경우에는 별지 제45호의4서식에 따른 철도차량 개조승인증명서에 철도차량 개조승인 자료집을 첨부하여 신청인에게 발급하여야 한다. ③ 제1항 및 제2항에서 정한 사항 외에 개조승인의 절차 및 방법 등에 관한 세부사항은 국토교통부장관이 정하여 고시한다. [본조신설 18·11·9] 제75조의7(철도차량의 운행제한 처분기준) 법 제38조의3제1항에 따른 소유자등에 대한 철도차량의 운행제한 처분기준은 별표 16과 같다. [본조신설 18·11·9]

법	시 행 령	시 행 규 칙
제38조의4(준용규정) 철도차량 운행제한에 대한 과징금의 부과 · 징수에 관하여는 제9조의2를 준용한다. 이 경우 "철도운영자등"은 "소유자등"으로, "업무의 제한이나 정지"는 "철도차량의 운행제한"으로 본다. [본조신설 17 · 10 · 24] **제38조의5(철도차량의 이력관리)** ① 소유자등은 보유 또는 운영하고 있는 철도차량과 관련한 제작, 운용, 철도차량정비 및 폐차 등 이력을 관리하여야 한다. ② 제1항에 따라 이력을 관리하여야 할 철도차량, 이력관리 항목, 전산망 등 관리체계, 방법 및 절차 등에 필요한 사항은 국토교통부장관이 정하여 고시한다. ③ 누구든지 제1항에 따라 관리하여야 할 철도차량의 이력에 대하여 다음 각 호의 행위를 하여서는 아니 된다. 1. 이력사항을 고의 또는 과실로 입력하지 아니하는 행위 2. 이력사항을 위조 · 변조하거나 고의로 훼손하는 행위 3. 이력사항을 무단으로 외부에 제공하는 행위 ④ 소유자등은 제1항의 이력을 국토교통부장관에게 정기적으로 보고하여야 한다. ⑤ 국토교통부장관은 제4항에 따라 보고된 철도차량과 관련한 제작, 운용, 철도차량정비 및	**제29조의2(철도차량 운행제한 관련 과징금의 부과기준)** 법 제38조의4에서 준용하는 법 제9조의2에 따라 과징금을 부과하는 위반행위의 종류와 과징금의 금액은 별표 4와 같다. [본조신설 18 · 10 · 23]	

법	시 행 령	시 행 규 칙
폐차 등 이력을 체계적으로 관리하여야 한다. [본조신설 18·6·12] **제38조의6(철도차량정비 등)** ① 철도운영자등은 운행하려는 철도차량의 부품, 장치 및 차량성능 등이 안전한 상태로 유지될 수 있도록 철도차량정비가 된 철도차량을 운행하여야 한다. ② 국토교통부장관은 제1항에 따른 철도차량을 운행하기 위하여 철도차량을 정비하는 때에 준수하여야 할 항목, 주기, 방법 및 절차 등에 관한 기술기준(이하 "철도차량정비기술기준"이라 한다)을 정하여 고시하여야 한다. ③ 국토교통부장관은 철도차량이 다음 각 호의 어느 하나에 해당하는 경우에 철도운영자등에게 해당 철도차량에 대하여 국토교통부령으로 정하는 바에 따라 철도차량정비 또는 원상복구를 명할 수 있다. 다만, 제2호 또는 제3호에 해당하는 경우에는 국토교통부장관은 철도운영자등에게 철도차량정비 또는 원상복구를 명하여야 한다. 1. 철도차량기술기준에 적합하지 아니하거나 안전운행에 지장이 있다고 인정되는 경우 2. 소유자등이 개조승인을 받지 아니하고 철도차량을 개조한 경우 3. 국토교통부령으로 정하는 철도사고 또는 운행장애 등이 발생한 경우 [본조신설 18·6·12]		**제75조의8(철도차량정비 또는 원상복구 명령 등)** ① 국토교통부장관은 법 제38조의6제3항에 따라 철도운영자등에게 철도차량정비 또는 원상복구를 명하는 경우에는 그 시정에 필요한 기간을 주어야 한다. ② 국토교통부장관은 제1항에 따라 철도운영자등에게 철도차량정비 또는 원상복구를 명하는 경우 대상 철도차량 및 사유 등을 명시하여 서면(전자문서를 포함한다. 이하 이 조에서 같다)으로 통지해야 한다. ③ 철도운영자등은 법 제38조의6제3항에 따라 국토교통부장관으로부터 철도차량정비 또는 원상복구 명령을 받은 경우에는 그 명령을 받은 날부터 14일 이내에 시정조치계획서를 작성하여 서면으로 국토교통부장관에게 제출해야 하고, 시정조치를 완료한 경우에는 지체 없이 그 시정내용을 국토교통부장관에게 서면으로 통지해야 한다. ④ 법 제38조의6제3항제3호에서 "국토교통부령으로 정하는 철도사고 또는 운행장애 등"이란 다음 각 호의 경우를 말한다. 1. 철도차량의 고장 등 철도차량 결함으로 인해 법 제61조 및 이 규칙 제86조제3항에 따른 보고대상이 되는 열차사고 또는 위험사

법	시 행 령	시 행 규 칙
		고가 발생한 경우 2. 철도차량의 고장 등 철도차량 결함에 따른 철도사고로 사망자가 발생한 경우 3. 동일한 부품 · 구성품 또는 장치 등의 고장으로 인해 법 제61조 및 이 규칙 제86조제3항에 따른 보고대상이 되는 지연운행이 1년에 3회 이상 발생한 경우 4. 그 밖에 철도 운행안전 확보 등을 위해 국토교통부장관이 정하여 고시하는 경우 [본조신설 19 · 6 · 18]
제38조의7(철도차량 정비조직인증) ① 철도차량 정비를 하려는 자는 철도차량정비에 필요한 인력, 설비 및 검사체계 등에 관한 기준(이하 "정비조직인증기준"이라 한다)을 갖추어 국토교통부장관으로부터 인증을 받아야 한다. 다만, 국토교통부령으로 정하는 경미한 사항의 경우에는 그러하지 아니하다. ② 제1항에 따라 정비조직의 인증을 받은 자(이하 "인증정비조직"이라 한다)가 인증받은 사항을 변경하려는 경우에는 국토교통부장관의 변경인증을 받아야 한다. 다만, 국토교통부령으로 정하는 경미한 사항을 변경하는 경우에는 국토교통부장관에게 신고하여야 한다. ③ 국토교통부장관은 정비조직을 인증하려는 경우에는 국토교통부령으로 정하는 바에 따라 철도차량정비의 종류 · 범위 · 방법 및 품질관		제75조의9(정비조직인증의 신청 등) ① 법 제38조의7제1항에 따른 정비조직인증기준(이하 "정비조직인증기준"이라 한다)은 다음 각 호와 같다. 1. 정비조직의 업무를 적절하게 수행할 수 있는 인력을 갖출 것 2. 정비조직의 업무범위에 적합한 시설 · 장비 등 설비를 갖출 것 3. 정비조직의 업무범위에 적합한 철도차량 정비매뉴얼, 검사체계 및 품질관리체계 등을 갖출 것 ② 법 제38조의7제1항에 따라 철도차량 정비조직의 인증을 받으려는 자는 철도차량 정비업무 개시예정일 60일 전까지 별지 제45호의5 서식의 철도차량 정비조직인증 신청서에 정비조직인증기준을 갖추었음을 증명하는 자료를

법	시행령	시행규칙
리절차 등을 정한 세부 운영기준(이하 "정비조직운영기준"이라 한다)을 해당 정비조직에 발급하여야 한다. ④ 제1항부터 제3항까지에 따른 정비조직인증기준, 인증절차, 변경인증절차 및 정비조직운영기준 등에 필요한 사항은 국토교통부령으로 정한다. [본조신설 18·6·12]		첨부하여 국토교통부장관에게 제출해야 한다. ③ 법 제38조의7제1항 따라 철도차량 정비조직의 인증을 받은 자(이하 "인증정비조직"이라 한다)가 같은 조 제2항 따라 인증정비조직의 변경인증을 받으려면 변경내용의 적용 예정일 30일 전까지 별지 제45호의6서식의 인증정비조직 변경인증 신청서에 다음 각 호의 서류를 첨부하여 국토교통부장관에게 제출해야 한다. 1. 변경하고자 하는 내용과 증명서류 2. 변경 전후의 대비표 및 설명서 ④ 제1항 및 제2항에서 정한 사항 외에 정비조직인증에 관한 세부적인 기준·방법 및 절차 등은 국토교통부장관이 정하여 고시한다. [본조신설 19·6·18] 제75조의10(정비조직인증서의 발급 등) ① 국토교통부장관은 제75조의9제2항 및 제3항에 따른 철도차량 정비조직인증 또는 변경인증의 신청을 받으면 제75조의9제1항에 따른 정비조직인증기준에 적합한지 여부를 확인해야 한다. ② 국토교통부장관은 제1항에 따른 확인 결과 정비조직인증기준에 적합하다고 인정하는 경우에는 별지 제45호의7서식의 철도차량 정비조직인증서에 철도차량정비의 종류·범위·방법 및 품질관리절차 등을 정한 운영기준(이하 "정비조직운영기준"이라 한다)을 첨부하여 신

법	시 행 령	시 행 규 칙
		청인에게 발급해야 한다. ③ 인증정비조직은 정비조직운영기준에 따라 정비조직을 운영해야 한다. ④ 제1항에 따른 세부적인 기준, 절차 및 방법과 제2항에 따른 정비조직운영기준 등에 관한 세부 사항은 국토교통부장관이 정하여 고시한다. ⑤ 국토교통부장관은 제2항에 따라 철도차량 정비조직인증서를 발급한 때에는 그 사실을 관보에 고시해야 한다. [본조신설 19·6·18] **제75조의11(정비조직인증기준의 경미한 변경 등)** ① 법 제38조의7제1항 단서에서 "국토교통부령으로 정하는 경미한 사항"이란 다음 각 호의 어느 하나에 해당하는 정비조직을 말한다. 1. 철도차량 정비업무에 상시 종사하는 사람이 50명 미만의 조직 2. 「중소기업기본법 시행령」 제8조에 따른 소기업 중 해당 기업의 주된 업종이 운수 및 창고업에 해당하는 기업(「통계법」 제22조에 따라 통계청장이 고시하는 한국표준산업분류의 대분류에 따른 운수 및 창고업을 말한다) 3. 「철도사업법」에 따른 전용철도 노선에서만 운행하는 철도차량을 정비하는 조직 ② 법 제38조의7제2항 단서에서 "국토교통부령으로 정하는 경미한 사항의 변경"이란 다음 각 호의 어느 하나에 해당하는 사항의 변경을

법	시 행 령	시 행 규 칙
		말한다. 1. 철도차량 정비를 위한 사업장을 기준으로 철도차량 정비와 관련된 업무를 수행하는 인력의 100분의 10 이하 범위에서의 변경 2. 철도차량 정비를 위한 사업장을 기준으로 철도차량 정비에 직접 사용되는 토지 면적의 1만제곱미터 이하 범위에서의 변경 3. 그 밖에 철도차량 정비의 안전 및 품질 등에 중대한 영향을 초래하지 않는 설비 또는 장비 등의 변경 ③ 제2항에도 불구하고 인증정비조직은 다음 각 호의 어느 하나에 해당하는 경우 정비조직 인증의 변경에 관한 신고(이하 이 조에서 "인증변경신고"라 한다)를 하지 않을 수 있다. 1. 철도차량 정비를 위한 사업장을 기준으로 철도차량 정비와 관련된 업무를 수행하는 인력이 100분의 5 이하 범위에서 변경되는 경우 2. 철도차량 정비를 위한 사업장을 기준으로 철도차량 정비에 직접 사용되는 면적이 3천제곱미터 이하 범위에서 변경되는 경우 3. 철도차량 정비를 위한 설비 또는 장비 등의 교체 또는 개량 4. 그 밖에 철도차량 정비의 안전 및 품질 등에 영향을 초래하지 않는 사항의 변경 ④ 인증정비조직은 법 제38조의7제2항 단서에

법	시 행 령	시 행 규 칙
제38조의8(결격사유) 다음 각 호의 어느 하나에 해당하는 자는 정비조직의 인증을 받을 수 없다. 법인인 경우에는 임원 중 다음 각 호의 어느 하나에 해당하는 사람이 있는 경우에도 또한 같다. 1. 피성년후견인 및 피한정후견인 2. 파산선고를 받은 자로서 복권되지 아니한 자 3. 제38조의10에 따라 정비조직의 인증이 취소(제38조의10제1항제4호에 따라 제1호 및 제2호에 해당되어 인증이 취소된 경우는 제		따라 인증정비조직의 경미한 사항의 변경에 관한 신고를 하려면 별지 제45호의8서식의 인증정비조직 변경신고서에 다음 각 호의 서류를 첨부하여 국토교통부장관에게 제출해야 한다. 1. 변경 예정인 내용과 증명서류 2. 변경 전후의 대비표 및 설명서 ⑤ 국토교통부장관은 제4항에 따른 인증정비조직 변경신고서를 받은 때에는 정비조직인증기준에 적합한지 여부를 확인한 후 별지 제45호의9서식의 인증정비조직 변경신고확인서를 발급해야 한다. ⑥ 제2항부터 제5항까지의 규정에서 정한 사항 외에 인증변경신고에 관한 세부적인 방법 및 절차 등은 국토교통부장관이 정하여 고시한다. [본조신설 19·6·18]

법	시 행 령	시 행 규 칙
외한다)된 후 2년이 지나지 아니한 자 4. 이 법을 위반하여 징역 이상의 실형을 선고받고 그 집행이 끝나거나 그 집행이 면제된 날부터 2년이 지나지 아니한 사람 5. 이 법을 위반하여 징역 이상의 형의 집행유예를 선고받고 그 유예기간 중에 있는 사람 [본조신설 18·6·12] **제38조의9(인증정비조직의 준수사항)** 인증정비조직은 다음 각 호의 사항을 준수하여야 한다. 1. 철도차량정비기술기준을 준수할 것 2. 정비조직인증기준에 적합하도록 유지할 것 3. 정비조직운영기준을 지속적으로 유지할 것 4. 중고 부품을 사용하여 철도차량정비를 할 경우 그 적정성 및 이상 여부를 확인할 것 5. 철도차량정비가 완료되지 않은 철도차량은 운행할 수 없도록 관리할 것 [본조신설 18·6·12] **제38조의10(인증정비조직의 인증 취소 등)** ① 국토교통부장관은 인증정비조직이 다음 각 호의 어느 하나에 해당하면 인증을 취소하거나 6개월 이내의 기간을 정하여 업무의 제한이나 정지를 명할 수 있다. 다만, 제1호, 제2호(고의에 의한 경우로 한정한다) 및 제4호에 해당하는 경우에는 그 인증을 취소하여야 한다. 1. 거짓이나 그 밖의 부정한 방법으로 인증을 받은 경우		**제75조의12(인증정비조직의 인증 취소 등)** ① 법 제38조의10제1항제2호에서 "국토교통부령으로 정하는 철도사고 및 중대한 운행장애"란 다음 각 호의 어느 하나에 해당하는 경우를 말한다. 1. 철도사고로 사망자가 발생한 경우 2. 철도사고 또는 운행장애로 5억원 이상의 재산피해가 발생한 경우 ② 법 제38조의10제2항에 따른 정비조직인증

법	시 행 령	시 행 규 칙
2. 고의 또는 중대한 과실로 국토교통부령으로 정하는 철도사고 및 중대한 운행장애를 발생시킨 경우 3. 제38조의7제2항을 위반하여 변경인증을 받지 아니하거나 변경신고를 하지 아니하고 인증받은 사항을 변경한 경우 4. 제38조의8제1호 및 제2호에 따른 결격사유에 해당하게 된 경우 5. 제38조의9에 따른 준수사항을 위반한 경우 ② 제1항에 따른 정비조직인증의 취소, 업무의 제한 또는 정지의 기준 및 절차 등에 필요한 사항은 국토교통부령으로 정한다. [본조신설 18 · 6 · 12]		의 취소, 업무의 제한 또는 정지 등 처분기준은 별표 17과 같다. ③ 국토교통부장관은 제2항에 따른 처분을 한 경우에는 지체 없이 그 인증정비조직에 별지 제11호의3서식의 지정기관 행정처분서를 통지하고 그 사실을 관보에 고시하여야 한다. [본조신설 19 · 6 · 18]
제38조의11(준용규정) 인증정비조직에 대한 과징금의 부과 · 징수에 관하여는 제9조의2를 준용한다. 이 경우 "제9조제1항"은 "제38조의10제1항"으로, "철도운영자등"은 "인증정비조직"으로 본다. [본조신설 18 · 6 · 12]	**제29조의3(인증정비조직 관련 과징금의 부과기준)** 법 제38조의11에서 준용하는 법 제9조의2에 따른 과징금의 부과기준은 별표 4의2와 같다. [본조신설 19 · 6 · 4]	
제38조의12(철도차량 정밀안전진단) ① 소유자등은 철도차량이 제작된 시점(제26조의6제2항에 따라 완성검사필증을 발급받은 날부터 기산한다)부터 국토교통부령으로 정하는 일정기간 또는 일정주행거리가 경과하여 노후된 철도차량을 운행하려는 경우 일정기간마다 물리적 사용가능 여부 및 안전성능 등에 대한 진		**제75조의13(정밀안전진단의 시행시기)** ① 법 제38조의12제1항에 따라 소유자등은 다음 각 호의 구분에 따른 기간이 경과하기 전에 해당 철도차량의 물리적 사용가능 여부 및 안전성능 등에 대한 정밀안전진단(이하 "최초 정밀안전진단"이라 한다)을 받아야 한다. 다만, 잦은 고장 · 화재 · 충돌 등으로 다음 각 호 구분

법	시 행 령	시 행 규 칙
단(이하 "정밀안전진단"이라 한다)을 받아야 한다. ② 국토교통부장관은 철도사고 및 중대한 운행장애 등이 발생된 철도차량에 대하여는 소유자등에게 정밀안전진단을 받을 것을 명할 수 있다. 이 경우 소유자등은 특별한 사유가 없으면 이에 따라야 한다. ③ 국토교통부장관은 제1항 및 제2항에 따른 정밀안전진단 대상이 특정 시기에 집중되는 경우나 그 밖의 부득이한 사유로 소유자등이 정밀안전진단을 받을 수 없다고 인정될 때에는 그 기간을 연장하거나 유예(猶豫)할 수 있다. ④ 소유자등은 정밀안전진단 대상이 제1항 및 제2항에 따른 정밀안전진단을 받지 아니하거나 정밀안전진단 결과 계속 사용이 적합하지 아니하다고 인정되는 경우에는 해당 철도차량을 운행해서는 아니 된다. ⑤ 소유자등은 제38조의13제1항에 따라 국토교통부장관이 지정한 전문기관(이하 "정밀안전진단기관"이라 한다)으로부터 정밀안전진단을 받아야 한다. ⑥ 제1항부터 제3항까지의 정밀안전진단 등의 기준·방법·절차 등에 필요한 사항은 국토교통부령으로 정한다. [본조신설 18·6·12]		에 따른 기간이 도래하기 이전에 정밀안전진단을 받은 경우에는 그 정밀안전진단을 최초 정밀안전진단으로 본다. 1. 2014년 3월 19일 이후 구매계약을 체결한 철도차량: 법 제26조의6제2항에 따른 철도차량 완성검사필증을 발급받은 날부터 20년 2. 2014년 3월 18일까지 구매계약을 체결한 철도차량: 제75조제5항제2호에 따른 영업시운전을 시작한 날부터 20년 ② 제1항에도 불구하고 국토교통부장관은 철도차량의 정비주기·방법 등 철도차량 정비의 특수성을 감안하여 최초 정밀안전진단 시기 및 방법 등을 따로 정할 수 있고, 사고복구용·작업용·시험용 철도차량 등 법 제26조제4항제4호에 따른 철도차량과 「철도사업법」에 따른 전용철도 노선에서만 운행하는 철도차량은 해당 철도차량의 제작설명서 또는 구매계약서에 명시된 기대수명 전까지 최초 정밀안전진단을 받을 수 있다. ③ 소유자등은 제1항 및 제2항에 따른 정밀안전진단 결과 계속 사용할 수 있다고 인정을 받은 철도차량에 대하여 제1항 각 호에 따른 기간을 기준으로 5년 마다 해당 철도차량의 물리적 사용가능 여부 및 안전성능 등에 대하여 다시 정밀안전진단(이하 "정기 정밀안전진단"이라 한다)을 받아야 하며, 정기 정밀안전진

법	시행령	시행규칙
		단 결과 계속 사용할 수 있다고 인정을 받은 경우에도 또한 같다. 다만, 국토교통부장관은 철도차량의 정비주기·방법 등 철도차량 정비의 특수성을 감안하여 정기 정밀안전진단 시기 및 방법 등을 따로 정할 수 있다. ④ 제3항에도 불구하고 최초 정밀안전진단 또는 정기 정밀안전진단 후 운행 중 충돌·추돌·탈선·화재 등 중대한 사고가 발생되어 철도차량의 안전성 또는 성능 등에 대한 정밀안전진단이 필요한 철도차량에 대하여는 해당 철도차량을 운행하기 전에 정밀안전진단을 받아야 한다. 이 경우 정기 정밀안전진단 시기는 직전의 정기 정밀안전진단 결과 계속 사용이 적합하다고 인정을 받은 날을 기준으로 산정한다. ⑤ 제3항에도 불구하고 최초 정밀안전진단 또는 정기 정밀안전진단 후 전기·전자장치 또는 그 부품의 전기특성·기계적 특성에 따른 반복적 고장이 3회 이상 발생(실제 운행편성 단위를 기준으로 한다)한 철도차량은 반복적 고장이 3회 발생한 날부터 1년 이내에 해당 철도차량의 고장특성에 따른 상태 평가 및 안전성 평가를 시행해야 한다. [본조신설 19·6·18] **제75조의14(정밀안전진단의 신청 등)** ① 소유자등은 정밀안전진단 대상 철도차량의 정밀안전

법	시 행 령	시 행 규 칙
		진단 완료 시기가 도래하기 60일 전까지 별지 제45호의10서식의 철도차량 정밀안전진단 신청서에 다음 각 호의 사항을 증명하거나 참고할 수 있는 서류를 첨부하여 법 제38조의13제1항에 따라 국토교통부장관이 지정한 정밀안전진단기관(이하 "정밀안전진단기관"이라 한다)에 제출해야 한다. 1. 정밀안전진단 계획서 2. 정밀안전진단 판정을 위한 제작사양, 도면 및 검사성적서 등의 기술자료 3. 철도차량의 중대한 사고 내역(해당되는 경우에 한정한다) 4. 철도차량의 주요 부품의 교체 내역(해당되는 경우에 한정한다) 5. 정밀안전진단 대상 항목의 개조 및 수리 내역(해당되는 경우에 한정한다) 6. 전기특성검사 및 전선열화검사(電線劣化檢査: 전선을 대상으로 외부적·내부적 영향에 따른 화학적·물리적 변화를 측정하는 검사) 시험성적서(해당되는 경우에 한정한다) ② 제1항제1호에 따른 정밀안전진단 계획서에는 다음 각 호의 사항을 포함해야 한다. 1. 정밀안전진단 대상 차량 및 수량 2. 정밀안전진단 대상 차종별 대상항목 3. 정밀안전진단 일정·장소 4. 안전관리계획

법	시 행 령	시 행 규 칙
		5. 정밀안전진단에 사용될 장비 등의 사용에 관한 사항 6. 그 밖에 정밀안전진단에 필요한 참고자료 ③ 정밀안전진단기관은 제1항에 따라 소유자등으로부터 제출 받은 정밀안전진단 신청서의 보완을 요청할 수 있다. ④ 정밀안전진단기관은 제1항에 따른 철도차량 정밀안전진단의 신청을 받은 때에는 제출된 서류를 검토한 후 신청인과 협의하여 정밀안전진단 계획서를 확정하고 신청인에게 이를 통보해야 한다. ⑤ 정밀안전진단 신청인은 제4항에 따른 정밀안전진단 계획서의 변경이 필요한 경우 정밀안전진단기관에게 다음 각 호의 서류를 제출하여 변경을 요청할 수 있다. 이 경우 요청을 받은 정밀안전진단기관은 변경되는 사항의 안전상의 영향 등을 검토하여 적합하다고 인정되는 경우에는 정밀안전진단 계획서를 변경할 수 있다. 1. 변경하고자 하는 내용 2. 변경하고자 하는 사유 및 설명자료 [본조신설 19·6·18] **제75조의15(철도차량 정밀안전진단의 연장 또는 유예)** ① 법 제38조의12제3항에 따라 소유자등은 정밀안전진단 대상 철도차량이 특정 시기에 집중되거나 그 밖의 부득이한 사유로 국

법	시 행 령	시 행 규 칙
		토교통부장관으로부터 철도차량 정밀안전진단 기간의 연장 또는 유예를 받고자 하는 경우 정밀안전진단 시기가 도래하기 5년 전까지 정밀안전진단 기간의 연장 또는 유예를 받고자 하는 철도차량의 종류, 수량, 연장 또는 유예하고자 하는 기간 및 그 사유를 명시하여 국토교통부장관에게 신청해야 한다. 다만, 긴급한 사유 등이 있는 경우 정밀안전진단 기간이 도래하기 1년 이전에 신청할 수 있다. ② 국토교통부장관은 제1항에 따라 소유자등으로부터 정밀안전진단 기간의 연장 또는 유예의 신청을 받은 경우 열차운행계획, 정밀안전진단과 유사한 성격의 점검 또는 정비 시행 여부, 정밀안전진단 시행 여건 및 철도차량의 안전성 등에 관한 타당성을 검토하여 해당 철도차량에 대한 정밀안전진단 기간의 연장 또는 유예를 할 수 있다. [본조신설 19·6·18] **제75조의16(철도차량 정밀안전진단의 방법 등)** ① 법 제38조의12제1항에 따른 정밀안전진단은 다음 각 호의 구분에 따라 시행한다. 1. 상태 평가: 철도차량의 치수 및 외관검사 2. 안전성 평가: 결함검사, 전기특성검사 및 전선열화검사 3. 성능 평가: 역행시험, 제동시험, 진동시험 및 승차감시험

법	시 행 령	시 행 규 칙
제38조의13(정밀안전진단기관의 지정 등) ① 국토교통부장관은 원활한 정밀안전진단 업무 수행을 위하여 정밀안전진단기관을 지정하여야 한다. ② 정밀안전진단기관의 지정기준, 지정절차 등에 필요한 사항은 국토교통부령으로 정한다. ③ 국토교통부장관은 정밀안전진단기관이 다음 각 호의 어느 하나에 해당하는 경우에 그 지정을 취소하거나 6개월 이내의 기간을 정하여 그 업무의 전부 또는 일부의 정지를 명할 수 있다. 다만, 제1호부터 제3호까지의 어느 하나에 해당하는 경우에는 그 지정을 취소하여야 한다. 1. 거짓이나 그 밖의 부정한 방법으로 지정을 받은 경우 2. 이 조에 따른 업무정지명령을 위반하여 업무정지 기간 중에 정밀안전진단 업무를 한 경우 3. 정밀안전진단 업무와 관련하여 부정한 금품을 수수하거나 그 밖의 부정한 행위를 한 경우 4. 정밀안전진단 결과를 조작한 경우		② 제75조의14 및 제1항에서 정한 사항 외에 정밀안전진단의 시기, 기준, 방법 및 절차 등에 관하여 필요한 사항은 국토교통부장관이 정하여 고시한다. 제75조의17(정밀안전진단기관의 지정기준 및 절차 등) ① 법 제38조의13제1항에 따라 정밀안전진단기관으로 지정을 받으려는 자는 별지 제45호의11서식의 철도차량 정밀안전진단기관 지정신청서에 다음 각 호의 서류를 첨부하여 국토교통부장관에게 제출해야 한다. 1. 운영계획서 2. 정관이나 이에 준하는 약정(법인이나 단체의 경우만 해당한다) 3. 정밀안전진단을 담당하는 전문 인력의 보유 현황 및 기술 인력의 자격 · 학력 · 경력 등을 증명할 수 있는 서류 4. 정밀안전진단업무규정 5. 정밀안전진단에 필요한 시설 및 장비 내역서 6. 정밀안전진단기관에서 사용하는 직인의 인영 ② 법 제38조의13제1항에 따른 정밀안전진단기관의 지정기준은 다음 각 호와 같다. 1. 정밀안전진단업무를 수행할 수 있는 상설 전담조직을 갖출 것 2. 정밀안전진단업무를 수행할 수 있는 기술인력을 확보할 것 3. 정밀안전진단업무를 수행하기 위한 설비와

법	시 행 령	시 행 규 칙
5. 정밀안전진단 결과를 거짓으로 기록하거나 고의로 결과를 기록하지 아니한 경우 6. 성능검사 등을 받지 아니한 검사용 기계·기구를 사용하여 정밀안전진단을 한 경우 [본조신설 18·6·12]		장비를 갖출 것 4. 정밀안전진단기관의 운영 등에 관한 업무 규정을 갖출 것 5. 지정 신청일 1년 이내에 법 제38조의13제3항에 따른 정밀안전진단기관 지정취소 또는 업무정지를 받은 사실이 없을 것 6. 정밀안전진단 외의 업무를 수행하고 있는 경우 그 업무를 수행함으로 인하여 정밀안전진단업무가 불공정하게 수행될 우려가 없을 것 7. 철도차량을 제조 또는 판매하는 자가 아닐 것 8. 그 밖에 국토교통부장관이 정하여 고시하는 정밀안전진단기관의 지정 세부기준에 맞을 것 ③ 제1항에 따른 정밀안전진단기관의 지정 신청을 받은 국토교통부장관은 제2항 각 호의 지정기준에 따라 지정 여부를 심사한 후 적합하다고 인정되는 경우에는 별지 제45호의12서식의 철도차량 정밀안전진단기관 지정서를 그 신청인에게 발급해야 한다. ④ 국토교통부장관은 정밀안전진단기관이 제2항에 따른 지정기준에 적합한 지의 여부를 매년 심사해야 한다. ⑤ 제3항에 따라 국토교통부장관으로부터 정밀안전진단기관으로 지정 받은 자가 그 명칭·대표자·소재지나 그 밖에 정밀안전진단

법	시 행 령	시 행 규 칙
		업무의 수행에 중대한 영향을 미치는 사항의 변경이 있는 경우에는 그 사유가 발생한 날부터 15일 이내에 국토교통부장관에게 그 사실을 통보해야 한다. ⑥ 국토교통부장관은 제3항에 따라 정밀안전진단기관을 지정하거나 제5항에 따른 통보를 받은 경우에는 지체 없이 관보에 고시해야 한다. 다만, 국토교통부장관이 정하여 고시하는 경미한 사항은 제외한다. ⑦ 그 밖에 정밀안전진단기관의 지정기준 및 지정절차 등에 관하여 필요한 사항은 국토교통부장관이 정하여 고시한다. [본조신설 19 · 6 · 18] **제75조의18(정밀안전진단기관의 업무)** 정밀안전진단기관의 업무 범위는 다음 각 호와 같다. 1. 해당 업무분야의 철도차량에 대한 정밀안전진단 시행 2. 정밀안전진단의 항목 및 기준에 대한 조사 · 검토 3. 정밀안전진단의 항목 및 기준에 대한 제정 · 개정 요청 4. 정밀안전진단의 기록 보존 및 보호에 관한 업무 5. 그 밖에 국토교통부장관이 필요하다고 인정하는 업무 [본조신설 19 · 6 · 18]

법	시행령	시행규칙
		제75조의19(정밀안전진단기관의 지정취소 등) ① 법 제38조의13제3항에 따른 정밀안전진단기관의 지정취소 및 업무정지의 기준은 별표 18과 같다. ② 국토교통부장관은 법 제38조의13제3항에 따라 정밀안전진단기관의 지정을 취소하거나 업무정지의 처분을 한 경우에는 지체 없이 그 정밀안전진단기관에 별지 제11호의3서식의 정밀안전진단기관 행정처분서를 통지하고 그 사실을 관보에 고시해야 한다. [본조신설 19·6·18]
제38조의14(준용규정) 정밀안전진단기관에 대한 과징금의 부과·징수에 관하여는 제9조의2를 준용한다. 이 경우 "제9조제1항"은 "제38조의13제3항"으로, "철도운영자등"은 "정밀안전진단기관"으로 본다. [본조신설 18·6·12]	제29조의4(정밀안전진단기관 관련 과징금의 부과기준) 법 제38조의14에서 준용하는 법 제9조의2에 따른 과징금의 부과기준은 별표 4의3과 같다. [본조신설 19·6·4]	
제5장 철도차량 운행안전 및 철도 보호 〈개정 12·6·1〉 제39조(철도차량의 운행) 열차의 편성, 철도차량 운전 및 신호방식 등 철도차량의 안전운행에 필요한 사항은 국토교통부령으로 정한다. 〈개정 13·3·23〉 [전문개정 12·6·1]		
제39조의2(철도교통관제) ① 철도차량을 운행하		제76조(철도교통관제업무의 대상 및 내용 등)

법	시 행 령	시 행 규 칙
는 자는 국토교통부장관이 지시하는 이동 · 출발 · 정지 등의 명령과 운행 기준 · 방법 · 절차 및 순서 등에 따라야 한다. 〈개정 13 · 3 · 23〉 ② 국토교통부장관은 철도차량의 안전하고 효율적인 운행을 위하여 철도시설의 운용상태 등 철도차량의 운행과 관련된 조언과 정보를 철도종사자 또는 철도운영자등에게 제공할 수 있다. 〈개정 13 · 3 · 23〉 ③ 국토교통부장관은 철도차량의 안전한 운행을 위하여 철도시설 내에서 사람, 자동차 및 철도차량의 운행제한 등 필요한 안전조치를 취할 수 있다. 〈개정 13 · 3 · 23〉 ④ 제1항부터 제3항까지의 규정에 따라 국토교통부장관이 행하는 업무의 대상, 내용 및 절차 등에 관하여 필요한 사항은 국토교통부령으로 정한다. 〈개정 13 · 3 · 23〉 [본조신설 12 · 12 · 18]		① 다음 각 호의 어느 하나에 해당하는 경우에는 법 제39조의2에 따라 국토교통부장관이 행하는 철도교통관제업무(이하 "관제업무"라 한다)의 대상에서 제외한다. 1. 정상운행을 하기 전의 신설선 또는 개량선에서 철도차량을 운행하는 경우 2. 「철도산업발전 기본법」 제3조제2호나목에 따른 철도차량을 보수 · 정비하기 위한 차량정비기지 및 차량유치시설에서 철도차량을 운행하는 경우 ② 법 제39조의2제4항에 따라 국토교통부장관이 행하는 관제업무의 내용은 다음 각 호와 같다. 1. 철도차량의 운행에 대한 집중 제어 · 통제 및 감시 2. 철도시설의 운용상태 등 철도차량의 운행과 관련된 조언과 정보의 제공 업무 3. 철도보호지구에서 법 제45조제1항 각호의 어느 하나에 해당하는 행위를 할 경우 열차운행 통제 업무 4. 철도사고등의 발생 시 사고복구, 긴급구조 · 구호 지시 및 관계 기관에 대한 상황 보고 · 전파 업무 5. 그 밖에 국토교통부장관이 철도차량의 안전운행 등을 위하여 지시한 사항 ③ 철도운영자등은 철도사고등이 발생하거나

법	시 행 령	시 행 규 칙
		철도시설 또는 철도차량 등이 정상적인 상태에 있지 아니하다고 의심되는 경우에는 이를 신속히 국토교통장관에 통보하여야 한다. ④ 관제업무에 관한 세부적인 기준·절차 및 방법은 국토교통부장관이 정하여 고시한다. [본조신설 14·3·19]
제39조의3(영상기록장치의 장착 등) ① 철도운영자는 철도차량의 운행상황 기록, 교통사고 상황 파악 등을 위하여 기본법 제3조제4호에 따른 철도차량 중 대통령령으로 정하는 동력차에 영상기록장치를 설치하여야 한다. 이 경우 영상기록장치의 설치 기준, 방법 등은 국토교통부령으로 정한다. 제39조의3(영상기록장치의 설치·운영 등〈개정 19·11·26〉) ① 철도운영자등은 철도차량의 운행상황 기록, 교통사고 상황 파악, 안전사고 방지 등을 위하여 다음 각 호의 철도차량 또는 철도시설에 영상기록장치를 설치·운영하여야 한다.〈개정 19·11·26〉 [시행일: 2020년 5월 27일부터] 1. 철도차량 중 대통령령으로 정하는 동력차 2. 승강장 등 대통령령으로 정하는 안전사고의 우려가 있는 역 구내 3. 대통령령으로 정하는 차량정비기지 4. 변전소 등 대통령령으로 정하는 안전확보가 필요한 철도시설 ② 철도운영자는 제1항에 따라 영상기록장치	제30조(영상기록장치 설치차량) 법 제39조의3제1항 전단에서 "대통령령으로 정하는 동력차"란 열차의 맨 앞에 위치한 동력차로서 운전실 또는 운전설비가 있는 동력차를 말한다. [본조신설 17·1·20] 제31조(영상기록장치 설치 안내) 철도운영자는	제76조의2(영상기록장치의 설치 기준 및 방법) ① 철도운영자는 법 제39조의3제1항에 따른 영상기록장치(이하 "영상기록장치"라 한다)를 설치하는 경우 선로변을 포함한 철도차량 전방의 운행 상황 및 운전실의 운전조작 상황에 관한 영상이 촬영될 수 있는 위치에 각각 설치하여야 한다. 다만, 다음 각 호의 어느 하나에 해당하는 철도차량의 경우에는 운전실의 운전조작 상황에 관한 영상이 촬영될 수 있는 위치에는 설치하지 아니할 수 있다. 1. 무인운전 철도차량 2. 다른 대체수단을 통하여 철도차량의 운전조작 상황이 파악 가능한 철도차량 3. 전용철도의 철도차량 ② 철도운영자는 철도차량이 충격을 받거나 철도차량에 화재가 발생한 경우에도 영상기록장치가 최대한 보호될 수 있도록 영상기록장치를 설치하여야 한다. [본조신설 17·1·20]

법	시행령	시행규칙
를 설치하는 경우 운전업무종사자 등이 쉽게 인식할 수 있도록 대통령령으로 정하는 바에 따라 안내판 설치 등 필요한 조치를 하여야 한다. ② 철도운영자등은 제1항에 따라 영상기록장치를 설치하는 경우 운전업무종사자 등이 쉽게 인식할 수 있도록 대통령령으로 정하는 바에 따라 안내판 설치 등 필요한 조치를 하여야 한다.〈개정 19·11·26〉 [시행일: 2020년 5월 27일부터] ③ 철도운영자는 설치 목적과 다른 목적으로 영상기록장치를 임의로 조작하거나 다른 곳을 비추어서는 아니 되며, 운행기간 외에는 영상기록(음성기록을 포함한다. 이하 같다)을 하여서는 아니 된다. ③ 철도운영자등은 설치 목적과 다른 목적으로 영상기록장치를 임의로 조작하거나 다른 곳을 비추어서는 아니 되며, 운행기간 외에는 영상기록(음성기록을 포함한다. 이하 같다)을 하여서는 아니 된다.〈개정 19·11·26〉 [시행일: 2020년 5월 27일부터] ④ 철도운영자는 다음 각 호의 어느 하나에 해당하는 경우 외에는 영상기록을 이용하거나 다른 자에게 제공하여서는 아니 된다.	법 제39조의3제2항에 따라 운전실 출입문 등 운전업무종사자가 쉽게 인식할 수 있는 곳에 다음 각 호의 사항이 표시된 안내판을 설치하여야 한다. 1. 영상기록장치의 설치 목적 2. 영상기록장치의 설치 위치, 촬영 범위 및 촬영 시간 3. 영상기록장치 관리 책임 부서, 관리책임자의 성명 및 연락처 4. 그 밖에 철도운영자가 필요하다고 인정하는 사항 [본조신설 17·1·20]	

법	시 행 령	시 행 규 칙
④ 철도운영자등은 다음 각 호의 어느 하나에 해당하는 경우 외에는 영상기록을 이용하거나 다른 자에게 제공하여서는 아니 된다.〈개정 19·11·26〉 [시행일: 2020년 5월 27일부터] 1. 교통사고 상황 파악을 위하여 필요한 경우 2. 범죄의 수사와 공소의 제기 및 유지에 필요한 경우 3. 법원의 재판업무수행을 위하여 필요한 경우 ⑤ 철도운영자는 영상기록장치에 기록된 영상이 분실·도난·유출·변조 또는 훼손되지 아니하도록 대통령령으로 정하는 바에 따라 영상기록장치의 운영·관리 지침을 마련하여야 한다. ⑤ 철도운영자등은 영상기록장치에 기록된 영상이 분실·도난·유출·변조 또는 훼손되지 아니하도록 대통령령으로 정하는 바에 따라 영상기록장치의 운영·관리 지침을 마련하여야 한다.〈개정 19·11·26〉 [시행일: 2020년 5월 27일부터]	제32조(영상기록장치의 운영·관리 지침) 철도운영자는 법 제39조의3제5항에 따라 영상기록장치에 기록된 영상이 분실·도난·유출·변조 또는 훼손되지 아니하도록 다음 각 호의 사항이 포함된 영상기록장치 운영·관리 지침을 마련하여야 한다. 1. 영상기록장치의 설치 근거 및 설치 목적 2. 영상기록장치의 설치 대수, 설치 위치 및 촬영 범위 3. 관리책임자, 담당 부서 및 영상기록에 대한 접근 권한이 있는 사람 4. 영상기록의 촬영 시간, 보관기간, 보관장소 및 처리방법 5. 철도운영자의 영상기록 확인 방법 및 장소 6. 정보주체의 영상기록 열람 등 요구에 대한 조치 7. 영상기록에 대한 접근 통제 및 접근 권한의 제한 조치	제76조의3(영상기록의 보관기준 및 보관기간) ① 철도운영자는 영상기록장치에 기록된 영상기록을 영 제32조에 따른 영상기록장치 운영·관리 지침에서 정하는 보관기간(이하 "보관기간"이라 한다) 동안 보관하여야 한다. 이 경우 보관기간은 3일 이상의 기간이어야 한다. ② 철도운영자는 보관기간이 지난 영상기록을 삭제하여야 한다. 다만, 보관기간 내에 법 제39조의3제4항 각 호의 어느 하나에 해당하여 영상기록에 대한 제공을 요청 받은 경우에는 해당 영상기록을 제공하기 전까지는 영상기록을 삭제해서는 아니 된다. [본조신설 17·1·20]

법	시행령	시행규칙
⑥ 영상기록장치의 설치 · 관리 및 영상기록의 이용 · 제공 등은 「개인정보 보호법」에 따라야 한다. ⑦ 제4항에 따른 영상기록의 제공과 그 밖에 영상기록의 보관 등에 필요한 사항은 국토교통부령으로 정한다. [본조신설 16 · 1 · 19] **제40조(열차운행의 일시 중지)** 철도운영자는 다음 각 호의 어느 하나에 해당하는 경우로서 열차의 안전운행에 지장이 있다고 인정하는 경우에는 열차운행을 일시 중지할 수 있다.	8. 영상기록을 안전하게 저장 · 전송할 수 있는 암호화 기술의 적용 또는 이에 상응하는 조치 9. 영상기록 침해사고 발생에 대응하기 위한 접속기록의 보관 및 위조 · 변조 방지를 위한 조치 10. 영상기록에 대한 보안프로그램의 설치 및 갱신 11. 영상기록의 안전한 보관을 위한 보관시설의 마련 또는 잠금장치의 설치 등 물리적 조치 12. 그 밖에 영상기록장치의 설치 · 운영 및 관리에 필요한 사항 제33조부터 제42조까지 삭제〈14 · 3 · 18〉 제43조 삭제 〈19 · 1 · 4〉	

법	시 행 령	시 행 규 칙
1. 지진, 태풍, 폭우, 폭설 등 천재지변 또는 악천후로 인하여 재해가 발생하였거나 재해가 발생할 것으로 예상되는 경우 2. 그 밖에 열차운행에 중대한 장애가 발생하였거나 발생할 것으로 예상되는 경우 [전문개정 12·6·1] 제40조의2(철도종사자의 준수사항) ① 운전업무종사자는 철도차량의 운전업무 수행 중 다음 각 호의 사항을 준수하여야 한다. 1. 철도차량 출발 전 국토교통부령으로 정하는 조치 사항을 이행할 것 2. 국토교통부령으로 정하는 철도차량 운행에 관한 안전 수칙을 준수할 것		〈종전의 제76조의2〉〈개정 17·1·20〉 제76조의4(운전업무종사자의 준수사항) ① 법 제40조의2제1항제1호에서 "철도차량 출발 전 국토교통부령으로 정하는 조치사항"이란 다음 각 호를 말한다. 1. 철도차량이 「철도산업발전기본법」 제3조제2호나목에 따른 차량정비기지에서 출발하는 경우 다음 각 목의 기능에 대하여 이상 여부를 확인할 것 가. 운전제어와 관련된 장치의 기능 나. 제동장치 기능 다. 그 밖에 운전 시 사용하는 각종 계기판의 기능 2. 철도차량이 역시설에서 출발하는 경우 여객의 승하차 여부를 확인할 것. 다만, 여객승무원이 대신하여 확인하는 경우에는 그러하지 아니하다. ② 법 제40조의2제1항제2호에서 "국토교통부령으로 정하는 철도차량 운행에 관한 안전 수칙"이란 다음 각 호를 말한다. 1. 철도신호에 따라 철도차량을 운행할 것

법	시 행 령	시 행 규 칙
		2. 철도차량의 운행 중에 휴대전화 등 전자기기를 사용하지 아니할 것. 다만, 다음 각 목의 어느 하나에 해당하는 경우로서 철도운영자가 운행의 안전을 저해하지 아니하는 범위에서 사전에 사용을 허용한 경우에는 그러하지 아니하다. 가. 철도사고등 또는 철도차량의 기능장애가 발생하는 등 비상상황이 발생한 경우 나. 철도차량의 안전운행을 위하여 전자기기의 사용이 필요한 경우 다. 그 밖에 철도운영자가 철도차량의 안전운행에 지장을 주지 아니한다고 판단하는 경우 3. 철도운영자가 정하는 구간별 제한속도에 따라 운행할 것 4. 열차를 후진하지 아니할 것. 다만, 비상상황 발생 등의 사유로 관제업무종사자의 지시를 받는 경우에는 그러하지 아니하다. 5. 정거장 외에는 정차를 하지 아니할 것. 다만, 정지신호의 준수 등 철도차량의 안전운행을 위하여 정차를 하여야 하는 경우에는 그러하지 아니하다. 6. 운행구간의 이상이 발견된 경우 관제업무종사자에게 즉시 보고할 것 7. 관제업무종사자의 지시를 따를 것 [본조신설 16 · 8 · 10]

법	시행령	시행규칙
② 관제업무종사자는 관제업무 수행 중 다음 각 호의 사항을 준수하여야 한다. 1. 국토교통부령으로 정하는 바에 따라 운전업무종사자 등에게 열차 운행에 관한 정보를 제공할 것 2. 철도사고 및 운행장애(이하 "철도사고등"이라 한다) 발생 시 국토교통부령으로 정하는 조치 사항을 이행할 것		〈종전의 제76조의3〉〈개정 17·1·20〉 **제76조의5(관제업무종사자의 준수사항)** ① 법 제40조의2제2항제1호에 따라 관제업무종사자는 다음 각 호의 정보를 운전업무종사자, 여객승무원 또는 영 제3조제4호에 따른 사람에게 제공하여야 한다. 1. 열차의 출발, 정차 및 노선변경 등 열차 운행의 변경에 관한 정보 2. 열차 운행에 영향을 줄 수 있는 다음 각 목의 정보 가. 철도차량이 운행하는 선로 주변의 공사·작업의 변경 정보 나. 철도사고등에 관련된 정보 다. 재난 관련 정보 라. 테러 발생 등 그 밖의 비상상황에 관한 정보 ② 법 제40조의2제2항제2호에서 "국토교통부령으로 정하는 조치사항"이란 다음 각 호를 말한다.〈개정 16·12·30〉 1. 철도사고등이 발생하는 경우 여객 대피 및 철도차량 보호 조치 여부 등 사고현장 현황을 파악할 것 2. 철도사고등의 수습을 위하여 필요한 경우 다음 각 목의 조치를 할 것 가. 사고현장의 열차운행 통제 나. 의료기관 및 소방서 등 관계기관에 지원

법	시 행 령	시 행 규 칙
③ 작업책임자는 철도차량의 운행선로 또는 그 인근에서 철도시설의 건설 또는 관리와 관련된 작업 수행 중 다음 각 호의 사항을 준수하여야 한다.〈신설 18 · 6 · 12〉 1. 국토교통부령으로 정하는 바에 따라 작업 수행 전에 작업원을 대상으로 안전교육을 실시할 것 2. 국토교통부령으로 정하는 작업안전에 관한 조치 사항을 이행할 것		요청 다. 사고 수습을 위한 철도종사자의 파견 요청 라. 2차 사고 예방을 위하여 철도차량이 구르지 아니하도록 하는 조치 지시 마. 안내방송 등 여객 대피를 위한 필요한 조치 지시 바. 전차선(전차선, 선로를 통하여 철도차량에 전기를 공급하는 장치를 말한다)의 전기공급 차단 조치 사. 구원(救援)열차 또는 임시열차의 운행 지시 아. 열차의 운행간격 조정 [본조신설 16 · 8 · 10] 제76조의6(작업책임자의 준수사항) ① 법 제2조제10호마목에 따른 작업책임자(이하 "작업책임자"라 한다)는 법 제40조의2제3항제1호에 따라 작업 수행 전에 작업원을 대상으로 다음 각 호의 사항이 포함된 안전교육을 실시해야 한다. 1. 해당 작업일의 작업계획(작업량, 작업일정, 작업순서, 작업방법, 작업원별 임무 및 작업장 이동방법 등을 포함한다) 2. 안전장비 착용 등 작업원 보호에 관한 사항 3. 작업특성 및 현장여건에 따른 위험요인에 대한 안전조치 방법 4. 작업책임자와 작업원의 의사소통 방법, 작

법	시행령	시행규칙
④ 철도운행안전관리자는 철도차량의 운행선		업통제 방법 및 그 준수에 관한 사항 5. 건설기계 등 장비를 사용하는 작업의 경우에는 철도사고 예방에 관한 사항 6. 그 밖에 안전사고 예방을 위해 필요한 사항으로서 국토교통부장관이 정해 고시하는 사항 ② 법 제40조의2제3항제2호에서 "국토교통부령으로 정하는 작업안전에 관한 조치 사항"이란 다음 각 호를 말한다. 1. 법 제40조의2제4항제1호 및 제2호에 따른 조정 내용에 따라 작업계획 등의 조정·보완 2. 작업 수행 전 다음 각 목의 조치 가. 작업원의 안전장비 착용상태 점검 나. 작업에 필요한 안전장비·안전시설의 점검 다. 그 밖에 작업 수행 전에 필요한 조치로서 국토교통부장관이 정해 고시하는 조치 3. 작업시간 내 작업현장 이탈 금지 4. 작업 중 비상상황 발생 시 열차방호 등의 조치 5. 해당 작업으로 인해 열차운행에 지장이 있는지 여부 확인 6. 작업완료 시 상급자에게 보고 7. 그 밖에 작업안전에 필요한 사항으로서 국토교통부장관이 정해 고시하는 사항 [본조신설 19·1·4] 제76조의7(철도운행안전관리자의 준수사항) 법

법	시행령	시행규칙
로 또는 그 인근에서 철도시설의 건설 또는 관리와 관련된 작업 수행 중 다음 각 호의 사항을 준수하여야 한다.〈신설 18·6·12〉 1. 작업일정 및 열차의 운행일정을 작업수행 전에 조정할 것 2. 제1호의 작업일정 및 열차의 운행일정을 작업과 관련하여 관할 역의 관리책임자(정거장에서 철도신호기·선로전환기 또는 조작판 등을 취급하는 사람을 포함한다) 및 관제업무종사자와 협의하여 조정할 것 3. 국토교통부령으로 정하는 열차운행 및 작업안전에 관한 조치 사항을 이행할 것 ⑤ 철도사고등이 발생하는 경우 해당 철도차		제40조의2제4항제3호에서 "국토교통부령으로 정하는 열차운행 및 작업안전에 관한 조치 사항"이란 다음 각 호를 말한다. 1. 법 제40조의2제4항제1호 및 제2호에 따른 조정 내용을 작업책임자에게 통지 2. 영 제59조제2항제1호에 따른 업무 3. 작업 수행 전 다음 각 목의 조치 가. 「산업안전보건기준에 관한 규칙」 제407조제1항에 따라 배치한 열차운행감시인의 안전장비 착용상태 및 휴대물품 현황 점검 나. 그 밖에 작업 수행 전에 필요한 조치로서 국토교통부장관이 정해 고시하는 조치 4. 관할 역의 관리책임자(정거장에서 철도신호기·선로전환기 또는 조작판 등을 취급하는 사람을 포함한다) 및 작업책임자와의 연락체계 구축 5. 작업시간 내 작업현장 이탈 금지 6. 작업이 지연되거나 작업 중 비상상황 발생 시 작업일정 및 열차의 운행일정 재조정 등에 관한 조치 7. 그 밖에 열차운행 및 작업안전에 필요한 사항으로서 국토교통부장관이 정해 고시하는 사항 [본조신설 19·1·4] 〈종전의 제76조의6〉〈개정 19·1·4〉 **제76조의8(철도사고등의 발생 시 후속조치 등)**

법	시 행 령	시 행 규 칙
량의 운전업무종사자와 여객승무원은 철도사고등의 현장을 이탈하여서는 아니 되며, 철도차량 내 안전 및 질서유지를 위하여 승객 구호조치 등 국토교통부령으로 정하는 후속조치를 이행하여야 한다. 다만, 의료기관으로의 이송이 필요한 경우 등 국토교통부령으로 정하는 경우에는 그러하지 아니하다.〈개정 18·6·12, 19·4·23〉 [본조신설 15·7·24]		① 법 제40조의2제5항 본문에 따라 운전업무종사자와 여객승무원은 다음 각 호의 후속조치를 이행하여야 한다. 이 경우 운전업무종사자와 여객승무원은 후속조치에 대하여 각각의 역할을 분담하여 이행할 수 있다.〈개정 19·1·4〉 1. 관제업무종사자 또는 인접한 역시설의 철도종사자에게 철도사고등의 상황을 전파할 것 2. 철도차량 내 안내방송을 실시할 것. 다만, 방송장치로 안내방송이 불가능한 경우에는 확성기 등을 사용하여 안내하여야 한다. 3. 여객의 안전을 확보하기 위하여 필요한 경우 철도차량 내 여객을 대피시킬 것 4. 2차 사고 예방을 위하여 철도차량이 구르지 아니하도록 하는 조치를 할 것 5. 여객의 안전을 확보하기 위하여 필요한 경우 철도차량의 비상문을 개방할 것 6. 사상자 발생 시 응급환자를 응급처치하거나 의료기관에 긴급히 이송되도록 지원할 것 ② 법 제40조의2제3항 단서에서 "의료기관으로의 이송이 필요한 경우 등 국토교통부령으로 정하는 경우"란 다음 각 호의 어느 하나에 해당하는 경우를 말한다. 1. 운전업무종사자 또는 여객승무원이 중대한 부상 등으로 인하여 의료기관으로의 이송이 필요한 경우 2. 관제업무종사자 또는 철도사고등의 관리책

법	시 행 령	시 행 규 칙
제41조(철도종사자의 음주 제한 등) ① 다음 각 호의 어느 하나에 해당하는 철도종사자(실무수습 중인 사람을 포함한다)는 술(「주세법」 제3조제1호에 따른 주류를 말한다. 이하 같다)을 마시거나 약물을 사용한 상태에서 업무를 하여서는 아니 된다. 〈개정 14·5·21, 17·8·9, 18·6·12〉 1. 운전업무종사자 2. 관제업무종사자 3. 여객승무원 4. 작업책임자 5. 철도운행안전관리자 6. 정거장에서 철도신호기·선로전환기 및 조작판 등을 취급하거나 열차의 조성(組成: 철도차량을 연결하거나 분리하는 작업을 말한다)업무를 수행하는 사람 7. 철도차량 및 철도시설의 점검·정비 업무에 종사하는 사람 ② 국토교통부장관 또는 시·도지사(「도시철도법」 제3조제2호에 따른 도시철도 및 같은	제43조의2(철도종사자의 음주 등에 대한 확인 또는 검사) ① 삭제 〈16·1·22〉	임자로부터 철도사고등의 현장 이탈이 가능하다고 통보받은 경우 3. 여객을 안전하게 대피시킨 후 운전업무종사자와 여객승무원의 안전을 위하여 현장을 이탈하여야 하는 경우 [본조신설 16·8·10]

법	시 행 령	시 행 규 칙
법 제24조에 따라 지방자치단체로부터 도시철도의 건설과 운영의 위탁을 받은 법인이 건설·운영하는 도시철도만 해당한다. 이하 이 조, 제42조, 제45조, 제46조 및 제81조제2항에서 같다)는 철도안전과 위험방지를 위하여 필요하다고 인정하거나 제1항에 따른 철도종사자가 술을 마시거나 약물을 사용한 상태에서 업무를 하였다고 인정할 만한 상당한 이유가 있을 때에는 철도종사자에 대하여 술을 마셨거나 약물을 사용하였는지 확인 또는 검사할 수 있다. 이 경우 그 철도종사자는 국토교통부장관 또는 시·도지사의 확인 또는 검사를 거부하여서는 아니 된다. 〈개정 12·12·18, 13·3·23, 14·1·7〉 ③ 제2항에 따른 확인 또는 검사 결과 철도종사자가 술을 마시거나 약물을 사용하였다고 판단하는 기준은 다음 각 호의 구분과 같다. 〈신설 14·5·21, 17·8·9〉 1. 술: 혈중 알코올농도가 0.02퍼센트(제1항제4호부터 제6호까지의 철도종사자는 0.03퍼센트) 이상인 경우 2. 약물: 양성으로 판정된 경우 ④ 제2항에 따른 확인 또는 검사의 방법·절차 등에 관하여 필요한 사항은 대통령령으로 정한다. 〈개정 14·5·21〉 [전문개정 12·6·1]	② 법 제41조제2항에 따른 술을 마셨는지에 대한 확인 또는 검사는 호흡측정기 검사의 방법으로 실시하고, 검사 결과에 불복하는 사람에 대해서는 그 철도종사자의 동의를 받아 혈액 채취 등의 방법으로 다시 측정할 수 있다. 〈개정 16·1·22〉 ③ 법 제41조제2항에 따른 약물을 사용하였는지에 대한 확인 또는 검사는 소변 검사 또는 모발 채취 등의 방법으로 실시한다.〈개정 16·1·22〉 ④ 제2항 및 제3항에 따른 확인 또는 검사의 세부절차와 방법 등 필요한 사항은 국토교통부장관이 정한다. 〈개정 13·3·23, 16·1·22〉 [본조신설 12·11·30]	

법	시 행 령	시 행 규 칙
제42조(위해물품의 휴대 금지) ① 누구든지 무기, 화약류, 유해화학물질 또는 인화성이 높은 물질 등 공중(公衆)이나 여객에게 위해를 끼치거나 끼칠 우려가 있는 물건 또는 물질(이하 "위해물품"이라 한다)을 열차에서 휴대하거나 적재(積載)할 수 없다. 다만, 국토교통부장관 또는 시·도지사의 허가를 받은 경우 또는 국토교통부령으로 정하는 특정한 직무를 수행하기 위한 경우에는 그러하지 아니하다. 〈개정 12·12·18, 13·3·23〉		제77조(위해물품 휴대금지 예외) 법 제42조제1항 단서에서 "국토교통부령으로 정하는 특정한 직무를 수행하기 위한 경우"란 다음 각 호의 사람이 직무를 수행하기 위하여 위해물품을 휴대·적재하는 경우를 말한다. 〈개정 13·3·23〉 1. 「사법경찰관리의 직무를 수행할 자와 그 직무범위에 관한 법률」 제5조제11호에 따른 철도공안 사무에 종사하는 국가공무원 2. 「경찰관직무집행법」 제2조의 경찰관 직무를 수행하는 사람 3. 「경비업법」 제2조에 따른 경비원 4. 위험물품을 운송하는 군용열차를 호송하는 군인 [전문개정 12·12·10]
② 위해물품의 종류, 휴대 또는 적재 허가를 받은 경우의 안전조치 등에 관하여 필요한 세부사항은 국토교통부령으로 정한다. 〈개정 13·3·23〉 [전문개정 12·6·1]		제78조(위해물품의 종류 등) ① 법 제42조제2항에 따른 위해물품의 종류는 다음 각 호와 같다. 〈개정 16·8·10〉 1. 화약류: 「총포·도검·화약류 등의 안전관리에 관한 법률」에 따른 화약·폭약·화공품과 그 밖에 폭발성이 있는 물질 2. 고압가스: 섭씨 50도 미만의 임계온도를 가진 물질, 섭씨 50도에서 300킬로파스칼을 초과하는 절대압력(진공을 0으로 하는 압력을 말한다. 이하 같다)을 가진 물질, 섭씨 21.1도에서 280킬로파스칼을 초과하거나 섭

법	시 행 령	시 행 규 칙
		씨 54.4도에서 730킬로파스칼을 초과하는 절대압력을 가진 물질이나, 섭씨 37.8도에서 280킬로파스칼을 초과하는 절대가스압력(진공을 0으로 하는 가스압력을 말한다)을 가진 액체상태의 인화성 물질 3. 인화성 액체: 밀폐식 인화점 측정법에 따른 인화점이 섭씨 60.5도 이하인 액체나 개방식 인화점 측정법에 따른 인화점이 섭씨 65.6도 이하인 액체 4. 가연성 물질류: 다음 각 목에서 정하는 물질 가. 가연성고체: 화기 등에 의하여 용이하게 점화되며 화재를 조장할 수 있는 가연성 고체 나. 자연발화성 물질: 통상적인 운송상태에서 마찰·습기흡수·화학변화 등으로 인하여 자연발열하거나 자연발화하기 쉬운 물질 다. 그 밖의 가연성물질: 물과 작용하여 인화성 가스를 발생하는 물질 5. 산화성 물질류: 다음 각 목에서 정하는 물질 가. 산화성 물질: 다른 물질을 산화시키는 성질을 가진 물질로서 유기과산화물 외의 것 나. 유기과산화물: 다른 물질을 산화시키는 성질을 가진 유기물질 6. 독물류: 다음 각 목에서 정하는 물질 가. 독물: 사람이 흡입·접촉하거나 체내에 섭취한 경우에 강력한 독작용이나 자극을

법	시 행 령	시 행 규 칙
		일으키는 물질 나. 병독을 옮기기 쉬운 물질: 살아 있는 병원체 및 살아 있는 병원체를 함유하거나 병원체가 부착되어 있다고 인정되는 물질 7. 방사성 물질: 「원자력안전법」 제2조에 따른 핵물질 및 방사성물질이나 이로 인하여 오염된 물질로서 방사능의 농도가 킬로그램당 74킬로베크렐(그램당 0.002마이크로큐리) 이상인 것 8. 부식성 물질: 생물체의 조직에 접촉한 경우 화학반응에 의하여 조직에 심한 위해를 주는 물질이나 열차의 차체 · 적하물 등에 접촉한 경우 물질적 손상을 주는 물질 9. 마취성 물질: 객실승무원이 정상근무를 할 수 없도록 극도의 고통이나 불편함을 발생시키는 마취성이 있는 물질이나 그와 유사한 성질을 가진 물질 10. 총포 · 도검류 등: 「총포 · 도검 · 화약류 등 단속법」에 따른 총포 · 도검 및 이에 준하는 흉기류 11. 그 밖의 유해물질: 제1호부터 제10호까지 외의 것으로서 화학변화 등에 의하여 사람에게 위해를 주거나 열차 안에 적재된 물건에 물질적인 손상을 줄 수 있는 물질 ② 철도운영자등은 제1항에 따른 위해물품에 대하여 휴대나 적재의 적정성, 포장 및 안전조

법	시행령	시행규칙
		치의 적정성 등을 검토하여 휴대나 적재를 허가할 수 있다. 이 경우 해당 위해물품이 위해물품임을 나타낼 수 있는 표지를 포장 바깥면 등 잘 보이는 곳에 붙여야 한다. [전문개정 12·12·10]
제43조(위험물의 탁송 및 운송 금지) 누구든지 점화류(點火類) 또는 점폭약류(點爆藥類)를 붙인 폭약, 니트로글리세린, 건조한 기폭약(起爆藥), 뇌홍질화연(雷汞窒化鉛)에 속하는 것 등 대통령령으로 정하는 위험물을 탁송(託送)할 수 없으며, 철도운영자는 이를 철도로 운송할 수 없다. [전문개정 12·6·1]	제44조(탁송 및 운송 금지 위험물 등) 법 제43조에서 "점화류(點火類) 또는 점폭약류(點爆藥類)를 붙인 폭약, 니트로글리세린, 건조한 기폭약(起爆藥), 뇌홍질화연(雷汞窒化鉛)에 속하는 것 등 대통령령으로 정하는 위험물"이란 다음 각 호의 위험물을 말한다. 〈개정 13·3·23〉 1. 점화 또는 점폭약류를 붙인 폭약 2. 니트로글리세린 3. 건조한 기폭약 4. 뇌홍질화연에 속하는 것 5. 그 밖에 사람에게 위해를 주거나 물건에 손상을 줄 수 있는 물질로서 국토교통부장관이 정하여 고시하는 위험물 [전문개정 12·11·30]	
제44조(위험물의 운송) ① 대통령령으로 정하는 위험물을 철도로 운송하려는 철도운영자는 국토교통부령으로 정하는 바에 따라 운송 중의 위험 방지 및 인명(人命) 보호를 위하여 안전하게 포장·적재하고 운송하여야 한다. 〈개정 13·3·23〉 ② 철도로 위험물을 탁송하는 자는 위험물을	제45조(운송취급주의 위험물) 법 제44조제1항에서 "대통령령으로 정하는 위험물"이란 다음 각호의 어느 하나에 해당하는 것으로서 국토교통부령으로 정하는 것을 말한다. 〈개정 13·3·23〉 1. 철도운송 중 폭발할 우려가 있는 것 2. 마찰·충격·흡습(吸濕) 등 주위의 상황으	

법	시 행 령	시 행 규 칙
안전하게 운송하기 위하여 철도운영자의 안전조치 등에 따라야 한다. [전문개정 12·6·1]	로 인하여 발화할 우려가 있는 것 3. 인화성·산화성 등이 강하여 그 물질 자체의 성질에 따라 발화할 우려가 있는 것 4. 용기가 파손될 경우 내용물이 누출되어 철도차량·레일·기구 또는 다른 화물 등을 부식시키거나 침해할 우려가 있는 것 5. 유독성 가스를 발생시킬 우려가 있는 것 6. 그 밖에 화물의 성질상 철도시설·철도차량·철도종사자·여객 등에 위해나 손상을 끼칠 우려가 있는 것 [전문개정 12·11·30]	
제45조(철도보호지구에서의 행위제한 등〈개정 14·5·21〉**)** ① 철도경계선(가장 바깥쪽 궤도의 끝선을 말한다)으로부터 30미터 이내[「도시철도법」 제2조제2호에 따른 도시철도 중 노면전차(이하 "노면전차"라 한다)의 경우에는 10미터 이내]의 지역(이하 "철도보호지구"라 한다)에서 다음 각 호의 어느 하나에 해당하는 행위를 하려는 자는 대통령령으로 정하는 바에 따라 국토교통부장관 또는 시·도지사에게 신고하여야 한다. 〈개정 12·12·18, 13·3·23, 17·1·17〉 1. 토지의 형질변경 및 굴착(掘鑿) 2. 토석, 자갈 및 모래의 채취 3. 건축물의 신축·개축(改築)·증축 또는 인공구조물의 설치 4. 나무의 식재(대통령령으로 정하는 경우만	**제46조(철도보호지구에서의 행위 신고절차)** ① 법 제45조제1항에 따라 신고하려는 자는 해당 행위의 목적, 공사기간 등이 기재된 신고서에 설계도서(필요한 경우에 한정한다) 등을 첨부하여 국토교통부장관 또는 시·도지사에게 제출하여야 한다. 신고한 사항을 변경하는 경우에도 또한 같다. 〈개정 13·3·23, 14·3·18〉 ② 국토교통부장관 또는 시·도지사는 제1항에 따라 신고나 변경신고를 받은 경우에는 신고인에게 법 제45조제3항에 따른 행위의 금지 또는 제한을 명령하거나 제49조에 따른 안전조치(이하 "안전조치등"이라 한다)를 명령할 필요성이 있는지를 검토하여야 한다. 〈개정 13·3·23, 14·3·18, 18·10·23〉 ③ 국토교통부장관 또는 시·도지사는 제2항	

법	시 행 령	시 행 규 칙
해당한다) 5. 그 밖에 철도시설을 파손하거나 철도차량의 안전운행을 방해할 우려가 있는 행위로서 대통령령으로 정하는 행위 ② 노면전차 철도보호지구의 바깥쪽 경계선으로부터 20미터 이내의 지역에서 굴착, 인공구조물의 설치 등 철도시설을 파손하거나 철도차량의 안전운행을 방해할 우려가 있는 행위로서 대통령령으로 정하는 행위를 하려는 자는 대통령령으로 정하는 바에 따라 국토교통부장관 또는 시·도지사에게 신고하여야 한다.〈신설 17·1·17〉	에 따른 검토 결과 안전조치등을 명령할 필요가 있는 경우에는 제1항에 따른 신고를 받은 날부터 30일 이내에 신고인에게 그 이유를 분명히 밝히고 안전조치등을 명하여야 한다. 〈개정 13·3·23, 14·3·18〉 ④ 제1항부터 제3항까지에서 규정한 사항 외에 철도보호지구에서의 행위에 대한 신고와 안전조치등에 관하여 필요한 세부적인 사항은 국토교통부장관이 정하여 고시한다. 〈개정 13·3·23〉 [전문개정 12·11·30] **제47조(철도보호지구에서의 나무 식재)** 법 제45조제1항제4호에서 "대통령령으로 정하는 경우"란 다음 각 호의 어느 하나에 해당하는 경우를 말한다. 1. 철도차량 운전자의 전방 시야 확보에 지장을 주는 경우 2. 나뭇가지가 전차선이나 신호기 등을 침범하거나 침범할 우려가 있는 경우 3. 호우나 태풍 등으로 나무가 쓰러져 철도시설물을 훼손시키거나 열차의 운행에 지장을 줄 우려가 있는 경우 [전문개정 12·11·30] **제48조(철도보호지구에서의 안전운행 저해행위 등)** 법 제45조제1항제5호에서 "대통령령으로 정하는 행위"란 다음 각 호의 어느 하나에 해	

법	시 행 령	시 행 규 칙
③ 국토교통부장관 또는 시·도지사는 철도차량의 안전운행 및 철도 보호를 위하여 필요하다고 인정할 때에는 제1항 또는 제2항의 행위를 하는 자에게 그 행위의 금지 또는 제한을 명령하거나 대통령령으로 정하는 필요한 조치를 하도록 명령할 수 있다. 〈개정 12·12·18, 13·3·23, 17·1·17〉 ④ 국토교통부장관 또는 시·도지사는 철도차	당하는 행위를 말한다. 〈개정 13·3·23〉 1. 폭발물이나 인화물질 등 위험물을 제조·저장하거나 전시하는 행위 2. 철도차량 운전자 등이 선로나 신호기를 확인하는 데 지장을 주거나 줄 우려가 있는 시설이나 설비를 설치하는 행위 3. 철도신호등(鐵道信號燈)으로 오인할 우려가 있는 시설물이나 조명 설비를 설치하는 행위 4. 전차선로에 의하여 감전될 우려가 있는 시설이나 설비를 설치하는 행위 5. 시설 또는 설비가 선로의 위나 밑으로 횡단하거나 선로와 나란히 되도록 설치하는 행위 6. 그 밖에 열차의 안전운행과 철도 보호를 위하여 필요하다고 인정하여 국토교통부장관이 정하여 고시하는 행위 [전문개정 12·11·30] **제49조(철도 보호를 위한 안전조치)** 법 제45조 제3항에서 "대통령령으로 정하는 필요한 조치"란 다음 각 호의 어느 하나에 해당하는 조치를 말한다.〈개정 18·10·23〉 1. 공사로 인하여 약해질 우려가 있는 지반에 대한 보강대책 수립·시행 2. 선로 옆의 제방 등에 대한 흙막이공사 시행 3. 굴착공사에 사용되는 장비나 공법 등의 변경	

법	시 행 령	시 행 규 칙
량의 안전운행 및 철도 보호를 위하여 필요하다고 인정할 때에는 토지, 나무, 시설, 건축물, 그 밖의 공작물(이하 "시설등"이라 한다)의 소유자나 점유자에게 다음 각 호의 조치를 하도록 명령할 수 있다. 〈신설 14·5·21, 17·1·17〉 1. 시설등이 시야에 장애를 주면 그 장애물을 제거할 것 2. 시설등이 붕괴하여 철도에 위해(危害)를 끼치거나 끼칠 우려가 있으면 그 위해를 제거하고 필요하면 방지시설을 할 것 3. 철도에 토사 등이 쌓이거나 쌓일 우려가 있으면 그 토사 등을 제거하거나 방지시설을 할 것 ⑤ 철도운영자등은 철도차량의 안전운행 및 철도 보호를 위하여 필요한 경우 국토교통부장관 또는 시·도지사에게 제3항 또는 제4항에 따른 해당 행위 금지·제한 또는 조치 명 령을 할 것을 요청할 수 있다. 〈개정 12·12·18, 13·3·23, 14·5·21, 17·1·17〉 [전문개정 12·6·1]	4. 지하수나 지표수 처리대책의 수립·시행 5. 시설물의 구조 검토·보강 6. 먼지나 티끌 등이 발생하는 시설·설비나 장비를 운용하는 경우 방진막, 물을 뿌리는 설비 등 분진방지시설 설치 7. 신호기를 가리거나 신호기를 보는데 지장을 주는 시설이나 설비 등의 철거 8. 안전울타리나 안전통로 등 안전시설의 설치 9. 그 밖에 철도시설의 보호 또는 철도차량의 안전운행을 위하여 필요한 안전조치 [전문개정 12·11·30]	
제46조(손실보상) ① 국토교통부장관, 시·도지사 또는 철도운영자등은 제45조제3항 또는 제4항에 따른 행위의 금지·제한 또는 조치 명령으로 인하여 손실을 입은 자가 있을 때에는 그 손실을 보상하여야 한다. 〈개정 12·12·18, 13·3·23, 14·5·21, 17·1·17〉	제50조(손실보상) ① 법 제46조에 따른 행위의 금지 또는 제한으로 인하여 손실을 받은 자에 대한 손실보상 기준 등에 관하여는 「공익사업을 위한 토지 등의 취득 및 보상에 관한 법률」 제68조, 제70조제2항 및 제5항, 제71조, 제75조, 제75조의2, 제76조, 제77조 및 제78조제5항부	

법	시 행 령	시 행 규 칙
② 제1항에 따른 손실의 보상에 관하여는 국토교통부장관, 시·도지사 또는 철도운영자등이 그 손실을 입은 자와 협의하여야 한다. 〈개정 12·12·18, 13·3·23〉 ③ 제2항에 따른 협의가 성립되지 아니하거나 협의를 할 수 없을 때에는 대통령령으로 정하는 바에 따라 「공익사업을 위한 토지 등의 취득 및 보상에 관한 법률」에 따른 관할 토지수용위원회에 재결(裁決)을 신청할 수 있다. ④ 제3항의 재결에 대한 이의신청에 관하여는 「공익사업을 위한 토지 등의 취득 및 보상에 관한 법률」 제83조부터 제86조까지의 규정을 준용한다. [전문개정 12·6·1]	터 제7항까지의 규정을 준용한다. ② 법 제46조제3항에 따른 재결신청에 대해서는 「공익사업을 위한 토지 등의 취득 및 보상에 관한 법률」 제80조제2항을 준용한다. [전문개정 12·11·30]	
제47조(여객열차에서의 금지행위) ① 여객은 여객열차에서 다음 각 호의 어느 하나에 해당하는 행위를 하여서는 아니 된다. 〈개정 13·3·23, 17·8·9, 18·6·12〉 1. 정당한 사유 없이 국토교통부령으로 정하는 여객출입 금지장소에 출입하는 행위 2. 정당한 사유 없이 운행 중에 비상정지버튼을 누르거나 철도차량의 옆면에 있는 승강용 출입문을 여는 등 철도차량의 장치 또는 기구 등을 조작하는 행위 3. 여객열차 밖에 있는 사람을 위험하게 할 우려가 있는 물건을 여객열차 밖으로 던지		**제79조(여객출입 금지장소)** 법 제47조제1항제1호에서 "국토교통부령으로 정하는 여객출입 금지장소"란 다음 각 호의 장소를 말한다. 〈개정 13·3·23, 19·1·4〉 1. 운전실 2. 기관실 3. 발전실 4. 방송실 [전문개정 12·12·10] **제80조(여객열차에서의 금지행위)** 법 제47조제1항제7호에서 "국토교통부령으로 정하는 행위"란 다음 각 호의 행위를 말한다. 〈개정 13·3·

법	시 행 령	시 행 규 칙
는 행위 4. 흡연하는 행위 5. 철도종사자와 여객 등에게 성적(性的) 수치심을 일으키는 행위 6. 술을 마시거나 약물을 복용하고 다른 사람에게 위해를 주는 행위 7. 그 밖에 공중이나 여객에게 위해를 끼치는 행위로서 국토교통부령으로 정하는 행위 ② 운전업무종사자, 여객승무원 또는 여객역무원은 제1항의 금지행위를 한 사람에 대하여 필요한 경우 다음 각 호의 조치를 할 수 있다.〈신설 18·6·12〉 1. 금지행위의 제지 2. 금지행위의 녹음·녹화 또는 촬영 [전문개정 12·6·1] **제48조(철도 보호 및 질서유지를 위한 금지행위)** 누구든지 정당한 사유 없이 철도 보호 및 질서유지를 해치는 다음 각 호의 어느 하나에 해당하는 행위를 하여서는 아니 된다. 〈개정 13·3·23〉 1. 철도시설 또는 철도차량을 파손하여 철도차량 운행에 위험을 발생하게 하는 행위 2. 철도차량을 향하여 돌이나 그 밖의 위험한 물건을 던져 철도차량 운행에 위험을 발생하게 하는 행위 3. 궤도의 중심으로부터 양측으로 폭 3미터		23, 19·1·4〉 1. 여객에게 위해를 끼칠 우려가 있는 동식물을 안전조치 없이 여객열차에 동승하거나 휴대하는 행위 2. 타인에게 전염의 우려가 있는 법정 감염병자가 철도종사자의 허락 없이 여객열차에 타는 행위 3. 철도종사자의 허락 없이 여객에게 기부를 부탁하거나 물품을 판매·배부하거나 연설·권유 등을 하여 여객에게 불편을 끼치는 행위 [전문개정 12·12·10]

법	시 행 령	시 행 규 칙
이내의 장소에 철도차량의 안전 운행에 지장을 주는 물건을 방치하는 행위 4. 철도교량 등 국토교통부령으로 정하는 시설 또는 구역에 국토교통부령으로 정하는 폭발물 또는 인화성이 높은 물건 등을 쌓아 놓는 행위		제81조(폭발물 등 적치금지 구역) 법 제48조제4호에서 "국토교통부령으로 정하는 구역 또는 시설"이란 다음 각 호의 구역 또는 시설을 말한다. 〈개정 13·3·23〉 1. 정거장 및 선로(정거장 또는 선로를 지지하는 구조물 및 그 주변지역을 포함한다) 2. 철도 역사 3. 철도 교량 4. 철도 터널 [전문개정 12·12·10] 제82조(적치금지 폭발물 등) 법 제48조제4호에서 "국토교통부령으로 정하는 폭발물 또는 인화성이 높은 물건"이란 영 제44조 및 영 제45조에 따른 위험물로서 주변의 물건을 손괴할 수 있는 폭발력을 지니거나 화재를 유발하거나 유해한 연기를 발생하여 여객이나 일반대중에게 위해를 끼칠 우려가 있는 물건이나 물질을 말한다. 〈개정 13·3·23〉 [전문개정 12·12·10]
5. 선로(철도와 교차된 도로는 제외한다) 또는 국토교통부령으로 정하는 철도시설에 철도운영자등의 승낙 없이 출입하거나 통행하는 행위		제83조(출입금지 철도시설) 법 제48조제5호에서 "국토교통부령으로 정하는 철도시설"이란 다음 각 호의 철도시설을 말한다. 〈개정 13·3·23〉 1. 위험물을 적하하거나 보관하는 장소 2. 신호·통신기기 설치장소 및 전력기기·관

법	시행령	시행규칙
6. 역시설 등 공중이 이용하는 철도시설 또는 철도차량에서 폭언 또는 고성방가 등 소란을 피우는 행위 7. 철도시설에 국토교통부령으로 정하는 유해물 또는 열차운행에 지장을 줄 수 있는 오물을 버리는 행위		제설비 설치장소 3. 철도운전용 급유시설물이 있는 장소 4. 철도차량 정비시설 [전문개정 12·12·10] **제84조(열차운행에 지장을 줄 수 있는 유해물)** 법 제48조제7호에서 "국토교통부령으로 정하는 유해물"이란 철도시설이나 철도차량을 훼손하거나 정상적인 기능·작동을 방해하여 열차운행에 지장을 줄 수 있는 산업폐기물·생활폐기물을 말한다. 〈개정 13·3·23〉 [전문개정 12·12·10]
8. 역시설 또는 철도차량에서 노숙(露宿)하는 행위 9. 열차운행 중에 타고 내리거나 정당한 사유 없이 승강용 출입문의 개폐를 방해하여 열차운행에 지장을 주는 행위 10. 정당한 사유 없이 열차 승강장의 비상정지버튼을 작동시켜 열차운행에 지장을 주는 행위 11. 그 밖에 철도시설 또는 철도차량에서 공중의 안전을 위하여 질서유지가 필요하다고 인정되어 국토교통부령으로 정하는 금지행위 [전문개정 12·6·1]		**제85조(질서유지를 위한 금지행위)** 법 제48조제11호에서 "국토교통부령으로 정하는 금지행위"란 다음 각 호의 행위를 말한다. 〈개정 13·3·23, 16·8·10〉

법	시 행 령	시 행 규 칙
		1. 흡연이 금지된 철도시설이나 철도차량 안에서 흡연하는 행위 2. 철도종사자의 허락 없이 철도시설이나 철도차량에서 광고물을 붙이거나 배포하는 행위 3. 역시설에서 철도종사자의 허락 없이 기부를 부탁하거나 물품을 판매 · 배부하거나 연설 · 권유를 하는 행위 4. 철도종사자의 허락 없이 선로변에서 총포를 이용하여 수렵하는 행위 [전문개정 12 · 12 · 10]
제48조의2(여객 등의 안전 및 보안) ① 국토교통부장관은 철도차량의 안전운행 및 철도시설의 보호를 위하여 필요한 경우에는 「사법경찰관리의 직무를 수행할 자와 그 직무범위에 관한 법률」 제5조제11호에 규정된 사람(이하 "철도특별사법경찰관리"라 한다)으로 하여금 여객열차에 승차하는 사람의 신체 · 휴대물품 및 수하물에 대한 보안검색을 실시하게 할 수 있다. 〈개정 13 · 3 · 23〉 ② 국토교통부장관은 제1항의 보안검색 정보 및 그 밖의 철도보안 · 치안 관리에 필요한 정보를 효율적으로 활용하기 위하여 철도보안정보체계를 구축 · 운영하여야 한다. 〈개정 18 · 6 · 12〉 ③ 국토교통부장관은 철도보안 · 치안을 위하여 필요하다고 인정하는 경우에는 차량 운행정보 등을 철도운영자에게 요구할 수 있고, 철도운영		제85조의2(보안검색의 실시 방법 및 절차 등) ① 법 제48조의2제1항에 따라 실시하는 보안검색(이하 "보안검색"이라 한다)의 실시 범위는 다음 각 호의 구분에 따른다. 1. 전부검색: 국가의 중요 행사 기간이거나 국가 정보기관으로부터 테러 위험 등의 정보를 통보받은 경우 등 국토교통부장관이 보안검색을 강화하여야 할 필요가 있다고 판단하는 경우에 국토교통부장관이 지정한 보안검색 대상 역에서 보안검색 대상 전부에 대하여 실시 2. 일부검색: 법 제42조에 따른 휴대 · 적재 금지 위해물품(이하 "위해물품"이라 한다)을 휴대 · 적재하였다고 판단되는 사람과 물건에 대하여 실시하거나 제1호에 따른 전부검색으로 시행하는 것이 부적합하다고 판단

법	시행령	시행규칙
자는 정당한 사유 없이 그 요구를 거절할 수 없다. 〈개정 13·3·23, 18·6·12〉 ④ 국토교통부장관은 철도보안정보체계를 운영하기 위하여 철도차량의 안전운행 및 철도시설의 보호에 필요한 최소한의 정보만 수집·관리하여야 한다.〈신설 18·6·12〉 ⑤ 제1항에 따른 보안검색의 실시방법과 절차 및 보안검색장비 종류 등에 필요한 사항과 제2항에 따른 철도보안정보체계 및 제3항에 따른 정보 확인 등에 필요한 사항은 국토교통부령으로 정한다.〈신설 18·6·12, 19·4·23〉 [본조신설 12·6·1]		되는 경우에 실시 ② 위해물품을 탐지하기 위한 보안검색은 법 제48조의2제1항에 따른 보안검색장비(이하 "보안검색장비"라 한다)를 사용하여 검색한다. 다만, 다음 각 호의 어느 하나에 해당하는 경우에는 여객의 동의를 받아 직접 신체나 물건을 검색하거나 특정 장소로 이동하여 검색을 할 수 있다.〈개정 19·10·23〉 1. 보안검색장비의 경보음이 울리는 경우 2. 위해물품을 휴대하거나 숨기고 있다고 의심되는 경우 3. 보안검색장비를 통한 검색 결과 그 내용물을 판독할 수 없는 경우 4. 보안검색장비의 오류 등으로 제대로 작동하지 아니하는 경우 5. 보안의 위협과 관련한 정보의 입수에 따라 필요하다고 인정되는 경우 ③ 국토교통부장관은 법 제48조의2제1항에 따라 보안검색을 실시하게 하려는 경우에 사전에 철도운영자등에게 보안검색 실시계획을 통보하여야 한다. 다만, 범죄가 이미 발생하였거나 발생할 우려가 있는 경우 등 긴급한 보안검색이 필요한 경우에는 사전 통보를 하지 아니할 수 있다. ④ 제3항 본문에 따라 보안검색 실시계획을 통보받은 철도운영자등은 여객이 해당 실시계

<table>
<tr><th>법</th><th>시행령</th><th>시행규칙</th></tr>
<tr><td></td><td></td><td>획을 알 수 있도록 보안검색 일정·장소·대상 및 방법 등을 안내문에 게시하여야 한다.
⑤ 법 제48조의2에 따라 철도특별사법경찰관리가 보안검색을 실시하는 경우에는 검색 대상자에게 자신의 신분증을 제시하면서 소속과 성명을 밝히고 그 목적과 이유를 설명하여야 한다. 다만, 다음 각 호의 어느 하나에 해당하는 경우에는 사전 설명 없이 검색할 수 있다.
1. 보안검색 장소의 안내문 등을 통하여 사전에 보안검색 실시계획을 안내한 경우
2. 의심물체 또는 장시간 방치된 수하물로 신고된 물건에 대하여 검색하는 경우
[본조신설 14·3·19]
제85조의3(보안검색장비의 종류〈개정 19·1·4, 19·10·23〉) ① 법 제48조의2제1항에 따른 보안검색장비의 종류는 다음 각 호의 구분에 따른다.〈개정 19·1·4, 19·10·23〉
1. 위해물품을 검색·탐지·분석하기 위한 장비: 엑스선 검색장비, 금속탐지장비(문형 금속탐지장비와 휴대용 금속탐지장비를 포함한다), 폭발물 탐지장비, 폭발물흔적탐지장비, 액체폭발물탐지장비 등
2. 보안검색 시 안전을 위하여 착용·휴대하는 장비: 방검복, 방탄복, 방폭 담요 등
3. 삭제 〈19·1·4〉
② 삭제 〈19·10·23〉</td></tr>
</table>

법	시 행 령	시 행 규 칙
제48조의3(보안검색장비의 성능인증 등) ① 제48조의2제1항에 따른 보안검색을 하는 경우에는 국토교통부장관으로부터 성능인증을 받은 보안검색장비를 사용하여야 한다.		③ 삭제 〈19·1·4〉 [본조신설 14·3·19] **제85조의4(철도보안정보체계의 구축·운영 등)** ① 국토교통부장관은 법 제48조의2제2항에 따른 철도보안정보체계(이하 "철도보안정보체계"라 한다)를 구축·운영하기 위한 철도보안정보시스템을 구축·운영해야 한다. ② 국토교통부장관이 법 제48조의2제3항에 따라 철도운영자에게 요구할 수 있는 정보는 다음 각 호와 같다. 1. 법 제48조의2제1항에 따른 보안검색 관련 통계(보안검색 횟수 및 보안검색 장비 사용 내역 등을 포함한다) 2. 법 제48조의2제1항에 따른 보안검색을 실시하는 직원에 대한 교육 등에 관한 정보 3. 철도차량 운행에 관한 정보 4. 그 밖에 철도보안·치안을 위해 필요한 정보로서 국토교통부장관이 정해 고시하는 정보 ③ 국토교통부장관은 철도보안정보체계를 구축·운영하기 위해 관계 기관과 필요한 정보를 공유하거나 관련 시스템을 연계할 수 있다. [본조신설 19·1·4] **제85조의5(보안검색장비의 성능인증 기준)** 법 제48조의3제1항에 따른 보안검색장비의 성능인증 기준은 다음 각 호와 같다. 1. 국제표준화기구(ISO)에서 정한 품질경영시

법	시 행 령	시 행 규 칙
② 제1항에 따른 성능인증을 위한 기준·방법·절차 등 운영에 필요한 사항은 국토교통부령으로 정한다. ③ 국토교통부장관은 제1항에 따른 성능인증을 받은 보안검색장비의 운영, 유지관리 등에 관한 기준을 정하여 고시하여야 한다. ④ 국토교통부장관은 제1항에 따라 성능인증을 받은 보안검색장비가 운영 중에 계속하여 성능을 유지하고 있는지를 확인하기 위하여 국토교통부령으로 정하는 바에 따라 정기적으로 또는 수시로 점검을 실시하여야 한다. ⑤ 국토교통부장관은 제1항에 따른 성능인증을 받은 보안검색장비가 다음 각 호의 어느 하나에 해당하는 경우에는 그 인증을 취소할 수 있다. 다만, 제1호에 해당하는 때에는 그 인증을 취소하여야 한다. 1. 거짓이나 그 밖의 부정한 방법으로 인증을 받은 경우 2. 보안검색장비가 제2항에 따른 성능인증 기준에 적합하지 아니하게 된 경우 [본조신설 19·4·23]		스템을 갖출 것 2. 그 밖에 국토교통부장관이 정하여 고시하는 성능, 기능 및 안전성 등을 갖출 것 [본조신설 19·10·23] **제85조의6(보안검색장비의 성능인증 신청 등)** ① 법 제48조의3제1항에 따른 보안검색장비의 성능인증을 받으려는 자는 별지 제45호의13서식의 철도보안검색장비 성능인증 신청서에 다음 각 호의 서류를 첨부하여 「과학기술분야 정부출연연구기관 등의 설립·운영 및 육성에 관한 법률」 제8조에 따라 설립된 한국철도기술연구원(이하 "한국철도기술연구원"이라 한다)에 제출해야 한다. 이 경우 한국철도기술연구원은 「전자정부법」 제36조제1항에 따른 행정정보의 공동이용을 통해서 법인 등기사항증명서(신청인이 법인인 경우만 해당한다)를 확인해야 한다. 1. 사업자등록증 사본 2. 대리인임을 증명하는 서류(대리인이 신청하는 경우에 한정한다) 3. 보안검색장비의 성능 제원표 및 시험용 물품(테스트 키트)에 관한 서류 4. 보안검색장비의 구조·외관도 5. 보안검색장비의 사용·운영방법·유지관리 등에 대한 설명서 6. 제85조의5에 따른 기준을 갖추었음을 증명

법	시 행 령	시 행 규 칙
		하는 서류 ② 한국철도기술연구원은 제1항에 따른 신청을 받으면 법 제48조의4제1항에 따른 시험기관(이하 "시험기관"이라 한다)에 보안검색장비의 성능을 평가하는 시험(이하 "성능시험"이라 한다)을 요청해야 한다. 다만, 제1항제6호에 따른 서류로 성능인증 기준을 충족하였다고 인정하는 경우에는 해당 부분에 대한 성능시험을 요청하지 않을 수 있다. ③ 시험기관은 성능시험 계획서를 작성하여 성능시험을 실시하고, 별지 제45호의14서식의 철도보안검색장비 성능시험 결과서를 한국철도기술연구원에 제출해야 한다. ④ 한국철도기술연구원은 제3항에 따른 성능시험 결과가 제85조의5에 따른 성능인증 기준 등에 적합하다고 인정하는 경우에는 별지 제45호의15서식의 철도보안검색장비 성능인증서를 신청인에게 발급해야 하며, 적합하지 않은 경우에는 그 결과를 신청인에게 통지해야 한다. ⑤ 한국철도기술연구원은 제85조의5에 따른 성능인증 기준에 적합여부 등을 심의하기 위하여 성능인증심사위원회를 구성·운영할 수 있다. ⑥ 제2항에 따른 성능시험 요청 및 제5항에 따른 성능인증심사위원회의 구성·운영 등에 필요한 세부사항은 국토교통부장관이 정하여

법	시행령	시행규칙
		고시한다. [본조신설 19·10·23] 제85조의7(보안검색장비의 성능점검) 한국철도기술연구원은 법 제48조의3제4항에 따라 보안검색장비가 운영 중에 계속하여 성능을 유지하고 있는지를 확인하기 위해 다음 각 호의 구분에 따른 점검을 실시해야 한다. 1. 정기점검: 매년 1회 2. 수시점검: 보안검색장비의 성능유지 등을 위하여 필요하다고 인정하는 때 [본조신설 19·10·23]
제48조의4(시험기관의 지정 등) ① 국토교통부장관은 제48조의3에 따른 성능인증을 위하여 보안검색장비의 성능을 평가하는 시험(이하 "성능시험"이라 한다)을 실시하는 기관(이하 "시험기관"이라 한다)을 지정할 수 있다. ② 제1항에 따라 시험기관의 지정을 받으려는 법인이나 단체는 국토교통부령으로 정하는 지정기준을 갖추어 국토교통부장관에게 지정신청을 하여야 한다. ③ 국토교통부장관은 제1항에 따라 시험기관으로 지정받은 법인이나 단체가 다음 각 호의 어느 하나에 해당하는 경우에는 그 지정을 취소하거나 1년 이내의 기간을 정하여 그 업무의 전부 또는 일부의 정지를 명할 수 있다. 다만, 제1호 또는 제2호에 해당하는 때에는 그	제50조의2(인증업무의 위탁) 국토교통부장관은 법 제48조의4제4항에 따라 법 제48조의3에 따른 보안검색장비의 성능 인증 및 점검 업무를 「과학기술분야 정부출연연구기관 등의 설립·운영 및 육성에 관한 법률」 제8조에 따라 설립된 한국철도기술연구원(이하 "한국철도기술연구원"이라 한다)에 위탁한다. [본조신설 19·10·22]	제85조의8(시험기관의 지정 등) ① 법 제48조의4제2항에서 "국토교통부령으로 정하는 지정기준"이란 별표 19에 따른 기준을 말한다. ② 법 제48조의4제2항에 따라 시험기관으로 지정을 받으려는 자는 별지 제45호의16서식의 철도보안검색장비 시험기관 지정 신청서에 다음 각 호의 서류를 첨부하여 국토교통부장관에게 제출해야 한다. 이 경우 국토교통부장관은 「전자정부법」 제36조제1항에 따른 행정정보의 공동이용을 통해서 법인 등기사항증명서(신청인이 법인인 경우만 해당한다)를 확인해야 한다. 1. 사업자등록증 및 인감증명서(법인인 경우에 한정한다) 2. 법인의 정관 또는 단체의 규약

법	시 행 령	시 행 규 칙
지정을 취소하여야 한다. 1. 거짓이나 그 밖의 부정한 방법을 사용하여 시험기관으로 지정을 받은 경우 2. 업무정지 명령을 받은 후 그 업무정지 기간에 성능시험을 실시한 경우 3. 정당한 사유 없이 성능시험을 실시하지 아니한 경우 4. 제48조의3제2항에 따른 기준·방법·절차 등을 위반하여 성능시험을 실시한 경우 5. 제48조의4제2항에 따른 시험기관 지정기준을 충족하지 못하게 된 경우 6. 성능시험 결과를 거짓으로 조작하여 수행한 경우 ④ 국토교통부장관은 인증업무의 전문성과 신뢰성을 확보하기 위하여 제48조의3에 따른 보안검색장비의 성능 인증 및 점검 업무를 대통령령으로 정하는 기관(이하 "인증기관"이라 한다)에 위탁할 수 있다. [본조신설 19·4·23]		3. 성능시험을 수행하기 위한 조직·인력, 시험설비 등을 적은 사업계획서 4. 국제표준화기구(ISO) 또는 국제전기기술위원회(IEC)에서 정한 국제기준에 적합한 품질관리규정 5. 제1항에 따른 시험기관 지정기준을 갖추었음을 증명하는 서류 ③ 국토교통부장관은 제2항에 따라 시험기관 지정신청을 받은 때에는 현장평가 등이 포함된 심사계획서를 작성하여 신청인에게 통지하고 그 심사계획에 따라 심사해야 한다. ④ 국토교통부장관은 제3항에 따른 심사 결과 제1항에 따른 지정기준을 갖추었다고 인정하는 때에는 별지 제45호의17서식의 철도보안검색장비 시험기관 지정서를 발급하고 다음 각 호의 사항을 관보에 고시해야 한다. 1. 시험기관의 명칭 2. 시험기관의 소재지 3. 시험기관 지정일자 및 지정번호 4. 시험기관의 업무수행 범위 ⑤ 제4항에 따라 시험기관으로 지정된 기관은 다음 각 호의 사항이 포함된 시험기관 운영규정을 국토교통부장관에게 제출해야 한다. 1. 시험기관의 조직·인력 및 시험설비 2. 시험접수·수행 절차 및 방법 3. 시험원의 임무 및 교육훈련

법	시 행 령	시 행 규 칙
〈종전의 제48조의3〉〈개정 19·4·23〉 제48조의5(직무장비의 휴대 및 사용 등) ① 철도특별사법경찰관리는 이 법 및 「사법경찰관리의 직무를 수행할 자와 그 직무범위에 관한 법률」 제6조제9호에 따른 직무를 수행하기 위하여 필요하다고 인정되는 상당한 이유가 있을 때에는 합리적으로 판단하여 필요한 한도에서 직무장비를 사용할 수 있다.		4. 시험원 및 시험과정 등의 보안관리 ⑥ 국토교통부장관은 제3항에 따른 심사를 위해 필요한 경우 시험기관지정심사위원회를 구성·운영할 수 있다. [본조신설 19·10·23] 제85조의9(시험기관의 지정취소 등) ① 법 제48조의4제3항에 따른 시험기관의 지정취소 또는 업무정지 처분의 세부기준은 별표 20과 같다. ② 국토교통부장관은 제1항에 따라 시험기관의 지정을 취소하거나 업무의 정지를 명한 경우에는 그 사실을 해당시험 기관에 통지하고 지체 없이 관보에 고시해야 한다. ③ 제2항에 따라 시험기관의 지정취소 또는 업무정지 통지를 받은 시험기관은 그 통지를 받은 날부터 15일 이내에 철도보안검색장비 시험기관 지정서를 국토교통부장관에게 반납해야 한다. [본조신설 19·10·23] 〈종전의 제85조의5〉〈개정 19·10·23〉 제85조의10(직무장비의 사용기준) 법 제48조의5제1항에 따라 철도특별사법경찰관리가 사용하는 직무장비의 사용기준은 다음 각 호와 같다.〈개정 19·10·23〉 1. 가스분사기·가스발사총(고무탄은 제외한다)의 경우: 범인의 체포 또는 도주방지, 타인 또는 철도특별사법경찰관리의 생명·신

법	시행령	시행규칙
② 제1항에서의 "직무장비"란 철도특별사법경찰관리가 휴대하여 범인검거와 피의자 호송 등의 직무수행에 사용하는 수갑, 포승, 가스분사기, 전자충격기, 경비봉을 말한다. ③ 철도특별사법경찰관리가 제1항에 따라 직무수행 중 직무장비를 사용함에 있어 사람의 생명이나 신체에 위해를 끼칠 수 있는 직무장비(전자충격기 및 가스분사기를 말한다)를 사용하는 경우에는 사전에 필요한 안전교육과 안전검사를 받은 후 사용하여야 한다. [본조신설 18·6·12]		체에 대한 방호, 공무집행에 대한 항거의 억제를 위해 필요한 경우에 최소한의 범위에서 사용하되, 1미터 이내의 거리에서 상대방의 얼굴을 향해 발사하지 말 것 2. 전자충격기의 경우: 14세 미만의 사람이나 임산부에게 사용해서는 안 되며, 전극침(電極針) 발사장치가 있는 전자충격기를 사용하는 경우에는 상대방의 얼굴을 향해 전극침을 발사하지 말 것 3. 경비봉의 경우: 타인 또는 철도특별사법경찰관리의 생명·신체의 위해와 공공시설·재산의 위험을 방지하기 위해 필요한 경우에 최소한의 범위에서 사용할 수 있으며, 인명 또는 신체에 대한 위해를 최소화하도록 할 것 4. 수갑·포승의 경우: 체포영장·구속영장의 집행, 신체의 자유를 제한하는 판결 또는 처분을 받은 사람을 법률이 정한 절차에 따라 호송·수용하거나 범인·주취자·정신착란자의 자살 또는 자해를 방지하기 위해 필요한 경우에 최소한의 범위에서 사용할 것 [본조신설 19·1·4]
제49조(철도종사자의 직무상 지시 준수) ① 열차 또는 철도시설을 이용하는 사람은 이 법에 따라 철도의 안전·보호와 질서유지를 위하여 하는 철도종사자의 직무상 지시에 따라야 한다.	**제51조(철도종사자의 권한표시)** ① 법 제49조에 따른 철도종사자는 복장·모자·완장·증표 등으로 그가 직무상 지시를 할 수 있는 사람임을 표시하여야 한다.	

법	시행령	시행규칙
② 누구든지 폭행·협박으로 철도종사자의 직무집행을 방해하여서는 아니 된다. [전문개정 12·6·1] **제50조(사람 또는 물건에 대한 퇴거 조치 등)** 철도종사자는 다음 각 호의 어느 하나에 해당하는 사람 또는 물건을 열차 밖이나 대통령령으로 정하는 지역 밖으로 퇴거시키거나 철거할 수 있다. 〈개정 13·3·23, 14·5·21, 17·1·17, 18·6·12〉 1. 제42조를 위반하여 여객열차에서 위해물품을 휴대한 사람 및 그 위해물품 2. 제43조를 위반하여 운송 금지 위험물을 탁송하거나 운송하는 자 및 그 위험물 3. 제45조제3항 또는 제4항에 따른 행위 금지·제한 또는 조치 명령에 따르지 아니하는 사람 및 그 물건 4. 제47조제1항을 위반하여 금지행위를 한 사람 및 그 물건 5. 제48조를 위반하여 금지행위를 한 사람 및 그 물건 6. 제48조의2에 따른 보안검색에 따르지 아니한 사람 7. 제49조를 위반하여 철도종사자의 직무상 지시를 따르지 아니하거나 직무집행을 방해하는 사람	② 철도운영자등은 철도종사자가 제1항에 따른 표시를 할 수 있도록 복장·모자·완장·증표 등의 지급 등 필요한 조치를 하여야 한다. [전문개정 12·11·30] **제52조(퇴거지역의 범위)** 법 제50조 각 호 외의 부분에서 "대통령령으로 정하는 지역"이란 다음 각 호의 어느 하나에 해당하는 지역을 말한다. 1. 정거장 2. 철도신호기·철도차량정비소·통신기기·전력설비 등의 설비가 설치되어 있는 장소의 담장이나 경계선 안의 지역 3. 화물을 적하하는 장소의 담장이나 경계선 안의 지역 [전문개정 12·11·30] **제53조부터 제55조까지** 삭제 〈06·6·15〉	

법	시행령	시행규칙
[전문개정 12·6·1] **제6장 철도사고조사·처리** 제51조부터 제59조까지 삭제 〈05·11·8〉 제60조(철도사고등의 발생 시 조치) ① 철도운영자등은 철도사고등이 발생하였을 때에는 사상자 구호, 유류품(遺留品) 관리, 여객 수송 및 철도시설 복구 등 인명피해 및 재산피해를 최소화하고 열차를 정상적으로 운행할 수 있도록 필요한 조치를 하여야 한다.〈개정 15·7·24〉 ② 철도사고등이 발생하였을 때의 사상자 구호, 여객 수송 및 철도시설 복구 등에 필요한 사항은 대통령령으로 정한다. ③ 국토교통부장관은 제61조에 따라 사고 보고를 받은 후 필요하다고 인정하는 경우에는 철도운영자등에게 사고 수습 등에 관하여 필요한 지시를 할 수 있다. 이 경우 지시를 받은 철도운영자등은 특별한 사유가 없으면 지시에 따라야 한다. 〈개정 13·3·23〉 [전문개정 12·6·1]	제56조(철도사고등의 발생 시 조치사항) 법 제60조제2항에 따라 철도사고등이 발생한 경우 철도운영자등이 준수하여야 하는 사항은 다음 각 호와 같다. 〈개정 14·3·18〉 1. 사고수습이나 복구작업을 하는 경우에는 인명의 구조와 보호에 가장 우선순위를 둘 것 2. 사상자가 발생한 경우에는 법 제7조제1항에 따른 안전관리체계에 포함된 비상대응계획에서 정한 절차(이하 "비상대응절차"라 한다)에 따라 응급처치, 의료기관으로 긴급이송, 유관기관과의 협조 등 필요한 조치를 신속히 할 것 3. 철도차량 운행이 곤란한 경우에는 비상대응절차에 따라 대체교통수단을 마련하는 등 필요한 조치를 할 것 [전문개정 12·11·30]	
제61조(철도사고등 보고) ① 철도운영자등은 사상자가 많은 사고 등 대통령령으로 정하는 철도사고등이 발생하였을 때에는 국토교통부령으로 정하는 바에 따라 즉시 국토교통부장관에게 보고하여야 한다. 〈개정 13·3·23〉 ② 철도운영자등은 제1항에 따른 철도사고등	제57조(국토교통부장관에게 즉시 보고하여야 하는 철도사고등〈개정 13·3·23〉) 법 제61조제1항에서 "사상자가 많은 사고 등 대통령령으로 정하는 철도사고등"이란 다음 각 호의 어느 하나에 해당하는 사고를 말한다. 1. 열차의 충돌이나 탈선사고	제86조(철도사고등의 보고) ① 철도운영자등은 법 제61조제1항에 따른 철도사고등이 발생한 때에는 다음 각 호의 사항을 국토교통부장관에게 즉시 보고하여야 한다. 〈개정 13·3·23〉 1. 사고 발생 일시 및 장소 2. 사상자 등 피해사항

법	시 행 령	시 행 규 칙
을 제외한 철도사고등이 발생하였을 때에는 국토교통부령으로 정하는 바에 따라 사고 내용을 조사하여 그 결과를 국토교통부장관에게 보고하여야 한다. 〈개정 13 · 3 · 23〉 [전문개정 12 · 6 · 1] 제62조부터 제67조까지 삭제 〈05 · 11 · 8〉 **제7장 철도안전기반 구축** **제68조(철도안전기술의 진흥)** 국토교통부장관은 철도안전에 관한 기술의 진흥을 위하여 연구 · 개발의 촉진 및 그 성과의 보급 등 필요한 시책을 마련하여 추진하여야 한다. 〈개정 13 · 3 · 23〉 [전문개정 12 · 6 · 1] **제69조(철도안전 전문기관 등의 육성)** ① 국토교통부장관은 철도안전에 관한 전문기관 또는 단체를 지도 · 육성하여야 한다. 〈개정 13 · 3 · 23〉 ② 국토교통부장관은 철도시설의 건설, 운영	2. 철도차량이나 열차에서 화재가 발생하여 운행을 중지시킨 사고 3. 철도차량이나 열차의 운행과 관련하여 3명 이상 사상자가 발생한 사고 4. 철도차량이나 열차의 운행과 관련하여 5천만원 이상의 재산피해가 발생한 사고 [전문개정 12 · 11 · 30] 제58조 삭제 〈06 · 6 · 15〉 **제59조(철도안전 전문인력의 구분)** ① 법 제69	3. 사고 발생 경위 4. 사고 수습 및 복구 계획 등 ② 철도운영자등은 법 제61조제2항에 따른 철도사고등이 발생한 때에는 다음 각 호의 구분에 따라 국토교통부장관에게 이를 보고하여야 한다. 〈개정 13 · 3 · 23〉 1. 초기보고: 사고발생현황 등 2. 중간보고: 사고수습 · 복구상황 등 3. 종결보고: 사고수습 · 복구결과 등 ③ 제1항 및 제2항에 따른 보고의 절차 및 방법 등에 관한 세부적인 사항은 국토교통부장관이 정하여 고시한다. 〈개정 13 · 3 · 23〉 [전문개정 12 · 12 · 10] 제87조부터 제90조까지 삭제 〈06 · 6 · 21〉

<table>
<tr><th>법</th><th>시 행 령</th><th>시 행 규 칙</th></tr>
<tr><td>및 관리와 관련된 안전점검업무 등 대통령령으로 정하는 철도안전업무에 종사하는 전문인력(이하 "철도안전 전문인력"이라 한다)을 원활하게 확보할 수 있도록 시책을 마련하여 추진하여야 한다. 〈개정 13·3·23〉</td><td>조제2항에서 "대통령령으로 정하는 철도안전업무에 종사하는 전문인력"이란 다음 각 호의 어느 하나에 해당하는 인력을 말한다.〈개정 19·6·4〉
1. 철도운행안전관리자
2. 철도안전전문기술자
가. 전기철도 분야 철도안전전문기술자
나. 철도신호 분야 철도안전전문기술자
다. 철도궤도 분야 철도안전전문기술자
라. 철도차량 분야 철도안전전문기술자
② 제1항에 따른 철도안전 전문인력(이하 "철도안전 전문인력"이라 한다)의 업무 범위는 다음 각 호와 같다.〈개정 19·6·4〉
1. 철도운행안전관리자의 업무
가. 철도차량의 운행선로나 그 인근에서 철도시설의 건설 또는 관리와 관련한 작업을 수행하는 경우에 작업일정의 조정 또는 작업에 필요한 안전장비·안전시설 등의 점검
나. 가목에 따른 작업이 수행되는 선로를 운행하는 열차가 있는 경우 해당 열차의 운행일정 조정
다. 열차접근경보시설이나 열차접근감시인의 배치에 관한 계획 수립·시행과 확인
라. 철도차량 운전자나 관제업무종사자와 연락체계 구축 등</td><td></td></tr>
</table>

법	시 행 령	시 행 규 칙
	2. 철도안전전문기술자의 업무 가. 제1항제2호가목부터 다목까지의 철도안전전문기술자: 해당 철도시설의 건설이나 관리와 관련된 설계 · 시공 · 감리 · 안전점검 업무나 레일용접 등의 업무 나. 제1항제2호라목의 철도안전전문기술자: 철도차량의 설계 · 제작 · 개조 · 시험검사 · 정밀안전진단 · 안전점검 등에 관한 품질 관리 및 감리 등의 업무 [전문개정 12 · 11 · 30]	
③ 국토교통부장관은 철도안전 전문인력의 분야별 자격을 다음 각 호와 같이 구분하여 부여할 수 있다. 〈개정 13 · 3 · 23〉 1. 철도운행안전관리자 2. 철도안전전문기술자	**제60조(철도안전 전문인력의 자격기준)** ① 법 제69조제3항제1호에 따른 철도운행안전관리자의 자격을 부여받으려는 사람은 다음 각 호의 어느 하나에 해당하는 자격기준을 갖추어야 한다. 〈개정 13 · 3 · 23〉 1. 관제업무에 종사한 경력이 2년 이상일 것 2. 국토교통부장관이 인정한 교육훈련기관에서 국토교통부령으로 정하는 교육훈련을 수료할 것 ② 법 제69조제3항제2호에 따른 철도안전전문기술자의 자격기준은 별표 5와 같다. [전문개정 12 · 11 · 30] **제60조의2(철도안전 전문인력의 자격부여 절차 등)** ① 법 제69조제3항에 따른 자격을 부여받으려는 사람은 국토교통부령으로 정하는 바에 따라 국토교통부장관에게 자격부여 신청을 하	**제91조(철도안전 전문인력의 교육훈련)** ① 영 제60조제1항제2호 및 영 별표 5에 따른 철도안전 전문인력의 교육훈련은 별표 24에 따른다. ② 제1항에 따른 교육훈련의 방법 · 절차 등에 관하여 필요한 세부사항은 국토교통부장관이 정한다. 〈개정 13 · 3 · 23〉 [전문개정 12 · 12 · 10] **제92조(철도안전 전문인력 자격부여 절차 등)** ① 영 제60조의2제1항에 따른 철도안전 전문인력의 자격을 부여받으려는 자는 별지 제46호서식의 철도안전 전문인력 자격부여(증명서 재발급) 신청서에 다음 각 호의 서류를 첨부하여 법 제69조제5항에 따라 지정받은 안전전문기관(이하 "안전전문기관"이라 한다)에 제출하여야 한다. 〈개정 14 · 5 · 22, 16 · 8 · 10, 19 · 6 · 18〉

법	시 행 령	시 행 규 칙
	여야 한다. 〈개정 13·3·23〉 ② 국토교통부장관은 제1항에 따라 자격부여 신청을 한 사람이 해당 자격기준에 적합한 경우에는 제59조제1항에 따른 전문인력의 구분에 따라 자격증명서를 발급하여야 한다. 〈개정 13·3·23〉 ③ 국토교통부장관은 제1항에 따라 자격부여 신청을 한 사람이 해당 자격기준에 적합한지를 확인하기 위하여 그가 소속된 기관이나 업체 등에 관계 자료 제출을 요청할 수 있다. 〈개정 13·3·23〉 ④ 국토교통부장관은 철도안전 전문인력의 자격부여에 관한 자료를 유지·관리하여야 한다. 〈개정 13·3·23〉 ⑤ 제1항부터 제4항까지의 규정에 따른 자격부여 절차와 방법, 자격증명서 발급 및 자격의 관리 등에 필요한 사항은 국토교통부령으로 정한다. 〈개정 13·3·23〉 [본조신설 12·11·30]	1. 경력을 확인할 수 있는 자료 2. 교육훈련 이수증명서(해당자에 한정한다) 3. 「전기공사업법」에 따른 전기공사 기술자, 「전력기술관리법」에 따른 전력기술인, 「정보통신공사업법」에 따른 정보통신기술자 경력수첩 또는 「건설기술 진흥법」에 따른 건설기술경력증 사본(해당자에 한정한다) 4. 국가기술자격증 사본(해당자에 한정한다) 5. 이 법에 따른 철도차량정비경력증 사본(해당자에 한정한다) 6. 사진(3.5센티미터×4.5센티미터) ② 안전전문기관은 제1항에 따른 신청인이 영 제60조제1항 및 제2항에 따른 자격기준에 적합한 경우에는 별지 제47호서식의 철도안전 전문인력 자격증명서를 신청인에게 발급하여야 한다. ③ 제2항에 따라 철도안전 전문인력 자격증명서를 발급받은 사람이 철도안전 전문인력 자격증명서를 잃어버렸거나 헐어 못 쓰게 된 때에는 안전전문기관에 별지 제46호서식에 따라 철도안전 전문인력 자격증명서의 재발급을 신청하고, 안전전문기관은 자격부여 사실을 확인한 후 철도안전 전문인력 자격증명서 신청인에게 재발급하여야 한다. ④ 안전전문기관은 해당 분야 자격 취득자의 자격증명서 발급 등에 관한 자료를 유지·관

법	시 행 령	시 행 규 칙
④ 철도안전 전문인력의 분야별 자격기준, 자격부여 절차 및 자격을 받기 위한 안전교육훈련 등에 관하여 필요한 사항은 대통령령으로 정한다. ⑤ 국토교통부장관은 철도안전에 관한 전문기관(이하 "안전전문기관"이라 한다)을 지정하여 철도안전 전문인력의 양성 및 자격관리 등의 업무를 수행하게 할 수 있다. 〈개정 13·3·23〉 ⑥ 안전전문기관의 지정기준, 지정절차 등에 관하여 필요한 사항은 대통령령으로 정한다.	제60조의3(안전전문기관 지정기준) ① 법 제69조제6항에 따른 안전전문기관으로 지정받을 수 있는 기관이나 단체는 다음 각 호의 어느 하나와 같다. 〈개정 13·3·23〉 1. 법 또는 다른 법률에 따라 철도안전과 관련된 업무를 수행하기 위하여 설립된 법인 2. 철도안전과 관련된 업무를 수행하는 학회·기관이나 단체 3. 철도안전과 관련된 업무를 수행하는 「민법」 제32조에 따라 국토교통부장관의 허가를 받아 설립된 비영리법인 ② 법 제69조제6항에 따른 안전전문기관의 지정기준은 다음 각 호와 같다. 1. 업무수행에 필요한 상설 전담조직을 갖출 것 2. 분야별 교육훈련을 수행할 수 있는 전문인력을 확보할 것	리하여야 한다. [전문개정 12·12·10]

법	시 행 령	시 행 규 칙
	3. 교육훈련 시행에 필요한 사무실·교육시설과 필요한 장비를 갖출 것 4. 안전전문기관 운영 등에 관한 업무규정을 갖출 것	
	③ 국토교통부장관은 필요하다고 인정하는 경우에는 국토교통부령으로 정하는 바에 따라 분야별로 구분하여 안전전문기관을 지정할 수 있다. 〈개정 13·3·23〉	제92조의2(분야별 안전전문기관 지정) 국토교통부장관은 영 제60조의3제3항에 따라 다음 각 호의 분야별로 구분하여 전문기관을 지정할 수 있다. 〈개정 13·3·23, 19·6·18〉 1. 철도운행안전 분야 2. 전기철도 분야 3. 철도신호 분야 4. 철도궤도 분야 5. 철도차량 분야 [본조신설 12·12·10]
	④ 제2항에 따른 안전전문기관의 세부 지정기준은 국토교통부령으로 정한다. 〈개정 13·3·23〉 [본조신설 12·11·30]	제92조의3(안전전문기관의 세부 지정기준 등) ① 영 제60조의3제4항에 따른 안전전문기관의 세부 지정기준은 별표 25와 같다. ② 영 제60조의5제1항에 따른 안전전문기관의 변경사항 통지는 별지 제11호의2서식에 따른다. [본조신설 12·12·10]
	제60조의4(안전전문기관 지정절차 등) ① 법 제69조제6항에 따른 안전전문기관으로 지정을 받으려는 자는 국토교통부령으로 정하는 바에 따라 철도안전 전문기관 지정신청서를 제출하여야 한다. 〈개정 13·3·23〉 ② 국토교통부장관은 제1항에 따라 안전전문	제92조의4(안전전문기관 지정 신청 등) ① 영 제60조의4제1항에 따라 안전전문기관으로 지정받으려는 자는 별지 제47호의2서식의 철도안전 전문기관 지정신청서(전자문서를 포함한다)에 다음 각 호의 서류를 첨부하여 국토교통부장관에게 제출하여야 한다. 〈개정 13·3·23, 19·6·18〉

법	시 행 령	시 행 규 칙
⑦ 안전전문기관의 지정취소 및 업무정지 등에 관하여는 제15조제6항 및 제15조의2를 준	기관의 지정 신청을 받은 경우에는 다음 각 호의 사항을 종합적으로 심사한 후 지정 여부를 결정하여야 한다. 〈개정 13 · 3 · 23〉 1. 제60조의3에 따른 지정기준에 관한 사항 2. 안전전문기관의 운영계획 3. 철도안전 전문인력 등의 수급에 관한 사항 4. 그 밖에 국토교통부장관이 필요하다고 인정하는 사항 ③ 국토교통부장관은 안전전문기관을 지정하였을 경우에는 국토교통부령으로 정하는 바에 따라 철도안전 전문기관 지정서를 발급하고 그 사실을 관보에 고시하여야 한다. 〈개정 13 · 3 · 23〉 [본조신설 12 · 11 · 30] 제60조의5(안전전문기관의 변경사항 통지) ① 안전전문기관은 그 명칭 · 소재지나 그 밖에 안전전문기관의 업무수행에 중대한 영향을 미치는 사항의 변경이 있는 경우에는 해당 사유가 발생한 날부터 15일 이내에 국토교통부장관에게 그 사실을 알려야 한다. 〈개정 13 · 3 · 23〉 ② 국토교통부장관은 제1항에 따른 통지를 받은 경우에는 그 사실을 관보에 고시하여야 한다. 〈개정 13 · 3 · 23〉 [본조신설 12 · 11 · 30]	1. 안전전문기관 운영 등에 관한 업무규정 2. 교육훈련이 포함된 운영계획서(교육훈련평가계획을 포함한다) 3. 정관이나 이에 준하는 약정(법인 그 밖의 단체의 경우만 해당한다) 4. 교육훈련, 철도시설 및 철도차량의 점검 등 안전업무를 수행하는 사람의 자격 · 학력 · 경력 등을 증명할 수 있는 서류 5. 교육훈련, 철도시설 및 철도차량의 점검에 필요한 강의실 등 시설 · 장비 등 내역서 6. 안전전문기관에서 사용하는 직인의 인영 ② 영 제60조의4제3항에 따른 철도안전 전문기관 지정서는 별지 제47호의3서식에 따른다. [본조신설 12 · 12 · 10] 제92조의5(안전전문기관의 지정취소 · 업무정지 등) ① 법 제69조제7항에서 준용하는 법 제15

법	시행령	시행규칙
용한다. 이 경우 "운전적성검사기관"은 "안전전문기관"으로, "운전적성검사 업무"는 "안전교육훈련 업무"로, "제15조제5항"은 "제69조제6항"으로, "운전적성검사 판정서"는 "안전교육훈련 수료증 또는 자격증명서"로 본다.〈개정 15·7·24〉 [전문개정 12·6·1]		조의2에 따른 안전전문기관의 지정취소 및 업무정지의 기준은 별표 26과 같다. ② 국토교통부장관은 안전전문기관의 지정을 취소하거나 업무정지의 처분을 한 경우에는 지체 없이 그 안전전문기관에 별지 제11호의3서식의 지정기관 행정처분서를 통지하고 그 사실을 관보에 고시하여야 한다. [본조신설 17·1·20]
제69조의2(철도운행안전관리자의 배치 등) ① 철도운영자등은 철도차량의 운행선로 또는 그 인근에서 철도시설의 건설 또는 관리와 관련한 작업을 시행할 경우 철도운행안전관리자를 배치하여야 한다. 다만, 철도운영자등이 자체적으로 작업 또는 공사 등을 시행하는 경우 등 대통령령으로 정하는 경우에는 그러하지 아니하다. ② 제1항에 따른 철도운행안전관리자의 배치기준, 방법 등에 관하여 필요한 사항은 국토교통부령으로 정한다. [본조신설 19·4·23]	제60조의6(철도운행안전관리자의 배치) 법 제69조의2제1항 단서에서 "철도운영자등이 자체적으로 작업 또는 공사 등을 시행하는 경우 등 대통령령으로 정하는 경우"란 다음 각 호의 어느 하나에 해당하는 경우를 말한다. 1. 철도운영자등이 선로 점검 작업 등 3명 이하의 인원으로 할 수 있는 소규모 작업 또는 공사 등을 자체적으로 시행하는 경우 2. 천재지변 또는 철도사고 등 부득이한 사유로 긴급 복구 작업 등을 시행하는 경우 [본조신설 19·10·22]	제92조의6(철도운행안전관리자의 배치기준 등) ① 법 제69조의2제2항에 따른 철도운행안전관리자의 배치기준 등은 별표 27과 같다. ② 철도운행안전관리자는 배치된 기간 중에 수행한 업무에 대하여 별지 제47호의4서식의 근무상황일지를 작성하여 철도운영자등에게 제출해야 한다. [본조신설 19·10·23]
제69조의3(철도안전 전문인력의 정기교육) ① 제69조에 따라 철도안전 전문인력의 분야별 자격을 부여받은 사람은 직무 수행의 적정성 등을 유지할 수 있도록 정기적으로 교육을 받아야 한다. ② 철도운영자등은 제1항에 따른 정기교육을		제92조의7(철도안전 전문인력의 정기교육) ① 법 제69조의3제1항에 따른 철도안전 전문인력에 대한 정기교육의 주기, 교육 내용, 교육 절차 등은 별표 28과 같다. ② 철도안전 전문인력의 정기교육은 안전전문기관에서 실시한다.

법	시행령	시행규칙
받지 아니한 사람을 관련 업무에 종사하게 하여서는 아니 된다. ③ 제1항에 따른 철도안전 전문인력에 대한 정기교육의 주기, 교육 내용, 교육 절차 등에 관하여 필요한 사항은 국토교통부령으로 정한다. [본조신설 19 · 4 · 23]		③ 제1항 및 제2항에서 규정한 사항 외에 철도안전 전문인력의 정기교육에 필요한 세부사항은 국토교통부장관이 정하여 고시한다. [본조신설 19 · 10 · 23]
제69조의4(철도운행안전관리자 자격 취소 · 정지) ① 국토교통부장관은 철도운행안전관리자가 다음 각 호의 어느 하나에 해당할 때에는 철도운행안전관리자 자격을 취소하거나 1년 이내의 기간을 정하여 철도운행안전관리자 자격을 정지시킬 수 있다. 다만, 제1호부터 제3호까지의 규정에 해당할 때에는 철도운행안전관리자 자격을 취소하여야 한다. 1. 거짓이나 그 밖의 부정한 방법으로 철도운행안전관리자 자격을 받았을 때 2. 철도운행안전관리자 자격의 효력정지기간 중에 철도운행안전관리자 업무를 수행하였을 때 3. 철도운행안전관리자 자격을 다른 사람에게 대여하였을 때 4. 철도운행안전관리자의 업무 수행 중 고의 또는 중과실로 인한 철도사고가 일어났을 때 5. 제41조제1항을 위반하여 술을 마시거나 약물을 사용한 상태에서 철도운행안전관리자 업무를 하였을 때		제92조의8(철도운행안전관리자의 자격 취소 · 정지) ① 법 제69조의4제1항에 따른 철도운행안전관리자 자격의 취소 또는 효력정지 처분의 세부기준은 별표 29와 같다. ② 법 제69조의4제1항에 따른 철도운행안전관리자 자격의 취소 및 효력정지 처분의 통지 등에 관하여는 제34조를 준용한다. 이 경우 "운전면허"는 "철도운행안전관리자 자격"으로, "별지 제22호서식의 철도차량 운전면허 취소 · 효력정지 처분 통지서"는 "별지 제47호의5서식의 철도운행안전관리자 자격 취소 · 효력정지 처분 통지서"로, "운전면허시험기관"은 "안전전문기관"으로, "한국교통안전공단"은 "해당 안전전문기관"으로, "운전면허증"은 "철도운행안전관리자 자격증명서"로 본다. [본조신설 19 · 10 · 23]

법	시행령	시행규칙
6. 제41조제2항을 위반하여 술을 마시거나 약물을 사용한 상태에서 업무를 하였다고 인정할 만한 상당한 이유가 있음에도 불구하고 국토교통부장관 또는 시·도지사의 확인 또는 검사를 거부하였을 때 ② 제1항에 따른 철도운행안전관리자 자격의 취소 또는 효력정지의 기준 및 절차 등에 관하여는 제20조제2항부터 제6항까지를 준용한다. 이 경우 "운전면허"는 "철도운행안전관리자 자격"으로, "운전면허증"은 "철도운행안전관리자 자격증명서"로 본다. [본조신설 19·4·23] **제70조(철도안전 지식의 보급 등)** 국토교통부장관은 철도안전에 관한 지식의 보급과 철도안전의식을 고취하기 위하여 필요한 시책을 마련하여 추진하여야 한다. 〈개정 13·3·23〉 [전문개정 12·6·1] **제71조(철도안전 정보의 종합관리 등)** ① 국토교통부장관은 이 법에 따른 철도안전시책을 효율적으로 추진하기 위하여 철도안전에 관한 정보를 종합관리하고, 관계 지방자치단체의 장 또는 철도운영자등, 운전적성검사기관, 관제적성검사기관, 운전교육훈련기관, 관제교육훈련기관, 인증기관, 시험기관, 안전전문기관 및 제77조제2항에 따라 업무를 위탁받은 기관 또는 단체(이하 "철도관계기관등"이라 한다)에 그		

법	시 행 령	시 행 규 칙
정보를 제공할 수 있다. 〈개정 12·12·18, 13·3·23, 15·7·24, 19·4·23〉 ② 국토교통부장관은 제1항에 따른 정보의 종합관리를 위하여 관계 지방자치단체의 장 또는 철도관계기관등에 필요한 자료의 제출을 요청할 수 있다. 이 경우 요청을 받은 자는 특별한 이유가 없으면 요청에 응하여야 한다. 〈개정 13·3·23〉 [전문개정 12·6·1] **제72조(재정지원)** 정부는 다음 각 호의 기관 또는 단체에 보조 등 재정적 지원을 할 수 있다. 〈개정 12·12·18, 15·7·24, 18·6·12, 19·4·23〉 1. 운전적성검사기관, 관제적성검사기관 또는 정밀안전진단기관 2. 운전교육훈련기관, 관제교육훈련기관 또는 정비교육훈련기관 3. 인증기관, 시험기관, 안전전문기관 및 철도안전에 관한 단체 4. 제77조제2항에 따라 업무를 위탁받은 기관 또는 단체 [전문개정 12·6·1] **제72조의2(철도횡단교량 개축·개량 지원)** ① 국가는 철도의 안전을 위하여 철도횡단교량의 개축 또는 개량에 필요한 비용의 일부를 지원할 수 있다. ② 제1항에 따른 개축 또는 개량의 지원대상,		

법	시 행 령	시 행 규 칙
지원조건 및 지원비율 등에 관하여 필요한 사항은 대통령령으로 정한다. [본조신설 12·1·17] **제8장 보칙** 〈개정 12·6·1〉 제73조(보고 및 검사) ① 국토교통부장관이나 관계 지방자치단체는 다음 각 호의 어느 하나에 해당하는 경우 대통령령으로 정하는 바에 따라 철도관계기관등에 대하여 필요한 사항을 보고하게 하거나 자료의 제출을 명할 수 있다. 〈개정 13·3·23, 15·7·24, 18·6·12, 19·4·23〉 1. 철도안전 종합계획 또는 시행계획의 수립 또는 추진을 위하여 필요한 경우 1의2. 제6조의2제1항에 따른 철도안전투자의 공시가 적정한지를 확인하려는 경우 2. 제8조제2항에 따른 점검·확인을 위하여 필요한 경우 2의2. 제9조의3제1항에 따른 안전관리 수준평가를 위하여 필요한 경우 3. 운전적성검사기관, 관제적성검사기관, 운전교육훈련기관, 관제교육훈련기관, 안전전문기관, 정비교육훈련기관, 정밀안전진단기관, 인증기관 또는 시험기관의 업무 수행 또는 지정기준 부합 여부에 대한 확인이 필요한 경우 4. 철도운영자등의 제21조의2, 제22조의2 또는	제61조(보고 및 검사) ① 국토교통부장관 또는 관계 지방자치단체의 장은 법 제73조제1항에 따라 보고 또는 자료의 제출을 명할 때에는 7일 이상의 기간을 주어야 한다. 다만, 공무원이 철도사고등이 발생한 현장에 출동하는 등 긴급한 상황인 경우에는 그러하지 아니하다. 〈개정 13·3·23〉 ② 국토교통부장관은 법 제73조제2항에 따른 검사 등의 업무를 효율적으로 수행하기 위하여 특히 필요하다고 인정하는 경우에는 철도안전에 관한 전문가를 위촉하여 검사 등의 업무에 관하여 자문에 응하게 할 수 있다. 〈개정 13·3·23〉 [전문개정 12·11·30]	제93조(검사공무원의 증표) 법 제73조제4항에 따른 증표는 별지 제48호서식에 따른다. [전문개정 12·12·10]

법	시 행 령	시 행 규 칙
제23조제3항에 따른 철도종사자 관리의무 준수 여부에 대한 확인이 필요한 경우 4의2. 제31조제4항에 따른 조치의무 준수 여부를 확인하려는 경우 5. 제38조제2항에 따른 검토를 위하여 필요한 경우 5의2. 제38조의9에 따른 준수사항 이행 여부를 확인하려는 경우 6. 제40조에 따라 철도운영자가 열차운행을 일시 중지한 경우로서 그 결정 근거 등의 적정성에 대한 확인이 필요한 경우 7. 제44조제2항에 따른 철도운영자의 안전조치 등이 적정한지에 대한 확인이 필요한 경우 8. 제61조에 따른 보고와 관련하여 사실 확인 등이 필요한 경우 9. 제68조, 제69조제2항 또는 제70조에 따른 시책을 마련하기 위하여 필요한 경우 10. 제72조의2제1항에 따른 비용의 지원을 결정하기 위하여 필요한 경우 ② 국토교통부장관이나 관계 지방자치단체는 제1항 각 호의 어느 하나에 해당하는 경우 소속 공무원으로 하여금 철도관계기관등의 사무소 또는 사업장에 출입하여 관계인에게 질문하게 하거나 서류를 검사하게 할 수 있다. 〈개정 13·3·23, 15·7·24〉 ③ 제2항에 따라 출입·검사를 하는 공무원은		

법	시 행 령	시 행 규 칙
국토교통부령으로 정하는 바에 따라 그 권한을 표시하는 증표를 지니고 이를 관계인에게 보여주어야 한다. 〈개정 13 · 3 · 23〉 ④ 제3항에 따른 증표에 관하여 필요한 사항은 국토교통부령으로 정한다. 〈개정 13 · 3 · 23〉 [전문개정 12 · 6 · 1]		
제74조(수수료) ① 이 법에 따른 교육훈련, 면허, 검사, 진단, 성능인증 및 성능시험 등을 신청하는 자는 국토교통부령으로 정하는 수수료를 내야 한다. 다만, 이 법에 따라 국토교통부장관의 지정을 받은 운전적성검사기관, 관제적성검사기관, 운전교육훈련기관, 관제교육훈련기관, 정비교육훈련기관, 정밀안전진단기관, 인증기관, 시험기관 및 안전전문기관(이하 이조에서 "대행기관"이라 한다) 또는 제77조제2항에 따라 업무를 위탁받은 기관(이하 이 조에서 "수탁기관"이라 한다)의 경우에는 대행기관 또는 수탁기관이 정하는 수수료를 대행기관 또는 수탁기관에 내야 한다. 〈개정 12 · 12 · 18, 13 · 3 · 23, 15 · 7 · 24, 18 · 6 · 12, 19 · 4 · 23〉 ② 제1항 단서에 따라 수수료를 정하려는 대행기관 또는 수탁기관은 그 기준을 정하여 국토교통부장관의 승인을 받아야 한다. 승인받은 사항을 변경하려는 경우에도 또한 같다. 〈개정 13 · 3 · 23〉 [전문개정 12 · 6 · 1]		**제94조(수수료의 결정절차)** ① 법 제74조제1항 단서에 따른 대행기관 또는 수탁기관(이하 이 조에서 "대행기관 또는 수탁기관"이라 한다)이 같은 조 제2항에 따라 수수료에 대한 기준을 정하려는 경우에는 해당 기관의 인터넷 홈페이지에 20일간 그 내용을 게시하여 이해관계인의 의견을 수렴하여야 한다. 다만, 긴급하다고 인정하는 경우에는 인터넷 홈페이지에 그 사유를 소명하고 10일간 게시할 수 있다. ② 제1항에 따라 대행기관 또는 수탁기관이 수수료에 대한 기준을 정하여 국토교통부장관의 승인을 얻은 경우에는 해당 기관의 인터넷 홈페이지에 그 수수료 및 산정내용을 공개하여야 한다. 〈개정 13 · 3 · 23〉 [본조신설 11 · 12 · 15] **제95조** 삭제 〈16 · 12 · 30〉 **제96조(규제의 재검토)** 국토교통부장관은 다음 각 호의 사항에 대하여 2017년 1월 1일을 기준으로 3년마다(매 3년이 되는 해의 1월 1일 전까지를 말한다) 그 타당성을 검토하여 개선

법	시 행 령	시 행 규 칙
제75조(청문) 국토교통부장관은 다음 각 호의 어느 하나에 해당하는 처분을 하는 경우에는 청문을 하여야 한다. 〈개정 13·3·23, 15·7·24, 18·6·12, 19·4·23〉 1. 제9조제1항에 따른 안전관리체계의 승인 취소 2. 제15조의2에 따른 운전적성검사기관의 지정취소(제16조제5항, 제21조의6제5항, 제21조의7제5항, 제24조의4제5항 또는 제69조제7항에서 준용하는 경우를 포함한다) 3. 삭제 4. 제20조제1항에 따른 운전면허의 취소 및 효력정지 4의2. 제21조의11제1항에 따른 관제자격증명의 취소 또는 효력정지 4의3. 제24조의5제1항에 따른 철도차량정비기		등의 조치를 하여야 한다. 1. 제12조에 따른 신체검사 방법·절차·합격기준 등 2. 제16조에 따른 적성검사 방법·절차 및 합격기준 등 3. 제77조에 따른 위해물품 휴대금지 예외 4. 제78조에 따른 위해물품의 종류 등 5. 제92조의3 및 별표 25에 따른 안전전문기관의 세부 지정기준 등 [전문개정 16·12·30]

법	시행령	시행규칙
술자의 인정 취소 5. 제26조의2제1항(제27조제4항에서 준용하는 경우를 포함한다)에 따른 형식승인의 취소 6. 제26조의7(제27조의2제4항에서 준용하는 경우를 포함한다)에 따른 제작자승인의 취소 7. 제38조의10제1항에 따른 인증정비조직의 인증 취소 8. 제38조의13제3항에 따른 정밀안전진단기관의 지정 취소 9. 제48조의4제3항에 따른 시험기관의 지정 취소 [전문개정 12·12·18] **제76조(벌칙 적용에서 공무원 의제**〈개정 18·6·12〉) 다음 각 호의 어느 하나에 해당하는 사람은 「형법」 제129조부터 제132조까지의 규정을 적용할 때에는 공무원으로 본다.〈개정 15·7·24, 18·6·12, 19·4·23〉 1. 운전적성검사 업무에 종사하는 운전적성검사기관의 임직원 또는 관제적성검사 업무에 종사하는 관제적성검사기관의 임직원 2. 운전교육훈련 업무에 종사하는 운전교육훈련기관의 임직원 또는 관제교육훈련 업무에 종사하는 관제교육훈련기관의 임직원 2의2. 정비교육훈련 업무에 종사하는 정비교육훈련기관의 임직원 2의3. 정밀안전진단 업무에 종사하는 정밀안		

법	시 행 령	시 행 규 칙
전진단기관의 임직원 2의4. 제48조의4에 따른 성능시험 업무에 종사하는 시험기관의 임직원 및 성능인증·점검 업무에 종사하는 인증기관의 임직원 2의5. 제69조제5항에 따른 철도안전 전문인력의 양성 및 자격관리 업무에 종사하는 안전전문기관의 임직원 3. 제77조제2항에 따라 위탁업무에 종사하는 철도안전 관련 기관 또는 단체의 임직원 [전문개정 12·12·18]		
제77조(권한의 위임·위탁) ① 국토교통부장관은 이 법에 따른 권한의 일부를 대통령령으로 정하는 바에 따라 소속 기관의 장 또는 시·도지사에게 위임할 수 있다. 〈개정 13·3·23〉 ② 국토교통부장관은 이 법에 따른 업무의 일부를 대통령령으로 정하는 바에 따라 철도안전 관련 기관 또는 단체에 위탁할 수 있다. 〈개정 13·3·23〉 [전문개정 12·6·1]	제62조(권한의 위임) ① 국토교통부장관은 법 제77조제1항에 따라 해당 특별시·광역시·특별자치시·도 또는 특별자치도의 소관 도시철도(「도시철도법」 제3조제2호에 따른 도시철도 또는 같은 법 제24조 또는 제42조에 따라 도시철도건설사업 또는 도시철도운송사업을 위탁받은 법인이 건설·운영하는 도시철도를 말한다)에 대한 다음 각 호의 권한을 해당 시·도지사에게 위임한다. 〈개정 13·3·23, 14·3·18, 14·7·7, 16·1·22〉 1. 법 제39조의2제1항부터 제3항까지에 따른 이동·출발 등의 명령과 운행기준 등의 지시, 조언·정보의 제공 및 안전조치 업무 2. 법 제81조제1항제10호에 따른 과태료의 부과·징수 3.부터 5.까지 삭제 〈14·3·18〉	

법	시 행 령	시 행 규 칙
	② 국토교통부장관은 법 제77조제1항에 따라 다음 각 호의 권한을 「국토교통부와 그 소속기관 직제」 제40조에 따른 철도특별사법경찰대장에게 위임한다. 〈개정 13·3·23, 14·3·18, 16·12·30, 18·2·9, 18·12·11, 19·6·4〉 1. 법 제41조제2항에 따른 술을 마셨거나 약물을 사용하였는지에 대한 확인 또는 검사 2. 법 제48조의2제2항에 따른 철도보안정보체계의 구축·운영 3. 법 제47조제1항제1호·제3호·제4호 또는 제7호, 법 제48조제5호·제7호·제9호·제10호, 법 제49조제1항을 위반한 자에 대한 법 제81조제1항에 따른 과태료의 부과·징수 4. 법 제81조제3항제3호에 따른 과태료의 부과·징수 [전문개정 12·11·30] 제63조(업무의 위탁〈개정 18·12·11〉) ① 국토교통부장관은 법 제77조제2항에 따라 다음 각 호의 업무를 「한국교통안전공단법」에 따른 한국교통안전공단에 위탁한다. 〈개정 13·3·23, 14·3·18, 17·7·24, 19·6·4〉 1. 법 제7조제4항에 따른 안전관리기준에 대한 적합 여부 검사 1의2. 법 제7조제5항에 따른 기술기준의 제정 또는 개정을 위한 연구·개발 1의3. 법 제8조제2항에 따른 안전관리체계에	

법	시 행 령	시 행 규 칙
	대한 정기검사 또는 수시검사 1의4. 법 제9조의3제1항에 따른 철도운영자등에 대한 안전관리 수준평가 2. 법 제17조제1항에 따른 운전면허시험의 실시 3. 법 제18조제1항(법 제21조의9에서 준용하는 경우를 포함한다)에 따른 운전면허증 또는 관제자격증명서의 발급과 법 제18조제2항(법 제21조의9에서 준용하는 경우를 포함한다)에 따른 운전면허증 또는 관제자격증명서의 재발급이나 기재사항의 변경 4. 법 제19조제3항(법 제21조의9에서 준용하는 경우를 포함한다)에 따른 운전면허증 또는 관제자격증명서의 갱신 발급과 법 제19조제6항(법 제21조의9에서 준용하는 경우를 포함한다)에 따른 운전면허 또는 관제자격증명 갱신에 관한 내용 통지 5. 법 제20조제3항 및 제4항(법 제21조의11제2항에서 준용하는 경우를 포함한다)에 따른 운전면허증 또는 관제자격증명서의 반납의 수령 및 보관 6. 법 제20조제6항(법 제21조의11제2항에서 준용하는 경우를 포함한다)에 따른 운전면허 또는 관제자격증명의 발급 · 갱신 · 취소 등에 관한 자료의 유지 · 관리 6의2. 법 제21조의8제1항에 따른 관제자격증명시험의 실시	

<table>
<tr><th>법</th><th>시 행 령</th><th>시 행 규 칙</th></tr>
<tr><td></td><td>6의3. 법 제24조의2제1항부터 제3항까지에 따른 철도차량정비기술자의 인정 및 철도차량정비경력증의 발급·관리
6의4. 법 제24조의5제1항 및 제2항에 따른 철도차량정비기술자 인정의 취소 및 정지에 관한 사항
6의5. 법 제38조제2항에 따른 종합시험운행 결과의 검토
6의6. 법 제38조의5제5항에 따른 철도차량의 이력관리에 관한 사항
6의7. 법 제38조의7제1항 및 제2항에 따른 철도차량 정비조직의 인증 및 변경인증의 적합 여부에 관한 확인
6의8. 법 제38조의7제3항에 따른 정비조직운영기준의 작성
7. 법 제70조에 따른 철도안전에 관한 지식 보급과 법 제71조에 따른 철도안전에 관한 정보의 종합관리를 위한 정보체계 구축 및 관리
7의2. 법 제75조제4호의3에 따른 철도차량정비기술자의 인정 취소에 관한 청문
② 국토교통부장관은 법 제77조제2항에 따라 다음 각 호의 업무를 한국철도기술연구원에 위탁한다. 〈개정 13·3·23, 14·3·18, 18·10·23, 19·10·22〉
1. 법 제25조제1항, 제26조제3항, 제26조의3제2</td><td></td></tr>
</table>

<table>
<tr><th>법</th><th>시 행 령</th><th>시 행 규 칙</th></tr>
<tr><td></td><td>항, 제27조제2항 및 제27조의2제2항에 따른 기술기준의 제정 또는 개정을 위한 연구·개발
2. 법 제26조제3항에 따른 형식승인검사
3. 법 제26조의3제2항에 따른 제작자승인검사
4. 법 제26조의6제1항에 따른 완성검사(제4항제1호에 따른 완성차량검사 업무는 제외한다)
5. 법 제26조의8 및 제27조의2제4항에서 준용하는 법 제8조제2항에 따른 정기검사 또는 수시검사
6. 법 제27조제2항에 따른 형식승인검사
7. 법 제27조의2제2항에 따른 제작자승인검사
8. 법 제34조제1항에 따른 철도차량·철도용품 표준규격의 제정·개정 등에 관한 업무 중 다음 각 목의 업무
가. 표준규격의 제정·개정·폐지에 관한 신청의 접수
나. 표준규격의 제정·개정·폐지 및 확인 대상의 검토
다. 표준규격의 제정·개정·폐지 및 확인에 대한 처리결과 통보
라. 표준규격서의 작성
마. 표준규격서의 기록 및 보관
9. 법 제38조의2제4항에 따른 철도차량 개조승인검사
③ 국토교통부장관은 법 제77조제2항에 따라</td><td></td></tr>
</table>

법	시 행 령	시 행 규 칙
	철도보호지구 관리에 관한 다음 각 호의 업무를 「한국철도시설공단법」에 따른 한국철도시설공단에 위탁한다. 〈개정 13·3·23, 14·3·18〉 1. 법 제45조제1항에 따른 철도보호지구에서의 행위의 신고 수리와 같은 조 제2항에 따른 행위 금지·제한이나 필요한 조치명령 2. 법 제46조에 따른 손실보상과 손실보상에 관한 협의 ④ 국토교통부장관은 법 제77조제2항에 따라 다음 각 호의 업무를 국토교통부장관이 지정하여 고시하는 철도안전에 관한 전문기관이나 단체에 위탁한다. 〈개정 13·3·23, 14·3·18, 16·12·30〉 1. 법 제26조의6제1항에 따른 완성검사 업무 중 완성차량검사 업무(철도차량이 기술기준에 적합하고 형식승인을 받은 설계대로 제작되었는지를 확인하는 검사를 말한다) 2. 법 제69조제4항에 따른 자격부여 등에 관한 업무 중 제60조의2에 따른 자격부여신청 접수, 자격증명서 발급, 관계 자료 제출 요청 및 자격부여에 관한 자료의 유지·관리 업무 [전문개정 12·11·30] **제63조의2(민감정보 및 고유식별정보의 처리)** 국토교통부장관(제63조제1항에 따라 국토교통부장관의 권한을 위탁받은 자를 포함한다), 법 제13조에 따른 의료기관과 운전적성검사기관, 운	

법	시 행 령	시 행 규 칙
	전교육훈련기관, 관제적성검사기관 및 관제교육훈련기관은 다음 각 호의 사무를 수행하기 위하여 불가피한 경우 「개인정보 보호법」 제23조에 따른 건강에 관한 정보나 같은 법 시행령 제19조제1호 또는 제2호에 따른 주민등록번호 또는 여권번호가 포함된 자료를 처리할 수 있다.〈개정 17·7·24, 19·10·22〉 1. 법 제12조에 따른 운전면허의 신체검사에 관한 사무 2. 법 제15조에 따른 운전적성검사에 관한 사무 3. 법 제16조에 따른 운전교육훈련에 관한 사무 4. 법 제17조에 따른 운전면허시험에 관한 사무 5. 법 제21조의5에 따른 관제자격증명의 신체검사에 관한 사무 6. 법 제21조의6에 따른 관제적성검사에 관한 사무 7. 법 제21조의7에 따른 관제교육훈련에 관한 사무 8. 법 제21조의8에 따른 관제자격증명시험에 관한 사무 9. 법 제24조의2에 따른 철도차량정비기술자의 인정에 관한 사무 10. 제1호부터 제9호까지의 규정에 따른 사무를 수행하기 위하여 필요한 사무 [본조신설 16·12·30] 〈종전의 제63조의2〉〈개정 16·12·30〉	

법	시행령	시행규칙
## 제9장 벌칙 제78조(벌칙) ① 제49조제2항을 위반하여 폭행·협박으로 철도종사자의 직무집행을 방해한 자는 5년 이하의 징역 또는 5천만원 이하의 벌금에 처한다. 〈개정 12·6·1〉 ② 다음 각 호의 어느 하나에 해당하는 자는 3년 이하의 징역 또는 3천만원 이하의 벌금에 처한다. 〈개정 12·12·18, 15·7·24, 17·8·9, 17·10·24, 18·6·12〉 1. 제7조제1항을 위반하여 안전관리체계의 승인을 받지 아니하고 철도운영을 하거나 철	제63조의3(규제의 재검토) 국토교통부장관은 다음 각 호의 사항에 대하여 다음 각 호의 기준일을 기준으로 3년마다(매 3년이 되는 해의 기준일과 같은 날 전까지를 말한다) 그 타당성을 검토하여 개선 등의 조치를 하여야 한다.〈개정 16·12·30〉 1. 제44조에 따른 탑승 및 운송 금지 위험물 등: 2017년 1월 1일 2. 제60조에 따른 철도안전 전문인력의 자격기준: 2014년 1월 1일 [본조신설 13·12·30] 제64조(과태료 부과기준) 법 제81조에 따른 과태료 부과기준은 별표 6과 같다.〈개정 16·1·22〉 [전문개정 12·11·30]	

법	시 행 령	시 행 규 칙
도시설을 관리한 자 2. 제26조의3제1항을 위반하여 철도차량 제작자 승인을 받지 아니하고 철도차량을 제작한 자 3. 제27조의2제1항을 위반하여 철도용품 제작자 승인을 받지 아니하고 철도용품을 제작한 자 3의2. 제38조의2제2항을 위반하여 개조승인을 받지 아니하고 철도차량을 임의로 개조하여 운행한 자 3의3. 제38조의2제3항을 위반하여 적정 개조능력이 있다고 인정되지 아니한 자에게 철도차량 개조 작업을 수행하게 한 자 3의4. 제38조의3제1항을 위반하여 국토교통부장관의 운행제한 명령을 따르지 아니하고 철도차량을 운행한 자 4. 철도사고등 발생 시 제40조의2제2항제2호 또는 제5항을 위반하여 사람을 사상(死傷)에 이르게 하거나 철도차량 또는 철도시설을 파손에 이르게 한 자 5. 제41조제1항을 위반하여 술을 마시거나 약물을 사용한 상태에서 업무를 한 사람 6. 제43조를 위반하여 탁송 및 운송 금지 위험물을 탁송하거나 운송한 자 7. 제44조제1항을 위반하여 위험물을 운송한 자 8. 제48조제1호부터 제4호까지의 규정에 따른 금지행위를 한 자 ③ 다음 각 호의 어느 하나에 해당하는 자는 2		

법	시 행 령	시 행 규 칙
년 이하의 징역 또는 2천만원 이하의 벌금에 처한다. 〈개정 12·12·18, 13·3·23, 15·7·24, 17·1·17, 17·8·9, 18·6·12〉 1. 거짓이나 그 밖의 부정한 방법으로 제7조제1항에 따른 안전관리체계의 승인을 받은 자 2. 제8조제1항을 위반하여 철도운영이나 철도시설의 관리에 중대하고 명백한 지장을 초래한 자 3. 거짓이나 그 밖의 부정한 방법으로 제15조제4항, 제16조제3항, 제21조의6제3항, 제21조의7제3항, 제24조의4제2항, 제38조의13제1항 또는 제69조제5항에 따른 지정을 받은 자 4. 제15조의2(제16조제5항, 제21조의6제5항, 제21조의7제5항, 제24조의4제5항 또는 제69조제7항에서 준용하는 경우를 포함한다)에 따른 업무정지 기간 중에 해당 업무를 한 자 5. 거짓이나 그 밖의 부정한 방법으로 제26조제1항 또는 제27조제1항에 따른 형식승인을 받은 자 6. 제26조제5항을 위반하여 형식승인을 받지 아니한 철도차량을 운행한 자 7. 거짓이나 그 밖의 부정한 방법으로 제26조의3제1항 또는 제27조의2제1항에 따른 제작자승인을 받은 자 8. 거짓이나 그 밖의 부정한 방법으로 제26조의3제3항(제27조의2제4항에서 준용하는 경		

법	시 행 령	시 행 규 칙
우를 포함한다)에 따른 제작자승인의 면제를 받은 자 9. 제26조의6제1항을 위반하여 완성검사를 받지 아니하고 철도차량을 판매한자 10. 제26조의7제1항제5호(제27조의2제4항에서 준용하는 경우를 포함한다)에 따른 업무정지 기간 중에 철도차량 또는 철도용품을 제작한 자 11. 제27조제3항을 위반하여 형식승인을 받지 아니한 철도용품을 철도시설 또는 철도차량 등에 사용한 자 12. 제32조제1항에 따른 중지명령에 따르지 아니한 자 13. 제38조제1항을 위반하여 종합시험운행을 실시하지 아니하거나 실시한 결과를 국토교통부장관에게 보고하지 아니하고 철도노선을 정상운행한 자 13의2. 제38조의6제1항을 위반하여 철도차량 정비가 되지 않은 철도차량임을 알면서 운행한 자 13의3. 제38조의6제3항에 따른 철도차량정비 또는 원상복구 명령에 따르지 아니한 자 13의4. 거짓이나 그 밖의 부정한 방법으로 제38조의7제1항에 따른 철도차량 정비조직의 인증을 받은 자 13의5. 제38조의10제1항제2호에 해당하는 경		

법	시 행 령	시 행 규 칙
우로서 고의 또는 중대한 과실로 철도사고 또는 중대한 운행장애를 발생시킨 자 13의6. 제38조의12제4항을 위반하여 정밀안전진단을 받지 아니하거나 정밀안전진단 결과 계속 사용이 적합하지 아니하다고 인정된 철도차량을 운행한 자 14. 삭제 〈17·8·9〉 15. 제41조제2항에 따른 확인 또는 검사에 불응한 자 16. 정당한 사유 없이 제42조제1항을 위반하여 위해물품을 휴대하거나 적재한 사람 17. 제45조제1항 및 제2항에 따른 신고를 하지 아니하거나 같은 조 제3항에 따른 명령에 따르지 아니한 자 18. 제47조제1항제2호를 위반하여 운행 중 비상정지버튼을 누르거나 승강용 출입문을 여는 행위를 한 사람 ④ 다음 각 호의 어느 하나에 해당하는 자는 1년 이하의 징역 또는 1천만원 이하의 벌금에 처한다. 〈개정 12·6·1, 12·12·18, 15·7·24, 16·1·22, 17·8·9, 18·6·12, 19·4·23〉 1. 제10조제1항을 위반하여 운전면허를 받지 아니하고(제20조에 따라 운전면허가 취소되거나 그 효력이 정지된 경우를 포함한다) 철도차량을 운전한 사람 2. 거짓이나 그 밖의 부정한 방법으로 운전면		

법	시 행 령	시 행 규 칙
허를 받은 사람 2의2. 거짓이나 그 밖의 부정한 방법으로 관제자격증명을 받은 사람 2의3. 거짓이나 그 밖의 부정한 방법으로 철도차량정비기술자로 인정받은 사람 3. 제21조를 위반하여 실무수습을 이수하지 아니하고 철도차량의 운전업무에 종사한 사람 3의2. 제21조의2를 위반하여 운전면허를 받지 아니하거나(제20조에 따라 운전면허가 취소되거나 그 효력이 정지된 경우를 포함한다) 실무수습을 이수하지 아니한 사람을 철도차량의 운전업무에 종사하게 한 철도운영자등 3의3. 제21조의3을 위반하여 관제자격증명을 받지 아니하고(제21조의11에 따라 관제자격증명이 취소되거나 그 효력이 정지된 경우를 포함한다) 관제업무에 종사한 사람 4. 제22조를 위반하여 실무수습을 이수하지 아니하고 관제업무에 종사한 사람 4의2. 제22조의2를 위반하여 관제자격증명을 받지 아니하거나(제21조의11에 따라 관제자격증명이 취소되거나 그 효력이 정지된 경우를 포함한다) 실무수습을 이수하지 아니한 사람을 관제업무에 종사하게 한 철도운영자등 5. 제23조제1항을 위반하여 신체검사와 적성검사를 받지 아니하거나 같은 조 제3항을		

법	시행령	시행규칙
위반하여 신체검사와 적성검사에 합격하지 아니하고 같은 조 제1항에 따른 업무를 한 사람 및 그로 하여금 그 업무에 종사하게 한 자 5의2. 제24조의3을 위반한 다음 각 목의 어느 하나에 해당하는 사람 가. 다른 사람에게 자기의 성명을 사용하여 철도차량정비 업무를 수행하게 하거나 자신의 철도차량정비경력증을 빌려 준 사람 나. 다른 사람의 성명을 사용하여 철도차량정비 업무를 수행하거나 다른 사람의 철도차량정비경력증을 빌린 사람 다. 가목 및 나목의 행위를 알선한 사람 6. 제26조제1항 또는 제27조제1항에 따른 형식승인을 받지 아니한 철도차량 또는 철도용품을 판매한 자 6의2. 제31조제6항에 따른 이행 명령에 따르지 아니한 자 7. 제38조제1항을 위반하여 종합시험운행 결과를 허위로 보고한 자 7의2. 제38조의7제1항을 위반하여 정비조직의 인증을 받지 아니하고 철도차량정비를 한 자 8. 제39조의2제1항에 따른 지시를 따르지 아니한 자 9. 제39조의3제3항을 위반하여 설치 목적과 다른 목적으로 영상기록장치를 임의로 조작		

법	시 행 령	시 행 규 칙
하거나 다른 곳을 비춘 자 또는 운행기간 외에 영상기록을 한 자 10. 제39조의3제4항을 위반하여 영상기록을 목적 외의 용도로 이용하거나 다른 자에게 제공한 자 11. 제39조의3제5항을 위반하여 안전성 확보에 필요한 조치를 하지 아니하여 영상기록장치에 기록된 영상정보를 분실 · 도난 · 유출 · 변조 또는 훼손당한 자 12. 제47조제6호를 위반하여 술을 마시거나 약물을 복용하고 다른 사람에게 위해를 주는 행위를 한 사람 13. 거짓이나 부정한 방법으로 철도운행안전관리자 자격을 받은 사람 14. 제69조의2제1항을 위반하여 철도운행안전관리자를 배치하지 아니하고 철도시설의 건설 또는 관리와 관련한 작업을 시행한 철도운영자 15. 제69조의3제1항 및 제2항을 위반하여 정기교육을 받지 아니하고 업무를 한 사람 및 그로 하여금 그 업무에 종사하게 한 자 ⑤ 제47조제1항제5호를 위반한 자는 500만원 이하의 벌금에 처한다. <신설 12 · 6 · 1, 18 · 6 · 12> **제79조(형의 가중)** ① 제78조제1항, 제3항제16호 또는 제17호의 죄를 범하여 열차운행에 지장을 준 자는 그 죄에 규정된 형의 2분의 1까지		

법	시 행 령	시 행 규 칙
가중한다. 〈개정 12·12·18〉 ② 제78조제3항제16호 또는 제17호의 죄를 범하여 사람을 사상에 이르게 한 자는 5년 이하의 징역 또는 5천만원 이하의 벌금에 처한다. 〈개정 12·12·18, 15·7·24〉 [전문개정 12·6·1] **제80조(양벌규정)** 법인의 대표자나 법인 또는 개인의 대리인, 사용인, 그 밖의 종업원이 그 법인 또는 개인의 업무에 관하여 제78조제2항, 같은 조 제3항(제16호는 제외한다) 및 제4항(제2호는 제외한다) 또는 제79조(제78조제3항제17호의 가중죄를 범한 경우만 해당한다)의 어느 하나에 해당하는 위반행위를 하면 그 행위자를 벌하는 외에 그 법인 또는 개인에게도 해당 조문의 벌금형을 과(科)한다. 다만, 법인 또는 개인이 그 위반행위를 방지하기 위하여 해당 업무에 관하여 상당한 주의와 감독을 게을리하지 아니한 경우에는 그러하지 아니하다. 〈개정 12·12·18〉 [전문개정 09·4·1] **제81조(과태료)** ① 다음 각 호의 어느 하나에 해당하는 자에게는 1천만원 이하의 과태료를 부과한다. 〈개정 12·6·1, 12·12·18, 15·7·24, 17·8·9, 18·6·12, 19·4·23, 19·11·26〉 1. 제7조제3항(제26조의8 및 제27조의2제4항에서 준용하는 경우를 포함한다)을 위반하		

법	시　행　령	시　행　규　칙
여 안전관리체계의 변경승인을 받지 아니하고 안전관리체계를 변경한 자 2. 제8조제3항(제26조의8 및 제27조의2제4항에서 준용하는 경우를 포함한다)을 위반하여 정당한 사유 없이 시정조치 명령에 따르지 아니한 자 3. 제20조제3항(제21조의11제2항에서 준용하는 경우를 포함한다)을 위반하여 운전면허증을 반납하지 아니한 사람 4. 제26조제2항(제27조제4항에서 준용하는 경우를 포함한다)을 위반하여 변경승인을 받지 아니한 자 5. 제26조의5제2항(제27조의2제4항에서 준용하는 경우를 포함한다)에 따른 신고를 하지 아니한 자 6. 제27조의2제3항을 위반하여 형식승인표시를 하지 아니한 자 7. 제31조제2항을 위반하여 조사 · 열람 · 수거 등을 거부, 방해 또는 기피한 자 8. 제32조제2항 또는 제4항을 위반하여 시정조치계획을 제출하지 아니하거나 시정조치의 진행 상황을 보고하지 아니한 자 9. 제38조제2항에 따른 개선 · 시정 명령을 따르지 아니한 자 9의2. 제38조의5제3항을 위반한 다음 각 목의 어느 하나에 해당하는 자		

법	시 행 령	시 행 규 칙
가. 이력사항을 고의로 입력하지 아니한 자 나. 이력사항을 위조·변조하거나 고의로 훼손한 자 다. 이력사항을 무단으로 외부에 제공한 자 9의3. 제38조의7제2항을 위반하여 변경인증을 받지 아니하거나 변경신고를 하지 아니하고 변경한 자 9의4. 제38조의9에 따른 준수사항을 지키지 아니한 자 9의5. 제38조의12제2항에 따른 정밀안전진단 명령을 따르지 아니한 자 10. 제39조의2제3항에 따른 안전조치를 따르지 아니한 자 10의2. 제39조의3제1항을 위반하여 영상기록장치를 설치·운영하지 아니한 자 [시행일: 2022년 5월 27일부터] 11. 제47조제1항제1호·제3호·제4호 또는 제7호를 위반하여 여객열차에서의 금지행위를 한 사람 12. 제48조제5호를 위반하여 선로(철도와 교차된 도로는 제외한다) 또는 철도시설에 승낙 없이 출입하거나 통행한 사람 13. 제48조제7호·제9호 또는 제10호를 위반하여 철도시설에 유해물 또는 오물을 버리거나 열차운행에 지장을 준 사람 13의2. 제48조의3제1항을 위반하여 국토교통		

법	시 행 령	시 행 규 칙
부장관의 성능인증을 받은 보안검색장비를 사용하지 아니한 자 13의3. 제48조의3제2항에 따른 보안검색장비의 성능인증을 위한 기준 · 방법 · 절차 등을 위반한 인증기관 및 시험기관 14. 제49조제1항을 위반하여 철도종사자의 직무상 지시에 따르지 아니한 사람 15. 제61조제1항 및 제2항에 따른 보고를 하지 아니하거나 거짓으로 보고한 자 15의2. 제69조의3제1항을 위반하여 정기교육을 받지 아니한 자 16. 제73조제1항에 따른 보고를 하지 아니하거나 거짓으로 보고한 자 17. 제73조제1항에 따른 자료제출을 거부, 방해 또는 기피한 자 18. 제73조제2항에 따른 소속 공무원의 출입 · 검사를 거부, 방해 또는 기피한 자 ② 다음 각 호의 어느 하나에 해당하는 자에게는 500만원 이하의 과태료를 부과한다.〈신설 15 · 7 · 24, 17 · 10 · 24, 18 · 6 · 12〉 1. 제7조제3항(제26조의8 및 제27조의2제4항에서 준용하는 경우를 포함한다)을 위반하여 안전관리체계의 변경신고를 하지 아니하고 안전관리체계를 변경한 자 2. 제24조제1항을 위반하여 안전교육을 실시하지 아니한 자		

법	시 행 령	시 행 규 칙
3. 제26조제2항(제27조제4항에서 준용하는 경우를 포함한다)을 위반하여 변경신고를 하지 아니한 자 4. 제38조의2제2항 단서를 위반하여 개조신고를 하지 아니하고 개조한 철도차량을 운행한 자 5. 제38조의5제3항가목을 위반하여 이력사항을 과실로 입력하지 아니한 자 ③ 다음 각 호의 어느 하나에 해당하는 자에게는 300만원 이하의 과태료를 부과한다.〈신설 15·7·24〉 1. 제9조의4제3항을 위반하여 우수운영자로 지정되었음을 나타내는 표시를 하거나 이와 유사한 표시를 한 자 2. 제9조의4제4항을 위반하여 시정조치 명령을 따르지 아니한 자 3. 제40조의2에 따른 준수사항을 위반한 자 ④ 제45조제4항을 위반하여 조치명령을 따르지 아니한 자에게는 50만원 이하의 과태료를 부과한다. 〈신설 14·5·21, 17·1·17〉 ⑤ 제1항부터 제4항까지에 따른 과태료는 대통령령으로 정하는 바에 따라 국토교통부장관 또는 시·도지사(이 조 제1항제11호부터 제14호까지 및 같은 항 제16호·제17호만 해당한다)가 부과·징수한다. 〈개정 12·6·1, 12·12·18, 13·3·23, 14·5·21〉		

법	시행령	시행규칙
부 칙 제1조(시행일) 이 법은 2005년 1월 1일부터 시행한다. 다만, 제10조 · 제17조 내지 제23조 및 제35조 내지 제38조의 규정은 2006년 7월 1일부터 시행한다. 제2조(철도시설의 안전기준에 관한 적용례) 제25조제1항의 규정에 의한 철도시설의 안전기준은 이 법 시행후 최초로 기본설계에 착수하는 시설부터 적용한다. 제3조(철도차량의 안전기준에 관한 적용례) 제26조제1항의 규정은 이 법 시행후 최초로 구매계약하는 철도차량부터 적용한다. 제4조(철도안전에 관한 일반적 경과조치) 이 법 시행 당시 종전의 철도법의 규정에 의하여 행하여진 행정기관의 행위 또는 행정기관에 대한 행위는 그에 해당하는 이 법에 의한 행정기관의 행위 또는 행정기관에 대한 행위로 본다. 제5조(안전관리규정에 관한 경과조치) 이 법 시행 당시 관계법률에 의하여 철도운영 또는 철도시설관리 업무를 하고 있는 자는 이 법 시행 후 1년 이내에 제7조의 규정에 의한 안전관리규정을 정하여 건설교통부장관의 승인을 얻어야 한다. 제6조(비상대응계획에 관한 경과조치) 이 법 시행 당시 관계법률에 의하여 철도운영 또는 철	부 칙 제1조(시행일) 이 영은 공포한 날부터 시행한다. 다만, 제10조 · 제11조 · 제19조 내지 제21조 및 제29조 내지 제42조의 규정은 2006년 7월 1일부터 시행한다. 제2조(다른 법령의 폐지) 다음 각 호의 대통령령은 이를 각각 폐지한다. 1. 철도보호에관한규정 2. 철도용지및퇴거지역의범위에관한규정 제3조(운전면허취득요건의 인정에 관한 경과조치) ①법 부칙 제7조제1항에서 "대통령령이 정하는 요건을 갖춘 자"라 함은 다음 각 호의 어느 하나에 해당하는 자를 말한다. 1. 2006년 7월 1일 당시 제11조제1항 각 호의 어느 하나에 해당하는 운전면허로 운전할 수 있는 철도차량을 운전하고 있는 자 2. 2006년 7월 1일 당시 제11조제1항 각 호의 어느 하나에 해당하는 운전면허로 운전할 수 있는 철도차량을 운전한 경력(제10조제1항 각 호의 규정에 의한 경력을 제외한다)이 있는 자 3. 2006년 7월 1일 당시 제11조제1항 각 호의 어느 하나에 해당하는 운전면허로 운전할 수 있는 철도차량을 운전하기 위하여 철도운영자등이 자체적으로 실시한 양성과정을	부 칙 ①(시행일) 이 규칙은 공포한 날부터 시행한다. 다만, 제11조 · 제24조 · 제26조 내지 제41조 및 제57조 내지 제75조의 규정은 2006년 7월 1일부터 시행한다. ②(종전의 연장된 사용내구연한에 관한 특례) 2006년 7월 1일 이전에 철도운영자등(종전의 철도청장을 포함한다)이 자체적으로 실시한 정밀진단에 합격하여 사용내구연한이 연장된 철도차량중 연장된 사용내구연한만료일이 2008년 6월 30일 이후인 경우에는 2008년 6월 30일을 당해 철도차량의 사용내구연한만료일로 본다. ③(전기기관차의 사용내구연한에 관한 경과조치) 2006년 7월 1일 당시 운행되고 있는 철도차량중 1991년 1월 1일 이전에 제작된 전기기관차의 사용내구연한은 제70조 및 별표 21의 규정에 불구하고 종전에 철도청장이 정한 사용내구연한으로 한다. 부 칙 〈06 · 6 · 21〉 제1조(시행일) 이 규칙은 2006년 7월 9일부터 시행한다. 제2조 생략 부 칙 〈06 · 8 · 7〉 이 규칙은 공포한 날부터 시행한다.

법	시 행 령	시 행 규 칙
도시설관리 업무를 하고 있는 자는 이 법 시행후 1년 이내에 제8조의 규정에 의한 비상대응계획을 수립하여 건설교통부장관의 승인을 얻어야 한다. **제7조(운전면허에 관한 경과조치)** ①2006년 7월 1일 당시 대통령령이 정하는 요건을 갖춘 자에 대하여는 제10조의 규정에 의한 해당 운전면허를 받은 것으로 본다. ②제1항의 규정에 해당하는 자는 2006년 7월 1일부터 1년 이내에 대통령령이 정하는 바에 의하여 건설교통부장관에게 운전면허증의 교부를 신청하여야 한다. **제8조(운전업무 및 관제업무 수행의 필요요건에 관한 경과조치)** ①2006년 7월 1일 당시 대통령령이 정하는 요건을 갖춘 자에 대하여는 제21조제1항의 해당 운전업무수행에 필요한 요건을 갖춘 것으로 본다. ②2006년 7월 1일 당시 관제업무에 종사하고 있는 자 및 이 법 시행일 전 5년 이내에 관제업무에 1년 이상 종사한 경력이 있는 자는 제22조의 규정에 의한 관제업무 수행에 필요한 요건을 갖춘 것으로 본다. **제9조(신체검사 및 적성검사에 관한 경과조치)** 2006년 7월 1일 당시 제23조제1항의 규정에 의한 철도종사자는 동조의 규정에 불구하고 동조에 의한 최초의 신체검사 및 적성검사를	모두 이수한 자. 다만, 2005년 7월 1일 이후에 철도운영자등이 실시하는 자체양성과정은 건설교통부장관이 인정하는 자체양성과정의 경우에 한한다. ②법 부칙 제7조제2항의 규정에 의하여 제1항 각 호의 어느 하나에 해당하는 자는 2006년 7월 1일부터 1년 이내에 제1항제1호 및 제2호의 규정에 의한 경력을 증명하는 서류 또는 제1항제3호의 규정에 의한 자체양성과정을 이수하였음을 증명할 수 있는 서류를 첨부하여 교통안전공단에 해당 운전면허증의 교부를 신청하여야 한다. **제4조(운전업무수행의 필요요건)** 법 부칙 제8조제1항에서 "대통령령이 정하는 요건을 갖춘 자"라 함은 다음 각 호의 어느 하나에 해당하는 자를 말한다. 1. 부칙 제3조제1항제1호 및 제2호의 규정에 의한 요건을 갖춘 자 2. 부칙 제3조제1항제3호에 해당하는 자의 경우에는 2006년 7월 1일 당시 철도차량 및 운전구간 등에 대하여 철도운영자등이 자체적으로 실시한 실무수습(건설교통부장관이 인정한 경우에 한한다)을 이수한 자 **부 칙** 〈06·6·15〉 ①(시행일) 이 영은 2006년 7월 9일부터 시행한다. ②(다른 법령의 개정) 철도안전법 시행령 일부	**부 칙** 〈08·3·14〉 이 규칙은 공포한 날부터 시행한다. **부 칙** 〈08·12·16〉 이 규칙은 공포한 날부터 시행한다. **부 칙** 〈09·2·27〉 **제1조(시행일)** 이 규칙은 공포한 날부터 시행한다. **제2조(행정처분기준에 관한 경과조치)** 이 규칙 시행 전의 위반행위에 대한 행정처분기준은 별표 3, 별표 6, 별표 9, 별표 11, 별표 16, 별표 18, 별표 20 및 별표 23의 개정규정에 따른다. **부 칙** 〈09·6·25〉 이 규칙은 공포한 날부터 시행한다. **부 칙** 〈10·3·30〉 **제1조(시행일)** 이 규칙은 공포한 날부터 시행한다. **제2조(교육훈련에 관한 적용례)** 제20조의 개정규정은 이 규칙 시행 전에 종전의 규정에 따라 교육훈련을 받고 있는 자에 대하여도 적용한다. **제3조(교육훈련기관의 교수에 관한 경과조치)** 이 규칙 시행 당시 종전의 규정에 따른 교육

법	시　행　령	시　행　규　칙
받은 것으로 본다. **제10조(철도용품의 품질인증에 관한 경과조치)** 이 법 시행 이전에 철도청장으로부터 품질보장물품으로 지정을 받은 물품은 이 법에 의하여 건설교통부장관으로부터 품질인증을 받은 것으로 본다. **제11조(벌칙 및 과태료에 관한 경과조치)** 이 법 시 행전의 행위에 대한 벌칙 및 과태료의 적용에 있어서는 종전의 철도법의 규정에 의한다. **제12조(다른 법률의 개정)** 도시철도법중 다음과 같이 개정한다. 제25조의2를 삭제한다. **제13조(다른 법령과의 관계)** 이 법 시행 당시 다른 법령에서 종전의 철도법 또는 철도법의 규정을 인용하고 있는 경우 이 법에 그에 해당하는 규정이 있는 때에는 이 법 또는 이 법의 해당 규정을 인용한 것으로 본다. 부　　칙 〈05 · 3 · 31〉 **제1조(시행일)** 이 법은 공포 후 1년이 경과한 날부터 시행한다. 제2조 내지 제6조 생략 부　　칙 〈05 · 11 · 8〉 **제1조(시행일)** 이 법은 공포 후 8월이 경과한 날부터 시행한다.〈단서 생략〉	를 다음과 같이 개정한다. 제53조 내지 제55조 및 제58조를 각각 삭제한다. 부　　칙 〈08 · 2 · 29〉 **제1조(시행일)** 이 영은 공포한 날부터 시행한다. 다만, 부칙 제6조에 따라 개정되는 대통령령 중 이 영의 시행 전에 공포되었으나 시행일이 도래하지 아니한 대통령령을 개정한 부분은 각각 해당 대통령령의 시행일부터 시행한다. 제2조부터 제6조까지 생략 부　　칙 〈08 · 5 · 21〉 **제1조(시행일)** 이 영은 2008년 5월 26일부터 시행한다. 제2조부터 제6조까지 생략 부　　칙 〈08 · 10 · 20〉 **제1조(시행일)** 이 영은 공포한 날부터 시행한다. 〈단서 생략〉 제2조부터 제4조까지 생략 부　　칙 〈08 · 12 · 31〉 **제1조(시행일)** 이 영은 공포한 날부터 시행한다. 〈단서 생략〉 제2조부터 제5조까지 생략	훈련기관의 이론분야의 교수 자격을 가진 자는 별표 8 제1호가목의 개정규정에 따른 교수의 자격을 가진 것으로 본다. 부　　칙 〈10 · 9 · 16〉 **제1조(시행일)** 이 규칙은 공포한 날부터 시행한다. **제2조(철도차량의 사용내구연한에 관한 적용례)** 제70조의 개정규정은 이 규칙 시행 후 철도운영자등이 최초로 발주하는 철도차량부터 적용한다. 부　　칙 〈11 · 2 · 9〉 **제1조(시행일)** 이 규칙은 공포한 날부터 시행한다. **제2조(품질인증 유효기간 폐지에 따른 경과조치)** 이 규칙 시행 당시 종전의 규정에 따른 철도용품 품질인증서는 별지 제27호서식의 개정규정에 따른 품질인증서로 본다. 다만, 품질인증기관의 장은 종전의 품질인증서를 발급받은 자가 요청하면 별지 제27호서식의 개정규정에 따른 품질인증서로 바꾸어 발급해 주어야 한다. 부　　칙 〈11 · 4 · 11〉 이 규칙은 공포한 날부터 시행한다.

법	시 행 령	시 행 규 칙
제2조 내지 제4조 생략 부 칙 〈05·12·29〉 제1조(시행일) 이 법은 2006년 7월 1일부터 시행한다. 제2조 내지 제6조 생략 부 칙 〈07·5·25〉 제1조(시행일) 이 법은 공포 후 1년이 경과한 날부터 시행한다. 제2조 부터 제10조 생략 부 칙 〈08·2·29〉 제1조(시행일) 이 법은 공포한 날부터 시행한다. 다만, · · ·〈생략〉· · ·, 부칙 제6조에 따라 개정되는 법률 중 이 법의 시행 전에 공포되었으나 시행일이 도래하지 아니한 법률을 개정한 부분은 각각 해당 법률의 시행일부터 시행한다. 제2조부터 제7조까지 생략 부 칙 〈09·4·1〉 이 법은 공포한 날부터 시행한다.	부 칙 〈09·6·25〉 제1조(시행일) 이 영은 공포한 날부터 시행한다. 제2조(경과조치) ① 이 영 시행 당시 종전의 규정에 따라 고속철도차량 분야와 동력차 분야에 대하여 제작검사기관으로 지정받은 기관은 별표 3 제1호란의 개정규정에 따른 고속철도차량·동력차 분야에 대하여 제작검사기관의 지정을 받은 것으로 보고, 종전의 규정에 따라 객차 분야와 화차·특수차 분야에 대하여 제작검사기관으로 지정받은 기관은 별표 3 제2호란의 개정규정에 따른 객차·화차·특수차 분야에 대하여 제작검사기관의 지정을 받은 것으로 본다. ② 제1항에 따라 제작검사기관의 지정을 받은 것으로 보는 기관은 이 영 시행 후 6개월 내에 제36조제1항제4호 및 제4호의2의 개정규정에 따른 제작검사기관의 지정기준에 적합하도록 하여야 한다. 부 칙 〈09·12·21〉 이 영은 공포한 날부터 시행한다. 부 칙 〈11·2·9〉 이 영은 공포한 날부터 시행한다.	

법	시 행 령	시 행 규 칙
부 칙 〈12 · 1 · 17〉 이 법은 공포한 날부터 시행한다. **부 칙** 〈12 · 6 · 1〉 제1조(시행일) 이 법은 공포 후 6개월이 경과한 날부터 시행한다. 제2조(신체검사 실시 의료기관에 관한 적용례) 제12조제2항의 개정규정은 이 법 시행 후 최초로 신체검사를 받는 사람부터 적용한다. 제3조(철도안전 전문인력 등에 관한 경과조치) 이 법 시행 당시 종전의 규정에 따라 철도안전 전문인력의 자격을 부여받거나 철도안전에 관한 전문기관 또는 단체로 지정받은 자는 제69조제3항의 개정규정에 따라 그 자격을 부여받거나 같은 조 제5항의 개정규정에 따라 안전전문기관으로 지정받은 것으로 본다. 제4조(다른 법률의 개정) ① 응급의료에 관한 법률 일부를 다음과 같이 개정한다. 제14조제1항제10호 중 "「철도안전법」 제2조제9호가목부터 다목까지"를 "「철도안전법」 제2조제10호가목부터 다목까지"로 한다. ② 철도사업법 일부를 다음과 같이 개정한다. 제12조제2항제4호 중 "「철도안전법」 제2조제10호"를 "「철도안전법」 제2조제11호"로 한다.	**부 칙** 〈11 · 4 · 4〉 제1조(시행일) 이 영은 공포한 날부터 시행한다. 제2조부터 제4조까지 생략 **부 칙** 〈12 · 11 · 30〉 이 영은 2012년 12월 2일부터 시행한다. **부 칙** 〈13 · 3 · 23〉 제1조(시행일) 이 영은 공포한 날부터 시행한다. 〈단서 생략〉 제2조부터 제6조까지 생략 **부 칙** 〈13 · 12 · 30〉 이 영은 2014년 1월 1일부터 시행한다. 〈단서 생략〉 **부 칙** 〈14 · 3 · 18〉 제1조(시행일) 이 영은 2014년 3월 19일부터 시행한다. 제2조(철도용품 형식승인의 표시로 보는 기간) 법률 제11591호 철도안전법 일부개정법률 부칙 제7조제3항에서 "대통령령으로 정하는 기간"이란 3년을 말한다. 제3조(다른 법령의 개정) 도시철도법 시행령 일	**부 칙** 〈11 · 12 · 15〉 제1조(시행일) 이 규칙은 공포한 날부터 시행한다. 제2조(지정기준 심사에 관한 적용례) 제18조제2항 및 제22조제2항의 개정규정은 국토해양부장관이 2011년도에 수행한 심사부터 적용한다. 제3조(수수료 결정에 관한 적용례) 제94조의 개정규정은 이 규칙 시행 후 최초로 정하는 수수료의 기준부터 적용한다. **부 칙** 〈12 · 12 · 10〉 이 규칙은 공포한 날부터 시행한다. 다만, 제25조는 2013년 1월 1일부터 시행한다. **부 칙** 〈13 · 3 · 23〉 제1조(시행일) 이 규칙은 공포한 날부터 시행한다. 〈단서 생략〉 제2조부터 제6조까지 생략 **부 칙** 〈13 · 12 · 30〉 이 규칙은 2014년 1월 1일부터 시행한다. **부 칙** 〈14 · 3 · 19〉 제1조(시행일) 이 규칙은 2014년 3월 19일부터 시행한다. 제2조(다른 법령의 폐지) 다음 각 호의 부령은

법

부　　칙 〈12·12·18〉

제1조(시행일) 이 법은 공포 후 1년 3개월이 경과한 날부터 시행한다.

제2조(철도차량 완성검사에 관한 적용례) 제26조의6의 개정규정은 이 법 시행 후 형식승인을 받아 제작하는 철도차량부터 적용한다.

제3조(청문에 관한 적용례) 제75조제4호의 개정규정(효력정지만 해당한다)은 이 법 시행 후 운전면허의 효력정지를 받은 것부터 적용한다.

제4조(안전관리규정 등 승인에 관한 경과조치) ① 이 법 시행 당시 종전의 규정에 따라 안전관리규정 및 비상대응계획의 승인을 받은 철도운영자등은 제7조제1항의 개정규정에 따라 안전관리체계의 승인을 받은 것으로 본다. 다만, 이 법 시행 후 1년 이내에 안전관리체계의 기준을 갖추어 국토해양부장관의 승인을 받아야 한다.

② 이 법 시행 당시 종전의 제7조제1항 후단 및 제8조제1항 후단에 따라 안전관리규정 및 비상대응계획의 변경절차가 진행 중인 경우에는 종전의 규정에 따른다.

제5조(철도시설 및 철도차량의 안전기준에 관한 경과조치) 이 법 시행 당시 종전의 안전기준에 따라 설치 또는 제작된 철도시설 또는 철도차량은 제25조제1항 및 제26조제3항의 개정

시행령

부를 다음과 같이 개정 한다.

제24조, 제25조 및 제25조의2부터 제25조의8까지를 각각 삭제한다.

별표 3의2, 별표 4, 별표 4의2, 별표 4의3 및 별표 5를 각각 삭제한다.

부　　칙 〈14·7·7〉

제1조(시행일) 이 영은 2014년 7월 8일부터 시행한다.

제2조부터 제4조까지 생략

부　　칙 〈14·12·9〉

제1조(시행일) 이 영은 2015년 1월 1일부터 시행한다.

제2조부터 제6조까지 생략

부　　칙 〈16·1·22〉

이 영은 공포한 날부터 시행한다.

부　　칙 〈16·12·30〉

제1조(시행일) 이 영은 공포한 날부터 시행한다. 다만, 제62조제2항제3호, 별표 6 제2호라목 및 하목부터 더목까지의 개정규정은 2017년 7월 25일부터 시행한다.

제2조(과징금의 부과기준에 관한 경과조치) 이

시행규칙

이를 각각 폐지한다.

1. 「철도시설 안전기준에 관한 규칙」
2. 「철도차량 안전기준에 관한 규칙」
3. 「도시철도차량 안전기준에 관한 규칙」
4. 「도시철도시설 안전기준에 관한 규칙」
5. 「도시철도차량 관리에 관한 규칙」

제3조(다른 법령의 개정) ① 도시철도법 시행규칙 일부를 다음과 같이 개정한다.

제3조 및 제4조를 각각 삭제한다.

② 철도사업법 시행규칙 일부를 다음과 같이 개정한다.

제17조 중 "「철도차량 안전기준에 관한 규칙」이 정하는 바에 따라 그 기록을 보존하여야 한다"를 "3년 동안 그 기록을 보존하여야 한다"로 한다.

별표 1의 철도차량의 사용연한란을 삭제하고, 철도차량의 규격란을 다음과 같이 한다.

부　　칙 〈14·5·22〉

제1조(시행일) 이 규칙은 2014년 5월 23일부터 시행한다.

제2조부터 제7조까지 생략

부　　칙 〈15·10·2〉

이 규칙은 공포한 날부터 시행한다.

법	시 행 령	시 행 규 칙
규정에 따른 기술기준에 적합한 것으로 본다. 제6조(철도차량 성능시험 및 제작검사 등에 관한 경과조치) ① 이 법 시행 당시 종전의 제35조 및 제36조에 따라 성능시험 및 제작검사에 합격한 철도차량(이 조 제2항에 따라 합격한 철도차량을 포함한다)은 제26조제1항 및 제26조의6의 개정규정에 따른 철도차량 형식승인 및 완성검사를 받은 것으로 본다. ② 이 법 시행 당시 종전의 제35조 및 제36조에 따라 철도차량의 성능시험 및 제작검사 절차가 진행 중인 경우에는 종전의 규정에 따른다. ③ 이 법 시행 당시 종전의 제35조 및 제36조에 따라 성능시험 및 제작검사에 합격한 철도차량을 제작하고 있는 자는 제26조의3제1항의 개정규정에 따른 철도차량 제작자승인을 받은 것으로 본다. 다만, 이 법 시행 후 1년 이내에 철도차량 품질관리체계의 기준을 갖추어 철도차량 제작자승인을 받아야 한다. 제7조(철도용품 품질인증 등에 관한 경과조치) ① 이 법 시행 당시 종전의 제27조 및 제28조에 따라 품질인증을 받은 철도용품(이 조 제2항에 따라 품질인증을 받은 철도용품을 포함한다)은 제27조제1항의 개정규정에 따라 철도용품 형식승인을 받은 것으로 본다. ② 이 법 시행 당시 종전의 제27조 및 제28조에 따라 철도용품 품질인증 절차가 진행 중인	영 시행 전의 위반행위에 대한 과징금의 부과기준에 관하여는 별표 1 제2호나목의 개정규정에도 불구하고 종전의 규정에 따른다. 부 칙 〈17 · 1 · 20〉 이 영은 공포한 날부터 시행한다. 부 칙 〈17 · 7 · 24〉 제1조(시행일) 이 영은 2017년 7월 25일부터 시행한다. 제2조(운전면허 취득절차의 일부 면제에 관한 경과조치) 법 제19조제5항에 따라 운전면허의 효력이 실효되어 운전면허를 다시 받으려는 사람 중 이 영 시행 전에 운전면허시험 응시원서를 제출한 사람에 대해서는 제20조의 개정규정에도 불구하고 종전의 규정에 따른다. 부 칙 〈18 · 2 · 9〉 이 영은 2018년 2월 10일부터 시행한다. 부 칙 〈18 · 10 · 23〉 이 영은 2018년 10월 25일부터 시행한다. 부 칙 〈18 · 12 · 11〉 이 영은 2018년 12월 13일부터 시행한다.	부 칙 〈16 · 8 10〉 제1조(시행일) 이 규칙은 공포한 날부터 시행한다. 제2조(행정처분에 관한 적용례) 별표 11 제5호, 제9호 및 제11호의 개정규정은 이 규칙 시행 전의 위반행위에 대한 행정처분의 경우에도 적용한다. 제3조(안전관리체계의 승인에 관한 경과조치) 이 규칙 시행 전에 종전의 구정에 따라 안전관리체계의 승인을 신청한 경우 또는 해당 철도의 건설을 위한 실시계획 · 사업계획 등을 승인 받은 경우에는 제2조제1항의 개정규정에도 불구하고 종전의 규정에 따른다. 제4조(안전관리체계의 변경승인 또는 변경신고에 관한 경과조치) 이 규칙 시행 전에 종전의 규정에 따라 철도안전관리체계의 변경승인 또는 변경신고를 신청한 경우에는 제2조제2항 및 제3조제1항의 개정규정에도 불구하고 종전의 규정에 따른다. 부 칙 〈16 · 12 · 30, 제380호〉 제1조(시행일) 이 규칙은 공포한 날부터 시행한다. 제2조(행정처분기준에 관한 경과조치) 이 규칙 시행 전의 위반행위에 대한 행정처분기준에 관하여는 별표 1 제2호나목의 개정규정에도 불구하고 종전의 규정에 따른다.

법	시 행 령	시 행 규 칙
경우에는 종전의 규정에 따른다. ③ 이 법 시행 당시 종전의 제27조제2항에 따라 철도용품에 표기한 품질인증의 표시는 이 법 시행 후 철도용품의 종류별로 대통령령으로 정하는 기간 동안 제27조의2제3항의 개정규정에 따른 형식승인의 표시로 본다. ④ 이 법 시행 당시 종전의 규정에 따라 품질인증을 받은 철도용품 제작자(부칙 제9조에 따라 철도용품 제작자의 지위를 승계한 경우를 포함한다)는 제27조의2제1항의 개정규정에 따른 철도용품 제작자승인을 받은 것으로 본다. 다만, 이 법 시행 후 1년 이내에 철도용품 품질관리체계의 기준을 갖추어 철도용품 제작자승인을 받아야 한다. **제8조(결격사유에 관한 경과조치)** ① 제26조의4(제27조의2제4항의 개정규정에서 준용하는 경우를 포함한다)의 개정규정은 부칙 제6조제3항 본문 및 부칙 제7조제4항 본문에 따라 철도차량 및 철도용품 제작자승인을 받은 것으로 보는 자에 대하여는 이 법 시행 후 3년까지 적용하지 아니한다. ② 제26조의4제1호(제27조의2제4항의 개정규정에서 준용하는 경우를 포함한다)의 개정규정에 따른 피성년후견인에는 법률 제10429호 민법 일부개정법률 부칙 제2조제2항에 따라 금치산 또는 한정치산 선고의 효력이 유지되는 사람을 포함하는 것으로 본다.	**부 칙** 〈19·3·12〉 **제1조(시행일)** 이 영은 2019년 3월 14일부터 시행한다. 제2조부터 제4조까지 생략 **부 칙** 〈19·6·4〉 **제1조(시행일)** 이 영은 2019년 6월 13일부터 시행한다. **제2조(다른 법령의 개정)** 철도사업법 시행령 일부를 다음과 같이 개정한다. 별표 2 제2호자목 및 차목을 각각 삭제한다. **부 칙** 〈19·10·22〉 **제1조(시행일)** 이 영은 2019년 10월 24일부터 시행한다. **제2조(과징금 부과기준에 관한 경과조치)** 이 영 시행 전의 위반행위에 대한 과징금의 부과에 관하여는 별표 1의 개정규정에도 불구하고 종전의 규정에 따른다.	**부 칙** 〈16·12·30, 제382호〉 **제1조(시행일)** 이 규칙은 공포한 날부터 시행한다. 〈단서 생략〉 제2조부터 제4조까지 생략 **부 칙** 〈17·1·20〉 **제1조(시행일)** 이 규칙은 공포한 날부터 시행한다. 다만, 제76조의2 및 제76조의3의 개정규정은 2017년 1월 20일부터 시행한다. **제2조(안전관리체계의 승인 또는 변경승인에 관한 적용례)** 제4조제2항의 개정규정은 이 규칙 시행 이후 안전관리체계의 승인 또는 변경승인을 신청하는 경우부터 적용한다. **제3조(종합시험운행 결과의 검토에 관한 적용례)** 제75조의2제2항의 개정규정은 이 규칙 시행 이후 법 제38조제1항에 따라 철도운영자등이 국토교통부장관에게 종합시험운행 결과를 보고하는 경우부터 적용한다. **부 칙** 〈17·7·25〉 이 규칙은 공포한 날부터 시행한다. **부 칙** 〈17·10·20〉 이 규칙은 공포한 날부터 시행한다.

법	시 행 령	시 행 규 칙
제9조(승계에 관한 경과조치) 이 법 시행 당시 종전의 제29조에 따라 품질인증을 받은 철도용품을 생산하는 자의 지위에 대한 승계절차가 진행 중인 경우에는 종전의 규정에 따른다. 다만, 그 지위를 승계한 자에 대하여는 제26조의5제3항을 적용한다. 제10조(품질인증 사후관리 등에 관한 경과조치) ① 이 법 시행 당시 종전의 제31조에 따라 품질인증의 사후관리 조치가 진행 중인 경우에는 종전의 규정에 따른다. ② 이 법 시행 당시 종전의 규정에 따라 품질인증을 받은 철도용품의 표시에 대한 제거·정지 또는 판매 정지 등의 절차가 진행 중인 경우에는 제32조제1항의 개정규정에 따른 절차가 진행 중인 것으로 본다. 이 경우 제32조제2항부터 제4항까지의 개정규정은 적용하지 아니한다. ③ 이 법 시행 당시 종전의 제33조 및 제75조제5호에 따라 품질인증을 받은 철도용품에 대하여 품질인증의 취소절차 및 청문절차가 진행 중인 경우에는 종전의 규정에 따른다. 제11조(철도차량의 내구연한에 관한 경과조치) 이 법 시행 당시 운행하고 있는 철도차량의 내구연한에 관하여는 부칙 제4조제1항 단서에 따라 안전관리체계의 승인을 받기 전까지는 종전의 제37조에 따른다.		부 칙 〈18·2·9〉 이 규칙은 2018년 2월 10일부터 시행한다. 부 칙 〈18·11·9〉 이 규칙은 공포한 날부터 시행한다. 부 칙 〈19·1·4〉 제1조(시행일) 이 규칙은 공포한 날부터 시행한다. 제2조(운전업무종사자 등에 대한 적성검사 주기 변경 등에 관한 경과조치) 이 규칙 시행 당시 50세 이상에 해당하는 사람으로서 제41조제1항제1호 또는 제2호에 따른 최초검사(같은 조 제2항 본문에 따라 최초검사를 받은 것으로 보는 경우를 포함한다. 이하 이 조에서 같다) 또는 정기검사를 받은 후 5년이 지난 사람은 제41조의 개정규정에도 불구하고 다음 각 호의 구분에 따라 적성검사를 받아야 한다. 1. 제41조제1항제1호 또는 제2호에 따른 최초검사 또는 정기검사를 받은 후 10년이 되는 날이 6개월 이상 남은 사람: 이 규칙 시행 후 6개월 이내에 제41조제1항제2호의 개정규정에 따른 정기검사 또는 같은 조 제2항 단서의 개정규정에 따른 최초검사를 받을 것 2. 제41조제1항제1호 또는 제2호에 따른 최초검사 또는 정기검사를 받은 후 10년이 되는

법	시 행 령	시 행 규 칙
제12조(종합시험운행에 관한 경과조치) 이 법 시행 당시 종전의 제38조에 따라 종합시험운행절차가 진행 중인 경우에는 종전의 규정에 따른다. 제13조(철도차량의 운행에 관한 경과조치) 이 법 시행 당시 종전의 규정에 따라 실시한 철도차량의 안전운행에 필요한 기준 및 절차 등은 제39조의2제1항의 개정규정에 따른 철도교통관제로 본다. 제14조(수수료에 관한 경과조치) 이 법 시행 당시 부칙 제6조제2항 · 제7조제2항 및 제11조에 따른 성능시험 · 제작검사 · 품질인증 및 정밀진단의 절차가 진행 중인 경우에 해당 절차에 따른 수수료는 제74조제1항의 개정규정에도 불구하고 종전의 규정에 따른다. 제15조(벌칙에 관한 경과조치) 이 법 시행 전의 행위에 대하여 벌칙(과태료를 포함한다)을 적용할 때에는 종전의 규정에 따른다. 제16조(다른 법률의 개정) ① 도시철도법 일부를 다음과 같이 개정한다. 제19조제1항제11호 및 제12호를 각각 삭제한다. 제22조를 삭제한다. 제22조의2부터 제22조의6까지를 각각 삭제한다. 제23조의2를 삭제한다. 제26조의3을 삭제한다. 제26조의5 본문 중 "제26조의2부터 제26조의4까지"를 "제26조의2 및 제26조의4"로 한다.		날이 6개월 미만 남은 사람: 10년이 되는 날 전에 제41조제1항제2호의 개정규정에 따른 정기검사 또는 같은 조 제2항 단서의 개정규정에 따른 최초검사를 받을 것 제3조(서식에 관한 경과조치) 이 규칙 시행 당시 종전의 별지 제4호서식, 별지 제9호서식, 별지 제12호서식, 별지 제15호서식, 별지 제24호의2서식 및 별지 제24호의5서식은 2019년 3월 30일까지 이 규칙에 따른 개정서식(주민등록번호 개정 부분으로 한정한다. 이하 이 조에서 같다)과 함께 사용하거나 개정서식의 내용에 맞게 일부를 수정해 사용할 수 있다. **부 칙** 〈19 · 2 · 21〉 이 규칙은 공포한 날부터 시행한다. **부 칙** 〈19 · 3 · 20〉 제1조(시행일) 이 규칙은 공포한 날부터 시행한다. 제2조 생략 **부 칙** 〈19 · 6 · 18〉 제1조(시행일) 이 규칙은 공포한 날부터 시행한다. 제2조(다른 법령의 개정) 철도사업법 시행규칙 일부를 다음과 같이 개정한다. 제17조 및 제18조를 각각 삭제한다. 제3조(정밀안전진단에 관한 특례 등) ① 제75조

법	시 행 령	시 행 규 칙
② 산업표준화법 일부를 다음과 같이 개정한다. 제26조제13호 중 "품질인증"을 "형식승인"으로 하고, 같은 조 제15호를 삭제한다. 제17조(다른 법률의 개정에 따른 경과조치) ① 이 법 시행 당시 「도시철도법」 제3조제7호에 따른 도시철도운영자는 제7조제1항의 개정규정에 따라 안전관리체제의 승인을 받은 것으로 본다. 다만, 이 법 시행 후 1년 이내에 안전관리체제의 기준을 갖추어 국토해양부장관의 승인을 받아야 한다. ② 이 법 시행 전의 종전의 「도시철도법」 위반행위에 대하여는 「도시철도법」 제19조제1항제11호 및 제12호의 개정규정에도 불구하고 종전의 규정에 따른다. ③ 이 법 시행 당시 종전의 「도시철도법」 제22조제1항에 따른 도시철도차량을 제작하거나 조립하고 있는 자는 제26조의3제1항의 개정규정에 따른 철도차량 제작자승인을 받은 것으로 본다. 다만, 이 법 시행 후 1년 이내에 철도차량 품질관리체계의 기준을 갖추어 국토해양부장관의 승인을 받아야 한다. ④ 이 법 시행 당시 종전의 「도시철도법」 제22조의2에 따라 설치·제작된 철도시설 또는 철도차량은 제25조제1항 및 제26조제3항의 개정규정에 따른 기술기준에 적합하게 설치·제작된 것으로 본다.		의13제1항의 개정규정에도 불구하고 2007년 12월 31일까지 취득한 철도차량의 최초 정밀안전진단 시기는 다음 각 호의 구분에 따른다. 1. 1996년 12월 31일 이전에 취득한 철도차량: 철도안전관리체계 기술기준에 따른 기대수명 이전까지 2. 1997년 1월 1일부터 2000년 12월 31일 까지 취득한 철도차량: 제75조제5항제2호에 따른 영업시운전을 시작한 날부터 25년 이전까지 3. 2001년 1월 1일부터 2003년 12월 31일까지 취득한 철도차량: 2026년 12월 31일 이전까지 4. 2004년 1월 1일부터 2006년 12월 31일까지 취득한 철도차량: 2027년 12월 31일 이전까지 5. 2007년 1월 1일부터 2007년 12월 31일까지 취득한 철도차량: 2028년 12월 31일 이전까지 ② 종전의 규정에 따라 2014년 3월 18일까지 정밀진단 또는 자체안전진단을 시행한 철도차량 및 이 규칙 시행 당시 법 제7조제5항에 따라 국토교통부장관이 고시한 철도안전관리체계 기술기준에 따라 철도차량 정밀안전진단을 받은 철도차량은 제75조의13제1항의 개정규정에 따른 최초 정밀안전진단을 받은 것으로 본다. ③ 이 규칙 시행 전에 반수명정비(Half Life Operation)를 시행한 고속철도차량은 제75조의13제1항의 개정규정에 따른 최초 정밀안전진단을 받은 것으로 본다.

법	시 행 령	시 행 규 칙
⑤ 이 법 시행 당시 종전의 「도시철도법」 제22조의3제1항에 따라 성능시험에 합격한 도시철도차량은 제26조제1항 및 제26조의6의 개정규정에 따른 철도차량 형식승인 및 완성검사를 받은 것으로 본다. ⑥ 이 법 시행 당시 종전의 「도시철도법」 제22조의4제1항에 따른 품질인증을 받은 도시철도용품 제작자는 제27조의2제1항의 개정규정에 따른 철도용품 제작자승인을 받은 것으로 본다. 다만, 이 법 시행 후 1년 이내에 철도용품 품질관리체계의 기준을 갖추어 국토해양부장관의 승인을 받아야 한다. ⑦ 이 법 시행 당시 종전의 「도시철도법」 제22조의4제1항에 따라 품질인증을 받은 도시철도용품은 제27조제1항의 개정규정에 따라 형식승인을 받은 것으로 본다. 이 경우 해당 형식승인의 유효기간은 종전의 규정에 따른다. ⑧ 이 법 시행 당시 종전의 「도시철도법」 제22조의3에 따른 성능시험, 제22조의4에 따른 품질인증, 제22조의5에 따른 정밀진단의 절차가 진행 중인 경우에는 해당 개정규정에도 불구하고 그 종전의 규정에 따른다. 이 경우 수수료에 관하여는 종전의 「도시철도법」 제23조의2제1항에 따른다. ⑨ 이 법 시행 당시 도시철도차량의 사용내구연한에 관하여는 제1항 단서에 따라 안전관리		부 칙 〈19·10·23〉 제1조(시행일) 이 규칙은 공포한 날부터 시행한다. 제2조(철도차량 운전면허 및 철도교통 관제자격 취득을 위한 교육시간에 관한 경과조치) 이 규칙 시행 당시 종전의 규정에 따라 철도차량 운전면허 및 철도교통 관제자격 취득을 위한 교육시간 단축을 받은 사람에 대해서는 별표 7 및 별표 11의 개정규정에도 불구하고 종전의 규정에 따른다. 제3조(철도안전 전문인력의 정기교육에 관한 경과조치) 이 규칙 시행 당시 철도안전 전문인력의 자격을 부여받은 사람에 대하여 제92조의7의 개정규정을 적용할 때에는 이 규칙 시행일을 자격을 취득한 날로 본다.

법	시 행 령	시 행 규 칙
체계의 승인을 받기 전까지는 종전의 「도시철도법」 제22조의5에 따른다. ⑩ 이 법 시행 이전의 종전의 「도시철도법」 위반행위에 대하여 벌칙을 적용할 때에는 종전의 규정에 따른다. 제18조(다른 법령과의 관계) 이 법 시행 당시 다른 법령에서 종전의 「철도안전법」의 규정을 인용한 경우에 이 법 가운데 그에 해당하는 규정이 있을 때에는 종전의 규정을 갈음하여 이 법의 해당 규정을 인용한 것으로 본다. 부 칙 〈13 · 3 · 23〉 제1조(시행일) ① 이 법은 공포한 날부터 시행한다. ② 생략 제2조부터 제7조까지 생략 부 칙 〈13 · 8 · 6〉 이 법은 공포한 날부터 시행한다. 부 칙 〈14 · 1 · 7〉 제1조(시행일) 이 법은 공포 후 6개월이 경과한 날부터 시행한다. 제2조부터 제6조까지 생략		

법	시 행 령	시 행 규 칙
부 칙 〈14·5·21〉 이 법은 공포 후 3개월이 경과한 날부터 시행한다. 다만, 제11조제1호 및 제41조의 개정규정은 공포한 날부터 시행한다. **부 칙** 〈15·1·6〉 이 법은 공포한 날부터 시행한다. **부 칙** 〈15·7·24〉 **제1조(시행일)** 이 법은 공포 후 2년이 경과한 날부터 시행한다. 다만, 제20조제1항제7호, 제73조제1항·제2항, 제76조제2호의2 및 제81조제2항의 개정규정은 공포한 날부터 시행하고, 제2조제10호, 제20조제1항제5호의2, 제40조의2, 제60조제1항, 제78조제2항제3호의2 및 제79조제2항의 개정규정은 공포 후 1년이 경과한 날부터 시행한다. **제2조(관제자격증명의 결격사유에 관한 적용례)** 제21조의4의 개정규정은 이 법 시행 당시 종전의 제22조제1항에 따라 전문교육훈련을 이수한 사람에 대해서도 적용한다. **제3조(관제자격증명 등에 관한 경과조치)** ① 이 법 시행 당시 종전의 제22조제1항에 따라 신체검사 또는 적성검사에 합격한 사람은 각각 제21조의5제1항의 개정규정에 따른 신체검사		

법	시 행 령	시 행 규 칙
또는 제21조의6제1항의 개정규정에 따른 관제적성검사에 합격한 사람으로 본다. ② 이 법 시행 당시 종전의 제22조제1항에 따라 전문교육훈련을 이수한 사람은 제21조의3의 개정규정에 따른 관제자격증명을 받은 사람으로 본다. ③ 이 법 시행 당시 종전의 제22조제1항에 따라 실무수습·교육을 이수한 사람은 제22조의 개정규정에 따른 관제업무 실무수습을 이수한 사람으로 본다. ④ 이 법 시행 당시 종전의 제22조제1항에 따라 전문교육훈련 또는 실무수습·교육 중인 사람은 그 전문교육훈련 또는 실무수습·교육을 이수하였을 때에 각각 제21조의7제1항의 개정규정에 따른 관제교육훈련 또는 제22조의 개정규정에 따른 관제실무수습을 이수한 것으로 본다. ⑤ 제2항에도 불구하고 이 법 시행 당시 전문교육훈련을 이수한 사람 중 관제업무 경력이 없거나 2년 미만인 사람은 이 법 시행 후 2년 이내에 관제자격증명시험에 합격하였을 때에 같은 항에 따라 관제자격증명을 받은 것으로 본다. 다만, 종전의 제22조제1항에 따라 실무수습·교육을 이수한 사람에 대해서는 국토교통부령으로 정하는 바에 따라 관제자격증명시험의 일부를 면제할 수 있다.		

법	시 행 령	시 행 규 칙
⑥ 제2항에 따라 관제자격증명을 받은 것으로 보는 사람에 대한 관제자격증명서의 발급 및 절차 등에 대해서는 국토교통부령으로 정한다. **제4조(다른 법률의 개정)** 응급의료에 관한 법률 일부를 다음과 같이 개정한다. 제14조제1항제10호 중 "「철도안전법」 제2조제10호가목부터 다목까지"를 "「철도안전법」 제2조제10호가목부터 라목까지"로 한다. **부 칙** 〈16·1·19〉 이 법은 공포 후 1년이 경과한 날부터 시행한다. **부 칙** 〈17·1·17〉 이 법은 공포 후 1년이 경과한 날부터 시행한다. **부 칙** 〈17·8·9〉 이 법은 공포 후 6개월이 경과한 날부터 시행한다. 다만, 제11조제3호의 개정규정은 공포한 날부터 시행한다. **부 칙** 〈17·10·24〉 **제1조(시행일)** 이 법은 공포 후 1년이 경과한 날부터 시행한다. **제2조(철도차량 개조에 관한 적용례)** 제38조의2, 제38조의3제1항제1호, 제78조제2항제3호의2·제3호의3 및 제81조제2항제4호의 개정규정은 이 법 시행 후 최초로 개조승인을 받거나 개		

법	시 행 령	시 행 규 칙
조신고를 하는 철도차량부터 적용한다. **부 칙** 〈18 · 2 · 21〉 이 법은 공포 후 1개월이 경과한 날부터 시행한다. **부 칙** 〈18 · 3 · 13〉 제1조(시행일) 이 법은 공포 후 1년이 경과한 날부터 시행한다. 제2조 및 제3조 생략 **부 칙** 〈18 · 6 · 12〉 제1조(시행일) 이 법은 공포 후 6개월이 경과한 날부터 시행한다. 다만, 제2조제13호 · 제14호, 제24조의2부터 제24조의5까지, 제31조제4항부터 제6항까지, 제38조의5부터 제38조의14까지, 제72조제1호 · 제2호, 제73조제1항제3호 · 제4호의2 · 제5호의2, 제74조제1항, 제75조제2호 · 제4호의3 · 제7호 · 제8호, 제76조제2호의2 · 제2호의3, 제78조제3항제3호 · 제4호 및 제13호의2부터 제13호의6까지, 제78조제4항제2호의3 · 제5호의2 · 제6호의2 · 제7호의2, 제81조제1항제9호의2부터 제9호의5까지, 같은 조 제2항제5호 및 부칙 제6조의 개정규정은 공포 후 1년이 경과한 날부터 시행한다. 제2조(형식승인 등의 사후관리에 관한 적용례) 제31조제4항부터 제6항까지의 개정규정은 이		

법	시 행 령	시 행 규 칙
법 시행 후 최초로 발주하는 철도차량 구매계약부터 적용한다. **제3조(정밀안전진단에 관한 적용례)** 제38조의12의 개정규정에 따른 정밀안전진단은 이 법 시행 후 최초로 계약이 이루어진 정밀안전진단부터 적용한다. **제4조(철도차량정비기술자에 관한 경과조치)** 이 법 시행 당시 철도차량정비 경력 또는 철도차량정비 관련 교육의 이수 등 대통령령으로 정하는 요건을 갖춘 자는 제24조의2의 개정규정에 따라 철도차량정비기술자의 인정을 받은 것으로 본다. 이 경우 철도차량정비기술자의 인정을 받은 것으로 보는 자는 이 법 시행 후 1년 이내에 같은 조 제2항의 개정규정에 따른 자격기준을 갖추어 국토교통부장관에게 철도차량정비기술자 인정의 신청을 하여야 한다. **제5조(철도차량 정비조직인증에 관한 경과조치)** 이 법 시행 당시 철도차량을 정비하고 있는 자는 제38조의7의 개정규정에 따른 정비조직의 인증을 받은 것으로 본다. 이 경우 정비조직의 인증을 받은 것으로 보는 자는 이 법 시행 후 1년 이내에 정비조직인증기준을 갖추어 국토교통부장관에게 철도차량 정비조직인증의 신청을 하여야 한다. **제6조(다른 법률의 개정)** 철도사업법 일부를 다음과 같이 개정한다.		

법	시 행 령	시 행 규 칙
제25조, 제51조제2항제2호 및 같은 조 제3항제2호를 각각 삭제한다. 부 칙 〈18·8·14〉 이 법은 공포 후 6개월이 경과한 날부터 시행한다. 부 칙 〈19·4·23〉 제1조(시행일) 이 법은 공포 후 6개월이 경과한 날부터 시행한다. 제2조(보안검색장비의 성능인증에 관한 경과조치) ① 이 법 시행 당시 종전의 규정에 따라 보안검색에 사용되고 있는 장비는 제48조의3의 개정규정에 따른 보안검색장비의 성능인증을 받은 것으로 본다. ② 제48조의3제1항의 개정규정에도 불구하고 국토교통부장관으로부터 성능인증을 받고 생산 중인 보안검색장비가 각기 다른 제작사의 장비로서 종류별로 2종 이상이 인증되기 이전까지는 제작국가 등의 인증 공인기관으로부터 성능을 인증받은 장비를 사용할 수 있다. 제3조(철도운행안전관리자에 대한 경과조치) 이 법 시행 당시 철도운행안전관리자 자격을 부여받은 사람 중 관제업무에 종사한 경력이 2년 이상인 사람에 해당하여 자격을 부여받은 사람은 이 법 시행 후 1년 이내에 제69조의3제1항에 따른 정기교육을 받아야 한다.		

법	시 행 령	시 행 규 칙
부 칙 〈19 · 11 · 26〉 이 법은 공포 후 6개월이 경과한 날부터 시행한다. 다만, 제81조제1항제10호의2의 개정규정은 공포 후 2년 6개월이 경과한 날부터 시행한다.		

철도안전법 시행령 [별표]

[별표 1] 〈개정 14·3·18, 16·12·30, 18·10·23, 19·10·22〉

안전관리체계 관련 과징금의 부과기준(제6조 관련)

1. 일반기준
   가. 위반행위의 횟수에 따른 과징금의 가중된 부과기준은 최근 2년간 같은 위반행위로 과징금 부과처분을 받은 경우에 적용한다. 이 경우 기간의 계산은 위반행위에 대하여 과징금 부과처분을 받은 날과 그 처분 후 다시 같은 위반행위를 하여 적발된 날을 기준으로 한다.
   나. 가목에 따라 가중된 부과처분을 하는 경우 가중처분의 적용 차수는 그 위반행위 전 부과처분 차수(가목에 따른 기간 내에 과징금 부과처분이 둘 이상 있었던 경우에는 높은 차수를 말한다)의 다음 차수로 한다.
   다. 위반행위가 둘 이상인 경우로서 각 처분내용이 모두 업무정지인 경우에는 각 처분기준에 따른 과징금을 합산한 금액을 넘지 않는 범위에서 무거운 처분기준에 해당하는 과징금 금액의 2분의 1의 범위에서 가중할 수 있다.
   라. 국토교통부장관은 다음의 어느 하나에 해당하는 경우에는 제2호의 개별기준에 따른 과징금 금액의 2분의 1 범위에서 그 금액을 줄일 수 있다. 다만, 과징금을 체납하고 있는 위반행위자의 경우에는 그렇지 않다.
      1) 위반행위가 사소한 부주의나 오류로 인한 것으로 인정되는 경우
      2) 위반행위자가 법 위반상태를 시정하거나 해소하기 위한 노력이 인정되는 경우
      3) 그 밖에 사업 규모, 사업 지역의 특수성, 위반행위의 정도, 위반행위의 동기와 그 결과 및 위반 횟수 등을 고려하여 과징금 금액을 줄일 필요가 있다고 인정되는 경우
   마. 국토교통부장관은 다음의 어느 하나에 해당하는 경우에는 제2호의 개별기준에 따른 과징금 금액의 2분의 1 범위에서 그 금액을 늘릴 수 있다. 다만, 법 제9조의2제1항에 따른 과징금 금액의 상한을 넘을 경우 상한금액으로 한다.
      1) 위반의 내용 및 정도가 중대하여 공중에게 미치는 피해가 크다고 인정되는 경우
      2) 법 위반상태의 기간이 6개월 이상인 경우
      3) 그 밖에 사업 규모, 사업 지역의 특수성, 위반행위의 정도, 위반행위의 동기와 그 결과 및 위반 횟수 등을 고려하여 과징금 금액을 늘릴 필요가 있다고 인정되는 경우

2. 개별기준

(단위 : 백만원)

위반행위	근거 법조문	과징금 금액
가. 법 제7조제3항을 위반하여 변경승인을 받지 않고 안전관리체계를 변경한 경우	법 제9조 제1항제2호	
1) 1차 위반		120
2) 2차 위반		240
3) 3차 위반		480
4) 4차 이상 위반		960
나. 법 제7조제3항을 위반하여 변경신고를 하지 않고 안전관리체계를 변경한 경우	법 제9조 제1항제2호	
1) 1차 위반		경고
2) 2차 위반		120
3) 3차 이상 위반		240
다. 법 제8조제1항을 위반하여 안전관리체계를 지속적으로 유지하지 않아 철도운영이나 철도시설의 관리에 중대한 지장을 초래한 경우	법 제9조 제1항제3호	
1) 철도사고로 인한 사망자 수		
가) 1명 이상 3명 미만		360
나) 3명 이상 5명 미만		720
다) 5명 이상 10명 미만		1,440
라) 10명 이상		2,160
2) 철도사고로 인한 중상자 수		
가) 5명 이상 10명 미만		180
나) 10명 이상 30명 미만		360
다) 30명 이상 50명 미만		720
라) 50명 이상 100명 미만		1,440
마) 100명 이상		2,160
3) 철도사고 또는 운행장애로 인한 재산피해액		
가) 5억원 이상 10억원 미만		180

위반행위	근거 법조문	과징금 금액
나) 10억원 이상 20억원 미만		360
다) 20억원 이상		720
라. 법 제8조제3항에 따른 시정조치명령을 정당한 사유 없이 이행하지 않은 경우	법 제9조 제1항제4호	
1) 1차 위반		240
2) 2차 위반		480
3) 3차 위반		960
4) 4차 이상 위반		1,920

비고
1. "사망자"란 철도사고가 발생한 날부터 30일 이내에 그 사고로 사망한 사람을 말한다.
2. "중상자"란 철도사고로 인해 부상을 입은 날부터 7일 이내 실시된 의사의 최초 진단결과 24시간 이상 입원 치료가 필요한 상해를 입은 사람(의식불명, 시력상실을 포함)를 말한다.
3. "재산피해액"이란 시설피해액(인건비와 자재비등 포함), 차량피해액(인건비와 자재비등 포함), 운임환불 등을 포함한 직접손실액을 말한다.
4. 위 표의 다목 1)부터 3)까지의 규정에 따른 과징금을 부과하는 경우에 사망자, 중상자, 재산피해가 동시에 발생한 경우는 각각의 과징금을 합산하여 부과한다. 다만, 합산한 금액이 법 제9조의2제1항에 따른 과징금 금액의 상한을 초과하는 경우에는 법 제9조의2제1항에 따른 상한금액을 과징금으로 부과한다.
5. 위 표 및 제4호에 따른 과징금 금액이 해당 철도운영자등의 전년도(위반행위가 발생한 날이 속하는 해의 직전 연도를 말한다) 매출액의 100분의 4를 초과하는 경우에는 전년도 매출액의 100분의 4에 해당하는 금액을 과징금으로 부과한다.

[별표 1의2] 〈신설 19·6·4〉

철도차량정비기술자의 인정 기준(제21조의2 관련)

1. 철도차량정비기술자는 자격, 경력 및 학력에 따라 등급별로 구분하여 인정하되, 등급별 세부기준은 다음 표와 같다.

등급구분	역량지수
1등급 철도차량정비기술자	80점 이상
2등급 철도차량정비기술자	60점 이상 80점 미만
3등급 철도차량정비기술자	40점 이상 60점 미만
4등급 철도차량정비기술자	10점 이상 40점 미만

2. 제1호에 따른 역량지수의 계산식은 다음과 같다.

역량지수 = 자격별 경력점수 + 학력점수

가. 자격별 경력점수

국가기술자격 구분	점수
기술사 및 기능장	10점/년
기사	8점/년
산업기사	7점/년
기능사	6점/년
국가기술자격증이 없는 경우	5점/년

1) 철도차량정비기술자의 자격별 경력에 포함되는 「국가기술자격법」에 따른 국가기술자격의 종목은 국토교통부장관이 정하여 고시한다. 이 경우 둘 이상의 다른 종목 국가기술자격을 보유한 사람의 경우 그 중 점수가 높은 종목의 경력점수만 인정한다.
2) 경력점수는 다음 업무를 수행한 기간에 따른 점수의 합을 말하며, 마) 및 바)의 경력의 경우 100분의 50을 인정한다.
   가) 철도차량의 부품·기기·장치 등의 마모·손상, 변화 상태 및 기능을 확인하는 등 철도차량 점검 및 검사에 관한 업무
   나) 철도차량의 부품·기기·장치 등의 수리, 교체, 개량 및 개조 등 철도차량 정비 및 유지관리에 관한 업무

다) 철도차량 정비 및 유지관리 등에 관한 계획수립 및 관리 등에 관한 행정업무
라) 철도차량의 안전에 관한 계획수립 및 관리, 철도차량의 점검·검사, 철도차량에 대한 설계·기술검토·규격관리 등에 관한 행정업무
마) 철도차량 부품의 개발 등 철도차량 관련 연구 업무 및 철도관련 학과 등에서의 강의 업무
바) 그 밖에 기계설비·장치 등의 정비와 관련된 업무

3) 2)를 적용할 때 다음의 어느 하나에 해당하는 경력은 제외한다.
가) 18세 미만인 기간의 경력(국가기술자격을 취득한 이후의 경력은 제외한다)
나) 주간학교 재학 중의 경력(「직업교육훈련 촉진법」 제9조에 따른 현장실습계약에 따라 산업체에 근무한 경력은 제외한다)
다) 이중취업으로 확인된 기간의 경력
라) 철도차량정비업무 외의 경력으로 확인된 기간의 경력

4) 경력점수는 월 단위까지 계산한다. 이 경우 월 단위의 기간으로 산입되지 않는 일수의 합이 30일 이상인 경우 1개월로 본다.

나. 학력점수

학력 구분	점 수	
	철도차량정비 관련 학과	철도차량정비 관련 학과 외의 학과
석사 이상	35점	30점
학사	25점	20점
전문학사(3년제)	20점	15점
전문학사(2년제)	15점	10점
고등학교 졸업	5점	

1) "철도차량정비 관련 학과"란 철도차량 유지보수와 관련된 학과 및 기계·전기·전자·통신 관련 학과를 말한다. 다만, 대상이 되는 학력점수가 둘 이상인 경우 그 중 점수가 높은 학력점수에 따른다.

2) 철도차량정비 관련 학과의 학위 취득자 및 졸업자의 학력 인정 범위는 다음과 같다.
가) 석사 이상
(1) 「고등교육법」에 따른 학교에서 철도차량정비 관련 학과의 석사 또는 박사 학위과정을 이수하고 졸업한 사람
(2) 그 밖에 관계 법령에 따라 국내 또는 외국에서 (1)과 같은 수준 이상의 학력이 있다고 인정되는 사람
나) 학사
(1) 「고등교육법」에 따른 학교에서 철도차량정비 관련 학과의 학사 학위과정을 이수하고 졸업한 사람
(2) 그 밖에 관계 법령에 따라 국내 또는 외국에서 (1)과 같은 수준의 학력이 있다고 인정되는 사람
다) 전문학사(3년제)
(1) 「고등교육법」에 따른 학교에서 철도차량정비 관련 학과의 전문학사 학위과정을 이수하고 졸업한 사람(철도차량정비 관련 학과의 학위과정 3년을 이수한 사람을 포함한다)
(2) 그 밖의 관계 법령에 따라 국내 또는 외국에서 (1)과 같은 수준의 학력이 있다고 인정되는 사람
라) 전문학사(2년제)
(1) 「고등교육법」에 따른 4년제 대학, 2년제 대학 또는 전문대학에서 2년 이상 철도차량정비 관련 학과의 교육과정을 이수한 사람
(2) 그 밖에 관계 법령에 따라 국내 또는 외국에서 (1)과 같은 수준의 학력이 있다고 인정되는 사람
마) 고등학교 졸업
(1) 「초·중등교육법」에 따른 해당 학교에서 철도차량정비 관련 학과의 고등학교 과정을 이수하고 졸업한 사람
(2) 그 밖에 관계 법령에 따라 국내 또는 외국에서 (1)과 같은 수준의 학력이 있다고 인정되는 사람

3) 철도차량정비 관련 학과 외의 학위 취득자 및 졸업자의 학력 인정 범위는 다음과 같다.
가) 석사 이상
(1) 「고등교육법」에 따른 학교에서 석사 또는 박사 학위과정을 이수하고 졸업한 사람
(2) 그 밖에 관계 법령에 따라 국내 또는 외국에서 (1)과 같은 수준 이상의 학력이 있다고 인정되는 사람
나) 학사
(1) 「고등교육법」에 따른 학교에서 학사 학위과정을 이수하고 졸업한 사람
(2) 그 밖에 관계 법령에 따라 국내 또는 외국에서 (1)과 같은 수준의 학력이 있다고 인정되는 사람

다) 전문학사(3년제)
  (1) 「고등교육법」에 따른 학교에서 전문학사 학위과정을 이수하고 졸업한 사람(전문학사 학위과정 3년을 이수한 사람을 포함한다)
  (2) 그 밖의 관계 법령에 따라 국내 또는 외국에서 (1)과 같은 수준의 학력이 있다고 인정되는 사람
라) 전문학사(2년제)
  (1) 「고등교육법」에 따른 4년제 대학, 2년제 대학 또는 전문대학에서 2년 이상 교육과정을 이수한 사람
  (2) 그 밖에 관계 법령에 따라 국내 또는 외국에서 (1)과 같은 수준의 학력이 있다고 인정되는 사람
마) 고등학교 졸업
  (1) 「초·중등교육법」에 따른 해당 학교에서 고등학교 과정을 이수하고 졸업한 사람
  (2) 그 밖에 관계 법령에 따라 국내 또는 외국에서 (1)과 같은 수준의 학력이 있다고 인정되는 사람

[별표 2] 〈개정 14·3·18〉

철도차량 제작자승인 관련 과징금의 부과기준(제25조 관련)

위반행위	근거 법조문	과징금 금액(단위: 백만원)	
		업무정지(업무제한) 3개월	업무정지(업무제한) 6개월
1. 법 제26조의8에서 준용하는 법 제7조제3항을 위반하여 변경승인을 받지 않고 철도차량을 제작한 경우	법 제26조의7제1항제2호	30	60
2. 법 제26조의8에서 준용하는 법 제7조제3항을 위반하여 변경신고를 하지 않고 철도차량을 제작한 경우		30	60
3. 법 제26조의8에서 준용하는 법 제8조제3항에 따른 시정조치명령을 정당한 사유 없이 이행하지 않은 경우	법 제26조의7제1항제3호	30	60
4. 법 제32조제1항에 따른 명령을 이행하지 않은 경우	법 제26조의7제1항제4호	30	60

[별표 3] 〈개정 09·6·25, 14·3·18〉

철도용품 제작자승인 관련 과징금의 부과기준(제27조 관련)

위반행위	근거 법조문	과징금 금액(단위: 백만원)	
		업무정지(업무제한) 3개월	업무정지(업무제한) 6개월
1. 법 제27조의2제4항에서 준용하는 법 제7조제3항을 위반하여 변경승인을 받지 않고 철도용품을 제작한 경우	법 제27조의2제4항에서 준용하는 법 제26조의7제1항제2호	10	20
2. 법 제27조의2제4항에서 준용하는 법 제7조제3항을 위반하여 변경신고를 하지 않고 철도용품을 제작한 경우		10	20
3. 법 제27조의2제4항에서 준용하는 법 제8조제3항에 따른 시정조치명령을 정당한 사유 없이 이행하지 않은 경우	법 제27조의2제4항에서 준용하는 법 제26조의7제1항제3호	10	20
4. 법 제32조제1항에 따른 명령을 이행하지 않은 경우	법 제27조의2제4항에서 준용하는 법 제26조의7제1항제4호	10	20

[별표 4] 〈신설 18 · 10 · 23〉

철도차량의 운행제한 관련 과징금의 부과기준(제29조의2 관련)

1. 일반기준

가. 위반행위의 횟수에 따른 과징금의 가중된 부과기준은 최근 2년간 같은 위반행위로 과징금 부과처분을 받은 경우에 적용한다. 이 경우 기간의 계산은 위반행위에 대하여 과징금 부과처분을 받은 날과 그 처분 후 다시 같은 위반행위를 하여 적발된 날을 기준으로 한다.

나. 가목에 따라 가중된 부과처분을 하는 경우 가중처분의 적용 차수는 그 위반행위 전 부과처분 차수(가목에 따른 기간 내에 과징금 부과처분이 둘 이상 있었던 경우에는 높은 차수를 말한다)의 다음 차수로 한다.

다. 위반행위가 둘 이상인 경우로서 각 처분내용이 모두 운행제한인 경우에는 각 처분기준에 따른 과징금을 합산한 금액을 넘지 않는 범위에서 무거운 처분기준에 해당하는 과징금 금액의 2분의 1의 범위에서 가중할 수 있다.

라. 국토교통부장관은 다음의 어느 하나에 해당하는 경우에는 제2호의 개별기준에 따른 과징금 금액의 2분의 1 범위에서 그 금액을 줄일 수 있다. 다만, 과징금을 체납하고 있는 위반행위자의 경우에는 그렇지 않다.

1) 위반행위가 사소한 부주의나 오류로 인한 것으로 인정되는 경우
2) 위반행위자가 법 위반상태를 시정하거나 해소하기 위한 노력이 인정되는 경우
3) 그 밖에 위반행위의 정도, 위반행위의 동기와 그 결과 등을 고려하여 과징금을 줄일 필요가 있다고 인정되는 경우

마. 국토교통부장관은 다음의 어느 하나에 해당하는 경우에는 제2호의 개별기준에 따른 과징금 금액의 2분의 1 범위에서 그 금액을 늘릴 수 있다. 다만, 법 제9조의2제1항에 따른 과징금 금액의 상한을 넘을 수 없다.

1) 위반의 내용 및 정도가 중대하여 공중에게 미치는 피해가 크다고 인정되는 경우
2) 법 위반상태의 기간이 6개월 이상인 경우
3) 그 밖에 위반행위의 정도, 위반행위의 동기와 그 결과 등을 고려하여 과징금을 늘릴 필요가 있다고 인정되는 경우

2. 개별기준

위반행위	근거 법조문	과징금 금액(단위: 백만원)			
		1차 위반	2차 위반	3차 위반	4차 이상 위반
가. 철도차량이 법 제26조제3항에 따른 철도차량의 기술기준에 적합하지 않은 경우	법 제38조의3제1항제2호	-	5	15	30
나. 법 제38조의2제2항 본문을 위반하여 소유자등이 개조승인을 받지 않고 임의로 철도차량을 개조하여 운행하는 경우	법 제38조의3제1항제1호	5	15	30	50

[별표 4의2] 〈신설 19·6·4〉

인증정비조직 관련 과징금의 부과기준(제29조의3 관련)

1. 일반기준

가. 위반행위의 횟수에 따른 과징금의 가중된 부과기준은 최근 2년간 같은 위반행위로 과징금 부과처분을 받은 경우에 적용한다. 이 경우 기간의 계산은 위반행위에 대하여 과징금 부과처분을 받은 날과 그 처분 후 다시 같은 위반행위를 하여 적발된 날을 기준으로 한다.

나. 가목에 따라 가중된 부과처분을 하는 경우 가중처분의 적용 차수는 그 위반행위 전 부과처분 차수(가목에 따른 기간 내에 과징금 부과처분이 둘 이상 있었던 경우에는 높은 차수를 말한다)의 다음 차수로 한다.

다. 위반행위가 둘 이상인 경우로서 각 처분내용이 업무정지에 갈음하여 부과하는 과징금인 경우에는 각 처분기준에 따른 과징금을 합산한 금액을 넘지 않는 범위에서 가장 무거운 처분기준에 해당하는 과징금 금액의 2분의 1의 범위까지 늘릴 수 있다.

라. 국토교통부장관은 다음의 어느 하나에 해당하는 경우에는 제2호의 개별기준에 따른 과징금 금액의 2분의 1의 범위에서 그 금액을 줄일 수 있다. 다만, 과징금을 체납하고 있는 위반행위자의 경우에는 그렇지 않다.

1) 위반행위가 사소한 부주의나 오류로 인한 것으로 인정되는 경우
2) 위반행위자가 법 위반상태를 시정하거나 해소하기 위한 노력이 인정되는 경우
3) 그 밖에 위반행위의 정도, 위반행위의 동기와 그 결과 등을 고려하여 과징금을 줄일 필요가 있다고 인정되는 경우

마. 국토교통부장관은 다음의 어느 하나에 해당하는 경우에는 제2호의 개별기준에 따른 과징금 금액의 2분의 1의 범위에서 그 금액을 늘릴 수 있다. 다만, 법 제9조의2제1항에 따른 과징금 금액의 상한을 넘을 수 없다.

1) 위반의 내용 및 정도가 중대하여 공중에게 미치는 피해가 크다고 인정되는 경우
2) 법 위반상태의 기간이 6개월 이상인 경우
3) 그 밖에 위반행위의 정도, 위반행위의 동기와 그 결과 등을 고려하여 과징금을 늘릴 필요가 있다고 인정되는 경우

2. 개별기준

가. 법 제38조의10제1항제2호 관련

위반행위	근거 법조문	과징금 금액
인증정비조직의 중대한 과실로 철도사고 및 중대한 운행장애를 발생시킨 경우	법 제38조의10제1항제2호	
1) 철도사고로 인하여 다음의 인원이 사망한 경우		
가) 1명 이상 3명 미만		2억원
나) 3명 이상 5명 미만		6억원
다) 5명 이상 10명 미만		12억원
라) 10명 이상		20억원
2) 철도사고 또는 운행장애로 인하여 다음의 재산피해액이 발생한 경우		
가) 5억원 이상 10억원 미만		1억원
나) 10억원 이상 20억원 미만		2억원
다) 20억원 이상		6억원

나. 법 제38조의10제1항제3호 및 제5호 관련

위반행위	근거 법조문	과징금 금액(단위: 백만원)			
		1차 위반	2차 위반	3차 위반	4차 이상 위반
1) 법 제38조의7제2항을 위반하여 변경인증을 받지 않거나 변경신고를 하지 않고 인증받은 사항을 변경한 경우	법 제38조의10제1항제3호	5	15	30	50
2) 법 제38조의9에 따른 준수사항을 위반한 경우	법 제38조의10제1항제5호	5	15	30	50

[별표 4의3] 〈신설 19·6·4〉

정밀안전진단기관 관련 과징금의 부과기준(제29조의4 관련)

1. 일반기준
   가. 위반행위의 횟수에 따른 과징금의 가중된 부과기준은 최근 2년간 같은 위반행위로 과징금 부과처분을 받은 경우에 적용한다. 이 경우 기간의 계산은 위반행위에 대하여 과징금 부과처분을 받은 날과 그 처분 후 다시 같은 위반행위를 하여 적발된 날을 기준으로 한다.
   나. 가목에 따라 가중된 부과처분을 하는 경우 가중처분의 적용 차수는 그 위반행위 전 부과처분 차수(가목에 따른 기간 내에 과징금 부과처분이 둘 이상 있었던 경우에는 높은 차수를 말한다)의 다음 차수로 한다.
   다. 위반행위가 둘 이상인 경우로서 각 처분내용이 업무정지에 갈음하여 부과하는 과징금인 경우에는 각 처분기준에 따른 과징금을 합산한 금액을 넘지 않는 범위에서 가장 무거운 처분기준에 해당하는 과징금 금액의 2분의 1의 범위까지 늘릴 수 있다.
   라. 국토교통부장관은 다음의 어느 하나에 해당하는 경우에는 제2호의 개별기준에 따른 과징금 금액의 2분의 1의 범위에서 그 금액을 줄일 수 있다. 다만, 과징금을 체납하고 있는 위반행위자의 경우에는 그렇지 않다.
      1) 위반행위가 사소한 부주의나 오류로 인한 것으로 인정되는 경우
      2) 위반행위자가 법 위반상태를 시정하거나 해소하기 위한 노력이 인정되는 경우
      3) 그 밖에 위반행위의 정도, 위반행위의 동기와 그 결과 등을 고려하여 과징금을 줄일 필요가 있다고 인정되는 경우
   마. 국토교통부장관은 다음의 어느 하나에 해당하는 경우에는 제2호의 개별기준에 따른 과징금 금액의 2분의 1의 범위에서 그 금액을 늘릴 수 있다. 다만, 법 제9조의2제1항에 따른 과징금 금액의 상한을 넘을 수 없다.
      1) 위반의 내용 및 정도가 중대하여 공중에게 미치는 피해가 크다고 인정되는 경우
      2) 법 위반상태의 기간이 6개월 이상인 경우
      3) 그 밖에 위반행위의 정도, 위반행위의 동기와 그 결과 등을 고려하여 과징금을 늘릴 필요가 있다고 인정되는 경우

2. 개별기준

위반행위	근거 법조문	과징금 금액(단위: 백만원)			
		1차 위반	2차 위반	3차 위반	4차 이상 위반
1) 법 제38조의13제3항제4호를 위반하여 정밀안전진단 결과를 조작한 경우	법 제38조의13제3항제4호	15	50		
2) 법 제38조의13제3항제5호를 위반하여 정밀안전진단 결과를 거짓으로 기록하거나 고의로 결과를 기록하지 않은 경우	법 제38조의13제3항제5호	15	50		
3) 법 제38조의13제3항제6호를 위반하여 성능검사 등을 받지 않은 검사용 기계·기구를 사용하여 정밀안전진단을 한 경우	법 제38조의13제3항제6호	5	15	30	50

[별표 5] 〈개정 08·2·29, 08·12·31, 13·3·23, 16·1·22, 19·6·4〉

철도안전전문기술자의 자격기준(제60조제2항 관련)

구분	자격 부여 범위
1. 특급	가. 「전력기술관리법」, 「전기공사업법」, 「정보통신공사업법」이나 「건설기술 진흥법」(이하 "관계법령"이라 한다)에 따른 특급기술자·특급기술인·특급감리원·수석감리사 또는 특급전기공사기술자로서 다음의 어느 하나에 해당하는 사람 1) 「국가기술자격법」에 따른 철도의 해당 기술 분야의 기술사 또는 기사자격 취득자 2) 3년 이상 철도의 해당 기술 분야에 종사한 경력이 있는 사람 나. 별표 1의2에 따른 1등급 철도차량정비기술자로서 경력에 포함되는 기술자격의 종목과 관련된 기술사, 기능장 또는 기사자격 취득자
2. 고급	가. 관계법령에 따른 특급기술자·특급기술인·특급감리원·수석감리사 또는 특급공사기술자로서 1년 6개월 이상 철도의 해당 기술 분야에 종사한 경력이 있는 사람 나. 관계법령에 따른 고급기술자·고급기술인·고급감리원·감리사 또는 고급전기공사기술자로서 다음의 어느 하나에 해당하는 사람 1) 「국가기술자격법」에 따른 철도의 해당 기술 분야의 기사 또는 산업기사 자격 취득자 2) 3년 이상 철도의 해당 기술 분야에 종사한 경력이 있는 사람 다. 별표 1의2에 따른 2등급 철도차량정비기술자로서 경력에 포함되는 기술자격의 종목과 관련된 기사 또는 산업기사 자격 취득자
3. 중급	가. 관계법령에 따른 고급기술자·고급기술인·고급감리원·감리사 또는 고급전기공사기술자로서 1년 6개월 이상 철도의 해당 기술 분야에 종사한 경력이 있는 사람 나. 관계법령에 따른 중급기술자·중급기술인·중급감리원 또는 중급전기공사기술자로서 다음의 어느 하나에 해당하는 사람 1) 「국가기술자격법」에 따른 철도의 해당 기술 분야의 기사, 산업기사 또는 기능사 자격 취득자 2) 3년 이상 철도의 해당 기술 분야에 종사한 경력이 있는 사람 다. 별표 1의2에 따른 3등급 철도차량정비기술자로서 경력에 포함되는 기술자격의 종목과 관련된 기사, 산업기사 또는 기능사 자격 취득자
4. 초급	가. 관계법령에 따른 중급기술자·중급기술인·중급감리원 또는 중급전기공사기술자로서 1년 6개월 이상 철도의 해당 기술 분야에 종사한 경력이 있는 사람 나. 관계법령에 따른 초급기술자·초급기술인·초급감리원·감리사보 또는 초급전기공사 기술자로서 다음의 어느 하나에 해당하는 사람 1) 「국가기술자격법」에 따른 철도의 해당 기술 분야의 기사, 산업기사 또는 기능사 자격 취득자 2) 3년 이상 철도의 해당 기술 분야에 종사한 경력이 있는 사람 다. 국토교통부령으로 정하는 철도의 해당 기술 분야의 설계·감리·시공·안전점검 관련 교육과정을 수료하고 수료 시 시행하는 검정시험에 합격한 사람 라. 「국가기술자격법」에 따른 용접자격을 취득한 사람으로서 국토교통부장관이 지정한 전문기관 또는 단체의 레일용접인정자격시험에 합격한 사람 마. 별표 1의2에 따른 4등급 철도차량정비기술자로서 경력에 포함되는 기술자격의 종목과 관련된 기사, 산업기사 또는 기능사 자격 취득자

[별표 6] 〈개정 11·4·4, 14·3·18, 16·1·22, 16·12·30, 18·2·9, 18·12·11, 19·6·4, 19·10·22〉

과태료 부과기준 (제64조 관련)

1. 일반기준
   가. 위반행위의 횟수에 따른 과태료의 가중된 부과기준은 최근 1년간 같은 위반행위로 과태료 부과처분을 받은 경우에 적용한다. 이 경우 기간의 계산은 위반행위에 대하여 과태료 부과처분을 받은 날과 그 처분 후 다시 같은 위반행위를 하여 적발된 날을 기준으로 한다.
   나. 가목에 따라 가중된 부과처분을 하는 경우 가중처분의 적용 차수는 그 위반행위 전 부과처분 차수(가목에 따른 기간 내에 과태료 부과처분이 둘 이상 있었던 경우에는 높은 차수를 말한다)의 다음 차수로 한다.
   다. 하나의 행위가 둘 이상의 위반행위에 해당하는 경우에는 그 중 무거운 과태료의 부과기준에 따른다.
   라. 부과권자는 다음의 어느 하나에 해당하는 경우에는 제2호에 따른 과태료 금액의 2분의 1 범위에서 그 금액을 줄일 수 있다. 다만, 과태료를 체납하고 있는 위반행위자의 경우에는 그렇지 않다.
      1) 위반행위자가 「질서위반행위규제법 시행령」 제2조의2제1항 각 호의 어느 하나에 해당하는 경우
      2) 위반행위가 사소한 부주의나 오류로 인한 것으로 인정되는 경우
      3) 위반행위자가 법 위반상태를 시정하거나 해소하기 위해 노력한 것이 인정되는 경우
      4) 그 밖에 위반행위의 정도, 위반행위의 동기와 그 결과 등을 고려하여 과태료를 줄일 필요가 있다고 인정되는 경우
   마. 부과권자는 다음의 어느 하나에 해당하는 경우에는 제2호의 개별기준에 따른 과태료 금액의 2분의 1 범위에서 그 금액을 늘릴 수 있다. 다만, 법 제81조제1항부터 제4항까지의 규정에 따른 과태료 금액의 상한을 넘을 수 없다.
      1) 위반의 내용·정도가 중대하여 공중(公衆)에게 미치는 피해가 크다고 인정되는 경우
      2) 그 밖에 위반행위의 정도, 위반행위의 동기와 그 결과 등을 고려하여 늘릴 필요가 있다고 인정되는 경우

2. 개별기준

위반행위	근거 법조문	과태료 금액(단위: 만원)		
		1회 위반	2회 위반	3회 이상 위반
가. 법 제7조제3항(법 제26조의8 및 제27조의2제4항에서 준용하는 경우를 포함한다)을 위반하여 안전관리체계의 변경승인을 받지 않고 안전관리체계를 변경한 경우	법 제81조제1항제1호	125	250	500
나. 법 제7조제3항(법 제26조의8 및 제27조의2제4항에서 준용하는 경우를 포함한다)을 위반하여 안전관리체계의 변경신고를 하지 않고 안전관리체계를 변경한 경우	법 제81조제2항제1호	62.5	125	250
다. 법 제8조제3항(법 제26조의8 및 제27조의2제4항에서 준용하는 경우를 포함한다)을 위반하여 정당한 사유 없이 시정조치 명령에 따르지 않은 경우	법 제81조제1항제2호	125	250	500
라. 법 제9조의4제3항을 위반하여 우수운영자로 지정되었음을 나타내는 표시를 하거나 이와 유사한 표시를 한 경우	법 제81조제3항제1호	30	70	150
마. 법 제9조의4제4항을 위반하여 시정조치명령을 따르지 않은 경우	법 제81조제3항제2호	50	100	200
바. 법 제20조제3항(법 제21조의11제2항에서 준용하는 경우를 포함한다)을 위반하여 운전면허증을 반납하지 않은 경우	법 제81조제1항제3호	2.5	5	10
사. 법 제24조제1항을 위반하여 안전교육을 실시하지 않은 경우	법 제81조제2항제2호	125	250	500
아. 법 제26조제2항(법 제27조제4항에서 준용하는 경우를 포함한다)을 위반하여 변경승인을 받지 않은 경우	법 제81조제1항제4호	125	250	500
자. 법 제26조제2항(법 제27조제4항에서 준용하는 경우를 포함한다)을 위반하여 변경신고를 하지 않은 경우	법 제81조제2항제3호	62.5	125	250

위반행위	근거 법조문	과태료 금액(단위: 만원) 1회 위반	2회 위반	3회 이상 위반
차. 법 제26조의5제2항(법 제27조의2제4항에서 준용하는 경우를 포함한다)에 따른 신고를 하지 않은 경우	법 제81조제1항제5호	125	250	500
카. 법 제27조의2제3항을 위반하여 형식승인표시를 하지 않은 경우	법 제81조제1항제6호	125	250	500
타. 법 제31조제2항을 위반하여 조사·열람·수거 등을 거부하거나 방해한 경우	법 제81조제1항제7호	75	150	300
파. 법 제31조제2항을 위반하여 조사·열람·수거 등을 기피하는 경우	법 제81조제1항제7호	25	50	100
하. 법 제32조제2항 또는 제4항을 위반하여 시정조치계획을 제출하지 않거나 시정조치의 진행상황을 보고하지 않은 경우	법 제81조제1항제8호	125	250	500
거. 법 제38조제2항에 따른 개선·시정명령을 따르지 않은 경우	법 제81조제1항제9호	125	250	500
너. 법 제38조의2제2항 단서를 위반하여 개조신고를 하지 않고 개조한 철도차량을 운행한 경우	법 제81조제2항제4호	62.5	125	250
더. 법 제38조의5제3항제1호를 위반하여 이력사항을 고의로 입력하지 않은 경우	법 제81조제1항제9호의2가목	125	250	500
러. 법 제38조의5제3항제2호를 위반하여 이력사항을 위조·변조하거나 고의로 훼손한 경우	법 제81조제1항제9호의2나목	125	250	500
머. 법 제38조의5제3항제3호를 위반하여 이력사항을 무단으로 외부에 제공한 경우	법 제81조제1항제9호의2다목	25	50	100
버. 법 제38조의7제2항을 위반하여 변경인증을 받지 않거나 변경신고를 하지 않고 변경한 경우	법 제81조제1항제9호의3	125	250	500

위반행위	근거 법조문	과태료 금액(단위: 만원) 1회 위반	2회 위반	3회 이상 위반
서. 법 제38조의9에 따른 준수사항을 지키지 않은 경우	법 제81조제1항제9호의4	125	250	500
어. 법 제38조의12제2항에 따른 정밀안전진단 명령을 따르지 않은 경우	법 제81조제1항제9호의5	125	250	500
저. 법 제39조의2제3항에 따른 안전조치를 따르지 않은 경우	법 제81조제1항제10호	125	250	500
처. 법 제40조의2제1항제1호 또는 제2호에 따른 준수사항을 위반한 경우	법 제81조제3항제3호	30	70	150
커. 법 제40조의2제2항제1호에 따른 준수사항을 위반한 경우	법 제81조제3항제3호	30	70	150
터. 법 제40조의2제2항제2호에 따른 준수사항을 위반한 경우	법 제81조제3항제3호	100	200	300
퍼. 법 제40조의2제3항에 따른 준수사항을 위반한 경우	법 제81조제3항제3호	30	70	150
허. 법 제40조의2제4항에 따른 준수사항을 위반한 경우	법 제81조제3항제3호	30	70	150
고. 법 제40조의2제5항에 따른 준수사항을 위반한 경우	법 제81조제3항제3호	100	200	300
노. 법 제45조제4항을 위반하여 조치명령을 따르지 않은 경우	법 제81조제4항	12.5	25	50
도. 법 제47조제1항제1호·제3호 또는 제4호를 위반하여 여객열차에서의 금지행위를 한 경우	법 제81조제1항제11호	12.5	25	50
로. 법 제47조제1항제7호를 위반하여 여객열차에서의 금지행위를 한 경우	법 제81조제1항제11호	5	5	5
모. 법 제48조제5호를 위반하여 선로(철도와 교차된 도로는 제외한다) 또는 철도시설에 승낙 없이 출입하거나 통행한 경우	법 제81조제1항제12호	25	50	100
보. 법 제48조제7호·제9호 또는 제10호를 위반하여 철도시설에 유해물 또는	법 제81조제1항제13호	50	100	200

위반행위	근거 법조문	과태료 금액(단위: 만원)		
		1회 위반	2회 위반	3회 이상 위반
오물을 버리거나 열차운행에 지장을 준 경우				
소. 법 제48조의3제1항을 위반하여 국토교통부장관의 성능인증을 받은 보안검색장비를 사용하지 않은 경우	법 제81조제1항 제13호의2	500	750	1,000
오. 인증기관 및 시험기관이 법 제48조의3제2항에 따른 보안검색장비의 성능인증을 위한 기준·방법·절차 등을 위반한 경우	법 제81조제1항 제13호의3	500	750	1,000
조. 법 제49조제1항을 위반하여 철도종사자의 직무상 지시에 따르지 않은 경우	법 제81조제1항 제14호	25	50	100
초. 법 제61조제1항에 따른 보고를 하지 않거나 거짓으로 보고한 경우	법 제81조제1항 제15호	125	250	500
코. 법 제61조제2항에 따른 보고를 하지 않거나 거짓으로 보고한 경우	법 제81조제1항 제15호	25	50	100
토. 법 제69조의3제1항을 위반하여 정기교육을 받지 않은 경우	법 제81조제1항 제15호의2	150	300	600
포. 법 제73조제1항에 따른 보고를 하지 않은 경우	법 제81조제1항 제16호	125	250	500
호. 법 제73조제1항에 따른 보고를 거짓으로 한 경우	법 제81조제1항 제16호	25	50	100
구. 법 제73조제1항에 따른 자료제출을 거부·기피 또는 방해한 경우	법 제81조제1항 제17호	125	250	500
누. 법 제73조제2항에 따른 소속 공무원의 출입·검사를 거부·방해 또는 기피한 경우	법 제81조제1항 제18호	125	250	500

철도안전법 시행규칙 [별표 · 별지서식]

【시행규칙 별표】

[별표 1] 〈신설 14·3·19, 16·12·30, 19·10·23〉

안전관리체계 관련 처분기준(제7조 관련)

1. 일반기준

가. 위반행위의 횟수에 따른 행정처분의 가중된 부과기준은 최근 2년간 같은 위반행위로 행정처분을 받은 경우에 적용한다. 이 경우 기간의 계산은 위반행위에 대하여 행정처분을 받은 날과 그 처분 후 다시 같은 위반행위를 하여 적발된 날을 기준으로 한다.

나. 가목에 따라 가중된 부과처분을 하는 경우 가중처분의 적용 차수는 그 위반행위 전 부과처분 차수(가목에 따른 기간 내에 행정처분이 둘 이상 있었던 경우에는 높은 차수를 말한다)의 다음 차수로 한다.

다. 위반행위가 둘 이상인 경우로서 그에 해당하는 각각의 처분기준이 다른 경우에는 그 중 무거운 처분기준(무거운 처분기준이 같을 때에는 그 중 하나의 처분기준을 말한다)에 따르며, 둘 이상의 처분기준이 같은 업무제한·정지인 경우에는 무거운 처분기준의 2분의 1 범위에서 가중할 수 있되, 각 처분기준을 합산한 기간을 초과할 수 없다.

라. 국토교통부장관은 다음의 어느 하나에 해당하는 경우에는 제2호의 개별기준에 따른 업무제한·정지 기간의 2분의 1 범위에서 그 기간을 줄일 수 있다.

1) 위반행위가 사소한 부주의나 오류로 인한 것으로 인정되는 경우
2) 위반행위자가 법 위반상태를 시정하거나 해소하기 위한 노력이 인정되는 경우
3) 그 밖에 위반행위의 정도, 위반행위의 동기와 그 결과 등을 고려하여 업무제한·정지 기간을 줄일 필요가 있다고 인정되는 경우

마. 국토교통부장관은 다음의 어느 하나에 해당하는 경우에는 제2호의 개별기준에 따른 업무제한·정지 기간의 2분의 1 범위에서 그 기간을 늘릴 수 있다. 다만, 법 제9조제1항에 따른 업무제한·정지 기간의 상한을 넘을 수 없다.

1) 위반의 내용 및 정도가 중대하여 공중에게 미치는 피해가 크다고 인정되는 경우
2) 법 위반상태의 기간이 6개월 이상인 경우
3) 그 밖에 위반행위의 정도, 위반행위의 동기와 그 결과 등을 고려하여 업무제한·정지 기간을 늘릴 필요가 있다고 인정되는 경우

2. 개별기준

위반행위	근거 법조문	처분 기준
가. 거짓이나 그 밖의 부정한 방법으로 승인을 받은 경우	법 제9조 제1항제1호	
1) 1차 위반		승인취소
나. 법 제7조제3항을 위반하여 변경승인을 받지 않고 안전관리체계를 변경한 경우	법 제9조 제1항제2호	
1) 1차 위반		업무정지(업무제한) 10일
2) 2차 위반		업무정지(업무제한) 20일
3) 3차 위반		업무정지(업무제한) 40일
4) 4차 이상 위반		업무정지(업무제한) 80일
다. 법 제7조제3항을 위반하여 변경신고를 하지 않고 안전관리체계를 변경한 경우	법 제9조 제1항제2호	
1) 1차 위반		경고
2) 2차 위반		업무정지(업무제한) 10일
3) 3차 이상 위반		업무정지(업무제한) 20일
라. 법 제8조제1항을 위반하여 안전관리체계를 지속적으로 유지하지 않아 철도운영이나 철도시설의 관리에 중대한 지장을 초래한 경우	법 제9조 제1항제3호	
1) 철도사고로 인한 사망자 수		
가) 1명 이상 3명 미만		업무정지(업무제한) 30일
나) 3명 이상 5명 미만		업무정지(업무제한) 60일
다) 5명 이상 10명 미만		업무정지(업무제한) 120일
라) 10명 이상		업무정지(업무제한) 180일
2) 철도사고로 인한 중상자 수		
가) 5명 이상 10명 미만		업무정지(업무제한) 15일
나) 10명 이상 30명 미만		업무정지(업무제한) 30일
다) 30명 이상 50명 미만		업무정지(업무제한) 60일
라) 50명 이상 100명 미만		업무정지(업무제한) 120일
마) 100명 이상		업무정지(업무제한) 180일
3) 철도사고 또는 운행장애로 인한 재산피해액		
가) 5억원 이상 10억원 미만		업무정지(업무제한) 15일
나) 10억원 이상 20억원 미만		업무정지(업무제한) 30일
다) 20억원 이상		업무정지(업무제한) 60일

위반행위	근거 법조문	처분 기준
마. 법 제8조제3항에 따른 시정조치명령을 정당한 사유 없이 이행하지 않은 경우		
1) 1차 위반	법 제9조 제1항제4호	업무정지(업무제한) 20일
2) 2차 위반		업무정지(업무제한) 40일
3) 3차 위반		업무정지(업무제한) 80일
4) 4차 이상 위반		업무정지(업무제한) 160일

비고
1. "사망자"란 철도사고가 발생한 날부터 30일 이내에 그 사고로 사망한 경우를 말한다.
2. "중상자"란 철도사고로 인해 부상을 입은 날부터 7일 이내 실시된 의사의 최초 진단결과 24시간 이상 입원 치료가 필요한 상해를 입은 사람(의식불명, 시력상실을 포함)을 말한다.
3. "재산피해액"이란 시설피해액(인건비와 자재비등 포함), 차량피해액(인건비와 자재비등 포함), 운임환불 등을 포함한 직접손실액을 말한다.

[별표 1의2] 〈개정 08·3·14, 14·3·19, 17·1·20〉

철도차량 운전면허 종류별 운전이 가능한 철도차량(제11조 관련)

운전면허의 종류	운전할 수 있는 철도차량의 종류
1. 고속철도차량 운전면허	가. 고속철도차량 나. 철도장비 운전면허에 따라 운전할 수 있는 차량
2. 제1종 전기차량 운전면허	가. 전기기관차 나. 철도장비 운전면허에 따라 운전할 수 있는 차량
3. 제2종 전기차량 운전면허	가. 전기동차 나. 철도장비 운전면허에 따라 운전할 수 있는 차량
4. 디젤차량 운전면허	가. 디젤기관차 나. 디젤동차 다. 증기기관차 라. 철도장비 운전면허에 따라 운전할 수 있는 차량
5. 철도장비 운전면허	가. 철도건설과 유지보수에 필요한 기계나 장비 나. 철도시설의 검측장비 다. 철도·도로를 모두 운행할 수 있는 철도복구장비 라. 전용철도에서 시속 25킬로미터 이하로 운전하는 차량 마. 사고복구용 기중기
6. 노면전차 운전면허	노면전차

비고:
1. 시속 100킬로미터 이상으로 운행하는 철도시설의 검측장비 운전은 고속철도차량 운전면허, 제1종 전기차량 운전면허, 제2종 전기차량 운전면허, 디젤차량 운전면허 중 하나의 운전면허가 있어야 한다.
2. 선로를 시속 200킬로미터 이상의 최고운행 속도로 주행할 수 있는 철도차량을 고속철도차량으로 구분한다.
3. 동력장치가 집중되어 있는 철도차량을 기관차, 동력장치가 분산되어 있는 철도차량을 동차로 구분한다.
4. 도로 위에 부설한 레일 위를 주행하는 철도차량은 노면전차로 구분한다.
5. 철도차량 운전면허(철도장비 운전면허는 제외한다) 소지자는 철도차량 종류에 관계없이 차량기지 내에서 시속 25킬로미터 이하로 운전하는 철도차량을 운전할 수 있다. 이 경우 다른 운전면허의 철도차량을 운전하는 때에는 국토교통부장관이 정하는 교육훈련을 받아야 한다.
6. "전용철도"란 「철도사업법」 제2조제5호에 따른 전용철도를 말한다.

[별표 2] 〈개정 08·12·16, 10·3·30, 12·12·10, 15·10·2, 17·7·25, 19·1·4〉

신체검사 항목 및 불합격 기준(제12조제2항 및 제40조제4항 관련)

1. 운전면허 또는 관제자격증명 취득을 위한 신체검사

검사 항목	불합격 기준
가. 일반 결함	1) 신체 각 장기 및 각 부위의 악성종양 2) 중증인 고혈압증(수축기 혈압 180㎜Hg 이상이고, 확장기 혈압 110㎜Hg 이상인 사람) 3) 이 표에서 달리 정하지 아니한 법정 감염병 중 직접 접촉, 호흡기 등을 통하여 전파가 가능한 감염병
나. 코·구강·인후 계통	의사소통에 지장이 있는 언어장애나 호흡에 장애를 가져오는 코, 구강, 인후, 식도의 변형 및 기능장애
다. 피부 질환	다른 사람에게 감염될 위험성이 있는 만성 피부질환자 및 한센병 환자
라. 흉부 질환	1) 업무수행에 지장이 있는 급성 및 만성 늑막질환 2) 활동성 폐결핵, 비결핵성 폐질환, 중증 만성천식증, 중증 만성기관지염, 중증 기관지확장증 3) 만성폐쇄성 폐질환
마. 순환기 계통	1) 심부전증 2) 업무수행에 지장이 있는 발작성 빈맥(분당 150회 이상)이나 기질성 부정맥 3) 심한 방실전도장애 4) 심한 동맥류 5) 유착성 심낭염 6) 폐성심 7) 확진된 관상동맥질환(협심증 및 심근경색증)
바. 소화기 계통	1) 빈혈증 등의 질환과 관계있는 비장종대 2) 간경변증이나 업무수행에 지장이 있는 만성 활동성 간염 3) 거대결장, 게실염, 회장염, 궤양성 대장염으로 고치기 어려운 경우
사. 생식이나 비뇨기 계통	1) 만성 신장염 2) 중증 요실금 3) 만성 신우염 4) 고도의 수신증이나 농신증 5) 활동성 신결핵이나 생식기 결핵 6) 고도의 요도협착 7) 진행성 신기능장애를 동반한 양측성 신결석 및 요관결석 8) 진행성 신기능장애를 동반한 만성신증후군
아. 내분비 계통	1) 중증의 갑상샘 기능 이상 2) 거인증이나 말단비대증 3) 애디슨병 4) 그 밖에 쿠싱증후군 등 뇌하수체의 이상에서 오는 질환 5) 중증인 당뇨병(식전 혈당 140 이상) 및 중증의 대사질환(통풍 등)
자. 혈액이나 조혈 계통	1) 혈우병 2) 혈소판 감소성 자반병 3) 중증의 재생불능성 빈혈 4) 용혈성 빈혈(용혈성 황달) 5) 진성적혈구 과다증 6) 백혈병
차. 신경 계통	1) 다리·머리·척추 등 그 밖에 이상으로 앉아 있거나 걷지 못하는 경우 2) 중추신경계 염증성 질환에 따른 후유증으로 업무수행에 지장이 있는 경우 3) 업무에 적응할 수 없을 정도의 말초신경질환 4) 두개골 이상, 뇌 이상이나 뇌 순환장애로 인한 후유증(신경이나 신체증상)이 남아 업무수행에 지장이 있는 경우 5) 뇌 및 척추종양, 뇌기능장애가 있는 경우 6) 전신성·중증 근무력증 및 신경근 접합부 질환 7) 유전성 및 후천성 만성근육질환 8) 만성 진행성·퇴행성 질환 및 탈수조성 질환(유전성 무도병, 근위축성 측색경화증, 보행실조증, 다발성경화증)

검사 항목	불합격 기준
카. 사지	1) 손의 필기능력과 두 손의 악력이 없는 경우 2) 난치의 뼈·관절 질환이나 기형으로 업무수행에 지장이 있는 경우 3) 한쪽 팔이나 한쪽 다리 이상을 쓸 수 없는 경우(운전업무에만 해당한다)
타. 귀	귀의 청력이 500Hz, 1000Hz, 2000Hz에서 측정하여 측정치의 산술평균이 두 귀 모두 40dB 이상인 사람
파. 눈	1) 두 눈의 나안(裸眼) 시력 중 어느 한쪽의 시력이라도 0.5 이하인 경우(다만, 한쪽 눈의 시력이 0.7 이상이고 다른 쪽 눈의 시력이 0.3 이상인 경우는 제외한다)로서 두 눈의 교정시력 중 어느 한쪽의 시력이라도 0.8 이하인 경우(다만, 한쪽 눈의 교정시력이 1.0 이상이고 다른 쪽 눈의 교정시력이 0.5 이상인 경우는 제외한다) 2) 시야의 협착이 1/3 이상인 경우 3) 안구 및 그 부속기의 기질성·활동성·진행성 질환으로 인하여 시력 유지에 위협이 되고, 시기능장애가 되는 질환 4) 안구 운동장애 및 안구진탕 5) 색각이상(색약 및 색맹)
하. 정신 계통	1) 업무수행에 지장이 있는 지적장애 2) 업무에 적응할 수 없을 정도의 성격 및 행동장애 3) 업무에 적응할 수 없을 정도의 정신장애 4) 마약·대마·향정신성 의약품이나 알코올 관련 장애 등 5) 뇌전증 6) 수면장애(폐쇄성 수면 무호흡증, 수면발작, 몽유병, 수면 이상증 등)이나 공황장애

2. 운전업무종사자 등에 대한 신체검사

검사항목	불합격 기준	
	최초검사·특별검사	정기검사
가. 일반 결함	1) 신체 각 장기 및 각 부위의 악성종양 2) 중증인 고혈압증(수축기 혈압 180㎜Hg 이상이고, 확장기 혈압 110㎜Hg 이상인 경우) 3) 이 표에서 달리 정하지 아니한 법정 감염병 중 직접 접촉, 호흡기 등을 통하여 전파가 가능한 감염병	1) 업무수행에 지장이 있는 악성종양 2) 조절되지 아니하는 중증인 고혈압증 3) 이 표에서 달리 정하지 아니한 법정 감염병 중 직접 접촉, 호흡기 등을 통하여 전파가 가능한 감염병
나. 코·구강·인후 계통	의사소통에 지장이 있는 언어장애나 호흡에 장애를 가져오는 코·구강·인후·식도의 변형 및 기능장애	의사소통에 지장이 있는 언어장애나 호흡에 장애를 가져오는 코·구강·인후·식도의 변형 및 기능장애
다. 피부 질환	다른 사람에게 감염될 위험성이 있는 만성 피부질환자 및 한센병 환자	
라. 흉부 질환	1) 업무수행에 지장이 있는 급성 및 만성 늑막질환 2) 활동성 폐결핵, 비결핵성 폐질환, 중증 만성천식증, 중증 만성기관지염, 중증 기관지확장증 3) 만성 폐쇄성 폐질환	1) 업무수행에 지장이 있는 활동성 폐결핵, 비결핵성 폐질환, 만성 천식증, 만성 기관지염, 기관지확장증 2) 업무수행에 지장이 있는 만성 폐쇄성 폐질환
마. 순환기 계통	1) 심부전증 2) 업무수행에 지장이 있는 발작성 빈맥(분당 150회 이상)이나 기질성 부정맥 3) 심한 방실전도장애 4) 심한 동맥류 5) 유착성 심낭염 6) 폐성심 7) 확진된 관상동맥질환(협심증 및 심근경색증)	1) 업무수행에 지장이 있는 심부전증 2) 업무수행에 지장이 있는 발작성 빈맥(분당 150회 이상)이나 기질성 부정맥 3) 업무수행에 지장이 있는 심한 방실전도장애 4) 업무수행에 지장이 있는 심한 동맥류 5) 업무수행에 지장이 있는 유착성 심낭염 6) 업무수행에 지장이 있는 폐

		성심 7) 업무수행에 지장이 있는 관상동맥질환(협심증 및 심근경색증)
바. 소화기 계통	1) 빈혈증 등의 질환과 관계있는 비장종대 2) 간경변증이나 업무수행에 지장이 있는 만성 활동성 간염 3) 거대결장, 게실염, 회장염, 궤양성 대장염으로 난치인 경우	업무수행에 지장이 있는 만성 활동성 간염이나 간경변증
사. 생식이나 비뇨기 계통	1) 만성 신장염 2) 중증 요실금 3) 만성 신우염 4) 고도의 수신증이나 농신증 5) 활동성 신결핵이나 생식기 결핵 6) 고도의 요도협착 7) 진행성 신기능장애를 동반한 양측성 신결석 및 요관결석 8) 진행성 신기능장애를 동반한 만성신증후군	1) 업무수행에 지장이 있는 만성 신장염 2) 업무수행에 지장이 있는 진행성 신기능장애를 동반한 양측성 신결석 및 요관결석
아. 내분비 계통	1) 중증의 갑상샘 기능 이상 2) 거인증이나 말단비대증 3) 애디슨병 4) 그 밖에 쿠싱증후군 등 뇌하수체의 이상에서 오는 질환 5) 중증인 당뇨병(식전 혈당 140 이상) 및 중증의 대사질환(통풍 등)	업무수행에 지장이 있는 당뇨병, 내분비질환, 대사질환(통풍 등)
자. 혈액이나 조혈 계통	1) 혈우병 2) 혈소판 감소성 자반병 3) 중증의 재생불능성 빈혈 4) 용혈성 빈혈(용혈성 황달) 5) 진성적혈구 과다증 6) 백혈병	1) 업무수행에 지장이 있는 혈우병 2) 업무수행에 지장이 있는 혈소판 감소성 자반병 3) 업무수행에 지장이 있는 재생불능성 빈혈 4) 업무수행에 지장이 있는 용혈성 빈혈(용혈성 황달) 5) 업무수행에 지장이 있는 진
		성적혈구 과다증 6) 업무수행에 지장이 있는 백혈병
차. 신경 계통	1) 다리·머리·척추 등 그 밖에 이상으로 앉아 있거나 걷지 못하는 경우 2) 중추신경계 염증성 질환에 따른 후유증으로 업무수행에 지장이 있는 경우 3) 업무에 적응할 수 없을 정도의 말초신경질환 4) 두개골 이상, 뇌 이상이나 뇌순환장애로 인한 후유증(신경이나 신체증상)이 남아 업무수행에 지장이 있는 경우 5) 뇌 및 척추종양, 뇌기능장애가 있는 경우 6) 전신성·중증 근무력증 및 신경근 접합부 질환 7) 유전성 및 후천성 만성근육질환 8) 만성 진행성·퇴행성 질환 및 탈수조성 질환(유전성 무도병, 근위축성 측색경화증, 보행 실조증, 다발성 경화증)	1) 다리·머리·척추 등 그 밖에 이상으로 앉아 있거나 걷지 못하는 경우 2) 중추신경계 염증성 질환에 따른 후유증으로 업무수행에 지장이 있는 경우 3) 업무에 적응할 수 없을 정도의 말초신경질환 4) 두개골 이상, 뇌 이상이나 뇌순환장애로 인한 후유증(신경이나 신체증상)이 남아 업무수행에 지장이 있는 경우 5) 뇌 및 척추종양, 뇌기능장애가 있는 경우 6) 전신성·중증 근무력증 및 신경근 접합부 질환 7) 유전성 및 후천성 만성근육질환 8) 업무수행에 지장이 있는 만성 진행성·퇴행성 질환 및 탈수조성 질환(유전성 무도병, 근위축성 측색경화증, 보행 실조증, 다발성 경화증)
카. 사지	1) 손의 필기능력과 두 손의 악력이 없는 경우 2) 난치의 뼈·관절 질환이나 기형으로 업무수행에 지장이 있는 경우 3) 한쪽 팔이나 한쪽 다리 이상을 쓸 수 없는 경우(운전업무에만 해당한다)	1) 손의 필기능력과 두 손의 악력이 없는 경우 2) 난치의 뼈·관절 질환이나 기형으로 업무수행에 지장이 있는 경우 3) 한쪽 팔이나 한쪽 다리 이상을 쓸 수 없는 경우(운전업무에만 해당한다)
타. 귀	귀의 청력이 500Hz, 1000Hz, 2000Hz에서 측정하여 측정치의 산술평균이 두 귀 모두 40dB 이상인 경우	귀의 청력이 500Hz, 1000Hz, 2000Hz에서 측정하여 측정치의 산술평균이 두 귀 모두 40dB 이상인 경우

파. 눈	1) 두 눈의 나안(裸眼) 시력 중 어느 한쪽의 시력이라도 0.5 이하인 경우(다만, 한쪽 눈의 시력이 0.7 이상이고 다른 쪽 눈의 시력이 0.3 이상인 경우는 제외한다)로서 두 눈의 교정시력 중 어느 한쪽의 시력이라도 0.8 이하인 경우(다만, 한쪽 눈의 교정시력이 1.0 이상이고 다른 쪽 눈의 교정시력이 0.5 이상인 경우는 제외한다) 2) 시야의 협착이 1/3 이상인 경우 3) 안구 및 그 부속기의 기질성, 활동성, 진행성 질환으로 인하여 시력 유지에 위협이 되고, 시기능장애가 되는 질환 4) 안구 운동장애 및 안구진탕 5) 색각이상(색약 및 색맹)	1) 두 눈의 나안 시력 중 어느 한쪽의 시력이라도 0.5 이하인 경우(다만, 한쪽 눈의 시력이 0.7 이상이고 다른 쪽 눈의 시력이 0.3 이상인 경우는 제외한다)로서 두 눈의 교정시력 중 어느 한쪽의 시력이라도 0.8 이하인 경우(다만, 한쪽 눈의 교정시력이 1.0 이상이고 다른 쪽 눈의 교정시력이 0.5 이상인 경우는 제외한다) 2) 시야의 협착이 1/3 이상인 경우 3) 안구 및 그 부속기의 기질성, 활동성, 진행성 질환으로 인하여 시력 유지에 위협이 되고, 시기능장애가 되는 질환 4) 안구 운동장애 및 안구진탕 5) 색각이상(색약 및 색맹)
하. 정신 계통	1) 업무수행에 지장이 있는 지적장애 2) 업무에 적응할 수 없을 정도의 성격 및 행동장애 3) 업무에 적응할 수 없을 정도의 정신장애 4) 마약·대마·향정신성 의약품이나 알코올 관련 장애 등 5) 뇌전증 6) 수면장애(폐쇄성 수면 무호흡증, 수면발작, 몽유병, 수면 이상증 등)이나 공황장애	1) 업무수행에 지장이 있는 정신지체 2) 업무에 적응할 수 없을 정도의 성격 및 행동장애 3) 업무에 적응할 수 없을 정도의 정신장애 4) 마약·대마·향정신성 의약품 이나 알코올 관련 장애 등 5) 뇌전증 6) 업무수행에 지장이 있는 수면장애(폐쇄성 수면 무호흡증, 수면발작, 몽유병, 수면 이상증 등)이나 공황장애

[별표 3] 삭제 〈12·12·10〉

[별표 4] 〈개정 12·12·10, 17·1·20, 17·7·25〉

적성검사 항목 및 불합격 기준(제16조제2항 관련)

검사대상	검사항목		불합격기준
	문답형 검사	반응형 검사	
1. 고속철도차량, 제1종 전기차량, 제2종 전기차량, 디젤차량 및 노면전차 운전면허응시자	· 지능 · 작업태도 · 품성	· 속도예측능력 · 주의력 - 선택적 주의력 - 주의배분능력 - 지속적 주의력 · 거리지각능력 · 안정도	· 지능검사 점수가 85점 미만인 사람(해당 연령대 기준 적용) · 반응형 검사 중 속도예측능력과 선택적 주의력 검사 결과가 부적합 등급으로 판정된 사람 · 작업태도 검사와 반응형 검사의 점수합계가 50점 미만인 사람 · 품성검사 결과 부적합자로 판정된 사람
2. 철도장비운전면허응시자	· 지능 · 작업태도 · 품성	· 속도예측능력 · 주의력 - 선택적 주의력 - 주의배분능력	· 지능검사 점수가 85점 미만인 사람(해당 연령대 기준 적용) · 반응형 검사 중 속도예측능력과 선택적 주의력 검사 결과가 부적합 등급으로 판정된 사람 · 작업태도 검사와 반응형 검사의 점수합계가 50점 미만인 경우 · 품성검사 결과 부적합자로 판정된 사람
3. 철도교통관제 자격증명 응시자	· 지능 · 작업태도 · 품성	· 주의력 - 선택적 주의력 - 주의배분능력 · 민첩성 - 적응능력 - 판단력 - 동작 정확력 - 정서 안정도	· 지능검사 점수가 85점 미만인 사람(해당 연령대 기준 적용) · 작업태도 검사, 선택적 주의력 검사, 주의배분능력 검사, 적응능력 검사 중 부적합 등급이 2개 이상이거나 작업태도 검사와 반응형 검사의 점수합계가 50점 미만인 사람 · 품성검사 결과 부적합자로 판정된 사람

비고:
1. 지능검사는 연령대별로 점수산정 기준을 달리하여 환산한 점수를 적용한다.
2. 작업태도검사와 반응형 검사의 점수 합계는 100점을 기준으로 한다.

[별표 5] 〈개정 08·3·14, 13·3·23, 17·7·25, 17·10·20〉

운전적성검사기관 또는 관제적성검사기관의 세부 지정기준(제18조제1항 관련)

1. 검사인력

가. 자격기준

등급	자격자	학력 및 경력자
책임검사원	1) 정신보건임상심리사 1급 자격을 취득한 사람 2) 정신보건임상심리사 2급 자격을 취득한 사람으로서 2년 이상 적성검사 분야에 근무한 경력이 있는 사람 3) 임상심리사 1급 자격을 취득한 사람 4) 임상심리사 2급 자격을 취득한 사람으로서 2년 이상 적성검사 분야에 근무한 경력이 있는 사람	1) 심리학 관련 분야 박사학위를 취득한 사람 2) 심리학 관련 분야 석사학위 취득한 사람으로서 2년 이상 적성검사 분야에 근무한 경력이 있는 사람 3) 대학을 졸업한 사람(법령에 따라 이와 같은 수준 이상의 학력이 있다고 인정되는 사람을 포함한다)으로서 선임검사원 경력이 2년 이상 있는 사람
선임검사원	1) 정신보건임상심리사 2급 자격을 취득한 사람 2) 임상심리사 2급 자격을 취득한 사람	1) 심리학 관련 분야 석사학위를 취득한 사람 2) 심리학 관련 분야 학사학위 취득한 사람으로서 2년 이상 적성검사 분야에 근무한 경력이 있는 사람 3) 대학을 졸업한 사람(법령에 따라 이와 같은 수준 이상의 학력이 있다고 인정되는 사람을 포함한다)으로서 검사원 경력이 5년 이상 있는 사람
검사원		학사학위 이상 취득자

나. 보유기준

1) 운전적성검사 또는 관제적성검사(이하 이 표에서 "적성검사"라 한다) 업무를 수행하는 상설 전담조직을 1일 50명을 검사하는 것을 기준으로 하며, 책임검사원과 선임검사원 및 검사원은 각각 1명 이상 보유하여야 한다.

2) 1일 검사인원이 25명 추가될 때마다 적성검사를 진행할 수 있는 검사원을 1명씩 추가로 보유하여야 한다.

2. 시설 및 장비

가. 시설기준

1) 1일 검사능력 50명(1회 25명) 이상의 검사장(70㎡ 이상이어야 한다)을 확보하여야 한다. 이 경우 분산된 검사장은 제외한다.

나. 장비기준

1) 속도예측능력, 주의력(선택적 주의력·주의배분능력·지속적 주의력), 거리지각능력, 안정도, 민첩성(적응능력·판단력·동작정확력·정서안전도)을 검사할 수 있는 토치모니터 등 검사장비와 프로그램을 갖추어야 한다.

2) 적성검사기관 공동으로 활용할 수 있는 프로그램(속도예측능력·주의력·거리지각능력·안정도 검사 등)을 개발할 수 있어야 한다.

3. 업무규정

가. 조직 및 인원

나. 검사 인력의 업무 및 책임

다. 검사체제 및 절차

라. 각종 증명의 발급 및 대장의 관리

마. 장비운용·관리계획

바. 자료의 관리·유지

사. 수수료 징수기준

아. 그 밖에 국토교통부장관이 적성검사 업무수행에 필요하다고 인정하는 사항

4. 일반사항

가. 국토교통부장관은 2개 이상의 운전적성검사기관 또는 관제적성검사기관을 지정한 경우에는 모든 운전적성검사기관 또는 관제적성검사기관에서 실시하는 적성검사의 방법 및 검사항목 등이 동일하게 이루어지도록 필요한 조치를 하여야 한다.

나. 국토교통부장관은 철도차량운전자 등의 수급계획과 운영계획 및 검사에 필요한 프로그램개발 등을 종합 검토하여 필요하다고 인정하는 경우에는 1개 기관만 지정할 수 있다. 이 경우 전국의 분산된 5개 이상의 장소에서 검사를 할 수 있어야 한다.

[별표 6] 〈개정 09·2·27, 12·12·10, 17·1·20, 17·7·25〉

운전적성검사기관 및 관제적성검사기관의 지정취소 및 업무정지의 기준

(제19조제1항 관련)

위반사항	해당 법조문	처분기준			
		1차 위반	2차 위반	3차 위반	4차 위반
1. 거짓이나 그 밖의 부정한 방법으로 지정을 받은 경우	법 제15조의2 제1항제1호	지정취소			
2. 업무정지 명령을 위반하여 그 정지기간 중 운전적성검사업무 또는 관제적성검사업무를 한 경우	법 제15조의2 제1항제2호	지정취소			
3. 법 제15조제5항 또는 제21조의6제4항에 따른 지정기준에 맞지 아니하게 된 경우	법 제15조의2 제1항제3호	경고 또는 보완명령	업무정지 1개월	업무정지 3개월	지정취소
4. 정당한 사유 없이 운전적성검사업무 또는 관제적성검사업무를 거부한 경우	법 제15조의2 제1항제4호	경고	업무정지 1개월	업무정지 3개월	지정취소
5. 법 제15조제6항을 위반하여 거짓이나 그 밖의 부정한 방법으로 운전적성검사판정서 또는 관제적성검사판정서를 발급한 경우	법 제15조의2 제1항제5호	업무정지 1개월	업무정지 3개월	지정취소	

비 고

1. 위반행위가 둘 이상인 경우로서 그에 해당하는 각각의 처분기준이 다른 경우에는 그 중 무거운 처분기준에 따르며, 위반행위가 둘 이상인 경우로서 그에 해당하는 각각의 처분기준이 같은 경우에는 무거운 처분기준의 2분의 1까지 가중할 수 있되, 각 처분기준을 합산한 기간을 초과할 수 없다.
2. 위반행위의 횟수에 따른 행정처분의 가중된 부과기준은 최근 1년간 같은 위반행위로 행정처분을 받은 경우에 적용한다. 이 경우 기간의 계산은 위반행위에 대하여 행정처분을 받은 날과 그 처분 후 다시 같은 위반행위를 하여 적발된 날을 기준으로 한다.
3. 비고 제2호에 따라 가중된 행정처분을 하는 경우 가중처분의 적용 차수는 그 위반행위 전 부과처분 차수(비고 제2호에 따른 기간 내에 행정처분이 둘 이상 있었던 경우에는 높은 차수를 말한다)의 다음 차수로 한다.
4. 처분권자는 위반행위의 동기·내용 및 위반의 정도 등 다음 각 목에 해당하는 사유를 고려하여 그 처분을 감경할 수 있다. 이 경우 그 처분이 업무정지인 경우에는 그 처분기준의 2분의 1 범위에서 감경할 수 있고, 지정취소인 경우(거짓이나 그 밖의 부정한 방법으로 지정을 받은 경우나 업무정지 명령을 위반하여 그 정지기간 중 적성검사업무를 한 경우는 제외한다)에는 3개월의 업무정지 처분으로 감경할 수 있다.
  가. 위반행위가 고의나 중대한 과실이 아닌 사소한 부주의나 오류로 인한 것으로 인정되는 경우
  나. 위반의 내용·정도가 경미하여 이해관계인에게 미치는 피해가 적다고 인정되는 경우

[별표 7] 〈개정 10·3·30, 12·12·10, 17·1·20, 19·10·23〉

운전면허 취득을 위한 교육훈련 과정별 교육시간 및 교육훈련과목

(제20조제3항 관련)

1. 일반응시자

교육과정	교육훈련 과목
디젤차량 운전면허(470시간)	• 현장실습교육 • 운전실무 및 모의운행훈련 • 비상 시 조치 등
제1종 전기차량 운전면허(470시간)	
제2종 전기차량 운전면허(410시간)	
철도장비 운전면허(170시간)	
노면전차 운전면허(240시간)	

2. 운전면허 소지자

소지면허	교육과정	교육훈련 과목
디젤차량 운전면허 제1종 전기차량 운전면허 제2종 전기차량 운전면허	고속철도차량 운전면허(280시간)	• 현장실습교육 • 운전실무 및 모의운행훈련 • 비상 시 조치 등
디젤차량 운전면허	제1종 전기차량 운전면허(35시간)	• 현장실습교육 • 운전실무 및 모의운행훈련
	제2종 전기차량 운전면허(35시간)	
	노면전차 운전면허(20시간)	
제1종 전기차량 운전면허	디젤차량 운전면허(35시간)	• 현장실습교육 • 운전실무 및 모의운행훈련
	제2종 전기차량 운전면허(35시간)	
	노면전차 운전면허(20시간)	
제2종 전기차량 운전면허	디젤차량 운전면허(70시간)	• 현장실습교육 • 운전실무 및 모의운행훈련
	제1종 전기차량 운전면허(70시간)	
	노면전차 운전면허(20시간)	
철도장비 운전면허	디젤차량 운전면허(260시간)	• 현장실습교육 • 운전실무 및 모의운행훈련 • 비상 시 조치 등
	제1종 전기차량 운전면허(260시간)	
	제2종 전기차량 운전면허(170시간)	
	노면전차 운전면허(100시간)	
노면전차 운전면허	디젤차량 운전면허(120시간)	• 현장실습교육 • 운전실무 및 모의운행훈련 • 비상 시 조치 등
	제1종 전기차량 운전면허(120시간)	
	제2종 전기차량 운전면허(105시간)	
	철도장비 운전면허(45시간)	

3. 철도차량 운전 관련 업무경력자

경력	교육과정	교육훈련 과목
철도차량 운전업무 보조경력이 1년 이상이거나 철도장비 운전업무 수행경력이 3년 이상인 사람	디젤차량 운전면허(100시간)	• 현장실습교육 • 운전실무 및 모의운행훈련 • 비상 시 조치 등
	제1종 전기차량 운전면허(100시간)	
철도차량 운전업무 보조경력이 1년 이상이거나 전동차 차장 경력이 2년 이상인 사람	제2종 전기차량 운전면허(100시간)	
	노면전차 운전면허(60시간)	
철도차량 운전업무 보조경력이 1년 이상인 사람	철도장비 운전면허(20시간)	
철도건설 및 유지보수 장비 작업경력이 1년 이상인 사람	철도장비 운전면허(65시간)	

4. 철도 관련 업무경력자

경력	교육과정	교육훈련 과목
철도운영자에 소속되어 철도관련 업무에 종사한 경력 3년 이상인 사람	디젤차량 운전면허(145시간)	• 현장실습교육 • 운전실무 및 모의운행훈련 • 비상 시 조치 등
	제1종 전기차량 운전면허(145시간)	
	제2종 전기차량 운전면허(140시간)	
	철도장비 운전면허(85시간)	
	노면전차 운전면허(85시간)	

5. 버스 운전 경력자

경력	교육과정	교육훈련 과목
「여객자동차 운수사업법 시행령」 제3조제1호에 따른 노선 여객자동차운송사업에 종사한 경력이 1년 이상인 사람	노면전차 운전면허(120시간)	• 현장실습교육 • 운전실무 및 모의운행훈련 • 비상 시 조치 등

6. 일반사항

가. 철도차량 운전면허 소지자가 다른 종류의 철도차량 운전면허를 취득하기 위하여 교육훈련을 받는 경우에는 신체검사와 적성검사를 받은 것으로 본다. 다만, 철도장비 운전면허 소지자가 다른 종류의 철도차량 운전면허를 취득하기 위하여 교육훈련을 받는 경우에는 적성검사를 받아야 한다.

나. 고속철도차량 운전면허를 취득하기 위한 교육훈련을 받으려는 사람은 법 제21조에 따른 디젤차량, 제1종 전기차량 또는 제2종 전기차량의 운전업무 수행경력이 3년 이상 있어야 한다.

다. 모의운행훈련은 전(全) 기능 모의운전연습기를 활용한 교육훈련과 병행하여 실시하는 기본기능 모의운전연습기 및 컴퓨터지원교육시스템을 활용한 교육훈련을 포함한다.

라. 철도장비 운전면허 취득을 위하여 교육훈련을 받는 사람의 모의운행훈련은 다른 차량 종류의 모의운전연습기를 활용하여 실시할 수 있다.

마. 삭제 〈19 · 10 · 23〉

[별표 8] 〈개정 08 · 3 · 14, 10 · 3 · 30, 13 · 3 · 23, 17 · 1 · 20〉

교육훈련기관의 세부 지정기준(제22조제1항 관련)

1. 인력기준

가. 자격기준

등 급	학력 및 경력
책임교수	1) 박사학위 소지자로서 철도교통에 관한 업무에 10년 이상 또는 철도차량 운전 관련 업무에 5년 이상 근무한 경력이 있는 사람 2) 석사학위 소지자로서 철도교통에 관한 업무에 15년 이상 또는 철도차량 운전 관련 업무에 8년 이상 근무한 경력이 있는 사람 3) 학사학위 소지자로서 철도교통에 관한 업무에 20년 이상 또는 철도차량 운전 관련 업무에 10년 이상 근무한 경력이 있는 사람 4) 철도 관련 4급 이상의 공무원 경력 또는 이와 같은 수준 이상의 자격 및 경력이 있는 사람 5) 대학의 철도차량 운전 관련 학과에서 조교수 이상으로 재직한 경력이 있는 사람 6) 선임교수 경력이 3년 이상 있는 사람
선임교수	1) 박사학위 소지자로서 철도교통에 관한 업무에 5년 이상 또는 철도차량 운전 관련 업무에 3년 이상 근무한 경력이 있는 사람 2) 석사학위 소지자로서 철도교통에 관한 업무에 10년 이상 또는 철도차량 운전 관련 업무에 5년 이상 근무한 경력이 있는 사람 3) 학사학위 소지자로서 철도교통에 관한 업무에 15년 이상 또는 철도차량 운전 관련 업무에 8년 이상 근무한 경력이 있는 사람 4) 철도차량 운전업무에 5급 이상의 공무원 경력 또는 이와 같은 수준 이상의 자격 및 경력이 있는 사람 5) 대학의 철도차량 운전 관련 학과에서 전임강사 이상으로 재직한 경력이 있는 사람 6) 교수 경력이 3년 이상 있는 사람
교 수	1) 학사학위 소지자로서 철도차량 운전업무수행자에 대한 지도교육 경력이 2년 이상 있는 사람 2) 전문학사 소지자로서 철도차량 운전업무수행자에 대한 지도교육 경력이 3년 이상 있는 사람 3) 고등학교 졸업자로서 철도차량 운전업무수행자에 대한 지도교육 경력이 5년 이상 있는 사람 4) 철도차량 운전과 관련된 교육기관에서 강의 경력이 1년 이상 있는 사람

비고:
1. "철도교통에 관한 업무"란 철도운전·안전·차량·기계·신호·전기·시설에 관한 업무를 말한다.
2. "철도차량운전 관련 업무"란 철도차량 운전업무수행자에 대한 안전관리·지도교육 및 관리감독 업무를 말한다.
3. 교수의 경우 해당 철도차량 운전업무 수행경력이 3년 이상인 사람으로서 학력 및 경력의 기준을 갖추어야 한다.
4. 고속철도차량 교수의 경우 종전 철도청에서 실시한 교수요원 양성과정(해외교육 이수자를 포함한다) 이수자 중 학력 및 경력 미달자도 고속철도차량 교수를 할 수 있다.
5. 해당 철도차량 운전업무 수행경력이 있는 사람으로서 현장 지도교육의 경력은 운전업무 수행경력으로 합산할 수 있다.

나. 보유기준
1) 1회 교육생 30명을 기준으로 철도차량 운전면허 종류별 전임 책임교수, 선임교수, 교수를 각 1명 이상 확보하여야 하며, 운전면허 종류별 교육인원이 15명 추가될 때마다 운전면허 종류별 교수 1명 이상을 추가로 확보하여야 한다. 이 경우 추가로 확보하여야 하는 교수는 비전임으로 할 수 있다.
2) 두 종류 이상의 운전면허 교육을 하는 지정기관의 경우 책임교수는 1명만 둘 수 있다.

2. 시설기준

가. 강의실
- 면적은 교육생 30명 이상 한 번에 수용할 수 있어야 한다(60제곱미터 이상). 이 경우 1제곱미터당 수용인원은 1명을 초과하지 아니하여야 한다.

나. 기능교육장
1) 전 기능 모의운전연습기·기본기능 모의운전연습기 등을 설치할 수 있는 실습장을 갖추어야 한다.
2) 30명이 동시에 실습할 수 있는 컴퓨터지원시스템 실습장(면적 90㎡ 이상)을 갖추어야 한다.

다. 그 밖에 교육훈련에 필요한 사무실·편의시설 및 설비를 갖출 것

3. 장비기준

가. 실제차량
- 철도차량 운전면허별로 교육훈련기관으로 지정받기 위하여 고속철도차량·전기기관차·전기동차·디젤기관차·철도장비·노면전차를 각각 보유하고, 이를 운용할 수 있는 선로, 전기·신호 등의 철도시스템을 갖출 것

나. 모의운전연습기

장 비 명	성능기준	보유기준	비고
전 기능 모의운전연습기	• 운전실 및 제어용 컴퓨터시스템 • 선로영상시스템 • 음향시스템 • 고장처치시스템 • 교수제어대 및 평가시스템	1대 이상 보유	
	• 플랫홈시스템 • 구원운전시스템 • 진동시스템	권장	
기본기능 모의운전연습기	• 운전실 및 제어용 컴퓨터시스템 • 선로영상시스템 • 음향시스템 • 고장처치시스템	5대 이상 보유	1회 교육수요(10명 이하)가 적어 실제차량으로 대체하는 경우 1대 이상으로 조정할 수 있음
	• 교수제어대 및 평가시스템	권장	

비고:
1. "전 기능 모의운전연습기"란 실제차량의 운전실과 유사하게 제작한 장비를 말한다.
2. "기본기능 모의운전연습기"란 철도차량의 운전훈련에 꼭 필요한 부분만을 제작한 장비를 말한다.
3. "보유"란 교육훈련을 위하여 설비나 장비를 필수적으로 갖추어야 하는 것을 말한다.
4. "권장"이란 원활한 교육의 진행을 위하여 설비나 장비를 향후 갖추어야 하는 것을 말한다.
5. 교육훈련기관으로 지정받기 위하여 철도차량 운전면허 종류별로 모의운전연습기나 실제차량을 갖추어야 한다. 다만, 부득이한 경우 등 국토교통부장관이 인정하는 경우에는 기본기능 모의운전연습기의 보유기준은 조정할 수 있다.

다. 컴퓨터지원교육시스템

성능기준	보유기준	비고
• 운전 기기 설명 및 취급법 • 운전 이론 및 규정 • 신호(ATS, ATC, ATO, ATP) 및 제동이론 • 차량의 구조 및 기능 • 고장처치 목록 및 절차 • 비상 시 조치 등	지원교육프로그램 및 컴퓨터 30대 이상 보유	컴퓨터지원교육시스템은 차종별 프로그램만 갖추면 다른 차종과 공유하여 사용할 수 있음

비 고: "컴퓨터지원교육시스템"이란 컴퓨터의 멀티미디어 기능을 활용하여 운전·차량·신호 등을 학습할 수 있도록 제작된 프로그램 및 이를 지원하는 컴퓨터시스템 일체를 말한다.

라. 제1종 전기차량 운전면허 및 제2종 전기차량 운전면허의 경우는 팬터그래프, 변압기, 컨버터, 인버터, 견인전동기, 제동장치에 대한 설비교육이 가능한 실제 장비를 추가로 갖출 것. 다만, 현장교육이 가능한 경우에는 장비를 갖춘 것으로 본다.

4. 국토교통부장관이 정하는 필기시험 출제범위에 적합한 교재를 갖출 것

5. 교육훈련기관 업무규정의 기준
가. 교육훈련기관의 조직 및 인원
나. 교육생 선발에 관한 사항
다. 연간 교육훈련계획: 교육과정 편성, 교수인력의 지정 교과목 및 내용 등
라. 교육기관 운영계획
마. 교육생 평가에 관한 사항
바. 실습설비 및 장비 운용방안
사. 각종 증명의 발급 및 대장의 관리
아. 교수인력의 교육훈련
자. 기술도서 및 자료의 관리·유지
차. 수수료 징수에 관한 사항
카. 그 밖에 국토교통부장관이 철도전문인력 교육에 필요하다고 인정하는 사항

[별표 9] 〈개정 09·2·27, 12·12·10, 17·1·20, 17·7·25〉

운전교육훈련기관의 지정취소 및 업무정지기준(제23조제1항 관련)

위반사항	근거 법조문	처분기준			
		1차 위반	2차 위반	3차 위반	4차 위반
1. 거짓이나 그 밖의 부정한 방법으로 지정을 받은 경우	법 제16조제5항제1호	지정취소			
2. 업무정지 명령을 위반하여 그 정지기간 중 운전교육훈련업무를 한 경우	법 제16조제5항제2호	지정취소			
3. 법 제16조제4항에 따른 지정기준에 맞지 아니한 경우	법 제16조제5항제3호	경고 또는 보완명령	업무정지 1개월	업무정지 3개월	지정취소
4. 정당한 사유 없이 운전교육훈련업무를 거부한 경우	법 제16조제5항제4호	경고	업무정지 1개월	업무정지 3개월	지정취소
5. 법 제16조제5항을 위반하여 거짓이나 그 밖의 부정한 방법으로 운전교육훈련 수료증을 발급한 경우	법 제16조제5항제5호	업무정지 1개월	업무정지 3개월	지정취소	

비고:
1. 위반행위가 둘 이상인 경우로서 그에 해당하는 각각의 처분기준이 다른 경우에는 그 중 무거운 처분기준에 따르며, 위반행위가 둘 이상인 경우로서 그에 해당하는 각각의 처분기준이 같은 경우에는 무거운 처분기준의 2분의 1까지 가중할 수 있되, 각 처분기준을 합산한 기간을 초과할 수 없다.
2. 위반행위의 횟수에 따른 행정처분의 가중된 부과기준은 최근 1년간 같은 위반행위로 행정처분을 받은 경우에 적용한다. 이 경우 기간의 계산은 위반행위에 대하여 행정처분을 받은 날과 그 처분 후 다시 같은 위반행위를 하여 적발된 날을 기준으로 한다.
3. 비고 제2호에 따라 가중된 행정처분을 하는 경우 가중처분의 적용 차수는 그 위반행위 전 부과처분 차수(비고 제2호에 따른 기간 내에 행정처분이 둘 이상 있었던 경우에는 높은 차수를 말한다)의 다음 차수로 한다.
4. 처분권자는 위반행위의 동기·내용 및 위반의 정도 등 다음 각 목에 해당하는 사유를 고려하여 그 처분을 감경할 수 있다. 이 경우 그 처분이 업무정지인 경우에는 그 처분기준의 2분의 1 범위에서 감경할 수 있고, 지정취소인 경우(거짓이나 그 밖의 부정한 방법으로 지정을 받은 경우나 업무정지 명령을 위반하여 정지기간 중 교육훈련업무를 한 경우는 제외한다)에는 3개월의 업무정지 처분으로 감경할 수 있다.
가. 위반행위가 고의나 중대한 과실이 아닌 사소한 부주의나 오류로 인한 것으로 인정되는 경우
나. 위반의 내용·정도가 경미하여 이해관계인에게 미치는 피해가 적다고 인정되는 경우

[별표 10] 〈개정 10 · 3 · 30, 12 · 12 · 10, 17 · 1 · 20〉

철도차량 운전면허시험의 과목 및 합격기준(제24조제2항 관련)

1. 운전면허 시험의 응시자별 면허시험 과목

가. 일반응시자 · 철도차량 운전 관련 업무경력자 · 철도 관련 업무 경력자 · 버스 운전 경력자

응시면허	필기시험	기능시험
디젤차량 운전면허	• 철도 관련 법 • 철도시스템 일반 • 디젤차량의 구조 및 기능 • 운전이론 일반 • 비상 시 조치 등	• 준비점검 • 제동취급 • 제동기 외의 기기 취급 • 신호준수, 운전취급, 신호 · 선로 숙지 • 비상 시 조치 등
제1종 전기차량 운전면허	• 철도 관련 법 • 철도시스템 일반 • 전기기관차의 구조 및 기능 • 운전이론 일반 • 비상 시 조치 등	• 준비점검 • 제동취급 • 제동기 외의 기기 취급 • 신호준수, 운전취급, 신호 · 선로 숙지 • 비상 시 조치 등
제2종 전기차량 운전면허	• 철도 관련 법 • 도시철도시스템 일반 • 전기동차의 구조 및 기능 • 운전이론 일반 • 비상 시 조치 등	• 준비점검 • 제동취급 • 제동기 외의 기기 취급 • 신호준수, 운전취급, 신호 · 선로 숙지 • 비상 시 조치 등
철도장비 운전면허	• 철도 관련 법 • 철도시스템 일반 • 기계 · 장비차량의 구조 및 기능 • 비상 시 조치 등	• 준비점검 • 제동취급 • 제동기 외의 기기 취급 • 신호준수, 운전취급, 신호 · 선로 숙지 • 비상 시 조치 등
노면전차 운전면허	• 철도 관련 법 • 노면전차 시스템 일반 • 노면전차의 구조 및 기능 • 비상 시 조치 등	• 준비점검 • 제동취급 • 제동기 외의 기기 취급 • 신호준수, 운전취급, 신호 · 선로 숙지 • 비상 시 조치 등

비고
1. 철도 관련 법은 「철도안전법」과 그 하위규정 및 철도차량 운전에 필요한 규정을 포함한다.
2. 철도차량 운전 관련 업무경력자, 철도 관련 업무 경력자 또는 버스 운전 경력자가 철도차량 운전면허시험에 응시하는 때에는 그 경력을 증명하는 서류를 첨부하여야 한다.

나. 운전면허 소지자

소지면허	응시면허	필기시험	기능시험
디젤차량 운전면허 제1종 전기차량 운전면허 제2종 전기차량 운전면허	고속철도 차량 운전면허	• 고속철도 시스템 일반 • 고속철도차량의 구조 및 기능 • 고속철도 운전이론 일반 • 고속철도 운전 관련 규정 • 비상 시 조치 등	• 준비점검 • 제동 취급 • 제동기 외의 기기 취급 • 신호 준수, 운전 취급, 신호 · 선로 숙지 • 비상 시 조치 등
		주) 고속철도차량 운전면허시험 응시자는 디젤차량, 제1종 전기차량 또는 제2종 전기차량에 대한 운전업무 수행 경력이 3년 이상 있어야 한다.	
디젤차량 운전면허	제1종 전기차량 운전면허	• 전기기관차의 구조 및 기능	• 준비점검 • 제동 취급 • 제동기 외의 기기 취급
		주) 디젤차량 운전업무수행 경력이 2년 이상 있고 별표 7 제2호에 따른 교육훈련을 받은 사람은 필기시험 및 기능시험을 면제한다.	
	제2종 전기차량 운전면허	• 도시철도 시스템 일반 • 전기동차의 구조 및 기능	• 준비점검 • 제동 취급 • 제동기 외의 기기 취급
		주) 디젤차량 운전업무수행 경력이 2년 이상 있고 별표 7 제2호에 따른 교육훈련을 받은 사람은 필기시험을 면제한다.	

	노면전차 운전면허	• 노면전차 시스템 일반 • 노면전차의 구조 및 기능	• 준비점검 • 제동 취급 • 제동기 외의 기기 취급
		주) 디젤차량 운전업무수행 경력이 2년 이상 있고 별표 7 제2호에 따른 교육훈련을 받은 사람은 필기시험을 면제한다.	
제1종 전기차량 운전면허	디젤차량 운전면허	• 디젤차량의 구조 및 기능	• 준비점검 • 제동 취급 • 제동기 외의 기기 취급
		주) 제1종 전기차량 운전업무수행 경력이 2년 이상 있고 별표 7 제2호에 따른 교육훈련을 받은 사람은 필기시험 및 기능시험을 면제 한다.	
	제2종 전기차량 운전면허	• 도시철도 시스템 일반 • 전기동차의 구조 및 기능	• 준비점검 • 제동 취급 • 제동기 외의 기기 취급
		주) 제1종 전기차량 운전업무수행 경력이 2년 이상 있고 별표 7 제2호에 따른 교육훈련을 받은 사람은 필기시험을 면제 한다.	
	노면전차 운전면허	• 노면전차 시스템 일반 • 노면전차의 구조 및 기능	• 준비점검 • 제동 취급 • 제동기 외의 기기 취급
		주) 제1종 전기차량 운전업무수행 경력이 2년 이상 있고 별표 7 제2호에 따른 교육훈련을 받은 사람은 필기시험을 면제 한다.	
제2종 전기차량 운전면허	디젤차량 운전면허	• 철도시스템 일반 • 디젤차량의 구조 및 기능	• 준비점검 • 제동 취급 • 제동기 외의 기기 취급
		주) 제2종 전기차량 운전업무수행 경력이 2년 이상 있고 별표 7 제2호에 따른 교육훈련을 받은 사람은 필기시험을 면제 한다.	
	제1종 전기차량 운전면허	• 철도시스템 일반 • 전기기관차의 구조 및 기능	• 준비점검 • 제동 취급 • 제동기 외의 기기 취급
		주) 제2종 전기차량 운전업무수행 경력이 2년 이상 있고 별표 7 제2호에 따른 교육훈련을 받은 사람은 필기시험을 면제 한다.	
	노면전차 운전면허	• 노면전차 시스템 일반 • 노면전차의 구조 및 기능	• 준비점검 • 제동 취급 • 제동기 외의 기기 취급
		주) 제2종 전기차량 운전업무수행 경력이 2년 이상 있고 별표 7 제2호에 따른 교육훈련을 받은 사람은 필기시험을 면제 한다.	
철도장비 운전면허	디젤차량 운전면허	• 철도 관련 법 • 철도시스템 일반 • 디젤차량의 구조 및 기능	• 준비점검 • 제동 취급 • 제동기 외의 기기 취급 • 신호 준수, 운전 취급, 신호·선로 숙지 • 비상 시 조치 등
	제1종 전기차량 운전면허	• 철도 관련 법 • 철도시스템 일반 • 전기기관차의 구조 및 기능	
	제2종 전기차량 운전면허	• 철도 관련 법 • 도시철도 시스템 일반 • 전기동차의 구조 및 기능	
	노면전차 운전면허	• 철도 관련 법 • 노면전차 시스템 일반 • 노면전차의 구조 및 기능	
노면전차 운전면허	디젤차량 운전면허	• 철도 관련 법 • 철도시스템 일반 • 디젤차량의 구조 및 기능 • 운전이론 일반	• 준비점검 • 제동 취급 • 제동기 외의 기기 취급 • 신호 준수, 운전 취급, 신호·선로 숙지 • 비상 시 조치 등
	제1종	• 철도 관련 법	

	전기차량 운전면허	• 철도시스템 일반 • 전기기관차의 구조 및 기능 • 운전이론 일반	
	제2종 전기차량 운전면허	• 철도 관련 법 • 도시철도 시스템 일반 • 전기동차의 구조 및 기능 • 운전이론 일반	
	철도장비 운전면허	• 철도 관련 법 • 철도시스템 일반 • 기계 · 장비차량의 구조 및 기능	

비고: 운전면허 소지자가 다른 종류의 운전면허를 취득하기 위하여 운전면허시험에 응시하는 경우에는 신체검사 및 적성검사의 증명서류를 운전면허증 사본으로 갈음한다. 다만, 철도장비 운전면허 소지자의 경우에는 적성검사 증명서류를 첨부하여야 한다.

2. 철도차량 운전면허 시험의 합격기준은 다음과 같다.
 가. 필기시험 합격기준은 과목당 100점을 만점으로 하여 매 과목 40점 이상(철도 관련 법의 경우 60점 이상), 총점 평균 60점 이상 득점한 사람
 나. 기능시험의 합격기준은 시험 과목당 60점 이상, 총점 평균 80점 이상 득점한 사람

3. 기능시험은 실제차량이나 모의운전연습기를 활용한다.

[별표 11] 〈개정 08 · 12 · 16, 09 · 2 · 27, 12 · 12 · 10, 15 · 10 · 2, 16 · 8 · 10, 18 · 2 · 9, 19 · 10 · 23〉

운전면허취소 · 효력정지 처분의 세부기준(제35조 관련)

위반사항 및 내용	근거 법조문	처분기준			
		1차 위반	2차 위반	3차 위반	4차 위반
1. 거짓이나 그 밖의 부정한 방법으로 운전면허를 받은 경우	법 제20조제1항제1호	면허취소			
2. 법 제11조제2호부터 제4호까지의 규정에 해당하는 경우 가. 철도차량 운전상의 위험과 장해를 일으킬 수 있는 정신질환자 또는 뇌전증환자로서 해당 분야 전문의가 정상적인 운전을 할 수 없다고 인정하는 사람 나. 철도차량 운전상의 위험과 장해를 일으킬 수 있는 약물(「마약류 관리에 관한 법률」 제2조제1호에 따른 마약류 및 「화학물질관리법」 제22조제1항에 따른 환각물질을 말한다) 또는 알코올 중독자로서 해당 분야 전문의가 정상적인 운전을 할 수 없다고 인정하는 사람 다. 두 귀의 청력을 완전히 상실한 사람, 두 눈의 시력을 완전히 상실한 사람 라. 말을 하지 못하는 사람 마. 다리 · 머리 · 척추 그 밖의 신체장애로 인하여 걷지 못하거나 앉아 있을 수 없는 사람 바. 한쪽 팔이나 한쪽 다리 이상을 쓸 수 없는 사람 사. 한쪽 다리 발목 이상을 잃은 사람	법 제20조제1항제2호	면허취소			

위반사항 및 내용		근거 법조문	처분기준			
			1차 위반	2차 위반	3차 위반	4차 위반
아. 한쪽 손 이상의 엄지손가락을 잃었거나 엄지손가락을 제외한 손가락 3개 이상 잃은 사람						
3. 운전면허의 효력정지 기간 중 철도차량을 운전한 경우		법 제20조제1항제3호	면허취소			
4. 운전면허증을 타인에게 대여한 경우		법 제20조제1항제4호	면허취소			
5. 철도차량을 운전 중 고의 또는 중과실로 철도사고를 일으킨 경우	사망자가 발생한 경우	법 제20조제1항제5호	면허취소			
	부상자가 발생한 경우		효력정지 3개월	면허취소		
	1천만원 이상 물적 피해가 발생한 경우		효력정지 15일	효력정지 3개월	면허취소	
5의2. 법 제40조의2제1항을 위반한 경우		법 제20조제1항제5호의2	효력정지 1개월	효력정지 2개월	효력정지 3개월	효력정지 4개월
5의3. 법 제40조의2제5항을 위반한 경우		법 제20조제1항제5호의2	효력정지 1개월	면허취소		
6. 법 제41조제1항을 위반하여 술에 만취한 상태(혈중 알코올농도 0.1퍼센트 이상)에서 운전한 경우		법 제20조제1항제6호	면허취소			
7. 법 제41조제1항을 위반하여 술을 마신 상태의 기준(혈중 알코올농도 0.02퍼센트 이상)을 넘어서 운전을 하다가 철도사고를 일으킨 경우		법 제20조제1항제6호	면허취소			
8. 법 제41조제1항을 위반하여 약물을 사용한 상태에서 운전한 경우		법 제20조제1항제6호	면허취소			
9. 법 제41조제1항을 위반하여 술을 마신 상태(혈중 알코올농도 0.02퍼센트 이상 0.1퍼센트 미만)에서 운전한 경우		법 제20조제1항제6호	효력정지 3개월	면허취소		
10. 법 제41조제2항을 위반하여 술을 마시거나 약물을 사용한 상태에서 업무를 하였다고 인정할 만한 상당한 이유가 있음에도 불구하고 확인이나 검사 요구에 불응한 경우		법 제20조제1항제7호	면허취소			
11. 철도차량 운전규칙을 위반하여 운전을 하다가 열차운행에 중대한 차질을 초래한 경우		법 제20조제1항제8호	경고	효력정지 15일	효력정지 3개월	면허취소

비고:

1. 위반행위가 둘 이상인 경우로서 그에 해당하는 각각의 처분기준이 다른 경우에는 그 중 무거운 처분기준에 따르며, 위반행위가 둘 이상인 경우로서 그에 해당하는 각각의 처분기준이 같은 경우에는 무거운 처분기준의 2분의 1까지 가중할 수 있되, 각 처분기준을 합산한 기간을 초과할 수 없다.
2. 위반행위의 횟수에 따른 행정처분의 기준은 최근 1년간 같은 위반행위로 행정처분을 받은 경우에 적용한다. 이 경우 행정처분 기준의 적용은 같은 위반행위에 대하여 최초로 행정처분을 한 날과 그 처분 후의 위반행위가 다시 적발된 날을 기준으로 한다.

[별표 11의2] 〈신설 17 · 7 · 25, 19 · 10 · 23〉

관제교육훈련의 과목 및 교육훈련시간(제38조의2제2항 관련)

1. 관제교육훈련의 과목 및 교육훈련시간

관제교육훈련 과목	교육훈련시간
가. 열차운행계획 및 실습 나. 철도관제시스템 운용 및 실습 다. 열차운행선 관리 및 실습 라. 비상 시 조치 등	360시간

2. 관제교육훈련의 일부 면제

가. 법 제21조의7제1항제1호에 따라 「고등교육법」 제2조에 따른 학교에서 제1호에 따른 관제교육훈련 과목 중 어느 하나의 과목과 교육내용이 동일한 교과목을 이수한 사람에게는 해당 관제교육훈련 과목의 교육훈련을 면제한다. 이 경우 교육훈련을 면제받으려는 사람은 해당 교과목의 이수 사실을 증명할 수 있는 서류를 관제교육훈련기관에 제출하여야 한다

나. 법 제21조의7제1항제2호에 따라 철도차량의 운전업무 또는 철도신호기 · 선로전환기 · 조작판의 취급업무에 5년 이상의 경력을 취득한 사람에 대한 교육훈련시간은 105시간으로 한다. 이 경우 교육훈련을 면제받으려는 사람은 해당 경력을 증명할 수 있는 서류를 관제교육훈련기관에 제출하여야 한다.

3. 삭제 〈19 · 10 · 23〉

[별표 11의3] 〈신설 17 · 7 · 25〉

관제교육훈련기관의 세부 지정기준(제38조의5제1항 관련)

1. 인력기준

가. 자격기준

등급	학력 및 경력
책임 교수	1) 박사학위 소지자로서 철도교통에 관한 업무에 10년 이상 또는 철도교통관제 업무에 5년 이상 근무한 경력이 있는 사람 2) 석사학위 소지자로서 철도교통에 관한 업무에 15년 이상 또는 철도교통관제 업무에 8년 이상 근무한 경력이 있는 사람 3) 학사학위 소지자로서 철도교통에 관한 업무에 20년 이상 또는 철도교통관제 업무에 10년 이상 근무한 경력이 있는 사람 4) 철도 관련 4급 이상의 공무원 경력 또는 이와 같은 수준 이상의 자격 및 경력이 있는 사람 5) 대학의 철도교통관제 관련 학과에서 조교수 이상으로 재직한 경력이 있는 사람 6) 선임교수 경력이 3년 이상 있는 사람
선임 교수	1) 박사학위 소지자로서 철도교통에 관한 업무에 5년 이상 또는 철도교통관제 업무나 철도차량 운전 관련 업무에 3년 이상 근무한 경력이 있는 사람 2) 석사학위 소지자로서 철도교통에 관한 업무에 10년 이상 또는 철도교통관제 업무나 철도차량 운전 관련 업무에 5년 이상 근무한 경력이 있는 사람 3) 학사학위 소지자로서 철도교통에 관한 업무에 15년 이상 또는 철도교통관제 업무나 철도차량 운전 관련 업무에 8년 이상 근무한 경력이 있는 사람 4) 철도 관련 5급 이상의 공무원 경력 또는 이와 같은 수준 이상의 자격 및 경력이 있는 사람 5) 대학의 철도교통관제 관련 학과에서 전임강사 이상으로 재직한 경력이 있는 사람 6) 교수 경력이 3년 이상 있는 사람
교수	철도교통관제 업무에 1년 이상 또는 철도차량 운전업무에 3년 이상 근무한 경력이 있는 사람으로서 다음의 어느 하나에 해당하는 학력 및 경력을 갖춘 사람 1) 학사학위 소지자로서 철도교통관제사나 철도차량 운전업무수행자에 대한 지도교육 경력이 2년 이상 있는 사람

	2) 전문학사 소지자로서 철도교통관제사나 철도차량 운전업무수행자에 대한 지도교육 경력이 3년 이상 있는 사람 3) 고등학교 졸업자로서 철도교통관제사나 철도차량 운전업무수행자에 대한 지도교육 경력이 5년 이상 있는 사람 4) 철도교통관제와 관련된 교육기관에서 강의 경력이 1년 이상 있는 사람

비고
1. 철도교통에 관한 업무란 철도운전·신호취급·안전에 관한 업무를 말한다.
2. 철도교통에 관한 업무 경력에는 책임교수의 경우 철도교통관제 업무 3년 이상, 선임교수의 경우 철도교통관제 업무 2년 이상이 포함되어야 한다.
3. 철도차량운전 관련 업무란 철도차량 운전업무수행자에 대한 안전관리·지도교육 및 관리감독 업무를 말한다.
4. 철도차량 운전업무나 철도교통관제 업무 수행경력이 있는 사람으로서 현장 지도교육의 경력은 운전업무나 관제업무 수행경력으로 합산할 수 있다.

나. 보유기준

1회 교육생 30명을 기준으로 철도교통관제 전임 책임교수 1명, 비전임 선임교수, 교수를 각 1명 이상 확보하여야 하며, 교육인원이 15명 추가될 때마다 교수 1명 이상을 추가로 확보하여야 한다. 이 경우 추가로 확보하여야 하는 교수는 비전임으로 할 수 있다.

2. 시설기준

가. 강의실

면적 60제곱미터 이상의 강의실을 갖출 것. 다만, 1제곱미터당 교육인원은 1명을 초과하지 아니하여야 한다.

나. 실기교육장
1) 모의관제시스템을 설치할 수 있는 실습장을 갖출 것
2) 30명이 동시에 실습할 수 있는 면적 90제곱미터 이상의 컴퓨터지원시스템 실습장을 갖출 것

다. 그 밖에 교육훈련에 필요한 사무실·편의시설 및 설비를 갖출 것

3. 장비기준

가. 모의관제시스템

장 비 명	성능기준	보유기준
전 기능 모의관제시스템	· 제어용 서버 시스템 · 대형 표시반 및 Wall Controller 시스템 · 음향시스템 · 관제사 콘솔 시스템 · 교수제어대 및 평가시스템	1대 이상 보유

나. 컴퓨터지원교육시스템

장 비 명	성능기준	보유기준
컴퓨터지원교육시스템	· 열차운행계획 · 철도관제시스템 운용 및 실무 · 열차운행선 관리 · 비상 시 조치 등	관련 프로그램 및 컴퓨터 30대 이상 보유

비고:

1. 컴퓨터지원교육시스템이란 컴퓨터의 멀티미디어 기능을 활용하여 관제교육훈련을 시행할 수 있도록 제작된 기본기능 모의관제시스템 및 이를 지원하는 컴퓨터시스템 일체를 말한다.

2. 기본기능 모의관제시스템이란 철도 관제교육훈련에 꼭 필요한 부분만을 제작한 시스템을 말한다.

4. 관제교육훈련에 필요한 교재를 갖출 것

5. 다음 각 목의 사항을 포함한 업무규정을 갖출 것

가. 관제교육훈련기관의 조직 및 인원
나. 교육생 선발에 관한 사항
다. 연간 교육훈련계획: 교육과정 편성, 교수인력의 지정 교과목 및 내용 등
라. 교육기관 운영계획
마. 교육생 평가에 관한 사항
바. 실습설비 및 장비 운용방안
사. 각종 증명의 발급 및 대장의 관리
아. 교수인력의 교육훈련
자. 기술도서 및 자료의 관리·유지
차. 수수료 징수에 관한 사항
카. 그 밖에 국토교통부장관이 관제교육훈련에 필요하다고 인정하는 사항

[별표 11의4] 〈신설 17 · 7 · 25〉

관제자격증명시험의 과목 및 합격기준(제38조의7제2항 관련)

1. 학과시험 및 실기시험 과목

학과시험	실기시험
가. 철도관련법 나. 관제관련규정 다. 철도시스템 일반 라. 철도교통 관제운영 마. 비상 시 조치 등	가. 열차운행계획 나. 철도관제시스템 운용 및 실무 다. 열차운행선 관리 라. 비상 시 조치 등

2. 학과시험의 일부 면제

가. 법 제21조의8제3항제1호에 따라 운전면허를 받은 사람에 대해서는 제1호의 학과시험 과목 중 철도관련법 과목 및 철도시스템 일반 과목을 면제한다.

나. 법 제21조의8제3항제2호에 따라 「국가기술자격법」 제2조제1호에 따른 국가기술자격으로서 제38조의9에 따른 국가기술자격을 가진 사람에 대해서는 제1호의 학과시험 과목 중 해당 국가기술자격의 시험과목과 동일한 과목을 면제한다.

다. 법률 제13436호 철도안전법 일부개정법률 부칙 제3조제5항 단서에 따라 종전의 법 제22조제1항(법률 제13436호 철도안전법 일부개정법률로 개정되기 전의 것을 말한다)에 따라 실무수습 · 교육을 이수한 사람에 대해서는 제1호의 학과시험 과목 전부를 면제한다.

비고

1. 철도관련법은 「철도안전법」, 같은 법 시행령 및 시행규칙과 관련 지침을 포함한다.
2. 관제관련규정은 철도차량운전규칙, 철도교통관제 운영규정 등 철도교통 운전 및 관제에 필요한 규정을 말한다.
3. 관제자격증명시험의 합격기준은 다음과 같다.
   가. 학과시험 합격기준은 과목당 100점을 만점으로 하여 시험 과목당 40점 이상(관제관련규정의 경우 60점 이상), 총점 평균 60점 이상 득점한 사람
   나. 실기시험의 합격기준은 시험 과목당 60점 이상, 총점 평균 80점 이상 득점한 사람

[별표 11의5] 〈신설 17 · 7 · 25, 18 · 2 · 9〉

관제자격증명의 취소 또는 효력정지 처분의 세부기준(제38조의18 관련)

위반사항 및 내용		근거 법조문	처분기준			
			1차 위반	2차 위반	3차 위반	4차 위반
1. 거짓이나 그 밖의 부정한 방법으로 관제자격증명을 취득한 경우		법 제21조의11제1항제1호	자격증명 취소			
2. 법 제21조의4에서 준용하는 법 제11조제2호부터 제4호까지의 어느 하나에 해당하게 된 경우		법 제21조의11제1항제2호	자격증명 취소			
3. 관제자격증명의 효력정지 기간 중에 관제업무를 수행한 경우		법 제21조의11제1항제3호	자격증명 취소			
4. 법 제21조의10을 위반하여 관제자격증명서를 다른 사람에게 대여한 경우		법 제21조의11제1항제4호	자격증명 취소			
5. 관제업무 수행 중 고의 또는 중과실로 철도사고의 원인을 제공한 경우	사망자가 발생한 경우	법 제21조의11제1항제5호	자격증명 취소			
	부상자가 발생한 경우		효력정지 3개월	자격증명 취소		
	1천만원 이상 물적 피해가 발생한 경우		효력정지 15일	효력정지 3개월	자격증명 취소	
6. 법 제40조의2제2항제1호를 위반한 경우		법 제21조의11제1항제6호	효력정지 1개월	효력정지 2개월	효력정지 3개월	효력정지 4개월
7. 법 제40조의2제2항제2호를 위반한 경우		법 제21조의11제1항제6호	효력정지 1개월	자격증명 취소		

위반사항 및 내용	근거 법조문	처분기준			
		1차 위반	2차 위반	3차 위반	4차 위반
8. 법 제41조제1항을 위반하여 술을 마신 상태(혈중 알코올농도 0.1퍼센트 이상)에서 관제업무를 수행한 경우	법 제21조의11제1항제7호	자격증명 취소			
9. 법 제41조제1항을 위반하여 술을 마신 상태(혈중 알코올농도 0.02퍼센트 이상 0.1퍼센트 미만)에서 관제업무를 수행하다가 철도사고의 원인을 제공한 경우	법 제21조의11제1항제7호	자격증명 취소			
10. 법 제41조제1항을 위반하여 술을 마신 상태(혈중 알코올농도 0.02퍼센트 이상 0.1퍼센트 미만)에서 관제업무를 수행한 경우(제9호의 경우는 제외한다)	법 제21조의11제1항제7호	효력정지 3개월	자격증명 취소		
11. 법 제41조제1항을 위반하여 약물을 사용한 상태에서 관제업무를 수행한 경우	법 제21조의11제1항제7호	자격증명 취소			
12. 법 제41조제2항을 위반하여 술을 마시거나 약물을 사용한 상태에서 관제업무를 하였다고 인정할 만한 상당한 이유가 있음에도 불구하고 국토교통부장관 또는 시·도지사의 확인 또는 검사를 거부한 경우	법 제21조의11제1항제8호	자격증명 취소			

비고
1. 위반행위가 둘 이상인 경우로서 그에 해당하는 각각의 처분기준이 다른 경우에는 그 중 무거운 처분기준에 따르며, 위반행위가 둘 이상인 경우로서 그에 해당하는 각각의 처분기준이 같은 경우에는 무거운 처분기준의 2분의 1까지 가중할 수 있되, 각 처분기준을 합산한 기간을 초과할 수 없다.
2. 위반행위의 횟수에 따른 행정처분의 가중된 부과기준은 최근 1년간 같은 위반행위로 행정처분을 받은 경우에 적용한다. 이 경우 기간의 계산은 위반행위에 대하여 행정처분을 받은 날과 그 처분 후 다시 같은 위반행위를 하여 적발된 날을 기준으로 한다.
3. 비고 제2호에 따라 가중된 행정처분을 하는 경우 가중처분의 적용 차수는 그 위반행위 전 부과처분 차수(비고 제2호에 따른 기간 내에 행정처분이 둘 이상 있었던 경우에는 높은 차수를 말한다)의 다음 차수로 한다.

[별표 12] 삭제〈10·3·30〉

[별표 13] 〈개정 12·12·10, 16·8·10, 17·1·20〉

운전업무종사자등의 적성검사 항목 및 불합격기준

(제39조제1항 및 제41조제4항 관련)

검사대상		검사주기	검사항목		불합격기준
			문답형 검사	반응형 검사	
1. 영 제21조제1호의 운전업무종사자	고속철도차량 · 제1종 전기차량 · 제2종 전기차량 · 디젤차량 · 노면전차 운전업무종사자	정기검사	· 작업태도	• 속도예측 능력 • 주의력 - 선택적 주의력 - 지속적 주의력 • 안정도	• 작업태도 검사와 반응형 검사의 점수 합계가 40점 미만인 사람
		특별검사	• 지능 • 작업태도 • 품성	• 속도예측 능력 • 주의력 - 선택적 주의력 - 주의배분 능력 - 지속적 주의력 • 거리지각 능력 • 안정도	• 지능검사 점수가 85점 미만인 사람(해당 연령대 기준 적용) • 반응형 검사 중 속도예측 능력과 선택적 주의력 검사 결과가 부적합 등급으로 판정된 사람 • 작업태도 검사와 반응형 검사의 점수 합계가 50점 미만인 사람 • 품성검사 결과 부적합자로 판정된 사람
	철도장비 업무종사자	정기검사	• 작업태도	• 속도예측 • 주의력 - 선택적 주의력 - 주의배분 능력	• 작업태도 검사와 반응형 검사의 점수합계가 40점 미만인 사람
		특별검사	• 지능 • 작업태도 • 품성	• 속도예측 능력 • 주의력 검사 - 선택적 주의력 - 주의배분 능력	• 지능검사 점수가 85점 미만인 사람(해당 연령대 기준적용) • 반응형 검사 중 속도예측 능력 검사와 선택적 주의력 검사 결과가 부적합 등급으로 판정된 사람 • 작업태도 검사와 반응형 검사의 점수합계가 50점 미만인 사람 • 품성검사 결과 부적합자로 판정된 사람

검사대상	검사주기	검사항목		불합격기준
		문답형 검사	반응형 검사	
2. 영 제21조제2호의 관제업무종사자	최초검사	• 지능 • 작업태도 • 품성	• 주의력 -선택적 주의력 -주의배분능력 • 민첩성 -적응능력 -판단력 -동작 정확력 -정서 안정도	• 지능검사 점수가 85점 미만인 사람(해당 연령대 기준 적용) • 작업태도 검사, 선택적 주의력 검사, 주의배분능력 검사, 적응능력 검사 중 부적합 등급이 2개 이상이거나 작업태도 검사와 반응형 검사의 점수합계가 50점 미만인 사람 • 품성검사 결과 부적합자로 판정된 사람
	정기검사	• 작업태도	• 주의력 -선택적 주의력 -주의배분능력 • 민첩성 -적응능력 -판단력 -동작 정확력 -정서 안정도	• 작업태도 검사와 반응형 검사의 점수합계가 40점 미만인 사람
	특별검사	• 지능 • 작업태도 • 품성	• 주의력 -선택적 주의력 -주의배분능력 • 민첩성 -적응능력 -판단력 -동작 정확력 -정서 안정도	• 지능검사 점수가 85점 미만인 사람(해당 연령대 기준 적용) • 작업태도 검사, 선택적 주의력검사, 주의배분능력 검사, 적응능력 검사 중 부적합 등급이 2개 이상이거나 작업태도 검사와 반응형 검사의 점수합계가 50점 미만인 사람 • 품성검사결과 부적합자로 판정된 사람
3. 영 제21조제3호의 정거장에서 철도신호기·선로전환기 및 조작판 등을 취급하는 업무를 수행하는 사람	최초검사	• 지능 • 작업태도 • 품성	• 주의력 -주의배분능력 • 민첩성 -적응능력 -판단력 -동작 정확력 -정서 안정도	• 지능검사 점수가 85점 미만인 사람(해당 연령대 기준 적용) • 작업태도 검사, 주의배분능력 검사, 적응능력 검사, 판단력 검사, 동작 정확력 검사 중 부적합 등급이 2개 이상이거나 작업태도 검사와 반응형 검사의 점수 합계가 50점 미만인 사람 • 품성검사 결과 부적합자로 판정된 사람
	정기검사	• 작업태도	• 주의력 -주의배분능력 • 민첩성 -적응능력 -판단력 -동작 정확력 -정서 안정도	• 작업태도 검사, 주의배분능력 검사, 적응능력 검사, 판단력 검사, 동작 정확력 검사 중 부적합 등급이 3개 이상이거나 작업태도 검사와 반응형 검사의 점수 합계가 40점 미만인 사람
	특별검사	• 지능 • 작업태도 • 품성	• 주의력 -주의배분능력 • 민첩성 -적응능력 -판단력 -동작 정확력 -정서 안정도	• 지능검사 점수가 85점 미만인 사람(해당 연령대 기준 적용) • 작업태도 검사, 주의배분능력 검사, 적응능력 검사, 판단력 검사, 동작 정확력 검사 중 부적합 등급이 2개 이상이거나 작업태도 검사와 반응형 검사의 점수 합계가 50점 미만인 사람 • 품성검사결과 부적합자로 판정된 사람

비고:
1. 지능검사는 연령대별로 점수 산정기준을 달리하여 환산한 점수를 적용한다.
2. 작업태도 검사와 반응형 검사의 점수 합계는 100점을 기준으로 한다.

[별표 13의2] 〈신설 18 · 11 · 9〉

철도종사자에 대한 안전교육의 내용(제41조의2제3항 관련)

교 육 내 용	교육방법
• 철도안전법령 및 안전관련 규정 • 철도운전 및 관제이론 등 분야별 안전업무수행 관련 사항 • 철도사고 사례 및 사고예방대책 • 철도사고 및 운행장애 등 비상 시 응급조치 및 수습복구대책 • 안전관리의 중요성 등 정신교육 • 근로자의 건강관리 등 안전 · 보건관리에 관한 사항 • 철도안전관리체계 및 철도안전관리시스템(Safety Management System) • 위기대응체계 및 위기대응 매뉴얼 등	강의 및 실습

[별표 13의3] 〈신설 19 · 6 · 18〉

정비교육훈련의 실시시기 및 시간 등(제42조의3 관련)

1. 정비교육훈련의 시기 및 시간

교육훈련 시기	교육훈련 시간
기존에 정비 업무를 수행하던 철도차량 차종이 아닌 새로운 철도차량 차종의 정비에 관한 업무를 수행하는 경우 그 업무를 수행하는 날부터 1년 이내	35시간 이상
철도차량정비업무의 수행기간 5년 마다	35시간 이상

비고: 위 표에 따른 35시간 중 인터넷 등을 통한 원격교육은 10시간의 범위에서 인정할 수 있다.

2. 정비교육훈련의 면제 및 연기
  가. 「고등교육법」에 따른 학교, 철도차량 또는 철도용품 제작회사, 「과학기술분야 정부출연연구기관 등의 설립 · 운영 및 육성에 관한 법률」 등 관계법령에 따라 설립된 연구기관 · 교육기관 및 주무관청의 허가를 받아 설립된 학회 · 협회 등에서 철도차량정비와 관련된 교육훈련을 받은 경우 위 표에 따른 정비교육훈련을 받은 것으로 본다. 이 경우 해당 기관으로부터 교육과목 및 교육시간이 명시된 증명서(교육수료증 또는 이수증 등)를 발급 받은 경우에 한정한다.
  나. 철도차량정비기술자는 질병 · 입대 · 해외출장 등 불가피한 사유로 정비교육훈련을 받아야 하는 기한까지 정비교육훈련을 받지 못할 경우에는 정비교육훈련을 연기할 수 있다. 이 경우 연기 사유가 없어진 날부터 1년 이내에 정비교육훈련을 받아야 한다.

3. 정비교육훈련은 강의 · 토론 등으로 진행하는 이론교육과 철도차량정비 업무를 실습하는 실기교육으로 시행하되, 실기교육을 30% 이상 포함해야 한다.

4. 그 밖에 정비교육훈련의 교육과목 및 교육내용, 교육의 신청 방법 및 절차 등에 관한 사항은 국토교통부장관이 정하여 고시한다.

[별표 13의4] 〈신설 19·6·18〉

정비교육훈련기관의 세부 지정기준(제42조의4제1항 관련)

1. 인력기준

가. 자격기준

등 급	학력 및 경력
책임교수	1) 1등급 철도차량정비경력증 소지자로서 철도교통에 관한 업무에 10년 이상 또는 철도차량정비에 관한 업무에 5년 이상 근무한 경력이 있는 사람 2) 2등급 철도차량정비경력증 소지자로서 철도교통에 관한 업무에 15년 이상 또는 철도차량정비에 관한 업무에 8년 이상 근무한 경력이 있는 사람 3) 3등급 철도차량정비경력증 소지자로서 철도교통에 관한 업무에 20년 이상 또는 철도차량정비에 관한 업무에 10년 이상 근무한 경력이 있는 사람 4) 철도 관련 4급 이상의 공무원 경력 또는 이와 같은 수준 이상의 자격 및 경력이 있는 사람 5) 대학의 철도차량정비 관련 학과에서 조교수 이상으로 재직한 경력이 있는 사람 6) 선임교수 경력이 3년 이상 있는 사람
선임교수	1) 1등급 철도차량정비경력증 소지자로서 철도교통에 관한 업무에 5년 이상 또는 철도차량정비에 관한 업무에 3년 이상 근무한 경력이 있는 사람 2) 2등급 철도차량정비경력증 소지자로서 철도교통에 관한 업무에 10년 이상 또는 철도차량정비에 관한 업무에 5년 이상 근무한 경력이 있는 사람 3) 3등급 철도차량정비경력증 소지자로서 철도교통에 관한 업무에 15년 이상 또는 철도차량정비에 관한 업무에 8년 이상 근무한 경력이 있는 사람 4) 철도 관련 5급 이상의 공무원 경력 또는 이와 같은 수준 이상의 자격 및 경력이 있는 사람 5) 대학의 철도차량정비 관련 학과에서 전임강사 이상으로 재직한 경력이 있는 사람 6) 교수 경력이 3년 이상 있는 사람
교수	1) 1등급 철도차량정비경력증 소지자로서 철도차량정비 업무에 근무한 경력이 있는 사람 2) 2등급 철도차량정비경력증 소지자로서 철도교통에 관한 업무에 5년 이상 또는 철도차량정비에 관한 업무에 3년 이상 근무한 경력이 있는 사람 3) 3등급 철도차량정비경력증 소지자로서 철도차량 정비업무수행자에 대한 지도교육 경력이 2년 이상 있는 사람 4) 4등급 철도차량정비경력증 소지자로서 철도차량 정비업무수행자에 대한 지도교육 경력이 3년 이상 있는 사람 5) 철도차량 정비와 관련된 교육기관에서 강의 경력이 1년 이상 있는 사람

비고

1. "철도교통에 관한 업무"란 철도안전·기계·신호·전기에 관한 업무를 말한다.
2. 책임교수의 경우 철도차량정비에 관한 업무를 3년 이상, 선임교수의 경우 철도차량정비에 관한 업무를 2년 이상 수행한 경력이 있어야 한다.
3. "철도차량정비에 관한 업무"란 철도차량 정비업무의 수행, 철도차량 정비계획의 수립·관리, 철도차량 정비에 관한 안전관리·지도교육 및 관리·감독 업무를 말한다.
4. "철도차량정비 관련 학과"란 철도차량 유지보수와 관련된 학과 및 기계·전기·전자·통신 관련 학과를 말한다.
5. "철도관련 공무원 경력"이란 「국가공무원법」 제2조에 따른 공무원 신분으로 철도관련 업무를 수행한 경력을 말한다.

나. 보유기준

1. 1회 교육생 30명을 기준으로 상시적으로 철도차량정비에 관한 교육을 전담하는 책임교수와 선임교수 및 교수를 각각 1명 이상 확보해야 하며, 교육인원이 15명 추가될 때마다 교수 1명 이상을 추가로 확보해야 한다. 이 경우 선임교수, 교수 및 추가로 확보해야 하는 교수는 비전임으로 할 수 있다.
2. 1회 교육생이 30명 미만인 경우 책임교수 또는 선임교수 1명 이상을 확보해야 한다.

2. 시설기준

가. 이론교육장: 기준인원 30명 기준으로 면적 60제곱미터 이상의 강의실을 갖추어야 하며, 기준인원 초과 시 1명마다 2제곱미터씩 면적을 추가로 확보해

야 한다. 다만, 1회 교육생이 30명 미만인 경우 교육생 1명마다 2제곱미터 이상의 면적을 확보해야 한다.

나. 실기교육장: 교육생 1명마다 3제곱미터 이상의 면적을 확보해야 한다. 다만, 교육훈련기관 외의 장소에서 철도차량 등을 직접 활용하여 실습하는 경우에는 제외한다.

다. 그 밖에 교육훈련에 필요한 사무실·편의시설 및 설비를 갖추어야 한다.

3. 장비기준

가. 컴퓨터지원교육시스템

장 비 명	성능기준	보유기준
컴퓨터지원교육시스템	철도차량정비 관련 프로그램	1명당 컴퓨터 1대

비고: 컴퓨터지원교육시스템이란 컴퓨터의 멀티미디어 기능을 활용하여 정비교육훈련을 시행할 수 있도록 지원하는 컴퓨터시스템 일체를 말한다.

[별표 13의5] 〈신설 19·6·18〉

정비교육훈련기관의 지정취소 및 업무정지의 기준(제42조의6제1항 관련)

1. 일반기준

가. 위반행위의 횟수에 따른 행정처분의 가중된 부과기준은 최근 1년간 같은 위반행위로 행정처분을 받은 경우에 적용한다. 이 경우 기간의 계산은 위반행위에 대하여 행정처분을 받은 날과 그 처분 후 다시 같은 위반행위를 하여 적발된 날을 기준으로 한다.

나. 비고 제1호에 따라 가중된 행정처분을 하는 경우 가중처분의 적용 차수는 그 위반행위 전 부과처분 차수(비고 제1호에 따른 기간 내에 행정처분이 둘 이상 있었던 경우에는 높은 차수를 말한다)의 다음 차수로 한다.

다. 위반행위가 둘 이상인 경우로서 그에 해당하는 각각의 처분기준이 다른 경우에는 그 중 무거운 처분기준(무거운 처분기준이 같을 때에는 그 중 하나의 처분기준을 말한다)에 따르며, 위반행위가 둘 이상인 경우로서 그에 해당하는 각각의 처분기준이 같은 경우에는 무거운 처분기준의 2분의 1까지 가중할 수 있되, 각 처분기준을 합산한 기간을 초과할 수 없다.

라. 처분권자는 위반행위의 동기·내용 및 위반의 정도 등 다음 각 목에 해당하는 사유를 고려하여 그 처분을 감경할 수 있다. 이 경우 그 처분이 업무정지인 경우에는 그 처분기준의 2분의 1의 범위에서 감경할 수 있고, 지정취소인 경우(거짓이나 그 밖의 부정한 방법으로 지정을 받은 경우나 업무정지 명령을 위반하여 그 정지기간 중 적성검사업무를 한 경우는 제외한다)에는 3개월의 업무정지 처분으로 감경할 수 있다.

1) 위반행위가 고의나 중대한 과실이 아닌 사소한 부주의나 오류로 인한 것으로 인정되는 경우

2) 위반의 내용·정도가 경미하여 이해관계인에게 미치는 피해가 적다고 인정되는 경우

2. 개별기준

위반사항	해당 법조문	처분기준			
		1차 위반	2차 위반	3차 위반	4차 위반
1. 거짓이나 그 밖의 부정한 방법으로 지정을 받은 경우	법 제15조의2제1항제1호	지정취소			

위반사항	해당 법조문	처분기준			
		1차 위반	2차 위반	3차 위반	4차 위반
2. 업무정지 명령을 위반하여 그 정지기간 중 정비교육훈련업무를 한 경우	법 제15조의2제1항제2호	지정취소			
3. 법 제24조의4제3항에 따른 지정기준에 맞지 않은 경우	법 제15조의2제1항제3호	경고 또는 보완명령	업무정지 1개월	업무정지 3개월	지정취소
4. 법 제24조의4제4항을 위반하여 정당한 사유 없이 정비교육훈련업무를 거부한 경우	법 제15조의2제1항제4호	경고	업무정지 1개월	업무정지 3개월	지정취소
5. 법 제24조의4제4항을 위반하여 거짓이나 그 밖의 부정한 방법으로 정비교육훈련 수료증을 발급한 경우	법 제15조의2제1항제5호	업무정지 1개월	업무정지 3개월	지정취소	

[별표 14] 〈개정 14·3·19〉

철도차량 제작자승인 관련 처분기준(제58조제1항 관련)

1. 일반기준

가. 위반행위가 둘 이상인 경우로서 그에 해당하는 각각의 처분기준이 다른 경우에는 그 중 무거운 처분기준(무거운 처분기준이 같을 때에는 그 중 하나의 처분기준을 말한다)에 따르며, 둘 이상의 처분기준이 같은 업무제한·정지인 경우에는 무거운 처분기준의 2분의 1의 범위에서 가중할 수 있되, 각 처분기준을 합산한 기간을 초과할 수 없다.

나. 위반행위의 횟수에 따른 행정처분 기준은 최근 2년간 같은 위반행위로 업무정지 처분을 받은 경우에 적용한다. 이 경우 위반횟수는 같은 위반행위에 대하여 최초로 처분을 한 날과 다시 같은 위반행위를 적발한 날을 기준으로 한다.

다. 처분권자는 다음 각 목의 어느 하나에 해당하는 경우에는 업무제한·정지 처분의 2분의 1의 범위에서 감경할 수 있다. 이 경우 그 처분이 업무제한·정지인 경우에는 그 처분기준의 2분의 1의 범위에서 감경할 수 있고, 승인취소인 경우(법 제26조의7제1항제1호 또는 제5호에 해당하는 경우는 제외한다)에는 6개월의 업무정지 처분으로 감경할 수 있다.

1) 위반행위가 고의나 중대한 과실이 아닌 사소한 부주의나 오류로 인한 것으로 인정되는 경우
2) 위반상태를 시정하거나 해소하기 위해 노력한 것이 인정되는 경우
3) 그 밖에 위반행위의 정도, 위반행위의 동기와 그 결과 등을 고려하여 업무제한·정지 기간을 줄일 필요가 있다고 인정되는 경우

라. 처분권자는 다음 각 목의 어느 하나에 해당하는 경우에는 업무제한·정지 처분의 2분의 1의 범위에서 가중할 수 있다. 다만, 각 업무정지를 합산한 기간이 법 제9조제1항에서 정한 기간을 초과할 수 없다.

1) 위반의 내용·정도가 중대하여 공중에게 미치는 피해가 크다고 인정되는 경우
2) 그 밖에 위반행위의 정도, 위반행위의 동기와 그 결과 등을 고려하여 가중할 필요가 있다고 인정되는 경우

2. 개별기준

위반사항	근거법조문	처분기준			
		1차 위반	2차 위반	3차 위반	4차 이상 위반
가. 거짓이나 그 밖의 부정한 방법으로 제작자승인을 받은 경우	법 제26조의7제1항제1호	승인취소			
나. 법 제26조의8에서 준용하는	법 제26조의7	업무정지	업무정지	승인취소	

법 제7조제3항을 위반하여 변경승인을 받지 않고 철도차량을 제작한 경우	제1항제2호	(업무제한) 3개월	(업무제한) 6개월		
다. 법 제26조의8에서 준용하는 법 제7조제3항을 위반하여 변경신고를 하지 않고 철도차량을 제작한 경우		경고	업무정지 (업무제한) 3개월	업무정지 (업무제한) 6개월	승인취소
라. 법 제26조의8에서 준용하는 법 제8조제3항에 따른 시정조치명령을 정당한 사유 없이 이행하지 않은 경우	법 제26조의7 제1항제3호	경고	업무정지 (업무제한) 3개월	업무정지 (업무제한) 6개월	승인취소
마. 법 제32조제1항에 따른 명령을 이행하지 않은 경우	법 제26조의7 제1항제4호	업무정지 (업무제한) 3개월	업무정지 (업무제한) 6개월	승인취소	
바. 업무정지 기간 중에 철도차량을 제작한 경우	법 제26조의7 제1항제5호	승인취소			

[별표 15] 〈개정 08·3·14, 14·3·19〉

철도용품 제작자승인 관련 처분기준(제70조 관련)

1. 일반기준

가. 위반행위가 둘 이상인 경우로서 그에 해당하는 각각의 처분기준이 다른 경우에는 그 중 무거운 처분기준(무거운 처분기준이 같을 때에는 그 중 하나의 처분기준을 말한다)에 따르며, 둘 이상의 처분기준이 같은 업무제한·정지인 경우에는 무거운 처분기준의 2분의 1의 범위에서 가중할 수 있되, 각 처분기준을 합산한 기간을 초과할 수 없다.

나. 위반행위의 횟수에 따른 행정처분 기준은 최근 2년간 같은 위반행위로 업무제한·정지 처분을 받은 경우에 적용한다. 이 경우 위반횟수는 같은 위반행위에 대하여 최초로 처분을 한 날과 다시 같은 위반행위를 적발한 날을 기준으로 한다.

다. 처분권자는 다음 각 목의 어느 하나에 해당하는 경우에는 업무제한·정지 처분의 2분의 1의 범위에서 감경할 수 있다. 이 경우 그 처분이 업무제한·정지인 경우에는 그 처분기준의 2분의 1의 범위에서 감경할 수 있고, 승인취소인 경우(법 제27조의2제4항에 따라 준용되는 법 제26조의7제1항제1호 또는 제5호에 해당하는 경우는 제외한다)에는 6개월의 업무정지 처분으로 감경할 수 있다.

1) 위반행위가 고의나 중대한 과실이 아닌 사소한 부주의나 오류로 인한 것으로 인정되는 경우
2) 위반상태를 시정하거나 해소하기 위해 노력한 것이 인정되는 경우
3) 그 밖에 위반행위의 정도, 위반행위의 동기와 그 결과 등을 고려하여 업무제한·정지 기간을 줄일 필요가 있다고 인정되는 경우

라. 처분권자는 다음 각 목의 어느 하나에 해당하는 경우에는 업무제한·정지 처분의 2분의 1의 범위에서 가중할 수 있다. 다만, 각 업무정지를 합산한 기간이 법 제9조제1항에서 정한 기간을 초과할 수 없다.

1) 위반의 내용·정도가 중대하여 공중에게 미치는 피해가 크다고 인정되는 경우
2) 그 밖에 위반행위의 정도, 위반행위의 동기와 그 결과 등을 고려하여 가중할 필요가 있다고 인정되는 경우

2. 개별기준

위반사항	근거법조문	처분기준			
		1차 위반	2차 위반	3차 위반	4차 이상 위반
가. 거짓이나 그 밖의 부정한 방법으로 제작자승인을 받은 경우	법 제27조의2 제4항	승인취소			
나. 법 제27조의2에서 준용하는 법 제7조제3항을 위반하여 변경승인을 받지 않고 철도차량을 제작한 경우	법 제27조의2 제4항	업무정지(업무제한) 3개월	업무정지(업무제한) 6개월	승인취소	
다. 법 제27조의2에서 준용하는 법 제7조제3항을 위반하여 변경신고를 하지 않고 철도차량을 제작한 경우	법 제27조의2 제4항	경고	업무정지(업무제한) 3개월	업무정지(업무제한) 6개월	승인취소
라. 법 제27조의2제4항에서 준용하는 법 제8조제3항에 따른 시정조치명령을 정당한 사유 없이 이행하지 않은 경우	법 제27조의2 제4항	경고	업무정지(업무제한) 3개월	업무정지(업무제한) 6개월	승인취소
마. 법 제32조제1항에 따른 명령을 이행하지 않은 경우	법 제27조의2 제4항	업무정지(업무제한) 3개월	업무정지(업무제한) 6개월	승인취소	
바. 업무정지 기간 중에 철도용품을 제작한 경우	법 제27조의2 제4항	승인취소			

[별표 16] 〈신설 18·11·9〉

철도차량의 운행제한 관련 처분기준(제75조의7 관련)

1. 일반기준

가. 위반행위의 횟수에 따른 행정처분의 가중된 부과기준은 최근 2년 동안 같은 위반행위로 행정처분을 받은 경우에 적용한다. 이 경우 기간의 계산은 위반행위에 대하여 행정처분을 받은 날과 그 처분 후 다시 같은 위반행위를 하여 적발된 날을 기준으로 한다.

나. 가목에 따라 가중된 부과처분을 하는 경우 가중처분의 적용 차수는 그 위반행위 전 부과처분 차수(가목에 따른 기간 내에 행정처분이 둘 이상 있었던 경우에는 높은 차수를 말한다)의 다음 차수로 한다.

다. 위반행위가 둘 이상인 경우로서 각 처분내용이 모두 운행제한·정지인 경우에는 그 중 무거운 처분기준에 해당하는 운행제한·정지 기간의 2분의 1의 범위에서 가중할 수 있다. 다만, 가중하는 경우에도 각 처분기준에 따른 운행제한·정지 기간을 합산한 기간 및 6개월을 넘을 수 없다.

라. 국토교통부장관은 다음의 어느 하나에 해당하는 경우에는 제2호의 개별기준에 따른 운행제한·정지 기간의 2분의 1 범위에서 그 기간을 줄일 수 있다.

1) 위반행위가 사소한 부주의나 오류로 인한 것으로 인정되는 경우
2) 위반행위자가 법 위반상태를 시정하거나 해소하기 위한 노력이 인정되는 경우
3) 그 밖에 위반행위의 정도, 위반행위의 동기와 그 결과 등을 고려하여 운행제한·정지 기간을 줄일 필요가 있다고 인정되는 경우

마. 국토교통부장관은 다음의 어느 하나에 해당하는 경우에는 제2호의 개별기준에 따른 운행제한·정지 기간의 2분의 1 범위에서 그 기간을 늘릴 수 있다. 다만, 늘리는 경우에도 6개월을 넘을 수 없다.

1) 위반의 내용 및 정도가 중대하여 공중에게 미치는 피해가 크다고 인정되는 경우
2) 법 위반상태의 기간이 6개월 이상인 경우
3) 그 밖에 위반행위의 정도, 위반행위의 동기와 그 결과 등을 고려하여 운행제한·정지 기간을 늘릴 필요가 있다고 인정되는 경우

2. 개별기준

위반 행위	근거 법조문	처분 기준			
		1차 위반	2차 위반	3차 위반	4차 위반
가. 철도차량이 법 제26조제3항에 따른 철도차량의 기술기준에 적합하지 않은 경우	법 제38조의3제1항제2호	시정명령	해당 철도차량 운행정지 1개월	해당 철도차량 운행정지 2개월	해당 철도차량 운행정지 4개월
나. 소유자등이 법 제38조의2제2항 본문을 위반하여 개조승인을 받지 않고 임의로 철도차량을 개조하여 운행하는 경우	법 제38조의3제1항제1호	해당 철도차량 운행정지 1개월	해당 철도차량 운행정지 2개월	해당 철도차량 운행정지 4개월	해당 철도차량 운행정지 6개월

[별표 17] 〈신설 19·6·18〉

인증정비조직 관련 처분기준(제75조의12제2항 관련)

1. 일반기준

가. 위반행위의 횟수에 따른 행정처분의 가중된 부과기준은 최근 2년간 같은 위반행위로 행정처분을 받은 경우에 적용한다. 이 경우 기간의 계산은 위반행위에 대하여 행정처분을 받은 날과 그 처분 후 다시 같은 위반행위를 하여 적발된 날을 기준으로 한다.

나. 가목에 따라 가중된 부과처분을 하는 경우 가중처분의 적용 차수는 그 위반행위 전 부과처분 차수(가목에 따른 기간 내에 행정처분이 둘 이상 있었던 경우에는 높은 차수를 말한다)의 다음 차수로 한다.

다. 위반행위가 둘 이상인 경우로서 그에 해당하는 각각의 처분기준이 다른 경우에는 그 중 무거운 처분기준(무거운 처분기준이 같을 때에는 그 중 하나의 처분기준을 말한다)에 따르며, 둘 이상의 처분기준이 같은 업무제한·정지인 경우에는 무거운 처분기준의 2분의 1의 범위에서 가중할 수 있되, 각 처분기준을 합산한 기간을 초과할 수 없다.

라. 국토교통부장관은 다음의 어느 하나에 해당하는 경우에는 제2호의 개별기준에 따른 업무제한·정지 기간의 2분의 1의 범위에서 그 기간을 줄일 수 있다.

1) 위반행위가 사소한 부주의나 오류로 인한 것으로 인정되는 경우

2) 위반행위자가 법 위반상태를 시정하거나 해소하기 위한 노력이 인정되는 경우

3) 그 밖에 위반행위의 정도, 위반행위의 동기와 그 결과 등을 고려하여 업무제한·정지 기간을 줄일 필요가 있다고 인정되는 경우

마. 국토교통부장관은 다음의 어느 하나에 해당하는 경우에는 제2호의 개별기준에 따른 업무제한·정지 기간의 2분의 1의 범위에서 그 기간을 늘릴 수 있다. 다만, 법 제38조10제1항에 따른 업무제한·정지 기간의 상한을 넘을 수 없다.

1) 위반의 내용 및 정도가 중대하여 공중에게 미치는 피해가 크다고 인정되는 경우

2) 법 위반상태의 기간이 6개월 이상인 경우

3) 그 밖에 위반행위의 정도, 위반행위의 동기와 그 결과 등을 고려하여 업무제한·정지 기간을 늘릴 필요가 있다고 인정되는 경우

2. 개별기준

가. 법 제38조의10제1항제1호, 제3호, 제4호 및 제5호 관련

위반행위	근거 법조문	처 분 기 준			
		1차 위반	2차 위반	3차 위반	4차 이상 위반
1) 거짓이나 그 밖의 부정한 방법으로 인증을 받은 경우	법 제38조의10제1항 제1호	인증 취소	-	-	-
2) 법 제38조의7제2항을 위반하여 변경인증을 받지 않거나 변경신고를 하지 않고 인증받은 사항을 변경한 경우	법 제38조의10제1항 제3호	업무정지(업무제한) 1개월	업무정지(업무제한) 2개월	업무정지(업무제한) 4개월	업무정지(업무제한) 6개월
3) 법 제38조의8제1호 및 제2호에 따른 결격사유에 해당하게 된 경우	법 제38조의10제1항 제4호	인증 취소	-	-	-
4) 법 제38조의9에 따른 준수사항을 위반한 경우	법 제38조의10제1항 제5호	업무정지(업무제한) 1개월	업무정지(업무제한) 2개월	업무정지(업무제한) 4개월	업무정지(업무제한) 6개월

나. 법 제38조의10제1항제2호 관련

위반행위	근거 법조문	처 분 기 준
1) 인증정비조직의 고의에 따른 철도사고로 사망자가 발생하거나 운행장애로 5억원 이상의 재산피해가 발생한 경우	법 제38조의10제1항 제2호	인증 취소
2) 인증정비조직의 중대한 과실로 철도사고 및 운행장애를 발생시킨 경우	법 제38조의10제1항 제2호	
가) 철도사고로 인한 사망자 수		
(1) 1명 이상 3명 미만		업무정지(업무제한) 1개월
(2) 3명 이상 5명 미만		업무정지(업무제한) 2개월
(3) 5명 이상 10명 미만		업무정지(업무제한) 4개월
(4) 10명 이상		업무정지(업무제한) 6개월
나) 철도사고 또는 운행장애로 인한 재산피해액		
(1) 5억원 이상 10억원 미만		업무정지(업무제한) 15일
(2) 10억원 이상 20억원 미만		업무정지(업무제한) 1개월
(3) 20억원 이상		업무정지(업무제한) 2개월

[별표 18] 〈신설 19·6·18〉

정밀안전진단기관의 지정취소 및 업무정지의 기준(제75조의19제1항 관련)

1. 일반기준

가. 위반행위의 횟수에 따른 행정처분의 가중된 부과기준은 최근 2년간 같은 위반행위로 행정처분을 받은 경우에 적용한다. 이 경우 기간의 계산은 위반행위에 대하여 행정처분을 받은 날과 그 처분 후 다시 같은 위반행위를 하여 적발된 날을 기준으로 한다.

나. 가목에 따라 가중된 부과처분을 하는 경우 가중처분의 적용 차수는 그 위반행위 전 부과처분 차수(가목에 따른 기간 내에 행정처분이 둘 이상 있었던 경우에는 높은 차수를 말한다)의 다음 차수로 한다.

다. 위반행위가 둘 이상인 경우로서 그에 해당하는 각각의 처분기준이 다른 경우에는 그 중 무거운 처분기준(무거운 처분기준이 같을 때에는 그 중 하나의 처분기준을 말한다)에 따르며, 위반행위가 둘 이상인 경우로서 그에 해당하는 각각의 처분기준이 같은 경우에는 처분기준의 2분의 1까지 가중할 수 있되, 각 처분기준을 합산한 기간을 초과할 수 없다.

라. 국토교통부장관은 위반행위의 동기·내용 및 위반의 정도 등 다음의 어느 하나에 해당하는 사유를 고려하여 그 처분을 감경할 수 있다. 이 경우 그 처분이 업무정지인 경우에는 그 처분기준의 2분의 1의 범위에서 감경할 수 있고, 지정취소인 경우(법 제38조의13제3항제1호부터 제3호까지에 해당하는 경우는 제외한다)에는 6개월의 업무정지 처분으로 감경할 수 있다.

1) 위반행위가 고의나 중대한 과실이 아닌 사소한 부주의나 오류로 인한 것으로 인정되는 경우.

2) 위반의 내용·정도가 경미하여 이해관계인에게 미치는 피해가 적다고 인정되는 경우

2. 개별기준

위반사항	근거 법조문	처분기준			
		1차 위반	2차 위반	3차 위반	4차 이상 위반
1. 거짓이나 그 밖의 부정한 방법으로 지정을 받은 경우	법 제38조의13제3항제1호	지정취소			
2. 업무정지명령을 위반하여 업무정지 기간 중에 정밀안전진단 업무를 한 경우	법 제38조의13제3항제2호	지정취소			

위반사항	근거 법조문	처분기준			
		1차 위반	2차 위반	3차 위반	4차 이상 위반
3. 정밀안전진단 업무와 관련하여 부정한 금품을 수수하거나 그 밖의 부정한 행위를 한 경우	법 제38조의13제3항제3호	지정취소			
4. 정밀안전진단 결과를 조작한 경우	법 제38조의13제3항제4호	업무정지 2개월	업무정지 6개월	지정취소	
5. 정밀안전진단 결과를 거짓으로 기록하거나 고의로 결과를 기록하지 않은 경우	법 제38조의13제3항제5호	업무정지 2개월	업무정지 6개월	지정취소	
6. 성능검사 등을 받지 않은 검사용 기계·기구를 사용하여 정밀안전진단을 한 경우	법 제38조의13제3항제6호	업무정지 1개월	업무정지 2개월	업무정지 4개월	업무정지 6개월

[별표 19] 〈신설 19·10·23〉

시험기관의 지정기준(제85조의8제1항 관련)

1. 다음 각 목의 요건을 모두 갖춘 법인 또는 단체일 것
   가. 「공공기관의 운영에 관한 법률」 제4조에 따른 공공기관일 것
   나. 「보안업무규정」 제10조에 따른 비밀취급 인가를 받은 기관일 것
   다. 「국가표준기본법」 제23조 및 같은 법 시행령 제16조제2항에 따른 인정기구(이하 "인정기구"라 한다)에서 인정받은 시험기관일 것

2. 다음 각 목의 요건을 갖춘 기술인력을 보유할 것. 다만, 나목 또는 다목의 인력이 라목에 따른 위험물안전관리자의 자격을 보유한 경우에는 라목의 기준을 갖춘 것으로 본다.
   가. 「보안업무규정」 제8조에 따른 비밀취급 인가를 받은 인력을 보유할 것
   나. 인정기구에서 인정받은 시험기관에서 시험업무 경력이 3년 이상인 사람 2명 이상
   다. 보안검색에 사용하는 장비의 시험·평가 또는 관련 연구 경력이 3년 이상인 사람 2명 이상
   라. 「위험물안전관리법」 제15조제1항에 따른 위험물안전관리자 자격 보유자 1명 이상

3. 다음 각 목의 시설 및 장비를 모두 갖출 것
   가. 다음의 시설을 모두 갖춘 시험실
      1) 항온항습 시설
      2) 철도보안검색장비 성능시험 시설
      3) 화학물질 보관 및 취급을 위한 시설
      4) 그 밖에 국토교통부장관이 정하여 고시하는 시설
   나. 엑스선검색장비 이미지품질평가용 시험용 장비(테스트 키트)
   다. 엑스선검색장비 표면방사선량률 측정장비
   라. 엑스선검색장비 연속동작시험용 시설
   마. 엑스선검색장비 등 대형장비용 온도·습도시험실(장비)
   바. 폭발물검색장비·액체폭발물검색장비·폭발물흔적탐지장비 시험용 유사폭발물 시료
   사. 문형금속탐지장비·휴대용금속탐지장비·시험용 금속물질 시료
   아. 휴대용 금속탐지장비 및 시험용 낙하시험 장비
   자. 시험데이터 기록 및 저장 장비
   차. 그 밖에 국토교통부장관이 정하여 고시하는 장비

[별표 20] 〈신설 19 · 10 · 23〉

시험기관의 지정취소 및 업무정지의 기준(제85조의9제1항 관련)

1. 일반기준
   가. 위반행위가 둘 이상인 경우 또는 한 개의 위반행위가 둘 이상의 처분기준에 해당하는 경우에는 그 중 무거운 처분기준을 적용한다.
   나. 위반행위의 횟수에 따른 행정처분의 기준은 최근 3년 동안 같은 위반행위로 처분을 받은 경우에 적용한다. 이 경우 기간의 계산은 위반행위에 대해서 처분을 받은 날과 그 처분 후 다시 같은 위반행위를 해서 적발된 날을 기준으로 한다.
   다. 나목에 따라 가중된 행정처분을 하는 경우 가중처분의 적용 차수는 그 위반행위 전 처분 차수(나목에 따른 기간 내에 행정처분이 둘 이상 있었던 경우에는 높은 차수를 말한다)의 다음 차수로 한다.
   라. 국토교통부장관은 다음의 어느 하나에 해당하는 경우에는 제2호의 개별기준에 따른 업무정지 기간의 2분의 1의 범위에서 그 기간을 줄일 수 있다.
      1) 위반행위가 사소한 부주의나 오류로 인한 것으로 인정되는 경우
      2) 위반행위자의 법 위반상태를 시정하거나 해소하기 위한 노력이 인정되는 경우
      3) 그 밖에 위반행위의 정도, 위반행위의 동기와 그 결과 등을 고려해서 처분기간을 감경할 필요가 있다고 인정되는 경우
   마. 국토교통부장관은 다음의 어느 하나에 해당하는 경우에는 제2호의 개별기준에 따른 업무정지 기간의 2분의 1의 범위에서 그 기간을 늘릴 수 있다.
      1) 위반의 내용 및 정도가 중대해서 공중에게 미치는 피해가 크다고 인정되는 경우
      2) 법 위반 상태의 기간이 3개월 이상인 경우
      3) 그 밖에 위반행위의 정도, 위반행위의 동기와 그 결과 등을 고려해서 업무정지 기간을 늘릴 필요가 있다고 인정되는 경우

2. 개별기준

위반행위 또는 사유	근거 법조문	처분기준		
		1차 위반	2차 위반	3차 이상 위반
가. 거짓이나 그 밖의 부정한 방법을 사용해서 시험기관으로 지정을 받은 경우	법 제48조의4 제3항제1호	지정취소		
나. 업무정지 명령을 받은 후 그 업무정지 기간에 성능시험을 실시한 경우	법 제48조의4 제3항제2호	지정취소		
다. 정당한 사유 없이 성능시험을 실시하지 않은 경우	법 제48조의4 제3항제3호	업무정지 (30일)	업무정지 (60일)	지정취소
라. 법 제48조의3제2항에 따른 기준·방법·절차 등을 위반하여 성능시험을 실시한 경우	법 제48조의4 제3항제4호	업무정지 (60일)	업무정지 (120일)	지정취소
마. 법 제48조의4제2항에 따른 시험기관 지정기준을 충족하지 못하게 된 경우	법 제48조의4 제3항제5호	경고	경고	지정취소
바. 성능시험 결과를 거짓으로 조작해서 수행한 경우	법 제48조의4 제3항제6호	업무정지 (90일)	지정 취소	

[별표 21]부터 [별표 23]까지 삭제 〈14 · 3 · 19〉

[별표 24] 〈개정 12·12·10〉

철도안전 전문인력의 교육훈련(제91조제1항 관련)

대상자	교육시간	교육내용	교육시기
철도운행안전 관리자	ㅇ 120시간(3주) - 직무관련 : 100시간 - 교양교육 : 20시간	- 열차운행의 통제와 조정 - 안전관리 일반 - 관계법령 - 비상 시 조치 등	- 철도운행안전관리자로 인정받으려는 경우
철도안전전문 기술자(초급)	ㅇ 120시간(3주) - 직무관련 : 100시간 - 교양교육 : 20시간	- 기초전문 직무교육 - 안전관리 일반 - 관계법령 - 실무실습	- 철도안전전문초급기술자로 인정받으려는 경우

[별표 25] 〈신설 12·12·10, 15·10·2, 16·8·10, 19·6·18〉

철도안전 전문기관 세부 지정기준(제92조의3 관련)

1. 기술인력의 기준

가. 자격기준

등급	기술자격자	학력 및 경력자
교 육 책임자	1) 철도 관련 해당 분야 기술사 또는 이와 같은 수준 이상의 자격을 취득한 사람으로서 10년 이상 철도 관련 분야에 근무한 경력이 있는 사람 2) 철도 관련 해당 분야 기사 자격을 취득한 사람으로서 15년 이상 철도 관련 분야에 근무한 경력이 있는 사람 3) 철도 관련 해당 분야 산업기사 자격을 취득한 사람으로서 20년 이상 철도 관련 분야에 근무한 경력이 있는 사람 4) 「근로자직업능력 개발법」 제33조에 따라 직업능력개발훈련교사자격증을 취득한 사람으로서 철도 관련 분야 재직 경력이 10년 이상인 사람	1) 철도 관련 분야 박사학위를 취득한 사람으로서 10년 이상 철도 관련 분야에 근무한 경력이 있는 사람 2) 철도 관련 분야 석사학위를 취득한 사람으로서 15년 이상 철도 관련 분야에 근무한 경력이 있는 사람 3) 철도 관련 분야 학사학위를 취득한 사람으로서 20년 이상 철도 관련 분야에 근무한 경력이 있는 사람 4) 관련 분야 4급 이상 공무원 경력자 또는 이와 같은 수준 이상의 경력자로서 철도 관련 분야 재직경력이 10년 이상인 사람
이론 교관	1) 철도 관련 해당분야 기술사 또는 이와 같은 수준 이상의 자격을 취득한 사람 2) 철도 관련 해당분야 기사 자격을 취득한 사람으로서 10년 이상 철도 관련 분야에 근무한 경력이 있는 사람 3) 철도 관련 해당 분야 산업기사 자격을 취득한 사람으로서 15년 이상 철도 관련 분야에 근무한 경력이 있는 사람	1) 철도 관련 분야 박사학위를 취득한 사람으로서 5년 ㅇ상 철도 관련 분야에 근무한 경력이 있는 사람 2) 철도 관련 분야 석사학위를 취득한 사람으로서 10년 이상 철도 관련 분야에 근무한 경력이 있는 사람 3) 철도 관련 분야 학사학위를 취득한 사람으로서 15년 이상 철도 관련 분야에 근무한 경력이 있는 사람 4) 철도 관련 분야 6급 이상의 공무원 경력자 또는 이와 같은 수준 이상의 경력자로서 철도 관련 분야 재직경력이 10년 이상인 사람
기능 교관	1) 철도 관련 해당 분야 기사 이상의 자격을 취득한 사람으로서 2년 이상 철도 관련 분야에 근무한 경력이 있는 사람 2) 철도 관련 해당 분야 산업기사 이상의 자격을 취득한 사람으로서 3년 이상 철도 관련 분야에 근무한 경력이 있는 사람	1) 철도 관련 분야 석사학위를 취득한 사람으로서 2년 이상 철도 관련 분야에 근무한 경력이 있는 사람 2) 철도 관련 분야 학사학위를 취득한 사람으로서 3년 이상 철도 관련 분야에 근무한 경력이 있는 사람 3) 철도 관련 분야 7급 이상의 공무원 경력자 또는 이와 같은 수준 이상의 경력자로서 철도 관련 분야 재직 경력이 10년 이상인 사람

비고:
1. 박사·석사·학사 학위는 학위수여학과에 관계없이 학위 취득 시 학위논문 제목에 철도 관련 연구임이 명기되어야 함.
2. "철도 관련 분야"란 철도안전, 철도차량 운전, 관제, 전기철도, 신호, 궤도, 통신 및 철도차량 분야를 말한다.

나. 보유기준
1) 최소보유기준: 교육책임자 1명, 이론교관 3명, 기능교관을 2명 이상 확보하여야 한다.
2) 1회 교육생 30명을 기준으로 교육인원이 10명 추가될 때마다 이론교관을 1

명 이상 추가로 확보하여야 한다. 다만 추가로 확보하여야 하는 이론교관은 비전임으로 할 수 있다.

3) 이론교관 중 기능교관 자격을 갖춘 사람은 기능교관을 겸임할 수 있다.

4) 안전점검 업무를 수행하는 경우에는 영 제59조에 따른 분야별 철도안전 전문인력 8명(특급 3명, 고급 이상 2명, 중급 이상 3명) 이상, 열차운행 분야의 경우에는 철도운행안전관리자 3명 이상을 확보할 것

2. 시설 · 장비의 기준

가. 강의실: 60㎡ 이상(의자, 탁자 및 교육용 비품을 갖추고 1㎡당 수용인원이 1명을 초과하지 않도록 한다)

나. 실습실: 125㎡(20명 이상이 동시에 실습할 수 있는 실습실 및 실습 장비를 갖추어야 한다)이상이어야 한다. 다만, 철도운행안전관리자의 경우 60㎡ 이상으로 할 수 있으며, 강의실에 실습 장비를 함께 설치하여 활용할 수 있는 경우는 제외한다.

다. 시청각 기자재: 텔레비전 · 비디오 1세트, 컴퓨터 1세트, 빔 프로젝터 1대 이상

라. 철도차량 운행, 전기철도, 신호, 궤도 및 철도안전 등 관련 도서 100권 이상

마. 그 밖에 교육훈련에 필요한 사무실 · 집기류 · 편의시설 등을 갖추어야 한다.

바. 전기철도 · 신호 · 궤도분야의 경우 다음과 같은 교육 설비를 확보하여야 한다.

1) 전기철도 분야: 모터카 진입이 가능한 궤도와 전차선로 600㎡ 이상의 실습장을 확보하여 절연 구분장치, 브래킷, 스팬선, 스프링밸런서, 균압선, 행거, 드롭퍼, 콘크리트 및 H형 강주 등이 설치되어 전차선가선 시공기술을 반복하여 실습할 수 있는 설비를 확보할 것

2) 철도신호 분야: 계전연동장치, 신호기장치, 자동폐색장치, 궤도회로장치, 선로전환장치, 신호용 전력공급장치, ATS장치 등을 갖춘 실습장을 확보하여 신호보안장치 시공기술을 반복하여 실습할 수 있는 설비를 확보할 것

3) 궤도 분야: 표준 궤간의 철도선로 200m 이상과 평탄한 광장 90㎡ 이상의 실습장을 확보하여 장대레일 재설정, 받침목다짐, GAS압접, 테르밋용접 등을 반복하여 실습할 수 있는 설비를 확보할 것

사. 장비 및 자재기준

1) 전기철도 분야: 교육을 실시할 수 있는 사다리차, 전선크램프, 도르레, 절연저항측정기, 전차선 가선측정기, 특고압 검전기, 접지걸이, 장선기, 가스누설측정기, 활선용 피뢰기 진단기, 적외선 온도측정기, 콘크리트 강도 측정기, 아연도금 피막 측정기, 토오크 측정기, 슬리브 압축기, 애자 인장기, 자분탐상기, 초저항 측정기, 접지저항 측정기, 초음파 측정기 등 장비와 실습용으로 사용할 수 있는 크램프, 금구, 급전선, 행거이어, 조가선, 애자, 드롭퍼용 전선, 슬리브, 완철, 전차선, 구분장치, 브래킷, 밴드, 장력조정장치, 표지, 전기철도자재 샘플보드 등 자재를 보유할 것

2) 신호 분야: 오실로스코프, 접지저항계, 절연저항계, 클램프미터, 습도계(Hygrometer), 멀티미터(Mulimeter), 선로전환기 전환력 측정기, 멀티테스터, 인터그레터, ATS지상자 측정기 등 장비를 보유할 것

3) 궤도 분야: 레일 절단기, 레일 연마기, 레일 다지기, 양로기, 레일 가열기, 샤링머신, 연마기, 그라인더, 얼라이먼트, 가스압접기, 테르밋 용접기, 고압펌프, 압력평행기, 발전기, 단면기, 초음파 탐상기, 레일단면 측정기 등 장비와 레일 온도계, 팬드롤바, 크램프척, 버너(불판) 등 공구를 보유할 것

4) 철도운행안전관리자는 열차운행선 공사(작업) 시 안전조치에 관한 교육을 실시할 수 있는 무전기 등 장비와 단락용 동선 등 교육자재를 갖출 것

5) 철도차량 분야: 절연저항측정기, 내전압시험기, 온도측정기, 습도계, 전기측정기(AC/DC 전류, 전압, 주파수 등), 차상신호장치 시험기, 자분탐상기, 초음파 탐상기, 음향측정기, 다채널 데이터 측정기(소음, 진동 등), 거리측정기(비접촉), 속도측정기, 윤중(輪重: 철도차량 바퀴에 의하여 철도선로에 수직으로 가해지는 중량) 동시 측정기, 제동압력 시험기 등의 장비 · 공구를 확보하여 철도차량 설계 · 제작 · 개조 · 개량 · 정밀안전진단 안전점검 기술을 반복하여 실습할 수 있는 설비를 갖출 것

[별표 26] 〈신설 17 · 1 · 20〉

안전전문기관의 지정취소 및 업무정지의 기준(제92조의5제1항 관련)

위반사항	해당 법조문	처분기준			
		1차 위반	2차 위반	3차 위반	4차 위반
1. 거짓이나 그 밖의 부정한 방법으로 지정을 받은 경우	법 제15조의2 제1항제1호 및 제69조제7항	지정 취소			
2. 업무정지 명령을 위반하여 그 정지기간 중 안전교육훈련업무를 한 경우	법 제15조의2 제1항제2호 및 제69조제7항	지정 취소			
3. 법 제69조제6항에 따른 지정기준에 맞지 아니하게 된 경우	법 제15조의2 제1항제3호 및 제69조제7항	경고 또는 보완 명령	업무 정지 1개월	업무 정지 3개월	지정 취소
4. 정당한 사유 없이 안전교육훈련업무를 거부한 경우	법 제15조의2 제1항제4호 및 제69조제7항	경고	업무 정지 1개월	업무 정지 3개월	지정 취소
5. 법 제15조제6항을 위반하여 거짓이나 그 밖의 부정한 방법으로 안전교육훈련 수료증 또는 자격증명서를 발급한 경우	법 제15조의2 제1항제5호 및 제69조제7항	업무 정지 1개월	업무 정지 3개월	지정 취소	

비고:

1. 위반행위가 둘 이상인 경우로서 그에 해당하는 각각의 처분기준이 다른 경우에는 그 중 무거운 처분기준에 따르며, 위반행위가 둘 이상인 경우로서 그에 해당하는 각각의 처분기준이 같은 경우에는 무거운 처분기준의 2분의 1까지 가중할 수 있되, 각 처분기준을 합산한 기간을 초과할 수 없다.
2. 위반행위의 횟수에 따른 행정처분의 가중된 부과기준은 최근 1년간 같은 위반행위로 행정처분을 받은 경우에 적용한다. 이 경우 기간의 계산은 위반행위에 대하여 행정처분을 받은 날과 그 처분 후 다시 같은 위반행위를 하여 적발된 날을 기준으로 한다.
3. 비고 제2호에 따라 가중된 행정처분을 하는 경우 가중처분의 적용 차수는 그 위반행위 전 부과처분 차수(비고 제2호에 따른 기간 내에 행정처분이 둘 이상 있었던 경우에는 높은 차수를 말한다)의 다음 차수로 한다.
4. 처분권자는 위반행위의 동기·내용 및 위반의 정도 등 다음 각 목에 해당하는 사유를 고려하여 그 처분을 감경할 수 있다. 이 경우 그 처분이 업무정지인 경우에는 그 처분기준의 2분의 1 범위에서 감경할 수 있고, 지정취소인 경우(거짓이나 그 밖의 부정한 방법으로 지정을 받은 경우나 업무정지 명령을 위반하여 그 정지기간 중 안전교육훈련업무를 한 경우는 제외한다)에는 3개월의 업무정지 처분으로 감경할 수 있다.
   가. 위반행위가 고의나 중대한 과실이 아닌 사소한 부주의나 오류로 인한 것으로 인정되는 경우
   나. 위반의 내용·정도가 경미하여 이해관계인에게 미치는 피해가 적다고 인정되는 경우

[별표 27] 〈신설 19 · 10 · 23〉

철도운행안전관리자의 배치기준 등(제92조의6제1항 관련)

1. 철도운영자등은 작업 또는 공사가 다음 각 목의 어느 하나에 해당하는 경우에는 작업 또는 공사 구간 별로 철도운행안전관리자를 1명 이상 별도로 배치해야 한다. 다만, 열차의 운행 빈도가 낮아 위험이 적은 경우에는 국토교통부장관과 사전 협의를 거쳐 작업책임자가 철도운행안전관리자 업무를 수행하게 할 수 있다.
   가. 도급 및 위탁 계약 방식의 작업 또는 공사
      1) 철도운영자등이 도급(공사)계약 방식으로 시행하는 작업 또는 공사
      2) 철도운영자등이 자체 유지·보수 작업을 전문용역업체 등에 위탁하여 6개월 이상 장기간 수행하는 작업 또는 공사.
   나. 철도운영자등이 직접 수행하는 작업 또는 공사로서 4명 이상의 직원이 수행하는 작업 또는 공사

2. 철도운영자등은 작업 또는 공사의 효율적인 수행을 위해서는 제1호에도 불구하고 제1호가목2) 및 같은 호 나목에 따른 작업 또는 공사에 대해 철도운행안전관리자를 작업 또는 공사를 수행하는 직원으로 지정할 수 있고, 제1호 각 목에 따른 작업 또는 공사에 대해 철도운행안전관리자 2명 이상이 3개 이상의 인접한 작업 또는 공사 구간을 관리하게 할 수 있다.

[별표 28] 〈신설 19·10·23〉

철도안전 전문인력의 정기교육(제92조의7제2항 관련)

1. 정기교육의 주기: 3년
2. 정기교육 시간: 15시간 이상
3. 교육 내용 및 절차

가. 철도운행안전관리자

교육과목	교육내용	교육절차
직무전문 교육	철도운행선 안전관리자로서 전문지식과 업무수행능력 배양 1) 열차운행선 지장작업의 순서와 절차 및 철도운행안전협의사항, 기타 안전조치 등에 관한 사항 2) 선로지장작업 관련 사고사례 분석 및 예방 대책 3) 철도인프라(정거장, 선로, 전철전력시스템, 열차제어시스템) 4) 일반 안전 및 직무 안전관리 등	강의 및 토의
철도안전 관련법령	철도안전법령 및 관련규정의 이해 1) 철도안전 정책 2) 철도안전법 및 관련 규정 3) 열차운행선 지장작업에 따른 관련 규정 및 취급절차 등 4) 운전취급관련 규정 등	강의 및 토의
실무실습	철도운행안전관리자의 실무능력 배양 1) 열차운행조정 협의 2) 선로작업의 시행 절차 3) 작업시행 전 작업원 안전교육(작업원, 건널목임시관리원, 열차감시원, 전기철도안전관리자) 4) 이례운전취급에 따른 안전조치 요령 등	토의 및 실습

나. 전기철도분야 안전전문기술자

교육과목	교육내용	교육절차
직무전문 교육	전기철도에 대한 직무전문지식의 습득과 전문운용능력 배양 1) 전기철도공학 및 전기철도구조물공학 2) 철도 송·변전 및 철도배전설비 3) 전기철도 설계기준 및 급전제어규정 4) 전기철도 급전계통 특성 이해 5) 전기철도 고장장애 복구·대책 수립 6) 전기철도 사고사례 및 안전관리 등	강의 및 토의
철도안전 관련법령	철도안전법령 및 관련 행정규칙의 준수 및 이해도 향상 1) 철도안전정책 2) 철도안전법령 및 행정규칙 3) 열차운행선로 지장작업 업무 요령	강의 및 토의
실무실습	전기철도설비의 운용 및 안전확보를 위한 전문실무실습 1) 가공·강체전차선로 시공 및 유지보수 2) 철도 송·변전 및 철도배전설비 시공 및 유지보수 3) 전기철도 시설물 점검방법 등	현장실습

다. 철도신호분야 안전전문기술자

교육과목	교육내용	교육절차
직무전문 교육	철도신호에 대한 직무전문지식의 습득과 운용능력 배양 1) 신호기장치, 선로전환기장치, 궤도회로 및 연동장치 등 2) 신호 설계기준 및 신호설비 유지보수 세칙 3) 선로전환기 동작계통 및 연동도표 이해 4) 철도신호 장애 복구·대책 수립 요령 5) 철도신호 품질안전 및 안전관리 등	강의 및 토의
철도안전 관련법령	철도안전법령 및 관련 행정규칙의 준수 및 이해도 향상 1) 철도안전 정책 2) 철도안전 법령 및 행정규칙 3) 열차운행선로 지장작업 업무요령	강의 및 토의
실무실습	철도신호 설비의 운용 및 안전 확보를 위한 전문실무실습 1) 신호기, 선로전환기, 궤도회로 및 연동장치 유지보수 실습 2) 철도신호 시설물 점검요령 실습	현장실습

라. 철도시설분야 안전전문기술자

교육과목	교육내용	교육절차
직무전문 교육	철도시설(궤도)에 대한 전문지식의 습득과 운용능력 배양 1) 철도공학: 궤도보수, 궤도장비, 궤도역학 2) 선로일반: 궤도구조, 궤도재료, 인접분야인터페이스 3) 궤도설계: 궤도설계기준, 궤도구조, 궤도재료, 궤도설계기법, 궤도와 구조물인터페이스 4) 용접이론: 레일용접 관련지침 및 공법해설 5) 시설안전·재해업무 관련 규정 6) 사고사례 및 안전관리 등	강의 및 토의

교육과목	교육내용	교육절차
철도안전 관련법령	철도안전법령 및 관련 행정규칙의 준수 및 이해도 향상 1) 철도안전법령 및 행정규칙 2) 선로지장취급절차, 열차 방호 요령 3) 철도차량 운전규칙, 열차운전 취급절차 규정 4) 선로유지관리지침 및 보선작업지침 해설	강의 및 토의
실무실습	철도시설의 운용 및 안전 확보를 위한 전문실무실습 1) 선로시공 및 보수 일반 2) 중대형 보선장비 제원 및 작업 견학	현장실습

마. 철도차량분야 안전전문기술자

교육과목	교육내용	교육절차
직무전문 교육	철도차량에 대한 직무전문지식의 습득과 운용능력 배양 1) 철도차량시스템 일반 2) 철도차량 신뢰성 및 품질관리 3) 철도차량 리스크(위험도) 평가 4) 철도차량 시험 및 검사 5) 철도 사고 사례 및 안전관리 등	강의 및 토의
철도안전 관련법령	철도안전법령 및 관련 행정규칙의 준수 및 이해도 향상 1) 철도안전 정책 2) 철도안전 법령 및 행정규칙 3) 철도차량 관련 표준 및 정비관련 규정	강의 및 토의
실무실습	철도차량의 운용 및 안전 확보를 위한 전문실무실습 1) 철도차량의 안전조치(작업 전/작업 후) 2) 철도차량 기능검사 및 응급조치 3) 철도차량 기술검토, 제작검사	현장실습

비고

1. 정기교육은 철도안전 전문인력의 분야별 자격을 취득한 날 또는 종전의 정기교육 유효기간 만료일부터 3년이 되는 날 전 1년 이내에 받아야 한다. 이 경우 그 정기교육의 유효기간은 자격 취득 후 3년이 되는 날 또는 종전 정기교육 유효기간 만료일의 다음 날부터 기산한다.
2. 철도안전 전문인력이 제1호 전단에 따른 기간이 지난 후에 정기교육을 받은 경우 그 정기교육의 유효기간은 정기교육을 받은 날부터 기산한다.

[별표 29] 〈신설 19 · 10 · 23〉

철도운행안전관리자 자격취소 · 효력정지 처분의 세부기준(제92조의8 관련)

1. 일반기준

가. 위반행위가 둘 이상인 경우로서 그에 해당하는 각각의 처분기준이 다른 경우에는 그 중 무거운 처분기준에 따르며, 위반행위가 둘 이상인 경우로서 그에 해당하는 각각의 처분기준이 같은 경우에는 무거운 처분기준의 2분의 1까지 가중하되, 각 처분기준을 합산한 기간을 초과할 수 없다.

나. 위반행위의 횟수에 따른 행정처분의 기준은 최근 1년간 같은 위반행위로 행정처분을 받은 경우에 적용한다. 이 경우 행정처분 기준의 적용은 같은 위반행위에 대하여 최초로 행정처분을 한 날과 그 처분 후의 위반행위가 다시 적발된 날을 기준으로 한다.

2. 개별기준

위반사항 및 내용	근거 법조문	처분기준		
		1차 위반	2차 위반	3차 위반
가. 거짓이나 그 밖의 부정한 방법으로 철도운행안전관리자 자격을 받은 경우	법 제69조의4 제1항제1호	자격취소		
나. 철도운행안전관리자 자격의 효력정지 기간 중 철도운행안전관리자 업무를 수행한 경우	법 제69조의4 제1항제2호	자격취소		
다. 철도운행안전관리자 자격을 다른 사람에게 대여한 경우	법 제69조의4 제1항제3호	자격취소		
라. 철도운행안전관리자의 업무 수행 중 고의 또는 중과실로 인한 철도사고가 일어난 경우	법 제69조의4 제1항제4호			
1) 사망자가 발생한 경우		자격취소		
2) 부상자가 발생한 경우		효력정지 6개월	자격취소	
3) 1천만 원 이상 물적 피해가 발생한 경우		효력정지 3개월	효력정지 6개월	자격취소
마. 법 제41조제1항을 위반한 경우				

위반사항 및 내용	근거 법조문	처분기준		
		1차 위반	2차 위반	3차 위반
1) 법 제41조제1항을 위반하여 약물을 사용한 상태에서 철도운행안전관리자 업무를 수행한 경우	법 제69조의4 제1항제5호	자격취소		
2) 법 제41조제1항을 위반하여 술에 만취한 상태(혈중 알코올농도 0.1퍼센트 이상)에서 철도운행안전관리자 업무를 수행한 경우		자격취소		
3) 법 제41조제1항을 위반하여 술을 마신 상태의 기준(혈중 알코올농도 0.03퍼센트 이상)을 넘어서 철도운행안전관리자 업무를 하다가 철도사고를 일으킨 경우		자격취소		
4) 법 제41조제1항을 위반하여 술을 마신 상태(혈중 알코올농도 0.03퍼센트 이상 0.1퍼센트 미만)에서 철도운행안전관리자 업무를 수행한 경우		효력정지 3개월	자격취소	
바. 법 제41조제2항을 위반하여 술을 마시거나 약물을 사용한 상태에서 업무를 하였다고 인정할 만한 상당한 이유가 있음에도 불구하고 확인이나 검사 요구에 불응한 경우	법 제69조의4 제1항제6호	자격취소		

【시행규칙 별지서식】

[별지 제1호서식] 〈개정 14·3·19, 19·1·4〉

철도안전관리체계 승인신청서

※ [ ]에는 해당되는 곳에 √표시를 합니다.

접수번호	접수일자	처리기간 90일	
신청인	상호 또는 명칭		
	성 명 (대표자)	사업자등록번호 (법인등록번호)	
	소재지	전화번호	
구분	[ ] 철도시설관리자	[ ] 고속철도 [ ] 일반철도 [ ] 도시철도	
	[ ] 철도운영자	[ ] 고속철도 [ ] 일반철도 [ ] 도시철도	
	[ ] 철도안전관리시스템(SMS) [ ] 열차운행체계 [ ] 유지관리체계		

「철도안전법」 제7조제1항 및 같은 법 시행규칙 제2조제1항에 따라 철도안전관리체계 승인을 신청합니다.

년 월 일

신청인 (서명 또는 인)

국토교통부장관 귀하

첨부서류	1. 제2조제1항제1호부터 제6호까지의 서류	수수료 없 음

처리절차

신청서 작성 →	접 수 →	검 사 →	승 인 →	증명서 발급
신청인	처리기관 (철도안전관리체계승인기관)	처리기관 (철도안전관리체계승인기관)	처리기관 (철도안전관리체계승인기관)	처리기관 (철도안전관리체계승인기관)

210mm×297mm[백상지 80g/㎡(재활용품)]

[별지 제1호의2서식] 〈신설 14·3·19〉

철도안전관리체계 변경승인신청서

※ [ ]에는 해당되는 곳에 √표시를 합니다.

접수번호	접수일자	처리기간 90일	
신청인	상호 또는 명칭		
	성 명 (대표자)	사업자등록번호 (법인등록번호)	
	소재지	전화번호	
구분	[ ] 철도시설관리자	[ ] 고속철도 [ ] 일반철도 [ ] 도시철도	
	[ ] 철도운영자	[ ] 고속철도 [ ] 일반철도 [ ] 도시철도	
	[ ] 철도안전관리시스템(SMS) [ ] 열차운행체계 [ ] 유지관리체계		
변경사유	※ 공간이 부족할 경우에는 자료를 첨부할 수 있습니다.	변경예정일	

「철도안전법」 제7조제3항 본문 및 같은 법 시행규칙 제2조제2항에 따라 철도안전관리체계의 변경승인을 신청합니다.

년 월 일

신청인 (서명 또는 인)

국토교통부장관 귀하

첨부서류	1. 안전관리체계의 변경내용과 증빙서류 2. 변경 전후의 대비표 및 해설서	수수료 없 음

처리절차

신청서 작성 →	접 수 →	검 사 →	변경 승인
신청인	처리기관 (철도안전관리체계승인기관)	처리기관 (철도안전관리체계승인기관)	처리기관 (철도안전관리체계승인기관)

210mm×297mm[백상지 80g/㎡(재활용품)]

[별지 제1호의3서식] 〈신설 14·3·19〉

철도안전관리체계 변경신고서

※ [ ]에는 해당되는 곳에 √표시를 합니다.

접수번호		접수일자	
신고인	회사명		
	성 명 (대표자)	사업자등록번호 (법인등록번호)	
	소재지	전화번호	
변경신고 구분	[ ] 철도시설관리자	[ ] 고속철도 [ ] 일반철도 [ ] 도시철도	
	[ ] 철도운영자	[ ] 고속철도 [ ] 일반철도 [ ] 도시철도	
	[ ] 철도안전관리시스템(SMS) [ ] 열차운행체계 [ ] 유지관리체계		
변경신고 사유	※ 공간이 부족할 경우 자료를 첨부할 수 있습니다.		

「철도안전법」 제7조제3항 단서 및 같은 법 시행규칙 제3조제2항에 따라 철도안전관리체계의 변경을 신고합니다.

년 월 일

신고인 (서명 또는 인)

국토교통부장관 귀하

첨부서류	1. 안전관리체계의 변경내용과 증빙서류 2. 변경 전후의 대비표 및 해설서	수수료 없 음

처리절차

변경신고서 작성	→	접 수	→	검 토	→	변경신고 확인
신청인		처리기관 (철도안전관리체계 승인기관)		처리기관 (철도안전관리체계 승인기관)		처리기관 (철도안전관리체계승인기관)

210mm×297mm[백상지 80g/㎡(재활용품)]

[별지 제1호의4서식] 〈신설 14·3·19〉

제 호

철도안전관리체계 변경신고확인서

1. 회사명 :

2. 대표자 :

3. 소재지 :

4. 구 분

[ ] 철도시설관리자 [ ] 고속철도 [ ] 일반철도 [ ] 도시철도

[ ] 철도운영자 [ ] 고속철도 [ ] 일반철도 [ ] 도시철도

5. 주요변경내용 :

「철도안전법」 제7조제3항 단서 및 같은 법 시행규칙 제3조제3항에 따라 위 철도안전관리체계 변경신고확인서를 발급합니다.

년 월 일

국토교통부장관 직인

210mm×297mm[백상지 120g/㎡]

[별지 제2호서식] 〈개정14·3·19〉

제　　　호

철도안전관리체계 승인증명서

1. 회사명 :
2. 대표자 :
3. 소재지 :
4. 구　분

[ ] 철도시설관리자　[ ] 고속철도　[ ] 일반철도　[ ] 도시철도
[ ] 철도운영자　　　[ ] 고속철도　[ ] 일반철도　[ ] 도시철도

「철도안전법」 제7조 및 같은 법 시행규칙 제4조제2항에 따라 위 철도안전관리체계 승인을 증명합니다.

년　　월　　일

국토교통부장관 직인

210mm×297mm[백상지 120g/㎡]

(뒤 쪽)

철도안전관리체계 승인증명서 변경 기록

증명번호	발급일자	주요변경내용
제　호		

210mm×297mm[백상지 80g/㎡(재활용품)]

[별지 제3호서식] 〈개정 12 · 12 · 10〉

교육훈련 철도차량 등의 표지

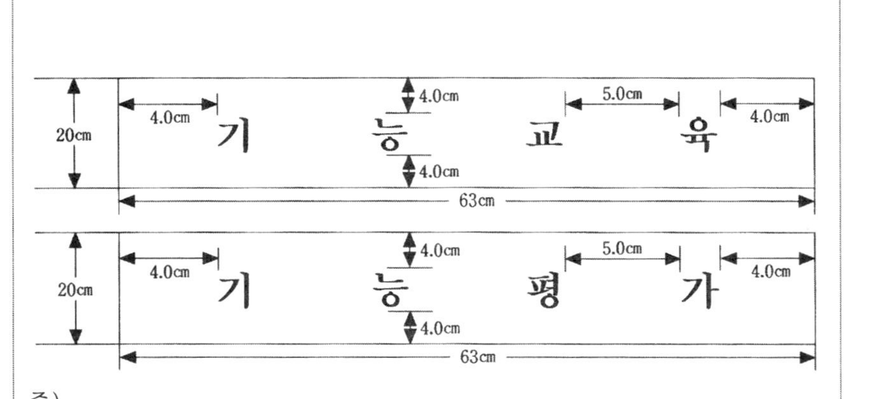

주)

1. 바탕은 파란색, 글씨는 노란색으로 합니다.
2. 앞면 유리 오른쪽(운전석 중심으로) 윗부분에 부착합니다.

[별지 제4호서식] 〈개정 12 · 12 · 10, 16 · 8 · 10, 17 · 7 · 25, 19 · 1 · 4〉

판정번호

신체검사 판정서

성명	생년월일	사 진 (모자를 쓰지 않고 배경 없이 촬영한 것) (3.5cm×4.5cm)
소속기관명 *해당자만 적습니다.		
검사구분	[ ]최초 [ ]정기 [ ]특별	
검사분야	[ ]운전면허 취득 [ ]관제자격증명 취득 [ ]운전업무 [ ]관제업무 [ ]신호기 등 취급업무	

검사항목	검사결과				검사항목	검사결과	
신장					체중		
시력	나안	좌		우	청력	좌	
	교정	좌		우		우	
혈압(최고/최저)					생식/비뇨기 계통		
일반 결함					내분비 계통		
코·구강·인후 계통					혈액/조혈 계통		
피부 질환					신경 계통		
흉부 질환					사지		
순환기 계통					눈(시력 제외)		
소화기 계통					정신 계통		

위와 같이 검사하였습니다.

년 월 일

검사자(담당의사) (서명 또는 인)

검사결과 적격 여부	[ ]합격	
	[ ]판정 보류	* 필요시 소견서 별도 첨부
	[ ]불합격	* 불합격 사유

「철도안전법 시행규칙」 제12조제3항 및 제40조제4항에 따라 위와 같이 판정하였음을 증명합니다.

년 월 일

○○병원(의원)장 직인

비고: 신체검사의료기관에서는 신체검사를 하기 전에 문진표를 작성할 수 있습니다.

210mm×297mm[백상지 120g/㎡]

[별지 제5호서식]부터 [별지 제8호서식]까지 삭제 〈12 · 12 · 10〉

[별지 제9호서식] 〈개정 12·12·10, 16·8·10, 17·7·25, 19·1·4〉

적성검사 판정서

성명		생년월일		사 진 (모자를 쓰지 않고 배경 없이 촬영한 것) (3.5cm×4.5cm)
소속 기관명 *해당자만 적습니다.		검사 구분	[ ]최초 [ ]정기 [ ]특별	
검사일		발급번호		
검사 분야	[ ]운전면허 취득(○ 일반차량, ○ 철도장비) [ ]관제자격증명 취득 [ ]운전업무 종사(○ 일반차량, ○ 철도장비) [ ]관제업무 종사 [ ]신호기 등 취급업무 종사			

검사항목 및 판정

구분	문답형 검사			반응형 검사										점수 합계
					주의력					민첩성				
검사 항목	지능	작업 태도	품성	속도 예측 능력	선택적 주의력	주의 배분 능력	지속적 주의력	거리 지각 능력	안정도	적응 능력	판단력	동작 정확력	정서 안정도	
등급														
점수														

종합 판정	판정 형태	검사관 의견
	[ ]합격	
	[ ]불합격	

「철도안전법 시행규칙」 제16조제3항 및 제41조제4항에 따라 위와 같이 판정하였음을 증명합니다.

담당 검사관 (서명 또는 인)

년 월 일

적성검사기관의 장 [직인]

210mm×297mm[백상지 120g/㎡]

[별지 제10호서식] 〈개정 06·8·7, 08·3·14, 10·3·30, 13·3·23, 17·7·25〉

적성검사기관 지정신청서

접수번호	접수일		처리기간 60일	
신청인	기관명(대표자)		사업자등록번호 (법인등록번호)	
	주 소(법인소재지)		전화번호	자택
				휴대폰

신청내용	
	적성검사기관명
	적성검사기관 소재지
	검사가능 항목 [ ]운전적성검사 [ ]관제적성검사 [ ]운전업무종사자 등의 적성검사
	검사기기 종별 (모델번호 표시)
	적성검사 예정 연월일

「철도안전법」 제15조제4항·제21조의6제3항, 같은 법 시행령 제13조제1항·제20조의2 및 같은 법 시행규칙 제17조제1항에 따라 적성검사기관으로 지정받고자 신청합니다.

년 월 일

신청인 (서명 또는 인)

국토교통부장관 귀하

신청인 제출서류	1. 운영계획서 2. 정관이나 이에 준하는 약정(법인 그 밖의 단체만 해당합니다) 3. 운전적성검사 또는 관제적성검사를 담당하는 전문인력의 보유 현황 및 학력·경력·자격 등을 증명할 수 있는 서류 4. 운전적성검사시설 또는 관제적성검사시설 내역서 5. 운전적성검사장비 또는 관제적성검사장비 내역서 6. 운전적성검사기관 또는 관제적성검사기관에서 사용하는 직인의 인영	수수료 없음
담당 공무원 확인사항	법인 등기사항증명서(법인인 경우만 해당합니다)	

처리절차

신청서 작성	→	접 수	→	검 토	→	결 재	→	지정서 발급
신청인		처리기관 (국토교통부)		처리기관 (국토교통부)		처리기관 (국토교통부)		

210mm×297mm[백상지 80g/㎡(재활용품)]

[별지 제11호서식] 〈개정 13 · 3 · 23〉

제　　호

적성검사기관 지정서

1. 기 관 명:

2. 대 표 자:

3. 소 재 지:

4. 사업자등록번호:
   (법인등록번호)

「철도안전법」 제15조제4항, 같은 법 시행령 제13조제2항 및 같은 법 시행규칙 제17조제2항에 따라 적성검사기관으로 지정합니다.

년　　월　　일

국토교통부장관 [직인]

210mm×297mm[백상지 120g/㎡]

[별지 제11호의2서식] 〈개정 13 · 3 · 23, 17 · 1 · 20, 17 · 7 · 25, 19 · 6 · 18〉

지정기관 변경사항 통지서

통지인	기관명		사업자등록번호 (법인등록번호)	
	대표자			
	주소 (법인 소재지)			
	지정 분야		지정번호	

변경 사항	연 월 일	변경 전	변경 후	변경 사유

「철도안전법」 [ ]제15조제5항 [ ]제16조제4항 [ ]제21조의6제4항 [ ]제21조의7제4항 [ ]제24조의4제3항 [ ]제69조제6항, 같은 법 시행령 [ ]제15조제1항 [ ]제18조제1항 [ ]제20조의2 [ ]제20조의3 [ ]제21조의5제1항 [ ]제60조의5제1항 및 같은 법 시행규칙 [ ]제18조제3항 [ ]제22조제3항 [ ]제38조의5제3항 [ ]제42조의4제3항 [ ]제92조의3제2항

에 따라 지정기관의 변경사항을 통지합니다.

년　　월　　일

통지인　　　　(서명 또는 인)

국토교통부장관　　귀하

첨부서류	변경내용을 확인할 수 있는 서류 1부	수수료 없음

처리절차

통지서 작성	→	접 수	→	검 토	→	결 재	→	지정서 작성	→	지정서 발급
통지인		처리기관 (국토교통부)		처리기관 (국토교통부)		처리기관 (국토교통부)		처리기관 (국토교통부)		

210mm×297mm[백상지 80g/㎡(재활용품)]

[별지 제11호의3서식] 〈개정 13·3·23, 17·1·20, 17·7·25, 19·6·18〉

제　　호

지정기관 행정처분서

1. 기관명:
2. 대표자:
3. 소재지:
4. 사업자등록번호(법인등록번호):
5. 지정 분야(지정번호):
6. 행정처분 내용:
7. 행정처분 사유:

「철도안전법」
[ ]제15조의2제2항
[ ]제16조제5항
[ ]제21조의6제5항
[ ]제21조의7제5항
[ ]제24조의4제5항
[ ]제38조의10제2항
[ ]제38조의13제3항
[ ]제69조제7항

및 같은 법 시행규칙
[ ]제19조제2항
[ ]제23조제2항
[ ]제38조의6제2항
[ ]제42조의6제2항
[ ]제75조의12제3항
[ ]제75조의19제2항
[ ]제92조의5제2항

에 따라 위 기관에 대한 행정처분 사항을 통지합니다.

년　　월　　일

국토교통부장관 [직인]

210㎜×297㎜[백상지(80g/㎡) 또는 중질지(80g/㎡)]

[별지 제12호서식] 〈개정 16·8·10, 19·1·4〉

증서번호: (　　　년도)　　-

전문교육훈련 수료증

성명	생년월일	사 진 (모자를 쓰지 않고 배경 없이 촬영한 것) (3.5cm×4.5cm) 압 인
주소		

위 사람은 「철도안전법」 제16조·제22조 및 같은 법 시행규칙 제20조제5항·제39조제1항에 따라 전문교육훈련기관인 ○○○에서 아래의 교육훈련과정을 이수하였으므로 이 증서를 드립니다.

교육훈련 실시 결과

교육훈련과정	○○○과정
교육기간	년　월　일 ~　년　월　일

년　　월　　일

○○○기관장 [직인]

철도차량 운전면허 교육훈련기관 코드번호 ○○-○○○○

비고: 증서 바탕에는 돋을새김한 디자인 또는 비표를 넣어 쉽게 위조할 수 없도록 합니다.

210mm×297mm[백상지 120g/㎡]

[별지 제13호서식] 〈개정 13·3·23〉

교육훈련기관 지정신청서

접수번호	접수일	처리기간 60일

신청인	성명	사업자등록번호 (법인등록번호)
	주소	전화번호

신청 내용	교육 분야	교육과정	교육 정원	
			일 간	연 간
	철도차량 운전면허교육	[ ]고속철도차량		
		[ ]제1종 전기차량		
		[ ]제2종 전기차량		
		[ ]디젤차량		
		[ ]철도장비		
	철도 관제업무종사자 교육	[ ]고속철도관제		
		[ ]일반철도관제		
		[ ]도시철도관제		

「철도안전법」 제16조제3항, 같은 법 시행령 제16조제1항 및 같은 법 시행규칙 제21조제1항에 따라 교육훈련기관으로 지정받고자 신청합니다.

년 월 일

신청인 (서명 또는 인)

국토교통부장관 귀하

신청인 제출서류	1. 교육훈련계획서(교육훈련평가계획을 포함합니다) 2. 교육훈련기관 운영규정 3. 정관이나 이에 준하는 약정(법인 그 밖의 단체의 경우만 해당합니다) 4. 교육훈련을 담당하는 강사의 자격·학력·경력 등을 증명할 수 있는 서류 및 담당업무 5. 교육훈련에 필요한 강의실 등 시설 내역서 6. 교육훈련에 필요한 철도차량 또는 모의운전연습기 등 장비 내역서 7. 교육훈련기관에서 사용하는 직인의 인영	수수료 없음
담당 공무원 확인사항	법인 등기사항증명서(법인인 경우만 해당합니다)	

처리절차

신청서 작성 → 접 수 → 검 토 → 결 재 → 지정서 발급

신청서 작성	접 수	검 토	결 재	지정서 발급
신청인	처 리 기 관 (국토교통부)	처 리 기 관 (국토교통부)	처 리 기 관 (국토교통부)	

210mm×297mm[백상지 80g/㎡(재활용품)]

[별지 제14호서식] 〈개정 13·3·23〉

제 호

교육훈련기관 지정서

1. 기관명:

2. 대표자:

3. 소재지:

4. 사업자등록번호:

(법인등록번호)

5. 지정 교육훈련과정:

6. 지정조건:

「철도안전법」 제16조제3항, 같은 시행령 제16조제2항 및 같은 법 시행규칙 제21조제2항에 따라 교육훈련기관으로 지정합니다.

년 월 일

국토교통부장관 직인

210mm×297mm[백상지 120g/㎡]

[별지 제15호서식] 〈개정 12·12·10, 15·10·2, 16·8·10, 17·7·25, 19·1·4〉 한국교통안전공단 홈페이지(www.railsafety.or.kr/web/index.jsp)에서도 신청할 수 있습니다.

철도차량 운전면허시험 응시원서

※ 뒤쪽의 작성방법을 읽고 작성하시기 바라며, [ ]에는 해당되는 곳에 √표시를 합니다. (앞쪽)

본인은 년도 제 차 철도차량 운전면허시험의 필기시험/기능시험에 응시하고자 원서를 제출합니다.

※ 아래 기재사항은 사실과 일치하며, 만약 시험 합격 후에 거짓 또는 부실 기재 사실이 발견되어 합격이 취소되어도 이의를 제기하지 않을 것을 서약합니다.

년 월 일

응시자 (서명 또는 인)

한국교통안전공단 이사장 귀하

<table>
<tr><td rowspan="4">응시자</td><td colspan="4">① 성명</td><td colspan="3">② 생년월일</td><td rowspan="5">사 진
3.5㎝×4.5㎝
(모자 벗은 상반신으로 뒤 그림 없이 6개월 이내에 촬영한 것)</td></tr>
<tr><td colspan="4">③ 전화번호 자택)</td><td colspan="3">휴대전화)</td></tr>
<tr><td colspan="7">④ 소속 기관
* 해당자만 적습니다.</td></tr>
<tr><td colspan="7">⑤ 국적</td></tr>
<tr><td>⑥ 응시 면허</td><td colspan="7">[ ]고속철도차량 [ ]제1종 전기차량 [ ]제2종 전기차량
[ ]디젤차량 [ ]철도장비 [ ]노면전차</td></tr>
<tr><td rowspan="2">⑦ 응시 과목</td><td>필기</td><td colspan="7"></td></tr>
<tr><td>기능</td><td colspan="7"></td></tr>
<tr><td rowspan="2">⑧ 면제 사항</td><td colspan="2">교육훈련</td><td>신체검사</td><td colspan="2">적성검사</td><td colspan="3">면허시험</td></tr>
<tr><td colspan="2">[ ]</td><td>[ ]</td><td colspan="2">[ ]</td><td colspan="3">[ ]필기 [ ]기능</td></tr>
<tr><td rowspan="2">⑨ 보유 면허</td><td>면허 종류</td><td>고속철도 차량</td><td>제1종 전기차량</td><td>제2종 전기차량</td><td>디젤차량</td><td>철도장비</td><td colspan="2">노면전차</td></tr>
<tr><td>면허번호</td><td></td><td></td><td></td><td></td><td></td><td colspan="2"></td></tr>
<tr><td rowspan="3">⑩ 교육 이수 사항</td><td>교육기관</td><td>교육과정</td><td>교육기간</td><td>수료증 번호</td><td>⑪ 응시번호</td><td></td><td>접수자</td><td>확인자</td></tr>
<tr><td rowspan="2"></td><td rowspan="2"></td><td rowspan="2"></td><td rowspan="2"></td><td>⑫ 시험일시</td><td></td><td rowspan="2">(인)</td><td rowspan="2">(인)</td></tr>
<tr><td>⑬ 시험장소</td><td></td></tr>
<tr><td rowspan="2">⑭ 신체 검사</td><td>검사병원</td><td>판정서 발급 번호</td><td>유효기간</td><td rowspan="2">⑮ 적성 검사</td><td>검사기관</td><td>판정서 발급 번호</td><td colspan="2">유효기간</td></tr>
<tr><td></td><td></td><td></td><td></td><td></td><td colspan="2"></td></tr>
</table>

--자르는 선--

<table>
<tr><td colspan="4" rowspan="3">철도차량 운전면허시험 응시표</td><td>⑪ 응시번호</td><td></td></tr>
<tr><td>⑫ 시험일시</td><td></td></tr>
<tr><td>⑬ 시험장소</td><td></td></tr>
<tr><td>① 응시자</td><td colspan="2">성명 (서명 또는 인)</td><td>생년월일</td><td></td><td rowspan="4">사 진
3.5㎝×4.5㎝
(모자 벗은 상반신으로 뒤 그림 없이 6개월 이내에 촬영한 것)</td></tr>
<tr><td>⑥ 응시 면허</td><td colspan="4">[ ]고속철도차량 [ ]제1종 전기차량 [ ]제2종 전기차량
[ ]디젤차량 [ ]철도장비 [ ]노면전차</td></tr>
<tr><td rowspan="2">⑦ 응시 과목</td><td>필기</td><td colspan="3"></td></tr>
<tr><td>기능</td><td colspan="3"></td></tr>
<tr><td colspan="6">년 월 일</td></tr>
<tr><td colspan="6">한국교통안전공단 이사장 [인]</td></tr>
</table>

210mm×297mm[백상지 80g/㎡(재활용품)]

(뒤쪽)

기재요령

〈응시원서〉

1. 검은색 또는 청남색으로 바르게 써야 합니다.
2. ⑥, ⑧은 해당되는 [ ]에 √표시를 해야 합니다.
3. ⑪, ⑫, ⑬은 응시자가 적지 않습니다.
4. 수수료는 「철도안전법」 제74조제1항에 따라 한국교통안전공단 이사장이 정한 금액을 내야 합니다.
5. 제출된 응시원서와 수수료는 반환하지 않습니다.

〈응시표〉

1. 응시표를 발급받은 후 기입란에 빠뜨린 사항이 없는지 확인해야 합니다.
2. 응시표를 가지지 아니한 사람은 응시하지 못하며 분실 또는 훼손한 경우에는 재발급을 받아야 합니다.
3. 필기시험 수험장에서는 답안지 작성에 필요한 필기도구(컴퓨터용 사인펜) 이외에는 휴대할 수 없습니다.
4. 기능시험 장소에는 기능시험에 필요한 용구를 휴대할 수 있으나 평가요원의 사전확인을 받아야 합니다.
5. 답안지를 작성할 때에는 컴퓨터용 사인펜만 사용하여야 하며 기입란 바깥에 적거나 줄을 긋거나 그 밖의 어떤 표시도 해서는 안 됩니다.
6. 응시 도중 퇴장하거나 자리를 벗어난 사람은 다시 입장할 수 없으며, 수험장 안에서는 흡연, 시험 관련 대화, 물품 대여 등을 해서는 안 됩니다.
7. 부정행위자 또는 주의사항이나 시험감독자의 지시에 따르지 않는 사람에 대해서는 즉각 퇴장을 명하고, 시험을 무효로 하며, 부정행위자는 향후 2년간 한국교통안전공단에서 시행하는 철도차량 운전면허시험의 응시 자격이 정지됩니다.
8. 그 밖의 자세한 사항은 감독요원 또는 기능시험관의 지시에 따라야 합니다.

〈첨부서류〉

1. 신체검사의료기관에서 발급한 신체검사 판정서(철도차량 운전면허시험 응시원서 접수일 이전 2년 이내인 것으로 한정합니다)
2. 적성검사기관에서 발급한 적성검사 판정서(철도차량 운전면허 시험응시원서 접수일 이전 10년 이내인 것으로 한정합니다)
3. 운전교육훈련기관에서 발급한 운전교육훈련 수료증명서
4. 철도차량 운전면허증의 사본(철도차량 운전면허 소지자가 다른 철도차량 운전면허를 취득하려는 경우로 한정합니다)
5. 운전업무 수행 경력증명서(고속철도차량 운전면허시험에 응시하는 경우로 한정합니다)

[별지 제16호서식] 〈개정 12·12·10, 15·10·2〉

철도차량 운전면허시험 응시원서 접수대장

접수		성명	생년월일	종류	필기시험 및 기능시험 상황							
연월일	번호				1회	2회	3회	4회	5회	6회	7회	8회
				필기								
				기능								
				필기								
				기능								
				필기								
				기능								
				필기								
				기능								
				필기								
				기능								
				필기								
				기능								
				필기								
				기능								
				필기								
				기능								
				필기								
				기능								
				필기								
				기능								

210mm×297mm[백상지 80g/㎡(재활용품)]

[별지 제17호서식] 〈개정 13·3·23, 15·10·2, 16·8·10, 17·7·25, 19·1·4〉

철도차량 운전면허증 [ ] 발급 [ ] 재발급 신청서

※ [ ]에는 해당되는 곳에 √표시를 합니다.

접수번호	접수일	처리기간 즉시	
신청인	성명	생년월일	사 진 (모자를 쓰지 않고 배경 없이 촬영한 것) (3.5cm×4.5cm)
	소속 기관명 *해당자만 적습니다.	전화번호	
	주소		
신청종류	[ ]고속철도차량 [ ]제1종 전기차량 [ ]제2종 전기차량 [ ]디젤차량 [ ]철도장비		
(재)발급 사유	[ ]신규 [ ]분실 [ ]훼손 [ ]기타		

「철도안전법」 제18조 및 같은 법 시행규칙 제29조 [ ]제1항 [ ]제3항 에 따라 위와 같이 신청합니다.

년 월 일

신청인 (서명 또는 인)

한국교통안전공단 이사장 귀하

신청인 제출서류	발급	1. 주민등록증 2. 사진 3.5cm × 4.5cm 1장	수수료 국토교통부장관이 고시한 금액
	재발급	1. 운전면허증(헐어 못 쓰게 된 경우에만 제출합니다) 2. 분실(훼손)사유서(해당자만 적습니다) 3. 사진 3.5cm × 4.5cm 1장(정보통신망을 이용하여 신청하는 경우에는 50 킬로바이트 이하의 파일로 제출할 수 있습니다)	

처리절차

신청서 작성 → 접수 → 검토 → (재)발급 결정 → 면허증 발급

신청인 / 처리기관 (한국교통안전공단) / 처리기관 (한국교통안전공단) / 처리기관 (한국교통안전공단)

210mm×297mm[백상지 80g/㎡(재활용품)]

[별지 제18호서식] 〈개정 12·12·10, 15·10·2, 17·7·25, 19·1·4〉

(앞쪽)

<table>
<tr><td colspan="7">철도차량 운전면허증
(Rolling stock Driver License)</td></tr>
<tr><td rowspan="6">사 진
(모자를 쓰지 않고 배경 없이 촬영한 것)
(2.5cm×3.0cm)</td><td>성 명</td><td colspan="5"></td></tr>
<tr><td>생년월일</td><td colspan="5"></td></tr>
<tr><td>주 소</td><td colspan="5"></td></tr>
<tr><td>면허종류</td><td></td><td></td><td></td><td></td><td></td></tr>
<tr><td>면허번호</td><td></td><td></td><td></td><td></td><td></td></tr>
<tr><td>유효기간</td><td></td><td></td><td></td><td></td><td></td></tr>
<tr><td colspan="7">발급일자 : 한국교통안전공단이사장 [인]</td></tr>
</table>

제조일자 : 86㎜×54㎜[PVC(비닐) 980.4g/㎡]

(뒤쪽)

<table>
<tr><td colspan="4">운전 실무수습 인증</td></tr>
<tr><td>연월일</td><td>인증구간</td><td>인증기관</td><td>평가자</td></tr>
<tr><td></td><td></td><td></td><td></td></tr>
<tr><td></td><td></td><td></td><td></td></tr>
<tr><td></td><td></td><td></td><td></td></tr>
</table>

<table>
<tr><td colspan="3">기록사항 변경</td></tr>
<tr><td>연월일</td><td>변경내용</td><td>확인인</td></tr>
<tr><td></td><td></td><td></td></tr>
<tr><td></td><td></td><td></td></tr>
<tr><td colspan="3">*
*</td></tr>
</table>

[별지 제19호서식] 〈개정 12·12·10〉

철도차량 운전면허증 관리대장

① 일련번호	② 성명	③ 면허종류	④ 면허번호	⑤ 발급/재발급/변경 연월일	⑥ 발급/재발급/변경 사유	⑦ 비고

비고: ⑤번란은 발급/재발급/변경과 연월일을 함께 기록해야 합니다.

210mm×297mm[백상지 80g/㎡(재활용품)]

[별지 제20호서식] 〈개정 13·3·23, 15·10·2, 16·8·10, 17·7·25, 19·1·4〉

철도차량 운전면허증 갱신신청서

접수번호	접수일	처리기간 즉시

신청인	① 성명	② 생년월일	사 진 (모자를 쓰지 않고 배경 없이 촬영한 것) (3.5cm×4.5cm)
	③ 소속 기관명 *해당자만 적습니다.	④ 전화번호 자택) 휴대전화)	
	⑤ 주소		

⑥ 갱신 면허	면허 종류			
	면허번호		면허증 발급일	
	운전 실무수습 인증 *해당자만 적습니다.	인증구간	인증 연월	인증기관

⑦ 갱신 요건	운전경력기간	(년 월)	
	갱신교육훈련	교육명	
		교육일시	
	같은 수준 이상이라고 인정되는 경력		

「철도안전법」 제19조제2항 및 같은 법 시행규칙 제31조제1항에 따라 위와 같이 철도차량 운전면허에 대한 갱신을 신청합니다.

년 월 일

신청인 (서명 또는 인)

한국교통안전공단 이사장 귀하

신청인 제출서류	1. 철도차량 운전면허증 2. ⑦의 갱신요건에 해당함을 증명하는 서류 3. 사진 1장(최근 6개월 이내에 촬영한 사진으로서 크기가 3.5cm×4.5cm 일 것)	수수료 국토교통부장관이 고시한 금액

처리절차

신청서 작성	→	접 수	→	검 토	→	면허 갱신	→	면허증 발급
신청인		처리기관 (한국교통안전공단)		처리기관 (한국교통안전공단)		처리기관 (한국교통안전공단)		

210mm×297mm[백상지 80g/㎡(재활용품)]

[별지 제21호서식] 〈개정 12·12·10, 15·10·2, 19·1·4〉

제 호

철도차량 운전면허 갱신통지서

성 명		생년월일	
주 소			
면허 종류		면허번호	
갱신기간			

「철도안전법」 제19조제6항 및 같은 법 시행규칙 제33조제3항에 따라 위와 같이 철도차량 운전면허를 갱신 받을 것을 통지합니다.

년 월 일

한국교통안전공단 이사장 직인

유의사항

갱신기간에 갱신을 받지 않은 경우에는 「철도안전법」 제19조제4항에 따라 해당 운전면허의 유효기간이 만료되는 날의 다음 날부터 면허의 효력은 정지(실효)됩니다.

210mm×297mm[백상지 80g/㎡]

[별지 제22호서식] 〈개정 13·3·23, 15·10·2, 19·1·4〉

제 호

철도차량 운전면허 취소·효력정지 처분 통지서

① 성명			② 생년월일	
③ 주소				
④ 행정처분	처분면허		면허번호	
	처분내용			
	처 분 일			
	처분사유			

「철도안전법」 제20조제2항에 따라 위와 같이 철도차량 운전면허 행정처분이 결정되어, 같은 법 시행규칙 제34조제1항에 따라 통지하오니 같은 법 제20조제3항에 따라 운전면허의 취소나 효력정지 처분통지를 받은 날부터 15일 이내에 한국교통안전공단에 면허증을 반납하시기 바랍니다.

년 월 일

국토교통부장관 [직인]

유 의 사 항

1. 운전면허가 취소 또는 정지된 사람이 취소 또는 정지처분 통지를 받은 날부터 15일 이내에 면허증을 반납하지 않은 경우에는 「철도안전법」 제81조에 따라 1천만원 이하의 과태료 처분을 받게 됩니다.
2. 운전면허증을 반납하지 않더라도 위 ④ 행정처분란의 결정내용에 따라 취소 또는 정지 처분이 집행됩니다.
3. 운전면허 취소 또는 효력정지 처분에 대하여 이의가 있는 사람은 「행정심판법」 또는 「행정소송법」에 따라 기한 내에 행정심판 또는 행정소송을 제기할 수 있습니다.

210mm×297mm[백상지 80g/㎡]

[별지 제23호서식] 〈개정 12·12·10, 15·10·2, 16·8·10〉

철도차량 운전면허 발급대장

(앞쪽)

① 성명 (한글) (한자) (영문)	② 생년월일	사 진 (모자를 쓰지 않고 배경 없이 촬영한 것) (3.5cm×4.5cm)
③ 소속 기관 *해당자만 적습니다.	⑤ 전화번호 자택) 직장) 휴대전화)	
④ 근무부서 *해당자만 적습니다.		
⑥ 주소		

⑦ 면허 취득 사항

면허종류	면허번호	발급일	신규 갱신일	확인자

⑧ 운전 실무수습 인증사항

연월일	인증구간	인증기관	확인자

⑨ 면허 갱신 사항

면허종류	갱신 확인						
	제1차 (갱신일)	제2차 (갱신일)	제3차 (갱신일)	제4차 (갱신일)	제5차 (갱신일)	제6차 (갱신일)	제7차 (갱신일)

210mm×297mm[백상지 80g/㎡(재활용품)]

(뒤쪽)

⑩ 행정처분사항						
관련 면허		근거	처분 종류	처분 원인 (위반 종류)	처분일	확인
면허 종류	면허 번호					

210mm×297mm[백상지 80g/㎡(재활용품)]

[별지 제24호서식] 〈개정 12・12・10, 15・10・2〉

운전업무종사자(운전면허 취득자) 실무수습 관리대장

일련 번호	성명 (생년월일)	면허 종류	소속 기관	실무수습			평가자		인증
				수습구간/수습 차량	교육 시간	운전 거리	성명	날인 (날짜)	

비고: 인증란에 실무수습을 실시한 기관의 장 실인을 날인하여야 합니다.

210mm×297mm[백상지 80g/㎡(재활용품)]

[별지 제24호의2서식] 〈신설 17·7·25, 19·1·4〉

증서번호: (　　년도)　　-

관제교육훈련 수료증

성명	사 진 (모자를 쓰지 않고 배경 없이 촬영한 것) (3.5cm×4.5cm) 압 인
생년월일	

위 사람은 「철도안전법」 제21조의7 및 같은 법 시행규칙 제38조의2제3항에 따라 관제교육훈련기관인 ○○○에서 아래의 관제교육훈련과정을 이수하였으므로 이 증서를 드립니다.

관제교육훈련 실시 결과

관제교육훈련과정	○○○과정
교육기간	년 월 일 ~ 년 월 일

년 월 일

○○○기관장 　[직인]

철도교통 관제자격증명 교육훈련기관 코드번호 ○○-○○○○

비고: 증서 바탕에는 돋을새김한 디자인 또는 비표를 넣어 쉽게 위조할 수 없도록 합니다.

210mm×297mm[백상지 120g/㎡]

[별지 제24호의3서식] 〈신설 17·7·25〉

관제교육훈련기관 지정신청서

접수번호	접수일	처리기간 60일

신청인	기관명 (대표자)	사업자등록번호 (법인등록번호)
	주소(법인소재지)	전화번호

신청내용	교육 분야	교육과정	교육 정원	
			일간	연간
	관제자격증명 교육	철도교통관제사		

「철도안전법」 제21조의7제3항, 같은 법 시행령 제20조의3, 같은 법 시행규칙 제38조의4제1항에 따라 관제교육훈련기관으로 지정받고자 신청합니다.

년 월 일

신청인 　(서명 또는 인)

국토교통부장관 귀하

신청인 제출서류	1. 관제교육훈련계획서(관제교육훈련평가계획을 포함합니다) 2. 관제교육훈련기관 운영규정 3. 정관이나 이에 준하는 약정(법인 그 밖의 단체의 경우만 해당합니다) 4. 관제교육훈련을 담당하는 강사의 자격·학력·경력 등을 증명할 수 있는 서류 및 담당업무 5. 관제교육훈련에 필요한 강의실 등 시설 내역서 6. 관제교육훈련에 필요한 모의관제시스템 등 장비 내역서 7. 관제교육훈련기관에서 사용하는 직인의 인영	수수료 없음
담당 공무원 확인사항	법인 등기사항증명서(법인인 경우만 해당합니다)	

처리절차

신청서 작성	→	접수	→	검토	→	결재	→	지정서 발급
신청인		처리기관 (국토교통부)		처리기관 (국토교통부)		처리기관 (국토교통부)		

210mm×297mm[백상지 80g/㎡(재활용품)]

[별지 제24호의4서식] 〈신설 17·7·25〉

제　　호

관제교육훈련기관 지정서

1. 기관명:

2. 대표자:

3. 주소(법인소재지):

4. 사업자등록번호(법인등록번호):

5. 지정 교육훈련과정:

6. 지정조건:

「철도안전법」 제21조의7제3항, 같은 법 시행령 제20조의3 및 같은 법 시행규칙 제38조의4제2항에 따라 관제교육훈련기관으로 지정합니다.

년　　월　　일

국토교통부장관 직인

210mm×297mm[백상지 120g/㎡]

[별지 제24호의5서식] 〈신설 17·7·25, 19·1·4〉 한국교통안전공단 홈페이지(www.railsafety.or.kr/web/indexjsp)에서도 신청할 수 있습니다.

관제자격증명시험 응시원서

※ 뒤쪽의 작성방법을 읽고 작성하시기 바라며, [ ]에는 해당되는 곳에 √표시를 합니다. (앞쪽)

본인은　　년도 제　차 관제자격증명시험의 학과시험/실기시험에 응시하고자 원서를 제출합니다.

※ 아래 기재사항은 사실과 일치하며, 만약 시험 합격 후에 거짓 또는 부실 기재 사실이 발견되어 합격이 취소되어도 이의를 제기하지 않을 것을 서약합니다.

년　　월　　일

응시자　　　　(서명 또는 인)

한국교통안전공단 이사장 귀하

응시자	① 성명			② 생년월일			사 진 3.5㎝×4.5㎝ (모자 벗은 상반신으로 뒤 그림 없이 6개월 이내에 촬영한 것)
	③ 전화번호 자택)			휴대전화)			
	④ 소속 기관 * 해당자만 적습니다.						
	⑤ 국적						
⑥ 응시분야	[ ]철도교통관제사						
⑦ 응시과목	학과						
	실기						
⑧ 면제사항	교육훈련		신체검사		적성검사		자격증명시험
	[ ]		[ ]		[ ]		[ ]학과 [ ]실기
⑨ 보유자격증	자격증 종류	철도차량운전면허			철도교통관제 관련 국가기술자격증		
	자격증번호						
⑩ 교육이수사항	교육기관	교육과정	교육기간	수료증번호	⑪ 응시번호	접수자	확인자
					⑫ 시험일시		
					⑬ 시험장소	(인)	(인)
⑭ 신체검사	검사병원	판정서 발급번호	유효기간	⑮ 적성검사	검사기관	판정서 발급번호	유효기간

--- 자르는 선 ---

관제자격증명시험 응시표		⑪ 응시번호	
		⑫ 시험일시	
		⑬ 시험장소	
① 응시자	성명　　(서명 또는 인)	생년월일	사 진 3.5㎝×4.5㎝ (모자 벗은 상반신으로 뒤 그림 없이 6개월 이내에 촬영한 것)
⑥ 응시분야	[ ]철도교통관제사		
⑦ 응시과목	학과		
	실기		
년　　월　　일			
한국교통안전공단 이사장 [인]			

210mm×297mm[백상 지 80g/㎡(재활용품)]

(뒤쪽)

기재요령
〈응시원서〉
1. 검은색 또는 청남색으로 바르게 써야 합니다. 2. ⑥, ⑧은 해당되는 [ ]에 ∨표시를 해야 합니다. 3. ⑪, ⑫, ⑬은 응시자가 적지 않습니다. 4. 수수료는 「철도안전법」 제74조제1항에 따라 한국교통안전공단 이사장이 정한 금액을 내야 합니다. 5. 제출된 응시원서와 수수료는 반환하지 않습니다.
〈응시표〉
1. 응시표를 발급받은 후 기입란에 빠뜨린 사항이 없는지 확인해야 합니다. 2. 응시표를 가지지 아니한 사람은 응시하지 못하며 분실 또는 훼손한 경우에는 재발급을 받아야 합니다. 3. 학과시험 수험장에서는 답안지 작성에 필요한 필기도구(컴퓨터용 사인펜) 이외에는 휴대할 수 없습니다. 4. 실기시험 장소에는 기능시험에 필요한 용구를 휴대할 수 있으나 평가요원의 사전확인을 받아야 합니다. 5. 답안지를 작성할 때에는 컴퓨터용 사인펜만 사용하여야 하며 기입란 바깥에 적거나 줄을 긋거나 그 밖의 어떤 표시도 해서는 안 됩니다. 6. 응시 도중 퇴장하거나 자리를 벗어난 사람은 다시 입장할 수 없으며, 수험장 안에서는 흡연, 시험 관련 대화, 물품 대여 등을 해서는 안 됩니다. 7. 부정행위자 또는 주의사항이나 시험감독자의 지시에 따르지 않는 사람에 대해서는 즉각 퇴장을 명하고, 시험을 무효로 하며, 부정행위자는 향후 2년간 한국교통안전공단에서 시행하는 철도교통 관제자격증명시험의 응시자격이 정지됩니다. 8. 그 밖의 자세한 사항은 감독요원 또는 기능시험관의 지시에 따라야 합니다.
〈첨부서류〉
1. 신체검사의료기관에서 발급한 신체검사 판정서(철도교통 관제자격증명시험 응시원서 접수일 이전 2년 이내인 것으로 한정합니다) 2. 적성검사기관에서 발급한 적성검사 판정서(철도교통 관제자격증명 시험응시원서 접수일 이전 10년 이내인 것으로 한정합니다) 3. 관제교육훈련기관에서 발급한 관제교육훈련 수료증명서 4. 철도차량운전면허증의 사본(철도차량 운전면허 소지자에 한정합니다.) 5. 국가기술자격법 제2조제1호에 따른 국가기술자격의 자격증 사본(「철도안전법 시행규칙」 제38조의8에 따른 국가기술자격을 가진 사람에 한정합니다.) 6. 관제 실무수습 이수 증명서(종전의 철도안전법 제22조의제1항에 따라 실무수습·교육을 이수한 자로서 법 시행 당시 관제업무 경력이 없거나 2년 미만인 사람이 철도교통관제사 자격시험에 응시하고자 하는 경우로 한정합니다.)

[별지 제24호의6서식] 〈신설 17·7·25〉

관제자격증명시험 응시원서 접수대장

접수		성명	생년월일	종류	학과시험 및 실기시험 상황							
연월일	번호				1회	2회	3회	4회	5회	6회	7회	8회
				학과								
				실기								
				학과								
				실기								
				학과								
				실기								
				학과								
				실기								
				학과								
				실기								
				학과								
				실기								
				학과								
				실기								
				학과								
				실기								
				학과								
				실기								
				학과								
				실기								

210mm×297mm[백상지 80g/㎡(재활용품)]

[별지 제24호의7서식] 〈신설 17·7·25, 19·1·4〉

관제자격증명서 [ ] 발급 / [ ] 재발급 신청서

※ [ ]에는 해당되는 곳에 √표시를 합니다.

접수번호	접수일	처리기간 즉시	
신청인	성명	생년월일	사 진 (모자를 쓰지 않고 배경 없이 촬영한 것) (3.5cm×4.5cm)
	소속 기관명 *해당자만 적습니다.	전화번호	
	주소		

(재)발급 사유	[ ]신규	[ ]분실	[ ]훼손	[ ]기타

「철도안전법」 제21조의9 및 같은 법 시행규칙 제38조의12 [ ]제1항 [ ]제3항 에 따라 위와 같이 신청합니다.

년 월 일

신청인 (서명 또는 인)

한국교통안전공단 이사장 귀하

신청인 제출서류	발급	1. 주민등록증 2. 사진 3.5cm × 4.5cm 1장	수수료 국토교통부장관이 고시한 금액
	재발급	1. 철도교통 관제자격증명서(헐어 못 쓰게 된 경우에만 제출합니다) 2. 분실(훼손)사유서(해당자만 적습니다) 3. 사진 3.5cm × 4.5cm 1장	

처리절차

신청서 작성 (신청인) → 접수 (처리기관(한국교통안전공단)) → 검토 (처리기관(한국교통안전공단)) → (재)발급 결정 (처리기관(한국교통안전공단)) → 면허증 발급

210mm×297mm[백상지 80g/㎡(재활용품)]

[별지 제24호의8서식] 〈신설 17·7·25, 19·1·4〉

(앞쪽)

철도교통 관제자격증명서

(Certification of Railway Traffic Controller)

사 진 (모자를 쓰지 않고 배경 없이 촬영한 것) (2.5cm×3.0cm)	성 명					
	생년월일					
	주 소					
	자격번호					
	유효기간					

발급일자 : 한국교통안전공단이사장 [인]

86㎜×54㎜[PVC(비닐) 980.4g/㎡]

(뒤쪽)

관제 실무수습 인증

연월일	인증구간	인증기관	평가자

기록사항 변경

연월일	변경내용	확인인

*
*

[별지 제24호의9서식] 〈신설 17·7·25〉

관제자격증명서 관리대장

① 일련번호	② 성명	③ 자격증명 종류	④ 자격증명서 번호	⑤ 발급/재발급/변경 연월일	⑥ 발급/재발급/변경 사유	⑦ 비고

비고: ⑤번란은 발급/재발급/변경과 연월일을 함께 기록해야 합니다.

210mm×297mm[백상지 80g/㎡(재활용품)]

[별지 제24호의10서식] 〈신설 17·7·25, 19·1·4〉

관제자격증명 갱신신청서

접수번호	접수일	처리기간 즉시

신청인	① 성명	② 생년월일	사 진 (모자를 쓰지 않고 배경 없이 촬영한 것) (3.5cm×4.5cm)
	③ 소속 기관명 *해당자만 적습니다.	④ 전화번호 자택) 휴대전화)	
	⑤ 주소		

갱신자격	자격증명 종류			
	자격증명서번호		자격증명서 발급일	
	관제 실무수습 인증 *해당자만 적습니다.	인증구간	인증 연월	인증기관

갱신요건	관제경력기간	(년 월)	
	갱신교육훈련	교육명	
		교육일시	
	같은 수준 이상이라고 인정되는 경력		

「철도안전법」 제21조의9 및 같은 법 시행규칙 제38조의14제1항에 따라 위와 같이 관제자격증명에 대한 갱신을 신청합니다.

년 월 일

신청인 (서명 또는 인)

한국교통안전공단 이사장 귀하

신청인 제출서류	1. 철도교통 관제자격증명서 2. 갱신요건에 해당함을 증명하는 서류 3. 사진 1장(최근 6월 이내에 촬영한 가로 3.5cm × 세로 4.5cm)	수수료 국토교통부장관이 고시한 금액

처리절차

신청서 작성	→	접 수	→	검 토	→	자격증명 갱신	→	자격증명서 발급
신청인		처리기관 (한국교통안전공단)		처리기관 (한국교통안전공단)		처리기관 (한국교통안전공단)		

210mm×297mm[백상지 80g/㎡(재활용품)]

[별지 제24호의11서식] 〈신설 17·7·25, 19·1·4〉

제　　호

관제자격증명 갱신통지서

성　　명		생년월일	
자격증명번호			
갱 신 기 간			

「철도안전법」 제21조의9 및 같은 법 시행규칙 제38조의16에 따라 위와 같이 관제자격증명을 갱신 받을 것을 통지합니다.

년　　월　　일

한국교통안전공단 이사장 [직인]

유의사항

갱신기간에 갱신을 받지 않은 경우에는 「철도안전법」 제21조의9에서 준용하는 같은 법 제19조제4항에 따라 해당 자격증명의 유효기간이 만료되는 날의 다음 날부터 자격증명의 효력은 정지(실효)됩니다.

210mm×297mm[백상지 80g/㎡]

[별지 제24호의12서식] 〈신설 17·7·25, 19·1·4〉

제　　호

관제자격증명 취소·효력정지 처분 통지서

① 성명			② 생년월일	
③ 행정처분	처분자격증명		자격증명번호	
	처분내용			
	처 분 일			
	처분사유			

「철도안전법」 제21조의11제2항에서 준용하는 같은 법 제20조제2항에 따라 위와 같이 철도교통 관제자격증명 행정처분이 결정되어, 같은 법 시행규칙 제38조의17에 따라 통지하오니 같은 법 제21조의11제2항에서 준용하는 같은 법 제20조제3항에 따라 관제자격증명의 취소나 효력정지 처분통지를 받은 날부터 15일 이내에 한국교통안전공단에 자격증명서를 반납하시기 바랍니다.

년　　월　　일

국토교통부장관 [직인]

유 의 사 항

1. 관제자격증명이 취소 또는 정지된 사람이 취소 또는 정지처분 통지를 받은 날부터 15일 이내에 관제자격증명서를 반납하지 않은 경우에는 「철도안전법」 제81조에 따라 1천만원 이하의 과태료 처분을 받게 됩니다.
2. 관제자격증명서를 반납하지 않더라도 위 ④ 행정처분란의 결정내용에 따라 취소 또는 정지처분이 집행됩니다.
3. 관제자격증명 취소 또는 효력정지 처분에 대하여 이의가 있는 사람은 「행정심판법」 또는 「행정소송법」에 따라 기한 내에 행정심판 또는 행정소송을 제기할 수 있습니다.

210mm×297mm[백상지 80g/㎡]

[별지 제24호의13서식] 〈신설 17 · 7 · 25〉

관제자격증명서 발급대장

(앞쪽)

① 성명	② 생년월일	사 진 (모자를 쓰지 않고 배경 없이 촬영한 것) (3.5cm×4.5cm)
③ 소속 기관 *해당자만 적습니다.	⑤ 전화번호 자택) 휴대전화)	
④ 근무부서 *해당자만 적습니다.		
⑥ 주소		

⑦ 자격증명 취득 사항

자격증명종류	자격증명번호	발급일	신규 갱신일	확인자

⑧ 관제 실무수습 인증사항

연월일	인증구간	인증기관	확인자

⑨ 자격증명 갱신 사항

자격증명종류	갱신 확인						
	제1차(갱신일)	제2차(갱신일)	제3차(갱신일)	제4차(갱신일)	제5차(갱신일)	제6차(갱신일)	제7차(갱신일)

210mm×297mm[백상지 80g/㎡(재활용품)]

(뒤쪽)

⑩ 행정처분사항

관련 자격증명		근거	처분 종류	처분 원인(위반 종류)	처분일	확인
자격증명 종류	자격증명 번호					

210mm×297mm[백상지 80g/㎡(재활용품)]

[별지 제25호서식] 〈개정 12·12·10, 15·10·2, 17·7·25〉

관제업무종사자 실무수습 관리대장

일련번호	성명 (생년월일)	자격증명 종류	소속 기관	실무수습		평가자		인증
				수습분야 / 수습구간	교육 시간	성명	날인 (날짜)	

비고: 인증란에 실무수습을 실시한 기관의 장의 도장을 찍어야 합니다.

210mm×297mm[백상지 80g/㎡(재활용품)]

[별지 제25호의2 서식] 〈신설 19·6·18〉

철도차량정비기술자 [ ] 인정 [ ] 등급변경 신청서

※ 뒤쪽의 작성방법을 참고하시기 바라며, 색상이 어두운 란은 신청인이 적지 않습니다. (앞쪽)

접수번호	접수일시	처리기간 7일

신청인	성 명	[한글]	생년월일	사 진 (제출일 기준 6개월 이내에 모자를 벗은 상태에서 배경 없이 촬영된 상반신 컬러사진) (3.5cm×4.5cm)
		[한자]		
		[영문]		
	연락처	전자우편주소		
		전화번호	휴대전화번호	
		주소		
	현 근 무처	상호	대표자	부서
		직위	전화번호	모사전송(fax) 번호
		소재지		

신청구분	[ ] 국가기술자격자 [ ] 철도차량 관련 학력자 [ ] 순수경력자
신청등급	[ ] 4등급 [ ] 3등급 [ ] 2등급 [ ] 1등급

학력사항	학교명	전공학과	입학 연월일	졸업 연월일	학위번호

국 가 기술자격	자격종목 및 등급	자격번호	합격 연월일	발급기관

교 육	시작 연월일	종료 연월일	교육과정	교육기관

210㎜×297㎜[백상지(80g/㎡) 또는 중질지(80g/㎡)]

(뒤쪽)

상훈·제재	발생 연월일	종류	상훈·제재기관	근거

철도차량 정비업무 경 력 (총괄기재표)	근무회사명	근무기간	근무연수	회사업종	담당업무

「철도안전법」 제24조의2제1항 및 같은 법 시행규칙 제42조에 따라 철도차량정비기술자의 [ ] 인정, [ ] 등급변경 인정을 신청합니다.

년 월 일

신청인 성명 (서명 또는 인)

한국교통안전공단 이사장 귀하

신청인 제출서류	1. 「철도안전법 시행규칙」 별지 제25호의3서식의 철도차량정비업무 경력확인서 각 1부(근무회사별로 작성) 2. 국가기술자격증 사본(해당하는 사람에 한정합니다) 1부 3. 졸업증명서 또는 학위증명서(해당하는 사람에 한정합니다) 1부 4. 사진(제출일 기준 6개월 이내에 모자를 벗은 상태에서 배경 없이 촬영된 상반신 컬러사진으로 가로 3.5센티미터, 세로 4.5센티미터) 1장 5. 철도차량정비경력증(해당하는 사람에 한정합니다) 1부 6. 정비교육훈련 수료증(해당하는 사람에 한정합니다) 1부	수수료 「철도안전법」 제74조에 따라 한국교통안전공단이 정하는 수수료
한국교통안전공단이사장 확인사항	1. 별지 제25호의3서식의 철도차량정비업무 경력확인서 2. 국가기술자격증 3. 졸업증명서 및 학위증명서	

신청인 동의서	동의 내용	동의 여부
행정정보 공동이용 동의서	본인은 이 건 업무처리와 관련하여 한국교통안전공단이사장이 「전자정부법」 제36조제1항에 따른 행정정보의 공동이용을 통하여 위의 한국교통안전공단이사장이 확인사항을 확인하는 것에 동의합니다. 다만, 이를 동의하지 않은 경우에는 신청인이 직접 관련 서류를 제출해야 합니다.	동의[ ] 동의하지 않음 [ ]
개인정보 제3자 제공동의서	본인은 이 건 업무처리와 관련하여 다음과 같이 개인정보를 제공하는 것에 동의합니다. 다만, 이를 동의하지 않은 경우에는 경력 및 학력이 불인정 될 수 있습니다. - 개인정보를 제공받는 자: 관계법령에 따라 정부로부터 지정받은 경력관리기관 및 고등교육법과 그 밖의 관계법령에 따른 해당 학교, 국가기술자격검정기관 - 이용 목적: 철도차량정비기술자 경력 및 학력, 자격조회 - 제공 항목: 신청인 성명, 생년월일, 경력, 학력, 자격 - 제공기관 보유·이용 기간: 철도차량정비기술자 인정(등급변경인정)의 심사완료시까지	동의[ ] 동의하지 않음 [ ]

신청인 성명 (서명 또는 인)

※ 제출된 모든 서류는 이미지 파일로 스캔·저장하여 전산으로만 보존·관리됩니다.

작성방법

1. 주소는 우편물 발송 및 철도차량정비경력증에 기재될 주소를 적습니다.
2. 신청구분은 본인이 확인을 받으려는 자격 및 학력으로서 해당되는 곳 모두에 "√"를 표시합니다.
3. 신청등급은 본인이 "√" 표시합니다.
4. 국가기술자격은 소지하고 있는 철도차량정비 관련 국가기술자격을 적습니다.
5. 철도차량정비업무 경력(총괄기재표)은 근무회사별로 작성한 경력확인서(「철도안전법 시행규칙」 별지 제25호의3서식)를 기준으로 하여 경력 순서로 적으며, 근무기간과 근무회사는 경력확인서의 내용과 같아야 합니다.
6. 학력사항은 고등학교 이상 학력을 적습니다.
7. 교육은 철도차량정비 관련 교육기관에서 교육 이수한 사항 및 인정(승급)교육을 이수한 사항을 적습니다.
8. 상훈·제재는 본인이 철도차량정비와 관련하여 정부, 공공기관으로부터 받은 상장, 표창 및 제재사항 등을 적습니다.

210㎜×297㎜[백상지(80g/㎡) 또는 중질지(80g/㎡)]

[별지 제25호의3서식] 〈신설 19·6·18〉

철도차량정비업무 경력확인서

※ 뒤쪽의 작성요령을 참고하시기 바라며, 색상이 어두운 란은 신청인이 적지 않습니다. (앞쪽)

접수번호		접수일자	처리기간 7일
신청인	성명(한글)		생년월일
	주소		전화번호
소속회사	회사명		사업자등록번호
	대표자		회사전화
	소재지		
정비경력 1	담당업무 [ ] 현장정비 [ ] 정비관리 [ ] 그 밖의 업무( )		
	근무기간 년 월 일 ~ 년 월 일 (년 월)		부서
정비경력 2	담당업무 [ ] 현장정비 [ ] 정비관리 [ ] 그 밖의 업무( )		
	근무기간 년 월 일 ~ 년 월 일 (년 월)		부서

「철도안전법 시행규칙」 제42조제1호에 따라 철도차량정비업무 경력 확인을 신청합니다.

년 월 일

신청인 성명 (서명 또는 인)

위의 근무경력을 확인합니다.

년 월 일

철도차량정비경력확인기관의 장 [직인]

한국교통안전공단 이사장 귀하

작 성 방 법

1. 근무한 경력이 있는 기관(업체)별로 작성합니다.
2. 정비경력 : 과거부터 현재까지 순서대로 적으며, 공간이 부족할 경우 칸을 추가하여 적습니다
3. 근무기간 : 담당 업무별 실제 근무기간을 적습니다
4. 담당업무 : 주요 담당 업무를 표시하되, 시험, 검사, 유지관리, 안전관리, 연구 업무 등은 그 밖의 업무로 적습니다.

210㎜×297㎜[백상지(80g/㎡) 또는 중질지(80g/㎡)]

[별지 제25호의4서식] 〈신설 19 · 6 · 18〉

(앞쪽)

<table>
<tr><td colspan="3">철도차량정비경력증
(Certificate of Rolling Stock Maintenance Career)</td></tr>
<tr><td rowspan="5">사 진
(모자를 쓰지 않고 배경 없이 촬영한 것)
(2.5cm×3.0cm)</td><td>성명(영문)</td><td></td></tr>
<tr><td>생년월일</td><td></td></tr>
<tr><td>주 소</td><td></td></tr>
<tr><td>인정등급</td><td></td></tr>
<tr><td>인정번호</td><td></td></tr>
<tr><td colspan="3">발급일자 : 　　　　한국교통안전공단이사장 ㊞</td></tr>
</table>

86㎜×54㎜[PVC(비닐) 980.4g/㎡]

(뒤쪽)

유의사항

1. 철도차량정비경력증은 항상 휴대해야 하며, 관계인이 요구하는 경우에는 제시해야 합니다.
2. 철도차량정비경력증을 다른 사람에게 빌려주면 「철도안전법」 제78조제4항제5호의2에 따라 1년 이하의 징역 또는 1천만원 이하의 벌금형을 받게 됩니다.
3. 철도차량정비경력이 취소되거나 정지된 사람은 지체 없이 철도차량정비경력증을 한국교통안전공단이사장에게 반납해야 합니다.

[별지 제25호의5서식] 〈신설 19 · 6 · 18〉

철도차량정비경력증 재발급 신청서

※ 색상이 어두운 칸은 신청인이 적지 아니하며, [ ]에는 해당되는 곳에 √표를 합니다.

<table>
<tr><td colspan="2">접수번호</td><td colspan="2">접수일시</td><td colspan="2">처리기간 7일</td></tr>
<tr><td rowspan="9">신청인</td><td rowspan="3">성 명</td><td colspan="2">[한글]</td><td rowspan="3">생년월일</td><td rowspan="4">사 진
(제출일 기준 6개월 이내에 모자를 벗은 상태에서 배경 없이 촬영된 상반신 컬러사진)
(3.5cm×4.5cm)</td></tr>
<tr><td colspan="2">[한자]</td></tr>
<tr><td colspan="2">[영문]</td></tr>
<tr><td rowspan="3">연락처</td><td colspan="3">전자우편주소</td></tr>
<tr><td colspan="3">전화번호</td><td>휴대전화번호</td></tr>
<tr><td colspan="4">주소</td></tr>
<tr><td rowspan="3">현 근무처</td><td>상호</td><td>대표자</td><td colspan="2">부서</td></tr>
<tr><td>직위</td><td>전화번호</td><td colspan="2">모사전송(fax) 번호</td></tr>
<tr><td colspan="4">소재지</td></tr>
<tr><td>재발급사유</td><td colspan="5">[ ] 분실　[ ] 훼손　[ ] 등급변경　[ ] 개명, 생년월일 정정</td></tr>
</table>

「철도안전법 시행규칙」 제42조의2제3항에 따라 철도차량정비경력증 재발급을 신청합니다.

년　　월　　일

신청인 성명　　　　(서명 또는 인)

한국교통안전공단 이사장 귀하

신청인 제출서류	사진(제출일 기준 6개월 이내에 모자를 벗은 상태에서 배경 없이 촬영된 상반신 컬러사진으로 가로 3.5센티미터, 세로 4.5센티미터) 1장	수수료 「철도안전법」 제74조에 따라 한국교통안전공단이 정하는 수수료

※ 제출된 모든 서류는 이미지 파일로 스캔 · 저장하여 전산으로만 보존 · 관리됩니다.

유의사항

1. 분실로 인한 재발급의 경우에는 본인이 신청해야 하며, 분실사유서를 제출해야 합니다.
2. 훼손, 등급변경, 개명이나 생년월일의 정정으로 인한 재발급을 신청하는 경우에는 철도차량정비경력증을 반드시 반납하셔야 합니다.

210㎜×297㎜[백상지(80g/㎡) 또는 중질지(80g/㎡)]

[별지 제25호의6서식] 〈신설 19 · 6 · 18〉

철도차량정비경력증 발급대장

일련번호	소속	성명	생년월일	기술등급	인정번호	(재)발급 신청일	(재)발급 사유	발급일자	비고

비고란은 신규발급 또는 재발급(분실, 훼손, 등급변경, 개명, 생년월일 정정) 사유로 구분하여 작성합니다.

210㎜×297㎜[백상지(80g/㎡) 또는 중질지(80g/㎡)]

[별지 제25호의7서식] 〈신설 19 · 6 · 18〉

철도차량정비경력증 발급 및 취소 현황

① 년도	② 반기	발급 및 취소 현황								⑪ 비고
		③ 등급	④ 신규 발급	⑤ 등급 변경	⑥ 취소	⑦ 정지	⑧ 증감	⑨ 이전 반기 등록 인원	⑩ 현재 등록 인원	
	상반기	1등급								
		2등급								
		3등급								
		4등급								
	하반기	1등급								
		2등급								
		3등급								
		4등급								
	상반기	1등급								
		2등급								
		3등급								
		4등급								
	하반기	1등급								
		2등급								
		3등급								
		4등급								
	상반기	1등급								
		2등급								
		3등급								
		4등급								
	하반기	1등급								
		2등급								
		3등급								
		4등급								

비고: ④ 번란은 해당 등급의 신규 발급 현황을 기재합니다.
⑤ 번란은 등급 상향으로 인한 등급 변경 현황을 기재합니다.
⑥ 번란은 법 제24조의5제1항의 각 호에 해당하여 인정이 취소된 현황을 기재합니다.
⑦ 번란은 법 제24조의5제2항의 각 호에 해당하여 인정이 정지된 현황을 기재합니다.
⑧ 번란은 ④~⑥번란의 증감을 합산하여 기재합니다.
⑨ 번란은 이전 반기의 해당 등급의 현황을 기재합니다.
⑩ 번란은 이전 반기의 등급 현황(⑨)과 해당 반기의 증감 현황(⑧)을 합산하여 기재합니다.

210mm×297mm[백상지 80g/㎡(재활용품)]

[별지 제25호의8서식] 〈신설 19·6·18〉

정비교육훈련기관 지정신청서

※ 색상이 어두운 칸은 신청인이 적지 아니하며, [ ]에는 해당되는 곳에 √표를 합니다.

접수번호	접수일시	처리기간 60일

신청인	기관명(대표자)	사업자등록번호(법인등록번호)
	주소(법인소재지)	전화번호

신청내용	교육 분야	교육과정	교육 정원	
			1일	1년
	철도차량정비기술 교육	[ ]고속철도차량		
		[ ]일반철도차량		
		[ ]도시철도차량		

「철도안전법」 제24조의4제2항, 같은 법 시행령 제21조의4제2항 및 같은 법 시행규칙 제42조의5제1항에 따라 정비교육훈련기관으로 지정받고자 신청합니다.

년 월 일

신청인 (서명 또는 인)

국토교통부장관 귀하

신청인 제출서류	1. 정비교육훈련계획서(정비교육훈련평가계획을 포함합니다) 2. 정비교육훈련기관 운영규정 3. 정관이나 이에 준하는 약정(법인 및 단체에 한정합니다) 4. 정비교육훈련을 담당하는 강사의 자격·학력·경력 등을 증명할 수 있는 서류 및 담당업무 5. 정비교육훈련에 필요한 강의실 등 시설 내역서 6. 정비교육훈련에 필요한 실습 시행 방법 및 절차 7. 정비교육훈련기관에서 사용하는 직인의 인영(印影: 도장 찍은 모양)	수수료 없 음
담당 공무원 확인사항	법인 등기사항증명서(법인인 경우만 해당합니다)	

처리절차

신청서 작성	→	접 수	→	검 토	→	결 재	→	지정서 발급
신청인		처리기관 (국토교통부)		처리기관 (국토교통부)		처리기관 (국토교통부)		처리기관 (국토교통부)

210㎜×297㎜[백상지(80g/㎡) 또는 중질지(80g/㎡)]

[별지 제25호의9서식] 〈신설 19·6·18〉

제 호

정비교육훈련기관 지정서

1. 기관명:

2. 대표자:

3. 주소(법인소재지):

4. 사업자등록번호(법인등록번호):

5. 지정 교육훈련과정:

6. 지정조건:

「철도안전법」 제24조의4제2항, 같은 법 시행령 제21조의4 및 같은 법 시행규칙 제42조의5제2항에 따라 정비교육훈련기관으로 지정합니다.

년 월 일

국토교통부장관 [직인]

210㎜×297㎜[백상지(80g/㎡) 또는 중질지(80g/㎡)]

[별지 제26호서식] 〈개정 08 · 3 · 14, 14 · 3 · 19〉

철도차량 형식승인신청서

(앞쪽)

접수번호	접수일	처리기간

신청인	회사명	법인등록번호
	대표자	생년월일
	주소 (회사 소재지)	
신청 대상	차량 종류	차량 형식
	설계자 성명 또는 명칭	설계자 주소

「철도안전법」 제26조제1항 및 같은 법 시행규칙 제46조제1항에 따라 철도차량 형식승인을 신청합니다.

년 월 일

신청인 (서명 또는 인)

국토교통부장관 귀하

첨부서류	1. 법 제26조제3항에 따른 철도차량의 기술기준(이하 "철도차량기술기준"이라 한다)에 대한 적합성 입증계획서 및 입증자료 2. 철도차량의 설계도면, 설계명세서 및 설명서(적합성 입증을 위하여 필요한 부분에 한정합니다) 3. 법 제26조제4항에 따른 형식승인검사 면제 대상에 해당하는 경우 그 입증서류 4. 제48조제1항제3호에 따른 차량형식 시험 절차서 5. 그 밖의 철도차량기술기준에 적합함을 입증하기 위하여 국토교통부장관이 필요하다고 인정하여 고시하는 서류	수수료

210mm×297mm[백상지 80g/㎡(재활용품)]

(뒤쪽)

처 리 절 차

이 신청서는 아래와 같이 처리됩니다.

신 청 인	처리기관 철도형식승인기관
신 청 →	접 수
형식승인계획서 ←	기술검토
	설계적합성검사/합치성검사
	차량형식시험
철도차량 형식승인증명서 ←	최종승인

[별지 제26호의2서식] 〈신설 14 · 3 · 19〉

철도차량 형식변경승인신청서

(앞쪽)

접수번호	접수일	처리기간

신청인	회사명	법인등록번호
	대표자	생년월일
	주소 (회사 소재지)	
신청대상	차량 종류	형식승인번호
	설계자 성명 또는 명칭	설계자 주소
주요변경 내용	변경 전	변경 후

「철도안전법」 제26조제2항 본문 및 같은 법 시행규칙 제46조제2항에 따라 철도차량 형식변경승인을 신청합니다.

년 월 일

신청인 (서명 또는 날인)

국토교통부장관 귀하

첨부서류	1. 해당 철도차량의 철도차량 형식승인증명서 2. 제46조 제1항 각호의 서류(변경되는 부분 및 그와 연관되는 부분에 한정합니다) 3. 변경 전후의 대비표 및 해설서	수수료

210mm×297mm[백상지 80g/㎡(재활용품)]

(뒤쪽)

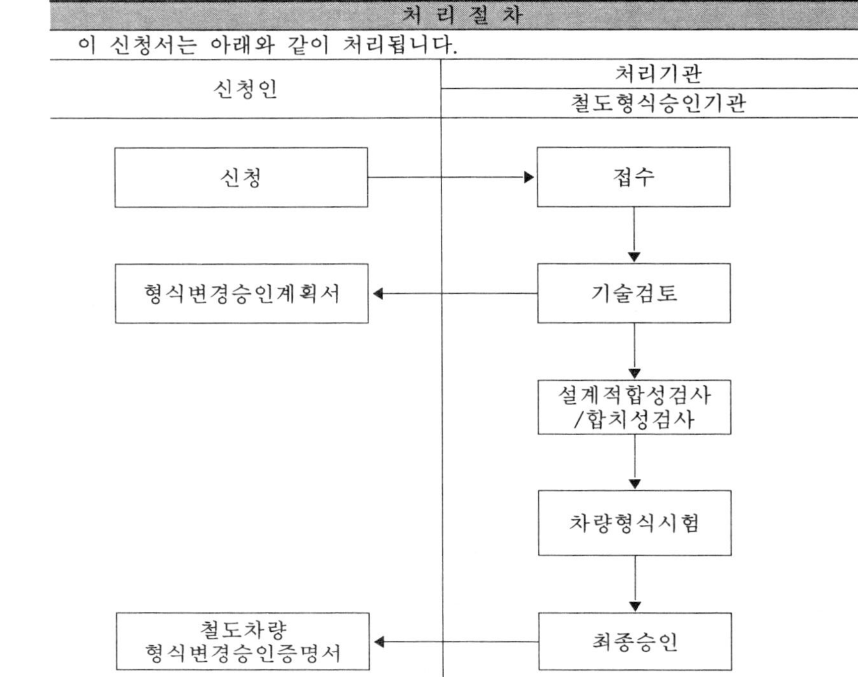

처리절차

이 신청서는 아래와 같이 처리됩니다.

[별지 제27호서식] 〈개정 14·3·19〉

철도차량 형식변경신고서

※ [ ]에는 해당되는 곳에 √표시를 합니다.

접수번호	접수일		처리기간
신청인	상호 또는 명칭		
	성명(대표자)	사업자등록번호 (법인등록번호)	
	소재지	전화번호	
신청대상	차량 종류	형식승인번호	
	설계자 성명 또는 명칭	설계자 주소	
신고내용	[] 구조안전 및 성능에 영향을 미치지 않는 차체 형상의 변경 [] 안전에 영향을 미치지 않는 설비의 변경 [] 중량분포에 영향을 미치지 않는 장치 또는 부품의 배치 변경 [] 동일 성능으로 입증할 수 있는 부품의 규격 변경 [] 그 밖에 철도차량의 안전 및 성능에 영향을 미치지 아니한다고 국토교통부장관이 인정하는 사항의 변경		

「철도안전법」 제26조제2항 단서 및 같은 법 시행규칙 제47조제2항에 따라 위의 어느 하나의 해당하는 변경사항을 신고합니다.

년 월 일

신청인 (서명 또는 인)

국토교통부장관 귀하

첨부서류	1. 해당 철도차량의 철도차량의 철도차량 형식승인증명서 2. 제47조제1항 각 호에 해당함을 증명하는 서류 3. 변경 전후의 대비표 및 해설서 4. 변경 후의 주요 제원 5. 철도차량기술기준에 대한 적합성 입증자료(변경되는 부분 및 그와 연관되는 부분에 한정합니다)	수수료

처리절차

신청서 작성	→	접 수	→	검 토	→	승 인	→	증명서 발급
신청인		처리기관 (철도형식승인기관)		처리기관 (철도형식승인기관)		처리기관 (철도형식승인기관)		처리기관 (철도형식승인기관)

210mm×297mm[백상지 80g/㎡(재활용품)]

[별지 제27호의2서식] 〈신설 14·3·19〉

제 호

철도차량 형식변경신고확인서

1. 증명서 번호:
2. 신청회사: (법인등록번호:)
3. 대표자: (생년월일:)
4. 설계자: (법인등록번호:)
5. 차량 종류:
6. 차량 형식:
7. 형식승인 번호:
8. 주요변경내용:

「철도안전법」 제26조제2항 단서 및 같은 법 시행규칙 제47조제3항에 따라 철도차량 형식변경신고확인서를 발급합니다.

년 월 일

국토교통부장관 [직인]

210mm×297mm[백상지 120g/㎡]

[별지 제28호서식] 〈개정 14 · 3 · 19〉

제 호

철도차량 형식승인증명서

1. 증명서 번호:
2. 신청회사: (법인등록번호:)
3. 대표자: (생년월일:)
4. 설계자: (법인등록번호:)
5. 차량 종류:
6. 차량 형식:
7. 형식승인 번호:
8. 형식승인자료집 번호:

「철도안전법」 제26조제1항 및 같은 법 시행규칙 제48조제2항에 따라 위 철도차량의 형식승인을 증명합니다.

년 월 일

국토교통부장관 직인

210mm×297mm[백상지 120g/㎡]

[별지 제28호의2서식] 〈신설 14 · 3 · 19〉

제 호

철도차량 형식변경승인증명서

1. 증명서 번호:
2. 신청회사: (법인등록번호:)
3. 대표자: (생년월일:)
4. 설계자: (법인등록번호:)
5. 차량 종류:
6. 차량 형식:
7. 변경전 형식승인 번호:
8. 변경후 형식승인 번호:
9. 형식승인자료집 번호:

「철도안전법」 제26조제2항 본문 및 같은 법 시행규칙 제48조제2항에 따라 위 철도차량의 형식변경승인을 증명합니다.

년 월 일

국토교통부장관 직인

210mm×297mm[백상지 120g/㎡]

[별지 제29호서식] 〈개정 14·3·19〉

형식승인/제작자승인 증명서 재발급 신청서

※ [ ]에는 해당되는 곳에 √표시를 합니다.

접수번호	접수일		처리기간
신청인	회사명	법인등록번호	
	대표자	생년월일	
	주소 (회사소재지)		
신청대상	[ ]철도차량 형식승인(변경승인)증명서 [ ]철도용품 형식승인(변경승인)증명서	[ ]철도차량 제작자승인(변경승인)증명서 [ ]철도용품 제작자승인(변경승인)증명서	
	증명서 번호		
재발급 사유	[ ]분실	[ ]훼손	[ ]기타

「철도안전법」 제26조, 제26조의3, 제27조, 제27조의2 및 같은 법 시행규칙 제48조제3항, 제53조제3항, 제62조제4항, 제66조제3항에 따라 위와 같이 신청합니다.

년 월 일

신청인 (서명 또는 인)

국토교통부장관 귀하

신청인 제출서류	재발급	1. 증명서(헐어 못 쓰게 된 경우에만 제출합니다) 2. 분실(훼손)사유서(해당자만 적습니다)	수수료 국토교통부장관이 고시한 금액

처리절차

신청서 작성	→	접수	→	검토	→	변경/재발급 결정	→	증명서 발급
신청인		처리기관 (철도형식승인기관)		처리기관 (철도형식승인기관)		처리기관 (철도형식승인기관)		

210mm×297mm[백상지 80g/㎡(재활용품)]

[별지 제30호서식] 〈개정 14·3·19〉

철도차량 제작자승인신청서

(앞쪽)

접수번호	접수일	처리기간	
신청인	회사명	법인등록번호	
	대표자	생년월일	
	주소 (회사 소재지)		
	신청인의 자격	□ 형식승인 소지자 □ 위탁 제작자	
신청 대상	차량 종류	형식승인번호	
	형식승인 소지자	법인등록번호	
	제작자	법인등록번호	
	제작공장위치		

「철도안전법」 제26조의3제1항 및 같은 법 시행규칙 제51조제1항에 따라 철도차량 제작자승인을 신청합니다.

년 월 일

신청인 (서명 또는 날인)

철도형식승인기관의장 귀하

첨부서류	1. 법 제26조의3제2항에 따른 기술기준(이하 "철도차량제작자승인기준"이라 한다)에 대한 품질관리체계의 적합성 입증계획서 및 입증자료 2. 철도차량 품질관리체계서 및 설명서 3. 철도차량 제작 명세서 및 설명서 4. 법 제26조의3제3항에 따라 제작자승인 또는 제작자승인 검사의 면제 대상에 해당하는 경우 그 입증서류 5. 그 밖에 철도차량제작자승인기준에 대한 적합함을 입증을 위해 국토교통부장관이 필요하다고 인정하여 고시하는 서류	수수료

210mm×297mm[백상지 80g/㎡(재활용품)]

[별지 제30호의2서식] 〈신설 14·3·19〉

철도차량 제작자변경승인신청서

(앞쪽)

접수번호	접수일	처리기간

신 청 인	회사명	법인등록번호
	대표자	생년월일
	주소 (회사 소재지)	
신 청 대 상	형식승인번호	제작자승인번호
	품질관리체계 명칭	제작공장위치
주요변경 내 용	변경 전	변경 후

「철도안전법」 제26조의8에서 준용하는 법 제7조제3항 본문 및 같은 법 시행규칙 제51조제2항에 따라 철도차량 제작자변경승인을 신청합니다.

년 월 일

신청인 (서명 또는 날인)

국토교통부장관 귀하

첨부서류	1. 해당 철도차량의 철도차량 제작자승인증명서 2. 제51조제1항 각 호의 서류(변경되는 부분 및 그와 연견되는 부분에 한정합니다) 3. 변경 전후의 대비표 및 해설서	수수료

210mm×297mm[백상지 80g/㎡(재활용품)]

(뒤쪽)

처리절차

이 신청서는 아래와 같이 처리됩니다.

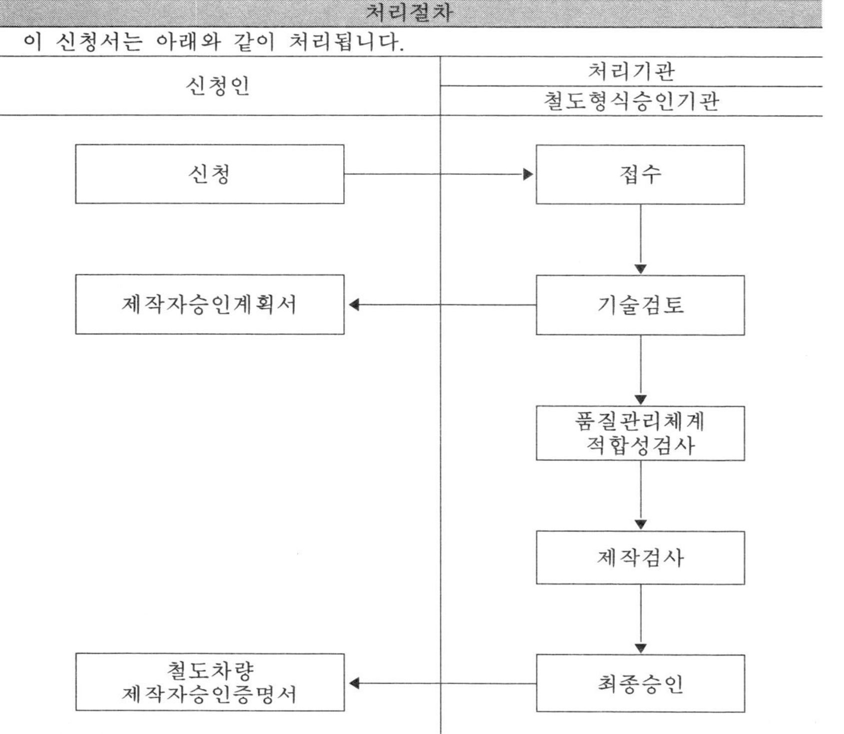

[별지 제31호서식] 〈개정 14 · 3 · 19〉

철도차량 제작자승인변경신고서

※ [ ]에는 해당되는 곳에 √표시를 합니다.

접수번호	접수일	처리기간

신청인	상호 또는 명칭	
	성명(대표자)	사업자등록번호(법인등록번호)
	소재지	전화번호
신청대상	형식승인번호	제작자승인번호
	품질관리체계 명칭	제작공장위치
신고내용	[ ] 철도차량 제작자의 조직변경에 따른 품질관리조직 또는 품질관리책임자에 관한 사항의 변경 [ ] 법령 또는 행정구역의 변경 등으로 인한 품질관리규정의 세부내용 변경 [ ] 서류간 불일치 사항 및 품질관리규정의 기본방향에 영향을 미치지 않는 사항으로서 그 변경근거가 분명한 사항의 변경	

「철도안전법」 제26조의8에서 준용하는 법 제7조제3항 단서 및 같은 법 시행규칙 제52조제2항에 따라 위의 어느 하나의 해당하는 변경사항을 신고합니다.

년 월 일

신청인 (서명 또는 인)

국토교통부장관 귀하

첨부서류	1. 해당 철도차량의 철도차량 제작자승인증명서 2. 제52조제1항 각 호에 해당함을 증명하는 서류 3. 변경 전후의 대비표 및 해설서 4. 변경 후의 철도차량 품질관리체계 5. 철도차량제작자승인기준에 대한 품질관리체계의 적합성 입증자료(변경되는 부분 및 그와 연관되는 부분으로 한정합니다)	수수료

처리절차

신청서 작성	→	접 수	→	검 토	→	승 인	→	증명서 발급
신청인		처리기관(철도형식승인기관)		처리기관(철도형식승인기관)		처리기관(철도형식승인기관)		처리기관(철도형식승인기관)

210mm×297mm[백상지 80g/㎡(재활용품)]

(뒤쪽)

처리절차

이 신청서는 아래와 같이 처리됩니다.

신청인	처리기관: 철도형식승인기관
신청 →	접수
	↓
제작자변경승인계획서 ←	기술검토
	↓
	품질관리체계 적합성검사
	↓
	제작검사
	↓
철도차량 제작자변경승인증명서 ←	최종승인

[별지 제31호의2서식] 〈신설 14·3·19〉

제　　　호

철도차량 제작자승인변경신고확인서

1. 증명서 번호:
2. 신청회사:　　　　(법인등록번호:　　　)
3. 대표자:　　　　(생년월일:　　　)
4. 설계자:　　　　(법인등록번호:　　　)
5. 차량 종류:
6. 차량 형식:
7. 형식승인 번호:
8. 주요변경내용

「철도안전법」 제26조의8에서 준용하는 법 제7조제3항 단서 및 같은 법 시행규칙 제52조제3항에 따라 철도차량 제작자승인변경신고확인서를 발급합니다.

년　　월　　일

국토교통부장관 직인

210mm×297mm[백상지 120g/㎡]

[별지 제32호서식] 〈개정 14·3·19〉

제　　　호

철도차량 제작자승인증명서

1. 증명서 번호:
2. 신청회사:　　　　(법인등록번호:　　　)
3. 대표자:　　　　(생년월일:　　　)
4. 제작자승인 번호:
5. 제작공장위치:
6. 품질관리체계 명칭:
7. 제작자승인지정서 번호:

「철도안전법」 제26조의3제1항 및 같은 법 시행규칙 제53조제2항에 따라 위 철도차량의 제작자승인을 증명합니다.

년　　월　　일

국토교통부장관 직인

210mm×297mm[백상지 120g/㎡]

[별지 제32호의2서식] 〈신설 14 · 3 · 19〉

제　　　호

철도차량 제작자변경승인증명서

1. 증명서 번호:
2. 신청회사:　　　　　　　　(법인등록번호:　　　　　)
3. 대표자:　　　　　　　　　(생년월일:　　　　　)
4. 형식승인 번호:
5. 변경전 제작자승인 번호:
6. 변경후 제작자승인 번호:
7. 품질관리체계 명칭:
8. 제작자승인지정서 번호:

「철도안전법」 제26조의8에서 준용하는 법 제7조제3항 본문 및 같은 법 시행규칙 제53조제2항에 따라 위 철도차량의 제작자변경승인을 증명합니다.

년　　월　　일

국토교통부장관 직인

210mm×297mm[백상지 120g/㎡]

[별지 제33호서식] 〈개정 14 · 3 · 19〉

철도차량 제작자승계신고서

접수번호	접수일	처리기간

승계 전	제작자명	법인등록번호
	대표자	생년월일
	차량 종류	형식승인번호
	제작공장위치	제작자승인번호
승계 후	회사명	법인등록번호
	대표자	생년월일
	그 밖의 사항	

「철도안전법」 제26조의5제2항 및 같은 법 시행규칙 제55조제1항에 따라 위와 같이 지위승계사항을 신고합니다.

년　　월　　일

신고인　　　　　(서명 또는 날인)

국토교통부장관 귀하

첨부서류	1. 철도차량 제작자승인증명서 2. 사업 양도의 경우: 양도 · 양수계약서 사본 등 양도 사실을 입증할 수 있는 서류 3. 사업 상속의 경우: 사업을 상속받은 사실을 확인할 수 있는 서류 4. 사업 합병의 경우: 합병계약서 및 합병 후 존속하거나 합병에 따라 신설된 법인의 등기사항증명서

처리절차

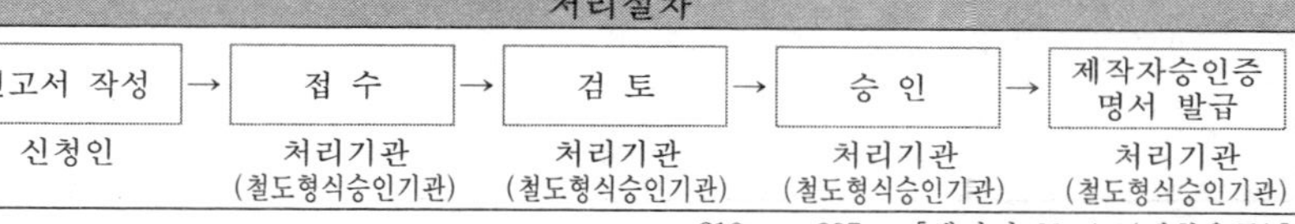

210mm×297mm[백상지 80g/㎡(재활용품)]

[별지 제34호서식] 〈개정 14·3·19〉

철도차량 완성검사신청서

(앞쪽)

접수번호	접수일		처리기간
신청인	회사명	법인등록번호	
	대표자	생년월일	
	주소 (회사 소재지)		
신청 대상	차량 종류	형식승인번호	
	제작자승인번호	제작공장위치	
	제작일련번호	수량	

「철도안전법」 제26조의6제1항 및 같은 법 시행규칙 제56조제1항에 따라 위 철도차량에 대한 완성검사를 신청합니다.

년　　월　　일

신청인　　　　(서명 또는 날인)

국토교통부장관 귀하

첨부서류	1. 철도차량 형식승인증명서 2. 철도차량 제작자승인증명서 3. 형식승인된 설계와의 형식동일성 입증계획서 및 입증서류 4. 제57조제1항제2호에 따른 주행시험 절차서 5. 그 밖에 형식동일성 입증을 위해 국토교통부장관이 필요하다고 인정하여 정하여 고시하는 서류	수수료

210mm×297mm[백상지 80g/㎡(재활용품)]

(뒤쪽)

처리절차

이 신청서는 아래와 같이 처리됩니다.

신청인	처리기관 철도형식승인기관
신청 →	접수
	↓
완성검사 계획서 ←	기술검토
	↓
	형식동등성검사
	↓
	차량완성시험
	↓
철도차량 완성검사필증 ←	최종검사

[별지 제35호서식] 〈개정 14·3·19〉

제　　　호

철도차량 완성검사필증

1. 증명서 번호:
2. 신청회사:　　　　　　　(법인등록번호:　　　　　)
3. 대표자:　　　　　　　　(생년월일:　　　　　　　)
4. 제작사:　　　　　　　　(법인등록번호:　　　　　)
5. 차량 종류:
6. 형식승인번호:
7. 제작자승인번호:
8. 제작공장위치:
9. 완성검사 수량:

「철도안전법」 제26조의6제2항 및 같은 법 시행규칙 제57조제2항에 따라 위 철도차량의 완성검사를 증명합니다.

년　　월　　일

국토교통부장관 [직인]

210mm×297mm[백상지 120g/㎡]

[별지 제36호서식] 〈개정 14·3·19〉

철도용품 형식승인신청서

(앞쪽)

접수번호	접수일		처리기간
신청인	회사명	법인등록번호	
	대표자	생년월일	
	주소 (회사 소재지)		
신청대상	용품 종류	용품 형식	
	설계자 성명 또는 명칭	설계자 주소	

「철도안전법」 제27조제1항 및 같은 법 시행규칙 제60조제1항에 따라 철도용품 형식승인을 신청합니다.

년　　월　　일

신청인　　　　(서명 또는 날인)

국토교통부장관 귀하

첨부서류	1. 법 제27조제2항에 따른 철도용품의 기술기준(이하 "철도용품기술기준"이라 한다)에 대한 적합성 입증계획서 및 입증자료 2. 철도용품의 설계도면, 설계명세서 및 설명서 3. 법 제27조제4항에서 준용하는 법 제26조제4항에 따른 형식승인검사의 면제 대상에 해당하는 경우 그 입증서류 4. 제61조제1항제3호에 따른 용품형식 시험 절차서 5. 그 밖에 철도용품기술기준에 적합함을 입증하기 위하여 국토교통부장관이 필요하다고 인정하여 고시하는 서류	수수료

210mm×297mm[백상지 80g/㎡(재활용품)]

[별지 제36호의2서식] 〈신설 14·3·19〉

철도용품 형식변경승인신청서

(앞쪽)

접수번호	접수일		처리기간
신청인	회사명	법인등록번호	
	대표자	생년월일	
	주소 (회사 소재지)		
신청대상	용품 종류	형식승인번호	
	설계자 성명 또는 명칭	설계자 주소	
주요변경 내용	변경 전	변경 후	

「철도안전법」 제27조제4항에서 준용하는 법 제26조제2항 본문 및 같은 법 시행규칙 제60조제2항에 따라 위 철도용품에 대한 형식변경승인을 신청합니다.

년 월 일

신청인 (서명 또는 날인)

국토교통부장관 귀하

첨부서류	1. 해당 철도용품의 철도용품 형식승인증명서 2. 제60조제1항 각 호에 해당함을 증명하는 서류 3. 변경 전후의 대비표 및 해설서 4. 변경 후의 주요 제원 5. 철도용품기술기준에 대한 적합성 입증자료(변경되는 부분 및 그와 연관되는 부분에 한정합니다)	수수료

210mm×297mm[백상지 80g/㎡(재활용품)]

(뒤쪽)

처리절차

이 신청서는 아래와 같이 처리됩니다.

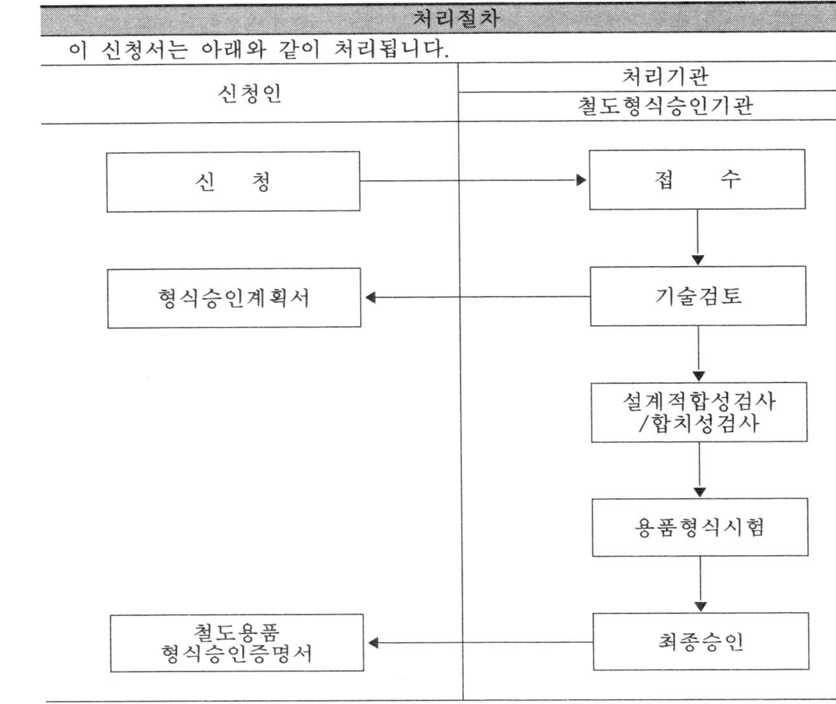

(뒤쪽)

처리절차	
이 신청서는 아래와 같이 처리됩니다.	
신청인	처리기관 철도형식승인기관
신 청 →	접 수
← 형식변경승인계획서	기술검토
	설계적합성검사/합치성검사
	차량형식시험
← 철도용품 형식변경승인증명서	최종승인

[별지 제37호서식] 〈개정 14 · 3 · 19〉

철도용품 형식변경신고서

※ [ ]에는 해당되는 곳에 √표시를 합니다.

접수번호	접수일	처리기간

신청인	상호 또는 명칭	
	성명(대표자)	사업자등록번호 (법인등록번호)
	소재지	전화번호
신청대상	용품 종류	형식승인번호
	설계자 성명 또는 명칭	설계자 주소
신고내용	[] 안전 및 성능에 영향을 미치지 않는 형상 변경 [] 안전에 영향을 미치지 않는 설비의 변경 [] 중량분포 및 크기에 영향을 미치지 않는 장치 또는 부품의 배치 변경 [] 동일 성능으로 입증할 수 있는 부품의 규격 변경 [] 그 밖에 철도용품의 안전 및 성능에 영향을 미치지 않는다고 국토교통부장관이 인정하는 사항의 변경	

「철도안전법」 제27조제4항에서 준용하는 법 제26조제2항 단서 및 같은 법 시행규칙 제61조제2항에 따라 위의 어느 하나의 해당하는 변경사항을 신고합니다.

년 월 일

신청인 (서명 또는 인)

국토교통부장관 귀하

첨부서류	1. 해당 철도용품의 철도용품 형식승인증명서 2. 제61조제1항 각 호에 해당함을 증명하는 서류 3. 변경 전후의 대비표 및 해설서 4. 변경 후의 주요 제원 5. 철도용품기술기준에 대한 적합성 입증자료(변경되는 부분 및 그와 연관되는 부분에 한정합니다)	수수료

처리절차								
신청서 작성	→	접 수	→	검 토	→	승 인	→	증명서 발급
신청인		처리기관 (철도형식승인기관)		처리기관 (철도형식승인기관)		처리기관 (철도형식승인기관)		처리기관 (철도형식승인기관)

210mm×297mm[백상지 80g/㎡(재활용품)]

[별지 제37호의2서식] 〈신설 14 · 3 · 19〉

제　　　호

철도용품 형식변경신고확인서

1. 증명서 번호:
2. 신청회사: (법인등록번호:)
3. 대표자: (생년월일:)
4. 설계자: (법인등록번호:)
5. 차량 종류:
6. 차량 형식:
7. 형식승인 번호:
8. 주요변경내용

「철도안전법」 제27조제4항에서 준용하는 법 제26조제3항 단서 및 같은 법 시행규칙 제61조제3항에 따라 철도용품 형식승인신고확인서를 발급합니다.

년　　월　　일

국토교통부장관 직인

210mm×297mm[백상지 120g/㎡]

[별지 제38호서식] 〈개정 14 · 3 · 19〉

제　　　호

철도용품 형식승인증명서

1. 증명서 번호:
2. 신청회사: (법인등록번호:)
3. 대표자: (생년월일:)
4. 설계자: (법인등록번호:)
5. 용품 종류:
6. 용품 형식:
7. 형식승인 번호:
8. 형식승인자료집 번호:

「철도안전법」 제27조제1항 및 같은 법 시행규칙 제62조제2항에 따라 위 철도용품의 형식승인을 증명합니다.

년　　월　　일

국토교통부장관 직인

210mm×297mm[백상지 120g/㎡]

[별지 제38호의2서식] 〈신설 14·3·19〉

제　　　호

철도용품 형식변경승인증명서

1. 증명서 번호:
2. 신청회사:　　　　　　　　(법인등록번호:　　　　　)
3. 대표자:　　　　　　　　　(생년월일:　　　　　)
4. 설계자:　　　　　　　　　(법인등록번호:　　　　　)
5. 용품 종류:
6. 용품 형식:
7. 변경전 형식승인 번호:
8. 변경후 형식승인 번호:
9. 형식승인자료집 번호:

「철도안전법」 제27조제4항에서 준용하는 법 제26조제2항 본문 및 같은 법 시행규칙 제62조제2항에 따라 위 철도용품의 형식변경승인을 증명합니다.

년　　월　　일

국토교통부장관 직인

210mm×297mm[백상지 120g/㎡]

[별지 제39호서식] 〈개정 06·8·7, 08·3·14, 09·6·25, 14·3·19〉

철도용품 제작자승인신청서

(앞쪽)

접수번호	접수일	처리기간

구분	항목	내용	항목	내용
신청인	회사명		법인등록번호	
	대표자		생년월일	
	주소 (회사 소재지)			
	신청인의 자격		□ 형식승인 소지자 □ 위탁 제작자	
신청대상	용품 종류		형식승인번호	
	형식승인 소지자		법인등록번호	
	제작자		법인등록번호	
	제작공장위치			

「철도안전법」 제27조의2제1항 및 같은 법 시행규칙 제64조제1항에 따라 위 철도용품에 대한 제작자승인을 신청합니다.

년　　월　　일

신청인　　　　(서명 또는 날인)

국토교통부장관 귀하

첨부서류	1. 법 제27조의2제2항에 따른 철도용품의 제작관리 및 품질유지에 필요한 기술기준(이하 "철도용품제작자승인기준"이라 한다)에 대한 적합성 입증 계획서 및 입증 자료 2. 철도용품 품질관리체계서 및 설명서 3. 철도용품 제작 명세서 및 설명서 4. 법 제27조의2제4항에 준용하는 법 제26조의3제3항에 따라 제작자승인 또는 제작자승인검사의 면제 대상에 해당하는 경우 그 입증서류 5. 그 밖에 철도용품 제작자승인기준에 적합함을 입증하기 위하여 국토교통부장관이 필요하다고 인정하여 고시하는 서류	수수료

210mm×297mm[백상지 80g/㎡(재활용품)]

[별지 제39호의2서식] 〈신설 14・3・19〉

철도용품 제작자변경승인신청서

(앞쪽)

접수번호	접수일	처리기간

신청인	회사명	법인등록번호
	대표자	생년월일
	주소 (회사 소재지)	
신청대상	형식승인번호	제작자승인번호
	품질관리체계 명칭	제작공장위치
주요변경 내용	변경 전	변경 후

「철도안전법」 제27조의2제4항에서 준용하는 법 제7조제3항 본문 및 같은 법 시행규칙 제64조제2항에 따라 철도용품 제작자변경승인을 받고자 위와 같이 신청합니다.

년 월 일

신청인 (서명 또는 날인)

국토교통부장관 귀하

첨부서류	1. 해당 철도용품의 철도용품 제작자승인증명서 2. 제64조제1항 각 호의 서류(변경되는 부분 및 그와 연관되는 부분에 한정합니다) 3. 변경 전후의 대비표 및 해설서	수수료

210mm×297mm[백상지 80g/㎡(재활용품)]

(뒤쪽)

처리절차

이 신청서는 아래와 같이 처리됩니다.

신청인	처리기관 철도형식승인기관
신 청 →	접 수
	↓
제작자승인계획서 ←	기술검토
	↓
	품질관리체계 적합성검사
	↓
	제작검사
	↓
철도차량 제작자승인증명서 ←	최종승인

[별지 제40호서식] 〈개정 14·3·19〉

철도용품 제작자변경신고서

※ [ ]에는 해당되는 곳에 √표시를 합니다.

접수번호	접수일		처리기간
신청인	상호 또는 명칭		
	성명(대표자)	사업자등록번호 (법인등록번호)	
	소재지	전화번호	
신청대상	형식승인번호	제작자승인번호	
	품질관리체계 명칭	제작공장위치	
신고내용	[] 철도용품 제작자의 조직변경에 따른 품질관리조직 또는 품질관리책임자에 관한 사항의 변경 [] 법령 또는 행정구역의 변경 등으로 인한 품질관리규정의 세부내용의 변경 [] 서류간 불일치 사항 및 품질관리규정의 기본방향에 영향을 미치지 않는 사항으로서 그 변경근거가 분명한 사항의 변경		

「철도안전법」 제27조의2제4항에서 준용하는 법 제7조제3항 단서 및 같은 법 시행규칙 제65조제2항에 따라 위의 어느 하나의 해당하는 변경사항을 신고합니다.

년 월 일

신청인 (서명 또는 인)

국토교통부장관 귀하

첨부서류	1. 해당 철도용품의 철도용품 제작자승인증명서 2. 제65조제1항의 각 호에 해당함을 증명하는 서류 3. 변경 전후의 대비표 및 해설서 4. 변경 후의 철도용품 품질관리체계 5. 철도용품제작자승인기준에 대한 적합성 입증자료(변경되는 부분 및 그와 연관되는 부분에 한정합니다)	수수료

처리절차

신청서 작성	→	접 수	→	검 토	→	승 인	→	증명서 발급
신청인		처리기관 (철도형식승인기관)		처리기관 (철도형식승인기관)		처리기관 (철도형식승인기관)		처리기관 (철도형식승인기관)

210mm×297mm[백상지 80g/㎡(재활용품)]

(뒤쪽)

처리절차

이 신청서는 아래와 같이 처리됩니다.

신 청 인	처리기관 철도형식승인기관
신 청 →	접 수
제작자변경승인계획서 ←	기술검토
	품질관리체계 적합성검사
	제작검사
철도용품 제작자변경승인증명서 ←	최종승인

[별지 제40호의2서식] 〈신설 14·3·19〉

제　　　호

철도용품 제작자승인변경신고확인서

1. 증명서 번호:
2. 신청회사:　　　　　(법인등록번호:　　　　)
3. 대표자:　　　　　(생년월일:　　　　)
4. 설계자:　　　　　(법인등록번호:　　　　)
5. 차량 종류:
6. 차량 형식:
7. 형식승인 번호:
8. 주요변경내용

「철도안전법」 제27조의2제4항에서 준용하는 법 제7조제3항 단서 및 같은 법 시행규칙 제65조제3항에 따라 철도용품 제작자승인변경신고확인서를 발급합니다.

년　　월　　일

국토교통부장관 직인

210mm×297mm[백상지 120g/㎡]

[별지 제41호서식] 〈개정 14·3·19〉

제　　　호

철도용품 제작자승인증명서

1. 증명서 번호:
2. 신청회사:　　　　　(법인등록번호:　　　　)
3. 대표자:　　　　　(생년월일:　　　　)
4. 제작자승인 번호:
5. 제작공장위치:
6. 품질관리체계 명칭:
7. 제작자승인지정서 번호:

「철도안전법」 제27조의2제1항 및 같은 법 시행규칙 제66조제2항에 따라 위 철도용품의 제작자승인을 증명합니다.

년　　월　　일

국토교통부장관 직인

210mm×297mm[백상지 120g/㎡]

[별지 제41호의2서식] 〈신설 14 · 3 · 19〉

제 호

철도용품 제작자변경승인증명서

1. 증명서 번호:
2. 신청회사: (법인등록번호:)
3. 대표자: (생년월일:)
4. 형식승인 번호:
5. 변경전 제작자승인 번호:
6. 변경후 제작자승인 번호:
7. 제작공장위치:
8. 품질관리체계 명칭:
9. 제작자승인지정서 번호:

「철도안전법」 제27조의2제4항에서 준용하는 법 제7조제3항 본문 및 같은 법 시행규칙 제66조제2항에 따라 위 철도용품의 제작자변경승인을 증명합니다.

년 월 일

국토교통부장관 직인

210mm×297mm[백상지 120g/㎡]

[별지 제42호서식] 〈개정 14 · 3 · 19〉

철도용품 제작자승계신고서

접수번호	접수일	처리기간

승계 전	제작자명	법인등록번호
	대표자	생년월일
	용품 종류	형식승인번호
	제작공장위치	제작자승인번호
승계 후	회사명	법인등록번호
	대표자	생년월일
	그 밖의 사항	

「철도안전법」 제27조의2제4항에서 준용하는 법 제26조의5제2항 및 같은 법 시행규칙 제69조제1항에 따라 위와 같이 지위승계사항을 신고합니다.

년 월 일

신고인 (서명 또는 날인)

국토교통부장관 귀하

첨부서류	1. 철도용품 제작자승인증명서 2. 사업 양도의 경우: 양도 · 양수계약서 사본 등 양도 사실을 입증할 수 있는 서류 3. 사업 상속의 경우: 사업을 상속받은 사실을 확인할 수 없는 서류 4. 사업 합병의 경우: 합병계약서 및 합병 후 존속하거나 합병에 따라 신설된 법인의 등기사항증명서

처리절차

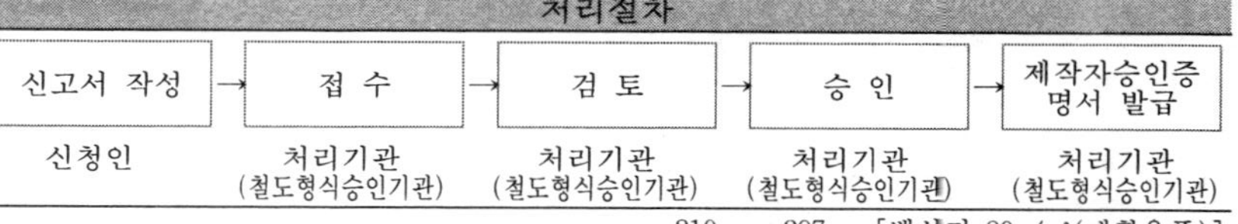

210mm×297mm[백상지 80g/㎡(재활용품)]

[별지 제43호서식] 〈개정 14·3·19, 16·8·10〉

(앞쪽)

증명서번호: 제 호

철도형식승인 사후관리 조사 공무원증

사 진
3.5㎝×4.5㎝
(모자 벗은 상반신으로 뒤 그림 없이 6개월 이내에 촬영한 것)

성 명

국토교통부장관

55㎜×85㎜[인쇄용지(1종) 120g/㎡]
(색상: 연하늘색)

(뒤쪽)

철도형식승인 사후관리 조사 공무원증

성명:
생년월일:

위의 사람은 「철도안전법」 제31조제3항 및 같은 법 시행규칙 제72조제2항에 따라 철도형식승인 사후관리 조사 공무원임을 증명합니다.

년 월 일

국토교통부장관 [직인]

1. 이 사람은 「철도안전법」 제31조에 따라 철도형식승인 사후관리를 할 수 있는 권한이 있습니다.
2. 이 증은 다른 사람에게 대여하거나 양도할 수 없습니다.
3. 이 증을 습득한 경우에는 가까운 우체통에 넣어 주십시오.

[별지 제44호서식] 〈개정 14·3·19〉

철도표준규격 [ ] 제정 [ ] 개정 [ ] 폐지 의견서

※ [ ]에는 해당되는 곳에 √표시를 합니다.

접수번호	접수일		처리기간 90일
제출인	성명		생년월일
	기관명(단체명)		
	주소		
신청용품	품명		규격번호

「철도안전법」 제34조 및 같은 법 시행규칙 제74조제5항에 따라 위와 같이 철도표준규격의 [ ]제정 [ ]개정 [ ]폐지에 관한 의견을 제출합니다.

년 월 일

제출인 (서명 또는 날인)

한국철도기술연구원장 귀하

첨부서류	1. 철도표준규격의 제정·개정 또는 폐지안 1부 2. 철도표준규격의 제정·개정 또는 폐지안에 대한 의견서 1부	수수료
	※ 처리기간은 규격 분석과 시험 소요기간 등에 따라 연장될 수 있습니다.	

처리절차

의견서 작성 → 접수 및 검토 → 분석 및 시험 → 위원회 심의(국토교통부) → 확정(고시) → 결과 통보

제출인 / 처리기관: (한국철도기술연구원)

210mm×297mm[백상지 80g/㎡(재활용품)]

[별지 제45호서식] 〈신설 18·11·9〉

철도차량 개조승인신청서

(앞쪽)

접수번호	접수일시	처리기간

신 청 인	성명(대표자)	생년월일(법인등록번호)
	주소 (전화번호:)	
신청대상	철도차량 종류(형식)	운행 노선
	해당형식 총 철도차량 수량 중 개조승인 신청 철도차량 수 (/)	개조작업수행 예정자

「철도안전법」 제38조의2제2항 본문 및 같은 법 시행규칙 제75조의3제1항에 따라 철도차량 개조승인을 신청합니다.

년 월 일

신청인 (서명 또는 인)

국토교통부장관 귀하

신청인 제출서류	1. 개조 대상 철도차량 및 수량에 관한 서류 2. 개조의 범위, 사유 및 작업 일정에 관한 서류 3. 개조 전·후 사양 대비표 4. 개조에 필요한 인력, 장비, 시설 및 부품 또는 장치에 관한 서류 5. 개조작업수행 예정자의 조직·인력 및 장비 등에 관한 현황과 개조작업수행에 필요한 부품, 구성품 및 용역의 내용에 관한 서류. 다만, 개조작업수행 예정자를 선정하기 전인 경우에는 개조작업수행 예정자 선정기준에 관한 서류로 갈음할 수 있습니다. 6. 개조 작업지시서 7. 개조하고자 하는 사항이 철도차량기술기준에 적합함을 입증하는 기술문서	수수료 「철도안전법」 제74조
담당 공무원 확인사항	1. 법인등기사항증명서(법인인 경우만 해당합니다)	

행정정보 공동이용 동의서

본인은 이 건 업무처리와 관련하여 담당 공무원이 「전자정부법」 제36조제1항에 따른 행정정보의 공동이용을 통하여 위의 담당 공무원 확인 사항을 확인하는 것에 동의합니다. * 동의하지 아니하는 경우에는 신청인이 직접 관련 서류를 제출하여야 합니다.

신청인 (서명 또는 인)

210㎜×297㎜[백상지(80g/㎡) 또는 중질지(80g/㎡)]

(뒤쪽)

처리 절차

이 신청서는 아래와 같이 처리됩니다.

신청인		처리기관: 국토교통부		처리기관: 검사기관
신청서 작성	신청서 제출 →	접 수	개조검사 요청 →	접 수
접 수	← 개조검사 계획서 발급	접 수	← 제출	개조검사 계획서 작성
접 수	입증서류 제출 → / ← 개조적합성검사 확인서 발급 (부적합 → 접수/검토)			개조적합성 검사
				적합 ↓
접 수	입증서류 제출 → / ← 개조합치성검사 확인서 발급 (부적합 → 접수/검토)			개조합치성 검사
				적합 ↓
접 수	개조형식시험 절차서 제출 → / ← 개조형식시험 결과확인서 발급 (부적합 → 접수/검토)			개조형식시험
		접수 / 검토	←	결 재 (적합/부적합)
접 수	← (반려) 부적합			
개조승인증명서 수령	← 적 합 (개조승인증명서 발급)	결 재		
개조대상 철도차량 개조작업 시행	개조 완료보고 →	사후관리		

[별지 제45호의2서식] 〈신설 18·11·9〉

철도차량 개조신고서

※ 색상이 어두운 란은 신청인이 작성하지 않습니다.

접수번호	접수일시	처리기간

신 고 인	성명(대표자)	생년월일(법인등록번호)
	주소 (전화번호:)	
신고대상	철도차량 종류(형식)	운행 노선
	해당형식 총 철도차량 수량 중 개조승인 신고 철도차량 수 (/)	개조작업수행 예정자

「철도안전법」 제38조의2제2항 단서 및 같은 법 시행규칙 제75조의4제3항에 따라 위 철도차량에 대한 개조를 신고합니다.

년 월 일

신고인 (서명 또는 인)

국토교통부장관 귀하

신고인 제출서류	1. 「철도안전법 시행규칙」 제75조의4제1항 각 호의 어느 하나에 해당함을 증명하는 서류 2. 「철도안전법 시행규칙」 제75조의4제3항제1호와 관련된 제75조의3 제1항제1호부터 제6호까지의 서류 가. 개조 대상 철도차량 및 수량에 관한 서류 나. 개조의 범위, 사유 및 작업 일정에 관한 서류 다. 개조 전·후 사양 대비표 라. 개조에 필요한 인력, 장비, 시설 및 부품 또는 장치에 관한 서류 마. 개조작업수행 예정자의 조직·인력 및 장비 등에 관한 현황과 개조작업수행에 필요한 부품, 구성품 및 용역의 내용에 관한 서류. 다만, 개조작업수행 예정자를 선정하기 전인 경우에는 개조작업수행 예정자 선정기준에 관한 서류로 갈음할 수 있습니다. 바. 개조 작업지시서	수수료 없 음
담당 공무원 확인사항	1. 법인등기사항증명서(법인인 경우만 해당한다)	

행정정보 공동이용 동의서

본인은 이 건 업무처리와 관련하여 담당 공무원이 「전자정부법」 제36조제1항에 따른 행정정보의 공동이용을 통하여 위의 담당 공무원 확인 사항을 확인하는 것에 동의합니다. * 동의하지 아니하는 경우에는 신청인이 직접 관련 서류를 제출하여야 합니다.

신청인 (서명 또는 인)

처리절차

신고서 작성	→	접 수	→	검 토	→	결 재	→	신고수리 및 증명서 발급
신고인		처리기관 (국토교통부)		처리기관 (철도차량 개조검사기관)		처리기관 (국토교통부)		처리기관 (국토교통부)

210㎜×297㎜[백상지(80g/㎡) 또는 중질지(80g/㎡)]

[별지 제45호의3서식] 〈신설 18·11·9〉

철도차량 개조신고확인서

(제 호)

신 고 인 (시행자)	성명(대표자)		생년월일(법인등록번호)
	주소 (전화번호:)		
개조작업 수행예정자	성명(대표자)		생년월일(법인등록번호)
	주소 (전화번호:)		
개조신고 철도차량 수		철도차량 형식	
개조신고 수리 조건			
주요 개조내용			

「철도안전법」 제38조의2제2항 단서 및 같은 법 시행규칙 제75조의4제4항에 따라 위 철도차량의 개조신고확인서를 발급합니다.

년 월 일

국토교통부장관 직인

210㎜×297㎜[백상지(150g/㎡)]

[별지 제45호의4서식] 〈신설 18·11·9〉

철도차량 개조승인증명서

(제 호)

신 청 인 (시행자)	성명(대표자)		생년월일(법인등록번호)
	주소 (전화번호:)		
개조작업 수행자	성명(대표자)		생년월일(법인등록번호)
	주소 (전화번호:)		
개조승인 철도차량 수		철도차량 형식	
개조승인 조건			
개조승인 번호		개조승인 자료집 번호	

「철도안전법」 제38조의2제2항 본문 및 같은 법 시행규칙 제75조의6제2항에 따라 위 철도차량의 개조가 적합함을 증명합니다.

붙임서류: 철도차량 개조승인 자료집 1부.

년 월 일

국토교통부장관 직인

210㎜×297㎜[백상지(150g/㎡)]

[별지 제45호의5서식] 〈신설 19·6·18〉

철도차량 정비조직인증 신청서

※ 색상이 어두운 칸은 신청인이 적지 아니하며, [ ]에는 해당되는 곳에 √표를 합니다.

접수번호	접수일시	처리기간 60일

신청인	상호 또는 명칭	
	성명(대표자)	사업자등록번호 (법인등록번호)
	소재지	전화번호

업무범위	[ ] 고속철도차량 [ ] 일반철도차량 [ ] 도시철도차량
	[ ] 중정비(重整備) [ ] 경정비(經整備)
	[ ] 기타 ( )
정비범위 설정사유	

「철도안전법」 제38조7제1항 및 같은 법 시행규칙 제75조의9제2항에 따라 철도차량 정비조직인증을 신청합니다.

년 월 일

신청인 (서명 또는 인)

국토교통부장관 귀하

신청인 제출서류	1. 정비조직의 업무를 적절하게 수행할 수 있는 인력을 갖추었음을 증명하는 자료 2. 정비조직의 업무범위에 적합한 시설·장비 등 설비를 갖추었음을 증명하는 자료 3. 정비조직의 업무범위에 적합한 철도차량 정비메뉴얼, 검사체계 및 품질관리체계 등을 갖추었음을 증명하는 자료	수수료 없 음

처리절차

신청서 작성	→	접 수	→	검 사	→	인 증	→	정비조직운영 기준 발급
신청인		처리기관 (국토교통부)		처리기관 (철도차량 정비조직 인증검사 시행기관)		처리기관 (국토교통부)		처리기관 (국토교통부)

210㎜×297㎜[백상지(80g/㎡) 또는 중질지(80g/㎡)]

[별지 제45호의6서식] 〈신설 19 · 6 · 18〉

인증정비조직 변경인증 신청서

※ 색상이 어두운 칸은 신청인이 적지 아니하며, [ ]에는 해당되는 곳에 √표를 합니다.

접수번호	접수일시	처리기간 30일

신 청 인	상호 또는 명칭	
	성명(대표자)	사업자등록번호(법인등록번호)
	소재지	전화번호
업무범위	[ ] 고속철도차량 [ ] 일반철도차량 [ ] 도시철도차량	
	[ ] 중정비(重整備) [ ] 경정비(經整備)	
	[ ] 기타 ( )	
변경예정일		
변경사유	※ 공간이 부족할 경우에는 자료를 첨부할 수 있습니다.	

「철도안전법」 제38조의7제2항 및 같은 법 시행규칙 제75조의9제3항에 따라 철도차량 정비조직인증의 변경인증을 신청합니다.

년 월 일

신청인 (서명 또는 인)

국토교통부장관 귀하

신청인 제출서류	1. 변경하고자 하는 내용과 증명서류 2. 변경 전후의 대비표 및 설명서	수수료 없 음

처리절차

신청서 작성	→	접 수	→	검 사	→	변경 인증
신청인		처리기관 (국토교통부)		처리기관 (철도차량 정비조직 인증검사 시행기관)		처리기관 (국토교통부)

210㎜×297㎜[백상지(80g/㎡) 또는 중질지(80g/㎡)]

[별지 제45호의7서식] 〈신설 19 · 6 · 18〉

제 호

철도차량 정비조직인증서

1. 회사명:

2. 대표자:

3. 소재지:

4. 업무 범위

[ ] 고속철도차량 [ ] 일반철도차량 [ ] 도시철도차량

[ ] 중정비(重整備) [ ] 경정비(經整備)

[ ] 기타 ( )

「철도안전법」 제38조의7제1항 및 같은 법 시행규칙 제75조의10제2항에 따라 정비조직운영기준의 범위에서 인가된 정비조직을 운영하는 것을 승인합니다.

년 월 일

국토교통부장관 직인

210mm×297mm[백상지 120g/㎡]

[별지 제45호의8서식] 〈신설 19·6·18〉

인증정비조직 변경신고서

※ 색상이 어두운 칸은 신청인이 적지 아니하며, [ ]에는 해당되는 곳에 √표를 합니다.

접수번호	접수일시		처리기간 7일
신청인	상호 또는 명칭		
	성 명 (대표자)		사업자등록번호 (법인등록번호)
	소재지		전화번호
업무범위	[ ] 고속철도차량 [ ] 일반철도차량 [ ] 도시철도차량		
	[ ] 중정비(重整備) [ ] 경정비(經整備)		
	[ ] 기타 ( )		
변경신고 사유	※ 공간이 부족할 경우에는 자료를 첨부할 수 있습니다.		

「철도안전법」 제38조의7제2항 단서 및 같은 법 시행규칙 제75조의11제4항에 따라 인증정비조직의 변경을 신고합니다.

년 월 일

신청인 (서명 또는 인)

국토교통부장관 귀하

신청인 제출서류	1. 변경 예정인 내용과 증명서류 2. 변경 전후의 대비표 및 설명서	수수료 없 음

처리절차

신청서 작성	→	접 수	→	검 토	→	변경신고 확인
신청인		처리기관 (국토교통부)		처리기관 (철도차량 정비조직 인증검사 시행기관)		처리기관 (국토교통부)

210㎜×297㎜[백상지(80g/㎡) 또는 중질지(80g/㎡)]

[별지 제45호의9서식] 〈신설 19·6·18〉

제 호

인증정비조직 변경신고확인서

1. 회사명:

2. 대표자:

3. 소재지:

4. 구 분

업무범위 [ ] 고속철도차량 [ ] 일반철도차량 [ ] 도시철도차량
[ ] 중정비(重整備) [ ] 경정비(經整備)
[ ] 기타 ( )

5. 주요변경내용 :

「철도안전법」 제38조의7제2항 단서 및 같은 법 시행규칙 제75조의11제5항에 따라 위 철도차량 정비조직인증 변경신고확인서를 발급합니다.

년 월 일

국토교통부장관 직인

210mm×297mm[백상지 120g/㎡]

[별지 제45호의10서식] 〈신설 19·6·18〉

철도차량 정밀안전진단 신청서

※ 색상이 어두운 란은 신청인이 적지 않습니다.

접수번호		접수일시	처리기간 60일 (정밀안전진단 평가기간 제외)
신청인	회사명	사업자등록번호 (법인등록번호)	
	대표자	생년월일	
	주소(회사의 소재지) (전화번호:)		
신청대상	차량형식	차량번호	
	제작사	운행개시일	
	운행거리	수량	
	진단실적여부		

「철도안전법」 제38조의12제1항 및 같은 법 시행규칙 제75조의14제1항에 따라 위 철도차량에 대한 정밀안전진단을 신청합니다.

년 월 일

신청인 (서명 또는 인)

철도차량 정밀안전진단기관의 장 귀하

구분	서류	수수료
신청인 제출서류	1. 정밀안전진단 계획서 2. 정밀안전진단 판정을 위한 제작사양, 도면 및 검사성적서 등의 기술자료 3. 철도차량의 중대한 사고 내역(해당되는 경우에 한정합니다) 4. 철도차량의 주요 부품의 교체 내역(해당되는 경우에 한정합니다) 5. 정밀안전진단 대상 항목의 개조 및 수리 내역(해당되는 경우에 한정합니다) 6. 전기특성검사 및 전선열화검사(電線劣化檢査: 전선을 대상으로 외부적·내부적 영향에 따른 화학적·물리적 변화를 측정하는 검사) 시험성적서(해당되는 경우에 한정합니다)	수수료 「철도안전법」 제74조에 따라 정밀안전진단기관이 정하는 수수료
정밀안전진단기관 확인사항	1. 법인등기사항증명서(법인인 경우만 해당합니다)	

행정정보 공동이용 동의서

본인은 이 건 업무처리와 관련하여 담당 공무원이 「전자정부법」제36조제1항에 따른 행정정보의 공동이용을 통하여 위의 담당 공무원 확인 사항을 확인하는 것에 동의합니다.
* 동의하지 아니하는 경우에는 신청인이 직접 관련 서류를 제출해야 합니다.

신청인 (서명 또는 인)

처리절차

신청서 작성	→	접 수	→	정밀안전진단	→	결정	→	정밀안전진단 결과 통지
신청인		처 리 기 관 (정밀안전진단기관)		처 리 기 관 (정밀안전진단기관)		처 리 기 관 (정밀안전진단기관)		처 리 기 관 (정밀안전진단기관)

210㎜×297㎜[백상지(80g/㎡) 또는 중질지(80g/㎡)]

[별지 제45호의11서식] 〈신설 19·6·18〉

철도차량 정밀안전진단기관 지정신청서

※ 색상이 어두운 칸은 신청인이 적지 아니하며, [ ]에는 해당되는 곳에 √표를 합니다.

접수번호		접수일시	처리기간 60일
신청인	기관명	사업자등록번호 (법인등록번호)	
	대표자	생년월일	
	주소(기관 소재지)		
설립 목적			
설립 연월일			
업무 범위	[ ]고속철도차량 [ ]일반철도차량 [ ]도시철도차량 [ ]특수차		

「철도안전법」 제38조의13제1항 및 같은 법 시행규칙 제75조의17제1항에 따라 철도차량 정밀안전진단기관의 지정을 신청합니다.

년 월 일

신청인 (서명 또는 인)

국토교통부장관 귀하

구분	서류	수수료
신청인 제출서류	1. 운영계획서 2. 정관이나 이에 준하는 약정(법인이나 단체의 경우만 해당합니다) 3. 정밀안전진단을 담당하는 전문인력의 보유 현황 및 기술인력의 자격·학력·경력 등을 증명할 수 있는 서류 4. 정밀안전진단업무규정 5. 정밀안전진단에 필요한 시설 및 장비 내역서 6. 정밀안전진단기관에서 사용하는 직인의 인영(印影: 도장 찍은 모양)	수수료 없 음
담당 공무원 확인사항	법인 등기사항증명서(법인인 경우만 해당합니다)	

행정정보 공동이용 동의서

본인은 이 건 업무처리와 관련하여 담당 공무원이 「전자정부법」제36조제1항에 따른 행정정보의 공동이용을 통하여 위의 담당 공무원 확인 사항을 확인하는 것에 동의합니다.
* 동의하지 아니하는 경우에는 신청인이 직접 관련 서류를 제출해야 합니다.

신청인 (서명 또는 인)

처리절차

신청서 작성	→	접수	→	요건 심사	→	결정	→	철도차량 정밀안전 진단기관 지정	→	통보
신청인		처리기관: (국토교통부)								

210㎜×297㎜[백상지(80g/㎡) 또는 중질지(80g/㎡)]

[별지 제45호의12서식] 〈신설 19·6·18〉

제　　호

철도차량 정밀안전진단기관 지정서

1. 기 관 명:

2. 대 표 자:　　　　　　　　(생년월일:　　　　　　)

3. 소 재 지:

4. 사업자등록번호:
   (법인등록번호)

5. 지정 분야:

6. 지정업무 개시일:

「철도안전법」 제38조의13제1항 및 같은 법 시행규칙 제75조의17제3항에 따라 위 기관을 철도차량 정밀안전진단기관으로 지정합니다.

년　　월　　일

국토교통부장관 [직인]

[별지 제45호의13서식] 〈신설 19·10·23〉

철도보안검색장비 성능인증 신청서

※ 색상이 어두운 난은 신청인이 작성하지 않습니다.

접수번호		접수일시
신청인 (제작자 등)	성명(대표자)	생년월일(법인등록번호)
	상호(사업자 명칭)	전자우편
	사업장 소재지 (전화번호:　　　　)	
신청 내용	종류	
	장비명(모델명)	
	제작자	제조국가
	시험기관(기재하지 않을 경우 한국철도기술연구원이 선정)	
	그 밖의 특기사항	

「철도안전법」 제48조의3제1항 및 같은 법 시행규칙 제85조의6에 따라 철도보안검색장비의 성능 인증을 신청합니다.

년　　월　　일

신청인　　　　(서명 또는 인)

한국철도기술연구원장 귀하

신청인 제출서류	1. 사업자등록증 사본 2. 대리인임을 증명하는 서류(대리인이 신청하는 경우에 한정합니다) 3. 보안검색장비의 성능 제원표 및 시험용 물품(테스트 키트)에 관한 서류 4. 보안검색장비의 구조·외관도 5. 보안검색장비의 사용·운영방법·유지관리 등에 대한 설명서 6. 「철도안전법 시행규칙」 제85조의5에 따른 기준을 갖추었음을 증명하는 서류	수수료 「철도안전법」 제74조에 따라 한국철도기술연구원이 정하는 수수료
한국철도기술연구원 확인사항	법인 등기사항증명서(신청인이 법인인 경우만 해당합니다)	

행정정보 공동이용 동의서

본인은 이 건 업무처리와 관련해 한국철도기술연구원 담당자가 「전자정부법」 제36조제1항에 따른 행정정보의 공동이용을 통해 위 한국철도기술연구원 확인사항을 확인하는 것에 동의합니다. * 동의하지 않는 경우에는 신청인이 직접 관련 서류를 제출해야 합니다.

신청인　　　　(서명 또는 인)

처리절차

이 신청서는 아래와 같이 처리됩니다.

신청서 작성	→	접수 및 검토	→	시험계획서 작성	→	성능평가시험	→	성능인증서 발급
신청인		한국철도기술연구원		시험기관		시험기관		인능기관

210㎜×297㎜[백상지(80g/㎡)]

[별지 제45호의14서식] 〈신설 19·10·23〉

철도보안검색장비 성능시험 결과서

시험기관		발급일
접수번호		발급번호
신청인	성명(대표자)	생년월일(법인등록번호)
	상호(사업자 명칭)	
	사업장 소재지 (전화번호:)	
시험 결과	장비 종류(모델명)	일련번호(S/N)
	제작자	제조국가
	시험수행일	발급 번호 제 호
	시험 방법	
	시험 결과 적합 [ ], 부적합 [ ]	
	그 밖의 특기사항	

「철도안전법」 제48조의3제1항 및 같은 법 시행규칙 제85조의6제3항에 따라 보안검색장비 성능평가시험 결과를 통보합니다.

년 월 일

시험기관장 [직인]

한국철도기술연구원장 귀하

210㎜×297㎜[백상지(80g/㎡)]

[별지 제45호의15서식] 〈신설 19·10·23〉

제 호

철도보안검색장비 성능인증서

1. 제작자 성명(대표자) 또는 명칭:

2. 사업장 소재지:

3. 장비 종류:

4. 장비명(모델명) 및 일련번호(S/N):

5. 성능인증 유효기간:

6. 제작자(제조국가):

7. 시험기관:

위 보안검색장비는 「철도안전법」 제48조의3제1항 및 같은 법 시행규칙 제85조의6제4항에 따라 성능인증 기준에 적합한 장비임을 증명합니다.

년 월 일

한국철도기술연구원장 [직인]

210mm×297mm[백상지(150g/㎡)]

[별지 제45호의16서식] 〈신설 19 · 10 · 23〉

철도보안검색장비 시험기관 지정 신청서

※ 색상이 어두운 난은 신청인이 작성하지 않습니다.

접수번호	접수일시	처리기간 30일

신청인	상호(법인 또는 단체)	법인등록번호
	사업장 소재지 (전화번호:)	

시험업무의 수행범위

「철도안전법」 제48조의4 및 같은 법 시행규칙 제85조의8제2항에 따라 시험기관의 지정을 위와 같이 신청합니다.

년　　월　　일

신청인　　(서명 또는 인)

국토교통부장관 귀하

신청인 제출서류	1. 사업자등록증 및 인감증명서(법인인 경우에 한정합니다) 2. 법인의 정관 또는 단체의 규약 3. 성능시험을 수행하기 위한 조직 · 인력, 시험설비 등을 적은 사업계획서 4. 국제표준화기구(ISO) 또는 국제전기기술위원회(IEC)에서 정한 국제기준에 적합한 품질관리규정 5. 「철도안전법 시행규칙」 제85조의8제1항에 따른 시험기관 지정기준을 갖추었음을 증명하는 서류	수수료 없음
담당 공무원 확인사항	법인 등기사항증명서(신청인이 법인인 경우만 해당합니다)	

행정정보 공동이용 동의서

본인은 이 건 업무처리와 관련해 담당 공무원이 「전자정부법」제36조제1항에 따른 행정정보의 공동이용을 통해 위 담당 공무원 확인사항을 확인하는 것에 동의합니다. * 동의하지 않는 경우에는 신청인이 직접 관련 서류를 제출해야 합니다.

신청인　　(서명 또는 인)

처 리 절 차

이 신청서는 아래와 같이 처리됩니다.

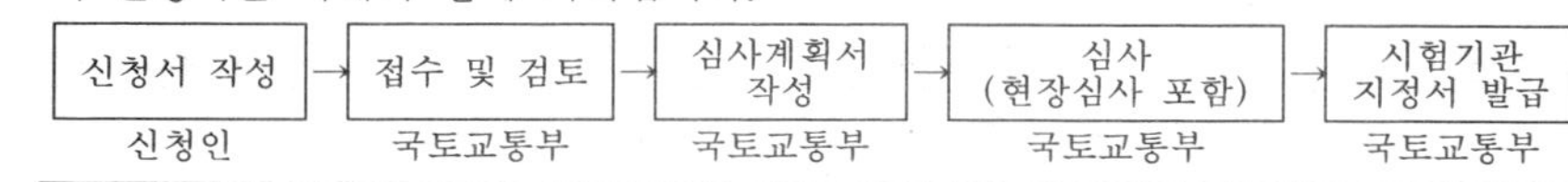

210㎜×297㎜[백상지(80g/㎡)]

[별지 제45호의17서식] 〈신설 19 · 10 · 23〉

제　　호

철도보안검색장비 시험기관 지정서

1. 기 관 명:　　(사업자등록번호:)

2. 대 표 자:　　(생년월일:)

3. 소 재 지:

4. 업무 수행 범위:

「철도안전법」 제48조의4 및 같은 법 시행규칙 제85조의8제4항에 따라 위 기관을 시험기관으로 지정합니다.

년　　월　　일

국토교통부장관 직인

210mm×297mm[백상지(150g/㎡)]

[별지 제46호서식] 〈개정 12·12·10, 15·10·2, 16·8·10, 19·6·18〉

철도안전 전문인력 [ ] 자격부여 [ ] 증명서 재발급 신청서

※ 뒤쪽의 작성방법을 읽고 작성하시기 바라며, [ ]에는 해당되는 곳에 √표시를 합니다. (앞 쪽)

접수번호	접수일	처리기간 30일

신청인	성명 (한글) (한자) (영문)	생년월일	사 진 (제출일 기준 6개월 이내에 모자를 벗은 상태에서 배경 없이 촬영된 상반신 컬러사진) (3.5cm×4.5cm)
	주소	연락처 자택) 휴대전화) e-mail)	

	분야 / 구분	전기철도	철도신호	철도궤도	철도운행안전관리	분야 / 구분	철도차량
신청내용	설계					시험·검사	
	감리					진단·자문	
	시공					품질·안전점검	
	신청 등급	[ ]1등급	[ ]2등급	[ ]3등급	[ ]4등급		

현 근무처	상호		업종		
	소재지		전화번호		
	대표자	부서		직위	

	학교명	전공학과	입학 연월일	졸업 연월일	학위 번호
학력사항					

	자격 종목 및 등급	등록 번호	등록 연월일	발급 기관
기술자격				

	교육기간	교육과정	수료번호	교육기관
교육훈련	. . . ~ . . .			
	. . . ~ . . .			
	. . . ~ . . .			

	발생 연월일	종류	상훈·제재기관	근거
상훈·제재				

210mm×297mm[백상지 80g/㎡(재활용품)]

(뒤 쪽)

업무경력

일련번호	근무기간	근무연수	근무회사명	담당 업무(직위)	참여사업명(설비명, 발주자)	증명서류 유무
1	. . . ~ . . .					
2	. . . ~ . . .					
3	. . . ~ . . .					
4	. . . ~ . . .					
5	. . . ~ . . .					
6	. . . ~ . . .					
7	. . . ~ . . .					
8	. . . ~ . . .					

「철도안전법 시행규칙」 제92조제1항에 따라 철도운행안전관리자·철도안전전문기술자 인정(변경)신청을 합니다.

년 월 일

신청인 (본인) 성명 (서명 또는 인)

(대리인) 성명
생년월일 (서명 또는 인)

안전전문기관의 장 귀하

첨부서류	1. 경력을 확인할 수 있는 자료(경력증명서 등) 1부 2. 교육훈련 이수증명서(해당자에 한정합니다) 1부 3. 「전기공사업법」에 따른 전기공사기술자, 「전력기술관리법」에 따른 전력기술인, 「정보통신공사업법」에 따른 정보통신기술자 경력수첩 또는 「건설기술 진흥법」에 따른 건설기술경력증 사본(해당자에 한정합니다) 1부 4. 국가기술자격증 사본(국가기술자격자에 한정합니다) 1부 5. 이 법에 따른 철도차량정비경력증 사본(해당자에 한정합니다) 1부 6. 사진(제출일 기준 6개월 이내에 모자를 벗은 상태에서 배경 없이 촬영된 상반신 컬러사진으로 가로 3.5센티미터, 세로 4.5센티미터) 1장	수수료 17,500원

작성방법

1. 신청내용 구분란은 본인의 기술경력으로서 해당되는 곳에 V표시를 합니다.
2. 신청등급란에 본인이 V표시를 합니다(철도운행안전관리자는 제외합니다).
3. 현 근무처란의 업종란에는 근무회사가 인가·허가를 받은 주 업종을 적습니다.
4. 학력사항란에 최종학력(대학 이상은 모두)을 적습니다.
5. 기술자격란에 소지하고 있는 국가기술자격과 민간자격증 등을 모두 적습니다.
6. 교육훈련란에 「철도안전법 시행령」 제60조와 같은 법 시행규칙 제91조에 따라 지정교육훈련기관에서 3주 이상 교육을 이수한 사항을 적습니다.
7. 상훈·제재란은 본인이 철도와 관련하여 정부, 공공기관으로부터 받은 상장·표창과 제재 사항 등을 적습니다.
8. 발급신청란의 해당란에 본인이 V표시를 합니다.
9. 업무경력란에 입사 및 퇴사(퇴직) 연월일과 직위·직급을 적고, 공직자는 근무회사명에 근무지를 세부 단위까지 적습니다. 기재란이 부족할 경우에는 별첨으로 하되 인적사항(성명, 생년월일)을 적고 날인합니다.

처리절차

신청서 작성	→	접수	→	검토	→	자격부여(재발급) 결정	→	자격증명서 발급
신청인		처리기관 (안전전문기관의 장)		처리기관 (안전전문기관의 장)		처리기관 (안전전문기관의 장)		

[별지 제47호서식] 〈개정 12·12·10, 15·10·2, 16·8·10〉

(표지 앞쪽)

철도안전 전문인력 자격증명서

(안전전문기관 로고 삽입: 생략 가능)

안전전문기관 명칭

90mm×120mm(고급비닐 200g/㎡)

(표지 뒤쪽)

(제1쪽)

유의사항

1. 철도안전 전문인력 자격증명서는 항상 휴대하여야 하며, 관계인의 요구가 있을 때 보여 주어야 합니다.

2. 철도안전 전문인력 자격증명서의 갱신 및 재발급 사유(헐어 못 쓰게 된 경우나 잃어버린 경우, 철도안전전문기술자격 등급 변경 등)가 발생한 경우에는 「철도안전법 시행규칙」 제92조제3항에 따라 조속히 재발급을 받아야 합니다.

3. 철도안전 전문인력 자격증명서를 다른 사람에게 대여하여서는 안 됩니다.

4. 철도안전 전문인력은 『철도안전법』 등 관계법령의 규정을 준수해야 합니다.

90mm×120mm(백상지 100g/㎡)

(제2쪽)

철도안전 전문인력 자격증명서

(　　　　분야)

등록번호: 제　　　호

구분:　　　　　등급:

성명:

생년월일:　　　-

사진 (3.5cm×4.5cm)

주소:

「철도안전법」 제69조 및 같은 법 시행규칙 제92조제2항에 따라 철도안전 전문인력 자격증명서를 발급합니다.

발급 연월일:　　　년　　월　　일

발급자 확인

안전전문기관의 장 직인

정해진 직인, 발급자인 및 철인이 없는 것은 무효임

(제3쪽)

▲ 학력

학교명	학과(전공)	학위	졸업 연월일

▲ 국가기술자격

자격종목	등록번호	합격 연월일

▲ 교육훈련

기간	교육과정명	교육훈련기관

(제4쪽)

▲ 상훈/제재

연월일	종류	상훈기관/제재기관	근거

▲ 근무처 및 기술자 주소 변경

날짜	소속 회사/주소	확인자 (서명 또는 인)

비고: 근무처 및 기술자 주소 변경란은 5쪽 이후에 추가할 수 있습니다.

[별지 제47호의2서식] 〈개정 13·3·23, 19·6·18〉

철도안전 전문기관 지정신청서

접수번호	접수일	처리기간 60일

신청인	기관명	사업자등록번호 (법인등록번호)
	대표자	전화번호
	주 소	

신청 관련 사항	교육과정 및 점검 분야	교육 정원	
		일간	연간
철도안전 전문교육 및 점검 (　　　　　) 분야			

「철도안전법」 제69조 및 같은 법 시행규칙 제92조의4제1항에 따라 철도안전 전문기관으로 지정받고자 신청합니다.

년　　월　　일

신청인　　　　　　(서명 또는 인)

국토교통부장관 귀하

신청인 제출서류	1. 안전전문기관 운영 등에 관한 업무규정 2. 교육훈련이 포함된 운영계획서(교육훈련평가 계획을 포함합니다) 3. 정관이나 이에 준하는 약정(법인 그 밖의 단체의 경우만 해당합니다) 4. 교육훈련, 철도시설 및 철도차량의 점검 등 안전업무를 수행하는 사람의 자격·학력·경력 등을 증명할 수 있는 서류 5. 교육훈련, 철도시설 및 철도차량의 점검에 필요한 강의실 등 시설·장비 등 내역서 6. 안전전문기관에서 사용하는 직인의 인영	수수료 없음
담당 공무원 확인사항	법인 등기사항증명서(법인인 경우만 해당합니다)	

처리절차

신청서 작성	→	접수	→	검토	→	결재	→	지정서 발급
신청인		처리기관 (국토교통부)		처리기관 (국토교통부)		처리기관 (국토교통부)		

210mm×297mm[백상지 80g/㎡(재활용품)]

[별지 제47호의3서식] 〈개정 13·3·23〉

제 호

철도안전 전문기관 지정서

(분야)

1. 기관의 명칭:

2. 소재지:

3. 설립자
   가. 성명(대표자):
   나. 사업자등록번호:
   (법인등록번호)
   다. 주소:

4. 지정 교육과정:

5. 신청 구분:

6. 지정 조건:

「철도안전법」 제69조제5항 및 같은 법 시행규칙 제92조의4제2항에 따라 철도안전 전문기관으로 지정합니다.

년 월 일

국토교통부장관 직인

210mm×297mm[백상지 120g/㎡]

[별지 제47호의4서식] 〈신설 19·10·23〉

철도운행안전관리자 근무상황 일지

20 년 월 일

① 공 사 명					
② 작업내용					
③ 협의 대상자					
④ 협의내용					
⑤ 작업현장 확인점검 및 안전조치내역					
⑥ 작업원에 대한 안전교육 내용					
⑦ 안전교육 참석자 (명)					
소 속	성 명	서 명	소 속	성 명	서 명
철도운행안전관리자 (성명)			(서명)		
연 락 처 :					

작 성 방 법

1. ③란은 작업 시행에 따른 열차의 운행일정에 대하여 실제 협의한 사람(관제사, 역장, 운전취급자 등)을 적습니다.
2. ④란은 작업시간, 작업인원, 작업내용 등 실제 작업 수행과 관련된 내용을 적습니다.
3. ⑤란은 「산업안전보건기준에 관한 규칙」 제407조에 따른 열차운행감시인 등 다른 법령에서 정한 의무 배치 여부, 공사알림판 등 각종 공사와 관련된 표지판 설치 여부, 작업자의 안전보호구 착용 등 확인 여부를 적습니다.

210㎜×297㎜[백상지(80g/㎡)]

[별지 제47호의5서식] 〈신설 19·10·23〉

제　　호

철도운행안전관리자 자격 취소·효력정지 처분 통지서

성　명			생년월일	
행정처분	처분자격		자격번호	
	처분내용			
	처분일			
	처분사유			

「철도안전법」 제69조의4제2항 및 같은 법 시행규칙 제92조의8에 따라 행정처분을 통지하오니 같은 법 제69조의4제2항에서 준용하는 같은 법 제20조제3항에 따라 철도운행안전관리자 자격의 취소나 효력정지 처분통지를 받은 날부터 15일 이내에 안전전문기관에 자격증명서를 반납하시기 바랍니다.

년　　월　　일

국토교통부장관 직인

유 의 사 항

1. 철도운행안전관리자 자격증명서를 반납하지 않더라도 위 행정처분란의 결정내용에 따라 취소 또는 정지처분의 효력이 발생합니다.
2. 철도운행안전관리자 자격 취소 또는 효력정지 처분에 대하여 이의가 있는 사람은 「행정심판법」 또는 「행정소송법」에 따라 기한 내에 행정심판 또는 행정소송을 제기할 수 있습니다.

210mm×297mm[백상지 80g/㎡]

[별지 제48호서식] 〈개정 08·3·14, 13·3·23, 15·10·2, 16·8·10〉

(앞쪽)

증명서 번호: 제　호

검사 공무원증

사　진
(모자를 쓰지 않고 배경 없이 6개월 이내에 촬영한 것)
(3.5cm × 4.5cm)

홍 길 동
Hong. G. D

국토교통부장관

55㎜×85㎜[폴리염화비닐(PVC)]

(색상: 연하늘색)

(뒤 쪽)

검사 공무원증

성명(Name): 홍길동
생년월일:

위 사람은 「철도안전법」 제73조제4항 및 같은 법 시행규칙 제93조에 따라 검사 공무원임을 증명합니다.

년　　월　　일

국토교통부장관 직인
☎(044) 0000-0000

1. 이 증은 다른 사람에게 대여하거나 양도할 수 없습니다.
2. 이 증을 습득한 경우에는 가까운 우체통에 넣어 주십시오.

비고: 앞면의 바탕에는 돋을새김 디자인 또는 비표를 넣어 쉽게 위조할 수 없도록 합니다.

철도안전관리체계 기술기준

제정 2014 · 5 · 26 국토교통부고시 제2014- 132호
2015 · 7 · 6 국토교통부고시 제2015- 477호
2015 · 12 · 30 국토교통부고시 제2015-1033호
2016 · 12 · 30 국토교통부고시 제2016-1017호
2017 · 12 · 29 국토교통부고시 제2017- 945호
2019 · 1 · 10 국토교통부고시 제2019- 37호
2019 · 7 · 10 국토교통부고시 제2019- 368호

제1장 총칙

1. 목적

이 기술기준은 「철도안전법」 제7조제5항에 따른 철도안전경영, 위험관리, 사고조사 및 보고, 내부점검, 비상대응계획, 비상대응훈련, 교육훈련, 안전정보관리, 운행안전관리, 차량 및 시설의 유지관리(차량의 기대수명에 관한 사항을 포함한다) 등 철도운영 및 철도시설의 안전관리에 필요한 기준을 정하기 위한 것이다

2. 정의

이 기술기준에서 사용하는 용어의 뜻은 다음과 같다. 여기에서 정의한 용어 외에는 「철도산업발전기본법」, 「철도사업법」, 「철도안전법」, 「철도의 건설 및 철도시설 유지관리에 관한 법률」, 「도시철도법」 등 철도관련법령을 따른다.

가. "철도안전관리체계"란 철도운영자 및 철도시설관리자(이하 "철도운영자등"이라 한다)가 철도를 운영하거나 철도시설을 관리하기 위하여 갖추어야 하는 인력, 시설, 차량, 장비, 운영절차, 교육훈련 및 비상대응계획 등 안전관리에 관한 유기적 체계를 말하며, 철도안전관리시스템(SMS), 열차운행체계 및 유지관리체계로 구성된다.

나. "철도안전관리시스템(SMS : Safety Management System)"이란 명확하고 체계적으로 사전적 · 예방적인 철도안전관리 활동을 시행하기 위해 안전관리의 조직구조, 역할과 책임, 절차, 준비, 관리, 경영 및 규정 등에 대한 유기적인 체계를 말한다.

다. "열차운행체계"란 열차의 안전운행을 위해 열차운행 조직 · 인력, 열차운행 방법 · 절차 · 계획, 승무 및 역무, 철도관제, 철도보호, 질서유지 및 운영기록 등에 대한 유기적인 체계를 말한다.

라. "유지관리체계"란 철도차량 및 철도시설의 안전을 확보하기 위해 철도차량, 노반, 궤도, 건축, 전철전력, 신호, 통신 분야의 점검, 보수, 교체 및 개량 및 개조 등 유지관리에 대한 유기적인 체계를 말한다.

마. "철도안전관리시스템(SMS) 프로그램"이란 철도안전관리시스템(SMS)의 조건을 만족하는 안전관리에 필요한 모든 활동 및 절차 등을 기술한 문서를 말한다.

바. "열차운행 프로그램"이란 열차운행체계의 조건을 만족하는 철도차량 및 열차의 안전운행에 필요한 모든 활동 및 절차 등을 기술한 문서를 말한다.

사. "유지관리 프로그램"이란 유지관리체계의 조건을 만족하는 철도차량 및 철도시설의 유지관리에 필요한 모든 활동 및 절차 등을 기술한 문서를 말한다.

아. "안전관리체계 책임자"란 철도운영자등에서 안전관리 업무를 총괄관리하는 자를 말한다.

자. "철도종사자"란 철도안전법 제2조제10호 및 같은법 시행령 제3조에 해당하는 자를 말한다.

차. "안전업무수행자"란 철도종사자와 안전관리체계 책임자, 본사 및

현업의 철도 안전관리업무를 수행하는 자, 기타 철도운영자등이 안전관리에 필요하다고 결정한 자를 말한다.

카. "위험요인(Hazard)"이란 철도사고 및 장애가 발생할 수 있거나 잠재되어 있는 상태를 말하며, 위반과 오류에 의한 인적요인, 고장, 파손, 변형 등에 의한 기술적 요인, 기후조건, 불법행위에 의한 외부 환경요인 등을 말한다.

타. "위험도(Risk)"란 위험요인에 의한 발생가능성(Probability)과 심각도(Severity)에 따라 측정되는 위험의 정도를 말한다.

파. "위험도 평가(Risk Assessment)"란 위험요인을 분석하고 해당 위험요인에 의한 철도사고 및 장애 등의 발생가능성과 심각도를 평가한 후 예방대책을 수립·시행하는 일련의 과정을 말한다.

하. "안전정보"란 철도안전관리에 활용될 수 있는 모든 자료를 말한다.

거. "변경관리"란 철도운영자등의 안전관리체계에 영향을 주는 내·외부의 변화에 따라 새롭게 발생하거나 변경되는 위험을 파악하고, 통제하는 것을 말한다.

너. "적격성"이란 철도안전관리 업무수행에 적합한 지식, 경험 및 능력을 갖춘 정도를 말한다.

더. "철도관련법령"이란 「철도산업발전기본법」, 「철도사업법」, 「철도안전법」, 「철도의 건설 및 철도시설 유지관리에 관한 법률」, 「도시철도법」 등을 말한다.

러. "시정조치"란 철도안전관리체계의 부적합사항, 철도사고 및 장애 등의 발생 원인을 제거하기 위한 조치를 말한다.

머. "계약자"란 열차운행 및 시설관리 등의 업무를 철도운영자등으로부터 위탁받은 자를 말한다. 단, 철도운영자등으로부터 열차운행이나 시설관리 각 업무의 일체를 위탁받은 자는 철도운영자등의 책무를 가진 것으로 본다.

버. "개조"란 철도차량을 최초 제작 당시와 다르게 부품, 구성품 또는 차량성능 등을 개량 및 변경하는 행위를 말한다.

서. "작업책임자"란 철도차량의 운행선로 또는 그 인근에서 철도시설의 건설 또는 관리와 관련된 작업의 협의·지휘·감독·안전관리 등의 업무에 종사하도록 철도운영자 또는 철도시설관리자가 지정한 사람을 말한다.

어. "철도운행안전관리자"란 철도차량의 운행선로 또는 그 인근에서 철도시설의 건설 또는 관리와 관련한 작업의 일정을 조정하고 해당 선로를 운행하는 열차의 운행일정을 조정하는 사람을 말한다.

3. 해석

철도관련법령과 철도안전관리체계 기술기준의 의미가 다른 경우, 철도관련법령을 우선하여 적용한다.

4. 적용범위

가. 이 기술기준은 다음 사항의 어느 하나에 해당하는 철도를 운영하거나 시설을 관리하는 자에게 적용된다.

1) 고속철도

2) 일반철도

3) 도시철도

나. 철도운영자등이 철도안전관리체계의 승인 또는 변경승인 요청 시 철도안전관리체계 기술기준 해당항목에 만족하도록 하여야 한다.

다. 철도운영자등은 열차운행이나 유지관리 업무의 일부 또는 전부를 계약자에게 위탁하는 경우에도 안전관리체계의 이행에 대한 책임을 가져야 한다.

5. 기술기준의 구성

가. 이 기술기준은 철도안전관리시스템, 열차운행체계 및 유지관리체계로 구성된다.

나. 철도안전관리시스템은 10개 대분류, 28개의 소분류로 구성된다.

다. 열차운행체계는 10개의 소분류, 유지관리체계는 9개의 소분류로 구성된다.

라. 이 기술기준은 5단계의 분류체계로서 사용하는 기호는 다음과 같다.

1) 대분류 : 한 자리 숫자(1)

2) 소분류 : 두 자리의 숫자(1.1)

3) 소분류의 각 항목 : 세 자리의 숫자(1.1.1)

4) 소분류 항목의 내용 : '가, 나, 다' 순으로 표시

5) 소분류 항목의 상세 내용 : '1), 2), 3)' 순으로 표시

제2장 철도안전관리체계 기술기준

1. 철도안전경영

1.1 철도안전관리시스템(SMS)

1.1.1 철도안전관리시스템(SMS) 프로그램의 수립

철도운영자등은 전체 안전에 대한 지침을 전달하는 핵심수단이 되도록 문서화된 철도안전관리시스템(SMS) 프로그램을 수립, 실행 및 유지하여야 하며, 철도안전관리시스템(SMS) 프로그램에는 다음 사항을 포함하여야 한다.

가. 철도안전관리시스템(SMS) 개요

나. 철도안전경영

다. 문서화

라. 위험관리

마. 요구사항 준수

바. 사고조사 및 보고

사. 내부점검

아. 비상대응

자. 교육훈련

차. 안전정보

카. 안전문화

1.2 안전경영방침

1.2.1 안전경영방침의 수립 등

철도운영자등의 최고경영자는 문서화된 안전경영방침을 수립, 실행 및 유지하여야 하며, 안전경영방침은 다음 사항을 포함하여야 한다.

가. 철도안전에 대한 경영진의 참여

나. 안전경영을 기본가치로 하는 의사결정의 추구

다. 안전경영에 대한 임직원의 역할과 책임

라. 철도안전관리체계의 적절한 이행방법과 자원의 배분

마. 안전성과에 따른 안전경영의 지속적 개선 의지

바. 안전경영과 관련하여 적용되는 법령 요구사항 및 철도운영자등이 동의한 그 밖의 요구 사항을 준수하겠다는 의지 등

1.2.2 안전경영방침의 제공 등

철도운영자등은 수립된 안전경영방침을 직원, 이해관계자 및 일반인 등 누구나 알 수 있도록 홈페이지 게재 등의 방법으로 공개 또는 제공하여야 한다.

1.2.3 안전경영방침의 검토

최고경영자는 안전경영방침을 주기적으로 검토하여야 하며, 검토시 안전관리변화, 철도이용자 등의 요구 등을 감안하여야 한다.

1.3 안전목표

1.3.1 안전목표의 수립 등

철도운영자등은 내부 조직의 기능과 계층별로 문서화된 안전목표를

수립, 실행 및 유지하여야 하며, 안전목표는 다음 사항을 만족하여야 한다.

가. 실현 가능한 목표를 설정하되, 측정이 가능하도록 정량적인 수치로 목표 수립

나. 정량적인 수치로 목표 수립이 곤란한 경우에 정성적인 목표 수립도 가능

다. 안전목표와 관련하여 적용되는 법령 요구사항 및 철도운영자등이 동의한 그 밖의 요구사항 준수

라. 안전성과에 따른 안전경영의 지속적 개선 의지가 포함된 안전경영 방침과의 일관성 등

1.3.2 안전목표의 문서화

철도운영자등은 안전목표의 수립에 필요한 문서화된 기준 또는 절차를 마련하여야 하며, 안전목표를 수립·검토할 때에는 다음 사항을 고려하여야 한다.

가. 법령 요구사항, 철도운영자등이 동의한 그 밖의 요구사항 및 위험도

나. 철도운영자등의 기술적 대안, 재정 및 운영 측면의 요구사항과 이해관계자의 견해 등

1.4 안전계획

1.4.1 안전계획의 수립 등

철도운영자등은 안전목표의 달성과 안전관리 활동을 위해 안전계획을 수립, 실행 및 유지하여야 하며, 안전계획에는 다음 사항을 포함하여야 한다.

가. 전년도 안전목표 달성여부 및 현안사항 등에 대한 성과분석

나. 해당 연도의 안전목표 설정

다. 해당 연도의 안전목표를 달성하기 위한 구체적인 실행 절차

라. 그 밖에 안전관리에 필요한 사항 등

1.4.2 안전계획의 검토

철도운영자등은 안전목표를 달성하기 위해 안전목표와 관련된 안전성과와 안전계획을 주기적으로 검토하여야 하며, 검토결과 변경이 필요할 경우에는 안전목표를 조정하여야 한다.

1.5 안전경영의 검토

1.5.1 주기적인 안전경영의 검토

최고경영자는 철도안전관리체계의 적정성, 충족성 및 효과성을 보장하여야 하며, 지속적으로 개선하기 위하여 계획된 주기에 의해 철도안전관리체계를 검토하여야 하고, 안전경영의 검토기록을 작성 및 유지하여야 하며, 안전경영의 검토사항은 다음과 같다.

가. 안전경영의 방침결정에 관한 사항

나. 안전에 대한 주요 보고사항

1) 안전과 관련된 법령 및 요구사항의 변경을 포함한 환경여건 변화

2) 위험도 평가 결과

3) 기존 안전경영의 검토에 대한 후속조치 등

다. 안전목표를 포함한 안전계획 수립에 관한 사항

라. 안전성과 보고 사항

1) 철도운영자등의 안전성과

2) 내부 점검결과

3) 종결되지 않은 주요 시정조치 등

1.5.2 안전경영의 검토 결과

안전경영의 검토 결과에는 철도운영자등의 지속적인 개선 의지가 반영되어야 하고, 다음 사항을 포함하여야 한다.

가. 조치할 사항

나. 안전성과

다. 안전경영방침 및 목표

라. 인적 · 기술적 · 재정적 자원
마. 철도안전관리체계 기타 요소

1.5.3 안전경영 검토 결과의 제공

안전경영의 검토 결과는 관련 직원, 계약자 및 이해관계자가 알 수 있도록 홈페이지 게재 등으로 공개 또는 제공하여야 한다.

1.6 역할과 책임

1.6.1 최고경영자의 책임

최고경영자는 모든 안전문제 및 철도안전관리체계에 대한 최종 책임을 가지며, 다음 사항에 대한 역할과 책임을 갖추어야 한다.

가. 철도안전관리체계에 대한 계획 수립, 실행, 유지 및 개선하기 위해 필수적인 자원의 가용성을 보장
나. 철도안전관리체계 책임자의 지정
다. 효과적인 안전경영을 촉진하기 위한 역할, 책임, 의무 분담 및 권한 위임의 정의 등

1.6.2 안전관리 조직 및 인력

철도운영자등은 철도안전관리체계 이행을 위해 다음 사항을 고려한 안전관리 조직 및 인력을 갖추어야 한다.

가. 철도안전관리체계 이행에 적합한 안전관리 조직의 규모, 구조 및 인력 구성
나. 최고경영자에게 직접 보고할 수 있는 체계
다. 안전과 관련된 주요사항에 대한 협의 · 조정 · 심의를 위한 기구 등의 구성

1.6.3 역할과 책임의 분담

철도운영자등은 다음과 같이 안전관리에 대한 역할, 책임 및 의무가 분담되고, 권한이 위임되도록 보장하여야 한다.

가. 안전관리 업무 및 활동 등에 대한 역할, 책임 및 의무의 분담
나. 적정 역량을 갖춘 직원에게 분담된 역할, 책임 및 의무에 대한 권한 위임
다. 권한을 위임받은 직원이 역할과 책임 및 의무를 제대로 수행하기 위해 역량 있는 인적자원을 보유하도록 보장

1.6.4 철도안전관리체계 책임자의 역할과 책임

철도안전관리체계 책임자는 다음 사항에 대한 역할과 책임을 가져야 한다.

가. 철도안전관리체계의 수립, 실행 및 유지
나. 철도안전관리체계 성과의 보고
다. 외부기관, 이해관계자와의 협력 및 협의
라. 철도안전관리체계의 지속적 개선 등

1.6.5 역할과 책임의 문서화

철도운영자등은 조직 구성원의 철도안전관리에 대한 역할과 책임을 문서화하여야 하며, 주기적으로 검토하여야 한다.

1.6.6 철도운영자등의 상호 협조

동일 구간의 안전관리를 담당하는 철도운영자와 철도시설관리자가 다르거나 또는 둘 이상의 철도운영자가 있는 경우에는 다음의 사항을 협의 · 조정하여야 한다.

가. 해당 노선 · 역사에 대한 철도안전관리체계 승인 또는 변경승인
나. 새로운 노선 · 역사의 개통하는 경우, 시설물 인수인계 및 유지관리 정보 확인 등
다. 기타 해당 노선 · 역사의 철도 안전확보를 위해 필요한 사항

2. 문서화

2.1 문서화 및 관리

2.1.1 문서화 대상

철도운영자등의 철도안전관리체계 문서화 대상에는 다음 사항을 포함하여야 한다.

가. 안전경영방침 및 안전목표

나. 철도안전관리체계 적용범위

다. 철도안전관리체계의 주요 구성요소 및 상호관계, 관련 문서의 참조 사항

라. 철도운영자등의 안전관리 과정에 대한 효과적인 기획, 운영 및 관리를 보장하기 위해 철도운영자등에서 필요하다고 결정한 기록 등의 문서

마. 철도안전관리시스템(SMS) 프로그램

바. 열차운행 프로그램

사. 유지관리 프로그램

2.1.2 문서관리 절차

철도운영자등은 철도안전관리체계에서 요구하는 문서관리 절차를 수립, 실행 및 유지하여야 하며, 문서관리 절차에는 다음 사항을 포함하여야 한다.

가. 문서관리의 역할과 책임

나. 문서의 변경사항에 대한 구성, 생성, 배포, 관리

다. 모든 관련 문서의 정보에 대한 문서관리 또는 기타 등록 시스템을 활용한 수신, 수집, 배부, 담당자의 지정, 처리, 발송, 보관

라. 효력이 상실된 문서에 대한 의도되지 않은 사용을 방지하고, 어떤 목적을 위해 보유할 경우에 적절한 식별이 적용되도록 조치 등

2.1.3 기록관리 절차

철도운영자등은 철도안전관리체계의 요구사항에 대한 적합성과 달성된 결과를 실증하기 위해 필요한 기록을 읽기 쉬우면서 식별 및 추적이 가능하도록 작성·유지하여야 하고, 문서화된 기록관리 절차를 수립, 실행 및 유지하여야 하며, 기록관리 절차에는 다음 사항을 포함하여야 한다.

가. 관리하여야 할 기록의 정의

나. 기록의 식별, 보관, 보호, 검색, 보유 및 폐기 등

3. 위험관리

3.1 위험도 평가 및 관리

3.1.1 위험관리 절차

철도운영자등은 철도사고 및 장애 등을 유발하는 잠재된 위험요인을 발견하고, 이를 평가 및 관리하기 위해 문서화된 위험관리 절차를 수립, 실행 및 유지하여야 하며, 위험관리 절차에는 다음 사항이 포함되어야 한다.

가. 위험관리 조직

나. 위험도 평가를 시행하여야 하는 조건 및 시기

다. 위험도 평가 절차(위험요인의 식별, 위험도 분석, 평가 및 안전대책 등)

라. 위험도 평가관리

마. 안전관리 의사결정 절차

바. 후속조치 및 위험 재평가 등

3.1.2 위험도 평가 절차

철도운영자등은 지속적인 위험요인의 식별, 위험도 분석, 평가 및 안전대책 등에 대한 관리사항을 결정하기 위해 문서화된 절차를 수립, 실행 및 유지하여야 하며, 위험요인의 식별, 위험도 분석, 평가 및 안전대책 등을 결정하기 위한 세부적인 사항은 별표 1과 같다.

3.1.3 위험도 관리 기준

철도운영자등은 위험도를 관리하기 위해 수용가능, 경감수용가능, 수용불가 등의 기준을 수립, 실행 및 유지하여야 한다.

3.1.4 설계단계 위험도 평가의 활용

철도운영자등은 철도차량과 철도시설의 설계단계부터 식별한 위험요인, 위험도 평가 및 결정된 안전대책 등의 적정성을 확인하고, 이에 대한 결과물을 운영단계에 활용하여야 한다.

3.1.5 위험도 평가 등의 문서화

철도운영자등은 식별된 위험요인, 위험도 평가 및 결정된 안전대책 결과를 항상 최신의 것으로 문서화하고 유지하여야 한다.

3.2 안전대책

3.2.1 안전대책의 수립 등

철도운영자등은 위험도를 관리하기 위한 안전대책을 수립, 실행 및 유지하여야 한다.

3.2.2 안전대책 효과 모니터링

철도운영자등은 위험도를 관리하기 위한 안전대책의 효과를 모니터링하고 필요할 경우에 안전대책을 변경하여야 한다.

3.2.3 다른 철도운영자등의 참여

철도운영자등은 위험도를 관리하기 위한 안전대책을 시행함에 있어, 관련된 다른 철도운영자등과 차량제작자, 시설물 설치자, 유지관리자, 계약자 등을 참여시켜야 한다.

3.2.4 안전대책의 제공 등

철도운영자등은 수립된 안전대책에 대하여 각 참여 조직의 역할과 책임 및 안전대책의 실행에 필요한 정보 등을 관련 조직 및 인력에게 제공하거나 협의하여야 한다.

3.2.5 위험관리의 검증

철도운영자등은 안전대책 이행에 따른 위험도가 허용 가능한 수준으로 관리되는지를 검증하여야 한다.

3.3 변경관리

3.3.1 변경관리 절차

철도운영자등은 다음과 같은 내·외부의 변화에 따른 새로운 위험 또는 변경되는 위험을 파악하고 관리하기 위해 문서화된 변경관리 절차를 수립, 실행 및 유지하여야 한다.

가. 안전관리 조직 기능의 변화
나. 업무 규모 또는 운영방식의 중대한 변화
다. 재무 악화 및 노사관계 등 운영환경의 변화
라. 업무서비스의 외부위탁 등 계약 환경의 변화
마. 새로운 장비 도입 등 운영환경의 변화
바. 그 밖에 안전관리에 중대한 영향을 미치는 변화 등

3.3.2 변경관리 확인사항

철도운영자등은 변경관리할 경우, 변경 필요성, 기존에 시행한 위험도 평가 결과, 안전대책 우선순위 및 현재 운영절차 등의 적정성을 확인하여야 한다.

4. 요구사항 준수

4.1 요구사항 파악

4.1.1 요구사항의 파악

철도운영자등은 안전과 관련된 법령, 기술기준 및 규격 등의 요구사항(이하 "요구사항"이라 한다)을 파악하고 활용하기 위한 절차를 수립, 실행 및 유지하여야 하며, 요구사항을 항상 최신의 것으로 유지하여야 한다.

4.2 요구사항 변경관리

4.2.1 운영절차의 적정성 확인

철도운영자등은 요구사항이 변경되었을 경우에 철도운영자등의 현재 운영절차가 적정한지를 검토하여야 한다.

4.2.2 변경 요구사항의 적용

철도운영자등은 요구사항이 변경되었을 경우에 철도운영자등의 기존 운영절차가 개정되기 전에도 변경된 요구사항이 적용될 수 있도록 관리하여야 한다.

4.2.3 변경 요구사항의 제공

철도운영자등은 변경된 요구사항을 적용할 경우에 관련 직원, 계약자 및 이해관계자가 알 수 있도록 공개 및 제공하여야 한다.

4.3 요구사항 준수

4.3.1 요구사항 만족 보장

철도운영자등은 현재의 운영절차가 요구사항을 만족하고 있다는 것을 보장하여야 한다.

4.3.2 요구사항 준수 보장

철도운영자등은 관련 요구사항에 따라 운영 및 유지관리 업무 등을 수행하고, 직원, 절차, 문서, 설비, 장비, 철도차량 및 철도시설 등이 해당 목적으로 사용되도록 보장하여야 한다.

4.3.3 요구사항 준수 모니터링

철도운영자등은 요구사항의 준수여부를 모니터링 하기 위한 절차를 수립, 실행 및 유지하여야 한다.

4.3.4 요구사항 미준수시 시정조치

철도운영자등은 요구사항을 준수하지 않는 직원에게 시정조치를 하기 위한 절차를 수립, 실행 및 유지하여야 한다.

5. 사고 조사 및 보고

5.1 사고 및 장애 보고

5.1.1 사고 및 장애

철도운영자등은 사고 및 장애에 대한 보고절차를 수립, 실행 및 유지하여야 하며, 사고 및 장애의 보고절차에는 다음 사항을 포함하여야 한다.

가. 사고 및 장애의 보고, 기록, 조사, 분석

나. 철도 관련법령에 따른 국가 기관에의 보고 등

5.1.2 기타 위험사건

철도운영자등은 사고 및 장애를 제외한 기타 위험사건에 대한 보고, 기록 및 분석 등에 대한 절차를 수립, 실행 및 유지하여야 한다.

5.2 사고 및 장애 조사

5.2.1 사고 및 장애 조사 등

철도운영자등은 사고 및 장애를 조사, 분석, 기록하는 문서화된 절차를 수립, 실행 및 유지하여야 하며, 사고 및 장애 조사 등의 절차에는 다음 사항을 포함하여야 한다.

가. 사고 및 장애 조사자의 자격 및 권한 등에 대한 절차

나. 사고 및 장애 조사, 분석 및 기록 절차

다. 사고 및 장애 조사 증거자료 수집 및 관리를 위한 절차

라. 사고현장 조사 및 보존을 위한 절차

마. 사고 및 장애 조사 내용 및 결과에 대한 적정한 검증절차

바. 사고 및 장애 조사자에 대한 전문성 향상을 위한 교육프로그램 등

5.2.2 조사 결과의 문서화

철도운영자등은 사고 및 장애 조사의 결과에 다음 사항을 포함하여 문서화하고 유지하여야 한다.

가. 조사자

나. 피해사항

다. 사고 및 장애의 원인
라. 사고 및 장애와 관련된 위험관리의 적정성 여부
마. 개선이 필요한 사항 등

5.3 재발방지대책

5.3.1 재발방지

철도운영자등은 사고 및 장애 조사 결과에 따른 조치사항 및 재발방지대책 마련을 위한 절차를 수립, 실행 및 유지하여야 한다.

5.3.2 재발방지대책의 전파

철도운영자등은 사고 및 장애 조사 결과에 따른 조치사항 및 재발방지대책을 직원, 계약자 및 이해관계자가 알 수 있도록 교육 등을 통하여 전파하여야 한다. 이 경우, 다른 철도운영자등에서 발생한 동일 유형의 철도사고등에 대한 재발방지대책도 포함하여야 한다.

6. 내부점검

6.1 심사

6.1.1 심사 절차

철도운영자등은 철도안전관리체계가 효과적으로 운영되는지를 주기적으로 확인하기 위한 심사 절차를 수립, 실행 및 유지하여야 하며, 심사 내용에는 다음 사항을 포함하여야 한다.

가. 안전경영방침 및 안전관리 성과에 대한 충족성
나. 위험관리에 따른 안전대책 및 위험 경감의 효과
다. 안전업무수행자의 적격성 준수
라. 운영절차의 준수 등

6.2 점검 및 모니터링

6.2.1 점검 및 모니터링 절차

철도운영자등은 안전관리의 성과를 주기적으로 확인하기 위해 문서화된 점검 및 모니터링 절차를 수립, 실행 및 유지하여야 하며, 점검 및 모니터링의 절차에는 다음 사항을 포함하여야 한다.

가. 위험도 평가, 안전성과 모니터링 및 기존 점검 결과에 따른 주요 점검사항
나. 점검 기준, 적용범위, 주기 및 방법의 결정
다. 점검 대상선정(본사 및 현업의 표본 기준 등 포함)
라. 점검자의 자격, 점검결과 보고, 기록 유지에 대한 책임 및 기타 요구사항 등

6.2.2 장비 교정

철도운영자등은 점검 및 모니터링을 위한 장비가 필요할 경우에 장비에 대한 교정 및 유지관리 절차를 수립, 실행 및 유지하여야 한다.

6.3 심사, 점검 및 모니터링 결과관리

6.3.1 심사, 점검 및 모니터링 결과관리

철도운영자등은 심사, 점검 및 모니터링 결과를 관리하기 위해 문서화된 절차를 수립, 실행 및 유지하여야 하며, 심사, 점검 및 모니터링 결과 관리의 절차에는 다음 사항을 포함하여야 한다.

가. 심사, 점검 및 모니터링 수행자의 기록
나. 결과의 분석 및 평가, 개선사항의 통보
다. 개선사항에 대한 후속 조치 및 조치결과의 재검토 등

6.3.2 심사, 점검 및 모니터링 결과의 책임

경영진은 심사, 점검 및 모니터링 결과에 따라 철도안전관리체계가 변경될 경우, 변경사항에 대한 전반적인 책임을 가져야 한다.

7. 비상대응

7.1 비상대응계획

7.1.1 비상대응계획의 수립

철도운영자등은 철도의 운영 및 관리를 함에 있어 발생 가능한 비상상황을 식별하고, 비상상황에서 조직 또는 개인(철도운영자등의 내부 조직에서 업무를 수행하는 직원 및 승객 포함)의 비상대응절차 등에 대한 비상대응계획을 수립, 실행 및 유지하여야 하며, 비상대응계획의 수립에 대한 세부적인 사항은 별표 2와 같다.

7.1.2 비상대응계획의 문서화

비상대응계획은 다음 사항을 포함하여 문서화하여야 한다.

가. 비상대응계획 작성에 관한 기본계획(목적, 적용범위, 기본방침, 수립절차 등)
나. 비상대응 표준운영절차(SOP)
다. 비상대응 훈련절차 및 방법
라. 사이버테러 대책
마. 비상대응계획 수정·보완에 관한 이력사항 등

7.1.3 비상대응관련 이해관계자 요구사항 검토

철도운영자등은 비상대응계획을 수립할 때에는 비상대응과 관련된 이해관계자의 요구사항을 고려하여야 한다.

7.2 비상대응훈련

7.2.1 비상대응훈련 계획

철도운영자등은 철도의 운영 및 관리를 함에 있어 발생 가능한 비상상황에 대한 대비 및 대응절차를 주기적으로 검토한 후 문서화된 비상대응훈련 계획을 수립, 실행 및 유지하여야 하며, 비상대응훈련 계획에는 다음 사항을 포함하여야 한다.

가. 훈련의 종류, 주기, 대상
나. 훈련 시나리오
다. 훈련결과의 평가방법
라. 훈련 열차 및 장비의 사용 여부
마. 훈련결과에 대한 개선사항 조치계획 등

7.3 사이버 테러

7.3.1 사이버 테러 보안대책의 수립

철도운영자등은 철도운영종합관제시스템에 대한 사이버 테러에 대비하기 위하여 신호제어시스템, 통신제어시스템, 전력제어시스템 등 철도운영종합관제시스템에 영향을 줄 수 있는 요소를 사전에 통제하기 위한 보안대책을 수립, 실행 및 유지하여야 한다.

8. 교육훈련

8.1 인적자원관리 프로그램

8.1.1 적격성 보장

철도운영자등은 실무경험이 풍부하고, 적절한 교육 및 훈련을 이수한 사람을 안전업무수행자로 선정하여 적격성이 보장되도록 하여야 한다.

8.1.2 인적자원관리 프로그램의 수립

철도운영자등은 문서화된 안전업무수행자의 인적자원관리 프로그램을 수립, 실행 및 유지하여야 하며, 인적자원관리 프로그램에는 다음 사항을 포함하여야 한다.

가. 인적자원관리를 위한 조직의 구성 및 운영
나. 안전 직무의 확인
다. 안전 직무에 필요한 실무경험과 교육 및 훈련결과의 확인
라. 해당분야의 적성 및 신체 적합성 확인

마. 인적자원관리 활동의 정기적 점검 및 시정조치
바. 사고 및 사건이나 장기적인 업무결근 등의 경우 특별 조치
사. 직무내용을 감안하여 안전업무수행자를 분야별로 배정
아. 안전업무수행자에 대한 양성 및 확보 대책
자. 교육훈련계획의 수립 및 운영절차 등

8.1.3 인적자원관리 프로그램의 일관성

인적자원관리 프로그램 내 분야별 교육훈련계획의 내용 등은 일관성을 유지하여야 하며, 서로 상충되지 않아야 한다.

8.2 교육훈련

8.2.1 교육훈련 필요성 파악

철도운영자등은 인적자원관리 프로그램에 따라 안전업무수행자에 대한 교육훈련의 필요성을 파악하여야 하며, 교육훈련 대상에는 직원, 계약자 및 이해관계자를 포함하여야 한다.

8.2.2 교육훈련 계획의 수립

철도운영자등은 안전업무수행자에 대한 직무 적격성 확보를 위해 문서화된 교육훈련계획을 수립, 실행 및 유지하여야 하며, 교육훈련 계획에는 다음 사항을 포함하여야 한다.

가. 교육훈련의 시기, 과목 및 시간
나. 교육훈련을 위한 강사, 시설 및 장비
다. 교육훈련의 평가방법 및 결과의 기록 유지
라. 교육훈련을 위한 재원조달 및 목표관리 방안
마. 교육훈련 효과에 대한 평가방법
바. 계약자 및 이해관계자에 대한 교육훈련방안 마련 등

8.2.3 교육훈련 평가결과의 통보

철도운영자등은 안전업무수행자에게 교육훈련 평가결과를 적정한 방법으로 통보하여야 한다.

9. 안전정보

9.1 안전정보 관리

9.1.1 안전정보의 유형

철도운영자등은 다음과 같은 유형의 안전정보를 관리하여야 한다.

가. 철도운영자등의 안전정보 문서 및 기록
나. 법령 및 철도운영자등의 내부 규정, 절차, 지침
다. 직원의 역할과 책임을 기술한 문서
라. 공지사항(사고사례, 취약개소, 운행선로 정보, 기상상태, 선로 작업 현황 등)
마. 간행물
바. 회의록
사. 대외적인 환경 및 안전정보 등

9.1.2 안전정보 관리절차

철도운영자등은 안전정보를 이해하기 쉽고, 정확하게 전달될 수 있도록 문서화된 관리절차를 수립, 실행 및 유지하여야 하며, 안전정보 관리절차에는 다음 사항을 포함하여야 한다.

가. 최신의 안전정보 유지
나. 직원, 계약자 및 이해관계자에 대한 안전정보의 제공 및 접근성
다. 안전정보 관리절차의 주기적인 평가 및 개선 등

9.1.3 상황별 안전정보 제공

철도운영자등은 관련 직원, 계약자 및 이해관계자에 대한 상황별 안전정보 제공 절차를 수립, 실행 및 유지하여야 하며, 상황별 안전정보 제공 절차에는 다음 사항을 포함하여야 한다.

가. 평상시 및 비상시로 구분
나. 부재중인 사람에 대한 대책
다. 안전정보 시스템의 오류 등 고장이 발생되었을 때의 적기 조치방안

등에 대한 대책 등

9.2 위험보장

9.2.1 위험보장체계

철도운영자등은 승객, 직원, 일반인을 대상으로 철도운영이나 철도시설관리에 따라 발생할 수 있는 위험에 대한 안전을 보장하는 체계를 갖추어야 한다.

10. 안전문화

10.1 안전 지도력

10.1.1 경영진의 안전 지도력

철도운영자등의 내부조직에 긍정적인 안전문화의 조성 및 유지를 위해 경영진은 안전 지도력 및 책임을 갖추어야 한다.

10.2 안전문화 증진

10.2.1 안전문화 프로그램

철도운영자등은 내부조직의 안전문화 수준 측정 및 향상을 위한 안전문화 프로그램을 수립, 실행 및 유지하여야 한다.

11. 운행안전관리

11.1 열차운행체계

11.1.1 열차운행 프로그램의 수립

철도운영자등은 문서화된 열차운행 프로그램을 수립, 실행 및 유지하여야 하며, 열차운행 프로그램에는 다음 사항을 포함하여야 한다.

가. 철도운영 개요

나. 철도사업면허

다. 열차운행 조직 및 인력

라. 열차운행 방법 및 절차

마. 열차운행계획

바. 승무 및 역무

사. 철도관제

아. 철도보호 및 질서유지

자. 열차운행 기록관리

차. 위탁계약자 감독 등 위탁업무 관리에 관한 사항

11.2 철도사업면허

11.2.1 철도사업면허 취득

철도운영자등은 「철도사업법」에 따른 철도사업면허 또는 「도시철도법」에 따른 도시철도운송사업 면허를 받아야 한다.

11.3 열차운행 조직 및 인력

11.3.1 열차운행 조직

철도운영자등은 열차운행체계 이행을 위해 다음 사항을 고려한 열차운행 조직을 갖추어야 한다.

가. 열차운행 프로그램의 작성, 승인, 개정 등의 관리 및 실행

나. 운영절차의 작성, 승인, 개정 등의 관리 및 실행

다. 열차운행 인력에 대한 지도 및 감독 등

11.3.2 열차운행 인력

철도운영자등은 열차운행체계 이행을 위해 다음 사항을 고려한 열차운행 인력을 갖추어야 하며, 인력의 변경 시 적정성을 검토하고 확인하기 위한 절차를 수립, 실행 및 유지 하여야 한다.

가. 열차운행 대상의 규모

나. 열차운행 여객 또는 화물의 규모

다. 열차운행 업무, 근무형태 및 업무내용 등

11.3.3 철도종사자 자격 등

철도운영자등은 철도종사자가 철도 관련법령에서 요구하는 면허, 자격기준 등을 준수하도록 하여야 한다.

11.3.4 철도종사자 관리

철도운영자등은 철도종사자의 준수사항 위반, 인적오류, 음주, 약물 및 과로 등을 방지하기 위해 문서화된 관리절차를 수립, 실행 및 유지하여야 한다.

11.3.5 열차운행 인력의 적격성

철도운영자등은 문서화된 열차운행 인력의 적격성에 대한 기준 및 확인 절차를 수립, 실행 및 유지하여야 한다.

11.4 열차운행 방법 및 절차

11.4.1 열차운전

철도운영자등은 운영하려는 철도의 특성을 고려하여 철도차량 또는 열차를 안전하게 운행하기 위해 문서화된 열차운전 절차를 수립, 실행 및 유지하여야 한다.

11.4.2 폐색방식

철도운영자등은 운영하려는 철도의 특성을 고려하여 열차와 열차 사이의 안전을 확보하기 위해 문서화된 폐색방식 관련 절차를 수립, 실행 및 유지하여야 한다.

11.4.3 철도신호

철도운영자등은 운영하려는 철도의 특성을 고려하여 철도차량 또는 열차를 안전하게 운행하기 위해 문서화된 철도신호 관련 절차를 수립, 실행 및 유지하여야 한다.

11.4.4 사고 시 안전조치

철도운영자등은 철도차량 또는 열차 사고가 발생하였을 때 신속한 안전조치를 위해 문서화된 안전조치절차를 수립, 실행 및 유지하여야 하며, 안전조치 절차에는 다음 사항을 포함하여야 한다.

가. 열차의 방호 방식

나. 사고가 발생하였을 때의 분야별 조치사항 등

11.4.5 승객 대피

철도운영자등은 사고 및 장애가 발생하였을 때 승객의 안전을 최우선적으로 확보하기 위해 문서화된 승객대피 절차를 수립, 실행 및 유지하여야 한다.

11.4.6 화물 운송

철도운영자등은 문서화된 화물 운송절차를 수립, 실행 및 유지하여야 하며, 화물 운송절차에는 다음 사항을 포함하여야 한다.

가. 적재제한

나. 특대화물 운송

다. 위험물 운송 및 취급 관리

라. 위험물 운송용기 검사 관리 등

11.5 열차운행계획

11.5.1 열차운행계획의 수립

철도운영자등은 열차의 안전운행과 철도 이용자의 편의를 위해 문서화된 열차운행계획을 수립, 실행 및 유지하여야 하며, 열차운행계획에는 다음 사항을 포함하여야 한다.

가. 열차 운행구간(기점·종점·정차역) 및 시간계획

나. 열차 운행차량, 운행횟수 및 선로용량 사용계획

다. 철도서비스 종류(여객운송·화물운송 등)

라. 열차 운행인력(계약자 포함) 등

11.5.2 철도차량 또는 열차의 증편운행

철도운영자등은 철도차량 또는 열차를 증편운행하는 경우 열차운행, 유지관리에 대한 안전관리 사항을 검토하고, 문서화된 절차를 수립, 실행 및 유지하여야 한다.

11.6 승무 및 역무

11.6.1 승무

철도운영자등은 철도차량 또는 열차의 안전운행을 위해 문서화된 운전 및 승무 업무 종사자의 운영 및 관리 절차를 수립, 실행 및 유지하여야 한다.

11.6.2 역무

철도운영자등은 철도차량 또는 열차의 안전운행을 위해 문서화된 여객 및 화물 취급 역의 운영 및 관리 절차를 수립, 실행 및 유지하여야 한다.

11.7 철도관제

11.7.1 관제업무

철도운영자등은 철도차량 및 열차의 운행 제어, 통제, 감시를 위해 운행기준·방법·절차 및 순서를 정한 문서화된 관제업무 절차를 수립, 실행 및 유지하여야 한다.

11.7.2 관제지원

철도운영자등은 이례사항 등에 대비하기 위해 문서화된 관제지원 업무 절차를 수립, 실행 및 유지하여야 한다.

11.7.3 운행정보의 제공

철도운영자등은 철도차량 또는 열차의 안전하고 효율적인 운행을 위하여 철도시설 현황 및 철도차량 또는 열차의 운행과 관련된 정보를 철도종사자에게 제공하여야 한다.

11.7.4 운행정보의 공유

철도운영자등은 동일 선로를 운행하거나, 환승이 필요한 다른 철도운영자등의 철도차량 또는 열차의 운행과 관련된 정보를 상호 공유하여야 한다.

11.7.5 철도차량의 운행제한 또는 열차 운행의 일시중지

철도운영자등은 철도차량의 운행제한 또는 열차의 안전운행에 지장이 있다고 판단되는 경우에 철도차량 또는 열차 운행의 일시중지를 위해 문서화된 절차를 수립, 실행 및 유지하여야 한다.

11.7.6 운행선 작업 또는 공사

철도운영자등은 운행선이나 운행선 인근에서 작업 또는 공사 등을 시행할 경우에 작업자 안전과 철도운행의 안전성을 확보하기 위해 다음 각 목의 사항을 포함한 문서화된 관리 절차를 수립, 실행 및 유지하여야 한다. 이 경우 철도운영자등이 자체적으로 작업 또는 공사 등을 시행할 때에는 문서화된 관리 절차 등에 따라 자체 교육 수료 등 일정한 자격을 갖춘 담당자를 지정하여 철도운행안전관리자의 업무를 수행하도록 할 수 있다.

가. 작업책임자, 철도운행안전관리자의 지정 및 세부 업무 부여

나. 작업 시행 전 작업책임자와 철도운행안전관리자 간 다음 1)부터 5)까지의 점검내용 상호 교차 확인 및 기록·유지

1) 라목의 작업 적합성 검사

2) 마목의 안전교육, 안전장비 착용상황 점검

3) 작업에 필요한 안전장비·안전시설의 점검

4) 열차접근감시인의 배치

5) 그 밖에 작업자 안전과 철도운행의 안전성을 확보하기 위해 점검이 필요한 사항

다. 작업책임자, 철도운행안전관리자의 작업 현장 이탈 금지

라. 작업 시행 전 작업 적합성 검사(음주여부, 질병유무, 피로정도, 수면시간 등을 검사하여 작업 적합성을 판정) 실시 및 기록·유지

마. 작업 시행 전 작업자를 대상으로 한 안전교육 시행, 안전장비 착용상황 점검 및 해당 조치를 사진 등의 방법으로 기록·유지

11.8 철도보호 및 질서유지

11.8.1 여객안전 및 질서유지

철도운영자등은 문서화된 철도차량과 역구역내에서의 여객안전 및 질서유지 계획을 위한 절차를 수립, 실행 및 유지하여야 하며, 여객안전 및 질서유지를 위한 절차에는 다음 사항을 포함하여야 한다.

가. 여객열차에서의 금지행위
나. 여객열차 금지행위를 한 사람에 대한 조치
다. 철도보호 및 질서유지를 위한 금지행위
라. 여객 등의 안전 및 보안을 위한 보안검색 시 안내
마. 위해물품의 휴대, 적재 등을 위한 허가 기준 및 안전조치
바. 금지행위 위반자 및 물건에 대한 퇴거조치 등
사. 철도 역구내 질서유지
아. 철도차량 및 시설물보호 보안대책
자. 화장실, 수유실 등에 대하여 카메라 또는 녹음·녹화 기능을 갖춘 기계장치의 설치여부를 1일 1회 이상 점검(점검주체·대상·방법 등 포함)

11.8.2 시설의 보호

철도운영자등은 철도시설의 보호 및 관리를 위해 다음 각 목의 장소를 포함한 일반인의 출입금지 시설을 지정 · 관리하여야 한다.

가. 철도차량 정비 및 주박시설
나. 위험물을 적하하거나 보관하는 장소
다. 신호 · 통신기기 설치장소 및 전력기기 · 관제설비 설치장소
라. 철도운전용 급유시설물이 있는 장소
마. 유지관리 부품 및 공구 보관 장소 등

11.9 열차운행 기록관리

11.9.1 열차운행 기록

철도운영자등은 운전, 관제, 승무, 역무 등의 열차운행 기록을 작성 및 유지하기 위해 문서화된 절차를 수립, 실행 및 유지하여야 한다.

11.9.2 열차운행 기록의 보존

철도운영자등은 문서화된 열차운행 기록의 보존에 대한 방법과 절차를 수립, 실행 및 유지하여야 한다.

11.10 위탁계약자 감독 등 위탁업무 관리에 관한 사항

11.10.1 계약자

철도운영자등은 열차운행 업무의 일부 또는 전부를 계약자에게 위탁하는 경우에도 안전관리체계의 이행에 대한 책임을 가져야 하며, 계약자가 해당 열차운행 업무에 대한 안전관리 활동을 수행할 수 있도록 다음 사항을 보장하여야 한다.

가. 안전과 관련된 법령 및 철도안전관리체계 준수 의무 부여
나. 해당 열차운행 업무와 관련된 위험관리 결과의 제공
다. 해당 열차운행 업무와 관련된 사고 및 장애의 재발방지대책의 전파
라. 해당 열차운행 업무와 관련된 교육훈련 자료의 제공
마. 해당 열차운행 업무와 관련된 안전정보의 제공
바. 해당 열차운행 업무와 관련된 계획, 절차 및 지침의 제공 등

11.10.2 계약자의 선정

철도운영자등은 문서화된 계약자 선정 절차를 수립, 실행 및 유지하여야 하며, 다음 사항을 고려하여야 한다.

가. 해당 열차운행의 역할과 책임
나. 해당 열차운행의 수행 능력
다. 해당 열차운행을 수행하기 위한 조직 구성 및 자격을 갖춘 훈련된 인력
라. 해당 열차운행을 수행하기 위한 설비 및 장비, 기술자료 등

11.10.3 계약자 시정조치

철도운영자등은 계약자의 열차운행이 안전에 지장이 있다고 판단되는 경우에 시정조치가 적기에 시행되기 위해 문서화된 절차를 수립, 실행 및 유지하여야 한다.

11.10.4 계약자의 지속적 확인

철도운영자등은 계약자의 철도 안전운행을 위한 열차운행 업무의 수행, 열차운행 기록의 유지, 차량 고장과 시설물 손상 발견 및 적기 시정조치 여부 등을 지속적으로 확인하기 위해 문서화된 절차를 수립, 실행 및 유지하여야 한다.

11.10.5 계약자에 대한 주기적 평가

철도운영자등은 계약자의 열차 운행업무에 대한 평가를 주기적으로 실시하기 위해 다음 각 목의 사항을 포함하여 문서화된 절차를 수립, 실행 및 유지하여야 한다.

가. 평가 시기(매년 1회 이상)

나. 평가 방법

다. 평가 항목

1) 계약자의 철도안전관리체계 준수

2) 계약자 인력의 적정성

3) 기타 철도운영자등이 필요하다고 판단한 항목

12. 유지관리

12.1 유지관리체계

12.1.1 유지관리 프로그램의 수립

철도운영자등은 문서화된 유지관리 프로그램을 수립, 실행 및 유지하여야 하며, 유지관리 프로그램에는 다음 사항을 포함하여야 한다.

가. 유지관리 개요

나. 유지관리 조직 및 인력

다. 유지관리 방법 및 절차

라. 유지관리 이행계획

마. 유지관리 기록

바. 유지관리 설비 및 장비

사. 유지관리 부품

아. 철도차량 제작 감독

자. 위탁계약자 감독 등 위탁업무 관리에 관한 사항

12.2 유지관리 조직 및 인력

12.2.1 유지관리 조직

철도운영자등은 유지관리체계 이행을 위해 다음 사항을 고려한 유지관리 조직을 갖추어야 한다.

가. 유지관리 프로그램의 작성, 승인, 개정 등의 관리 및 실행

나. 운영절차의 작성, 승인, 개정 등의 관리 및 실행

다. 유지관리 인력에 대한 지도 및 감독

라. 유지관리 품질 관리 등

12.2.2 유지관리 인력

철도운영자등은 유지관리체계 이행을 위해 다음 사항을 고려한 유지관리 인력을 갖추어야 하며, 인력의 변경 시 적정성을 검토하고 확인하기 위한 절차를 수립, 실행 및 유지하여야 한다.

가. 유지관리 대상의 규모

나. 유지관리 종류 및 주기

다. 유지관리 업무별 근무형태

라. 유지관리 종류별 업무내용 등

마. 철도차량 및 철도시설 고장 또는 장애 발생 시 최단기간 내 장애발생 현장 도착 및 응급복구 목표시간

12.2.3 유지관리 책임자

철도운영자등은 일정 자격을 갖춘 자를 유지관리 총괄책임자, 분야별 책임자로 구분하여 선임하여야 한다. 다만, 철도차량의 점검·정비 분야에 관한 책임자 선임 시에는 다음 각 목의 어느 하나에 해당하는 자격을 갖춘 자를 선임하여야 한다.

가. 「국가기술자격법」에 의한 철도차량분야 기술사 또는 기능장 자격증 소지자로서 철도차량분야의 점검·정비에 관하여 2년 이상의 실무경험을 가진 자

나. 「국가기술자격법」에 의한 철도차량분야 기사 또는 산업기사 자격증 소지자로서 철도차량분야의 점검·정비에 관하여 5년(산업기사는 7년) 이상의 실무경험을 가진 자

다. 철도차량분야의 점검·정비에 관하여 10년 이상의 실무경험을 가진 자

12.2.4 유지관리 인력의 적격성

철도운영자등은 문서화된 유지관리 인력의 적격성에 대한 기준 및 확인 절차를 수립, 실행 및 유지하여야 한다.

12.2.5 유지관리 종사자의 소관 업무 명확화

철도운영자는 유지관리 업무 종사자에게 작업별 또는 직명별 소관 업무를 명확히 문서화하여 제공하여야 한다.

12.3 유지관리 방법 및 절차

12.3.1 안전기준의 준수

철도운영자등은 운영 또는 유지관리하려는 철도가 철도안전법령에서 요구하는 다음 사항을 만족하고 있다는 것을 보장하여야 한다.

가. 철도차량 및 철도시설의 기술기준

나. 철도용품 기술기준

다. 철도차량 형식승인 및 제작자승인

라. 철도차량 완성검사

마. 철도용품 형식승인 및 제작자승인

바. 종합시험운행

12.3.2 유지관리 기준

철도운영자등은 철도차량 및 철도시설이 관련 법령, 행정규칙 및 제작사가 제시한 기준(관련법령 및 행정규칙에 위반되지 않는 범위 내의 기준을 의미한다)에 적합하게 유지될 수 있도록 문서화된 유지관리 기준을 수립, 실행 및 유지하여야 하며, 유지관리 기준에는 다음 각 목의 사항을 포함하여야 한다. 다만, 가목 및 나목에 대하여는 운영실적 자료 또는 신뢰성 분석(RAMS) 등의 결과에 따라 제작사가 제시한 기준과 다르게 변경할 수 있다.

가. 설비(장치)별 점검항목

나. 설비(장치)별 점검 및 교체주기

다. 점검 및 개조 결과 적합/부적합 판단 기준

라. 세부점검 및 보수방법

12.3.3 유지관리 이행절차

철도운영자등은 유지관리를 적정하게 시행하고 있는지를 확인하기 위해 문서화된 유지관리 이행절차를 수립, 실행 및 유지하여야 하며, 유지관리 이행절차에는 다음 사항을 포함하여야 한다.

가. 유지관리 이행 여부 및 결과 확인(품질관리 조직 포함)

나. 유지관리 부적합사항의 조치계획 등

12.3.4 노후 철도차량 및 철도시설

철도운영자등은 노후 철도차량 및 철도시설의 정의, 평가방법, 관리방안 등을 포함한 노후 철도차량 및 철도시설의 유지관리 방법 및 절차를 수립, 실행 및 유지하여야 하며, 노후 철도차량 및 철도시설의 유지관리를 위한 세부적인 사항은 별표4와 같다. 다만, 철도차량 및 철도시설의 소유자와 운영자가 다를 경우에는 관리권을 가진 자가 실행하여야 한다.

12.3.5 운행선 구간 임시 설치시설 유지관리

철도운영자등은 철도 운행선구간에 임시설치(유지관리자에게 인계되지 않은 시설)한 선로전환기 등 운행시설에 대하여는 그 설치자가 문서화된 유지관리절차를 수립, 실행 및 유지하여야 한다.

12.3.6 철도보호지구 안에서의 행위 제한

철도운영자등은 철도보호지구 안에서의 행위 제한을 위해 문서화된 절차를 수립, 실행 및 유지하여야 한다.

12.3.7 철도차량의 개조 절차

철도운영자등은 철도차량을 개조하고자 하는 경우 차량의 근본적인 구조 변경을 하지 않는 범위에서 개조하여야 하며, 개조를 수행하는 업체의 적격성에 대한 기준 및 개조한 철도차량의 안전성을 확인하는 절차를 수립, 실행 및 유지하여야 한다.

12.3.8 취약 작업현장 안전관리

철도운영자등은 작업자 안전을 확보하기 위하여 매년 1회 이상 선로 작업, 입환 작업, 승강장안전문 작업 등 안전에 취약한 작업을 선정하고 작업환경에 대한 조사를 실시하여 작업환경을 개선하고 이를 지속적으로 관리하여야 한다. 이 경우 취약 작업 선정 및 작업환경 조사 · 개선 · 관리 과정에 현장작업자를 참여시켜야 한다.

12.4 유지관리 시행계획

12.4.1 유지관리 이행계획의 수립

철도운영자등은 철도차량 및 철도시설에 대한 정기 또는 비정기적인 점검, 보수, 교체 및 개량 등을 원활히 수행하기 위하여 유지관리 대상, 방법, 인력(계약자 포함) 및 일정 등에 대해 문서화된 유지관리 이행계획을 수립, 실행 및 유지하여야 한다. 다만, 20년이 경과한 철도차량은 안전성 확보를 위해 5년마다 별표4에 따른 철도차량 정밀안전진단 실시 등을 포함한 유지보수 관리방안을 별도 수립 · 실행하거나 본 이행계획에 포함하여야 한다.

12.5 유지관리 기록관리

12.5.1 유지관리 기록

철도운영자등은 유지관리를 실시한 경우, 그 대상, 내용, 인원, 일정 및 실시결과(적합여부 판정기준 및 철도차량 개조 시 개조 전·후 사양대비표 등을 포함한다) 등에 대해 참여 수행자, 확인자의 서명(전자서명을 포함한다)을 포함한 문서화된 유지관리 기록 절차를 수립, 실행·유지하여야 한다. 단, 철도차량 개조의 경우 전문기관에 개조작업을 맡긴 경우 관련 자료를 증빙자료로 대체할 수 있다.

12.5.2 유지관리 결과의 활용

철도운영자등은 유지관리 결과에 대한 신뢰성 · 가용성 · 정비성 · 안전성(RAMS)을 검토하여 유지관리 업무의 기본 자료로 활용하여야 하며, 활용 결과를 주기적으로 기록 유지하여야 한다.

12.5.3 유지관리 기록의 보존

철도운영자등은 유지관리 기록의 보존을 위해 문서화된 절차를 수립, 실행 및 유지하여야 하며, 유지보수 시행내용을 항상 확인할 수 있도록 근거자료(사진, 영상)를 점검부 또는 전산으로 기록·관리하여야 한다. 다만, 사진·영상으로는 유지보수 실행 전후 확인이 곤란한 경우 등 근거자료 확보가 곤란한 경우에는 유지관리 수행 내용·결과를 명확히 알 수 있는 문서를 근거자료로 대체할 수 있다.

12.5.4 철도차량의 이력관리

철도운영자 등은 보유 또는 운영하고 있는 철도차량과 관련한 제작, 운용, 철도차량정비 및 폐차 등의 이력을 관리하기 위해 문서화된 이력관리 절차를 수립, 실행 및 유지하여야 한다.

12.6 유지관리 설비 및 장비

12.6.1 설비 및 장비의 확보

철도운영자등은 다음 사항을 고려한 유지관리 설비 및 장비를 갖추어야 하며, 설비 및 장비의 확보를 위해 문서화된 절차를 수립, 실행 및 유지하여야 한다.

가. 설비 및 장비 확보에 대한 역할과 책임
나. 유지관리 대상의 규모
다. 유지관리 종류 및 주기
라. 유지관리 종류별 업무내용
마. 유지관리 부품의 저장 및 보호
바. 철도시설의 유지관리 환경(온도, 습도 포함) 등

12.6.2 설비 및 장비의 관리

철도운영자등은 유지관리 설비 및 장비에 대한 문서화된 관리절차를 수립, 실행 및 유지하여야 하며, 설비 및 장비의 관리절차에는 다음 사항을 포함하여야 한다.

가. 설비 및 장비 관리의 역할과 책임
나. 설비 및 장비 검수의 종류
다. 설비 및 장비 검수 절차
라. 설비 및 장비 운용
마. 설비 및 장비 이력관리 등

12.6.3 교체 계획

철도운영자등은 노후된 유지관리 설비 및 장비의 현대화와 검사·수선 작업 자동화를 위해 문서화된 교체 계획을 수립, 실행 및 유지하여야 하며, 다음 사항을 포함하여야 한다.

가. 교체계획 수립의 역할과 책임
나. 노후 유지관리 설비 및 장비의 교체계획

12.6.4 시험·검사 및 측정 장비의 교정

철도운영자등은 시험·검사 및 측정 장비에 대해 문서화된 교정 절차를 수립, 실행 및 유지하여야 한다.

12.7 유지관리 부품

12.7.1 유지관리 부품의 확보

철도운영자등은 유지관리 부품을 확보하고 관리하기 위해 문서화된 절차를 수립, 실행 및 유지하여야 하며, 유지관리 부품을 확보하기 위한 절차에는 다음 사항이 포함되어야 한다.

가. 유지관리 부품 관리의 역할과 책임
나. 유지관리 부품의 종류, 교체 주기, 보유 수량의 설정
다. 유지관리 부품의 조달 계획
라. 유지관리 부품 확보에 대한 중장기 계획
마. 외자 등 조달 불가능한 유지관리 부품의 종류 및 확보 방안
바. 유지관리 부품의 보관 절차 등
사. 철도안전 주요부품의 고장빈도 분석. 다만, 운영실적 자료 축적 또는 신뢰성분석 등 결과에 따라 기준의 설정은 변경할 수 있다.

12.7.2 유지관리 부품의 품질 확보

철도운영자등은 유지관리 부품의 품질을 확보하기 위해 문서화된 절차를 수립, 실행 및 유지하여야 하며, 유지관리 부품의 품질 확보를 위한 절차에는 다음 사항이 포함되어야 한다.

가. 품질검사 기준(적용 범위, 관련 규격 및 기술 자료, 시험·검사 조건, 방법 및 절차, 판정기준, 기타 품질관리 사항 등)
나. 국가 형식승인 등 인증부품 활용
다. 품질관리 조직의 역할과 책임 등

12.7.3 철도안전 주요부품 등의 관리

철도운영자등은 다음 각 목에 따른 안전과 직결되는 주요 핵심부품과 고장빈도가 높은 고장빈발부품을 선별하여 철도안전 주요부품으로 관리하고, 교체 및 정비주기를 정하는 등 안전에 영향이 최소화되도록 관리하여야 하며, 운영실적 자료 축적 또는 신뢰성분석 등

의 결과에 따라 철도안전 주요부품의 교체 및 정비주기는 변경할 수 있다.

가. 주요 핵심부품

1) 「철도안전법」에 따라 국토교통부가 형식승인 대상으로 고시하는 철도용품

2) 기타 철도운영자등이 철도 안전에 필요하다고 인정하는 부품

나. 고장빈발부품

1) 철도운영자등이 최근 3년간 고장 발생이력 등을 토대로 보유차종의 특성에 맞게 선정한 부품

2) 기타 철도운영자등이 필요하다고 인정하는 부품

다. 삭제 〈17 · 12 · 29〉

12.7.4 신뢰성기반 유지관리 적용

철도안전 주요부품은 신뢰성기반 유지보수체계를 적용하여 관리하여야 하며, 교체주기변경 등 안전에 영향이 있는 사항을 변경하기 위해서는 신뢰성 기반 유지보수체계 분석을 시행하고 그 결과를 기초로 하여야 한다.

12.8 철도차량 제작 감독

12.8.1 제작 감독

철도운영자등은 철도차량을 제작하는 동안「국가를 당사자로 하는 계약에 관한 법률」 제13조 또는「지방자치단체를 당사자로 하는 계약에 관한 법률」제16조에 따라 차량 제작자에 대한 감독의무를 수행할 수 있는 전문기관에 준한 전문성을 갖춘 인력으로 구성된 조직을 운영하거나「철도안전법 시행령」제63조제4항에 따른 전문기관으로 감독업무를 수행하도록 하여야 한다.

12.8.2 전문기관 선정

철도운영자등은 감독업무를 수행할 수 있는 전문기관을 선정하는 문서화된 절차를 수립, 실행 및 유지하여야 하며, 다음 사항을 고려하여야 한다.

가. 철도차량 제작 감독의 역할과 책임

나. 해당 철도차량 제작 감독 수행 능력

다. 해당 철도차량 제작 감독을 수행하기 위한 조직 구성 및 자격을 갖춘 훈련된 인력

라. 해당 철도차량 제작 감독을 수행하기 위한 설비 및 장비, 기술자료 등

12.8.3 제작자 시정조치

철도운영자등은 제작자의 차량 제작 과정상에 이상이 있다고 판단되는 경우에 시정조치가 적기에 시행되기 위해 문서화된 절차를 수립, 실행 및 유지하여야 한다.

12.8.4 제작자의 지속적 확인

철도운영자등은 제작자의 차량 발주 시 요구사항 및 철도안전법령상 의무 준수, 차량 제작 기록의 유지, 제작 결함 등의 발견 및 적기 시정조치 여부 등을 지속적으로 확인하기 위해 문서화된 절차를 수립, 실행 및 유지하여야 한다.

12.8.5 철도차량 발주자와 운영자가 다른 경우 업무협조

철도차량 발주자와 운영자가 다른 경우 발주자는 차량설계, 제작, 완성검사, 시운전 시 운영자 의견을 최대한 반영하여야 하며, 철도운영자등은 철도차량 제작감독 관련 사항을 협의 · 이행하기 위한 문서화된 절차를 수립, 실행하여야 한다.

12.9 위탁계약자 감독 등 위탁업무 관리에 관한 사항

12.9.1 계약자

철도운영자등은 유지관리 업무의 일부 또는 전부를 계약자에게 위탁하는 경우에도 안전관리체계의 이행에 대한 책임을 가져야 하며, 계약자가 해당 유지관리 업무에 대한 안전관리 활동을 수행할 수

있도록 다음 사항을 보장하여야 한다.

가. 안전과 관련된 법령 및 철도안전관리체계 준수 의무 부여
나. 해당 유지관리 업무와 관련된 위험관리 결과의 제공
다. 해당 유지관리 업무와 관련된 사고 및 장애의 재발방지대책의 전파
라. 해당 유지관리 업무와 관련된 교육훈련 자료의 제공
마. 해당 유지관리 업무와 관련된 안전정보의 제공
바. 해당 유지관리 업무와 관련된 계획, 절차 및 지침의 제공 등

12.9.2 계약자의 선정

철도운영자등은 문서화된 계약자의 선정 절차를 수립, 실행 및 유지하여야 하며, 다음 사항을 고려하여야 한다.

가. 해당 유지관리의 역할과 책임
나. 해당 유지관리의 수행 능력
다. 해당 유지관리를 수행하기 위한 조직 구성 및 자격을 갖춘 훈련된 인력
라. 해당 유지관리를 수행하기 위한 설비 및 장비, 기술자료 등

12.9.3 계약자 시정조치

철도운영자등은 계약자의 유지관리가 안전에 지장이 있다고 판단되는 경우에 시정조치가 적기에 시행되기 위해 문서화된 절차를 수립, 실행 및 유지하여야 한다.

12.9.4 계약자의 지속적 확인

철도운영자등은 계약자의 철도 안전운행을 위한 유지관리 업무의 수행, 유지관리 기록의 유지, 차량 고장과 시설물 손상 발견 및 적기 시정조치 여부 등을 지속적으로 확인하기 위해 문서화된 절차를 수립, 실행 및 유지하여야 한다.

12.9.5 계약자에 대한 주기적 평가

철도운영자등은 계약자의 유지관리 업무에 대한 평가를 주기적으로 실시하기 위해 다음 각 목의 사항을 포함하여 문서화된 절차를 수립, 실행 및 유지하여야 한다.

가. 평가 시기(매년 1회 이상)
나. 평가 방법
다. 평가 항목
  1) 계약자의 철도안전관리체계 준수
  2) 계약자 인력의 적정성
  3) 기타 철도운영자등이 필요하다고 인정하는 항목

제3장 행정사항

1. 철도운영자등의 운영절차

철도운영자등은 철도안전관리시스템(SMS) 프로그램, 열차운행 프로그램 및 유지관리 프로그램의 이행을 위해 필요한 운영절차를 따로 정할 수 있다. 이 경우 본문에 따라 운영절차를 제·개정하려는 때에는 철도안전법에 따라 안전관리체계 변경승인을 받거나 신고하여야 한다.

2. 재검토기한

국토교통부장관은「훈령·예규 등의 발령 및 관리에 관한 규정」에 따라 이 훈령에 대하여 2017년 1월 1일 기준으로 매3년이 되는 시점(매 3년째의 12월 31일까지를 말한다)마다 그 타당성을 검토하여 개선 등의 조치를 하여야 한다.

부 칙

제1조(시행일) 이 고시는 2014년 5월 26일로부터 시행한다.

제2조(다른 고시의 폐지) 「철도 비상대응계획 수립에 관한 지침」(국토해양부고시 제2013-235호, 2013. 5.10)은 폐지한다.

부　　칙 〈15·7·6〉

이 고시는 발령한 날부터 시행한다.

부　　칙 〈15·12·30〉

제1조(시행일) 이 고시는 공포한날부터 시행한다. 다만, 제2장 12.4.1호 및 별표4는 공포 후 1년이 경과한 날부터 시행하고, 제2장 12.7.4호는 공포 후 3년이 경과한 날부터 적용한다.

제2조(일반적 적용례) 이 고시는 시행 후 최초로 철도안전관리체계 승인(변경승인) 신청 및 변경신고를 하는 경우부터 적용한다.

제3조(평가 중인 차량에 관한 경과조치) 이 고시 시행 당시 종전의 규정에 따라 철도차량의 평가가 진행 중에 있는 경우에는 종전의 규정에 따라 평가를 시행한다.

제4조(최초 진단 시기 등에 관한 경과조치) ① 최초 정밀안전진단 시기가 경과된 철도차량(1996년 12월 31일 이전에 제작 또는 운행된 철도차량)은 종전의 규정에 따라 철도차량을 평가한다.

② 1997년 1월 1일부터 2000년 12월 31일 이내에 제작 또는 운행된 철도차량의 정밀안전진단은 최초 정밀안전진단 시기일 부터 5년 이내에 받아야 한다.

부　　칙 〈16·12·30〉

제1조(시행일) 이 고시는 발령한 날부터 시행한다.

제2조(노후 철도차량의 유지관리기준 등에 관한 적용례) 별표 4의 개정 규정은 공포 후 1년이 경과한 날부터 적용한다.

부　　칙 〈17·12·29〉

이 고시는 발령 후 6개월이 경과한 날부터 시행한다.

부　　칙 〈19·1·10〉

제1조(시행일) 이 고시는 공포한 날부터 시행한다. 다만, 제1장제2호 본문, 제1장제2호 더목, 별표4 14호 가목 개정사항은 「철도의 건설 및 철도시설 유지관리에 관한 법률」시행일('19.3.14)에 시행하며, 제2장 12.5.4. 철도차량의 이력관리에 관한 사항은 철도안전법 제38조의5 시행일('19.6.13)에 맞춰 시행한다.

부　　칙 〈19·7·10〉

제1조(시행일) 이 고시는 발령 후 3개월이 경과한 날부터 시행한다.

[별표 1]

철도 위험도 평가에 관한 세부기준(제2장 3.1.2 관련)

1. 정의

이 세부기준에서 사용하는 용어의 뜻은 다음과 같다.

가. "위험요인 식별"이란 위험요인을 찾아내는 과정을 말한다.

나. "발생가능성"이란 일정기간 동안 사고나 위험사건이 발생할 수 있는 가능성으로, 연간 사고 및 장애의 발생 건수나 위험사건의 발생확률을 사용한다.

다. "심각도"란 사고 또는 장애 등의 발생으로 나타나는 인명 및 재산 피해 또는 시간의 손실 정도를 말한다.

라. "위험도 관리표"란 철도운영자 및 철도시설관리자(이하 "철도운영자등" 이라 한다)가 위험도를 관리하기 위하여 위험사건의 발생 가능성과 심각도를 조합하여 만든 표를 말한다.

마. "안전방어벽"이란 위험사건이 발생한 경우 피해의 심각도를 차단하거나 감소시키는 물리적, 절차적, 상황적 수단을 말한다.

2. 위험관리 기본원칙

가. 위험도는 대상 철도시스템의 사고·장애에 따른 여객, 직원 및 일반인의 인명 사상과 시간의 손실에 대한 위험도를 우선적으로 평가하며, 필요한 경우, 재산 피해 또는 환경적 손상을 포함하여 평가할 수 있다.

나. 위험도 평가는 정량적으로 평가함을 원칙으로 한다. 다만, 필요에 따라 위험도 관리표를 적용하여 준 정량적으로 평가를 시행할 수 있다.

다. 사고·장애의 이력이 없는 철도차량이나 철도시설의 위험도 평가를 할 때에는 정성적인 방법을 사용할 수 있다.

라. 철도운영자등이 이 세부기준에서 정한 위험도 평가 방법을 변경하거나, 다른 적절한 방법을 사용할 때에는 철도운영자등의 위험도 평가 방법이 이 세부기준에서 정한 방법과 같은 수준 이상임을 제시하여야 한다.

3. 위험관리 절차

철도운영자등은 사고·장애를 유발하는 잠재된 위험요인의 식별, 평가 및 관리하기 위한 위험관리 절차를 수립하여야 하며, 위험관리 절차의 구성요소에는 다음 사항을 포함하여야 한다.

가. 위험관리 조직

나. 위험도 평가를 시행하여야 하는 조건 및 시기

다. 위험도 평가 절차(위험요인의 식별, 위험도 분석 및 평가, 안전대책 등 포함)

라. 위험도 평가관리

마. 안전관리 의사결정 절차

바. 후속조치 및 위험 재평가 등

4. 위험관리 조직

가. 위험도 평가를 시행할 때에는 대상 철도시스템의 위험요인 및 위험사건을 식별할 수 있고, 위험도 평가를 수행할 수 있는 인력으로 위험관리 조직을 구성하여야 한다.

나. 위험도 평가를 시행할 때에는 철도운영자등은 단계별 업무 책임자 및 담당자가 참여하여야 하며, 또한 위험도 평가 대상이 다른 철도운영자등과 관련되거나 영향을 받는 경우에는 관련 업무 담당자가 참여하도록 하여야 한다.

다. 안전관리체계 책임자는 위험요인의 식별, 위험도 분석, 평가, 관리기준 및 안전대책 선정 등에 대한 절차를 개발하여야 하며, 필요한 경우에는 별도 위원회를 설치하여 이에 대한 적정성을 검토하도록 할 수 있다.

5. 위험도 평가 시행 조건 및 시기

가. 철도운영자등은 운행개시 이후 1년 이내에 초기 위험도 평가를 시행하여야 하며, 평가는 설계단계의 위험도 평가 및 종합시험운행 결과, 운행개시 전·후에 발생한 사고·장애에 따라 시행하여야 한다.

나. 이 세부기준 시행일 이전 철도운영이나 철도시설관리를 하는 철도운영자등은 시행일 이후 1년 이내에 초기 위험도 평가를 시행하여야 한다. 단, 초기 위험도 평가를 이 세부기준 시행일 이전에 이미 시행한 철도운영자 등은 초기 위험도 평가를 생략할 수 있다.

다. 철도운영자등은 정기적인 위험도 평가 주기를 정하여야 하며, 정기적인 위험도 평가를 시행하는 경우에는 이전에 시행한 위험도 평가 결과, 안전대책 우선순위 및 현재 운영절차 등의 적정성을 확인하여야 한다.

라. 철도운영자등은 내·외부의 변화에 따른 변경관리가 필요할 경우에는 17. 변경관리에 따른 위험도 평가를 시행하여야 한다.

6. 위험도 평가 절차

위험도 평가는 다음 절차에 따라 시행하여야 한다.

가. 위험도 평가 대상의 선정 등 사전준비

나. 위험요인의 식별

다. 위험요인별 위험도 분석

라. 위험도 분석결과에 대한 수용가능 여부 결정

마. 위험도 해소를 위한 안전대책의 수립 및 조치

바. 위험도 평가 내용 및 결과에 관한 기록

7. 설계단계 위험도 평가의 활용

가. 철도운영자등은 철도를 운영하거나 관리하려는 철도차량과 철도시설에 대하여 철도차량 기술기준 3.2.6(위험도분석) 및 철도시설 기술기준 제2장제1절(철도시설의 안전성 분석)에 따라 설계단계의 위험도 평가를 시행하여야 한다.

나. 철도운영자등은 설계단계에서 식별된 위험요인, 위험요인에 대한 설계 보완사항의 적정성을 확인하고, 설계단계 위험도 평가결과 및 보완사항을 운영단계에 활용하여야 한다.

다. 철도운영자등은 설계단계 위험도 평가 결과와 5.나.의 초기 위험도 평가 결과를 비교 분석하여 안전대책을 수립하여야 한다.

8. 위험도 평가 사전준비

가. 철도운영자등은 다음 안전정보를 사전에 조사하여 위험도 평가에 활용하여야 한다.

1) 사고 및 장애 정보
2) 사고 및 장애 분석 보고서
3) 안전경영 검토 보고서
4) 안전계획서 및 안전점검 보고서
5) 철도시스템의 분석(구성, 기능, 운영조건, 인터페이스 등)
6) 설계단계부터 현재까지 실시한 위험도 평가결과
7) 국가 위험도 평가 모델
8) 위험사건에서 사고 및 장애로 진행되는 과정
9) 해외 및 국내 유사 철도시스템의 위험도 평가 자료
10) 타 산업분야에서 검증된 위험도 평가 자료
11) 그 밖에 위험도 평가에 참고가 되는 자료

나. 사전 조사한 안전정보는 위험도 평가 과정에서 참고할 수 있도록 출처를 기입하여야 한다.

다. 위험도 평가범위(시간적, 공간적) 및 평가대상을 정하여야 하며, 이전 위험도 평가와 변경되는 부분이 있는 경우, 이를 확인하여야 한다.

9. 위험요인 식별

가. 철도운영자등은 사전 조사 결과를 바탕으로 위험요인을 식별하여야 하며, 위험요인을 식별할 경우에 다음 사항을 고려하여야 한다.

1) 철도시스템의 사고 및 장애를 초래할 수 있는 위험사건의 확인
2) 철도시스템의 기술적 특성과 기대수명을 고려한 위험요인의 식별
3) 위험사건의 발생과 위험사건이 사고 또는 장애로 진행하는 과정에 존재하는 안전방어벽 및 안전방어벽의 실패상황

나. 철도운영자등은 위험도 평가 과정에서 확인된 모든 위험을 체계적으로 관리하기 위하여 위험 기록대장을 작성하여야 하며, 위험 기록대장에는 위험사건 및 위험요인의 특성과 출처, 위험도, 안전대책 및 책임자 등을 확인할 수 있도록 체계적으로 구성하여야 한다.

다. 철도운영자등은 위험 기록대장을 항상 최신의 것으로 유지하여야 한다.

10. 위험도 분석

가. 철도운영자등은 위험요인을 식별하고, 위험사건의 발생가능성과 발생에 따른 심각도를 산출하여 조합한 후 위험도를 산정하여야 한다.

나. 위험사건의 발생가능성과 심각도를 결정할 때에는 사고 및 장애의 통계, 이력 등에 대한 정량적인 자료를 원칙적으로 사용하여야 한다. 단, 발생가능성과 심각도에 대한 정량적인 자료가 없는 경우에는 다음 사항을 고려하여 결정한다.

1) 전문가가 참여하는 별도 위원회에서 결정
2) 발생가능성이 명확하지는 않지만 일정한 근거가 있는 경우에는 그 근거를 기초로 추정하여 결정
3) 심각도는 최악의 상황에서 가장 큰 사망자, 중상자, 경상자를 고려하여 결정

다. 사망자, 중상자, 경상자는 공통의 척도(등가사망)를 사용하는 것이 바람직하며, 등가사망의 환산은 중상자 10명은 사망자 1명, 경상자 200명은 사망자 1명으로 한다.

라. 사망자, 중상자, 경상자에 대한 기준은 아래와 같다.

1) 사망자 : 사고로 즉시 사망하거나 30일 이내에 사망한 사람
2) 중상자 : 부상자(사고로 24시간 이상 입원 치료한 사람) 중 3주일 이상의 치료를 요하는 부상을 입은 사람과 신체활동부분을 상실하거나 혹은 그 기능을 영구적으로 상실한 사람
3) 경상자 : 중상자를 제외한 부상자

11. 위험도 관리기준

철도운영자등은 위험도 평가를 시행하기 전에 위험도 관리기준을 다음과 같이 구분·설정하여야 한다.

가. 수용가능
나. 경감수용가능
다. 수용불가

12. 위험도 평가

가. 철도운영자등은 위험도 분석 결과를 위험도 관리기준에 따라 판단하여야 한다.

나. 위험도 분석결과가 관리기준의 '수용가능'에 해당하는 경우에는 '수용가능' 내에서 관리되는지를 지속적으로 검토하여야 한다.

다. 위험도 분석결과가 관리기준의 '경감수용가능'에 해당하는 경우에는 위험요인의 발생가능성이나 심각도를 종합적으로 검토하여 위험도를 최저수준으로 경감하기 위한 합리적인 조치를 취하여야 한다.

라. 위험도 분석결과가 관리기준의 '수용불가'에 해당하는 경우에는 조속히 위험도 경감을 위한 안전대책을 수립·시행하여야 하며, 위험요인이 개선되지 않은 상태에서는 열차운행을 할 수 없다.

13. 안전대책 수립 및 시행

가. 철도운영자등은 위험도 평가 결과, 위험도가 경감수용가능 또는 수용불가에 해당되어 합리적인 안전대책을 수립 및 시행할 때에는 다음 순서를 고려하여 관련 법령에서 정하는 사항과 그 밖에 승객, 직원 및 일반인의 위험을 방지하기 위해 필요한 조치가 포함되어야 한다.

1) 위험요인의 제거
2) 위험요인 발생가능성의 경감
3) 위험요인 심각도의 경감

나. 철도운영자등이 안전대책을 수립할 때에는 다음 사항을 고려하여야 한다.

1) 설계나 계획 단계에서 위험요인을 제거 또는 경감하는 대책
2) 철도차량, 철도시설 및 운영장비의 변경·설치 등 기술적 대책
3) 현재 운영절차 변경 등 관리적 대책

다. 철도운영자등은 비용편익분석 등을 통한 합리적인 의사결정 절차에 따라 안전대책의 우선순위를 결정하여야 한다.

라. 철도운영자등은 사고 및 장애 발생 우려가 있는 위험요인에 대한 안전대책 시행에 일정기간이 필요한 경우에는 열차의 안전운행에 지장이 없도록 즉시 잠정적인 조치를 취하여야 한다.

14. 위험관리의 검증 등

가. 철도운영자등은 안전대책 시행에 따라 위험도가 수용가능한 수준으로 관리되는지와 추가적인 위험요인을 발생시키거나 위험도의 변경을 일으키지 않는다는 것을 검증하여야 하며, 필요한 경우 안전대책을 변경하여야 한다.

나. 철도운영자등은 위험도 평가의 적정성을 사고 및 장애 조사, 내부 심사 및 안전경영검토 과정에서 확인·검토하여야 한다.

15. 관련 기관의 참여 등

가. 철도운영자등은 위험도를 관리하기 위한 안전대책의 수립 및 시행 과정에 관련된 다른 철도운영자등과 차량제작자, 시설물 설치자, 유지관리자, 계약자 등을 참여하도록 하여야 한다.

나. 철도운영자등은 안전대책의 시행을 위한 역할과 책임을 관련된 다른 철도운영자등과 차량제작자, 시설물 설치자, 유지관리자, 계약자 등과 협의하여야 하며, 필요한 정보를 제공하여야 한다.

16. 위험도 평가 등의 문서화

가. 철도운영자등이 위험도 평가를 시행한 경우에는 다음 사항을 문서화하여야 한다.

1) 위험도 평가 전에 실시한 사전 조사 결과
2) 위험도 평가 범위 및 대상
3) 위험요인 식별
4) 위험도 분석 및 평가
5) 안전대책 및 우선순위
6) 안전대책 시행계획 등

나. 철도운영자등은 제1항에 따른 위험도 평가와 관련된 기록을 5년 이상 보존하여야 한다.

17. 변경관리

가. 철도운영자등은 다음과 같은 내·외부 변화에 따른 새로운 위험 또는 변경되는 위험을 파악하고 관리하기 위해 위험도 평가를 시행하여야 한다.

1) 안전관리 조직 기능의 변화
2) 업무 규모 또는 운영방식의 중대한 변화
3) 재무 악화 및 노사관계 등 운영환경의 변화
4) 업무서비스의 외부위탁 등 계약 환경의 변화
5) 새로운 장비 도입 등 시설환경의 변화
6) 그 밖에 안전관리에 중대한 영향을 미치는 변화

나. 철도운영자등은 제1항에 따른 위험도 평가를 시행할 경우에는 변경 필요성, 이전에 시행한 위험도 평가 결과, 안전대책 우선순위 및 현재 운영절차 등의 적정성을 확인하여야 한다.

[별표 2] 〈개정 17·12·29〉

철도 비상대응계획 수립에 관한 세부기준(제2장 7.1.1 관련)

1. 정의

이 세부기준에서 사용되는 용어의 뜻은 다음과 같다.

가. "철도비상사태"란 열차충돌, 탈선, 화재, 폭발, 자연재해 및 테러 등의 중대한 사고 발생으로 열차 운행이 중단되거나 인적 및 물적 피해가 발생되는 상황 또는 위험개소(터널·교량 등) 내 장시간 열차가 정차하는 상황을 말한다.

나. "비상대응"이란 철도비상사태가 발생하였을 경우에 열차의 조속한 정상운행과 인적 및 물적 피해를 최소화하기 위한 활동을 말한다.

다. "비상대응 시나리오"란 신속하고 효율적인 비상대응을 위해 발생 가능한 철도비상사태의 유형별로 비상상황 발생 시점부터 복구완료 및 열차 정상운행이 될 때까지 비상대응인력이 조치할 행동요령을 시간의 순서대로 전개한 것을 말한다.

라. "비상대응 유관기관(이하 "유관기관"이라 한다)"이란 철도비상사태가 발생하였을 경우에 철도운영자 및 철도시설관리자(이하 "철도운영자등"이라 한다)의 비상대응 활동을 협력하고 지원하는 기관을 말하며, 중앙행정기관, 지방자치단체, 소방서, 경찰서, 응급의료기관 및 협력업체 등을 말한다.

마. "표준운영절차"란 철도비상사태가 발생하였을 경우에 비상대응인력 및 유관기관의 기능과 역할을 유형화한 절차 또는 비상대응의 기준이 되는 표준적인 절차를 말한다.

바. "현장조치매뉴얼"이란 표준운영절차를 바탕으로 철도비상사태가 발생하였을 경우에 비상대응인력 및 유관기관이 현장에서 실제 적용하고 시행해야 할 구체적인 조치사항과 절차 등을 수록한 문서를 말한다.

사. "긴급구조"란 자연재해 또는 철도비상사태 등의 재난이 발생할 우려가 있거나 발생되었을 때에 인적 및 물적 피해를 최소화하기 위하여 긴급구조기관에 의한 인명구조, 응급처치 및 그 밖에 필요한 모든 조치를 말한다.

아. "비상대응 연습·훈련"이란 철도비상사태 발생에 대비하여 비상대응 능력 함양 및 유관기관 협력체계 강화 등을 위해 실시하는 연습·훈련을 말하며, 종합연습·훈련과 부분연습·훈련으로 구분한다.

자. "종합연습·훈련"이란 특정 유형의 비상대응계획이 적합한지를 평가하기 위해 실시하는 종합적인 가상의 현장 연습·훈련을 말한다.

차. "부분연습·훈련"이란 비상대응 능력 함양을 위해 분야별로 실시하는 가상의 현장 연습·훈련을 말한다.

카. "철도 사이버테러"란 해킹·바이러스 등 전자적 수단으로 철도운행제어시스템에 불법적으로 침입하여 철도 운영과 관련된 주요 정보의 유출, 위조, 변조, 훼손, 파괴하는 등 철도의 기능을 마비시키는 행위를 말한다.

2. 비상대응계획 수립

가. 철도운영자등은 비상대응 시나리오에 따른 비상대응 절차, 유관기관의 협력 및 지원 체계, 시설 및 장비의 효율적인 투입 등을 위한 문서화된 비상대응계획을 수립, 실행 및 유지하여야 하며, 비상대응계획에는 다음 사항을 포함하여야 한다.

1) 비상대응계획 작성에 관한 기본계획(목적, 적용범위, 기본방침, 수립절차 등)
2) 비상대응 표준운영절차 작성
3) 비상대응 협력 및 지원 체계
4) 비상대응 연습·훈련 절차 및 방법
5) 비상대응 사이버테러 대책
6) 비상대응계획 수정·보완에 관한 이력사항 등

나. 철도운영자등은 발생 가능한 철도비상사태의 유형별, 역, 터널, 교량 등의 사고 위치별 및 여객열차, 화물열차, 위험물 운송열차, 건물 등의 사고 대상별로 비상대응 시나리오를 개발하여야 한다.

3. 표준운영절차 수립

철도운영자등은 표준운영절차를 수립하여야 하며, 표준운영절차에는 다음 사항을 고려하여야 한다.

가. 비상대응 시나리오에 따른 비상대응절차
나. 비상대응절차도(유관기관의 협력 및 지원 절차 포함)
다. 비상대응절차에 따른 담당업무별 역할과 책임(유관기관 포함)
라. 철도비상사태에 대한 지휘체계(분야별 포함)
마. 승객 긴급 신고요령 안내
바. 승객 긴급 대피요령 안내
사. 승객 긴급 구조체계
아. 화재발생에 따른 연기확산 억제 및 배연 대책
자. 비상대응 통신망 및 안내방송체계
차. 비상연락체계 및 비상연락망(유관기관 포함)

4. 비상대응 협력 및 지원 체계

가. 철도운영자등은 다음 사항이 포함된 비상대응 협력 및 지원 체계를 구축하

여야 한다.

1) 유관기관별 역할과 책임(도시철도는 해당 지방자치단체 포함)
2) 지휘 및 보고 체계
   가) 철도비상사태 유형별 지휘 및 보고 체계(유관기관 포함)
   나) 직원 또는 사무실 명칭과 전화번호(상시 연락가능 무전 주파수와 호출 번호)
3) 화재, 테러 등에 대비한 긴급방재대책
4) 현장 접근통제 및 질서유지 대책
5) 비상대응지도 구축

나. 철도운영자등은 비상대응 협력 및 지원 체계의 적정성을 확보하기 위하여 주기적으로 유관기관과 협의하여야 하며, 협의 내용에는 다음 사항을 포함하여야 한다.

1) 유관기관별 세부 대응절차 수립방안
2) 비상대응 협력 및 지원 체계의 적정성
3) 비상대응 투입 인원과 시설 및 장비 등의 지원 능력
4) 유관기관별 관련 문서의 변경, 개정 등에 따른 협의 절차 등

5. 비상대응 연습 · 훈련 계획 수립

철도운영자등은 매년 비상대응 연습 · 훈련 계획을 수립하여야 하며, 비상대응 연습 · 훈련 계획에는 다음 사항을 포함하여야 한다.

가. 비상대응 연습 · 훈련의 목표
나. 비상대응 연습 · 훈련의 시기, 방법, 규모 및 장소
다. 연습 · 훈련 내용에 적절한 비상대응 시나리오
라. 비상대응 연습 · 훈련의 열차 및 장비의 사용 여부
마. 비상대응 연습 · 훈련의 평가 방법
바. 비상대응 연습 · 훈련 결과에 대한 개선사항 조치계획 등

6. 비상대응 연습 · 훈련 시나리오 선정

철도운영자등은 다음 절차에 따라 비상대응 연습 · 훈련 시나리오를 선정하여야 한다.

가. 연습 · 훈련 대비 철도비상사태의 유형 선정
나. 비상대응 연습 · 훈련 시나리오의 작성
다. 표준운영절차에 따른 비상대응 연습 · 훈련 절차 작성
라. 비상대응 연습 · 훈련 지휘체계 구성
마. 승객 긴급구조 및 비상대응 통신 대책 수립
바. 비상대응 협력 및 지원 체계 구성
사. 비상연락체계 및 비상연락망(유관기관 포함) 구성

7. 비상대응 연습 · 훈련 시행

철도운영자등은 다음과 같은 비상대응 연습 · 훈련을 시행하고, 연습 · 훈련 결과에 따라 적절한 조치를 취하여야 한다.

가. 종합연습 · 훈련 : 유관기관과 함께 반기별 1회 이상 실시한다. 단, 「재난 및 안전관리기본법」에 따른 재난대비 연습 · 훈련이 3. 표준운영절차 수립에 따른 철도비상사태 유형을 대상으로 시행한 경우에는 종합연습 · 훈련을 시행한 것으로 본다.

나. 부분연습 · 훈련 : 관제, 승무, 역무, 차량, 시설, 전기 등 분야별로 분기별 1회 이상 실시하여야 하며, 다음 사항을 충족하여야 한다.

1) 철도비상사태의 해당 유형별(열차충돌, 탈선, 화재, 폭발, 자연재해, 테러, 위험개소 내 장시간 열차 정차) 부분연습 · 훈련을 매년 1회 이상 실시할 것(이 경우 2개 이상의 복합유형에 대한 훈련을 실시한 경우에도 해당 유형에 대한 훈련을 실시한 것으로 본다)
2) 관련된 분야별로 통합하여 실시하는 훈련을 반기별 1회 이상 실시할 것 (관련된 분야별로 통합하여 훈련을 실시한 경우에는 1)의 해당 유형에 대한 훈련을 실시한 것으로 본다.)
3) 모든 해당 업무 종사자가 2)의 훈련에 매년 1회 이상 참여하도록 할 것

8. 비상대응 연습 · 훈련 평가

가. 철도운영자등은 비상대응 연습 · 훈련에 대하여 다음 사항을 점검하고 그 결과를 평가하여야 하며, 미비점과 취약점에 대하여는 이를 시정 · 보완하여야 한다.

1) 비상대응 연습 · 훈련 목표의 적정성
2) 비상대응계획 및 현장조치매뉴얼의 적합성
3) 승객 긴급구조 및 비상대응 통신대책의 적정성
4) 비상대응 직원의 임무 수행에 관한 사항
5) 비상대응 협력 및 지원 체계의 적정성
6) 비상대응 연습 · 훈련 지휘체계의 적정성

나. 철도운영자등은 비상대응 연습 · 훈련 및 평가에 대한 해당 연도 시행계획은 전년도 11월 말까지, 전년도 추진실적은 매년 2월 말까지 국토교통부장관에게 제출하여야 한다.

9. 비상대응 연습 · 훈련 참관 등

철도운영자등은 비상대응 연습 · 훈련에 다른 철도운영자등과 유관기관(교통안

전공단 포함)이 참관할 수 있도록 협의하고, 비상대응에 필요한 각종 정보와 의견, 연습·훈련 평가결과 등을 공개하거나 제공하여야 한다.

10. 사이버테러 대응계획

철도운영자등은 사이버테러에 대비하여 철도선로제어설비, 철도신호제어설비, 송변전설비, 전철전력설비, 통신설비 등 철도운전제어시스템에 대한 사이버테러 대응계획을 수립, 실행 및 유지하여야 하며, 사이버테러 대응계획에는 다음 사항을 포함하여야 한다.

가. 사이버테러 대책의 수립·이행 및 지속적인 유지를 위하여 책임과 권한이 부여된 책임자 지정
나. 사이버테러 대응조직의 구성 및 전문인력의 확보
다. 사이버테러로부터 보호되어야 하는 기기, 컴퓨터 또는 통신 등의 구성요소에 대한 식별
라. 사이버테러의 예방·탐지·대응 및 복구를 위한 기술적·관리적 조치의 마련 및 시행
마. 사이버테러 대응 교육훈련에 관한 사항
바. 사이버테러 대응체계에 관한 사항
사. 주기적 취약점 분석·평가 방법에 관한 사항

11. 사이버테러 보완대책

철도운영자등은 철도시스템을 안정적으로 운용하기 위하여 사이버테러에 대비한 보안대책을 마련하여야 하며, 보안대책에는 다음 사항을 포함하여야 한다.

가. 안전한 철도시스템 네트워크 구성방안 (유·무선 포함)
나. 철도 네트워크 연계구간 보호대책
다. 안전한 철도 감시정보 수집 및 제어 보안대책
라. 철도시스템(PC, 서버 등) 보안대책
마. 철도 응용프로그램 보안대책
바. 철도 제어기기 보안대책
사. 제어시스템 패치/백신 업데이트 대책
아. USB 등 이동형 저장장치 보안관리 대책
자. 유지보수 인력 보안관리 대책

[별표 4] 〈개정 17·12·29, 19·1·10〉

노후 철도차량 및 철도시설의 유지관리 세부기준(제2장 12.3.4 관련)

1. 정의

이 세부기준에서 사용하는 용어의 뜻은 다음과 같다.

가. "노후"란 철도차량 및 철도시설의 수명이 특정시기에 도래하거나 고장빈도가 증가하는 등 안전 및 운영 측면에서 정상적으로 운용할 수 없는 상태를 말한다.
나. "기대수명"이란 철도차량의 제작 및 철도시설의 설치 당시에 기대했던 기능과 성능을 유지한 상태로 사용할 수 있는 기간을 말한다.
다. "특정시기"란 최초 정밀안전진단 시기 또는 고장빈도가 증가하는 등 철도차량 정밀안전진단이 필요하다고 판단되는 시기를 말하며, 철도시설의 경우 기대수명을 말한다.
라. "철도차량 정밀안전진단"이란 노후 철도차량의 계속 사용 가능여부를 확인하기 위하여 실시하는 상태평가·안전성평가 및 성능평가를 말한다.
마. "상태 평가"란 여객 서비스적합성 확인, 철도차량의 변형 및 기타 결함의 정도를 파악하기 위하여 시행하는 평가를 말한다.
바. "안전성 평가"란 철도차량의 안전운행에 대한 적합성을 확인하기 위하여 시행하는 평가를 말한다.
사. "성능 평가"란 철도차량의 안전운행과 관련된 성능 및 안전성을 확인하기 위하여 시행하는 평가로 운행선로 시운전을 말한다.
아. "철도차량 정밀안전진단 전문기관"이란 「철도안전법」(이하 "법"이라 한다) 제7조제5항 및 철도안전관리체계 기술기준 별표 5에 따라 국토교통부장관이 정한 요건을 갖춘 전문기관을 말한다.
자. "철도차량 정밀안전진단 신청자"란 법 제7조제5항 및 철도안전관리체계 기술기준에 따라 노후 철도차량을 정밀안전진단을 받고자 하는 자를 말한다.
차. "선로"란 철도차량을 운행하기 위한 궤도와 이를 받치는 노반 또는 공작물로 구성된 시설을 말한다.

2. 적용 대상

가. 노후 철도차량 및 철도시설의 유지관리 세부기준의 적용 대상은 다음과 같다.
  1) 철도차량(철도차량에 딸리는 구성품을 포함한다)
  2) 다음 사항의 어느 하나에 해당하는 철도시설(철도시설에 딸리는 구성품을 포함한다)
    가) 철도의 선로(선로에 딸리는 부속품을 포함한다)

나) 역 시설(방재설비, 물류시설, 환승시설 및 편의시설 등을 포함한다)
다) 선로 및 철도차량을 보수·정비하기 위한 선로보수기지, 차량 정비기지 및 차량 유치시설
라) 철도의 전철전력설비, 정보통신설비, 신호 및 열차제어설비
마) 철도기술의 개발·시험 및 연구를 위한 시설
바) 철도경영연수 및 철도전문인력의 교육훈련을 위한 시설

나. 가목에 따른 적용 대상 중 신뢰성·가용성·정비성·안전성(RAMS) 관리체계에 따른 지속적인 분석활동으로 고장률이 지속적으로 유지 또는 감소하고 있다는 것이 입증될 경우에는 해당 철도차량 및 철도시설은 적용 대상에서 제외할 수 있다. 다만, 철도차량의 경우에는 정밀안전진단을 실시해야 한다.

다. 철도시설의 기술기준 제115조 및 제200조에 따라 정밀안전점검을 시행한 철도시설은 적용 대상에서 제외한다.

라. 시설물의 안전관리에 관한 특별법 시행령 제6조제1항 및 제9조제2항에 따라 정밀점검, 정밀안전진단을 시행한 철도시설은 적용 대상에서 제외한다.

3. 기대수명

가. 철도운영자등은 철도차량 및 철도시설을 신규로 제작·건설·구매하려는 경우에는 철도차량 및 철도시설에 대한 기대수명을 제작자에게 제시하여야 한다.

나. 노후 철도차량 및 철도시설의 유지관리 세부기준 시행 이전에 제작·건설·구매하여 사용 중인 철도차량 및 철도시설의 기대수명은 다음을 고려하여 정하여야 한다.

1) 「물품관리법」 제16조의2에 따라 조달청장이 고시하는 내용연수
2) 「지방공기업법 시행규칙」 제19조에 따른 내용연수
3) 철도차량 및 철도시설의 제작자가 권고하는 사용 횟수 또는 사용 가능 연수
4) 철도안전법 개정(2014.3.19일 시행) 이전에 정한 사용내구연한 (연장하지 않은 최초 내구연한)
5) 기타 일반적으로 통용되는 사용 횟수 또는 사용 가능 연수

4. 노후 철도차량 및 철도시설의 유지관리 절차

철도운영자등은 철도차량 및 철도시설의 유지관리를 위한 절차를 수립, 실행 및 유지하여야 하며, 유지관리 절차에는 다음 사항을 포함하여야 한다.

가. 노후 철도차량 및 철도시설의 적용대상
나. 노후 철도차량 및 철도시설의 적용대상별 기대수명
다. 노후 철도차량 및 철도시설의 평가(철도차량의 경우 정밀안전진단을 말한다. 이하 같다) 절차
라. 노후 철도차량 및 철도시설의 평가대상 표본 선정방법
마. 노후 철도차량 및 철도시설의 평가기준 및 방법
바. 평가 결과 계속 사용하기로 한 노후 철도차량 및 철도시설의 유지관리 방법

5. 정밀안전진단, 평가, 유지관리 및 교체계획

가. 철도운영자등은 노후 철도차량의 정밀안전진단, 개조, 유지관리 및 교체 등을 위한 중장기 유지관리계획을 수립하여야 하며, 중장기 유지관리계획에 따라 매년 노후 철도차량의 정밀안전진단계획 및 교체계획을 수립하여야 한다.

나. 가목에 따른 노후 철도차량 교체계획 수립 시 다음 사항을 고려하여야 한다. 다만, 3)에 따른 잔존수명평가는 철도운영자등이 필요하다고 인정하는 경우 실시한다.

1) 최근 5년간 정밀안전진단 결과에 따른 불합격률
2) 노후 철도차량에서 발생한 사고 및 장애 분석 결과
3) 제13호에 따른 잔존수명평가 결과

다. 철도운영자등은 노후 철도시설의 평가, 개량 및 유지관리를 위한 중장기 유지관리계획을 수립하여야 하며, 중장기 유지관리계획에 따라 매년 노후 철도시설의 평가계획을 수립하여야 한다.

6. 노후 철도차량 및 철도시설 유지관리 방법

철도운영자등은 노후 철도차량 및 철도시설의 평가 결과 계속 사용하기로 결정한 노후 철도차량 및 철도시설에 대한 문서화된 유지관리 방법을 수립하여야 하며, 유지관리 방법에는 다음 사항을 고려하여야 한다.

가. 철도안전관리체계 기술기준 12.3.2의 유지관리 기준에 따른 점검항목, 점검주기 및 점검방법
나. 노후 철도차량의 고장 통계
다. 노후 철도시설의 파손, 장애 등에 대한 통계

7. 최초 정밀안전진단 시기

가. 철도차량의 최초 정밀안전진단 시기는 차량을 제작·등록(인수·취득) 한 이후 20년을 말하며, 최초 정밀안전진단 시기가 도래하기 이전에 고장 빈발 등으로 정밀안전진단을 시행하는 경우에는 정밀안전진단을 시행한 시기를 최초 정밀안전진단 시기로 본다. 단. 철도안전법 개정(2014.3.19일 시행) 이전에 정밀진단 또는 자체안전진단을 시행한 철도차량에 대해서는 최초 정밀안전진단을 한 것으로 간주한다.

나. 철도시설의 최초 평가 시기는 철도운영자등이 고장 사례 및 운행환경 등을 고려하여 철도시설의 기대 수명 도래 이전에 정하여야 하며, 새로이 도입하는 철도시설의 설계·제작·설치·시험 및 시험운행 기간을 고려하여야 한다.

8. 노후 철도차량의 정밀안전진단 절차

노후 철도차량의 정밀안전진단은 다음과 같이 단계별로 구분하여 시행한다.

가. 상태 평가

나. 안전성 평가

다. 성능 평가

9. 노후 철도차량의 정밀안전진단 대상 선정

가. 상태 평가 및 안전성 평가의 결합검사는 모든 철도차량에 대하여 시행한다.

나. 안전성 평가의 전기특성검사, 전선열화검사 및 성능평가는 철도차량 중 운행노선, 제작시기, 제작사 및 제작사양서가 동일한 철도차량별로 정밀안전진단 대상을 분류하고, 분류된 정밀안전진단 대상 중 가장 상태가 불량하다고 판단되는 1편성 또는 독립차량 1량 이상을 표본으로 선정하여 시행한다. 다만, 다음에 해당하는 철도차량 또는 편성의 경우에는 모두 안전성 평가의 전기특성검사 및 전선열화검사 대상으로 선정하여야 한다.

1) 전기특성에 의한 반복적인 장애 발생으로 열차운행에 중대한 영향을 미친 철도차량 또는 편성

2) 12.3.2의 유지관리 기준에 따라 최적의 상태로 복원(시험성적서, 시험기록지 또는 부품교체를 확인한 검사기록서를 통해 주기적으로 교환되거나 유지보수 과정에서 점검, 수리 또는 교체된 상태를 철도차량 정밀안전진단 전문기관(이하 "전문기관"이라 한다)이 확인한 경우를 말한다)된 것이 확인되지 않는 경우

다. 가목 또는 나목에도 불구하고 충돌·탈선·화재 등 철도사고가 발생한 철도차량 또는 편성은 정밀안전진단 대상으로 선정하여야 한다. 다만, 사고로 인한 전기장치 및 전선에 피해가 없는 경우 전기특성검사 및 전선열화검사는 제외할 수 있다.

10. 노후 철도차량의 상태평가

가. 상태평가는 철도차량의 치수 및 외관검사(여객 이용시설 포함)로 실시한다.

나. 상태평가의 검사대상은 철도차량의 차체 및 주행장치의 대차틀과 볼스터(Bolster)를 대상으로 한다.

다. 상태평가의 검사방법 중 차체에 대한 치수검사는 다음과 같이 시행한다.

1) 정밀안전진단 신청자가 제시한 기준 도면 및 자료에 의하여 실시한다. 치수검사의 대상부위는 다음 항목 중 해당되는 사항을 선정하고 측정에 적합한 측정설비를 이용하여 검사를 실시한다. 다만, 설계 기준 도면 및 자료가 없는 특수차의 경우 전문기관과 협의하여 차체 및 대차틀, 볼스터의 상하, 좌우 대칭 구조를 확인하는 시험으로 대체할 수 있다.

① 차체틀

② 언더프레임

③ 캠버, 언더프레임 수평도 및 차체 배부름

④ 그 밖에 정밀안전진단 전문기관이 필요하다고 판단되는 주요 위치

2) 공차 상태의 차체 캠버량은 역캠버가 발생하지 않는 조건을 만족하여야 하며, 치수검사는 최대 하중을 고려하여야 한다.

라. 상태평가의 검사방법 중 대차틀 및 볼스터에 대한 치수검사는 다음과 같이 시행한다.

1) 정밀안전진단 신청자가 제시한 기준도면 및 자료에 의하여 실시한다. 치수검사의 대상부위는 다음 항목 중 해당되는 사항을 선정하고 측정에 적합한 측정설비를 이용하여 검사를 실시한다.

① 대차 고정 축거

② 저어날

③ 차축 스프링 시트

④ 트랜솜

⑤ 기타 전문기관이 정하는 주요위치

마. 상태평가의 외관 검사는 철도차량의 차체 및 주행장치의 대차틀과 볼스터에 대한 외관변형 유무와 여객 이용시설(출입문, 좌석, 비상탈출 장치 등)의 상태 등 서비스 적합성에 대해 검사한다.

바. 상태평가 검사결과의 정리는 [표 1] 부터 [표 3]까지의 서식에 의한다.

[표 1] 차체 검사결과

항　　목	기준[mm]	측정치[mm]	비 고
차량단부간의 거리(밑면)			
차량단부간의 거리(윗면)			
차체폭(밑면)			
차체폭(윗면)			
차체높이			
대각선간의 차이(차체 폭 방향)			
대각선간의 차이(차체 길이 방향)			

[표 2] 언더프레임 검사결과

항 목	기준[mm]	측정치[mm]	비 고
언더프레임단부간의 거리(옆면 1)			
언더프레임단부간의 거리(옆면 2)			
대각선간의 차이(언더프레임)			
볼스터 센타간의 거리			
볼스터에서 단부까지의 거리			
볼스터에서 단부까지의 거리 차이			
언더프레임 폭			
볼스터 폭			
볼스터 높이			
센터실의 폭			
차체 캠버량			

[표 3] 대차 검사결과

항 목	기준[mm]	측정치[mm]	비 고
대차 고정 축거			
대차 고정 축거 좌우 차			
저어날 중심간 거리 및 중심간 전후 거리 차			
차축 스프링 시트 중심간 좌우 차			
차축 스프링 시트 대각거리 차			
차축 스프링 시트 내면간 거리 차			
트랜솜 중심간 거리 차			

사. 판정기준

1) 차체와 주행장치에 대한 치수 검사개소 및 허용 공차는 정밀안전진단 신청자가 제시한 기준 도면 및 자료에 의하여 판정한다.
2) 차체 및 주행장치의 대차틀과 볼스터의 외관에는 부식에 의한 훼손 및 결함 등의 변형이 없어야 한다.

11. 노후 철도차량의 안전성 평가

가. 안전성 평가는 결함검사, 전기특성 검사 및 전선열화검사로 구분한다.

나. 결함검사의 검사대상은 철도차량의 차체 및 주행장치의 대차틀과 볼스터(Bolster)를 대상으로 한다.

다. 결함검사의 검사항목은 표면결함 검사, 내부결함 검사, 부식 검사로 한다.

라. 표면결함 검사는 다음과 같이 시행한다.

1) 표면결함은 차체와 대차의 주요 부위 표면에 발생한 결함으로, 육안 검사, 자분탐상 시험 또는 침투탐상 시험 등으로 확인이 가능한 결함을 말한다.
2) 용접부 및 모재부 표면에 대한 검사는 육안 검사와 비파괴 검사로 구분한다. 육안 검사는 목측 및 측정 기구를 이용하고 비파괴 검사는 자분탐상 시험(M.T) 또는 침투탐상 시험(P.T)으로 실시한다.
3) 육안 검사결과 표면결함이 의심되는 부위는 비파괴 검사를 실시한다. 이 경우 자분탐상 시험은 KS D 0213에 의하여 실시하고, 침투탐상 시험은 KS B 0816에 의하여 실시한다.
4) 용접대차의 용접부 및 주강대차의 검사부위 및 검사기준은 검사대상 대차의 사양서 및 관계도면에 의하여 전문기관이 지정해야 하고, 비파괴 전문가가 적합한 검사 장비를 가지고 검사를 실시하여 건전성을 평가하여야 한다.

마. 내부결함 검사는 다음과 같이 시행한다.

1) 내부결함은 차체와 대차의 주요 부위 내부에 발생한 결함으로서, 방사선투과 시험이나 초음파탐상 시험 등으로 확인이 가능한 결함을 말한다.
2) 내부결함 검사는 초음파탐상 시험(U.T) 또는 방사선투과시험(R.T)으로 실시한다. 초음파탐상 시험은 KS B 0896에 의하여, 방사선투과시험은 KS B 0845, KS D 0237에 의하여 실시한다.
3) 내부결함 검사를 위한 시험은 공인된 전문검사기관에서 실시하여야 하며, 검사자는 국가기술자격에 의한 비파괴 검사기사 및 기능사 또는 이와 동등 이상의 자격이 있다고 인정되는 자이어야 한다.
4) 내부결함 검사는 다음 각 부위에 대하여 실시한다.
   ① 표면결함 검사에 의한 의심부위
   ② 결함이 생기기 쉬운 개소
   ③ 응력 집중부 부근의 개소

바. 전문기관은 차체 골조 및 언더프레임에 발생한 부식의 상태를 확인하여 주요 부위의 부식 정도를 검사한다.

사. 결함검사 판정기준

1) 표면결함 및 내부결함 검사결과 다음의 노후 정도에 해당하는 경우에는 '폐차'로 판정한다.
   ① 차체 골조 및 외판의 부식이 심하여 전반적인 보강이 필요한 경우
   ② 언더프레임 사이드실의 부식이 심하여 전반적인 보강이 필요한 경우
2) 주요 부위에 대하여 결함 검사결과 결함이 발생한 경우 다음과 같이 판정한다.
   ① 결함 검사에 대한 결과평가에서 표면결함 검사와 내부결함 검사는 관련 규격에 의하여 평가한다.

② 결함이 발생한 부위에 대하여는 제작시방서에 의하여 완전하게 보수한 후 표면결함검사와 내부결함 검사를 실시하여 이상이 없어야 한다. 다만, 길이 30mm 이하의 결함 및 군집 결함에 한해 내부결함 검사가 불가능한 부위는 표면결함 검사로만 할 수 있다.

③ 검사 결과 주요 골조의 모재에 균열이 발생한 경우, 보수가 불가능한 경우 또는 한번 이상 보수용접을 수행한 위치에 다시 균열이 발생한 경우에는 폐기처분한다.

④ 주요 골조의 모재에 균열이 발생하였거나 한번 이상 보수용접을 실시한 위치에 다시 균열이 발생하였을 경우에는 재보수를 실시할 수 없으며 폐기하여야 한다.

아. 전기특성검사 대상은 철도차량의 추진제어장치 · 보조전원장치 · 고전압장치 · 집전장치 및 외부에 노출된 차체배선을 대상으로 하며, 각각의 장치에 내장되어 있는 구성품을 포함한다. 다만, 타목에 따른 전선열화검사를 시행한 차체배선은 전기특성검사를 생략할 수 있다.

자. 전기특성 검사는 상태진단 시험과 육안 검사에 의한 상태검사로 구분하며, 육안 검사는 전기장치가 철도차량에 부착된 상태에서 시행한다.

차. 전기특성 검사의 상태진단 시험은 정차상태(부품이나 장치가 분해된 상태를 포함한다) 및 주행상태에서 다음 각 호의 시험을 실시한다.

1) 조합된 철도차량의 기능 및 동작측정 시험
2) 주요기기 온도 및 상태시험
3) 절연저항 및 내전압 시험
4) 추진제어장치 완성차 시험
5) 지상설비 연계동작 시험

카. 전기특성검사 판정기준

1) 평가기준은 해당 사양서 및 시험성적서를 기준으로 하며, 사양이 없거나 기준이 제시되지 않은 경우에는 철도차량 기술기준에 따른다. 다만, 육안검사의 경우 다음 판정기준을 적용한다.

① 전기장치는 사용상 유해한 결함이 없어야 하며, 실외에 노출된 장치는 방수, 방진 등의 기밀성이 유지되어야 한다.

② 전기장치는 장시간 사용에 따른 열화, 변색, 배부름 현상이 없어야 하며 취부개소나 통전개소 및 절연개소 등에 크랙 발생이 없어야 한다.

③ 전선은 열화, 변색, 크랙 등의 발생이 없어야 하며 심선의 절손, 압착부의 상태변화, 절연피복의 손상 등이 없어야 한다.

④ 스위치, 접촉기, 차단기 등 전기적으로 고압회로의 투입/개방 동작을 행하는 기기는 접점부에 손상이 심하지 않아야 하며 황손 및 그을림 등으로 전기적 통전에 지장을 주어서는 안 되며 아크슈트는 아크소호에 지장이 없는 상태를 유지하여야 한다.

⑤ 권선물(변압기, 리액터)은 장기간 외부 노출 환경에서 사용되므로 절연부의 오손, 크랙 발생, 열변형 등이 없어야 한다.

⑥ 반도체소자는 장기간 작동되고 열이 발생됨으로 소자의 열화, 변색, 오염 등이 없어야 한다.

2) 종합평가는 육안검사 및 계측검사에 의한 상태진단 시험 결과를 종합하여 평가한다.

3) 검사결과 노후화 및 결함정도가 심하여 상태가 불량한 경우에는 적절한 조치사항을 포함하여 수리 또는 교체 판정을 한다.

타. 전선열화검사는 차량의 고압전선과 보조전원전선을 대상으로 하며, 전기장치와 연결되어 차량 외부로 노출된 전선에 대해 실시한다.

1) 고압전선 : 직류전동차는 집전장치와 차단기, 차단기와 추진제어장치, 추진제어장치와 견인전동기, 집전장치와 보조전원장치 사이, 직교류전동차는 주변압기와 주변환장치(또는 주제어기), 주변환장치(또는 주제어기)와 견인전동기, 주변압기와 보조전원장치 사이

2) 보조전원전선 : 보조전원장치와 주공기압축기, 보조전원장치와 충전장치 사이, 보조전원장치의 3상 출력선(전차 인통선)

파. 전선열화검사는 전선의 절연체에 고압의 전압을 인가하여 전선의 상태를 진단하는 내전압시험으로 시행한다.

1) 내전압 시험을 위해 전원, 전압조정기, 시험용변압기, 전압계, 전류계 등으로 구성된 시험회로를 구성한다.
2) 시험전압은 도체와 피복사이에 인가한다.
3) 정격전압에 따른 시험 전압의 크기는 아래 표와 같다.

전선의 종류	시험전압[V]
고압전선	2×E + 1,500
보조전원전선	2×E + 1,000

* 여기서, E : 전선의 사용정격전압

4) 전압인가 방법은 처음에는 시험전압 1/2이하의 전압을 인가하여 시험전압까지 전압계 지시가 추종할 수 있는 범위 내에서 되도록 속히 상승시켜 시험전압에 도달하게 한 다음 1분 동안 유지한다. 이후 가능하면 빠르게 전압을 내린다.

하. 판정기준

1) 시험 전압 인가 시 절연이 파괴되지 않아야 한다.
2) 1)에 따른 기준에 부합하지 못하는 경우에는 적절한 조치사항을 포함하여 수리 또는 교체 판정을 한다.

12. 노후 철도차량의 성능평가

가. 성능평가의 평가대상은 치수 및 외관검사, 결합검사 및 전기특성검사를 완료한 철도차량을 대상으로 한다.

나. 차종별 성능 평가항목은 다음과 같다.

항목 \ 차종	고속 철도 차량	일반철도차량					도시 철도 차량
		동력차		객차	화차	특수차	
		기관차	동차				
역행 시험	○	○	○			○	○
제동 시험	○	○	○	○	○	○	○
진동 시험	○	○	○	○	○	○1)	○
승차감시험	○	○	○	○			○

1) 다만, 작업자 또는 화물을 운송하지 않는 특수차는 진동시험을 면제한다.

다. 성능평가는 다음의 각 목의 방법에 의한 운행선로에서의 시험으로 실시한다. 다만, 시험방법의 수행이 곤란하거나 차종의 특수성을 감안하여 추가적인 시험이 필요한 경우 또는 관련 시험방법 및 기준이 명확하지 않은 경우에는 전문기관의 판단에 따라 성능 평가를 실시할 수 있다.

1) 시험 속도는 실제 운영조건의 속도나 시험항목별 요구속도에 따른다.

2) 시험 주행거리는 시험 차량의 특성을 감안하여 성능 평가항목별로 충분한 평가가 이루어질 수 있도록 전문기관과 정밀안전진단 신청자가 협의하여 정한다.

3) 시험 구간은 시험 차량이 실제 운영되는 구간을 대상으로 철도운영자가 시험환경을 제공하고 협의하여 시행한다.

라. 성능평가의 평가기준은 해당 철도차량의 신조차 제작사양서, 운행선로 시운전 평가기준 또는 철도차량 기술기준에 따른다.

13. 노후 철도차량의 잔존수명평가

가. 노후 철도차량의 잔존수명평가는 철도운영자가 제5항가목에 따른 노후 철도차량의 교체계획 수립에 필요하다고 판단하는 경우에 실시한다.

나. 평가대상

철도차량의 차체 및 주행장치의 대차틀과 볼스터(Bolster)를 대상으로 한다.

다. 평가방법

1) 재료의 피로특성

재료의 피로특성은 전문기관이 다음 3가지 방법 중 하나를 선정하고 노후화로 인한 피로특성의 저하를 고려하여 평가하여야 한다.

가) 부품에 의한 피로시험

구조체에 이용되는 동일한 재료를 사용한 부품 시험편을 제작하여 시험을 실시한 뒤 피로선도를 구한다.

나) 시험편에 의한 시험

(1) 구조체에 이용되는 동일한 재료를 사용한 시험편을 제작하여 시험을 실시한 뒤 피로선도를 구한다.

(2) 하중, 치수, 표면 거칠기, 표면처리, 용접, 노치 및 부식의 영향 등을 고려하여야 한다.

다) 기타 시험

데이터의 신뢰성이 검증된 국·내외 규격(KS, BS, JIS 등)을 이용하여 피로선도를 구한다.

2) 구조체의 하중이력

피로강도평가에 이용하는 하중이력은 기존의 측정된 데이터를 이용하거나 측정에 의하여 얻어야 하며, 잔존수명평가대상 철도차량이 운행하는 선로조건을 반영할 수 있어야 한다.

3) 수명 산정

향후 사용할 수 있는 수명은 다음과 같이 산정된다.

$$수명(년) = \frac{피로강도평가에서\ 계산된\ 잔존\ 주행거리}{년간\ 주행거리}$$

4) 실동응력 측정

철도차량이 실제 운행선로에서 주행할 때 차체, 대차틀 또는 볼스터가 받는 응력을 측정하는 실동응력 시험을 실시한다. 이 때 응력이라 함은 nominal stress를 의미한다.

가) 시험조건

전문기관은 정밀안전진단 대상 철도차량 중에서 시험차량을 선정하여야 하며, 정밀안전진단 대상 철도차량의 운행선로에서 영업 하중 조건 및 운전상태를 고려하여 가능한 한 동일하게 실시하여야 한다.

나) 시험방법

(1) 측정방법

실동응력 측정방법은 시험차량의 주요 부위에 스트레인게이지를 설치하여 주행 중 실측한다. 이 때 스트레인게이지의 설치 위치는 주요 부위의 각 하중조건에 대하여 최대한 독립적으로 작용할 수 있는 위치로 정한다.

(2) 측정구간

잔존수명평가대상 철도차량의 영업운전구간에서 1회 이상 왕복 운행함을 원칙으로 한다. 다만, 운행조건, 시험조건에 따라 전문기관이 필요하다고 판단되는 경우 측정구간을 추가하여 측정할 수 있다.

(3) 시험장비

실동응력을 측정할 때에는 시험용도에 맞는 계측기와 그 부속기기를 사용한다. 이 외에도 시험특성에 따라 적정한 장비를 추가할 수 있다.

(4) 시험장비 사용법

(가) 스트레인게이지를 설치하는 부위는 표면을 매끈하게 처리하여 실동응력 측정에 영향을 주지 않아야 하며, 스트레인게이지는 실동응력의 방향과 크기를 정확히 측정할 수 있도록 미리 표시한 방향에 맞추어 측정 부위에 밀착 고정하고, 측정시 외부노이즈에 의한 영향을 최소화하도록 하여야 한다.

(나) 시험장비는 측정대상 진동수에 대하여 공진주파수의 영향을 받지 않는 동특성을 가진 시험 장비를 사용하여야 한다.

(라) 시험장비는 가능한 한 수평인 면에 설치하고, 시험 중 차량진동에 의해 움직이지 않도록 고정하여야 한다.

(마) 필터특성은 시험목적에 적합한 것을 사용하여야 한다.

(바) 실동응력 측정 장치의 감도는 진동파형의 판독에 알맞은 상태로 조정하여야 한다. 다만, 고주파 진동을 제거하기 위한 조정은 시험상태 등을 고려하여 전문기관이 판단한다.

(사) 실동응력 기록지 및 기록용 자기테이프에는 열차번호, 차량번호, 측정일시 및 측정구간 등을 기록해야 하며, 차량속도 및 거리지점 마크를 표시하고 기타 전철기 등 필요한 사항을 기록하여야 한다.

다) 시험기록

시험기록양식은 다음과 같은 사항을 포함하여야 한다.

(1) 측정일시 및 기후
(2) 시험차량 및 편성
(3) 측정구간
(4) 주행속도 및 거리
(5) 선로상태
(6) 측정인원
(7) 측정기의 종류, 형식, 설치위치 및 구성도
(8) 사용한 필터특성
(9) 측정항목
(10) 측정데이터
(11) 그 밖에 특이사항

라) 시험결과 분석방법

(1) 실동응력 측정데이터는 측정구간인 역과 역 사이에서 실동응력값을 응력수준별로 구분하여 누적횟수를 구한다. 최대 응력값이 발생한 위치를 속도데이터를 통하여 선로지도와 비교 검토한 후 이상신호 유무를 확인하여야 한다. 각 시험구간별 응력수준별 실동응력값을 누적 처리하여 실동응력값을 정리한다.

(2) 정리된 실동응력값은 피로수명 산출법에서 사용하는 S-N선도를 사용하며, S-N선도는 재료의 피로특성 평가에서 구하여진 피로선도를 사용한다.

(3) 운행선로 시험을 통해 얻어진 실동응력 자료는 주행거리 및 실동응력 크기별 반복횟수를 분석하고 S-N 선도를 이용하여 잔존수명을 평가한다.

마) 평 가

전문기관은 철도차량에 대한 치수 변형량, 부식 마모량 및 비파괴 검사결과를 실동응력 측정결과와 조합하여 잔존수명을 평가하여야 한다.

라. 판정기준

재료의 피로특성 평가에서 구하여진 각 용접 등급별 S-N 선도를 이용하여 잔존수명을 평가한다.

14. 노후 철도시설의 평가

철도운영자등은 노후 철도시설의 평가절차, 평가기준, 평가방법에 대한 절차를 수립하여야 하며, 다음 사항을 고려하여야 한다.

가. 「철도의 건설 및 철도시설 유지관리에 관한 법률」 제19조에 따른 철도시설의 기술기준
나. 「철도안전법」 제27조에 따른 철도용품의 형식승인
다. 「철도안전법」 제34조에 따른 표준규격
라. 그 밖의 철도시설 제작자가 제시한 치수, 성능 및 시험방법

15. 노후 철도시설의 평가대상 선정

모든 노후 철도시설에 대하여 노후 철도시설의 평가를 시행하는 것을 원칙으로 한다. 다만, 필요한 경우 노후 철도시설의 노선, 분야, 제작사 등을 고려하여 평가대상을 분류하고, 분류된 평가대상 중 가장 상태가 불량하다고 판단되는 시설물을 표본으로 선정하여 시행할 수 있다.

16. 노후 철도차량 및 철도시설의 평가 주체

노후 철도차량 및 철도시설의 평가는 전문기관에 신청하여 시행하여야 한다. 단, 평가 전문기관이 없는 노후 철도시설의 경우에는 철도운영자 등이 인력과 장비를 확보하여 자체적으로 시행할 수 있다.

17. 노후 철도차량 및 철도시설의 평가 결과

철도운영자등은 노후 철도차량 및 철도시설의 평가 결과에 따라 계속 사용여부 및 사용가능기간을 결정하여야 한다.

18. 노후 철도차량 및 철도시설의 재평가

가. 철도운영자등은 계속 사용하기로 결정한 노후 철도차량 및 철도시설을 적당한 시기에 재평가(철도차량의 경우 재정밀안전진단을 말한다. 이하 같다)하여야 한다.

나. 노후 철도차량의 재정밀안전진단 시기는 5년 이내이다. 단, 노후 철도차량으로서 운행 중 충돌 · 추돌 · 탈선 · 화재 등으로 사고가 발생된 차량의 재평가 주기는 3년 이내로 하며, 전장품(전기특성 · 기계적 특성)에 의한 반복적 장애가 연 5회 이상 발생된 차량(편성단위)에 대하여는 3년 이내에 장애특성에 따른 상태 및 안전성평가를 시행하여야 한다. 또한, 철도안전법 개정(2014.3.19일 시행) 이전에 정밀진단을 받아 사용내구연한을 연장하여 운영하고 있는 철도차량은 운영여건을 고려하여 재정밀안전진단 주기를 1회에 한하여 최대 1년까지 연장할 수 있다.

다. 노후 철도시설의 재평가 주기는 철도시설의 특성에 따라 철도운영자등이 자체적으로 정하여야 한다.

라. 철도운영자등은 철도차량 및 철도시설의 고장이 증가하거나 최초 평가와 비교하여 운행환경이 크게 변화되어 평가 결과에 영향을 줄 수 있다고 판단된 경우, 재평가 주기를 단축하여야 한다.

19. 노후 철도차량 및 철도시설의 평가 기록 유지

철도운영자등은 노후 철도차량 및 철도시설의 평가 대상, 내용, 평가자 및 결과 등을 기록 유지하여야 한다.

20. 전문기관의 자격요건

가. 전문기관이 갖추어야 할 자격요건은 다음 각 호와 같으며, 세부 자격요건은 별표 6와 같다.

1) 정밀안전진단 업무를 수행할 수 있는 상설의 전담조직을 갖출 것
2) 정밀안전진단 업무를 수행할 수 있는 전문기술인력을 보유할 것
3) 정밀안전진단 업무를 수행하기 위한 설비 및 장비를 갖출 것
4) 전문기관의 운영 등에 관한 업무규정을 갖출 것
5) 정밀안전진단 외의 업무를 수행하고 있는 경우 그 업무를 수행함으로서 정밀안전진단 업무가 불공정하게 수행될 우려가 없을 것
6) 철도차량을 직접 제조 또는 판매하거나 보유 · 운영하는 자가 아닐 것

21. 전문기관의 업무범위

가. 전문기관의 업무범위는 다음 각 호와 같다.

1) 당해 업무분야에 해당하는 철도차량에 대한 정밀안전진단 시행
2) 정밀안전진단의 항목 및 기준의 조사 · 검토
3) 정밀안전진단의 항목 및 기준의 제정 · 개정 요청
4) 정밀안전진단의 기록 보존 및 보호에 관한 업무
5) 그 밖에 국토교통부장관이 필요하다고 인정하는 업무

나. 전문기관의 세부업무범위는 다음 각 호와 같다.

1) 신청자가 제출한 철도차량의 정밀안전진단 입증계획서에 대한 확인 · 검토 · 승인
2) 정밀안전진단 기준 및 방법의 제정 · 운영
3) 정밀안전진단 절차서 및 정밀안전진단 계획서 수립
4) 해당 철도차량의 정밀안전진단 수행
5) 해당 철도차량의 정밀안전진단 보고서의 작성 및 관리
6) 신청자에게 해당 철도차량에 대한 정밀안전진단 결과통지서 교부 및 관리
7) 해당 철도차량의 정밀안전진단 진행상황 및 결과 제출
8) 그 밖에 국토교통부장관이 필요로 하는 사항

22. 정밀안전진단의 실시 등

가. 철도차량 정밀안전진단 신청자는 이 기준에서 정한 정밀안전진단 전문기관의 자격요건을 갖춘 자에게 정밀안전진단을 신청하여야 한다.

나. 철도운영자는 해당 철도차량의 정밀안전진단이 정밀안전진단 시기가 도래한 년도에 종결되도록 정밀안전진단 대상 차량 수, 자체 정비능력 등이 포함된 종합계획을 사전에 수립하고, 그 결과에 따라 별지 제1호서식의 철도차량 정밀안전진단 신청서를 작성하여 전문기관에 제출하여야 한다. 다만, 2015년 정밀안전진단 대상차량 중 정밀안전진단 기간 내에 기대수명이 경과되는 차량은 철도운영자가 당해차량의 구조 및 장치를 기술기준(법 제7조5항 및 제26조제3항)에 적합하도록 필요한 조치를 한 경우에는 정밀안전진단 기간 내에 한하여 운행할 수 있다.

다. 전문기관은 정밀안전진단 대상이 되는 철도차량이 정밀안전진단 기준에 적합한 지의 여부를 확인한 후 별지 제2호서식의 철도차량 정밀안전진단 결과통지서를 정밀안전진단 신청인에게 교부하여야 한다.

라. 정밀안전진단 신청자는 정밀안전진단 신청서에 다음 각 호의 사항을 증빙하거나 참고할 수 있는 서류를 첨부하여 전문기관에 제출하여야 한다.

1) 철도차량의 정밀안전진단 판정을 위한 제작사양, 도면 및 검사성적서 등의 기술자료

2) 철도차량의 중대한 사고 내역(해당되는 경우에 한한다)
3) 철도차량의 주요 부품 교체 내역

마. 전문기관이 정밀안전진단의 신청을 받은 때에는 제출된 서류를 검토하고 정밀안전진단 신청자와 협의하여 다음 각 호의 내용을 포함하는 정밀안전진단 계획서를 작성하여 관련서류를 제출받은 날부터 30일 이내에 정밀안전진단 신청자에게 통보하여야 한다. 다만, 자료의 보완을 요구받은 정밀안전진단 신청자는 10일 이내에 제출하여야 하며, 이 기간은 정밀안전진단 계획서 작성 기간에 포함되지 아니한다.
1) 정밀안전진단 대상항목 및 방법
2) 정밀안전진단 장비의 사용계획
3) 정밀안전진단 인력 · 소요 비용 및 일정계획
4) 안전관리계획
5) 다른 기관과의 협조체제
6) 그 밖에 정밀안전진단에 필요한 참고자료

바. 정밀안전진단 신청자는 정밀안전진단 계획서의 변경이 필요한 경우 전문기관에게 다음 각 호의 서류를 제출하여 변경을 요청할 수 있으며, 요청을 받은 전문기관은 변경되는 사항의 안전상의 영향 등을 검토하여 적합하다고 인정되는 경우에 한하여 정밀안전진단 계획서를 변경할 수 있다.
1) 변경하고자 하는 내용
2) 변경하고자 하는 사유 및 설명자료

사. 정밀안전진단 신청자는 정밀안전진단 계획서에 따라 정밀안전진단 대상차량을 정밀안전진단이 가능하도록 계획된 일정 및 장소에 준비하여야 한다.

아. 전문기관은 진단을 착수하기 전에 정밀안전진단에 필요한 설비 및 장비를 점검하고 교정상태 등을 확인하는 등의 정밀안전진단 실시에 필요한 사항을 준비하여야 하며, 필요한 경우 정밀안전진단 신청자로 하여금 정밀안전진단 준비를 하게 할 수 있다.

자. 전문기관은 정밀안전진단 계획서에 따라 정밀안전진단을 실시하여야 하며, 정밀안전진단 신청자가 진단의 참관을 요청하는 때에는 특별한 사유가 없는 한 이를 허용하여야 한다.

차. 전문기관은 정밀안전진단 신청자가 제시한 정밀안전진단 대상을 정밀안전진단이 완료될 때까지 관리하여야 한다. 다만, 전문기관과 정밀안전진단 신청자가 협의하여 관리자를 따로 정한 경우에는 그러하지 아니하다.

카. 전문기관은 최초 정밀안전진단 시기가 도래되는 철도차량(전용철도차량 중 영업선로를 운행하는 철도차량을 포함한다)에 대한 정밀안전진단에서 해당 차량의 계속 사용여부를 확인하여야 하며, 계속 사용이 가능하다고 확인되면 철도차량을 계속 사용할 수 있다.

파. 전문기관은 국토교통부(철도안전감독관 등), 제작사 등 관계전문가가 참여하는 정밀안전진단 자문위원회를 구성 · 개최하여 정밀안전진단 결과에 대한 공정성, 객관성을 검증 받아야 하며 정밀안전진단을 완료한 때에는 철도차량 정밀안전진단 결과통지서에 별지 제3호서식의 철도차량 정밀안전진단 보고서를 첨부하여 정밀안전진단 신청자에게 통보하여야 한다.

하. 전문기관은 정밀안전진단 신청자에게 제출하는 다음 각 호에 해당하는 문서를 정밀안전진단 신청자에게 제출한 30일 이내에 국토교통부장관에게 제출하여야 하며, 제9호나목 또는 다목에 따라 전기특성검사 또는 전선열화검사를 제외한 경우 철도운영자가 제시한 관련서류를 함께 제출하여야 한다.
1) 정밀안전진단 계획서
2) 정밀안전진단 보고서

23. 철도차량 정밀안전진단에 대한 이의제기 등

가. 정밀안전진단 신청자는 철도차량 정밀안전진단 결과에 대하여 이의가 있는 경우에는 정밀안전진단 결과를 통보 받은 후 2주 이내에 해당 전문기관에 제출하여야 하며, 이의제기를 받은 해당 전문기관은 제22호 파목에 따른 정밀안전진단 자문위원회에서 재검증을 받아야 한다.

나. 전문기관은 정밀안전진단을 완료한 경우 당해 철도차량의 정밀안전진단 보고서 3부를 작성하여 2부는 정밀안전진단 신청자에게 제출하고, 1부는 전문기관에서 보관하는 등 다음과 같이 기록 · 보관하여야 한다.
1) 전문기관과 정밀안전진단 신청자는 기대수명의 기간 동안 정밀안전진단 보고서를 보존하여야 한다.
2) 전문기관은 아래 서식의 철도차량 정밀안전진단 관리대장을 작성하여 관리하여야 한다.

구분	신청 일자	종료 일자	차종	신청 기관	대상 차량	진단 결과	비고

24. 정밀안전진단 수수료

가. 정밀안전진단 수수료는 종전 규정의 정밀진단 수수료 또는 「엔지니어링사업대가의 기준」을 근거로 산출한 대가를 참고할 수 있다.

[별표5]

철도차량 정밀안전진단 전문기관의 세부 자격요건

1. 정밀안전진단 인력의 구비 요건(자격기준)

등급	기술자격자	학력 및 경력자
책임 평가원	1) 철도차량기술사 또는 이와 동등한 수준 이상의 자격을 취득한 자로서 10년 이상 철도차량 분야에서 근무한 경력이 있는 자 2) 철도차량기사 자격을 취득한 자로서 15년 이상 철도차량 분야에서 근무한 경력이 있는 자 3) 철도차량산업기사 자격을 취득한 자로서 20년 이상 철도차량 분야에서 근무한 경력이 있는 자	1) 관련 분야 박사학위를 취득한 자로서 10년 이상 철도차량 분야에서 근무한 경력이 있는 자 2) 관련분야 석사학위를 취득한 자로서 15년 이상 철도차량 분야에서 근무한 경력이 있는 자 3) 관련 분야 학사학위를 취득한 자로서 20년 이상 철도차량 분야에서 근무한 경력이 있는 자 4) 전문대학을 졸업한 자로서 23년 이상 철도차량 분야에서 근무한 경력이 있는 자 5) 고등학교를 졸업한 자로서 26년 이상 철도차량 분야에서 근무한 경력이 있는 자 6) 선임평가원으로서 5년 이상 근무한 경력이 있는 자
선임 평가원	1) 철도차량기술사 또는 이와 동등한 수준 이상의 자격을 취득한 자로서 5년 이상 철도차량 분야에서 근무한 경력이 있는 자 2) 철도차량기사 자격을 취득한 자로서 10년 이상 철도차량 분야에서 근무한 경력이 있는 자 3) 철도차량산업기사 자격을 취득한 자로서 15년 이상 철도차량 분야에서 근무한 경력이 있는 자	1) 관련 분야 박사학위를 취득한 자로서 5년 이상 철도차량 분야에서 근무한 경력이 있는 자 2) 관련분야 석사학위를 취득한 자로서 10년 이상 철도차량 분야에서 근무한 경력이 있는 자 3) 관련 분야 학사학위를 취득한 자로서 15년 이상 철도차량 분야에서 근무한 경력이 있는 자 4) 전문대학을 졸업한 자로서 18년 이상 철도차량 분야에서 근무한 경력이 있는 자 5) 고등학교를 졸업한 자로서 20년 이상 철도차량 분야에서 근무한 경력이 있는 자 6) 평가원의 학력 및 경력자의 1), 2)에 해당하는 평가원으로서 5년 이상, 3), 4), 5)에 해당하는 평가원으로서 10년 이상 근무한 경력이 있는 자
평가원	1) 철도차량기술사 또는 이와 동등한 수준 이상의 자격을 취득한 자 2) 철도차량기사 자격을 취득한 자로서 2년 이상 철도차량 분야에서 근무한 경력이 있는 자 3) 철도차량산업기사 자격을 취득한 자로서 3년 이상 철도차량 분야에서 근무한 경력이 있는 자	1) 관련 분야 박사학위를 취득한 자 2) 관련분야 석사학위를 취득한 자로서 2년 이상 철도차량 분야에서 근무한 경력이 있는 자 3) 관련 분야 학사학위를 취득한 자로서 3년 이상 철도차량 분야에서 근무한 경력이 있는 자 4) 전문대학을 졸업한 자로서 5년 이상 철도차량 분야에서 근무한 경력이 있는 자 5) 고등학교를 졸업한 자로서 8년 이상 철도차량 분야에서 근무한 경력이 있는 자

※ 비고 : 1. "철도차량 분야에서 근무한 경력"이란 철도운영자·철도시설관리기관·철도연구기관·철도관련 검사기관·철도차량 제작사나 부품 제작사에서 철도차량 및 부품의 설계·제작·검사·품질관리 및 유지보수 업무에 종사한 기간을 말한다.
2. "관련분야"란 철도·기계·전기·전자·산업·품질관리 분야를 말한다.
3. 자격 및 학력 취득 전 철도차량 분야에서 근무한 경력은 80퍼센트를 인정하고, 취득 후 경력은 100퍼센트를 인정한다.

2. 정밀안전진단 인력의 보유 기준

가. 책임평가원은 3인 이상을 갖출 것
  * 기계·전기(전자)분야의 기술인력이 각각 1인 이상이 포함되어야 한다

나. 선임평가원 또는 평가원에 해당하는 기술인력은 10인 이상을 갖출 것
  * 기계·전기(전자)분야의 선임평가원이 각각 2인 이상이 포함되어야 한다

3. 철도차량 정밀안전진단 전문기관의 업무규정 기준

가. 정밀안전진단 업무규정에는 다음 사항이 포함되어야 한다.
1) 정밀안전진단 기구의 조직 및 인원
2) 정밀안전진단 인력의 업무 및 책임
3) 정밀안전진단 체제 및 절차
4) 부적합 처리절차
5) 제증명의 발급 및 대장의 관리
6) 정밀안전진단 인력의 교육훈련
7) 기술도서 및 자료의 관리·유지
8) 장비의 운용·관리
9) 수수료의 징수 기준
10) 그 밖에 국토교통부장관이 정밀안전진단 업무 수행에 필요하다고 인정하는 사항

4. 평가 설비 및 장비 기준

가. 각종 평가 항목을 측정할 수 있는 평가 설비 및 장비를 확보할 것. 다만, 평가 설비 및 장비는 평가 업무 범위에 따라 국토교통부장관과 협의하여 일부 조정할 수 있으며, 국토교통부장관이 정밀안전진단의 업무범위에 따라 별도의 평가 설비 및 계측장비가 필요하다고 인정하는 경우에는 그에 따른다.

나. 평가 설비 및 장비는 항상 정확도를 유지하도록 하는 관리수단을 가지고 운영하여야 한다.

다. 평가 설비 및 장비의 용도 및 확보기준은 다음과 같다.

순번	설비 및 장비명	사용 용도	확보 기준
1	강재부식도 측정기	구조체 부식량 측정	보유 또는 활용
2	자분탐상 검사장비	비파괴 검사	보유 또는 활용
3	초음파탐상 검사장비	비파괴 검사	보유 또는 활용
4	방사선투과 검사장비	비파괴 검사	보유 또는 활용
5	변위측정기	치수 검사	보유 또는 활용
6	온도계측장비	온도 측정	보유
7	3차원 측정기	차체 및 대차 치수측정	보유 또는 활용
8	구조해석 프로그램	차체 및 대차 구조해석	보유
9	다채널 데이터측정기	실동응력 측정	보유
10	승차감 측정기	승차감 측정	보유
11	소음·진동 다채널 측정기	소음 및 진동 측정	보유

※ 비고 : '보유'라 함은 정밀안전진단 전문기관에서 설비 및 장비를 필수적으로 갖추어야 하는 것을 말한다. '활용'이라 함은 정밀안전진단 전문기관에서 비파괴/부식검사 또는 치수측정 등 전문용역기관에 의뢰하여 평가를 수행하는 것을 말한다.

5. 철도차량 정밀안전진단 전문기관의 조직 관리

가. 정밀안전진단 관련 업무에 종사하는 직원의 업무분담사항이 문서화되어 있을 것

나. 정밀안전진단과 관련된 자료 및 설비를 보호하기 위한 보안규칙과 수단을 가질 것

다. 정밀안전진단 업무관리에 관한 절차가 명확하게 규정되어 있을 것

라. 정밀안전진단 업무관리에 관한 평가를 실시하고 문제점을 보완할 수 있는 수단이 있을 것

마. 정밀안전진단 인력에 대한 교육훈련이 적정하게 실시되고 있을 것

바. 정밀안전진단 인력의 부재시에도 정밀안전진단 업무에 지장을 초래하지 아니하도록 직무대행자가 있을 것

[별지 제1호서식]

철도차량 정밀안전진단 신청서

접수번호	접수일	처리기간 60일 (정밀진단평가기간 제외)

신청인	회 사 명		사업자등록번호 (법인등록번호)	
	대 표 자		생년월일	
	주 소 (회사의 소재지)	(전화번호 :)		
신청대상	차 량 형 식		차 량 번 호	
	제 작 사		운행개시일	
	운 행 거 리		수 량	
	진단실적여부			

「철도안전법」 제7조제5항 및 철도안전관리체계 기술기준 제2장 12.3.4 관련 별표4의 규정에 의하여 위 철도차량에 대한 정밀안전진단을 신청합니다.

년 월 일

신청인 (서명 또는 인)

철도차량 정밀안전진단 전문기관의 장 귀하

※ 신청대상이 2 이상일 경우 별지에 신청대상을 작성할 것	수수료
	전문기관과 신청자 간 상호 계약조건에 의함

처리절차

신청서 작성	→	접 수	→	정밀진단	→	결정	→	철도차량 정밀진단 결과통지서
신청인		처 리 기 관 (정밀진단 전문기관)		처 리 기 관 (정밀진단 전문기관)		처 리 기 관 (정밀진단 전문기관)		

210mm×297mm[백상지 80g/㎡(재활용품)]

[별지 제2호서식]

철도차량 정밀안전진단 결과통지서

신청인	회 사 명		사업자등록번호 (법인등록번호)	
	대 표 자		생년월일	
	주 소 (회사의 소재지)	(전화번호 :)		

정밀안전진단 결과

차 량 형 식	차 량 번 호	판 정	판 정 사 유	비 고
		[ ] 사용적합 [ ] 사용 부적합		
보완사항				

「철도안전법」 제7조제5항 및 철도안전관리체계 기술기준 제2장 12.3.4 관련 별표 4의 규정에 의하여 위 철도차량에 대한 정밀안전진단 결과를 통보합니다.

년 월 일

철도차량 정밀안전진단 전문기관의 장 ㊞

210mm×297mm[백상지 80g/㎡(재활용품)]

[별지 제3호서식]
제 호

철도차량 정밀안전진단 보고서

철도차량 정밀안전진단 전문기관명

1. 서 두

보고서의 표지 다음에 정밀안전진단의 개략을 쉽게 알 수 있도록 다음의 서류를 붙인다

가. 제출문[정밀진단 전문기관의 장]
나. 참여 인원 명단
다. 정밀안전진단 결과 요약문
라. 보고서 목차

2. 정밀안전진단 개요

가. 정밀안전진단의 목적
나. 철도차량의 개요 및 이력
다. 정밀안전진단의 범위 및 내용
라. 정밀안전진단 수행일정

3. 진단결과

가. 신청서류 검토
나. 정기점검 결과 검토
다. 정밀안전진단 대상항목 선정
라. 정밀안전진단 방법 및 적용기준
마. 정밀안전진단 항목별 상태평가
바. 정밀안전진단 항목별 안전성 평가
사. 유지보수 및 교체 등 조치사항

4. 종합 결론

가. 정밀안전진단 결과의 종합적인 결론
나. 유지관리 시 특별한 관리가 요구되는 사항
다. 그밖에 필요한 사항

5. 부 록

가. 측정 및 시험 결과자료
나. 그 밖에 참고자료

210mm×297mm[백상지 80g/㎡(재활용품)]

철도시설의 기술기준

제정 2014 · 3 · 19 국토교통부고시 제2013-839호
2014 · 12 · 24 국토교통부고시 제2014-953호
2015 · 9 · 30 국토교통부고시 제2015-722호
2016 · 9 · 7 국토교통부고시 제2016-603호
2017 · 3 · 10 국토교통부고시 제2017-150호
2018 · 1 · 8 국토교통부고시 제2018- 27호
2019 · 3 · 21 국토교통부고시 제2019-132호

제1장 총 칙

제1조(목적) 이 기준은 「철도의 건설 및 철도시설 유지관리에 관한 법률 시행규칙」 제7조제2항에 따라 철도시설의 기술기준에 관하여 필요한 사항을 정함을 목적으로 한다.〈개정 19 · 3 · 21〉

제2조(정의) 이 기준에서 사용하는 용어의 뜻은 다음과 같다.

1. "건축한계"란 차량이 안전하게 운행될 수 있도록 궤도상에 설정한 일정한 공간을 말한다.
2. "경사갱"이란 본선 터널의 바닥면과 터널 외부의 지표면이 직접 연결되어 사람이나 차량이 이동할 수 있도록 수평 또는 일정한 경사도를 두고 설치된 터널을 말한다.
3. "고속철도"란 열차가 주요 구간을 시속 200킬로미터 이상으로 주행하는 철도로서 국토교통부장관이 그 노선을 지정 · 고시하는 철도를 말한다.
4. "광역철도"란 「대도시 광역교통관리에 관한 특별법」 제2조제2호나목에 따른 철도를 말한다.
5. "교차통로"란 다음 각 목의 어느 하나에 해당하는 대피통로를 말한다.
   가. 두 개의 본선 터널이 병렬로 설치된 경우 그 사이의 연결통로
   나. 본선 터널의 선로가 복선인 경우 선로와 선로사이에 설치한 시설물을 통과할 수 있는 통로
   다. 본선터널과 본선터널 사이에 점검 · 보수를 위한 안전터널이 설치된 경우 본선터널과 안전터널을 연결하는 통로
6. "단선병렬터널"이란 두 개의 독립된 터널에 각각 한 개의 독립된 선로를 부설할 수 있는 터널을 말한다.
7. "대피로"란 열차의 화재 등 비상시에 승객 및 승무원이 신속히 대피할 수 있도록 본선 터널에 설치한 보도를 말한다.
8. "대피통로"란 열차의 화재 등 비상시에 승객 및 승무원이 본선 터널의 외부 등 안전한 곳으로 대피할 수 있도록 본선 터널의 출입구 외에 설치한 비상통로를 말한다.
9. "도시철도"란 「도시철도법」 제2조제2호에 따른 도시철도를 말한다.
10. "배전선로"란 변전소와 전기실 간 또는 전기실 상호간에 설치된 고압전선로 및 특별고압전선로와 이에 부속된 전기시설물을 말한다.
11. "복선터널"이란 한 개의 터널에 두개의 선로를 부설할 수 있는 터널을 말한다.
12. "본선"이란 열차의 운전에 상용되는 선로(정거장 내에 있는 대피선과 반복 운전선을 포함한다)를 말한다.
13. "본선터널"이란 본선에 설치되어 열차가 주행하는 터널을 말한다.
14. "비상탈출구"란 터널에서 지상외부로 나갈 수 있는 수직갱, 경사갱, 교차통로의 본선터널 쪽 입구를 말한다.
15. "선로시설"이란 철도차량을 운행하기 위한 궤도와 이를 받치는 노반, 교량 및 터널 등의 시설물을 말한다.
16. "수전선로"란 전력공급 사업자의 전기공급설비와 변전소 간을 연결하는 특별고압 전선로 및 이와 부속된 전기시설물을 말한다.
17. "안전성 분석"이란 철도시설이 가질 수 있는 위험을 식별하고 그 원인 및 영향을 분석하여 정량화한 결과를 설계 및 시공 등에 반영

하여 철도사고의 발생 가능성을 최소화하는 기법을 말한다.

18. "방호스위치"란 비상사태가 발생할 경우 보수자의 조작으로 정지 신호를 전송하여 열차를 정지시킬 수 있는 스위치를 말한다.
19. "안전측 동작"이란 장치 또는 설비가 동작 중 고장이나 장애가 발생하더라도 안전한 상태를 유지하는 것을 말한다.
20. "역 시설"이란 열차의 출발·도착과 여객 및 화물의 취급을 위하여 역에 설치한 승강장, 대합실, 이용편의시설, 역 광장 및 이를 연결하는 통로 등의 시설을 말한다.
21. "연동장치"란 신호기, 선로전환기 및 궤도회로 등의 장치를 기계적, 전기적 또는 소프트웨어적으로 서로 연동하게 하는 장치를 말한다.
22. "수직갱"이란 본선터널과 본선터널 외부의 지표면이 수직으로 관통하는 터널을 말한다.
23. "열차제어장치"란 열차자동정지장치(ATS, Automatic Train Stop), 열차자동제어장치(ATC, Automatic Train Control), 열차자동방호장치(ATP, Automatic Train Protection), 열차집중제어장치(CTC, Centralized Traffic Control) 및 신호원격제어장치(RC, Remote Control) 등으로 구성되는 장치를 말한다.
24. "열차확인거리"란 건널목 앞의 도로차량운전자 또는 보행자 등이 열차의 진입상황을 확인할 수 있는 시계확보거리로서 철도경계선(가장 바깥쪽 레일의 끝선을 말한다)과 도로 중심선의 교점으로부터 도로 중심선을 따라 5미터 되는 지점의 1.4미터 되는 높이에서 철도경계선으로부터 2미터 되는 높이를 아무런 장애 없이 볼 수 있는 최대거리를 말한다.
25. "유도장해"란 전철전력설비로부터 정전유도작용 및 전자유도작용으로 발생한 전자기파가 사람에게 위험을 주거나 다른 설비에 피해를 입히는 현상을 말한다.
26. "일반철도"란 고속철도와 「도시철도법」 제3조제1호에 따른 도시철도를 제외한 철도를 말한다.
27. "자동열차감시장치"란 전방 열차의 선로 조건을 후방 열차에 전송하여 전방 구간에 열차가 있는지를 감시하는 장치를 말한다.
28. "자동열차방호장치"란 전방 열차의 위치에 따라 후방 열차의 속도를 제어하는 장치를 말한다.
29. "전자기 잡음"이란 인접한 도체 간에 서로 영향을 미쳐 정상적인 동작을 방해하는 전기자기적인 유도를 말한다.
30. "전차선로"란 동력차에 전기에너지를 공급하기 위하여 선로를 따라 설치한 전선, 지지물 및 이에 부속설비를 말한다.
31. "전철전력설비"란 열차 운행에 필요한 전원 공급 및 철도 관련 시설의 전원 공급에 필요한 설비를 말한다.
32. "차단구역"이란 본선터널과 수직갱 또는 경사갱 사이의 차단된 지역을 말한다.
33. "철도시설관리자"란 「철도안전법」 제2조제9호의 철도시설관리자를 말한다.
34. "철도신호제어설비"란 열차 및 차량의 안전운행과 수송능력 향상을 목적으로 설치하는 신호기장치, 선로전환기장치, 궤도회로장치, 폐색장치, 연동장치, 건널목보안장치, 열차제어장치 등으로 구성되는 설비를 말한다.
35. "철도정보통신설비"란 철도차량의 안전운행과 여객 편의 등을 목적으로 설치하는 통신선로설비, 전송설비, 역무용 통신설비, 열차무선설비, 역무자동화설비 및 건축통신설비 등으로 구성되는 시설을 말한다.
36. "측선"이란 본선 외의 선로를 말한다.
37. "승강장안전문설비"란 승강장안전문과 안전보호벽을 말한다.
38. "승강장안전문"이란 전동차 출입문과 연동되어 개폐되도록 승강장에 설치하는 승·하차용 출입문을 말한다.
39. "안전보호벽"이란 승강장안전문설비 중에서 승강장안전문을 제외

한 유리 벽체를 말한다.

40. "난연재료"란「건축법 시행령」 제2조제9호에 따른 난연재료를 말한다.

41. "불연재료"란「건축법 시행령」 제2조제10호에 따른 불연재료를 말한다.

42. "준불연재료"란「건축법 시행령」 제2조제11호에 따른 준불연재료를 말한다.

제3조(적용범위) 이 기준은 철도시설관리자가 철도시설을 설치 또는 점검·보수 등 유지·관리하는 경우에 대하여 적용하며, 도시철도는 직류 1천 500볼트의 전원을 공급받는 중량전철(도시전철용 전동차)의 도시철도시설에 적용한다. 다만, 고속·일반·광역철도시설 건설기준은 「철도건설규칙」 및 「철도의 건설기준에 관한 규정」, 도시철도시설 건설기준은 「도시철도 건설규칙」을 따라야 하며, 이 기준보다 우선한다.

제2장 고속·일반·광역철도

제1절 철도시설의 안전성 분석

제4조(일반기준) ① 안전성 분석은 다음 각 호에 따라 실시하여야 한다.

1. 안전성 분석을 위한 자료를 충분히 조사하여 기술할 것
2. 정량적인 방법으로 수행할 것. 다만, 객관적인 평가방법이 확립되어 있지 아니한 경우에는 기존의 자료 또는 사례를 이용하거나 정성적인 방법을 적용할 수 있다.
3. 자료조사 및 안전성 분석은 가능한 한 최근에 확립된 방법 및 기술을 사용하여 실시하여야 하며 적용된 방법 및 기술과 인용된 자료 또는 가정은 그 출처를 명시할 것

② 철도운영자는 철도시설관리자가 안전성 분석을 원활히 수행하기 위하여 철도시설의 유지·보수 및 운영 등에 대한 지원을 요청하는 경우에 특별한 사유가 없는 한 이에 협조하여야 한다.

제5조(안전성 분석대상) ① 1킬로미터 이상의 본선 터널과 지하역 및 철도신호제어설비에 대하여 안전성 분석을 실시하여야 한다. 다만, 이미 안전성 분석을 시행한 철도시설과 규모가 같거나 환경 및 조건 등이 유사할 때에는 이를 생략할 수 있다.

② 제1항 단서조항에 따라 안전성 분석을 생략하는 경우에는 타당한 사유와 합리적인 근거를 명시하여야 한다.

③ 본선 터널의 길이가 15킬로미터 이상인 경우에는 이 기준의 방재요구조건이 미흡하다고 판단되면 해당 터널에 적합한 별도의 대책을 수립하여야 한다.

④ 다음 각 호의 터널은 별도의 대책을 수립하여야 한다.

1. 하저 및 해저의 터널
2. 화물열차 전용터널

⑤ 철도시설관리자는 터널 방재와 관련하여 이 기준에 정하지 아니한 사항은 별도로 세부사항을 정하여 시행하여야 한다.

제6조(안전성 분석 수행절차) ① 안전성 분석 절차는 다음 각 호에 따라 수행하여야 한다. 다만, 이 절차를 따르지 않는 경우에는 타당한 사유와 합리적인 근거를 명시하여야 한다.

1. 잠재위험확인 : 충돌·탈선 및 화재 등의 사고를 유발할 수 있는 잠재적인 위험을 식별하고 식별된 위험에 대하여 시나리오를 작성할 것
2. 사고발생 확률계산 : 시나리오의 단계별로 사건의 발생확률을 객관적으로 산정할 것
3. 사고영향분석 : 시나리오의 단계별로 사고결과에 따른 피해영향을 분석할 것
4. 안전성 분석 : 시나리오별 사고발생 확률과 피해정도를 산출하여 안전성을 정량적으로 평가할 것

5. 안전대책 수립 : 안전성 분석 결과에 따라 정한 안전수준에 부합하도록 안전대책을 수립할 것. 다만, 해당 안전수준을 만족하지 못할 경우에는 원인을 규명하고 요구수준에 부합하도록 안전대책을 수립할 것
6. 안전성분석 결과에 대한 검증 : 실시설계 준공 이전에 안전성 분석이 적합한 지에 대하여 철도운영자 등을 포함한 5인 이상의 해당 전문가에게 검증·확인을 받을 것

제7조(본선 터널의 안전성 분석 등) 본선 터널의 안전성 분석 및 안전대책 검증 시 다음 각 호의 사항을 고려하여 수행하여야 한다.
1. 안전대책을 수립할 때에는 철도객차의 화재규모를 10메가와트 이상 적용하여 승객 또는 승무원이 터널 외부로 안전하게 탈출할 수 있는지 시뮬레이션을 수행하여 분석할 것
2. 안전대책에는 화재가 발생할 때에 승객 또는 승무원이 안전하게 대피하기 위하여 상황별 피난시나리오와 긴급구조에 관한 사항을 포함시킬 것
3. 터널에서 화물열차와 교행하는 노선일 경우에는 가장 많이 운행되는 화물열차 1량 이상의 화재규모를 반영시킬 것
4. 10킬로미터 이상의 터널에 제연설비 또는 배연설비를 설치할 때에는 터널의 축소모형을 이용한 모의화재실험을 실시하여 제1호의 시뮬레이션 결과를 보완시킬 것
5. 제연설비 또는 배연설비를 설치하여 터널이 준공된 후에는 제연설비 또는 배연설비에 대한 성능을 시험할 것
6. 터널의 환기성능 분석을 실시하고 필요한 경우 공기질 개선을 위하여 추가설비를 설치할 것

제7조의2(화재안전성 분석) 제5조제1항에 따른 1킬로미터 이상의 본선터널에 대한 화재안전성 분석은 국토교통부 장관이 정한 "철도터널의 화재안전성 분석 방법 매뉴얼"에 따라 시행하여야 한다.

제8조(지하역의 안전성 분석 등) 지하역의 안전성 분석 및 안전대책 검증시에는 다음 각 호의 사항을 고려하여 수행하여야 한다.
1. 잠재위험을 확인하기 위한 시나리오를 작성할 경우에는 승강장 및 피난로에서의 위험사례를 작성하고 각 사례의 상호 연관성을 고려할 것
2. 안전성 분석을 수행하는 경우에는 철도차량의 운행조건과 승강장 안전시설과의 상호관련성 등을 종합적으로 분석할 것
3. 제7조에 따른 안전대책이 화재를 포함한 비상사태에서 승객과 승무원의 안전에 적정한 지를 검증하기 위한 피난인원을 산정할 때에는 열차 대피인원과 승차대기 인원을 가산하고, 피난 대상자별 최단거리에 위치한 출구로부터 안전한 위치까지 대피에 소요되는 피난 허용시간 등을 고려한 피난안전성 시뮬레이션을 수행할 것

제9조(철도신호제어설비의 안전성 분석 등) 철도신호제어설비의 안전성 분석 및 안전대책을 검증할 때에는 다음 각 호의 사항을 고려하여 수행하여야 한다.
1. 열차제어장치는 연동장치 등과 연계하여 정할 것
2. 전체시스템 요구사항을 바탕으로 설정하여 안전요구사항의 달성기준을 제시할 것
3. 안전성 분석을 수행할 경우에는 최소한 철도시설의 시스템운영, 환경조건, 적용조건 및 운영조건 등의 위험원을 도출할 것
4. 인적요인에 의하여 철도안전에 영향을 미칠 수 있는 위험원을 도출할 것
5. 철도신호제어설비를 구성하는 기본기능, 대상 장치의 내·외부 인터페이스, 운영시나리오 등을 대상으로 위험원을 도출할 것
6. 도출된 위험원의 원인분석 및 위험도(위험원으로 인한 사고의 심각도와 발생빈도의 조합을 말한다)를 통하여 철도신호제어설비의 안전성이 허용될 수 있는 안전수준으로 제어되고 있음을 정량적 수치 또는 판단논리로 입증할 것

제10조(안전성 분석 결과의 기록과 활용) ① 안전성 분석의 결과를 다음 각 호와 같이 기록·보존하여야 한다.

1. 철도시설의 사업개요, 시설내용, 부지사용, 주요특성, 법적사항 및 일정계획 등 시설의 전반적인 개요를 기술할 것
2. 철도시설의 설치·운영시 고려사항, 설계특성 및 설계기준 등 철도시설 운영의 전반에 대하여 안전성을 검증·확인할 수 있도록 설계에 관한 제반내용을 상세하게 기술할 것
3. 안전성 분석결과를 토대로 해당 철도시설의 운영 및 안전관리를 위해 적용되어야 할 핵심적인 기준과 해당 근거를 제시하고, 이를 철도시설의 안전대책 시행계획 수립시 반영할 것
4. 안전성 분석에 활용한 참고자료 및 인용문헌 등을 기술할 것

② 철도시설관리자는 제1항에 따른 안전성 분석결과를 철도운영자에게 통보하여야 하고, 필요한 경우 이를 관계기관에 통보할 수 있다.

제2절 선로시설

제1관 선 로

제11조(건축한계내의 안전) 건축한계는 다음 각 호의 사항을 고려하여 정하여야 한다.

1. 직선구간의 건축한계와 차량한계의 간격은 차량이 주행할 때 발생하는 동요 등을 고려하여 차량의 주행과 여객 및 승무원의 안전에 지장을 주지 않도록 정할 것
2. 전기기관차 또는 전차가 주행하는 경우 직선구간의 건축한계와 차량한계의 간격은 차량이 주행할 때 발생하는 동요 등을 고려하여 감전 및 화재가 발생하지 않도록 정할 것
3. 곡선구간의 건축한계는 캔트(철도차량이 곡선구간을 원활하게 운행할 수 있도록 안쪽 레일을 기준으로 바깥쪽 레일을 기준으로 바깥쪽 레일을 높게 부설하는 것을 말한다)의 크기에 따른 차량의 기울기에 따라 제1호 및 제2호에 따른 건축한계보다 확대하여 정할 것
4. 건축한계 외부라 하더라도 건축한계 내로 무너질 우려가 있는 것을 두어서는 아니 된다.

제12조(탈선방지시설) ① 본선 선로의 곡선반경이 300미터 미만 또는 탈선위험이 있는 장소에는 가드레일 등을 설치하여야 한다.

② 선로의 종점에는 종점 표지를 하여야 하고, 열차가 탈선하거나 과속하는 경우에 위해를 미칠 우려가 있는 장소에는 열차의 속도, 선로의 경사 등을 고려하여 차막이 시설을 설치하여야 한다.

③ 단선구간 또는 2개 이상의 열차 또는 차량이 동시에 출발·진입하는 정거장 구내에 안전측선을 설치하여야 한다. 다만, 운전보안장치가 설치되어 있어 안전측선이 불필요한 경우에는 설치하지 아니할 수 있다.

④ 차량이 정해진 위치를 벗어나서 구르거나 열차정지 위치를 지나쳐 피해를 끼칠 위험이 있는 장소에 구름방지설비를 설치하여야 한다.

제13조(선로의 방호시설) ① 외부인이 선로에 진입할 우려가 있는 다음 각 호의 장소에는 울타리 등을 설치하여야 한다. 다만, 고속철도전용선구간에 철도교량(이하 "교량"이라 한다), 터널 그 밖에 선로에 진입하는 것이 불가능한 장소에는 예외로 한다.

1. 궤도와 도로가 평면교차하거나 평행하는 곳 또는 근접한 구간에 통학로 및 놀이터가 설치되어 있는 장소
2. 궤도가 인가 또는 공원과 놀이터 등 사람이 모이기 쉬운 곳과 가 가까이 밀집되어 있는 장소
3. 도심지를 통과하는 철도 고가 하부에 위험물 등의 적치로 인하여 화재 발생 등의 우려되는 장소
4. 야생동물 등이 선로에 진입할 우려가 있는 장소
5. 그 밖에 과거에 사고가 발생하였던 곳 또는 주변지역의 청원 등으

로 국토교통부장관이 특별히 필요하다고 인정하는 장소

② 제1항에 따라 울타리 등을 설치할 때에는 사람이 쉽게 선로를 진입할 수 없는 높이 및 구조로 하여야 한다.

제14조(선로의 안전시설) 고속철도 전용선 구간에 다음 각 호의 안전설비를 설치하여야 한다. 다만, 일반철도를 고속화하여 시간당 180킬로미터 이상으로 운행하는 선로 및 구간에도 해당 선로의 여건을 고려하여 필요한 안전설비를 설치할 수 있다.

1. 차축의 과열로 인한 탈선사고를 사전에 예방하기 위하여 주행하는 열차의 차축온도를 일정거리마다 측정하는 차축온도검지장치
2. 철도를 횡단하는 고가차도나 낙석 또는 토사붕괴가 우려되는 지역에 자동차나 낙석 등이 선로에 침범하는 것을 검지하는 지장물검지장치
3. 차량 차체의 하부 부속품이 차량에서 이탈되어 매달린 상태로 주행하는 경우 궤도 사이에 부설된 신호시설물이 파손되는 것을 방지하기 위한 끌림검지장치
4. 지진이 발생하였을 경우 지진규모에 따라 열차를 감속 운행하거나 운행을 중지시킬 수 있는 선로변 지진감시설비
5. 폭우·강풍·폭설 등 기상상태를 검지하여 기상이 악화된 경우에 열차를 감속 운행하거나 운행을 중지시킬 수 있는 기상검지장치
6. 제설작업이 곤란한 지역에서 선로전환기를 작동할 수 있도록 눈을 녹여주는 분기기 히팅장치
7. 철도시설 보수자가 지정된 장소에서 선로를 횡단하는 경우 해당 장소에 열차가 접근하는 지 여부를 확인하여 주는 보수자 횡단장치
8. 본선 터널에서 작업자 또는 순회자의 안전을 위하여 본선터널에 접근하는 열차가 있는 지 여부를 확인하여 주는 터널경보장치
9. 레일 온도상승으로 레일이 늘어날 위험이 있는 개소에 설치하는 레일온도검지장치 등

제15조(선로의 대피시설) ① 선로에는 비상시 주행하는 열차로부터 유지·관리업무 수행자와 승객이 안전하게 대피할 수 있는 공간을 확보하여야 한다.

② 제1항에 따른 대피시설 보행로는 0.7미터 이상으로 하여야 한다.

제16조(선로의 진입로) 선로의 진입로는 사고발생시 신속한 구조를 위하여 교량 또는 터널의 출입구나 산악지역 등 외부에서 진입이 가능하도록 다음 각 호에 따라 설치하여야 한다. 다만, 주변여건상 진입로 설치가 불필요하다고 판단될 경우에는 신속한 구조를 위한 별도의 계획을 수립할 수 있다.

1. 선로의 경계에는 잠금장치를 갖춘 출입구를 설치할 것
2. 선로의 출입구와 대피통로의 출구는 소방대 및 구조대의 접근이 가능하도록 할 것
3. 차량 통행이 가능할 것
4. 진입로는 방재구난지역이나 회차지역에서 끝나야 하며, 선로출입구에 최대한 근접할 것
5. 방재구난지역이 막다른 길과 이어질 경우에는 차량이 회전할 수 있도록 방재구난지역이 넓을 것
6. 도로변 진입로 입구에는 소방대 및 구조대가 선토의 출입구를 쉽게 찾을 수 있도록 이정표지판을 설치할 것

제2관 노 반

제17조(일반기준) 노반의 흙쌓기 및 땅깎기 구간은 열차를 안전하게 지지하는 동시에 부등침하가 발생하지 않아야 하며, 충분한 내구성과 안정성을 확보할 수 있도록 적절한 재료를 사용하여야 한다.

제18조(비탈면) ① 비탈면은 완만하게 시공하여야 하며, 선로에 토사, 낙석 및 유수 등이 유입되지 않도록 예방조치를 하여야 한다.

② 낙석 및 붕괴위험 지역에는 열차의 안전 확보를 위하여 지장물 검

지장치와 낙석방지울타리 등을 설치하여야 한다.

③ 지장물검지장치는 다음 각 호의 지역에 설치하여야 한다.

1. 인접한 도로 또는 산에서 낙석 위험이 있는 지역
2. 고속철도 위로 횡단하는 교량이 있는 지역
3. 토사붕괴의 위험성이 높은 지역
4. 터널 입·출구 중 낙석이 우려되는 지역

제19조(침식방지) 흙쌓기 및 땅깎기 구간의 하단에는 강우 등으로 인한 침식을 방지할 수 있도록 조치를 취하여야 한다.

제20조(배수) 흙쌓기 및 땅깎기 구간은 배수가 원활하여야 하며, 물의 흐름을 방해하는 장애물이 없어야 한다.

제21조(옹벽) 옹벽은 장기적인 안정성이 확보되도록 설치하여야 하며, 경사가 급한 비탈면이 있는 옹벽에는 유지·관리 등을 위한 계단 및(또는) 난간 등을 설치하여야 한다.

제22조(접속구간) 노반의 흙쌓기 및 땅깎기 구간과 구조물이 접하는 구간은 노반 강성의 급격한 차이로 인하여 침하가 발생되지 않아야 한다.

제23조(지반) 시설물의 기초지반은 안전한 지지력을 확보하여야 한다.

제24조(수목관리) 선로 가까이에 있는 수목은 철도안전에 지장이 없도록 다음 각 호에 따라 관리하여야 한다.

1. 철도안전운행에 방해되지 않을 것
2. 철도시설물의 화재위험으로부터 보호될 것
3. 철도표지나 철도신호제어설비의 시야에 방해되지 않을 것
4. 철도시설관리자의 작업에 방해되지 않을 것
5. 전철전력설비, 철도신호제어설비 및 철도정보통신설비의 정상기능에 방해되지 않을 것

제3관 교 량

제25조(일반기준) ① 교량은 열차가 안전하게 운행할 수 있도록 안전성 및 내구성을 갖추어야 한다.

② 교량은 홍수, 강풍 또는 지진 등의 자연재해로부터 안전하게 설치하여야 한다.

③ 도로 또는 하천을 가로지르는 교량은 도로 또는 하천을 이용하는 교통수단과 충돌하지 아니하도록 하부공간을 충분히 확보하여야 한다.

④ 하천을 가로지르는 교량의 교각과 교대에 대하여는 세굴에 대한 대책을 마련하여야 한다.

⑤ 교량은 철도시설관리자가 점검과 유지·관리업무를 쉽고 안전하게 수행할 수 있도록 설치하여야 한다.

제26조(교량의 안전시설) ① 철도시설관리자는 18미터 이상의 교량에서 열차가 탈선할 경우 피해를 최소화하기 위하여 가드레일 또는 방호벽 등의 안전시설을 설치하여야 한다.

② 자동차나 선박 등의 통행이 잦은 도로 또는 하천 위에 가설한 교량에는 자동차나 선박에 의한 충격을 방지할 수 있는 보호대 등을 설치하여야 한다.

③ 교량에는 점검 및 유지·관리시 추락을 방지할 수 있는 난간을 설치하여야 한다.

제27조(도로교량의 방호시설) ① 철도를 횡단 또는 인접한 도로교량의 난간 부분에는 방호울타리 등을 설치하여야 한다.

② 철도를 횡단하는 도로교량은 다음 각 호에 따라 설치하여야 한다.

1. 난간부분에는 사람이 열차주행을 방해하는 물체를 선로에 던지거나 집어넣을 수 없는 구조의 안전막 등을 설치하여야 하며, 전차선 등의 전철전력설비로부터 사람이 안전거리 이내에 접근할 수 없도록 할 것
2. 도로교량의 난간은 「도로의 구조·시설 기준에 관한 규칙」에서 정한 기준을 충족하여야 하며, 도로교량의 시설물이 선로에 떨어지지 아니하도록 견고하게 설치할 것

제28조(교량의 대피시설) ① 교량에는 철도사고가 발생한 경우에 승객

및 승무원이 사고열차 또는 주행하는 열차로부터 안전하게 대피할 수 있도록 교측보도, 계단(교량길이가 1킬로미터 이상인 경우에 한함) 등을 설치하여야 한다. 다만, 현장 여건 등으로 대피시설을 설치할 수 없는 경우에는 이에 준하는 안전대책을 마련하여야 한다.

② 교측보도는 작업원의 점검통로, 대피소, 작업 등의 목적으로 활용할 수 있도록 충분한 강성이 확보되어야 하며, 바닥에서부터 0.1미터 이상의 높이를 유지하는 발끝막이판을 설치하여야 한다.

제4관 터 널

제29조(일반기준) ① 터널은 열차가 안전하게 운행할 수 있도록 안전성 및 내구성을 갖추어야 한다.

② 터널에서 차량운행조건 및 기반시설 등에 대한 종합적인 안전성 분석을 하여 방재대책을 수립하여야 한다.

③ 터널의 기울기는 원활한 배수가 가능하도록 하여야 하고, 출입구, 환기구 및 비상탈출구 등으로 빗물이 유입되지 않아야 한다.

제30조(안전대책 시설물) ① 터널에서 화재 등의 안전사고를 예방하고 피해를 감소시키며, 대피·구조를 촉진하기 위한 안전대책 시설물을 설치하여야 한다.

② 터널의 시설물은 화재발생시 보호되어야 하고, 불연재료, 준불연재료 또는 난연재료를 사용하여야 한다.

③ 터널 입·출구 상부의 지장물이 선로로 떨어지지 않도록 방호시설을 설치하여야 한다.

제31조(분기기의 배치) ① 분기기 또는 선로를 제어하는 장치는 터널 또는 터널의 입구, 노반의 지지력이 서로 다른 구간에 설치하지 않아야 한다. 다만, 불가피하게 노반 지지력이 다른 구간에 분기기를 설치할 때에는 부등침하가 발생하지 않도록 별도의 보완조치를 취하여야 한다.

② 제1항에도 불구하고 불가피하게 터널 또는 터널 입구에 분기기를 설치할 때에는 터널의 폭을 넓히거나 대피시설을 설치하여야 한다.

제32조(본선 터널 및 교량의 출입구) ① 터널의 출입구 주위에는 열차의 안전운행을 위하여 외부인이나 동물 등의 출입을 통제할 수 있도록 표지판, 울타리 또는 자물쇠가 있는 출입문 등을 설치하여야 한다.

② 「통합방위법」 제21조제4항에 따라 국가중요시설로 지정된 본선 터널 또는 교량에는 실시간 감시할 수 있도록 원격감시장치를 설치하거나 감시요원을 배치하여야 한다.

③ 제2항에 따라 터널 또는 교량에 원격감시장치를 설치하거나 감시요원을 배치할 경우에는 다음 각 호와 같이 하여야 한다.

1. 본선 터널의 출입구 부분은 방호울타리와 비상진입용 대형 철책문을 4미터 이상의 폭으로 설치하여야 하며, 필요한 경우에는 자동감시장치를 설치할 것
2. 터널 또는 교량에 대한 원격 감시는 감시실 또는 인접 역에서 가능할 것
3. 일반도로와 연결된 비상진입용 대형 철책문에는 "비상출입" 표지판을 부착하여야 하고, 감시요원 또는 해당지역의 소방대에서 통제가 가능하여야 하며, 평상시에는 잠금 상태로 유지하여야 한다.

④ 본선 터널 출입구에 진입로를 설치할 경우에는 소방차량 등 긴급구조차량이 쉽게 접근할 수 있어야 한다.

제33조(비상통신장비) ① 본선 터널에는 화재 등 비상사태가 발생한 경우에 응급구조를 요청할 수 있는 비상통신장비를 설치하여야 한다.

② 터널의 출입구, 대피통로의 내부 또는 대피로에 비상통신장비를 500미터 이내의 간격으로 설치하여야 한다.

③ 제1항에 따른 유선전화는 다음 각 호에 따라 설치하여야 한다.

1. 쉽게 식별 및 사용할 수 있어야 하며, 안내표지판을 설치할 것
2. 관제실 또는 인근역 역무실과 직접 연결이 가능하여야 하며, 해당지역 소방대와 통화가 가능하도록 구축할 것

④ 제1항에 따른 무선전화 또는 휴대폰은 다음 각 호에 따라 설치하여야 한다.

1. 기관사, 승무원, 관제실 및 인근 현장역 등의 종사자 및 소방대원 간에 의사통화를 할 수 있을 것
2. 터널에 휴대폰 이용에 필요한 시스템을 이동통신사업자가 구축할 수 있도록 지원할 것

제34조(방호스위치) ① 고속철도 전용선에는 터널에서 비상사태가 발생할 경우 정지신호를 전송하여 열차를 정지시킬 수 있는 방호스위치를 설치하여야 한다.

② 제1항에 따른 방호스위치는 다음 각 호에 따라 설치하여야 한다.

1. 궤도회로 경계지점 부근에 방호스위치를 식별할 수 있는 안내표지판을 부착하여 설치할 것.
2. 궤도회로 경계구간이 없는 짧은 터널의 경우에는 가까운 궤도회로 경계구간의 방호스위치를 활용할 것

제35조(터널 표지 등) ① 본선 터널에는 비상전화기의 위치, 대피통로의 위치를 나타내는 표지를 설치하여야 한다.

② 제1항에 따른 표지는 주·야간에 식별이 가능하도록 「소방시설 설치유지 및 안전관리에 관한 법률」 제9조에 따라 소방방재청이 고시하는 화재안전기준에 적합한 축광방식 표지 또는 전원 공급이 중단되지 아니하는 표시등으로 하여야 한다.

③ 피난설비인 유도등 및 유도표지에 대하여는 다음 각 호에 적합하여야 한다.

1. 조도는 「유도등 및 유도표지의 화재안전기준(NFSC 303)」에 적합할 것
2. 외부 전원공급이 차단될 때에는 60분 이상 자체적으로 전원을 공급할 수 있는 축전지가 내장되어 있을 것

④ 축광방식의 표지는 다음 각 호에 적합하여야 한다.

1. 200럭스 밝기의 광원으로 20분간 조사(照射)한 상태에서 다시 주위 조도를 0럭스로 하여 60분간 발광시킨 후 직선거리 10미터 떨어진 곳에서 위치 표지를 식별할 수 있어야 하며 그 때의 휘도는 제곱미터당 7밀리 칸델라 이상일 것
2. 산소지수는 26 이상의 난연성 재료로 표면의 내마모, 내오염, 미끄럼방지가 될 수 있는 제품일 것
3. 화재가 발생한 경우 인체에 유해한 유독가스의 발생이 현저히 적을 것
4. 축광을 위한 충분한 밝기의 광원이 없을 경우에는 적절한 형태의 전원공급이 이루어 질 것

⑤ 탈출구 표지는 다음 각 호에 적합하여야 한다.

1. 탈출구 표시를 하고 양쪽 방향에서 가장 가까운 터널입구 또는 비상 탈출구까지의 거리를 명시할 것
2. 높이는 지면에서 1미터 이하이어야 하며, 설치 간격은 터널 입·출구 300미터에서부터 단선터널일 경우 대피로 방향의 벽에 100미터 이하, 복선터널일 경우 양쪽 벽에 지그재그로 50미터 이하의 간격으로 설치할 것
3. 백색바탕에 녹색문자로 표시하여야 하며, 부착물 등에 의해 가려지지 아니할 것
4. 대피통로 접속부에 설치되어 있는 표지는 접속부의 위치를 쉽게 확인할 수 있도록 녹색바탕에 백색문자로 표시하여야 하고, 대피자가 쉽게 인식할 수 있는 높이에 설치할 것

⑥ 각종 표지는 운행열차의 진동이나 풍압에 의해 탈락되지 않도록 견고하게 설치하여야 하며, 항상 쉽게 식별할 수 있도록 유지할 것

제36조(터널구조물 보호) 터널구조물을 보호하기 위하여 다음 각 호를 고려하여 수행하여야 한다.

1. 터널구조는 화재가 발생하였을 때 하중 지지력이 손상되지 않아야 하고 터널구조의 재료는 연기발생 및 인화가 최소화되도록 할 것

2. 터널 라이닝은 불연재료, 준불연재료 또는 난연재료를 사용하 여야 하며, 연기 발생에 관한 특성이 검증된 재료를 사용할 것
3. 화재가 발생하였을 때에는 추가적인 부하로 터널이 붕괴될 수 있으므로 인명피해를 막기 위해 사전에 붕괴 위험여부를 검토하여 사고를 방지할 것

제37조(전기시설물 보호) 전기시설물은 다음 각 호의 사항을 고려하여 설치하여야 한다.

1. 고압 이상의 전기회로에서 화재 등으로 손상될 우려가 있는 개소에는 불연재료, 준불연재료 또는 난연재료를 사용할 것
2. 전선 및 케이블 피복은 불연재료, 준불연재료 또는 난연재료를 사용할 것
3. 터널의 비상조명등 및 통신시스템의 전력은 이중화 전원계통에서 전원을 공급할 것. 다만, 이중화 전원계통 확보가 곤란한 단선철도 등에서는 무정전 전원장치 또는 축전지 등의 적절한 설비를 갖출 것
4. 탈선이나 건설작업으로부터 케이블이 물리적으로 보호될 수 있도록 케이블 위치를 최적화할 것
5. 독성연기 방지에 적합한 재료를 사용할 것

제38조(방재를 위한 터널의 형태) ① 복선터널 및 단선 병렬터널을 계획하는 경우에는 화재가 발생하였을 때 구조 활동이 가능하도록 하여야 한다.

② 단선 병렬터널은 화재가 발생하였을 때 한쪽 터널갱구를 통하여 외부로 배출되는 연기가 바로 인접한 다른 쪽 터널갱구 안으로 옮겨가는 현상이 최소화될 수 있도록 하여야 한다.

제39조(소화기) 터널에 소화기는 다음 각 호와 같이 비치하여야 한다.

1. 화재가 발생하였을 때 신속히 초동조치를 할 수 있도록 기자재 저장장소에 소화기를 비치할 것
2. 제1호에 따른 소화기는 ABC분말 소형 소화기(약제중량의 합이 18킬로그램 이상) 또는 상응하는 성능의 소화기 또는 청정소화약제소화기를 안내표지판과 함께 소화기함에 비치하여야 하며, 바닥이나 벽체에 견고하게 부착할 것
3. 소화기의 중량은 쉽게 사용하고 운반할 수 있도록 7킬로그램 이하일 것
4. 화재가 발생한 경우에는 소화기함에서 쉽게 꺼낼 수 있는 구조이어야 하며, 소화기함이 대피로의 승객탈출 공간을 침해하지 아니할 것

제40조(방연문 등) 안전성 분석결과에 따라 방연문, 방연셔터 및 방연용 워터커튼 등을 설치할 때에는 다음 각 호를 고려하여야 한다.

1. 방연문은 화재발생시 차단구역 내부에 연기가 침투되지 않도록 할 것
2. 방연문의 개폐작용은 자동개폐형 장치에 의해 운영되어야 하고, 대피승객이 통과할 때 쉽게 열리고 통과 후에는 자동으로 닫히는 구조일 것
3. 방연셔터는 연기차단 벽으로서 주로 경사갱 등에 화재와 같은 비상사태가 발생하는 경우에 자동차 등 차량이 쉽게 통과하고 연기침투를 방지할 목적으로 설치하는 것이며 평상시에는 개방된 형태의 기동식 셔터를 말함
4. 방연셔터 대신에 방연용 워터커튼을 사용할 수 있을 것. 이 경우에는 연기차단성능 및 누전문제 등에 대하여 별도로 검토할 것
5. 방연문, 방연셔터 및 방연용 워터커튼에 사용되는 재료는 불연재료 내화성능을 보유하여야 하며 이음부나 접합틈새로 연기가 새지 아니하도록 기밀성을 갖는 구조일 것
6. 방연셔터가 설치되는 비상통로에는 출입문(방연문)을 설치하여 차량의 통과와는 별개로 대피자가 용이하게 통과할 수 있는 구조일 것
7. 방연문, 방연셔터 및 방연용 워터커튼 등의 설비는 열차가 정상 운행할 때 발생되는 풍압에 의한 구조적 안전성을 확보할 것

제41조(화재감지기) 안정성 분석결과에 따라 화재감지기가 필요한 경우

에는 다음 각 호와 같이 설치하여야 한다.

1. 화재감지기는 화재발생 초기에 열이나 연기, 불꽃 또는 연소생성물 등을 감지하여 철도운영자에게 자동으로 통보하는 기능을 갖출 것
2. 화재감지기는 온도·습도·먼지·열차바람 및 디젤기관차 주행으로 발생하는 열 및 연소생성물 등에 오동작하지 않을 것
3. 화재감지기가 연동되어 있는 방연셔터에는 감지기 오동작 여부를 확인할 수 있는 영상감시장치를 설치할 것
4. 화재감지기의 종류와 설치방법 등에 대하여 본 기준에 규정되지 않은 사항은 「자동화재탐지설비의 화재안전기준(NFSC 203)」을 준용하되 터널의 현장여건 등을 고려하여야 하고, 감지기는 감지범위 및 감지능력이 적합할 것

제42조(제연·배연설비) ① 본선 터널에 대한 안전성 분석결과에 따라 제연·배연설비가 필요한 경우에는 다음 각 호에 따라 설치하여야 한다.

1. 제연설비는 화재가 발생한 경우에 유독가스가 진입지역으로 급격히 확산되지 않도록 제어될 것
2. 배연설비는 화재가 발생한 경우에 유독가스의 배출방향·속도 등을 제어하여 유독가스가 밖으로 배출시킬 수 있을 것
3. 본선 터널 바닥면과 연결되어 있는 환기구를 대피통로로 사용하는 경우 배연설비는 비상시 승객 및 승무원이 신속히 대피할 수 있는 구조로 설치할 것
4. 배연설비의 전원은 서로 다른 두 개의 회로에서 공급되어야 하고, 역회전이 가능한 송풍기를 2대 이상 분할하여 설치할 것
5. 환기 및 제연·배연 기능이 겸용인 설비는 비상시 충분한 기능을 발휘할 수 있도록 할 것
6. 제연·배연설비는 열차가 정상 운행할 경우 열차풍압에 의한 구조적 안전성 및 성능을 확보할 것
7. 제연·배연설비 중에서 전동기, 배풍기, 배출풍도 및 배풍막(배풍기와 배출풍도를 연결하는 막을 말한다)과 관련 부품, 동력전달기구 등은 섭씨 250도에서 1시간 이상 정상적으로 기능을 유지할 것. 다만, 배풍기와 분리 설치되어 배출가스의 영향을 받지 않는 전동기는 그러하지 아니하다.

② 본선 터널 바닥과 연결되어 있는 환기구를 대피통로로 사용하는 경우에는 내화구조물로 구획되어야 하며, 배연설비는 비상시 승객 및 승무원 등이 신속히 대피할 수 있는 구조로 설치하여야 한다.

제43조(대피통로 접속부의 안전기준) ① 본선 터널과 대피통로가 접속되어 있는 부분(이하 "접속부"라 한다)에는 승객 및 승무원이 쉽게 진입할 수 있어야 하고, 유독가스가 스며드는 것을 방지할 수 있도록 제연설비 등을 설치하여야 한다.

② 병렬터널에서 터널 사이를 연결하는 교차통로가 있는 경우에는 제연설비 또는 방화문은 두 터널 사이의 통로를 통하여 연기가 한쪽 터널에서 다른 쪽으로 옮겨가는 현상이 최소화 될 수 있도록 하여야 한다.

③ 본선 터널과 수직갱 및 100미터 이상의 경사갱 사이에는 다음 각 호에 따라 차단구역을 설치하여야 한다.

1. 본선 터널로 이어지는 문 및 차단구역과 경사갱 또는 수직갱 사이에 있는 문은 연기를 차단할 수 있는 방화문이어야 할 것
2. 차단구역의 출구는 최소한 대피통로 입구와 같은 폭을 가져야 하며, 문짝의 폭은 1미터 이상일 것
3. 차단구역의 바닥 폭 및 대기인원을 고려하여 정하고, 길이는 12미터 이상으로 할 것
4. 접속부의 차단구역에 설치된 제연설비는 방화문을 열었을 때 연기가 차단구역으로 확산되는 현상을 최소화할 수 있는 구조일 것
5. 차단구역에 제연설비를 설치하는 경우에는 열차운행에 따른 공기압력 조절댐퍼 설치가 가능할 것

④ 대피통로의 본선 접속부는 차량이 대피통로 접속부에 정지하는 경

우에도 대피가 원활하게 이루어 질 수 있도록 폭을 넓힐 것

⑤ 대피통로의 접속부는 화재열차가 접속부에 정지하는 경우에도 승객과 승무원이 안전하게 대피할 수 있는 구조로 할 것

제44조(대피로) ① 비상시 승객 및 승무원이 도보로 신속히 본선 터널의 양쪽 출입구 또는 대피통로의 입구로 이동할 수 있도록 대피로를 설치하여야 한다.

② 대피로는 본선 터널 바닥면의 궤도를 제외한 부분에 설치하되 단선터널은 한쪽 벽에 설치하여야 하고, 복선 터널은 양쪽 벽에 설치하여야 한다.

③ 대피로의 바닥은 견고한 재질을 사용하여야 하며, 바닥에는 승객이 대피하는 데 지장을 주는 장애물 등은 없어야 한다.

④ 대피로의 폭은 0.7미터 이상, 높이는 2.1미터 이상 확보하여야 하며, 대피로 공간에는 그 밖의 시설물이 침범할 수 없도록 하여야 한다.

제45조(안전손잡이) 안전손잡이는 다음 각 호에 따라 설치하여야 한다.

1. 대피로의 측벽에는 승객 및 승무원의 안전한 대피를 위하여 대피로 바닥면에서 1.2미터 이내의 높이에 설치할 것
2. 승객 및 승무원이 비상시 안전손잡이를 잡고 대피할 때 아무런 장애를 받지 않을 것
3. 재질은 내부식성이 크고, 열전도율이 낮을 것
4. 이용자의 안전을 위하여 접지를 할 것

제46조(대피통로) 터널의 화재발생에 대한 안전성 분석결과에 따라 대피통로가 필요한 경우에는 다음 각 호를 고려하여 설치하여야 한다.

1. 안전성 분석을 통하여 대피통로 간격의 적정성을 검증할 것
2. 대피통로에는 화재가 발생한 경우에 승객 및 승무원이 연기 등 유독가스에 질식하지 않도록 차단시설을 설치할 것
3. 수직갱의 대피통로에는 본선 터널의 수평연결구(터널 벽의 움푹 파인 곳으로 대피로와 연결된 곳을 말한다)에서 승객 및 승무원이 지표면으로 직접 탈출할 수 있을 것
4. 둘 이상의 독립된 본선 터널을 병렬로 건설하는 경우에는 교차통로가 대피통로로 사용되도록 하고, 하나의 본선 터널에 둘 이상의 선로가 있는 터널을 건설하는 경우에는 수직갱 또는 경사갱이 대피통로로 사용되도록 할 것
5. 경사갱은 소방차량 등의 긴급구조차량이 본선 터널로 진입 및 회차가 가능하도록 충분한 공간을 확보할 것
6. 제연 또는 배연 통로로만 사용되는 수직갱 및 경사갱이 지표면과 가까운 곳에 위치할 경우에는 승객탈출용 대피통로로 겸용할 수 있을 것
7. 본선 터널과 접히는 대피통로 입구에는 비상사태가 발생하는 경우를 대비하여 식별하기 쉽도록 표지판 등을 설치할 것
8. 대피통로 출구부에는 비인가자의 출입을 제한하는 개폐장치가 있는 문을 설치하되 내부의 승객이 외부로 용이하게 열 수 있는 구조일 것

제47조(수직갱) 수직갱은 다음 각 호에 따라 설치하여야 한다. 다만, 지형여건상 설치하기가 곤란한 경우에는 이에 준하는 대체 안전시설을 설치하여야 한다.

1. 내부에는 승객이 이용할 수 있는 계단과 안전난간을 설치하여 화염으로부터 보호될 수 있는 구조일 것
2. 수직갱의 높이가 30미터 이상인 경우에는 계단 이외에 엘리베이터 또는 계단 중간에 추가적인 안전공간을 설치할 것
3. 계단의 폭은 1.2미터 이상, 엘리베이터의 면적은 2.5제곱미터 이상으로 할 것
4. 터널에는 적정한 조명시설 및 통신수단을 갖출 것
5. 수직갱의 대피통로에 설치하는 방화문은 30분 이상 화염에 견딜 수 있는 성능을 확보할 것
6. 방화문은 비상시에 본선 터널에서 용이하게 열수 있는 구조로서 경

보시설로 감시되어야 하고, 평상시에 수직터널 쪽에서 방화문을 열려는 경우 인가자를 제외한 자가 출입할 수 없는 구조일 것

제48조(경사갱) 경사갱은 다음 각 호에 따라 설치하여야 한다. 다만, 지형 여건상 설치하기가 곤란한 경우에는 이에 준하는 대체 안전시설을 설치하여야 한다.

1. 경사갱의 폭 및 높이는 2.25미터 이상을 원칙으로 할 것
2. 경사갱이 바로 지상 출구로 이어지지 않고 수직갱으로 이어질 경우에는 경사갱의 길이는 150미터 이하를 원칙으로 할 것
3. 경사갱의 길이가 300미터 이상인 경우에 접속부는 소방차량 등의 긴급구조차량이 회전할 수 있도록 공간이 확보되어야 하며, 이 경우 250미터 간격마다 차량이 교차 통행할 수 있도록 공간을 확보할 것
4. 경사갱이 대피와 배연기능을 겸용으로 사용할 때에는 배연통로의 연기가 대피로에 침투하지 못하도록 할 것
5. 경사갱의 경사도와 길이는 승객대피와 도로용 차량의 이동이 용이하도록 할 것
6. 승객들의 대피가 용이하도록 조명시설 및 통신수단과 100미터 간격으로 출구까지의 거리표지판을 설치할 것
7. 경사갱의 대피통로에 설치하는 방화문은 수직갱의 방화문을 준용할 것

제49조(교차통로) 교차통로는 다음 각 호에 따라 설치하여야 한다.

1. 폭 및 높이는 2.25미터 이상일 것
2. 안전대피 장소로 연기가 확산되는 것을 방지하는 구조일 것
3. 비상조명등을 설치할 것
4. 대피통로 출구에는 소방대 및 구조대가 접근할 수 있도록 진입로를 확보할 것

제50조(비상조명등) 비상조명등은 다음 각 호에 따라 설치하여야 한다.

1. 단선터널은 대피로가 설치된 벽, 복선터널은 양쪽 벽에 20미터 이내의 간격으로 설치할 것
2. 대피로 바닥의 조도가 1럭스 이상의 밝기를 유지하도록 설치할 것

제51조(단전 및 접지기구 설치) ① 전차선로 계통은 비상시에 구간별로 단전할 수 있게 설치하여야 하며, 터널 길이가 1킬로미터 이상인 터널에는 입·출구에 접지걸이를 비치하여 안전을 확보하여야 한다.

② 단전과 접지장소에는 통신수단과 조명이 확보되어야 하며, 단전작업은 작업절차와 책임소재가 명확하여야 한다.

제52조(터널 출입구의 진입로) 터널 출입구에 진입로는 다음 각 호에 따라 설치하여야 한다.

1. 소방대 및 구조대가 접근할 수 있을 것
2. 폭은 4미터 이상이어야 하며, 최대 150미터 이내의 간격으로 차량이 교차할 수 있는 공간을 마련할 것
3. 바닥은 견고하여야 하며, 차선은 분리할 것
4. 구조·소방차량 등이 정차하고 회전할 수 있는 지역(이하 "방재구난지역"이라 한다)이나 회차지역에서 끝나게 하여야 하며, 터널 출입구에 최대한 근접할 것
5. 도로변 진입로 입구에는 소방대 및 구조대가 터널을 쉽게 찾을 수 있도록 이정표지판을 설치할 것

제53조(방재구난지역) 진입로에는 다음 각 호에 따라 방재구난지역을 확보하여야 한다.

1. 터널 출입구 및 대피통로 출구까지는 방재구난지역을 통해 진입이 가능할 것
2. 방재구난지역은 가급적 터널 출입구 및 대피통로 출구에 가깝게 위치하여야 하며 지형 여건상 부득이한 경우에는 최대 200미터 이내에 설치할 것
3. 방재구난지역의 면적은 400제곱미터 이상이어야 하며 컨테이너 등의 다른 시설물을 설치하지 아니할 것
4. 방재구난지역은 가능한 선로높이와 비슷한 높이로 설치할 것

5. 지형여건상 진입로 및 방재구난지역을 설치하기가 곤란한 경우에는 터널 입·출구부 인근에 「항공법」에 따라 헬기장을 설치할 것
6. 방재구난지역은 야간 구조 활동을 위하여 조명설비를 설치하여야 하며, 구조활동에 필요한 그 밖에 다른 장치가 필요한 경우에는 별도로 설치할 것
7. 단선 병렬터널은 구조용 차량이 터널 갱구 앞을 통과할 수 있도록 출입구 근처 바깥쪽에 구획을 정리할 것
8. 터널 출입구와 대피통로 출구의 방재구난지역 지면이 궤도높이와 표고차가 발생할 경우에는 현장여건을 고려하여 대피 및 구조가 가능하도록 할 것

제54조(연결송수관설비) 안전성 분석결과 본선 터널에 연결송수관설비가 필요한 경우에는 다음 각 호에 따라 설치하여야 한다.
1. 소방용수의 공급은 본선 터널의 출구와 입구를 연속으로 연결하는 연결송수관으로 습식 또는 건식으로 하며, 건식으로 할 경우 30분 이내 충수할 수 있는 구조로 할 것
2. 연결송수관은 저수지, 터널 근처의 소화수조 또는 그 밖의 용수공급원으로부터 물을 공급할 수 있어야 하며 겨울철 및 건조기에도 소화용수 공급이 가능할 것
3. 송수구는 사용자가 식별하기 용이한 곳에 "연결송수관설비 송수구"라고 표시한 표지를 설치할 것
4. 소화수조는 내식성과 동결방지 장치를 확보하고 용량은 터널에 설치되어 있는 건식배관을 채우고 유효수량이 100세제곱미터 이상이어야 하며 터널 출구 또는 대피통로 접속부 인근에 설치할 것
5. 배관은 선호 한쪽 측면에 설치하여 유지·관리하기 쉽게 배치할 것
6. 방수구는 가까운 곳에 보기 쉽게 "연결송수관설비 방수구" 표지판을 설치할 것
7. 연결송수관설비 표지판은 발광식 또는 축광식으로 설치하여야 하며 설치기준은「유도등 및 유도표지의 화재안전기준(NFSC 303)」에 적합할 것
8. 연결송수관설비의 배관은 구역별로 분리하여 안전한 위치에 설치할 것
9. 연결송수관이 연속적으로 설치된 경우에는 50미터 간격으로 방수구를 설치하고, 소방용수가 대피통로를 통해서만 공급되는 경우에는 본선 터널의 대피통로 입구에 방수구를 설치할 것
10. 연결송수관 배관은 압력배관용 아연도금 강관 또는 동등 이상의 재질로 하여야 하며, 관경은 150밀리미터 이상으로 할 것
11. 방수구는 개폐 가능하여야 하고, 방수구의 호스 접결구는 바닥으로부터 0.5미터 이상 1미터의 위치에 직경 65밀리미터로 설치하여야 하며, 소방대 호스와 연결 가능할 것
12. 방수기구함은 방수구와 동일한 위치에 설치하여야 하며, 방수기구함에는 구경 65밀리미터, 길이 15미터의 호스와 방사형 관창 1개를 비치하되 호스는 방수구와 연결하였을 때 그 방수구가 담당하는 구역을 충분히 소화할 수 있도록 4개의 호스를 비치할 것
13. 방수기구함에는 "방수기구함"이라고 표시된 표지를 할 것
14. 가압송수장치의 펌프 토출량은 1분당 2,400리터 이상일 것
15. 가압송수장치의 펌프 양정은 배관계통에서 압력이 최소인 방수구(가압송수장치로부터 가장 멀리 떨어진 방수구 또는 구배상 가장 높은 위치의 방수구를 말한다)의 노즐 선단 압력이 0.343메가파스칼 이상이 될 것
16. 가압송수장치는 방수구가 개방될 때 자동으로 기동되거나 수동스위치를 조작하여 기동되도록 할 것. 이 경우 수동스위치는 2개 이상 설치하여야 하고, 그 중 1개는 송수구 주변에 강판으로 수납하여 설치할 것
17. 연결송수관 설비에 의한 소화 작업은 소방활동을 전문적으로 수행할 수 있는 전문 소방대가 수행하는 시스템으로 구축하여야 하며, 소

방용수의 공급은 연 1회 이상 정기적으로 점검할 것

18. 연결송수관 설비는 평상시에 터널 살수용으로 활용할 수 있으며, 사용 후 즉시 소화용수를 보충할 것

제55조(비상콘센트설비) 비상콘센트설비는 다음 각 호에 따라 설치하여야 한다.

1. 터널의 비상콘센트설비는 복선터널은 양측 250미터, 단선터널은 편측 125미터 간격으로 설치할 것
2. 터널의 전기공급시스템은 비상구조 활동에 적합할 것
3. 전선과 플러그는 사고가 발생한 경우에 파손되지 아니하도록 계획되어야 하며, 열과 물로부터 보호될 것
4. 비상콘센트는 전용 배전선로의 이중화 전원계통에서 전원을 공급하여야 하며, 접속은 일반적으로 사용하는 방식을 적용할 것
5. 노출된 전선의 길이는 안전상의 이유로 제한되어야 하며, 정기적으로 점검을 실시할 것
6. 비상콘센트설비의 전원회로는 단상 교류220볼트로서 용량은 1.5킬로바(KVA) 이상일 것.
7. 비상콘센트설비는 접지를 시킬 것

제3절 역시설

제56조(일반기준) ① 역 선로의 종점에 궤도가 있는 경우에는 열차를 안전하게 정지시키고 승객과 승강장 시설을 열차의 과주행으로 인한 피해로부터 보호할 수 있어야 한다.

② 승강장에는 선로 및 선로 인접부근의 활동사항과 연관하여 비상상황을 제어할 수 있는 시설을 마련하여야 한다.

③ 승강장과 대합실을 포함한 역사 내에는 비상상황 발생시 승객이 안전하게 대피할 수 있도록 대책을 마련하여야 한다.

④ 역 시설에는 시각 또는 청각장애인이 정보를 이용할 수 있는 안내표지 또는 안내설비를 설치하여야 한다.

⑤ 역사를 신설하는 경우에는「장애물 없는 생활환경(Barrier Free) 인증제도 시행지침」제13조에 따른 인증의 등급 중 '우수등급'에 준하도록 하여야 한다.

⑥ 본 기준에서 정하지 않은 시설은「교통약자 이용편의 증진법」에서 정한 바에 따라 설치하여야 한다.

제57조(승강장) 승강장은 다음 각 호에 따라 설치하여야 한다.

1. 전동차가 운행되는 승강장에는 승객의 안전사고를 방지하기 위하여 안전펜스 또는 승강장안전문설비를 설치할 것. 다만, 광역철도(광역철도와 연계되는 철도 포함)의 승강장에는 승강장안전문설비를 설치할 것
2. 본선 터널의 출구부분, 철도교량의 양끝부분 또는 외부인의 무단침입으로 철도사고의 발생 가능성이 있는 선로 등의 철도시설에는 진입통제시설을 설치하거나 위험을 알리는 표시를 해야 하며 필요한 경우 승강장의 시점·종점 끝단에 1.5미터 높이의 방벽을 설치할 것
3. 승강장의 시점·종점 끝단에는 승객의 안전확보를 위하여 비상시 이용할 수 있는 0.9미터 이상의 통로 및 계단을 설치하여야 하고, 평상시 선로접근을 방지할 수 있는 개폐시설을 설치할 것
4. 승강장은 노대로부터 안전거리를 확보할 수 있는 경계표시를 하여야 하며, 무정차 통과 열차운행시 열차속도에 따른 추가 경계선 및 안내표시를 할 것
5. 승강장 노대에는 미끄럼 저항기준 40BPN 이상(시험방법은 KS F 2375에 따름)의 미끄럼 방지용 마감재를 사용하여야 하며, 시각장애인이 승강장 가장자리를 감지할 수 있도록 점자블록을 설치할 것
6. 승강장에 접한 선로에는 비상시 대피를 위하여 고상 승강장 아래에 적정한 크기의 여유 공간을 마련할 것
7. 전동차와 승강장 가장자리의 간격이 0.1미터가 넘는 부분에는 안전

발판 등 승객의 실족을 방지하는 설비를 설치할 것

8. 화재 등 비상상황이 발생하는 경우 승강장안전문과 안전보호벽은 수동으로 개폐될 수 있도록 할 것
9. 승강장과 연결되는 계단은 미끄럼 저항 기준 40BPN 이상(시험방법은 KS F 2375에 따름)의 미끄럼 방지용 마감재를 사용할 것. 다만, 계단코에 줄눈넣기를 하거나 불연 논슬립 등의 미끄럼 방지재로 마감을 하는 경우에는 그러하지 아니하다.

제57조의2(승강장안전문설비의 안전관리책임자) ① 철도시설관리자는 승강장안전문설비의 관리에 관한 직무를 수행하기 위하여 안전관리책임자를 선임하여야 한다.

② 제1항에 따라 선임된 안전관리책임자의 직무범위는 다음 각 호와 같다.

1. 제112조에 따른 승강장안전문설비의 점검·보수 등 유지관리 계획의 수립 및 시행에 관한 사항
2. 제114조에 따른 승강장안전문설비의 점검·보수 등 유지관리에 관한 기록의 작성 및 유지에 관한 사항
3. 승강장안전문설비의 고장 및 장애 기록의 작성 및 유지에 관한 사항

제58조(대합실) 대합실은 다음 각 호에 따라 설치하여야 한다.

1. 일반 통행인과 여객 동선과는 분리할 것
2. 여객 동선을 고려하여 구조물, 매표소, 집표·개표구 등을 배치할 것
3. 장애인 및 노약자의 이용에 지장을 주는 지장물은 제거할 것
4. 여객에게 유용한 정보를 제공할 수 있는 안내표지 또는 안내설비를 설치할 것
5. 대합실에 설치되는 계단 및 경사로는 혼잡상황을 고려하여 충분한 너비를 확보하여야 하며 이동에 방해되는 장애물은 제거할 것
6. 유도점자블록은 장애인이 각 장소로 쉽게 이동할 수 있도록 연속성 있게 설치할 것
7. 안내표지의 내용은 쉽게 이해할 수 있어야 하며, 모든 환경에서 명확히 인지할 수 있을 것
8. 안내표지는 정보를 찾는 승객들이 다른 승객들의 이동 흐름을 방해하지 않도록 설치할 것
9. 역 이름이 포함된 안내판은 조명시설을 갖추어 야간에도 명확히 알아 볼 수 있을 것
10. 역사 및 승강장 내에서 공지방송 및 안내방송을 명확히 청취할 수 있도록 방송설비를 설치할 것
11. 장애인용 집표구·개표구를 최소 1개 이상 설치하여야 하며 집표구·개표구와 전면 계단은 충분히 이격될 것
12. 대합실과 연결되는 계단은 제57조제9호를 준용한다. 이 경우 "승강장과 연결되는 계단"은 "대합실과 연결되는 계단"으로 한다.

제59조(역 광장) 역 광장은 역사 내로 여객이 안전하고 편리하게 출입할 수 있어야 하며, 비상시 긴급차량이 신속하고 안전하게 접근할 수 있어야 한다.

제60조(피난로 및 피난설비) ① 피난로 및 피난설비는 다음 각 호에 따라 설치하여야 한다.

1. 비상시 역 및 승강장에서 안전한 구역으로 피난할 수 있는 통로, 출입구, 계단 등을 확보할 것
2. 승강장에서 터널로 통하는 진입로의 경우, 비상시 쉽게 대피할 수 있도록 적정한 폭을 확보하고 안전시설을 설치할 것
3. 비상시 역 및 승강장에서 안전한 피난을 위해 유도등, 비상조명등 등과 같은 적절한 피난설비를 설치할 것

② 역시설 내 비상상황이 발생할 경우 승객이 안전하게 피난할 수 있는 피난로를 다음 각 호와 같이 확보하여야 한다.

1. 피난경로는 단순 명쾌하며 2방향 이상 피난로를 확보할 수 있는 구조

2. 출입구의 자동폐쇄장치 및 제연설비가 갖추어진 안전구획 공간
3. 피난계단은 전실형태의 구조
4. 피난로는 방화 및 방연성능을 확보

③ 지하 3층 이하의 승강장에는 승강장과 지상을 계단으로 직접 연결하는 별도의 특별피난 계단을 설치하여야 한다.

④ 출입구는 비상시 이용될 수 있도록 안전지대로 연결하여야 하고, 화재와 연기로부터 보호되어야 한다.

⑤ 비상상황이 발생할 경우 승객이 안전하게 피난할 수 있도록 유도등, 비상조명등을 설치하여야 한다.

⑥ 제5항에 따른 유도등은 승강장·대합실·통로·계단 등에는 평상시에도 항상 점등되어야 하고, 비상상황 발생시 60분 이상 계속 점등되어야 한다.

⑦ 유도등 및 비상조명등의 세부 설치기준은 유도등 및 유도표지의 화재안전기준(NFSC 303) 및 비상조명등의 화재안전기준(NFSC)에서 정한 바에 따라 설치하여야 한다.

⑧ 역시설에는 화재, 사고 등 비상 대피를 할 경우 고객이 휴대할 수 있는 휴대용 비상조명등을 설치하되 어둠속에서 위치확인이 가능하여야 하며, 건전지는 20분 이상 유지할 수 있는 용량을 사용하여야 한다.

⑨ 모든 지하역사에는 층별로 2개 이상의 인명구조용 공기호흡기를 설치하여야 한다.

제61조(내화구조 및 불연재료) ① 승강장을 포함한 역사 내의 주요 구조부는 「건축물의 피난·방화구조 등의 기준에 관한 규칙」 제3조에 따른 내화구조로 하여야 한다.

② 승강장을 포함한 역사 내 구조물 등에 사용되는 마감재 등은 다음 각 호의 기준에 따라야 한다.

1. 승강장 및 대합실에 사용되는 마감재는 불연재료를 사용하여야 한다. 다만, 냉방장치 등 기계설비가 설치된 장소의 바닥에 사용되는 마감재료는 불연재료를 사용하지 않을 수 있다.
2. 복도, 계단 및 통로에 사용되는 마감재는 불연재료를 사용하여야 한다.
3. 조립식 칸막이의 외부에 사용되는 마감재는 불연재료를 사용하여야 하며, 조립식 칸막이의 내부에 사용되는 재료는 불연재료 또는 준불연재료를 사용하여야 한다.
4. 실내장식물은 불연재료, 준불연재료 또는 「소방시설 설치유지 및 안전관리에 관한 법률」 제12조제1항에 따른 방염성능기준 이상의 물품을 사용하여야 한다.
5. 가판대, 안내소, 공중전화부스 등의 편의시설에 사용되는 마감재는 불연재료를 사용하여야 한다.

③ 제2항에 따른 마감재는 구조물의 균열, 누수 또는 노후화를 쉽게 점검할 수 있도록 설치하여야 한다.

제62조(소방시설) ① 역 및 승강장 내에 설치하는 화재경보설비는 원활히 작동될 수 있도록 유지·관리되어야 하며, 모든 경보장치는 작동과 동시에 각 역 또는 관제실에 전송되어야 한다.

② 역 및 승강장의 제연설비는 「소방시설 설치·유지 및 안전관리에 관한 법률」에 따라 설치하되 화재가 발생할 경우에 승객의 질식에 의한 사고를 방지하고 승객이 안전하게 대피할 수 있도록 하여야 한다.

제63조(역 시설) 역 시설은 폭우, 강풍 등에 대비할 수 있도록 다음 각 호에 따라 설치하여야 한다.

1. 침수방지설비 및 배수량에 따른 배수설비를 갖출 것
2. 비가 올 때 빗물이 지하 역사내로 흘러들어가지 않도록 출입구 부분을 접속되는 지면보다 충분히 높게 시공할 것
3. 환기구 등을 통해 빗물이 흘러 들어가지 아니할 것
4. 노출 급·배수관은 겨울철 동파가 되지 아니할 것

제64조(여객 이동통로) 여객의 이동통로는 다음 각 호에 따라 설치하여야 한다.

1. 비상시 혼잡상황을 고려한 예상 인원을 수용할 수 있는 폭을 확보할 것
2. 환승객, 여객 및 장애인의 동선을 분리하여 승하차 동선을 단순화하고 동선에 장애물이 없도록 할 것
3. 통로의 바닥은 미끄러지지 아니하는 재질로 마감할 것
4. 출입구는 가능하면 통로 및 역사 내 혼잡한 지역에 설치하지 아니할 것
5. 계단의 시·종점부는 「도시철도 정거장 및 환승·편의시설 설계지침」3.4.1.1 (3) 3)에 따라 계단코에 특수색깔 처리를 할 것

제65조(에스컬레이터 및 수평보행기) 에스컬레이터, 수평보행기는 다음 각 호에 따라 설치하여야 한다.

1. 적절한 폭과 충분한 대기 공간을 마련할 것
2. 인접한 벽과 적당한 간격을 두고 손잡이를 설치할 것
3. 비상정지스위치는 잘 보이는 곳에 설치할 것
4. 비상시 필요한 모든 장비들은 각 에스컬레이터 및 수평보행기 부근에 설치되어야 하며, 역무원이 쉽게 접근할 수 있을 것
5. 계획되지 아니한 운행 중단에 대한 경고음 시스템을 설치할 것

제66조(승강기) 승강기는 「교통약자의 이동편의 증진법」에서 정한 바에 따라 설치하여야 한다.

제4절 철도건널목

제67조(일반기준) 철도시설관리자는 철도건널목(이하 "건널목"이라 한다)에서 이용자에게 위험을 알리고 이용자와 철도를 보호할 수 있는 대책을 마련하여야 한다.

제68조(건널목 신설 및 폐지) ① 건널목은 다음 각 호에 따라 설치하여야 한다.

1. 인접 건널목과의 거리는 1킬로미터 이상일 것
2. 열차확인거리는 해당 선로에서 열차가 최고 운행속도로 운행할 때의 제동거리 이상을 확보할 것
3. 건널목의 폭은 3미터 이상일 것
4. 철도선로와 접속도로와의 교차각은 60도 이상일 것
5. 양쪽 접속도로는 반드시 포장되어야 하며, 철도경계선으로부터 30미터까지의 구간을 직선으로 하여 굴곡이 없어야 하고, 그 구간의 경사도는 3퍼센트 이하일 것

② 철도시설관리자는 건널목을 폐지할 경우에 폐지예정일 10일 이전에 폐지사유와 폐지연월일을 통행인이 잘 볼 수 있는 건널목 주변에 게시하여야 한다.

제69조(건널목 종류) ① 건널목은 철도 및 도로의 교통량에 따라 제1종 건널목, 제2종 건널목, 제3종 건널목으로 구분하여야 한다.

② 건널목 종류는 별표1의 철도건널목 분류기준에 따른다.

제70조(교통량 조사) ① 철도시설관리자는 건널목에 대하여 2년마다 별지 제1호서식의 철도건널목 교통량 조사표에 따라 교통량을 조사하여야 한다. 다만, 건널목 주변여건에 따라 교통량이 급격히 변동된 때에는 수시로 교통량을 조사할 수 있다.

② 제1항에 따라 교통량을 조사할 경우에 기상악화 등 일시적인 요인으로 교통량이 급격히 변할 때에는 교통량을 조사하지 않아야 한다.

③ 제1항에 따른 교통량 조사는 평일에 3일간 연속하여 실시하여야 한다. 다만, 교통량 조사기간 중 교통량이 평상시와 큰 차이가 있을 경우에는 3일을 초과하여 조사할 수 있다.

제71조(건널목 안전설비) ① 건널목 안전설비는 별표2의 건널목 종류별 안전설비 설치기준에 따라 설치하여야 한다.

② 건널목 안전설비는 정전의 경우에도 일정시간 동안 기능에 이상이 없도록 작동하여야 한다.

③ 건널목 안전설비는 낙뢰 및 이상전압이 유입될 경우 기기를 보호할

수 있는 설비를 갖추어야 한다.

④ 건널목 주변의 각종 장애물 등으로 인한 건널목 사고를 예방하기 위하여 다음 각 호의 안전설비를 필요한 개소에 설치하여야 한다.

1. 지장물 검지장치
2. 출구측 차단봉검지기
3. 정시간제어기
4. 고장검지 및 감시장치
5. 정보 분석장치
6. 그 밖에 필요하다고 판단되는 장치

제72조(차단기 설치) ① 차단기는 지형여건상 부득이한 경우를 제외하고는 도로에서 선로를 바라볼 때 우측에 설치하되, 열차운행에 지장을 주지 않아야 한다.

② 차단기는 고압전선으로부터 1.5미터 이상의 거리를 두고 설치되어야 한다.

제73조(경보기 설치 등) ① 건널목에 경보기만을 설치하는 경우에 지형여건상 부득이한 경우를 제외하고는 도로시점에서 선로를 바라볼 때 우측에 설치하되 열차운행에 지장을 주지 않아야 한다.

② 경보기를 차단기와 함께 설치하는 경우에는 차단기 바깥쪽에 차량운전자 및 보행자가 쉽게 알아볼 수 있는 위치에 설치하여야 한다.

③ 편도 2차선 이상의 도로 또는 편도 1차선의 도로 중 대형차량이 빈번하게 통행하는 건널목에 설치되는 경보기는 차량운전자 및 보행자가 쉽게 위치를 알 수 있도록 현수형 또는 가교형으로 설치하여야 한다.

제74조(건널목 보판의 여유 폭과 차량진입 금지설비) ① 건널목 보판의 양끝은 지형여건상 부득이한 경우를 제외하고는 도로보다 각각 0.5미터 이상 넓게 설치하여야 한다.

② 건널목 보판의 여유 폭을 확보하기가 어려운 곳이나 여유 폭을 확보하여도 차량이 보판 밖으로 이탈할 위험이 있는 곳에는 건널목 보판의 끝부분에 경사판을 설치하여야 한다.

③ 차량통행이 금지된 건널목은 차량이 통행할 수 없도록 일시정지선 위치에 적당한 간격으로 말뚝을 설치하여야 한다.

제75조(차단기 · 경보기 그 밖의 안전장치 고장시의 조치) ① 건널목 관리원 또는 보수자는 차단기 · 경보기 그 밖의 안전장치가 고장으로 작동하지 아니하는 경우에는 별표3의 고장표지를 그 안전장치의 전면에 게시하고 필요한 안전조치를 취한 후 즉시 관제실에 통보하여야 한다.

② 차단기 · 경보기 그 밖의 안전장치가 고장이 발생하였을 때에는 즉시 보수하여야 한다.

③ 철도시설관리자가 제2항에 따라 보수를 하는 경우에는 해당 안전장치의 앞쪽에 별표3의 고장표지를 게시하여야 한다. 다만, 고장으로 고장표시등이 켜지는 경우에는 고장표지를 게시하지 아니할 수 있다.

제76조(관리원 없음 표지의 게시) 관리원을 배치하지 아니한 제1종 건널목과 관리원을 배치하였으나 관리원이 근무하지 아니하는 시간대의 제1종 건널목에는 별표4의 관리원 없음 표지를 차량운전자 및 보행자가 쉽게 알 수 있는 위치에 게시하여야 한다.

제77조(관리원 배치 및 근무) ① 제1종 건널목의 관리원 배치는 철도시설관리자가 건널목의 여건과 복잡도에 따라 관리원의 배치여부를 정하여 주 · 야 교대근무 또는 교통량이 많은 일정한 시간을 지정하여 근무토록 할 수 있다.

② 건널목 관리원의 근무시간, 근무요령 등 필요한 사항은 철도시설관리자가 정하여야 한다.

제78조(건널목 대장 비치 등) ① 건널목은 별지 제2호서식의 건널목대장에 관련 사항을 기재하고 전산으로 관리하여야 한다.

② 제1항에 따른 기재사항이 변경된 경우에는 즉시 그 변경사항을 건널목대장에 기재하여야 한다.

제5절 전철전력설비

제79조(일반기준) ① 사람들이 접근하기 쉬운 장소에는 전철전력설비에 대한 위험 경고표지를 설치하여야 하며, 화재위험을 최소화할 수 있도록 하여야 한다.

② 전철전력설비에서 발생하는 전자파는 인체에 유해한 영향을 미치지 아니하도록 설치하여야 하고, 유지관리 하여야 한다.

③ 전철전력설비는 주변설비에서 발생되는 전자파로 인하여 오동작이 발생되지 않아야 한다.

④ 가공 전차선로의 시설은 인체의 감전 및 다른 교통수단에 지장이 없도록 높이를 유지하여야 한다.

⑤ 취급자의 부주의로 위험을 초래할 수 있는 전철전력설비에는 주의표시를 하여야 하며, 작동상태를 알 수 있는 기능을 갖추어야 한다.

제80조(인체피해예방) ① 전철변전소 및 전기실 등이 설치된 장소에는 외부인의 출입을 제한하는 조치를 하여야 한다.

② 전철전력설비는 감전 등 사람에 대한 위험을 최소화하도록 하여야 한다.

③ 건널목 및 통로 등에 설치하는 귀선로는 대지와의 전위차로 인하여 통행하는 사람 등이 감전되지 아니하도록 설치하여야 한다.

제81조(화재예방) ① 낙뢰로 인한 피해가 우려되는 전철전력설비에는 폭발을 방지하는 구조로 된 피뢰기를 설치하여야 한다.

② 터널, 역사 등의 전기설비에는 화재발생시 유독가스에 의한 인명피해가 발생하지 않도록 불연재료를 사용하여야 한다. 다만, 특성상 불연재료를 사용할 수 없는 경우에는 「건축물의 피난·방화구조 등의 기준에 관한 규칙」 제5조에 따른 난연재료를 사용할 수 있다.

제82조(전철전력설비 안전) ① 변전소의 용량은 전철 전기 공급 구간별로 장래 수송수요와 연장 급전을 고려하여 정하여야 한다.

② 변전소를 비롯한 전철 전기를 공급하는 회로(이하 "급전계통"이라 한다)에는 장애를 신속하게 발견하고 그 장애가 다른 설비로 확산되지 않도록 차단기, 단로기 등의 보호설비를 설치하여야 한다.

③ 전기설비가 설치된 장소에는 비상시 전위상승 등으로부터 설비를 보호하기 위해 접지하여야 한다. 또한 전기설비 보호를 위한 접지시설은 이상전압이 발생할 경우에 신속하게 대지로 방전시켜야 하며, 정기적으로 측정·관리되어야 한다.

④ 장력조정장치 등 전차선로의 주요 구성 시설물은 열차의 안전운행 및 유지·보수에 필요한 상호간 절연 이격거리 및 높이를 유지하여야 한다.

⑤ 전철주 등 가공 전차선로의 지지물은 그 지역의 최대 풍속, 강설, 온도, 지진 등 환경을 고려하여야 하고, 터널, 교량, 개활지 등 지형특성을 반영하여 설치하여야 한다.

제83조(사고피해 저감) ① 변압기는 예상되는 부하에 견딜 수 있어야 하고, 외부 진동, 충격 등으로부터 보호될 수 있도록 설치하여야 하며, 사고 발생 시 그 확산을 방지할 수 있는 설비를 갖추어야 한다.

② 보호계전기는 사고가 발생할 경우에 급전계통을 분리하여 인명피해 및 기기시설의 손상을 방지하도록 하여야 하며, 고장발생기록·저장장치를 갖추어야 한다.

③ 전력시스템의 안정적인 운영을 위해서 전기관제실, 변전소 등의 주요 장소에는 비상조명등과 유도등을 설치하여야 한다.

④ 전력공급을 위하여 필요한 전철전력설비는 사고 발생에 대비하여 예비설비를 갖추어야 한다.

제84조(수·배전선로) ① 가공선로는 다음 각 호에 따라 설치하여야 한다.

1. 가공선로는 풍수해, 설해 등의 피해를 받을 우려가 있는 지역은 가급적 피할 것
2. 인근 통신선에 대한 유도장해를 감안할 것

3. 가공인입선은 견고하게 설치하여야 하고, 풍수해, 설해 등의 피해우려가 없는 곳에 설치할 것
4. 낙뢰 등 외부 이상전압으로부터 시설물을 보호하여야 하고 각 전철전력설비 간 효율적인 운용을 위한 절연협조를 갖출 것

② 지중선로는 다음 각 호에 따라 설치하여야 한다.

1. 지중 시설물이 가급적 적은 지역에 설치할 것
2. 다른 지중선, 케이블 등과 근접하거나 교차할 경우 상호 이격거리를 준수하거나 내화성 격벽을 설치할 것
3. 지중인입선은 사람이 접촉할 우려가 없도록 할 것
4. 비상시를 대비하여 예비선로를 확보할 것

제85조(수·변전설비 및 배전설비) 수·변전설비 및 배전설비는 다음 각 호에 따라 설치하여야 한다.

1. 고압, 특별고압 수용장소의 인입구 등 낙뢰로 인한 피해가 우려되는 곳에는 피뢰기를 설치할 것
2. 철도의 역사, 차량기지 등에 전원을 공급하기 위한 배전설비에서 발생할 수 있는 이상전압을 방지하는 설비를 설치할 것
3. 축전지는 발화물질과 최대한 떨어져 있어야 하며, 보관시 방전되지 않도록 적절한 보호대책을 마련할 것
4. 전력용 콘덴서는 고온 다습한 장소를 피할 것
5. 배전설비는 충전부분이 노출되지 않도록 금속제 외함에 설치할 것
6. 변전실은 부하의 분포상태, 전압강하 등을 고려하여 설비 및 전선 등은 쉽게 점검할 수 있을 것
7. 변압기는 다음 각 목을 고려할 것
   가. 진동, 충격 등으로부터 내구성을 확보할 것
   나. 화재 시 폭발하지 않을 것
   다. 환기설비를 갖출 것
   라. 온도상승 여부를 확인할 수 있을 것
   마. 주변압기는 같은 장소에 배치하여야 하며, 예비용 변압기를 갖출 것

제86조(원격제어시스템) ① 원격감시제어시스템(SCADA)은 전철변전소, 수전실, 전기실 등 원격지에 설치된 전기설비를 통신망으로 연결하여 전기관제실 등에서 개폐기 등 전기기기를 감시, 제어할 수 있도록 시설하여야 한다.

② 무인기능실(변전소, 구분소, 보조구분소)에는 원격영상감시, 출입통제 및 원격방송이 가능한 설비를 설치하여야 한다.

제87조(보호장치) 급전계통의 보호장치는 다음 각 호에 따라 설치하여야 한다.

1. 개폐기가 중력 등에 의하여 자연적으로 작동될 우려가 있을 경우 자물쇠장치 또는 이를 방지할 장치가 있을 것
2. 개폐기는 개폐상태를 표시하는 장치가 있어야 하며, 개폐상태를 쉽게 확인 가능할 것
3. 조작이 간편하고 위험의 우려가 없을 것
4. 과전류차단기의 차단용량은 통과하는 단락전류를 확실하게 차단할 수 있을 것
5. 단로기는 변압기의 여자전류를 개폐할 수 있을 것
6. 보호계전기는 다음 각 목의 기능을 갖출 것
   가. 사고발생 시에 급전계통을 분리하여 전철전력설비의 손상을 방지할 것
   나. 고장 해소 시 자동으로 복귀할 수 있을 것
   다. 고장 기록을 저장할 수 있을 것

제88조(접지설비) 접지설비는 다음 각 호에 따라 설치하여야 한다.

1. 전기설비가 설치된 장소에는 비상시 전위상승 등에 의한 감전 및 화재방지, 전기설비 보호를 위해 접지를 할 것
2. 수전실, 변전실 및 배전실(전기실)은 망상 접지로 하며, 선로변에 매설된 공용접지와 연결할 것

3. 변압기, 선로보호기기, 개폐기 및 감전될 우려가 있는 철제시설물은 선로변에 매설된 공용접지와 연결하여야 한다. 다만, 지형 또는 주위 환경에 따라 공동 매설접지선에 접속이 곤란한 금속체 등은 「전기설비기술기준」에 따라 접지를 할 것

제89조(절연장치) 절연 및 절연협조는 다음 각 호에 따라 설치하여야 한다.

1. 급전 계통에 발생하는 낙뢰 이외의 전차선 지락사고 등에 의한 절연파괴가 발생하지 않도록 기기 등의 절연강도를 결정할 것
2. 전력설비의 절연물이 오염될 가능성이 있는 곳에서는 오염을 최소화하는 대책을 마련할 것
3. 전철전력설비는 부식에 따른 안전에 영향이 없도록 관리할 것

제90조(전차선로) 전차선로는 차량의 안전운행 및 원활한 유지보수를 고려하여 각 호에 따라 설치하여야 한다.

1. 설치장소의 상황, 차량운행 등에 지장이 없는 높이 이상으로 유지하여야 하고, 승객과 일반대중이 직접적으로 접촉하지 않도록 할 것
2. 유도자기에 의한 장애가 밖으로 미치지 않도록 전선 상호 이격거리를 유지할 것
3. 전차선이 지나가는 구름다리나 높은 승강장 또는 교량에는 안전설비를 할 것
4. 보호선은 사고전류를 흐를 수 있게 충분한 전류용량과 기계적 강도를 가지고 있을 것

제91조(전차선 지지설비) 전차선 지지설비는 다음 각 호에 따라 설치하여야 한다.

1. 전차선로의 지지물은 최대 풍속과 강설 및 최고·최저온도 조건 등 외부환경을 고려하여 설계할 것
2. 터널이나 교량, 개활지 등의 구간 및 지형특성 등을 반영하여 설계하여야 하며, 지진, 하중 및 적절한 안전율을 주어 시설할 것
3. 전주, 지선, 보, 지지대 등의 지지물은 견고하여야 하며, 안전율을 유지할 것
4. 지지물은 승객이나 공중이 쉽게 올라가지 못하도록 설계되어야 하며, 부득이한 경우 오름방지설비를 할 것
5. 절연체의 절연누설거리 등 절연성능은 환경조건, 운영조건 등을 반영할 것

제92조(전차선 귀선로) 전차선 귀선로는 사람이 다니는 건널목이나 통로에서 감전이 되지 않도록 설치하여야 하며, 레일로부터 땅으로 흐르는 누설전류는 최소화하여야 한다.

제93조(전차선표지) 전차선의 표지는 철도종사원 등이 식별하기 쉬운 위치에 설치하여야 한다.

제94조(방재설비) ① 비상등은 전기관제실, 무선통신실, 신호실과 변전소 등의 주기계실, 전기실, 주요 통로, 계단 및 복도에 설치하여야 한다. 다만, 지하의 비상유도등은 상용전원이 정전될 경우 60분 이상 점등되어야 한다.

② 화재발생이 우려되는 설비에 대하여는 화재 확산에 대비하기 위하여 소화설비를 설치하여야 한다.

제6절 철도신호제어설비

제95조(일반기준) ① 철도신호제어설비는 열차의 안전운행 및 수송의 효율성 향상에 적합하여야 하며, 다음 각 호의 기능을 갖추어야 한다.

1. 열차의 충돌 및 추돌방지
2. 분기구간 및 곡선구간에서의 열차탈선방지
3. 열차의 진로설정 및 열차의 진로진입승인
4. 건널목에서의 열차보호

② 철도신호제어설비는 안전성이 검증된 것을 설치하여야 하며, 다음 각 호의 사항 등을 포함한 여러 조건을 고려하여야 한다.

1. 다른 노선과의 연계운행
2. 전철전력설비 및 철도신호제어설비용 전원공급장치
3. 열차 운영의 자동화수준
4. 비상시 열차운행 취급방법
5. 철도신호제어설비와 다른 설비와의 인터페이스

③ 철도신호제어설비는 장애 또는 이상상황이 발생하면 열차의 안전을 확보하는 방향으로 작동하여야 한다.

④ 운영 중인 철도신호제어설비를 변경 또는 신설하는 경우에는 철도 안전에 영향을 주지 아니하여야 한다.

제96조(철도신호제어설비의 구조) 철도신호제어설비의 주요 장치를 제작·설치할 때에는 다음 각 호의 사항을 준수하여야 한다.

1. 기능, 인터페이스 등에 대한 무결성을 스스로 진단·감시·저장되어야 하며, 장애가 발생하면 안전상태로 전환될 것
2. 장치를 설계·개발하는 과정에서 오류 등이 발생되지 않도록 소프트웨어의 분석·시험 및 검증을 수행할 것
3. 중요한 정보를 지속적으로 안전하게 전송할 것
4. 교체 및 철거가 쉬울 것

제97조(철도안전설비와의 연계) 철도신호제어설비는 선로 또는 승강장에서의 철도사고를 방지하고 그 영향을 차단할 수 있도록 다음 각 호의 철도안전설비와 연계되어야 한다.

1. 차축온도검지장치 등 선로의 안전설비
2. 비상정지버튼 등 승강장 안전설비

제98조(철도교통관제설비) 철도교통관제설비는 관제업무종사자가 철도를 안전하고 효율적으로 운영할 수 있도록 다음 각 호와 같이 설치하여야 한다.

1. 철도교통관제설비는 중앙집중제어가 가능하도록 전용 건물내에 설치하여야 하고, 정거장별로 개별취급이 가능하여야 하며, 인접지역에 사고가 발생할 경우에도 열차운행에 지장이 없어야 하며, 관제기능을 상실할 경우에 대비하여 필요시 예비 관제설비를 설치할 것
2. 철도교통관제설비의 경보장치와 다른 경보·감시설비와 명확히 구분하여 관제업무종사자가 잘못된 판단을 일으키지 않도록 할 것
3. 열차집중제어장치(CTC)는 정거장과 정거장 사이를 운행중인 열차의 운행위치 확인이 가능할 것

제99조(철도신호제어설비) ① 철도신호제어설비를 설치하기 위해서는 다음 각 호와 같이 열차에 설치되는 차내 신호제어설비와의 적합성을 확인하여야 한다.

1. 열차위치검지방법 및 성능
2. 상용제동을 포함한 여러 가지 제동성능
3. 데이터 전송방법
4. 운전석의 신호정보표시 및 조작
5. 스크린도어장치 등 승강장 안전장치와의 연계 등

② 신호기 장치는 다음 각 호를 고려하여 설치하여야 한다.

1. 설치위치는 열차진행방향 중앙 또는 좌측에 설치하는 것을 원칙으로 하고 충분한 확인거리를 확보할 것
2. 데이터 정보를 전송할 때 오류가 없도록 할 것

③ 철도신호제어설비는 설치지역의 환경조건, 작업자의 안전한 이동 및 승객의 안전한 탈출을 고려하여 설치하여야 한다.

④ 철도신호제어설비는 주변에 설치되어 있는 다른 시설물 또는 장치가 안전하게 작동되는 것을 방해하지 아니하여야 하고, 다른 시설물 또는 장치로부터 방해받지 아니하도록 충분한 간격을 두고 설치하여야 한다.

⑤ 케이블을 포함한 철도신호설비는 화재, 열차탈선 및 침입으로 인한 피해를 최소화되도록 설치하여야 한다.

⑥ 철도신호제어설비는 외부인이 임의로 취급할 수 없도록 보호장치를

설치하여야 한다.

제100조(열차위치검지장치) 열차위치검지장치는 열차의 안전한 간격 확보와 철도신호제어설비의 정확한 운용을 위해 다음 각 호를 고려하여 설치하여야 한다.

1. 정확한 열차위치정보를 제공할 것
2. 열차위치정보를 건널목제어설비, 경보시스템 또는 열차운행과 관련한 각종 설비에 제공할 것
3. 운전업무종사자 및 철도종사자 등이 열차점유상태 및 열차정보를 확인할 수 있도록 할 것

제101조(연동장치) 열차의 운전취급이나 신호제어설비의 조작 시 오동작 등이 발생하지 않도록 신호기장치, 선로전환기 등의 연동장치는 다음 각 호에 따라 설치하여야 한다.

1. 연동장치는 선로전환기가 열차진행방향으로 밀착된 것을 확인하고 신호를 현시할 것
2. 연동장치의 일시적인 고장으로 진로 쇄정 및 선로전환기 쇄정이 해정되지 않도록 할 것
3. 연동장치는 열차가 이선으로 진입하지 않도록 하고, 운전취급자가 잘못된 취급을 방지할 수 있는 시스템을 구성할 것

제102조(철도사고 관련 위험원 관리) 열차사고를 유발하는 다음 각 호의 위험원에서 철도의 신호제어설비 및 정보통신설비와 관련된 위험원을 확인하여야 하고 관리하여야 한다.

1. 열차의 충돌 및 추돌사고 위험원
   가. 신호기와 관련된 오류
   나. 열차상태정보와 관련된 오류
   다. 열차운전자 또는 운전취급자와 관련된 오류
   라. 철도신호제어설비가 설치된 선로의 환경조건 등에 의한 신호설비 오류
   마. 열차속도제어와 관련된 오류
   바. 철도제어신호제어설비를 구성하는 장치의 고장
2. 지장물에 의한 열차충돌사고의 위험원
   가. 지장물이 승강장에서 선로로 낙하
   나. 철도관련 구조물 또는 기타 시설물에서 탈락한 지장물이 운행선로로 낙하
   다. 열차에서 탈락한 차량 구성품이 운행선로 낙하
   라. 절개지 붕괴 또는 산사태로 발생된 토석의 운행선로 차단
3. 열차탈선사고의 위험원
   가. 운전취급자, 건널목관리자, 현장작업자 및 입환작업자와 관련된 오류
   나. 선로전환기와 관련된 오류
   다. 열차과속과 관련된 오류
   라. 열차충돌사고에 의한 열차탈선
   마. 폭염, 폭우, 폭설, 강풍 및 지진
4. 철도시설 유지·관리업무 수행자의 열차접촉사고의 위험원
5. 철도신호제어설비의 전기회로에 의한 과열, 누전 또는 아크로 인하여 발화원 또는 폭발사고의 위험원
6. 전기 및 전자파에 의한 장애 위험원
   가. 철도신호제어설비의 가용성을 높이기 위하여 예비용의 전력공급장치를 확보할 것
   나. 철도신호제어설비는 전위상승 등과 같은 이상상태로부터 신호제어설비의 훼손을 방지하기 위한 보호설비를 설치할 것
   다. 철도신호제어설비는 전력설비 및 열차의 추진제어장치의 유도전압 및 전자파로 인한 장애가 발생하지 않도록 할 것

제7절 철도정보통신설비

제103조(일반기준) ① 철도정보통신설비는 관제실, 정차장, 운전실, 변전소 그 밖에 보안상 필요한 장소 상호간에 음성, 부호, 데이터 및 영상 등의 중요한 정보를 지속적으로 안전하게 송수신하여 신속히 연락할 수 있는 기능을 갖추어야 한다.

② 철도정보통신설비를 구성할 때에는 다음 각 호의 조건을 고려하여야 한다.

1. 철도종사자 및 일반인이 도움과 지원을 요청할 수 있을 것
2. 비상대응 조치를 지원하도록 적합한 설비를 구축할 것

③ 철도정보통신설비를 변경하거나 신설하는 경우에는 철도안전에 영향을 주지 아니하도록 하여야 한다.

제104조(철도정보통신설비의 구조) 철도정보통신설비는 기능을 충실하게 수행하기 위하여 안전성, 신뢰성 및 유지보수가 용이하여야 하며, 주요 장치는 다음 각 호의 기준을 충족하여야 한다.

1. 주요 부분은 고장시 자동 및 수동운용에 지장이 없도록 예비시스템을 갖출 것
2. 기능 및 인터페이스 등을 자동으로 진단하고, 장애발생시 경보음이 울리도록 할 것
3. 전원장치는 전력공급이 중단되더라도 통신설비가 일정시간 계속 작동할 수 있는 시스템을 갖출 것
4. 광케이블은 이중화로 설치하여 철도통신망의 안전성을 확보할 것

제105조(관제전화) ① 관제전화는 관제업무종사자가 철도를 안전하고 효율적으로 운영할 수 있도록 일제호출, 그룹호출, 개별호출이 가능하도록 설치하여야 한다.

② 제1항에 따른 관제전화는 하나의 관제전화기에서 장애가 발생되더라도 다른 단말기의 통화 및 호출에 지장을 주지 않아야 한다.

③ 광역철도 연계 수송기관 상호간에는 직통전화를 설치하여야 한다.

제106조(비상전화) 비상전화는 철도선로 연변에서 순회점검이나 작업시 현장근무와 해당 관제실 사이의 상호업무연락을 취하기 위하여 다음 각 호의 기준을 고려하여 설치하여야 한다.

1. 현장여건과 이용자의 편의성 및 안전성을 고려하여 토목구조물에 따라 적절한 장소에 설치할 것
2. 사용자가 열차와 대향하여 전화기 개폐가 가능하도록 할 것

제107조(열차간 무선통신) 터널 연장 2킬로미터를 초과하는 터널 내에는 열차간 무선교신이 가능하도록 하여야 한다. 이 경우 무선통신방식은 지능형 철도시스템(LTE-R) 개발 등을 고려하여야 한다.

제108조(안내방송장치) 안내방송장치는 방재설비 및 소방설비와 연동될 수 있도록 다음 각 호의 기준을 고려하여 설치하여야 한다.

1. 방재설비와 연동하여 비상시 경보용 송출과 비상방송이 가능하도록 할 것
2. 화재시 다른 설비의 방송을 차단할 수 있는 구조일 것
3. 건물 전 구역에 일제방송 및 경보음 송출이 가능할 것
4. 화재시 수신반으로부터 정보를 받은 후 방송이 개시될 때까지의 소요시간은 10초 이하일 것
5. 옥내배선은 난연전선을 사용하여야 하며, 옥외배선시 차폐케이블을 사용할 것
6. 방송설비의 배관은 별도의 배관으로 할 것

제109조(영상감시설비) ① 영상감시설비는 송출되는 신호를 관제실 또는 역무실(유지관리처소)에서 감시할 수 있어야 하며, 영상감시설비의 카메라는 130만 화소 이상이어야 하고 영상은 7일 이상 저장 및 재생이 가능하여야 한다.

② 광역철도 지하역사 승강장 및 대합실의 영상감시장치는 자동화재탐지설비와 연동되어 화재지역에 자동감시가 가능하도록 설치하여야 한다.

③ 영상감시설비는 광역철도 운송기관간 경계역 승강장의 영상을 상호간에 역 또는 철도교통관제센터에서 감시가 가능하도록 설치하여야 한다.

④ 역사 및 역 시설 등에 설치하는 방범용 영상감시설비의 카메라는 130만 화소 이상이어야 하고, 서버는 영상을 30일 이상 저장할 수 있어야 하며, 서버 및 모니터 등은 철도특별사법경찰대가 운영하는 철도범죄통합수사센터에 설치 및 감시가 가능하여야 한다.

제110조(역무 자동화설비) 자동개집표기와 비상게이트는 화재발생시 자동으로 개방될 수 있도록 자동화재탐지설비와 연동하여 설치하여야 한다.

제111조(철도정보통신설비) ① 철도정보통신설비는 "방송통신기자재 등의 적합성평가에 관한 고시"에 의거 적합인증을 받은 기기로 설치되어야 한다.

② 철도정보통신설비는 "방송통신설비의 안전성 및 신뢰성에 대한 기술기준" 및 "접지설비 · 구내통신설비 · 선로설비 및 통신공동구등에 대한 기술기준"에 적합하게 설치하여야 한다.

제8절 철도시설의 유지 · 관리

제112조(일반기준) ① 철도시설관리자는 열차가 규정된 속도로 안전하게 운행되고 이 기준에 적합한 상태를 지속적으로 유지할 수 있도록 철도시설을 점검 · 보수하여야 하는 등 유지 · 관리하여야 한다.

② 철도시설관리자는 제1항에 따라 철도시설을 점검 · 보수하려는 경우에는 철도시설의 특성 등을 고려하여 시설명 및 시설기준, 점검항목, 점검주기 및 방법 등에 관한 세부사항을 정하여 시행하여야 한다.

제113조(유지 · 관리) 철도시설관리자는 「철도안전법」 제7조에 따라 철도시설을 유지 · 관리하려는 경우에는 안전관리체계를 갖추어 국토교통부장관 승인을 받은 후에 시행하여야 하며, 승인받은 안전관리체계를 지속적으로 유지하여야 한다.

제114조 및 **제115조** 삭제 〈19 · 3 · 21〉

제3장 도시철도

제116조(도시철도차량과의 적합성) 철도시설관리자는 도시철도차량과의 상호 연관성을 고려하여 선로시설, 전철전력설비, 신호 및 열차제어설비를 설치 · 운영하여야 한다.

제116조의2(승강장) 도시철도 승강장에는 승강장안전문설비를 설치하여야 하며, 화재 등 비상상황이 발생하는 경우 승강장안전문과 안전보호벽은 수동으로 개폐될 수 있어야 한다.

제116조의3(역시설) ① 역사를 신설하는 경우에는 「장애물 없는 생활환경(Barrier Free) 인증제도 시행지침」 제13조에 따른 인증의 등급 중 '우수 등급'에 준하도록 하여야 한다.

② 승강장 및 대합실과 연결되는 계단은 미끄럼 저항기준 40BPN 이상(시험방법은 KS F 2375에 따름)의 미끄럼 방지용 마감재를 사용하여야 한다. 다만, 계단코에 줄눈넣기를 하거나 불연 논슬립 등의 미끄럼 방지재로 마감을 하는 경우 그러하지 않을 수 있다.

제116조의4(승강장안전문설비의 안전관리책임자) 승강장안전문설비의 안전관리책임자 선임 및 직무범위에 대하여는 제57조의2를 준용한다.

제1절 선로시설

제1관 선로

제117조(일반기준) ① 선로는 열차의 축중, 통과 속도 및 무게에 적합하고, 온도 변화를 포함한 예상할 수 있는 모든 하중조건에서 구조적으로 안전하며, 열차의 주행 안전에 영향을 미치는 변형이 없도록 설계, 시공 및 유지 · 관리하여야 한다.

② 선로와 선로 사이 및 선로와 선로 시설물 사이에는 열차가 안전하게 통과할 수 있도록 여유 공간을 확보하여야 한다.

③ 열차의 소음과 진동에 의한 피해가 예상되는 지역의 선로에는 소음

과 진동을 줄이기 위한 대책을 마련하여야 한다.

제118조(궤도) ① 궤도는 가능한 한 장대레일(길이가 200미터 이상인 레일을 말한다)로 부설하여야 한다.

② 궤도의 하부구조는 열차의 운행 하중을 효과적으로 지지하고 하부로 전달할 수 있는 지지력과 배수기능을 갖추어야 한다.

③ 궤도는 도시철도차량, 전철전력설비, 신호 및 열차제어설비의 전기적 또는 기계적 요구 조건을 충족시킬 수 있게 설계하고 시공하여야 한다.

제119조 및 제120조 삭제 〈19·3·21〉

제121조(선로변 보도 및 대피공간) ① 본선의 선로변에는 시설관리자와 승객이 비상시 주행하는 열차로부터 대피할 수 있도록 선로변 보도를 설치하여야 한다.

② 선로변 보도를 연속적으로 설치할 수 없는 경우에는 따로 대피 공간을 설치하여야 한다.

제122조(도로와의 교차) 선로는 도로와 평면에서 교차해서는 아니 된다.

제2관 터널

제123조(일반기준) ① 터널은 충분한 내구성을 갖추어야 한다.

② 지하터널에는 역 출입구, 환기구 및 비상탈출구 등을 통하여 노면수가 유입되지 않아야 한다.

제123조의2(터널구조물의 보호) 터널구조물에 대해서는 제36조를 준용한다.

제124조(비상시 대피) ① 터널형식과 대피설비는 비상시 승객과 시설관리자가 대피할 수 있도록 열차의 종류, 열차의 이동방법, 탈출거리, 탈출하는 데 필요한 시간, 열차로부터의 탈출방법 등을 고려하여 정하여야 한다.

② 기존 선로의 연장선인 선로에는 기존 선로의 대피방법과 동일한 대피방법을 마련하여야 한다.

제125조(탈선대책) ① 터널에서는 열차의 탈선을 방지하고 열차의 탈선 시 승객과 선로의 피해를 최소화할 수 있는 대책을 마련하여야 한다.

② 전기용 케이블 등 터널의 설비들은 열차의 탈선 시 피해를 최소화할 수 있는 곳에 설치하여야 한다.

제126조(교차통로의 설치) ① 단선 병렬터널에는 터널과 터널 사이에 교차통로를 설치하여야 한다. 이 경우 교차통로의 설치 간격은 열차의 길이, 대피방법 및 구조활동의 용이성 등을 고려하여 결정하여야 한다.

② 제1항에 따른 교차통로를 설치하려는 경우에는 다음 각 호의 사항을 고려하여야 한다.

1. 연기와 열의 교차통로 내부 통과 가능성
2. 교차통로 출입문의 설치 필요성
3. 열차에서 대피한 승객 및 시설관리에게 미치는 위험요소(공기역학적 효과를 포함한다)

③ 교차통로가 설치된 터널에는 교차통로의 위치와 거리를 표시하는 표지판을 교차통로의 입구까지 일정한 간격으로 설치하여야 한다.

제127조(터널 배수설비) ① 터널의 배수설비 용량은 홍수시 예상되는 최대유량을 고려하여 정하여야 한다.

② 터널의 수직 방향 기울기 및 수평 방향 기울기는 원활한 배수가 가능하도록 정하여야 한다.

제128조(터널 조명설비) ① 본선터널과 진입로에는 인접한 역의 전기실에서 제어할 수 있는 조명설비를 설치하여야 한다.

② 조명설비는 전원장치에 고장이 발생하더라도 그 기능을 완전히 상실하지 아니하도록 하여야 한다.

③ 터널에는 비상시 승객이 대피방향을 알 수 있도록 유도등을 설치하여야 하고, 유도등은 항상 켜져 있어야 하며, 전기공급이 차단될 때에는 60분 이상 자체적으로 전기를 공급할 수 있어야 한다.

제128조의2(터널 표지 등) 터널에 설치하는 표지와 유도등에 대하여는

제35조를 준용한다.

제3관 교량

제129조(일반기준) ① 교량은 내구성이 있어야 하며, 폭우나 지진 등 자연재해로부터 안전하도록 설계하여야 한다.

② 교량은 시설관리자가 안전하게 점검과 유지·관리업무를 수행할 수 있도록 설계하여야 한다.

제130조(탈선방지) 교량은 열차의 탈선을 방지할 수 있어야 하며, 열차 탈선 시에도 교량에서 열차가 이탈하는 것을 방지하도록 설계하여야 한다.

제131조(교량 하부 공간) ① 교량에는 도로를 통과하는 자동차가 교량과 충돌하지 아니하도록 하부 공간을 확보하여야 한다. 다만, 불가피한 경우 도시철도건설자는 하부 공간의 높이를 표시하여 도로를 통과하는 자동차가 교량과 충돌하는 것을 예방할 수 있도록 하고, 「도로법」 제20조에 따른 해당 도로관리청와 협의하여 추가적인 예방수단을 마련하여야 한다.

② 도로 또는 철도를 횡단하는 교량의 교각과 교대에는 도로 또는 철도를 통과하는 자동차나 열차의 충돌에 대한 대책을 마련하여야 한다.

③ 하천을 횡단하는 교량의 교각과 교대에는 강물에 의한 세굴 및 선박의 충돌에 대한 대책을 마련하여야 한다.

제132조(교량의 방호벽 등) ① 열차의 추락을 방지하기 위하여 도로 또는 철도를 횡단하는 교량에 설치하는 방호벽은 열차가 충돌하여 일부분이 파손되더라도 그 파손된 부분이 교량 아래로 떨어지지 아니하도록 하여야 한다.

② 도로 또는 철도를 횡단하는 교량에는 사람이 교량의 난간에 오르거나 교통을 방해하는 물질을 던지지 못하도록 하는 대책을 마련하여야 하며, 교량과 전기가 흐르는 전차선 등의 장치 간에는 안전거리를 확보하여야 한다.

제133조(도로교량의 방호시설) ① 철도를 횡단 또는 인접한 도로교량의 난간 부분에는 방호울타리 등을 설치하여야 한다.

② 철도를 횡단하는 도로교량은 다음 각 호에 따라 설치하여야 한다.

1. 난간부분에는 사람이 열차주행을 방해하는 물체를 선로에 던지거나 집어 넣을 수 없는 구조의 안전막 등을 설치하여야 하며, 전차선 등의 전철전력설비로부터 사람이 안전거리 이내에 접근할 수 없도록 할 것
2. 도로교량의 난간은 「도로의 구조·시설 기준에 관한 규칙」에서 정한 기준을 충족하여야 하며, 도로교량의 시설물이 선로에 떨어지지 아니하도록 견고하게 설치할 것

제4관 흙 노반

제134조(일반기준) 흙쌓기 구간, 땅깎기 구간 등 흙 노반은 부등침하가 발생하지 아니하도록 하여야 하고, 내구성과 안정성을 확보할 수 있는 재료를 사용하여야 한다.

제135조(비탈면) ① 비탈면은 완만하게 시공되어야 하며, 경사가 급한 비탈면에는 선로에 흙, 모래, 낙석 및 유수 등이 유입되지 아니하도록 예방조치를 하여야 한다.

② 낙석 및 붕괴위험지역에는 지장물 검지장치 및 낙석 방지 설비를 설치하여야 한다.

제136조(세굴 및 침식방지) 흙쌓기 구간 또는 땅깎기 구간의 하단에는 비가 올 때 세굴 및 침식에 대한 방지수단을 마련하여야 한다.

제137조(축대 벽) 축대 벽에는 시설관리자의 접근을 위한 난간 등을 설치하여야 한다.

제138조(접속구간) 흙 노반과 구조물이 접하는 구간은 침하의 차이를 최소화하여야 하고, 노반의 강성이 급격히 변화하지 아니하여야 한다.

제3절 전철전력설비

제1관 전기안전기준

제139조(전철전력설비의 구성) ① 전철전력설비는 고장 시 고장의 범위를 한정하고 고장전류를 차단할 수 있어야 하며, 단전이 필요한 작업을 하는 경우 단전의 범위를 한정할 수 있도록 계통별 및 구간별로 분리할 수 있어야 한다.

② 열차 운행에 직접 영향을 미치는 전철전력설비에 고장이 발생한 경우에는 정상 부분으로 파급되지 아니하도록 고장 부분을 전기적으로 자동 분리할 수 있도록 하여야 하며, 예비설비를 사용하여 정상적으로 운용할 수 있어야 한다.

제140조(변전소의 위치 및 간격) ① 변전소의 위치를 선정할 때에는 다음의 각 호의 사항을 따라야 한다.

1. 급전 구간의 부하 중심에 가능한 가까울 것
2. 수전선로의 길이가 최소화될 수 있도록 전력공급사업자 변전소와 가까울 것
3. 설비의 운반 및 반입이 쉬울 것
4. 지반이 견고하고 수해나 토사 유입 등의 우려가 없을 것
5. 배기가스, 염해 및 분진의 영향이 적을 것

② 변전소의 간격은 도시철도차량의 운행을 위한 전차선 전압의 최저한도를 유지할 수 있도록 선정하여야 한다.

제141조(변전소의 용량) ① 변전소의 용량은 부하설비의 크기, 성질 및 전압강하와 수송수요를 고려하여 결정하여야 한다.

② 변전소의 정류기는 정류기 자체의 고장 시 또는 인접 변전소의 고장시 전기를 연장하여 공급해야 하는 상황을 고려하여 상시 운영하는 2대와 예비로 운영하는 1대로 구성한다. 다만, 변전시설에 미치는 부하의 정도를 고려하여 정류설비의 계통 구성 및 정류기의 수량을 조정할 수 있다.

제142조(전차선의 가선방식 및 전압) ① 전차선의 가선방식은 가공단선식으로 하며, 전차선의 전압은 도시철도차량의 기능을 확보할 수 있도록 다음 각 호의 구분에 따른 값을 가져야 한다.

1. 표준 전압 : 직류 1천 500볼트
2. 최저 전압 : 직류 900볼트
3. 최고 전압 : 직류 1천 800볼트. 다만, 지속시간이 5분 이내의 일시적인 전압 상승은 직류 1천 950볼트까지 허용할 수 있다.

제143조(출입의 제한) 변전소와 전기실 등 전기설비가 설치된 곳에는 관계자 외의 사람의 출입을 제한하기 위한 장치를 설치하여야 하고, 관제실 또는 가까운 역 등에서 감시할 수 있어야 한다.

제144조(전기안전표시) ① 전철전력설비는 감전 및 화재발생의 위험을 방지할 수 있도록 설치하여야 한다.

② 감전 및 화재발생의 위험이 있는 전기설비에는 잘 보이는 곳에 위험을 알리는 표시를 하여야 하며, 필요한 경우 전원인가 상태를 확인할 수 있는 장치를 설치하여야 한다.

③ 보수점검 등을 위하여 송전·수전선로 및 개폐기에는 상의 구분이 가능하도록 표시를 하여야 한다.

제145조(이상전압에 대한 보호) ① 전철전력설비는 외부와 내부의 이상전압으로 인한 설비의 파손이 생기지 아니하도록 하여야 한다.

② 레일의 전위상승에 따라 사람에게 위해를 가져올 우려가 있는 곳에는 전위 상승을 억제하는 대책을 마련하여야 한다.

제146조(전선 및 전기장치의 배치) ① 전선은 적절하게 지지되고 마모나 손상으로부터 보호될 수 있는 곳에 비틀림이 없고 유지보수가 쉽도록 설치하여야 한다.

② 전선의 단자는 기계적 충격이나 진동에 의하여 풀리지 아니하는 구

조여야 한다.

③ 전선, 전선의 단자 및 전기장치에는 각각 구분할 수 있도록 판별이 쉽고 지워지지 아니하는 표시를 하여야 한다.

④ 전선은 유도장해를 고려하여 사용전압 및 기능별로 분리하여 수용하는 것을 원칙으로 한다.

⑤ 전기장치는 기능의 유지 및 보수점검을 고려하여 배치하여야 하며, 전기장치 상호간 영향을 미치지 아니하도록 충분한 거리를 두어야 한다.

제147조(충전부분의 노출) 전기설비는 충전부분이 노출되지 아니하도록 하여야 한다. 다만, 충전부분이 불가피하게 노출되는 전기설비는 충전부분에 사람이 쉽게 접촉할 수 없도록 방호설비를 하여야 한다.

제148조(접지) ① 전철전력설비는 비정상적인 전위 상승 또는 고전압의 침입 등으로부터 사람이나 설비를 보호하기 위하여 접지하여야 한다.

② 접지설비를 하는 경우에는 전류가 땅으로 안전하게 흐를 수 있도록 하여야 한다.

③ 접지설비의 상태는 정기적으로 측정·관리되어야 한다.

제149조(전자파 억제) ① 전철전력설비로부터 발생할 수 있는 전자파는 도시철도차량, 지상설비 및 그 밖의 선로에 인접한 설비와 사람에게 유해한 영향을 미치지 아니하도록 설치하여야 하고, 유지관리하여야 한다.

② 유도장해에 민감한 장치는 작동 중 발생하는 전자파에 대하여 충분한 내성을 가져야 한다.

제150조(보호협조) 변전소 및 전기실에는 보호설비를 설치하여 수전단 이하의 계통에서 발생하는 장해를 신속하고 정확하게 검출하고, 설비 상호간의 정정값 및 동작시간을 조정함으로써 다른 설비 또는 구간으로 장해가 확산되지 아니하도록 하여야 한다.

제151조(전력관제) ① 전철전력설비는 중앙 집중원격감시제어방식으로 제어하여야 한다. 다만, 점검 및 시험을 위하여 해당 설비가 설치된 곳에서 조작할 필요가 있는 설비는 현장 감시제어방식으로 전환하여 제어할 수 있어야 한다.

② 전력관제실은 도시철도차량의 운영을 담당하는 관제실과의 협조가 쉬운 곳에 정하여야 한다.

③ 전력관제실, 변전소 및 전기실 등 전력관제를 수행하는 곳에는 서로 연락할 수 있는 통신설비를 설치하여야 한다.

④ 변전소 및 전기실 등 무인으로 운전되는 전기설비가 있는 곳에는 화상감시장치를 갖추어야 한다.

제152조(오조작 방지) 오조작으로 위험을 초래할 수 있는 전기설비에는 주의표시를 하여야 하고, 잠금기능과 동작상태를 알 수 있는 지시기능 또는 경보기능을 갖추어야 한다.

제153조(작업용 설비) 변전소 및 전기실 등 시설관리자의 작업이 필요한 장소에는 안전을 도모하기 위하여 작업용 접지단자를 설치하여야 하며, 검전기 등 작업에 필요한 설비를 갖추어야 한다.

제154조(절연물의 오염방지) 전철전력설비의 절연물이 오염될 수 있는 곳에는 오염을 최소화할 수 있는 대책을 마련하여야 한다.

제155조(외함) 노출된 전기설비가 외부 충격, 누수, 먼지 등으로 제 기능을 발휘할 수 없을 때에는 외함 내에 설치하여야 한다.

제2관 화재안전기준

제156조(화재예방을 위한 기준) 전기설비 등은 화재발생의 위험을 방지할 수 있도록 다음 각 호의 기준에 적합하여야 한다.

1. 전기설비에는 불연재료를 사용할 것. 다만, 전기설비의 특성상 불연재료를 사용할 수 없는 경우에는 준불연재료 또는 난연재료를 사용할 수 있다.
2. 변전소와 전기실에는 폭발 위험 및 연소 가능성을 최소화하는 방식의 설비를 선정할 것
3. 전선에는 저독성의 난연재료를 사용하고, 필요시 전선관 등으로 보

호할 것. 다만, 지중관로 방식의 전선 및 지상 구간의 케이블의 경우 저독성이 아닌 난연재료를 사용할 수 있다.

4. 불꽃이나 열이 발생할 위험이 있는 장치는 일정한 간격으로 거리를 두고 설치하고, 필요한 경우 그 사이를 절연하거나 불연재료의 차단막을 설치할 것

제157조(소화설비) ① 화재발생의 위험이 있는 설비에 대해서는 화재발생 시 자동으로 작동하는 자동소화설비를 설치하여야 한다.

② 변전소와 전기실에는 소화설비 및 경보설비를 설치하여야 한다.

제3관 수·변전 및 배전설비

제158조(변압기) ① 변압기는 화재 시 폭발하지 않는 성능을 갖추어야 한다.

② 변압기는 진동, 충격 등 외부로부터의 충격이 없는 곳에 설치하여야 하고, 환기설비를 갖추어야 한다.

③ 변압기는 온도를 확인할 수 있는 장치를 갖추어야 한다.

④ 정류기용 변압기의 설계 시에는 정류기로부터 발생되는 고조파에 의한 전력 손실 및 온도 상승을 고려하여야 한다.

제159조(개폐기) ① 개폐기는 부하전류 및 고장전류를 차단할 수 있는 기능을 갖추어야 하며, 동작상태에 따라 그 상태를 표시할 수 있어야 한다.

② 부하전류를 차단하기 위한 목적이 아닌 개폐기에는 부하전류가 통하고 있을 경우 부하전류가 차단되지 아니하도록 적절한 조치를 하여야 한다.

③ 중력 등에 의하여 오작동될 우려가 있는 개폐기에는 잠금장치 등 오작동을 방지할 수 있는 장치를 설치하여야 한다.

제160조(정류기) ① 정류기의 정류소자는 정격의 부하전류, 단락전류 및 외부로부터의 이상전압 등에 대하여 충분한 내력을 가져야 한다.

② 정류기에는 정류소자의 온도를 확인할 수 있는 장치를 설치하여야 한다.

③ 정류기는 고조파로 인한 영향을 최소화할 수 있는 정류방식을 택하여야 한다.

제161조(직류 고속도차단기) 직류 고속도차단기의 내열성 구조물과 아크 발생부분 간에는 충분한 거리를 두어야 한다.

제162조(보호계전기) ① 보호계전기는 전철전력설비 중 이상전압 또는 고장전류가 발생한 부분을 계통으로부터 분리하여 공급의 지장 및 설비의 손상을 줄일 수 있어야 한다.

② 보호계전기는 전철전력설비에서 발생한 고장을 기록하고 그 기록을 일정 기간 저장할 수 있어야 한다.

③ 보호계전기는 일시적인 현상에 의한 고장 조건이 사라지고 안전한 상태가 확인되면 전철전력설비가 정상적인 동작으로 복귀하도록 하는 기능을 갖추어야 한다.

제163조(축전지) ① 축전지는 발화물질과 최대한 거리를 두고 설치·보관하여야 한다.

② 축전지함은 축전지로부터 누출되는 가스가 축적되지 아니하도록 환기장치를 설치하거나 자연 통풍으로 방출될 수 있도록 설계하여야 한다.

③ 축전지를 보관할 때에는 방전되지 아니하도록 보호 조치를 마련하여야 한다.

제164조(원격감시제어설비) ① 원격감시제어설비는 전철전력설비의 일부 계통 또는 장비에 장애가 발생하더라도 정상적으로 작동하여야 한다.

② 원격감시제어설비의 주 시스템에 장애가 발생할 때에는 예비시스템으로 자동 전환되어 본래의 기능을 유지할 수 있어야 한다.

제165조(전력케이블) ① 수전선로의 전력케이블은 전압강하, 허용전류 및 단락전류에 따라 굵기를 선정하여야 한다.

② 변전소와 변전소 간을 연결하는 연락 송전선로는 통신선로 및 배전

선로와 분리하여 포설하는 것을 원칙으로 한다.

제4관 전차선로설비

제166조(전차선로 조가방식) ① 구간별 전차선로의 조가 방식은 다음 각 호와 같다.

1. 지하구간 : 강체조가(Rigid Suspension) 방식
2. 지상구간 : 헤비 심플 커티너리(Heavy Simple Catenary) 방식
3. 지상 차량기지 및 기지 인입선 구간 : 심플 커티너리(Simple Catenary) 방식
4. 지상과 지하가 연결되는 구간(이하 "이행구간"이라 한다) : 트윈 심플 커티너리(Twin Simple Catenary) 방식 또는 헤비 심플 커티너리 방식

② 지상부 전차선로에는 별도의 급전선을 설치하고, 지하부 전차선로는 강체전차선으로 한다.

제167조(전차선로 급전계통의 구성 및 구분) ① 전차선로의 본선 구간에는 상행선·하행선별 및 방면별 분리 급전방식으로 전력을 공급하여야 한다.

② 전차선과 급전선(부급전선은 제외한다)은 안전상 및 운전상 필요한 곳에서 구분하되, 전기적으로 개폐되도록 설치하여야 한다.

제168조(전차선로 이격거리의 유지) 전차선로는 사람 및 설비의 안전을 위하여 도시철도차량과 전기적 이격거리를 유지하여야 한다.

제169조(전차선의 높이) ① 전차선의 높이는 터널 높이와 도시철도차량의 제원을 고려하여 안전한 열차운행에 필요한 높이를 확보하여야 한다.

② 지하구간의 강체전차선과 지상구간의 커티너리 전차선과의 이행구간은 팬터그래프가 전차선과 원활히 접촉하여 움직일 수 있는 구조여야 한다.

제170조(전차선의 편위) 전차선의 편위는 레일 윗면에 수직인 궤도 중심으로부터 좌·우측 각각 200밀리미터를 표준으로 한다. 다만, 부득이한 경우에는 250밀리미터 이내로 할 수 있다.

제171조(피뢰기) ① 전차선로설비에는 이상전압으로부터 지상부 전차선로를 보호하기 위하여 피뢰기를 설치하여야 한다.

② 피뢰기는 폭발위험을 방지하기 위하여 내부 압력을 완화시키는 구조여야 하며, 폭발 시에도 파편이 날리는 것을 방지하는 기능을 가져야 한다.

제4절 신호 및 열차제어설비

제1관 전기안전기준

제172조(일반기준) 신호 및 열차제어설비는 다음 각 호의 안전기본원칙에 적합하도록 설계, 제작 및 설치하여야 한다.

1. 사람과 장치의 안전을 보장할 것
2. 진로제어, 속도제어 및 간격제어 등의 조치는 안전하고 정확하게 수행할 것
3. 돌발 상황이나 사람의 실수 등 비정상적인 외적 영향에서도 안전하게 동작하고, 모든 열차방호기능을 정확하게 수행할 것
4. 스스로의 상태를 지속적으로 감시하여 성능저하의 정도를 확인할 수 있을 것
5. 성능이 떨어진 상태에서도 운행 시 열차를 방호할 수 있도록 안전측 동작을 할 것
6. 주설비에 이상이 발생하더라도 예비설비를 사용하여 정상적인 동작을 할 수 있도록 이중으로 안전확보 방안을 마련할 것
7. 신호 및 열차제어설비는 전기, 기계 및 환경 등의 비정상적인 외적 영향에서도 안전하게 동작할 것
8. 지상신호설비는 차상신호설비와 연계하여 안전하게 동작할 것

제173조(전력공급기준) ① 신호기계실에는 항상 전원이 공급되어야 한다.

② 신호기계실에 공급되는 신호용 배전선의 전압 및 전기방식은 「산업표준화법」에 따른 한국산업표준에서 정하는 것으로 한다.

제174조(전기안전표시) 고압을 사용하는 전기장치에는 잘 보이는 곳에 "고전압" 및 "전기위험" 표시를 하여야 한다.

제175조(장치의 오조작 방지) 오조작으로 위험을 초래할 수 있는 전기장치는 오조작으로부터 보호될 수 있는 장소에 설치하여야 하며, 잠금장치를 설치하여야 한다.

제176조(절연확보) ① 지상신호설비에 설치된 전기회로 및 전선은 설비고장 또는 감전 사고를 막기 위하여 절연설비를 갖추어야 한다.

② 지상신호설비는 이상전압 발생 시 설비가 파괴되지 아니하도록 하여야 한다.

제177조(전선 및 전기장치의 배치) ① 전선은 적절하게 지지되고 마모나 손상으로부터 보호될 수 있는 곳에 비틀림이 없고 유지보수가 쉽도록 설치되어야 한다.

② 전선의 단자는 기계적 충격이나 진동에 의하여 풀리지 아니하는 구조여야 한다.

③ 전선, 전선의 단자 및 전기장치에는 각각 구분할 수 있도록 판별이 쉽고 지워지지 아니하는 표시를 하여야 하며, 필요시 추가적인 표시를 할 수 있어야 한다.

④ 전선은 유도장해를 고려하여 사용전압 및 기능별로 분리하여 수용하는 것을 원칙으로 한다.

⑤ 신호기계실의 기기와 설비는 감전 및 화재발생의 위험을 방지할 수 있도록 설계·설치하여야 하고, 이에 대한 보호대책을 수립하여야 한다.

⑥ 전기장치는 기능의 유지 및 보수점검을 고려하여 배치하여야 하며, 전기장치 상호간 영향을 미치지 아니하도록 충분한 거리를 두어야 한다.

제178조(전기 차단) ① 지상신호설비에는 운전 및 유지보수 시에 전원을 차단하거나 분리시킬 수 있는 장치를 설치하여야 한다.

② 제1항에 따른 장치에는 오조작으로 인한 위험을 알리는 주의표시를 하여야 하고, 잠금기능을 갖추어야 한다.

③ 전기회로 및 전자회로는 내부회로 또는 외부회로의 합선이나 다른 전기장치의 고장이 발생하는 경우에 대비하여 회로차단기능 또는 회로보호기능을 갖추어야 한다.

④ 회로의 차단 또는 분리를 위한 장치는 그 동작 상태를 알 수 있는 지시기능 또는 경보기능을 갖추어야 한다.

제179조(접지) ① 지상신호설비는 낙뢰나 이상전압으로부터 보호하기 위하여 접지하여야 하며, 전자기적 간섭에 의한 오동작이 방지되어야 한다.

② 감전의 위험이 있는 장치나 기기는 접지하여야 한다.

제180조(유도장해의 억제) 유도장해에 민감한 장치는 운용 중 발생하는 전자기 잡음에 대하여 충분한 내성을 가져야 한다.

제2관 화재안전기준

제181조(화재예방을 위한 기준) 신호 및 열차제어설비는 화재발생의 위험을 방지할 수 있도록 다음 각 호의 기준에 적합하여야 한다.

1. 신호 및 열차제어설비에는 불연재료를 사용할 것. 다만, 설비의 특성상 불연재를 사용할 수 없는 경우에는 준불연재료 또는 난연재료를 사용할 수 있다.
2. 불꽃이나 열이 발생할 위험이 있는 장치는 일정한 간격으로 거리를 두고 설치하고, 필요한 경우 그 사이를 절연하거나 불연재료의 차단막을 설치할 것
3. 전선에는 저독성의 난연재료를 사용하여야 하고, 필요시 전선관 등으로 보호할 것.

제182조(소화설비) ① 신호기계실에는 화재발생 시 자동으로 작동하는 자동소화설비를 설치하여야 한다.

② 운영제어실에는 쉽게 발견하여 사용할 수 있는 위치에 1개 이상의 소화기를 두어야 한다.

제3관 장치의 설치 등

제183조(장치의 설치) ① 신호 및 열차제어설비를 구성하는 각 설비의 나사·볼트·너트 등의 체결부는 진동 및 충격에 의하여 느슨해지거나 풀리는 것을 방지할 수 있는 장치를 갖추어야 한다.

제184조(부식억제) ① 신호 및 열차제어설비를 구성하는 모든 설비는 기름류의 접촉이나 악천후에의 노출 등에 의하여 안전에 영향을 미치는 수준 이상으로 부식되지 아니하여야 한다.

② 화학적 성질이 다른 금속 간에 접촉이 되는 구성품에는 전기부식을 억제하기 위한 예방 조치를 마련하여야 한다.

제185조(실내설비) ① 신호기계실 내부에 설치하는 수도시설은 신호 및 열차제어설비에 영향을 주지 아니하도록 하여야 한다.

② 신호기계실에는 전자장치 운영에 적절한 냉방설비 및 환기설비를 갖추어야 한다.

제186조(고장대책) 도시철도운영자는 신호 및 열차제어설비에 고장이 발생하더라도 열차를 안전하게 운행할 수 있도록 수신호 개발 등 열차운영대책을 마련하여야 한다.

제4관 지상신호설비

제187조(신호전원장치) ① 신호전원장치는 정전 시에도 예비전원이나 축전지로부터 전원을 공급받아 지상신호설비가 동작하도록 하여야 한다.

② 신호전원장치는 이상전압이나 고장전류로부터 신호 및 열차제어설비를 보호하여야 하고, 전압의 변동이 지상신호설비의 기능에 영향을 미치지 아니하도록 하여야 한다.

③ 지상신호설비는 신호전원장치에 고장이 발생한 경우 그 고장을 기록하고, 무정전 전원장치의 상태를 감시할 수 있어야 한다.

④ 신호전원장치에 고장이 발생한 경우 예비전원이나 축전지를 사용하여 지상신호설비에 1시간 이상 전원이 공급되어야 한다. 다만, 신호관제실에는 3시간 이상 전원이 공급되어야 한다.

⑤ 신호전원장치는 일시적인 현상에 의한 고장 조건이 사라지고 안전한 상태가 확인되면 초기화 기능에 의하여 정상적인 동작으로 복귀될 수 있어야 한다.

제188조(신호전원장치용 인버터) ① 인버터의 부품 중 전원 차단 시 60볼트 이상의 충전상태가 5초 이상 유지되는 부품에는 잘 보이는 곳에 주의표시를 하여야 한다.

② 인버터의 부품 중 외부로부터 발생되는 정전기에 의하여 손상될 수 있는 부품은 점검·교체 또는 보관 시 정전기에 의한 손상으로부터 보호하여야 한다.

제189조(축전지) ① 축전지는 발화물질과 최대한 거리를 두어 설치·보관하고, 청결을 유지하여야 한다.

② 축전지함은 축전지로부터 누출되는 가스가 축적되지 아니하도록 환기장치를 설치하거나 자연 통풍으로 방출될 수 있도록 설계하여야 한다.

③ 축전지를 보관할 때에는 방전되지 아니하도록 적절한 보호 조치를 마련하여야 한다.

제190조(외함) 외부 충격, 누수, 먼지, 전기적인 손상 및 화재 등으로 인하여 제 기능을 발휘할 수 없는 신호 및 열차제어설비는 외함 내에 설치하여야 한다.

제191조(신호케이블) 신호기계실 간, 신호기계실과 신호관제실 간의 전송케이블은 철도정보통신 전송망에 이중으로 우회망을 구성하여 외부 유도잡음이나 고장으로부터 안전하도록 하여야 한다.

제192조(자동열차방호장치) ① 자동열차방호장치는 열차분리, 속도제한 등 안전운행을 위한 기능을 수행할 수 있도록 안전측 동작 기능을 가

져야 한다.

② 자동열차방호장치는 자동열차감시장치와의 상호작용에 오류가 발생하지 아니하도록 장치를 구성하여야 한다.

제193조(자동열차감시장치) ① 자동열차감시장치는 열차상태감시, 열차운영제어 등 열차의 안전운행을 위한 기능을 가져야 한다.

② 자동열차감시장치는 자동열차방호장치 및 다른 자동열차감시장치와의 상호작용에 오류가 없도록 장치를 구성하여야 한다.

제194조(연동장치) 연동장치는 열차진로를 제어할 때 선로전환기를 설정하고 잠금장치를 하며 신호취급을 확인하는 동작을 수행하여 열차의 안전운행을 확보할 수 있어야 한다.

제195조(무선통신장치) ① 열차 분리, 속도 제한 및 열차상태 감시 등 열차의 안전운행을 위하여 자동열차방호장치와 자동열차감시장치 간의 상호작용에 오류가 없도록 무선통신장치를 구성하여야 한다.

② 무선통신장치는 자동열차방호장치와 자동열차감시장치 간의 무선통신 시에 열차제어정보가 전송될 수 있도록 설비를 구성하여야 한다.

제196조(출입의 제한) 신호기계실에는 출입문 열림 검지장치, 출입문 감시장치 및 출입제한표지를 설치하여야 하며, 운영제어실과 기지제어실에는 출입제한표지를 설치하여야 한다.

제5절 도시철도시설의 유지 · 관리

제197조(일반기준) 도시철도시설의 일반기준에 대하여는 제112조를 준용한다.

제198조(유지 · 관리) 도시철도시설의 유지 · 관리에 대하여는 제113조를 준용한다.

제199조 및 제200조 삭제 〈19 · 3 · 21〉

제4장 행정사항

제201조(재검토기한) 국토교통부장관은 「훈령 · 예규 등의 발령 및 관리에 관한 규정」에 따라 이 고시에 대하여 2017년 7월 1일을 기준으로 매 3년이 되는 시점(매 3년째의 6월 30일까지를 말한다)마다 그 타당성을 검토하여 개선 등의 조치를 하여야 한다.

부 칙 〈14 · 3 · 19〉

제1조(시행일) 이 기준은 2014. 3. 19일부터 시행한다.

제2조(재검토기한) 「훈령 · 예규 등의 발령 및 관리에 관한 규정」(대통령훈령 제248호)에 따라 이 고시 발령 후의 법령이나 현실 여건의 변화 등을 검토하여 이 고시의 폐지, 개정 등의 조치를 하여야 하는 기한은 2017년 3월 18일까지로 한다.

제3조(다른 규정의 폐지) 건널목 설치 및 설비기준지침(안)(건설교통부훈령, 2005. 1.1)과 철도시설 안전세부기준(국토해양부고시 제2013-186호, 2013. 4. 24)은 폐지한다.

제4조(경과조치) 이 고시 시행 당시 종전의 「철도시설 안전기준에 관한 규칙」과 「철도시설 안전세부기준」 및「도시철도시설 안전기준에 관한 규칙」에 따라 적합하게 설치된 철도시설은 제정 규정에 따른 기술기준에 적합하게 설치된 것으로 본다.

부 칙 〈14 · 12 · 24〉

제1조(시행일) 이 고시는 발령한 날부터 시행한다.

제2조(도시철도 터널구조물 보호에 관한 적용례) 제123조의2의 개정 규정은 이 고시 시행일 이후 기본설계에 착수하는 터널부터 적용한다.

제3조(도시철도 터널 조명설비 설치에 관한 적용례) 제128조제3항의 개정 규정은 이 고시 시행일 이후 기본설계에 착수하는 터널부터 적용한다.

제4조(화재안전성 분석에 관한 경과조치) 이 기준 시행 당시 종전의 기술기준에 따라 시행한 철도시설의 안전성 분석은 제7조의2의 개정 규

정에 따른 기술기준에 적합한 것으로 본다.

제5조(도시철도 터널 조명설비 설치에 관한 경과조치) 이 기준 시행 당시 종전의 도시철도 건설규칙에 따라 설치된 유도등은 제128조제3항의 개정 규정에 따른 기술기준에 적합한 것으로 본다.

부 칙 〈15 · 9 · 30〉

제1조(시행일) 이 고시는 발령한 날부터 시행한다.

제2조(승강장에 관한 적용례) 제57조 제1호 단서 및 제8호와 제116조의2의 개정 규정은 이 고시 시행일 이후 기본계획이 고시된 노선과 승강장안전문설비를 신설 또는 개량하는 경우에 적용하며, 제57조 제1호 단서 규정을 적용함에 있어서 일반철도 차량 혼용 운행 등으로 승강장안전문설비 설치가 곤란하다고 인정되는 경우에는 예외적으로 별도의 안전시설을 설치할 수 있다.

부 칙 〈16 · 9 · 7〉

제1조(시행일) 이 고시는 발령한 날부터 시행한다.

제2조(적용례) 제56조제5항 및 제116조의3제1항의 개정 규정은 이 고시 시행일 이후 토목분야 또는 건축분야 실시설계에 착수하는 시설부터 적용하고, 제57조제5호 및 제9호, 제58조제12호 및 제116조의3제2항은 이 고시 시행일이후 관련되는 시설을 신설 또는 개량하는 경우에 발주되는 시설부터 적용한다.

부 칙 〈17 · 3 · 10〉

이 고시는 발령한 날부터 시행한다.

부 칙 〈18 · 1 · 8〉

이 고시는 발령한 날부터 시행한다.

부 칙 〈19 · 3 · 21〉

제1조(시행일) 이 고시는 발령한 날부터 시행한다.

제2조(다른 고시 · 훈령의 개정) ① 건설공사 사후평가 시행지침 일부를 다음과 같이 개정한다.

제8조제3항제2호 중 "「철도건설법」"을 "「철도의 건설 및 철도시설 유지관리에 관한 법률」"로 한다.

② 건설공사 타당성 조사 지침 일부를 다음과 같이 개정한다.

제3조제1항제2호 중 "「철도건설법」"을 "「철도의 건설 및 철도시설 유지관리에 관한 법률」"로 한다.

③ 연계교통체계지침 일부를 다음과 같이 개정한다.

제5조제1항제8호 중 "「철도건설법」"을 "「철도의 건설 및 철도시설 유지관리에 관한 법률」"로 한다.

④ 철도 노선 및 역의 명칭 관리지침 일부를 다음과 같이 개정한다.

제2조제6호 중 "「철도건설법」"을 "「철도의 건설 및 철도시설 유지관리에 관한 법률」"로 한다.

⑤ 철도건설사업 시행지침 일부를 다음과 같이 개정한다.

제2조 중 "「철도건설법」"을 "「철도의 건설 및 철도시설 유지관리에 관한 법률」"로 한다.

제3조제1호 중 "「철도건설법」 제2조제1호"를 "「철도의 건설 및 철도시설 유지관리에 관한 법률」 제2조제1호"로 하고, 같은 조 제2호 중 "「철도건설법」 제2조제6호"를 "「철도의 건설 및 철도시설 유지관리에 관한 법률」 제2조제6호"로 하며, 같은 조 제3호 중 "「철도건설법」제7조제1항"을 "「철도의 건설 및 철도시설 유지관리에 관한 법률」제7조제1항"으로 하고, 같은 조 제8호 중 "「철도건설법」제2조제7호"를 "「철도의 건설 및 철도시설 유지관리에 관한 법률」제2조제7호"로 하며, 같은 조 제9호 중 "「철도건설법」제8조"를 "「철도의 건설 및 철도시설 유지관리에

관한 법률」제8조"로 한다.

제30조제3항 중 "「철도건설법 시행규칙」"을 "「철도의 건설 및 철도시설 유지관리에 관한 법률 시행규칙」"으로 한다.

⑥ 철도건설을 위한 지하부분 토지사용 보상기준 일부를 다음과 같이 개정한다.

제1조 중 "「철도건설법」"을 "「철도의 건설 및 철도시설 유지관리에 관한 법률」"로 한다.

⑦ 철도노선 및 역의 명칭 관리지침 중 일부를 다음과 같이 개정한다.

제2조제8호 중 "「철도건설법」"을 "「철도의 건설 및 철도시설 유지관리에 관한 법률」"로 한다.

제4조제1항 중 "「철도건설법」"을 "「철도의 건설 및 철도시설 유지관리에 관한 법률」"로 한다.

⑧ 철도시설의점용료산정기준 중 일부를 다음과 같이 개정한다.

제2조제2호 중 "철도건설법"을 "철도의 건설 및 철도시설 유지관리에 관한 법률"로 한다.

⑨ 철도안전관리체계 승인 및 검사 시행지침 중 일부를 다음과 같이 개정한다.

제2조제21호 중 "「철도건설법」"을 "「철도의 건설 및 철도시설 유지관리에 관한 법률」"로 한다.

⑩ 철도 유휴부지 활용지침 중 일부를 다음과 같이 개정한다.

제12조제1항제3호 중 "「철도건설법」"을 "「철도의 건설 및 철도시설 유지관리에 관한 법률」"로 한다.

제20조제1항 중 "「철도건설법」"을 "「철도의 건설 및 철도시설 유지관리에 관한 법률」"로 한다.

⑪ 철도의 건설기준에 관한 규정 중 일부를 다음과 같이 개정한다.

제2조제37호 중 "「철도건설법」"을 "「철도의 건설 및 철도시설 유지관리에 관한 법률」"로 한다.

⑫ 철도종합시험운행 시행지침 중 일부를 다음과 같이 개정한다.

제2조제3호 중 "「철도건설법」"을 "「철도의 건설 및 철도시설 유지관리에 관한 법률」"로 한다.

제2조제4호 중 "「철도건설법」"을 "「철도의 건설 및 철도시설 유지관리에 관한 법률」"로 한다.

[별표 1]

철도건널목 분류기준(제69조 관련)

구분	총교통량(철도교통량 × 도로교통량)
제1종 건널목	500,000회이상
제2종 건널목	300,000회 이상 500,000회 미만
제3종 건널목	300,000회 미만

비고 :

1. 제2종 또는 제3종 건널목 기준에 적합한 건널목이 사고다발지역이거나 고속철도 운행구간이어서 위험도가 높다고 인정되는 때에는 위 표의 기준에 의한 건널목 분류기준보다 상위 등급으로 분류할 수 있다.
2. "총교통량"이라 함은 철도교통량에 도로교통량을 곱한 것을 말한다.
3. "철도교통량"이라 함은 평일에 건널목을 통과하는 1일 평균 열차 통과횟수에 다음에 정한 환산율을 곱한 수치의 합계를 말한다.
4. "도로교통량" 이라 함은 평일에 건널목을 횡단하는 1일 평균 보행자 통과횟수 및 차량 통과횟수에 다음에 정한 환산율을 곱한 수치의 합계를 말한다.

철도교통량 환산율

종 별	환 산 율
열 차	1.0
철도차량	0.5

도로교통량 환산율

종 별		환산율	대 상
보행자		1	
자전거*		2	
손수레*		3	
** 자동차	이륜	4	원동기 달린 자전거, 오토바이, 경운기, 전동휠체어 등
	소형	8	승용자동차, 소형 승합자동차(15인 이하), 소형화물자동차(1톤이하)
	중형	10	중형 승합자동차(16인 이상 35인 이하), 중형 화물자동차(1톤 초과 10톤 미만), 소형 특수자동차(3.5톤 이하)
	대형	12	대형 승합자동차(36인 이상), 대형 화물자동차(10톤 이상), 중형 특수자동차(3.5톤 초과), 그 밖의 중장비

* 자전거 · 손수레 환산율은 타는 사람 또는 끄는 사람이 포함되었음
** 자동차 환산율은 운전자 및 탑승자가 포함되었음

[별표 2]

건널목 종류별 안전설비 설치기준(제71조제1항관련)

종류별	세부종별	차단기	건널목경보기	고장표시장치	전철 또는 구간빔 스펜션	교통안전표지	관리원없음표지	기적표	조명장치	고장검지장치	전동차단기 장치 및 수동취급 사용안내문
1종	자동	○	○	△	○	○	△	△	△	△	△
	수동	○	○	△	○	○	△	△	△	△	
2종	자동		○	△	○	○		△			
3종	수동				○	○		△			

주

1. ○표는 반드시 설치하여야 하는 설비를 말한다.
2. △표는 사정에 따라 설치를 하지 아니할 수 있는 설비를 말한다.

[별표 3]

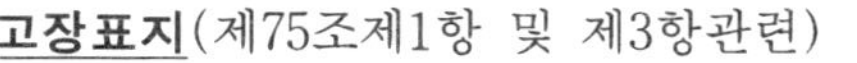

고장표지(제75조제1항 및 제3항관련)

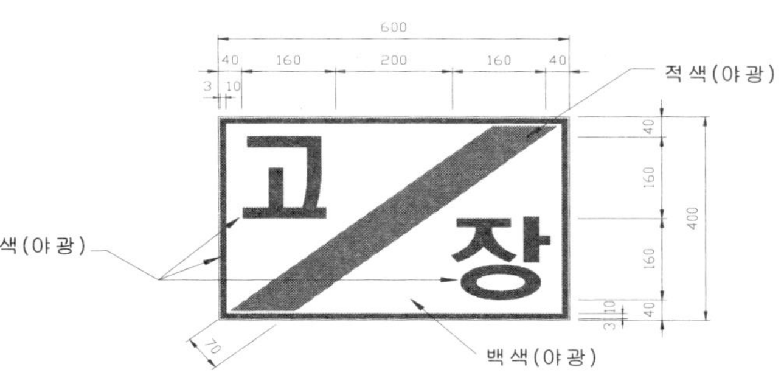

[별표 4]

관리원 없음 표지(제76조관련)

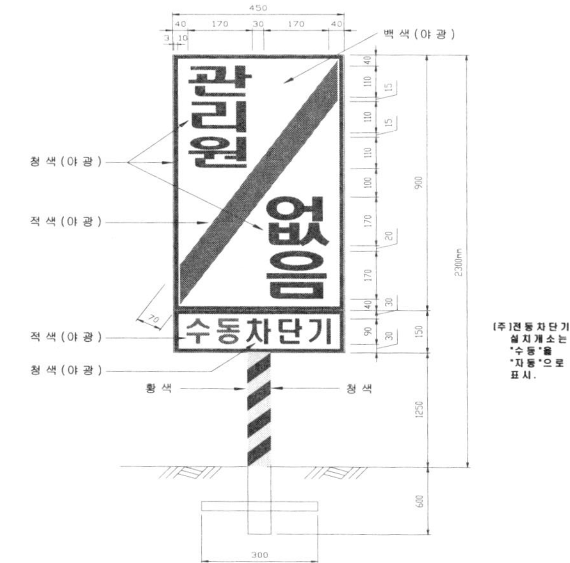

[별지 제1호서식]

건널목교통량조사표

제 종건널목 작성년월일 20 . . . 소속 : 성명 :												
1. 위 치 : 선 역~ 역간 기 km 지점												
2. 조사일(월/일)										평 균	환산율	환산교통량
3. 열차회수	입환차량	06:00~19:00 19:00~06:00									0.5	
	일반열차	06:00~19:00 19:00~06:00									1.0	
4. 통행량	보행자	06:00~19:00 19:00~06:00									1	
	자전거	06:00~19:00 19:00~06:00									2	
	손수레	06:00~19:00 19:00~06:00									3	
	이륜자동차	06:00~19:00 19:00~06:00									4	
	자동차(소형)	06:00~19:00 19:00~06:00									8	
	자동차(중형)	06:00~19:00 19:00~06:00									10	
	자동차(대형)	06:00~19:00 19:00~06:00									12	
계		06:00~19:00 19:00~06:00										

비고 : 1. 환산교통량은 3일간 조사한 것을 평균한 값에 환산율을 곱하여 기재한다.
2. 3일을 초과하여 교통량조사를 실시한 경우에는 평균교통량에 비하여 현저히 교통량이 많거나 적은 날의 교통량을 제외한 값을 평균값으로 기재하고 평균값에 환산율을 곱하여 환산교통량을 산정한다.

[별지 제2호서식]

건 널 목 대 장

000 선

(앞 쪽)

No. (　　　　　)건널목

① 위 치		역 역간 기점 . km지점
② 행정구역		시 구 읍 리 도 군 면
③ 도로종별		1. 일반국도(호) 2. 특별광역시도 3. 지 방 도(520 호) 4. 시군도(호) 5. 기타
④ 도로규모 및 안전시설	건널목폭	m (보판폭 m)
	도 로 폭	좌 ( )m, 우 ( )m
	인 도 폭	좌 ( )m, 우 ( )m
	차 로 수	차로
	안전시설	1. 과속방지턱 2. 미끄럼방지시설 3. 중앙분리대 4. 차선규제봉 5. 일시정지표시(614호) 6. 노면표지병 7. 기타
⑤ 열차투시거리		좌측 기점쪽 m 종점쪽 m / 우측 기점쪽 m 종점쪽 m
⑥ 건널목투시거리		좌측 m , 우측 m
⑦ 교차각		도
⑧ 도로구배		좌측 (상,하)구배 /100 우측 (상,하)구배 /100
⑨ 포장상태	건널목 보판	1. 목침목 2. 철재 3. 고무 4.아스콘
	건널목 선로상간(복선)	1. 아스콘 2. 콘크리트 3. 콘크리트침목 4. 기타
	도로 좌	1. 아스콘 2. 콘크리트 3. 기타 4. 비포장
	도로 우	1. 아스콘 2. 콘크리트 3. 기타 4. 비포장
	인도 좌	1. 아스콘 2. 콘크리트 3. 블럭 4. 기타
	인도 우	1. 아스콘 2. 콘크리트 3. 블럭 4. 기타
⑩ 건널목환경		1. 주택 2. 농어촌 3. 학교 4. 공장 5. 상가 6. 임항 7. 기타
		1. 초등학교,유치원 좌 m, 우 m 2. 도로교차점 좌 m, 우 m
⑪ 선로상태		1. 단선, 복선, 2복선, 3복선 기타( ) 2. 횡단선수 본선 개선 측선 개선, 전용선 개선
⑫ 건널목통과 열차 최고속도 (km/h)		1. 25 이하 2. 60 이하 3. 90 이하 4. 100 이하 5. 120 이하 6. 140 이하 7. 140 초과
⑬ 교통규제		1. 있음 ( ) 2. 없음
⑭ 폐색구간		1. 자동 2. 연동 3. 통표 4. 기타
⑮ 전철화구간		1. 전철화 2. 비전철화

⑯ 건널목 종별		1종 2종 3종
⑰ 관리소속 및 안내원 배치	소속 역 소 별	1.( )역 2.( )지역본부
	소속 관리구분	1.시설관리자 2. 청원 3. 기타( )
	관리원 정원(현원)	명 ( )명
	관리원 구 분	1. 관리원 명 2. 청경 명 3. 용역 명 4. 공익요원 명 5. 청원자 명
	관리원 근무방식	1. 일근 2. 3조2교대 3. 일주야교대 4. 특수일근(: ~ :) 5. 기타
⑱ 차 단 기	제 어 방 식	1. 자동 2. 반자동 3. 수동
	차 단 방 식	1. 전차단 2. 반차단
	종류 및 형별	1. 장대형 2. 일반형 / 1. 단방향 2. 양방향
	차단봉 길이	1. 도로용: 입구측 좌 m 우 m 출구측 좌 m 우 m 2. 인도용: 좌 m 우 m
	동 작 상 태	1. 하강예고시분 초 2. 하강시분 초 3. 상승시분 초 4.수동취급장치 및 사용안내문(유・무)
⑲ 경보기 및 기타보안 설비	경보장치 세부사항	1. 경보기 종류 : 일반형 현수형 2. 제어거리 : 기점쪽 m, 종점쪽 m 3. 경보시분 : 기점쪽 초 ~ 초 종점쪽 초 ~ 초 4. 제어방식 : ST, SC, DC, DT, 전자식, 기타 5. 경보방식 : 경보종, 혼스피커, 경보종・혼스피커 겸용, 기타 6. 경보등 수량 : 일반형 개, 현수형 개 7. 열차진행방향표시기 : 유 무 8. 공급전원 : AC V DC V
	기타 안전 설비	1. 고장감시장치(유 . 무) 2. 지장물검지장치(유. 무) 3. 지장물비상버튼(유 . 무) 4. 신호정보분석장치(유 . 무) 5. 정시간제어기 유 . 무) 6. 원격감시장치(유 . 무) 7. 출구측차단검지기(유 . 무) 8. 영상감시장치(유 . 무) 9. 회전식 경광등(유 . 무) 10. 고장표시등(유 . 무) 11. 긴급신고전화(유 . 무) 12. 조명설비(유 . 무) 13. 도로 연동화 (유 . 무) 14. 차선규제봉(유 . 무) 15. 기 타 (유 . 무)
⑳ 건널목표지		1. 철도건널목표지(110호) 2. 일시정지표지(227호) 3. 진입금지표지(211호) 4. 일시정지표지(521호) 5. 관리원 없음 표지판 6. 기타
㉑ 건널목 방호 울타리		1. 있음 (H= m, L= m) 2. 없음
㉒ 기타설비		1. 전화 2. 인터폰 3. 경고장치 4. 관리동 5. 기타(화장실, 수도, 비상연락처 표지)

㉓ 사고통계

년 월 일	사고원인	사그차량 종 별	인명피해	피해시설물
. . .				
. . .				
. . .				
. . .				
. . .				
. . .				
. . .				
. . .				
. . .				
. . .				
. . .				
. . .				
. . .				
. . .				
. . .				
. . .				
. . .				
. . .				

㉔ 종별변경

년 월 일 종으로 설치
년 월 일 종에서 종으로
년 월 일 종에서 종으로
년 월 일 종에서 종으로
년 월 일 종에서 종으로

㉕ 교통량

	조사년월일	20 년 월	20 년 월	20 년 월	20 년 월
열차회수	일반열차				
	입환차량				
	환 산 계				
통행량	보행자(인)				
	자전거(대)				
	손 수 레				
	2륜자동차				
	소형자동차				
	중형자동차				
	대형자동차				
	환 산 계				
환산총계					

작성자 (서명) 확인자 (서명)

(뒷 쪽)

건 널 목 약 도 (상 세 하 게 기 록)	(건널목대장기재요령)
	1. 건널목대장은 건널목마다 1장씩 작성하고 일련번호에 따라 적당한 두께로 합본 보관하며 기입은 펜 또는 볼펜으로 하되 수시변동이 예상되는 사항은 연필로 기입한다. 선 No. 건널목 No.에는 사무소별로 건널목 종별에 관계없이 주요선구별로 기점쪽부터 일련번호를 붙이도록 하여 최종번호가 그 선구의 전 건널목 수를 의미하도록 한다. 그후 건널목이 신설될 경우에는 인접 건널목 중 기점에 가까운 번호를 이용하여 「 의 1」「 의 2」 등으로 정리하고 폐지할 경우에는 결번으로 정리한다. 2. 건널목 대장 내용 중「좌우」구분은 기점에서 종점으로 향하여 선로 좌측은 「좌」, 우측은 「우」로 한다. ③ 차로수는 전체 차로수, 즉 왕복 단차선인 경우 1차로 , 편도 1차선인 경우 2차로, 편도2차선인 경우 4차로 등으로 기입한다. ④ 단위는 m로(4m30Cm일 경우 4.3m로) 표기한다. 도로폭은 도로의 전체 폭을 기입하며 ( )에는 포장폭을 기입한다. 인도폭은 인도가 별도 설치된 경우에 기입한다. ⑤의 열차투시거리(선로의 최외측 궤도 중심선과 도로중심선의 교점으로부터 도로중심선을 따라 5m지점에서 1.4m높이에서 열차진입 방향의 선로를 내다 보았을 때 그 선로의 중심선상 2m높이를 연속해서 내다 볼 수 있는 최대거리)는 선로의 「좌측도로에서 기점쪽 m, 종점쪽 m」, 「우측도로에서 기점쪽 m, 종점쪽 m」로 한다. ⑥의 건널목 투시거리는 도로상의 차량이 건널목에 접근할 때 건널목을 연속해서 확인할 수 있는 최대거리를 기입한다. ⑦의 교차각은 선로를 중심하여 시계방향(우회전)의 각도를 기입한다. ⑧의 도로구배는 철도와 같이 1000분율이 아니고 100분율임에 주의하고 도로중심선을 따라 건널목으로부터 30m거리에 대한 변화를 측정 산출하며 도로가 건널목으로부터 하구배이면 하구배에, 상구배이면 상구배에 ○를 표시함. ⑨~⑯, ⑳~㉒는 해당하는 번호에 ○표하고, 특히 ⑩의 건널목환경란 조사는 주택, 학교 등이 누락되지 않도록 주의하여 초등학교 및 유치원은 건널목에서 500m이내, 도로교차점은 100m이내의 개소를 조사하고 거리를 기입한다. ⑪의 횡단선수는 건널목을 횡단하는 선로수를 기입한다.(예 : 복선이면 2, 복복선이면 4) ⑫의 열차최고속도는 건널목 제어구간 열차최고속도를 말한다. ⑬은 교통규제가 있을 경우 규제내용을 ( )란에 기입한다. ⑰의 관리구분에서 청원일 경우( )안에 청원자명을 기입하고, 안내원 구분은 자세히 기입한다. ⑱의 제어방식 중 반자동이란 안내원이 있는 건널목으로서 차단기 수동취급이 가능한 개소를 말하며, 차단봉 길이의 도로용 입구측은 차량이 건널목을 향해 진입하는 쪽의 차단기를 말하고, 출구측은 건널목에서 도로쪽으로 진출하는 쪽의 차단기를 말한다 ⑲의 기타안전설비 괄호안에는 설치년월(년,월)을 기입한다. ㉔의 종별변경은 종별승격(예 : 2종에서 1종으로)또는 도로 노선변경으로 인한 종별 격하 등을 기입한다.
※건널목약도 도시요령 : 건널목의 주변약도를 그리되, 차단기, 경보기, 처소, 건널목표지등 설치위치, 지형, 투시장애물, 선로의 곡선상태, 건널목으로부터 도로의 직선거리 및 폭, 인근의 교차설비 거리 등을 상세히 기입하여야 하며, 선로의 기점, 종점표시 및 도로의 양 방향을 기입하여야 한다.	건널목대장 기재요량란에 건널목전경사진을 부착한다. 이 경우 선로종방향으로 건널목 전경을 포함하여 촬영한 것을 상단에 부착하고, 선로횡방향으로 건널목전경을 포함하여 촬영한 것을 하단에 부착한다.

철도차량운전규칙 [2005·7·6 건설교통부령 제454호 제정]

2010·10·18 국토해양부령 제296호
2018· 7·18 국토교통부령 제535호
2019· 1· 2 국토교통부령 제575호

제1장 총 칙

제1조(목적) 이 규칙은 「철도안전법」 제39조의 규정에 의하여 열차의 편성, 철도차량의 운전 및 신호방식 등 철도차량의 안전운행에 관하여 필요한 사항을 정함을 목적으로 한다.

제2조(정의) 이 규칙에서 사용하는 용어의 정의는 다음과 같다.〈개정 10·10·18〉

1. "정거장"이라 함은 여객의 승강(여객 이용시설 및 편의시설을 포함한다), 화물의 적하(積下), 열차의 조성(組成, 철도차량을 연결하거나 분리하는 작업을 말한다), 열차의 교행(交行) 또는 대피를 목적으로 사용되는 장소를 말한다.
2. "본선"이라 함은 열차의 운전에 상용하는 선로를 말한다.
3. "측선"이라 함은 본선이 아닌 선로를 말한다.
4. "철도차량"이라 함은 동력차·객차·화차 및 특수차(제설차, 궤도시험차, 전기시험차, 사고구원차 그 밖에 특별한 구조 또는 설비를 갖춘 철도차량을 말한다)를 말한다.
5. "열차"라 함은 본선을 운행할 목적으로 조성된 철도차량을 말한다.
6. "차량"이라 함은 열차의 구성부분이 되는 1량의 철도차량을 말한다.
7. "전차선로"라 함은 전차선 및 이를 지지하는 공작물을 말한다.
8. "완급차(緩急車)"라 함은 관통제동기용 제동통·압력계·차장변(車掌弁) 및 수(手)제동기를 장치한 차량으로서 열차승무원이 집무할 수 있는 차실이 설비된 객차 또는 화차를 말한다.
9. "철도신호"라 함은 제76조의 규정에 의한 신호·전호(傳號) 및 표지를 말한다.
10. "진행지시신호"라 함은 진행신호·감속신호·주의신호·경계신호·유도신호 및 차내신호(정지신호를 제외한다) 등 차량의 진행을 지시하는 신호를 말한다.
11. "폐색"이라 함은 일정 구간에 동시에 2 이상의 열차를 운전시키지 아니하기 위하여 그 구간을 하나의 열차의 운전에만 점용시키는 것을 말한다.
12. "구내운전"이라 함은 정거장내 또는 차량기지 내에서 입환신호에 의하여 열차 또는 차량을 운전하는 것을 말한다.
13. "입환(入換)"이라 함은 사람의 힘에 의하거나 동력차를 사용하여 차량을 이동·연결 또는 분리하는 작업을 말한다.
14. "조차장(操車場)"이라 함은 차량의 입환 또는 열차의 조성을 위하여 사용되는 장소를 말한다.
15. "신호소"라 함은 상치신호기 등 열차제어시스템을 조작·취급하기 위하여 설치한 장소를 말한다.
16. "동력차"라 함은 기관차(機關車), 전동차(電動車), 동차(動車) 등 동력발생장치에 의하여 선로를 이동하는 것을 목적으로 제조한 철도차량을 말한다.
17. "위험물"이라 함은 「철도안전법」 제44조제1항의 규정에 의한 위험물을 말한다.
18. "무인운전"이란 사람이 열차 안에서 직접 운전하지 아니하고 관제실에서의 원격조종에 따라 열차가 자동으로 운행되는 방식을 말한다.

제3조(적용범위) 철도에서의 철도차량의 운행에 관하여는 다른 법령에 특별한 규정이 있는 경우를 제외하고는 이 규칙이 정하는 바에 의한다.

제4조(업무규정의 제정) ①철도운영자 및 철도시설관리자(이하 "철도운

영자등"이라 한다)는 이 규칙에서 정하지 아니한 사항이나 지역별로 상이한 사항 등 열차운행의 안전관리 및 운영에 필요한 세부기준 및 절차를 이 규칙의 범위 안에서 따로 정할 수 있다.

②철도운영자등은 철도운영자등이 관리하는 구간이 서로 다른 구간에서 열차를 계속하여 운행하고자 하는 경우에는 다른 철도운영자등과 사전에 협의하여야 한다.

제5조(철도운영자등의 책무) 철도운영자등은 열차 또는 차량을 운행함에 있어 철도사고를 예방하고 여객과 화물을 안전하고 원활하게 운송할 수 있도록 필요한 조치를 하여야 한다.

제2장 철도종사자

제6조(교육 및 훈련 등) ①철도운영자등은 다음 각 호의 어느 하나에 해당하는 자에 대하여 「철도안전법」 등 관계법령에 따라 필요한 교육을 실시하여야 하고, 해당 철도종사자가 해당 업무 수행에 필요한 지식과 기능을 보유한 것을 확인한 후 해당 업무를 수행하도록 하여야 한다. 〈개정 10·10·18〉

1. 철도차량운전업무에 종사하는 자(운전업무보조자를 포함한다)
2. 열차에 승무하여 열차의 방호, 제동장치의 조작 또는 각종 전호를 취급하는 업무를 수행하는 자
3. 정거장에서 신호와 선로전환기 또는 조작판을 취급하는 자
4. 정거장에서 철도차량을 연결·분리하는 업무를 수행하는 자
5. 정거장에서 열차의 출발·도착에 관한 업무를 수행하는 자
6. 무인운전되는 열차의 운행을 관제하는 사람(이하 "무인운전 관제업무종사자"라 한다)

②철도운영자등은 철도차량운전업무에 종사하는 자(운전업무보조자를 포함한다), 열차에 승무하여 열차의 방호(防護), 제동장치의 조작 등 철도차량의 운전과 관련된 업무를 수행하는 자 등이 철도차량에 탑승하기 전 또는 철도차량의 운행중에 필요한 사항에 대한 보고·지시 또는 감독 등을 적절히 수행할 수 있도록 안전관리체제를 갖추어야 한다.

③철도운영자등은 제2항의 규정에 의한 업무를 수행하는 자가 과로 등으로 인하여 당해 업무를 적절히 수행하기 어렵다고 판단되는 경우에는 그 업무를 수행하도록 하여서는 아니된다.

제7조(열차에 탑승하여야 하는 철도종사자) ① 열차에는 철도차량운전자와 열차에 승무하여 여객에 대한 안내, 열차의 방호, 제동장치의 조작 또는 각종 전호를 취급하는 업무를 수행하는 자를 탑승시켜야 한다. 다만, 당해 선로의 상태, 열차에 연결되는 차량의 종류, 철도차량의 구조 및 장치의 수준 등을 고려할 때 열차운행의 안전에 지장이 없다고 인정되는 경우에는 철도차량운전자외의 다른 철도종사자를 탑승시키지 아니하거나 인원을 조정할 수 있다.〈개정 10·10·18〉

② 제1항에도 불구하고 무인운전의 경우에는 철도차량운전자를 탑승시키지 아니한다.〈신설 10·10·18〉

제3장 적재제한 등

제8조(차량의 적재 제한 등) ①차량에 화물을 적재할 경우에는 차량의 구조와 설계 강도 등을 고려하여 허용할 수 있는 최대적재량을 초과하지 아니하도록 하여야 한다.

②차량에 화물을 적재할 경우에는 중량의 부담이 균등히 되도록 하여야 하며, 운전 중의 흔들림으로 인하여 무너지거나 넘어질 우려가 없도록 하여야 한다.

③차량에는 철도차량의 길이와 너비 및 높이의 한계(이하 "차량한계"라 한다)를 초과하여 화물을 적재·운송하여서는 아니된다. 다만, 열차의 안전운행에 필요한 조치를 하고 차량한계 및 건축한계(차량이 안전하게 운행될 수 있도록 궤도상에 설정한 일정한 공간을 말한다)를 초과하는 화물(이하 "특대화물"이라 한다)을 운송하는 경우에는 차량한

계를 초과하여 화물을 운송할 수 있다.

제9조(특대화물의 수송) 철도운영자등은 제8조제3항 단서의 규정에 의하여 특대화물 등을 운송하고자 하는 경우에는 사전에 당해 구간에 열차운행에 지장을 초래하는 장애물이 있는지의 여부 등을 조사·검토한 후 운송하여야 한다.

제4장 열차의 운전

제1절 열차의 조성

제10조(열차의 최대연결차량수 등) 열차의 최대연결차량수는 이를 조성하는 동력차의 견인력, 차량의 성능·차체(Frame) 등 차량의 구조 및 연결장치의 강도와 운행선로의 시설현황에 따라 이를 정하여야 한다.

제11조(동력차의 연결위치) 열차의 운전에 사용하는 동력차는 열차의 맨 앞에 연결하여야 한다. 다만, 다음 각 호의 어느 하나에 해당하는 경우에는 그러하지 아니하다.

1. 기관차를 2 이상 연결한 경우로서 열차의 맨 앞에 위치한 기관차에서 열차를 제어하는 경우
2. 보조기관차를 사용하는 경우
3. 선로 또는 열차에 고장이 있는 경우
4. 구원열차·제설열차·공사열차 또는 시험운전열차를 운전하는 경우
5. 정거장과 그 정거장 외의 본선 도중에서 분기하는 측선과의 사이를 운전하는 경우
6. 그 밖에 특별한 사유가 있는 경우

제12조(여객열차의 연결제한) ①여객열차에는 화차를 연결할 수 없다. 다만, 회송의 경우와 그 밖에 특별한 사유가 있는 경우에는 그러하지 아니하다.

②제1항 단서의 규정에 의하여 화차를 연결하는 경우에는 화차를 객차의 중간에 연결하여서는 아니된다.

③파손차량, 동력을 사용하지 아니하는 기관차 또는 2차량 이상에 무게를 부담시킨 화물을 적재한 화차는 이를 여객열차에 연결하여서는 아니된다.

제13조(열차의 운전위치) ①열차는 운전방향 맨 앞 차량의 운전실에서 운전하여야 한다.

②제1항에도 불구하고 다음 각 호의 어느 하나에 해당하는 경우에는 운전방향 맨 앞 차량의 운전실 외에서도 열차를 운전할 수 있다.〈개정 10·10·18〉

1. 철도종사자가 차량의 맨 앞에서 전호를 하는 경우로서 그 전호에 의하여 열차를 운전하는 경우
2. 선로·전차선로 또는 차량에 고장이 있는 경우
3. 공사열차·구원열차 또는 제설열차를 운전하는 경우
4. 정거장과 그 정거장 외의 본선 도중에서 분기하는 측선과의 사이를 운전하는 경우
5. 철도시설 또는 철도차량을 시험하기 위하여 운전하는 경우
6. 사전에 정한 특정한 구간을 운전하는 경우

6의2. 무인운전을 하는 경우

7. 그 밖에 부득이한 경우로서 운전방향 맨 앞 차량의 운전실에서 운전하지 아니하여도 열차의 안전한 운전에 지장이 없는 경우

제14조(열차의 제동장치) 2량 이상의 차량으로 조성하는 열차에는 모든 차량에 연동하여 작용하고 차량이 분리되었을 때 자동으로 차량을 정차시킬 수 있는 제동장치를 구비하여야 한다. 다만, 다음 각 호의 어느 하나에 해당하는 경우에는 그러하지 아니하다.

1. 정거장에서 차량을 연결·분리하는 작업을 하는 경우
2. 차량을 정지시킬 수 있는 인력을 배치한 구원열차 및 공사열차의 경우
3. 그 밖에 차량이 분리된 경우에도 다른 차량에 충격을 주지 아니하도록 안전조치를 취한 경우

제15조(열차의 제동력) ①열차는 선로의 굴곡정도 및 운전속도에 따라

충분한 제동능력을 갖추어야 한다.

②철도운영자등은 연결축수(연결된 차량의 차축 총수를 말한다)에 대한 제동축수(소요 제동력을 작용시킬 수 있는 차축의 총수를 말한다)의 비율(이하 "제동축비율"이라 한다)이 100이 되도록 열차를 조성하여야 한다. 다만, 긴급상황 발생 등으로 인하여 열차를 조성하는 경우등 부득이한 사유가 있는 경우에는 그러하지 아니하다.

③열차를 조성하는 경우에는 모든 차량의 제동력이 균등하도록 차량을 배치하여야 한다. 다만, 고장 등으로 인하여 일부 차량의 제동력이 작용하지 아니하는 경우에는 제동축비율에 따라 운전속도를 감속하여야 한다.

제16조(완급차의 연결) ①관통제동기를 사용하는 열차의 맨 뒤(추진운전의 경우에는 맨 앞)에는 완급차를 연결하여야 한다. 다만, 화물열차에는 완급차를 연결하지 아니할 수 있다.

②제1항 단서의 규정에 불구하고 군전용열차 또는 위험물을 운송하는 열차 등 열차승무원이 반드시 탑승하여야 할 필요가 있는 열차에는 완급차를 연결하여야 한다.

제17조(제동장치의 시험) 열차를 조성하거나 열차의 조성을 변경한 경우에는 당해 열차를 운행하기 전에 제동장치를 시험하여 정상작동여부를 확인하여야 한다.

제2절 열차의 운전

제18조(철도신호와 운전의 관계) 철도차량은 신호·전호 및 표지가 표시하는 조건에 따라 운전하여야 한다.

제19조(정거장의 경계) 철도운영자등은 정거장 내·외에서 운전취급을 달리하는 경우 이를 내·외로 구분하여 운영하고 그 경계지점과 표시방식을 지정하여야 한다.

제20조(열차의 운전방향 지정 등) ①철도운영자등은 상행선·하행선 등으로 노선이 구분되는 선로의 경우에는 열차의 운행방향을 미리 지정하여야 한다.

②다음 각 호의 어느 하나에 해당되는 경우에는 제1항의 규정에 의하여 지정된 선로의 반대선로로 열차를 운행할 수 있다.

1. 제4조제2항의 규정에 의하여 철도운영자등과 상호 협의된 방법에 따라 열차를 운행하는 경우
2. 정거장내의 선로를 운전하는 경우
3. 공사열차·구원열차 또는 제설열차를 운전하는 경우
4. 정거장과 그 정거장 외의 본선 도중에서 분기하는 측선과의 사이를 운전하는 경우
5. 입환운전을 하는 경우
6. 선로 또는 열차의 시험을 위하여 운전하는 경우
7. 퇴행(退行)운전을 하는 경우
8. 양방향 신호설비가 설치된 구간에서 열차를 운전하는 경우
9. 철도사고 또는 운행장애(이하 "철도사고등"이라 한다)의 수습 또는 선로보수공사 등으로 인하여 부득이하게 지정된 선로방향을 운행할 수 없는 경우

③철도운영자등은 제2항의 규정에 의하여 반대선로로 운전하는 열차가 있는 경우 후속 열차에 대한 운행통제 등 필요한 안전조치를 하여야 한다.

제21조(정거장외 본선의 운전) 차량은 이를 열차로 하지 아니하면 정거장외의 본선을 운전할 수 없다. 다만, 입환작업을 하는 경우에는 그러하지 아니하다.

제22조(열차의 정거장외 정차금지) 열차는 정거장외에서는 정차하여서는 아니된다. 다만, 다음 각 호의 어느 하나에 해당하는 경우에는 그러하지 아니하다.

1. 경사도가 1000분의 30 이상인 급경사 구간에 진입하기 전의 경우
2. 정지신호의 현시(現示)가 있는 경우
3. 철도사고등이 발생하거나 철도사고등의 발생 우려가 있는 경우

4. 그 밖에 철도안전을 위하여 부득이 정차하여야 하는 경우

제23조(열차의 운행시각) 철도운영자등은 정거장에서의 열차의 출발·통과 및 도착의 시각을 정하고 이에 따라 열차를 운행하여야 한다. 다만, 긴급하게 임시열차를 편성하여 운행하는 경우 등 부득이한 경우에는 그러하지 아니하다.

제24조(운전정리) 철도사고등의 발생 등으로 인하여 열차가 지연되어 열차의 운행일정의 변경이 발생하여 열차운행상 혼란이 발생한 때에는 열차의 종류·등급·목적지 및 연계수송 등을 고려하여 운전정리를 행하고, 정상운전으로 복귀되도록 하여야 한다.

제25조(열차 출발시의 사고방지) 철도운영자등은 열차를 출발시키는 경우 여객이 객차의 출입문에 끼었는지의 여부, 출입문의 닫힘 상태 등을 확인하는 등 여객의 안전을 확보할 수 있는 조치를 하여야 한다.

제26조(열차의 퇴행 운전) ①열차는 퇴행하여서는 아니된다. 다만, 다음 각 호의 어느 하나에 해당하는 경우에는 그러하지 아니하다.

1. 선로·전차선로 또는 차량에 고장이 있는 경우
2. 공사열차·구원열차 또는 제설열차가 작업상 퇴행할 필요가 있는 경우
3. 뒤의 보조기관차를 활용하여 퇴행하는 경우
4. 철도사고등의 발생 등 특별한 사유가 있는 경우

②제1항 단서의 규정에 의하여 퇴행하는 경우에는 다른 열차 또는 차량의 운전에 지장이 없도록 조치를 취하여야 한다.

제27조(열차의 재난방지) 폭풍우·폭설·홍수·지진·해일 등으로 열차에 재난 또는 위험이 발생할 우려가 있는 때에는 그 상황을 고려하여 열차운전을 일시 중지하거나 운전속도를 제한하는 등의 재난·위험방지조치를 강구하여야 한다.

제28조(열차의 동시 진출·입 금지) 2 이상의 열차가 정거장에 진입하거나 정거장으로부터 진출하는 경우로서 열차 상호간 그 진로에 지장을 줄 염려가 있는 경우에는 2 이상의 열차를 동시에 정거장에 진입시키거나 진출시킬 수 없다. 다만, 다음 각 호의 어느 하나에 해당하는 경우에는 그러하지 아니하다.

1. 안전측선·탈선선로전환기·탈선기가 설치되어 있는 경우
2. 열차를 유도하여 서행으로 진입시키는 경우
3. 단행기관차로 운행하는 열차를 진입시키는 경우
4. 다른 방향에서 진입하는 열차들이 출발신호기 또는 정차위치로부터 200미터(동차·전동차의 경우에는 150미터) 이상의 여유거리가 있는 경우
5. 동일방향에서 진입하는 열차들이 각 정차위치에서 100미터 이상의 여유거리가 있는 경우

제29조(열차의 긴급정지 등) 철도사고등이 발생하여 열차를 급히 정지시킬 필요가 있는 경우에는 지체없이 정지신호를 표시하는 등 열차정지에 필요한 조치를 취하여야 한다.

제30조(선로의 일시 사용중지) ①선로의 개량 또는 보수 등으로 열차의 운행에 지장을 주는 작업 또는 공사가 시행중인 구간에는 열차를 진입시켜서는 아니된다.

②제1항의 규정에 의한 작업 또는 공사가 완료된 경우에는 열차의 운행에 지장이 없는 지를 확인하고 열차를 운행시켜야 한다.

제31조(구원열차 요구 후 이동금지) ①철도사고등의 발생으로 인하여 정거장외에서 열차가 정차하여 구원열차를 요구하였거나 구원열차 운전의 통보가 있는 경우에는 당해 열차를 이동하여서는 아니된다. 다만, 다음 각 호의 어느 하나에 해당하는 경우에는 그러하지 아니하다.

1. 철도사고등이 확대될 염려가 있는 경우
2. 응급작업을 수행하기 위하여 다른 장소로 이동이 필요한 경우

②철도종사자는 제1항 단서의 규정에 의하여 열차 또는 차량을 이동시키는 경우에는 지체없이 구원열차의 운전자와 관제업무종사자 또는 차량운전취급책임자에게 그 이동내용과 이동사유를 통보하여야 하며, 상당거리를 이동시킨 때에는 정지수신호 등 안전조치를 취하여야 한다.

제32조(화재발생시의 운전) ①열차에 화재가 발생한 경우에는 조속히 소화의 조치를 하고 여객을 대피시키거나 화재가 발생한 차량을 다른 차량에서 격리시키는 등의 필요한 조치를 하여야 한다.

②열차에 화재가 발생한 장소가 교량 또는 터널 안인 경우에는 우선 철도차량을 교량 또는 터널 밖으로 운전하는 것을 원칙으로 하고, 지하구간인 경우에는 가장 가까운 역 또는 지하구간 밖으로 운전하는 것을 원칙으로 한다.

제32조의2(무인운전 시의 안전확보 등) 열차를 무인운전하는 경우에는 다음 각 호의 사항을 준수하여야 한다.

1. 철도운영자등이 지정한 철도종사자는 차량을 차고에서 출고하기 전 또는 무인운전 구간으로 진입하기 전에 운전방식을 무인운전 모드(mode)로 전환하고, 무인운전 관제업무종사자로부터 무인운전 기능을 확인받을 것
2. 무인운전 관제업무종사자는 열차의 운행상태를 실시간으로 감시하고 필요한 조치를 할 것
3. 무인운전 관제업무종사자는 열차가 정거장의 정지선을 지나쳐서 정차한 경우 다음 각 목의 조치를 할 것
   가. 후속 열차의 해당 정거장 진입 차단
   나. 철도운영자등이 지정한 철도종사자를 해당 열차에 탑승시켜 수동으로 열차를 정지선으로 이동
   다. 나목의 조치가 어려운 경우 해당 열차를 다음 정거장으로 재출발
4. 철도운영자등은 여객의 승하차 시 안전을 확보하고 시스템 고장 등 긴급상황에 신속하게 대처하기 위하여 정거장 등에 안전요원을 배치하거나 순회하도록 할 것

[본조신설 10·10·18]

제33조(특수목적열차의 운전) 철도운영자등은 특수한 목적으로 열차의 운행이 필요한 경우에는 당해 특수목적열차의 운행계획을 수립·시행하여야 한다.

제3절 열차의 운전속도

제34조(열차의 운전 속도) ①열차는 선로 및 전차선로의 상태, 차량의 성능, 운전 방법, 신호의 조건 등에 따라 안전한 속도로 운전하여야 한다.

②철도운영자등은 다음 각 호를 고려하여 선로의 노선별 및 차량의 종류별로 열차의 최고속도를 정하여 운용하여야 한다.

1. 선로에 대하여는 선로의 굴곡의 정도 및 선로전환기의 종류와 구조
2. 전차선에 대하여는 가설방법별 제한속도

제35조(운전방법 등에 의한 속도제한) 철도운영자등은 다음 각 호의 어느 하나에 해당하는 때에는 열차 또는 차량의 운전제한속도를 따로 정하여 시행하여야 한다.

1. 서행신호 현시구간을 운전하는 때
2. 추진운전을 하는 때(총괄제어법에 의하여 열차의 맨 앞에서 제어되는 경우를 제외한다)
3. 열차를 퇴행운전을 하는 때
4. 쇄정(鎖錠)되지 아니한 선로전환기를 대향(對向)으로 운전하는 때
5. 입환운전을 하는 때
6. 제74조의 규정에 의한 전령법(傳令法)에 의하여 열차를 운전하는 때
7. 수신호 현시구간을 운전하는 때
8. 지령운전을 하는 때
9. 폭음신호 또는 화염신호 등 특수신호에 의하여 운전하는 때
10. 그 밖에 철도안전을 위하여 필요하다고 인정되는 때

제36조(열차 또는 차량의 정지) ①열차 또는 차량은 정지신호가 현시 된 경우에는 그 현시지점을 넘어서 진행할 수 없다. 다만, 다음 각 호의 어느 하나에 해당하는 경우에는 그러하지 아니하다.

1. 폭음신호 또는 화염신호의 현시가 있는 경우
2. 수신호에 의하여 정지신호의 현시가 있는 경우
3. 신호기 고장 등으로 인하여 정지가 불가능한 거리에서 정지신호의 현시가 있는 경우

②제1항의 규정에 불구하고 자동폐색신호기의 정지신호에 의하여 일단 정지한 열차 또는 차량은 정지신호 현시중이라도 운전속도의 제한 등 안전조치에 따라 서행하여 그 현시지점을 넘어서 진행할 수 있다.

③서행허용표지를 추가하여 부설한 자동폐색신호기가 정지신호를 현시하는 때에는 정지신호 현시중이라도 정지하지 아니하고 운전속도의 제한 등 안전조치에 따라 서행하여 그 현시지점을 넘어서 진행할 수 있다.

제37조(열차 또는 차량의 진행) 열차 또는 차량은 진행을 지시하는 신호가 현시된 때에는 신호종류별 지시에 따라 지정속도 이하로 그 지점을 지나 다음 신호가 있는 지점까지 진행할 수 있다.

제38조(열차 또는 차량의 서행) ①열차 또는 차량은 서행신호의 현시가 있을 때에는 그 속도를 감속하여야 한다.

②열차 또는 차량이 서행해제신호가 있는 지점을 통과한 때에는 정상속도로 운전할 수 있다.

제4절 입 환

제39조(입환) ① 철도운영자등은 입환작업을 하려면 다음 각 호의 사항을 포함한 입환작업계획서를 작성하여 기관사, 운전취급담당자, 입환작업자에게 배부하고 입환작업에 대한 교육을 실시하여야 한다. 다만, 단순히 선로를 변경하기 위하여 이동하는 입환의 경우에는 입환작업계획서를 작성하지 아니할 수 있다.

1. 작업 내용
2. 대상 차량
3. 입환 작업 순서
4. 작업자별 역할
5. 입환전호 방식
6. 입환 시 사용할 무선채널의 지정
7. 그 밖에 안전조치사항

② 입환작업자(기관사를 포함한다)는 차량과 열차를 입환하는 경우 다음 각 호의 기준에 따라야 한다.

1. 차량과 열차가 이동하는 때에는 차량을 분리하는 입환작업을 하지 말 것
2. 입환 시 다른 열차의 운행에 지장을 주지 않도록 할 것
3. 여객이 승차한 차량이나 화약류 등 위험물을 적재한 차량에 대하여는 충격을 주지 않도록 할 것

제40조(선로전환기의 쇄정 및 정위치 유지) ①본선의 선로전환기는 이와 관계된 신호기와 그 진로내의 선로전환기를 연동쇄정하여 사용하여야 한다. 다만, 상시 쇄정되어 있는 선로전환기 또는 취급회수가 극히 적은 배향(背向)의 선로전환기의 경우에는 그러하지 아니하다.

②쇄정되지 아니한 선로전환기를 대향으로 통과할 때에는 쇄정기구를 사용하여 텅레일(Tongue Rail)을 쇄정하여야 한다.

③선로전환기를 사용한 후에는 지체없이 미리 정하여진 위치에 두어야 한다.

제41조(차량의 정차시 조치) 차량을 측선 등에 정차시켜 두는 경우에는 차량이 움직이지 아니하도록 필요한 조치를 하여야 한다.

제42조(열차의 진입과 입환) ①다른 열차가 정거장에 진입할 시각이 임박한 때에는 다른 열차에 지장을 줄 수 있는 입환을 할 수 없다. 다만, 다른 열차가 진입할 수 없는 경우 등 긴급하거나 부득이한 경우에는 그러하지 아니하다.

②열차의 도착 시각이 임박한 때에는 그 열차가 정차 예정인 선로에서는 입환을 할 수 없다. 다만, 열차의 운전에 지장을 주지 아니하도록 안전조치를 한 후에는 그러하지 아니하다.

제43조(정거장외 입환) 다른 열차가 인접정거장 또는 신호소를 출발한 후에는 그 열차에 대한 장내신호기의 바깥쪽에 걸친 입환을 할 수 없다. 다만, 특별한 사유가 있는 경우로서 충분한 안전조치를 한 때에는 그러하지 아니하다.

제44조 삭제 〈18・7・18〉

제45조(인력입환) 본선을 이용하는 인력입환은 관제업무종사자 또는 차량운전취급책임자의 승인을 얻어야 하며, 차량운전취급책임자는 그 작업을 감시하여야 한다.

제5장 열차간의 안전확보

제1절 총 칙

제46조(열차간의 안전 확보) ①열차는 열차간의 안전을 확보할 수 있도록 다음 각 호의 어느 하나의 방법으로 운전하여야 한다. 다만, 정거장 내에서 철도신호의 현시・표시 또는 그 정거장의 운전을 관리하는 자의 지시에 따라 운전하는 경우에는 그러하지 아니하다.

1. 폐색에 의한 방법
2. 제66조의 규정에 의한 열차간의 간격을 확보하는 장치(이하 "자동열차제어장치"라 한다)에 의한 방법
3. 시계운전에 의한 방법

②단선(單線)구간에서 폐색을 한 경우 상대역의 열차가 동시에 당해 구간에 진입하도록 하여서는 아니된다.

③구원열차를 운전하는 경우 또는 공사열차가 있는 구간에서 다른 공사열차를 운전하는 등의 특수한 경우로서 열차운행의 안전을 확보할 수 있는 조치를 취한 경우에는 제1항 및 제2항의 규정에 의하지 아니할 수 있다.

제47조(진행지시신호의 금지) 열차 또는 차량의 진로에 지장이 있는 경우에는 이에 대하여 진행을 지시하는 신호를 현시할 수 없다.

제2절 폐색에 의한 방법

제48조(폐색에 의한 방법) 폐색에 의한 방법을 사용하는 경우에는 당해 열차의 진로상에 있는 폐색구간의 조건에 따라 신호를 현시하거나 다른 열차의 진입을 방지할 수 있어야 한다.

제49조(폐색에 의한 열차 운행) ①폐색에 의한 방법으로 열차를 운행하는 경우에는 본선을 폐색구간으로 분할하여야 한다. 다만, 정거장내의 본선은 이를 폐색구간으로 하지 아니할 수 있다.

②한 폐색구간에는 2 이상의 열차를 동시에 운전할 수 없다. 다만, 다음 각 호의 어느 하나에 해당하는 때에는 그러하지 아니하다.

1. 제36조제2항 및 동조제3항의 규정에 의하여 열차를 진입시키는 때
2. 고장열차가 있는 폐색구간에 구원열차를 운전하는 때
3. 선로가 불통된 구간에 공사열차를 운전하는 때
4. 폐색구간에서 뒤의 보조기관차를 열차로부터 떼었을 때
5. 열차가 정차되어 있는 폐색구간으로 다른 열차를 유도하는 때
6. 폐색에 의한 방법으로 운전을 하고 있는 열차를 자동열차제어장치에 의한 방법 또는 시계운전이 가능한 노선에서 열차를 서행하여 운전하는 때
7. 그 밖에 특별한 사유가 있는 때

제50조(폐색방식의 구분) 폐색방식은 각 호와 같이 구분한다.

1. 상용(常用)폐색방식 : 자동폐색식・연동폐색식・차내신호폐색식・통표폐색식
2. 대용(代用)폐색방식 : 통신식・지도통신식・지도식

제51조(자동폐색장치의 구비조건) 자동폐색식을 시행하는 폐색구간의 폐색신호기・장내신호기 및 출발신호기는 다음 각 호의 조건을 구비하여야 한다.

1. 폐색구간에 열차 또는 차량이 있을 때에는 자동으로 정지신호를 현시할 것
2. 폐색구간에 있는 선로전환기가 정당한 방향으로 개통되지 아니한 때 또는 분기선 및 교차점에 있는 차량이 폐색구간에 지장을 줄 때에는 자동으로 정지신호를 현시할 것
3. 폐색장치에 고장이 있을 때에는 자동으로 정지신호를 현시할 것
4. 단선구간에 있어서는 하나의 방향에 대하여 진행을 지시하는 신호를 현시한 때에는 그 반대방향의 신호기는 자동으로 정지신호를 현시할 것

제52조(연동폐색장치의 구비조건) 연동폐색식을 시행하는 폐색구간 양끝의 정거장 또는 신호소에는 연동폐색기를 설치하되, 다음 각 호의 조건을 구비하여야 한다.
1. 신호기와 연동하여 자동으로 다음 각 목의 표시를 할 수 있을 것
   가. 열차폐색구간에 있음
   나. 열차폐색구간에 없음
2. 열차가 폐색구간에 있을 때에는 그 구간의 신호기에 진행을 지시하는 신호를 현시할 수 없을 것
3. 폐색구간에 진입한 열차가 그 구간을 통과한 후가 아니면 "열차폐색구간에 있음"의 표시를 변경할 수 없을 것
4. 단선구간에 있어서 하나의 방향에 대하여 폐색이 이루어지면 그 반대방향의 신호기는 자동으로 정지신호를 현시할 것

제53조(열차를 연동폐색구간에 진입시킬 경우의 취급) ①열차를 폐색구간에 진입시키고자 하는 때에는 "열차폐색구간에 없음"의 표시를 확인하고 전방의 정거장 또는 신호소의 승인을 얻어야 한다.

②제1항의 규정에 의한 승인은 "열차 폐색구간에 있음"의 표시로써 하여야 한다.

③폐색구간에 열차 또는 차량이 있을 때에는 제1항의 규정에 의한 승인을 할 수 없다

제54조(차내신호폐색장치의 구비조건) 차내신호폐색식을 시행하는 구간의 차내신호는 다음 각 호의 어느 하나에 해당하는 경우에는 자동으로 정지신호를 현시하여야 한다.
1. 폐색구간에 열차 또는 다른 차량이 있는 경우
2. 폐색구간에 있는 선로전환기가 정당한 방향에 있지 아니한 경우
3. 다른 선로에 있는 열차 또는 차량이 폐색구간을 진입하고 있는 경우
4. 열차자동제어장치의 지상장치에 고장이 있는 경우
5. 열차 정상운행선로의 방향이 다른 경우

제55조(통표폐색장치의 구비조건) ①통표폐색식을 시행하는 폐색구간 양끝의 정거장 또는 신호소에는 다음 각 호의 조건을 구비한 통표폐색장치를 설치하여야 한다.
1. 통표는 폐색구간 양끝의 정거장 또는 신호소에서 협동하여 취급하지 아니하면 이를 꺼낼 수 없을 것
2. 폐색구간 양끝에 있는 통표폐색기에 넣은 통표는 1개에 한하여 꺼낼 수 있으며, 꺼낸 통표를 통표폐색기에 넣은 후가 아니면 다른 통표를 꺼내지 못하는 것일 것
3. 인접 폐색구간의 통표는 넣을 수 없는 것일 것

②제1항의 규정에 의한 통표폐색기에는 그 구간 전용의 통표만을 넣어야 한다.

③인접폐색구간의 통표는 그 모양을 달리하여야 한다.

④열차는 당해 구간의 통표를 휴대하지 아니하면 그 구간을 운전할 수 없다. 다만, 특별한 사유가 있는 경우에는 그러하지 아니하다.

제56조(열차를 통표폐색구간에 진입시킬 경우의 취급) ①열차를 통표폐색구간에 진입시키고자 하는 때에는 폐색구간에 열차가 없는 것을 확인하고 운행하고자 하는 방향의 정거장 또는 신호소 운전취급책임자의 승인을 얻어야 한다.

②열차의 운전에 사용하는 통표는 통표폐색기에 넣은 후가 아니면 이

를 다른 열차의 운전에 사용할 수 없다. 다만, 고장열차가 있는 폐색구간에 구원열차를 운전하는 경우 등 특별한 사유가 있는 경우에는 그러하지 아니하다.

第57條(통신식 대용폐색 방식의 통신장치) 통신식을 시행하는 구간에는 전용의 통신설비를 설치하여야 한다. 다만, 다음 각 호의 어느 하나에 해당하는 경우에는 다른 통신설비로서 이를 대신 할 수 있다.

1. 운전이 한산한 구간인 경우
2. 전용의 통신설비에 고장이 있는 경우
3. 철도사고등의 발생 그 밖에 부득이한 사유로 인하여 전용의 통신설비를 설치할 수 없는 경우

第58條(열차를 통신식 폐색구간에 진입시킬 경우의 취급) ①열차를 통신식 폐색구간에 진입시키려 하는 경우에는 관제업무종사자 또는 차량운전취급책임자의 승인을 얻어야 한다.

②관제업무종사자 또는 차량운전취급책임자는 폐색구간에 열차 또는 차량이 없음을 확인하지 아니하고서는 열차의 진입을 승인하여서는 아니된다.

第59條(지도통신식의 시행) ①지도통신식을 시행하는 구간에는 폐색구간 양끝의 정거장 또는 신호소의 통신설비를 사용하여 서로 협의한 후 시행한다.

②지도통신식을 시행하는 경우 폐색구간 양끝의 정거장 또는 신호소가 서로 협의한 후 지도표를 발행하여야 한다.

③제2항의 규정에 의한 지도표는 1폐색구간에 1매로 한다.

第60條(지도표와 지도권의 사용구별) ①지도통신식을 시행하는 구간에서 동일방향의 폐색구간으로 진입시키고자 하는 열차가 하나뿐인 경우에는 지도표를 교부하고, 연속하여 2 이상의 열차를 동일방향의 폐색구간으로 진입시키고자 하는 경우에는 최후의 열차에 대하여는 지도표를, 나머지 열차에 대하여는 지도권을 교부한다.

②지도권은 지도표를 가지고 있는 정거장 또는 신호소에서 서로 협의를 한 후 발행하여야 한다.

第61條(열차를 지도통신식 폐색구간에 진입시킬 경우의 취급) 열차는 당해구간의 지도표 또는 지도권을 휴대하지 아니하면 그 구간을 운전할 수 없다. 다만, 고장열차가 있는 폐색구간에 구원열차를 운전하는 경우 등 특별한 사유가 있는 경우에는 그러하지 아니하다

第62條(지도표·지도권의 기입사항) ①지도표에는 그 구간 양끝의 정거장명·발행일자 및 사용열차번호를 기입하여야 한다.

②지도권에는 사용구간·사용열차·발행일자 및 지드표 번호를 기입하여야 한다.

第63條(지도식의 시행) 지도식은 철도사고등의 수습 또는 선로보수공사등으로 현장과 가장 가까운 정거장 또는 신호소간을 1폐색구간으로 하여 열차를 운전하는 경우에 후속열차를 운전할 필요가 없을 때에 한하여 시행한다.

第64條(지도표의 발행) ①지도식을 시행하는 구간에는 지도표를 발행하여야 한다.

②지도표는 1폐색구간에 1매로 하며, 열차는 당해구간의 지도표를 휴대하지 아니하면 그 구간을 운전할 수 없다.

제3절 자동열차제어장치에 의한 방법

第65條(자동열차제어장치에 의한 방법) 열차간의 간격을 자동으로 확보하는 자동열차제어장치는 운행하는 열차와 동일 진로상의 다른 열차와의 간격 및 선로 등의 조건에 따라 자동적으로 당해 열차를 감속시키거나 정지시킬 수 있는 것이어야 한다.

第66條(자동열차제어장치의 구분) 자동열차제어장치는 다음 각 호와 같이 구분한다.

1. 지상제어식 자동열차제어장치
2. 1단 제동제어식(Uni-Breaking) 자동열차제어장치
3. 차상제어식 자동열차제어장치

제67조(지상제어식 자동열차제어장치의 구비조건) 지상제어식 자동열차제어장치의 지상설비는 열차에 대하여 당해 열차의 진로 상에 있는 선행열차와의 간격 또는 선로 등의 조건에 따라 운전속도를 지시하는 제어정보를 연속하여 전송하여야 한다.

제68조(1단 제동제어식 자동열차제어장치의 구비조건) ①1단 제동 제어식 자동열차제어장치의 지상설비는 선로 굴곡, 선로전환기 등 선로의 조건에 따라 운전속도를 지시하는 제어정보를 전송하여 열차의 운전속도를 자동적으로 1단으로 감속할 수 있어야 한다.

②1단 제동제어식 자동열차제어장치의 차상(車上)설비는 다음 각 호의 기준에 적합하여야 한다.

1. 제1항의 규정에 의한 제어정보에 따라서 열차의 운전속도와 제어정보를 실시간으로 나타낼 수 있을 것
2. 선로의 굴곡, 선로전환기 등 선로의 조건에 따라 제어정보가 지시하는 열차의 속도로 자동적으로 1단으로 감속시킬 것
3. 제어정보에 따라 자동적으로 제동장치를 작동하여 정지목표에 열차를 1단으로 정지시킬 수 있을 것

제69조(차상제어식 자동열차제어장치의 구비조건) ①차상제어식 자동열차제어장치의 지상설비는 다음 각 호의 기준에 적합하여야 한다.

1. 열차에 대하여 당해 열차를 진입시킬 수 있는 구간의 종점(정지목표)을 나타내는 제어정보를 연속하여 전송할 것
2. 당해 열차의 진로상에 있는 구간 중 선행열차 등이 점유하고 있어 당해 열차의 진로가 개통되지 아니하는 경우 그 정보를 전송할 것

②차상제어식 자동열차제어장치의 차상설비는 다음 각 호의 기준에 적합하여야 한다.

1. 지상설비의 제어정보와 열차의 속도를 실시간으로 나타내 줄 것
2. 열차의 제어정보가 지시하는 운전속도로 자동으로 제동장치를 작용시켜 열차의 속도를 감속시킬 것. 다만, 지상설비의 제어정보가 열차의 정지를 지시하는 경우에는 지정위치에 열차가 정지할 수 있도록 제동장치를 작동시킬 것

③제1항의 규정에 의한 제어정보를 나타내는 구간의 길이는 제어정보가 지시하는 운전속도에 따라서 열차가 감속하거나 정지할 수 있는 거리 이상으로 하며, 다음 각 호의 기능을 갖추어야 한다.

1. 선행 열차와의 간격에 따라서 자동적으로 열차의 속도를 감속시키거나 열차를 정지시킬 수 있을 것
2. 제1호의 규정에 의하여 발생된 제어정보에 따라 운전속도와 당해 열차의 실제 속도를 실시간으로 나타내 줄 것
3. 선로의 굴곡·선로전환기 등 선로의 조건에 따라 운전속도가 제한되는 구간의 시점까지 당해 구간의 제어정보가 지시하는 운전속도로 열차의 속도를 자동적으로 감속시킬 것
4. 정지목표까지 제동장치를 자동으로 작용시켜 확실히 정지할 수 있을 것
5. 열차 스스로 선로상의 위치를 인식하는 것일 것

제4절 시계운전에 의한 방법

제70조(시계운전에 의한 방법) ①시계운전에 의한 방법은 신호기 또는 통신장치의 고장 등으로 제50조제1호 및 제2호 외의 방법으로 열차를 운전할 필요가 있는 경우에 한하여 시행하여야 한다.

②철도차량의 운전속도는 전방 가시거리 범위 내에서 열차를 정지시킬 수 있는 속도 이하로 운전하여야 한다.

③동일 방향으로 운전하는 열차는 선행 열차와 충분한 간격을 두고 운전하여야 한다.

제71조(단선구간에서의 시계운전) 단선구간에서는 하나의 방향으로 열차를 운전하는 때에 반대방향의 열차를 운전시키지 아니하는 등 사고예방을 위한 안전조치를 하여야 한다.

제72조(시계운전에 의한 열차의 운전) 시계운전에 의한 열차운전은 다음

각 호의 어느 하나의 방법으로 시행하여야 한다. 다만, 협의용 단행기관차의 운행 등 철도운영자등이 특별히 따로 정한 경우에는 그러하지 아니하다.

1. 복선운전을 하는 경우
   가. 격시법
   나. 전령법
2. 단선운전을 하는 경우
   가. 지도격시법
   나. 전령법

제73조(격시법 또는 지도격시법의 시행) ①격시법 또는 지도격시법을 시행하는 경우에는 최초의 열차를 운전시키기 전에 폐색구간에 열차 또는 차량이 없음을 확인하여야 한다.

②격시법은 폐색구간의 한끝에 있는 정거장 또는 신호소의 차량운전취급책임자가 시행한다.

③지도격시법은 폐색구간의 한끝에 있는 정거장 또는 신호소의 차량운전취급책임자가 적임자를 파견하여 상대의 정거장 또는 신호소 차량운전취급책임자와 협의한 후 이를 시행하여야 한다. 다만, 지도통신식 시행중의 구간에서 전화불통이 된 경우 지도표를 가지고 있는 정거장 또는 신호소에서 최초의 열차를 운행하는 때에는 그러하지 아니한다.

제74조(전령법의 시행) ①열차 또는 차량이 정차되어 있는 폐색구간에 다른 열차를 진입시킬 때에는 전령법에 의하여 운전하여야 한다.

②전령법은 그 폐색구간 양끝에 있는 정거장 또는 신호소의 차량운전취급책임자가 협의하여 이를 시행하여야 한다. 다만, 다음 각 호의 어느 하나에 해당하는 경우에는 그러하지 아니하다.

1. 선로고장 등으로 지도식을 시행하는 폐색구간에 전령법을 시행하는 경우
2. 제1호 외의 경우로서 전화불통으로 협의를 할 수 없는 경우

③제2항제2호에 해당하는 경우에는 당해 열차 또는 차량이 정차되어 있는 곳을 넘어서 열차 또는 차량을 운전할 수 없다.

제75조(전령자) ①전령법을 시행하는 구간에는 전령자를 선정하여야 한다.

②제1항의 규정에 의한 전령자는 1폐색구간 1인에 한한다.

③제1항의 규정에 의한 전령자는 흰 바탕에 붉은 글씨로 전령자 임을 표시한 완장을 착용하여야 한다.

④전령법을 시행하는 구간에서는 당해구간의 전령자가 동승하지 아니하고는 열차를 운전할 수 없다.

제6장 철도신호

제1절 총 칙

제76조(철도신호) 철도의 신호는 다음 각 호와 같이 구분하여 시행한다.

1. 신호는 모양·색 또는 소리 등으로 열차나 차량에 대하여 운행의 조건을 지시하는 것으로 할 것
2. 전호는 모양·색 또는 소리 등으로 관계직원 상호간에 의사를 표시하는 것으로 할 것
3. 표지는 모양 또는 색 등으로 물체의 위치·방향·조건 등을 표시하는 것으로 할 것

제77조(주간 또는 야간의 신호) 주간과 야간의 현시방식을 달리하는 신호·전호 및 표지는 일출부터 일몰까지는 주간의 방식, 일몰부터 일출까지는 야간의 방식에 의하여야 한다. 다만, 일출부터 일몰까지의 사이에도 기상상태에 의하여 상당한 거리로부터 주간의 방식에 의한 신호·전호 또는 표지를 확인하기 곤란할 때에는 야간의 방식에 의한다.

제78조(지하구간 및 터널 안의 신호) 지하구간 및 터널 안의 신호·전호 및 표지는 야간의 방식에 의하여야 한다. 다만, 길이가 짧아 빛이 통하는 지하구간 또는 조명 시설이 설치된 터널 안 또는 지하 정거장 구내의 경우에는 그러하지 아니하다.

제79조(제한신호의 추정) ①신호를 현시할 소정의 장소에 신호의 현시가 없거나 그 현시가 정확하지 아니할 때에는 정지신호의 현시가 있는 것으로 본다.

②상치신호기 또는 임시신호기와 수신호가 각각 다른 신호를 현시한 때에는 그 운전을 최대로 제한하는 신호의 현시에 의하여야 한다. 다만, 사전에 통보가 있을 때에는 통보된 신호에 의한다.

제80조(신호의 겸용금지) 하나의 신호는 하나의 선로에서 하나의 목적으로 사용되어야 한다. 다만, 진로표시기를 부설한 신호기는 그러하지 아니하다.

제2절 상치신호기

제81조(상치신호기) 상치신호기는 일정한 장소에서 색등(色燈) 또는 등열(燈列)에 의하여 열차 또는 차량의 운전조건을 지시하는 신호기를 말한다.

제82조(상치신호기의 종류) 상치신호기의 종류와 용도는 다음 각 호와 같다.

1. 주신호기
   가. 장내신호기 : 정거장에 진입하려는 열차에 대하여 신호를 현시하는 것
   나. 출발신호기 : 정거장을 진출하려는 열차에 대하여 신호를 현시하는 것
   다. 폐색신호기 : 폐색구간에 진입하려는 열차에 대하여 신호를 현시하는 것
   라. 엄호신호기 : 특히 방호를 요하는 지점을 통과하려는 열차에 대하여 신호를 현시하는 것
   마. 유도신호기 : 장내신호기에 정지신호의 현시가 있는.경우 유도를 받을 열차에 대하여 신호를 현시하는 것
   바. 입환신호기 : 입환차량 또는 차내신호폐색식을 시행하는 구간의 열차에 대하여 신호를 현시하는 것
2. 종속신호기
   가. 원방신호기 : 장내신호기·출발신호기 및 폐색신호기에 종속하여 열차에 대하여 주신호기가 현시하는 신호의 예고신호를 현시하는 것
   나. 통과신호기 : 출발신호기에 종속하여 정거장에 진입하는 열차에 대하여 신호기가 현시하는 신호를 예고하며, 정거장을 통과할 수 있는지의 여부에 대한 신호를 현시하는 것
   다. 중계신호기 : 장내신호기·출발신호기 및 폐색신호기에 종속하여 열차에 대하여 주 신호기가 현시하는 신호를 중계하는 신호를 현시하는 것
3. 신호부속기
   가. 진로표시기 : 장내신호기·출발신호기·진로개통표시기 및 입환신호기에 부속하여 열차 또는 차량에 대하여 그 진로를 표시하는 것
   나. 진로예고기 : 장내신호기·출발신호기에 종속하여 다음 장내신호기 또는 출발신호기에 현시하는 진로를 열차에 대하여 예고하는 것
   다. 진로개통표시기 : 차내신호기를 사용하는 본 선로의 분기부에 설치하여 진로의 개통상태를 표시하는 것

제83조(차내신호) 차내신호의 종류 및 그 제한속도는 다음 각 호와 같다.

1. 정지신호 : 열차운행에 지장이 있는 구간으로 운행하는 열차에 대하여 정지하도록 하는 것
2. 15신호 : 정지신호에 의하여 정지한 열차에 대한 신호로서 1시간에 15킬로미터 이하의 속도로 운전하게 하는 것
3. 야드신호 : 입환차량에 대한 신호로서 1시간에 25킬로미터 이하의 속도로 운전하게 하는 것
4. 진행신호 : 열차를 지정된 속도 이하로 운전하게 하는 것

제84조(신호현시방식) 상치신호기의 현시방식은 다음 각 호와 같다.

1. 장내신호기·출발신호기·폐색신호기 및 엄호신호기

종류	신호현시방식					
	5현시	4현시	3현시	2현시		
	색등식	색등식	색등식	색등식	완목식	
					주간	야간
정지신호	적색등	적색등	적색등	적색등	완·수평	적색등
경계신호	상위:등황색등 하위:등황색등					
주의신호	등황색등	등황색등	등황색등			
감속신호	상위:등황색등 하위:녹색등	상위:등황색등 하위:녹색등				
진행신호	녹색등	녹색등	녹색등	녹색등	완·좌하향 45도	녹색등

2. 유도신호기(등열식) : 백색등열 좌·하향 45도
3. 입환신호기

종 류	신호현시방식		
	등열식	색등식	
		차내신호폐색구간	그 밖의 구간
정지신호	백색등열 수평 무유도등 소등	적색등	적색등
진행신호	백색 등열 좌하향 45도 무유도등 점등	등황색등	청색등 무유도등 점등

4. 원방신호기(통과신호기를 포함한다)

종 류		신호현시방식		
		색등식	완목식	
			주간	야간
주신호기가 정지신호를 할 경우	주의신호	등황색등	완·수평	등황색등
주신호기가 진행을 지시하는 신호를 할 경우	진행신호	녹색등	완·좌하향 45도	녹색등

5. 중계신호기

종류	등열식		색등식
주신호기가 정지신호를 할 경우	정지중계	백색등열(3등)수평	적색등
주신호기가 진행을 지시하는 신호를 할 경우	제한중계	백색등열(3등) 좌하향 45도	주신호기가 진행을 지시하는 색등
	진행중계	백색등열(3등) 수직	

6. 차내신호기

종 류	신 호 현 시 방 식
정 지 신 호	적색사각형등 점등
15 신 호	적색원형등 점등("15" 지시)
야 드 신 호	노란색 직사각형등과 적색원형등(25등신호) 점등
진 행 신 호	적색원형등(해당신호등)점등

제85조(신호현시의 정위) ①별도의 작동이 없는 상태에서의 상치신호기의 정위(正位)는 다음 각 호와 같다.
1. 장내신호기 : 정지신호
2. 출발신호기 : 정지신호

3. 폐색신호기(자동폐색신호기를 제외한다) : 정지신호
4. 엄호신호기 : 정지신호
5. 유도신호기 : 신호를 현시하지 아니한다.
6. 입환신호기 : 정지신호
7. 원방신호기 : 주의신호

②자동폐색신호기 및 반자동폐색신호기는 진행을 지시하는 신호를 현시함을 정위로 한다. 다만, 단선구간의 경우에는 정지신호를 현시함을 정위로 한다.

③차내신호기는 진행신호를 현시함을 정위로 한다.

제86조(배면광 설비) 상치신호기의 현시를 후면에서 식별할 필요가 있는 경우에는 배면광(背面光)을 설비하여야 한다.

제87조(신호의 배열) 기둥 하나에 같은 종류의 신호 2 이상을 현시할 때에는 맨 위에 있는 것을 맨 왼쪽의 선로에 대한 것으로 하고, 순차적으로 오른쪽의 선로에 대한 것으로 한다.

제88조(신호현시의 순위) 원방신호기는 그 주된 신호기가 진행신호를 현시하거나, 3위식 신호기는 그 신호기의 배면쪽 제1의 신호기에 주의 또는 진행신호를 현시하기 전에 이에 앞서 진행신호를 현시할 수 없다.

제89조(신호의 복위) 열차가 상치신호기의 설치지점을 통과한 때에는 그 지점을 통과한 때마다 유도신호기는 신호를 현시하지 아니하며 원방신호기는 주의신호를, 그 밖의 신호기는 정지신호를 현시하여야 한다.

제3절 임시신호기

제90조(임시신호기) 선로의 상태가 일시 정상운전을 할 수 없는 상태인 경우에는 그 구역의 바깥쪽에 임시신호기를 설치하여야 한다.

제91조(임시신호기의 종류) 임시신호기의 종류와 용도는 다음 각 호와 같다.

1. 서행신호기 : 서행운전할 필요가 있는 구간에 진입하려는 열차 또는 차량에 대하여 당해구간을 서행할 것을 지시하는 것
2. 서행예고신호기 : 서행신호기를 향하여 진행하려는 열차에 대하여 그 전방에 서행신호의 현시 있음을 예고하는 것
3. 서행해제신호기 : 서행구역을 진출하려는 열차에 대하여 서행을 해제할 것을 지시하는 것

제92조(신호현시방식) ①임시신호기의 신호현시방식은 다음과 같다.

종 류	신 호 현 시 방 식	
	주 간	야 간
서행신호	백색테두리를 한 등황색 원판	등황색등
서행예고신호	흑색삼각형 3개를 그린 백색삼각형	흑색삼각형 3개를 그린 백색등
서행해제신호	백색테두리를 한 녹색원판	녹색등

②서행신호기 및 서행예고신호기에는 서행속도를 표시하여야 한다.

제4절 수신호

제93조(수신호의 현시방법) 신호기를 설치하지 아니하거나 이를 사용하지 못하는 경우에 사용하는 수신호는 다음 각 호와 같이 현시한다.

1. 정지신호
   가. 주간 : 적색기. 다만, 적색기가 없을 때에는 양팔을 높이 들거나 또는 녹색기 외의 것을 급히 흔든다.
   나. 야간 : 적색등. 다만, 적색등이 없을 때에는 녹색등 외의 것을 급히 흔든다.
2. 서행신호

가. 주간 : 적색기와 녹색기를 모아쥐고 머리 위에 높이 교차한다.

나. 야간 : 깜박이는 녹색등

3. 진행신호

가. 주간 : 녹색기. 다만, 녹색기가 없을 때는 한 팔을 높이 든다

나. 야간 : 녹색등

제94조(선로지장시의 수신호) 선로에서의 정상 운행이 어려워 열차를 정지 또는 서행시켜야 하는 경우로서 임시신호기에 의할 수 없을 때에는 수신호로 다음 각 호와 같이 방호하여야 한다. 다만, 열차 무선전화로 열차를 정지 또는 서행시키는 조치를 한 때에는 이를 생략할 수 있다.

1. 정지시켜야 하는 경우

가. 지장지점의 외방 200미터 이상의 지점에 정지 수신호를 현시하여야 하며, 미리 통고를 하지 못한 때에는 정지수신호 현시지점의 외방 상당한 거리에 폭음신호 현시를 위한 신호뇌관을 장치할 것

나. 열차 고장으로 인하여 도중에 열차가 정지하여 다른 열차를 정지시켜야 할 경우에는 이에 대한 폭음신호·정지수신호 등 상당한 방호조치를 할 것

2. 서행시켜야 하는 경우

가. 서행구역의 시작지점에 서행수신호를 현시하고 서행구역이 끝나는 지점에 진행수신호를 현시할 것

나. 가목의 규정에 의한 수신호를 미리 통고하지 못한 때에는 서행수신호를 현시한 지점의 외방으로부터 상당한 거리에 신호뇌관을 장치할 것

제5절 특수신호

제95조(폭음신호) ①기상상태로 정지신호를 확인하기 곤란한 경우 또는 예고하지 아니한 지점에 열차를 정지시키는 경우에는 신호뇌관의 폭음으로 정지신호를 현시하여야 한다. 다만, 지하구간에서는 이를 생략할 수 있다.

②제1항의 규정에 의한 신호뇌관은 상당한 거리를 두고 2개 이상 장치하여야 한다.

제96조(화염신호) ①예고하지 아니한 지점에 열차를 정지시킬 경우에는 신호염관의 적색화염으로 정지신호를 현시하여야 한다.

②제1항의 규정에 의한 화염신호는 정지대상 열차 외의 다른 열차가 오인하지 아니하도록 장치하여야 한다.

제97조(특별신호에 의한 정지신호) 특별신호에 의한 정지신호의 현시가 있을 때에는 즉시 열차 또는 차량을 정지하여야 한다.

제6절 전 호

제98조(전호현시) 열차 또는 차량에 대한 전호는 전호기로 현시하여야 한다. 다만, 전호기가 설치되어 있지 아니하거나 고장이 난 경우에는 수전호 또는 무선전화기로 현시할 수 있다.

제99조(출발전호) 열차를 출발시키고자 할 때에는 출발전호를 하여야 한다.

제100조(기적전호) 다음 각 호의 어느 하나에 해당하는 경우에는 기관사는 기적전호를 하여야 한다.

1. 위험을 경고하는 경우

2. 비상사태가 발생한 경우

제101조(입환전호방식) ① 입환작업자(기관사를 포함한다)는 서로 육안으로 확인할 수 있도록 다음 각 호의 방법으로 입환전호하여야 한다.

1. 오너라전호

가. 주간: 녹색기를 좌우로 흔든다. 다만, 부득이한 경우에는 한 팔을 좌우로 움직임으로써 이를 대신할 수 있다.

나. 야간: 녹색등을 좌우로 흔든다.

2. 가거라전호

가. 주간: 녹색기를 위·아래로 흔든다. 다만, 부득이 한 경우에는 한 팔을 위·아래로 움직임으로써 이를 대신할 수 있다.

나. 야간: 녹색등을 위·아래로 흔든다.

3. 정지전호

가. 주간: 적색기. 다만, 부득이한 경우에는 두 팔을 높이 들어 이를 대신할 수 있다.

나. 야간: 적색등

② 제1항에도 불구하고 다음 각 호의 어느 하나에 해당하는 경우에는 무선전화기를 사용하여 입환전호를 할 수 있다.

1. 무인역 또는 1인이 근무하는 역에서 입환하는 경우
2. 1인이 승무하는 동력차로 입환하는 경우
3. 신호를 원격으로 제어하여 단순히 선로를 변경하기 위하여 입환하는 경우
4. 지형 및 선로여건 등을 고려할 때 입환전호하는 작업자를 배치하기가 어려운 경우

제102조(작업전호) 다음 각 호의 어느 하나에 해당하는 때에는 전호의 방식을 정하여 그 전호에 따라 작업을 하여야 한다.

1. 여객 또는 화물의 취급을 위하여 정지위치를 지시할 때
2. 퇴행 또는 추진운전시 열차의 맨 앞 차량에 승무한 직원이 철도차량운전자에 대하여 운전상 필요한 연락을 할 때
3. 검사·수선연결 또는 해방을 하는 경우에 당해 차량의 이동을 금지시킬 때
4. 신호기 취급직원 또는 입환전호를 하는 직원과 선로전환기취급 직원간에 선로전환기의 취급에 관한 연락을 할 때
5. 열차의 관통제동기의 시험을 할 때

제7절 표 지

제103조(열차의 표지) 열차 또는 입환 중인 동력차는 표지를 게시하여야 한다.

제104조(안전표지) 열차 또는 차량의 안전운전을 위하여 안전표지를 설치하여야 한다.

부 칙

①(시행일) 이 규칙은 공포한 날부터 시행한다.

②(다른 법령의 폐지) 국유철도운전규칙은 이를 폐지한다.

부 칙 〈10·10·18〉

이 규칙은 공포한 날부터 시행한다.

부 칙 〈18·7·18〉

이 규칙은 공포한 날부터 시행한다. 다만, 제39조제1항의 개정규정은 2018년 10월 25일부터 시행하고, 제39조제2항제1호의 개정규정은 2019년 1월 1일부터 시행한다.

부 칙 〈19·1·2〉

이 규칙은 공포한 날부터 시행한다.

위험물철도운송규칙

2013·3·23 국토교통부령 제1호

제1조(목적) 이 규칙은 「철도안전법」 제44조 및 동법 시행령 제45조의 규정에 의하여 철도에 의한 위험물의 운송에 관하여 필요한 사항을 규정함을 목적으로 한다.

제2조(운송취급주의 위험물의 범위) 「철도안전법 시행령」 제45조에서 "국토교통부령이 정하는 것"이란 별표와 같다. 〈개정 13·3·23〉

[전문개정 11·1·17]

제3조(위험물 운송일반) ① 철도운영자는 제2조의 규정에 의한 운송취급주의 위험물(이하 "위험물"이라 한다)을 철도로 운송하고자 하는 때에는 운송을 의뢰하는 자(이하 "탁송인"이라 한다) 또는 당해 위험물을 도착역에서 받는 자(이하 "수화인"이라 한다)의 신분을 확인하여야 한다.

②위험물을 정거장으로 반입(搬入)하여 적재(積載)하거나, 위험물을 반출(搬出)하기 위하여 화차에서 내리는 작업을 할 때에는 철도운영자가 지정하는 위험물취급담당자와 탁송인·수화인 또는 그 대리인이 입회하여야 한다.

③위험물중 화약류를 반입하거나 반출하는 경우에는 작업의 일시·장소 및 방법 등에 관하여 철도운영자의 지시에 따라야 한다.

제4조(일출전·일몰후의 화약류취급) 화약류는 관할 경찰관서의 승인을 얻지 아니하고는 일출 전이나 일몰 후에는 탁송을 받거나 적하(積下)하지 못한다. 다만, 다음 각 호의 어느 하나에 해당하는 경우에는 관할 경찰관서에 신고한 후 일출 전이나 일몰 후에도 탁송 을 받거나 적하할 수 있다.

1. 총용화약 5킬로그램 이내
2. 총용실포 1,000개 이내
3. 총용공포 1,000개 이내
4. 총용의 뇌관 또는 뇌관부 약협(藥莢) 각 20개 이내

제5조(위험물의 탁송) ① 철도운영자는 위험물의 안전한 운송을 위하여 탁송인이 운송을 의뢰한 내용과 운송하는 내용이 일치하는지의 여부, 위험물이 제6조의 규정에 의한 포장의 방법 등에 적합하게 포장되었는지의 여부를 확인하여야 한다.

②철도운영자는 제1항의 규정에 의한 확인을 위하여 필요한 경우에는 탁송인에게 위험물운반과 관련된 관계증명서류, 위험물 포장방법 설명서 그 밖의 관계 서류 또는 자료 등의 제출을 요구할 수 있다.

③철도운영자는 제1항 및 제2항의 규정에 의하여 위험물의 포장상태 등을 확인한 결과 위험물의 안전한 운송에 부적합하다고 판단한 경우에는 이의 보완을 요구하여야 한다.

④철도운영자는 당해 위험물을 운송하기 전에 반출·반입의 일시·장소 및 취급방법 등을 탁송인에게 알려주어야 한다.

⑤위험물중 화약류의 탁송인이 「총포·도검·화약류 등 단속법」 제26조의 규정에 의하여 관할 경찰서장의 화약류운반신고필증을 교부받은 경우에는 탁송 4시간 전에 운송장에 화약류운반신고필증을 첨부하여 발송정거장의 역장에게 제출하여 철도로의 운송여부에 대한 승낙을 얻어야 한다.

제6조(위험물의 포장방법) ① 위험물의 용기 및 포장은 다음 각 호의 기준에 적합하여야 한다. 〈개정 11·1·17〉

1. 누출(漏出) 또는 손상될 위험이 없을 것
2. 위험물과 접촉하여 발열, 가스발생, 부식 등 위험한 물리적·화학적 반응을 일으키지 아니할 것
3. 위험물의 품질을 저하시키지 아니할 것

②염소산염류 또는 액체의 폭발성분을 포함한 화약류의 용기 또는 포장에 사용한 것은 위험물의 용기 또는 포장에 사용하여서는 아니된다.

③ 액상의 위험물이 든 용기를 포장하는 경우, 흡수재나 완충재의 사용 및 배치는 다음 각 호의 기준에 적합하여야 한다. 다만, 용기의 구조상 포장이 필요 없는 조차(조차, 액체·분말 또는 가스 등을 수송하기 위하여 설계된 둥근 탱크형의 화차를 말한다)의 경우는 제외한다. 〈개정 11·1·17〉

1. 용기가 파손된 경우 그 위험물을 충분히 흡수할 수 있는 양이 사용될 것
2. 용기의 이동을 방지하며 항상 용기를 에워싸도록 배치될 것

④위험물중 화약류의 포장은 「총포·도검·화약류 등 단속법」 제34조제1항의 규정에 의한 포장기준에 의한다. 다만, 수입한 화약류로서 그 포장의 안전도가 「총포·도검·화약류 등 단속법」 제34조제1항의 규정에 의한 포장기준에 적합하다고 인정되는 경우에는 그 포장기준에 의할 수 있다.

⑤제1항 내지 제4항의 규정에 의한 위험물의 포장방법 등에 관한 세부적인 사항은 국토교통부장관이 정하여 고시한다. 〈개정 08·3·14, 13·3·23〉

제7조(위험물의 표시) ① 탁송인은 위험물의 포장, 화차 및 탱크 외부의 보기 쉬운 곳에 별표의 분류에 따라 별지 도식의 표찰을 부착하고, 해당 위험물의 양 및 취급주의사항 등을 명시하여야 한다. 〈개정 11·1·17〉

②철도운영자는 위험물을 적재한 화차에 대하여는 위험물의 취급에 필요한 사항을 표시한 표지(標識)를 보기 쉬운 곳에 부착하여야 한다.

제8조(위험물의 적재) ① 위험물을 적재할 때는 다음 각 호의 사항을 지켜야 한다.

1. 위험물이 마찰 또는 충돌하지 아니하도록 할 것
2. 위험물이 흔들리거나 굴러 떨어지지 아니하도록 할 것
3. 화약류[초유(硝油)폭약, 실포와 공포를 제외한다]의 적재중량이 화차 적재적량의 80퍼센트에 상당하는 중량(외장의 중량을 포함한다)을 초과하지 아니하도록 할 것

②2종 이상의 화약류를 동일한 화차에 적재할 때에는 다음 각 호의 화약류 마다 상당한 간격을 두고 나무판·가죽·헝겊 또는 거적류 등으로 10센티미터 이상의 간격막을 설치하여야 한다.

1. 유연(有煙)화약을 장전한 총용실포·총용공포, 유연화약만을 장전한 그 밖의 화공품, 질산염·염소·산염(酸鹽) 또는 과염소염산(過鹽素鹽酸)을 주성분으로 한 폭약으로서 유기초화물(有機硝化物)을 함유하지 아니하는 것
2. 무연(無煙)화약을 장전한 총용실포·총용공포, 무연화약만을 장전한 화공품
3. 폭약(제1호의 폭약을 포함한다)
4. 화공품(제1호 및 제2호의 화공품을 포함한다)

제9조(위험물 운송) ① 철도운영자는 위험물을 위험물운송전용화차 또는 유개(有蓋)화차로 운송하여야 한다. 다만, 위험물의 성질·길이·중량 또는 형상 등의 사유로 인하여 위험물운송전용화차 또는 유개화차에 적재할 수 없다고 판단하는 경우에는 내화성 덮개를 설치하는 등 적정한 안전조치를 한 후 무개(無蓋)화차로 운송할 수 있다.

②위험물은 도착 정거장까지 직통하는 열차로 운송하여야 한다. 다만, 직통열차가 없는 경우에는 운행시간이 이르거나 중간정차역이 적은 열차로 운송하여야 한다.

③철도운영자는 위험물을 운송하기 전에 안전한 운송에 지장이 없는지에 대하여 위험물을 적재한 화차를 철저하게 검사하여야 하며, 필요하다고 인정되는 경우에는 당해 화차 안의 위험물에 나무판·가죽·헝겊 또는 거적류 등을 덮는 등의 보호조치를 하여야 한다.

제10조(혼재제한) ① 위험물은 이를 다른 화물과 혼재(混載)하여 운송하여서는 아니된다.

②종류가 다른 위험물은 혼재하여 운송하여서는 아니된다. 다만 「총

포·도검·화약류 등 단속법 시행령」 제49조제3항 단서의 규정에 의한 화약류는 그러하지 아니하다.

제11조(위험물의 취급) 위험물을 취급하는 때에는 다음 각 호의 사항을 준수하여야 한다.

1. 위험물을 취급함에 있어 갈고리를 쓰거나 던지지 말 것
2. 소형의 화공품인 위험물은 이를 굴리지 말 것
3. 대형의 화공품인 위험물을 굴릴 때에는 충돌을 예방할 수 있는 가죽·헝겊 또는 거적류 등으로 이동할 장소를 덮을 것
4. 위험물을 취급하는 장소 또는 화차 안에서는 안전등(安全燈) 외의 등화를 사용하지 말 것
5. 성냥 등 발화하기 쉬운 물품을 소지하거나 흡연하지 말 것
6. 인화성이나 폭발성이 강한 위험물을 취급하는 경우 신발의 바닥에 징을 박은 신발류를 신지 아니하는 등 위험물의 취급에 부적합한 의복과 신발류를 착용하지 말 것
7. 위험물을 취급하기 전이나 취급한 후에는 그 장소와 차내를 청소하도록 할 것

제12조(여객 승강장에서의 위험물 취급금지) ① 위험물은 여객 승강장에서 취급하여서는 아니된다. 다만, 여객 또는 여객이 탄 객차가 부근에 없는 때에는 그러하지 아니하다.

②위험물은 역 구내에서 포장하거나 포장을 풀지 못한다.

제13조(철도차량의 연결 등) ① 위험물을 적재한 화차는 여객이 승차한 차량에 연결하여서는 아니된다.

②위험물을 적재한 화차는 동력을 가진 기관차 또는 이를 호송하는 사람이 승차한 화차의 바로 앞 또는 바로 다음에 연결하여서는 아니된다.

③화물열차를 운행하지 아니하는 노선 또는 운송상 특별한 사유가 있는 경우에는 제1항의 규정에 불구하고 화약류를 적재한 화차는 1량에 한하여 이를 객차에 연결할 수 있다. 이 경우 객차로부터 3량 이상의 빈차를 그 사이에 연결하여 객차와 격리하는 등의 필요한 안전조치를 하여야 한다.

④제1항 및 제2항의 규정에 불구하고 군사적인 목적으로 운행하는 군용열차에 위험물을 적재한 화차를 연결하는 경우에는 다른 철도차량과 격리하지 아니할 수 있다. 이 경우 화약류를 적재한 화차를 동력차 또는 발전차와 연결하는 경우에는 적어도 1량 이상의 빈차를 그 사이에 연결하여야 한다.

⑤위험물을 적재한 화차와 다른 철도차량을 연결하여 열차를 조성(組成)하는 경우에는 다음 각 호에 의한다.

1. 동력차 또는 발전차에 위험물을 적재한 화차를 연결하는 때에는 3량 이상의 빈차를 그 사이에 연결하여야 한다.
2. 발화 또는 폭발의 염려가 있는 화물을 적재한 화차에 위험물을 적재한 화차를 연결하는 때에는 3량 이상의 빈차를 그 사이에 연결하여야 한다.
3. 제1호 및 제2호 외의 철도차량에 위험물을 적재한 화차를 연결하는 때에는 1량 이상의 빈차를 그 사이에 연결하여야 한다.

⑥제3항 내지 제5항의 경우 위험물을 적재한 화차에 충격을 줄 염려가 없는 불연성(不燃性) 화물을 적재한 무개화차와 발화 또는 폭발의 위험이 없는 화물을 적재한 유개화차는 이를 빈차에 갈음할 수 있다.

⑦화공품을 적재한 화차와 화약 또는 폭약을 적재한 화차는 이를 동일한 열차에 연결하여서는 아니된다.

⑧위험물을 적재한 화차를 다른 철도차량과 연결하거나 분리하는 때에는 위험물을 적재한 화차에 충격을 주지 아니하도록 주의하여야 한다.

제14조(적재차량의 제한) 하나의 열차에는 화약류만을 적재한 화차를 5량을 초과하여 연결하여서는 아니된다.

제15조(위험물 운송시 안전조치) ① 철도운영자는 위험물을 적재한 철도차량을 도중역에서 정차시키는 경우에는 철저하게 차량점검을 하여야

하고 위험이 있다고 인정하는 때에는 즉시 그 화차를 격리된 선로에 이동하여 위험방지에 필요한 조치를 하여야 한다.

②철도운영자는 위험물을 적재한 철도차량을 운행하는 도중 차축(車軸)의 발열, 제동장치의 풀림 등을 발견한 때에는 그 진행을 중지하여 발열부를 냉각시키거나 제동장치에 대한 긴급수리 등을 행하고 관계부서에 통보하는 등의 안전조치를 하여야 한다.

제16조(위험물의 도착후 조치 등) ① 철도운영자는 화약류의 탁송신청을 받은 때와 화약류를 적재한 화차가 도중역에 체류·정류하는 때 및 도착역에 도착하는 때에는 지체없이 관할경찰관서에 그 사실을 신고하여야 한다.

②위험물의 수화인은 위험물이 도착하면 지체없이 이를 역외에 반출하여야 한다. 다만, 도착역에 특별한 설비를 갖춘 경우에는 그러하지 아니하다.

③화약류의 수화인이 화약류 도착 후 5시간이 경과하여도 화약류를 반출하지 아니하는 때에는 철도운영자는 관할경찰관서에 그 사실을 신고하고, 당해 그 화약류를 적재한 화차를 격리된 선로로 이동시킨 후 위험방지에 필요한 조치를 하여야 한다.

제17조(호송인의 동승 요구 등) ① 철도운영자는 1개 화차를 전용하여 적재할 화약류의 운송을 수탁한 때에는 탁송인에게 호송인을 동일열차에 동승시킬 것을 요구할 수 있다.

②철도운영자는 위험물을 철도로 운송함에 있어 필요하다고 인정하는 경우에는 탁송인에게 해당 위험물에 대한 안전관리자의 동승을 요구할 수 있다.

③제1항 및 제2항의 규정에 의하여 호송인 또는 안전관리자가 동일열차에 동승하는 경우에는 호송인 또는 안전관리자는 해당 위험물을 적재한 화차에 승차하여서는 아니된다.

제18조(적용특례) 제4조부터 제10조까지의 규정, 제13조 및 제14조는 군사적 목적으로 화약류를 운송하는 경우에는 이를 적용하지 아니하며, 이에 대한 세부적인 사항은 국방부장관과 철도운영자가 체결한 협약에 따른다. 〈개정 11·1·17〉

제19조(위험물 운송에 관한 세부사항) 철도운영자는 이 규칙에서 정한 위험물 운송에 관한 세부기준 및 절차를 이 규칙의 범위 안에서 따로 정하여 시행할 수 있다.

부 칙 〈건설교통부령 제452호, 05·7·1〉

이 규칙은 공포한 날부터 시행한다.

부 칙 〈국토해양부령 제4호, 08·3·14〉

이 규칙은 공포한 날부터 시행한다.

부 칙 〈국토해양부령 제325호, 11·1·17〉

이 규칙은 공포한 날부터 시행한다.

부 칙 〈국토교통부령 제1호, 13·3·23〉

제1조(시행일) 이 규칙은 공포한 날부터 시행한다. 〈단서 생략〉

제2조부터 제5조까지 생략

[별표] 〈개정 13・3・23〉

운송취급주의 위험물(제2조 관련)

운송취급주의 위험물
제1류 화약류 1. 제1.1급: 대폭발위험성이 있는 폭발성 물질 및 폭발성 제품(발화 시 해당 폭발성 물질 또는 폭발성 제품의 대부분이 동시에 폭발하는 것) 2. 제1.2급: 대폭발위험성은 없으나 분사위험성이 있는 폭발성 물질 및 폭발성 제품(발화 시 해당 폭발성 물질 또는 폭발성 제품이 연소되면서 빠른 속도로 가스를 내뿜는 것) 3. 제1.3급: 대폭발위험성은 없으나 화재위험성, 폭발위험성 또는 분사위험성이 있는 폭발성 물질 및 폭발성 제품 4. 제1.4급: 폭발위험성과 분사위험성이 낮은 폭발성 물질 및 폭발성 제품(운송 중 발화하는 경우 폭발위험성이 포장에 국한되거나 분사위험성이 감지되지 않을 정도의 것) 5. 제1.5급: 대폭발위험성이 있는 둔감한 폭발성 물질(통상의 운송조건에서는 발화하기 어렵고 화재의 경우에도 폭발하기 어려운 물질) 6. 제1.6급: 대폭발위험성이 없는 둔감한 폭발성 제품(둔감한 폭발성 물질을 주성분으로 하여 만들어진 폭발성 제품)
제2류 가스류 1. 제2.1급: 인화성가스 2. 제2.2급: 비인화성・비독성가스 3. 제2.3급: 독성가스
제3류 인화성액체류
제4류 가연성 고체, 자연 발화성 물질, 물과 접촉 시 인화성 가스를 방출하는 물질 1. 제4.1급: 가연성 고체, 자기 반응성 물질 및 둔감한 화약류 2. 제4.2급: 자연 발화성 물질 3. 제4.3급: 물과 접촉 시 인화성 가스를 방출하는 물질
제5류 산화성 물질 및 유기과산화물 1. 제5.1급: 산화성물질 2. 제5.2급: 유기과산화물
제6류 독물 및 전염성 물질 1. 제6.1급: 독물 2. 제6.2급: 전염성 물질
제7류 방사능 물질
제8류 부식성 물질
제9류 철도운송 중 나타나는 유해성이 제1류부터 제8류까지에 속하지 아니하는 물질이나 제품으로 국토교통부장관이 정하여 고시하는 물질이나 제품

[별지 도식] 〈신설 11·1·17〉

표찰(제7조제1항 관련)

제1류

제1.1, 1.2, 1.3급

구분	색상
바탕	주황색
그림	흑색
숫자	흑색
문자	흑색

★★는 등급을, ★는 격리구분을 표시

제1.4급

구분	색상
바탕	주황색
숫자	흑색
문자	흑색

★는 격리구분을 표시

제1.5급

구분	색상
바탕	주황색
숫자	흑색
문자	흑색

★는 격리구분을 표시

제1.6급

구분	색상
바탕	주황색
숫자	흑색
문자	흑색

★는 격리구분을 표시

제2류

제2.1급

구분	색상
바탕	적색
그림	흑색 또는 백색
숫자	흑색 또는 백색

제2.2급

구분	색상
바탕	초록색
그림	흑색 또는 백색
숫자	흑색 또는 백색

제2.3급

구분	색상
바탕	백색
그림	흑색
숫자	흑색

제3류

구분	색상
바탕	적색
그림	흑색 또는 백색
숫자	흑색 또는 백색

제4류

제4.1급

구분	색상
바탕	적색
띠	백색
그림	흑색
숫자	흑색

제4.2급

구분		색상
바탕	위	백색
	아래	적색
그림		흑색
숫자		흑색

제4.3급

구분	색상
바탕	청색
그림	흑색 또는 백색
숫자	흑색 또는 백색

제5류

제5.1급

구분	색상
바탕	노랑색
그림	흑색
숫자	흑색

제5.2급

구분		색상
바탕	위	적색
	아래	노랑색
그림		흑색 또는 백색
숫자		흑색

제6류

제6.1급

구분	색상
바탕	백색
그림	흑색
숫자	흑색

제6.2급

구분	색상
바탕	백색
그림	흑색
숫자	흑색

제8류

구분		색상
바탕	위	백색
	아래	흑색
그림		흑색
숫자		흑색

제9류

구분	색상
바탕	백색
띠	흑색
숫자	흑색

철도보호지구에서의 행위제한에 관한 업무지침

제정 2010 · 4 · 21 국토해양부고시 제2010-230호
2013 · 4 · 24 국토교통부고시 제2013-185호
2013 · 6 · 20 국토교통부고시 제2013-327호
2014 · 5 · 30 국토교통부고시 제2014-335호
2018 · 6 · 7 국토교통부고시 제2018-331호

제1조(목적) 이 지침은 「철도안전법시행령」제46조제4항에 따른 철도보호지구 에서의 행위제한에 관한 세부적인 사항을 규정함을 목적으로 한다.

제2조(정의) 이 지침에서 사용하는 용어의 뜻은 다음과 같다.

1. "철도"란 「철도안전법」 제2조제1호 따른 철도를 말한다
2. "철도보호지구관리자"란 국토교통부장관으로부터 철도안전법(이하 "법"이라 한다) 제45조제1항에 따른 철도보호지구에서의 행위의 신고수리 및 같은 조 제2항에 따른 행위의 금지·제한 또는 필요한 안전조치 명령을 「철도안전법 시행령」 제63조에 따라 위탁받은 자와 시·도지사를 말한다.
3. "신고인"이란 법 제45조제1항 각 호의 행위를 신고한 자를 말한다.
4. "관제업무종사자"란 철도교통의 안전과 질서를 유지하기 위하여 철도차량의 운행을 감시·통제·집중제어하는 업무에 종사하는 자를 말한다.
5. "행위"란 법 제45조 제1항 각 호의 행위를 말한다.

제3조(적용범위) 철도보호지구에서의 행위제한에 대하여 다른 법령이나 규정에서 특별히 정한 것을 제외하고는 이 지침에 따른다.

제4조(세부기준) 철도보호지구관리자는 이 지침에서 정한 사항의 시행에 필요한 세부기준 및 절차를 정할 수 있다.

제5조(행위신고) ① 철도보호지구에서의 행위를 신고하거나 신고한 내용을 변경하고자 하는 자는 별지 제1호서식의 철도보호지구에서의 행위신고서(이하 "신고서"라 한다)에 다음 각 호의 서류를 첨부하여 철도보호지구관리자에게 제출하여야 한다.

1. 건축허가 신청서 또는 실시계획승인 신청서(해당되는 경우에 한한다)
2. 다음 각 목의 사항이 포함된 설계도(해당되는 경우에 한한다)
   가. 철도와 공사예정지 상황을 표현한 배치도
   나. 설치시설의 평면도
   다. 철도와 시설물 사이의 표고차가 표시된 종,횡단면도
   라. 그 밖에 안전성 검토에 필요한 사항
3. 신고된 행위가 다음 각 호의 어느 하나에 해당하는 경우에는 별표3에 따른 철도보호지구 안전관리계획서(단, 사호에 해당하는 행위의 경우에는 신고서를 제출한 이후 첨부할 수 있다)
   가. 주유소, LPG 충전소 등 폭발물 또는 인화물질을 제조·저장·전시하는 행위 또는 제조·저장·전시하는 시설을 설치하는 행위
   나. 3층 이상 건축물의 신축·증축·개축 또는 공작물의 설치 행위
   다. 선로 및 노반의 침하가 우려되는 굴착 또는 자갈·모래 등의 채취 행위
   라. 타워크레인 설치 또는 파일 항타(杭打)·천공 등 대형건설장비를 이용하는 작업이 예정되어 있는 행위
   마. 가공전선로(架空電線路) 또는 전신주 설치 등 전차선로와 접촉될 우려가 있는 작업이 예정되어 있는 행위
   바. 열차운행에 지장을 줄 우려가 있는 수목의 식재 행위
   사. 그 밖에 철도차량의 안전운행 및 철도시설의 보호를 저해할 우려가 있다고 철도보호지구관리자가 판단되는 행위

②철도보호지구관리자는 제1항에 따라 제출된 신고서가 행위내용의 확인이나 필요한 사항을 갖추지 못한 경우 신고자에게 상당한 기간을 정

하여 그 보완을 요구할 수 있다. 이 경우 보완에 소요된 기간은 철도안전법 시행령(이하 "영"이라 한다) 제46조제3항에 따른 통보기간에 포함하지 않는다.

제6조(행위수리) ① 철도보호지구관리자는 신고서를 접수한 때에는 다음 각 호에 대하여 검토하여야 한다.

1. 법 제45조제2항에 따른 행위의 금지 또는 제한명령의 필요성
2. 영 제49조에 따른 안전조치의 필요성
3. 제2항에 따른 현장 확인결과 안전조치가 필요한 사항
4. 그 밖에 알림판 설치·안전원 배치·위험물 보관 등 철도시설의 보호 또는 철도차량의 안전운행을 위하여 필요한 사항
5. 철도 이용자들의 정거장 진·출입 지장여부

②철도보호지구관리자는 제5조제1항제3호에 해당하는 행위 신고를 접수한 경우 철도시설 관리자와 철도운영자에게 검토를 요청하여야 하며, 필요하다고 판단될 경우에는 철도시설관리자 및 철도운영자와 함께 현장을 확인하여야 한다.

③철도시설관리자와 철도운영자는 제2항에 따라 검토요청을 받은 때에는 검토요청을 받은 날부터 15일 이내에 행위의 금지·제한 또는 안전조치(이하 "안전조치등"이라 한다)의 필요성 여부와 그 이유를 명시한 검토결과를 철도보호지구관리자에게 제출하여야 한다

④철도보호지구관리자는 제2항에 따른 현장 확인 및 제3항에 따라 제출받은 검토결과 등을 종합 검토하여 타당할 경우에는 제5조제1항에 따른 신고를 수리하거나 영 제46조제3항에 따른 안전조치등을 신고인에게 명하고 조치가 완료되면 신고 수리해야 한다.

⑤철도보호지구관리자는 제4항에 따라 신고를 수리하거나 안전조치등을 명하였을 때에는 그 내용을 철도시설관리자, 철도운영자 및 관제업무 종사자에게 통보하여야 한다.

⑥철도시설관리자는 제5항에 따른 통보를 받은 때에는 제4항에 따라 명령한 안전조치등의 이행여부를 확인하여야 하며, 별지 제2호서식(또는 도시철도 자체 기준)에 따라 철도보호지구 관리카드에 그 결과를 기록·유지하여야 한다.

제7조(안전교육) ① 철도보호지구관리자는 영 제49조제9호의 안전조치를 위해 철도보호지구에서 지켜야 할 안전수칙 등을 포함한 안전교육 매뉴얼을 마련하여 신고인이 작업자 안전교육에 사용할 수 있도록 신고인에게 안전교육 매뉴얼을 배포하여야 한다.

②철도보호지구관리자는 제1항에 따른 매뉴얼의 이해를 돕기 위해 제5조제1항제3호에 해당하는 행위를 시작하기 전에 신고인에게 안전교육을 시행할 수 있다.

③철도보호지구관리자는 신고인으로 하여금 제1항에 따른 교육내용을 매일 해당 작업 시작 전 작업자에게 철저히 교육시키고 교육 내용을 기록, 유지하도록 할 수 있다.

제8조(안전점검) ① 철도보호지구관리자는 영 제49조제9호의 안전조치를 위해 철도보호지구에서의 안전점검(이하 "안전점검"이라 한다)을 위한 매뉴얼을 마련하여야 하며, 안전점검을 할 때에는 안전점검 매뉴얼에 따라 시행하여야 한다.

②철도시설관리자가 제6조제5항에 따른 통보를 받은 때에는 별지 제3호서식의 철도보호지구관리대장에 통보받은 내용을 등재하고, 신고인의 행위를 별표 2의 기준에 따라 등급별로 구분하여 주기적으로 안전점검을 시행하고 그 결과를 별지 제2호서식의 철도보호지구관리카드에 기록·유지하여야 한다.

③철도보호지구관리자는 제1항에 따라 안전점검을 시행한 결과, 철도시설의 보호 및 철도차량의 안전운행을 위하여 필요한 경우 신고인에게 그 사유를 설명하고 안전조치등을 요구하여야 하며, 안전교육을 실시하여야 한다.

④철도운영자는 안전점검을 시행해야 하며 안전점검 시 철도차량의 안

전운행 및 철도시설의 보호에 지장이 우려되는 행위를 발견하였을 때에는 신고인에게 안전조치등을 요구 후 법 제45조제3항에 따라 철도보호지구관리자에게 해당 행위의 금지제한 또는 필요한 조치를 명할 것을 요청하고 그 내용을 철도시설관리자에게 통보하여야 한다.

⑤철도보호지구관리자가 철도운영자로부터 제4항에 따른 통보를 받은 때에는 철도운영자가 요구한 안전조치등이 이행되었는지 확인하고 해당 행위의 금지제한을 명령하거나 필요한 조치를 하고 그 결과를 철도운영자에게 통보하여야 한다.

⑥철도보호지구관리자는 매년 2월에 철도보호지구 관리실태에 대한 특별안전점검계획을 수립하고, 매 분기마다 특별안전점검을 실시하여야 하며, 그 결과를 국토교통부장관에게 보고하여야 한다.

제9조(비상연락체계 구성) ① 철도보호지구관리자는 영 제49조제9호의 안전조치를 위해 긴급상황 발생 등 비상시에 즉각 대응할 수 있도록 철도운영자, 관제업무종사자, 철도시설관리자, 철도보호지구관리자, 인접역, 신고인 간 비상연락체계를 구성하여야 한다.

제10조(열차감시인 배치 등) ① 신고인은 제5조제1항제3호에 해당하는 작업을 할 때에는 그 사실을 철도보호지구관리자에게 사전 통보하여야 한다.

②철도보호지구관리자가 제1항에 따른 통보를 받은 때에는 작업의 범위·성격 등을 검토하여 열차안전운행에 필요한 경우 작업시 철도시설관리자 또는 철도운영자를 입회시키거나 신고인에게 열차감시인의 배치를 요구할 수 있다.

③철도보호지구관리자는 제2항에 따른 철도종사자 입회 또는 열차감시인을 배치한 때에는 그 사실을 관제업무종사자에게 통보하여 상호 정보교류를 할 수 있도록 하여야 한다.

제11조(긴급상황시 열차안전운행 확보) ① 신고인은 건설장비 전도(顚倒) 등 열차 운행에 위험을 초래할 긴급상황이 발생하였을 때에는 즉시 가까운 역에 열차운행중지를 요청함과 동시에 철도보호지구관리자, 철도운영자 및 관제업무종사자에게 그 사실을 알려야 한다.

②제1항에 따른 연락을 받은 철도보호지구관리자, 철도운영자 또는 관제업무종사자는 제9조에 따른 비상연락망 체계에 따라 상황을 전파하고 열차운행계획 변경 및 서행운전 등 방호조치, 긴급복구 작업시행 및 승인 등 필요한 소관업무를 협의 조치 하여야 한다.

제12조(행위완료의 확인) ① 신고인은 영 제46조제3항에 따라 행위가 완료되기 7일 전에 철도보호지구관리자에게 그 사실을 통보하여야 한다.

②철도보호지구관리자는 제1항에 따른 통보를 받은 때에는 신고인의 행위가 완료되기 전에 철도시설관리자에게 통보하여 철도시설의 보호 및 철도차량의 안전운행에 대한 지장여부를 현장점검을 통하여 확인하여야 한다.

③철도시설관리자는 제2항에 따른 현장 점검결과, 철도시설의 보호 및 철도차량의 안전운행에 지장이 예상될 경우에는 신고인에게 지장이 예상되는 행위 또는 시설에 대하여 보완을 요구할 수 있으며, 그 내용을 철도보호지구관리자에게 통보하여야 한다.

④철도보호지구관리자는 제5조제1항제3호에 해당되는 행위에 대하여 제1항에 따른 통보를 받으면 행위 완료 전까지 철도운영자에게 통보하여야 하며 철도운영자는 제6조 제3항의 검토 결과에 따라 제출한 내용과 같이 이행하지 않았거나 조치가 미흡하여 철도차량의 안전운행 및 철도시설의 보호에 지장이 예상될 경우 철도시설관리자에게 보완을 요구할 수 있고 철도시설관리자는 보완요구에 대하여 조치계획 등을 철도운영자에게 통보하여야 한다.

⑤철도보호지구관리자는 제5조에 따라 신고된 행위가 완료되면 철도운영자에게 통보하여야 한다.

제13조(사고예방 활동) 철도보호지구관리자는 철도보호지구의 사고예방을 위해 행위 제한 등에 대해 대국민 홍보 등의 활동을 할 수 있다.

제14조(재검토기한) 국토교통부장관은 「훈령・예규 등의 발령 및 관리에 관한 규정」에 따라 이 고시에 대하여 2018년 7월 1일을 기준으로 매 3년이 되는 시점(매 3년째의 6월 30일까지를 말한다)마다 그 타당성을 검토하여 개선 등의 조치를 하여야 한다.

부　칙 〈제2010-230호, 10・4・21〉

제1조(시행일) 이 지침은 고시한 날부터 시행한다.
제2조(행위제한에 관한 경과조치) 이 지침 시행 전에 종전의 규정에 따라 시행중인 행위는 이 지침에 따른 행위로 본다.

부　칙 〈제2013-185호, 13・4・24〉

제1조(시행일) 이 고시는 발령한 날부터 시행한다.

부　칙 〈제2013-327호, 13・6・20〉

제1조(시행일) 이 지침은 고시한 날부터 시행한다.
제2조(행위제한에 관한 경과조치) 이 지침 시행 전에 종전의 규정에 따라 시행중인 행위는 이 지침에 따른 행위로 본다.

부　칙 〈제2014-335호, 14・5・30〉

제1조(시행일) 이 지침은 고시한 날부터 시행한다.
제2조(행위제한에 관한 경과조치) 이 지침 시행 전에 종전의 규정에 따라 시행중인 행위는 이 지침에 따른 행위로 본다.

부　칙 〈제2018-331호, 18・6・7〉

이 고시는 발령한 날부터 시행한다.

[별표 1]

철도 보호지구 업무절차 흐름도

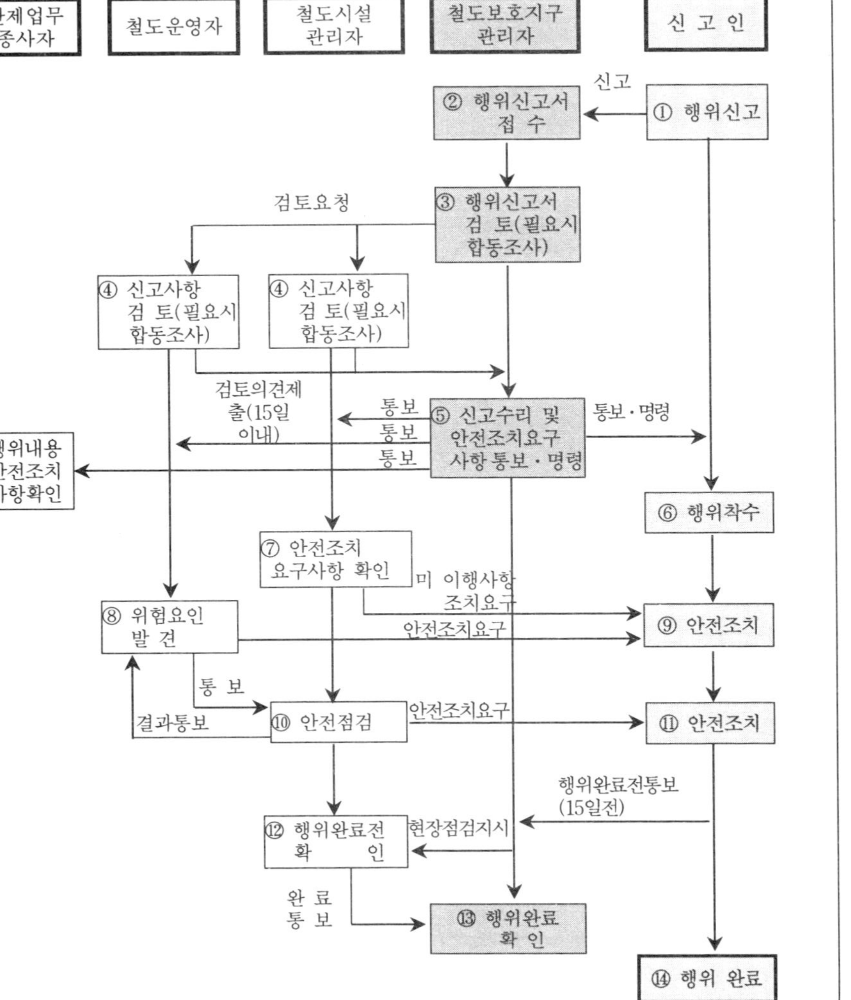

[별표 2]

철도보호지구내 건설현장의 위험 등급별 점검기준

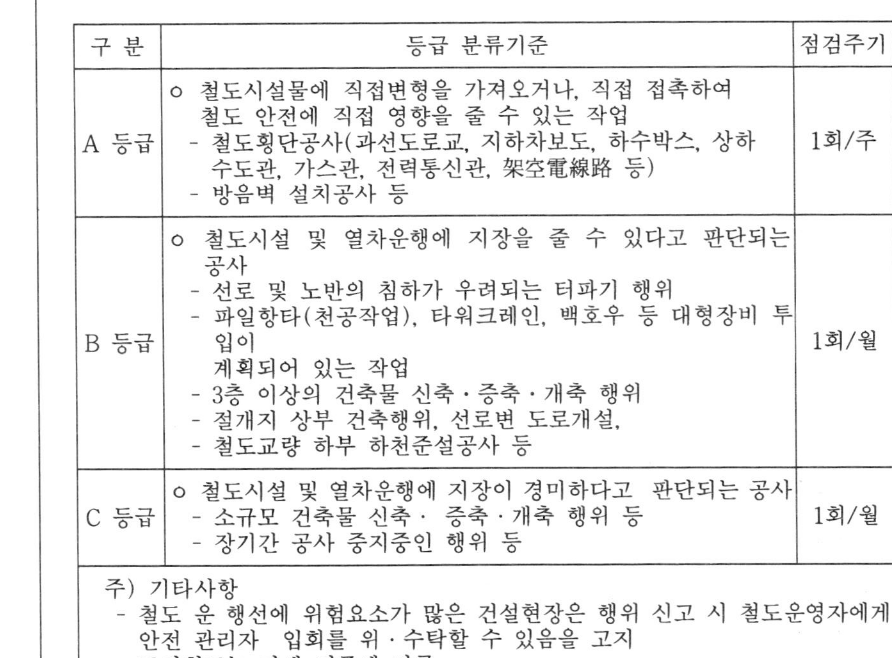

구 분	등급 분류기준	점검주기
A 등급	o 철도시설물에 직접변형을 가져오거나, 직접 접촉하여 철도 안전에 직접 영향을 줄 수 있는 작업 - 철도횡단공사(과선도로교, 지하차보도, 하수박스, 상하수도관, 가스관, 전력통신관, 架空電線路 등) - 방음벽 설치공사 등	1회/주
B 등급	o 철도시설 및 열차운행에 지장을 줄 수 있다고 판단되는 공사 - 선로 및 노반의 침하가 우려되는 터파기 행위 - 파일항타(천공작업), 타워크레인, 백호우 등 대형장비 투입이 계획되어 있는 작업 - 3층 이상의 건축물 신축·증축·개축 행위 - 절개지 상부 건축행위, 선로변 도로개설, - 철도교량 하부 하천준설공사 등	1회/월
C 등급	o 철도시설 및 열차운행에 지장이 경미하다고 판단되는 공사 - 소규모 건축물 신축· 증축·개축 행위 등 - 장기간 공사 중지중인 행위 등	1회/월
주) 기타사항 - 철도 운 행선에 위험요소가 많은 건설현장은 행위 신고 시 철도운영자에게 안전 관리자 입회를 위·수탁할 수 있음을 고지 - 도시철도는 자체 기준에 따름		

[별표 3]

철도보호지구 안전관리계획서 작성기준

주요내용	세부내용	비고
가. 공사의 개요	- 공사현장 위치도	
	- 공사개요	
	- 공정표	
나. 안전관리조직	- 안전관리 조직	안전 관리자, 안전보건총괄책임자, 분야별안전관리책임자, 안전관리담당자 배치 및 업무분장
다. 철도보호지구내 공정별 안전점검 계획	- 자체점검	일일, 주간, 월간, 연간 안전점검표 및 자체안전점검 계획
	- 특별점검	
	- 정밀안전점검	
라. 철도보호지구내 공사장 주변 안전 안전관리계획	- 공사중 인접매설물 방호	위험발생 우려개소
	- 인접 시설물보호	
	- 공사알림판 설치(열차접근 방향 200m와 500m지점)	철도에 직접 접촉하여 철도안전에 직접영향을 줄 수 있는 작업에 해당할 경우
마. 안전교육계획	- 안전교육 계획표	
	- 교육종류, 내용	
	- 교육(기록)관리 사항	
바. 비상시 긴급조치 계획	- 비상연락망	
	- 비상동원조직	
	- 응급조치 및 복구계획	
사. 열차운행선 지장 공사 안전관리 계획	- 운행선 안전관리원 배치	해당시 작성
	- 열차운행선 보호대책	
	- 열차운행선 지장공사 계획수립	
	- 차단공사 협의를 위한 업무담당자 지정	
아. 철도보호지구내 취약개소 안전관리	- 취약개소 지정 및 등록 관리	
자. 위험공종 안전관리	- 굴착, 발파, 성토, 절토 공사 안전관리	해당시 작성
차. 가시설물 안전관리 계획	- 안전설계 검토서 - 가시설 변위측정계획	해당시 작성
카. 대형 건설장비 안전관리	- 작업반경의 철도침범 방지 계획	해당시 작성
	- 투입장비의 적정성 검토서	
	- 관련법에 의한 점검계획	
	- 장비운전원, 교육계획	
	- 장비 신호수 배치계획	
타. 사고보고 및 처리 계획	- 사고보고 계획	- 사고발생 즉시 초기보고 계획 - 사상자 구호등 응급조치
	- 응급조치 및 대응교육	

[별지 제1호서식]

철도보호지구에서의 행위신고서

접수번호	접수일	발급일	처리기간 30일
신 고 인	성 명		생년월일
	기관명		대표자
	주 소		법인등록번호
신고사항	행위위치		
	행위목적		
	공사기간		
	착공예정일		준공예정일
	시공사(상호명) 현장관리자(성명)		전화번호 전화번호

「철도안전법」 제45조 및 같은 법 시행령 제46조에 따라 철도보호지구에서의 행위를 신고합니다.

년 월 일

신청인 (서명 또는 인)

○○○○○○○ 귀하

첨부서류	[ ] 1. 건축허가 신청서 또는 실시계획승인 신청서(해당시) 2. 설계도(해당시) [ ] 배치도(철도와 공사예정지 상황을 표현한 도면) [ ] 평면도(설치시설을 표현한 도면) [ ] 철도와 시설물 사이의 표고차가 표시된 종,횡단면도(해당시) [ ] 우수 및 오·폐수 배출 계획 (해당시) [ ] 3. 안전계획서(제5조제1항제3호에 해당하는 경우) - 별표 3에 따라 작성

유의사항

1. 공사 또는 시설을 설치하는 장소(대지)를 도로명(번지)까지 기입합니다.
2. 구체적으로 기재 (기입예 ☞ 단독주택 신축, 제2종 근린생활시설 신축 등)
3. 시공사의 상호와 전화번호, 현장관리자의 성명과 전화번호 기재.
4. 제출서류에 표시합니다. (기입예 ☞ [√] 1. 건축허가신청서)

210mm×297mm[백상지 80g/㎡(재활용품)]

[별지 제2호 서식]

철도보호지구 관리카드

관리번호			
신 고 인		신 고 일	
주소(연락처)			
행위위치			
행위내용			
행위신고 수 리 일		철도시설관리자, 철도운영자 통보일	
착공예정일		완료예정일	
착 공 일		완 료 일	
위험등급		철도이격거리	
안전점검 결과			
제○회	점 검 일		
	점 검 자		
	점검내용		
	안전교육내용		
	지적사항 조치결과		
제○회	점 검 일		
	점 검 자		
	점검내용		
	안전교육내용		
	지적사항 조치결과		
제○회	점 검 일		
	점 검 자		
	점검내용		
	안전교육내용		
	지적사항 조치결과		

[별지 제3호서식]

철도보호지구 관리대장

관리번호	신고내역					처리내역						비고
	신고일자	신고인	신고인 주소(연락처)	행위위치	행위내용	처리일자 / 문서번호	처리내용	시설관리자 운영자 통보일	위험등급	착공예정일 / 착공일	완료예정일 / 완료일	

주) 도시철도는 자체서식에 따름

철도사고등의 보고에 관한 지침

2015·11·23 국토교통부고시 제2015-857호
2019· 1·28 국토교통부고시 제2019- 57호

제1조(목적) 이 지침은 「철도안전법 시행규칙」제86조제3항에 따라 철도사고등의 보고절차 및 방법 등에 관한 세부적인 사항을 정함을 목적으로 한다.

제2조(정의) ① 이 지침에서 사용하는 "철도사고"라 함은 다음 각 호의 사고를 말한다(전용철도에서 발생한 사고는 제외한다). 다만, 열차 또는 철도차량의 운행으로 발생된 제1호부터 제6호까지의 사고를 통칭하여 "철도교통사고"라 하고, 제1호부터 제4호까지의 사고를 통칭하여 "열차사고"라 한다.〈개정 19·1·28〉

1. 열차충돌사고 : 열차가 다른 열차(철도차량) 또는 장애물과 충돌하거나 접촉하여 운행을 중지한 사고
2. 열차탈선사고 : 열차를 구성하는 철도차량의 바퀴가 궤도를 이탈하여 탈선한 사고
3. 열차화재사고 : 열차에서 화재가 발생하여 사상자가 발생하거나 열차의 운행을 중지한 사고
4. 기타열차사고 : 열차에서 위험물(「철도안전법」 시행령 제45조에 따른 위험물을 말한다. 이하 같다) 또는 위해물품(「철도안전법」 시행규칙 제78조제1항에 따른 위해물품을 말한다. 이하 같다)이 누출되거나 폭발하는 등으로 사상자 또는 재산피해가 발생한 사고
5. 건널목사고 : 「건널목개량촉진법」 제2조에 따른 건널목에서 열차 또는 철도차량과 도로를 통행하는 차마(「도로교통법」 제2조제17호에 따른 차마를 말한다), 사람 또는 기타 이동 수단으로 사용하는 기계기구와 충돌하거나 접촉한 사고
6. 철도교통사상사고 : 위 제1호부터 제4호까지의 사고를 동반하지 않고 열차 또는 철도차량의 운행으로 여객(이하 철도를 이용하여 여행할 목적으로 역구내에 들어온 사람이나 열차를 이용 중인 사람을 말한다.), 공중(公衆), 직원(이하 계약을 체결하여 철도운영자등의 업무를 수행하는 사람을 포함한다.)이 사망하거나 부상을 당한 사고
7. 철도안전사고 : 제1호부터 제6호까지의 사고 및 제3항의 재난을 동반하지 않고 철도운영 및 철도시설관리와 관련하여 인명의 사상이나 물건의 손괴가 발생한 다음 각 목의 사고를 말한다.
   가. 철도화재사고 : 역사, 기계실 등 철도시설 또는 철도차량에서 발생한 화재
   나. 철도시설파손사고 : 교량, 터널, 선로 또는 신호, 전기 및 통신설비 등 철도시설이 손괴된 사고
   다. 철도안전사상사고 : 위 '가'목과 '나'목의 사고를 동반하지 않고 대합실, 승강장, 선로 등 철도시설에서 추락, 감전, 충격 등으로 여객, 공중(公衆), 직원이 사망하거나 부상을 당한 사고
   라. 기타철도안전사고 : 위 각 목의 사고에 해당되지 않는 사고

② 이 지침에서 사용하는 "운행장애"라 함은 제1항의 철도사고에 해당되지 아니하는 것으로서 다음 각 호의 것을 말한다.

1. 위험사건 : 철도사고로 발전될 가능성이 높은 다음 각 목의 경우를 말한다.
   가. 운행허가를 받지 않은 구간을 운행할 목적으로 열차가 주행한 경우
   나. 열차가 운행하고자 하는 진로에 지장이 있음에도 불구하고 당해 열차에 진행을 지시하는 신호가 현시된 경우
   다. 열차가 정지신호를 지나쳐 다른 열차 또는 철도차량의 진로를 지장한 경우

라. 열차 또는 철도차량이 역과 역사이로 굴러간 경우

마. 열차운행을 중지하고 공사 또는 보수작업을 시행하는 구간으로 열차가 주행한 경우

바. 측선에서 탈선한 철도차량이 본선을 지장하는 경우

사. 열차의 안전운행에 지장을 초래하는 선로, 신호장치 등 철도시설의 고장, 파손 등이 발생한 경우

아. 열차의 안전운행에 지장을 미치는 주행장치, 제동장치 등 철도차량의 고장, 파손 등이 발생한 경우

자. 열차 또는 철도차량에서 화약류 등 위험물이 누출된 경우

차. 위 각 목에 준하는 경우

2. 지연운행 : 출발역, 정차역 또는 종착역에서 계획시간표보다 지연된 경우로서 고속열차 및 전동열차는 10분 이상, 일반여객열차는 20분 이상, 화물열차 및 기타열차는 40분 이상 지연된 다음 각 호의 경우를 말한다. 다만, 관제업무종사자가 철도사고 또는 운행장애가 발생한 열차의 운전정리로 지장 받은 열차의 지연시간은 제외한다.

가. 및 나. 삭제 〈19·1·28〉

③ "재난"이란 「재난 및 안전관리 기본법」제3조제1호에 따른 재난으로 철도시설 또는 철도차량에 피해를 준 것을 말한다.

④ 이 지침에서 사용하는 "사상자"라 함은 다음 각 호의 인명피해를 말한다.

1. 사망자 : 사고로 즉시 사망하거나 30일 이내에 사망한 사람
2. 부상자 : 사고로 24시간 이상 입원 치료한 사람
3. (삭제)

⑤ 이 지침에서 사용하는 "철도안전정보관리시스템"이라 함은 「철도안전법시행령」(이하 "영"이라 한다) 제63조제1항제7호에 따라 구축되는 정보시스템을 말한다.

제3조(적용범위) 철도사고 및 운행장애(이하 "철도사고등"이라 한다)의 보고절차 및 방법 등에 관하여 다른 법령에서 정한 것을 제외하고는 이 지침이 정하는 바에 따른다.

제4조(철도사고등의 즉시보고) ① 철도운영자등(「철도안전법」(이하 "법"이라 한다) 제4조에 따른 철도운영자 및 철도시설관리자를 말한다. 전용철도의 운영자는 제외한다. 이하 같다)이 「철도안전법 시행규칙」(이하 "규칙"이라 한다) 제86조제1항의 즉시보고를 할 때에는 별표 1의 보고계통에 따라 전화 등 가능한 통신수단을 이용하여 구두로 다음 각 호와 같이 보고하여야 한다.

1. 일과시간 : 국토교통부(관련과) 및 항공·철도사고조사위원회
2. 일과시간 이외 : 국토교통부 당직실

② 제1항의 즉시보고는 사고발생 후 30분 이내에 하여야 한다.

③ 제1항의 즉시보고를 접수한 때에는 지체 없이 사고관련 부서(팀) 및 항공·철도사고조사위원회에 그 사실을 통보하여야 한다.

④ 철도운영자등은 제1항의 사고 보고 후 제5조제4항제1호 및 제2호에 따라 국토교통부장관에게 보고하여야 한다.〈개정 19·1·28〉

⑤ 제4항의 보고 중 종결보고는 철도안전정보관리시스템을 통하여 보고할 수 있다.

⑥ 철도운영자등은 제1항의 즉시보고를 신속하게 할 수 있도록 비상연락망을 비치하여야 한다.

제5조(철도사고등의 조사보고) ① 철도운영자등이 법 제61조제2항에 따라 사고내용을 조사하여 그 결과를 보고하여야 할 철도사고등은 영 제57조에 따른 철도사고등을 제외한다.

② 철도운영자등은 제1항의 조사보고 대상 가운데 다음 각 호의 사항에 대한 규칙 제86조제2항제1호의 초기보고는 철도사고등이 발생한 후 또는 사고발생 신고(여객 또는 공중(公衆)이 사고발생 신고를 하여야 알 수 있는 열차와 승강장사이 발빠짐, 승하차시 넘어짐, 대합실에서 추락·넘어짐 등의 사고를 말한다)를 접수한 후 1시간 이내에 사고발

생현황을 별표 1의 보고계통에 따라 전화 등 가능한 통신수단을 이용하여 국토교통부(관련과)에 보고하여야 한다.〈개정 19·1·28〉

1. 영 제57조에 따른 철도사고등을 제외한 철도사고
2. 제2조제2항제1호의 위험사건
3. 제2조제2항제2호의 지연운행으로 인하여 열차운행이 고속열차 및 전동열차는 30분, 일반여객열차는 1시간 이상 지연이 예상되는 사건
4. 그 밖에 언론보도가 예상되는 등 사회적 파장이 큰 사건

③ 철도운영자등은 제2항 각 호에 해당하지 않는 제1항에 따른 조사보고 대상에 대하여는 철도사고등이 발생한 후 또는 사고발생 신고를 접수한 후 72시간 이내(해당 기간에 포함된 토요일 및 법정공휴일에 해당하는 시간은 제외한다)에 규칙 제86조제2항제1호에 따른 초기보고를 별표 1의 보고계통에 따라 전화 등 가능한 통신수단을 이용하여 국토교통부(관련과)에 보고하여야 한다.〈개정 19·1·28〉

④ 철도운영자등은 제2항 또는 제3항에 따른 보고 후에 규칙 제86조제2항제2호와 제3호에 따라 중간보고 및 종결보고를 다음 각 호와 같이 하여야 한다.〈개정 19·1·28〉

1. 중간보고는 제1항의 철도사고등이 발생한 후 별지 제1호서식의 철도사고보고서에 사고수습 및 복구사항 등을 작성하여 사고수습·복구기간 중에 1일 2회 또는 수습상황 변동시 등 수시로 보고할 것.(다만 사고수습 및 복구상황의 신속한 보고를 위해 필요한 경우에는 전화 등 가능한 통신수단으로 보고 가능)
2. 종결보고를 발생한 철도사고등의 수습·복구(임시복구 포함)가 끝나 열차가 정상 운행하는 경우에 다음 각 목의 사항이 포함된 조사결과 보고서와 별표 2의 사고현장상황 및 사고발생원인 조사표를 작성하여 보고 할 것.
   가. 철도사고등의 조사 경위
   나. 철도사고등과 관련하여 확인된 사실
   다. 철도사고등의 원인 분석
   라. 철도사고등에 대한 대책 등
3. 제2조제3항의 재난이 발생한 경우에는 「재난 및 안전관리 기본법」 제20조제4항에 따라 같은 법 시행규칙 별지 제1호서식의 재난상황보고서를 작성하여 보고할 것.

⑤ 제3항의 초기보고 및 제4항제2호의 종결보고는 철도안전정보관리시스템을 통하여 할 수 있다.〈개정 19·1·28〉

제6조 〈삭 제〉

제7조(철도운영자의 사고보고에 대한 조치) ① 국토교통부장관은 제4조 또는 제5조의 규정에 따라 철도운영자등이 보고한 철도사고보고서의 내용이 미흡하다고 인정되는 경우에는 당해 내용을 보완 할 것을 지시하거나 철도안전감독관 등 관계전문가로 하여금 미흡한 내용을 조사토록 할 수 있다.〈개정 19·1·28〉

② 국토교통부장관은 제4조 또는 제5조의 규정에 의하여 철도운영자등이 보고한 내용이 철도사고등의 재발을 방지하기 위하여 필요한 경우 그 내용을 발표할 수 있다. 다만, 관련내용이 공개됨으로써 당해 또는 장래의 정확한 사고조사에 영향을 줄 수 있거나 개인의 사생활이 침해될 우려가 있는 다음 각 호의 내용은 공개하지 아니할 수 있다.〈개정 19·1·28〉

1. 사고조사과정에서 관계인들로부터 청취한 진술
2. 열차운행과 관계된 자들 사이에 행하여진 통신기록
3. 철도사고등과 관계된 자들에 대한 의학적인 정보 또는 사생활 정보
4. 열차운전실 등의 음성자료 및 기록물과 그 번역물
5. 열차운행관련 기록장치 등의 정보와 그 정보에 대한 분석 및 제시된 의견
6. 철도사고등과 관련된 영상 기록물

제8조(철도사고등에 대한 자료의 보고) ① 철도운영자등은 발생된 철도

사고등에 대하여 별표 3의 분류기준에 따라 매월 집계하여 별지 제2호 서식으로 다음달 15일까지 국토교통부장관에게 보고하여야 한다. 다만, 매년 12월에는 년 단위로 집계하여 다음해 2월까지 보고한다.

② (삭제)

③ 철도운영자등은 제1항의 보고를 철도안전정보관리시스템을 통하여 할 수 있다.

제9조(둘 이상의 기관과 관련된 사고의 처리) 둘 이상의 철도운영자등이 관련된 철도사고등이 발생된 경우 해당 철도운영자등은 공동으로 조사를 시행할 수 있으며, 다음 각 호의 구분에 따라 보고하여야 한다.

1. 제4조 및 제5조에 따른 최초 보고: 사고 발생 구간을 관리하는 철도운영자등
2. 제1호의 보고 이후 조사 보고 등: 철도차량 관련 사고 등은 해당 철도차량 운영자, 철도시설 관련 사고 등은 철도시설 관리자. 다만, 공동조사 후 사고원인이 명확한 경우에는 사고를 제공한 철도운영자등이 보고한다.

제10조(재검토기한) 국토교통부장관은 「훈령·예규 등의 발령 및 관리에 관한 규정」에 따라 이 고시에 대하여 2019년 1월 1일 기준으로 매 3년이 되는 시점(매 3년째의 12월 31일까지를 말한다)마다 그 타당성을 검토하여 개선 등의 조치를 하여야 한다.〈개정 19·1·28〉

부 칙 〈제2009-637호, 2009·8·21〉

제1조(시행일) 이 지침은 고시한 날부터 시행한다.

부 칙 〈제2012-517호, 2012·8·10〉

제1조(시행일) 이 고시는 발령한 날부터 시행한다.

부 칙 〈제2013-164호, 2013·4·19〉

제1조(시행일) 이 고시는 고시한 날부터 시행한다.

부 칙 〈제2013-663호, 2013·11·6〉

제1조(시행일) 이 고시는 고시한 날부터 시행한다.

부 칙 〈제2014-552호, 2014·9·17〉

제1조(시행일) 이 고시는 고시한 날부터 시행한다.

부 칙 〈제2015-260호, 2015·4·17〉

제1조(시행일) 이 고시는 고시한 날부터 시행한다.

부 칙 〈제2015-595호, 2015·8·17〉

제1조(시행일) 이 고시는 고시한 날부터 시행한다.

부 칙 〈제2015-857호, 2015·11·23〉

제1조(시행일) 이 고시는 2016년 1월 1일부터 시행한다.

부 칙 〈제2019-57호, 19·1·28〉

이 고시는 고시한 날부터 시행한다.

[별표 1]

철 도 사 고 등 의 보 고 계 통

국토교통부
철도운행안전과장
(근무시간외 : 당직실)

① 사고통보
④ 결과통보

항공 · 철도
사고조사위원회

① 즉시보고
② 조사보고
③ 사고통계 정기보고
① 즉시보고
⑤ 재조사보고
④ 결과통보

철도운영자등
사고보고 책임자
(철도사고 · 장애 · 재난)

① 철도운영자등이 제4조에 따라 즉시보고(통보)

② 철도운영자등이 제5조에 따라 사고원인에 대한 자체조사결과보고

③ 철도운영자등이 제8조에 따라 철도사고 및 운행장애의 통계를 보고

④ 항공 · 철도사고조사위원회에서 사고원인에 대한 조사결과 통보(개선권고 등)

⑤ 국토교통부장관이 제7조에 따라 자체조사결과에 대한 재조사 지시

[별표 2] 〈개정 19 · 1 · 28〉

사고현장상황 및 사고발생원인 조사표

1 사고현장상황

기상상태	철도종류	열차종류	장소유형	
□ 온도(℃) □ 강우(mm) □ 적설(cm) □ 안개 (가시거리 m) □ 지진(강도) □ 바람(초속 m)	□ 고속철도 □ 일반철도 □ 도시철도 □ 기타( )	□ 여객열차 □ 도시전동열차 □ 화물열차 □ 혼합열차 □ 단행기관차 □ 시운전열차 □ 입환차량 □ 작업차량 □ 기타	□ 건널목 □ 역(승강장, 대합실, 역구내 선로, 작업장, 기타) □ 역간 □ 조차장 □ 본선 □ 측선 □ 대피선 □ 기타( )	□ 분기부 □ 교량 □ 고가교 □ 과선교 □ 터널/지하 □ 기타

제한 및 운행속도 등		선로유형		신호시스템유형	
제한속도	km/h	□ 단선궤도 □ 복선궤도 □ 2복선궤도 □ 3복선궤도		교통통제	□ 중앙집중제어 □ 역단위 제어
사 고 속도	1열차 km/h 2열차 km/h	곡선	□ 좌 (반경 m) □ 우 (반경 m)	신호방식	□ 지상신호 □ 차상신호
선행 교 통 장애	□ 공사(작업)중 □ 차량고장 □ 선로고장 □ 전기고장 □ 신호고장 □ 기타고장	기울기	□ 오르막(‰) □ 내리막(‰)	열차제어	□ ATO □ ATC □ ABS □ ATS □ 수동제어 □ 기타/불명

건널목 관련		직원사상사고 관련		위험물 관련		
□ 일반국도 □ 광역시도 □ 지방도 □ 시군구도 □ 농어촌도 □ 기타	□ 대형버스 □ 승합차 □ 승용차 □ 화물차 □ 2륜차 □ 기타	□ 직원 □ 외주	□ 입환 □ 선로 □ 스크린 도어 □ 전철 □ 차량 □ 기타	□ 적재 □ 누출 □ 폭발	□ 유류 □ 압축가스류 □ 산류 □ 화공품류 □ 산화부식제류 □ 휘산성독물류	□ 폭약류 □ 액화가스류 □ 화학류 □ 가연성물질 □ 방사능물질 □ 기타( )

안전설비현황			
철 도 시설측	□ 안전펜스(울타리) □ 지장물검지장치 □ 레일온도검지장치 □ 선로밀착검지장치 □ 끌림검지장치 □ 분기기융설장치 □ 차축온도검지장치 □ 지진감시장치 □ 기상감시장치 □ 기타( )	철 도 차량측	□ 운전정보기록장치 □ 운전자감시장치 □ 화재감시장치 □ 충돌안전설비 □ 탈선방지 장치 □ 기타 ( )
		건널목	□ 경보장치 □ 차단장치 □ 검지장치 □ 기타( )

[2] 사고발생원인([1] 주원인, [2] 부원인)

열차사고

구분	대상	원인
인적요인	[1][2] 운전자 [1][2] 관제사 [1][2] 운전취급자 [1][2] 역·승무원 [1][2] 기타( )	[1][2] 신호위반 [1][2] 과속운행 [1][2] 제동실패 [1][2] 신호취급잘못 [1][2] 운전지시잘못 [1][2] 폐색취급잘못 [1][2] 선로전환잘못 [1][2] 열차방호잘못 [1][2] 운전취급잘못 [1][2] 기타( )
	[1][2] 유지보수자	[1][2] 미승인작업 [1][2] 작업부주의 [1][2] 유지보수미비 [1][2] 검사미비 [1][2] 기타( )
외부환경적요인	□ 자연재해	[1][2] 강우 [1][2] 강설 [1][2] 강풍 [1][2] 지진 [1][2] 낙뢰 [1][2] 안개 [1][2] 낙석 [1][2] 한파 [1][2] 폭염 [1][2] 기타
	□ 외부요인	[1][2] 선로변무단작업 [1][2] 선로변화재폭발 [1][2] 선로(역)점거 [1][2] 위험물누출 [1][2] 테러 [1][2] 방화 [1][2] 기타( )

구분	설비	원인
기술적요인	선로 및 구조물	[1][2] 레일파손 [1][2] 궤도틀림 [1][2] 분기기결함 [1][2] 노반침하 [1][2] 경사면붕괴 [1][2] 터널붕괴 [1][2] 교량붕괴/변형 [1][2] 기타( )
	철도차량	[1][2] 주행장치고장 [1][2] 제동장치고장 [1][2] 운전제어장치고장 [1][2] 안전(보호)장치고장 [1][2] 전원공급장치고장 [1][2] 집전장치고장 [1][2] 연결장치파손/풀림 [1][2] 기타( )
	전철설비	[1][2] 전차선로고장 [1][2] 배전선로고장 [1][2] 변전설비고장 [1][2] 원격제어장치고장 [1][2] 기타( )
	신호통신설비	[1][2] 폐색장치고장 [1][2] 선로전환장치고장 [1][2] 신호제어장치고장 [1][2] 열차보호장치고장 [1][2] 정보전송장치고장 [1][2] 열차무선고장 [1][2] 기타( )
	기타설비	[1][2] 차량/신호간 상호작용 [1][2] 차량/선로간 상호작용 [1][2] 차량/전철설비간 상호작용 [1][2] 화재검지/대응설비고장 [1][2] 선로변 안전장치고장 [1][2] 기타( )

건널목사고

구분	대상	원인		구분	원인
인적요인	[1][2] 안내원	[1][2] 안전설비조작 잘못 [1][2] 열차방호실패	[1][2] 차량출입통제 소홀 [1][2] 기타( )	기술적요인	[1][2] 경보장치고장 [1][2] 차단장치고장 [1][2] 검지장치고장 [1][2] 기타( )
	[1][2] 통행자	[1][2] 일단정지 무시횡단 [1][2] 건널목안 자동차고장 [1][2] 건널목 통과지체 [1][2] 기 타( )	[1][2] 차단기 돌파/우회 [1][2] 건널목 보판이탈 [1][2] 열차에 뛰어듦(자살)		

사상사고 / 화재사고 / 철도시설파손사고

대상	[1][2] 교통사상사고	[1][2] 안전사상사고	화재사고
[1][2] 여객 [1][2] 공중(公衆) [1][2] 직원	[1][2] 선로무단침입/통행 [1][2] 선로근접통행 [1][2] 열차에 뛰어듦(자살) [1][2] 열차와 승강장사이 빠짐 [1][2] 승강장 넘어짐 [1][2] 승강장 추락 [1][2] 오승하차시 넘어짐 [1][2] 출입문에 끼임 [1][2] 승강장안전문에 끼임 [1][2] 열차 등에서 넘어짐 [1][2] 비산/낙하물 충격 [1][2] 시설/설비결함 [1][2] 미승인작업 [1][2] 열차방호소홀 [1][2] 부주의한 행동 [1][2] 기타( )	[1][2] 승강장(역) 추락 [1][2] 승강장(역) 넘어짐 [1][2] 전기감전 [1][2] 엘리베이터 추락/넘어짐 [1][2] 에스컬레이터 추락/넘어짐 [1][2] 화상 [1][2] 비산/낙화물 충격 [1][2] 작업장 추락/전도 [1][2] 작업장비에 끼임 [1][2] 시설설비 결함 [1][2] 부주의한 행동 [1][2] 기타( )	[1][2] 건물 [1][2] 설비 [1][2] 차량 [1][2] 전기화재 [1][2] 가스화재 [1][2] 유류화재 [1][2] 방화 [1][2] 설비과열 [1][2] 기관과열 [1][2] 기 타 **철도시설파손사고** [1][2] 부적절한 사용 [1][2] 유지보수 소홀 [1][2] 재질불량/노후 [1][2] 외부환경/기후 [1][2] 인접공사(작업) [1][2] 기타

[별표 3] 〈개정 19·1·28〉

철도사고등의 분류기준

철도사고	철도교통사고	열차사고	열차충돌사고
			열차탈선사그
			열차화재사그
			기타열차사그
		건널목사고	
		철도교통사상사고	여객
			공중(公衆)
			직원
	철도안전사고	철도화재사고	
		철도안전사상사고	여객
			공중(公衆)
			직원
		철도시설파손사고	
		기타철도안전사고	
운행장애	위험사건		
	지연운행		
철도재난			

주) 1. 하나의 철도사고로 인하여 다른 철도사고가 유발된 경우에는 최초에 발생한 사고로 분류함(단, 열차사고 이외의 철도사고로 인하여 열차사고가 유발된 경우에는 열차사고로 분류함)
2. 철도사고 또는 운행장애가 재난으로 인하여 발생한 경우에는 재난과 철도사고 또는 운행장애 각각으로 분류함
3. 운행장애가 철도사고로 인하여 발생한 경우에는 철도사고르 분류함
4. 운행장애 중 지연운행은 제2조제2항제1호의 위험사건을 제외한 것을 말함

[별지 제1호 서식]

철도사고보고서

작성기관 :

제출일자 :　　년　월　일

① 발생일시		년　월　일(　요일)　：	일련번호
② 사고유형		(탈선량수:　량)	③기상상태　(　℃)
④ 발생장소	행정구역	도(시)　시(군·구)　동(면)	
	선별구간	선(상행선/하행선) 역 ~ (　역간)　기점　km지점	
	건널목	(　)건널목, 제(　)종	안내원　(있음, 없음)
⑤ 관계열차		종류:　(제　호), 편성:　량, 운행구간:	
⑥ 피해상황	인명피해	총　명	사망자　명 (여객:　명, 공중(公衆):　명, 직원:　명) 부상자　명 (여객:　명, 공중(公衆):　명, 직원:　명)
	차량피해	파손:　량　(대파 :　중파 :　소파　)	
	시설피해		
	운행지장	운휴 :　지연열차: (지연시분:　~　)	본선지장　지장시간 : (복구:　월　일　시　분)
	피해액	총계 :　백만원(사상자보상:　재산:　기타:　)	

항목	소속	직종	직급	성명	연령	기타사항
⑦ 관계자						
⑧ 사고개요						
⑨ 보고자	소속:	직명:		성명:		(Tel.　)

210mm×297mm

(뒤)

⑩ 발생경위 및 조치내용	*※ 필요한 경우 별도서식으로 작성*
⑪ 사고원인	*※ 필요한 경우 별도서식으로 작성*
⑫ 예방대책	*※ 필요한 경우 별도서식으로 작성*

210mm×297mm

※ 붙임 : 1. 별표 2의 사고현장상황 및 사고발생원인조사표
　　　　2. 현장약도 등 사고원인을 파악하는데 필요한 서류

〈작성요령〉

1. 일련번호는 연도 구분하여 발생순서에 따라 순차 적용
2. ②사고유형은 별표 3의 철도사고등의 분류기준에 따라 기재
3. ③기상상태의 날씨는 맑음, 구름, 비, 눈으로 구분하고 안개의 유무를 기재
4. ④발생장소의 건널목 종류는 "철도시설의 기술기준" 제69조에 따라 분류된 건널목의 종류를 기재
5. ⑤관계열차는 아래 표의 구분에 따라 기재

종류	고속여객열차, 일반여객열차, 도시전동열차, 화물열차, 혼합열차, 기관차, 단행열차, 시운전열차, 입환차량, 시험차량, 작업차량, 기타
열차번호	각 운영기관에서 사용하는 고유번호

6. ⑥인명피해의 사상자는 제2조제4항에 따라 기재하고, 차량피해는 파손된 차량과 파손의 정도를 대파, 중파, 소파로 구분하여 기재하며, 시설피해는 피해시설물과 피해정도를 대파, 중파, 소파로 기재
7. ⑥의 피해액은 사상자보상, 시설피해액, 차량피해액, 운임환불 등 직접손실액을 기재
8. ⑦관계자는 운전자, 관제사, 운전취급자, 승무원 등 직/간접적으로 사고와 관련된 사람을 기재
9. ⑧사고의 내용을 쉽게 이해할 수 있도록 육하원칙에 따라 기술
10. ⑩발생경위 및 조치사항은 사고발생 배경과 초기대응 상황을 파악하는데 필요한 내용을 상세하게 기술하고 필요한 경우 도면, 사진 등 참고자료 첨부
11. ⑪사고원인은 해당사고의 원인을 정확히 파악할 수 있도록 직접원인뿐아니라 배경원인을 상세하게 기술하고 필요한 경우 도면, 사진 등 참고자료 첨부
12. ⑫예방대책은 동종의 사고를 예방할 수 있는 대책을 현실성 있게 수립하여 기재

[별지 제2호 서식]

철 도 사 고 통 계 보 고

작성기관 :

1 발생건수

철도종류 :

(단위 : 건)

구분 \ 월(분기)			0000년												누계(○~○월)		
				2월	3월	4월	5월	6월	7월	8월	9월	10월	11월	12월	00년	00년	증감
합 계																	
철도교통사고	열차사고	열차충돌															
		열차탈선															
		열차화재															
		기타열차사고															
	건널목사고																
	철도교통사상사고	여객															
		공중(公衆)															
		직원															
		소계															
	소 계																
철도안전사고	철도화재사고																
	철도안전사상사고	여객															
		공중(公衆)															
		직원															
		소계															
	철도시설파손사고																
	기타철도안전사고																
	소 계																
피해현황	인명피해(명)	사망															
		부상															
		소계															
	재산피해(백만원)																
선로연장(km)																	
열차운행거리(km)		여객															
		화물															
		소계															
수송실적	여객(인 · km)																
	화물(톤 · km)																

210㎜×297㎜[백상지(80g/㎡)]

2 사고원인

철도종류 :

(단위 : 건)

구 분		0000년												누계(○~○월)		
	월	1월	2월	3월	4월	5월	6월	7월	8월	9월	10월	11월	12월	00년	00년	증감
1. 열차사고																
인적요인	신호위반															
	과속운행															
	제동실패															
	신호취급잘못															
	운전지시잘못															
	폐색취급잘못															
	선로전환잘못															
	열차방호잘못															
	운전취급잘못															
	정비/보수/검사잘못															
	미승인작업															
	기 타															
	소계															
기술적요인 선로/구조물	레일파손															
	궤도틀림															
	분기기결함															
	노반침하															
	터널붕괴															
	교량붕괴/변형															
	경사면붕괴															
	기타															
기술적요인 차량	주행장치고장															
	제동장치고장															
	운전제어장치고장															
	안전(보호)장치고장															
	전원공급장치고장															
	집전장치고장															
	연결장치파손/풀림															
	기타															
기술적요인 전철	전차선로고장															
	배전선로고장															
	변전설비고장															
	원격제어장치고장															
	기타															
기술적요인 신호통신	폐색장치고장															
	선로전환장치고장															
	신호제어장치고장															
	열차보호장치고장															
	정보전송장치고장															
	열차무선고장															
	기타															
기술적요인 기타	상호작용불량 차량/신호간															
	상호작용불량 차량/선로간															
	상호작용불량 차량/전철간															
	선로변 안전장치고장															
	화재검지/대응설비고장															
	기 타															
	소 계															
외부요인	자연재해															
	선로인접공사(작업)															
	방화/테러															
	기 타															

구 분		0000년												누계(○~○월)		
	월	1월	2월	3월	4월	5월	6월	7월	8월	9월	10월	11월	12월	00년	00년	증감
2. 건널목사고																
안내원	안전설비조작 잘못															
	차량출입통제 소홀															
	열차방호실패															
	기 타															
통행자	일단정지 무시횡단															
	차단기 돌파/우회															
	건널목안 자동차 고장															
	건널목 보판이탈															
	건널목 통과지체															
	열차에 뛰어듦(자살)															
	기 타															
안전장치	경보장치고장															
	차단장치고장															
	검지장치고장															
	기 타															
3. 철도교통사상사고																
여객	선로무단침입/통행															
	선로근접통행															
	열차에 뛰어듦(자살추정)															
	열차와 승강장사이 빠짐															
	승강장 넘어짐															
	승강장 추락															
	승하차시 넘어짐															
	출입문에 끼임															
	승강장안전문에 끼임															
	열차 내에서 넘어짐 등															
	비산/낙하물 충격															
	시설/설비결함															
	기 타															
공중(衆)	선로무단침입/통행															
	선로근접통행															
	열차에 뛰어듦(자살추정)															
	열차와 승강장사이 빠짐															
	비산/낙하물 충격															
	기 타															
직원	미승인작업															
	열차방호소홀															
	부주의한 행동															
	시설/설비결함															
	기 타															

구 분		0000년												누계(○~○월)		
	월	1월	2월	3월	4월	5월	6월	7월	8월	9월	10월	11월	12월	00년	00년	증감
4. 철도화재사고																
건물	전기화재															
	가스/유류화재															
	방화															
	기타															
설비	전기화재															
	방화															
	설비과열															
	기타															
차량	전기화재															
	방화															
	기관과열															
	기타															
5. 철도안전사상사고																
여객	승강장(역) 추락															
	승강장(역) 넘어짐															
	전기감전															
	엘리베이터 추락/넘어짐															
	에스컬레이터 추락/넘어짐															
	화상															
	비산/낙하물 충격															
	기 타															
공중(公衆)	추락/넘어짐															
	비산/낙하물 충격															
	전기감전															
	기 타															
직원	작업장 추락/넘어짐															
	비산/낙하물 충격															
	작업장비에 끼임															
	시설설비결함															
	전기감전															
	부주의한 행동															
	기 타															
6. 철도시설파손사고																
부적절한 사용																
유지보수 소홀																
재질불량/노후																
외부요인	기후/환경															
	인접공사															
	기타															
기 타																

3 피해현황

철도종류 :

(단위 : 건)

구 분			월	0000년												누계(○~○월)		
				1월	2월	3월	4월	5월	6월	7월	8월	9월	10월	11월	12월	00년	00년	증감
1. 인명피해(명)																		
철도사고 전체	합 계		소 계															
			남 성															
			여 성															
	사 망		소 계															
			남 성															
			여 성															
	부 상		소 계															
			남 성															
			여 성															
열차사고	합 계		소 계															
			남 성															
			여 성															
	사 망		소 계															
			남 성															
			여 성															
	부 상		소 계															
			남 성															
			여 성															
건널목사고	합 계		소 계															
			남 성															
			여 성															
	사 망		소 계															
			남 성															
			여 성															
	부 상		소 계															
			남 성															
			여 성															
교통사상사고	여객	합계	소 계															
			남 성															
			여 성															
		사망	소 계															
			남 성															
			여 성															
		부상	소 계															
			남 성															
			여 성															
	공중(公衆)	합계	소 계															
			남 성															
			여 성															

구 분			월	0000년												누계(ㅇ~ㅇ월)		
				1월	2월	3월	4월	5월	6월	7월	8월	9월	10월	11월	12월	00년	00년	증감
		사망	소 계															
			남 성															
			여 성															
		부상	소 계															
			남 성															
			여 성															
	직원	합계	소 계															
			남 성															
			여 성															
		사망	소 계															
			남 성															
			여 성															
		부상	소 계															
			남 성															
			여 성															
화재사고	합 계		소 계															
			남 성															
			여 성															
	사 망		소 계															
			남 성															
			여 성															
	부 상		소 계															
			남 성															
			여 성															
안전사상사고	여객	합계	소 계															
			남 성															
			여 성															
		사망	소 계															
			남 성															
			여 성															
		부상	소 계															
			남 성															
			여 성															
	공중(公衆)	합계	소 계															
			남 성															
			여 성															
		사망	소 계															
			남 성															
			여 성															
		부상	소 계															
			남 성															
			여 성															
	직원	합계	소 계															
			남 성															

구 분			월	0000년												누계(ㅇ~ㅇ월)		
				1월	2월	3월	4월	5월	6월	7월	8월	9월	10월	11월	12월	00년	00년	증감
			여 성															
		사망	소 계															
			남 성															
			여 성															
		부상	소 계															
			남 성															
			여 성															
기타사고	합 계		소 계															
			남 성															
			여 성															
	사 망		소 계															
			남 성															
			여 성															
	부 상		소 계															
			남 성															
			여 성															
2. 재산피해(백만원)																		
열차사고																		
건널목사고																		
화재사고																		
시설물파손사고																		
기 타																		

4 운행장애 현황

철도종류 :

(단위 : 건)

구분			월	0000년												누계 (○~○월)		
				1월	2월	3월	4월	5월	6월	7월	8월	9월	10월	11월	12월	00년	00년	증감
합 계																		
1. 위험사건																		
발생현황	무허가 구간 열차운행																	
	진행신호 잘못현시																	
	정지신호 위반운전																	
	정거장 밖으로 차량구름																	
	작업/공사구간 열차운행																	
	본선지장 차량탈선																	
	안전을 지장하는 시설고장																	
	안전을 지장하는 차량고장																	
	위험물 누출사건																	
	기타 사고위험이 있는 사건																	
발생원인	취급(관리)부주의	신호위반																
		과속운행																
		제동실패																
		신호취급잘못																
		운전지시잘못																
		폐색취급잘못																
		선로전환잘못																
		열차방호잘못																
		운전취급잘못																
		정비/보수/검사잘못																
		미승인작업																
		기 타																
	시설장비결함	차량	주행장치고장															
			제동장치고장															
			운전제어장치고장															
			안전(보호)장치고장															
			전원공급장치고장															
			집전장치고장															
			연결장치파손/풀림															
			기타															
		시설	레일파손															
			궤도틀림															
			분기기결함															
			노반침하															
			터널붕괴															
			교량붕괴/변형															
			경사면붕괴															
			기타															
		전철	전차선로고장															
			배전선로고장															
			변전설비고장															
			원격제어장치고장															
			기타															
		신호	폐색장치고장															
			선로전환장치고장															
			신호제어장치고장															
			열차보호장치고장															
			정보전송장치고장															
			열차무선고장															
			기타															
		상호작용불량	차량/시설 간															
			차량/전철 간															
			차량/신호 간															
		기타																
	외부요인	자연재해	강우															
			강설															
			강풍															
			지진															
			낙뢰															
			한파															
			폭염															
			기타															
		동물 접촉																
		이물질 접촉																
		선로인접공사(작업)																
		방화/테러																
		기타																
	기타																	
2. 지연운행																		
발생현황	열 차 분 리																	
	차 량 구 름																	
	규 정 위 반																	
	선 로 장 애																	
	급 전 장 애																	
	신 호 장 애																	

구분			월	0000년												누계 (○~○월)		
				1월	2월	3월	4월	5월	6월	7월	8월	9월	10월	11월	12월	00년	00년	증감
	차 량 고 장																	
	열 차 방 해																	
	기 타																	
발생원인	취급(관리)부주의		신호위반															
			과속운행															
			제동실패															
			신호취급잘못															
			운전지시잘못															
			폐색취급잘못															
			선로전환잘못															
			열차방호잘못															
			운전취급잘못															
			정비/보수/검사잘못															
			미승인작업															
			기 타															
	시설장비결함	차량	주행장치고장															
			제동장치고장															
			운전제어장치고장															
			안전(보호)장치고장															
			전원공급장치고장															
			집전장치고장															
			연결장치파손/풀림															
			기타															
		시설	레일파손															
			궤도틀림															
			분기기결함															
			노반침하															
			터널붕괴															
			교량붕괴/변형															
			경사면붕괴															
			기타															
		전철	전차선로고장															
			배전선로고장															
			변전설비고장															
			원격제어장치고장															
			기타															
		신호	폐색장치고장															
			선로전환장치고장															
			신호제어장치고장															
			열차보호장치고장															

구분			월	0000년												누계 (○~○월)		
				1월	2월	3월	4월	5월	6월	7월	8월	9월	10월	11월	12월	00년	00년	증감
			정보전송장치고장															
			열차무선고장															
			기타															
		상호작용불량	차량/시설 간															
			차량/전철 간															
			차량/신호 간															
		기타																
	외부요인	자연재해	강우															
			강설															
			강풍															
			지진															
			낙뢰															
			한파															
			폭염															
			기타															
		동물 접촉																
		이물질 접촉																
		선로인접공사(작업)																
		방화/테러																
		기타																
	기타																	

〈 운행장애 작성요령 〉

1. 운행장애는 인명사상이나 재산피해가 발생하지 않고 열차운행에 지장을 초래한 것을 말함

   예) KTX 열차의 부품이 탈락하여 지나가던 공중(公衆)이 부상을 당했다면 "교통사상사고(공중)"임

2. 운행장애는 제2조제2항제1호의 위험사건과 다음 각 호의 지연운행으로 구분하여 작성

   가. 열차분리 : 열차운행 중 열차의 조성작업과 관련 없이 열차를 구성하는 철도차량간의 연결이 분리되었을 때

   나. 차량구름 : 열차 또는 철도차량이 주·정차하는 정거장(신호장·신

호소 · 간이역 · 기지를 포함한다)에서 열차 또는 철도차량이 정거장 바깥으로 굴렀을 때

다. 규정위반 : 신호 · 폐색취급위반, 이선진입, 정지위치어김 등 안전운행을 해치는 규정위반의 취급을 하여 열차운행에 지장이 초래되었을 때

라. 선로장애 : 선로시설의 고장, 파손 및 변형 등의 결함이나 선로상의 장애물로 인하여 열차운행에 지장이 초래되었을 때

마. 급전장애 : 전기설비의 고장, 파손 및 변형 등의 결함이나 외부충격 및 이물질 접촉 등으로 정전 또는 전압강하 등의 급전지장이 발생되어 열차운행에 지장이 초래되었을 때

바. 신호장애 : 신호장치의 고장, 파손 및 변형 등의 결함으로 인하여 열차운행에 지장이 초래되었을 때

사. 차량고장 : 철도차량의 고장으로 열차운행에 지장이 초래되었을 때

아. 열차방해 : 선로점거 등 고의적으로 열차운행을 방해하여 열차운행에 지장이 초래되었을 때

자. 기타장애 : 전 각 호에 해당되지 않은 장애

건널목 개량촉진법 · 시행령
건널목 입체교차화 비용부담에 관한 규칙

건널목 개량촉진법 · 시행령 · 건널목 입체교차화 비용부담에 관한 규칙 목차

<table>
<tr><th>법</th><th>시 행 령</th><th>규 칙</th></tr>
<tr>
<td>건널목 개량촉진법
〔1973·2·5 법률 제2462호〕
개정 1997·12·13 법률 제 5454호
2003·7·29 법률 제 6955호(철도산업발전기본법)
2006·3·24 법률 제 7925호
2008·2·29 법률 제 8852호(정부조직법)
2008·3·21 법률 제 8976호(도로법 전부개정법률)
2013·3·23 법률 제11690호(정부조직법 전부개정법률)
전부개정 2013·5·22 법률 제11793호
2014·1·14 법률 제12248호(도로법 전부개정법률)
2014·11·19 법률 제12844호(정부조직법 일부개정법률
2017·7·26 법률 제14839호(정부조직법 일부개정법률)</td>
<td>건널목 개량촉진법 시행령
〔1973·10·11 대통령령 제 6902호〕
개정 1994·12·23 대통령령 제14447호(건설교통부와그소속기관직제)
2008·2·29 대통령령 제20722호(국토해양부와 그 소속기관 직제)
2013·3·23 대통령령 제24443호 (국토교통부와 그 소속기관 직제)
2003·11·4 대통령령 제18118호(철도산업발전기본법시행령)
전부개정 2014·5·9 대통령령 제25350호
2014·12·9 대통령령 제25840호 (규제 재검토기한 설정 등 규제정비를 위한 건축법 시행령 등 일부개정령)</td>
<td>건널목 입체교차화 비용부담에 관한 규칙
〔1974·6·10 대통령령 제481호〕
개정 2002·7·16 행정자치부 제176호
2006·8·3 건설교통부 제529호</td>
</tr>
<tr>
<td>제1조(목적) 이 법은 기존 건널목의 입체교차화나 구조개량을 촉진하고, 철도 또는 도로를 신설하거나 노선을 개량할 경우 철도와 도로가 교차하게 되는 곳을 입체교차화함으로써 교통사고를 예방하고 교통 소통을 원활하게 함을 목적으로 한다.</td>
<td>제1조(목적) 이 영은 「건널목 개량촉진법」에서 위임된 사항과 그 시행에 필요한 사항을 규정함을 목적으로 한다.</td>
<td>제1조(목적) 이 규칙은 「건널목개량촉진법 시행령」 제8조에 따라 건널목의 입체교차화에 따른 비용부담에 관하여 필요한 사항을 규정함을 목적으로 한다.〈개정 06·8·3〉</td>
</tr>
</table>

법	시 행 령	규 칙
제2조(정의) 이 법에서 사용하는 용어의 뜻은 다음과 같다. 〈개정 14·1·14〉 1. "철도"란 「철도산업발전기본법」 제3조제1호에 따른 철도를 말한다. 2. "도로"란 다음 각 목에 해당하는 도로를 말한다. 가. 「도로법」 제2조제1항제1호에 따른 도로(「도로법」 제108조에 따른 준용도로를 포함한다) 나. 「농어촌도로 정비법」 제2조제1항에 따른 농어촌도로(이하 "농어촌도로"라 한다) 3. "건널목"이란 철도와 도로가 평면교차되는 곳을 말한다. 4. "철도시설관리자"란 「철도산업발전기본법」 제3조제9호에 따른 철도시설관리자를 말한다. 5. "도로관리청"이란 「도로법」 제20조에 따라 도로를 관리하거나 「농어촌도로 정비법」 제5조에 따라 농어촌도로를 정비하는 자를 말한다. 6. "입체교차화"란 건널목 구간에 지하도 또는 철도 위를 통과하기 위한 도로를 설치하는 것을 말한다. 7. "구조"란 건널목 통로의 노면재료, 건널목 전·후의 도로 및 철도의 기울기, 곡선, 열차 투시상태 등을 말한다.	제2조(정의) 이 영에서 사용하는 용어의 뜻은 다음과 같다. 1. "건널목 시설물"이란 건널목의 차단기·경보기·제어기·교통안전표지 및 관리원 처소(處所) 등을 말한다. 2. "철도차량"이란 「철도산업발전 기본법」 제3조제4호에 따른 철도차량을 말한다. 3. "열차"란 「철도안전법」 제2조제6호에 따른 열차를 말한다. 4. "선로"란 「철도산업발전 기본법」 제3조제5호에 따른 선로를 말한다. 5. "철도교통량"이란 철도차량 중 열차 및 선로를 운행하는 동력차·특수차가 건널목을 통과한 일평균 횟수(평일에 3일간 계속 조사한 것을 평균하여 산출한다)에 별표 1에서 정한 철도교통량 환산율을 곱한 수치의 합계를 말한다. 6. "도로교통량"이란 보행자 및 「도로교통법」 제2조제17호에 따른 차마(車馬)가 건널목을 횡단한 일평균 횟수(평일에 3일간 계속 조사한 것을 평균하여 산출한다)에 별표 2에서 정한 도로교통량 환산율을 곱한 수치의 합계를 말한다.	
제3조(건널목의 관리) ① 제8조에 따라 비용을 부담한 자는 그 건널목의 유지·보수 및 관리에 관한 책임을 진다. 다만, 1973년 2월 5일 이전에 설치된 건널목은 철도시설관리자가 관리한다.	제3조(건널목 시설물의 관리 등) 「건널목 개량촉진법」(이하 "법"이라 한다) 제3조제1항에 따라 건널목의 유지·보수 및 관리에 관한 책임을 지는 자(이하 "건널목관리자"라 한다)는 법 제3조제2항에 따라	

법	시 행 령	규 칙
② 건널목 시설물의 관리 등에 관하여 필요한 사항은 대통령령으로 정한다.	해당 건널목 시설물의 유지·보수 및 관리에 관한 책임을 진다. **제4조(건널목 시설물의 보수에 관한 협의 및 업무의 위탁)** ① 건널목관리자가 해당 건널목 시설물을 보수할 때에는 그 건널목관리자가 철도시설관리자인 경우에는 도로관리청과, 도로관리청인 경우에는 철도시설관리자와 미리 협의하여야 한다. ② 건널목관리자가 도로관리청인 경우에는 건널목 시설물의 유지·보수 및 관리에 관한 업무를 철도시설관리자에게 위탁할 수 있다. 이 경우 철도시설관리자가 건널목 시설물을 보수할 때에는 미리 해당 도로관리청에 통보하여야 한다.	
제4조(개량건널목의 지정) ① 국토교통부장관 또는 특별시장·광역시장·특별자치시장·도지사(이하 "시·도지사"라 한다)는 건널목에서 교통사고를 예방하고, 교통 소통을 원활하게 하기 위하여 기존 건널목의 입체교차화나 구조를 개량하는 것이 필요하다고 인정할 때에는 관계 행정기관과 협의를 거쳐 개량건널목으로 지정하여야 한다. 이 경우 시·도지사는 제8조제1항에 따라 비용의 전부를 시·도지사 또는 시장·군수·구청장(자치구의 구청장을 말한다)이 부담하는 경우에만 개량건널목을 지정할 수 있다. ② 국토교통부장관 또는 시·도지사는 제1항에 따라 개량건널목을 지정하였을 때에는 철도시설관리자와 도로관리청에 통보하고 그 사실을 고시하여야	**제5조(개량건널목의 지정기준)** ① 국토교통부장관 또는 특별시장·광역시장·특별자치시장·도지사(이하 "시·도지사"라 한다)는 법 제4조제1항에 따라 다음 각 호의 어느 하나에 해당하는 요건을 충족하는 건널목을 개량건널목으로 지정한다. 1. 철도교통량이 50 미만인 경우: 도로교통량이 30,000 이상일 것 2. 철도교통량이 50 이상 100 미만인 경우: 도로교통량이 20,000 이상일 것 3. 철도교통량이 100 이상인 경우: 도로교통량이 10,000 이상일 것 4. 그 밖에 교통사고의 위험이 높거나 교통 소통을 원활하게 하기 위하여 필요하다고 인정되는 건널목일 것	

법	시 행 령	규 칙
한다. ③ 개량건널목의 지정기준에 관하여 필요한 사항은 대통령령으로 정한다. **제5조(건널목개량계획의 수립)** ① 철도시설관리자와 도로관리청은 제4조제2항에 따라 개량건널목의 지정을 통보받은 경우에는 해당 건널목의 입체교차화 또는 구조개량에 관한 계획(이하 "건널목개량계획"이라 한다)을 세워 제4조제1항에 따라 해당 개량건널목을 지정한 국토교통부장관 또는 시·도지사의 승인을 받아야 한다. 승인받은 사항을 변경하는 경우에도 또한 같다. ② 국토교통부장관 또는 시·도지사는 제1항에 따라 건널목개량계획을 승인할 때에는 미리 관계 행정기관과 협의하여야 한다. ③ 제1항 및 제2항에서 규정한 사항 외에 건널목개량계획의 수립에 필요한 사항은 대통령령으로 정한다. **제6조(건널목 개량의 실시)** 철도시설관리자 또는 도로관리청은 국토교통부장관 또는 시·도지사의 승인을 받은 건널목개량계획에 따라 기존 건널목을 입체교차화하거나 구조를 개량하여야 한다.	② 국토교통부장관 또는 시·도지사는 제1항에 따른 개량건널목을 2년마다 우선순위를 정하여 지정하여야 한다. **제6조(건널목개량계획의 수립 등)** ① 철도시설관리자와 도로관리청은 법 제5조제1항 전단에 따른 건널목의 입체교차화 또는 구조개량에 관한 계획(이하 "건널목개량계획"이라 한다)을 법 제4조제2항에 따라 개량건널목의 지정을 통보받은 날부터 2년 이내에 수립하여야 한다. ② 철도시설관리자와 도로관리청은 제1항에 따라 건널목개량계획을 수립하여 건널목을 개량할 때에는 예산의 범위에서 연차적으로 시공할 수 있다.	
제7조(철도 등의 신설과 노선의 개량 시의 입체교차화) ① 기존 철도 또는 도로를 횡단하여 철도 또는 도로를 신설하거나 노선을 개량하는 경우에 철도와 도로가 교차하는 부분은 입체교차화하여야 한다. 다만, 대통령령으로 정하는 기준 이하인 경우에는 그러하지 아니하다.	**제7조(철도 등의 신설과 노선의 개량 시의 입체교차화 기준)** 법 제7조제1항 본문에 따라 다음 각 호의 어느 하나에 해당하는 경우에는 철도와 도로가 교차하는 부분을 입체교차화하여야 한다. 다만, 지형조건으로 입체교차화가 곤란하거나 관계 행정기관과의 협의에 따라 입체교차화가 불필요하다고 인정	

<table>
<tr><th>법</th><th>시 행 령</th><th>규 칙</th></tr>
<tr><td>② 제1항에 따라 철도 또는 도로를 신설하거나 노선을 개량하는 경우에 필요한 입체교차화의 기준 및 교차부분의 시공 등에 관하여 필요한 사항은 대통령령으로 정한다.</td><td>되는 경우에는 입체교차화하지 아니할 수 있다.
1. 기존 도로를 횡단하여 철도를 신설하거나 노선을 개량하는 경우에는 선로의 조건 및 도로의 폭이 다음 각 목의 구분에 따른 기준을 충족하는 경우
가. 선로가 단선인 경우: 도로의 폭이 6미터 이상일 것
나. 선로가 복선 이상인 경우: 도로의 폭이 4미터 이상일 것
2. 기존 철도를 횡단하여 도로를 신설하거나 노선을 개량하는 경우에는 철도교통량 및 도로의 폭이 다음 각 목의 구분에 따른 기준을 충족하는 경우
가. 철도교통량이 30 미만인 경우: 도로의 폭이 10미터 이상일 것
나. 철도교통량이 30 이상 60 미만인 경우: 도로의 폭이 6미터 이상일 것
다. 철도교통량이 60 이상인 경우: 도로의 폭이 4미터 이상일 것</td><td></td></tr>
<tr><td></td><td>제8조(교차부분의 시공) ① 법 제6조에 따라 기존 건널목을 입체교차화하거나 법 제7조제1항 본문에 따라 철도 등의 신설과 노선의 개량 시에 입체교차화하는 경우에 해당 철도와 도로가 교차하는 부분은 다음 각 호의 구분에 따른 자가 시공하여야 한다.
1. 가도교(가도교, 도로가 철도 밑으로 통과하는 경우 철도를 위한 교량을 말한다. 이하 같다)의 경</td><td>제2조(적용범위) 기존 건널목을 입체교차화하는 경우에 해당 도로가 「도로법」에 따른 지방도 · 시도 · 군도 · 구도 또는 「농어촌 도로정비법」에 따른 면도 · 리도 · 농도일 때의 도로관리청과 철도시설관리자 간의 비용부담은 이 규칙이 정하는 바에 따른다.</td></tr>
</table>

법	시 행 령	규 칙
	우: 철도시설관리자 2. 과선교(과선교, 도로가 철도 위로 통과하는 경우 도로를 위한 교량을 말한다. 이하 같다)의 경우: 법 제8조에 따라 비용을 부담하는 자. 이 경우 도로관리청이 비용의 전부를 부담하는 경우에는 철도시설관리자에게 위탁하여 시공하게 할 수 있다. 3. 건널목 시설물의 경우: 철도시설관리자. 다만, 법 제8조에 따라 도로관리청이 비용의 전부를 부담하는 경우에는 철도시설관리자와 협의하여 도로관리청이 시공할 수 있다. ② 제1항에 따라 철도와 도로가 교차하는 부분을 시공하는 자는 착공 전에 공사설계도(정면도·평면도·종단도를 포함한다)·공사시방서 및 공정표에 대하여 그 시공자가 철도시설관리자인 경우에는 도로관리청과, 도로관리청인 경우에는 철도시설관리자와 미리 협의하여야 한다. **제9조(입체교차화 시설물의 관리 등)** 다음 각 호의 구분에 따른 자는 입체교차화 시설물의 유지·보수 및 관리에 관한 책임을 진다. 1. 가도교 가. 교량구조물[빔·교각 및 교대(橋臺)를 말한다] 및 선로용지(線路用地) 내의 외벽: 철도시설관리자 나. 가목 외의 시설물: 도로관리청 2. 과선교: 도로관리청 **제10조(규제의 재검토)** 국토교통부장관은 제7조에 따	**제3조(비용부담의 기준)** 건널목의 입체교차화에 소요되는 공사비 및 보상비 등 일체의 비용은 당해 도로가 지방도일 경우에는 도로관리청과 철도시설관리자가 각각 50퍼센트씩을 부담하고, 시도·군도·구도·면도·리도 및 농도인 경우에는 도로관리청이 25퍼센트를, 철도시설관리자가 75퍼센트를 각각 부담한다.〈개정 06·8·3〉

법	시 행 령	규 칙
	른 철도 등의 신설과 노선의 개량 시의 입체교체화 기준에 대하여 2015년 1월 1일을 기준으로 매 2년마다(매 2년이 되는 해의 1월 1일 전까지를 말한다) 그 타당성을 검토하여 개선 등의 조치를 하여야 한다. [본조신설 14 · 12 · 9]	
제8조(비용의 부담) ① 건널목개량계획에 따라 기존 건널목을 입체교차화하거나 기존 건널목의 구조를 개량하는 경우에 드는 비용은 다음 각 호의 구분에 따른 자가 부담한다.〈개정 14 · 11 · 19, 17 · 7 · 26〉 1. 입체교차화하는 경우 가. 고속국도 · 일반국도 · 특별시도 · 광역시도일 때: 도로관리청 나. 가목 외의 도로일 때: 행정안전부와 국토교통부의 공동부령으로 정하는 자 2. 구조를 개량하는 경우 가. 접속 철도일 때: 철도시설관리자 나. 접속 도로일 때: 도로관리청 ② 기존 철도 또는 도로를 횡단하여 철도 또는 도로를 신설하거나 노선을 개량하는 경우에 입체교차화를 위하여 드는 비용은 다음 각 호의 구분에 따른 자가 부담한다. 1. 기존 도로를 횡단하여 철도를 신설하거나 철도의 노선을 개량하는 경우: 철도시설관리자 2. 기존 철도를 횡단하여 도로를 신설하거나 도로의 노선을 개량하는 경우: 도로관리청		

<table>
<tr><th>법</th><th>시 행 령</th><th>규 칙</th></tr>
<tr><td>부 칙

이 법은 공포한 날로부터 시행한다

부 칙 〈97・12・13〉

이 법은 1998년 1월 1일부터 시행한다. 〈단서 생략〉

부 칙 〈03・7・29〉

제1조 (시행일) 이 법은 공포후 3월이 경과한 날부터 시행한다.
제2조부터 제5조까지 생략

부 칙 〈06・3・24〉

이 법은 공포한 날부터 시행한다.

부 칙 〈08・2・29〉

제1조(시행일) 이 법은 공포한 날부터 시행한다. 다만, …〈생략〉… 부칙 제6조에 따라 개정되는 법률 중 이 법의 시행 전에 공포되었으나 시행일이 도래하지 아니한 법률을 개정한 부분은 각각 해당 법률의 시행일부터 시행한다.
제2조부터 제7조까지 생략

부 칙 〈08・3・21〉

제1조(시행일) 이 법은 공포한 날부터 시행한다. 〈단서 생략〉
제2조부터 제10조까지 생략</td>
<td>부 칙

이 영은 공포한 날로부터 시행한다.

부 칙 〈94・12・23〉

제1조(시행일) 이 영은 공포한 날로부터 시행한다. 〈단서 생략〉
제2조부터 제5조까지 생략

부 칙 〈03・11・4〉

제1조(시행일) 이 영은 공포한 날부터 시행한다. 〈단서 생략〉
제2조부터 제12조까지 생략

부 칙 〈08・2・29〉

제1조(시행일) 이 영은 공포한 날부터 시행한다. 다만, 부칙 제6조에 따라 개정되는 대통령령 중 이 영의 시행 전에 공포되었으나 시행일이 도래하지 아니한 대통령령을 개정한 부분은 각각 해당 대통령령의 시행일부터 시행한다.
제2조부터 제6조까지 생략

부 칙 〈13・3・23〉

제1조(시행일) 이 영은 공포한 날부터 시행한다. 〈단서 생략〉
제2조부터 제6조까지 생략</td>
<td>부 칙 〈74・6・10〉

이 영은 공포한 날로부터 시행한다.

부 칙 〈02・7・16〉

이 규칙은 공포한 날부터 시행한다.

부 칙 〈06・8・3〉

이 규칙은 공포한 날부터 시행한다.</td></tr>
</table>

법	시 행 령	규 칙
부 칙 〈13 · 3 · 23〉 제1조(시행일) ① 이 법은 공포한 날부터 시행한다. ② 생략 제2조부터 제7조까지 생략 부 칙 〈13 · 5 · 22〉 이 법은 공포한 날부터 시행한다. 부 칙 〈14 · 1 · 14〉 제1조(시행일) 이 법은 공포 후 6개월이 경과한 날부터 시행한다. 제2조부터 제25조까지 생략 부 칙 〈14 · 11 · 19〉 제1조(시행일) 이 법은 공포한 날부터 시행한다. 다만, 부칙 제6조에 따라 개정되는 법률 중 이 법 시행 전에 공포되었으나 시행일이 도래하지 아니한 법률을 개정한 부분은 각각 해당 법률의 시행일부터 시행한다. 제2조부터 제7조까지 생략 부 칙 〈17 · 7 · 26〉 제1조(시행일) ① 이 법은 공포한 날부터 시행한다. 다만, 부칙 제5조에 따라 개정되는 법률 중 이 법 시행 전에 공포되었으나 시행일이 도래하지 아니한 법률을 개정한 부분은 각각 해당 법률의 시행일부터 시행한다. 제2조부터 제6조까지 생략	부 칙 〈14 · 5 · 9〉 이 영은 공포한 날부터 시행한다. 부 칙 〈14 · 12 · 9〉 제1조(시행일) 이 영은 2015년 1월 1일부터 시행한다. 제2조부터 제16조까지 생략	

[별표 1]

철도교통량 환산율(제2조제5호 관련)

철도차량 종류	환산율
1. 열차	1.0
2. 선로를 운행하는 동력차 · 특수차	0.5

[별표 2]

도로교통량 환산율(제2조제6호 관련)

구분		환산율	대상
1. 보행자		1	
2. 자전거		2	
3. 우마차(牛馬車) 등 사람 또는 가축의 힘으로 도로에서 운전되는 것		3	
4. 자동차	이륜	4	원동기장치자전거, 경운기, 전동휠체어 등
	소형	8	승용자동차, 소형 승합자동차(15인승 이하), 소형 화물자동차(총중량 3.5톤 이하)
	중형	10	중형 승합자동차(16인승 이상 35인승 이하), 중형 화물자동차(총중량 3.5톤 초과 10톤 미만), 소형 특수자동차(총중량 3.5톤 이하), 건설기계(총중량 3.5톤 이하)
	대형	12	대형 승합자동차(36인승 이상), 대형 화물자동차(총중량 10톤 이상), 중대형 특수자동차(총중량 3.5톤 초과), 건설기계(총중량 3.5톤 초과)

비고: 제2호 및 제3호의 경우 타는 사람 또는 끄는 사람 등이 포함되었으므로 그 사람을 별도로 보행자로 계산하지 않는다.

항공 · 철도 사고조사에 관한 법률 · 시행령 · 시행규칙

항공 · 철도 사고조사에 관한 법률 · 시행령 · 시행규칙 목차

법	시 행 령	시 행 규 칙
항공·철도 사고조사에 관한 법률	**항공·철도 사고조사에 관한 법률 시행령**	**항공·철도 사고조사에 관한 법률 시행규칙**
〔2005·11·8 법률 제7692호〕	〔2006·6·15 대통령령 제19531호〕	〔2006·6·21 건설교통부 제522호〕
개정 2008· 2·29 법률 제8852호(정부조직법) 2009· 6· 9 법률 제9780호(항공법 일부개정법률) 2009· 6· 9 법률 제9781호 2013· 3·22 법률 제11646호 2013· 3·23 법률 제11690호(정부조직법 전부개정법률) 2014· 5·21 법률 제12653호 2016· 3·29 법률 제14116호(항공안전법) 2017· 3·21 법률 제14723호	개정 2008· 2·29 대통령령 제20722호(국토해양부와 그 소속기관 직제) 2011· 4· 4 대통령령 제22829호(경제활성화 및 친서민 국민불편해소 등을 위한 개발제한구역의 지정 및 관리에 관한 특별조치법 시행령 등 일부개정령) 2013· 2·22 대통령령 제24395호	전부개정 2009·12·10 국토해양부 제190호 개정 2013· 2·28 국토해양부 제571호
제1장 총칙		
제1조(목적) 이 법은 항공·철도사고조사위원회를 설치하여 항공사고 및 철도사고 등에 대한 독립적이고 공정한 조사를 통하여 사고 원인을 정확하게 규명함으로써 항공사고 및 철도	제1조(목적) 이 영은 「항공·철도 사고조사에 관한 법률」에서 위임된 사항과 그 시행에 필요한 사항을 규정함을 목적으로 한다. 〈개정 13·2·22〉	제1조(목적) 이 규칙은 「항공·철도 사고조사에 관한 법률」 및 같은 법 시행령에서 위임된 사항과 그 시행에 필요한 사항을 규정함을 목적으로 한다. 〈개정 13·2·28〉

법	시 행 령	시 행 규 칙
사고 등의 예방과 안전 확보에 이바지함을 목적으로 한다. 제2조(정의) ① 이 법에서 사용하는 용어의 뜻은 다음과 같다. 〈개정 09·6·9, 13·3·22, 16·3·29〉 1. "항공사고"란 「항공안전법」 제2조제6호에 따른 항공기사고, 같은 조 제7호에 따른 경량항공기사고 및 같은 조 제8호에 따른 초경량비행장치사고를 말한다. 2. "항공기준사고"란 「항공안전법」 제2조제9호에 따른 항공기준사고를 말한다. 3. "항공사고등"이라 함은 제1호의 규정에 의한 항공사고 및 제2호의 규정에 의한 항공기준사고를 말한다. 4. 및 5. 삭제 〈09·6·9〉 6. "철도사고"란 철도(도시철도를 포함한다. 이하 같다)에서 철도차량 또는 열차의 운행 중에 사람의 사상이나 물자의 파손이 발생한 사고로서 다음 각 호의 어느 하나에 해당하는 사고를 말한다. 가. 열차의 충돌 또는 탈선사고 나. 철도차량 또는 열차에서 화재가 발생하여 운행을 중지시킨 사고 다. 철도차량 또는 열차의 운행과 관련하여 3명 이상의 사상자가 발생한 사고 라. 철도차량 또는 열차의 운행과 관련하여		

법	시 행 령	시 행 규 칙
5천만원 이상의 재산피해가 발생한 사고 7. "사고조사"란 항공사고등 및 철도사고(이하 "항공·철도사고등"이라 한다)와 관련된 정보·자료 등의 수집·분석 및 원인규명과 항공·철도안전에 관한 안전권고 등 항공·철도사고등의 예방을 목적으로 제4조의 규정에 의한 항공·철도사고조사위원회가 수행하는 과정 및 활동을 말한다. ②이 법에서 사용하는 용어 외에는 「항공사업법」·「항공안전법」·「공항시설법」 및 「철도안전법」에서 정하는 바에 따른다. 〈개정 16·3·29〉 **제3조(적용범위 등**〈개정 13·3·22〉**)** ① 이 법은 다음 각 호의 어느 하나에 해당하는 항공·철도사고등에 대한 사고조사에 관하여 적용한다. 1. 대한민국 영역 안에서 발생한 항공·철도사고등 2. 대한민국 영역 밖에서 발생한 항공사고등으로서 「국제민간항공조약」에 의하여 대한민국을 관할권으로 하는 항공사고등 ②제1항의 규정에 불구하고 「항공안전법」 제2조제4호에 따른 국가기관등항공기에 대한 항공사고조사에 있어서는 다음 각 호의 어느 하나에 해당하는 경우 외에는 이 법을 적용하지 아니한다. 〈개정 09·6·9, 16·3·29〉 1. 사람이 사망 또는 행방불명된 경우 2. 국가기관등항공기의 수리·개조가 불가능		

법	시 행 령	시 행 규 칙
하게 파손된 경우 3. 국가기관등항공기의 위치를 확인할 수 없거나 국가기관등항공기에 접근이 불가능한 경우 ③제1항의 규정에 불구하고 「항공안전법」 제3조의 규정에 의한 항공기의 항공사고조사에 있어서는 이 법을 적용하지 아니한다. 〈개정 16·3·29〉 ④ 항공사고등에 대한 조사와 관련하여 이 법에서 규정하지 아니한 사항은 「국제민간항공조약」과 같은 조약의 부속서(附屬書)에서 채택된 표준과 방식에 따라 실시한다. 〈신설 13·3·22〉		
제2장 항공 · 철도사고조사위원회 제4조(항공 · 철도사고조사위원회의 설치) ① 항공·철도사고등의 원인규명과 예방을 위한 사고조사를 독립적으로 수행하기 위하여 국토교통부에 항공·철도사고조사위원회(이하 "위원회"라 한다)를 둔다. 〈개정 08·2·29, 13·3·23〉 ②국토교통부장관은 일반적인 행정사항에 대하여는 위원회를 지휘·감독하되, 사고조사에 대하여는 관여하지 못한다. 〈개정 08·2·29, 13·3·23〉	제2조(분과위원회의 구성 등) ① 「항공·철도사고조사에 관한 법률」(이하 "법" 이라 한다) 제4조에 따른 항공·철도사고조사위원회(이하 "위원회"라 한다)에 두는 분과위원회는 다음 각 호와 같다. 1. 항공분과위원회 2. 철도분과위원회 ②제1항제1호에 따른 항공분과위원회는 항공사고등에 대한 다음 각 호의 사항을 심의·의결한다. 1. 법 제25조제1항에 따른 사고조사보고서의 작성 등에 관한 사항 2. 법 제26조제1항에 따른 안전권고 등에 관	

법	시 행 령	시 행 규 칙
	한 사항 3. 그 밖에 항공사고등에 관한 사항으로서 위원회에서 심의를 위임한 사항 ③제1항제2호에 따른 철도분과위원회는 철도사고에 대한 다음 각 호의 사항을 심의·의결한다. 〈개정 13·2·22〉 1. 법 제25조제1항에 따른 사고조사보고서의 작성 등에 관한 사항 2. 법 제26조제1항에 따른 안전권고 등에 관한 사항 3. 그 밖에 철도사고에 관한 사항으로서 위원회에서 심의를 위임한 사항 ④제1항 각 호에 따른 분과위원회(이하 "분과위원회"라 한다)는 분과위원회의 위원장(이하 "분과위원장"이라 한다)과 분과위원회의 상임위원(이하 "분과상임위원"이라 한다) 각 1명을 포함한 7명 이내의 위원으로 구성한다. 〈개정 13·2·22〉 ⑤각 분과위원장과 분과상임위원은 위원회의 위원장(이하 "위원장"이라 한다)과 상임위원이 각각 겸임하고, 분과위원회의 위원은 위원장이 위원회의 위원 중에서 지명한 사람으로 한다. 〈개정 13·2·22〉 ⑥분과위원장은 분과위원회를 대표하고, 분과위원회의 업무를 총괄한다. 제3조(분과위원회의 회의) ① 분과위원장은 분	

법	시 행 령	시 행 규 칙
제5조(위원회의 업무) 위원회는 다음 각 호의 업무를 수행한다. 1. 사고조사 2. 제25조의 규정에 의한 사고조사보고서의 작성 · 의결 및 공표 3. 제26조의 규정에 의한 안전권고 등 4. 사고조사에 필요한 조사 · 연구 5. 사고조사 관련 연구 · 교육기관의 지정 6. 그 밖에 항공사고조사에 관하여 규정하고 있는 「국제민간항공조약」 및 동 조약부속서에서 정한 사항 제6조(위원회의 구성) ① 위원회는 위원장 1인을 포함한 12인 이내의 위원으로 구성하되, 위원 중 대통령령이 정하는 수의 위원은 상임으로 한다. ②위원장 및 상임위원은 대통령이 임명하며, 비상임위원은 국토교통부장관이 위촉한다. 〈개정 08 · 2 · 29, 13 · 3 · 23〉 ③상임위원의 직급에 관하여는 대통령령으로 정한다. 제7조(위원의 자격요건) 위원이 될 수 있는 자	과위원회의 회의를 소집하며, 그 의장이 된다. ②분과위원회의 회의는 분과위원회 재적위원 과반수의 찬성으로 의결한다. ③이 영에서 정한 것 외에 분과위원회의 운영 등에 관하여 필요한 사항은 위원장이 정한다.	

법	시 행 령	시 행 규 칙
는 항공·철도관련 전문지식이나 경험을 가진 자로서 다음 각 호의 어느 하나에 해당하는 자로 한다. 1. 변호사의 자격을 취득한 후 10년 이상 된 자 2. 대학에서 항공·철도 또는 안전관리분야 과목을 가르치는 부교수 이상의 직에 5년 이상 있거나 있었던 자 3. 행정기관의 4급 이상 공무원으로 2년 이상 있었던 자 4. 항공·철도 또는 의료 분야 전문기관에서 10년 이상 근무한 박사학위 소지자 5. 항공종사자 자격증명을 취득하여 항공운송사업체에서 10년 이상 근무한 경력이 있는 자로서 임명·위촉일 3년 이전에 항공운송사업체에서 퇴직한 자 6. 철도시설 또는 철도운영관련 업무분야에서 10년 이상 근무한 경력이 있는 자로서 임명·위촉일 3년 이전에 퇴직한 자 7. 국가기관등항공기 또는 군·경찰·세관용 항공기와 관련된 항공업무에 10년 이상 종사한 경력이 있는 자 **제8조(위원의 결격사유)** 다음 각 호의 어느 하나에 해당하는 자는 위원이 될 수 없다.〈개정 17·3·21〉 1. 피성년후견인·피한정후견인 또는 파산자로서 복권되지 아니한 자		

법	시 행 령	시 행 규 칙
2. 금고 이상의 실형을 선고 받고 그 집행이 종료(집행이 종료된 것으로 보는 경우를 포함한다)되거나 집행이 면제된 날부터 3년이 경과되지 아니한 자 3. 금고 이상의 형의 집행유예선고를 받고 그 유예기간 중에 있는 자 4. 법원의 판결 또는 법률에 의하여 자격이 상실 또는 정지된 자 5. 항공운송사업자, 항공기 또는 초경량비행장치와 그 장비품의 제조·개조·정비 및 판매사업 그 밖에 항공관련 사업을 운영하는 자 또는 그 임직원 6. 철도운영자 및 철도시설관리자, 철도차량을 제작·조립 또는 수입하는 자, 철도건설관련 시공업자 또는 철도용품·장비 판매사업자 그 밖의 철도관련 사업을 운영하는 자 및 그 임직원 **제9조(위원의 신분보장)** ① 위원은 임기 중 직무와 관련하여 독립적으로 권한을 행사 한다. ②위원은 다음 각 호의 어느 하나에 해당하는 경우를 제외하고는 그 의사에 반하여 해임 또는 해촉되지 아니한다. 1. 제8조 각 호의 어느 하나에 해당하는 경우 2. 심신장애로 인하여 직무를 수행할 수 없다고 인정되는 경우 3. 이 법에 의한 직무상의 의무를 위반하여 위		

법	시 행 령	시 행 규 칙
원으로서의 직무수행이 부적당하게 된 경우 제10조(위원장의 직무 등) ① 위원장은 위원회를 대표하며 위원회의 업무를 통할한다. ②위원장이 부득이한 사유로 인하여 직무를 수행할 수 없는 때에는 위원장이 미리 지명한 위원, 상임위원, 위원 중 연장자 순으로 그 직무를 대행한다. 제11조(위원의 임기) 위원의 임기는 3년으로 하되, 연임할 수 있다. 제12조(회의 및 의결) ① 위원회의 회의는 위원장이 소집하고, 위원장은 의장이 된다. ②위원회의 의사는 재적위원 과반수로 결정한다. 제13조(분과위원회) ① 위원회는 사고조사 내용을 효율적으로 심의하기 위하여 분과위원회를 둘 수 있다. ②제1항의 규정에 의한 분과위원회의 의결은 위원회의 의결로 본다. ③분과위원회의 조직 및 운영에 관하여 필요한 사항은 대통령령으로 정한다.		
제14조(자문위원) 위원회는 사고조사에 관련된 자문을 얻기 위하여 필요한 경우 항공 및 철도분야의 전문지식과 경험을 갖춘 전문가를 대통령령이 정하는 바에 따라 자문위원으로 위촉할 수 있다.	제4조(자문위원의 위촉 등) ① 법 제14조에 따라 위원장은 해당 분야에 관하여 학식과 경험이 풍부한 사람을 자문위원으로 위촉할 수 있다. 〈개정 13·2·22〉 ②위원장은 자문위원으로 하여금 사고조사에 관하여 의견을 진술하게 하거나 서면으로 의견을 제출할 것을 요청할 수 있다.	

법	시 행 령	시 행 규 칙
	③자문위원의 임기는 5년으로 하되, 연임할 수 있다.	
제15조(직무종사의 제한) ① 위원회는 항공·철도사고등의 원인과 관계가 있거나 있었던 자와 밀접한 관계를 갖고 있다고 인정되는 위원에 대하여는 당해 항공·철도사고등과 관련된 회의에 참석시켜서는 아니된다. ②제1항의 규정에 해당되는 위원은 당해 항공·철도사고등과 관련한 위원회의 회의를 회피할 수 있다.		
제16조(사무국) ① 위원회의 사무를 처리하기 위하여 위원회에 사무국을 둔다. ②사무국은 사무국장·사고조사관 그 밖의 직원으로 구성한다. ③사무국장은 위원장의 명을 받아 사무국 업무를 처리한다. ④사무국의 조직 및 운영 등에 관하여 필요한 사항은 대통령령으로 정한다.		
제3장 사고조사		
제17조(항공·철도사고등의 발생 통보) ① 항공·철도사고등이 발생한 것을 알게 된 항공기의 기장, 「항공안전법」 제62조제5항 단서에 따른 그 항공기의 소유자등, 「철도안전법」 제61조제1항에 따른 철도운영자등, 항공·철도종사자, 그 밖의 관계인(이하 "항공·철도종사자		제2조(항공·철도종사자와 관계인의 범위) 「항공·철도 사고조사에 관한 법률」(이하 "법"이라 한다) 제17조제1항에 따라 항공·철도사고등의 발생사실을 법 제4조제1항에 따른 항공·철도사고조사위원회(이하 "위원회"라 한다)에 통보해야 하는 항공·철도종사자와 관

법	시 행 령	시 행 규 칙
등"이라 한다)은 지체 없이 그 사실을 위원회에 통보하여야 한다. 다만, 「항공안전법」 제2조제4호에 따른 국가기관등항공기의 경우에는 그와 관련된 항공업무에 종사하는 사람은 소관 행정기관의 장에게 보고하여야 하며, 그 보고를 받은 소관 행정기관의 장은 위원회에 통보하여야 한다. 〈개정 16·3·29〉 ② 제1항에 따른 항공·철도종사자와 관계인의 범위, 통보에 포함되어야 할 사항, 통보시기, 통보방법 및 절차 등은 국토교통부령으로 정한다. 〈개정 13·3·23〉 ③ 위원회는 제1항에 따라 항공·철도사고등을 통보한 자의 의사에 반하여 해당 통보자의 신분을 공개하여서는 아니 된다. [전문개정 09·6·9]		계인의 범위는 다음 각 호와 같다. 〈개정 13·2·28〉 1. 경량항공기 조종사(조종사가 통보할 수 없는 경우에는 그 경량항공기의 소유자) 2. 초경량비행장치의 조종자(조종자가 통보할 수 없는 경우에는 그 초경량비행장치의 소유자) **제3조(통보사항)** 법 제17조제1항에 따라 항공·철도사고등의 발생 통보 시 포함되어야 할 사항은 다음 각 호와 같다. 1. 항공사고등 가. 항공기사고등의 유형 나. 발생 일시 및 장소 다. 기종(통보자가 알고 있는 경우만 해당한다) 라. 발생 경위(통보자가 알고 있는 경우만 해당한다) 마. 사상자 등 피해상황(통보자가 알고 있는 경우만 해당한다) 바. 통보자의 성명 및 연락처 사. 가목부터 바목까지에서 규정한 사항 외에 사고조사에 필요한 사항 2. 철도사고 가. 철도사고의 유형 나. 발생 일시 및 장소 다. 발생 경위(통보자가 알고 있는 경우만

법	시 행 령	시 행 규 칙
		해당한다) 라. 사상자, 재산피해 등 피해상황(통보자가 알고 있는 경우만 해당한다) 마. 사고수습 및 복구계획(통보자가 알고 있는 경우만 해당한다) 바. 통보자의 성명 및 연락처 사. 가목부터 바목까지에서 규정한 사항 외에 사고조사에 필요한 사항 **제4조(통보시기)** 법 제17조제1항에 따른 통보의무자는 항공·철도사고등이 발생한 사실을 알게 된 때에는 지체 없이 통보하여야 하며, 제3조에 따른 통보사항의 부족을 이유로 통보를 지연시켜서는 아니 된다. 〈개정 13·2·28〉 **제5조(통보방법 및 절차)** ① 법 제17조제1항에 따른 항공·철도사고등의 발생통보는 구두, 전화, 모사전송(FAX), 인터넷 홈페이지 등의 방법 중 가장 신속한 방법을 이용하여야 한다. 〈개정 13·2·28〉 ② 제1항의 통보에 필요한 전화번호, 모사전송번호, 인터넷 홈페이지 주소 등은 위원회가 정하여 고시한다. **제6조(국가기관등항공기 사고발생 통보)** 법 제17조제1항 단서에 따라 소관 행정기관의 장이 국가기관등항공기의 사고 발생 사실을 위원회에 통보할 경우에는 제3조부터 제5조까지를 준용한다.

법	시 행 령	시 행 규 칙
제18조(사고조사의 개시 등) 위원회는 제17조제1항에 따라 항공·철도사고등을 통보 받거나 발생한 사실을 알게 된 때에는 지체 없이 사고조사를 개시하여야 한다. 다만, 대한민국에서 발생한 외국항공기의 항공사고등에 대한 원활한 사고조사를 위하여 필요한 경우 해당 항공기의 소속 국가 또는 지역사고조사기구(Regional Accident Investigation Organization)와의 합의나 협정에 따라 사고조사를 그 국가 또는 지역사고조사기구에 위임할 수 있다. 〈개정 09·6·9, 13·3·22〉		
제19조(사고조사의 수행 등) ① 위원회는 사고조사를 위하여 필요하다고 인정되는 때에는 위원 또는 사무국 직원으로 하여금 다음 각 호의 사항을 조치하게 할 수 있다. 〈개정 09·6·9〉 1. 항공기 또는 초경량비행장치의 소유자, 제작자, 탑승자, 항공사고등의 현장에서 구조활동을 한 자 그 밖의 관계인(이하 "항공사고등 관계인"이라 한다)에 대한 항공사고등 관련 보고 또는 자료의 제출 요구 2. 철도사고와 관련된 철도운영 및 철도시설 관리자, 종사자, 사고현장에서 구조활동을 하는 자, 그 밖의 관계인(이하 "철도사고 관계인"이라 한다)에 대한 철도사고와 관련한 보고 또는 자료의 제출 요구 3. 사고현장 및 그밖에 필요하다고 인정되는		**제7조(증표)** 법 제19조제4항에 따른 증표는 별지 서식과 같다.

법	시 행 령	시 행 규 칙
장소에 출입하여 항공기 및 철도 시설·차량 그 밖의 항공·철도사고등과 관련이 있는 장부·서류 또는 물건(이하 "관계물건"이라 한다)의 검사 4. 항공사고등 관계인 및 철도사고 관계인(이하 "관계인"이라 한다)의 출석 요구 및 질문 5. 관계 물건의 소유자·소지자 또는 보관자에 대한 해당 물건의 보존·제출 요구 또는 제출한 물건의 유치 6. 사고현장 및 사고와 관련 있는 장소에 대한 출입통제 ②제1항제5호의 규정에 의한 보존의 요구를 받은 자는 해당 물건을 이동시키거나 변경·훼손하여서는 아니된다. 다만, 공공의 이익에 중대한 영향을 미친다고 판단되거나 인명구조 등 긴급한 사유가 있는 경우에는 그러하지 아니하다. ③위원회는 제1항제5호의 규정에 의하여 유치한 관련물건이 사고조사에 더 이상 필요하지 아니할 때에는 가능한 한 조속히 유치를 해제하여야 한다. ④제1항의 규정에 의한 조치를 하는 자는 그 권한을 표시하는 증표를 가지고 있어야 하며, 관계인의 요구가 있는 때에는 이를 제시하여야 한다.		
제20조(항공·철도사고조사단의 구성·운영) ① 위원회는 사고조사를 위하여 필요하다고 인정	제5조(항공·철도사고조사단의 구성 등) ① 법 제20조제1항에 따른 항공·철도사고조사단(이	

법	시 행 령	시 행 규 칙
되는 때에는 분야별 관계 전문가를 포함한 항공·철도사고조사단을 구성·운영할 수 있다. ②항공·철도사고조사단의 구성·운영에 관하여 필요한 사항은 대통령령으로 정한다. 제21조(국토교통부장관의 지원〈개정 08·2·29, 13·3·23〉) ① 위원회는 사고조사를 수행하기 위하여 필요하다고 인정하는 때에는 국토교통부장관에게 사실의 조사 또는 관련 공무원의 파견, 물건의 지원 등 사고조사에 필요한 지원을 요청할 수 있다. 〈개정 08·2·29, 13·3·23〉 ②국토교통부장관은 제1항의 규정에 따라 사고조사의 지원을 요청받은 때에는 사고조사가 원활하게 진행될 수 있도록 필요한 지원을 하	하 "조사단"이라 한다)의 단장은 법 제16조제2항에 따른 사고조사관 또는 사고조사와 관련된 업무를 수행하는 직원 중에서 위원장이 임명한다. ②조사단의 단장은 조사단에 관한 사무를 총괄하고, 조사단의 구성원을 지휘·감독한다. ③위원회는 항공사고등이 군용항공기 또는 군항공업무[항공기에 탑승하여 행하는 항공기의 운항(항공기의 조종연습은 제외한다), 항공교통관제 및 운항관리에 한정한다]와 관련되거나 군용항공기지 안에서 발생한 경우로서 이에 대한 조사를 위하여 조사단을 구성하는 경우에는 그 사고와 관련된 분야의 전문가 중에서 국방부장관이 추천하는 사람을 조사단에 참여시켜야 한다. 〈개정 13·2·22〉 ④이 영에서 정한 것 외에 조사단의 구성 및 운영에 관하여 필요한 사항은 위원장이 정한다.	

법	시 행 령	시 행 규 칙
여야 한다. 〈개정 08 · 2 · 29, 13 · 3 · 23〉 ③국토교통부장관은 제2항의 규정에 따라 사실의 조사를 지원하기 위하여 필요하다고 인정하는 때에는 소속 공무원으로 하여금 제19조제1항 각 호의 사항을 조치하게 할 수 있다. 이 경우 제19조제4항의 규정을 준용한다. 〈개정 08 · 2 · 29, 13 · 3 · 23〉 제22조(관계 행정기관 등의 협조) 위원회는 신속하고 정확한 조사를 수행하기 위하여 관계 행정기관의 장, 관계 지방자치단체의 장 그 밖의 공 · 사 단체의 장(이하 "관계기관의 장"이라 한다)에게 항공 · 철도사고등과 관련된 자료 · 정보의 제공, 관계 물건의 보존 등 그 밖의 필요한 협조를 요청할 수 있다. 이 경우 관계기관의 장은 정당한 사유가 없는 한 이에 응하여야 한다. 제23조(시험 및 의학적 검사) ① 위원회는 사고조사와 관련하여 사상자에 대한 검시, 생존한 승무원 등에 대한 의학적 검사, 항공기 · 철도차량 등의 구성품 등에 대하여 검사 · 분석 · 시험 등을 할 수 있다. ②위원회는 필요하다고 인정하는 경우에는 제1항의 규정에 의한 검시 · 검사 · 분석 · 시험 등의 업무를 관계 전문가 · 전문기관 등에 의뢰할 수 있다.		
제24조(관계인 등의 의견청취) ① 위원회는 사	제6조(의견청취) ① 위원회는 법 제24조제1항에	

법	시 행 령	시 행 규 칙
고조사를 종결하기 전에 당해 항공·철도사고등과 관련된 관계인에게 대통령령이 정하는 바에 따라 의견을 진술할 기회를 부여하여야 한다. ②위원회는 사고조사를 위하여 필요하다고 인정되는 경우에는 공청회를 개최하여 관계인 또는 전문가로부터 의견을 들을 수 있다.	따라 관계인의 의견을 들으려는 때에는 일시 및 장소를 정하여 의견청취 7일 전까지 서면으로 통지하여야 한다. ②제1항에 따른 통지를 받은 관계인은 위원회에 출석할 수 없는 부득이한 사유가 있는 경우에는 미리 서면(전자문서를 포함한다)으로 의견을 제출할 수 있다. ③제1항에 따른 통지를 받은 관계인이 정당한 사유 없이 위원회에 출석하지 아니하고 서면으로도 의견을 제출하지 아니한 때에는 의견진술의 기회를 포기한 것으로 본다.	
제25조(사고조사보고서의 작성 등) ① 위원회는 사고조사를 종결한 때에는 다음 각 호의 사항이 포함된 사고조사보고서를 작성하여야 한다. 1. 개요 2. 사실정보 3. 원인분석 4. 사고조사결과 5. 제26조의 규정에 의한 권고 및 건의사항 ②위원회는 대통령령이 정하는 바에 따라 제1항의 규정에 의하여 작성된 사고조사보고서를 공표하고 관계기관의 장에게 송부하여야 한다. 제26조(안전권고 등) ① 위원회는 제29조제2항에 따른 조사 및 연구활동 결과 필요하다고 인정되는 경우와 사고조사과정 중 또는 사고조사결과 필요하다고 인정되는 경우에는 항	제7조(사고조사보고서의 공표) 위원회는 법 제25조제2항에 따른 사고조사보고서를 언론기관에 발표하거나 위원회의 인터넷 홈페이지 게재 또는 인쇄물의 발간 등 일반인이 쉽게 알 수 있는 방법으로 공표하여야 한다.	

법	시 행 령	시 행 규 칙
공·철도사고등의 재발방지를 위한 대책을 관계 기관의 장에게 안전권고 또는 건의할 수 있다. 〈개정 13·3·22〉 ②관계 기관의 장은 제1항의 규정에 의한 위원회의 안전권고 또는 건의에 대하여 조치계획 및 결과를 위원회에 통보하여야 한다. 제27조(사고조사의 재개) 위원회는 사고조사가 종결된 이후에 사고조사 결과가 변경될 만한 중요한 증거가 발견된 경우에는 사고조사를 다시 할 수 있다.		
제28조(정보의 공개금지) ① 위원회는 사고조사과정에서 얻은 정보가 공개됨으로써 당해 또는 장래의 정확한 사고조사에 영향을 줄 수 있거나, 국가의 안전보장 및 개인의 사생활이 침해될 우려가 있는 경우에는 이를 공개하지 아니할 수 있다. 이 경우 항공·철도사고등과 관계된 사람의 이름을 공개하여서는 아니 된다. 〈개정 13·3·22〉 ②제1항의 규정에 의하여 공개하지 아니할 수 있는 정보의 범위는 대통령령으로 정한다.	제8조(공개를 금지할 수 있는 정보의 범위) 법 제28조제2항에 따라 공개하지 아니할 수 있는 정보의 범위는 다음 각 호와 같다. 다만, 해당 정보가 사고분석에 관계된 경우에는 법 제25조제1항에 따른 사고조사보고서에 그 내용을 포함시킬 수 있다. 〈개정 13·2·22〉 1. 사고조사과정에서 관계인들로부터 청취한 진술 2. 항공기운항 또는 열차운행과 관계된 자들 사이에 행하여진 통신기록 3. 항공사고등 또는 철도사고와 관계된 자들에 대한 의학적인 정보 또는 사생활 정보 4. 조종실 및 열차기관실의 음성기록 및 그 녹취록 5. 조종실의 영상기록 및 그 녹취록 6. 항공교통관제실의 기록물 및 그 녹취록	

법	시 행 령	시 행 규 칙
제29조(사고조사에 관한 연구 등) ① 위원회는 국내외 항공·철도사고등과 관련된 자료를 수집·분석·전파하기 위한 정보관리 체제를 구축하여 필요한 정보를 공유할 수 있도록 하여야 한다. ②위원회는 사고조사 기법의 개발 및 항공·철도사고등의 예방을 위하여 조사 및 연구활동을 할 수 있다. **제4장 보칙** 제30조(다른 절차와의 분리) 사고조사는 민·형사상 책임과 관련된 사법절차, 행정처분절차 또는 행정쟁송절차와 분리·수행되어야 한다. 제31조(비밀누설의 금지) 위원회의 위원·자문위원 또는 사무국 직원, 그 직에 있었던 자 및 위원회에 파견되거나 위원회의 위촉에 의하여 위원회의 업무를 수행하거나 수행하였던 자는 그 직무상 알게 된 비밀을 누설하여서는 아니된다. 제32조(불이익의 금지) 이 법에 의하여 위원회에 진술·증언·자료 등의 제출 또는 답변을 한 사람은 이를 이유로 해고·전보·징계·부당한 대우 또는 그 밖에 신분이나 처우와 관련하여 불이익을 받지 아니한다.	7. 비행기록장치 및 열차운행기록장치 등의 정보 분석과정에서 제시된 의견	

법	시 행 령	시 행 규 칙
제33조(위원회의 운영 등) ① 이 법에서 정하지 아니한 위원회의 운영 및 사고조사에 필요한 사항 등은 위원장이 따로 정한다. ②위원회는 국토교통부령이 정하는 바에 따라 위원회에 출석하여 발언하는 위원장·위원·자문위원 및 관계인에 대하여 수당 또는 여비를 지급할 수 있다. 〈개정 08·2·29, 13·3·23〉 제34조(벌칙적용에서의 공무원 의제) 위원회의 위원, 자문위원, 제20조제1항의 규정에 의한 분야별 관계전문가, 제23조제2항의 규정에 의한 관계전문가 또는 전문기관의 임직원 중 공무원이 아닌 자는 「형법」 제129조 내지 제132조의 적용에 있어서는 이를 공무원으로 본다. **제5장 벌칙** 제35조(사고조사방해의 죄) 다음 각 호의 어느 하나에 해당하는 자는 3년 이하의 징역 또는 3천만원 이하의 벌금에 처한다. 1. 제19조제1항제1호 및 제2호의 규정을 위반하여 항공·철도사고등에 관하여 보고를 하지 아니하거나 허위로 보고를 한 자 또는 정당한 사유없이 자료의 제출을 거부 또는 방해한 자 2. 제19조제1항제3호의 규정을 위반하여 사고현장 및 그 밖에 필요하다고 인정되는 장소의 출입 또는 관계 물건의 검사를 거부 또		제8조(수당 등의 지급) 법 제33조제2항에 따라 위원회에 출석하는 위원장·위원·자문위원 및 관계인에 대하여 예산의 범위에서 수당 및 여비를 지급할 수 있다. 다만 공무원이 그 소관업무와 직접적으로 관련되어 위원회에 출석하는 경우에는 그러하지 아니하다.

법	시 행 령	시 행 규 칙
는 방해한 자 3. 제19조제1항제5호의 규정을 위반하여 관계 물건의 보존·제출 및 유치를 거부 또는 방해한 자 4. 제19조제2항의 규정을 위반하여 관계 물건을 정당한 사유 없이 보존하지 아니하거나 이를 이동·변경 또는 훼손시킨 자 **제36조(비밀누설의 죄)** 제31조의 규정을 위반하여 직무상 알게 된 비밀을 누설한 자는 2년 이하의 징역, 5년 이하의 자격정지 또는 2천만원 이하의 벌금에 처한다. 〈개정 14·5·21〉 **제36조의2(사고발생 통보 위반의 죄)** 제17조제1항 본문을 위반하여 항공·철도사고등이 발생한 것을 알고도 정당한 사유 없이 통보를 하지 아니하거나 거짓으로 통보한 항공·철도종사자등은 500만원 이하의 벌금에 처한다. [본조신설 09·6·9] **제37조(양벌규정)** 법인의 대표자나 법인 또는 개인의 대리인, 사용인, 그 밖의 종업원이 그 법인 또는 개인의 업무에 관하여 제35조 또는 제36조의2의 어느 하나에 해당하는 위반행위를 하면 그 행위자를 벌하는 외에 그 법인 또는 개인에게도 해당 조문의 벌금형을 과(科)한다. 다만, 법인 또는 개인이 그 위반행위를 방지하기 위하여 해당 업무에 관하여 상당한 주의와 감독을 게을리하지 아니한 경우에는		

법	시 행 령	시 행 규 칙
그러하지 아니하다. [전문개정 09·6·9] 제38조(과태료) ① 다음 각 호의 어느 하나에 해당하는 자는 1천만원 이하의 과태료에 처한다. 1. 제19조제1항제1호 및 제2호의 규정을 위반하여 항공·철도사고등과 관계가 있는 자료의 제출을 정당한 사유 없이 기피 또는 지연시킨 자 2. 제19조제1항제3호의 규정을 위반하여 항공·철도사고등과 관련이 있는 관계 물건의 검사를 기피한 자 3. 제19조제1항제4호의 규정을 위반하여 정당한 사유 없이 출석을 거부하거나 질문에 대하여 허위로 진술한 자 4. 제19조제1항제5호의 규정을 위반하여 관계 물건의 제출 및 유치를 기피 또는 지연시킨 자 5. 제19조제1항제6호의 규정을 위반하여 출입통제에 불응한 자 6. 제32조의 규정을 위반하여 이 법에 의하여 위원회에 진술, 증언, 자료 등의 제출 또는 답변을 한 자에 대하여 이를 이유로 해고, 전보, 징계, 부당한 대우 그 밖에 신분이나 처우와 관련하여 불이익을 준 자 ②제1항의 규정에 의한 과태료는 대통령령이 정하는 바에 따라 국토교통부장관이 부과·징수한다. 〈개정 08·2·29, 13·3·23〉 ③부터 ⑤까지 삭제 〈09·6·9〉	제9조(과태료의 부과기준) 법 제38조제1항에 따른 과태료의 부과기준은 별표와 같다. [전문개정 11·4·4]	

법	시 행 령	시 행 규 칙
부 칙 〈05·11·8〉 제1조(시행일) 이 법은 공포 후 8월이 경과한 날부터 시행한다. 다만, 제3조제2항의 규정은 2008년 1월 1일부터 시행한다. 제2조(위원회 설치 등에 관한 경과조치) ①이 법 시행 당시 종전의 「항공법」 및 「철도안전법」의 규정에 의하여 설치된 항공사고조사위원회와 철도사고조사위원회는 이 법에 의하여 설치된 항공·철도사고조사위원회로 본다. ②이 법 시행 당시 종전의 「항공법」 및 「철도안전법」의 규정에 의하여 항공사고조사위원회와 철도사고조사위원회의 위원장 및 상임위원으로 임명된 자는 종전의 규정에 불구하고 이 법 시행일에 임기가 만료된 것으로 본다. ③이 법 시행 당시 종전의 「항공법」 및 「철도안전법」의 규정에 의하여 항공사고조사위원회와 철도사고조사위원회의 비상임위원으로 각각 임명 또는 위촉된 자는 이 법에 의하여 임명 또는 위촉된 것으로 본다. 다만, 그 임기는 종전 임기의 잔여기간으로 한다. ④이 법 시행 당시 종전의 「항공법」의 규정에 의하여 항공사고조사위원회에 설치된 사무국 및 그 직원과 「철도안전법」의 규정에 의하여 철도사고조사위원회의 사고조사를 수행하는 사고조사관은 이 법에 의하여 위원회에 설치	부 칙 〈06·6·15〉 ①(시행일) 이 영은 2006년 7월 9일부터 시행한다. ②(다른 법령의 개정) 철도안전법 시행령 일부를 다음과 같이 개정한다. 제53조 내지 제55조 및 제58조를 각각 삭제한다. 부 칙 〈08·2·29〉 제1조(시행일) 이 영은 공포한 날부터 시행한다. 다만, 부칙 제6조에 따라 개정되는 대통령령 중 이 영의 시행 전에 공포되었으나 시행일이 도래하지 아니한 대통령령을 개정한 부분은 각각 해당 대통령령의 시행일부터 시행한다. 제2조부터 제6조까지 생략 부 칙 〈11·4·4〉 제1조(시행일) 이 영은 공포한 날부터 시행한다. 부 칙 〈06·6·15〉 ①(시행일) 이 영은 2006년 7월 9일부터 시행한다. ②(다른 법령의 개정) 철도안전법 시행령 일부를 다음과 같이 개정한다. 제53조 내지 제55조 및 제58조를 각각 삭제한다. 부 칙 〈08·2·29〉 제1조(시행일) 이 영은 공포한 날부터 시행한다.	부 칙 〈09·12·10〉 이 규칙은 2009년 12월 10일부터 시행한다. 부 칙 〈13·2·28〉 이 영은 공포한 날부터 시행한다.

법	시 행 령	시 행 규 칙
된 사무국 및 그 직원으로 본다. ⑤이 법 시행 당시 종전의 「항공법」 및 「철도안전법」의 규정에 의하여 행하여진 항공사고조사위원회 및 철도사고조사위원회의 행위 또는 항공사고조사위원회 및 철도사고조사위원회에 대한 행위는 그에 해당하는 이 법에 의한 위원회의 행위 또는 위원회에 대한 행위로 본다. 제3조(벌칙 등에 관한 경과조치) 이 법 시행 전의 행위에 대한 벌칙 및 과태료의 적용에 있어서는 종전의 「항공법」 및 「철도안전법」의 규정에 의한다. 제4조(다른 법률의 개정) 철도안전법 일부를 다음과 같이 개정한다. 제51조 내지 제59조, 제61조제2항 및 제62조 내지 제67조를 각각 삭제한다. 제61조제3항을 제2항으로 한다. 제76조제7호 및 제78조제2항제4호 내지 제7호를 각각 삭제한다. 제81조제1항제12호 중 "제61조제1항 및 제3항"을 "제61조제1항 및 제2항"으로 한다. 제81조제1항제13호를 삭제한다. 부 칙 〈08 · 2 · 29〉 제1조(시행일) 이 법은 공포한 날부터 시행한다. 다만, · · · 〈생략〉 · · · , 부칙 제6조에 따라	다만, 부칙 제6조에 따라 개정되는 대통령령중 이 영의 시행 전에 공포되었으나 시행일이 도래하지 아니한 대통령령을 개정한 부분은 각각 해당 대통령령의 시행일부터 시행한다. 제2조부터 제6조까지 생략 부 칙 〈11 · 4 · 4〉 제1조(시행일) 이 영은 공포한 날부터 시행한다. 제2조(「건축법 시행령」의 개정에 따른 용적률 산정에 관한 적용례) 「건축법 시행령」 제119조제1항제4호라목의 개정규정은 이 영 시행 후 최초로 건축허가를 받는 것부터 적용한다. 제3조(「도시 및 주거환경정비법 시행령」의 개정에 따른 변경인가에 관한 적용례) 「도시 및 주거환경정비법 시행령」 제27조제3호의 개정규정은 이 영 시행 후 최초로 조합설립인가의 내용을 변경하는 것부터 적용한다. 제4조(과징금 또는 과태료에 관한 경과조치) ① 이 영 시행 전의 위반행위에 대하여 과징금 또는 과태료의 부과기준을 적용할 때에는 종전의 규정에 따른다. ② 이 영 시행 전의 위반행위로 받은 과징금 또는 과태료 부과처분은 이 영의 개정규정에 따른 위반행위의 횟수 산정에 포함하지 아니한다.	

법	시 행 령	시 행 규 칙
개정되는 법률 중 이 법의 시행 전에 공포되었으나 시행일이 도래하지 아니한 법률을 개정한 부분은 각각 해당 법률의 시행일부터 시행한다. 제2조부터 제7조까지 생략 부 칙 〈09·6·9〉 제1조(시행일) 이 법은 공포 후 3개월이 경과한 날부터 시행한다. 〈단서 생략〉 제2조부터 제12조까지 생략 부 칙 〈09·6·9〉 이 법은 공포 후 6개월이 경과한 날부터 시행한다. 다만, 제37조 단서의 개정규정은 공포한 날부터 시행한다. 부 칙 〈13·3·22〉 이 법은 공포한 날부터 시행한다. 부 칙 〈13·3·23〉 제1조(시행일) ① 이 법은 공포한 날부터 시행한다. ② 생략 제2조부터 제7조까지 생략 부 칙 〈14·5·21〉 이 법은 공포한 날부터 시행한다.	부 칙 〈13·2·22〉 제1조(시행일) 이 영은 공포한 날부터 시행한다. 제2조(공개하지 아니할 수 있는 정보의 범위에 관한 적용례) 제8조제4호부터 제7호까지의 개정규정은 이 영 시행 후 발생하는 항공사고등 및 철도사고부터 적용한다.	

법	시 행 령	시 행 규 칙
부 칙 〈16·3·29〉 제1조(시행일) 이 법은 공포 후 1년이 경과한 날부터 시행한다. 〈단서 생략〉 제2조부터 제55조까지 생략 부 칙 〈17·3·21〉 제1조(시행일) 이 법은 공포한 날부터 시행한다. 제2조(금치산자 등의 결격사유에 관한 경과조치) 제8조제1호의 개정규정에도 불구하고 같은 개정규정 시행 당시 법률 제10429호 민법 일부개정법률 부칙 제2조에 따라 금치산 또는 한정치산 선고의 효력이 유지되는 사람에 대하여는 종전의 규정에 따른다.		

항공 · 철도 사고조사에 관한 법률 시행령 · 시행규칙 [별표]

【시행령 별표】

[별표] 〈개정 11·4·4〉

과태료의 부과기준(제9조 관련)

1. 일반기준
   가. 하나의 위반행위가 둘 이상의 과태료 부과기준에 해당하는 경우에는 그 중 금액이 큰 과태료 부과기준을 적용한다.
   나. 위반행위의 횟수에 따른 과태료 부과기준은 최근 1년간 같은 위반행위로 과태료를 부과받은 경우에 적용한다. 이 경우 위반행위에 대하여 과태료를 부과받은 날과 다시 같은 위반행위로 적발된 날을 각각 기준으로 하여 위반횟수를 계산한다.

2. 개별기준

(단위: 만원)

위반행위	근거 법조문	과태료 금액		
		1차 위반	2차 위반	3차 이상 위반
가. 법 제19조제1항제1호 및 제2호를 위반하여 항공·철도사고등과 관계가 있는 자료의 제출을 정당한 사유 없이 기피하거나 지연시킨 경우	법 제38조제1항제1호	125	250	500
나. 법 제19조제1항제3호를 위반하여 항공·철도사고등과 관련이 있는 관계 물건의 검사를 기피한 경우	법 제38조제1항제2호	25	50	100
다. 법 제19조제1항제4호를 위반하여 정당한 사유 없이 출석을 거부하거나 질문에 대하여 허위로 진술한 경우	법 제38조제1항제3호	125	250	500
라. 법 제19조제1항제5호를 위반하여 관계 물건의 제출 및 유치를 기피하거나 지연시킨 경우	법 제38조제1항제4호	25	50	100
마. 법 제19조제1항제6호를 위반하여 출입통제에 불응한 경우	법 제38조제1항제5호	25	50	100
바. 법 제32조를 위반하여 법에 따라 위원회에 진술·증언·자료 등의 제출 또는 답변을 한 자에 대하여 이를 이유로 해고, 전보, 징계, 부당한 대우 그 밖에 신분이나 처우와 관련하여 불이익을 준 경우	법 제38조제1항제6호	250	500	1000

【시행규칙 별표】

[별지 서식] 〈개정 13·2·28〉 (앞 쪽)

항공·철도 사고조사관증
Aviation · Railway Accident Investigator Certificate

사 진 3㎝ × 4㎝	성명(Name)	:	
	성별(Sex)	:	
	생년월일(Date of Birth)	:	년(y) 월(m) 일(d)
	소속(Employed by)	:	
	증명서 번호(Certi. No.)	:	
	발행 일자(Issue Date)	:	년(y) 월(m) 일(d)
	유효 기한(Date of Expiry)	:	년(y) 월(m) 일(d)
	서명(Signature of Bearer)	:	

국토해양부 항공·철도사고조사위원회

(뒤 쪽)

항공·철도 사고조사관증
Aviation · Railway Accident Investigator Certificate

이 사람은 「항공·철도 사고조사에 관한 법률」 제19조에 따라 사고현장에서 관계인에 대한 항공·철도사고등과 관련된 보고 또는 자료의 제출 요구, 관계인의 출석 요구 및 질문, 관계 물건의 소유자·소지자 또는 보관자에 대한 해당 물건의 보존·제출 요구 또는 제출한 물건의 유치, 사고현장 및 그 밖에 필요하다고 인정되는 장소에 출입하여 항공기 및 철도 시설·차량과 항공·철도사고등과 관련이 있는 장부·서류 또는 물건의 검사, 사고현장 및 사고와 관련 있는 장소에 대한 출입을 통제할 수 있는 항공·철도사고조사관임을 증명합니다.

This is to certify that the bearer of this certificate is an aviation/railway accident investigator empowered, pursuant to the Article 19 of the Aviation and Railway Accident Investigation Act, Republic of Korea, to demand relevant information or document to peoples who are related to the aviation or the railway accident and to summon and question them, to ask the holder of relevant objects to preserve and/or submit them or to detain the submitted objects, to have uninterrupted access to the accident site or any other places deemed necessary to investigate and to control access to the accident site and any places related to the accident.

국토해양부 항공·철도사고조사위원회 위원장 (인)

Chairman of the Aviation and Railway Accident Investigation Board
Ministry of Land, Transport and Maritime Affairs, Republic of Korea

90㎜×60㎜[보존용지(1종) 120g/㎡]

한국철도시설공단법 · 시행령

한국철도시설공단법 · 시행령 목차

법	시 행 령
한국철도시설공단법 〔2003·7·29 법률 제6956호 제정〕 개정 2005· 3·31 법률 제 7428호(채무자 회생 및 파산에 관한 법률) 2007· 1·19 법률 제 8257호 2008· 2·29 법률 제 8852호(정부조직법 전부개정법률) 2009· 1·30 법률 제 9391호 2013· 3·23 법률 제11690호(정부조직법 전부개정법률) 2015· 1· 6 법률 제12995호 2019·11·26 법률 제16641호	**한국철도시설공단법 시행령** 〔2003·12·30 대통령령 제18207호 제정〕 개정 2005· 6·30 대통령령 제18931호(철도건설법 시행령) 2007· 4·20 대통령령 제20019호 2008· 2·29 대통령령 제20722호(국토해양부와 그 소속기관 직제) 2009· 7· 1 대통령령 제21608호 2011· 4· 1 대통령령 제22815호(국유재산법 시행령 일부개정령) 2013· 3·23 대통령령 제24443호(국토교통부와 그 소속기관 직제) 2019· 3·12 대통령령 제29617호(철도건설법 시행령 일부개정령)
제1조(목적) 이 법은 한국철도시설공단을 설립하여 철도시설의 건설 및 관리와 그 밖에 이와 관련되는 사업을 효율적으로 시행하게 함으로써 국민의 교통편의의 증진과 국민경제의 건전한 발전에 이바지함을 목적으로 한다. [전문개정 09·1·30]	제1조(목적) 이 영은 「한국철도시설공단법」에서 위임된 사항과 그 시행에 필요한 사항을 규정함을 목적으로 한다. [전문개정 09·7·1]
제2조(정의) 이 법에서 사용하는 용어의 뜻은 이 법에 특별한 규정이 있는 것을 제외하고는 「철도산업발전 기본법」(이하 "기본법"이라 한다)에서 정하는 바에 따른다. [전문개정 09·1·30]	
제3조(법인격) 한국철도시설공단(이하 "공단"이라 한다)은 법인으로 한다.	
제4조(설립등기) ① 공단은 그 주된 사무소의 소재지에서 설립등기를 함으로써 성립한다.	제2조(설립등기 사항 등) ① 「한국철도시설공단법」(이하 "법"이라 한다) 제4조제2항에 따른 한국철도시설공단(이하 "공단"이라 한다)의 설립등

법	시 행 령
② 제1항에 따른 공단의 설립등기에 관하여 필요한 사항은 대통령령으로 정한다. ③ 공단은 등기가 필요한 사항에 관하여는 그 등기를 한 후가 아니면 제3자에게 대항하지 못한다. [전문개정 09·1·30]	기사항은 다음 각 호와 같다. 1. 목적 2. 명칭 3. 주된 사무소, 지사(支社) 및 분사무소 4. 임원의 성명 및 주소 5. 공고의 방법 ② 설립등기 외의 등기에 관하여는 「민법」 중 재단법인의 등기에 관한 규정을 준용한다. [전문개정 09·7·1] 제3조부터 제8조까지 삭제 〈09·7·1〉
제5조(사무소) ① 공단의 주된 사무소의 소재지는 정관으로 정한다. ② 공단은 필요한 경우에는 정관으로 정하는 바에 따라 지사 또는 분사무소(分事務所)를 둘 수 있다. [전문개정 09·1·30] 제6조 삭제 〈09·1·30〉 제7조(사업) 공단은 다음 각 호의 사업을 한다.〈개정 19·11·26〉 1. 철도시설의 건설 및 관리 2. 외국철도 건설과 남북 연결 철도망 및 동북아 철도망의 건설 3. 철도시설에 관한 기술의 개발·관리 및 지원 4. 철도시설 건설 및 관리에 따른 철도의 역세권, 철도 부근 지역 및 「철도의 건설 및 철도시설 유지관리에 관한 법률」 제23조의2에 따라 국토교통부장관이 점용허가한 철도 관련 국유재산의 개발·운영 5. 건널목 입체화 등 철도 횡단시설사업 6. 철도의 안전관리 및 재해 대책의 집행 7. 정부, 지방자치단체, 「공공기관의 운영에 관한 법률」에 따른 공공기관(이하 "공공기관"이라 한다) 또는 타인이 위탁한 사업 8. 제1호부터 제7호까지의 사업에 딸린 사업	

법	시 행 령
9. 제1호부터 제8호까지의 사업을 위한 부동산의 취득, 공급 및 관리 [전문개정 09·1·30] **제8조(철도운영자와의 협의 등)** ① 공단은 제7조에 따른 사업을 시행할 때에는 철도의 안전을 확보하고 철도의 운영을 개선하며 철도기능이 원활하게 발휘될 수 있도록 철도운영자와 상호 협력체계를 구축하는 등 필요한 조치를 마련하여야 한다. ② 철도시설의 건설·유지보수·관리 및 역세권 개발 등의 계획과 그 시행방법 등 공단과 철도운영자 간의 상호 협력·협의에 필요한 사항은 국토교통부령으로 정한다.〈개정 13·3·23〉 [전문개정 09·1·30] **제9조(임원)** ① 공단에는 임원으로 이사장 1명, 부이사장 1명, 상임이사 4명을 포함한 13명 이내의 이사 및 감사 1명을 두되, 이사장·부이사장·상임이사 및 감사 외의 임원은 비상임으로 한다. ② 이사장은 공단을 대표하고 그 업무를 총괄한다. [전문개정 09·1·30] **제10조** 삭제 〈09·1·30〉 **제11조(대리인의 선임)** 이사장은 정관으로 정하는 바에 따라 직원 중에서 공단의 업무에 관하여 재판상 또는 재판 외의 모든 행위를 할 수 있는 권한을 가진 대리인을 선임(選任)할 수 있다. [전문개정 09·1·30] **제12조부터 제15조까지** 삭제 〈09·1·30〉 **제16조(직원의 임면)** 공단의 직원은 정관으로 정하는 바에 따라 이사장이 임면한다. [전문개정 09·1·30] **제17조(자금의 조달 등)** ① 공단은 그 운영과 사업에 필요한 자금을 다음 각 호의 재원(財源)으로 조달한다.〈개정 19·11·26〉	**제9조(출연금의 지급)** ① 정부가 법 제17조제1항제1호에 따라 공단에 출연금을 지급하려면 국토교통부장관이 이를 예산에 계상(計上)하여 지급

법	시 행 령
1. 정부 또는 정부 외의 자의 출연금 또는 보조금 2. 철도시설채권의 발행으로 조성한 자금 3. 차입금(외국으로부터 차입한 자금 및 도입한 물자를 포함한다) 4. 철도 관련 국유재산의 사용료 및 점용료 5. 제7조의 사업으로 생긴 수익금 6. 자산 운영 수익금 7. 그 밖의 수입금 ② 제1항제1호에 따른 정부 출연금의 지급·관리 및 사용에 필요한 사항은 대통령령으로 정한다. [전문개정 09·1·30]	하여야 한다.〈개정 13·3·23〉 ② 국토교통부장관은 제1항에 따른 출연금 예산이 확정되면 그 내용을 공단에 통지하여야 한다.〈개정 13·3·23〉 ③ 공단은 출연금을 지급받으려면 출연금 지급신청서에 분기별 사업계획서 및 분기별 예산집행계획서를 첨부하여 국토교통부장관에게 제출하여야 한다.〈개정 13·3·23〉 ④ 제3항에 따라 지급신청서를 제출받은 국토교통부장관은 해당 분기별 사업계획 및 분기별 예산집행계획이 타당하다고 인정되는 경우에는 그 계획에 따라 출연금을 지급하여야 한다.〈개정 13·3·23〉 [전문개정 09·7·1] **제10조(정부 외의 자의 출연)** 법 제17조제1항제1호에 따른 정부 외의 자의 출연 방법·절차 등에 관하여는 국토교통부장관이 그 출연하려는 자와 협의하여 정할 수 있다.〈개정 13·3·23〉 [전문개정 09·7·1]
제18조(자금의 차입 등) ① 공단은 제7조에 따른 사업을 수행하기 위하여 필요한 경우에는 국토교통부장관의 승인을 받아 자금을 차입(외국으로부터의 자금의 차입 및 물자의 도입을 포함한다. 이하 같다)할 수 있다.〈개정 13·3·23〉 ② 국토교통부장관은 제1항에 따른 자금의 차입을 승인하려면 미리 관계 중앙행정기관의 장과 협의하여야 한다.〈개정 13·3·23〉 [전문개정 09·1·30]	**제11조(자금의 차입)** 공단은 법 제18조제1항에 따라 자금의 차입을 승인받으려면 다음 각 호의 사항이 포함된 승인신청서를 국토교통부장관에게 제출하여야 한다.〈개정 13·3·23〉 1. 차입사유 및 차입금액(물자도입인 경우에는 물자의 종류, 수량 및 가격) 2. 차입 경로 및 차입 조건 3. 차입금의 상환방법 및 상환기한 4. 그 밖에 자금의 차입 및 상환에 필요한 사항 [전문개정 09·7·1]
제19조(철도시설채권의 발행 등) ① 공단은 제7조에 따른 사업 중 철도시설 건설 등의 사업에 필요한 자금을 조달하기 위하여 철도시설채권(이하 이 조에서 "채권"이라 한다)을 발행할 수 있다. ② 공단은 채권을 발행하려면 매 사업연도의 채권발행계획을 작성하여	**제12조(채권의 형식)** 법 제19조에 따라 공단이 발행하는 철도시설채권(이하 "채권"이라 한다)은 무기명식(無記名式)으로 한다. 다만, 응모자 또는 소지인이 청구하는 경우에는 기명식으로 할 수 있다. [전문개정 09·7·1]

<table>
<tr><th>법</th><th>시 행 령</th></tr>
<tr><td>국토교통부장관의 승인을 받아야 한다.〈개정 13·3·23〉
③ 국가는 공단이 발행하는 채권의 원리금의 상환을 보증할 수 있다.
④ 국가는 공단이 발행하는 채권의 이자 지급에 드는 비용의 일부를 보조할 수 있다.
⑤ 채권의 소멸시효는 원금은 5년, 이자는 2년이 지나면 완성한다.
⑥ 그 밖에 채권의 발행에 필요한 사항은 대통령령으로 정한다.
[전문개정 09·1·30]</td><td>제13조(채권의 발행방법 등) ① 공단이 발행하는 채권은 모집, 총액인수 또는 매출의 방법으로 발행한다.
② 제1항에 따라 매출의 방법으로 채권을 발행하는 경우에는 매출기간과 제14조제2항제1호부터 제7호까지의 사항을 미리 공고하여야 한다.
[전문개정 09·7·1]
제14조(채권의 응모 등) ① 채권의 모집에 응하려는 자는 채권 청약서 2통에 인수하려는 채권의 권종(券種)·수·인수가액과 청약자의 주소를 적고 기명날인하여야 한다. 이 경우 채권의 최저가액을 정하여 발행하는 경우에는 응모가액을 적어야 한다.
② 제1항에 따른 채권 청약서는 공단의 이사장이 작성하며, 다음 각 호의 사항을 적어야 한다.
1. 공단의 명칭
2. 채권의 발행총액
3. 채권의 권종별 액면금액
4. 채권의 이율
5. 원금 상환의 방법 및 시기
6. 이자 지급의 방법 및 시기
7. 채권의 발행가액 또는 최저가액
8. 이미 발행한 채권 중 상환되지 아니한 채권이 있는 경우에는 그 총액
9. 채권 모집을 위탁받은 회사가 있는 경우에는 그 상호 및 주소
10. 채권의 인수가액을 여러 번에 나누어 납부할 것을 정한 경우에는 그 분할 납부의 금액 및 시기
[전문개정 09·7·1]
제15조(총액인수의 방법) 계약에 의하여 채권의 총액을 인수하는 경우에는 제14조를 적용하지 아니한다. 채권 모집을 위탁받은 회사가 채권의 일부를 인수하는 경우에 그 인수분에 대해서도 또한 같다.</td></tr>
</table>

법	시 행 령
	[전문개정 09·7·1] **제16조(채권의 발행총액)** 공단은 채권을 발행할 때 실제르 응모된 총액이 채권 청약서에 적힌 채권의 발행총액보다 적은 경우에드 채권을 발행한다는 뜻을 채권 청약서에 표시할 수 있다. 이 경우 그 응모총액을 채권의 발행총액으로 한다. [전문개정 09·7·1] **제17조(채권 인수가액의 납입 등)** ① 공단은 채권의 응모가 끝나면 지체 없이 응모자가 인수한 채권가액의 전액 또는 제1회의 금액을 납입하게 하여야 한다. ② 채권 모집을 위탁받은 회사는 자기명의로 공단을 위하여 제1항 및 제14조제2항에 따른 행위를 할 수 있다. ③ 채권은 그 인수가액의 전액이 납입된 후가 아니면 별행하지 못한다. [전문개정 09·7·1] **제18조(채권의 기재 사항)** 채권에는 다음 각 호의 사항을 적고 공단의 이사장이 기명날인하여야 한다. 1. 제14조제2항제1호부터 제6호까지의 사항(매출의 방법으로 채권을 발행하는 경우에는 같은 항 제2호의 사항은 제외한다) 2. 채권의 번호 3. 채권의 발행 연월일 [전문개정 09·7·1] **제19조(채권 원부)** ① 공단은 주된 사무소에 채권 원부를 갖춰 두고 다음 각 호의 사항을 적어야 한다. 1. 채권의 권종별 수와 번호 2. 채권의 발행 연월일 3. 제14조제2항제1호부터 제6호까지 및 제9호의 사항 ② 채권이 기명식인 경우에는 제1항 각 호의 사항 외예 다음 각 호의

법	시 행 령
제20조(보조금 등) 국가는 예산의 범위에서 공단의 사업에 필요한 비용의 일부를 보조하거나 재정자금을 융자하며, 공단이 발행하는 철도시설채권을 인수할 수 있다.	사항을 적어야 한다. 1. 채권 소유자의 성명과 주소 2. 채권의 취득 연월일 ③ 채권의 소유자 또는 소지인은 공단의 근무시간에는 언제든지 채권원부의 열람을 요구할 수 있다. [전문개정 09·7·1] 제20조(이권 흠결 등) ① 이권(利券)이 있는 무기명식의 채권을 상환하는 경우에 이권이 흠결(欠缺)된 경우에는 그 이권에 상당하는 금액을 상환액에서 공제한다. ② 제1항에 따른 흠결된 이권의 소지인은 그 이권과 상환하여 공제된 금액의 지급을 청구할 수 있다. [전문개정 09·7·1] 제21조(채권 소지인 등에 대한 통지 등) ① 채권을 발행하기 전의 그 응모자 또는 권리자에 대한 통지 또는 최고(催告)는 채권청약서에 적힌 주소로 하여야 한다. 다만, 공단이 따로 주소를 통지받은 경우에는 그 주소로 하여야 한다. ② 무기명식 채권의 소지인에 대한 통지 또는 최고는 공고의 방법으로 한다. 다만, 그 주소를 알 수 있는 경우에는 공고의 방법으로 하지 아니할 수 있다. ③ 기명식 채권의 소유자에 대한 통지 또는 최고는 채권원부에 적힌 주소로 하여야 한다. 다만, 공단이 따로 주소를 통지받은 경우에는 그 주소로 하여야 한다. [전문개정 09·7·1]

법	시 행 령
[전문개정 09 · 1 · 30] 제21조(출자 등) ① 공단은 공단의 사업을 효율적으로 수행하기 위하여 필요한 경우에는 제7조 각 호의 사업과 관련된 사업에 출자하거나 출연할 수 있다. ② 제1항에 따른 출자 또는 출연에 필요한 사항은 대통령령으로 정한다. [전문개정 09 · 1 · 30]	제22조(출자 등) 법 제21조에 따라 공단이 출자하거나 출연하려는 경우에는 다음 각 호의 사항이 포함된 승인신청서를 국토교통부장관에게 제출하여야 한다.〈개정 13 · 3 · 23〉 1. 출자 또는 출연의 필요성 2. 출자 또는 출연할 재산의 종류와 출자 또는 출연 가액 3. 사업 개요 4. 그 밖에 출자 또는 출연에 필요한 사항 [전문개정 09 · 7 · 1]
제22조(사업 등의 위탁) ① 이사장은 공단이 시행하는 제7조 각 호의 사업(사업 시행에 따른 손실보상 및 이주대책사업을 포함한다)의 일부를 국토교통부장관의 승인을 받아 대통령령으로 정하는 바에 따라 관계 행정기관, 공공기관, 「한국철도공사법」에 따라 설립된 한국철도공사(이하 "철도공사"라 한다) 또는 대통령령으로 정하는 민간법인에 위탁할 수 있다.〈개정 13 · 3 · 23〉 ② 공단은 제1항에 따라 사업을 위탁할 때에는 대통령령으로 정하는 바에 따라 그 사업을 수행하는 자에게 위탁수수료 등을 지급할 수 있다. [전문개정 09 · 1 · 30]	제23조(사업의 위탁시행의 협의) ① 공단이 법 제22조제1항에 따라 사업의 일부를 위탁하여 시행하려는 경우에는 수탁자와 다음 각 호의 사항을 협의하여야 한다. 1. 사업의 개요 2. 사업의 착공일, 준공 예정일, 기간 및 공정 3. 위험부담에 관한 사항 4. 사업비 관리 및 집행에 관한 사항 5. 사업 시행에 따른 재산처리에 관한 사항 6. 그 밖에 사업의 위탁 내용을 명확히 하는 데에 필요한 사항 ② 공단은 법 제7조제7호에 따라 위탁받은 사업을 법 제22조에 따라 위탁하여 시행하려면 미리 해당 사업을 위탁한 정부, 지방자치단체, 「공공기관의 운영에 관한 법률」에 따른 공공기관 또는 타인과 협의하여야 한다. ③ 공단은 법 제22조에 따라 사업을 위탁하는 경우에는 그 수수료를 별표의 기준에 따라 산정하거나 수탁자와 협의하여 정한다. [전문개정 09 · 7 · 1]
제23조(역세권 개발사업 등) ① 국가는 공단이 시행하는 철도의 역세권 및 철도 부근 지역의 개발사업에 대하여 철도시설의 건설을 촉진하기	제24조(역세권 개발사업의 범위 등) ① 법 제23조제1항에 따른 철도의 역세권 및 철도 부근 지역 개발사업의 범위는 철도시설의 건설과 관련된

법	시 행 령
위하여 필요한 경우에는 행정적·재정적 지원을 할 수 있다. ② 공단이 시행하는 철도의 역세권 및 철도 부근 지역의 개발사업의 범위와 제1항에 따른 역세권 및 철도 부근 지역의 범위 등에 관하여 필요한 사항은 대통령령으로 정한다. [전문개정 09·1·30]	사업으로서 철도시설의 건설을 촉진하고 철도 이용자에게 편의를 제공하기 위한 「건축법」에 따른 판매 및 영업시설, 일반업무시설, 주차장 등의 사업으로 한다. ② 법 제23조제1항에 따른 철도의 역세권 및 철도 부근 지역의 범위는 「철도의 건설 및 철도시설 유지관리에 관한 법률」 제9조에 따라 국토교통부장관이 승인하는 실시계획으로 확정되는 철도노선 및 역의 인근 지역으로서 공단이 제1항에 따른 철도의 역세권 및 철도 부근 지역 개발사업의 관계 법령에 따라 관계 중앙행정기관의 장 또는 지방자치단체의 장으로부터 해당 사업에 관한 승인 등을 받은 지역으로 한다.〈개정 13·3·23, 19·3·12〉 [전문개정 09·7·1]
제24조(자산·부채의 승계 등) ① 국가는 제7조에 따라 공단이 건설한 철도시설과 철도의 역세권 및 철도 부근 지역의 개발사업 등과 관련하여 취득한 재산·시설 및 그 운영에 관한 권리(이하 "자산"이라 한다)와 그 자산과 관련된 채무 등의 의무(이하 "부채"라 한다)를 각 사업이 끝나는 때에 포괄하여 승계한다. 다만, 공단이 국가로부터 기본법 제26조에 따른 철도시설관리권을 설정받은 철도시설과 직접 관련된 부채는 국가가 승계하지 아니한다. ② 공단이 제1항에 따른 자산과 부채를 인계하려면 인계에 관한 서류를 작성하여 국토교통부장관의 승인을 받아야 한다.〈개정 13·3·23〉 ③ 제1항에 따라 국가가 자산 및 부채를 승계하는 시기와 승계할 자산·부채의 평가방법 및 평가기준 등에 관한 사항은 대통령령으로 정한다. [전문개정 09·1·30]	제25조(자산·부채의 승계 등) ① 법 제24조제1항 본문에서 "각 사업"이란 「철도의 건설 및 철도시설 유지관리에 관한 법률」, 「택지개발촉진법」 또는 그 밖에 공단의 사업과 관련된 법령에 따라 실시계획의 승인 등을 받은 단위사업을 말한다.〈개정 19·3·12〉 ② 공단이 법 제24조제2항에 따라 인계의 승인을 신청하려는 경우에는 다음 각 호의 사항을 적은 승인신청서를 국토교통부장관에게 제출하여야 한다.〈개정 13·3·23〉 1. 인계자산의 범위 및 목록 2. 인계자산 및 부채의 가액 3. 그 밖에 인계에 필요한 서류 ③ 법 제24조제1항에 따른 자산 및 부채의 승계 시기는 제1항에 따른 단위사업이 끝나 공용(公用)이 개시되는 날로 한다. ④ 법 제24조제1항에 따른 자산 및 부채의 평가기준일은 제3항에 따른 승계일의 전날로 한다. ⑤ 법 제24조제1항에 따른 자산의 평가가액은 평가기준일의 자산의 장부가액으로 하고, 부채의 평가가액은 평가기준일의 부채의 장부가액으로 하

<table>
<tr><th>법</th><th>시 행 령</th></tr>
<tr><td></td><td>되, 승계하는 자산과 관련된 부채를 알 수 없는 경우에는 다음 계산식에 따라 산출한다.
단위사업의 총부채× 부채를 알 수 없는 자산단위사업의 총자산
[전문개정 09 · 7 · 1]</td></tr>
<tr><td>제25조(사용료 등의 징수) ① 공단은 공단이 관리하는 시설을 사용하거나 이용하는 자로부터 사용료 또는 이용료를 징수할 수 있다.
② 제1항에 따라 징수하는 사용료 또는 이용료의 징수대상 · 징수금액 및 징수절차 등에 관하여 필요한 사항은 국토교통부령으로 정한다.〈개정 13 · 3 · 23〉
[전문개정 09 · 1 · 30]</td><td></td></tr>
<tr><td>제26조(국유재산의 무상대부 등) ① 국가는 제7조에 따른 공단의 사업을 효율적으로 수행하기 위하여 필요하다고 인정할 때에는 「국유재산법」에도 불구하고 공단에 국유재산(물품을 포함한다. 이하 같다)을 무상으로 대부(貸付)하거나 사용 · 수익하게 할 수 있다.
② 공단은 「국유재산법」에도 불구하고 제1항에 따라 대부받거나 사용 · 수익을 허가받은 국유재산에 건물이나 그 밖의 영구시설물을 축조할 수 있다.
③ 제1항에 따른 대부 또는 사용 · 수익허가의 조건 및 절차에 관하여 필요한 사항은 대통령령으로 정한다.
[전문개정 09 · 1 · 30]</td><td>제26조(국유재산의 무상대부 절차 등) ① 법 제26조제1항에 따른 국유재산의 무상사용 · 수익은 해당 국유재산의 소관 중앙관서의 장의 허가에 의하며, 무상대부의 조건 및 절차 등에 관하여는 해당 국유재산의 소관 중앙관서의 장과 공단 간의 계약에 따른다.〈개정 11 · 4 · 1〉
② 국유재산의 무상사용 · 수익 또는 무상대부에 관하여 법 및 이 영에 규정된 사항 외에는 「국유재산법」에 따른다.
[전문개정 09 · 7 · 1]</td></tr>
<tr><td>제27조(국유재산의 전대 등) ① 공단은 철도시설의 건설 및 관리에 지장을 주지 아니하는 범위에서 필요한 경우에는 제26조에 따라 대부받거나 사용 · 수익을 허가받은 국유재산을 전대(轉貸)할 수 있다.
② 공단은 제1항에 따른 전대를 하려면 국토교통부장관의 승인을 받아야 한다. 이를 변경하려는 경우에도 또한 같다.〈개정 13 · 3 · 23〉
③ 국토교통부장관은 제2항에 따라 전대를 승인하려면 미리 그 국유재산을 대부하거나 사용 · 수익을 허가한 중앙행정기관의 장과 협의하여야</td><td>제27조(국유재산의 전대 절차 등) 공단은 법 제26조제1항에 따라 대부받거나 사용 · 수익을 허가받은 국유재산을 법 제27조제1항에 따라 전대(轉貸)하려는 경우에는 다음 각 호의 사항을 적은 승인신청서를 국토교통부장관에게 제출하여야 한다.〈개정 13 · 3 · 23〉
1. 전대재산의 표시
2. 전대받을 자의 전대재산 사용 목적
3. 전대기간</td></tr>
</table>

법	시 행 령
한다.〈개정 13·3·23〉 ④ 제1항에 따라 국유재산을 전대받은 자는 그 재산을 타인에게 대부하거나 사용·수익하게 하지 못한다. ⑤ 제1항에 따라 국유재산을 전대받은 자는 그 재산에 건물이나 그 밖의 영구시설물을 축조하지 못한다. 다만, 국토교통부장관이 행정 목적 또는 공단의 업무를 수행하는 데에 필요하다고 인정하는 시설물로서 국가에 기부할 것을 조건으로 하는 경우에는 그 국유재산에 건물이나 그 밖의 영구시설물을 축조할 수 있다.〈개정 13·3·23〉 [전문개정 09·1·30]	4. 사용료 및 그 산출 근거 5. 전대받을 자의 사업계획서 6. 그 밖에 필요한 서류(도면을 포함한다) [전문개정 09·7·1]
제28조(대집행 권한의 위탁) 지방자치단체의 장은 공단이 수행하는 사업에 관하여 「공익사업을 위한 토지 등의 취득 및 보상에 관한 법률」 제89조에 따른 대집행(代執行)에 관한 권한을 대통령령으로 정하는 바에 따라 공단에 위탁할 수 있다. [전문개정 09·1·30]	**제28조(대집행 권한의 위탁사업 등)** ① 지방자치단체의 장이 법 제28조에 따라 대집행에 관한 권한을 공단에 위탁할 수 있는 사업은 법 제7조제1호·제4호·제5호 및 제7호에 따른 사업으로 한정한다. ② 공단은 법 제28조에 따라 위탁받은 대집행에 관한 권한을 행사하려는 경우에는 그 계획을 「행정대집행법」 제3조제1항에 따른 계고(戒告) 예정일 7일 전까지 지방자치단체의 장에게 통보하여야 한다. [전문개정 09·7·1]
제29조(채권 등 매입 의무의 면제) 공단이 그 사업을 위하여 동산(動産) 또는 부동산을 취득하는 경우 다른 법령에 따라 매입하여야 하는 각종 채권 등의 매입 의무는 관계 법령에도 불구하고 국가기관의 예에 따라 면제한다. [전문개정 09·1·30]	
제30조(사업계획 등의 승인) 공단은 대통령령으로 정하는 바에 따라 매 사업연도의 사업계획 및 예산안을 작성하여 국토교통부장관의 승인을 받아야 한다. 이를 변경할 경우에도 또한 같다.〈개정 13·3·23〉 [전문개정 09·1·30] **제31조 및 제32조** 삭제 〈09·1·30〉	**제29조(사업계획 및 예산안의 제출)** ① 공단은 법 제30조에 따른 국토교통부장관의 승인을 받으려면 다음 회계연도가 시작되기 전까지 다음 사업연도의 사업계획 및 예산안을 국토부장관에게 제출하여야 한다. 이를 변경하려는 경우에도 또한 같다.〈개정 13·3·23〉 ② 제1항에 따른 예산안에는 예산총칙, 추정 대차대조표, 추정 손익계산

법	시 행 령
제33조(잉여금의 처분) 공단은 매 사업연도의 결산 결과 잉여금이 생긴 경우에는 다음 각 호의 순서에 따라 처분하여야 한다. 1. 이월결손금(이월결손김)의 보전(補塡) 2. 이월결손금 보전 후 남는 잉여금의 100분의 90을 시설준비금에 적립 3. 국고에 납입 [전문개정 09 · 1 · 30] 제34조(자료 제공의 요청) ① 공단은 그 업무에 필요하다고 인정하는 경우에는 관계 행정기관이나 철도와 관련되는 기관 · 단체 등에 필요한 자료의 제공을 요청할 수 있다.〈개정 15 · 1 · 6〉 ② 제1항에 따라 자료의 제공을 요청받은 자는 특별한 사유가 없으면 그 요청에 따라야 한다.〈신설 15 · 1 · 6〉 [전문개정 09 · 1 · 30] 제35조(지도 · 감독) ① 국토교통부장관은 다음 각 호의 업무에 대하여 공단을 지도 · 감독하고, 필요하다고 인정할 때에는 그 업무 · 회계 및 재산에 관한 사항을 보고하게 하거나 소속 공무원으로 하여금 공단의 장부 · 서류 · 시설이나 그 밖의 물건을 검사하게 할 수 있다.〈개정 13 · 3 · 23〉 1. 국토교통부장관이 위탁한 사업이나 소관 업무와 직접 관련되는 사업의 적정한 수행에 관한 사항 2. 경영지침의 이행에 관한 사항	서 및 자금계획서가 포함되어야 하며, 그 내용을 명확히 하는 데에 필요한 서류를 첨부하여야 한다. [전문개정 09 · 7 · 1] 제30조(예비비) 공단은 예측할 수 없는 예산 외의 지출 또는 예산 초과 지출에 충당하기 위하여 예비비를 계상할 수 있다. [전문개정 09 · 7 · 1] 제31조 및 제32조 삭제 〈09 · 7 · 1〉

법	시 행 령
3. 각 연도 사업계획 및 예산편성 4. 각 연도 사업실적 및 결산 5. 그 밖에 다른 법령에서 정하는 사항 ② 국토교통부장관은 제1항에 따른 보고 또는 검사의 결과 위법하거나 부당한 사실을 발견하였을 때에는 공단에 그 시정을 명할 수 있다.〈개정 13·3·23〉 ③ 제1항에 따라 검사를 하는 공무원은 그 권한을 표시하는 증표를 지니고 이를 관계인에게 내보여야 한다. [전문개정 09·1·30] **제36조(비밀 누설의 금지 등)** 다음 각 호의 어느 하나에 해당하는 사람은 직무상 알게 된 비밀을 누설하거나 도용하여서는 아니 된다. 1. 공단의 임직원이나 임직원이었던 사람 2. 공단의 위탁을 받아 철도시설의 계획·설계·건설 또는 유지보수나 그와 관련된 업무에 종사하거나 종사하였던 사람 [전문개정 09·1·30] **제36조의2(유사명칭의 사용금지)** 이 법에 따른 공단이 아닌 자는 한국철도시설공단 또는 이와 유사한 명칭을 사용하지 못한다. [본조신설 07·1·19] **제37조(다른 법률의 준용)** 공단에 관하여는 이 법 및 「공공기관의 운영에 관한 법률」에서 규정한 것을 제외하고는 「민법」 중 재단법인에 관한 규정을 준용한다. [전문개정 09·1·30] **제38조** 삭제 〈09·1·30〉 **제39조(벌칙)** 제36조를 위반한 자는 2년 이하의 징역 또는 2천만원 이하의 벌금에 처한다.〈개정 15·1·6〉 [전문개정 09·1·30]	

법	시 행 령
제40조(과태료) ① 제36조의2를 위반한 자에게는 500만원 이하의 과태료를 부과한다.〈개정 15 · 1 · 6〉 ② 제1항에 따른 과태료는 국토교통부장관이 부과 · 징수한다.〈개정 13 · 3 · 23〉 [전문개정 09 · 1 · 30]	
부 칙	부 칙
제1조(시행일) 이 법은 2004년 1월 1일부터 시행한다. 다만, 부칙 제3조 · 제4조 및 제8조의 규정은 공포한 날부터 시행한다. **제2조(다른 법률의 폐지)** 한국고속철도건설공단법은 이를 폐지한다. **제3조(공단의 설립준비)** ①건설교통부장관은 이 법의 공포일부터 1월 이내에 공단의 설립에 관한 사무를 처리하기 위하여 공단설립위원회(이하	**제1조(시행일)** 이 영은 2004년 1월 1일부터 시행한다. **제2조(다른 법령의 폐지)** 한국고속철도건설공단법시행령은 이를 폐지한다. **제3조(이사장후보의 추천에 관한 특례)** 초대 이사장후보의 추천에 대하여는 제3조의 규정에 불구하고 법 부칙 제3조의 규정에 의하여 설치된 설립위원회에서 따로 정하는 바에 의한다.

법	시 행 령
"설립위원회"라 한다)를 설치하며, 설립위원회가 행한 행위는 공단이 행한 행위로 본다. ②설립위원회는 건설교통부장관이 임명 또는 위촉하는 7인 이내의 설립위원으로 구성하며, 위원장은 건설교통부차관이 된다. ③설립위원회는 공단의 정관을 작성하여 건설교통부장관의 인가를 받아야 한다. ④설립위원회는 제3항의 규정에 의한 인가를 받은 때에는 연명으로 공단의 설립등기를 하여야 하며, 설립등기는 2004년 1월 1일까지 완료하여야 한다. ⑤설립위원회는 공단의 설립등기후 지체없이 이사장에게 사무를 인계하여야 한다. ⑥설립위원회 및 설립위원은 제5항의 규정에 의한 사무인계가 끝난 때에는 해산 또는 해임·해촉된 것으로 본다. **제4조(설립비용)** 공단의 설립비용은 공단이 이를 부담한다. **제5조(한국고속철도건설공단의 해산)** 한국고속철도건설공단법에 의한 한국고속철도건설공단(이하 "고속철도건설공단"이라 한다)은 공단의 설립과 동시에 민법중 법인의 해산 및 청산에 관한 규정에 불구하고 해산된 것으로 본다. **제6조(자산과 권리의 승계 등)** ①이 법 시행당시 철도청 및 고속철도건설공단이 취득하였거나 관계 법령 및 계약 등에 의하여 취득하기로 한 재산·시설·사업 및 그에 관한 권리(건설 중인 자산을 포함한다)중 기본법 제23조제5항의 규정에 의한 철도자산은 공단의 설립과 동시에 공단이 이를 포괄승계한다. ②제1항의 규정에 의하여 포괄승계된 철도자산에 관한 등기부 그 밖의 공부상에 표시된 철도청 또는 고속철도건설공단의 명의는 공단의 명의로 본다.	**제4조(사업계획 및 예산안의 제출에 관한 특례)** ①공단은 2004년도의 사업계획 및 예산안에 대하여는 제29조제1항 본문의 규정에 불구하고 2004년 1월 31일까지 건설교통부장관에게 제출하여야 한다. **제5조(다른 법령의 개정)** ①개발이익환수에관한법률시행령중 다음과 같이 개정한다. 제5조제2항제3호자목을 다음과 같이 한다. 자. 한국철도시설공단법에 의하여 설립된 한국철도시설공단 제5조제3항제2호를 다음과 같이 한다. 2. 한국철도시설공단법 제23조의 규정에 의하여 한국철도시설공단이 시행하는 철도의 역세권 및 철도연변 개발사업 ②건설기술관리법시행령중 다음과 같이 개정한다. 제47조의2제1항제10호를 다음과 같이 한다. 10. 한국철도시설공단법에 의하여 설립된 한국철도시설공단 제55조제3항중 "해양수산부장관·철도청장"을 "해양수산부장관"으로 한다. ③건설교통부와그소속기관직제중 다음과 같이 개정한다. 제10조제3항제33호중 "한국고속철도건설공단"을 "한국철도시설공단"으로 한다. ④공공차관의도입및관리에관한법률시행령중 다음과 같이 개정한다. 제2조제2항제4호 및 제15조제2항제4호중 "한국고속철도건설공단"을 각각 "한국철도시설공단"으로 한다. ⑤공익사업을위한토지등의취득및보상에관한법률시행령중 다음과 같이 개정한다. 제25조제10호를 다음과 같이 한다. 10. 한국철도시설공단법에 의하여 설립된 한국철도시설공단 ⑥공직자윤리법시행령중 다음과 같이 개정한다.

법	시 행 령
③제1항의 규정에 의하여 포괄승계한 철도자산과 관련하여 공단 설립전에 철도청 또는 고속철도건설공단이 행한 행위와 철도청 또는 고속철도건설공단에 대하여 행하여진 행위는 이를 공단이 행하거나 공단에 대하여 행하여진 행위로 본다. ④이 법 시행전에 정부가 고속철도건설공단에 출연금을 지급하였거나 지급하기로 한 것은 공단에 지급하였거나 지급하기로 한 것으로 본다. 제7조(건설 중인 고속철도에 관한 경과조치 등) ①이 법 시행당시 건설 중인 고속철도와 관련하여 고속철도건설공단이 철도청에 위탁하여 시행하고 있는 건설관련 업무는 공단이 철도청에 이를 위탁한 것으로 본다. ②공단은 제1항의 규정에 의하여 철도청에 위탁한 것으로 보는 건설관련 업무가 종료된 때에는 그 업무에 종사하던 철도청(건설관련 업무가 종료된 때에 철도공사로 전환되어 있는 경우에는 철도공사를 말한다)의 직원을 공단의 직원으로 임용할 수 있다. 이 경우 공단에 임용된 직원의 지위는 부칙 제8조의 예에 따른다. ③국가는 공단이 이 법 시행당시 건설 중인 고속철도와 관련된 철도부채의 원리금을 상환함에 있어서 상환할 당시에 부족금이 발생한 경우에는 이를 지원하거나, 기존채권자의 보호를 위한 조치를 하는 등 그 고속철도건설사업이 정상적으로 추진 될 수 있도록 하여야 한다. 제8조(직원의 임용특례 등) ①철도청장은 공단이 승계하는 업무를 담당하는 공무원중 공무원 신분을 계속 유지하고자 하는 자를 제외하고 공단의 직원으로 신분이 전환될 자를 건설교통부장관과 협의하여 확정하고, 이를 설립위원회에 이 법의 공포일로부터 3월 이내에 통보하여야 하며, 통보된 자는 공단이 설립되는 때에 공단의 직원으로 임용된 것으로 본다. ②공단 설립당시 고속철도건설공단의 직원은 공단의 직원으로 임용된 것으로 본다. ③제1항의 규정에 의하여 철도청 직원이 공단의 직원으로 임용된 때에	별표 1 제5호중 기관 · 단체란 제73호를 다음과 같이 한다. 73. 한국철도시설공단 별표 2 제2호중 기관 · 단체란 제46호를 다음과 같이 한다. 46. 한국철도시설공단 ⑦공증인법시행령중 다음과 같이 개정한다. 별표 1 제160호를 다음과 같이 한다. 160. 한국철도시설공단 ⑧교통체계효율화법시행령중 다음과 같이 개정한다. 제2조의2제5호를 다음과 같이 한다. 5. 한국철도시설공단법 제8조제1항제10호중 "한국고속철도건설공단법 제7조제4호"를 "한국철도시설공단법 제7조제4호"로 한다. ⑨국유철도의운영에관한특례법시행령중 다음과 같이 개정한다. 제12조 및 제13조를 각각 삭제한다. 제16조제1항중 "철도사업특별회계의 각 부문예산의 총액 범위안에서"를 "철도사업특별회계 예산의 범위안에서"로 하고, 동조제2항중 "각 부문예산의"를 "예산의"로 한다. ⑩부가가치세법시행령중 다음과 같이 개정한다. 제4조제1항제4호다목을 다음과 같이 한다. 다. 한국철도시설공단법에 의하여 설립된 한국철도시설공단 ⑪사방사업법시행령중 다음과 같이 개정한다. 제19조제3항제8호를 다음과 같이 한다. 8. 한국철도시설공단법에 의한 철도시설의 건설 ⑫사회간접자본건설추진위원회규정중 다음과 같이 개정한다. 제3조제3항제3호 및 제8조제4항제3호중 "한국고속철도건설공단법에 의한 한국고속철도건설공단"을 각각 "한국철도시설공단법에 의하여 설립

법	시 행 령
는 공무원의 신분에서 퇴직한 것으로 본다. ④제1항의 규정에 의하여 공무원이었던 자가 공단의 직원으로 임용된 경우 그의 정년은 공무원 퇴직당시의 직급에 적용되던 국가공무원법상의 정년에 의한다. 다만, 공단의 정년이 국가공무원법상의 정년보다 장기인 경우에는 그러하지 아니하다. ⑤제2항의 규정에 의하여 고속철도건설공단의 직원이었던 자가 공단의 직원으로 임용된 경우 그의 정년은 그 직원의 퇴직당시의 직급에 적용되던 정년에 의한다. 다만, 공단의 직원정년이 고속철도건설공단의 직원정년보다 장기인 경우에는 그러하지 아니하다. 제9조(다른 법률의 폐지에 따른 벌칙적용에 있어서의 경과조치) 부칙 제2조의 규정에 의하여 폐지되는 한국고속철도건설공단법의 시행당시 동법의 위반행위에 대한 벌칙적용에 있어서는 부칙 제2조의 규정에 불구하고 종전의 규정에 의한다. 제10조(다른 법률의 개정) ①건설기술관리법중 다음과 같이 개정한다. 제34조제1항 각호외의 부분중 "建設交通部長官·海洋水產部長官·鐵道廳長"을 "건설교통부장관·해양수산부장관"으로 한다. ②고속철도건설촉진법중 다음과 같이 개정한다. 제4조제1항 본문중 "韓國高速鐵道建設公團法에 의하여 設立된 韓國高速鐵道建設公團(이하 "高速鐵道建設公團"이라 한다)"을 "한국철도시설공단법에 의하여 설립된 한국철도시설공단(이하 "철도시설공단"이라한다)"으로 한다. 제14조제1항 후단중 "高速鐵道建設公團"을 "철도시설공단"으로 한다. 제15조제3항중 "高速鐵道建設公團"을 "철도시설공단"으로, "韓國高速鐵道建設公團法"을 "한국철도시설공단법"으로 한다. ③교통시설특별회계법중 다음과 같이 개정한다. 제2조제4호중 "韓國高速鐵道建設公團法"을 "고속철도건설촉진법"으로	된 한국철도시설공단"으로 한다. ⑬시설물의안전관리에관한특별법시행령중 다음과 같이 개정한다. 제3조제4호를 다음과 같이 한다. 4. 한국철도시설공단법에 의하여 설립된 한국철도시설공단 제22조제3호를 다음과 같이 한다. 3. 한국철도시설공단법에 의하여 설립된 한국철도시설공단 ⑭자연재해대책법시행령중 다음과 같이 개정한다. 제2조에 제33호를 다음과 같이 신설한다. 33. 한국철도시설공단 이사장 ⑮전력기술관리법시행령중 다음과 같이 개정한다. 제18조제4항제4호를 다음과 같이 한다. 4. 한국철도시설공단법에 의하여 설립된 한국철도시설공단 ⑯조세특례제한법시행령중 다음과 같이 개정한다. 제25조제2항제8호를 다음과 같이 한다. 8. 한국철도시설공단법에 의하여 설립된 한국철도시설공단 ⑰중소기업진흥및제품구매촉진에관한법률시행령중 다음과 같이 개정한다. 제2조제5항제19호를 다음과 같이 한다. 19. 한국철도시설공단법에 의하여 설립된 한국철도시설공단 제6조제5호차목을 다음과 같이 한다. 차. 한국철도시설공단법에 의하여 설립된 한국철도시설공단 이사장 ⑱지역균형개발및지방중소기업육성에관한법률시행령중 다음과 같이 개정한다. 제42조제4항제4호를 다음과 같이 한다. 4. 한국철도시설공단법에 의하여 설립된 한국철도시설공단(한국철도시설공단법 제7조제4호의 규정에 의한 철도의 역세권 및 철도연변 개발사업의 추진을 위한 경우에 한한다)

법

한다.

제5조제1항제2호중 "韓國高速鐵道建設公團法 第29條"를 "한국철도시설공단법 제33조"로 한다.

제5조제2항제1호 내지 제3호를 각각 다음과 같이 한다.

1. 일반철도 · 도시철도 및 고속철도의 기반시설의 건설 · 개량 · 관리 및 시설장비현대화에 필요한 경비
2. 도시철도의 건설 · 운영을 위한 자금의 보조 · 융자
3. 일반철도 · 도시철도 및 고속철도의 기반시설의 건설 · 개량 · 관리 및 시설장비현대화를 위한 한국철도시설공단 등에 대한 출연 · 보조 및 융자

④자연재해대책법중 다음과 같이 개정한다.

제34조제1항제9호중 "韓國高速鐵道建設公團法"을 "고속철도건설촉진법"으로 한다.

⑤대도시권광역교통관리에관한특별법중 다음과 같이 개정한다.

제9조제2항중 "鐵道廳長"을 "철도청장, 한국철도시설공단법에 의하여 설립된 한국철도시설공단 이사장"으로 한다.

⑥지방세법중 다음과 같이 개정한다.

제289조제4항을 다음과 같이 한다.

④한국철도시설공단법에 의하여 설립된 한국철도시설공단이 취득하는 철도차량 및 철도산업발전기본법 제3조제2호의 규정에 의한 철도시설(마목 및 바목의 규정에 의한 시설을 제외하며, 이하 이 항에서 "철도시설"이라 한다)용에 직접 사용하기 위하여 취득하는 부동산에 대하여는 취득세와 등록세를 면제하고, 과세기준일 현재 철도시설에 직접 사용하는 부동산에 대하여는 재산세 · 종합토지세 · 도시계획세 및 공동시설세를 면제하며, 당해 법인에 대하여는 사업소세를 면제한다.

⑦국유철도의운영에관한특례법중 다음과 같이 개정한다.

시 행 령

⑲특정범죄가중처벌등에관한법률시행령중 다음과 같이 개정한다.

제2조제44호를 다음과 같이 한다.

44. 한국철도시설공단

제6조(다른 법령과의 관계) 이 영 시행당시 다른 법령에서 종전의 한국고속철도건설공단법시행령의 규정을 인용하고 있는 경우 이 영중 그에 해당하는 규정이 있는 때에는 종전의 규정에 갈음하여 이 영 또는 이 영의 해당규정을 인용한 것으로 본다.

부 칙 〈05 · 6 · 30〉

제1조(시행일) 이 영은 2005년 7월 1일부터 시행한다.

제2조 내지 제4조 생략

부 칙 〈07 · 4 · 20〉

이 영은 공포한 날부터 시행한다.

부 칙 〈08 · 2 · 29〉

제1조(시행일) 이 영은 공포한 날부터 시행한다. 다만, 부칙 제6조에 따라 개정되는 대통령령 중 이 영의 시행 전에 공포되었으나 시행일이 도래하지 아니한 대통령령을 개정한 부분은 각각 해당 대통령령의 시행일부터 시행한다.

제2조부터 제6조까지 생략

부 칙 〈09 · 7 · 1〉

이 영은 공포한 날부터 시행한다.

부 칙 〈11 · 4 · 1〉

법	시 행 령
제6조제1호를 다음과 같이 하고, 동조제8호 및 제10호중 "鐵道業務"를 각각 "철도운영업무"로 한다. 1. 철도의 운영 제7조제1항중 "鐵道의 建設促進 및 원활한 운영"을 "철도의 원활한 운영"으로 한다. 제9조 및 제12조를 각각 삭제한다. 제13조의 제목 및 동조제1항 각호외의 부분중 "鐵道運營部門豫算"을 각각 "철도예산"으로 하고, 동항제7호를 삭제하며, 동조제2항 각호외의 부분중 "鐵道運營部門豫算"을 "철도예산"으로 하고, 동항제2호중 "鐵道의 新規施設·裝備"를 "철도운영에 관한 신규시설·장비"로 하며, 동항제3호중 "鐵道技術"을 "철도운영기술"로 하고, 동항제6호를 삭제한다. 제14조 및 제15조를 각각 삭제한다. 제16조제1항중 "鐵道運營部門 및 鐵道建設部門으로 구분한 豫算의 總額範圍안에서 각 科目 상호간에 移用하거나 轉用할 수 있다."를 "각 과목 상호간에 이용하거나 전용할 수 있다."로 한다. ⑧공공철도건설촉진법중 다음과 같이 개정한다. 제2조의3제1항 본문중 "국가 또는 지방자치단체가 이를 시행한다"를 "국가, 지방자치단체 또는 한국철도시설공단법에 의하여 설립된 한국철도시설공단이 이를 시행한다"로 한다. 제5조의2중 "정부투자기관"을 "정부투자기관 또는 정부출연기관"으로 한다. **제11조(다른 법령과의 관계)** 공단의 설립당시 다른 법령에서 한국고속철도건설공단법 또는 한국고속철도건설공단을 인용하고 있는 경우에는 각각 이 법 또는 공단을 인용한 것으로 본다. 부 칙 〈05·3·31〉	**제1조(시행일)** 이 영은 2011년 4월 1일부터 시행한다. 제2조부터 제10조까지 생략 부 칙 〈13·3·23〉 **제1조(시행일)** 이 영은 공포한 날부터 시행한다. 〈단서 생략〉 제2조부터 제6조까지 생략 부 칙 〈19·3·12〉 **제1조(시행일)** 이 영은 2019년 3월 14일부터 시행한다. 제2조부터 제4조까지 생략

법	시 행 령
제1조(시행일) 이 법은 공포 후 1년이 경과한 날부터 시행한다. 제2조 내지 제6조 생략 부 칙 〈07 · 1 · 19〉 이 법은 공포 후 3개월이 경과한 날부터 시행한다. 부 칙 〈08 · 2 · 29〉 제1조(시행일) 이 법은 공포한 날부터 시행한다. 다만, …〈생략〉…, 부칙 제6조에 따라 개정되는 법률 중 이 법의 시행 전에 공포되었으나 시행일이 도래하지 아니한 법률을 개정한 부분은 각각 해당 법률의 시행일부터 시행한다. 제2조부터 제7조까지 생략 부 칙 〈09 · 1 · 30〉 이 법은 공포한 날부터 시행한다. 부 칙 〈13 · 3 · 23〉 제1조(시행일) ① 이 법은 공포한 날부터 시행한다. ② 생략 제2조부터 제7조까지 생략 부 칙 〈15 · 1 · 6〉 이 법은 공포 후 6개월이 경과한 날부터 시행한다. 부 칙 〈19 · 11 · 26〉 이 법은 공포 후 1개월이 경과한 날부터 시행한다.	

[별표]

사업의 위탁수수료율 기준표(제23조제3항 관련)

<table>
<tr><th>공 사 비</th><th>요 율</th><th>비 고</th></tr>
<tr><td>50억원 이하</td><td>10.0퍼센트 이내</td><td rowspan="5">1. "공사비"란 재료비, 노무비, 경비, 일반관리비, 이윤 및 부가가치세액의 합계액을 말한다.
2. 공사비는 발주 설계서 또는 직영 설계서에 따른 금액을 기준으로 하되, 설계·시공 일괄입찰의 경우에는 계약금액을 기준으로 한다.
3. 설계 변경으로 공사비가 변경되는 경우에는 그에 따라 수수료를 올리거나 내릴 수 있다.
4. 사업기간이 2년 이상인 사업의 경우에는 총공사비에 대한 수수료의 범위에서 수탁자와의 협의에 따라 연차별 수수료를 배분하여 정할 수 있다.
5. 위탁사업의 범위에 용지의 취득 및 손실보상 업무와 이주대책사업이 포함되는 경우에는 그에 따른 위탁수수료를 따로 가산한다.
6. 조사·설계 등 부대사업에 필요한 사업비는 이 기준표에 따른 공사비로 본다.</td></tr>
<tr><td>50억원 초과 100억원 이하</td><td>9.0퍼센트 이내</td></tr>
<tr><td>100억원 초과 300억원 이하</td><td>8.0퍼센트 이내</td></tr>
<tr><td>300억원 초과 500억원 이하</td><td>7.5퍼센트 이내</td></tr>
<tr><td>500억원 초과</td><td>7.0퍼센트 이내</td></tr>
</table>

한국철도공사법 · 시행령

한국철도공사법 · 시행령 목차

법	시 행 령
한국철도공사법 〔 2003·12·31 법률 제7052호 제정 〕 개정 2007· 4· 6 법률 제 8339호 2008· 2·29 법률 제 8852호(정부조직법) 2009· 1·30 법률 제 9401호(국유재산법 전부개정법률) 2009· 3·25 법률 제 9549호 2009·12·31 법률 제 9905호(공무원연금법 일부개정법률) 2011· 4·12 법률 제10580호(부동산등기법 전부개정법률) 2013· 3·23 법률 제11690호(정부조직법 전부개정법률) 2013· 8· 6 법률 제12025호 2014· 5·21 법률 제12652호 2015·12·29 법률 제13692호 2018· 3·13 법률 제15460호	**한국철도공사법 시행령** 〔 2004·11·3 대통령령 제18580호 제정 〕 개정 2007· 9·28 대통령령 제20299호 2008· 1·31 대통령령 제20583호(화물유통촉진법시행령 전부개정령) 2008· 2·29 대통령령 제20722호(국토해양부와 그 소속기관 직제) 2013· 3·23 대통령령 제24443호(국토교통부와 그소속기관 직제) 2014·11·28 대통령령 제25786호(건축법 시행령 일부개정령) 2015·12·30 대통령령 제26774호(주민등록번호 수집 최소화를 위한 6·25 전사자유해의 발굴 등에 관한 법률 시행령 등 일부개정령) 2017· 6·13 대통령령 제28103호(「질서위반행위규제법」과 중복·배치되는 규정의 정비를 위한 비파괴검사기술의 진흥 및 관리에 관한 법률 시행령 등 12개 시행령 일부개정령) 2019· 3·12 대통령령 제29617호(철도건설법 시행령 일부개정령)
제1조(목적) 이 법은 한국철도공사를 설립하여 철도 운영의 전문성과 효율성을 높임으로써 철도산업과 국민경제의 발전에 이바지함을 목적으로 한다. [전문개정 09·3·25] 제2조(법인격) 한국철도공사(이하 "공사"라 한다)는 법인으로 한다. 제3조(사무소) ① 공사의 주된 사무소의 소재지는 정관으로 정한다. ② 공사는 업무수행을 위하여 필요하면 이사회의 의결을 거쳐 필요한 곳에 하부조직을 둘 수 있다. [전문개정 09·3·25]	제1조(목적) 이 영은 한국철도공사법에서 위임된 사항과 그 시행에 관하여 필요한 사항을 규정함을 목적으로 한다.

법	시 행 령
제4조(자본금 및 출자) ① 공사의 자본금은 22조원으로 하고, 그 전부를 정부가 출자한다. ② 제1항에 따른 자본금의 납입 시기와 방법은 기획재정부장관이 정하는 바에 따른다. ③ 국가는 「국유재산법」에도 불구하고 「철도산업발전 기본법」 제22조제1항제1호에 따른 운영자산을 공사에 현물로 출자한다. ④ 제3항에 따라 국가가 공사에 출자를 할 때에는 「국유재산의 현물출자에 관한 법률」에 따른다. [전문개정 09 · 3 · 25]	
제5조(등기) ① 공사는 주된 사무소의 소재지에서 설립등기를 함으로써 성립한다. ② 제1항에 따른 공사의 설립등기와 하부조직의 설치 · 이전 및 변경 등기, 그 밖에 공사의 등기에 필요한 사항은 대통령령으로 정한다. ③ 공사는 등기가 필요한 사항에 관하여는 등기하기 전에는 제3자에게 대항하지 못한다. [전문개정 09 · 3 · 25] **제6조** 삭제 〈09 · 3 · 25〉	**제2조(설립등기)** 한국철도공사법(이하 "법"이라 한다) 제5조제2항의 규정에 의한 한국철도공사(이하 "공사"라 한다)의 설립등기사항은 다음 각호와 같다. 1. 설립목적 2. 명 칭 3. 주된 사무소 및 하부조직의 소재지 4. 자본금 5. 임원의 성명 및 주소 6. 공고의 방법 **제3조(하부조직의 설치등기)** 공사가 하부조직을 설치한 때에는 다음 각호의 구분에 따라 각각 등기하여야 한다. 1. 주된 사무소의 소재지에 있어서는 2주일 이내에 새로이 설치된 하부조직의 명칭 및 소재지 2. 새로이 설치된 하부조직의 소재지에 있어서는 3주일 이내에 제2조 각호의 사항 3. 이미 설치된 하부조직의 소재지에 있어서는 3주일 이내에 새로이 설치된 하부조직의 명칭 및 소재지

법	시 행 령
	제4조(이전등기) ①공사가 주된 사무소 또는 하부조직을 다른 등기소의 관할구역으로 이전한 때에는 구소재지에 있어서는 2주일 이내에 그 이전한 뜻을, 신소재지에 있어서는 3주일 이내에 제2조 각호의 사항을 각각 등기하여야 한다. ②동일한 등기소의 관할구역안에서 주된 사무소 또는 하부조직을 이전한 때에는 2주일 이내에 그 이전의 뜻만을 등기하여야 한다.
	제5조(변경등기) 공사는 제2조 각호의 사항에 변경이 있는 때에는 주된 사무소의 소재지에서는 2주일 이내에, 하부조직의 소재지에서는 3주일 이내에 그 변경된 사항을 등기하여야 한다.
제7조(대리·대행) 정관으로 정하는 바에 따라 사장이 지정한 공사의 직원은 사장을 대신하여 공사의 업무에 관한 재판상 또는 재판 외의 모든 행위를 할 수 있다. [전문개정 09·3·25]	**제6조(대리·대행인의 선임등기)** ①공사의 사장이 법 제7조의 규정에 의하여 사장에 갈음하여 공사의 업무에 관한 재판상 또는 재판외의 행위를 할 수 있는 직원(이하 "대리·대행인"이라 한다)을 선임한 때에는 2주일 이내에 대리·대행인을 둔 주된 사무소 또는 하부조직의 소재지에서 다음 각호의 사항을 등기하여야 한다. 등기한 사항이 변경된 때에도 또한 같다.〈개정 15·12·30〉 1. 대리·대행인의 성명 및 주소 2. 대리·대행인을 둔 주된 사무소 또는 하부조직의 명칭 및 소재지 3. 대리·대행인의 권한을 제한한 때에는 그 제한의 내용 ②대리·대행인을 해임한 때에는 2주일 이내에 대리·대행인을 둔 주된 사무소 또는 하부조직의 소재지에서 그 해임한 뜻을 등기하여야 한다.
	제7조(등기신청서의 첨부서류) 제2조 내지 제6조의 규정에 의한 각 등기의 신청서에는 다음 각호의 구분에 따른 서류를 첨부하여야 한다. 1. 제2조의 규정에 의한 공사의 설립등기의 경우에는 공사의 정관, 자본금의 납입액 및 임원의 자격을 증명하는 서류 2. 제3조의 규정에 의한 하부조직의 설치등기의 경우에는 하부조직의 설치를 증명하는 서류

법	시 행 령
	3. 제4조의 규정에 의한 이전등기의 경우에는 주된 사무소 또는 하부조직의 이전을 증명하는 서류 4. 제5조의 규정에 의한 변경등기의 경우에는 그 변경된 사항을 증명하는 서류 5. 제6조의 규정에 의한 대리 · 대행인의 선임 · 변경 또는 해임의 등기의 경우에는 그 선임 · 변경 또는 해임이 법 제7조의 규정에 의한 것임을 증명하는 서류와 대리 · 대행인이 제6조제1항제3호의 규정에 의하여 그 권한이 제한된 때에는 그 제한을 증명하는 서류
제8조(비밀 누설 · 도용의 금지) 공사의 임직원이거나 임직원이었던 사람은 그 직무상 알게 된 비밀을 누설하거나 도용하여서는 아니 된다. [전문개정 09 · 3 · 25] 제8조의2(유사명칭의 사용금지) 이 법에 따른 공사가 아닌 자는 한국철도공사 또는 이와 유사한 명칭을 사용하지 못한다. [본조신설 07 · 4 · 6]	
제9조(사업) ① 공사는 다음 각 호의 사업을 한다.〈개정 18 · 3 · 13〉 1. 철도여객사업, 화물운송사업, 철도와 다른 교통수단의 연계운송사업 2. 철도 장비와 철도용품의 제작 · 판매 · 정비 및 임대사업 3. 철도 차량의 정비 및 임대사업 4. 철도시설의 유지 · 보수 등 국가 · 지방자치단체 또는 공공법인 등으로부터 위탁받은 사업 5. 역세권 및 공사의 자산을 활용한 개발 · 운영 사업으로서 대통령령으로 정하는 사업 6. 「철도의 건설 및 철도시설 유지관리에 관한 법률」 제2조제6호가목의 역 시설 개발 및 운영사업으로서 대통령령으로 정하는 사업 7. 「물류정책기본법」에 따른 물류사업으로서 대통령령으로 정하는 사업 8. 「관광진흥법」에 따른 관광사업으로서 대통령령으로 정하는 사업 9. 제1호부터 제8호까지의 사업과 관련한 조사 · 연구, 정보화, 기술 개	제7조의2(역세권 개발 · 운영 사업 등) ① 법 제9조제1항제5호에서 "대통령령이 정하는 사업"이란 다음 각 호에 따른 사업을 말한다.〈개정 19 · 3 · 12〉 1. 역세권 개발 · 운영 사업 : 「역세권의 개발 및 이용에 관한 법률」 제2조제2호에 따른 역세권개발사업 및 운영 사업 2. 공사의 자산을 활용한 개발 · 운영 사업 : 철도이용자의 편의를 증진하기 위한 시설의 개발 · 운영 사업 ② 법 제9조제1항제6호에서 "대통령령이 정하는 사업"이란 다음 각 호의 시설을 개발 · 운영하는 사업을 말한다.〈개정 14 · 11 · 28〉 1. 「화물유통촉진법」 제2조제5호에 따른 물류시설 중 철도운영이나 철도와 다른 교통수단과의 연계운송을 위한 시설 2. 「도시교통정비 촉진법」 제2조제3호에 따른 환승시설 3. 역사와 같은 건물 안에 있는 시설로서 「건축법 시행령」 제3조의5에

법	시 행 령
발 및 인력 양성에 관한 사업 10. 제1호부터 제9호까지의 사업에 딸린 사업으로서 대통령령으로 정하는 사업 ② 공사는 국외에서 제1항 각 호의 사업을 할 수 있다. ③ 공사는 이사회의 의결을 거쳐 예산의 범위에서 공사의 업무와 관련된 사업에 투자·융자·보조 또는 출연할 수 있다. [전문개정 09·3·25]	따른 건축물 중 제1종 근린생활시설, 제2종 근린생활시설, 문화 및 집회시설, 판매시설, 운수시설, 의료시설, 운동시설, 업무시설, 숙박시설, 창고시설, 자동차관련시설, 관광휴게시설과 그 밖에 철도이용객의 편의를 증진하기 위한 시설 ③ 법 제9조제1항제7호에서 "대통령령이 정하는 사업"이란 「화물유통촉진법」 제39조제1항에 따라 종합물류업자로 인증을 받은 자가 경영할 수 있는 물류사업으로서 「물류정책기본법 시행령」 제3조에 따른 물류사업 중 철도운영이나 철도와 다른 교통수단과의 연계운송을 위한 사업을 말한다.〈개정 08·2·29〉 ④ 법 제9조제1항제8호에서 "대통령령이 정하는 사업"이란 「관광진흥법」 제3조에서 정한 관광사업(카지노업은 제외한다)으로서 철도운영과 관련된 사업을 말한다. ⑤ 법 제9조제1항제10호에서 "대통령령이 정하는 사업"이란 다음 각 호의 사업을 말한다. 1. 「철도산업발전 기본법」 제3조제2호에 따른 철도시설(이하 "철도시설"이라 한다)이나 철도부지 및 같은 조 제4호에 따른 철도차량 등을 이용한 광고사업 2. 철도시설을 이용한 정보통신 기반시설 구축 및 활용 사업 3. 철도운영과 관련한 엔지니어링 활동 4. 철도운영과 관련한 정기간행물 사업, 정보매체 사업 5. 다른 법령의 규정에 따라 공사가 시행할 수 있는 사업 6. 그 밖에 철도운영의 전문성과 효율성을 높이기 위하여 필요한 사업 [본조신설 07·9·28]
제10조(손익금의 처리) ① 공사는 매 사업연도 결산 결과 이익금이 생기면 다음 각 호의 순서로 처리하여야 한다. 1. 이월결손금의 보전(補塡)	**제8조(이익준비금 등의 자본금전입)** ① 법 제10조제3항의 규정에 의하여 이익준비금 또는 사업확장적립금을 자본금으로 전입하고자 하는 때에는 이사회의 의결을 거쳐 기획재정부장관의 승인을 얻어야 한다.〈개정 08·2·29〉

법	시 행 령
2. 자본금의 2분의 1이 될 때까지 이익금의 10분의 2 이상을 이익준비금으로 적립 3. 자본금과 같은 액수가 될 때까지 이익금의 10분의 2 이상을 사업확장적립금으로 적립 4. 국고에 납입 ② 공사는 매 사업연도 결산 결과 손실금이 생기면 제1항제3호에 따른 사업확장적립금으로 보전하고 그 적립금으로도 부족하면 같은 항 제2호에 따른 이익준비금으로 보전하되, 보전미달액은 다음 사업연도로 이월(移越)한다. ③ 제1항제2호 및 제3호에 따른 이익준비금과 사업확장적립금은 대통령령으로 정하는 바에 따라 자본금으로 전입할 수 있다. [전문개정 09 · 3 · 25]	② 제1항의 규정에 의하여 이익준비금 또는 사업확장적립금을 자본금에 전입한 때에는 공사는 그 사실을 국토교통부장관에게 보고하여야 한다.〈개정 08 · 2 · 29, 13 · 3 · 23〉 **제9조(사채의 발행방법)** 공사가 법 제11조제1항의 규정에 의하여 사채를 발행하고자 하는 때에는 모집 · 총액인수 또는 매출의 방법에 의한다. **제10조(사채의 응모 등)** ①사채의 모집에 응하고자 하는 자는 사채청약서 2통에 그 인수하고자 하는 사채의 수 · 인수가액과 청약자의 주소를 기재하고 기명날인하여야 한다. 다만, 사채의 최저가액을 정하여 발행하는 경우에는 그 응모가액을 기재하여야 한다. ②사채청약서는 사장이 이를 작성하고 다음 각호의 사항을 기재하여야 한다. 1. 공사의 명칭 2. 사채의 발행총액 3. 사채의 권종별 액면금액 4. 사채의 이율 5. 사채상환의 방법 및 시기 6. 이자지급의 방법 및 시기 7. 사채의 발행가액 또는 그 최저가액 8. 이미 발행한 사채중 상환되지 아니한 사채가 있는 때에는 그 총액 9. 사채모집의 위탁을 받은 회사가 있을 때에는 그 상호 및 주소
제11조(사채의 발행 등) ① 공사는 이사회의 의결을 거쳐 사채를 발행할 수 있다. ② 사채의 발행액은 공사의 자본금과 적립금을 합한 금액의 5배를 초과하지 못한다.〈개정 13 · 8 · 6〉 ③ 국가는 공사가 발행하는 사채의 원리금 상환을 보증할 수 있다. ④ 사채의 소멸시효는 원금은 5년, 이자는 2년이 지나면 완성한다. ⑤ 공사는 「공공기관의 운영에 관한 법률」 제40조제3항에 따라 예산이	**제11조(사채의 발행총액)** 공사가 법 제11조제1항의 규정에 의하여 사채를 발행함에 있어서 실제로 응모된 총액이 사채청약서에 기재한 사채발행총액에 미달하는 때에도 사채를 발행한다는 뜻을 사채청약서에 표시할 수 있다. 이 경우 그 응모총액을 사채의 발행총액으로 한다. **제12조(총액인수의 방법 등)** 공사가 계약에 의하여 특정인에게 사채의 총액을 인수시키는 경우에는 제10조의 규정을 적용하지 아니한다. 사채모집의 위탁을 받은 회사가 사채의 일부를 인수하는 경우에는 그 인수분

<table>
<tr><th>법</th><th>시 행 령</th></tr>
<tr><td>확정되면 2개월 이내에 해당 연도에 발행할 사채의 목적·규모·용도 등이 포함된 사채발행 운용계획을 수립하여 이사회의 의결을 거쳐 국토교통부장관의 승인을 받아야 한다. 운용계획을 변경하려는 경우에도 또한 같다.〈개정 13·8·6〉
[전문개정 09·3·25]</td><td>에 대하여도 또한 같다.
제13조(매출의 방법) 공사가 매출의 방법으로 사채를 발행하는 경우에는 매출기간과 제10조제2항제1호·제3호 내지 제7호의 사항을 미리 공고하여야 한다.
제14조(사채인수가액의 납입 등) ①공사는 사채의 응모가 완료된 때에는 지체없이 응모자가 인수한 사채의 전액을 납입시켜야 한다.
②사채모집의 위탁을 받은 회사는 자기명의로 공사를 위하여 제1항 및 제10조제2항의 규정에 의한 행위를 할 수 있다.
제15조(채권의 발행 및 기재사항) ①채권은 사채의 인수가액 전액이 납입된 후가 아니면 이를 발행하지 못한다.
②채권에는 다음 각호의 사항을 기재하고, 사장이 기명날인하여야 한다. 다만, 매출의 방법에 의하여 사채를 발행하는 경우에는 제10조제2항제2호의 사항은 이를 기재하지 아니한다.
1. 제10조제2항제1호 내지 제6호의 사항
2. 채권번호
3. 채권의 발행연월일
제16조(채권의 형식) 채권은 무기명식으로 한다. 다만, 응모자 또는 소지인의 청구에 의하여 기명식으로 할 수 있다.
제17조(사채원부) ①공사는 주된 사무소에 사채원부를 비치하고, 다음 각호의 사항을 기재하여야 한다.
1. 채권의 권종별 수와 번호
2. 채권의 발행연월일
3. 제10조제2항제2호 내지 제6호 및 제9호의 사항
②채권이 기명식인 때에는 사채원부에 제1항 각호의 사항외에 다음 각호의 사항을 기재하여야 한다.
1. 채권소유자의 성명과 주소</td></tr>
</table>

법	시 행 령
	2. 채권의 취득연월일 ③채권의 소유자 또는 소지인은 공사의 근무시간중 언제든지 사채원부의 열람을 요구할 수 있다. **제18조(이권흠결의 경우의 공제)** ①이권(利劵)이 있는 무기명식의 사채를 상환하는 경우에 이권이 흠결된 때에는 그 이권에 상당한 금액을 상환액으로부터 공제한다. ②제1항의 규정에 의한 이권소지인은 그 이권과 상환으로 공제된 금액의 지급을 청구할 수 있다. **제19조(사채권자 등에 대한 통지 등)** ①사채를 발행하기 전의 그 응모자 또는 사채를 교부받을 권리를 가진 자에 대한 통지 또는 최고는 사채청약서에 기재된 주소로 하여야 한다. 다만, 따로 주소를 공사에 통지한 경우에는 그 주소로 하여야 한다. ②기명식채권의 소유자에 대한 통지 또는 최고는 사채원부에 기재된 주소로 하여야 한다. 다만, 따로 주소를 공사에 통지한 경우에는 그 주소로 하여야 한다. ③무기명식채권의 소지자에 대한 통지 또는 최고는 공고의 방법에 의한다. 다만, 그 소재를 알 수 있는 경우에는 이에 의하지 아니할 수 있다.
제12조(보조금 등) 국가는 공사의 경영 안정 및 철도 차량·장비의 현대화 등을 위하여 재정 지원이 필요하다고 인정하면 예산의 범위에서 사업에 필요한 비용의 일부를 보조하거나 재정자금의 융자 또는 사채 인수를 할 수 있다. [전문개정 09·3·25] **제13조(역세권 개발사업)** 공사는 철도사업과 관련하여 일반업무시설, 판매시설, 주차장, 여객자동차터미널 및 화물터미널 등 철도 이용자에게 편의를 제공하기 위한 역세권 개발사업을 할 수 있고, 정부는 필요한 경우에 행정적·재정적 지원을 할 수 있다.	

법	시 행 령
[전문개정 09·3·25] **제14조(국유재산의 무상대부 등)** ① 국가는 다음 각 호의 어느 하나에 해당하는 공사의 사업을 효율적으로 수행하기 위하여 국토교통부장관이 필요하다고 인정하면 「국유재산법」에도 불구하고 공사에 국유재산(물품을 포함한다. 이하 같다)을 무상으로 대부(貸付)하거나 사용·수익하게 할 수 있다.〈개정 13·3·23〉 1. 제9조제1항제1호부터 제4호까지의 규정에 따른 사업 2. 「철도산업발전 기본법」 제3조제2호가목의 역시설의 개발 및 운영사업 ② 국가는 「국유재산법」에도 불구하고 제1항에 따라 대부하거나 사용·수익을 허가한 국유재산에 건물이나 그 밖의 영구시설물을 축조하게 할 수 있다. ③ 제1항에 따른 대부 또는 사용·수익 허가의 조건 및 절차에 관하여 필요한 사항은 대통령령으로 정한다. [전문개정 09·3·25]	**제20조** 삭제 〈17·6·13〉
제15조(국유재산의 전대 등) ① 공사는 제9조에 따른 사업을 효율적으로 수행하기 위하여 필요하면 제14조에 따라 대부받거나 사용·수익을 허가받은 국유재산을 전대(轉貸)할 수 있다. ② 공사는 제1항에 따른 전대를 하려면 미리 국토교통부장관의 승인을 받아야 한다. 이를 변경하려는 경우에도 또한 같다.〈개정 13·3·23〉 ③ 제1항에 따라 전대를 받은 자는 재산을 다른 사람에게 대부하거나 사용·수익하게 하지 못한다. ④ 제1항에 따라 전대를 받은 자는 해당 재산에 건물이나 그 밖의 영구시설물을 축조하지 못한다. 다만, 국토교통부장관이 행정 목적 또는 공사의 사업 수행에 필요하다고 인정하는 시설물의 축조는 그러하지 아니하다.〈개정 13·3·23〉 [전문개정 09·3·25]	**제21조(국유재산의 전대의 절차 등)** 공사는 법 제14조제1항의 규정에 의하여 대부받거나 사용·수익의 허가를 받은 국유재산을 법 제15조제1항의 규정에 의하여 전대(轉貸)하고자 하는 경우에는 다음 각호의 사항이 기재된 승인신청서를 국토교통부장관에게 제출하여야 한다.〈개정 08·2·29, 13·3·23〉 1. 전대재산의 표시(도면을 포함한다) 2. 전대를 받을 자의 전대재산 사용목적 3. 전대기간 4. 사용료 및 그 산출근거 5. 전대를 받을 자의 사업계획서

법	시 행 령
제16조(지도 · 감독) 국토교통부장관은 공사의 업무 중 다음 각 호의 사항과 그와 관련되는 업무에 대하여 지도 · 감독한다.〈개정 13 · 3 · 23〉 1. 연도별 사업계획 및 예산에 관한 사항 2. 철도서비스 품질 개선에 관한 사항 3. 철도사업계획의 이행에 관한 사항 4. 철도시설 · 철도차량 · 열차운행 등 철도의 안전을 확보하기 위한 사항 5. 그 밖에 다른 법령에서 정하는 사항 [전문개정 09 · 3 · 25] **제17조(자료제공의 요청)** ① 공사는 업무상 필요하다고 인정하면 관계 행정기관이나 철도사업과 관련되는 기관 · 단체 등에 자료의 제공을 요청할 수 있다.〈개정 14 · 5 · 21〉 ② 제1항에 따라 자료의 제공을 요청받은 자는 특별한 사유가 없으면 그 요청에 따라야 한다.〈신설 14 · 5 · 21〉 [전문개정 09 · 3 · 25] **제18조(등기 촉탁의 대위)** 공사가 제9조제1항제4호에 따라 국가 또는 지방자치단체로부터 위탁받은 사업과 관련하여 국가 또는 지방자치단체가 취득한 부동산에 관한 권리를 「부동산등기법」 제98조에 따라 등기하여야 하는 경우 공사는 국가 또는 지방자치단체를 대위(代位)하여 등기를 촉탁할 수 있다.〈개정 11 · 4 · 12〉 [전문개정 09 · 3 · 25] **제19조(벌칙)** 제8조를 위반한 자는 2년 이하의 징역 또는 2천만원 이하의 벌금에 처한다.〈개정 14 · 5 · 21〉 [전문개정 09 · 3 · 25]	
제20조(과태료) ① 제8조의2를 위반한 자에게는 500만원 이하의 과태료를 부과한다.〈개정 14 · 5 · 21〉	**제22조(과태료의 부과 · 징수절차)** ① 국토교통부장관은 법 제20조제2항에 따라 과태료를 부과하는 때에는 해당 위반행위를 조사 · 확인한 후 위반

법	시 행 령
② 제1항에 따른 과태료는 국토교통부장관이 부과·징수한다.〈개정 13·3·23〉 [전문개정 09·3·25]	사실, 과태료 금액 등을 서면으로 명시하여 이를 납부할 것을 과태료처분 대상자에게 알려야 한다.〈개정 08·2·29, 13·3·23〉 ② 국토교통부장관은 제1항에 따라 과태료를 부과하려는 때에는 10일 이상의 기간을 정하여 과태료처분 대상자에게 구술 또는 서면(전자문서를 포함한다)으로 의견을 진술할 기회를 주어야 한다. 이 경우 지정된 기일까지 의견 진술이 없는 때에는 의견이 없는 것으로 본다.〈개정 08·2·29, 13·3·23〉 ③ 국토교통부장관은 과태료의 금액을 정할 때에는 해당 위반행위의 동기와 그 결과 등을 고려하여야 한다.〈개정 08·2·29, 13·3·23〉 ④ 과태료의 징수절차는 국고금관리법령을 준용한다. 이 경우 납입고지서에는 이의 방법 및 이의 기간 등을 함께 적어 넣어야 한다. [본조신설 07·9·28]

법

부 칙

제1조(시행일) 이 법은 2005년 1월 1일부터 시행한다. 다만, 부칙 제4조·제5조·제7조 및 제10조의 규정은 공포한 날부터 시행하고, 부칙 제8조의 규정은 2004년 1월 1일부터 시행한다.

제2조(다른 법률의 폐지) 다음 각호의 법률은 이를 각각 폐지한다.

1. 국유철도의운영에관한특례법
2. 철도소운송업법

제3조(다른 법률의 폐지에 따른 경과조치) ①이 법 시행전에 종전의 국유철도의운영에관한특례법 제24조의 규정에 의한 점용허가를 받은 자에 대하여는 종전의 규정에 의한다. 이 경우 철도청장이 행한 행위나 철도청장에 대한 행위는 건설교통부장관의 행위나 건설교통부장관에 대한 행위로 본다.

②이 법 시행 전에 종전의 철도소운송업법을 위반한 행위에 대한 벌칙 및 과태료의 적용에 있어서는 종전의 규정에 의한다.

제4조(공사의 설립준비) ①건설교통부장관은 공사의 설립에 관한 사무를 처리하기 위하여 이 법 공포일부터 3월 이내에 한국철도공사설립위원회(이하 "설립위원회"라 한다)를 설치한다.

②설립위원회는 건설교통부장관이 임명 또는 위촉하는 7인 이내의 설립위원으로 구성하며, 위원장은 건설교통부차관이 된다.

③설립위원회는 공사의 정관을 작성하여 기명날인하거나 서명한 후 건설교통부장관의 인가를 받아야 한다.

④설립위원회는 2005년 1월 1일까지 공사의 설립등기를 완료하여야 한다.

⑤설립위원회는 공사의 설립등기후 지체없이 사장에게 사무를 인계하여야 한다.

⑥설립위원회는 제5항의 규정에 의한 사무인계가 끝난 때에는 해산 또

시 행 령

부 칙

제1조(시행일) 이 영은 2005년 1월 1일부터 시행한다.

제2조(다른 법령의 폐지) 다음 각호의 대통령령은 이를 각각 폐지한다.

1. 국유철도의운영에관한특례법시행령
2. 철도소운송업법시행령
3. 철도청과그소속기관직제
4. 철도기금법시행령

제3조(다른 법령의 개정) ①개발이익환수에관한법률시행령중 다음과 같이 개정한다.

제5조제2항제1호에 바목을 다음과 같이 신설한다.

바. 한국철도공사법에 의하여 설립된 한국철도공사

제5조제3항에 제7호를 다음과 같이 신설한다.

7. 한국철도공사법 제9조제1항제4호 및 동법 제13조의 규정에 의하여 한국철도공사가 시행하는 철도역사 및 역세권개발사업

②건설교통부와그소속기관직제중 다음과 같이 개정한다.

제14조의2제2항제13호를 다음과 같이 한다.

13. 한국철도공사에 관한 사항

③공공기관의기록물관리에관한법률시행령중 다음과 같이 개정한다.

제5조제1항제2호중 "지방철도청, 부산·인천·여수지방해양수산청"을 "부산·인천·여수지방해양수산청"으로 한다.

④공무원연금법시행령중 다음과 같이 개정한다.

제66조제1항제2호를 삭제한다.

⑤공익사업을위한토지등의취득및보상에관한법률시행령중 다음과 같이 개정한다.

제25조에 제17호를 다음과 같이 신설한다.

법	시 행 령
는 해임·해촉된 것으로 본다. **제5조(설립비용)** 공사의 설립비용은 철도사업특별회계에서 부담한다. **제6조(권리·의무의 승계)** ①공사는 그 설립과 동시에 제4조의 규정에 의하여 현물로 출자받은 자산으로부터 발생한 권리·의무를 포괄승계한다. ②제4조의 규정에 의하여 현물로 출자받은 자산과 관련하여 공사 설립전에 철도청 또는 한국고속철도건설공단법에 의하여 설립된 한국고속철도건설공단(이하 "고속철도건설공단"이라 한다)이 행한 행위와 철도청 또는 고속철도건설공단에 대하여 행하여진 행위는 이를 공사의 행위나 공사에 대한 행위로 본다. **제7조(직원의 임용특례 등)** ①철도청장은 소속공무원중 공무원 신분을 계속 유지하고자 하는 자와 공사의 직원으로 신분이 전환될 자를 확정하여 공사가 직원을 임용할 수 있도록 조치하여야 한다. ②공사 설립당시 공무원 신분을 계속 유지하는 자와 한국철도시설공단법에 의하여 한국철도시설공단(이하 "공단"이라 한다) 직원으로 임용된 자를 제외한 철도청 직원은 공사의 직원으로 임용한다. ③공사는 이 법 시행당시 고속철도와 관련하여 차량점검·운전 등 차량운영업무에 종사하던 공단의 직원이 희망할 경우 공사의 직원으로 임용한다. ④제2항의 규정에 의하여 공사의 직원으로 임용된 때에는 공무원 신분에서 퇴직한 것으로 본다. ⑤제2항의 규정에 의하여 공무원이었던 자가 공사의 직원으로 임용된 자의 정년은 그 직원의 공무원 퇴직당시의 직급에 적용되던 국가공무원법상의 정년에 의한다. 다만, 공사의 직원정년이 국가공무원법상의 정년보다 장기인 때에는 그러하지 아니하다. ⑥제3항의 규정에 의하여 공단의 직원이었던 자가 공사의 직원으로 임용된 자의 정년은 그 직원의 공단퇴직시의 직급에 적용되던 정년에 의	17. 한국철도공사법에 의한 한국철도공사 ⑥공증인법시행령중 다음과 같이 개정한다. 별표 1에 제170호를 다음과 같이 신설한다. 170. 한국철도공사 ⑦교통체계효율화법시행령중 다음과 같이 개정한다. 제8조제1항제10호중 "국유철도의운영에관한특례법 제6조제6호"를 "한국철도공사법 제13조"로 한다. 제8조의2제2항제1호중 "해양수산부·철도청"을 "해양수산부"로 한다. 제19조제3항제1호중 "국무조정실·경찰청 및 철도청"을 "국무조정실 및 경찰청"으로 한다. 제19조제4항제1호중 "기획예산처·경찰청 및 철도청"을 "기획예산처 및 경찰청"으로 한다. ⑧국가공무원복무규정중 다음과 같이 개정한다. 제28조 각호외의 부분중 "정보통신부 및 철도청"을 "정보통신부"로 한다. ⑨국가기술자격법시행령중 다음과 같이 개정한다. 제4조제3항중 "산림청·중소기업청 및 철도청"을 "산림청 및 중소기업청"으로 한다. ⑩국유재산의현물출자에관한법률시행령중 다음과 같이 개정한다. 제2조에 제55호를 다음과 같이 신설한다. 55. 한국철도공사법에 의한 한국철도공사 ⑪도시교통정비촉진법시행령중 다음과 같이 개정한다. 제36조제3항제1호중 "기획예산처, 철도청 및 경찰청"을 "기획예산처 및 경찰청"으로 한다. ⑫도시철도법시행령중 다음과 같이 개정한다. 제19조의2제3항중 "철도청장"을 각각 "한국철도공사 사장"으로 한다. ⑬물품목록정보의관리및이용에관한법률시행령중 다음과 같이 개정한다.

법

한다. 다만, 공사의 직원정년이 공단의 정년보다 장기인 때에는 그러하지 아니하다.

제8조(철도청에서 퇴직하고 공사 또는 공단의 직원으로 임용된 자에 대한 공무원연금법의 적용에 관한 특례) ①2003년 10월 29일 이전에 철도청 소속 공무원으로 재직(휴직 중인 자를 포함한다)한 자와 2003년 10월 29일 이전에 철도청 소속 공무원으로 재직했던 자로서 이 법 시행일 이전에 철도청 소속 공무원으로 새로이 임용된 자가 부칙 제7조제2항 및 한국철도시설공단법 부칙 제8조제1항의 규정에 의하여 공무원에서 퇴직하고 공사 또는 공단(이하 "철도공사등"이라 한다)의 직원으로 임용되는 경우 공무원연금법(이하 이 조에서 "연금법"이라 한다)에 의한 재직기간이 20년 미만인 자는 철도공사등의 직원으로 임용된 날부터 2월 이내에 연금법 제4조의 규정에 의하여 설립된 공무원연금공단(이하 이 조에서 "연금공단"이라 한다)에 연금법의 적용신청을 한 때에는 제2항에 따른 공무원 재직기간까지 연금법 제3조제1항제1호의 규정에 의한 공무원으로 보되, 연금법 제42조의 규정에 의한 장기급여중 퇴직급여 · 유족급여(유족보상금을 제외한다) 및 퇴직수당에 한하여 이를 지급한다.〈개정 15 · 12 · 29〉

②제1항의 규정에 의한 연금법의 적용신청을 하여 연금법 제3조제1항제1호의 규정에 의한 공무원으로 의제되는 철도공사등의 직원(이하 이 조에서 "연금법적용대상직원"이라 한다)은 연금법에 의한 재직기간이 20년에 도달하는 달의 말일에 공무원에서 퇴직한 것으로 본다. 다만, 재직기간이 20년에 도달하기 전에 다음 각 호의 어느 하나에 해당하는 경우에는 각 호에서 정한 날까지 공무원으로 재직한 것으로 본다.〈개정 15 · 12 · 29〉

1. 10년 이상 재직한 연금법적용대상직원이 연금공단에 적용 제외를 신청한 경우 그 신청한 날의 전날

시 행 령

제13조제2항제1호중 "건설교통부 · 조달청 및 철도청"을 "건설교통부 및 조달청"으로 한다.

⑭민방위기본법시행령중 다음과 같이 개정한다.

제10조제3항제2호 및 제13조제4호를 각각 삭제한다.

⑮부가가치세법시행령중 다음과 같이 개정한다.

제4조제1항제4호에 카목을 다음과 같이 신설한다.

카. 한국철도공사법에 의한 한국철도공사

⑯부산교통공단법시행령중 다음과 같이 개정한다.

제17조제1항제1호중 "건설교통부 · 기획예산처 및 철도청"을 "건설교통부 및 기획예산처"로 한다.

⑰사설철도및전용철도면허규정중 다음과 같이 개정한다.

법령의 제명 "사설철도및전용철도면허규정"을 "공용철도및전용철도면허규정"으로 하고, 제1조중 "사설철도"를 "공용철도"로 하며, 제2조제1호를 삭제하고, 제3조제1호 각목외의 부분 및 동호가목 · 나목, 제11조제1항중 "사설철도"를 각각 "공용철도"로 한다.

⑱사설철도주식회사주식소유자에대한보상에관한법률시행령중 다음과 같이 개정한다.

제2조중 "철도청장"을 "건설교통부장관"으로 한다.

제3조제1항 각호외의 부분중 "철도청 관리본부장"을 "건설교통부 철도정책국장"으로 하고, 동항제1호를 다음과 같이 하며, 동항제2호중 "철도청장"을 "건설교통부장관"으로 한다.

1. 건설교통부소속 3급 · 4급 또는 이에 상당하는 공무원 중에서 건설교통부장관이 지명하는 1인과 행정자치부소속 국립과학수사연구소 및 법제처의 3급 · 4급 또는 이에 상당하는 공무원 중에서 건설교통부장관의 요청에 의하여 행정자치부장관 및 법제처장이 지명하는 자 각 1인

제6조제2항중 "철도청소속"을 "건설교통부소속"으로, "철드청장"을 "건

법	시 행 령
2. 공사에서 퇴직한 경우 그 퇴직한 날의 전날 3. 공사에서 재직 중 사망한 경우 사망한 날 ③ 연금법적용대상직원의 연금법 제3조제1항제5호에 따른 기준소득월액은 이 법 시행일 전날의 보수월액을 100분의 65로 나눈 금액에 매년 공무원평균보수인상률과 호봉승급분을 반영한 금액으로 한다.〈개정 09·12·31〉 ④연금법적용대상직원에 대하여는 철도공사등의 장을 연금법 제3조제1항제6호의 규정에 의한 기관장으로, 철도공사등의 직원으로서 소득세법에 의한 원천징수의무자를 연금법 제3조제1항제7호의 규정에 의한 기여금징수의무자로 본다. ⑤ 제1항 및 제2항에 따라 재직기간이 10년 이상인 연금법적용대상직원이 연금법 제46조제1항에 해당하는 경우에는 그 때부터 퇴직연금을 지급한다. 다만, 법률 제13387호 공무원연금법 일부개정법률 부칙 제7조에 해당하는 경우에는 그 때부터 퇴직연금을 지급한다.〈개정 15·12·29〉 ⑥ 삭제 〈15·12·29〉 ⑦연금법적용대상직원에 대하여 연금법 제64조의 규정을 적용함에 있어서 동조제1항제1호 및 동조제2항의 규정에 의한 "재직중의 사유"는 이를 "재직중의 사유(제1항의 규정에 의하여 공무원으로 의제되는 기간중의 사유를 포함한다)"로, 동조제1항제2호의 규정에 의한 "탄핵 또는 징계에 의하여 파면된 때"를 "제1항의 규정에 의하여 공무원으로 의제되는 기간중의 사유로 철도공사등에서 징계에 의하여 파면된 때"로 각각 본다. ⑧연금법적용대상직원에 대한 퇴직수당의 지급에 소요되는 비용은 연금법 제65조제3항의 규정에 불구하고 철도공사등이 이를 부담·관리한다. 다만, 연금법적용대상직원이 부칙 제7조제2항의 규정에 의하여 철도청 소속 공무원에서 퇴직한 때에 지급하여야 할 퇴직수당에 상당하는 금액	설교통부장관"으로 한다. ⑲사회간접자본건설추진위원회규정중 다음과 같이 개정한다. 제3조제3항제1호를 다음과 같이 한다. 1. 과학기술부장관·국방부장관·행정자치부장관·문화관광부장관·농림부장관·산업자원부장관·정보통신부장관·환경부장관·대통령비서실의 경제문제를 담당하는 정무직인 비서관·국무조정실장 및 산림청장 제8조제4항제1호를 다음과 같이 한다. 1. 재정경제부·과학기술부·국방부·행정자치부·문화관광부·농림부·산업자원부·정보통신부·환경부·기획예산처·국무조정실 및 산림청의 관계국장, 대통령비서실의 경제문제를 담당하는 2급 또는 3급 공무원(2급상당 또는 3급상당 별정직공무원을 포함한다) ⑳자연재해대책법시행령중 다음과 같이 개정한다. 제2조제8호를 삭제하고, 동조에 제34호를 다음과 같이 신설한다. 34. 한국철도공사 사장 제8조제2호중 "산림청·철도청·해양경찰청"을 "산림청·해양경찰청"으로 한다. ㉑재난및안전관리기본법시행령중 다음과 같이 개정한다. 제16조제2호중 "산림청·철도청 및 해양경찰청"을 "산림청 및 해양경찰청"으로 한다. 별표 1 제13호 및 제14호를 각각 다음과 같이 한다. 13. 시·도의 교육청 14. 한국철도공사 ㉒전원개발촉진법시행령중 다음과 같이 개정한다. 제5조중 "해양수산부·산림청 및 철도청"을 "해양수산부 및 산림청"으로 한다.

법

은 연금법적용대상직원이 철도공사등의 직원으로 임용된 때에 연금공단에서 철도공사등으로 이체한다.〈개정 15 · 12 · 29〉

⑨연금법적용대상직원에 대한 연금법 제69조제1항의 규정에 의한 연금부담금 및 보전금은 철도공사등이 이를 부담한다.

⑩연금법적용대상직원은 제1항의 규정에 의하여 공무원으로 의제되는 기간까지 국민연금법 제6조의 규정에 의한 국민연금의 가입대상에서 제외한다.

⑪연금법적용대상직원이 제1항의 규정에 의하여 공무원으로 의제되는 기간은 근로기준법 제34조의 규정에 의한 퇴직금 산정을 위한 계속근로연수에서 이를 제외한다.

⑫연금법적용대상직원에 대한 퇴직급여 · 유족급여(유족보상금을 제외한다) 및 퇴직수당의 산정 · 지급, 그 비용의 징수 등에 관하여 이 조에서 특별히 정하지 아니한 사항에 대하여는 연금법의 규정을 적용한다.

제9조(이월현금의 출자) 철도사업특별회계의 마지막 회계연도의 이월현금은 철도사업특별회계의 선사용자금의 반환이 완료된 때에 국가가 공사에 출자한 것으로 본다.

제10조(예산편성에 관한 경과조치) 공사설립후 최초로 개시되는 사업연도의 공사의 예산은 설립위원회가 편성한다.

제11조(철도사업특별회계에 관한 경과조치) 부칙 제1조의 규정에 불구하고 철도사업특별회계의 마지막 회계연도에 속하는 세입 · 세출의 출납정리에 관하여는 기업예산회계법을, 결산보고서의 작성 · 제출에 관하여는 예산회계법을 적용한다.

제12조(다른 법률의 개정) ①철도법중 다음과 같이 개정한다.

제2조제2항중 "設備한"을 "설치 또는 운영하는"으로 한다.

제2조제3항을 제4항으로 하고 동조에 제3항을 다음과 같이 신설한다.

③이 법에서 공용철도라 함은 영업을 목적으로 설치 또는 운영하는 철

시 행 령

㉓중소기업진흥및제품구매촉진에관한법률시행령중 다음과 같이 개정한다.

제6조제1호중 "식품의약품안전청 · 철도청"을 "식품의약품안전청"으로 하고, 동조제3호에 타목을 다음과 같이 신설한다.

타. 한국철도공사법에 의한 한국철도공사 사장

㉔지방공무원수당등에관한규정중 다음과 같이 개정한다.

제19조제3항제2호중 "제7호의 열차운전수당, 제8호의 철도작업수당, 제10호의 안전관리수당"을 "제10호의 안전관리수당"으로 한다.

별표 9 특수장비취급분야란의 제7호 및 제8호를 각각 삭제한다.

㉕지역균형개발및지방중소기업육성에관한법률시행령중 다음과 같이 개정한다.

제42조제3항에 제7호를 다음과 같이 신설한다.

7. 한국철도공사법에 의한 한국철도공사(한국철도공사법 제9조제1항제4호 및 동법 제13조의 규정에 의한 철도역사 및 역세권개발사업의 추진을 위한 경우에 한한다)

㉖특정범죄가중처벌등에관한법률시행령중 다음과 같이 개정한다.

제2조에 제54호를 다음과 같이 신설한다.

54. 한국철도공사법에 의한 한국철도공사

㉗행정권한의위임및위탁에관한규정중 다음과 같이 개정한다.

제38조제6항 및 제39조를 각각 삭제한다.

㉘화물유통촉진법시행령중 다음과 같이 개정한다.

제3조제2항제1호중 "조달청 · 중소기업청 및 철도청"을 "조달청 및 중소기업청"으로 한다.

부 칙 〈07 · 9 · 28〉

제1조 (시행일) 이 영은 2007년 10월 7일부터 시행한다.

제2조(다른 법령의 개정) ① 지방세법 시행령 일부를 다음과 같이 개정한다.

법	시 행 령
도를 말한다. 제5조의 제목중 "私設鐵道"를 "공용철도"로 하고, 제5조 및 제6조 각호 외의 부분중 "私設鐵道"를 각각 "공용철도"로 한다. ②기업예산회계법중 다음과 같이 개정한다. 제2조중 "철도사업 · 통신사업"을 "통신사업"으로 하고, 제3조제1호를 삭제한다. ③대도시권광역교통관리에관한특별법중 다음과 같이 개정한다. 제9조제2항중 "鐵道廳長"을 "한국철도공사사장"으로 한다. ④사설철도주식회사주식소유자에대한보상에관한법률중 다음과 같이 개정한다. 제3조제1항 · 제5조제1항 · 제7조 및 제8조중 "철도청장"을 각각 "건설교통부장관"으로 하고, 제9조중 "철도사업특별회계"를 "일반회계"로 한다. ⑤지방세법중 다음과 같이 개정한다. 제289조에 제6항을 다음과 같이 신설한다. ⑥한국철도공사법에 의하여 설립된 한국철도공사가 한국철도공사법 제9조제1호 내지 제4호(제4호중 철도역세권 개발사업을 제외한다)의 사업에 직접 사용하기 위하여 취득하는 부동산 및 철도차량에 대하여는 취득세와 등록세를 면제하고, 과세기준일 현재 한국철도공사의 한국철도공사법 제9조제1호 내지 제4호(제4호중 철도역세권 개발사업을 제외한다)의 사업에 직접 사용되는 부동산에 대하여는 재산세 · 종합토지세 · 도시계획세 · 공동시설세 및 당해 법인에 대한 사업소세의 100분의 50을 경감한다. 부 칙 〈07 · 4 · 6〉 이 법은 공포 후 6개월이 경과한 날부터 시행한다.	제132조제4항제25호 중 "제9조제1항제1호 내지 제4호(제4호중 철도역세권개발사업은 제외한다)"를 "제9조제1항제1호부터 제3호까지 및 제6호"로 한다. ② 개발이익환수에 관한 법률 시행령 일부를 다음과 같이 개정한다. 제5조제3항제7호를 다음과 같이 한다. 7. 「한국철도공사법」 제9조제1항제5호 및 제6호, 같은 법 제13조에 따라 한국철도공사가 시행하는 역시설 및 역세권 개발사업 부 칙 〈08 · 2 · 29〉 제1조(시행일) 이 영은 2008년 2월 4일부터 시행한다. 제2조부터 제4조까지 생략 부 칙 〈08 · 2 · 29〉 제1조(시행일) 이 영은 공포한 날부터 시행한다. 다만, 부칙 제6조에 따라 개정되는 대통령령 중 이 영의 시행 전에 공포되었으나 시행일이 도래하지 아니한 대통령령을 개정한 부분은 각각 해당 대통령령의 시행일부터 시행한다. 제2조부터 제6조까지 생략 부 칙 〈13 · 3 · 23〉 제1조(시행일) 이 영은 공포한 날부터 시행한다. 〈단서 생략〉 제2조부터 제6조까지 생략 부 칙 〈14 · 11 · 29〉 제1조(시행일) 이 영은 2014년 11월 29일부터 시행한다. 제2조부터 제7조까지 생략

법	시 행 령
부　　칙 〈08 · 2 · 29〉 제1조(시행일) 이 법은 공포한 날부터 시행한다. 다만,…〈생략〉…, 부칙 제6조에 따라 개정되는 법률 중 이 법의 시행 전에 공포되었으나 시행일이 도래하지 아니한 법률을 개정한 부분은 각각 해당 법률의 시행일부터 시행한다. 제2조부터 제7조까지 생략 부　　칙 〈09 · 1 · 30〉 제1조(시행일) 이 법은 공포 후 6개월이 경과한 날부터 시행한다. 〈단서 생략〉 제2조부터 제11조까지 생략 부　　칙 〈09 · 3 · 25〉 이 법은 공포한 날부터 시행한다. 부　　칙 〈09 · 12 · 31〉 제1조(시행일) 이 법은 공포한 날이 속하는 달의 다음달 1일부터 시행한다. 〈단서 생략〉 제2조부터 제16조까지 생략 부　　칙 〈11 · 4 · 12〉 제1조(시행일) 이 법은 공포 후 6개월이 경과한 날부터 시행한다. 〈단서 생략〉 제2조부터 제5조까지 생략 부　　칙 〈13 · 3 · 23〉 제1조(시행일) ① 이 법은 공포한 날부터 시행한다.	부　　칙 〈15 · 12 · 30〉 이 영은 공포한 날부터 시행한다. 〈단서 생략〉 부　　칙 〈17 · 6 · 13〉 이 영은 공포한 날부터 시행한다. 부　　칙 〈19 · 3 · 12〉 제1조(시행일) 이 영은 2019년 3월 14일부터 시행한다. 제2조부터 제4조까지 생략

법	시 행 령
② 생략 제2조부터 제7조까지 생략 부　　칙 〈13·8·6〉 이 법은 공포한 날부터 시행한다. 부　　칙 〈14·5·21〉 이 법은 공포한 날부터 시행한다. 부　　칙 〈15·12·19〉 이 법은 2016년 1월 1일부터 시행한다. 부　　칙 〈18·3·13〉 제1조(시행일) 이 법은 공포 후 1년이 경과한 날부터 시행한다. 제2조 및 제3조 생략	

철도법령집

2005년 9월 7일 인쇄
2005년 9월 12일 발행
2007년 3월 7일 개정판 발행
2008년 1월 3일 개정 3판 발행
2010년 3월 10일 개정 4판 발행
2011년 9월 1일 개정 5판 발행
2014년 8월 28일 개정 6판 발행
2015년 12월 30일 개정 7판 발행
2017년 12월 26일 개정 8판 발행
2019년 4월 26일 개정 9판 발행
2019년 12월 19일 개정10판 발행

편저자 편집부 편
발행인 황 중 진
발행처 노해출판사
서울·중구 퇴계로49길 25(충무로5가)
전 화 (02)2274-4999
F A X (02)2265-6774
등록일 1988. 2. 15
등록번호 제2-486호

값 55,000원

ISBN 978-89-6342-144-5 93360